CURSO

DE

ASTRONOMIA NAUTICA

Y

NAVEGACION.

TOMO PRIMERO.

B. L. M.

Al Exmo é Ilmo Sr

Dn Santiago Duran y Lira

Su mui atento S. S.

Franco F. Fontecha

PRECIOS DE ESTA OBRA

(A LA RUSTICA.)

En la Península, Baleares y Canarias..	25 pesetas.
En las Antillas y Filipinas	6 $ (moneda efectiva.)

Se halla de venta en las principales librerías.

Los pedidos, acompañados de su importe, se dirigirán al autor.
CADIZ.

Editorial MAXTOR
Fray Luis de León, 20
47002 Valladolid (España)
+34 983 090 110
pedidos@maxtor.es
www.maxtor.es

I.S.B.N. 978-84-95636-28-7
depósito legal: VA-435-2001

CURSO

DE

ASTRONOMIA NAUTICA

Y

NAVEGACION

ACOMPAÑADO
DE UNOS ELEMENTOS DE TRIGONOMETRIA, DE UNA COLECCION DE TABLAS PARA ABREVIAR CALCULOS DE IMPORTANTE Y FRECUENTE USO Y DE ALGUNAS NOCIONES Y TABLAS METEOROLOGICAS,

POR

D. FRANCISCO FERNANDEZ FONTECHA,

CATEDRATICO POR OPOSICION
DE LA ESCUELA DE NAUTICA DE CADIZ.

SEGUNDA EDICION

ILUSTRADA CON 7 LAMINAS Y 200 GRABADOS INTERCALADOS EN EL TEXTO.

Tomo I.

ASTRONOMIA.

CADIZ.

IMPRENTA DE LA REVISTA MEDICA, DE D. FEDERICO JOLY,
CEBALLOS (ANTES BOMBA), NUMERO I.

1880

PROLOGO.

> *Mi vida, la de mis connavegantes y los grandes intereses del cargamento de la nave, cuya direccion estará confiada á mi cargo, penden de mi aptitud en el desempeño de llevar la derrota con acierto.*
>
> CANELLAS.—(Astronomía Náutica.)

Desde fines del pasado siglo no se habia publicado en España una obra completa de estudios elementales de marina, no obstante los inmensos y trascendentales progresos de las Ciencias Náuticas y la imperiosa necesidad con que la venia reclamando la enseñanza de una profesion tan importante, por el poderoso influjo que ejerce en el engrandecimiento, opulencia y civilizacion de los pueblos.

Ante la evidencia de lo muy atrasada é incompleta que era la instruccion que, por esta causa, se adquiria en nuestras Escuelas, despues de esperar muchos años en vano y perdida ya la esperanza de que personas competentes tratasen de llenar tan lamentable y cada dia más profundo vacío, consideré como un acto de verdadero patriotismo el acudir á tan apremiante necesidad, y defiriendo á las indicaciones de varios de mis queridos compañeros en el Profesorado, me decidí por último á acometer la árdua y para mí difícil empresa de redactar esta obra, que publiqué hace unos cuatro años, no sin desconfiar de su bondad y asaltado por sérios temores, acerca del éxito que alcanzaria.

Confiado hoy hasta cierto punto y animado por la más legítima complacencia, doy á la estampa la presente edicion, despues de agotada la primera, en vista de la benévola acogida que ha obtenido dentro y fuera de España, resultado que ha excedido en mucho á mis modestas aspiraciones, y que está plenamente comprobado por las favorables apreciaciones hechas por la prensa y las consignadas en numerosas cartas que guardo en gran estima y con las cuales me han honrado distinguidos Generales, Jefes y Oficiales de nuestra Armada, Marinos mercantes de reconocido crédito, el Profesorado de las Escuelas de Náutica y otras personas de gran significacion científica, á todos los cuales reitero, una vez más, el testimonio de mi más cumplida y respetuosa gratitud, por los singulares favores que me han otorgado dando á conocer y recomendando este libro, que tambien ha alcanzado las distinciones de ser libre y espontáneamente declarado de texto, tanto en las Escuelas de Náutica de España, como en las de algunas Repúblicas Hispano-Americanas, y que por el Ministro de Marina se me hayan dado las gracias de Real Orden y concedido recompensas especiales que tengo en relevante aprecio, por los razonados motivos en que están fundadas.

Considérome ya, por lo tanto, altamente recompensado por los desvelos, sacrificios, prolongados y asíduos trabajos empleados en la redaccion de esta obra, y estimulado al mismo tiempo para perseverar en el estudio y contribuir, hasta donde lo permitan mis limitadas facultades, á propagar los no interrumpidos progresos de las Ciencias Náuticas, decidido y ferviente anhelo de que vengo dando pruebas desde que obtuve por oposicion la Cátedra de que soy propietario, hace 18 años, en cuya época sólo poseíamos la excelente obra escrita á fines del pasado siglo por nuestro eminente y sabio marino D. Gabriel Ciscar, que sin interrupcion alguna venia sirviendo de texto, á pesar de ser muy anticuada por haber transcurrido tantos años de notabilísimos adelantos, que han producido verdaderas transformaciones, y merced á los cuales se cruzan hoy los mares con sorprendente rapidez. Pero, habiendo aumentado por esta causa los peligros de la navegacion, se ha hecho necesario dilatar considerablemente el campo de los conocimientos hidrográficos, ideándose al par numerosos métodos y breves procedimientos para obtener á cada instante la situacion exacta de la nave y dirigir la derrota exenta de los errores que producen en las agujas las inmensas cantidades de hierro que entran hoy en las construcciones navales, perturbaciones que han dado orígen á infinitos y lamentables siniestros, cuando por ignorancia ó negligencia no se han tenido en consideracion. No es ménos cierto, que se ha enriquecido tambien la Geografía física del mar con importantísimos conocimientos acerca de los vientos y corrientes marinas, en cuya virtud puede decirse que materialmente se han acortado las distancias y la duracion de los viajes, viniéndonos todo á demostrar que si bien la obra de Ciscar era excelente en su tiempo, se hallaba en el nuestro muy distante de proporcionar los conocimientos que se le deben exigir hoy á todo marino.

Fundado en tan poderosas razones y entendiendo que era muy censurable y hasta punible, el prescindir de los adelantos modernos, privando á los estudiantes de conocimientos de todo punto indispensables, cuya ignorancia produciria en muchos casos los más fatales y dolorosos resultados, procuré satisfacer las más apremiantes necesidades del momento, á cuyo efecto publiqué en 1864 una obrita titulada Adicion al Pilotage de Ciscar, que obtuvo favorabilísima acogida, declarándose de texto por Real Orden de 5 de Noviembre del mismo año, así como en el trienio siguiente. Agotada al poco tiempo la edicion y por las razones antes expuestas, me decidí á redactar esta obra; y para proceder en tan difícil tarea con el mayor acierto posible, tuve á la vista las obras y publicaciones periódicas más notables que teníamos en España y las publicadas recientemente en Francia, Inglaterra, Italia y Estados-Unidos de América, y estudiándolas detenidamente y comparándolas por partes, puede decirse que constituí sobre mi bufete un numeroso Congreso de sabios, de cada uno de los cuales elegí y acepté lo que estimé más conveniente para mi plan; y habiendo dado cima á mi trabajo, auxiliado por tan eminentes colaboradores, es evidente que á ellos sólos se les debe atribuir cuanto pueda considerarse como bueno y aceptable en las páginas de este libro.

Procuré tambien imitar el estilo claro y castizo de Ciscar, tomando al pié de la letra muchas de sus definiciones, tanto por tenerlas grabadas en mi memoria desde mis tiempos de estudiante, como tambien porque no encontré palabras para expresarlas mejor.

Reconocida la superior bondad de las TABLAS NAUTICAS DE MENDOZA, las adopté para todos los cálculos y problemas en que puedan y deben aplicarse métodos abreviados, y para la mejor inteligencia acompaño unos elementos de trigonometría, en que doy á conocer y explico el modo de introducir en las fórmulas y operaciones las líneas de la invencion de Mendoza, que tan utilísimas son, y de las cuales no se ocupa ningun otro tratado de trigonometría; resultando además la comodidad de hacer referencia y tener á la vista las demostraciones y deducciones de las fórmulas empleadas en el curso de esta obra.

Considerando la importancia que tienen en la navegacion las observaciones meteorológicas, especiálmente las relativas á las comparaciones del barómetro, termómetro y psicrómetro, para deducir de ellas el tiempo que ha de reinar, doy al final como apéndice algunas tablas y nociones de gran utilidad en la práctica, y que para consultarlas hay que recurrir á varias obras que no siempre se tienen á mano.

No he omitido medio ni sacrificio alguno, hasta conseguir que esta obra en cuanto á su forma, al ménos, nada tenga que envidiarle y aun aventaje á muchas de las mejores que en su clase se han publicado hasta ahora en el extranjero, para lo cual he empleado el mejor papel que se fabrica al efecto, he encargado la parte tipográfica á uno de los más acreditados establecimientos de nuestro país y he intercalado en el texto 200 grabados y 7 láminas, encomendando su ejecucion á artistas de primer órden, todo lo cual hace que la edicion sea muy costosa. Los 32 grabados referentes á la parte descriptiva de la Astronomía, están elegidos entre las mejores publicaciones francesas, y los demás grabados son originales y delineados por mí, excepto los que representan los instrumentos que se emplean en la navegacion, que están tomados de excelentes fotografías, sacadas de los instrumentos que existen en el magnífico y completo gabinete de la Escuela de Náutica de Cádiz, construidos en su mayor parte por el hábil artista D. Pedro Torres y Soto, creador en España de tan importante industria y en la cual ha llegado á la más brillante altura.

Para corresponder dignamente á la propicia y benévola acogida que se me ha dispensado en la primera edicion, he introducido en la presente importantísimas mejoras, empezando por hacer un detenido y rigoroso exámen, tomando en consideracion las indicaciones que á mis ruegos se han servido hacerme personas muy competentes, y salvando de este modo cuantos errores he advertido y de los cuales no se hallan exentas las obras más notables, con tanta más razon tratándose de una primera tirada. A pesar de todo, estoy aún muy distante de considerar mi trabajo como acabado y perfecto, por lo que hago presente á mis lectores que estimaré como un especialísimo favor el que se sirvan advertirme las faltas que encontraren, por si me fuese dado publicar otra edicion.

Diré por último, que teniendo á la vista las obras y publicaciones más recientes, y siguiendo paso á paso los adelantos que ha habido, he aumentado y enriquecido el texto con lo más conveniente y necesario. He dividido ahora la obra en tres tomos, reuniendo en el tercero la trigonometría, todas las tablas que antes se intercalaban en la obra y las nociones de meteorología, insertando además unas tablas de tangentes, de que carece la coleccion española de Mendoza, á pesar de ser tan útiles, y otras varias tablas de importantísimo y frecuente uso en la práctica, figurando en primer término las calculadas para determinar inmediatamente el azimut verdadero de un astro cualquiera, elemento necesario para el interesante problema de la perturbacion de las agujas, y otras no ménos convenientes para abreviar los cálculos más complicados de la navegacion por círculo máximo, latitud por alturas circunmeridianas del Sol, alturas de montañas y distancias de la nave al pié de las mismas.

Tales son las condiciones bajo las cuales doy de nuevo á luz el fruto de mis trabajos, que dedico y pongo bajo la proteccion de mis dignísimos compañeros en el Profesorado y de los Marinos en general, como un justo y merecido homenaje de gratitud y consideracion, acogiéndome al mismo tiempo y como siempre, á su ilustrada y benévola indulgencia.

Francisco Fernandez Fontecha.

Cádiz: Enero de 1880.

INDICE DEL TOMO PRIMERO.

Páginas.

CAPÍTULO IV.

DE LA TIERRA.

CAPÍTULO V.

COORDENADAS PARA DETERMINAR LAS POSICIONES Y MOVIMIENTOS APARENTES DE LOS ASTROS.

CAPÍTULO VI.

FENÓMENOS QUE RESULTAN DEL MOVIMIENTO DE ROTACION DE LA TIERRA.

CAPÍTULO VII.

FENÓMENOS PRODUCIDOS POR EL MOVIMIENTO DE TRASLACION DE LA TIERRA.

CAPÍTULO VIII.

DE LAS ESTRELLAS.

CAPÍTULO IX.

DE LOS PLANETAS, SUS SATÉLITES, COMETAS Y METEOROS CÓSMICOS.

CAPÍTULO X.

ESTUDIO DEL SOL.

CAPÍTULO XI.

ESTUDIO DE LA LUNA.

CAPÍTULO XII.

DE LOS ECLIPSES.

CAPÍTULO XIII.

DE LAS MAREAS.

CAPÍTULO XIV.

CORRECCIONES QUE SE APLICAN Á LAS ALTURAS DE LOS ASTROS.

CAPÍTULO XV.

PROBLEMAS DE ASTRONOMÍA NÁUTICA.

CAPÍTULO XVI.

DEL CALENDARIO.

EXPLICACION

DE LAS

ABREVIATURAS Y SIGNOS USADOS EN ESTA OBRA.

☉ El Sol.
☾ La Luna.
✱ Una estrella.
☿ Mercurio.
♀ Venus.
♁ La Tierra.
♂ Marte.
♃ Júpiter.
♄ Saturno.
♅ Urano.
♆ Neptuno.
♈ Aries.
♉ Táuro.
♊ Géminis.
♋ Cáncer.
♌ Leo.
♍ Virgo.
♎ Libra.
♏ Escorpion.
♐ Sagitario.
♑ Capricornio.
♒ Acuario.
♓ Piscis.
N. Norte, Septentrional.
S. Sur, Meridional.
E. Este, Oriente, Oriental.
O. Oeste, Occidente, Occidental.
° Grados.
′ Minutos de arco.
″ Segundos de arco.
d Dias. h Horas.

m Minutos de tiempo.
s Segundos de tiempo.
AR_v Ascension recta verdadera.
AR_m Ascension recta média.
δ Declinacion.
Δ Distancia polar.
long., *l*, Longitud.
λ φ Latitud.
Z Distancia zenital.
ω Azimut.
ε Oblicuidad de la eclíptica.
θ Amplitud.
H.° Horario.
D_v Dia verdadero.
D_m Dia medio.
D_s Dia sidéreo.
T_v Tiempo verdadero.
T_m Tiempo medio.
T_s Tiempo sidéreo.
h_v Hora verdadera.
h_m Hora média.
h_s Hora sidérea.
h_r Hora reducida.
E_t Ecuacion de tiempo.
A_a Altura aparente.
A_v Altura verdadera.
D Depresion.
R Refraccion.
P_h Paralage horizontal.
P_a Paralage de altura.
S.° Semi-diámetro.

A las latitudes y declinaciones de los astros y latitudes geográficas de especie Norte, se les antepone el signo +, y á las de especie Sur el signo —. Del mismo modo las longitudes geográficas orientales llevan el signo — y las occidentales el signo +.

ASTRONOMÍA NÁUTICA.

CAPÍTULO I.

NOCIONES PRELIMINARES.

1. Universo, es el espacio infinito que nos rodea, por el cual circulan multitud de inmensos globos en perpétuo movimiento, separados unos de otros por enormes distancias, y que designamos con los nombres de soles, planetas, satélites y cometas, ó bien con el genérico de *astros* ó *cuerpos celestes*.

La Tierra, que figura entre los cuerpos celestes más pequeños, es un planeta de forma próximamente esférica, aislado en el espacio y que sirve de morada al hombre.

2. Astronomía, es la ciencia que tiene por objeto el estudio de los astros: se divide en *descriptiva*, *esférica*, *física* y *práctica*. (*)

La astronomía descriptiva ó *uranografía*, es la exposicion detallada del Universo, de los fenómenos celestes y de cuantos conocimientos han podido adquirirse respecto á las posiciones, movimientos, forma, dimensiones y constitucion física de los astros.

La astronomía esférica considera á los astros como si estuviesen

---

(*) La palabra astronomía se deriva de las voces griegas, *aster*, astro y *nomos* ley; es la más antigua é importante de las ciencias y sirve de base á los principales conocimientos humanos; su orígen se remonta al establecimiento de las primitivas sociedades; y es indudable que el sorprendente espectáculo del cielo debió fijar la atencion de los primeros hombres y que las necesidades de la vida los obligarian á estudiarla. Los chinos nos ofrecen en sus anales las observaciones más antiguas de que se hace uso y nos demuestran que esta ciencia se cultivaba en el Celeste imperio más de 2000 años antes de nuestra era. La Europa moderna debe principalmente á los Árabes los primeros rayos de luz que disiparon las tinieblas de que estuvo rodeada durante más de doce siglos. El rey de Castilla D. Alfonso X, apellidado el Sabio, fué el primer soberano que fomentó y dió impulso en Europa á la astronomía; siendo pocos los protectores que ha tenido esta ciencia tan decididos y celosos: fué autor de las primeras efemérides astronómicas, conocidas bajo el nombre de *Tablas Alfonsinas*, impresas por primera vez en Venecia el año de 1483.

situados en la superficie de una esfera inmensa y por medio de coordenadas determina la posicion que ocupan dichos astros en el cielo, los fenómenos que resultan de la combinacion de sus movimientos, sus distancias y velocidades, y nos explica en fin, la verdadera forma del Universo.

Astronomia física es la que haciendo aplicacion de los principios de la mecánica, determina las causas de los movimientos celestes y leyes que los rigen, y deduce las masas y densidades de los astros.

La astronomia práctica comprende la aplicacion general de la teoría á las observaciones y cálculos, y nos describe la construccion y manejo de los instrumentos astronómicos.

3. **Cosmografía** es la simple descripcion del Universo visible, se ocupa de la Tierra considerada como planeta, determina la posicion relativa de sus lugares y explica los fenómenos que resultan de sus movimientos.

4. En la presente obra nos concretaremos á exponer los elementos y principios fundamentales de la astronomía, insistiendo particularmente en todos aquellos fenómenos y cálculos que tienen aplicacion en la ciencia náutica.

5. **Ilusiones ópticas ó falsas apariencias.** La astronomía, como las demás ciencias exactas, sólo se dirije á la razon; por lo tanto, al estudiar los fenómenos celestes debemos someter las primeras sensaciones que experimenta nuestra vista á las leyes del buen sentido, para poder distinguir la apariencia, de la realidad; pues de lo contrario nos exponemos á engañarnos groseramente al considerar la forma, dimensiones, movimientos y posiciones de los astros.

6. No hay ciencia cuya historia sea más humillante para nuestra raza, que la de la astronomía. La humanidad ha vivido engañada hasta los tiempos modernos por creer ciegamente en el testimonio de los sentidos, que le ha hecho formar los juicios más absurdos y sostener las teorías más monstruosas. Pero despues de muchos siglos *de fanatismo y lucha*, que ha producido no pocos mártires defensores de la verdad, se ha dejado por fin de juzgar por falsas apariencias, y desde entonces se dá una explicacion exacta del universo visible, se han obtenido en los cálculos resultados sorprendentes y el más maravilloso de los espectáculos se ha desarrollado ante los telescópios.

7. Los hechos más vulgares nos demuestran nuestra propension á incurrir en el error.

En efecto; el juicio falso que formamos de la figura de los cuerpos depende á veces de la distancia á que se encuentran de nosotros, que nos impide distinguir la curvatura de su superficie, ó bien porque los suponemos terminados en la línea divisoria de sus partes oscura é iluminada; por esta causa la Luna, cuya figura es esférica, se nos presenta bajo la forma de un semi-círculo, cuando la mitad del hemisferio que presenta á la Tierra está alumbrado por el Sol, y cuando dicho hemisferio está iluminado en su totalidad nos parece una superficie plana circular, en atencion á que no podemos distinguir la convexidad de su superficie; del mismo modo que una torre cilíndrica, mirada desde lejos nos parece cuadrangular.

(Fig. 1)

CURVATURA DE LA SUPERFICIE DEL MAR.

8. La Tierra tambien se nos presenta á primera vista como una llanura indefinida en todas direcciones, sobre la cual descansa el cielo que la cubre como un domo sólido; pero desde luego comprendemos que nuestro planeta es sensiblemente esférico y que se halla aislado en el espacio. (*)

(*) Para dar una idea de las extravagantes y risibles creencias que tenian los pueblos primitivos acerca de la figura de la Tierra, bastará decir que Homero, el sagrado poeta de los griegos, que es el autor más antiguo que nos trasmite los conocimientos geográficos de sus contemporáneos, describe á la Tierra en su *Iliada*, como un disco achatado rodeado por todas partes y circularmente del mar, que marca así los límites del mundo conocido; el cielo lo representa por una bóveda sólida que cubre al disco terrestre, apoyándose esta bóveda en columnas que descansan á su vez sobre los hombros del dios Atlas. No es ménos absurda la cosmografía de los antiguos Escandinavos, que colocaban á la Tierra en equilibrio sobre nueve pilares; y la de los Indios sectarios de Brahma que la hacian llevar sobre cuatro elefantes, pero sin decirnos sobre qué descansaban los nueve pilares ni los cuatro elefantes.

9. La primer prueba de la curvatura de nuestro planeta, la tenemos al observar desde la costa un buque que se aleja ó se aproxima, toda vez que al alejarse, lo primero que perdemos de vista es el casco; despues las velas bajas, y por último las velas altas (Fig. 1), sin que pueda decirse que la debilidad de la vista produce tales resultados, pues en este caso deberia verse el buque en su totalidad hasta el último instante, y no que sucede lo mismo aun cuando hagamos uso de un anteojo de gran alcance. Por el contrario, al aproximarse el buque, descubrimos primero las velas altas, despues las bajas, y luego en fin el casco. (Fig. 2)

10. Tambien resulta que al hallarse el buque en un punto en que la visual es tangente á la superficie del mar, aparece como suspendido entre el cielo y el

(Fig. 2)

CURVATURA DEL MAR: DIVERSOS ASPECTOS DE UN BUQUE QUE SE ACERCA A TIERRA.

agua, pero poco despues empieza á ocultarse la parte del buque que se halla debajo de dicha visual hasta desaparecer del todo. Si el observador se eleva entonces inmediatamente, volverá á descubrir una parte más ó ménos grande del buque que perderá más tarde de vista: luego el buque es visible por más tiempo, al paso que se dilata el horizonte del observador, esto es, al paso que este se halla más elevado. Esta es la misma causa porque un individuo colocado en la parte más elevada de la arboladura de un buque, vé los barcos y las costas lejanas cuando los que están sobre cubierta no las ven todavía por tenerlas debajo de su horizonte.

11. Por último, la posibilidad de dar vuelta al Mundo, como lo han efectuado gran número de navegantes, nos dá la prueba más concluyente de la redondez y aislamiento en el espacio de nuestro planeta.

A los navegantes españoles les pertenece la gloria de haber llevado á cabo el primer viaje de circunnavegacion: tan atrevida empresa la acometió el insigne Magallanes, que abandonando las costas de España en Setiembre de 1519, atravesó al año el peligroso estrecho que lleva su nombre, entró en el Pacífico cruzándolo en tres meses y veinte dias, y descubrió el archipiélago Filipino; pero cuando la mayor dificultad de su empresa estaba ya vencida, pereció á manos de los naturales de la isla de Zebú, y entonces su segundo Sebastian Elcano, tomó el mando de la expedicion que quedó reducida á un solo buque y 18 hombres, y gobernando hácia Occidente dobló el cabo de Buena Esperanza, y despues de vencer infinitos obstáculos regresó á su patria por el rumbo opuesto al de su salida, fondeando en Sanlúcar de Barrameda el 7 de Setiembre de 1522.

12. No son ménos frecuentes los errores que padecemos al apreciar las dimensiones de los cuerpos, en atencion á que la apariencia que nos presenta un objeto cualquiera, sometido á nuestras miradas, depende á la vez de su tamaño efectivo y de la distancia á que se halla de nosotros; y si esta distancia nos es desconocida, formamos la idea más equivocada acerca de sus verdaderas dimensiones.

Así es, que un globo aereostático de colosales dimensiones, estando elevado á gran altura, nos parece del tamaño de una naranja, y cuando dos objetos muy distantes llegan á cubrirse, se nos figura que el más inmediato es el mayor aun cuando en realidad sea muchísimo menor que el objeto cubierto por su interposicion.

Tambien los diámetros *aparentes* del Sol y de la Luna son próximamente iguales, siendo así que hay una diferencia enorme entre las dimensiones efectivas de estos dos astros. Y por último, el globo terrestre, del cual sólo podemos descubrir una parte muy pequeña con nuestras miradas, nos parece la más formidable de las masas, y á su lado el Sol y mucho más las estrellas, como cuerpos insignificantes; mientras que el razonamiento basado en las leyes de la geometría y de la óptica reduce á la Tierra al tamaño de un grano de arena comparada con la masa del Sol.

13. Es evidente que, juzgando por las apariencias, caeríamos en la tentacion de comparar las estrellas con las luces de otras tantas bujías; y por juicios análogos fué sin duda por qué los antiguos griegos creyeron ser muy generosos al decir que el Sol era casi tan grande como el Peloponeso. (*)

14. A medida que se han imaginado y puesto en práctica, medios cada vez más exactos para determinar las distancias que nos separan de los demás astros, se han ido modificando nuestras ideas y hemos reconocido al fin que la Tierra, tan grande con relacion á nosotros, es extremadamente pequeña si la comparamos con la mayor parte de los astros que pueblan el firmamento; nuestro globo por lo tanto, ha descendido de la elevada categoría en que lo consideraba la ignorancia de la humanidad, que lo miró mucho tiempo como el cuerpo principal del Universo; y destronado tambien de la situacion en el centro del mismo, como antes se le suponia, ha quedado reducido á figurar como un cuerpo secundario del sistema solar; esto es, oomo uno de los numerosos planetas que giran alrededor del Sol.

15. Para comprobar las ilusiones que padecemos acerca de la direccion del movimiento de los cuerpos, bastará decir que si dirigimos la vista al cielo en una noche en que las nubes impelidas por el viento corren por debajo de la Luna, nos parecerá que las nubes están paradas, y que la Luna es la que se mueve en direccion opues-

---

(*) Anaxágoras, filósofo griego que vivió como cuatro siglos antes de nuestra era, fué condenado á muerte por los Atenienses, por haberse atrevido á sostener que el Sol era mayor que el Peloponeso; pero esta pena se le conmutó por la de destierro, mediante el influjo de Pericles.

ta. Del mismo modo, cuando se navega con velocidad muy próximo á tierra, estando la mar tranquila, se nos figura que el buque está inmóvil, y que los objetos situados en la costa se mueven en direccion opuesta á la que lleva el buque. La ilusion es aun más completa viajando por ferro-carril, pues si dirigimos las miradas por una de las ventanillas del coche, se nos figura que los árboles, edificios y demás objetos próximos á la vía, corren con gran velocidad en direccion opuesta á la del tren, siendo esta extraña sensacion tanto más enérgica, cuanto más aislados nos hallemos en el vehículo que nos conduce, y al paso que es más suave el movimiento.

16. Del mismo modo al observar el movimiento diurno del cielo, creemos que la Tierra está parada y que los astros giran alrededor de ella en 24^h de Oriente á Occidente; siendo así que estos movimientos tan rápidos de los astros son del todo aparentes y que la Tierra es la que gira sobre su eje de Occidente á Oriente, esto es, en direccion opuesta á aquella que nos parece que siguen los astros.

17. Tambien sucede muchas veces que vemos á los cuerpos en una situacion distinta á la que tienen en realidad. En este caso se halla un objeto visto por reflexion, cuya situacion aparente es opuesta á la verdadera. Otras veces proviene el error, de que los rayos de luz sólo se propagan en línea recta cuando atraviesan medios homogéneos, y que al pasar oblícuamente de un medio á otro de diferente densidad, sufren un desvío que se conoce con el nombre de *refraccion*. Por esta causa nos parece torcida una varilla recta cuando se sumerge parte de ella en el agua.

18. Segun veremos más adelante, la atmósfera terrestre está formada por capas concéntricas cuya densidad vá disminuyendo al paso que están más elevadas de la superficie, y por este motivo un rayo de luz que viene de un astro describe una curva al atravesar dichas capas, é imaginamos que se halla en la direccion de la recta tangente á la curva, en el extremo que corresponde al observador; de donde resulta que por efecto de la refraccion vemos á los astros más elevados de lo que están en realidad.

19. De todo lo expuesto se deduce que el estudio y el buen método modifican nuestras ideas, corrigiendo los errores y falsas consecuencias que resultan de un juicio precipitado.

20. De la elipse. Los astros en sus movimientos describen unas curvas semejantes á la que los geómetras designan con el nombre de elipse, y en la cual los astrónomos consideran ciertos puntos y líneas, cuyos nombres y propiedades conviene conocer.

21. Para trazar una elipse, sujetaremos los dos extremos de un hilo, de una extension igual á la mayor dimension que se quiera que tenga la elipse, en los dos puntos fijos F (Fig. 3): hecho esto, lo pondremos tirante por medio de la punta de un lápiz, y corriéndola de derecha á izquierda, describiremos una curva que será la semi-elipse; echando despues el hilo hácia arriba y repitiendo igual operacion, obtendremos la elipse.

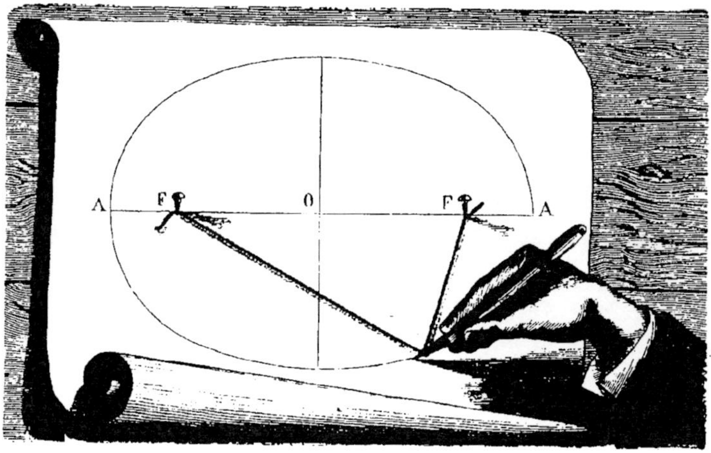

(Fig. 3)

PROCEDIMIENTO PARA DESCRIBIR LA ELIPSE.

22. Los puntos F y G (Fig. 4) en que se fija el hilo se llaman *focos* de la elipse.

La línea AB que pasando por los focos termina en la periferia se llama *eje mayor*, y los astrónomos le dan tambien el nombre de *línea de los ápsides*.

Los puntos A y B en que termina el eje mayor se llaman *vértices* de la elipse.

El punto C, equidistante de A y B es el *centro* de la curva. La distancia FC, comprendida entre el centro C, y uno de los focos F, se denomina *excentricidad*.

23. La recta DE, que pasando por el centro es perpendicular á la AB, se llama *eje menor*. Todas las rectas que pasan por el centro de la elipse y tienen sus extremidades en la periferia, se llaman *diámetros:* y sus mitades, ó sean las rectas que salen del centro y terminan en la curva, *semi-diámetros*.

24. El eje mayor es el diámetro más grande de la elipse, y el

menor el más pequeño. Los astrónomos solo consideran uno de los focos de la elipse, en el cual hay un cuerpo fijo, alrededor del cual gira otro que es el que describe dicha curva: las líneas que saliendo de un foco terminan en la peri , tales como las FH, FI, FL, &c., se denominan *radios vectores*.

25. Al disminuir la excentricidad disminuye tambien la diferencia que hay entre las magnitudes de los radios vectores; y cuanto más se aproximan los focos al centro, más se asemeja la elipse á un círculo, hasta el punto que si dichos focos F y G se unen en C, la excentricidad será cero y la elipse se convertirá en un círculo perfecto.

26. Los focos resultan tambien de la interseccion con el eje mayor, de dos arcos que se describirán haciendo centro en un extremo del eje menor y con un radio igual al semieje mayor.

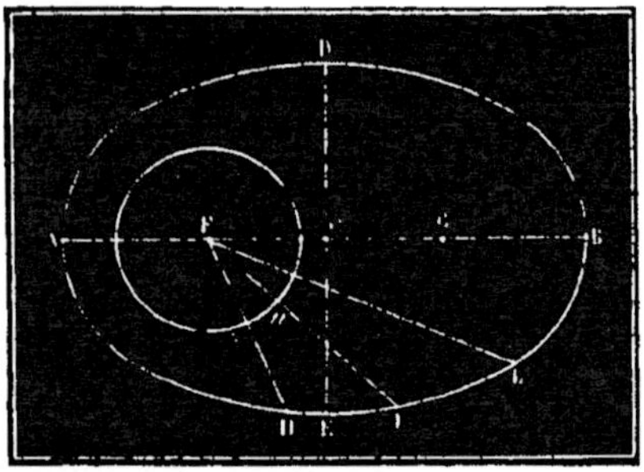

(Fig. 4)

Siempre que se conozca la longitud del eje mayor y la excentricidad estará determinada la elipse, en atencion á que la longitud del hilo generador debe ser igual á la del eje mayor y los focos son los puntos en que se fijan sus extremidades.

Del mismo modo conocidas las dimensiones de los dos ejes estará tambien determinada la elipse, puesto que podremos situar los focos y trazarla.

27. *Sector elíptico*, es la figura terminada por dos radios vectores y el arco de elipse comprendido entre ellos; como son los HFI, LFB, &c.

Si suponemos que el astro en revolucion que produce la elipse, se traslada de H á I y de I á L, se dice que el radio vector describe los sectores HFI é IFL.

28. Cuando el astro en revolucion se halla en el vértice B, que es el más distante del foco F, se dice que se halla en el *ápside superior;* y cuando se encuentra en el vértice A, ó sea el más próximo, que está en el *ápside inferior*.

De aquí resulta que FB es la mayor distancia y FA la menor en que se pueden hallar los dos astros; luego podremos decir que mientras el cuerpo que describe la elipse se dirije del ápside inferior al superior, se vá alejando cada vez más de F; y por el contrario que se vá aproximando cuando se dirije del ápside superior B al inferior A.

29. Entiéndese por *distancia média* del astro fijo al que describe la curva, á la que resulta de tomar un promedio entre la mayor FB y la menor FA: esto es, $\frac{FB + AF}{2} = AC$; luego podremos tambien decir que la distancia média es igual al semi-eje mayor.

30. *Movimiento angular* de un astro, es la variacion que sufre el ángulo que el radio vector forma con la línea de los ápsides, el cual se mide en la circunferencia de un círculo cuyo centro está en el foco.

Por ejemplo: al hallarse el astro en H, el ángulo que forma el radio vector es el HFB; y al encontrarse en I el IFB, luego HFB—IFB=HFI, que será el movimiento angular que ha tenido el astro, medido por el arco de circunferencia *mn*.

Si dicho ángulo HFI, vale un grado y el cuerpo ha empleado un dia en trasladarse de H á I, diremos que el movimiento angular diario del astro es de 1°.

31. Si en tiempos iguales describe el radio vector ángulos iguales, el movimiento del astro será *uniforme*, y en el caso contrario *irregular*.

32. Por *movimiento médio* se entiende el movimiento angular que tendria un astro, si dicho movimiento fuese uniforme.

Por lo tanto, para hallarlo dividiremos 360° por el tiempo que emplea el cuerpo en describir la elipse, y segun que el divisor haya sido el número de meses, de dias, ó de horas, así el cociente manifestará el movimiento médio mensual, diario ú horario.

33. **Esfera celeste.** Llámase así á la esfera ideal descrita con un radio infinito que tiene por centro el ojo del observador, y en cuya superficie imaginamos que se hallan situados todos los astros.

Los astros no se hallan todos á igual distancia de la Tierra; pero, las diferencias que hay entre sus distancias respectivas, que se determinan por el cálculo, no son sensibles á nuestra vista, la cual solo nos indica la direccion de los rayos de luz que nos envian dichos astros; y como no tenemos en el cielo término alguno de comparacion conocido que nos pueda servir para estimar sus distancias, nos parecen todos igualmente alejados. Por esta razon cada observador se considera situado en el centro de una esfera, de un radio infinito, en cuya superficie aparecen los astros, cada uno en la prolongacion de su rayo visual correspondiente.

34. **Distancias angulares.** Casi siempre que se trata de las distancias que hay entre los cuerpos celestes, se entiende que estas son las *distancias angulares*, ó sean los ángulos formados por dos rectas que saliendo del ojo del observador, pasan por los astros cuya distancia angular se trata de medir.

La distancia angular entre dos cuerpos no tiene relacion alguna con su distancia lineal efectiva: así es que la gran proximidad en que vemos algunos astros, no es mas que una ilusion óptica, apareciendo así por hallarse en la misma direccion, aunque en realidad se hallen á inmensa distancia el uno del otro.

35. La medida de la distancia angular de dos astros, es el arco de círculo máximo de la esfera celeste, comprendido entre los radios que pasan por dichos astros.

(Fig. 5)

Sea O el centro de la esfera, y tendremos que la distancia angular entre los astros *a* y *b*, será *e* O *f*, medida por el arco *ef*.

36. Por distancia de un astro á un círculo máximo de la esfera se entiende tambien la angular; esto es, el ángulo que forma el rayo visual con el plano del círculo de que se trata.

La distancia angular del astro *b*, á un círculo máximo *cd*, se mide sobre la circunferencia de otro círculo máximo *fdsc*, que pasa por los polos *n*, *s* del primero y por la extremidad *f* del radio correspondiente al astro en cuestion *b*.

Luego la distancia será *f* O *d* y su medida el arco *fd*.

37. Para comparar las distancias angulares de varios astros entre sí, ó respecto á los círculos, no hay error en suponer que dichos astros están situados en la superficie de la esfera celeste, en las extremidades de los radios que pasan por cada uno de ellos; toda vez que, como sabemos, el valor de un ángulo no depende de la longitud de sus lados, que subsiste siempre el mismo aun cuando estos se prolonguen hasta el infinito.

CAPÍTULO II.

SISTEMA DEL UNIVERSO.

38. Fundadores de la astronomía moderna. Por sistema del Universo se entiende la exposicion de los caractéres, situaciones respectivas de los astros y leyes que rigen á sus movimientos.

39. Más de 6.000 años transcurrieron antes que apareciese un hombre capaz de comprender y explicar el universo astronómico y que demostrase los groseros errores de tantas generaciones de filósofos y lo absurdo del sistema de *Tolomeo*, que ha prevalecido como evidente por espacio de 14 siglos. (*)

(*) Claudio Tolomeo floreció en Alejandría por los años 130 de nuestra era: su mérito principal consiste en haber organizado la astronomía cuando iba en decadencia; pero, guiado por falsas apariencias y desconociendo la forma y dimensiones de la Tierra y su distancia á los demás astros, lo hizo á expensas de la verdad. Reuniendo todos los trabajos y observaciones de sus antecesores, especialmente las de Hiparco, dió un sistema completo de astronomía en su gran obra titulada el *Almagesto*, que considerada únicamente como registro de observaciones, es uno de los monumentos más preciosos de la antigüedad. Este filósofo consideraba á la Tierra inmóvil en el centro del Universo y que todos los astros giraban alrededor de ella en 24 horas.

40. A *Nicolás Copérnico* le corresponde la gloria de haber inaugurado una nueva era para la astronomía, pues inspirándose en las luminosas ideas vertidas por *Pitágoras*, *Hiparco* y otros filósofos de la antigüedad, estableció y publicó en 1543 un sistema completamente nuevo que ha inmortalizado su nombre; pero que tuvo que luchar, durante más de un siglo, con la tenaz resistencia que le opuso la ignorancia y el fanatismo, hasta que al fin los trabajos de *Keplero*, *Galileo* y *Newton*, han venido á demostrar su exactitud, hasta la más completa evidencia.(*)

41. Por lo tanto, COPÉRNICO, KEPLERO, GALILEO y NEWTON, son los fundadores de la astronomía moderna; y ateniéndonos á los principios establecidos por estos eminentes sabios, pasaremos á explicar el verdadero sistema del Universo.

42. El Sol es un astro que brilla con luz propia, de forma sensiblemente esférica, cuyo radio es 112 veces mayor que el de la Tierra, y por lo tanto, los volúmenes de estos dos cuerpos estarán entre sí como $112^3 : 1$. (†)

43. Su distancia á la Tierra es de 24.068 semidiámetros terrestres ó 215 semidiámetros solares; y como el radio del ecuador terrestre mide 6.377 kilómetros, podremos tambien decir que la distancia média del Sol á la Tierra es de 38 millones de leguas de á 4 kilómetros. (‡)

44. El Sol tiene un *movimiento de rotacion* sobre sí mismo al-

---

(*) Copérnico nació en Thorn, ciudad de la Polonia, hoy prusiana, el año de 1473: despues de recibir en la universidad de Cracovia la investidura de Doctor en medicina, fué á Italia á estudiar astronomía, su ciencia predilecta; y á los 29 años de edad regresó á su pais donde obtuvo una canongía en la catedral de Frauenburg, lo cual le proporcionaba independencia y tranquilidad para consagrarse á sus trabajos astronómicos. Convencido de la falsedad del sistema de Tolomeo, escribió su célebre obra titulada *Revoluciones Celestes*, que por modestia y fundado temor tuvo oculta 27 años; hasta que al fin se imprimió en Nuremberg, recibiendo el primer ejemplar momentos antes de espirar, á los 71 años de edad. Esta obra en la cual expuso su sistema, hoy acatado por todos, fué condenada por la *Congregacion del índice*, en 1616.

(†) Un profesor de Angers, para dar á sus discípulos una idea sensible del volúmen del Sol, comparado con el de nuestro planeta, contó los granos de trigo de un tamaño medio que entran en la medida de capacidad llamada litro y resultaron ser 10.000 granos y de aquí que 14 decálitros contendrán 1.400.000. Hecho esto, reuniendo en un monton dichos 14 decálitros les dijo: este monton nos representa el volúmen del Sol; y un sólo grano el de la Tierra. Esta asimilacion sorprendió á los alumnos infinitamente más que la simple enunciacion de los números abstractos 1 y 1.400.000.

No es ménos notable que, atendiendo á que la Luna dista de nosotros 96.000 leguas, podemos tambien decir que el volúmen del Sol es casi igual al de una esfera, cuyo centro coincidiera con el de la Tierra, extendiéndose su radio á doble distancia de la que hay á la Luna. Por lo tanto, si supusiésemos que el centro del Sol coincidiese con el de la Tierra, la Luna estaria comprendida en el interior del globo solar y para llegar á la superficie de este, siguiendo el mismo radio, resultaria aún una distancia de 82.000 leguas.

(‡) Si un móvil saliese de la Tierra con una velocidad uniforme de 75 kilómetros por hora, que es la máxima de las locomotoras, emplearia más de 200 años para llegar al Sol; y sin embargo, como veremos más adelante, su luz sólo tarda en llegar á nosotros $8^m\ 18^s$.

Sabemos que la velocidad de una bala de cañon de á 24, al salir de la pieza, es de 400 metros por segundo, que equivalen á 4.000 metros en 10 segundos, á 6 leguas por minuto, á 360 leguas por hora, á 8.640 leguas por dia, á 3.155.760 por año y á 37.870.000 en 12 años. Luego suponiendo que una bala conservase su velocidad inicial, tardaria más de 12 años en recorrer los 38 millones de leguas, distancia média del Sol á la Tierra.

rededor de un diámetro que llamaremos *eje solar;* y al círculo máximo de su esfera que es perpendicular á este eje, *ecuador solar.*

Una rotacion completa del Sol sobre sí mismo, se efectúa en unos 25½ dias: y la velocidad de los puntos de su ecuador es de 2.105 metros por segundos, es decir, como cinco veces mayor que la velocidad inicial de una bala de cañon de á 24.

45. Esto se funda en que observando al Sol con un anteojo, provisto de un vidrio de color para evitar que la intensidad de la luz nos ofenda la vista, se ven frecuentemente sobre su disco unas manchas negruzcas variables en su número, posicion y duracion, tales como la representa la (Fig. 6), algunas de las cuales se

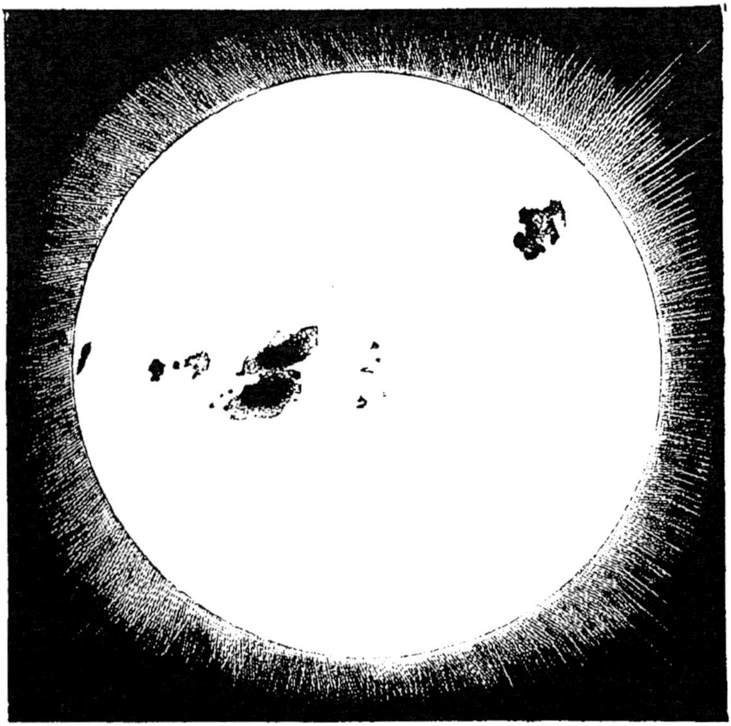

(Fig. 6)

GRANDES MANCHAS SOLARES OBSERVADAS POR DAVIS.

deshacen pronto y son reemplazadas por otras, pero casi siempre son bastante permanentes para poder observarlas. (*)

(*) El descubrimiento de las manchas del Sol, y por tanto la demostracion de su movimiento giratorio, sólo se remonta al año de 1610, y se le debe á Galileo, á quien podemos llamar con justicia el Cristóbal Colon de la astronomía.

Por los años de 1606, los juegos de un niño le hicieron descubrir á Lippershey, óptico holandés, el más maravilloso de los instrumentos que, dilatando los límites visibles hasta entonces del Universo, dió á conocer nuevos mundos. A las primeras noticias que tuvo Galileo del anteojo, se dedicó á perfeccionarlo y tuvo la gloria de ser el primero que construyó uno de poder suficiente para aplicarlo á sondar los espacios celestes; y su alegría fué inmensa al ver que los astros parecia como que se le acercaban y venian á comunicarle el esplendor y magnificencia de la creacion.

Si se continúa la observacion durante varios dias, se advierte que una misma mancha despues de aparecer por el borde Oriental ó sea el de la izquierda, atraviesa el disco solar y desaparece por el borde Occidental en unos 14 dias, volviendo de nuevo á aparecer otros 14 dias despues de haberse ocultado. Este fenómeno nos demuestra que dichas manchas forman parte del cuerpo del Sol, y que este astro gira sobre su eje en un intervalo *aparente* de 27½ dias, efectuando la rotacion verdadera en unos 25½ dias. Esta diferencia proviene de que la Tierra gira alrededor del Sol en la misma direccion en que este lo hace sobre su eje, y por lo tanto vá avanzando en el sentido de la rotacion de las manchas, y tarda dos dias más en perderlas de vista; esto es, que continúa viéndolas despues de haber desaparecido para el punto en que se encontraba la Tierra al principio de la observacion: luego, para que pudiésemos observar la rotacion verdadera del Sol, seria necesario que la Tierra estuviese parada.

46. Los Planetas son unos astros opacos semejantes al globo terrestre, cuyo brillo es debido á la luz solar que reciben y reflejan, siendo su figura la de una esferoide más ó ménos aplanada por sus polos y ensanchada por su ecuador.

47. Todos los planetas circulan alrededor del Sol, en la direccion de Occidente á Oriente, en intervalos distintos y á diferentes distancias, en virtud de un movimiento que se llama de traslacion, por el cual describen elipses poco excéntricas que en general se llaman *órbitas* planetarias, teniendo todas un foco comun que es el ocupado por el Sol.

48. Al mismo tiempo que hacen su revolucion alrededor del Sol efectúan tambien un *movimiento de rotacion* sobre uno de sus diámetros que llamaremos *eje*, y al círculo máximo perpendicular á él, *ecuador*. Dicho movimiento se verifica de Occidente á Oriente ó sea en el mismo sentido que el de traslacion, y los ejes están generalmente inclinados á sus respectivas órbitas.

49. El planeta que habitamos emplea poco más de un año en hacer una revolucion alrededor del Sol y dá una vuelta completa sobre su eje en poco ménos de 24 horas.

50. Los movimientos de traslacion de los planetas son muy irregulares; pero, los de rotacion son uniformes.

51. Los satélites, *lunas* ó *planetas secundarios,* son unos astros que acompañan á algunos planetas primarios en su revolucion alrededor del Sol, efectuando dos movimientos; uno de rotacion sobre su eje y otro de traslacion alrededor del planeta á que pertenecen.

Son esferoidales, opacos, reciben y reflejan la luz del Sol y tienen la propiedad notable de ejecutar en un mismo intervalo de tiempo sus movimientos de rotacion y traslacion, ambos en la direccion de Occidente á Oriente, salvo una escepcion de que nos ocuparemos más adelante.

52. Los satélites describen en su movimiento de traslacion elipses poco excéntricas, en cuyo foco se halla el planeta á que pertenecen; pero como este no está inmóvil, sino que gira al mismo tiempo alrededor del Sol, resulta en rigor que el movimiento *absoluto* de los satélites ó sea la trayectoria que describen, es una curva del género de las que los geómetras designan con el nombre de *epicicloides*, cuyo centro móvil es el planeta.

53. Los cometas son unos cuerpos caracterizados todos por su poca densidad y lo vago de sus formas; su nombre, derivado del griego y que significa *astro melenudo*, proviene de una ráfaga luminosa que presentan los mas, generalmente opuesta al punto donde se halla el Sol.

Describen unas elipses sumamente excéntricas y prolongadas, en cuyo foco se halla el Sol; y por esta causa se alejan á distancias tan enormes que se pierden de vista en el espacio y solo se descubren durante algun tiempo.

Su movimiento de traslacion lo ejecutan en distintas direcciones, apareciendo y desapareciendo por varios puntos del horizonte y atravesando el cielo en diversos sentidos. Cuando se dirigen de Occidente á Oriente, se dice que su movimiento es *directo;* y *retrógrado* cuando es de Oriente á Occidente.

54. Sistema solar es el conjunto de astros que acompañan al Sol girando en torno suyo.

Los elementos de que se compone nuestro sistema y su distribucion, es la siguiente:

El Sol, foco de calor y de luz y centro de todos los movimientos. (Lámina II)

Los astrónomos lo indican abreviadamente con este signo ☉.

Anillo problemático de pequeños planetas, llamado intra-mercuriales. (*)

(*) El célebre astrónomo Le-Verrier, hace años que admitió como necesaria la existencia de uno ó más planetas intra-mercuriales, esplicando de este modo ciertas irregularidades del movimiento de Mercurio.

Mr. Lescarbault anunció que en 26 de Marzo de 1859 habia visto desde Orgères pasar por delante del disco solar una manchita redonda parecida al disco de un planeta. Examinada escrupulosamente esta observacion por Le-Verrier la conceptuó válida y perfectamente exacta, dándose por descubierto el nuevo planeta que recibió el nombre de Vulcano. Este descubrimiento fué sin embargo completamente negado por Mr. Liais, astrónomo francés residente en el Brasil, que aseguró haber observado el Sol, en el dia antes citado, sin advertir en su disco mancha alguna extraordinaria, con lo cual se miró con desconfianza este anuncio. Posteriormente se ha pretendido varias veces haber vuelto á observar á Vulcano, pero perdido de nuevo, quedó olvidado hasta el verano de 1876 en que el astrónomo aleman Mr. Weber aseguró haberlo visto por breves instantes proyectado en el disco Solar, presentando el aspecto de una manchita de extraña figura; pero esta vez tambien se invalidó lo anunciado. por medio de las observaciones efectuadas por el astrónomo español Sr. Ventosa, que demostraron plenamente que la mancha vista estaba adherida á la masa solar, y que por lo tanto era imposible procediese de

De 8 planetas principales que por el órden de sus respectivas distancias al Sol y signos con que se indican son:

☿	MERCURIO	Conocidos en la antigüedad. (‡)
♀	VENUS	
♁	LA TIERRA	
♂	MARTE	
♃	JÚPITER	
♄	SATURNO	
♅	URANO	Descubierto por *Herschell* en 1781.
♆	NEPTUNO	Pronosticada su existencia por medio del cálculo por *Le-Verrier* y descubierto por *Gall* en Berlin en 1846.

55. De un número indeterminado aún de pequeños planetas, situados entre Marte y Júpiter, llamados *asteróides* ó telescópicos, porque solo se ven con el auxilio de poderosos telescopios.

El descubrimiento de los asteróides pertenece por completo á nuestro siglo; los conocidos hasta el 30 de Setiembre de 1878 eran 191; pero, se supone que su número es mucho más considerable como lo prueba el aumento que tiene cada año, gracias al celo infatigable de los observadores. (†)

56. Para facilitar el estudio de los planetas se dividen los principales en dos grupos distintos, considerando á la Tierra como término de separacion.

Pertenecen al primero, Mercurio y Venus que se llaman planetas *inferiores* ó *interiores*; y al segundo Marte, Júpiter, Saturno, Urano y Neptuno, que son los *superiores* ó *exteriores*.

---

la interposicion de un planeta entre la Tierra y el Sol; y tomando parte en el debate el Director del Observatorio de Greenwich Mr. Airi, manifestó que del exámen de las fotografías del disco del Sol hechas en aquel Establecimiento, se confirmaba lo dicho por el Sr. Ventosa. Convencido Le-Verrier de la existencia de Vulcano, pronosticó como probable que volveria á pasar por el disco solar en los dias 21, 22 y 23 de Marzo de 1877; escitó á todos los astrónomos para que observasen cuidadosamente, pero á pesar de haber procurado complacerle en todas partes no se obtuvo resultado alguno. Durante el eclipse total de Sol del 29 de Julio de 1878 el Director del Observatorio de Ann-Arbor, Mr. Warson, dice haber visto al famoso planeta, sin que pueda quedar ya duda. En este estado la cuestion, parece lo más prudente esperar que se confirme lo dicho por Mr. Warson.

(‡) Los antiguos sólo conocian 7 planetas, incluyendo en este número al Sol y á la Luna, y suponian á la Tierra inmóvil en el centro del Universo girando los planetas alrededor de ella por el órden siguiente de distancias: la Luna, Mercurio, Venus, el Sol, Marte, Júpiter, y Saturno: á cada uno de estos lo suponian en un cielo sólido de cristal efectuando la revolucion alrededor de la Tierra en 24^h; y para explicar los diferentes fenómenos formaron tales complicaciones y tan violentas hipótesis, que no podia darse mayor oscuridad, á pesar de haber empleado tanto cristal en la construccion de los cielos.

A dichos astros les atribuian virtudes del órden más elevado y nosotros conservamos los nombres paganos que les dieron, de los cuales se derivan los de los dias de la semana. Tambien subsisten los mismos signos con que los distinguian los antiguos astrónomos y que empleaban los alquimistas para representar los únicos metales que conocian.

ORO.	PLATA.	EL MERCURIO.	COBRE.	HIERRO.	ZINC.	PLOMO.
☉	☽	☿	♁	♂	♃	♄
Sol.	*Luna.*	*Mercurio.*	*Venus.*	*Marte.*	*Júpiter.*	*Saturno.*

(†) El siglo actual ha empezado del modo más feliz para la astronomía; su primer dia es notable por el descubrimiento del primer asteróide, *Ceres*, hecho por Piazzi en Palermo.

57. Atendiendo á la analogía que existe entre los tamaños y movimientos de los planetas y siguiendo la clasificacion adoptada por *Humboldt*, se dividen tambien en tres grupos, para lo cual se toman los asteróides como zona de separacion.

Segun esto, forman el primer grupo Mercurio, Venus, la Tierra y Marte, que son de un tamaño medio respecto á los demás; pertenecen al segundo grupo los asteróides ó pequeños planetas, y al tercero Júpiter, Saturno, Urano y Neptuno, ó sean los grandes planetas, pues el volúmen de uno cualquiera de ellos es tan grande como los cuatro planetas del primer grupo reunidos en un solo globo.

58. Por el órden de sus volúmenes y procediendo de mayor á menor, los planetas principales se cuentan así: 1.° JÚPITER, 2.° SATURNO, 3.° NEPTUNO, 4.° URANO, 5.° la TIERRA, 6.° VENUS, 7.° MARTE, y 8.° MERCURIO.

Los volúmenes de los planetas no siguen ley alguna aparente ni regular con sus distancias ó movimientos; dichos volúmenes comparados, tomando el de la Tierra como unidad, son: Marte y Mercurio inferiores á la Tierra, el primero $^1/_7$ y el segundo $^1/_{16}$; Venus $^{87}/_{100}$ ó sea casi igual; Júpiter 1390 veces mayor; Saturno 865; Urano 75 y Neptuno 86. Casi todos los asteróides miden ménos de 600 kilómetros de diámetro; y el mayor de ellos no llega al volúmen de la Luna que es $^1/_{50}$ del de la Tierra; y por último el Sol es próximamente 600 veces mayor que todos los planetas reunidos.

59. **Número de Satélites.** Los satélites que acompañan á algunos planetas, formando sistemas secundarios análogos al principal, son 20, distribuidos del modo siguiente:

La Luna ☾ que es el satélite de la Tierra, gira á su alrededor en 27½ dias; su radio comparado con el terrestre es $^1/_4$ próximamente y su volúmen $^1/_{50}$; dista de nosotros 96.000 leguas, y por lo tanto está 400 veces más cerca que el Sol.

Marte con dos satélites pequeñísimos muy recientemente descubiertos, y que casi no se ven con los mejores telescopios en las circunstancias más favorables.

Júpiter tiene cuatro satélites, algunos de ellos casi tan grandes como la Tierra, especialmente el tercero que lo veriamos como una estrella de las más pequeñas (5.ª magnitud), si la luz reflejada del planeta no lo impidiese. (*)

Saturno tiene ocho satélites visibles con suma dificultad, y además varios anillos concéntricos que lo rodean á una distancia relativamente considerable.

(*) Entre los más notables descubrimientos de Galileo figura el de los cuatro satélites de Júpiter que tuvo lugar en 1610 (véase la nota del art. 45) y que vino á demostrar por analogía la relacion de la Tierra con los demás planetas; pero sus adversarios, tan soberbios como ignorantes, que solo admitian la existencia de siete planetas, tomaron á fábula tan notable descubrimiento y apartaban la vista del anteojo, no queriendo ver lo que se les enseñaba, haciendo en cambio las objecciones más estúpidas, entre las cuales es digna de mencion la siguiente: "no existen más que siete metales, el candelabro del templo solo tiene siete brazos y la cabeza siete aberturas, siendo esto así, ¿cómo es posible que existan más de siete planetas?" Tan monstruosos y risibles razonamientos nos demuestran el lamentable atraso en que se hallaba la ciencia en pleno siglo XVII.

Urano vá acompañado de cuatro satélites de ténue resplandor, presentando estos la particularidad notable de ser retrógrados sus movimientos; esto es, inversos á todos los movimientos conocidos en planetas y satélites.

Neptuno tiene un satélite; se cree haberle descubierto otro, pero su existencia no está aún comprobada. (*)

60. Número de cometas. Los cometas ascienden á un número muy considerable: se conocen ya más de 700, y todos los años aparecen y desaparecen algunos que no se perciben á simple vista: se han calculado las órbitas de unos 200, pero solamente son 6 los que se conocen lo bastante para poder predecir su aparicion, y á los cuales se les dá el nombre de *periódicos.*

61. Hay que advertir que es imposible representar en la lámina II el sistema solar, guardando la debida proporcion en las dimensiones de los astros y de sus órbitas, pues dándole al Sol un milímetro de diámetro, deberia situarse Mercurio á unos 4 centímetros distante de él; la Tierra á 11 centímetros y Neptuno á 3 metros 21 centímetros, resultando de aquí que el diámetro de la figura deberia medir unos 6 metros y medio.

62. Luz zodiacal. Se le ha dado este nombre á un resplandor fosforescente que se observa en el cielo, en ciertos meses antes de salir el Sol ó despues de ponerse, y cuya forma es generalmente la de un semi-huso esférico. (LAMINA I)

Diversas son las hipótesis que se han hecho acerca de este misterioso fenómeno, pero todo nos induce á creer que es una cantidad de materia difusa ó hasta cierto punto condensada, bajo el aspecto de nube ténue dotada del poder de reflejar y que se extiende circularmente alrededor del ecuador solar á una distancia desconocida, entre las órbitas de Venus y la Tierra.

63. Estrellas fugaces. Está demostrada la existencia de una cantidad prodigiosa de corpúsculos que circulan alrededor del Sol formando una especie de anillo elíptico, muy próximo á la Tierra y cuyas diversas regiones son más ó ménos ricas en materia cósmica. Estos corpúsculos son sólidos, y su roce con las capas superiores de la atmósfera terrestre, es suficiente para producir la incandescencia

---

(*) Respecto al número exacto de satélites que acompañan á los planetas ha existido siempre, y aun existe alguna incertidumbre, motivada en que se trata de cuerpos pequeñísimos en apariencia y de dificilísima observacion, tanto que cualquier estrella telescópica situada cerca del planeta puede equivocarse con un satélite. De aquí proviene que hace 90 años le atribuyese Herschell á Urano seis satélites, que recientes trabajos han reducido á dos, aumentados con otros dos no mencionados ó mal definidos por Herschell; que á Neptuno se le hayan atribuido dos satélites cuando hoy sólo se le considera acompañado por uno; y por último, que á Marte se le hayan observado dos pequeñísimas lunas, que con vertiginosa rapidez se trasladan en torno suyo en unas $7^h\ 39^m$ y á una distancia poco mayor de dos radios la más próxima y de $30^h\ 18^m$ á la 5,7 radios la exterior.

Este notable descubrimiento lo verificó Mr. Hull en el Observatorio de Washington en Agosto de 1877, con el auxilio de un anteojo colosal de 66 centímetros de abertura y cerca de 10 metros de longitud, cuyo costo fué de unos 46.000 duros.

de las materias inflamables que los componen, resultando de aquí unos puntos brillantes que vemos correr por el cielo en toda noche despejada y que los astrónomos denominan *estrellas fugaces* y el vulgo *exhalaciones*. Otras veces, por pasar más cerca de la Tierra, aparecen como globos de fuego, dándoseles entonces el nombre de *bólidos;* y por último, cuando entran en la esfera de atraccion de la Tierra y no pueden ya separarse de ella, caen en su superficie y son llamados *aereolitos* ó piedras meteóricas.

64. Reasumiendo diremos, que el número total de cuerpos conocidos hasta hoy, 30 de Setiembre de 1878, que constituyen nuestro sistema son: 199 planetas, de ellos 8 principales y 191 asteróides; 20 satélites, 6 cometas periódicos y una ó más zonas de materia cósmica circulante, de donde segun todas las probabilidades proviene la luz zodiacal y las estrellas fugaces.

65. Leyes de Keplero. Explicadas por Copérnico las posiciones relativas de los planetas y sus revoluciones alrededor del Sol, faltaba aún conocer la verdadera forma de las curvas que describen y leyes que siguen en sus movimientos. Tal fué el problema que se propuso Keplero, y que resolvió despues de 22 años de asíduos trabajos, comparando los resultados numerosos de las observaciones hechas por Tico-Brahe. (*)

66. Las leyes de Keplero, tan sublimes como sencillas y bases de la astronomía, son estas:

1.ª *Las órbitas de los planetas son elipses y el Sol ocupa un foco comun á todas ellas.*

2.ª *Las áreas de los sectores elípticos, que el radio vector de un mismo planeta, satélite ó cometa, describe en tiempos iguales, son iguales.*

3.ª *Cuando varios astros describen elipses alrededor de un mismo foco, los cuadrados de los tiempos que emplean en cada revolucion, son proporcionales á los cubos de sus distancias médias al foco.*

67. Para que se comprendan mejor las consecuencias que se desprenden de estas notables leyes, diremos que la primera nos dá á conocer que el centro del Sol está en el plano de todas las órbitas planetarias; esto es, en un punto en que concurren uno de los focos de cada elipse descrita en virtud del movimiento de

---

(*) Tico-Brahe, astrónomo dinamarqués y uno de los más excelentes observadores, tuvo la desgracia de darle su nombre á un sistema intermedio entre los de Tolomeo y Copérnico. Decia que la Tierra estaba inmóvil en el centro del Universo, y que alrededor de ella giraba el Sol acompañado de los demás planetas dando vueltas en torno suyo; sostenia por lo tanto la existencia simultánea de dos centros; la Tierra lo era para el Sol y este para los demás cuerpos del sistema.

La muerte de Tico que acaeció en 1603, puso en manos de Keplero, su discípulo, su preciosa coleccion de 21 años de observaciones, de cuyo estudio y comparacion dedujo sus inmortales leyes, 76 años despues del descubrimiento del sistema del mundo por Copérnico.

traslacion de los planetas, que como ya sabemos, se efectúa de Occidente á Oriente; y por lo tanto, uno de estos cualquiera, la Tierra por ejemplo, se irá alejando del Sol al trasladarse del ápside inferior al superior (art. 28), y aproximándose al dirigirse del ápside superior al inferior, por cuya causa el disco solar en distintas épocas del año, aparecerá al observador mayor ó menor segun las distancias á que se encuentre de este astro.

68. De la segunda ley se deduce tácitamente, que el movimiento de traslacion de los planetas no es uniforme: en efecto, se observa que la velocidad del movimiento aumenta cuanto más se aproximan al ápside inferior, y que disminuye al paso que se alejan de él; y para comprender fácilmente las relaciones que existen entre las velocidades y distancias al Sol, tendremos: que si dividimos la órbita de un planeta en porciones recorridas en intervalos de tiempo iguales, resultará que siendo irregular la velocidad del movimiento, dichas porciones no serán iguales entre sí, pues de lo contrario, el movimiento seria uniforme; luego para que resulten iguales las áreas de los sectores que describe el radio vector en tiempos iguales, será preciso que las porciones de curva recorridas vayan siendo cada vez mayores á medida que el planeta se vá aproximando al Sol, ó lo que es lo mismo, al paso que disminuyendo la longitud de los radios vectores van siendo los sectores cada vez más cortos.

69. La tercera ley, que es sin duda la más notable é importante, nos dice que las duraciones de las revoluciones de los planetas están íntimamente ligadas con las longitudes de los ejes mayores de las órbitas, ó lo que es lo mismo, con sus distancias médias al Sol (art. 29), de donde podremos deducir las proporciones que existen entre todas las órbitas y calcular el intervalo de revolucion, conocido que sea el semi-eje mayor de una de ellas ó vice versa.

Segun veremos más adelante en los cuadros de los elementos planetarios, la duracion de las revoluciones varía desde 88 dias que es el tiempo que emplea Mercurio, hasta unos 165 años que es el periodo de Neptuno; y que dichos periodos van siendo tanto mayores al paso que los planetas están más distantes del Sol.

70. Si deseamos determinar, por ejemplo, la distancia média de Marte al Sol, tomando la de la Tierra como unidad y considerando que la duracion de las revoluciones de estos planetas expresadas en dias son:

$$\text{Tierra} = 365^{d},2564 \quad \text{y} \quad \text{Marte} = 686^{d},9776,$$

tendremos la siguiente proporcion:

$$\frac{(365,2564)^2}{(686,9776)^2} = \frac{1}{x^3} \quad \text{de donde} \quad x = \sqrt[3]{\left(\frac{686,9776}{365,2564}\right)^2} = 1,52369.$$

Resultado igual á la distancia média que nos dá el cuadro al final del capítulo IX.

71. Las leyes de Keplero rigen á los satélites del mismo modo que á los planetas; así es, que la Luna, por ejemplo, guarda respecto á la Tierra las mismas leyes que esta con relacion al Sol.

72. Ley de Bode. Existe una ley empírica entre las distancias médias de los planetas al Sol, por medio de la cual podremos recordar fácilmente dichas distancias de una manera aproximada. Se conoce generalmente con el nombre de ley de *Bode;* pero aunque este astrónomo la publicó en Berlin en 1778, se cree que quien la descubrió primero fué *Titius.*

Si consideramos la série

0. 3. 6. 12. 24. 48. 96. 192. 384,

en la cual, cada término, desde el tercero en adelante es el duplo del anterior, y le sumamos 4 á cada uno de ellos, tendremos:

4. 7. 10. 16. 28. 52. 100. 196. 388.

Ahora bien, si dividimos por 10 los términos de esta nueva série, obtendremos otra en la cual cada término nos representará aproximadamente la distancia de un planeta al Sol, tomando como unidad la distancia de la Tierra.

0,4.	0,7.	1.	1,6.	2,8.	5,2.	10.	19,6.	38,8.
Mercurio.	*Venus.*	Tierra.	*Marte.*	*Asteróides.*	*Júpiter.*	*Saturno.*	*Urano.*	*Neptuno.*

Comparando estas cantidades con las que nos dá el cuadro numérico al fin del capítulo IX, vemos desde luego que representan aproximadamente las distancias al Sol; sin embargo de que entre los planetas inscriptos ninguno de ellos corresponde á la distancia 2,8, pero próximamente es la de la zona de asteróides. Además, el último término 38,8 deberia ser 30 que es la distancia de Neptuno, de donde resulta este dato con unas 9 unidades de error por exceso en la ley de Bode.

73. Considerando la laguna que existia entre Marte y Júpiter, vemos pues, que Bode, y Keplero antes de él, habian concebido la esperanza de que se descubriria un planeta á la distancia 2,8, y como esta corresponde á la zona de los asteróides conocidos hoy, vemos que se ha realizado esta esperanza con una profusion que estaban muy lejos de sospechar aquellos astrónomos.

74. Gravitacion universal. Despues de formular Keplero las tres leyes que llevan su nombre, buscó en vano el lazo que existia entre ellas, esto es, la *causa física* de los movimientos planetarios. Tan notable descubrimiento le estaba reservado á Newton,(*) el cual fundándose en sus observaciones particulares y en las leyes de su ilustre antecesor Galileo, acerca de la caida de los cuerpos, demostró que las leyes de Keplero eran consecuencias naturales y necesarias de otra ley superior, en virtud de la cual todos los cuerpos se atraen mútuamente en razon directa de sus masas é inversa del cuadrado de sus distancias, por una fuerza llamada *atraccion* ó *gravitacion universal*, expresada en las siguientes proposiciones:

1.ª *La fuerza que solicita á un planeta cualquiera, se dirige hácia el centro del Sol.*

2.ª *Las fuerzas que solicitan á dos planetas, obran en razon directa de las masas de estos, é inversa del cuadrado de sus distancias al Sol.*

75. Para demostrar que estas proposiciones son consecuencias necesarias de las leyes de Keplero, bastará considerar que si los planetas no estuviesen sometidos á una fuerza exterior, sus movimientos serian rectilíneos: luego siendo curvilíneos, es evidente que cada planeta es solicitado por una fuerza que debe dirigirse hácia el centro del Sol, de donde resulta la relacion entre las áreas y los intervalos.

76. De aquí se deduce tambien, por qué los planetas, satélites y cometas describen en sus movimientos curvas elípticas. Para esto se supone que cada astro debió recibir primitivamente un impulso, el cual por sí solo hubiera producido el movimiento de rotacion y otro de traslacion uniforme y en línea recta; pero, la atraccion solar

---

(*) Newton nació en Woolstrope (Inglaterra) en 1642, que fué el mismo año en que murió Galileo, y vivió 85 años para gloria de la astronomía. Su gran descubrimiento de la gravitacion universal, tardó más de 50 años en ser admitido por la generalidad de los astrónomos del siglo XVIII.

desviándolos sin cesar de la direccion primitiva, encurvó la direccion del movimiento de los planetas primarios y cometas, y los obligó á describir elipses en cuyo foco se halla el Sol. Del mismo modo la Tierra debió encurvar el movimiento de la Luna haciéndole describir tambien una elipse, verificándose otro tanto respecto á los demás satélites.

77. La naturaleza de las curvas que describen los planetas ha dado á conocer la variacion de la fuerza atractiva, y demuestra que varía en razon inversa del cuadrado de la distancia. Por esta razon, cuando un planeta se aproxima al ápside inferior, experimenta una atraccion mayor y se acelera su movimiento; y por el contrario disminuye al alejarse, ó sea al dirigirse al ápside superior.

78. Considerando que los cuadrados de los tiempos son proporcionales á los cubos de las distancias, resulta que la fuerza atractiva es proporcional á la masa de cada planeta é independiente de su naturaleza; es decir, que dos planetas de igual masa ó cantidad de materia, pero que el uno fuese de hierro y el otro de granito por ejemplo, serian solicitados por fuerzas iguales si estaban á igual distancia del Sol.

79. Puede decirse que la atraccion solar es análoga á la gravedad terrestre; así es que, la misma fuerza que precipita hácia la superficie de la Tierra á los cuerpos que no están sostenidos y que produce la presion ejercida por cada uno de ellos, que llamamos su peso, es la que mantiene á los planetas en sus órbitas.

80. De una de las leyes fundamentales de la dinámica, que demuestra que toda accion ejercida por un cuerpo material sobre otro, vá acompañada de una reaccion igual y en sentido contrario, como sucede por ejemplo con el hierro que es atraido por el iman, tanto como el iman es atraido por el hierro, dedujo Newton que, así como el Sol atrae á los planetas, estos tambien atraen al Sol, y que los planetas que van acompañados de satélites ejercen atraccion sobre ellos y vice versa.

Haciendo extensivas estas propiedades á todas las partes de la materia, enunció Newton la siguiente ley general: *cada molécula atrae á las demás en razon directa de su masa ó cantidad de materia é inversa del cuadrado de su distancia á las moléculas atraidas.*

81. Despues de tan notables descubrimientos, sólo faltaba completar la teoría del sistema del Universo, refiriendo á la gravitacion todos los movimientos astronómicos conocidos. Este ha sido el trabajo de *Alembert*, *Euler*, *Lalande*, *Delambre*, *Herschell* y *Laplace*, exactísimos y activos observadores los unos, y profundos é inspirados calculadores los otros, que han enriquecido la ciencia con los más célebres descubrimientos, perfeccionando la mecánica celeste y legando á la posteridad obras del más señalado mérito, que son el cimiento inquebrantable de la astronomía moderna, edificada sobre las ruinas de los errores pasados. (*)

82. Las observaciones han demostrado que la gravitacion no es una ley que rige exclusivamente al sistema solar, sino que es extensiva á los demás cuerpos celestes, resultando de aquí la armonía general del Universo.

83. Perturbaciones. Los movimientos planetarios no están some-

---

(*) Deber de justicia es hacer particular mencion de LAPLACE, autor de la gran obra titulada *Mecánica Celeste*, llamada con razon el *Almagesto* del siglo XVIII; en la cual demuestra victoriosamente que las particularidades de los movimientos planetarios son consecuencias de la gravitacion universal. *La exposicion del sistema del Universo*, es otra de las obras maestras de Laplace y que lo coloca á la altura de los más ilustres astrónomos que han existido.

tidos exactamente á las leyes de Keplero, pues experimentan ciertas irregularidades á las cuales se les dá el nombre de perturbaciones y que se explican por la atraccion que ejercen los unos sobre los otros. (*)

84. Así, cuando se trata de determinar por medio del cálculo la posicion exacta que debe ocupar un planeta en el cielo, en una época dada, se tienen en consideracion las atracciones secundarias que ejercen los demás planetas sobre él, las cuales alteran su marcha y lo desvian ligeramente de su órbita. Estas perturbaciones dependen á la vez de la masa del planeta perturbador y de su distancia al planeta perturbado.

La teoría de las perturbaciones planetarias, pertenecen á la *mecánica celeste;* ciencia la más complicada y difícil, con cuyo auxilio se predice con una exactitud maravillosa los movimientos y posiciones de todos los cuerpos del sistema solar.

85. **Éter.** Está hoy admitido que el vacío absoluto no existe en el Universo y que los espacios celestes están ocupados por un flúido muy sutil é imponderable que se designa con el nombre de *éter*, y se supone que la existencia de la luz, del calórico, de la electricidad y del magnetismo, está necesariamente ligada á este flúido etéreo, sin el cual no habria trasmision ni actividad en el Universo.

86. **Las estrellas.** Desígnanse en general con este nombre, á la multitud innumerable de puntos brillantes que iluminan la bóveda celeste en toda noche despejada.

Estos astros son otros tantos soles semejantes al nuestro, y es muy verosímil que cada uno de ellos sea centro de un sistema planetario.

A pesar que los planetas aparecen en el cielo como puntos luminosos semejantes á las estrellas, no se confunden con estas, siendo por el contrario muy fácil conocerlos, segun veremos en el curso de esta obra, al hacer un estudio especial de ellos.

87. Las estrellas aparecen á primera vista como inmóviles, conservando siempre las mismas posiciones relativas, y por esta causa los antiguos astrónomos les dieron el nombre de *fijas*, en oposicion á los astros llamados antes errantes, tales como los planetas y cometas: pero en el dia está plenamente demostrado que las estrellas

---

(*) Desde principios de este siglo convenian todos los astrónomos, despues de comparar 40 años de observaciones de Urano, que existia una fuerza misteriosa que perturbaba la posicion de este planeta; y á pesar de haber intentado en repetidas ocasiones determinar su movimiento por medio de las posiciones observadas anteriormente y calculando las perturbaciones producidas por Júpiter y Saturno, fueron vanos sus esfuerzos, siendo por el contrario más considerable la diferencia que resultaba entre la teoría y las observaciones. M. Le-Verrier alcanzó el láuro de resolver tan complicado problema, y despues de superar inmensas dificultades, anunció el 31 de Agosto de 1846, á la Academia de Ciencias de París, que la perturbacion de Urano no provenia de ninguno de los planetas conocidos, y sí de uno, cuya existencia proclamó desde entonces dando á conocer sus elementos, deducidos por complicadísimos cálculos.

Comunicada esta noticia á todos los Observatorios, Mr. Gall de Berlin contestó casi á vuelta de correo, diciendo que el 23 de Setiembre de 1846, dia en que recibió el aviso, dirigió su anteojo hácia el punto del cielo indicado por Le-Verrier, y que en efecto habia descubierto el planeta anunciado, al cual se le dió el nombre de Neptuno, diferenciándose su situacion en ménos de un grado de la asignada por el cálculo. Tan brillante descubrimiento ha sido uno de los triunfos más notables de la ciencia moderna y la más sorprendente prueba de exactitud del principio de la gravitacion universal.

están en perpétuo movimiento, y por lo tanto no les conviene el nombre de fijas.

Sus movimientos no se efectúan en línea recta ni en la misma direccion, y sus respectivas velocidades son muy diferentes, pasando en algunas de ellas de 80 kilómetros por segundo.

88. Repetidas y escrupulosas observaciones han demostrado que el Sol tiene un movimiento de traslacion, en virtud del cual describe una órbita, todavía desconocida, alrededor tal vez de otro astro enorme ó quizás de un grupo de astros; y que se dirige hácia una region del cielo ocupada por un grupo de estrellas, llamado la constelacion de Hércules, con una velocidad de 8 kilómetros por segundo; velocidad relativamente pequeña, si la comparamos con la de rotacion de la Tierra que es de 30 kilómetros por segundo.

Una de las pruebas más sensibles del movimiento de traslacion del Sol, es que cada año aumenta el número de estrellas que se descubren en la constelacion de Hércules, mientras que se van perdiendo de vista algunas en la direccion opuesta.

89. Esta multitud de soles diseminados en la inmensidad del espacio, se hallan á tan enormes distancias de nosotros, que la órbita de la Tierra observada desde ellos apareceria como un punto; esto es, que seria insensible. Los más próximos á nosotros distan más de 200.000 veces la distancia que hay de la Tierra al Sol, y los demás están á distancias tan inmensas, que nuestra imaginacion llega á confundir el *Universo visible* con el *Universo infinito*.

90. Nebulosas, son las manchas blanquecinas y difusas algo parecidas á nubes ténues, que descubrimos en varias partes del cielo, las cuales son por lo general una gran aglomeracion de estrellas, debiéndose el particular aspecto que presentan á la prodigiosa distancia á que se hallan de nosotros.

La *via láctea* es una faja blanquecina, de forma algo irregular, que vemos en el cielo en toda noche despejada, en que no alumbra la Luna, la cual es la más importante de las nebulosas. Herschell calcula que contiene, cuando ménos, 50 millones de estrellas.

91. Se supone que el Universo es una aglomeracion infinita de nebulosas y que nuestro sistema solar forma parte de la via láctea, siendo el Sol por lo tanto una de las estrellas de dicha nebulosa.

92. Movimiento general de los astros. El cálculo y las observaciones telescópicas nos demuestran lo complicado que son los movimientos celestes: en efecto, la Luna vista desde la Tierra, parece describir una órbita elíptica, mientras que vista desde el Sol describe una série de epiciclóides, cuyos centros están en la circunferencia de la órbita terrestre. Asimismo, la Tierra describe otra série de epiciclóides, cuyos centros están en la órbita que describe el Sol alrededor del centro de gravedad del grupo de estrellas de que forma parte; y se supone por último, que el Sol describe tambien otra série de epicicloides, cuyos centros están en la curva descrita por el centro de gravedad del grupo de que forma parte alrededor del centro del Universo.

93. Grande ha sido sin duda el adelanto de la astronomía al darnos á conocer el movimiento de los planetas y las epicicloides que describen los satélites; y si tantos miles de años han sido necesarios para conocer los movimientos del sistema solar, podemos suponer la prodigiosa duracion que aún exigirá la determinacion exacta de los movimientos del Sol y de las estrellas, ancho campo de investigaciones y de gloria reservado á los astrónomos de los siglos venideros.

CAPÍTULO III.

DETERMINACION DE LAS POSICIONES Y MOVIMIENTOS VERDADEROS DE LOS ASTROS.

94. Eje y polos del mundo. Para determinar las posiciones y movimientos verdaderos de los astros, se imaginan ciertas líneas y círculos, fijos en la esfera celeste, que nos sirven de término de comparacion, los cuales se representan y explican por medio de un aparato llamado *esfera armilar.*

Todos estos términos dependen del eje de rotacion de la Tierra, el cual prolongado hasta la esfera celeste se llama *eje del mundo;* y sus extremidades *polos del mundo:* el que descubrimos desde Europa y que se halla muy próximo á una estrella que por esta causa se distingue con el nombre de *polar,* se denomina *polo del Norte, boreal, septentrional* ó *ártico,* y su opuesto *polo del Sur, austral, meridional* ó *antártico.*

95. Ecuador celeste es un círculo máximo que pasa por el centro de la Tierra y es perpendicular al eje del mundo; ó lo que es lo mismo, el ecuador terrestre prolongado hasta la esfera celeste.

El plano del ecuador divide á la Tierra y á la esfera celeste en dos partes llamadas hemisferios que toman el nombre del polo que contienen. Al ecuador tambien se le dá el nombre de *equinoccial.*

96. La eclíptica es otro círculo máximo que pasa tambien por el centro de la Tierra y resulta del plano de la órbita terrestre prolongado hasta la esfera celeste. De los dos hemisferios en que la eclíptica divide á la esfera celeste, aquel en que está el polo Norte del mundo, se llama *hemisferio superior* ó *boreal*, y su opuesto *inferior* ó *austral*.

97. El ángulo que la eclíptica forma con la equinoccial se llama *oblicuidad de la eclíptica*, y esta es igual al ángulo formado por los ejes de aquellos dos círculos, que vale 23°.. 27'.. 18", 03 (1878.)

Dicha oblicuidad no es siempre la misma, pues la atraccion combinada de los planetas sobre nuestro globo, produce una disminucion muy lenta en la inclinacion del eje de la Tierra respecto á su órbita que es de 0",52 cada año. Existe además otra variacion periódica llamada *nutacion* en virtud de la cual disminuye ó aumenta 9" la oblicuidad, en un intervalo de unos 18 años, volviendo despues á su primitivo valor.

98. Los centros del Sol y de la Tierra se hallan siempre en el plano de la eclíptica, y por lo tanto el Sol se verá siempre en un punto de dicho círculo diametralmente opuesto á aquel en que se halla la Tierra.

99. Suponiendo que el círculo NESQ, representa la esfera celeste y que el pequeño círculo concéntrico T, es el globo terrestre; tendremos que si NS es el eje del mundo y N el polo Norte de la esfera celeste, S será el polo Sur de la misma, el círculo EQ la equinoccial, ENQ el hemisferio boreal, y ESQ el austral.

Tambien AB será la eclíptica, C y D sus polos, el ángulo B ♈ Q representará la oblicuidad que es igual al ángulo formado por los ejes del ecuador y de la eclíptica, ó lo que es lo mismo, á la distancia CN ó SD de sus respectivos polos.

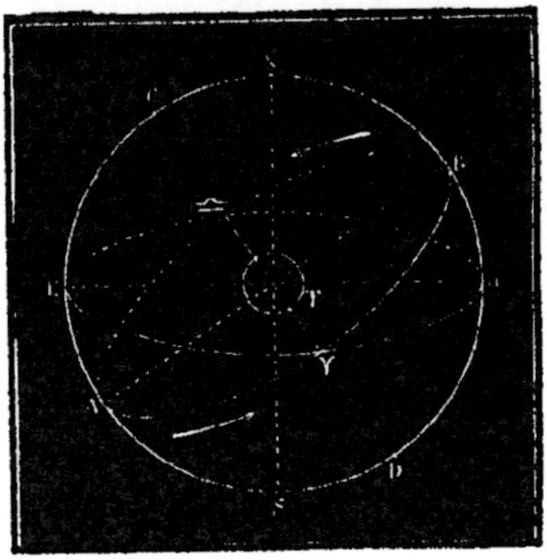

(Fig. 7)

100. Direccion de los movimientos planetarios. Para comprender la verdadera direccion de los movimientos de los planetas y satélites, supondremos un observador colocado en el polo Norte del mundo N, mirando hácia la Tierra T, y resultará que el movimiento de traslacion de los planetas alrededor del Sol, el de los satélites alrededor de sus respectivos planetas, y los movimientos de rotacion de todos, se efectúan de Occidente á Oriente, esto es, de derecha á izquierda, ó sea *en sentido contrario al movimiento de las agujas de un reloj*, como lo indican las flechas en la figura.

Si la posicion del observador fuese inversa, esto es, si se le supone mirando desde el polo Sur S, entonces dichos movimientos se efectuarán de izquierda á derecha, ó sea en el mismo sentido que las agujas de un reloj.

101. Conviene advertir que al recorrer la Tierra un semi-círculo cualquiera de la eclíptica tal como el A ♈ B (Fig. 7), nos parece que el Sol recorre el opuesto B ♎ A en el mismo sentido que el movimiento efectivo de nuestro planeta (art. 98); este movimiento del Sol es aparente y proviene de que lo vemos proyectarse sucesivamente en todos los puntos de la eclíptica, y por esto se nos figura que describe este círculo alrededor nuestro.

102. Puntos equinocciales y solsticiales. Los dos puntos en que la eclíptica corta á la equinoccial se llaman *puntos equinocciales.*

El punto del ecuador ♈ (Fig. 8) en que vemos al Sol cuando nos parece que pasa del hemisferio Sur al Norte, se llama *punto equinoccial de Aries*, y su opuesto ♎ *punto equinoccial de Libra.*

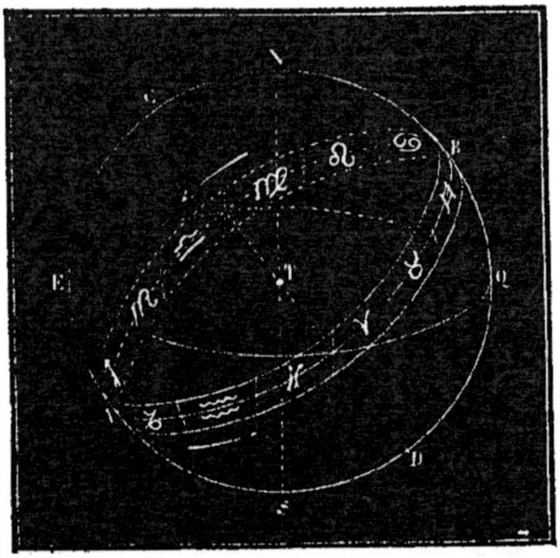

(Fig. 8)

Los puntos B y A de la eclíptica distantes 90° de los puntos equinocciales, se llaman *puntos solsticiales.* El que corresponde al hemisferio boreal B se llama de *Cáncer*, y su opuesto A de *Capricornio.* Los puntos solsticiales distan 23° .. 27′ del ecuador, y son los dos puntos de la eclíptica más distantes del ecuador.

Los puntos equinocciales y solsticiales dividen á la eclíptica en cuatro partes iguales ó sean cuadrantes.

103. Zodiaco, es una zona ó faja de la esfera celeste, de 16 á 18 grados de ancho, formada por dos círculos paralelos á la eclíptica y que esta divide por mitad.

En esta zona están comprendidos 12 grupos de estrellas llamados *constelaciones del zodiaco*, las órbitas de los planetas principales y se divide, desde el primer punto de Aries ♈ de Occidente á Oriente en 12 partes iguales, comprendiendo cada una un arco de 30°, que se denominan *signos del zodiaco.*

Los nombres de las *constelaciones* y *signos* del zodiaco, figuras con que se representan y los valores de los arcos de eclíptica contados desde el primer punto de Aries hasta el principio de cada uno de ellos, son los siguientes:

Aries	♈	0° ó 360° *equinoccio*	Signos boreales.
Táuro	♉	30°	
Géminis	♊	60°	
Cáncer	♋	90° *solsticio*	
Leo	♌	120°	
Virgo	♍	150°	

Libra	♎	180° *equinoccio*	Signos australes.
Escorpion	♏	210°	
Sagitario	♐	240°	
Capricornio	♑	270° *solsticio*	
Acuario	♒	300°	
Piscis	♓	330°	

104. Se denominan *ascendentes*, los signos de Capricornio, Acuario, Piscis, Aries, Tauro y Géminis; y *descendentes* los de Cáncer, Leo, Virgo, Libra, Escorpion y Sagitario: porque respecto á los habitantes del hemisferio boreal, parece que el Sol vá ascendiendo desde que corresponde al primer punto de Capricornio, hasta que se vé en el último punto de Géminis: y que vá descendiendo desde que se vé en el primer punto de Cáncer, hasta que corresponde al último punto de Sagitario.

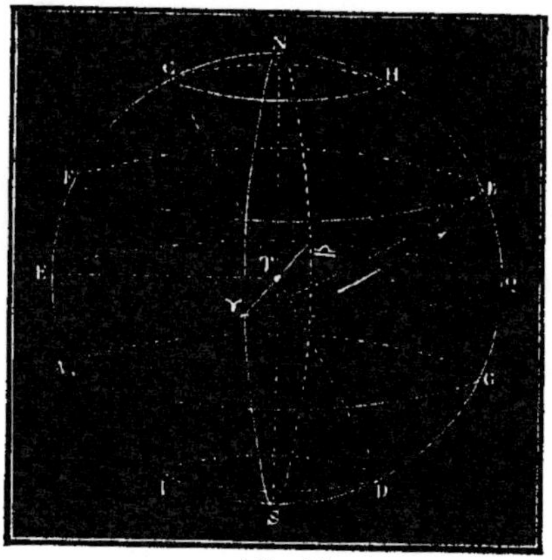

(Fig. 9)

105. Coluros. Llámase *coluro de los equinoccios* á un círculo máximo N ♈ S ♎ N (Fig. 9) que pasa por los polos del mundo N, S, y por los puntos equinocciales ♈ ♎; y *coluro de los solsticios* es otro círculo máximo NESQN, que pasa por los polos del mundo y por los puntos solsticiales B y A de Cáncer y Capricornio.

Los coluros son perpendiculares entre sí y al ecuador; el de los solsticios tiene sus polos en los puntos equinocciales, mide la oblicuidad de la eclíptica, y pasa por los polos de esta C, D.

106. Trópicos celestes, son dos círculos menores paralelos á la equinoccial que pasan por los puntos solsticiales, y por lo tanto, cada uno dista de ella 23° 27′.

El que está en el hemisferio boreal F B, se llama *trópico de Cáncer*, y el del austral A G, *trópico de Capricornio.*

107. El nombre de trópicos, derivado del griego y que significa retroceder, se les aplica sin duda, porque el Sol en su movimiento aparente parece como que retrocede al llegar á estos círculos. En efecto, los pueblos de nuestras regiones boreales observando que el Sol despues de corresponder al trópico de Cáncer parece como que marcha hácia atrás para dirigirse al ecuador, designaron este movimiento retrógrado por el significativo símbolo de Cáncer ó sea el *Cangrejo;* asimismo observando que el Sol desde que llega al trópico de Capricornio se remonta hácia el ecuador, significaron esta marcha ascensional con el nombre de Capricornio ó sea la *Cabra*, cuyos instintos son tan conocidos.

108. **Círculos polares celestes**, son dos círculos menores paralelos á la equinoccial, que pasan por los polos de la eclíptica y distan por lo tanto 23° 27′ del polo del mundo más inmediato á cada uno de ellos.

El que se halla en el hemisferio boreal C, H, se denomina *círculo polar ártico*, y el del hemisferio austral I, D, *círculo polar antártico.*

El eje del mundo es eje tambien de los trópicos y círculos polares, y estos cuatro círculos son perpendiculares á los coluros.

109. Para determinar las posiciones relativas de los astros, observadas desde el centro de la Tierra, se han adoptado como términos fundamentales de comparacion, la eclíptica, el ecuador y el primer punto de Aries; de donde resultan los siguientes sistemas de coordenadas.

110. **Coordenadas eclípticas.** Considerando á la eclíptica como término fundamental de comparacion, se imaginan estas coordenadas.

Máximos de longitud son unos semi-círculos que pasan por los centros de los astros y por los polos de la eclíptica.

El semi-círculo opuesto á aquel que pasa por un astro, se llama *máximo opuesto de longitud*, y á los perpendiculares, *máximos perpendiculares de longitud.* El primer máximo se le supone pasar por el primer punto de Aries, y por lo tanto, su opuesto pasará por el primer punto de Libra, y sus perpendiculares por los puntos de Cáncer y Capricornio.

111. **Paralelos de latitud** son unos círculos paralelos á la eclíptica que pasan por los centros de los astros.

112. **Longitud de un astro** es el arco de eclíptica contado desde el primer punto de ♈ de Occidente á Oriente, hasta el máximo de longitud que pasa por el centro de dicho astro.

Las longitudes se cuentan en grados, minutos y segundos desde 0° á 360°.

113. **Latitud de un astro** es su distancia á la eclíptica ó sea el arco de máximo de longitud comprendido entre la eclíptica y el centro de dicho astro.

La latitud se cuenta de 0° á 90°, y se denomina boreal ó austral segun se halle el astro entre la eclíptica y el polo Norte ó Sur del mundo.

114. En la (Fig. 10), semejante á las anteriores, la longitud del astro F será ♈ G, menor que un cuadrante ó sean 3 signos; y su latitud G F de especie Norte. La longitud de otro astro R es ♈ B + B ♎ + ♎ R; esto es, 180° ó sean 6 signos, mas lo que valga el arco ♎R; su latitud será 0. Por último, la longitud del astro L será ♈B♎AM, ó sean 270° ó 9 signos, mas el valor del arco AM.

115. De todo lo expuesto se deducen los siguientes corolarios:

1.° Tendrán igual longitud los astros que se hallen en el mismo máximo; é igual latitud los que estén en el mismo paralelo.

2.° Las longitudes de dos astros que se hallen en máximos opuestos, diferirán 6 signos ó 180°, y los que estén en máximos perpendiculares 3 ó 9 signos, ó sean 90° ó 270°.

3.° La distancia de un astro al polo más próximo de la eclíptica, es igual á un cuadrante ménos su latitud; y su distancia al polo más lejano, á la latitud mas un cuadrante. Esto es, FC=GC—FG y FD=GD+FG.

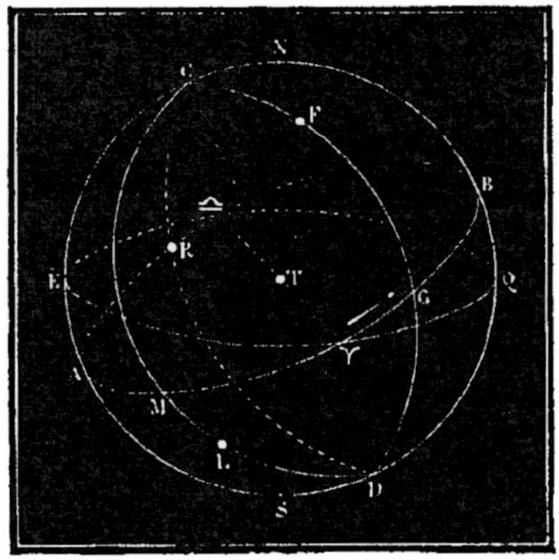

(Fig. 10)

4.° La longitud y latitud determinan la posicion de un astro en la esfera, puesto que la longitud nos dice el semi-círculo y la latitud el punto de dicho semi-círculo en que se halla el astro.

5.° Toda vez que el centro del Sol se halla siempre en el plano de la eclíptica (art. 98), su latitud es cero; luego para determinar su posicion y la de los demás astros que tengan 0° de latitud, bastará conocer su longitud.

116. Movimiento angular diario del Sol en la eclíptica, es el ángulo formado por dos visuales dirigidas desde el centro de la Tierra al del Sol, en las dos posiciones que este astro ocupa en la eclíptica en dos medios dias consecutivos, por efecto de su movimiento aparente de traslacion.

Comparando las diferencias de longitud que contrae el Sol cada dia del año, se deduce que su movimiento angular no es uniforme; esto es, que los arcos de eclíptica que describe cada dia no son iguales conforme con lo establecido en la 2.ª ley de Keplero (art. 66.)

El movimiento angular máximo se verifica hácia el 1.° de Enero que es 1° 1′ 10″; disminuye despues lentamente hasta el 1.° de Julio que es de 57′ 12″, aumentando despues hasta fin de año: luego disminuye la primera mitad del año y aumenta en la última.

117. Coordenadas geocéntricas y heliocéntricas. Las latitudes y longitudes de que se ha tratado y que se suponen observadas desde el centro de la Tierra, se llaman *geocéntricas;* y las observadas desde el centro del Sol *heliocéntricas*. Siempre que no se advierta lo contrario, se supone que se trata de las primeras, que son las que se emplean en la práctica de las observaciones; haciéndose uso de las heliocéntricas para determinar las posiciones de los planetas en sus respectivas órbitas.

En atencion á que la órbita de la Tierra es como un punto comparada con la inmensa distancia á que se hallan de nosotros las estrellas, la diferencia que hay entre sus coordenadas geocéntricas y heliocéntricas apenas llega á 1″.

118. Elongacion es la diferencia que hay entre la longitud geocéntrica del Sol y la de un planeta; y por *digresion* se entiende la máxima elongacion de un planeta interior: se divide en digresion Occidental y Oriental, segun que el planeta visto desde la Tierra se halle á la derecha ó á la izquierda del Sol.

Las digresiones de Mercurio no pasan de 28° y las de Venus de 48°.

119. Conjunciones y oposiciones. Un astro está en *conjuncion*, cuando se halla en el mismo máximo de longitud que el Sol; es decir, cuando ambos tienen igual longitud; y se dice que están en *oposicion*, cuando se halla en el máximo opuesto á aquel en que se halla el Sol; esto es, cuando sus longitudes difieren 180°.

A la conjuncion y oposicion se les dá tambien el nombre de *sizigias*.

Un astro está en *cuadratura*, cuando se encuentra en uno de los máximos perpendiculares al del Sol, y su longitud diferirá entonces 90° ó 270°.

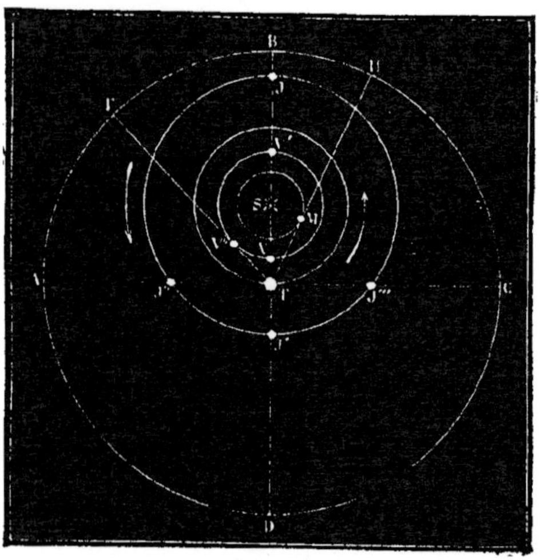

(Fig. 11)

120. Al decir simplemente conjuncion ú oposicion, se habla con respecto al Sol; sin embargo, tambien se dice que un planeta está en conjuncion, en oposicion ó en cuadratura, respecto á otro planeta, segun que sus longitudes difieran 0°, 180°, ó bien 90° ó 270°.

121. Es evidente que al hallarse un astro en conjuncion, su distancia central al Sol será igual á la latitud de dicho astro; y si esta es cero, aparecerá confundido con el Sol.

122. Sea A B C D (Fig. 11) la eclíptica; S, el Sol; M, V, T y J, Mercurio, Venus la Tierra y Júpiter en sus respectivas órbitas; considerando el eje de la eclíptica perpendicular y elevado sobre el punto T, tendremos que T S B será el máximo de longitud en que se halla el Sol, que desde la Tierra T, se verá en el punto B de la eclíptica.

Esto supuesto, al estar la Tierra en T y Júpiter en J, ó sea en el mismo máximo de longitud que el Sol, estará en conjuncion; al hallarse en J', ó sea en el máximo opuesto TD, estará en oposicion; y en cuadratura al estar en J'' y J''', ó sea en los máximos perpendiculares.

123. Los planetas interiores, Venus por ejemplo, se hallan dos veces en conjuncion; una *interior* ó *inferior* en V al pasar entre la Tierra T, y el Sol, S; y otra *exterior* ó *superior* en V', al estar más allá del Sol; pero no pueden hallarse en oposicion ni en cuadratura toda vez que sus digresiones, como hemos dicho, son de 28° en Mercurio y 48 en Venus; el ángulo FTB representa la digresion Oriental de Venus V'', que se verifica cuando el máximo de longitud TF es tangente á su órbita. A Mercurio sólo se le puede ver en sus digresiones, estando lo demás del tiempo envuelto en la luz solar; BTH representa su digresion Occidental M.

124. *Revolucion sinódica* de un planeta, es el tiempo que média entre dos conjunciones ó dos oposiciones consecutivas de dicho astro.

125. **Posiciones relativas de las órbitas planetarias.** Las órbitas de los planetas no se hallan todas en el mismo plano, sino que se cortan formando distintos ángulos, y sus comunes secciones se dirigen hácia diferentes puntos, pero pasan todas por el centro del Sol. (art. 47)

El ángulo que el plano de la órbita de un planeta forma con la eclíptica se llama *inclinacion* de la órbita (*) y la línea de interseccion de los planos de estas dos órbitas, *línea de los nodos*, cuya direccion se determina por el ángulo que forma con la línea que pasa por los puntos equinocciales, y á este ángulo se le llama *longitud del nodo.*

126. Las inclinaciones de las órbitas planetarias experimentan variaciones seculares y periódicas dentro de límites muy pequeños, y las líneas de los nodos tienen un movimiento poco sensible.

Todo planeta al hacer una revolucion alrededor del Sol, corta dos veces el plano de la eclíptica, y entonces se dice que está en sus nodos. Aquel que corresponde al paso del planeta del hemisferio austral al boreal se llama *nodo ascendente*, y su opuesto *descendente.*

La longitud del nodo ascendente es la que determina la direccion de la línea de los nodos.

127. Los dos puntos de la órbita de un planeta distantes 90° de sus nodos se llaman *límites*, y estos son los puntos de la órbita más distantes de la eclíptica.

Cuando un planeta se halla en el ápside inferior de su órbita, esto es, en su mayor proximidad al Sol, se dice que está en *perihélio*, y cuando está en el ápside superior, ó sea á su mayor distancia, en *afélio.*

128. Por *revolucion anomalística* se entiende el tiempo que emplea un planeta en dos pasos sucesivos por el perihélio de su órbita.

(*) Consultando el cuadro del capítulo IX, se vé lo pequeñas que son las inclinaciones; en efecto, la de Mercurio que es la mayor, es de unos 7° y la de Urano que es la menor, de 0° 46'.

129. Cuando un planeta se halla en cualquiera de sus nodos, su latitud es cero; y si se halla en el nodo, al mismo tiempo de estar en conjuncion su centro y el del Sol, vistos desde la Tierra, estarán en línea recta y por lo tanto confundidos.

130. Llámanse *elementos elípticos* las cantidades que dan á conocer, la posicion, forma y magnitud de la órbita de un planeta.

La posicion relativa de una de estas órbitas se determina por su inclinacion y la longitud del nodo ascendente.

La forma, ó sea la elipse que describe el planeta, está determinada cuando se conoce la relacion que hay entre la excentricidad y la dimension del semi-eje mayor.

La direccion de la elipse en su plano se determina por el ángulo que forma el eje mayor con la línea de los nodos. Este ángulo sumado con la longitud del nodo ascendente, ángulos que se hallan en distintos planos, dá lo que se llama *longitud del perihélio.*

Por último, la magnitud de la elipse se conoce por la dimension del semi-eje mayor ó sea la distancia média del planeta al Sol. (art. 29)

Cuando se trata de determinar el movimiento del planeta, hay que conocer el tiempo que emplea en describir su órbita, lo que se llama *tiempo de revolucion;* ó bien su movimiento medio diario y la posicion que dicho planeta ocupa en su órbita en un momento dado, que se llama *época.*

131. La (Fig. 12) representa la esfera celeste: T la Tierra, AB la eclíptica y ♈ el primer punto de este signo; si el círculo FG es la órbita de un planeta, el ángulo GTB será la inclinacion, IH la línea de los nodos, H el nodo ascendente ☊, I el descendente; ♈ H la longitud del nodo ascendente y cuando el planeta se halle en P estando en el perihélio, será ♈ H + HP la longitud del perihélio; y los F y G distantes 90° de los nodos H é I, son los límites.

132. Posicion de la órbita de la Luna. La inclinacion média de la órbita de la Luna, respecto al plano de la eclíptica, es de 5°..8′..40″.

Cuando la Luna se halla en el ápside inferior, esto es, lo más próximo á la Tierra, se dice que está en *perigeo*, y al encontrarse en el ápside superior ó sea á la mayor distancia, en *apogeo.*

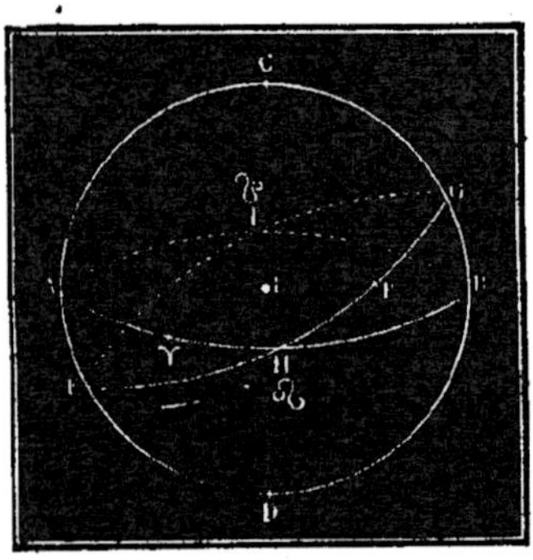

(Fig. 12)

133. La fuerza atractiva del Sol perturba considerablemente los movimientos de la Luna, y la línea de los nodos tiene por esta causa un movimiento *retrógrado* é irregular, en virtud del cual su longitud disminuye unos 19°⅓ todos los años, acabando por dar una vuelta completa, sin salir del plano de la órbita en 18 años y ⅔, período igual al de la *nutacion* del eje de la Tierra, de que se tratará más adelante.

Por lo tanto, el eje de la órbita lunar describe una superficie cónica alrededor del eje de la eclíptica en 18⅔ años, formando estos ejes un ángulo casi constante, cuyo valor medio es de 5°.. 8′.. 40″.

134. Estaciones y retrogradaciones de los planetas. Si imaginamos un observador situado en el Sol, es evidente que veria girar todos los planetas alrededor suyo de Occidente á Oriente, describiendo órbitas elípticas en tiempos y con velocidades diferentes; pero hallándose colocado en la Tierra, vé girar dichos astros alrededor de un centro que no es el lúgar de observacion, y por efecto de esta posicion excéntrica, aparecen muy irregulares los movimientos de los planetas, ya interiores como exteriores, que aparentemente se dirigen hácia Oriente, y á veces hácia Occidente.

Estas irregularidades aparentes es un efecto de perspectiva, y la causa de verse proyectados en distintos puntos del cielo, moviéndose en sentidos diferentes, depende de la combinacion de los movimientos de los planetas con el de traslacion de la Tierra.

135. Así, en ciertas ocasiones nos parece que un planeta ni aumenta ni disminuye de longitud, y entonces se dice que está *estacionario;* otras veces nos parece que el planeta retrocede disminuyendo de longitud, y se dice que está *retrógrado,* y cuando nos parece que se mueve en su verdadera direccion ó sea aumentando de longitud, que está *directo.*

136. Para demostrar dichas apariencias en los planetas inferiores, y recordando que se dice que el movimiento es directo cuando se efectúa de derecha á izquierda, ó sea en sentido contrario á las agujas de un reloj; y retrógrado cuando tiene lugar en direccion opuesta; sea en la (Fig. 13) S el Sol, V V′ la órbita de un planeta interior, T la de la Tierra, y a, a', a'', un arco de la eclíptica. Supongamos tambien para mayor facilidad que ambas órbitas están en un mismo plano y que la Tierra T, permanece inmóvil interin el planeta V hace una revolucion completa.

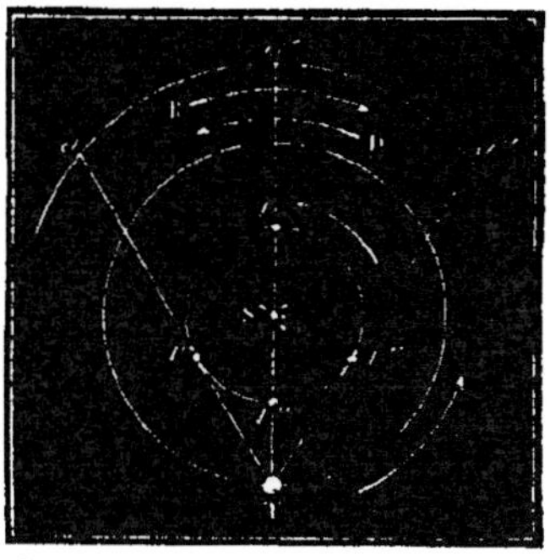

(Fig. 13)

Ahora bien, al recorrer el planeta la parte de su órbita V‴ V V′ se proyecta sucesivamente en los puntos a'', a' y a de la eclíptica y lo vemos moverse en la direccion de la flecha D ó sea en sentido directo; la velocidad de su movimiento aumenta desde V‴ hasta V, conjuncion superior, disminuyendo luego hasta llegar á V′.

Asimismo al recorrer el arco V′V″V‴ lo vemos proyectarse en los puntos a, a', a'', pareciéndonos que se mueve en la direccion de la flecha R, ó sea en sentido retrógrado. Su velocidad irá aumentando hasta llegar á V″ conjuncion inferior, disminuyendo despues hasta llegar á V‴.

Por último, próximo á los puntos V′ y V‴, ó sea en sus mayores elongaciones, que se verifican cuando el máximo de longitud es tangente á la órbita, nos parece que se mueve en la direccion de dichas tangentes, apareciendo proyectado en el mismo punto del cielo a ó a'', sin aumentar ni disminuir de longitud; esto es, estacionario.

Sin embargo de que la Tierra no permanece inmóvil como hemos supuesto, sino que se mueve en el mismo sentido que el planeta, pero con ménos velocidad, el fenómeno se verifica segun queda explicado, con la sóla diferencia que las estaciones se efectúan en épocas más distantes y en diversas regiones del cielo.

137. Para demostrar este fenómeno en los planetas exteriores, sean (Fig. 14) S el Sol, M M′ la órbita de un planeta exterior que lo supondremos inmóvil en M, mientras la Tierra T, cuyo movimiento angular es mucho más rápido, hace una revolucion alrededor del Sol.

Al describir la Tierra el arco T″T T′, se verá el planeta M en a'', a y a', y parecerá moverse en la direccion de la flecha R, ó sea en sentido retrógrado. La velocidad irá aumentando hasta estar en oposicion, que será cuando la Tierra se halle en T, y disminuirá despues hasta hallarse en T′.

Cuando la Tierra describe el arco T'T'''T'', se verá M sucesivamente corresponder á los puntos a', a, a'', y el movimiento será en la direccion de la flecha D, ó sea directo, aumentando hasta estar en conjuncion cuando la Tierra se halle en T''', y disminuirá despues hasta que llegue á T''. Tambien cuando la Tierra se encuentre en T' y T'', ó sea cuando el máximo de longitud es tangente á su órbita, el planeta aparecerá algunos dias estacionario; y diremos como antes, que su movimiento efectivo sólo produce que sean de mayor duracion las estaciones y retrogradaciones que parecerán verificarse en diferentes regiones del cielo.

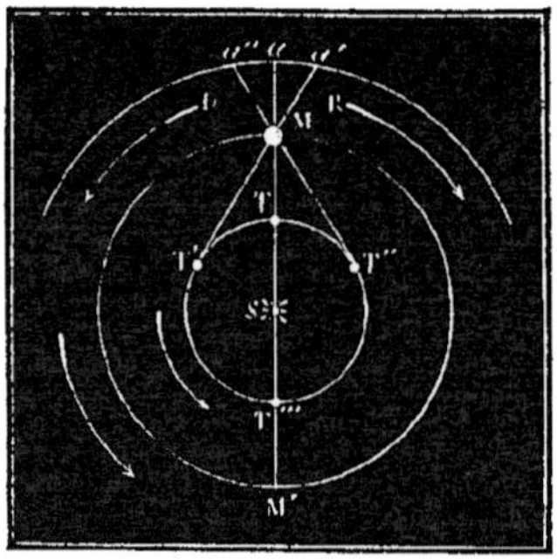

(Fig. 14)

138. De todo lo dicho resulta que, la retrogradacion de los planetas interiores se verifica antes y despues de la conjuncion inferior, y en los planetas exteriores antes y despues de la oposicion.

139. Coordenadas ecuatoriales. Para comparar los astros con el ecuador, se imaginan las coordenadas siguientes:

Máximos de ascension son unos semi-círculos que pasan por los polos del mundo y por los centros de los astros.

Se considera como primer máximo el que pasa por el punto equinoccial de Aries; este semi-círculo y su opuesto, que pasa el punto de Libra, forma el coluro de los equinoccios y sus perpendiculares el de los solsticios.

Paralelos de declinacion son unos círculos menores que pasan por los centros de los astros y son paralelos al ecuador.

140. Ascension recta de un astro, Æ, es el arco de ecuador contado desde el punto equinoccial de Aries de Occidente á Oriente, hasta su máximo de ascension.

Las ascensiones rectas se cuentan desde 0^h á 24^h, para lo cual se considera dividido el ecuador en 24 partes iguales llamadas horas, que se subdividen en minutos y segundos.(*)

141. Declinacion de un astro, es el ángulo que forma con el ecuador la recta tirada desde el centro de la Tierra al centro del astro, ó lo que es lo mismo, su distancia al ecuador contada sobre el máximo de ascension en que se halla dicho astro.

La declinacion se cuenta desde 0° á 90° y es septentrional ó meridional, segun que el astro se halle entre el ecuador y el polo Norte ó Sur del mundo. Las declinaciones de especie Norte se indican con el signo +; y con el signo — las australes.

(*) Para indicar las horas, minutos y segundos, nos valdremos siempre de los signos '...''...' para que no se confundan con los minutos y segundos de grado, que como sabemos se indican así '...''.

142. En la (Fig. 15) la Æ del astro F será ♈ G, y su declinacion GF Sur; la Æ del astro R será ♈ Q♎R; esto es, 12^h+♎R, y su declinacion cero; y por último, la Æ del astro M será ♈ Q♎EL, ó sean 18^h+EL y su declinacion LM Norte.

143. De lo expuesto resultan los corolarios siguientes:

1.° Tienen igual ascension recta los astros que se hallan en el mismo máximo; é igual declinacion los que están en el mismo paralelo.

2.° La Æ de dos astros que se hallan en máximos opuestos, se diferencia en 12^h y los que están en máximos perpendiculares en 6^h ó 18^h.

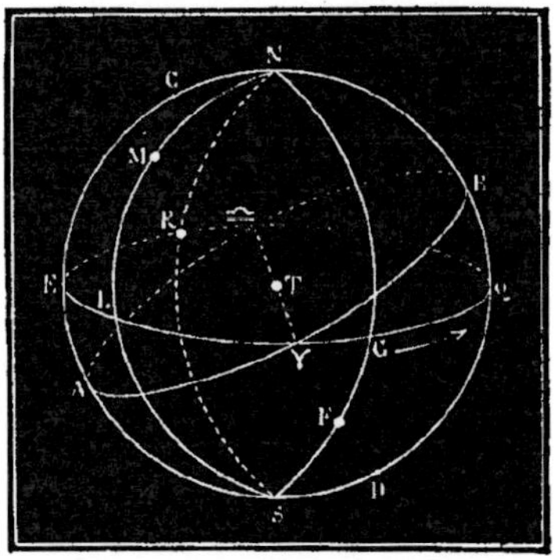

(Fig. 15)

3.° La Æ y declinacion determinan la posicion de un astro en la esfera celeste, puesto que la Æ nos dice el semi-círculo, y la declinacion, el punto de dicho semi-círculo en que se halla el astro.

4.° La distancia de un astro á uno de los polos del mundo, se denomina *distancia polar;* la correspondiente al polo más próximo es igual á 90° menos la declinacion y la del polo más distante á 90° mas la declinacion.

5.° Cuando el Sol y la Tierra corresponden á los puntos equinocciales, las declinaciones de ambos son cero, las cuales van aumentando hasta hallarse aquellos astros en los puntos solsticiales A y B, donde tienen la máxima declinacion, 23° 27′ ó sea la oblicuidad de la eclíptica.

144. Para reducir una Æ expresada en tiempo á su correspondiente en grados, minutos y segundos, y vice versa, bastará considerar que dividiéndose el ecuador en 24^h y al mismo tiempo en 360°, como toda circunferencia, tendremos que

$$\frac{360°}{24^h}=15°, \text{ de donde } 1^h=60^m=15°, \quad 1^m=60=15' \text{ y } 1^s=60^t=15'';$$

$$\text{y como } \frac{60}{15}=4, \quad \text{será} \quad 4^m=1°, \quad 4^s=1' \text{ y } 4^t=1'';$$

luego para reducir grados, minutos y segundos á horas, minutos y segundos, se multiplicarán aquellos por 4 y cada producto se rebajará á la denominacion inmediata inferior; esto es, que el producto de los grados dará minutos de tiempo; el producto de los minutos de arco, segundos de tiempo, &c.

EJEMPLOS.

38°...56'...32"	129°...17'...49"
4	4
$2^h...35^m...46^s...08^t = 2^h...35^m...46^s,13$	$8^h...37^m...11^s...16^t = 8^h...37^m...11^s,27$

145. Recíprocamente, para reducir horas, minutos y segundos á grados, minutos y segundos, seguiremos el método inverso; esto es, se reducirá la cantidad propuesta á minutos, segundos y decimales de estos, se dividirá por 4 y se elevará cada cociente á la denominacion inmediata superior; esto es, el cociente de los minutos serán grados, el de los segundos de tiempo, minutos de arco, &c.

EJEMPLOS.

$2^h...35^m...46^s,13$	$8^h...37^m...11^s,27$
$155^m...46^s,13$	$517^m...11^s,27$
38 ...56 ,532 = 38°...56'...32".	129 ...17 ,817 = 129°...17'...49".

146. Precesion de los equinoccios. Si el eje de la Tierra se conservase siempre exactamente paralelo á sí mismo, la intercepcion del plano de la eclíptica con la equinoccial tendria una posicion invariable; es decir, que la línea de los equinoccios permaneceria fija; pero, en virtud de las atracciones que ejercen la Luna, el Sol y los planetas sobre el menisco del esferoide terrestre, el eje de rotacion de la Tierra no se mantiene constantemente paralelo á sí mismo, sino que varía de posicion en el espacio describiendo una superficie cónica alrededor del eje de la eclíptica, (*) resultando de aquí un *movimiento retrógrado* de los puntos equinocciales que se llama *precesion de los equinoccios*, y que hace que la línea de los equinoccios varíe de posicion en la eclíptica, y por consiguiente el punto de orígen de las longitudes y ascensiones rectas.

147. La duracion de cada revolucion cónica del eje terrestre es de unos 26.000 años; luego en el intervalo de un año, dicho eje gira alrededor del de la eclíptica una cantidad igual á 50", 2 en sentido contrario al movimiento de traslacion de la Tierra.

148. Los movimientos de traslacion y rotacion de la Tierra, combinados con la precesion de los equinoccios, ó sea balanceo de su eje, tienen mucha analogía con los tres movimientos que ejecuta un trompo al mismo tiempo: en efecto, el primero es una rotacion muy rápida sobre su eje; el segundo es un movimiento de traslacion en virtud del cual describe una curva sobre el plano en que se mueve, y el tercero en fin, un balanceo cónico que varía progresivamente la direccion de su eje de rotacion mientras está en movimiento. (†)

(*) Suponemos que el plano de la eclíptica tiene una posicion completamente fija, y prescindimos por lo tanto de la disminucion progresiva que experimenta la oblicuidad, segun se ha dicho en el (art. 97.)

(†) Para la más perfecta y fácil explicacion de este fenómeno, recomendamos á los Sres. Catedráticos los aparatos correspondientes de la coleccion de M. H. Robert, relojero de la marina nacional francesa. París.

Para que la comparacion sea más exacta, imaginemos un trompo de forma esférica que gire sobre su eje en poco ménos de 24^h, duracion de la rotacion terrestre; que describa una elipse en unos 365 dias; y que el balanceo de su eje describa un cono completo en 26.000 años.

149. Para demostrar la retrogradacion de los puntos equinocciales nos valdremos de la (Fig. 16), semejante á las anteriores, en la cual EQ representa la equinoccial celeste, AB la eclíptica; ♈ y ♎ los puntos equinocciales; ahora bien, considerando fija á la eclíptica, resultará que el eje del mundo NS gira alrededor del eje de la eclíptica CD de Oriente á Occidente, ó sea en sentido contrario al movimiento de traslacion de la Tierra, y que el ecuador EQ sigue dicho movimiento, describiendo por lo tanto el polo N un pequeño círculo NG paralelo á la eclíptica; la oblicuidad de esta no variará, y los puntos equinocciales retrocederán sin salir del plano de la eclíptica, esto es, de Oriente á Occidente, y por lo tanto el punto ♈ alejándose progresivamente de un punto fijo L ocupará las posiciones ♈', ♈'', &c.

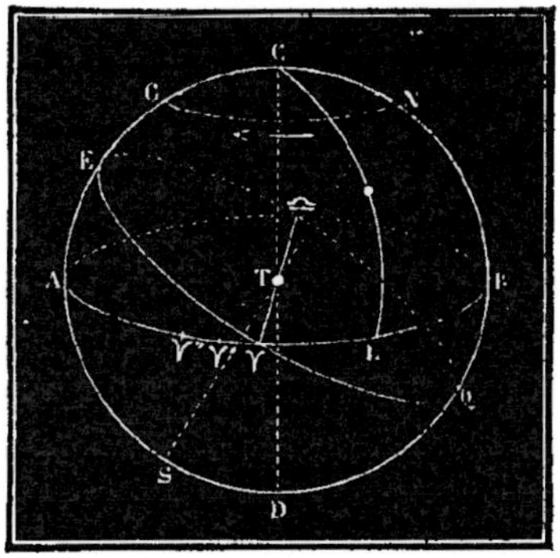

(Fig. 16)

150. De donde se sigue que la longitud ♈L de una estrella M, por ejemplo, con el transcurso del tiempo será ♈'L, ♈''L, &c.; es decir, que aumentará cada año permaneciendo invariable su latitud.

151. Este aumento de longitud, pequeño en el intervalo de un año, pues sólo es de 50'',2 (art. 147), se hace sensible con el transcurso de los siglos. (*)

152. Por efecto del movimiento retrógrado de los puntos equinocciales se adelanta el instante de los equinoccios, puesto que si el Sol sale de ♈ para describir aparentemente su órbita de Occidente á Oriente, encuentra el dicho punto ♈ en ♈', 50'',2 más próximo que en su posicion primitiva, y por lo tanto el equinoccio se verificará antes; esto es, la vuelta del Sol al mismo punto equinoccial, *precede* á su vuelta al punto ♈ del año anterior, si este hubiese permanecido fijo, por cuya causa se denomina este fenómeno *precesion de los equinoccios.*

153. Mutacion de lugar del polo. Una de las consecuencias notables de la precesion es que, siendo así que el eje del mundo describe un círculo, sus polos dejarán de corresponder á las mismas estrellas.

Por esta causa á la estrella llamada hoy *polar*, se irá aproximando el polo durante 250 años, distando de él entonces 30' solamente; empezará despues á alejarse de ella y dentro de 12.000 años se dirigirá hácia otra estrella notable llamada *Vega*, de la cual distará 5°. (†)

154. La revolucion cónica del eje de la Tierra, varía constantemente el aspecto del cielo en un lugar determinado; se hacen visibles estrellas que antes pasaban siempre bajo el horizonte; desaparecen otras y llegan á ser circumpolares las que antes se ponian y vice versa. Citaremos como ejemplo las estrellas que componen el grupo llamado constelacion de *Casiopea*, que hoy se hallan en el círculo de aparicion perpétua para los habitantes de España, lo cual no sucedia hace 4000 años.

(*) Biot, en su *Astronomía Física*, nos cita como ejemplo que la * α Virgo, segun las observaciones de Hiparco, 141 años antes de nuestra era, tenia de longitud 174° 07' 30''; y en 1802, segun las de Maskelyne, 201° 4' 41''; habiendo sido por lo tanto el aumento 26° 57' 11'' en 1943 años, y suponiéndolo uniforme, será: $\frac{26^\circ 57' 11''}{1943} = 50''$ aumento anual. Las observaciones modernas dan 50'', 2 valor de la retrogradacion actual.

(†) En la época de la construccion de la gran pirámide de Egipto, la estrella α del *Dragon* servia de polar.

155. Divergencia de los signos y constelaciones del zodiaco. El equinoccio de primavera se efectuaba en tiempo de Hiparco, en el momento de corresponder el Sol á la constelacion de Aries; esto es, que entonces cada constelacion estaba comprendida en el signo que lleva su nombre; pero, en los 2000 años que han transcurrido, como el primer punto de ♈ ha retrocedido 50″×2000, que son 27° próximamente, se encuentra hoy en la constelacion de Piscis. Sin embargo, los signos conservan aún iguales denominaciones, á pesar de no corresponder á las constelaciones de sus nombres; y por esto las efemérides astronómicas nos anuncian siempre, que hácia el 20 de Marzo corresponde el Sol al signo de Aries, cuando en dicha fecha hace ya cerca de un mes que corresponde á Piscis; por lo tanto, no debemos confundir los signos con las constelaciones del zodiaco, cuyas posiciones en el cielo son diferentes en la actualidad.

156. Nutacion. El eje de la Tierra no solamente está animado de un movimiento cónico que determina la precesion de los equinoccios, sino que posee otro llamado *nutacion*, producido tambien por la atraccion luni-solar sobre el ensanchamiento ecuatorial de la Tierra.

En efecto, la atraccion luni-solar hace experimentar al eje de la Tierra otro pequeño balanceo, en virtud del cual no describe un círculo perfecto alrededor del eje de la eclíptica, sino que oscila alrededor de él describiendo pequeñas elipses, cuyos ejes miden 18″,4 y 13″,75, en el intervalo de unos 18½ años; esto es, que al producir el cono de revolucion describe al mismo tiempo 1385 pequeñas revoluciones cónicas de bases elípticas, lo cual hace que la trayectoria del eje de la Tierra sea una especie de *epiciclóide esférica.*

Considerando á la precesion como un movimiento general, puede decirse que la nutacion es una desigualdad periódica de este movimiento.

157. Para demostrar los movimientos simultáneos de traslacion, rotacion, precesion y nutacion del eje de la Tierra, supongamos que sea AB (Fig. 17) la eclíptica, T la Tierra en una época cualquiera y TN la direccion del eje del mundo; tírese la TF paralela á la CD, eje de la eclíptica; y paralelo á esta trácese el círculo NG, de modo que el ángulo FTN valga 23° 27′, ó sea la oblicuidad, y constrúyase la pequeña elipse pp'', cuyo eje mayor $pp''=18'',4$ y el menor $pp'''=13'',75$.

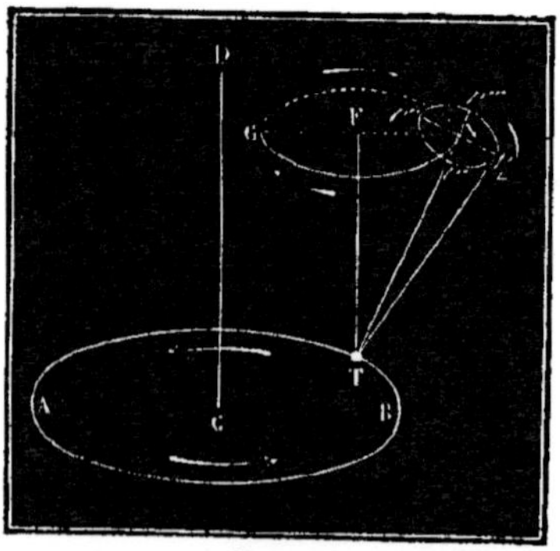

(Fig. 17)

Esto supuesto, imaginemos que la Tierra T, recorre su órbita ó sea la elipse AB en un año, haciendo una revolucion sobre su eje cada 24ʰ; que el centro N de la pequeña elipse de nutacion describe la circunferencia GN de precesion en 26.000 años, y que el punto p, moviéndose en el sentido $pp'p''$ describe esta pequeña elipse en unos 18 años; resultando de estos dos movimientos, que el polo describe la pequeña elipse, mientras el centro de esta N se traslada y describe el círculo GN, produciéndose de este modo una epiciclóide esférica.

158. La nutacion produce una pequeña variacion periódica NTp en la oblicuidad de la eclíptica FTN, que se restablece cada 18 años.

159. Aberracion de las estrellas. Si comparamos las longitudes y latitudes de una misma estrella, despues de corregidas de precesion y mutacion y observadas con toda exactitud en varios meses, resulta que estas dos coordenadas no tienen un valor constante, sino que están sometidas á ligeras variaciones que se restablecen cada año. Este fenómeno singular conocido con el nombre de *aberracion de las estrellas*, es una consecuencia natural del movimiento de traslacion de la Tierra combinado con el de la luz que viene de aquellos astros.

Por efecto de la aberracion nos parece que cada estrella describe al año una elipse, cuyo eje menor varía en cada una de ellas; pero que el semi-eje mayor tiene un valor constante en todas de 20", 25; elipse que aparece ser descrita alrededor del punto de su situacion verdadera, esto es, del punto en que la veríamos si nuestro planeta no estuviese en movimiento, lo cual hace variar contínuamente su línea de vision, y por esto vemos proyectarse las estrellas en distintos puntos del cielo, describiendo estas pequeñas elipses.

160. Almanaque Náutico. Los elementos necesarios para determinar la posicion de los astros en la esfera celeste, se obtienen por medio de la obra titulada *Almanaque Náutico* ó efemérides astronómicas, calculadas para el meridiano del Observatorio de San Fernando.

Esta excelente obra, indispensable para los navegantes, se publica anualmente con la anticipacion necesaria, y está dividida en varias secciones, en las cuales nos dá á conocer las posiciones sucesivas para cada dia del año, del Sol, de la Luna, de los planetas y estrellas principales, pudiéndose deducir para una hora intermedia del dia los elementos astronómicos que se deseen en la práctica de la navegacion.

161. Es necesario adquirir un perfecto conocimiento del *Almanaque Náutico*, para lo cual se estudiará la *Explicacion y uso de los artículos contenidos en las efemérides*, que se encuentra al final de dicha obra, y asimismo antes de hacer uso de ella, deben corregirse cuidadosamente las erratas que se indican despues del prólogo, de un modo que no haya lugar á dudas ni equivocaciones. (*)

(*) El ilustrado Piloto de la marina mercante D. Anselmo T. de Quijano, en su útil obrita titulada *Compañero del Almanaque Náutico*, publicada en Cádiz en 1857, nos dice con sobrada razon lo que sigue:

"De cuantos títulos se han prodigado en elogio de las obras de utilidad notoria que han "visto la luz en Europa, ninguno más justamente aplicado que el de *Tesoro de los Astrónomos*, "que segun Francoeurt han dado varias naciones al *Almanaque Náutico*. Tantos son los recur-"sos que contiene; siendo además, si útil á los astrónomos, indispensablemente necesario á los "navegantes. Sensible es que haya entre estos algunos que hagan uso de él, sin enterarse de la "explicacion que le acompaña, lectura tan clara como instructiva, de la que indisputablemente "reportarian alguna ventaja. Y no es ménos sensible que se limiten otros á hacerse del opúsculo "que dá las declinaciones del Sol y ecuacion de tiempo para un cuatrenio, privándose así de ob-"tener su situacion en la mar por los demás astros y arriesgando en consecuencia los intereses "que se les confian."

Para generalizar el uso de tan interesante obra, convendria que se bajase el precio, tomando como tipo el que tiene el *Almanaque Náutico* inglés, que á pesar de ser más completo que el nuestro, se vende á unas 3 pesetas el ejemplar. En el presupuesto de Inglaterra para 1878 aparece que se tiran 19.000 ejemplares del Almanaque, que cuestan en total 2.888 £, y produciendo en venta 1.900 £., resulta un déficit anual de 988 £.

162. Pasaremos á explicar cómo se obtienen en el *Almanaque Náutico* los valores de las coordenadas eclípticas y ecuatoriales, sin perjuicio de ocuparnos de los demás elementos en el lugar correspondiente, á medida que tratemos de ellos.

163. Cómo se obtienen las coordenadas eclípticas y ecuatoriales.—Ante todo, en la página 3 se encuentran los elementos generales para todo el año, de 10 en 10 dias: y en la primera columna la *oblicuidad aparente de la eclíptica*, esto es, el ángulo que este círculo forma con la equinoccial, teniendo en cuenta los efectos producidos por la nutacion, dato que se emplea en los cálculos de las posiciones de los astros. La oblicuidad média para el primer dia del año se halla al pié de dicha página, y para obtener la correspondiente á una fecha cualquiera, se corrige teniendo en consideracion su disminucion ánua, que como sabemos es de 0″, 5 próximamente (art. 97.)

164. Efemérides del Sol. En la página 1.ª de cada mes, tenemos para cada medio dia medio, la longitud y latitud aparente del Sol, ó sea en la posicion que lo observamos por causa de la aberracion, coordenadas de muy poca aplicacion en la náutica.

La página 2.ª contiene la Æ y declinacion aparente del Sol para cada medio dia medio; y la página 3.ª las mismas coordenadas para cada medio dia verdadero, con sus variaciones horarias para deducir las correspondientes á una hora cualquiera del dia; empleándose el signo $\left\{ \begin{matrix} + \\ - \end{matrix} \right\}$ antepuesto á las declinaciones y latitudes celestes y geográficas para expresar que su especie es $\left\{ \begin{matrix} \text{Norte} \\ \text{Sur} \end{matrix} \right\}$ así como en las longitudes geográficas segun sean $\left\{ \begin{matrix} \text{occidentales} \\ \text{orientales} \end{matrix} \right\}$.

165. Efemérides de la Luna. En las páginas IV á XII se hallan las efemérides de la Luna; cuyo movimiento propio es como 13 veces más rápido que el aparente del Sol, resultando ser más irregular, por lo cual se dan las longitudes y latitudes de 12 en 12^h; y las Æ y declinaciones de hora en hora, con las variaciones correspondientes á un intervalo de 10^m.

166. Efemérides de los planetas. En las páginas XIII á XXIV de cada mes, encontramos para cada medio dia medio las efemérides de Mercurio, Venus, Marte, Júpiter, Saturno, Urano y Neptuno, siendo estas la latitud y longitud *heliocéntrica* verdadera del planeta; y la longitud, latitud, Æ y declinacion aparentes y geocéntricas, ó sea llevando en cuenta el efecto de la aberracion. En la parte inferior de cada página nos indica el momento de hallarse el planeta en los principales puntos de su órbita, como son nodos, perihelio, afelio, conjuncion, oposicion y cuadratura.

167. Efemérides de las estrellas. A continuacion de las tablas mensuales se dan las posiciones médias para el primer dia del año, de las 200 estrellas más importantes, pudiéndose obtener la Æ y declinacion con la aproximacion necesaria para la generalidad de las observaciones hechas en la mar. Dichas estrellas van insertas por el órden de sus Æ desde 0^h á 24^h.

En las páginas siguientes se dan las Æ y declinaciones de cuatro estrellas circumpolares, entre ellas la polar, para cada medio dia medio del año y seguidamente iguales coordenadas de 96 estrellas más notables, de 10 en 10 dias.

RESÚMEN.

168. Relacion entre las coordenadas eclípticas y ecuatoriales.—De todo lo dicho resulta que la posicion de un astro cualquiera, queda determinada por uno de estos dos sistemas:

Coordenadas ecuator.es	Ascens.on recta.	Plano fundamental: el ecuador celeste.
	Declinacion.....	Eje: .... el eje del mundo.
Coordenadas eclípticas	Longitud........	Plano fundamental: la eclíptica.
	Latitud	Eje: .... el eje de la eclíptica.

169. Las coordenadas ecuatoriales se obtienen directamente de las observaciones de los astros, deduciéndose de ellas las eclípticas por medio del cálculo.

Para demostrar la relacion que liga á ambos sistemas, tenemos en la (Fig. 18), que ya conocemos, que siendo M un astro, su Æ será el valor del arco ♈L; su declinacion LM de especie Norte; ♈R su longitud y RM su latitud, de especie Sur; resultando el triángulo MCN, cuyos vértices son:

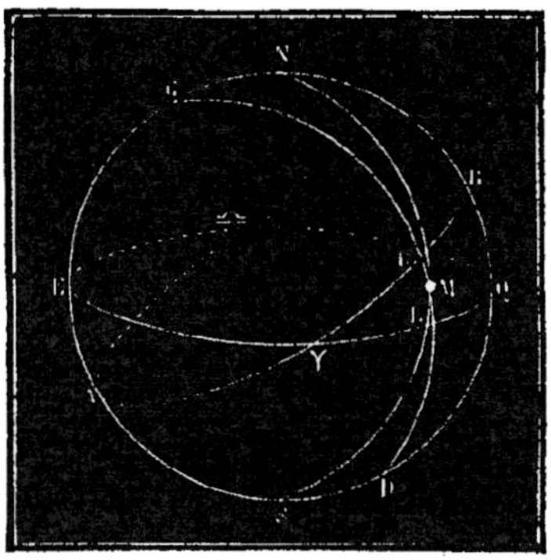

(Fig. 18)

N = polo del mundo.
C = id. de la eclíptica.
M = centro del astro, ó sea vértice del ángulo llamado de *posicion*.

Este triángulo existe siempre en la esfera celeste, á no ser que el astro se encuentre en el coluro de los solsticios, y sus elementos son los siguientes:

CN = oblicuidad de la eclíptica.
CM = 90° + ó — la latitud, segun que el polo C sea el más distante ó el más próximo al astro.
NM = 90° + ó — la declinacion, segun que el polo N sea el más distante ó el más próximo al astro.

$$\text{El ángulo CNM} = \begin{cases} 90° + Æ, & \text{cuando } Æ < 90° \\ 270° - Æ, & \text{,, } Æ > 90° \text{ y } < 270° \\ Æ - 270° & \text{,, } Æ > 270° \end{cases}$$

$$\text{El ángulo MCN} = \begin{cases} 90° - \text{longitud}, & \text{,, longitud} < 90° \\ \text{longitud} - 90°, & \text{,, longitud} > 90° \text{ y } < 270° \\ 450° - \text{longitud}, & \text{,, longitud} > 270°. \end{cases}$$

170. Como en dicho triángulo MCN hay un dato constante que es la oblicuidad de la eclíptica CN, diremos en general que conocidos dos de estos cuatro elementos; longitud, latitud, Æ ó declinacion, se podrán determinar los otros dos, haciendo aplicacion de las fórmulas de la trigonometría esférica; y caso de ocurrir cualquier duda, la inspeccion de la figura la desvanecerá desde luego.

171. PROBLEMA I. *Conocida la Æ y declinacion de un astro, calcular su longitud y latitud.*

Llamando: α = ascension recta; δ = declinacion; Δ = distancia polar; l = longitud; λ = latitud, y ε = oblicuidad de la eclíptica,

sea por ejemplo el dia 6 de Febrero de 1870, que á 0^h de tiempo medio en el meridiano del Observatorio de San Fernando (véase el *Almanaque Náutico* de dicho año) tenemos:

$$\alpha ☾ = 1^h... 33^m... 12^s,21 = 23°... 18'... 03''$$

$$\delta ☾ = +4°... 07'... 08'',4 \quad \text{luego} \quad \Delta = 85°... 52'... 51'',6$$

$$\text{y} \quad \varepsilon = 23°... 27'... 18'',1;$$

luego en el triángulo CNM (Fig. 18), se conocen dos lados, $CN = \varepsilon$, y $NM = 90° - \delta = \Delta$: y el ángulo comprendido $CNM = 90° + \alpha$, y se trata de hallar el lado $CM = 90° + \lambda$ y el ángulo $MCN = 90° - l$; por lo tanto, aplicando las fórmulas trigonométricas (*Trigonom. art.* **114**), tendremos:

$$\text{tang } \varphi = \text{tang } \Delta \cos (90° + \alpha)$$

$$\text{sen } \lambda = \frac{\cos \Delta \cos (\varepsilon - \varphi)}{\cos \varphi},$$

$$\text{y} \qquad \cot (90° - l) = \frac{\cot (90° + \alpha) \text{ sen } (\varepsilon - \varphi)}{\text{sen } \varphi}.$$

172. *Comprobacion.* Haciendo pasar un arco de círculo máximo por los puntos M y ♈, resultan los triángulos rectángulos ML♈ y MR♈, que tienen la hipotenusa comun á ambos, y cuyos tres lados están contenidos en las siguientes fórmulas. (*Trigonom. art.* **94**)

$$\cos M♈ = \cos \delta \cos \alpha$$

$$\cos M♈ = \cos \lambda \cos l$$

$$\text{de donde} \qquad \cos \delta \cos \alpha = \cos \lambda \cos l,$$

fórmula que nos dá á conocer la relacion que existe entre las cuatro coordenadas de un astro, y nos sirve al mismo tiempo para verificar los resultados obtenidos.

En efecto, dicha relacion nos demuestra que en atencion á que $\cos \delta$ y $\cos \lambda$ deben ser siempre positivos, pues δ y λ no pasan nunca de 90°, $\cos \alpha$ debe tener el mismo signo que $\cos l$, con lo cual queda determinado el cuadrante en que debe tomarse l. La especie de la latitud λ queda tambien determinada, pues segun que al sen λ del resultado le corresponda el signo + ó —, así será de especie Norte ó Sur.

173. **Cálculo numérico.**

$\Delta = 85°52'51'',6$ lg tg $= 1,1425817 +$ lg cos $= 8,8562950 +$

$90° + \alpha = 115°18'03''$ lg cos $= 9,5972111 -$ .... lg cot $= 9,6341600$

log tang $\varphi = 0,7397928$

$\varphi = 100°19'05''$ c.^{to} lg cos $= 0,7468747 -$ c.^{to} lg sen $= 0,0070805$

$\varepsilon = 23°27'18'',1$

$\varphi - \varepsilon = 76°51'46'',9$ lg cos $= 9,3565608 +$ lg sen $= 9,9884830$

lg sen $\lambda = 8,9597305 -$ lg tg $l = 9,6297235$

$\lambda = 5°..13'..46''$ S. $l = 23°.5'.20''2$

Comprobacion.

$\lambda = 5°...13'...46''$ lg cos $= 9,9981886$ $\delta = 4°...07'...08'',4$ lg cos $= 9,9988767$

$l = 23°...05'...20'',2$ lg cos $= 9,9637393$ $\alpha = 23°...18'...03''$ lg cos $= 9,9630512$

9,9619279 .... Iguales...... 9.9619279

174. Aun cuando hemos supuesto al astro en este problema en el primer cuadrante de la Æ y longitud, las fórmulas aplicadas son generales para cualquiera otra posicion en que pueda encontrarse, siempre y cuando que se tengan en consideracion los valores de los ángulos en N y en C y los signos de las líneas trigonométricas.

175. Empleando el procedimiento anterior, se podrá formar un catálogo de todas las estrellas con sus longitudes y latitudes, deducidas de sus Æ y declinaciones, obtenidas por medio de las observaciones.

176. Relacion entre las coordenadas eclípticas y ecuatoriales del Sol.— Cuando se trata del Sol ú otro astro cualquiera, cuya latitud sea tambien cero, se simplifican considerablemente las fórmulas que hemos empleado, para pasar de las coordenadas eclípticas á las ecuatoriales.

En efecto, suponiendo al Sol en el punto M de la eclíptica (Fig. 19), tiraremos su máximo de ascension correspondiente N M S, y tendremos que su longitud será ♈ M, su latitud cero, ♈ R la Æ y R M su declinacion de especie Norte; resultando el triángulo M R ♈ rectángulo en R, puesto que los máximos de ascension son perpendiculares al ecuador. Dicho triángulo existe siempre en la esfera celeste, excepto al hallarse el Sol en los puntos equinocciales, y tendrá uno de sus vértices en el punto de ♈ cuando $l < 90°$ ó $> 270°$, ó bien en el punto de ♎ cuando $l > 90°$ ó $< 270°$, siendo sus elementos los siguientes:

El ángulo R M ♈ ó R M ♎ de posicion.

El ángulo M ♈ R ó M ♎ R $= \varepsilon$.

El ángulo M R ♈ ó M R ♎ $= 90°$.

El lado { ♈ M = { l cuando $l < 90°$; $360° - l$ „ $l > 270°$ } ó ♎ M = { $180° - l$ „ $l > 90°$ y $< 180°$; $l - 180°$ „ $l > 180°$ y $< 270°$ } }

$$\text{El lado} \left\{ \begin{array}{l} \Upsilon R = \left\{ \begin{array}{lll} \alpha & ,, & \alpha < 6^h \\ 360^\circ - \alpha & ,, & \alpha > 18^h \end{array} \right. \\ \text{ó} \\ \text{♎} R = \left\{ \begin{array}{lll} 180^\circ - \alpha & ,, & \alpha > 6^h \text{ y } < 12^h \\ \alpha - 180^\circ & ,, & \alpha > 12^h \text{ y } < 18^h \end{array} \right. \end{array} \right.$$

El lado MR $= \delta$, que podrá ser de especie Norte ó Sur.

177. De todo lo dicho y de la inspeccion de la figura, resulta lo siguiente:

1.º Al hallarse el Sol en los puntos equinocciales, su declinacion será cero, la Æ 0^h, y la longitud 0°, si está en el de ♈; ó bien 12^h de Æ y 180° de longitud, si se halla en el punto ♎.

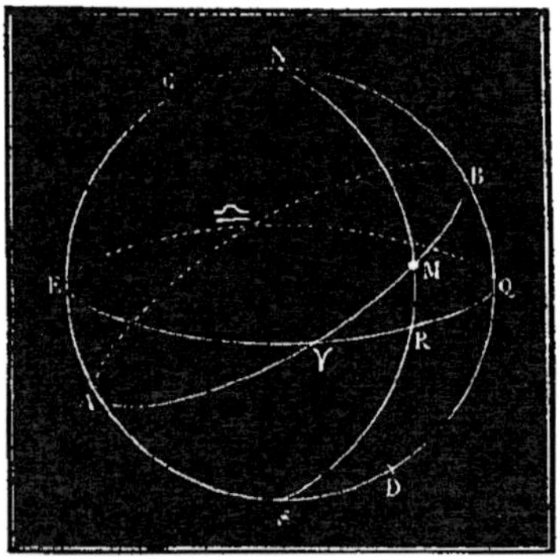

(Fig. 19)

2.º Al encontrarse en el punto solsticial de Cáncer, será $l = 90^\circ$, Æ$= 6^h$, y la declinacion la máxima Norte igual á la oblicuidad de la eclíptica. Y al estar en el punto de Capricornio será $l = 270^\circ$, Æ $= 18^h$, y la declinacion la máxima Sur ó sea igual á la oblicuidad de la eclíptica, como hemos dicho.

3.º Cuando $l < 180^\circ$ la Æ $< 12^h$ y la declinacion boreal ó positiva, y cuando $l > 180^\circ$ la Æ $> 12^h$ y la declinacion austral ó negativa.

4.º La Æ vá siempre aumentando, y por esta razon las variaciones horarias, que nos trae el *Almanaque Náutico* en una columna al lado de la de dichas coordenadas, son todas positivas.

5.º Las variaciones horarias de la declinacion que nos dá el Almanaque, tienen el mismo signo que la declinacion cuando ésta vá aumentando y el signo contrario cuando vá disminuyendo.

6.º Tratándose del Sol ó de otro astro, cuya latitud sea tambien cero, diremos que la declinacion es boreal, y aumenta desde la longitud 0° hasta la de 90°, y que disminuye desde la longitud 90° hasta la de 180°; y por último, que la declinacion es Sur y aumenta desde la longitud de 180° hasta la de 270°, y que disminuye desde la de 270° hasta la de 360°.

178. Como en el triángulo rectángulo MR♈, la oblicuidad de la eclíptica es un dato constante, podemos decir que siempre que se conoce uno de estos tres elementos, longitud, Æ ó δ, podrán determinarse los otros dos, por medio de las fórmulas trigonométricas correspondientes (*Trig. art.*os **105**, **107** y **108**.)

Por lo tanto:

Conocida la longitud será $\begin{cases} \text{tang}\,\alpha = \text{tang}\,l\,.\cos\varepsilon\,. \\ \text{sen}\,\delta = \text{sen}\,l\,.\,\text{sen}\,\varepsilon\,. \end{cases}$

Conocida la ascension recta $\begin{cases} \text{tang}\,\delta = \text{sen}\,\alpha\,.\,\text{tang}\,\varepsilon\,. \\ \text{tang}\,l = \dfrac{\text{tang}\,\alpha}{\cos\varepsilon}\,. \end{cases}$

Conocida la declinacion $\begin{cases} \text{sen}\,\alpha = \dfrac{\text{tang}\,\delta}{\text{tang}\,\varepsilon}\,. \\ \text{sen}\,l = \dfrac{\text{sen}\,\delta}{\text{sen}\,\varepsilon}\,. \end{cases}$

179. Estas fórmulas son generales, cualquiera que sea la posicion del Sol, teniendo en consideracion los signos de las líneas trigonométricas y los valores simultáneos de l y α segun el cuadrante en que se encuentre dicho astro.

180. PROBLEMA III. *Conocida la longitud del ☉, determinar su Æ y declinacion.*

El dia 4 de Octubre de 1870, el *Almanaque Náutico* nos dá á 0^h de tiempo medio:

$$l = 191°\ 04'\ 19'',9 \quad \text{y} \quad \varepsilon = 23°\ 27'\ 20'',2\,;$$

para hallar α y δ tendremos:

$\varepsilon =$ 23°..27'..20'',2 .... lg cos = 9,9625439 . . lg sen = 9,5999251
$l =$ 191°..04'..19''9 — 180° = 11°..04'..19''.9 . . lg tg = 9,2915648 . . lg sen = 9,2834046
α — 180° = lg tg = 9,2541087 lg sen δ = 8,8833297
α = 190°... 10'.... 38'',1 δ = 4°... 23'... 02'',6 Sur.
α = 12^h... 40^m... 42^s,54

Como hemos restado 180° de l para efectuar el cálculo, tendremos que sumarle 180° ó 12^h al resultado para obtener el valor de α; tambien tenemos que la declinacion resulta Sur, por corresponderle al logaritmo del resultado el signo negativo.

Los valores hallados son exactamente iguales á los que nos dá el *Almanaque Náutico*, para dicho dia y hora.

Para adquirir la práctica necesaria y llegar á ser un buen calculador, conviene proponerse varios problemas, semejantes á los anteriores, y comparando los resultados que se obtengan con los que nos dá el *Almanaque Náutico*, se tendrá la seguridad de no haber incurrido en error alguno.

CAPÍTULO IV.

DE LA TIERRA.

187. Coordenadas geográficas. Del movimiento de rotacion de nuestro planeta, combinado con la accion de la gravedad, resulta que su verdadera figura es la de una esferóide achatada por los polos y ensanchada por el ecuador; pero atendiendo á la pequeñez de este achatamiento, segun veremos más adelante, en la práctica de la navegacion se supone que la Tierra es perfectamente esférica.

Así como la posicion de un astro en la esfera celeste queda determinada por su Æ y declinacion, de una manera análoga se obtiene la situacion de un punto cualquiera en la superficie de la Tierra, por medio de dos coordenadas llamadas geográficas, que son *longitud* y *latitud.*

182. Para esto se imagina que por cada lugar y por los polos de la Tierra, pasan unos semi-círculos máximos que se llaman *meridianos.*

Como la Tierra gira sobre su eje, todos los puntos de su ecuador pasan sucesivamente por el plano de la eclíptica, por lo cual en la esfera terrestre no hay puntos de Aries y Libra, y se ha recurrido á adoptar como orígen de las longitudes á un meridiano que se distingue de los demás, llamándole *primer meridiano,* cuya posicion por lo tanto es del todo arbitraria.

Si bien es verdad que los astrónomos han adoptado unánimemente el mismo punto del cielo, que es el de Aries, para contar desde él las Æ, los geógrafos sin embargo, no han elegido un mismo primer meridiano para contar desde él las longitudes. Para evitar todo motivo de ambigüedad, convendria que dicho primer meridiano fuese comun para todos los astrónomos y geógrafos; pero la confusion en este punto no puede ser sin embargo mayor, pues en cada país, sin duda alguna por amor propio nacional, se refieren las longitudes á uno y á veces á dos meridianos distintos.

183. Así es, que los españoles, en nuestro *Almanaque Náutico* y en las Cartas hidrográficas, tomamos como primer meridiano el que pasa por el Observatorio astronómico de S. Fernando; y para las cartas geográficas tenemos adoptado el que pasa por el Observatorio de Madrid. Del mismo modo los franceses cuentan las longitudes desde el meridiano de París, mientras los ingleses tienen como primer meridiano el de Greenwich. (*)

184. Tambien se imagina que por cada lugar pasa un círculo paralelo al ecuador, que se denomina *paralelo de latitud*, ó simplemente paralelo.

185. Longitud terrestre. Por *longitud de un punto de la Tierra*, se entiende el arco de ecuador, menor que el semi-círculo, contado desde el primer meridiano hasta el meridiano del punto de que se trata.

Las longitudes se cuentan en grados desde 0° á 180° y se distinguen en orientales ú occidentales, segun que se cuenten del primer meridiano hácia el Este ó hácia el Oeste.

Tambien se define la longitud diciendo que es el ángulo formado en el polo por el primer meridiano y el meridiano del lugar, medido por un arco de ecuador menor que el semi-círculo. Las longitudes se cuentan tambien en horas, minutos y segundos, para lo cual se considera dividido el ecuador en 24^h, y para reducir una longitud expresada en arco á tiempo y al contrario, se aplican las reglas explicadas al tratar de las Æ (art. 144.)

186. Latitud terrestre es el valor del arco de meridiano comprendido entre dicho lugar y el ecuador; y tambien puede decirse que es el ángulo formado en el plano del meridiano por la vertical del lugar y su proyeccion sobre el ecuador. Suponiendo á la Tierra esférica, el vértice de este ángulo se hallará en el centro de la misma, y la latitud se llama entonces geocéntrica.

Las latitudes se cuentan como las declinaciones de 0° á 90°, desde el ecuador hasta el polo, y se distinguen en *boreales* y *australes* ó bien en *positivas* y *negativas*, segun el hemisferio en que se hallan los lugares, diferenciándose con las iniciales N y S.

El complemento de la latitud de un lugar se denomina *colatitud*, de dicho lugar, y es el ángulo que forma la vertical con el eje de la Tierra, medido por un arco de meridiano.

187. La latitud y longitud de un punto determinan su posicion, puesto que la longitud nos indica el semi-círculo, y la latitud el punto de dicho semi-círculo en que se encuentra el lugar.

(*) Tolomeo situó el primer meridiano en las Islas Afortunadas, hoy Canarias, por ser en su época este archipiélago el límite Occidental del mundo conocido. D. Alfonso el Sabio adoptó como primer meridiano el de Toledo. Luis XIII de Francia mandó que los geógrafos de su reino contaran las longitudes desde la isla de Hierro, la más Occidental de las Canarias. Los holandeses prefirieron el meridiano que pasa por el pico de Tenerife, considerado algun tiempo como el punto más elevado del globo. Y Mercator, célebre geógrafo del siglo XVI, el de la Isla del Cuervo, en el grupo de las Azores, porque en su época la aguja imantada se dirigia en aquel punto al Norte verdadero del mundo.

En efecto, si EQ es el ecuador, N y S sus polos; NES el primer meridiano y las longitudes contadas en la direccion EAQ orientales y en la direccion ElQ occidentales, tendremos que el punto A situado en el ecuador, su latitud será cero y su longitud EA oriental, arco de ecuador contado desde el primer meridiano N E S hasta el meridiano del lugar A, N A S hácia Oriente. Si consideramos el lugar B, su paralelo será el círculo mg; N B S su meridiano, y por lo tanto, hB su latitud Norte y Eh su longitud Oriental; y por último, la latitud del lugar C será lC austral y su longitud El occidental. Si suponemos un habitante en el polo, por ejemplo en N, su latitud será EN $=$ 90° boreal y su longitud cero, cualquiera que sea el primer meridiano, puesto que todos ellos pasan por los polos.

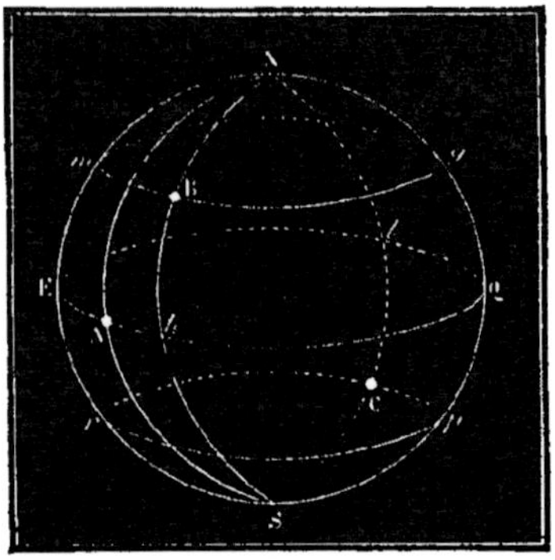

(Fig. 20)

188. De todo lo dicho se deduce que todos los puntos situados en un mismo paralelo tienen la misma latitud y sus longitudes diferirán de 0° á 180°; y aquellos situados en igual meridiano, tienen la misma longitud y latitudes variables de 0° á $\pm$ 90°.

Tambien la distancia de un lugar al polo más próximo de la Tierra es igual á 90° menos la latitud, y al polo más lejano á 90° mas la latitud.

Todos los meridianos son iguales entre sí; pero, los paralelos van aumentando de tamaño desde el polo hasta el paralelo, cuyo plano pasa por el centro de la Tierra ó sea el ecuador.

Adviértase siempre que el meridiano de un lugar no es un círculo completo de la esfera, sino un semi-círculo que pasa por el lugar y termina en los polos, correspondiendo la otra mitad, ó sea el semicírculo opuesto, á una longitud que difiere 180° de la primera.

189. Diferencia de longitud entre dos lugares, es el arco de ecuador menor que un semi-círculo, comprendido entre los meridianos de dichos dos lugares; esto es, el ángulo formado en el polo por dichos dos meridianos.

Para comparar las longitudes de dos ó más lugares, hay que observar ante todo si están contadas desde un mismo primer meridiano.

Cuando las longitudes de dos lugares son de la misma especie, la diferencia de longitud será igual á la diferencia entre las longitudes de dichos dos lugares; y á la suma cuando son de contraria especie.

La (Fig. 21), análoga á la anterior, nos demuestra que siendo NQS el primer meridiano y L y R dos lugares cuyas longitudes son QA y QE ambas Orientales ó de la misma especie, la diferencia de longitud AE=QE—QA ó sea la diferencia entre las dos longitudes.

Siendo los lugares L y M, cuyas longitudes son QA Oriental y QO Occidental, la diferencia de longitud será AQO=QA+QO, ó sea la suma de ambas longitudes.

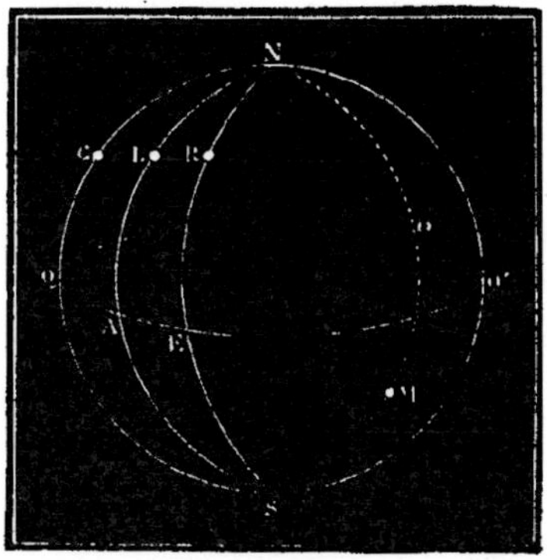

(Fig. 21)

190. En la práctica hay que reducir con frecuencia á un primer meridiano las longitudes contadas desde otro, para lo cual es aplicable la siguiente tabla:

POSICIONES GEOGRAFICAS

DE LOS PRINCIPALES OBSERVATORIOS ASTRONÓMICOS Y FÍSICOS.

LOCALIDADES.	Latitud.	Longitud respecto á S. Fernando.	
		En arco.	En tiempo.
Cabo de Buena-Esperanza.	33° 56′ 03″, 0 S	24° 41′ 09″, 0 E	1h 38m 44s, 61 E
Cádiz (antiguo observatorio)	36 32 04 , 0 N	00 05 22 , 5 O	0 00 21 , 50 O
Cambridge (Estados Unidos)	42 22 49 , 0 N	64 56 20 , 8 O	4 19 45 , 39 O
Coimbra	40 12 25 , 8 N	2 11 13 , 3 O	0 08 44 , 89 O
Copenhague (Universidad).	55 40 53 , 0 N	18 47 21 , 1 E	1 15 09 , 41 E
Greenwich...............	51 28 38 , 0 N	6 12 24 , 1 E	0 24 49 , 61 E
Hamburgo	53 33 05 , 0 N	16 10 55 , 6 E	1 04 43 , 71 E
Lisboa	38 42 17 , 6 N	2 53 05 , 8 O	0 11 32 , 39 O
Madras......	13 04 08 , 1 N	86 26 43 , 6 E	5 45 46 , 91 E
Madrid..................	40 24 29 , 7 N	2 31 03 , 1 E	0 10 04 , 21 E
Paris....................	48 50 13 , 0 N	8 32 33 , 6 E	0 34 10 , 24 E
Pulkowa	59 46 18 , 7 N	36 32 04 , 0 E	2 26 08 , 27 E
Roma (Colegio romano)...	41 53 52 , 2 N	18 41 04 , 6 E	1 14 44 , 31 E
San Fernando	36 27 41 , 5 N	0 0 0 , 0	0 0 0 , 0
San Petersburgo (Academia de Ciencias)......	59 56 29 , 7 N	36 30 46 , 6 E	2 26 03 , 11 E
Washington (observ.º naval)	38 53 38 , 8 N	70 50 22 , 3 O	4 43 21 , 49 O

191. Conocida que sea la longitud de un lugar respecto á un primer meridiano dado, podrá obtenerse fácilmente dicha longitud contada desde otro primer meridiano, cuya longitud con relacion al anterior sea conocida.

Para esto, de lo dicho anteriormente (art. 189), se deduce que á la longitud del lugar dado, se le restará ó se le sumará la longitud del nuevo primer meridiano, segun que dichas dos longitudes sean de la misma ó de contraria especie y quedará hecha la reduccion sin variar la denominacion que tenia antes la longitnd del lugar propuesto.

Debe tenerse presente que, como la longitud de un lugar no debe pasar de 180°, cuando la suma sea mayor que esta cantidad, se le tomará el suplemento á 360° y se le cambiará el signo ó denominacion.

Tambien cuando la longitud del nuevo primer meridiano sea mayor y de la misma especie que la longitud del lugar, se hallará la diferencia entre ambas y se cambiará la denominacion de la longitud del lugar.

Si á pesar de la sencillez y claridad de este método, ocurriese alguna duda, se desvanecerá desde luego recurriendo á la inspeccion de una figura semejante á la ya explicada (art. 189.)

EJEMPLO I.

192. La longitud de Amberes que es de 10°.. 36′.. 30″ al E de S. Fernando, se desea reducir al meridiano de Greenwich, que está 6°.. 12′.. 24″ al E de S. Fernando.

Longitud de Amberes....	10°... 36′... 30″ al E de S. Fernando.
„ de Greenwich ..	6°... 12′... 24″ al E de S. Fernando.
Longitud de Amberes contada desde el meridiano de Greenwich	4°... 24′... 06′ al E.

EJEMPLO II.

193. La longitud de Tolon es de 3°.. 35′.. 22′ al E de Paris; se desea reducir al meridiano de S. Fernando que está 8°.. 32′.. 34″ al O de Paris.

Longitud de Tolon.......	3°... 35′... 22″ al E de Paris.
„ de S. Fernando..	8°... 32′... 34″ al O de Paris.
Longitud de Tolon.......	12°... 07′... 56″ al E de S. Fernando.

EJEMPLO III.

194. La longitud del pico de Tenerife es de 10°.. 26′.. 25″ al O de S. Fernando; se desea su longitud respecto al meridiano de Washington, que está 70°.50′. 22″ al O de S. Fernando.

Longitud del pico de Tenerife	10°... 26′... 25″ al O de S. Fernando.
„ de Washington	70°... 50′... 22″ al O de S. Fernando.
„ del pico de Tenerife.	60°... 23′... 57″ al E de Washington.

EJEMPLO IV.

195. La longitud de la Habana (Morro) es 76°.. 09′.. 56″ al O de S. Fernando: se desea su longitud respecto al meridiano de Batavia, que está 113°.. 00′.. 23″ al E de S. Fernando.

Longitud	de la Habana....	76°... 09'... 56"	al O de S. Fernando.
„	de Batavia........	113°... 00'... 23"	al E de S. Fernando.
„	de la Habana....	189°... 10'. . 19"	al O de Batavia.
		360°	
„	de la Habana....	170°... 49'... 41"	al E de Batavia.

196. Diferencia de latitud entre dos lugares es el valor del arco de meridiano comprendido entre sus paralelos. La diferencia de latitud es igual á la suma de las latitudes de los dos lugares, cuando dichas latitudes son de contraria especie; y á la diferencia cuando son de la misma especie.

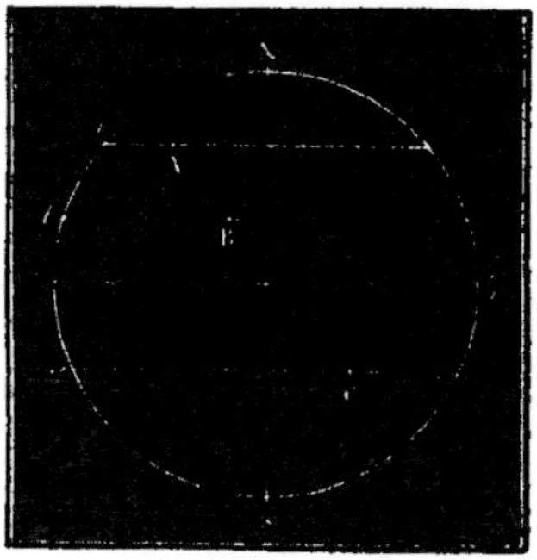

(Fig. 22)

En efecto; si *eq* es la equinoccial, N y S polos, *d, f* y *g* los paralelos de los lugares A, B y C, cuyas respectivas latitudes son *ed* y *ef* Norte y *eg* Sur, tendremos que la diferencia de latitud entre los lugares A y B será $ed - ef = fd$; y la diferencia de latitud entre los lugares A y C, será $ed + eg = dg$.

197. Trópicos y círculos polares. En la esfera terrestre se imaginan dos trópicos y dos círculos polares, de cuyos planos prolongados resultan los de la esfera celeste, que ya conocemos, y que se designan con iguales nombres.

Estos círculos dividen á nuestro globo en cinco fajas ó zonas definidas de la manera siguiente: una *zona tórrida* comprendida entre los trópicos y dividida por mitad por el ecuador; dos *zonas templadas*, una boreal y otra austral, situadas en cada hemisferio entre el trópico y el círculo polar; y *dos zonas glaciales* que son los casquetes esféricos comprendidos entre cada círculo polar y el polo respectivo.

La extension de estas zonas depende de la oblicuidad de la eclíptica, y como esta varía, aunque poquísimo, con el transcurso de los siglos es evidente que variarán tambien los valores de dichas extensiones. En la actualidad si representamos por el número 100 el área total de la Tierra, la zona tórrida comprenderá 40 partes, las templadas 52 y las glaciales 8.

198. El ecuador terrestre se suele denominar en términos náuticos, *la línea equinoccial* ó simplemente *la línea*.

199. Globos terrestres. Para representar la Tierra se construyen unas esferas, en las cuales despues de trazar el ecuador y cierto número de meridianos y paralelos, se sitúan segun sus latitudes y longitudes los principales lugares y se dibujan con exactitud los continentes, islas, rios, montañas, &c., con lo cual se dá una idea completa de la superficie terrestre, prescindiendo de su forma esferoidea, en atencion á que el achatamiento polar es imperceptible con relacion á las dimensiones de estos aparatos.

200. Cartas geográficas. Los globos terrestres poseen la ventaja de representar la Tierra tal como es, pero son difíciles de trasportar, su manejo es incómodo, y como sus dimensiones no pueden ser por lo general suficientemente grandes, sólo se trazan en ellos las principales divisiones del globo. En vista de estas razones se ha recurrido á representar la totalidad ó una parte de la Tierra, sobre unas superficies planas llamadas *cartas* ó *mapas geográficos*.

Compréndese desde luego que estando determinada la posicion de un lugar por su longitud y latitud, ó sea por la intercepcion de un meridiano y un paralelo, es evidente que si se emplea un método adecuado de representar sobre un plano dichas coordenadas, se podrán situar los lugares segun la posicion que ocupan en el globo.

Pero, como la superficie de la Tierra es esférica, no puede desarrollarse sobre un plano sin que resulte deformacion; esto es, sin alterar más ó ménos la forma, extension y distancias de los continentes. Para atenuar todo lo posible estas deformaciones y determinar las líneas que figuran los meridianos y paralelos, se han imaginado varios sistemas llamados *proyecciones*, figurando entre las más perfectas y generalmente usadas *las ortográficas, las estereográficas* y *las de Mercator.*

201. Las *Cartas marinas* ó *hidrográficas*, son las que nos representan principalmente las costas, mares y rios, de la manera más conveniente y detallada para la práctica de la navegacion.

202. Sistema métrico. La gran confusion que resultaba del prodigioso número de medidas, no solamente en uso entre los diferentes paises, sino tambien en una misma nacion; sus divisiones arbitrarias é incómodas para los cálculos y la dificultad de determinarlas y compararlas, y el laudable pensamiento de establecer un sistema de pesos y medidas, cuya unidad fundamental lejos de ser arbitraria, guardase relacion con algun elemento del mundo físico, fueron las causas que impulsaron al gobierno francés en 1792 para disponer que se llevase á cabo una nueva medicion del globo terrestre, habiendo sido nombrados para acometer tan colosal empresa los célebres geómetras *Delambre* y *Mechain*, los cuales despues de una série de trabajos dificilísimos dieron por terminada su comision en 1799, y con el concurso de un congreso de sabios de diversos paises, convocado en París, se acordó la abolicion de los monstruosos sistemas antiguos y su sustitucion por el métrico, deducido de la naturaleza misma y tan invariable como ella; para esto eligieron una parte alícuota de la circunferencia de la Tierra, de la cual se derivasen todas las unidades de especies distintas (*); y adoptando como valor del achatamiento terrestre el número $^1/_{334}$, se fijó la longitud del metro,

(*) Los cálculos necesarios para fijar estas medidas, fueron ejecutados por el representante holandés Van Swinden, el suizo Trallés, los franceses Laplace y Legendre y el español D. Gabriel Ciscar.

unidad fundamental, en la diezmillonésima parte del cuadrante del meridiano. (*)

203. Las unidades del sistema métrico son cuatro: el *metro* para las medidas longitudinales; el *área*, ó sean 100 metros cuadrados, para las superficiales; el *litro*, ó sea un cubo de un décimo de metro de arista, para las de capacidad de áridos y líquidos, y por último, el *gramo* para las de peso, que es el del agua destilada y á 4° de temperatura, contenida en un pequeño cubo, cuyas aristas midan la centésima parte de un metro.

Dada la unidad principal de una especie, se obtienen las superiores multiplicándola por 10, 100, 1.000 ó 10.000, lo cual se designa anteponiendo al nombre de dicha unidad las palabras derivadas del griego, *deca*, *hecto*, *kilo* y *miria*, y para las unidades inferiores las palabras de procedencia latina, *deci*, *centi*, *mili*, que significan décima, centésima ó milésima parte. (†)

204. Los trabajos de *Biot*, *Aragó* y otros célebres geómetras y astrónomos han demostrado con posterioridad, que el valor que se le asignó al metro en su orígen es un poco erróneo. Discutiendo estos trabajos y observaciones el astrónomo aleman Bessel, ha deducido en 1841, que el cuadrante de meridiano consta de 10.000.856 metros, con una aproximacion de ± 499 unidades, en vez de los 10.000.000 que antes se le asignaban; resultando de aquí que la diferencia entre el metro legal y el teórico ó sea la diezmillonésima parte del cuadrante de meridiano se aproxima á un décimo de milímetro, error pequeñísimo que en nada rebaja el mérito del sistema métrico.

De todos modos conviene saber que entre el metro y el cuadrante de meridiano, no existe la relacion que al principio se admitió, si bien cuando no se trata de cálculos de gran precision se prescinde de esta pequeñísima diferencia, y se supone que la circunferencia de la Tierra mide 40.000 kilómetros y su radio medio 6.366 kilómetros.

205. Figura y dimensiones de la Tierra. Hemos dicho que la verdadera figura de la Tierra es la de una esferóide achatada en el sentido de los polos y ensanchada por el ecuador, de donde resulta que el ecuador y los paralelos son circulares, pero no así los meridianos, los cuales son elípticos é iguales á la elipse generatriz; y por último, que la extension de los grados de latitud á diferentes distancias del ecuador, van aumentando hácia los polos.

206. De las operaciones geodésicas más exactas, efectuadas por los sabios

---

(*) El sistema métrico fué instituido por primera vez en Francia en 1795, modificándose en 1801; poco despues se adoptó en Bélgica, Holanda y algunos de los estados alemanes: hoy está ya planteado en España y Portugal, la Prusia y el resto de la Alemania se preparan para adoptarlo, y hasta Inglaterra, olvidando sus antiguas discrepancias y rivalidades, comprende las ventajas de seguir el ejemplo dado por las demás naciones, pudiéndose asegurar que con el tiempo será el sistema exclusivo de todos los pueblos civilizados.

(†) El metro en medida española equivale á 3 piés, 7 pulgadas, 0,3 línea.

de diferentes países (*) y confirmadas por numerosas observaciones, resultan los datos siguientes:

LOCALIDADES.	Latitudes medias.	Dimension del arco de 1°, en metros.
Perú	1° 31′ 01″	110479,04
India	12 32 21	110586,48
España y Francia......	46 08 06	111141,02
Inglaterra............	52 02 20	111221,75
Laponia	66 20 10	111475,31

Vemos en efecto, que las extensiones de los grados van aumentando de una manera contínua hácia los polos, quedando en resúmen demostrado que la figura de la Tierra, abstraccion hecha de las asperezas de su superficie, es la de una elipsoide de revolucion alrededor de su eje menor.

207. *Achatamiento* es la relacion que existe entre las dimensiones del radio del ecuador y el semi-eje.

Discutiendo los trabajos antiguos y modernos, Airy y Bessel han deducido los valores siguientes, reputados hasta hoy como los más exactos.

Radio ecuatorial .... $a = 6\ 377\ 398$

„ polar ... . $b = 6\ 356\ 080$

de donde achatamiento $= \frac{a-b}{a} = \frac{1}{299}$.

Está demostrado que el radio del ecuador excede al semi-eje en $^1/_{299}$ de su valor á lo que corresponde 21.328 metros, ó sean unas 5 leguas de á 4 kilómetros.

208. Los demás detalles numéricos acerca de las dimensiones de la Tierra, son:

Cuadrante de meridiano = 10 000 856 metros.

„ de ecuador = 10 017 594 „

209. De las cantidades que conocemos resulta, que *la superficie de la Tierra* mide próximamente 510 millones de kilómetros cuadrados; y como la superficie de España con sus islas adyacentes es de 507.000 kilómetros cuadrados, es por lo tanto una milésima parte de la del globo y $^1/_{20}$ de la de Europa.

210. *El volúmen de nuestro planeta* es de 1 082 841 millones de kilómetros cúbicos; y sin embargo, este globo que nos parece tan colosal, es como sabemos, uno de los planetas medios del sistema solar, un grano de arena comparado con el volúmen del Sol, y un átomo respecto al Universo.

Observada la Tierra desde el Sol mide un ángulo de 17″ de arco solamente y como de 2° vista desde la Luna.

211. *La densidad média de la Tierra*, ó cantidad de materia comprendida en la unidad de volúmen, suponiendo confundidos en un solo cuerpo homogéneo la multitud de que se compone, seria $5\frac{1}{2}$ á 6 veces mayor que la del agua, y como una mitad de la del plomo.

Considerando que un metro cúbico de agua pesa 1.000 kilogramos ó sea una

(*) La comision francesa destinada al Ecuador en 1735, se reforzó en Quito por órden del gobierno español, con los astrónomos y marinos D. Jorge Juan y D. Antonio de Ulloa, dignos uno y otro por su celo é inteligencia, como afirma Bouguer y repite Lalande, de alternar con los primeros sabios de Europa.

tonelada métrica, se deduce que el peso total de la Tierra debe elevarse próximamente á 6×10^{21} toneladas ó sean unos 6.000 trillones de toneladas.

212. El monte más elevado tiene 8.840 metros de altura; la mayor profundidad del mar, sondada hasta hoy es 14.000 metros, y se supone que la corteza terrestre tiene un espesor de unos 40 kilómetros.

213. *Unidades de longitud.* En la práctica de la navegacion, segun hemos dicho, se considera que la Tierra es perfectamente esférica é iguales sus grados de meridiano. Cada uno de estos se divide en 20 leguas marinas y la legua en 3 millas, que son minutos de grado, cuyas subdivisiones son las siguientes: (*)

Grados.	Leguas.	Millas.	Cables.	Brazas.	Varas.	Metros.
				1	2	1,672
			1 ..	110,8	221,7	185,19
		1 .	. 10 ..	1108,3	2216,7	1851,95
	1 ..	.. 3 ..	.. 30 ..	3325,	6650,	5555,6
1 ..	.. 20 ..	.. 60 ..	..600 ..	66500,	133000,	111112

214. La superficie del globo terrestre, considerada físicamente, se divide en parte sólida ó sea la ocupada por los *continentes* ó *tierra firme;* y en parte líquida ó sean los mares, que cubren próximamente las tres cuartas partes de la superficie total.

215. Atmósfera. Nuestro globo se halla rodeado de un fluido gaseoso indispensable para la vida, que se denomina *atmósfera,* la cual es una de las partes integrantes de la Tierra, forma cuerpo con ella, y está sometida por lo tanto á los movimientos de rotacion y traslacion.

La accion que ejerce la atmósfera en las observaciones astronómicas es de gran importancia, toda vez que los rayos luminosos que vienen de los astros, no llegan á nosotros sino despues de haberla atravesado y de sufrir ciertos desvios. Como todos los cuerpos más ó ménos trasparentes, *refleja, refracta y amortigua la luz,* de donde resultan interesantísimos fenómenos que debemos examinar.

216. En la *composicion de la atmósfera,* entran el aire atmosférico, fluido elástico, compresible y trasparente, producto de una mezcla de dos gases llamados *oxígeno* y *nitrógeno,* ó ázoe en cantidades sensiblemente constantes en la proporcion de 21 á 79 en volúmen, y de 23 á 77 en peso; pequeñas porciones de gas *ácido carbónico,* una cantidad variable de *vapor de agua,* y otros cuerpos que de-

(*) Es conveniente conocer la correspondencia de las medidas extrangeras de más frecuente uso, que son:

Francia.	Toesa=6 piés de rey ...	1m,949
	Ana antigua de París ...	1 ,188
	Pié ...	0 ,325
Inglaterra.	Estadio (furlong)=220 yardas ...	201 ,164
	Estadal (pole, perch, rod, lug) = 5½ yardas.	5 ,029
	Braza (fathom)=2 yardas ...	1 ,829
	Yarda (yard)=3 piés ...	0 ,914
	Pie (foot)=12 pulgadas...	0 ,305
Portugal.	Vara=3⅓ piés=5 palmos ...	1 ,100
	Pié. ...	0 ,330

ben considerarse, ya como simples emanaciones del suelo, ó bien como cuerpos compuestos formados en el seno de la atmósfera por combinaciones de los simples, bajo la influencia del calor, la electricidad ú otras fuerzas naturales.

217. El aire atmosférico raras veces se encuentra en equilibrio ó reposo completo, ocasionando su traslacion de un punto á otro los *vientos* más ó ménos impetuosos.

218. Tambien la accion calórica del Sol produce *evaporaciones* en los mares del globo, que arrastradas por las corrientes atmosféricas sobre la Tierra llegan á condensarse y forman las *lluvias*, restituyéndose despues á los mares esta parte líquida, por medio de los numerosos rios que desaguan en ellos.

219. El aire goza de todas las propiedades físicas de los fluidos elásticos; su altura sobre la Tierra es casi uniforme; pero su densidad, elasticidad y temperatura disminuye al paso que aumenta la altura.

En efecto, como la atmósfera es ponderable, está formada de capas sobrepuestas las unas á las otras; las superiores pesan sobre las inferiores comprimiéndolas y haciéndolas más densas, y las últimas, como no soportan presiones, deben ser excesivamente raras y su elasticidad muy poca ó ninguna, pues sin duda por esta causa y por el frio extremo de las regiones elevadas, es por lo que no se disipan en el espacio.

La temperatura de la atmósfera disminuye un grado por cada 150 ó 200 metros hasta una elevacion de 7000 metros, y se calcula que las últimas capas tendrán una temperatura de — 60°.

220. Peso de la atmósfera. Para calcular la masa ó peso total de la atmósfera, la Física nos demuestra que al nivel del mar y por término medio, su peso está en equilibrio con una columna de mercurio de $0^m,76$ ó con una de agua de 10^m334 de altura; de donde resulta que el peso total de la atmósfera ó sea su presion sobre todo el globo, equivaldria á una capa de agua extendida por toda la superficie de la Tierra y de unos 10^m334 de espesor, ó bien por una capa de mercurio de $0^m,76$.

Sabemos que la fórmula geométrica para determinar la superficie de una esfera es $4\pi r^2$; y como un metro cúbico de agua pesa 1.000 kilogramos, para obtener el peso total tendremos

$$4\pi r^2 \times 10{,}334 \times 1.000 \quad \text{ó bien} \quad 4\pi r^2 \times 10334, \text{ en kilogramos;}$$

pero, como π representa la razon de la circunferencia con el diámetro, y el radio de la Tierra $r = 6\ 336\ 198^m$, resultará el peso total expresado por la enormísima cantidad de

$$5\ 263\ 100\ 000\ 000\ 000\ 000 \text{ kilogramos.}$$

Para dar una idea más comprensible de esta cantidad, diremos que es igual en números redondos á 5×10^{16} toneladas métricas, y como el peso total del globo terrestre asciende segun lo dicho (art. 211) á 6×10^{22} toneladas, resulta que el peso de la atmósfera tan enorme á primera vista, sólo es la millonésima parte del peso de la Tierra.

221. Altura de la atmósfera. Atendiendo á los cálculos de Biot, fundados en las observaciones de Gay-Lussac, Humboldt, La Caille y

Boussingault, puede admitirse sin notable error que la altura de la atmósfera es de 60 á 65 kilómetros, ó poco más ó ménos la centésima parte del radio terrestre.

Si la atmósfera fuese un fluido homogéneo, es decir, si sus capas no variasen de densidad, seria muy fácil calcular su altura; pues siendo el aire 10.460 veces más ligero que el mercurio, el espesor de la atmósfera equilibrada por una columna de $0^m,76$, seria evidentemente

$$0^m,76 \times 10.460 = 7.949^m,6.$$

222. Luz difusa. Además de ser la atmósfera un elemento necesario para la vida, es tambien el vehículo, digámoslo así, de la luz, pues por todas partes donde penetra el aire entra tambien cierta cantidad de luz, en atencion á que las moléculas de la atmósfera reflejan en todos sentidos, no solamente los rayos luminosos que caen sobre su superficie directamente, sino tambien los reflejados por otras moléculas; resultando de estas reflexiones sucesivas y múltiples la *luz difusa* que nos ilumina en ausencia de los rayos directos del Sol.

Si la atmósfera no existiese, dice Biot, cada punto de la superficie terrestre no recibiria más luz que la que llegase á él directamente del Sol; y al perder de vista este astro ó á los objetos iluminados por él, nos encontraríamos en la más completa oscuridad. Los rayos solares reflejados por la Tierra se perderian en el espacio, experimentaríamos un frio grandísimo; al estar el Sol en el horizonte brillaria con toda su fuerza, y pasaríamos bruscamente del dia á la noche y al contrario.

223. Extincion de la luz por la atmósfera, y figura abovedada del cielo. En la atmósfera se verifica un fenómeno análogo al que observamos en el agua, la cual es incolora y diáfana, vista en pequeñas cantidades; pero aglomerada en grandes masas como sucede en los mares y rios caudalosos, adquiere cierto grado de opacidad y un tinte característico azulado ó verdoso.

Así el color azul del cielo y las variadas y brillantes tintas de la aurora, son colores propios de la atmósfera, diferentes segun las circunstancias por efecto de lo variable de su composicion, es decir, segun la mayor ó menor cantidad de vapor de agua que contiene el aire y el estado de disolucion ó de condensacion de dicho vapor.

En efecto, los rayos de luz blanca solar, compuestos de otros coloreados como el iris, no pueden atravesar la atmósfera en diversos sentidos sin reflejarse y refractarse por absorcion parcial, en proporcion distinta y de un modo variable, segun el espesor de la capa de aire que atraviesa, la cantidad de vapor que en ella existe y su estado de reposo ó de ondulacion.

Por lo tanto, diremos que todo rayo de luz que penetra en la atmósfera se amortigua más ó ménos á causa de la imperfecta trasparencia de este gas, cuyas moléculas reflejan la luz en todos sentidos. Esta extincion parcial es débil en el zenit, donde los rayos sólo atraviesan una capa de 64 kilómetros de espesor, miéntras que en el horizonte es considerable por ser el espesor de la atmósfera que atraviesa 14 ó 15 kilómetros mayor.

Segun Bouger, el brillo del Sol en el horizonte es 1.350 veces menor que en el zenit, por cuya razon podemos contemplarlo impunemente cuando se halla poco elevado, sufriendo igual disminucion el calor de los rayos solares.

224. La luz que los objetos terrestres muy lejanos nos envian, atraviesa tambien un gran espesor de aire más ó ménos cargado de vapores opacos, por lo que su brillo se debilita en razon á su distancia, y su color natural es reemplazado por un tinte azulado que es el de la masa de aire interpuesta.

Por estas razones, nos parecen los astros más confusos y distantes cuando están próximos al horizonte, que cuando están bastante elevados; y á estas causas se atribuye tambien el que el cielo se nos presente como una bóveda, en medio de la cual se halla el observador, y sobre cuya superficie aparecen los astros en perspectiva.

Las dimensiones de esta bóveda son difíciles de apreciar, pues dependen de la constitucion de la atmósfera, de la mayor ó menor trasparencia de las capas y de su grado de iluminacion, elementos todos variables en las horas del dia y de la noche, y en los diferentes individuos, segun el alcance de sus vistas.

CAPÍTULO V.

COORDENADAS PARA DETERMINAR LAS POSICIONES Y MOVIMIENTOS APARENTES DE LOS ASTROS.

225. Movimiento giratorio de la Tierra. Está demostrado de la manera más evidente, que la Tierra se halla animada de un movimiento uniforme alrededor de su eje en el sentido de Occidente á Oriente, resultando de aquí el movimiento diurno aparente de la esfera celeste, en virtud del cual nos parece que la Tierra está inmóvil y que los astros todos giran á su alrededor de Oriente á Occidente, ó sea en la direccion opuesta á la del movimiento verdadero.(*)

Este movimiento aparente diurno no altera las posiciones respectivas de los astros, cuyas distancias angulares son sensiblemente las mismas para todos los habitantes del globo, variando solamente dichas posiciones por efecto de los movimientos propios de los astros combinados con el de traslacion de la Tierra.

Por efecto del movimiento giratorio de la Tierra vemos aparecer los astros por el lado de Oriente, ascender á su mayor altura, descender y ocultarse por el lado de Occidente, para aparecer de nuevo por el Oriente al siguiente dia.

226. Coordenadas con el horizonte. Para determinar las posiciones y movimientos aparentes de los astros, se imaginan las coordenadas que siguen, fijas con respecto al lugar que ocupa el observador, y por lo tanto movibles con él alrededor del eje de la Tierra.

227. Vertical, zenit y nadir. Vertical de un lugar es la direccion que sigue al caer sobre la Tierra un cuerpo abandonado libremente

---

(*) La teoría del movimiento de rotacion de la Tierra vislumbrada por algunos filósofos griegos y enseñada por Copérnico en su obra titulada *Revoluciones Celestes*, sufrió la suerte de todas las verdades nuevas y sus propagadores fueron cruelmente perseguidos. El ilustre Galileo, despues de haber admirado al mundo con la grandeza y multitud de sus descubrimientos, fué perseguido por la Inquisicion, reducido á prision, y á la edad de setenta años se le obligó á abjurar solemnemente, puesto de rodillas, de la *heregía* del movimiento de rotacion de la Tierra. Este inícuo tratamiento, empleado con un anciano tan venerable como eminente y tratándose sobre todo de una cuestion puramente científica, indignó á todos los sabios de Europa y fué causa de que se adoptase con más diligencia el sistema de Copérnico. Poco más de un siglo despues, en 1750, el Papa Benito XIV anuló la sentencia del Santo Oficio que condenaba las obras de Galileo.

á sí mismo, suponiendo que no existiese el movimiento de rotacion. Su direccion es la que toma al estar en equilibrio un hilo flexible, uno de cuyos extremos está fijo y el otro soporta un pequeño peso. Este aparato se llama *hilo á plomo ó plomada.*

En la mecánica se demuestra que la vertical de un lugar es normal á la superficie terrestre, esto es, perpendicular á la superficie de las aguas en completo reposo.

Suponiendo á la Tierra rigorosamente esférica, las verticales de los diversos lugares pasarán por el centro de nuestro globo.

228. Se supone que la vertical atraviesa el globo de la Tierra y se termina en la esfera celeste por uno y otro lado: el extremo visible ó sea el que corresponde á la cabeza del observador, se denomina *zenit;* y el opuesto ó sea el invisible, *nadir.*

229. Horizontes. En general se llama *plano horizontal,* todo plano que es perpendicular á la vertical.

El plano horizontal que pasa por el ojo del observador, se denomina *horizonte sensible ó aparente,* y si suponemos al ojo del observador situado en la superficie de la Tierra, dicho plano es un círculo que nos separa la parte visible del cielo y de la Tierra de la invisible.

230. Cuando el observador está elevado sobre la superficie de la Tierra, aumenta la parte visible del cielo y de nuestro globo; y en alta mar, por ejemplo, el agua forma alrededor del buque un círculo cuya circunferencia es el límite de los puntos que alcanzamos con la vista. En este caso todas las rectas que salen del ojo del observador y son tangentes á la superficie de la mar, forman una superficie cónica que se llama *horizonte visible* ó *de la mar.*

Suponiendo el ojo del observador situado en la superficie de la Tierra, el horizonte sensible y el de la mar se confunden en un sólo plano.

231. El plano paralelo al horizonte sensible y que pasa por el centro de la Tierra, se denomina *horizonte racional* ó *geocéntrico.*

El horizonte geocéntrico, plano fundamental del sistema de coordenadas que vamos á considerar, y que es el único de que trataremos por ahora, puede decirse tambien que es un círculo máximo, cuyo eje es la línea vertical y sus polos, por lo tanto, el zenit y el nadir del observador.

Divide á las esferas terrestre y celeste en dos hemisferios; de los cuales se llama superior ó visible aquel en que se halla el zenit, y su opuesto hemisferio inferior ó invisible.

232. Al polo del mundo que se halla sobre el horizonte, único visible para el observador, se le llama *polo elevado;* y al que está bajo el horizonte, *polo depreso.*

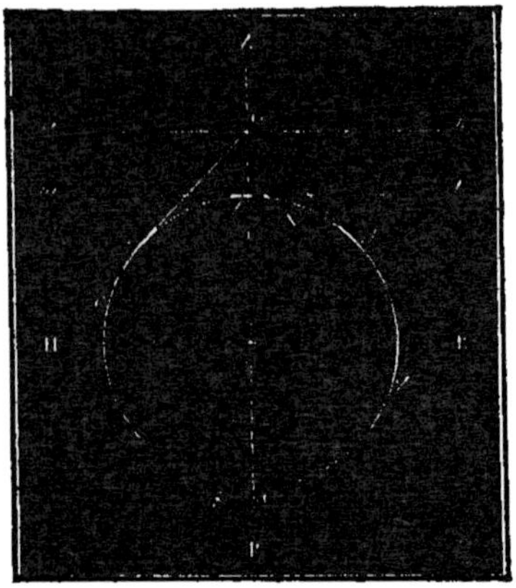

(Fig. 23)

Sea en la (Fig. 23) T el centro de la Tierra: *eq* su ecuador, y N y S los polos Norte y Sur; tendremos que para el observador O, será ZP su vertical; Z el zenít y P el nadir; *ab* el horizonte sensible; la superficie cónica *od* y *oc* el horizonte visible ó de la mar; y si suponemos el ojo del observador en *l*, entonces el horizonte sensible y de la mar degenerarán en un solo plano *mt*. Tambien HR será el horizonte geocéntrico; H*l*R el hemisferio superior ó visible; y el H*x*R el hemisferio inferior ó invisible; y por último N será el polo elevado, en este caso el Norte, y S el polo depreso.

233. Meridiano celeste de un lugar es un círculo máximo que pasa por los polos del mundo y del horizonte; esto es el meridiano terrestre de dicho lugar y el semicirculo opuesto á él, prolongados hasta la esfera celeste.

El plano del meridiano se considera fijo respecto al observador, y como la Tierra gira sobre su eje, irá pasando sucesivamente por todos los puntos del cielo.

234. El eje de la Tierra divide al meridiano celeste de un lugar en dos partes iguales: el semi-círculo en que se halla el zenit se llama *meridiano superior*, y su opuesto en que se halla el nadir, *meridiano inferior*.

235. De los dos puntos de interseccion del horizonte con el meridiano, el más próximo al polo Norte, se denomina Norte, su opuesto Sur, y la línea que los une, *línea Norte-Sur, linea meridiana* ó simplemente *meridiana*.

La meridiana está indicada por la sombra que proyecta al ser medio dia exacto una varilla recta, colocada verticalmente.

236. De los puntos de interseccion de la circunferencia del ecuador con el horizonte, aquel que corresponde á la derecha del observador, suponiéndolo mirando hácia el Norte, se llama *punto del Este*, el opuesto ó sea el de la izquierda, *punto del Oeste*, y la línea que los une *línea Este-Oeste.*

237. Los puntos Norte, Sur, Este y Oeste, se denominan los *cuatro puntos cardinales;* y siguiendo la práctica adoptada se escriben sus nombres abreviadamente por medio de las iniciales N. S. E. y O.

Las líneas Norte-Sur y Este-Oeste son perpendiculares y dividen al horizonte en cuatro cuadrantes. Se llama primer cuadrante el comprendido entre el Norte y el Este, segundo el comprendido entre el Sur y el Este, tercero el comprendido entre el Sur y el Oeste, y cuarto el comprendido entre el Norte y Oeste.

El meridiano divide á la esfera en dos hemisferios; llámase Oriental el que está en el lado del Este y Occidental el que está en el lado del Oeste.

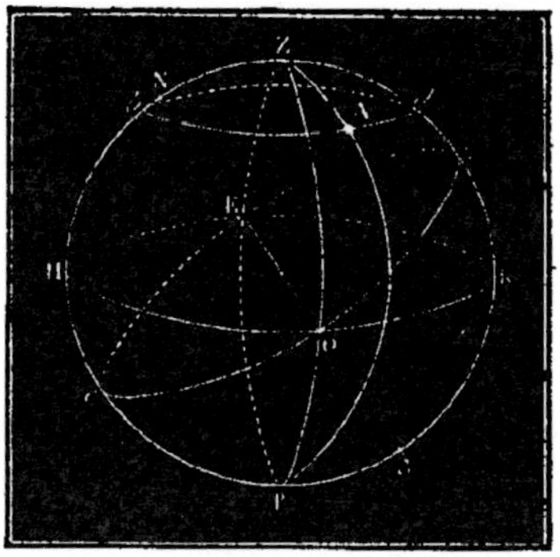

(Fig. 24)

Sea (Fig. 24) H R el horizonte, Z y P sus polos; *eq* la equinoccial, N y S sus polos, y tendremos que el círculo Z H P R será el meridiano; el semi-círculo N Z S el meridiano superior, y el N P S el inferior. H, el punto Norte del horizonte, R el punto Sur, H R la meridiana, O el punto del Oeste, E el del Este y E O la línea Este-Oeste; H E el primer cuadrante, R E el segundo, R O el tercero, y H O el cuarto; el hemisferio que se considera elevado respecto al plano del papel es el Occidental y su opuesto el Oriental.

238. Círculos verticales. Tambien se imaginan unos semi-círculos máximos que pasan por los centros de los astros y por los polos del horizonte que se llaman *semi-círculos verticales*, ó simplemente *los verticales*, muy diferente á *la vertical*, línea que ya conocemos.

Vertical primario es un círculo máximo que pasa por los polos del horizonte y por los puntos E y O.

239. Almicantaraes son unos círculos paralelos al horizonte que pasan por los centros de los astros.

240. En la (Fig. 24), Z A P será el vertical de un astro A; *b d* el almicantarat y Z O P E Z el vertical primario.

241. De todo lo expuesto resulta:

1.° El meridiano es perpendicular al horizonte, al ecuador y á los paralelos; divide á estos círculos en dos partes iguales y tiene sus polos en los puntos E y O.

2.° El meridiano puede considerarse tambien como un círculo vertical que pasa por los puntos N y S del horizonte, y de sus intersecciones con los diferentes paralelos, resultan los puntos de estos círculos más elevados sobre el horizonte.

3.° El vertical primario tiene sus polos en los puntos N y S; y la línea meridiana será por lo tanto su eje, del mismo modo que la Este-Oeste es eje del meridiano.

4.° Todo astro se halla en la interseccion de su vertical con su almicantarat.

5.° Se consideran tantos horizontes como observadores puede haber repartidos en la superficie de nuestro globo; de donde resulta que las verticales de los lugares están más ó ménos inclinadas respecto al eje de la Tierra, ó lo que es lo mismo, el eje del mundo más ó ménos inclinado con el horizonte, segun el lugar del globo en que se halla el observador.

242. Azimut de un astro es el ángulo formado en el zenit por el meridiano celeste y el vertical del astro: ó lo que es igual, el arco de horizonte contado desde uno de los puntos cardinales N ó S hasta dicho vertical del astro.

Generalmente se cuenta el azimut menor que un semi-círculo, ó sea desde el punto N ó S más inmediato; y para designarlo se expresa primero el punto N ó S, desde donde se cuenta, despues el valor del arco de horizonte en grados y minutos, y por último el punto E ú O hácia donde se cuenta. Así se dice azimut N 60° 30′ E, S 18° O, &c.

243. Amplitud. Siempre que un astro se halla en el horizonte ó muy próximo á él, se denomina amplitud el ángulo formado en el zenit por el vertical del astro y el primario; ó sea el arco de horizonte contado desde uno de los puntos E ú O hasta el vertical de dicho astro.

La amplitud se expresa indicando el punto E ú O desde donde se cuenta, despues el valor del arco del horizonte en grados, y por último el punto N ó S hácia donde se cuenta.

Vemos, pues, que la amplitud es el complemento del azimut. Cuéntase de 0° á 90° y se denomina *ortiva* ú *occidua*, segun que el astro se halle en el hemisferio Oriental ú Occidental.

244. Para explicar el modo de convertir las amplitudes en azimutes y al contrario, y reducir los azimutes contados desde un punto cardinal á los contados desde el opuesto, sea en la (Fig. 25) ZP la vertical de un observador T; HR el horizonte; QQ′ la equinoccial, y ROHE los cuatro puntos cardinales.

El astro *a*, cuya vertical es Z*a*P tiene por azimut el ángulo RZ*b*, ó lo que es igual, el arco R*b* contado desde el N hácia el O. Tambien el astro *d* que se halla en el horizonte tiene de amplitud el arco E*d*, de especie ortiva, complemento del azimut H*d* contado desde el S hácia el E.

Por último, un azimut mayor que un cuadrante tal como el HO*b*, contado desde el S hácia el O, para reducirlo tendremos que HOR — HO*b* = R*b*: luego si HO*b* = S 120° O y HOR = 180°, tendremos 180° — S 120° O = N 60° O. De donde resulta que todo azimut restado de 180°, queda reducido á su equivalente, contado desde el punto cardinal opuesto.

245. Altura verdadera de un astro es el ángulo que forma la recta tirada del centro de la Tierra al del astro con el horizonte geocéntrico; ó bien el arco de círculo vertical comprendido entre el centro del astro y dicho horizonte.

Las alturas se cuentan desde el horizonte hácia el zenit de 0° á 90°.

Cuando el astro de que se trata se halla en el hemisferio superior ó visible, se dice que la *altura es positiva* y tiene el signo +; y cuando se halla en el hemisferio inferior, entonces se denomina *altura negativa* ó *depresion* y le corresponde el signo —.

Así ba (Fig. 25) es la altura positiva de un astro a; y dm, la altura negativa del astro m.

246. Distancia zenital de un astro es el arco de vertical comprendido entre el centro del astro y el zenit: luego será igual á 90° menos la altura si esta es positiva, ó á 90° mas la depresion.

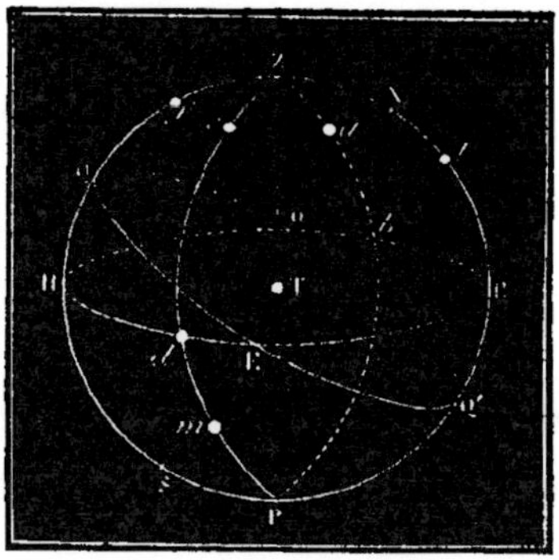

(Fig. 25)

La distancia zenital del astro a será aZ; y la del m, $md + dZ = md + 90°$.

247. Cuando un astro se halla en el meridiano, su distancia zenital, ó sea el complemento de su altura, se denomina en términos náuticos *observacion;* que puede ser Norte ó Sur, segun que se halle el astro entre el zenit y el punto N ó S del horizonte.

La distancia zenital ú observacion del astro f (Fig. 25) será fZ Sur, porque f se halla entre Z y el punto H, Sur del horizonte; la observacion del astro t será tZ Norte.

248. De lo dicho resulta:

1.º La posicion de un astro queda determinada, conociendo su azimut y su altura; puesto que el azimut nos indica el semi-círculo vertical, y la altura el punto de dicho semi-círculo en que se halla el astro.

2.º Todos los astros que se hallan en el mismo vertical tienen igual azimut, y los que se hallan en igual almicantarat, la misma altura.

3.º Los astros que se hallan en el meridiano tienen 0° de azimut y 90° de amplitud, y los que se hallan en el vertical primario 0° de amplitud y 90° de azimut.

249. Sistema de coordenadas ecuatoriales. Hay adoptado tambien otro sistema de coordenadas más sencillo que el de las alturas y azimutes, y sobre todo más adecuado á la naturaleza del movimiento diurno de la esfera celeste, en el cual en vez de considerarse al horizonte como plano fundamental, se toma como término de comparacion al ecuador celeste, que se supone en este caso girando con el observador alrededor del eje de la Tierra.

250. Horarios. Para esto se imagina que por los polos del mundo y por los centros de los astros pasan unos semi-círculos máximos movibles con el observador que se llaman *semi-círculos horarios.*

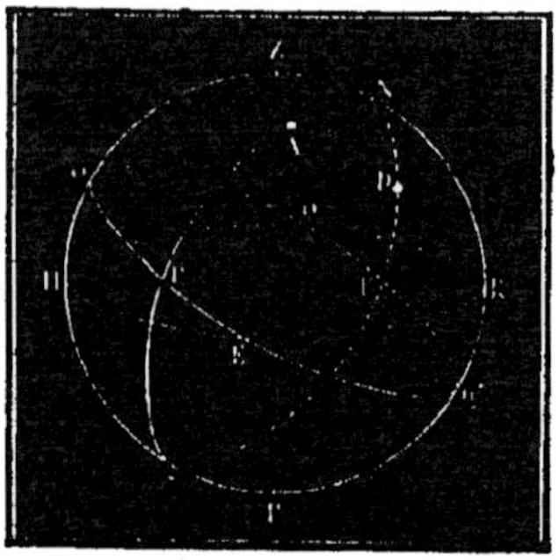

(Fig. 26)

Por *horario de un astro* se entiende el ángulo formado en el polo por el meridiano superior del observador y el semi-círculo horario que pasa por el centro del astro: y tambien puede decirse que es el arco de equinoccial comprendido entre dichos dos semi-círculos.

Para apreciar el valor de los horarios se supone dividida la equinoccial en 24^h, como se explicó al tratar de la Æ, y se cuentan generalmente desde el meridiano hácia Occidente desde 0^h á 24^h; ó bien desde 0^h á 12^h hácia el Este ó hácia el Oeste, y se llaman entonces *orientales* ú *occidentales.*

251. En la (Fig. 26), semejante á las anteriores, N A S, será el semi-círculo horario del astro A, su horario será el arco de ecuador Q O Q'E B, ó bien 18^h, mas lo que valga el arco E B, de especie Occidental; y Q B será su horario Oriental, menor de 6^h, arco que mide al ángulo Q N B. Tambien el horario del astro D será Q O F, ó sean $6^h + $ O F, Occidental.

252. Para la mejor inteligencia de este sistema de coordenadas, diremos que se suponen dos equinocciales confundidas en un mismo plano: una de ellas fija en la esfera celeste, sobre la cual se cuenta la Æ desde el primer punto de ♈ de Occidente á Oriente; y la otra movible con el observador alrededor del eje del mundo, sobre la cual se cuentan los horarios desde el meridiano hácia uno y otro lado.

253. Vemos, pues, que á causa del movimiento de rotacion de la Tierra, los semi-círculos horarios se irán confundiendo sucesivamente con los máximos de ascension, de donde resulta que los astros que tengan igual Æ tendrán igual horario y vice versa: y tambien que el ángulo formado por los horarios de los astros será igual al ángulo formado por sus máximos de ascension; es decir, que la diferencia de horarios de dos astros es igual á su diferencia de Æ.

254. La posicion de un astro queda determinada por su horario y declinacion, puesto que el horario nos indica el semi-círculo y la declinacion el punto de dicho semi-círculo en que se halla el astro.

255. Relacion entre las coordenadas horizontales y ecuatoriales. Reasumiendo diremos, que la posicion de un astro respecto al observador y en un momento dado, queda determinada por uno de estos dos sistemas:

1.° *Coordenadas horizontales.*	Azimutes. . . . . . Alturas	Plano fundamental=Horizonte del observ.or Eje. . . . . =Línea vertical.
2.° *Coordenadas ecuatoriales.*	Angulos horarios Declinaciones . . .	Plano fundamental=Ecuador celeste. Eje. . . . . =Eje del mundo.

256. Para demostrar la relacion que liga á ambos sistemas, tenemos que en la (Fig. 27) el círculo terminador representa el meridiano celeste de un observador T; HR el horizonte y QQ' la equinoccial.

Si consideramos un astro *a*, tendremos el triángulo *a*NZ, formado por arcos de meridiano, vertical y semicírculo horario; y los valores de sus lados y ángulos serán: AZ distancia zenital ó sea complemento de su altura *ab*; *a*N distancia polar ó sea complemento de su declinacion *ac*, de especie Norte y NZ complemento de ZQ' medida del ángulo ZTQ' latitud del observador T; el ángulo NZ*a* tiene por medida el arco de horizonte H*b*, que es el azimut contado desde el N hácia el E; el ángulo ZN*a*, medido por el arco Q'*c* es el horario Oriental; y el ángulo N*a*Z se llama de *posicion*.

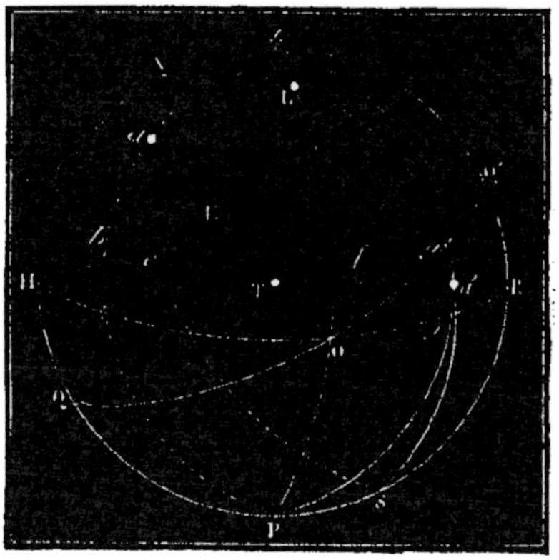

(Fig. 27)

Este triángulo cuyos vértices son: zenit, polo elevado y centro del astro, es de mucha aplicacion en la práctica y en él tenemos, que conocidos que sean los valores de tres de sus cinco elementos, que son: horario, azimut, altura, declinacion del astro y latitud del observador, se podrán calcular los otros dos.

257. Si se tratase del astro *d*, tendríamos el triángulo *d*NZ, en el cual NZ es complemento de la latitud del observador; Z*d* complemento de la altura *df*; N*d*=N*g*+*gd*, ó sean 90° mas la declinacion *gd*, Sur; el ángulo NZ*d*, medido por el arco HO*f*, azimut mayor que un cuadrante contado desde el N hácia el O, que restado de 180° dará el valor del arco R*f*, azimut agudo contado desde el S hácia el O: el ángulo ZN*d* medido por el arco Q'*g*, el horario occidental y el ángulo en *d* de posicion.

258. Finalmente, si consideramos un astro L en el vertical primario Occidental ZOP, resultará el triángulo esférico NZL rectángulo en Z, puesto que el vertical primario es perpendicular al meridiano; en él tendremos que será NZ complemento de la latitud; NL complemento de la declinacion; ZL complemento de la altura; el ángulo NZL azimut igual á 90°; el ángulo ZNL su horario Q'*g* Occidental y el ángulo en L de posicion.

259. *Altura de polo* es la distancia HN del polo elevado al horizonte; y esta es igual á la latitud del observador ZQ' por tener un mismo complemento NZ.

260. *Corolarios.* El meridiano y el horizonte dividen á la equinoccial en cuatro cuadrantes.

Todo astro que se halla en el meridiano superior tiene 0^h de horario; y al estar en el meridiano inferior 12^h.

Cuando el semi-círculo horario pasa por el verdadero punto del E, su horario será 6^h Oriental ó 18^h Occidental; y cuando pasa por el punto del O, 6^h Occidental.

261. Diferencia ascensional es el arco de ecuador comprendido entre el punto cardinal E ú O y el horario del astro cuando este se halla en el horizonte geocéntrico.

En la (Fig. 28), análoga á las anteriores, siendo A un astro, tendremos el triángulo ACO, cuyos elementos serán: OA amplitud contada desde el O hácia el N: O C, diferencia ascensional, y CA declinacion de especie Norte. El ángulo ACO recto por ser los horarios perpendiculares al ecuador; y el ángulo COA tiene por medida el arco QH, complemento de la latitud HN. Como dicho triángulo tiene un elemento constante conocido, que es el ángulo recto, podremos decir que dados dos de estos cuatro elementos: amplitud, diferencia ascensional, declinacion y latitud del observador, se podrán determinar los otros dos.

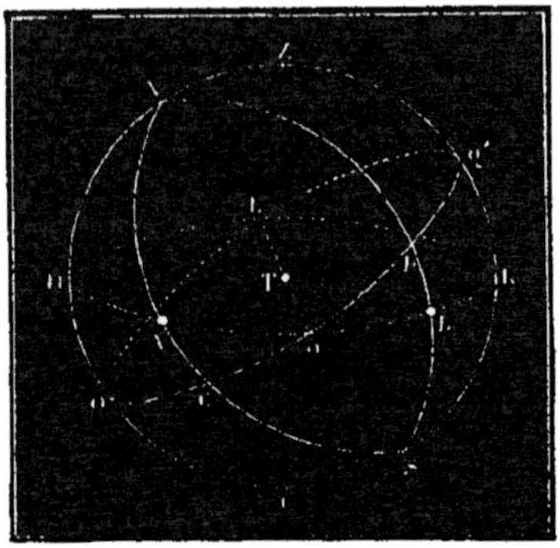

(Fig. 28)

Si consideramos un astro B, será: OB su amplitud contada desde el O hácia el S; OD la diferencia ascensional; BD la declinacion Sur; el ángulo DOB complemento de la latitud del observador Q'Z y el ángulo ODB recto.

Estos triángulos son tambien de bastante uso en la práctica de la navegacion.

262. De todo lo dicho se deduce, que la diferencia ascensional de un astro es igual á la diferencia de su horario con 6^h; por exceso, cuando la latitud y la declinacion son de la misma especie, y por defecto cuando son de contraria.

En efecto, en la (Fig. 28) la latitud del observador es N, por ser el polo de esta denominacion el elevado, y tratándose del astro A, cuya declinacion es tambien de especie N, resulta que la diferencia ascensional OC, es lo que el horario Q'OC excede de Q'O, ó sean 6^h. Respecto al astro B, cuya declinacion DB es Sur, ó sea de especie contraria á la latitud del observador, tenemos que OD diferencia ascensional, es lo que le falta al horario Q'D para valer Q'O, ó sean 6^h.

Queda por lo tanto demostrado, que la diferencia ascensional sumada ó restada con 6^h, segun que la latitud y declinacion sean de la misma ó de contraria especie, nos dará el horario del astro en el momento de hallarse en el horizonte geocéntrico del observador.

CAPÍTULO VI.

FENÓMENOS QUE RESULTAN DEL MOVIMIENTO DE ROTACION DE LA TIERRA.

263. Leyes del movimiento diurno ó aparente. Hemos dicho que por efecto del movimiento giratorio de la Tierra, que se verifica en *sentido directo*, ó sea de Occidente á Oriente, nos parece que los astros giran alrededor nuestro en *sentido retrógrado*, esto es, de Oriente á Occidente.

Para comprobar la existencia de este movimiento aparente y determinar las leyes que lo rigen, se emplean los instrumentos y cálculos oportunos y se miden las coordenadas esféricas, azimutes y alturas, ó bien horarios y declinaciones de una misma estrella en diferentes instantes de su movimiento diurno; hecho lo cual se sitúan geométricamente los puntos de las posiciones sucesivas de las estrellas en una esfera artificial, en la cual están representados el horizonte, el ecuador y sus ejes; y haciendo pasar un círculo por tres de estas posiciones sucesivas, veremos que pasa por las demás posiciones determinadas, deduciéndose de aquí que la estrella describe una circunferencia de círculo de la esfera paralela al ecuador, y cuyo centro se halla por lo tanto en el eje del mundo.

Si se cuenta exactamente el tiempo que emplea dicha estrella en trasladarse de uno á otro punto de los determinados, se verá que los valores de los arcos descritos por la estrella son proporcionales á los intervalos de tiempo que ha empleado en recorrerlos; es decir, que el movimiento diurno es uniforme.

Si en la mencionada esfera se trazan de una manera análoga las curvas descritas por otras estrellas, se encontrará la misma ley del movimiento circular y uniforme; y además que todos los círculos son paralelos entre sí, que el eje del mundo es su eje comun, y que todas las estrellas emplean el mismo tiempo en describir sus respectivos paralelos, todo lo cual nos demuestra que la esfera celeste tiene un movimiento aparente y regular alrededor del eje del mundo, empleando unas 24^h en hacer cada revolucion, por lo cual se ha denominado *movimiento diurno*.

264. Tenemos, pues, que las leyes del movimiento diurno pueden enunciarse del modo siguiente:

1.º *Las curvas que describen las estrellas en la esfera celeste, son círculos.*

2.º *Estos círculos son todos paralelos, y su eje comun es el del mundo.*

3.º *Cada estrella describe su paralelo con una velocidad uniforme.*

4.º *Todas las estrellas, cualquiera que sean sus distancias al polo, emplean el mismo tiempo en describir sus respectivos paralelos; es decir, que sus movimientos son isócronos.*

5.º *El movimiento diurno aparente no altera las posiciones relativas de las estrellas, efectuándose como si estuviesen fijas en la superficie cóncava de una esfera, girando sobre su eje y en cuyo centro se hallase el observador.*

265. Los fenómenos del movimiento diurno resultan modificados de una manera muy sensible respecto al Sol, Luna y planetas, por efecto del movimiento de traslacion de que están animados los cuerpos de nuestro sistema y por las distancias de estos astros á la Tierra, muy pequeñas por cierto, si se comparan con las distancias inmensas á que se hallan las estrellas.

Así, si observamos el movimiento aparente de la Luna con dos ó tres horas de intervalo, veremos que se dirige como las estrellas en el sentido general del cielo, y que al cabo de algunas horas se ha aproximado algun tanto á las estrellas situadas más al E: esto es, que tiene un movimiento directo opuesto al movimiento diurno ó aparente.

266. Círculos de iluminacion. Prescindiendo de varias causas que aumentan ó disminuyen las alturas de los astros, y de las cuales nos ocuparemos más adelante, puede decirse en general que todo astro, en un momento dado, es visible para todos los habitantes de un hemisferio de la Tierra; es decir, que la mitad próximamente de la superficie de nuestro globo resulta iluminada por dicho astro.

267. Llámase *círculo racional de iluminacion* ó *máximo de iluminacion de un astro*, á un círculo máximo de la Tierra, cuyo eje es la recta tirada desde el centro de esta al del astro; esto es, un círculo que nos separa el hemisferio oscuro del iluminado. El punto en que dicha recta encuentra á la superficie de la Tierra, se llama *polo de iluminacion* y su opuesto de oscuridad.

Si en la (Fig. 29) *bfdg* representa la Tierra, *eq* su ecuador, *ns* sus polos, y *b* un observador, H R será su horizonte geocéntrico, Z el zenit y P el nadir. Suponiendo ahora un astro en A, cuyo centro se halle en el mismo plano que el de la Tierra, tendremos que la *bd* considerada como círculo, será el máximo de iluminacion; *bgd* el hemisferio iluminado ó sea aquel desde el cual se descubre dicho astro A; *bfd* el hemisferio oscuro, *g* el polo de iluminacion y *f* el de oscuridad.

268. La distancia de un observador al círculo de iluminacion es igual á la altura verdadera del astro; y por consiguiente, la distancia de dicho observador al polo de iluminacion será tambien igual al complemento de la altura verdadera ó distancia zenital de dicho astro.

En efecto; al hallarse un astro en A, ó sea en el horizonte geocéntrico del observador *b*, su altura será 0°, y como el círculo de iluminacion *bd* pasa por el lugar del observador, claro es que su distancia á él es tambien 0°.

Si suponemos un astro en A', *eq* será el máximo de ilumiuacion; *n* el polo iluminado y *s* el de oscuridad. La distancia *be* del observador al máximo de iluminacion es igual á la altura del astro A'R, por tener ambos arcos el mismo complemento A'Z; tambien la distancia *bn* del observador *b* al polo de iluminacion *n*, será A'Z que es la distancia zenital ó complemento de la altura.

Por último, si imaginamos un astro en A'', *fg* será el máximo de iluminacion y la altura será A''R$=$90°$=$*bg*, distancia del observador al círculo de iluminacion. Vemos tambien que la distancia zenital es 0° y que el observador se halla en el polo de iluminacion.

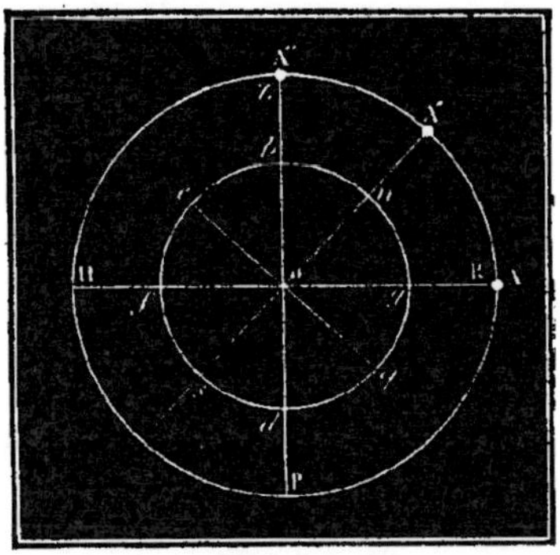

(Fig. 29)

De todo lo dicho resulta, que segun que el observador se halle en el hemisferio iluminado ó en el oscuro, así estará el astro elevado ó depreso respecto al horizonte geocéntrico.

269. Orto y ocaso de los astros. Entiéndese por *nacer aparente* de un astro, el instante en que aparece en el horizonte visible del observador: y por *ponerse aparente*, el momento en que se oculta por el lado opuesto.

A la salida de un astro se le llama tambien *orto*, y á la puesta *ocaso*.

270. Por *nacer verdadero* de un astro se entiende el instante en que el centro de dicho astro se halla en el horizonte geocéntrico del observador en su paso del hemisferio inferior al superior ó visible; esto es, el momento de pasar el observador del hemisferio oscuro al iluminado por dicho astro. Y por *ponerse verdadero*, el instante en que el centro del astro pasa del hemisferio superior al inferior ó sea el acto de pasar el observador del hemisferio iluminado al oscuro.

271. Dia natural ó solar es el tiempo que média entre dos pasos sucesivos del meridiano superior del observador por el centro del Sol; y dicho dia consta de 24^h.

Dia artificial es el tiempo que média entre el orto y ocaso verdaderos del Sol; y *noche* el que média entre el ocaso y el orto de dicho astro.

272. Por efecto del movimiento diurno resulta, que si algunas estrellas nacen y se ponen, es porque solamente está sobre el horizonte una parte del paralelo descrito por cada una de ellas, y la otra parte debajo del horizonte y por consiguiente invisible.

Hay tambien estrellas que están constantemente sobre el horizonte; entre estas algunas parecen describir una circunferencia tangente á la superficie de la Tierra, y otras moverse sobre circunferencias cada vez más pequeñas, al paso que se acercan á la polar que aparece casi inmóvil.

Las estrellas que se hallan siempre sobre el horizonte del observador, se llaman *circumpolares;* y *círculo de perpétua aparicion* el que limita la parte del cielo en que están situadas y las separa de las que nacen y se ponen. Del mismo modo denomínase *círculo de perpétua ocultacion,* aquel más allá del cual permanecen siempre invisibles las estrellas. Como veremos, la posicion de estos círculos varía con la latitud del observador.

273. Arcos diurnos son los que describen los astros, de sus respectivos paralelos, ínterin se hallan sobre el horizonte geocéntrico del observador; y sus opuestos ó sean los que describen los astros mientras están bajo el horizonte, se llaman *arcos nocturnos.* La longitud de estos arcos cuya suma vale 24^h, depende de la latitud del observador y de la declinacion del astro.

Llámanse *arcos semi-diurnos,* la parte de los diurnos comprendida entre el horizonte geocéntrico y el meridiano.

Es evidente que la duracion del dia artificial será igual al valor expresado en horas del arco diurno del Sol en el dia de que se trata, y que el valor de los semi-diurnos serán los horarios correspondientes al orto y ocaso verdaderos del Sol.

274. Diferentes posiciones de la esfera celeste. Para demostrar la influencia que ejerce en el aspecto del movimiento de la esfera celeste la situacion del observador, diremos que este puede ocupar en el globo una de las tres situaciones que siguen:

1.º Hallarse en uno de los polos; esto es, que su latitud sea de 90°, en cuyo caso la vertical se confundirá con el eje del mundo y el horizonte geocéntrico con el ecuador.

2.º Hallarse en el ecuador; su latitud será entonces cero y su horizonte perpendicular al ecuador.

3.º Hallarse en un punto cuya latitud esté comprendida entre 0° y 90°; y entonces su horizonte estará inclinado respecto al ecuador.

A estas tres situaciones corresponden tres aspectos diferentes en el movimiento diurno, que se designan con los nombres de *esfera paralela, esfera recta* y *esfera oblicua.*

275. De la esfera paralela. Al estar el observador situado en un polo, en el N. por ejemplo, la vertical ZP y el eje NS están confundidos, así como el ecuador EQ y el horizonte HR.

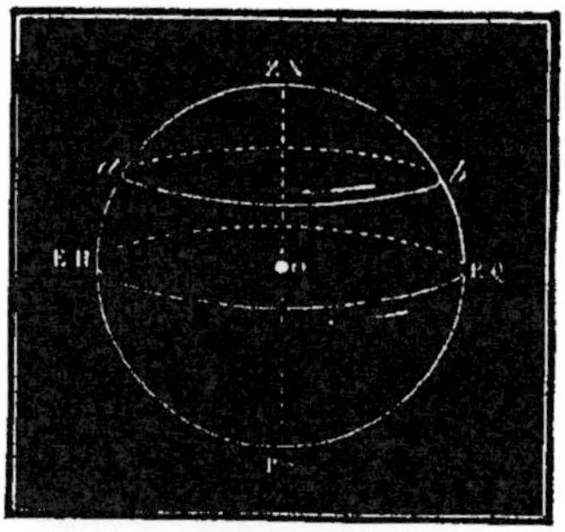

(Fig. 30)

Resulta, pues, que todos los astros cuyas declinaciones no varian, describen paralelos al horizonte tales como el *ab*, permaneciendo por lo tanto invariables sus alturas.

Dicho observador descubrirá solamente los astros que están en el mismo hemisferio que él, ó sea el boreal en este caso, prescindiendo de la *refraccion astronómica* de que trataremos más adelante.

276. De la esfera recta. Estando el observador situado en el ecuador, su horizonte HR es perpendicular á dicho ecuador EQ, y los polos del mundo N y S estarán en su horizonte; los planos de los paralelos tales como el *ab* y el *cd* descritos por los astros en sus movimientos diurnos, serán perpendiculares al horizonte y divididos por él en dos partes iguales, el observador por lo tanto, descubrirá todos los astros del cielo, y los arcos diurnos serán iguales á los nocturnos.

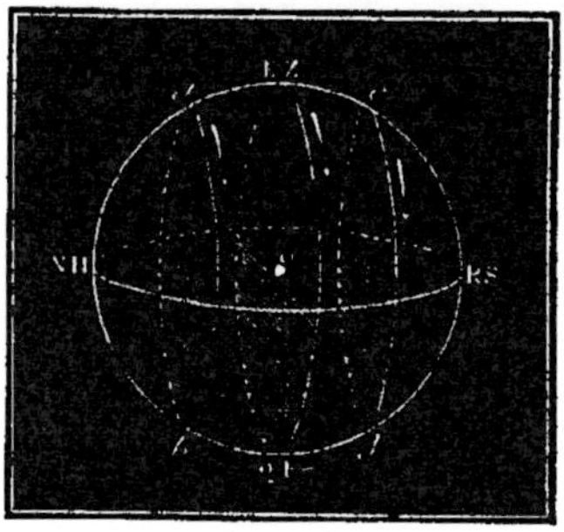

(Fig. 31)

277. De la esfera oblícua. Si la latitud del observador está comprendida entre 0° y 90°, los paralelos que describen los astros son oblícuos respecto al horizonte, y resulta que hay astros circumpolares ó sea constantemente sobre el dicho horizonte, otros que nacen y se ponen todos los dias, y otros en fin, que permanecen siempre invisibles ó sea debajo del horizonte.

Sea en efecto (Fig. 32), HR el horizonte geocéntrico del observador *c*; ZP la vertical; EQ el ecuador inclinado respecto al horizonte; N el polo Norte del mundo; *e* el punto Este del horizonte y *o* el Oeste; NZS será el meridiano superior, SPN el inferior, y los astros describirán sus respectivos paralelos al ecuador en la direccion aparente de E á O, indicada por las flechas.

Es evidente que todos los astros cuyos paralelos de declinacion estén comprendidos entre el paralelo *b*R, tangente al horizonte y al polo N, serán circumpolares para el observador *c*, así como todos aquellos cuyos paralelos estén comprendidos entre el círculo H*g* de perpétua ocultacion y el polo S, serán siempre invisibles. Luego para que el observador vea salir y ponerse á un astro, es preciso que su paralelo de declinacion esté comprendido entre el círculo de perpétua aparicion *b*R y el de perpétua ocultacion H*g*. Así un astro cuya declinacion sea 0°

describirá la equinoccial E Q, aparecerá en el horizonte por el punto *e* del Este, recorrerá el arco diurno *e* E *o* y se pondrá por *o*, describiendo despues el arco nocturno *o* Q *e*, que sumado con el diurno dará 24^h, y volverá de nuevo á nacer por *e*.

El astro que describe el paralelo *aa'*, nacerá por *m*, se pondrá por *l*; el arco diurno será *mal* y el nocturno *la'm*: el astro cuyo paralelo sea *ff'* nacerá por *j* y se pondrá por *k*; el arco diurno será *jfk* y el nocturno *kf'j*.

278. Visibilidad de los astros. De todo lo dicho y de la inspeccion de la (Fig. 32) resulta que: 1.° Para que un astro permanezca constantemente sobre el horizonte, es necesario que el complemento de la latitud del observador sea igual ó menor que la declinacion del astro y de la misma especie.

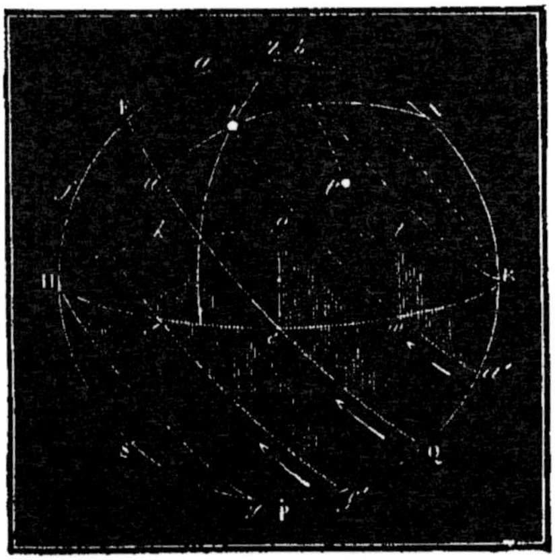

(Fig. 32)

2.° Para que un astro sea invisible siempre, debe ser el complemento de la latitud del observador menor que la declinacion del astro y de contraria especie.

3.° Por último, para que un astro nazca y se ponga, es preciso que el complemento de la latitud del observador sea mayor que la declinacion del astro.

No cabe duda que todo astro cuya declinacion sea N y mayor que Q R, complemento de N R latitud del observador, estará dentro del círculo de perpétua aparicion; y aquellos cuya declinacion sea S y mayor que E H complemento de la latitud, estarán dentro del círculo de perpétua ocultacion; y en fin, aquellos cuyas declinaciones ya sean N ó S sean menores que el complemento de latitud E H = Q R, nacerán y se pondrán todos los dias.

Vemos tambien que cuando la declinacion del astro es igual al complemento de la latitud y de la misma especie, el astro se halla en el círculo de perpétua aparicion *b* R y su paralelo es tangente al horizonte; y que cuando dichos elementos son iguales, pero de contraria especie, se halla en el círculo de perpétua ocultacion H*g*, asoma por el horizonte al hallarse en H, ó sea en el meridiano, y se oculta inmediatamente.

279. Relacion entre las alturas de los astros, sus horarios y azimutes. Los astros circumpolares tienen su menor altura al estar en el meridiano inferior; aumentando despues dicha altura hasta llegar al meridiano superior que es el punto de su trayectoria más elevado sobre el horizonte, al cual se le llama *punto culminante* ó *culminacion.*

Los astros que son siempre invisibles tienen su menor depresion al estar en el meridiano superior, la cual vá aumentando hasta llegar el astro al meridiano inferior en que tiene la máxima depresion.

Los astros que nacen y se ponen aumentan de altura desde el

orto hasta llegar al meridiano ó punto culminante, y disminuyen despues de altura hasta el ocaso. De aquí resulta, que mientras la altura de un astro vá aumentando, estará al E del meridiano, y al O cuando vaya disminuyendo.

280. Tambien cuando la latitud y declinacion son de la misma especie, los arcos diurnos son mayores que los nocturnos, sucediendo lo contrario cuando son de diferente especie.

281. Suponiendo que la declinacion de un astro no varíe, á iguales alturas observadas antes y despues de su paso por el meridiano, corresponden iguales horarios é iguales azimutes.

En la (Fig. 32) vemos, que si la declinacion tu de un astro t no varía, la distancia polar tN será la misma al estar en t que en t'; y como las alturas tomadas á un lado y otro del meridiano son iguales, tambien lo serán sus complementos tZ y $t'Z$; luego los triángulos tNZ y $t'NZ$ que tienen el lado ZN comun, serán totalmente iguales, y por lo tanto tendrán iguales sus ángulos, esto es, los formados en N que son los horarios, y los formados en Z que son los azimutes.

282. Medida del tiempo. Todo movimiento uniforme puede servir para medir el tiempo, y siendo así que el movimiento de rotacion de la Tierra se efectúa como sabemos con una regularidad perfecta é indefinidamente constante, de aquí que una de las aplicaciones más importantes que se han hecho de su estudio, ha sido para darnos dicha medida.

Si la Tierra no describiese una órbita alrededor del Sol; esto es, si sólo estuviese animada del movimiento de rotacion, tendríamos que el movimiento aparente del Sol seria tan uniforme como el de las estrellas, y sus pasos sucesivos por el meridiano se efectuarian en intervalos rigorosamente iguales, ó lo que es lo mismo, los dias solares serian de igual duracion; pero como estos dias no son exactamente iguales, no se aplican por lo tanto para medir el tiempo con toda precision.

Al estudiar las leyes del movimiento diurno, hemos visto que únicamente las estrellas son las que tienen un movimiento aparente, regular y constante, en virtud del cual en tiempos iguales describen arcos iguales de sus respectivos paralelos, cualquiera que sean sus distancias al polo; de donde resulta que el movimiento diurno de las estrellas es el que nos indica exactamente la duracion de cada rotacion de la Tierra, y por esta causa nos proporciona un medio facilísimo de medir el tiempo con toda exactitud.

283. Dia sidéreo. Por lo tanto, diremos que la unidad adoptada para medir el tiempo, es la duracion constantemente igual de una rotacion de la Tierra, ó sea el intervalo que média entre dos pasos sucesivos de una misma estrella por el meridiano superior del observador, denominándose este intervalo dia sidéreo.

El dia sidéreo es algo más corto que el solar, el cual se diferencia sobre todo en que no tiene una duracion invariable como el sidéreo.

El dia sidéreo se divide en 24^h sidéreas, la hora en 60^m y el minuto en 60^s; y denomínase *tiempo sidéreo* los intervalos de tiempo medidos en dias sidéreos ó en sus subdivisiones.

284. Orígen del dia sidéreo. Fijada ya la duracion del dia sidéreo, hay que establecer su orígen; y como este es arbitrario, podria elegirse como tal el instante de pasar por el meridiano una estrella ó punto cualquiera del ecuador celeste, el cual considerándolo dividido en 24 partes iguales, empezando desde el meridiano, é imaginando que por cada una de estas divisiones pasa un semi-círculo horario, es evidente que el punto ó estrella que se toma como orígen del dia sidéreo emplearia 1^h en pasar del meridiano al primer semi-círculo horario; 2^h al segundo, 3^h al tercero y así sucesivamente, de modo que resultaria que el tiempo sidéreo es igual al horario Occidental del punto de orígen.

285. Los astrónomos han convenido en aceptar como principio de dicho dia sidéreo el paso por el meridiano superior del observador del primer punto de Aries, orígen comun de las longitudes celestes y Æ, con lo cual se simplifican y facilitan considerablemente los cálculos. Luego diremos que el tiempo sidéreo que se cuenta en un meridiano dado, es igual al horario Occidental del primer punto de Aries.

En la (Fig. 33) el círculo terminador representa el meridiano; H R el horizonte del observador T; E Q la equinoccial; N y S sus polos, y E y O los puntos Este y Oeste, y supongamos que *a* sea el primer punto de Aries.

Tendremos que al hallarse dicho punto equinoccial en Q, ó sea en el meridiano superior del observador, éste contará 0^h 0^m 0^s de tiempo sidéreo; y cuando por efecto del movimiento diurno se halle en *a*, dirá que son las 0^h mas el valor del arco Q*a*, que es el horario Occidental del primer punto de Aries; ó lo que es igual á la *Æ del meridiano ó del zenit*, nombres con los cuales suele designarse tambien el tiempo sidéreo.

Siendo así que el dia sidéreo que se emplea en la práctica de la Astronomía, es el intervalo que média entre dos pasos sucesivos por el meridiano del punto equinoccial, resulta que como este punto varía de lugar con respecto á las estrellas por efecto de la precesion y nutacion, el dia sidéreo no será el intervalo que média entre dos pasos sucesivos por el meridiano de una misma estrella; y como el movimiento del punto equinoccial no es uniforme, sino que tiene alteraciones periódicas, deberia distinguirse el tiempo sidéreo *medio* del *aparente;* pero como la alteracion de que se trata sólo puede producir diferencias de 1^s en más ó en ménos en el trascurso de 18 años, se prescinde de ella y se supone uniforme la duracion del dia sidéreo aparente.

286. No siendo visible el primer punto de Aries por no haber en el cielo señal alguna que lo marque, podrá deducirse sin embargo el tiempo sidéreo por la observacion de una estrella cualquiera de las visibles; pues siendo la posicion relativa de estos astros invariable, es evidente, que se obtendria el horario Occidental del primer punto de Aries, siendo conocido el horario de la estrella y la diferencia constante entre este horario y el del primer punto de Aries que es la Æ de la estrella dada.

Pueden ocurrir tres casos diferentes: que la estrella que se emplee para deducir el tiempo sidéreo, esté situada entre el meridiano superior y el primer punto de Aries hácia Occidente; entre dicho meridiano y el primer punto de Aries hácia Oriente, ó bien por último en el meridiano superior del observador.

1.er *caso.* Sea S′ la estrella dada (Fig. 33) cuyo semi-círculo horario N S′S se halla entre el meridiano superior N Z S y el punto *a* de Aries hácia Occidente. Llamando h_o al horario Occidental de la estrella Q*b*; α á su Æ $= ab$, y T_s al tiempo sidéreo del observador, será:

$$Qba = Qb + ab$$

esto es, $T_s = h_o + \alpha$ .... [1]

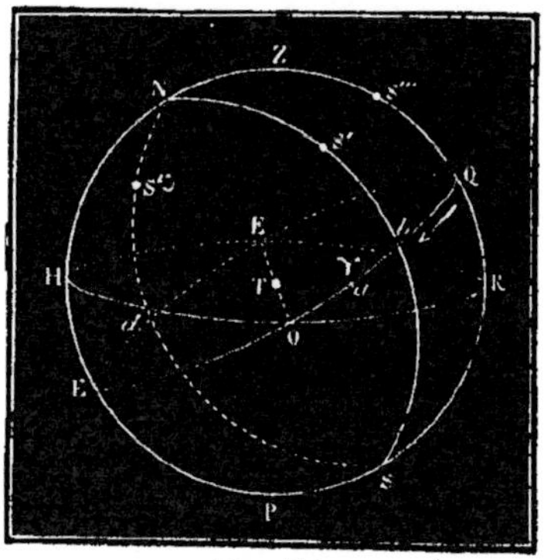

(Fig. 33)

2.º *caso.* Sea S″ la estrella situada entre el meridiano y el punto de Aries hácia Oriente, y tendremos:

$$Qba = Qad - aEd,$$

poniendo $24^h - aQd$ en vez de aEd, resulta:

$$Qba = Qad - (24 - aQd),$$

y efectuando la operacion indicada, $Qba = Qad + aQd - 24^h$, y dando valores,

$$T_s = h_o + \alpha - 24^h \quad .... \quad [\,2\,]$$

3.er *caso.* Sea S‴ un astro que se halla en el meridiano superior N Z S; y como entonces $h_o = 0$, de la ecuacion [1] resulta que

$$T_s = \alpha \quad .... \quad [\,3\,]$$

287. Queda, pues, demostrado que por medio de las ecuaciones [1], [2] ó [3] se determina en todos casos el tiempo sidéreo del observador, el cual es igual al horario Occidental de un astro mas su Æ; debiéndosele restar 24^h á esta suma si excediese de dicha cantidad; y que al estar un astro en el meridiano, dicho tiempo sidéreo es igual á la Æ del astro.

288. De los dias astronómicos y civiles. Los dias solares se dividen en astronómicos y civiles; y si bien ambos constan de igual número de horas, se diferencian en el instante en que principian, y en el modo de contar dichas horas.

El *dia astronómico* empieza al estar el Sol en el meridiano superior del observador, esto es, al ser medio dia, y sus horas se cuentan sin interrupcion de 0^h á 24^h; y el *dia civil* principia 12^h antes ó sea al estar el Sol en el meridiano inferior, y se divide en dos periodos iguales de á 12 cada uno, correspondiendo al primero las que trascurren desde média noche al medio dia, y al segundo desde medio dia á média noche.

Vemos, por lo tanto, que desde el medio dia hasta la média noche la hora civil es igual á la astronómica y se refieren á un mismo dia; y que á toda hora civil comprendida entre la média noche y el medio dia se le sumarán 12^h y dará la hora astronómica del dia anterior á la cuenta civil: luego á toda hora astronómica mayor de 12^h se le restará esta cantidad y tendremos la hora civil del dia siguiente á la cuenta astronómica.

Así, á las 10 de la mañana del dia 4 de Octubre, por ejemplo, corresponden las 22^h del dia 3, segun el uso astronómico; á las 20^h de tiempo astronómico del dia 31 de Diciembre, corresponden las 8 de la mañana del dia 1.º de Enero, y á las 8 de la noche corresponden las 8^h del mismo dia en cuenta astronómica.

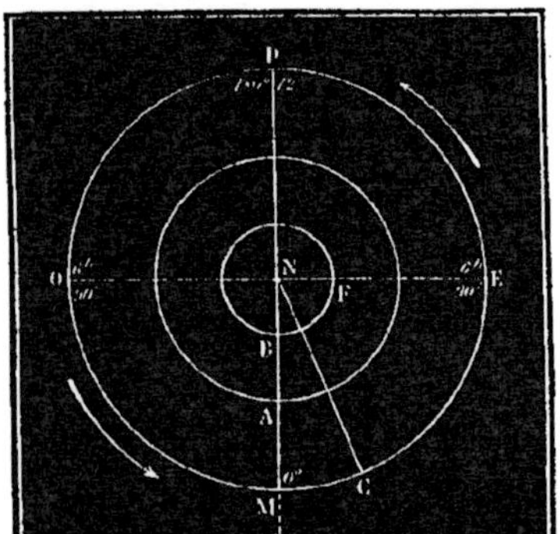

(Fig. 34)

Para demostrar esto, nos valdremos de la (Fig. 34), en la cual el círculo terminador representa el ecuador terrestre, N el polo Norte de la Tierra, considerándolo elevado sobre el plano del papel; las líneas N M, N E, N D y N O consideradas como curvas, representan cuadrantes de meridianos, y S el Sol, que se supone fijo en el espacio, y que por su centro pasa el plano del meridiano N M. La Tierra, como sabemos, gira de Occidente á Oriente ó sea en la direccion M E D O indicada por las flechas.

Por efecto del movimiento de rotacion de la Tierra, los habitantes A y B por ejemplo, describirán los círculos paralelos de sus respectivas latitudes, y el habitante M la equinoccial; y como dicho movimiento es uniforme, en iguales intervalos describirán arcos iguales de sus respectivos paralelos.

Ahora bien; al hallarse el Sol S, en el plano del meridiano N M, será medio dia para todos los habitantes que están en dicho meridiano; esto es, que serán las 0^h de tiempo astronómico ó las 12 del dia de tiempo civil.

Cuando el meridiano N M por efecto del movimiento de rotacion de la Tierra, se traslada segun la N E perpendicular á su posicion primitiva, serán las 6 de la tarde en tiempo civil y las 6^h en tiempo astronómico.

Al estar en la posicion N D opuesta á la primitiva, serán las 12 de la noche, principio del dia civil siguiente, ó las 12^h astronómicas del mismo dia.

Cuando tome la posicion N O, serán las 6 de la mañana del dia siguiente ó las 18^h del mismo dia, segun la cuenta astronómica.

Por último, al volver dicho meridiano á su primitiva posicion N M, serán las 12 del dia segun el uso civil y las 24^h astronómicas del dia anterior, ó bien las 0^h del mismo dia, con lo cual habrá trascurrido un dia solar.

289. Como consecuencia de lo expuesto tenemos que, la hora astronómica de un observador es igual al horario occidental del Sol.

En efecto, digimos que al hallarse el Sol en el meridiano N M (Fig. 34), serán 0^h, 0^m, 0^s, de tiempo astronómico; luego al tomar dicho meridiano N M la posicion N C, serán las 0^h mas lo que valga el arco C M; pero este es un arco de equinoccial contado desde el meridiano del observador N C en la direccion C M O, ó sea hácia Occidente, hasta el semi-círculo horario N M S que pasa por el centro del Sol, y que ya sabemos es un horario Occidental.

No es ménos evidente que para los habitantes del meridiano N O, será O M el horario Oriental del Sol, el cual restado de 24^h nos dará el horario Occidental O D E M, ó sea la hora astronómica que se cuenta en dicho meridiano N O; que restada de 12^h nos dará la hora civil D O del dia siguiente.

290. Relacion entre las horas de varios lugares y sus longitudes. En atencion á que todos los lugares situados en un mismo meridiano cuentan iguales horas, y que en distintos meridianos se cuentan horas diferentes; y siendo así que el movimiento de rotacion de la Tierra es uniforme, resulta desde luego que la diferencia entre las horas que en un mismo instante se cuentan en dos lugares de la Tierra, es igual á la diferencia entre las longitudes de dichos dos lugares; y como la Tierra gira de O á E, es evidente que los meridianos más Orientales pasarán antes por el centro del Sol y contarán más horas que los occidentales, que pasan despues y cuentan ménos.

Así, cuando para los habitantes del meridiano N M son las doce del dia, para los del N E, distantes 90° ó 6^h de diferencia de longitud Oriental, serán las 6 de la tarde; mientras que para el meridiano N O situado á 90° ó 6^h de longitud Occidental, serán las 6 de la mañana; esto es, que todavía faltan 6^h para pasar el Sol por su meridiano.

Por lo tanto, si un observador sale de un lugar A y se aleja de él hácia Oriente, contará más horas que en A; luego para reducir su hora á la de dicho meridiano A, deberá restársele la diferencia de longitud que ha contraido; y si por el contrario se ha alejado hácia Occidente, contará ménos horas que en A y entonces tendrá que sumársele á su hora la diferencia de longitud Occidental para obtener la hora que en aquel mismo instante se cuenta en A.

291. Hora reducida. Los diferentes elementos de los astros que nos trae el *Almanaque Náutico*, están calculados generalmente para el momento de ser medio dia, esto es, 0^h, 0^m, 0^s de tiempo solar astronómico en el meridiano del Observatorio de San Fernando; luego para deducir un elemento cualquiera correspondiente á una hora dada del meridiano de un observador, se expresará dicha hora en tiempo astronómico si lo estuviese en tiempo civil, y se reducirá el meridiano del Almanaque, que tambien se suele denominar *meridiano de las tablas*.

El resultado de esta operacion es lo que se llama *hora reducida*, es decir, la hora del meridiano para el cual está calculado el Almanaque, correspondiente á la hora que cuenta el observador.

Por lo tanto, para determinar la hora reducida h_r, á la hora astronómica del meridiano del observador h_o, se le aplicará su longitud en tiempo respecto á San Fernando l, sumándosela si es Occidental y restándosela si es Oriental; esto es, que será

$$h_r = h_o \pm l \ldots.$$

EJEMPLO I. Supongamos que un observador desea obtener un elemento cualquiera del *Almanaque Náutico* para el momento en que cuente las $8^h.. 32^m.. 17^s$ de la noche del dia 4 de Octubre, siendo su longitud 47°... 38'... 30" al E de San Fernando.

Fecha astronómica del observador $= h_o =$	Octubre	$4^d.. \ 8^h.. 32^m.. 17^s$
Longitud Oriental en tiempo .... $= l =$		$-$ 3 .. 10 .. 34
Fecha astronómica de S. Fernando $= h_r =$	Octubre	4 .. 5 .. 21 .. 43

EJEMPLO II. Dia 17 de Agosto: hora del observador $7^h.. 50^m.. 40^s$ de la mañana. Longitud 160°.. 46'.. 00" O.

Fecha astronómica del observador $= h_o =$	Agosto	$16^d.. 19^h.. 50^m.. 40^s$
Longitud Occidental en tiempo .. $= l =$		$+$ .. 10 .. 43 .. 04
Fecha astronómica de S. Fernando $= h_r =$	Agosto	17 .. 6 .. 33 .. 44

EJEMPLO III. Dia 13 de Junio á las $3^h.. 17^m.. 30^s$ de la tarde, y longitud 84°.. 50'.. 15" al E.

Fecha astronómica del observador $= h_o =$	Junio	$13^d.. \ 3^h.. 17^m.. 30^s$
Longitud Oriental en tiempo.... $= l =$		$-$ 5 .. 39 .. 21
Fecha astronómica de S. Fernando $= h_r =$	Junio	12 .. 21 .. 38 .. 09

NOTA.—Si por carecer de nuestro *Almanaque Náutico* tuviésemos que hacer uso de un *Almanaque* extrangero, tendríamos que reducir la longitud del observador á su correspondiente, contada desde el meridiano del *Almanaque* que se emplee, para con ella determinar la hora reducida, siguiendo los mismos preceptos que se han indicado.

292. Viajes de circunnavegacion. Al emprender una campaña de circunnavegacion desde un puerto de Europa, puede dirigirse la derrota navegando hácia el E y regresando por el Cabo de Hornos, ó al contrario.

Resulta en el primer caso, que el navegante se dirige siempre hácia el E, vá contando cada vez más horas, y al recalar al punto de partida ha recorrido 360°, en sentido contrario al movimiento diurno, ó sea en igual sentido que el movimiento de rotacion de la Tierra, y por lo tanto ha visto pasar una vez más el Sol por su meridiano que los habitantes del lugar de salida; luego, para que su fecha concuerde con la que se cuenta en dicho punto, deberá restarle un dia á la que él cuenta al recalar.

En el segundo caso tenemos que, navegando siempre hácia el O cuenta ménos horas, y al recalar al punto de partida tiene en la cuenta del tiempo un dia de ménos, y por lo tanto deberá sumarle dicho dia á la fecha de á bordo al regresar al lugar de salida.

293. La diferencia que resulta en las fechas segun el lado por donde se navega, se advirtió por primera vez con grande extrañeza por los compañeros de Magallanes, los cuales al regresar de su viage alrededor del mundo, emprendido hácia el O, creyeron haber llegado á Sanlúcar el 6 de Setiembre de 1522, siendo así que en aquella ciudad se contaba ya el dia 7. Diferencia plenamente justificada, pues aquellos célebres marinos contaban 1^h ménos cada vez que contraian una diferencia de longitud de 15° hácia el O, y como al concluir su expedicion habian contraido 360° de longitud hácia el O, es evidentísimo que debian contar 24^h ó sea un dia ménos que los habitantes de Sanlúcar.

294. Fechas que se cuentan en las islas de Occeania. Conviene tener muy presente, que en algunas islas de la Occeania se cuentan las fechas con arreglo á las que llevaban los navegantes europeos que las descubrieron; por lo tanto, para determinar la hora reducida, hay que averiguar ante todo si la fecha que se cuenta en la isla se refiere á la que contaban sus descubridores, y si estos se dirigieron desde Europa navegando por el lado del E ó por el lado del O. En el primer caso, se le restará la diferencia de longitud Oriental, y en el segundo se le sumará la diferencia de longitud Occidental, en la inteligencia que de no hacerlo así, se comete el error de un dia en la reduccion de horas de un meridiano á otro y entrando elementos equivocados en los cálculos, resultará mal determinada la situacion de la nave, lo cual puede traer sérias consecuencias.

295. Para despejar toda duda, nos valdremos de la (Fig. 34) que ya conocemos, y se supondrá que dos navegantes salen de un lugar B situado en el meridiano NM, para dirigirse ambos á otro lugar F; el uno navegando por el E, ó sea en la direccion ME, y el otro hácia el O en la direccion MODE; y para mayor claridad en la explicacion, supondremos tambien que ambos salen en un mismo instante de B, el 1.° de Junio á 0^h por ejemplo, y que recalan al mismo tiempo á F, cuando en el meridiano NM hayan trascurrido 30 dias justos desde la salida de dichos navegantes.

Tendremos, pues, que al hallarse uno de los navegantes á los diez dias de su salida, por ejemplo, en el meridiano NC, 15° al E de NM, contará una hora más;

luego cuando en B se diga que hace diez dias que salió el navegante, este dirá que hace diez dias y una hora; y al llegar finalmente á F despues de haber contraido una diferencia de longitud Oriental de 90°, contará dicho navegante 6^h más que en B; por lo tanto, en este punto dirán que hace 30 dias justos que salió el navegante, mientras él cuenta 30 dias y seis horas, y dirá que llegó el 1.° de Julio á las 6 de la tarde.

Refiriéndonos ahora al otro navegante, supongamos que á los diez dias de navegacion se halla en el meridiano N O, 90° al O de N M; contará 6^h ménos, y cuando en B se diga que hace diez dias que salió, él contará diez dias menos 6^h; llega despues al meridiano N D, 180° al O de N M y cuenta 12^h ménos, y si en B dicen que hace veinte dias justos que salió, el navegante contará veinte dias menos 12^h; y finalmente, al llegar á F despues de contraer una diferencia de longitud de 270° hácia el O, contará 18^h ménos que en B, y cuando en dicho punto de salida cuenten treinta dias justos desde la salida del navegante, éste contará treinta dias menos 18^h, y dirá por lo tanto que recaló el 30 de Junio á las 6 de la tarde.

De donde resulta, que habiendo salido ambos navegantes en un mismo instante de B y habiendo llegado tambien en el mismo instante á F, la fecha del uno será el 30 de Junio á las 6 de la tarde, y la del otro el 1.° de Julio á las 6 de la tarde; el primero dirá que ha hecho el viaje en veinte y nueve dias y 6^h y el otro en treinta dias y 6^h, resultando por lo tanto 24^h de diferencia en la cuenta del tiempo de ambos, que es lo que tratábamos de demostrar.

296. La regla que debe seguirse para evitar errores en la fecha, es variarla siempre que se corte el meridiano de los 180°; aumentando un dia á la fecha de á bordo si se ha navegado hácia el O, ó disminuyéndola en un dia si se ha navegado por el E. Variando las fechas de medio dia no habrá más que ó suprimir un dia ó repetir la fecha.

Así, un buque que corta dicho meridiano de 180° de longitud, puede tener en un mismo dia dos fechas diferentes en su diario de navegacion, y en otros casos tendrá la misma fecha dos dias seguidos.

Tambien puede acontecer que, como las naciones europeas cuentan las longitudes desde distintos meridianos, se encuentren dos buques en el Océano Pacífico hácia los 180° de longitud y tengan con razon fechas diferentes, discordancia que dejaria de existir si se adoptase un primer meridiano comun para todas las naciones.

CAPÍTULO VII.

FENÓMENOS PRODUCIDOS POR EL MOVIMIENTO DE TRASLACION DE LA TIERRA.

297. **Dia solar verdadero**, es el intervalo de tiempo que trascurre entre dos pasos consecutivos del centro del Sol por un mismo meridiano; esto es, el tiempo necesario para que se verifique una revolucion aparente del Sol alrededor de la Tierra.

Dicha revolucion diurna se efectuaria siempre en igual tiempo, si el movimiento de traslacion de la Tierra fuese uniforme; pero como la segunda ley de Keplero nos demuestra que el movimiento angular de nuestro planeta disminuye desde el perihelio hasta el afelio y que aumenta desde el afelio al perihelio, resulta, pues, que la Tierra no describe cada dia un arco igual de eclíptica, y que los dias verdaderos son desiguales.

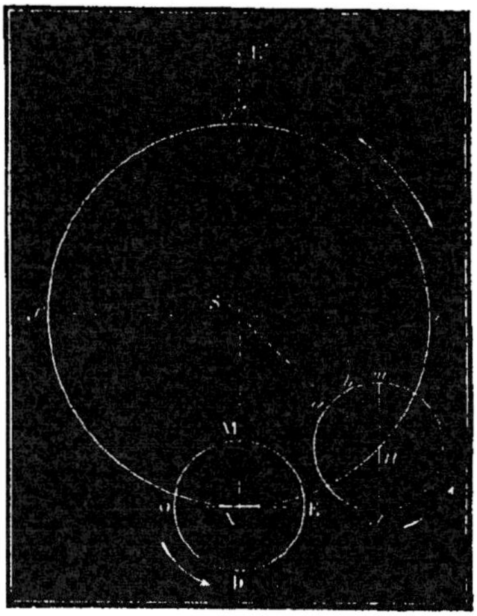

(Fig. 35)

En efecto, para demostrar el influjo que ejerce el movimiento de traslacion de la Tierra en la duracion de los dias verdaderos, sea en la (Fig. 35) S el centro del Sol; M O D E el ecuador de la Tierra, que por efecto de su movimiento de traslacion, describe la órbita N*nd'f* de Occidente á Oriente, esto es, la eclíptica que para mayor claridad la supondremos por ahora en el mismo plano que el ecuador celeste. N es el polo Norte de la Tierra, cuyo eje será siempre perpendicular al plano del papel, y por último, imaginemos que la Tierra al mismo tiempo que describe la eclíptica, gira sobre su eje de Occidente á Oriente, ó sea en la direccion M O D E.

Esto supuesto, al estar la Tierra en N, será medio dia para los habitantes del meridiano N M, y al hacer una rotacion completa sobre su eje, se trasladará de N á *n*, tomando el meridiano N M la posicion *nm*, paralela á la anterior, y el centro del Sol S se hallará en el meridiano *na*; luego para que vuelva otra vez á hallarse en el *nm*, esto es, para que trascurra un dia solar verdadero, será necesario que describa la Tierra el arco *ma*, medida del ángulo *mn*S que es igual al *n*SN, por alterno entre paralelas y que á su vez tiene por medida el arco N*n* ó sea el movimiento diario de la Tierra en Æ.

298. Por lo tanto, diremos que por dia solar verdadero se entiende el tiempo que emplea la Tierra en hacer una rotacion sobre su eje *r*, y en describir además un arco igual á su movimiento diario en Æ que llamándolo $Æ_v$, tendremos:

$$D_v = r + Æ_v \qquad \text{..........} \qquad [\ 1\ ]$$

Ahora bien, sabemos que el movimiento de rotacion de la Tierra *r*, es uniforme; pero que el de traslacion $Æ_v$ es irregular, luego queda demostrado que los dias verdaderos no son iguales, y si bien todos ellos se dividen en 24^h, estas horas en rigor son de duracion variable.

299. Aun cuando el movimiento de traslacion de la Tierra fuese uniforme, no por eso seria constante la duracion de los dias verdaderos, pues á causa de la oblicuidad de la eclíptica, á divisiones iguales de esta curva comprendidas entre varios semi-círculos horarios, no corresponderian arcos iguales de ecuador.

300. Duracion del dia sidéreo. Para demostrar la duracion del dia sidéreo y que es *igual constantemente* á una rotacion de la Tierra (art. 283), nos valdremos de la (Fig. 35); y suponiendo que E′ sea una estrella, tendremos que al hallarse el eje de la Tierra en N, dicha estrella se encontrará en el meridiano NM, y al dar la Tierra una rotacion, hallándose su eje en *n*, para que la estrella vuelva á pasar otra vez por el meridiano *nm*, tendria que describir el arco *mb* medida del ángulo *mn*E′ igual al *n*E′N por alterno entre paralelas; pero este ángulo es inapreciable respecto á que la órbita de la Tierra es como un punto, comparada con la inmensa distancia á que se hallan las estrellas; por lo tanto, el dia sidéreo D_s, será el tiempo que média entre dos pasos sucesivos de una estrella por un mismo meridiano, ó sea el tiempo que emplea la Tierra en hacer una rotacion sobre su eje;

$$\text{esto es:}\quad D_s = r \qquad \text{..........} \qquad [\ 2\ ]$$

301. Dia solar medio. El dia sidéreo es el tipo ó la unidad fundamental á que se refieren las demás unidades de tiempo, así como el dia solar es el regulador del tiempo en los usos de la sociedad; pero, la variabilidad de dicho dia solar verdadero lo excluye del número de las unidades exactas, y por esta causa han imaginado los astrónomos otro dia para los usos de la ciencia y de la vida, al cual denominan *dia solar medio*.

Para esto, mientras el Sol real en virtud de su movimiento aparente recorre la eclíptica partiendo del punto equinoccial de primavera para volver al cabo de cierto tiempo al mismo punto, con una velocidad ora creciente ora decreciente, imaginaremos un segundo

Sol ficticio que describe el ecuador con una velocidad uniforme y que saliendo del mismo punto equinoccial con el verdadero, tardasen ambos igual tiempo en volver á él; en suma, que el movimiento en Æ de este astro fuese uniforme. De aquí resulta, que si bien la duracion de las revoluciones del Sol real y del ficticio son iguales, los pasos consecutivos de dichos dos soles por un mismo meridiano serán distintos, y así durante ciertos meses el Sol verdadero pasará antes que el imaginario, y en otros meses sucederá lo contrario.

302. Considerando, pues, este Sol medio que describe el ecuador con un movimiento angular uniforme, diremos que por dia solar medio se entiende el tiempo que emplea la Tierra en hacer una rotacion sobre su eje y en describir además un arco igual á su movimiento diario medio en ascension recta, que llamándolo Æ_m, tendremos:

$$D_m = r + \text{Æ}_m \quad \ldots\ldots\ldots\ldots\ldots \quad [3]$$

Si atendiendo á la precesion de los equinoccios, esto es, al movimiento ánuo retrógrado del punto de orígen de la Æ, dividimos 360° por el tiempo que emplea la Tierra en describir la eclíptica, hallaremos que su movimiento diario medio en Æ es de 59'..08",33. Luego, en un dia medio un punto cualquiera de la Tierra describe alrededor de su eje una circunferencia mas 59'..08",33 ó sean 360°..59'..08",33.

303. Es evidente, que cuando la Æ verdadera sea mayor que la média, los dias verdaderos serán mayores que los medios, y dichos dias medios serán mayores que los verdaderos cuando la Æ_m sea mayor que la Æ_v.

El movimiento de todo buen reloj debe ser uniforme; y como la marcha del Sol es variable, para poner en armonía con ella la de un reloj seria preciso tocar á cada momento las agujas ó hacer que su marcha se acelerase ó retardase progresivamente; y por esta razon los relojes se arreglan al tiempo medio que es uniforme. (*)

304. Ecuacion de tiempo, es la diferencia que hay entre el tiempo medio y el verdadero, es decir, la que habria entre dos relojes arreglado el uno al tiempo medio y el otro al verdadero.

Llamando ε á la ecuacion de tiempo y restando las ecuaciones [1] y [3], tendremos:

$$\varepsilon = D_m - D_v \quad \text{ó bien} \quad \varepsilon = \text{Æ}_m - \text{Æ}_v \quad \ldots\ldots \quad [4]$$

(*) Todavía hay personas que creyendo hacer el elogio de un reloj, nos dicen que *marcha como el Sol!* Con lo cual lo que dan á entender á los que poseen nociones astronómicas, es que semejante reloj estará desarreglado y casi inútil.

Cuando el Sol verdadero precede en su paso por el meridiano al Sol medio, esto es, cuando $Æ_v < Æ_m$, la ecuacion de tiempo es negativa y lleva el signo — ; y cuando el Sol verdadero está atrasado, ó lo que es igual, si la $Æ_v > Æ_m$, la ecuacion de tiempo es positiva.

305. En cuatro dias del año concuerda el tiempo medio con el verdadero, por ser en ellos la ecuacion de tiempo nula, y son:

Dos en la primavera á mediados de Abril y Junio.

Uno en el verano, entre el afelio y el equinoccio ó sea á fines de Agosto ó principios de Setiembre.

Uno en el invierno, entre el solsticio y el perigeo ó sea hácia el 24 de Diciembre.

La ecuacion de tiempo es sustractiva de la 1.ª á la 2.ª de estas fechas; aditiva de la 2.ª á la 3.ª; sustractiva de la 3.ª á la 4.ª, y aditiva en el resto del año.

En otras cuatro épocas intermedias; 10 de Febrero, mediados de Mayo, fines de Julio y principios de Noviembre, tiene su máximo valor, que en la primera y última se aproxima mucho á 17^m, y en las otras dos á 7^m.

306. El *Almanaque Náutico*, en la página II de cada mes, nos dá para cada dia la ecuacion de tiempo á 0^h de tiempo medio del meridiano de San Fernando.

Este elemento es lo que atrasaria ó adelantaria respecto del tiempo verdadero, segun que lleve el signo + ó —, un reloj que marcase exactamente el tiempo medio al señalar 0^h; el cual sirve para pasar del medio al verdadero. Así, la hora verdadera que corresponde al momento de ser medio dia medio, se obtiene tomando como tal la ecuacion de tiempo de esta página si es *aditiva*; pero si es *sustractiva*, deberá restarse de 24^h para obtener el tiempo verdadero que corresponderá entonces al dia astronómico anterior.

En la página III del citado Almanaque, tenemos la ecuacion de tiempo á 0^h de tiempo verdadero de San Fernando, ó bien lo que atrasaria ó adelantaria respecto del tiempo medio un reloj exactamente arreglado al tiempo verdadero al señalar 0^h. Por lo tanto, la hora média que corresponde al instante de ser medio dia verdadero, es la ecuacion de tiempo de esta página cuando es aditiva; pero si es sustractiva se restará de 24^h y se contará un dia ménos. En la columna siguiente encontramos la variacion horaria de dicha ecuacion con su signo correspondiente; advirtiendo que cuando es igual al que lleva la ecuacion, indica que este vá aumentando de un dia á otro, y si es al contrario que vá disminuyendo.

307. Relacion entre el dia medio y el sidéreo. La diferencia constante (art. 283) que existe entre el dia medio y el sidéreo, se determina comparando las ecuaciones [3] y [2], de donde resulta:

$$D_m - D_s = Æ_m \qquad \ldots\ldots\ldots \qquad [5]$$

esto es, que el dia sidéreo será menor que el dia medio en el tiempo que emplea la Tierra en describir un arco igual á su $Æ_m$, que como sabemos es de 59′.8″, 33. Del mismo modo de las ecuaciones [1] y [2] deducimos que el dia sidéreo es menor que el verdadero, en el valor variable de la Æ verdadera que contrae la Tierra de un dia á otro.

Por lo tanto, si una estrella E′ (Fig. 35) pasa por el meridiano NM, juntamente con el Sol, al dia siguiente se anticipará el paso de la estrella al del Sol por dicho meridiano, en el tiempo empleado por la Tierra en describir un arco igual á su Æ verdadera. En el segundo dia se anticipará el paso de la estrella al del Sol, en la diferencia que hay entre los dos dias verdaderos y los dos sidéreos, y así sucesivamente hasta que al estar la Tierra en *c* despues de contraer 6^h de diferencia de ascension recta se anticipará 6^h el paso de la estrella al Sol, esto es, que la estrella que pasó al medio dia en N pasará ahora á las 6 de la mañana. Del mismo modo al estar la Tierra en *d′* pasará la estrella á las 12 de la noche ó sean 12^h antes; al hallarse la Tierra en *f*, pasará 18^h antes ó sea á las 6^h de la tarde, y por último, al volver la Tierra al punto N volverá á pasar por el meridiano al mismo tiempo que el Sol, pero habrá pasado una vez más que él durante la revolucion completa.

308. Aceleracion de las estrellas. La cantidad en que se adelanta de un dia á otro el paso de las estrellas por un meridiano, se denomina *aceleracion de las estrellas*, que será tanto mayor cuanto más sea la diferencia diaria efectiva de la Æ de la Tierra.

El distinto aspecto que nos presenta la bóveda estrellada en los diferentes meses del año, es una consecuencia muy notable de la aceleracion de las estrellas, ó sea la desigualdad de los dias sidéreo y solar. En efecto, durante el invierno descubrimos multitud de estrellas brillantes que desaparecen poco á poco y á medida que el Sol avanza en su curso aparente, y en los meses de verano, la region más notable de la via láctea aparece magestuosa sobre nuestro horizonte.

309. La diferencia constante que existe entre el dia medio y el sidéreo, se denomina *aceleracion média*, la cual puede expresarse en tiempo medio ó en tiempo sidéreo.

Para determinar el exceso del dia medio sobre el sidéreo en fraccion de dia medio, tendremos que:

$$360^\circ..\,59'..\,08'',33 : 24^{hm} :: 59'..\,08'',33 : x^{hm},$$

de donde $x = 3^m..\,55^s,91$ de T_m;

luego los dias medios serán mayores que los sidéreos en $3^m..55^s,91$ de tiempo medio.

Asimismo para hallar el exceso del dia medio en fraccion de dia sidéreo, será:

$$360^\circ : 24^{hs} :: 59'..\,08''\,33 : x^{hs}$$

de donde $x = 3^m..\,56^s,55$ de T_s,

es decir, que el dia medio es mayor que el sidéreo en $3^m..56^s,55$ de tiempo sidéreo.

De lo expuesto resultan las relaciones siguientes:

24^h médias $= 24^h$ sidéreas $+ 3^m..\,56^s,55$ de tiempo sidéreo.

y 24^h sidéreas $= 24^h$ médias $- 3^m..\,55^s,91$ de tiempo medio.

En los cálculos aproximados puede suponerse que la aceleracion diaria es de 4^m, correspondiendo 1^m á cada 6 horas y 10^s por hora.

310. Diferentes especies de tiempo. Los astrónomos emplean tres especies de tiempo diferentes: el sidéreo, el medio y el verdadero ó aparente, de los cuales como sabemos sólo los dos primeros son uniformes.

Es muy frecuente en la práctica el tener que deducir de uno de estos tiempos los otros dos equivalentes, dando esto lugar á la resolucion de varios problemas de que vamos á ocuparnos. Pero ante todo hay que advertir, que no debemos confundir, por ejemplo, *las horas verdaderas* ó *médias* que se cuentan en un meridiano dado, con los *intervalos* de tiempo verdadero ó medio.

Para comprender bien la distincion que debe hacerse entre una *hora verdadera* ó *média* y un *intervalo verdadero* ó *medio*, supongamos que el dia 12 de Febrero de 1871, dos personas se proponen llegar á bordo de un buque á la 1^h.

Si uno entiende que es á 1^h de tiempo verdadero y el otro á la 1^h de tiempo medio, como este dia el tiempo medio está adelantado respecto al verdadero en el valor de la ecuacion de tiempo $14^m..28^s$, resultará que el que entendió hora verdadera llegará á bordo dichos $14^m..28^s$ despues que el otro.

Supongamos del mismo modo, que dos personas se proponen permanecer una hora á bordo y que el uno entiende una hora verdadera y el otro una hora média.

Como la variacion horaria de la ecuacion de tiempo es — $0^s,034$, resultará que el que comprendió 1^h verdadera saldrá $0^s,034$ antes que el otro.

311. PROBLEMA I. *Dado un intervalo de tiempo sidéreo, determinar su equivalente en tiempo medio y vice versa.*

Hemos deducido (art. 209) que $24^{h\ m} = 24^h..03^m..56^s,55$ de tiempo sidéreo; luego es evidente que por medio de esta igualdad podemos formar una proporcion y convertir un intervalo cualquiera de tiempo medio á sidéreo ó al contrario; pero para facilitar la solucion de este problema, el *Almanaque Náutico* trae en sus últimas páginas dos tablas auxiliares, de las cuales la I convierte intervalos de T_m en T_s, y la II intervalos de T_s en T_m.

EJEMPLO I. Dado el intervalo $13^h... 17^m... 25^s,7$ de T_m, se pide el equivalente en T_s.

Almanaque Náutico. TABLA I *(auxiliar.)*

Intervalo de T_m.		T_s *equivalente.*
Por 13^h	....	$13^h... 02^m... 08^s,134$
„ 17^m	....	$17 ... 02 ,793$
„ 25^s	....	$25 ,068$
„ $0^s,7$	....	$0 ,702$
Intervalo de T_s pedido =		$13^h... 19^m... 36^s,697$

Ejemplo II. Dado el intervalo $13^h ... 19^m ... 36^s,697$ de T_s, se pide su equivalente en T_m.

Almanaque Náutico. Tabla II *(auxiliar.)*

Intervalo de T_s.		T_m *equivalente.*
Por 13^h	....	$12^h ... 57^m ... 52^s,215$
„ 19^m	....	$18 ... 56,887$
„ 36^s	....	$35,901$
„ $0^s,697$	....	$0,697$
Intervalo de T_m pedido =		$13^h ... 17^m ... 25^s,7$

312. Problema II. *Dado un intervalo de T_v, determinar su equivalente en T_m y vice versa.*

Sabemos que la diferencia variable que hay entre el T_m y el T_v, es la ecuacion de tiempo (art. 304); esto es, $\varepsilon = D_m - D_v$; pero como en el caso actual no se trata de pasar del T_v al T_m, sino averiguar la diferencia que hay entre la duracion de cierto intervalo de T_v y el intervalo de T_m correspondiente á él, bastará considerar que en 24^h verdaderas trascurren 24^h médias, mas la diferencia entre la ecuacion de tiempo al principio del dia propuesto ε, y la ecuacion de tiempo al principio del dia siguiente ε' luego será

$$1 D_v = 1 D_m - (\varepsilon - \varepsilon').$$

De aquí se deduce que lo que hay que hallar es lo que varía la ecuacion de tiempo en el intervalo dado; y llamando I_v el intervalo de T_v, I_m al de T_m y $\frac{V\varepsilon}{24}$ á la variacion horaria de la ecuacion de tiempo, tendremos:

$$I_v = I_m - \frac{V\varepsilon}{24} I_m,$$

$$I_m = I_v + \frac{V\varepsilon}{24} I_v.$$

313. Por lo tanto, para reducir un intervalo de T_v á intervalo de T_m correspondiente, multiplicaremos la variacion horaria de la ecuacion de tiempo del dia propuesto, que trae el *Almanaque Náutico* en la página III de cada mes, por el intervalo dado de T_v y el producto se sumará algebráicamente con dicho intervalo.

Y para convertir un intervalo de T_m á su correspondiente en T_v, se multiplicará dicha variacion horaria por el intervalo dado de T_m, y el producto se restará algebráicamente de dicho intervalo.

Ejemplo I.—Junio 13 de 1871. Intervalo de $T_v = 8^h ... 24^m ... 10^s$; se pide su equivalente en T_m.

	Intervalo dado . . =	$8^h ... 24^m ... 10^s$ T_v.
$\frac{V\varepsilon}{24} I_v = + 0^s,52 \times 8^h,4$	= +	$4,37$
	Intervalo pedido =	$8^h ... 24^m ... 14^s,37$ T_m.

EJEMPLO II.— Junio 13 de 1871. Intervalo de $T_m = 8^h \ldots 24^m \ldots 14^s,37$; se pide su equivalente en T_v.

$$
\begin{array}{lll}
 & \text{Intervalo dado} \ldots = 8^h \ldots 24^m \ldots 14^s,37 & T_m. \\
\frac{V_\varepsilon}{24} I_m = + 0^s,52 \times 8^h,4 \ldots\ldots = - & \qquad\qquad 4,37 & \\
 & \text{Intervalo pedido} = 8^h \ldots 24^m \ldots 10^s, & T_v.
\end{array}
$$

314. PROBLEMA III. *Dado un intervalo de T_v, determinar el sidéreo y vice versa.*

Cuando ocurre este caso, lo cual es muy raro, se reduce el intervalo de T_v á T_m equivalente, y este á su vez á intervalo de T_s, siguiendo los preceptos indicados en los problemas anteriores; y si el intervalo dado es de T_s, se deducirá su correspondiente en T_m, y de este el de T_v.

315. PROBLEMA IV. *Dado el T_s á medio dia medio en S. Fernando, hallar el T_s á medio dia medio de otro lugar.*

Hemos demostrado (art. 286), que al estar un astro en el meridiano el $T_s = \alpha$; luego si el astro es el Sol medio, tendremos análogamente que $T_s = Æ_m \odot$, esto es, que el tiempo sidéreo es igual á la Æ del Sol medio en el instante en que dicho Sol medio pasa por el meridiano del lugar. Esta es la razon por que la $Æ_m$ del $\odot$ que nos dá el *Almanaque Náutico* para cada medio dia medio de S. Fernando, en la página II de cada mes, se titula *tiempo sidéreo.*

Sabemos tambien, que desde que el Sol pasa por el meridiano de S. Fernando, hasta que vuelve á pasar otra vez, es decir, para una diferencia de longitud de 24^h, la $Æ_m$ ó sea el tiempo sidéreo aumenta $3^m .. 56^s,55$ (art. 209), cantidad que hemos llamado aceleracion media A_m: luego llamando L á la longitud del lugar dado, tendremos en el momento de pasar el Sol medio por el meridiano de dicho lugar, que la ascension recta respecto á S. Fernando el dia propuesto deberá aumentarse ó disminuirse de la parte proporcional de la aceleracion, segun que el lugar esté al O ó al E de S. Fernando.

Esto es, $\quad 24 : A_m :: L : x \quad$ de donde $\quad x = \frac{A_m}{24} L,$

pero $\frac{A_m}{24} L$, es la diferencia que hay entre la longitud considerada como tiempo medio y el tiempo sidéreo correspondiente á ella, elemento que se toma en la Tabla I auxiliar del *Almanaque Náutico*; por lo tanto, será:

$$T_s \textit{ á medio dia medio de un lugar} = T_s \textit{ á medio dia de S. Fernando} \pm \frac{A_m}{24} L,$$

(+ si la longitud es O de San Fernando, y — si es E)

Por lo tanto, para obtener el T_s á medio dia medio de un lugar, hay que aplicarle una correccion al T_s á medio dia medio de S. Fernando; *aditiva* si la longitud es O, y *sustractiva* si es E; y esta correccion es la diferencia que hay entre la longitud considerada como tiempo medio y el tiempo sidéreo equivalente.

EJEMPLO.—Mayo 10 de 1871. Se pide el T_s á medio dia medio en Greenwich, cuya longitud es $0^h..24^m..49^s,61$ E de San Fernando.

T_s á medio dia medio en San Fernando el 10 de Mayo.... $3^h...11^m...26^s,64$

Correccion.

Tabla I del *A. N.°*	Por 24^m	$T_m = 24^m...03^s,943$ T_s	
	„ 49^s	„ = $49,134$	
	„ $0,61$	„ = $0,612$	
		$24^m...53^s,689$	
	Longitud	$-24...49,61$ E	
		$-4,079$	$-4^s,079$

T_s á medio dia medio en Greenwich el 10 de Mayo $= 3^h...11^m...22^s,561$

316. PROBLEMA V. *Conocida la hora sidérea que se cuenta en un meridiano dado, determinar la hora média correspondiente.*

Sabemos (art. **280**), que $H_s = h_o + \alpha$, y $H_s = h_o + \alpha - 24^h$, cuando la suma pasa de 24^h. Luego si el astro que tomamos como término de comparacion es el Sol medio $\odot_m$, tendremos por analogía la relacion

$$H_s = h_o\odot_m + \alpha_m\odot \quad \text{y} \quad H_s = h_o\odot_m + \alpha_m\odot - 24^h\odot \qquad [\ 6\ ]$$

despejando $h_o\odot_m$, que es el horario Occidental del Sol medio ó la hora média astronómica del observador, será:

$$H_m = H_s - \alpha_m\odot \quad \text{y} \quad H_m = (H_s + 24^h) - \alpha_m\odot, \text{ cuando } H_s < \alpha_m\odot \qquad [\ 7\ ]$$

Llamando T_s al tiempo sidéreo correspondiente al medio dia medio próximo anterior que nos dá el Almanaque en la página II de cada mes, y que es igual á $\alpha_m\odot$, será $H_s - T_s$ ó bien $(H_s + 24^h) - T_s$ el intervalo de T_s trascurrido desde que fué medio dia medio para el observador; luego basta reducir $H_s - T_s$ ó bien $(H_s + 24^h) - T_s$ á tiempo medio haciendo uso de la Tabla II auxiliar del Almanaque para obtener el intervalo de T_s trascurrido desde que fué medio dia, que es la hora média del observador.

Por lo tanto, para pasar de una hora de T_s á su correspondiente en T_m, se determinará ante todo el T_s á 0_h de tiempo medio del observador (PROBL. IV), el cual se restará de la H_s dada, sumándole 24^h á H_s si fuese menor, y el resultado se reduce á T_m empleando la Tabla II auxiliar del Almanaque, y tendremos la H_m pedida.

Hay que advertir, que como en este problema la incógnita es la H_m, es necesario conocer la hora aproximada, y aplicándole la longitud se obtendrá la *hora reducida* que servirá para indicarnos el dia en que debe tomarse en el Almanaque el T_s.

EJEMPLO.—Mayo 20 de 1871. Un observador cuya longitud es $2^h...27^m$ al O de San Fernando y su $H_s = 10^h...32^m...40^s$, desea determinar la hora média correspondiente.

1.° *Determinacion del* T_s *á* 0^h *de* T_m *del meridiano del observador.*

T_s á 0^h de T_m en San Fernando el 20 de Mayo		$3^h...50^m...52^s,20$
Correccion por la longitud.		
Tabla I (Aux.r) *A. N.°* { Por 2^h T_m	$2^h..00^m..19^s,713$ T_s	
„ 27^m „	$27..4,435$ „	
	$2^h..27^m..24^s,148$	
Longitud $= -$	$2..27..00$ O	
	$+$ $24^s,148$	$+$ $24,148$
T_s á 0^h de T_m del meridiano del observador .... $=$		$3^h...51^m...16^s,348$
Hora sidérea dada .... $=$		$10...32...40$
Intervalo de T_s trascurrido desde 0^h T_m del observador... $=$		$6^h...41^m...23^s,652$

2.° *Conversion en tiempo medio.* (Tabla II auxiliar *Almanaque Náutico.*)

Por 6^h T_s	$5^h...59^m...01^s,023$ T_m
„ 41^m „	$40...53,283$ „
„ 23^s „	$22,937$ „
„ $0,652$ „	$0,649$ „
H_m del observador el 20 de Mayo .... $=$	$6^h...40^m...17^s,892$

317. PROBLEMA VI. *Conocida la* H_m *que se cuenta en un meridiano, hallar la* H_s *correspondiente.*

De la ecuacion que hemos analizado en el problema anterior

$$H_s = h_o\odot_m + \alpha_m\odot \quad \text{y} \quad H_s = h_o\odot_m + \alpha_m\odot - 24^h,$$

tendremos que si convertimos en tiempo sidéreo la hora média del observador $h_o\odot_m$, y lo sumamos con $\alpha_m\odot$ que es el T_s á 0^h de tiempo medio, resultará la H_s pedida, cuidando de restar la suma de 24^h si pasase de esta cantidad.

EJEMPLO.— Mayo 20 de 1871. Longitud del observador $2^h..27^m$ O de San Fernando. $H_m = 6^h..40^m..17^s,892$, se pide la H_s correspondiente.

1.° *Determinacion del* T_s *á medio dia medio del meridiano del observador.*

T_s á la 0^h de T_m en San Fernando en 20 de Mayo	$3^h..50^m..52^s,20$
Correccion por la longitud (deducida en el problema anterior).	$+$ $24,148$
T_s á 0^h de T_m del observador..........................	$3^h..51^m..16^s,348$

2.° *Conversion de la hora média dada.*

Por 6^h T_m	$6^h..00^m..59^s,139$ T_s	
„ 40 „	$40..06,571$ „	
„ 17 „	$17,046$ „	
„ 0,892 „	$0,893$ „	
Intervalo de T_s desde 0^h de T_m $=$	$6^h..41^m..23^s,649$ „	$+$ $6^h..41^m..23^s,648$
	Hora sidérea pedida $=$	$10^h..32^m..39^s,997$

Vemos, pues, que este resultado sirve de comprobante al del problema anterior.

318. PROBLEMA VII. *Conocido el* T_m *que se cuenta en un meridiano, determinar el* T_v *equivalente.*

Sabemos que $T_m - T_v = \varepsilon$ (art. 304), de donde será $T_v = T_m - \varepsilon$; luego para hallar el T_v tenemos que aplicar al T_m la ecuacion de tiempo correspondiente á él.

Pero el Almanaque nos dá en la página II del mes la ecuacion de tiempo á 0^h de T_m con signo contrario, respecto á la que dá en la página III, y cambiando dicho signo en la relacion, será $T_v = T_m + \varepsilon$.

Luego para hallar la ecuacion de tiempo correspondiente á una hora cualquiera de tiempo medio, se multiplicará la hora reducida por la variacion horaria de la página III, cambiándole el signo, se aplicará el producto con su signo á la ecuacion de tiempo del medio dia próximo anterior que trae la página II, y sumando algebráicamente el resultado al T_m dado, se obtendrá el T_v que se desea.

EJEMPLO. Junio 8 de 1871. H_m del observador $8^h..23^m..56^s$. Long $2^h..41^m..32^s$ E de San Fernando, se pide la H_v correspondiente.

H_m del observ. $= 8^d.\ 8^h.\ 23^m.\ 56^s$	ε á 0^h de T_m (pág. II) .... $= +1^m.\ 21^s,41$
Lg. E de S. F.° $= -\ 2\ .41\ .32$	V.ⁿ h.ª ε (p. III) $= -0^s,468 \times 5^h,7 = -\quad 2,67$
Hora reducida $= 8^d.\ 5^h.\ 42^m.\ 24^s = 5^h,7$	Ecuacion corregida.. $= +1^m.\ 18^s,74$

T_m dado	$= 8^h..\ 23^m..\ 56^s$
ε corregida....	$= +\quad 1\ ..\ 18\ ,74$
T_v pedido......	$= 8^h..\ 25^m..\ 14^s,74$

319. PROBLEMA VIII. *Pasar del* T_v *que se cuenta en un meridiano al* T_m *correspondiente.*

De la relacion anterior $T_m - T_v = \varepsilon$, resulta $T_m = T_v + \varepsilon$.

Por lo tanto, hallaremos la hora reducida y la multiplicaremos por la variacion horaria de ε, tomada con su signo en la página III, y sumando algebráicamente este producto con la ecuacion de tiempo correspondiente al medio dia próximo anterior, tomada en la página III, obtendremos la ecuacion corregida, que sumada algebráicamente con el T_v dado, nos dará el T_m equivalente.

EJEMPLO. Junio 8 de 1871. $H_v = 8^h..25^m..14^s,74$. Longitud $2^h..41^m..32^s$ E de San Fernando, se pide el T_m.

H_v del observ. $= 8^h.\ 25^m.\ 14^s,74$	ε á 0^h de T_v (pág. III)...... $= -1^m..\ 21^s,42$
Lg. E de S. F.° $= -2\ .41\ .32$	V.ⁿ h.ª $\varepsilon = +0^s,468 \times 5^h,72 = +\quad 2,68$
H_r.... $= 5^h.\ 43^m.\ 42^s,74$	Ecuacion corregida $= -1^m..\ 18^s,74$

T_v dado.......	$= 8^h..\ 25^m..\ 14^s,74$
ε corregida....	$= -\quad 1\ ..\ 18\ ,74$
T_m pedido.....	$= 8^h..\ 23^m..\ 56^s$

320. PROBLEMA IX. *Pasar de la* H_s *á la verdadera y viceversa.*

Para pasar de la H_s á la H_v se determina la H_m correspondiente á la sidérea dada, y luego se reduce dicha H_m á la verdadera equivalente, segun lo preceptuado en los problemas anteriores.

Del mismo modo para pasar de la H_v á la sidérea, se pasa de la H_v á la H_m y luego de esta á la H_s.

La resolucion de este problema es muy rara en la práctica.

---

321. De las estaciones. Los puntos equinocciales y solsticiales dividen á la eclíptica en cuatro partes iguales; pero como el movimiento de traslacion de la Tierra no es uniforme, resulta de aquí que el

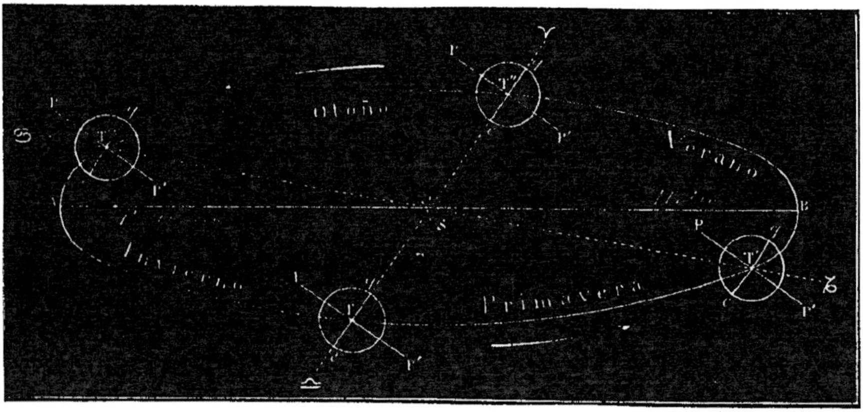

(Fig. 35)

tiempo que emplea en describir su órbita se divide en cuatro períodos desiguales, que en general se designan con los nombres de estaciones y en particular con los de *primavera*, *verano*, *otoño* é *invierno*. (*)

Mientras la Tierra efectúa una revolucion, el eje polar se mantiene siempre paralelo á sí mismo, formando con el de la eclíptica un ángulo de unos 23° 27′, abstraccion hecha de la precesion de los equinoccios y de la nutacion. De la constancia de la oblicuidad de la eclíptica y de la forma esférica de nuestro planeta, resulta que el Sol se halla más ó ménos elevado sobre nuestro horizonte al ser medio dia segun la época del año; y en una misma época segun la lati-

---

(*) Al describir la Tierra su inmensa órbita, recorre unos 2.640.500 kilómetros diarios, velocidad que equivale á 35 kilómetros por segundo, y por lo tanto 75 veces mayor que la velocidad de rotacion de los puntos situados en el ecuador.

tud del lugar, todo lo cual produce la desigualdad de los dias y las noches y la notable diferencia de temperatura que se experimenta en las diversas estaciones.

322. Para explicar estos fenómenos recordaremos que por declinacion del Sol se entiende el ángulo que forma con el plano de la eclíptica la recta tirada del centro de la Tierra al del Sol, y que este astro se vé siempre en un punto de la eclíptica, diametralmente opuesto á aquel en que se halla la Tierra.

Esto supuesto, en la (Fig. 36) la curva T T′T″..., representa la órbita de la Tierra en cuyo focus S, se halla el Sol, la línea A B es el eje mayor de dicha órbita; ♈ y ♎ los puntos equinocciales; ♋ y ♑ los solsticiales; los circulitos representan la Tierra terminada por un meridiano; *eq* es el ecuador, P y P′ el eje de la Tierra que se conserva siempre paralelo á sí mismo, y supondremos que P es el polo Norte elevado sobre el plano del papel y que la Tierra gira en la direccion de las flechas.

Ahora bien; en los equinoccios, el ecuador terrestre prolongado pasa por el centro del Sol y la declinacion de este astro será cero en tales casos; vemos tambien que dicha declinacion será boreal desde el equinoccio de primavera al de otoño, y meridional desde el equinoccio de otoño al de primavera; y por último, que la máxima declinacion tiene lugar en los solsticios; boreal en el de verano y austral en el de invierno; y es evidente que cualquiera que sea la posicion que ocupe la Tierra, una mitad de ella se hallará iluminada por el Sol y la otra mitad oscura.

323. Comprendido esto pasaremos á la (Fig. 37), en la cual se representa la Tierra terminada por un meridiano N E S Q; E Q es el ecuador; N y S los polos Norte y Sur; *bc* el trópico de Cáncer; *ad* el de Capricornio; *fg* y *hl* los círculos polares ártico y antártico.

Tendremos, pues, que el dia 21 de Marzo se halla la Tierra en el primer punto de ♎; el Sol se verá desde la Tierra en el primer punto de ♈, y por lo tanto su declinacion será cero en su paso del hemisferio meridional al septentrional y empezará la *primavera* ó primera estacion templada para los habitantes del hemisferio boreal y el *otoño* para los del austral.

En dicho dia el círculo racional de iluminacion será N S; Q el polo de iluminacion; E el de oscuridad; N Q S la parte iluminada y N E S la oscura; y como dicho círculo de iluminacion N S es un meridiano, dividirá en dos partes iguales á todos los paralelos y será el dia igual á la noche para todos los habitantes del globo.

Un mes despues del principio de la primavera, se hallará la Tierra en el primer punto del signo de Escorpion ♏; el Sol se verá en ♉; su declinacion será ♉ T Q, é irá aumentando Norte. El círculo racional de iluminacion será *or*; *i* el polo de iluminacion; *k* el de oscuridad; *oir* la parte iluminada y *okr* la oscura; vemos que dicho círculo de iluminacion divide á los paralelos de la Tierra en dos partes desiguales y que en el hemisferio Norte la iluminada es mayor que la oscura, sucediendo lo contrario en el hemisferio Sur; luego diremos que aumenta la duracion de los dias artificiales en nuestro hemisferio y que disminuye en el hemisferio Sur.

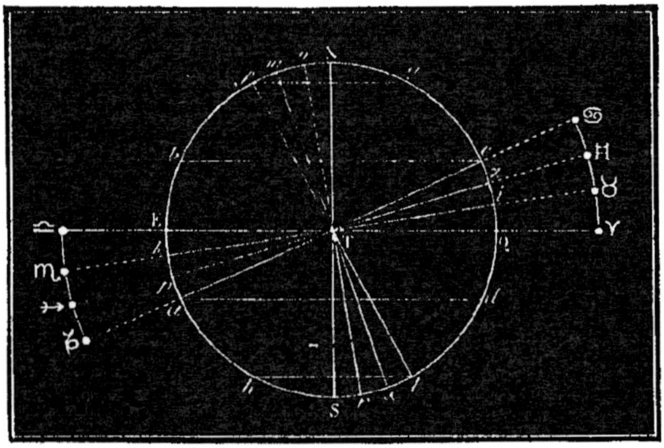

(Fig. 37)

Al llegar la Tierra á ♐, el Sol se verá en ♊; el círculo de iluminacion será *mx*, y por razones análogas á las anteriores, resulta que sigue aumentando la declinacion del Sol Norte y la duracion de los dias en el hemisferio Norte y disminuyendo en el Sur.

El dia 21 de Junio se halla la Tierra en el primer punto de Capricornio ♑, el Sol corresponde al punto solsticial de Cáncer; su declinacion ♋ T Q será la máxima Norte, 23° .. 27′, y se verificará el principio del verano en nuestro hemisferio y el del invierno en el austral. El círculo de iluminacion será *fl*; *fol* la parte iluminada y *fal* la oscura; vemos que toda la zona glacial ártica está iluminada y oscura la antártica; que los centros de los paralelos del hemisferio Norte se hallan á su máxima distancia del círculo de iluminacion y que la parte iluminada de dichos paralelos es mucho mayor que la oscura en el hemisferio Norte y lo contrario en el Sur; de donde resulta que el dia en que el Sol se vé en el punto solsticial de ♋, será el mayor dia artificial del año para los habitantes del hemisferio

Norte y el menor para los del Sur; los habitantes del círculo polar ártico tendrán al Sol 24^h sobre su horizonte y los del antártico 24^h de noche.

Desde el 21 de Junio disminuye la declinacion del Sol y la duracion de los dias en nuestro hemisferio al pasar por los signos de Leo y Virgo, hasta el dia 23 de Setiembre en que llega la Tierra al punto de ♈; el Sol se verá en el primer punto de ♎; su declinacion será cero en su paso de septentrional á meridional y empezará el *otoño* ó sea la segunda estacion templada para nosotros, y la primavera en el hemisferio Sur. El círculo de iluminacion N S divide á todos los paralelos en dos partes iguales como en la primavera, y será por lo tanto el dia igual á la noche para todos los habitantes de la Tierra.

Un mes despues se hallará la Tierra en ♉, el Sol se verá en ♏, su declinacion irá aumentando Sur; el círculo de iluminacion será *or*; la parte iluminada *okr* y la oscura *oir*; vemos que en nuestro hemisferio la parte iluminada de los respectivos paralelos es menor que la oscura, luego diremos que desde el 23 de Setiembre aumenta la duracion de las noches en nuestro hemisferio y disminuye en el meridional.

Estas diferencias entre el dia y la noche irán aumentando al pasar la Tierra por los signos de ♉ y ♊, y el Sol por los de ♏ y ♐ hasta el 21 de Diciembre en que llega la Tierra al punto solsticial de ♋ y el Sol se verá en el de ♑; su declinacion será la máxima Sur y empezará el *invierno* para nosotros y el verano en el hemisferio Sur. El círculo de iluminacion será *fl*; la parte iluminada *fal* y la oscura *fcl*; sucede lo contrario que en el verano, esto es, que los centros de los paralelos de la Tierra están á su máxima distancia del círculo de iluminacion, pero ahora la parte oscura es mayor que la iluminada en nuestro hemisferio y lo contrario en el austral; vemos tambien que el círculo polar ártico está todo él en la parte oscura y el antártico en la iluminada; por lo tanto, el primer dia artificial del invierno será el menor del año en nuestro hemisferio y el mayor en el austral; en el círculo polar ártico habrá 24^h de noche y en el antártico estará el Sol 24^h sobre el horizonte.

Las diferencias entre el dia y la noche van disminuyendo al pasar la Tierra por los signos de Leo y Virgo hasta que vuelve al primer punto de ♎ y el Sol se vé por lo tanto en el punto equinoccial de ♈ en que empiezan de nuevo á repetirse las estaciones en los mismos términos, y se dice que ha trascurrido un *año trópico*.

324. De todo lo dicho resulta en conclusion:

1.º Los habitantes de la equinoccial tienen siempre el dia igual á la noche, porque el círculo de iluminacion divide al ecuador en dos partes iguales en todos casos.

2.º Los habitantes de la zona tórrida ven nacer y ponerse al Sol todos los dias; y al ser medio dia lo ven hácia el Sur, cuando la declinacion es de contraria especie á su latitud ó menor que esta y de igual especie, y otras veces lo ven hácia el Norte cuando la declinacion es mayor que la latitud y de la misma denominacion. Dos veces al año al ser medio dia lo tienen á 90° de altura, esto es, en su zenit y no arrojan sombra; este fenómeno tiene lugar cuando la declinacion es igual á la latitud; luego para los habitantes de la equinoccial sucederá los dias de los equinoccios y para los de los trópicos los dias de los solsticios.

3.º Los habitantes de las zonas templadas ven nacer y ponerse al Sol todos los dias y los del hemisferio Norte al ser medio dia ven al Sol hácia el S y arrojan su sombra hácia el Norte, y los del hemisferio austral lo ven hácia el Norte y arrojan su sombra hácia el Sur.

4.º Los habitantes de los círculos polares ven nacer y ponerse al Sol todos los dias escepto en los solsticios, pues en el de Cáncer el círculo polar ártico tiene 24^h de dia y el antártico 24^h de noche, sucediendo lo contrario en el solsticio de Capricornio.

5.º Los habitantes de las zonas frias no pierden al Sol de vista durante varios dias, semanas ó meses, á medida que sus latitudes son más altas y cuando se halla el Sol en su hemisferio; y no lo descubren durante otro tanto tiempo cuando se halla en el hemisferio opuesto; y por último, si suponemos un habitante en uno de los polos, tendrá seis meses de dia y otros seis meses de noche, que seria absoluta, si las refracciones atmosféricas, las auroras boreales y la Luna no viniesen á reflejar alguna luz sobre estas tristes comarcas.

325. En la siguiente tabla se dá la duracion de los dias más largos y cortos del año hasta los 65° de latitud, y á continuacion se expresan las correcciones aditivas que deben aplicarse á las anteriores cantidades, en atencion á que se han calculado prescindiendo del semi-diámetro aparente del Sol que es de unos 16′, y de la refraccion astronómica que asciende á unos 35′; todo lo cual es causa de que se anticipe el orto y se retarde el ocaso, segun las latitudes y épocas del año. Una vez aplicadas estas correcciones, obtendremos el tiempo exacto que el Sol ilumina los horizontes correspondientes á las latitudes que se indican. (*)

(*) Esta tabla la hemos extractado del Anuario del Observatorio de Madrid, año X.

Latitudes.	Dia más largo.	Dia más corto.	Diferencias.	CORRECCIONES ADITIVAS al dia más largo.	al dia más corto.	al medio ó equinoccial.
0°	12h 00m00s	12h 00m00s	00h 00m00s	7m 25s	7m 25s	6m 48s
5	12..17..24	11..42..36	0..34..48	7..27	7..27	6..49
10	12..35..07	11..24..53	1..10..14	7..33	7..33	6..53
15	12..53..25	11..06..35	1..46..50	7..43	7..43	7..00
20	13..12..41	10..47..19	2..25..22	8..01	8..01	7..15
25	13..33..23	10..26..37	3..06..46	8..22	8..21	7..31
30	13..56..04	10..03..56	3..52..08	8..52	8..49	7..51
35	14..21..30	9..39..30	4..42..00	9..31	9..27	8..17
40	14..50..49	9..09..11	5..41..38	10..27	10..21	8..53
45	15..25..44	8..34..16	6..51..28	11..42	11..35	9..37
50	16..09..07	7..50..53	8..18..14	13..37	13..20	10..35
55	17..06..21	6..53..39	10..12..42	16..43	16..15	11..51
60	18..29..49	5..30..11	12..59..38	23..09	21..53	13..36
65	21..08..07	2..51..53	18..16..14	57..04	42..52	16..05

Vemos, pues, que en la latitud de 55° el dia más largo no será de $17^h.06^m.21^s$. sino de $17^h..23^m..04^s$. Tambien en el círculo polar ó paralelo de 66°.. 33′ el Sol no se ocultará totalmente desde 15 dias antes del solsticio de verano hasta 15 dias despues. En las regiones polares se prolonga tambien la presencia del Sol á causa de los efectos combinados del semi-diámetro y refraccion astronómica; y por último, si hemos dicho que al empezar la primavera y el otoño el dia es igual á la noche, en rigor no sucede así y en Cádiz el dia es como unos 8^m mayor que la noche.

TABLA

DE LA DURACION MÁXIMA DE LOS DIAS ARTIFICIALES POLARES.

Latitud.	Duracion del dia artificial.	Declinac. del ☉ al ponerse.
66° 33′	1 dia.	23° 27′
67..23	1 mes.	22..37
69..51	2 "	20..09
73..40	3 "	16..20
78..41	4 "	11..49
84..05	5 "	05..55
90. 00	6 "	00..00

En las regiones polares está el Sol sobre el horizonte todo el tiempo en que su declinacion es mayor que el complemento de la latitud del observador y de la misma especie.

326. Crepúsculos. La duracion del tiempo que disfrutamos de luz resulta aumentada, en razon á que las moléculas del aire reflejan en todos sentidos, no sólo los rayos solares que reciben directamente, sino tambien los reflejados por otras moléculas, resultando de aquí el fenómeno conocido con el nombre de crepúsculo, ó sea el intervalo caracterizado por una iluminacion variable que se experimenta antes de la salida del Sol, llamándose entonces *crepúsculo matutino* ó *aurora*, y el que sigue al ocaso del Sol que se denomina *crepúsculo vespertino* ó *de la tarde*.

Para explicar este fenómeno nos valdremos de la (Fig. 38), en la cual sea A la situacion del observador en la superficie de la Tierra; A H su horizonte y S K la atmósfera. Cuando el Sol se halle por ejemplo en S debajo del horizonte del observador A, ningun rayo de luz llegará directamente á él, pero las regiones superiores de la atmósfera recibirán los rayos directos del Sol y reflejarán en todos sentidos la luz que reciben, produciéndose de este modo el crepúsculo.

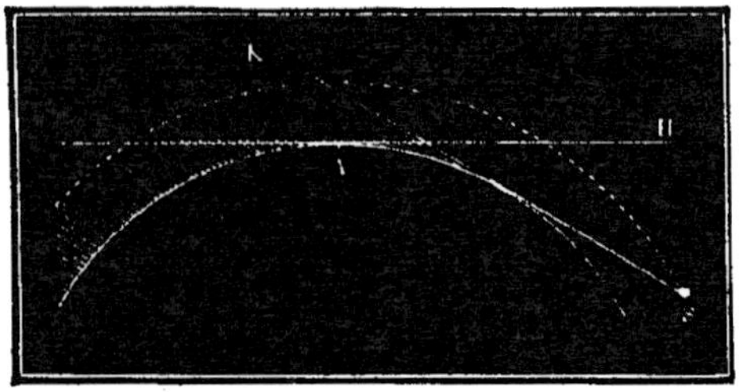

(Fig. 38)

Cuando la atmósfera está despejada, se observa por la mañana aparecer en el horizonte por el Oriente la curva crepuscular K S que se eleva poco á poco y por las tardes se vé descender, y cuando el punto culminante K llega al horizonte, concluye el crepúsculo y empieza la noche.

327. Duracion del crepúsculo. Los crepúsculos se dividen en *astronómicos* y *civiles:* el primero empieza por la mañana, sucediendo lo contrario por la tarde, cuando se interrumpe la oscuridad de la noche palidecen y dejan de verse las estrellas más pequeñas; y el civil empieza bastante despues al desaparecer las estrellas más brillantes; entonces la curva crepuscular se aproxima al zenit y sólo por el Occidente hay todavía oscuridad casi completa.

El crepúsculo astronómico empieza ó acaba cuando el Sol tiene unos 18° de depresion y el civil cuando se halla 6° depreso; pero como el Sol no emplea en todas las latitudes ni en las diversas épocas del año el mismo tiempo en descender 18° ó 6° bajo el horizonte, en atencion á que su paralelo de declinacion unas veces es perpendicular al horizonte y otras lo corta oblícuamente, resulta de aquí que no siempre ni en todos los lugares es igual la duracion de los crepúsculos.

Por lo tanto, si deseamos hallar su duracion en una latitud y dia determinado, calcularemos el valor del arco de paralelo descrito por el Sol comprendido entre el horizonte y un almicantarat situado á 18° ó á 6° de este círculo, y obtenido este valor y reduciéndolo á tiempo, nos dará la duracion del crepúsculo astronómico ó civil que se deseaba.

La siguiente tabla nos dá la duracion de los crepúsculos con la mayor aproximacion posible, en las diferentes latitudes y épocas del año. (*)

(*) Extractada del Anuario del Observatorio de Madrid.

Latitudes.	Duracion del crepúsculo astronómico. Solsticio de verano.	Solsticio de invierno.	Equinoccios.	Duracion del crepúsculo civil. Solsticio de verano.	Solsticio de invierno.	Equinoccios.
0°	1h 18m45s	1h 18m45s	1h 12m00s	0h 26m10s	0h 26m10s	0h 24m00s
5	1..19..39	1..18..33	1..12..17	0..26..22	0..26..14	0..24..05
10	1..21..25	1..19..09	1..13..09	0..26..46	0..26..32	0..24..22
15	1..24..08	1..20..28	1..14..38	0..27..28	0..27..06	0..24..51
20	1..28..01	1..22..37	1..16..48	0..28..30	0..27..56	0..25..33
25	1..33..26	1..25..41	1..19..45	0..29..54	0..29..07	0..26..29
30	1..40..58	1..29..52	1..23..37	0..31..49	0..30..42	0..27..44
35	1..51..41	1..35..25	1..28..39	0..34..25	0..32..50	0..29..19
40	2..08..35	1..42..46	1..35..10	0..38..00	0..35..40	0..31..22
45	2..39..20	1..52..36	1..43..39	0..43..12	0..39..33	0..34..00
50	....	2..06..09	1..54..56	0..51..22	0..45..05	0..37..26
55	....	2..25..44	2..10..24	1..06..30	0..53..35	0..42..00
60	....	2..57..03	2..32..41	1..58..33	1..08..35	0..48..16
65	....	4..03..23	3..07..57	....	1..48..36	0..57..17

328. En el solsticio de verano y en la latitud de 48°.. 33′, poco menor que la de París, concluye el crepúsculo astronómico vespertino en el instante en que empieza el matutino; por lo tanto puede decirse que en este paralelo no hay noche en dicho dia, sucediendo lo mismo en los paralelos superiores. Por esta razon se han suprimido en la tabla los valores de los crepúsculos astronómicos de verano desde los 50° en adelante y el civil correspondiente á los 65°.

329. Si la atmósfera terrestre no existiese, ó si sus moléculas dejasen de reflejar la luz solar, no sucederian los crepúsculos y se pasaria bruscamente del dia á la noche; todo lo que no recibiese los rayos directos del Sol ó los reflejados por la Tierra, estaria envuelto en la oscuridad y el Sol brillaria de una manera peligrosa para la vista, en un cielo oscuro, en el cual se verian constantemente las estrellas y planetas.

Las anteriores consideraciones nos explican porqué son invisibles las estrellas durante el dia. En efecto, la luz difusa dimanada del Sol obra sobre nuestra retina con mayor energía que la de las estrellas, y por esta razon no vemos las que se hallan sobre nuestro horizonte. Pero, si apelamos á un medio que nos garantice de una parte notable de dicha luz difusa, se hará superior la de las estrellas y podremos ver algunas. Esto es lo que sucede cuando se emplea un anteojo astronómico de bastante poder ó cuando se observa desde el fondo de un pozo profundo.

330. Climas astronómicos. Para clasificar el clima de un lugar se atiende á la temperatura média anual y á la diferencia más ó ménos notable entre sus veranos é inviernos.

Las principales causas astronómicas que ocasionan la cantidad de calor que en un lugar dado se recibe del Sol, dependen de la oblicuidad con que los rayos solares llegan á la superficie del terreno, y de la mayor duracion del Sol sobre el horizonte, pues es evidente que mientras más altura tenga el Sol, mayor será el tiempo que permanecerá sobre el horizonte enviándonos calor, y al presentarse una superficie á los rayos incidentes con un ángulo variable, resultará que el mayor número de rayos que se reciben en una extension determinada tendrá lugar cuando sean perpendiculares y el menor posible cuando sean paralelos; además en el primer caso atraviesan una capa absorbente de atmósfera más espesa y densa que en el segundo.

Cuando el Sol está á 40° de altura, la atmósfera deja pasar como los $\frac{3}{4}$ de la calor solar, y á unos 22° de altura deja pasar la mitad reflejándose y perdiéndose el resto en el espacio.

331. Diferencia de temperatura en las estaciones. De esta manera se explica por qué recibimos en nuestro hemisferio más calor en la primavera y verano, siendo así que entonces se halla la Tierra en afelio; y en el otoño é invierno tenemos más frio estando en el perihelio y 1.130.000 leguas más próximos al Sol que en las otras dos estaciones.

Resulta en efecto, que en el solsticio de verano se halla la Tierra en T′ (Fig. 36), ó sea á su mayor distancia del Sol; pero nuestro hemisferio está expuesto más tiempo á los rayos solares por ser los dias mayores que las noches, y además recibe dichos rayos más perpendiculares atravesando una capa atmosférica de ménos espesor, sucediendo lo contrario en el hemisferio Sur. Y al hallarse la Tierra en T‴ en el solsticio de invierno, si bien es verdad que está á la menor distancia del Sol, nuestro hemisferio está ménos tiempo expuesto á los rayos solares por ser las noches mayores que los dias, y dichos rayos penetran oblícuamente capas atmosféricas de mayor densidad y espesor.

Sin embargo, el hallarse el Sol más cerca de nosotros en Enero que en Julio, hace que nuestros veranos sean ménos calientes y los inviernos más templados que en el hemisferio Sur.

332. Epocas de la temperatura máxima y mínima en un lugar dado. Sin embargo de que el solsticio de verano es la época en que mayor es la accion calórica del Sol, no es entonces cuando experimentamos los mayores calores del año, ni en el solsticio de invierno los mayores frios; del mismo modo que la máxima temperatura diaria no se verifica á medio dia, que es cuando llega el Sol á su mayor altura, sino dos ó tres horas despues.

Esto sucede, en razon á que los cuerpos tardan cierto tiempo en absorber la calor y en desprenderse luego por radiacion de la que recibieron poco á poco. Así es que en el verano vá aumentando la temperatura del terreno, porque cada dia añade una nueva cantidad á la que antes tenia y conservaba de los dias anteriores, y como quiera que la cantidad de calor que se asimila es mayor que la que se pierde por radiacion, sigue aumentando dicha temperatura del terreno hasta cerca de un mes despues del solsticio, que es cuando se experimentan las mayores calores. Sucede despues que la radiacion es mayor que la absorcion diaria de calor, el Sol no llega á tanta altura, disminuyen los dias y aumentan las noches y la Tierra por lo tanto se vá enfriando, hasta que por causas análogas á las anteriores tiene lugar la mínima temperatura como un mes despues del solsticio de invierno.

333. La marcha anual y regular de las temperaturas en el globo sufre á veces grandes modificaciones por causas que no están bajo el dominio de la astronomía y cuyo estudio pertenece á la *meteorología*. Tales son: la elevacion de los lugares sobre el nivel del mar, la regularidad y constancia con que soplan los vientos, la proximidad á cordilleras de montañas, la vegetacion, la distribucion de los continentes y de los mares y las corrientes marinas que unas veces vienen de las regiones polares y otras de las ecuatoriales.

334. Climas en las diversas zonas. En la zona tórrida ó tropical la altura meridiana del Sol es más elevada todo el año, variando entre 90° y 46°..56′; los calores son excesivos y en general puede decirse que no existe invierno ni verano, sino una estacion de lluvias y otra seca.

En las zonas templadas es mucho mayor la diferencia entre las estaciones, en atencion á que las alturas meridianas del Sol son mucho mayores en verano que en invierno, y por lo tanto son muy distintas las duraciones de los dias artificiales, diferencias que se hacen más notables á medida que los lugares están más cerca de los círculos polares.

Por último, en las zonas glaciales, aun durante el verano, son excesivos los frios; pues si bien es verdad que el Sol no se pone durante uno ó más dias, en cambio su altura es pequeña y sus rayos son muy oblícuos, lo cual compensa la duracion del dia artificial.

335. Influencia que ejerce la oblicuidad de la eclíptica sobre los climas y estaciones. Si no existiese la oblicuidad de la eclíptica, esto es, si este círculo se confundiese con el ecuador, serian los dias iguales á las noches durante todo el año, desaparecerian las estaciones y seria siempre uniforme la distribucion del calor solar en los diferentes lugares del globo.

Las regiones ecuatoriales tendrian un verano perpétuo, más abrasador aún que el que tienen en la actualidad; en las zonas templadas habria una primavera eterna y en las regiones polares reinaria constantemente un invierno crudísimo. En este caso se halla próximamente Júpiter.

Si por el contrario la oblicuidad de la eclíptica fuese de 90°, es decir, si el eje de la Tierra estuviese en el plano de la eclíptica, serian enormes las desigualdades de los dias, de las estaciones y de los climas, y puede decirse que la Tierra seria inhabitable. Tal es el caso en que se encuentra próximamente Venus, si como se cree la oblicuidad del plano de su órbita con el ecuador es de 73°.

336. Para completar estas nociones damos á continuacion un cuadro de las temperaturas, escala del centígrado, observadas en varios lugares, de las cuales las referentes á localidades de la Península Ibérica, las hemos extractado del Anuario del Observatorio de Madrid y resultan del promedio de cuatro años de observaciones; y las demás de las tablas de Mahlmanm, publicadas por Humboldt.

LOCALIDADES.	Latitudes.	TEMPERATURA MEDIA EN EL					TEMPERATURA	
		Año.	Inviern.	Primav.	Verano.	Otoño.	Máxima	Mínima
San Fernando.	36°28′N	17°,8	12°,5	17°,0	22°,8	18°,5	36°,6	0°,9
Sevilla.......	37. 23	19,2	11,4	18,2	27,5	20,6	44,8	— 1,2
Tarifa........	36. 00	17,5	12.8	16,7	23,1	17,7	34,3	0,6
Gibraltar......	36. 7	18,2	13,8	17,3	22,7	17,8	33,6	1,7
Alicante......	38. 21	18,4	12,4	17,5	25,2	18,6	41,5	— 2,5
Valencia.......	39. 28	17,5	11,6	16,2	24,2	18,8	39,5	— 1,5
Barcelona .	41. 22	17,3	10,9	15,3	24,4	17,5	32,6	— 1,0
Palma........	39. 53	18,4	11,3	16,5	25,3	19,8	36,8	1,8
Bilbao........	43. 15	16,2	9,8	14,6	19,8	14,8	38,6	— 3,9
Coruña.......	43. 22	15.0	10,5	13.5	20,6	15,5	....	.....
Madrid.......	40. 24	13,5	5,5	12.6	23,5	13,8	38,5	— 8,5
Zaragoza......	41. 38	15,5	7,5	15,4	24,0	15,4	41,0	— 6,2
Búrgos........	42. 20	11,0	3,4	10,5	17,4	11,5	34,2	— 9,8
Valladolid	41. 39	11,2	4,2	10,1	18,6	12,3	36,5	—11,0
Lisboa........	38. 42	15,5	10,5	14,5	20,5	16,7	34,0	1,5
Oporto.......	41. 09	16,5	11,2	15,4	21,6	17,0	34,1	1,1
Sta. Cruz de Tenerife.......	28. 28	21,9	18,1	21,3	24,9	23,4	33,2	7,5
Laguna (Tener.ᵃ)	28. 30	17,1	13,6	15,4	20,0	18,9	32,6	2,9
Las Palmas (Canarias.......	28. 0	21,8	18,0	19,4	23,8	16,2	35,4	5,8
Paris	48. 50	10,8	3,3	10,3	18,1	11,2	28,9	—10,8
Burdeos......	44. 50	13.9	6,1	13,4	21,7	14,4	32,9	— 8,0
Marsella.......	43. 18	14,1	6,9	12,9	21,4	14,7	32,8	— 2,1
Londres ...	51 31	10,4	4,2	9,5	17,1	10,7	27,8	—13,0
Dublin........	53. 23	9,5	4,6	8,4	15,3	9,8	26,0	—14,3
Plymouth.....	50. 22	11,1	6,9	10,1	16,0	11,7	26 6	—14,9
Hamburgo	53. 33	8,6	0,3	8,0	17,0	8,8	27,5	—11,3
Isla Melville	74. 47	—18,7	33,5	—19,5	2,8	—18,0	5,8	—35,8
S.ⁿ Petersburgo	59. 56	3,5	— 8,4	1,7	15,7	4,7	26,9	—20,3
Venecia......	45. 26	13,7	3,3	12,6	22,8	13,3	33,9	— 9,8
Trieste	45. 39	13,2	4,1	12,1	21,9	13,7	32,6	— 6,5
Roma........	41. 54	15,4	8,1	14,1	22,9	16,5	33 9	— 3,2
Nápoles......	40. 51	16,4	9,8	15,2	23,8	16,8	34,5	— 2,1
Constantinopla.	41 00	13,7	4,8	11,0	23,0	15,8	....	.....
Habana......	23. 09	25,0	22,6	24,6	27,4	25,6	41,2	12,6
Matanzas......	23. 02	25 5	22,5	25 8	27,6	26,2	39,8	11,5
Veracruz.. ...	19. 12	25,0	21,5	25,0	26,0	27,5	40,9	11,6
Nueva Orleans.	29. 58	19,4	11,8	18,9	26,5	20,4	38,6	1,4
Buenos Aires.	34. 37	16,9	11,4	15,2	22,8	18,1	33,8	1,0
Rio Janeiro...	22. 55 S	23,1	20,3	22,5	26,1	23,6	39,0	11,3
Cabo de Buena Esperanza...	33. 55	19,1	14,8	18,6	23,4	19,4	34,2	— 1,3
Macao........	22. 11 N	22,5	16,4	21,1	28,3	24,1	38,9	4,5
Singapor......	1. 17	26,5	25.9	26,9	27,1	26,7	39,8	15,6
Calcuta.......	22. 35	28,5	19,9	28,1	28,5	26,1	42,8	8,4
Bombay.....	18. 56	26,0	23,2	27,2	28,1	27,3	40,3	12,4
Madras.......	13. 04	27,8	24,8	28,6	30,2	27,5	45,6	14,2

337. Determinacion de la fecha en que se verifican las estaciones. Hemos visto que cada estacion empieza en el instante de verse el Sol en el punto equinoccial ó solsticial que lleva el nombre de la estacion.

Así en nuestro hemisferio la primavera empieza hácia el 21 de Marzo cuando el Sol se vé en el punto equinoccial de ♈, y por lo tanto será cero su declinacion, Æ y longitud. Desde entonces aumentan los valores hasta el 21 de Junio en que empieza el verano; la declinacion del Sol es la máxima Norte, su longitud 90° y la Æ 6^h; la declinacion empieza á disminuir desde esta fecha hasta el 23 de Setiembre en que es cero, la longitud es 180°, la Æ 12^h y empieza el otoño. Aumenta la declinacion del Sol, de especie Sur, hasta el 22 de Diciembre que es la máxima, la longitud es de 270°, la Æ de 18^h y empieza el invierno; desde entonces empieza á disminuir la declinacion, aumentando siempre la longitud y Æ, hasta el 21 de Marzo en que vuelve á ser cero dicha declinacion, la longitud 360° y la Æ 24^h, ó sean 0° y 0^h.

338. En atencion á que el tiempo sidéreo es la Æ del ☉ á medio dia verdadero, tendremos que al ser medio dia en el equinoccio de primavera, un péndulo sidéreo deberá señalar las 0^h, puesto que en dicho dia pasan juntos por el meridiano el ☉ y el punto de ♈; luego dicho péndulo deberá señalar al ser medio dia las 6^h en el solsticio de verano, las 12^h en el equinoccio de otoño y las 18^h en el solsticio de invierno.

Es decir, que durante la primavera la hora del péndulo sidéreo al ser medio dia, estará comprendida entre 0^h y 6^h; en el verano entre 6^h y 12^h; en el otoño entre 12^h y 18^h y en el invierno entre 18^h y 24^h. Este razonamiento nos pone en aptitud de decir de memoria fácilmente el T_s correspondiente á cada medio dia del año, con una aproximacion de media hora ó ménos quizás, puesto que adelantando el péndulo sidéreo como una hora cada 15 dias, le corresponden 20^m á cada 5 dias de intervalo.

339. Es evidente que para determinar la época del año en que principia cada estacion, veremos por medio del *Almanaque Náutico* el mes, dia y hora en que la longitud del ☉ es 0°, 90°, 180° ó 270°, segun que se trate de hallar el principio de la primavera, del verano, del otoño ó del invierno.

Si deseamos calcular por ejemplo el principio del verano en el año de 1871, tenemos que el *Almanaque Náutico* nos dá:

el 21 de Junio longitud ☉ = 89°.. 37'.. 51"7 su complemento á 90° = 22'.. 08",3
el 22 de „ „ „ = 90 .. 35 .. 06 8

Diferencia en 24^h = 57'.. 15"1 luego variacion horaria = 2'.. 23",1

por lo tanto, dividiendo 22'.. 08",3 por 2'.. 23",1, variacion que corresponde á una hora, nos resultan 9^h.. 17^m, esto es, que en 1871 empezó el verano para los habitantes del hemisferio boreal, el 21 de Junio á 9^h.. 17^m.

En efecto, empieza el verano cuando la longitud del ☉ es 90°, y como esto tiene lugar entre los dias 21 y 22, hallando por promedio la hora en que el Sol tiene dichos 90° de longitud, tendremos la época pedida.

340. Orígen de la desigualdad de las estaciones. Considerando que cada estacion comprende una longitud de 90°, parece á primera vista que deberian ser de igual duracion; sin embargo no es así, puesto que:

La primavera dura	$= 92^d,9$	El otoño dura	$= 89^d,7$	
El verano „	$= 93,6$	El invierno „	$= 89,0$	
Primavera y verano „	$= 186,5$	Otoño é invierno „	$= 178,7$	Dif.ª $= 7^d,8$.

Vemos que el verano es la estacion mayor, el invierno la más corta y la primavera mayor que el otoño. La causa de esta desigualdad es debida á la forma elíptica de la órbita terrestre y á la posicion que ocupa el eje mayor con respecto á las líneas de los equinoccios y solsticios.

Para convencerse de esta verdad basta fijar la vista en la (Fig. 39), en la cual vemos que hallándose el Sol en el focus S, el perihelio corresponde al invierno y la Tierra recorrerá con más rapidez los 90° comprendidos entre ♑ y ♈ que los comprendidos entre ♋ y ♎; y además como el sector elíptico del invierno tiene menor área que el del verano, debe ser recorrido en ménos tiempo con arreglo á la 2.ª ley de Keplero.

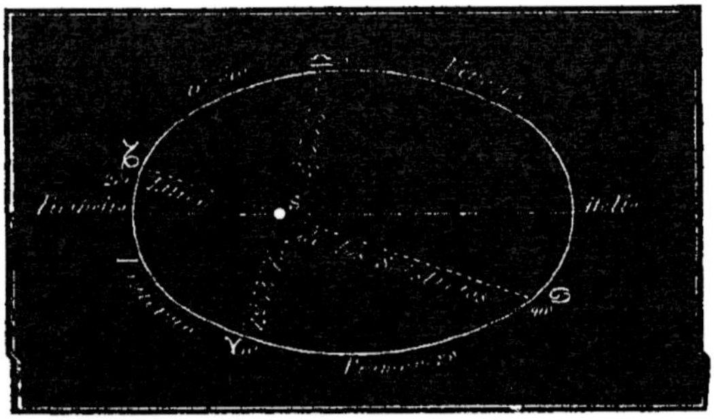

(Fig. 39)

En nuestro hemisferio, la primavera y el verano juntos duran unos 8 dias más que el otoño y el invierno: lo contrario sucede en el hemisferio austral, pues sabemos que el verano en el austral corresponde á nuestro invierno, el otoño á nuestra primavera y nuestros dias más largos á los más cortos de nuestros antípodas; de donde resulta que el hemisferio boreal recibe más calor que el austral, desigualdad que desapareceria si fuese circular la órbita terrestre.

---

341. De los años. Al tiempo que emplea la Tierra en hacer una revolucion alrededor del Sol, se le dá el nombre de año, el cual tiene diferentes denominaciones, segun el punto que le sirve de orígen.

Año trópico es el intervalo que média entre dos pasos sucesivos del Sol por el mismo equinoccio, y como este punto no está fijo ni se mueve uniformemente, sino que está sujeto á alteraciones periódicas, el año trópico es variable.

Su duracion média es de $365^d..05^h..48^m..50^s$, y en fraccion decimal, 365,24221679 dias medios solares.

En efecto, las perturbaciones producidas por la Luna y los planetas determinan variaciones periódicas que hacen que la duracion del año no llegue á tener exactamente dicho valor. Tambien la variacion que sufre la oblicuidad de la eclíptica y la precesion de los equinoccios disminuyen el año insensiblemente, tanto que hoy es como 12^s más corto que en tiempo de Hiparco hace más de 2.000 años.

342. Año sidéreo. Considerando una estrella situada en un punto de la eclíptica, se llama año sidéreo el período que média siempre entre dos pasos sucesivos del Sol por dicha estrella.

El año sidéreo es algo mayor que el trópico, en atencion á la precesion de los equinoccios, por la cual, como sabemos, los puntos equinocciales tienen un movimiento ánuo de 50″,2 en sentido opuesto al movimiento aparente del Sol, por lo que el año trópico es menor que el sidéreo en el tiempo que emplea el Sol en recorrer dichos 50″,2.

Para determinar el número de dias medios que emplea el Sol en volver á un mismo *punto del cielo*, admitiendo que su movimiento en la eclíptica sea uniforme en un pequeño intervalo, diremos que si el Sol tarda 365,24221679 dias medios en recorrer en longitud 360°— 50″, 2 ó sea un año trópico, en recorrer 360° empleará 365^d.. 06^h.. 09^m.. 10^s,1.

Si queremos expresar el valor del año trópico en dias sidéreos medios, tendremos presente que una estrella pasa por el meridiano una vez más que el Sol mientras este hace una revolucion, luego tendremos:

1 año trópico = 365,24221679 dias medios.
1 „ „ = 366,24221679 dias sidéreos.

El año sidéreo sirve para medir la revolucion ánua de la Tierra y á él se aplican las leyes de Keplero.

343. Año anomalístico es el tiempo que média entre dos pasos sucesivos de la Tierra por el perihelio.

El año anomalístico es mayor que el sidéreo, toda vez que la línea de los ápsides tiene un movimiento propio anual de 11″,66 en el mismo sentido que el movimiento de traslacion de la Tierra, de donde

Año anomalístico medio = 365^d.. 06^h.. 13^m.. 50^s.

344. Año civil. Siendo muy conveniente para los usos de la sociedad que el año conste de un número cabal de dias, se ha adoptado el año civil que consta de 365 si es *comun* y de 366 dias si es bisiesto.

Cuatrenio es el intervalo de cuatro años, de los cuales tres son comunes y uno bisiesto.

Las subdivisiones del tiempo son: el siglo que consta de 100 años, el año que se divide en 12 meses que tienen 30 ó 31 dias, escepto Febrero que consta de 28 dias en los años comunes y 29 en los bisiestos.(*) Divídese tambien el año en 52 semanas y un dia si es comun y en 52 semanas y 2 dias si es bisiesto. (†)

(*) Los siguientes versos, muy populares por cierto, nos indican los dias que tiene cada mes:

Treinta dias trae Noviembre,
con Abril, Junio y Setiembre;
veinte y ocho tiene uno,
y los demás treinta y uno.

(†) La semana trae su orígen del período de los siete dias de la Creacion de que nos habla el *Génesis* y estaba admitida entre los caldeos, egipcios y árabes, aunque era desconocida de los griegos y romanos. Los dias de la semana conservan aún los nombres paganos de los primeros tiempos de la astrología, y se derivan de los siete planetas conocidos de los antiguos, comprendiendo en este número al Sol y á la Luna; á cada uno de ellos consagraban un dia, y así han dado orígen

	Sol,	*Luna,*	*Marte,*	*Mercurio,*	*Júpiter,*	*Venus,* y	*Saturno,*
al	Domingo.	Lunes.	Martes.	Miércoles.	Jueves.	Viernes.	Sábado.

345. Reforma Juliana. En tiempo de Julio César era tal el desórden que existia en el Calendario, debido á la ignorancia y malicia de los pontífices encargados de la cuenta del tiempo, que el año civil tenia una diferencia de 90 dias con el año trópico; los meses habian cambiado de estaciones de tal modo, que en la primavera se celebraban las fiestas de otoño, y las del verano en invierno.

Para cortar este desórden y armonizar el año civil con el trópico, consultó Julio César á Sosígenes, célebre astrónomo egipcio, y se estableció definitivamente la duracion del año en $365\frac{1}{4}$ dias; y para que constasen de un número cabal de dias, se decidió que el año comun constase de 365, y á cada cuatro años se intercaló uno de 366 dias. Al año en que se verificó esta reforma hubo que agregarle 90 dias, para que estuviesen de acuerdo los meses con las estaciones: constó por lo tanto de 15 meses y se le llamó *año de confusiones*. Esta importante reforma se verificó el año 45 antes de Jesucristo. (*)

Julio César fijó como Numa, el principio del año en el 1.° de Enero, y asignó á los meses la denominacion que hoy tienen.

346. Correccion Gregoriana. Si la revolucion trópica del Sol se verificase en $365\frac{1}{4}$ dias, como supuso Julio César, es evidente que siguiendo su reforma se lograria que cada cuatro años empezasen las estaciones á las mismas horas. Pero, como el año consta de $365^d..5^h..48^m..50^s$, resultaban aumentados los años del Calendario romano en $11^m..10^s$, los cuales producen un error de $44^m..40^s$ cada cuatro años; luego siguiendo tal sistema, al cabo de 400 años se anticiparian las estaciones $3^d..2^h..27^m$ si no se enmendase la cuenta omitiendo tres bisiestos cada 400 años.

Por esta razon los errores del Calendario romano, acumulándose con el tiempo, produjeron una diferencia de consideracion; y el año de 1500 de nuestra era pasaba el Sol por el equinoccio el 10 de Marzo en vez del 20. Los PP. del Concilio de *Trento* recomendaron al Papa la necesidad de reformar de nuevo el Calendario, y en su consecuencia Gregorio XIII verificó dicha reforma en 1582, que se denominó *Correccion Gregoriana*, y por la cual se dispuso:

1.° Suprimirle diez dias al mes de Octubre de 1582, cantidad en que estaban adelantadas las estaciones, y así el dia siguiente al 4 de Octubre se llamó 15 de Octubre.

2.° Que se suprimiesen tres años bisiestos cada 400 años, y que estos tres bisiestos fuesen los años principio de siglo, cuyas centenas y millares no fuesen divisibles por 4; razon por la cual se ha hecho comun el año de 1800, que debió haber sido bisiesto; otro tanto se hará con el 1900, pero el año 2000 será bisiesto.

Tal es el Calendario que seguimos en la actualidad.

La Correccion Gregoriana no hace aún la duracion del año igual á la revolucion trópica del Sol, pero es tan pequeña la diferencia, que sólo con el trascurso de 3600 años resultará un dia de error, lo cual se remediará fácilmente suprimiendo un bisiesto cada 4000 años.

347. Aceptacion de la reforma Gregoriana. Todas las naciones cristianas de Europa han adoptado la reforma Gregoriana, á escepcion de los rusos y griegos cismáticos, que son los únicos que se rigen aún por el *Calendario Juliano*.

Como en 1582 habia diez dias de diferencia entre la fecha expresada segun el Calendario Juliano y el Gregoriano, y como este último habia hecho comunes los años de 1700 y 1800 que el Juliano habia contado como bisiestos, resulta pues que en la actualidad el Calendario Gregoriano está adelantado doce dias sobre el Juliano, y así el 15 de Enero de 1871 de los rusos es para nosotros el 27 de Enero de 1871.

Para que sea comprendida de las demás naciones, cuando se cita una fecha rusa, se escribe debajo de ella la Gregoriana del siguiente modo: $\frac{15}{27}$ de Enero 1871.

(*) Despues que Julio César hubo reformado el Calendario, Marco Antonio que era Consul entonces, hizo decretar que el mes *quintilis*, en el cual habia nacido César, tomase el nombre de *Julius*, Julio, para perpetuar la memoria de tan benéfica reforma. Más tarde el Senado de Roma decidió que en conmemoracion de los grandes servicios prestados por Augusto en el mes *sextilis*, llevase el nombre de *Augustus*, Agosto. Tiberio, Claudio Neron y Domiciano intentaron inscribir sus nombres en el Calendario, pero felizmente la humanidad no ha sufrido semejante ignominia.

348. Era, es el instante de un acaecimiento notable, desde el cual se empiezan á contar los años. (*)

El primer año de nuestra era, que fué aquel en que tuvo lugar el nacimiento de Jesus, fué primero despues de bisiesto.

349. Por lo tanto, dividiendo un año cualquiera de nuestra era, por 4, se dirá que es bisiesto 1.º, 2.º ó 3.º despues de bisiesto, segun que el resíduo sea 0, 1, 2 ó 3; y como las centenas y millares son divisibles exactamente por 4, bastará dividir por dicha cantidad las decenas y unidades solamente.

Por ejemplo, las decenas y unidades del año de 1864 son 64, que divididas por 4 dan de resíduo cero, luego dicho año fué bisiesto: las del 1871 son 71, y $\frac{71}{4}$ dá 3 de resíduo, luego fué 3.º despues de bisiesto.

Esceptúanse de esta regla los años seculares, cuyas cifras significativas no son divisibles exactamente por cuatro.

Por ejemplo, las cifras significativas del año de 1900 son 19, y como no son divisibles por 4, este año que deberia ser bisiesto se hace comun: en el año 2400, como 24 es divible por 4, será bisiesto.

Fundándose en lo expuesto, se podrán resolver los problemas siguientes:

350. Problema I. Hallar el número de bisiestos que han mediado entre dos años A y P del mismo siglo.

Divídanse los años propuestos por 4, y la diferencia de los cocientes, sin atender á los resíduos, nos dará la cantidad pedida.

Sea $A = 1855$ y $P = 1867$ y tendremos: $\frac{55}{4} = 13$ y $\frac{67}{4} = 16$, de donde $16 - 13 = 3$.

Por lo tanto, han mediado tres años bisiestos entre 1855 y 1867.

351. Problema II. Determinar la correccion que debe aplicársele á la hora de un año de este siglo, para obtener la hora correspondiente de un año anterior del mismo siglo, ó sea la hora en que el Sol se hallaba en la misma longitud.

Llamando A al año anterior, P al año presente, n al número de años que han mediado entre ellos, b al de bisiestos y c á la correccion, será:

$$c = -n(5^h,814) + 24^h \times b \qquad \ldots\ldots \qquad [\ 1\ ]$$

Esta correccion sumada algebráicamente con la hora reducida del observador en el año presente, nos dará la hora correspondiente del año anterior en el meridiano del *Almanaque*.

Demostracion. Sea h_a la hora del año anterior A; y h_p la hora del año presente P, tendremos:

$$h_a = h_p + c \qquad \ldots\ldots\ldots\ldots \qquad [\ \alpha\ ]$$

(*) Grande es la incertidumbre que reina acerca del orígen de la mayor parte de las eras, y entre todas la ménos conocida es la *era de la Creacion*. El P. Riccioli solamente, en su *Cronología reformada*, ha reunido más de 70 hipótesis distintas acerca de la edad del mundo. Para dar una idea de la divergencia de opiniones, diremos que segun el P. Petavio tuvo lugar la Creacion 3984 antes de J. C., y segun San Clemente de Alejandría 5624 años, ó sean más de 16 siglos antes que en la primera hipótesis.

Suponiendo que el 21 de Marzo de un año cualquiera á 0^h, la longitud del Sol sea $0°$, resultará que al año siguiente será otra vez cero á las $5^h..48^m..50^s$, por ser este el exceso del año trópico sobre el civil; luego la hora del año siguiente correspondiente á 0^h del anterior,

será: $h_p = 0^h + (5^h..48^m..50^s)$

y á una hora cualquiera del ant.^r h_a, $h_p = h_a + (5^h..48^m..50^s)$

á los 3 años, por ejemplo, será: $h_p = h_a + 3\,(5^h..48^m..50^s)$

y á los n años $h_P = h_a + n\,(5^h..48^m..50^s)$

Teniendo en consideracion los años bisiestos b, que han mediado entre A y P, deberemos restar de la ecuacion anterior las horas que componen estos, que pueden representarse por $24^h \times b$,

luego será: $h_p = h_a + n\,(5^h..48^m..50^s) - 24^h \times b$.

Sustituyendo h_p en la ecuacion (α) por su equivalente, despejando c, y poniendo en vez de $5^h..48^m..50^s$ su equivalente en decimales $5^h,814$ para mayor facilidad en las operaciones numéricas, tendremos:

$$-n\,(5^h,814) + 24^h \times b = c,$$

que es lo que se trataba de demostrar.

352. Hay que advertir, que si el dia á que corresponde la hora presente que se quiere corregir es anterior al 28 de Febrero y el año A es bisiesto, se le *sumará* una unidad á b; y si P fuese bisiesto en vez de A, se le *restará* una unidad á b; por lo tanto, nada habrá que sumar ni restar á b, si A y P fuesen ambos bisiestos.

353. Si un navegante carece del *Almanaque Náutico* del año actual y tiene el de otro año del mismo siglo, puede servirse de este para determinar la *longitud*, *ascension recta*, *declinacion del Sol y la ecuacion de tiempo*, sumándole algebráicamente á su hora reducida la correccion determinada por medio del problema anterior, y hallando para la hora que resulte los elementos que se desee de los mencionados.

EJEMPLO I. Sea A = 1865. P = 1874. Será $n = 9$ y $b = 2$,
y tendremos $c = -9(5^h,814) + 24^h \times 2 = -4^h..20^m$.

Luego restando $4^h..20^m$ á las horas reducidas de 1874, se obtendrán sus correspondientes en 1865.

EJEMPLO II. Sea A = 1853. P = 1870. Será $n = 13$ y $b = 4$,
y tendremos $c = -13\,(5^h,814) + 24^h \times 4 = +20^h..25^m$.

Esto es, que sumando $20^h..25^m$ á las horas reducidas de 1870, resultarán las correspondientes en 1853.

CAPÍTULO VIII.

DE LAS ESTRELLAS.

354. Sabemos que las estrellas son los astros que parecen conservar en el cielo las mismas posiciones relativas, que brillan con luz propia, y que deben ser otros tantos soles semejantes al nuestro. Su número es tan considerable, que podemos contarlas por centenas de millones.

A pesar de que los planetas aparecen en el cielo como puntos luminosos semejantes á las estrellas, no se confunden sin embargo con ellas, siendo muy fácil distinguirlos como veremos más adelante.

355. Catálogos de Estrellas. Llámanse así, á unas colecciones de tablas que contienen las Æ y declinaciones de todas las estrellas observadas, y demás elementos necesarios para distinguirlas unas de otras y conocer su posicion en el cielo.

El Catálogo más antiguo que se conoce es el de Hiparco, que contenia 1026 estrellas, y fué insertado por Ptolomeo en su *Almagesto*. Los más célebres entre los modernos son el de Flamsteed, fundado en las observaciones hechas desde 1789 á 1800 y que contiene 2866 estrellas; y el de Lalande, publicado bajo el título de *Historia celeste*, y que contiene 47.390 estrellas.

356. Globos y Cartas celestes. El estudio de los Catálogos no nos enseña á conocer las estrellas á primera vista, y por esto se emplean como auxiliares los globos celestes, en los cuales están situadas todas las estrellas principales, segun su Æ y declinacion; pero atendiendo á que para manifestar de una manera distinta las posiciones relativas de las estrellas, seria necesario construir estos globos de dimensiones colosales, se ha recurrido á las *Cartas celestes*, en las cuales se representan todas las constelaciones y estrellas segun su magnitud y en sus posiciones verdaderas.

La (Lám. VII) representa un planisferio celeste en el cual están contenidas las principales estrellas del hemisferio boreal y las situadas hasta unos 20° de declinacion Sur. El círculo terminador dividido en 24^h, sirve para contar en él la Æ y en el máximo de ascension graduado, las declinaciones. Las estrellas situadas dentro del círculo menor, concéntrico al ecuador, son aquellas que nunca se ponen en el horizonte de Cádiz. (*)

357. Clasificacion en magnitudes. Las estrellas se dividen segun el mayor ó menor brillo que presentan, en varias secciones llamadas

(*) Entre las Cartas celestes más acreditadas figura el atlas de Flamsteed, publicado en 1729, y las 24 Cartas de la Academia de Berlin que contienen las observaciones de *Bessel*.

magnitudes. Pertenecen á las de primera magnitud las más brillantes, y así sucesivamente hasta las de 6.ª que apenas se distinguen á simple vista. Existe además un número grandísimo de estrellas que sólo se ven con el auxilio de poderosos telescopios, y que por esta razon se les llaman *telescópicas*, las cuales están divididas en otras diez magnitudes; esto es, desde la 7.ª hasta la 16.ª

La palabra magnitud no se refiere á la dimension efectiva de la estrella, sino á la apariencia con que se nos presenta. Así una estrella de 1.ª magnitud podrá ser en realidad mucho más pequeña que otra de 6.ª, siendo la causa de que nos parezca mayor, por efecto de su brillo, el estar situada más cerca de nosotros.

(Fig. 40)

EXTREMO DE LA CONSTELACION DE GÉMINIS, A SIMPLE VISTA.

(Fig 41)

EXTREMO DE LA CONSTELACION DE GÉMINIS, VISTO CON EL TELESCOPIO.

Atendiendo á que la clasificacion de las estrellas es puramente arbitraria, nada tiene de extraño que algunos astrónomos llamen de 1.ª magnitud, por ejemplo, á las que otros consideran ser de 2.ª

358. Todos convienen en que se distinguen de 15 á 20 estrellas de 1.ª magnitud; 50 á 60 de 2.ª; como 300 de 3.ª, y así sucesivamente.(*) En las Cartas más acreditadas se representan cuando ménos 17 estrellas de 1.ª magnitud en ambos hemisferios; por nuestra parte, ateniéndonos como debemos á nuestro *Almanaque Náutico*, fijaremos definitivamente este número en las 20 siguientes:

α Andromedæ, *Alpherat* ó *Sirrach.*	α Leonis ó *Regulus.*
α Eridani ó *Achernar.*	α Crucis.
α Tauri ó *Aldebaran.*	α Virginis ó *Spica.*
α Aurigæ ó *Capella.*	β Centauri.
β Orionis ó *Rigel.*	α Bootis ó *Arcturus.*
α Orionis ó *Betelguese.*	α Centauri.
α Argus ó *Canupus.*	α Scorpii ó *Antares.*
α Canis mayoris ó *Sirius.*	α Lyræ ó *Vega.*
α Canis minoris ó *Procyon.*	α Cygni.
β Argus.	α Piscis austrini ó *Fomalhaut.*

359. Constelaciones. Para metodizar el estudio de las estrellas se dividen en varios grupos distintos que se llaman *constelaciones* ó *asterismos*, á los cuales se les han asignado nombres caprichosos tomados de la mitología, de la historia, ó bien de animales y objetos diversos; y por regla general, la disposicion de las estrellas de cada grupo no tiene semejanza alguna con el objeto cuyo nombre llevan. Entre otros nombres de constelaciones tenemos el Dragon, la Lira, Perseo, el Triángulo, el Sextante, &c.(†)

Conocida la constelacion á que pertenece una estrella, sabemos ya la parte del cielo en que se halla, y para distinguirla de las demás del mismo grupo, se ha convenido en designarlas con las letras del alfabeto griego α, β, γ, δ, &c., distinguiendo por α á la más brillante,

---

(*) Siguiendo la opinion de Argelander, que en su *Uranometría* nos dá un catálogo de 3256 estrellas, visibles á la simple vista, resulta que el número total de estas en ambos hemisferios y comprendidas entre la 1.ª y 6.ª magnitud, puede evaluarse en 4684 distribuidas del modo siguiente:

18 estrellas de 1.ª magnitud.	428 estrellas de 4.ª magnitud.
68 „ de 2.ª „	1100 „ de 5.ª „
192 „ de 3.ª „	2878 „ de 6.ª „

El número de estrellas que se consideran en cada magnitud aumenta notablemente á medida que es mayor el número de órden de la misma; basta decir que se cuentan como:

13,000 de 7.ª; 40,000 de 8.ª; 140,000 de 9.ª; &c.

(†) El orígen de las constelaciones es muy antiguo. *Hesiodo*, que vivió como 900 años antes de J. C., cita á las Pleyadas, á Orion, &c., y Homero habla tambien de estas constelaciones en la descripcion del escudo de Aquiles. La noticia más antigua de las constelaciones se encuentra en el libro de *Job*, ó sea en los tiempos de Moisés, que murió 1451 años antes de nuestra era.

por β á la que le sigue, y así sucesivamente. Tambien se designan con las letras mayúsculas del alfabeto romano A, B, C, D, &c., y por el número de órden que tienen asignado en algun catálogo conocido.

Ponemos á continuacion las letras del alfabeto griego con su pronunciacion castellana, en atencion á que su conocimiento es necesario para el estudio de las estrellas, especialmente el de las diez primeras letras minúsculas, pues con ellas se distinguen las principales estrellas de que se hace uso en la astronomía náutica.

FIGURAS. Mayúsculas.	Minúsculas.	NOMBRE españolizado.	FIGURAS. Mayúsculas.	Minúsculas.	NOMBRE españolizado.
Α	α	*Alfa.*	Ν	ν	*Nu.*
Β	β ϐ	*Beta.*	Ξ	ξ	*Csí.*
Γ	γ	*Gamma.*	Ο	ο	*Omicron.*
Δ	δ	*Delta.*	Π	π	*Pí.*
Ε	ε	*Epsilon.*	Ρ	ρ	*Ro.*
Ζ	ζ	*Zeta.*	Σ	σ ς	*Sigma.*
Η	η	*Eta.*	Τ	τ	*Tau.*
Θ	θ	*Tita.*	Υ	υ	*Upsilon.*
Ι	ι	*Iota.*	Φ	φ	*Fi.*
Κ	κ	*Cappa.*	Χ	χ	*Yi.*
Λ	λ	*Lambda.*	Ψ	ψ	*Psí.*
Μ	μ	*Mu.*	Ω	ω	*Omega.*

360. Hay sin embargo muchas estrellas que conservando siempre la letra griega que les corresponde, se distinguen con nombres particulares, tales como la *Espiga de Virgo*, ó sea α Virginis, *Aldebaran* ó sea α Tauro, *Vega* ó sea α Lira, y el *Cinturon de Orion* que son δ, ε y ξ de Orion.

361. La esfera celeste está dividida en 117 constelaciones; 63 en el hemisferio boreal y 54 en el austral.

362. Centelleo y color de las estrellas. Al observar á simple vista las estrellas más brillantes, se advierte cierta agitacion en su luz que se llama *centelleo*, en virtud del cual nos parece que su brillo se amortigua y reanima alternativamente.

La luz de las estrellas es generalmente blanca; pero hay algunas que tienen otro color muy marcado, aun observándolas á simple vista. Citaremos entre estas á *Aldebaran*, *Antares*, *Pollux* y α *Orion*, que son rojizas, y á la *Cabra* y *Altair* que son amarillentas. Entre las estrellas de poco brillo hay algunas tambien que tienen un suave color verde y azulado. (*)

363. Del movimiento de las estrellas. Careciendo los antiguos astró-

---

(*) Arago atribuye estos fenómenos á interferencias que se producen en el movimiento vibratorio del éter, en razon á los *retardos* diferentes que sufren los siete rayos de luz emanados de la estrella al atravesar capas atmosféricas sometidas á cambios contínuos producidos por la temperatura, presion y grado de humedad del aire.

El centelleo se hace más notable cuando la atmósfera se carga de humedad despues de un largo período de tiempo seco.

nomos de instrumentos que tuvieran el grado de perfeccion que hoy los distingue, no pudieron observar el movimiento imperceptible á nuestra vista de las estrellas, y por esta razon les dieron el nombre de *fijas*, en oposicion á los astros errantes, tales como los planetas y cometas que veian atravesar sucesivamente las constelaciones.

Desde que los maravillosos progresos hechos en la óptica y en la graduacion de los instrumentos han permitido determinar la posicion de los astros con una exactitud casi matemática, podemos decir que no hay cuerpo alguno en el espacio que permanezca en reposo.

En efecto, comparando las Æ y declinaciones de las estrellas, determinadas con la mayor exactitud desde 1718, ha resultado que estas cantidades no son constantes y que los movimientos de las estrellas no se efectúan en línea recta ni en la misma direccion y que sus velocidades respectivas son diferentes.

364. Dichos movimientos son sumamente lentos y sólo se determinan comparando observaciones muy exactas efectuadas en épocas convenientemente lejanas unas de otras. Para dar una idea indicaremos los movimientos propios de algunas estrellas determinados con la mayor precision.

Nombre de las estrellas.	*Magnitud.*	*Valor de sus movimientos anuales.*
La 61 del Cisne	5.ª á 6.ª	5″, 123
α de Centauro..	1.ª	3, 580
Sirio..........	1.ª	1, 234

En atencion á la gran distancia á que se hallan las estrellas, de que nos ocuparemos más adelante, y á sus movimientos propios, podemos suponer que la velocidad con que se mueven estos astros es la siguiente:

Nombre de las estrellas.	*Velocidad en un segundo de tiempo.*
	leguas.
Arcturo...............	21, 34
61 del Cisne..........	19, 90
Sirio.................	9, 89
Vega ó α de la Lira...	1, 83

Adviértase que estas velocidades sólo son el resultado de la combinacion de los movimientos de las estrellas y que no representan sus movimientos propios absolutos, que deben ser de una rapidez inmensa.

365. Vemos, pues, que los cuerpos que se consideraban como un ejemplo de inmovilidad en el Universo, son precisamente aquellos que están animados de las mayores velocidades conocidas hasta ahora.

366. De lo dicho tendremos, que al cabo de cierto número de años las estrellas no conservarán las mismas posiciones relativas; que las de una constelacion se mezclarán con las de otra y formarán grupos diferentes á los de la actualidad.

367. Además del movimiento propio de cada estrella concurren otras causas que con el trascurso de los siglos producen variacion en las coordenadas de dichos astros.

En efecto, sabemos que á causa de la precesion de los equinoccios el eje de la Tierra no se conserva rigorosamente paralelo á sí mismo, sino que describe un círculo que tiene por centro el polo de la eclíptica y por radio esférico un arco de 23°..27′, en virtud de lo cual varía el punto que sirve de orígen á las Æ, y por lo tanto los polos y el ecuador dejan de corresponder á las mismas estrellas.

De este modo se explica porqué la estrella que actualmente nos indica el polo estaba muy alejada de él en la época de la construccion de la gran pirámide de Egipto y entonces α del *Dragon* servia de polar. La polar actual, α Osa menor, dista hoy del polo 1°..20′; continuará aproximándose á él durante 250 años y su distancia será entonces de 30′ solamente; despues se irá separando del polo, pasará por otras constelaciones y dentro de 12.000 años será polar α *Liræ* ó *Vega*, que es una de las estrellas más hermosas.

368. Distancias de las estrellas á la Tierra. Casi imposible es formar una idea clara y exacta de la inmensa distancia á que se hallan las estrellas, pues si quisiéramos expresarla en leguas ó en otra dimension lineal, resultaria un guarismo incomprensible por representar una cantidad que estaria fuera de los límites de las que estamos acostumbrados á apreciar.

Puede decirse que el diámetro de la Tierra es como un *punto geométrico,* comparado con la enorme distancia á que se hallan las estrellas.

En efecto, al hacer la Tierra una revolucion alrededor del Sol, la direccion del eje de la misma deberia corresponder sucesivamente á diversas estrellas ó puntos del cielo; y como esto no sucede, pues siempre se dirige hácia el mismo punto indicado por la proximidad á él de la estrella polar, á pesar de tener el eje mayor de la órbita de la Tierra 76 millones de leguas, es evidente que el diámetro de nuestro globo es imperceptible comparado con la prodigiosa distancia de las estrellas.

369. Para dar una idea del método que se emplea para determinar las distancias de las estrellas, sea en la (Fig. 42) S el Sol; TST′ un diámetro de la órbita terrestre y E una estrella cuya distancia se desea medir. Para esto, al hallarse la Tierra en T se mide el ángulo STE, y seis meses despues cuando se halle en T′ se mide el ángulo ST′E; sumando estos dos ángulos y tomando su suplemento, tendremos el valor del ángulo TET′, cuya mitad será próximamente el ángulo SET, que es lo que se llama *paralage ánua* de la estrella, ó sea el valor angular del radio de la órbita terrestre visto desde la estrella. Por lo tanto podremos resolver el triángulo EST que se puede suponer rectángulo en S y determinar el valor de la distancia ET.

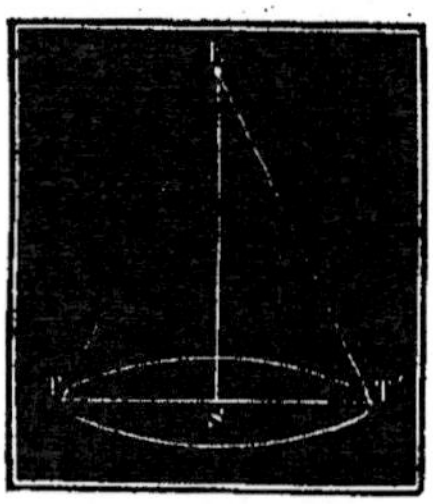

(Fig. 42)

Por medio de cálculos de instrumentos de la mayor exactitud, se ha determinado la paralage ánua de algunas estrellas, que nunca llega á valer un segundo, y de aquí se han deducido sus distancias á la Tierra. (*)

(*) Entre las paralages ánuas más exactas que se han determinado figuran las siguientes:

α Lira	Observada en Dorpat por Struve........	de 1835 á 1838	... ...	0″, 26
61 del Cisne	„ en Kœnigsberg por Bessell..	de 1837 á 1840	... ...	0 , 35
La Polar	„ en Poulkova por Peters......	de 1840 á 1842	... ...	0 , 11

370. Para que se comprenda la distancia á que se hallan las estrellas, diremos que estando demostrado que la luz del Sol tarda 8m.. 17s,8 en recorrer los 38 millones de leguas, distancia média del Sol á la Tierra, ó sea con una velocidad de unas 77.000 leguas por segundo, resulta que la luz emanada de la estrella más próxima, emplea más de tres años en llegar á nosotros.(*)

Hé aquí otros intervalos bastante aproximados:

	años.
α Lira	12 , 57
Sirio	21 , 97
La Polar	31 , 14
La Cabra	71 , 74

Se supone que la luz de las nebulosas resolubles por medio del gigantesco telescopio de *lord Rosse*, tarda 500.000 años en llegar á la Tierra. En esto se fundan algunos astrónomos para demostrar la aparicion de ciertas estrellas, diciendo que estan situadas á tanta distancia que su luz no habia tenido tiempo para llegar hasta nosotros desde la creacion del mundo.

Luego no hay fenómeno celeste que tenga lugar en el mismo instante en que lo percibe el observador y dos fenómenos diferentes observados á la vez han tenido lugar en épocas que pueden diferir algunos minutos, muchos años ó muchos siglos; en fin, podremos decir como *Arago*: *El aspecto del cielo en un instante dado, nos cuenta la historia antigua de los astros, pues no vemos al cielo tal como es, sino tal como ha sido, y no en una misma época, sino en multitud de épocas distintas.*

Así cuando dirigimos la vista á Sirio, cuya luz tarda 22 años en llegar á nosotros, no es el Sirio de hoy el que vemos, sino el Sirio de hace 22 años.

371. Si queremos representar de una manera más comprensible quizás, la distancia de α *Centauro*, que es la más próxima á la Tierra, y que asciende á 196 mil veces 15 millones de miriámetros, diremos que si se supone un globo pequeño representando á la Tierra colocado á un metro de distancia de una luz que representa al Sol, resultaria que para poder representar proporcionalmente la distancia de α *Centauro* por medio de otra luz, seria menester colocarla á 50 leguas distante de la primera.

Por último, si el Sol estuviese á una distancia de nosotros igual á la que se halla α *Centauro*, brillaria como una estrella de primera magnitud.

372. Estrellas periódicas y variables. Hay cierto número de estrellas conocidas con el nombre de *periódicas*, cuyo brillo sufre alteraciones en intervalos de tiempo, variables en cada una, llegando algunas á desaparecer del todo y á aparecer de nuevo alternativamente.

Entre estas se citan como las más notables: θ de la *Ballena* (Cetus), que despues de brillar como una estrella de 2.ª magnitud durante 15 dias, disminuye por espacio de tres meses hasta desaparecer; volviendo á presentarse cinco meses des-

(*) Si un rayo de luz se moviese en linea curva, podria dar siete vueltas á la Tierra en un segundo de tiempo.

pues: χ del *Cisne* (Cygnus), que pasa en 405 dias de la magnitud 11.ª á la 5.ª: β *Perseo* ó sea *Algol*, en un intervalo de 68h.. 49m pasa de la 4.ª á la 2.ª magnitud, &c.

Hay quien supone que estos astros no son luminosos en toda su superficie, y que por efecto de su movimiento de rotacion presentan á la Tierra sucesivamente la parte oscura y la luminosa.

373. Estrellas *variables* son las que han aumentado ó disminuido de brillo con el trascurso de los siglos.

Citaremos como ejemplo la 31 del *Dragon* que en 100 años ha pasado de la 7.ª á la 4.ª magnitud; á α de la Osa mayor que en tiempo de Flamsteed era de 1.ª á 2.ª magnitud y hoy todos la clasifican de 2.ª; y por último diremos que los árabes daban á una estrella que dista 11′ de ζ de la Osa mayor y es de 5.ª á 6.ª magnitud el nombre de *Saidak*, que significa difícil de ver, y que la empleaban para probar la pérdida de vista de los individuos, y en la actualidad es una estrella muy visible que se le llama *Alcor*.

374. Estrellas efímeras ó temporarias son aquellas que han aparecido repentinamente en diversas épocas con un brillo extraordinario y se han extinguido del mismo modo sin volver á presentarse jamás.

Entre otras hay una muy famosa que apareció repentinamente en Noviembre de 1572, llegando á ser su brillo en pocos instantes igual al de Sirio; siguió este aumentando hasta exceder al de Júpiter, tanto que se distinguia en medio del dia, y al cabo de un mes empezó á disminuir progresivamente, hasta que en Marzo de 1574 desapareció del todo, habiendo conservado siempre una posicion invariable en la constelacion de *Cassiopea*.

375. Estrellas dobles, triples y múltiples. Hay estrellas que á simple vista aparecen como puntos luminosos, mientras que observadas con buenos anteojos se advierte que son dos, tres ó más estrellas sumamente juntas que se confunden hasta el extremo de aparecer como una sola estrella.

Esta gran proximidad, en algunos casos no es más que una ilusion óptica, pues aparecen así por estar en una misma direccion, aunque en realidad se hallan muy separadas la una de la otra: sin embargo, se observa que la mayor parte de las estrellas dobles están efectivamente juntas en el espacio, que sus colores son variados y que se mueven las unas alrededor de las otras. Para verlas separadas se necesitan anteojos poderosos y circunstancias atmosféricas favorables.

Las estrellas dobles más notables son:

α Géminis ó Castor, la una de 3.ª y la otra de 7.ª magnitud, ambas blancas.

β Orion, la mayor blanca y la más pequeña azulada.

α Leo ó Regulus, la mayor blanca y la menor azul.

γ Virgo, ambas blancas y de 3.ª magnitud.

ζ Osa mayor, blanca la una y la otra azulada.

Las triples no son tantas y entre ellas figuran: α Andromedæ, ζ de Cáncer, μ Lupus, μ Bootis, &c. Finalmente, ε Lira es la más notable de las cuadruples y θ Orion es una estrella sextuple.

Observaciones recientes hechas por el astrónomo inglés Henry Slack, dan á conocer que la estrella polar forma en rigor un sistema de cuatro estrellas, confirmándose de este modo el anuncio de este descubrimiento hecho por el astrónomo belga Boc en 1869.

Las tres compañeras de la polar, se asegura que tienen su brillo variable ó un movimiento muy rápido alrededor de la estrella principal situada muy próxima á ella y fijándose su magnitud entre la 12.ª y la 14.ª

376. Nebulosas son como sabemos unas manchas blanquecinas y difusas que se observan en varias regiones del cielo. Divídense en resolubles y en no resolubles,

Las *resolubles* son aquellas que vistas con poderosos telescopios aparecen como una gran aglomeracion de estrellas, y las *no resolubles* las que á pesar de emplear los más poderosos instrumentos presentan siempre el mismo aspecto.

La *Via Lactea*, que es la nebulosa más notable, es una zona de luz blanquecina é irregular de 5° á 6° de ancho, que divide á la esfera celeste en dos partes casi iguales y que se compone de un inmenso número de estrellas cuando se observa con el telescopio.

(Fig. 43)
NEBULOSA DE ANDROMEDÆ.

(Fig. 44)
NEBULOSA DE OMEGA CENTAURO, SEGUN HERSCHELL.

La via láctea atraviesa las constelaciones siguientes, empezando por el polo Norte: Cassiopea, Perseo, Aurigæ, Géminis, Orion, Unicornio, Can mayor, Argo, La Encina de Cárlos II, La Cruz del Sur, La Mosca Austral, Centauro, El Altar, Sagitario, Escudo de Sobieski, Aquilæ, Sagitta, Vulpecula, Cygnus, Cepheus.

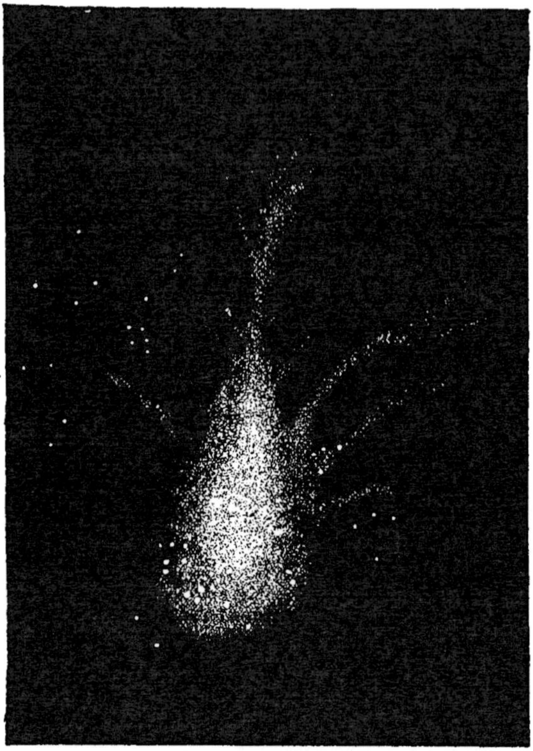

(Fig. 45)

NEBULOSA DE TAURO, SEGUN LORD ROSSE.

Nubes de Magallanes. Uno de los fenómenos más curiosos del hemisferio Sur, son las dos nubes de Magallanes, llamadas así por haberle parecido tales la primera vez que las vió este célebre navegante. Son dos nebulosas resolubles, notables por su claridad, por su tamaño y por estar próximas al polo Sur; la mayor tiene unos 42° cuadrados y la menor 10° cuadrados.

377. La configuracion de las nebulosas es sumamente variada; unas tienen la forma de un anillo, otras son espirales, pero la figura circular es la más corriente.

Entre las nebulosas más notables citaremos la de Andromedæ, que fué la primera conocida, y observada en 1612 por *Simon Marius*. La situada alrededor de θ de Orion, descubierta por *Huyghens* en 1656 y las Pleyadas que se componen de 80 estrellas, de las cuales seis solamente se ven á simple vista y la mayor es de 4.ª magnitud. Hay tambien otros dos grupos, situado el uno en la constelacion de Cáncer, y el otro en la de Perseo, visibles á simple vista, y las estrellas que los componen con anteojos de mediana fuerza. La nebulosa de omega Centauro es visible á simple vista, y aparece como una estrella de 4.ª ó 5.ª magnitud; y por último, la hermosa nebulosa de Tauro que con un anteojo de mediana fuerza aparece como un óvalo muy regular, vista con el telescopio de *lord Rosse* se asemeja á la figura de un cangrejo gigantesco, cuyas antenas y patas las figuran largas filas de estrellas.

378. Las nebulosas aparecen en el cielo tan inmóviles como las estrellas; su número es tan considerable que en 1802 formó Herschell un Catálogo de 2.500, y hoy se cuentan unas 6.000.

El número de estrellas que contienen las nebulosas es tan enorme, que Herschell ha contado unas 20.000 estrellas en una nebulosa cuyo diámetro era próximamente de 10', ó sea la tercera parte de la Luna. Este gran astrónomo suponia que la via láctea contiene cuando menos 50 *millones de estrellas*.

Considerando que todas las nebulosas sean semejantes á la via láctea y que contengan millones de soles tan distantes los unos de los otros que la luz tarda varios años en recorrer la distancia que los separa, resulta pues, que el Universo visible se hace tan inmensamente grande, que la imaginacion lo confunde con el Universo infinito.

379. Efemérides de las estrellas. El *Almanaque Náutico* nos trae al final un Catálogo de 200 estrellas, cuyas posiciones médias (*) están calculadas para 0^d de Enero del año del *Almanaque*.

Las estrellas van insertadas por el órden de su Æ de 0^h á 24^h, ó sea en el mismo órden en que pasan por el meridiano, pues sabemos que la Æ de una estrella es la hora sidérea de su paso por el meridiano.

Se indican sus nombres, magnitudes, Æ, declinacion, con el signo + ó — segun sea Norte ó Sur; las variaciones ánuas de estas coordenadas producidas por la precesion de los equinoccios y sus movimientos propios anuales en Æ y declinacion.

Dichas coordenadas, tales como nos las dá este Catálogo, son bastante exactas para la generalidad de los cálculos que ocurren en la práctica de la navegacion.

Pero si se quisiera reducir uno de estos elementos á un mes y dia determinado, sumaríamos algebráicamente la variacion ánua y el movimiento propio de la estrella y lo multiplicaríamos por la fraccion del año que corresponde al mes y dia propuesto, y que se encuentra en la página II de cada mes (*Alm. Náut.*), y este producto sumado algebráicamente con el elemento para 0^d del año propuesto, nos dará el correspondiente para el dia que se desea.

En las páginas siguientes se encuentran las posiciones aparentes de α, δ y λ de la Osa menor, y la 51 (Hev.) Cephei para todos los dias del año á 0^h de tiempo medio, con lo cual se evita el tener que hacer reducciones y se obtiene más exactitud en los cálculos.

Finalmente, á continuacion nos trae las posiciones aparentes de

---

(*) Las Æ y declinaciones de las estrellas varían en cantidades muy pequeñas por efecto de la precesion de los equinoccios, de la nutacion y de la aberracion. Cuando sólo se toma en consideracion la precesion, se obtiene lo que se llama *posicion média* y cuando se les aplican las correcciones de nutacion y aberracion, se obtiene la posicion aparente.

las 96 estrellas, de diez en diez dias á 0^h de tiempo medio de San Fernando.

380. Importancia del conocimiento de las estrellas. El conocimiento de las estrellas es de gran necesidad para el marino, pues su ignorancia en este punto lo incapacitaria para hacer observaciones de sumo interés para la seguridad de la navegacion.

381. Método para conocer las estrellas. El método más fácil para conocer las estrellas es el de *enfilaciones*, que se reduce á imaginar líneas que pasando por las estrellas de una constelacion conocida, terminen sus prolongaciones en aquellas que se quieren hallar.

Teniendo á la vista el planisferio celeste y conociendo una sola constelacion, que servirá de base ó punto de partida, se podrán conocer todas las demás.

Las constelaciones que tomaremos como base, serán: la Osa mayor que es muy notable y conocida de la generalidad, y la de Orion, que además de reunir estas condiciones se vé desde casi todos los puntos habitables del globo. En caso de duda en la determinacion de una estrella y estando sobre el horizonte estas dos constelaciones, será muy fácil rectificar, comparando la posicion de dicha estrella con una de estas dos constelaciones primero, y luego con la otra.

DETERMINACION DE VARIAS ESTRELLAS, TOMANDO COMO PUNTO DE PARTIDA LA CONSTELACION DE LA OSA MAYOR. (*)

382. Osa mayor. Una de las constelaciones más notables del hemisferio boreal es la Osa mayor, en la cual hay siete estrellas principales α, β, γ, δ, ε, ζ, η, todas ellas de 2.ª magnitud, á excepcion de δ que es de 3.ª (LÁMINA VII.)

Las cuatro estrellas α, β, γ, δ, forman un trapecio y las tres restantes ε, ζ, η, están en una direccion curva y forman la cola de la Osa mayor.

El trapecio se conoce vulgarmente con el nombre de *carro*, y las estrellas α y β se llaman tambien los *punteros* ó *guias*, porque son las que indican la situacion de la *Polar*.

(*) Trataremos solamente de las estrellas principales y especialmente de las nueve cuyas distancias á la Luna trae calculadas el *Almanaque Nautico*, cuyos nombres van en letra mayúscula para llamar sobre ellas la atencion.

Los números puestos entre paréntesis á continuacion del nombre de una estrella, indican la magnitud de esta. Así *Sirio* (1.ª) denota que esta es de 1.ª magnitud; y α Aguila (1.ª á 2.ª) que dicha estrella está comprendida entre la primera y segunda magnitud.

Gran parte de esta hermosa constelacion está siempre sobre el horizonte de Cádiz; se le vé hácia el Norte y á diferentes alturas, segun la hora en que se observa.

383. Osa menor. Prolongando una línea desde β hácia α de la Osa mayor, ó sean los punteros, una distancia igual á cinco veces la que hay entre estas dos estrellas, encontraremos á α *Osa menor* ó sea la POLAR (2.ª á 3.ª) En esta constelacion hay siete estrellas principales que tienen una figura semejante á las siete de la Osa mayor, pero situadas respecto á esta en posicion contraria. La *Polar* está en el extremo de la cola de la Osa menor, y el polo se encuentra á 1° ½ de la Polar y en línea con esta y la cola de la Osa mayor.

384. Cassiopea. En línea con δ de la *Osa mayor* y la *Polar*, y á una distancia igual á la que hay entre estas dos estrellas, se halla la constelacion de *Cassiopea.* Hay cinco estrellas, cuatro de 3.ª y una de 2.ª que tienen una forma parecida á una M algo abierta; y si á estas cinco se les une otra más pequeña χ tiene una figura parecida á una *silla,* nombre por el cual se conoce esta constelacion.

385. Pegaso, Andromedæ y Perseo. En línea con δ de la *Osa mayor* y la *Polar*, como dos veces y média esta distancia, se encuentra *Pegaso,* en la cual hay tres estrellas de 2.ª magnitud que forman un triángulo isósceles, y unidas con α *Andromedæ* (1.ª) forman un trapecio: prolongando la diagonal de α Pegaso ó MARKAB, á α *Andromedæ,* se encuentra β y γ de Andromedæ, y despues α de *Perseo,* todas tres de 2.ª magnitud. Estas siete estrellas de la tres constelaciones mencionadas forman una gran figura análoga á las siete de la Osa mayor, con la diferencia de que la cola es casi recta, mientras que la de la Osa es oblícua.

Cuando la Osa mayor se halla en el meridiano inferior, Pegaso está en el superior; y en los lugares en que la Osa mayor nace y se pone, cuando la una está sobre el horizonte, la otra está depresa.

386. Aries. Tirando una línea que pase por el extremo de la cola de la *Osa mayor* y la *Polar,* y al Sur de β y γ de Andromedæ, se encuentra la constelacion de *Aries,* en la cual hay una estrella α *Aries* (2.ª) que puede conocerse por estar 4° al E de β Aries (3.ª)

387. Aurigæ ó el Cochero. Imaginando una línea de δ á α de la *Osa mayor,* se encuentra el *Cochero,* en la cual hay una hermosa estrella de 1.ª magnitud que es α *Aurigæ* ó Capella (La Cabra.)

388. Tauro. En línea con δ y α de la *Osa mayor* y *Capella,* se encuentra una estrella de 1.ª magnitud que es α *Tauro* ó *Aldebaran.*

En la constelacion de *Tauro* hay dos grupos muy notables que se denominan las *Hiadas* y las *Pleyadas*. Las Hiadas son cinco estrellas de escaso brillo situadas en forma de V, en cuyo extremo Occidental se halla *Aldebaran*, muy fácil de distinguir por su color rojizo. Las Pleyadas, vulgo Cabrillas, se encuentran en línea con la *Polar* y α Perseo: este grupo se compone de seis estrellas muy juntas las unas á las otras y de 5.ª á 6.ª magnitud.

389. Géminis. En la prolongacion de la diagonal δ β de la *Osa mayor*, se encuentra la constelacion de Géminis. Sus principales estrellas son α *Géminis* ó *Castor* (2.ª á 1.ª), y β *Géminis* ó *Pollux*. (1.ª á 2.ª) Estas estrellas están muy juntas, y Pollux es la que está más al Este.

390. Leo. En línea con α y β de la *Osa mayor*, ó sean los punteros, prolongada en direccion opuesta á la Polar, se encuentra la constelacion de Leo. La estrella más notable es α *Leo* ó REGULUS (1.ª)

391. Virgo. La diagonal α γ de la *Osa mayor*, prolongada del lado de γ, pasa por α *Virgo* ó SPICA de 1.ª magnitud.

392. Bootis ó el Boyero. Prolongando la cola de la *Osa mayor* en direccion algo curva, se encuentra α *Bootis* ó *Arcturus* (1.ª á 2.ª)

Arcturus, *Spica* y β *Leo*, forman un triángulo equilátero.

393. Escorpion. En línea con Aldebaran y la Polar, prolongada hasta cerca del horizonte, se encuentra α *Escorpion* ó ANTARES (1.ª)

394. Lira. Prolongando una línea de γ á δ de la *Osa mayor*, pasa por una estrella de 1.ª magnitud que es *Vega* ó α *Liræ*.

Antares, *Vega* y *Arcturus* forman un triángulo equilátero.

395. Aquila. En una línea imaginada desde la cola de la *Osa mayor* á *Vega*, pasa por α Aquilæ ó ALTAIR (1.ª), que se conoce fácilmente por estar entre β y γ, la primera de 4.ª y la otra de 3.ª, muy próximas las tres y en línea recta.

396. Piscis austral. En línea con la *Polar*, β y α de *Pegaso*, se encuentra una hermosa estrella de 1.ª magnitud que es FOMALHAUT ó α *Piscis austral*.

397. *Aldebaran*, *Antares*, *Regulus* y *Fomalhaut* dividen al cielo en cuatro partes casi iguales. Estas cuatro estrellas muy brillantes y notables, eran llamadas por los Persas 3000 años antes de J. C., los cuatro guardianes del cielo.

DETERMINACION DE VARIAS ESTRELLAS SITUADAS EN EL ZODIACO Y PROXIMAS Á ÉL, TOMANDO COMO PUNTO DE PARTIDA LA CONSTELACION DE ORION.

398. Orion. Esta constelacion es sin duda alguna la más bella del firmamento, y es tal la situacion especial de las principales estrellas que la componen, que una vez sobre el horizonte atrae, digámoslo así, las miradas del observador.

Para determinarla supondremos una línea de las *Pleyadas* á *Aldebaran,* la cual encontrará á γ *Orion* ó *Bellatrix* (2.ª): 7° y ½ al E de esta se halla α *Orion* ó *Betelguese* (1.ª), que es tambien algo rojiza como *Aldebaran.* Al Sur de estas dos estrellas se encuentran tres de 2.ª magnitud situadas en línea recta, las cuales forman el *Cinturon de Orion* (vulgo los tres Reyes ó las tres Marías). Al Cinturon de Orion se le llama tambien la *vara de medir*, porque el valor de la línea que une sus tres estrellas es de 3° justos, circunstancia que se aprovecha para tomarlas como punto de comparacion y medir distancias á la vista. En la enfilacion de *Betelguese* y la central del *Cinturon,* está β *Orion* ó *Rigel* (1.ª); y en línea con *Bellatrix* y el centro del *Cinturon* se encuentra κ *Orion* (2.ª á 3.ª),

Bellatrix, Betelguese, Rigel y κ *Orion,* forman un trapecio alrededor del Cinturon.

399. Can mayor y Can menor. Casi en línea con las *Pleyadas* y el *Cinturon* de *Orion,* está α *Can mayor* ó *Sirio* (1.ª), que es la estrella más brillante del cielo.

Prolongando una línea de *Bellatrix* á *Betelguese* se encuentra α *Can menor* ó *Procyon* (1.ª á 2.ª)

Sirio, Betelguese y *Procyon,* forman un triángulo equilátero.

400. Géminis. En línea con *Rigel* y la central del *Cinturon,* se halla α *Géminis* ó *Castor* (2.ª á 1.ª), y á 4° y ½ al E de ella β GÉMINIS ó POLLUX (1.ª á 2.ª)

Esta estrella pasa por el meridiano como 11ᵐ despues de *Castor* y 4ᵐ y ½ despues de *Procyon.*

401. Leo. En línea con *Procyon* y la estrella más al Sur del *Cinturon,* se halla α LEO ó REGULUS (1.ª), y casi en la misma direccion β *Leo* ó Denébola (2.ª)

402. Bootis y Virgo. En línea con *Regulus* y *Denébola,* se halla próximamente α *Bootis* ó *Arcturus* (1.ª), y al Sur de *Arcturus* hay una estrella de 1.ª magnitud que es α VIRGO ó SPICA.

Denébola, Arcturus y *Spica,* forman un triángulo equilátero.

403. Aries. Prolongando una línea de *Betelguese* á *Aldebaran* se halla α Aries (2.ª), que puede conocerse por estar como 4° al E de β *Aries* (3.ª)

No insistimos más sobre el particular en atencion á que estudiando el cielo con el auxilio del planisferio celeste y empleando el sistema de enfilaciones, podrá por sí solo el observador determinar las principales estrellas cuya situacion ignore.

CAPÍTULO IX.

DE LOS PLANETAS, SUS SATÉLITES, COMETAS Y METEOROS CÓSMICOS.

404. Clasificacion de los planetas. Si bien es verdad que estos astros se presentan á nuestra vista como puntos luminosos semejantes á las estrellas, tanto que las personas no acostumbradas á observar los confunden con estas, basta sin embargo una atenta contemplacion para conocer infaliblemente la clase á que pertenece el astro que se observa.

Tenemos en primer lugar, que los planetas observados á simple vista ofrecen una particularidad notable que los distingue de las estrellas, y es que en su luz apenas se percibe centelleo como en las estrellas, y en la mayor parte de ellos es imperceptible.

Resulta tambien, que si observamos un planeta con un anteojo astronómico, aparece bajo la forma de un disco circular, cuyas dimensiones aumentan sensiblemente, al paso que es mayor la fuerza del instrumento, mientras que las estrellas *aparecen siempre* como simples puntos luminosos y sin dimensiones apreciables.

Por último, sabemos que las estrellas conservan siempre sus posiciones relativas y están á iguales distancias las unas de las otras; y los planetas por el contrario, animados de un movimiento de traslacion no ocupan una posicion fija en el cielo, y sus distancias á las estrellas que los rodean, varian de un modo perceptible en un corto intervalo de tiempo.

Por lo tanto, para determinar si un astro es estrella ó planeta, observaremos si su posicion en el cielo es variable, midiendo la distancia á que se encuentra de las estrellas más inmediatas, y examinando en los dias siguientes si estas distancias han variado.

405. Especialidades de los planetas principales. Los planetas de cuya observacion se hace frecuente uso en la mar, son: *Venus*, *Marte*, *Júpiter* y *Saturno*, pues á Mercurio raras veces se le vé, en razon á su gran proximidad al Sol; y respecto á Urano bastará decir que aparece como una estrella de 5.ª magnitud.

406. Monografía de Mercurio ☿. La observacion de Mercurio es muy difícil, como hemos dicho, pues á pesar que brilla á veces como

(Fig. 46)

FASES DE MERCURIO VISIBLES DESPUES DE LA PUESTA DEL SOL.

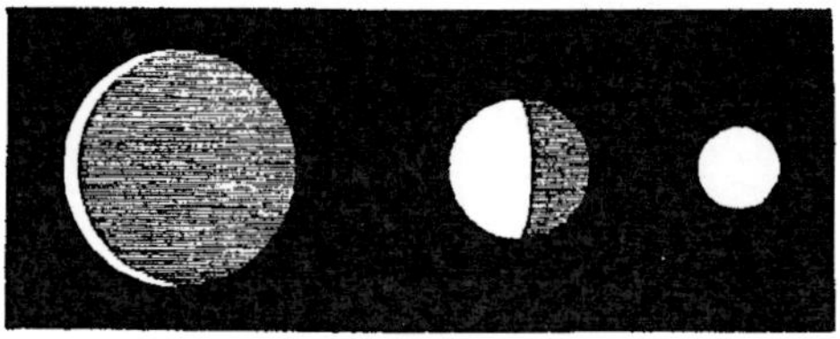

(Fig. 47)

DIMENSIONES APARENTES DE MERCURIO A SUS DISTANCIAS EXTREMAS Y MEDIA DE LA TIERRA.

una estrella de primera magnitud, sólo se le distingue á simple vista en circunstancias especiales, por estar sumergido en la luz del Sol, cuyo brillo impide verlo.

Observado con un buen anteojo, nos presenta fases como la Luna y ciertas bandas en su disco, de cuya observacion han deducido algunos astrónomos que está dotado de atmósfera. Tambien parece demostrado que su superficie está cubierta de altísimas montañas.

Algunas veces en sus conjunciones inferiores, interpuesto entre el Sol y la Tierra, se proyecta sobre el Sol y nos parece como un punto negro atravesando el disco de este astro. Si la órbita de Mercurio estuviese situada en el plano de la eclíptica, este fenómeno tendria lugar cada revolucion sinódica, que son unos 116 dias, pero la inclinacion de su órbita que es de unos 7° hace que los pasos de Mercurio por el Sol sean muy raros. Este fenómeno se verifica siempre en los meses de Mayo y Noviembre, porque entonces es cuando la línea de los nodos de Mercurio está próxima á la Tierra. El último paso sucedió el 6 de Mayo de 1878, y los que ocurrirán en lo que queda de siglo, serán los siguientes: 7 de Noviembre de 1881. 9 de Mayo de 1891. 7 de Noviembre de 1894.

407. Monografía de Venus ♀. Venus aparece siempre como una estrella muy brillante, y es el único planeta en que se advierte centelleo marcado. Su luz, que es la más blanca de todos los cuerpos celestes, tiene más ó ménos intensidad, segun la distancia á que se halla de la Tierra, y algunas veces es tal su brillo, que se le puede ver de dia claro y siempre en los crepúsculos.

(Fig. 48)

FASES Y DIMENSIONES APARENTES DE VENUS A SUS DISTANCIAS EXTREMAS Y MEDIA DE LA TIERRA.

Pasa por el meridiano, casi á la misma hora que el Sol, unas veces antes y otras despues; el mayor intervalo que média entre su paso y el del Sol es de 2^h.. 50^m, y por esta causa el mayor tiempo que se le vé sobre el horizonte es de 3 á 4 horas, al Oriente si es por la mañana, y al Occidente si es por la tarde. Al presentarse sobre el horizonte nos anuncia la llegada del dia, y por esta causa le llama el vulgo el *lucero del alba*.

Sus fases son tan marcadas como las de la Luna, y se distinguen con cualquier anteojo. En el círculo que divide la parte oscura de la iluminada se advierte cierta degradacion de luz que demuestra la existencia de atmósfera; tambien se le observan manchas que por su figura indican que existen mares, continentes y altas montañas.

Al estar en cuadratura aparece más brillante que cuando nos presenta todo el hemisferio iluminado, porque en este caso está más cerca del Sol y más lejos de nosotros. Hácia la época de la conjuncion inferior se halla 5 ó 6 veces más cerca de la Tierra que en la conjuncion superior, y por esto aparece tanto mayor cuanto más estrecho es el huso iluminado. La (Fig. 48) nos demuestra la relacion entre sus fases y diámetro aparente.

Las estaciones de Venus deben ser muy desiguales, porque la inclinacion de su ecuador con la eclíptica es de 75°; y las duraciones de los dias y de las noches deben experimentar cambios considerables en el intervalo de una revolucion.

Pasos por el disco del Sol. Venus se proyecta algunas veces, como Mercurio, sobre el disco del Sol, para lo cual es preciso que se halle en conjuncion inferior y próximo á uno de sus nodos. Entonces se le vé como una mancha perfectamente redonda atravesar el disco del Sol con un movimiento uniforme de izquierda á derecha. Su diámetro aparente es entonces de un minuto próximamente, y el paso puede durar 6 ó 7 horas.

Estos pasos se verifican en Diciembre ó en Junio, épocas en que las longitudes del Sol son 255° ó 75° que son las de los nodos del planeta. Dichos pasos son muy raros y á intervalos muy desiguales; nunca se ven más de dos en el intervalo de cada siglo, y estos con un intermedio de ocho años.

Los últimos pasos observados fueron en 1761, 1769 y 1874; y el que ocurrirá en este siglo será el 6 *de Diciembre de* 1882, y despues no volverán á tener lugar hasta el año de 2003.

Este fenómeno es muy importante para la astronomía, pues ofrece el medio más exacto de obtener las paralages del Sol y de Venus, y por lo tanto sus distancias á la Tierra.

408. Monografía de Marte ♂. Este planeta tiene un color rojizo semejante á Aldebaran, su brillo es mucho menor que el de Venus, notándose rara vez centelleo en su luz. Su magnitud varía considerablemente segun la distancia á que se halla de la Tierra.

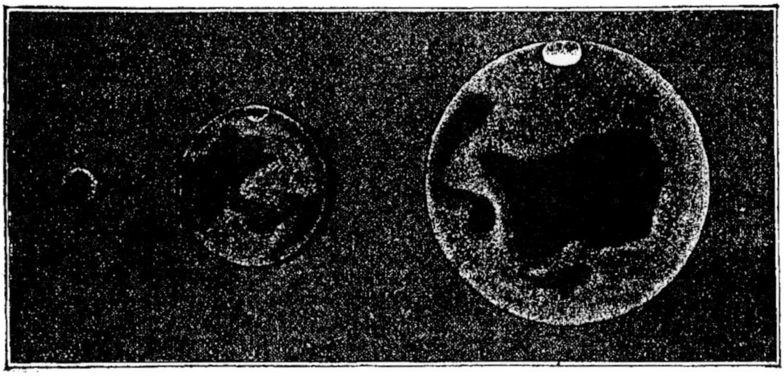

(Fig. 49)

DIMENSIONES APARENTES DE MARTE, A SUS DISTANCIAS EXTREMAS Y MEDIAS.

Marte presenta fases que sólo se distinguen por la forma elíptica ó circular de su disco. A pesar de la atmósfera que le rodea se le ven unas manchas rojizas que se suponen ser continentes, y los mares tienen una apariencia verdosa. Cerca de los polos presenta unas manchas blancas que probablemente serán hielos acumulados en los inviernos, puesto que desaparecen cuando están mucho tiempo recibiendo los rayos solares.

409. Monografía de Júpiter ♃. Júpiter es el mayor de los planetas de nuestro sistema y el más hermoso y brillante. Su luz, que es de un blanco puro y sin centelleo, sobrepuja á veces á la de Venus; en algunas ocasiones se le vé de dia y siempre en los crepúsculos.

Observándolo por medio de un anteojo, se le advierten unas bandas transversales, alternativamente sombrías y brillantes y paralelas al ecuador del planeta, que se suponen ser grandes aglomeraciones de nubes.

Como la órbita de Júpiter forma con su ecuador un ángulo de unos 3° solamente, los dias deben ser casi iguales á las noches en toda la superficie del planeta y no debe haber estaciones. Por la rotacion periódica de sus manchas se ha deducido, como en los demás planetas, que gira sobre su eje y que emplea $9^h.. 56^m$ en cada rotacion, y por lo tanto la duracion del dia ó de la noche será de unas 5^h.

(Fig. 50)

JUPITER Y LA TIERRA, DIMENSIONES COMPARADAS.

410. Monografía de Saturno ♄. Este planeta se nos presenta como una estrella de 1.ª magnitud; su luz, que es algo empañada y de un color plomizo, jamás presenta indicios de centelleo.

(Fig. 51)

SATURNO Y SUS SATÉLITES.

En su disco, observado con anteojo, se descubren unas bandas paralelas á su ecuador, semejantes á las de Júpiter.

Este planeta nos presenta un fenómeno *único* en el sistema solar, pues está rodeado de tres anillos anchos, y de poco espesor, situados próximamente en el plano de su ecuador, concéntricos con el planeta, de los cuales los dos más anchos están fuertemente iluminados por el Sol, y el tercero es oscuro y trasparente, pues deja ver el cuerpo del planeta.

Dichos anillos aparecen unas veces bajo la forma de una elipse, otras como una línea recta que atraviesa el disco del planeta, y otras veces son invisibles. Estas apariencias singulares dependen de las posiciones relativas de Saturno, del Sol y de la Tierra. En efecto, cuando la Tierra y el Sol se hallan á un mismo lado del plano prolongado del anillo, la parte que corresponde á nosotros aparece iluminada y su figura es elíptica; cuando dicho plano pasa por el Sol, vemos al anillo de canto y aparece como una línea luminosa, y por último, cuando el plano del anillo prolongado pasa entre la Tierra y el Sol, la parte oscura es la que dirige á nosotros y por lo tanto el anillo es invisible, lo cual tiene lugar cada 15 años en la época de los equinoccios de Saturno.

411. Monografía de Urano ♅. Este planeta, cuyo aspecto es el de una estrella de 5.ª á 6.ª magnitud, fué descubierto en 1781 por Herschell, cuyo nombre llevó algun tiempo. La gran distancia á que se halla de nosotros hace que sepamos muy poco acerca de su constitucion física. Las dimensiones aparentes del Sol, visto desde Urano, deben ser 0,003 de las que tiene para la Tierra, y por lo tanto, las cantidades de calor y luz que recibe sumamente pequeñas.

412. Monografía de Neptuno ♆. Neptuno aparece como una estrella de 9.ª magnitud, y por lo tanto no es visible á simple vista; su descubrimiento, hecho por Le Verrier en 1845, es uno de los más grandes triunfos de la astronomía moderna.

Presenta un disco sensible, visto con poderosos instrumentos, pero nada se conoce de su aspecto físico ni rotacion. La luz y calor que recibe será 900 veces menor que en la Tierra, y el Sol se verá desde él como una estrella de 3.ª magnitud.

413. Asteróides. Los planetas telescópicos circulan, como sabemos, entre Marte y Júpiter, y su aspecto en general es el de estrellas de 8.ª á 14.ª magnitud, que varía segun las distancias á que se hallan de la Tierra.

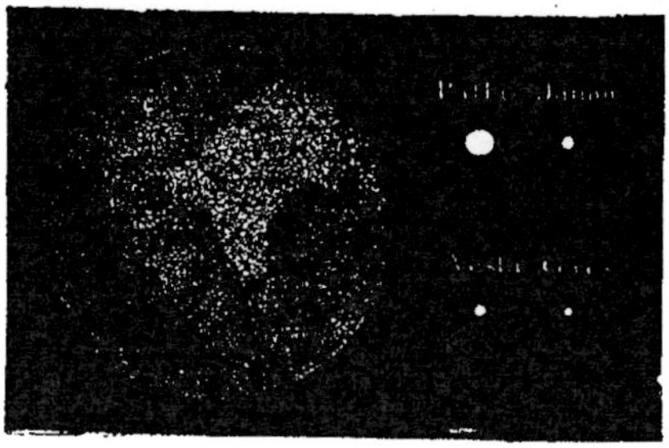

(Fig. 52)

DIMENSIONES COMPARADAS DE LA TIERRA CON VESTA, JUNO, CERES Y PALAS.

Sus descubrimientos pertenecen al siglo actual; el 1.° de Enero de 1801 fué descubierto Ceres por *Piazzi*, y los conocidos hasta 1845 eran Vesta, Juno, Ceres y Palas. Pero desde 1845 hasta 1878 asciende su número á 191 (art. 55), y todo nos induce á creer que se descubrirán muchos más.

Los asteróides no se distinguen de las estrellas por su aspecto, pero se reconocen por sus movimientos. Nada se sabe de cierto acerca de las circunstancias físicas de estos astros, y para formar idea de su pequeñez, bastará decir que Herschell le asigna á Palas 45 leguas de diámetro y á Vesta 80; por lo tanto, un hombre á caballo podria dar vuelta al planeta en 10 dias.

Le Verrier ha determinado que "la suma total de la materia que constituye á los asteróides, no pasa de la cuarta parte de la masa de la Tierra."

Merced á las observaciones espectroscópicas del Padre Secchy, los planetas no pueden considerarse ya como vastas soledades que giran alrededor del Sol y, segun los sabios exploradores, existe gran analogía entre todos ellos. Es un hecho incontrovertible que la atmósfera del planeta Venus difiere muy poco de la nuestra, pues se halla saturada de vapor de agua y las variaciones atmosféricas producen allí como en la Tierra, nubes, lluvias y todos los fenómenos meteorológicos que aquí experimentamos. Se ha notado en Marte la existencia del oxígeno y del hidrógeno, siendo el agua de este planeta igual á la de la Tierra, así como sus mares, que están indicados por grandes manchas verdes, y en su atmósfera se han hallado con cortas diferencias los mismos elementos que en la de Venus y la Tierra. En los espectros de los planetas Júpiter y Saturno, se ha encontrado gran analogía, y en la atmósfera de Saturno que contiene sustancias gaseiformes que no existen en la de nuestro globo.

414. Satélites de los planetas. Los satélites que tienen la mayor parte de los planetas principales, no son visibles á simple vista, por lo que sus descubrimientos datan desde la invencion de los anteojos y telescopios.

Júpiter tiene cuatro satélites; el más próximo, cuya distancia es 6,05 tomando como unidad el radio ecuatorial del planeta, hace su revolucion en $1^d,77$ y el más distante en $79^d,33$, siendo su distancia 64.

Los movimientos de estos cuatro astros se efectúan próximamente en el plano de la órbita del planeta, por lo cual y por la corta distancia á que se hallan, resulta que al pasar por detrás del planeta, entran siempre, al ménos los tres primeros, en el cono de sombra que proyecta Júpiter en el espacio, y son eclipsados en cada revolucion. Del mismo modo al pasar por delante del planeta proyecta sobre su disco una sombra negra y circular, produciendo en Júpiter un eclipse de Sol; todo lo cual nos demuestra que el planeta y sus satélites son cuerpos opacos.

(Fig. 53)

JUPITER Y SUS CUATRO SATELITES.

Saturno, además de su singular anillo, posee ocho satélites; Urano cuatro, y Neptuno uno muy difícil de ver. Los de Urano, por una escepcion única en el sistema, tienen circulares las órbitas del 3° y 4°, casi perpendiculares á la eclíptica, y se mueven de Oriente á Occidente, ó sea en sentido retrógrado, fenómeno que aun no ha podido explicar la ciencia.

415. Descubrimiento de la velocidad de la luz. El astrónomo Roëmer observó en 1675, que cuando Júpiter estaba próximo á su oposicion, los eclipses de sus satélites se adelantaban al momento indicado por el resultado medio de las observaciones, y que se retardaban cuando el planeta estaba próximo á la conjuncion.

De aquí dedujo que este adelanto ó atraso en los eclipses provenia de la menor ó mayor distancia á que se hallaba Júpiter de la Tierra, y por consiguiente que la luz tardaba cierto tiempo en atravesar la distancia que separa á estos dos planetas; dando sus cálculos por resultado que la luz recorre el radio de la órbita terrestre en $8^m..17^s,7$ ó sea con una velocidad de 77.000 leguas por segundo.

416. Efemérides de los planetas. En las páginas XIII á XXIV de cada mes, en el *Almanaque Náutico,* se encuentran las efemérides de Mercurio, Venus, Marte, Júpiter, Saturno, Urano y Neptuno, ocupando dos páginas las de cada uno de estos. Los elementos de las páginas de la izquierda, referentes á la posicion heliocéntrica y geocéntrica del planeta, no tienen aplicacion inmediata en la astronomía náutica, pero sirven de fundamento á las contenidas en la página de la derecha, con las cuales se resuelven problemas interesantes, con la misma facilidad y exactitud que si se tratase de observaciones del Sol.

417. Efemérides de los satélites de Júpiter. Ante todo hay que advertir, que cuando un satélite entra en el cono de sombra que proyecta el planeta, se verifica lo que se llama *inmersion*, y cuando reaparece saliendo de dicha sombra, se llama *emersion*. En el primer caso empieza el eclipse y en el segundo concluye.

Hay que tener muy presente que la inmersion no es el instante en que el satélite se hace invisible ocultándose detrás del globo del planeta, sino el momento en que entra en el cono de sombra, lo cual es muy diferente. Por lo tanto, si el cono se dirige del lado izquierdo del disco, es menester dirigir la vista por este lado para ver desaparecer el satélite; y si el cono está á la derecha, la inmersion se verifica hácia este lado.

418. En las páginas 412 al 417 del Almanaque, que llevan al pié la explicacion necesaria para su inteligencia, se dan las horas de T_m de San Fernando, en que se verifican las inmersiones y emersiones; y cuando no hay eclipse, se dá la hora de la conjuncion superior heliocéntrica del satélite, distinguiéndose con la inicial M.

419. Como la posicion que ocupa el observador en la Tierra no influye en este fenómeno, todos los habitantes que pueden ver el eclipse lo descubren en un mismo instante físico, diferenciándose solamente la hora de los lugares en que tiene efecto la observacion. Por lo tanto, la diferencia entre la hora del observador y la hora de San Fernando en que se verifica el fenómeno, será la longitud del lugar.

420. Método para conocer la situacion de un planeta en el cielo. Si queremos hallar el lugar que ocupa un planeta en el firmamento, en un momento dado, determinaremos por medio del *Almanaque Náutico* su Æ y declinacion con la mayor aproximacion posible, y situándolo con estos datos en el planisferio (LÁM. VII), veremos en la constelacion en que se halla y la direccion y distancia á que se encuentra de las estrellas más notables de la misma. Hecho esto, se dirigirá la vista al cielo en direccion á la constelacion correspondiente y se conocerá el planeta deseado.

421. EJEMPLO. El dia 10 de Abril de 1871 el paso de *Marte* por el meridiano de San Fernando tuvo lugar á las $10^h..18^m,7$, y se deseaba conocerlo con el objeto de observar su altura meridiana.

Las coordenadas de Marte que nos dá el Almanaque en el dia propuesto son:

$$Æ = 11^h..34^m..00^s,97. \qquad \text{Declinacion} = 5^\circ..54'..09'',1\ \text{N}.$$

Para situarlo con estos datos en el planisferio, colocaremos una regla que pase por el polo y por un punto del círculo terminador correspondiente á las $11^h..34^m$ de Æ: se tomará una abertura de compás sobre el máximo de Æ graduado, igual á la declinacion, y se trasladará desde la equinoccial hácia el polo, colocando el compás unido á la regla, y obtendremos la situacion del planeta.

De donde resulta que para conocerlo en el cielo, deberíamos haber dirigido la vista hácia la constelacion de *Virgo*, y lo hubiéramos encontrado en una línea que pasase por *Régulus* y *Spica*, ó bien de la *Polar* á γ de la *Osa mayor*.

422. De los cometas. Estos astros se diferencian de los planetas bajo muchos conceptos. En efecto, las órbitas planetarias son elipses casi circulares, y las de los cometas son tan excéntricas, que no se ha podido establecer la diferencia que existe entre la forma de ellos y la forma parabólica. Tenemos tambien que los planos de las órbitas de los planetas están muy poco inclinados respecto á la eclíptica, mientras que las de los cometas admiten todas las inclinaciones posibles; y por último, sabemos que todos los planetas describen sus órbitas en sentido *directo*, y entre los cometas hay muchos cuya revolucion se verifica en sentido *retrógrado*.

Los cometas sólo se ven durante un período muy corto de su revolucion, que es cuando se hallan próximos al Sol, y dejan de verse despues.

423. Aspecto de los cometas. Los cometas se distinguen de los planetas, no sólo por sus elementos astronómicos, sino tambien por sus aspectos especiales.

En los cometas se observa generalmente: el núcleo, que es un

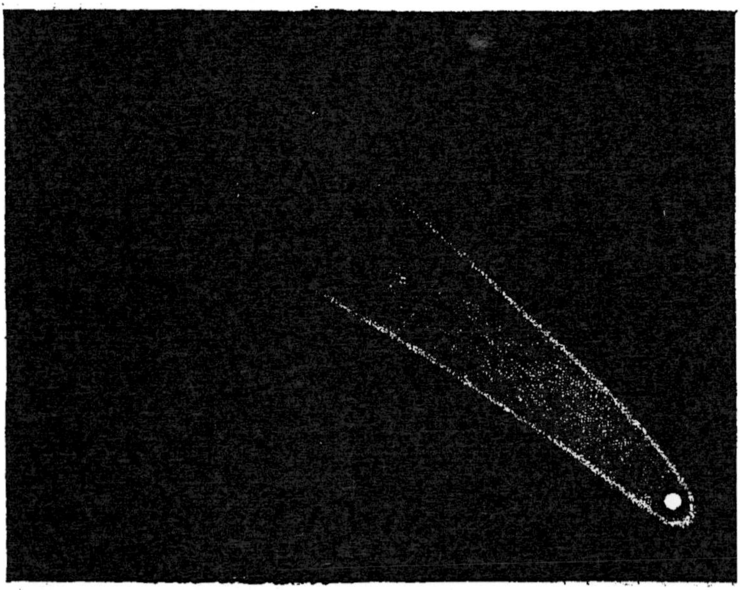

(Fig. 54)

GRAN COMETA DE 1811.

punto brillante rodeado de una *nebulosidad* ó *aureola luminosa*, cuya forma varía constantemente, y que se le suele llamar *cabellera* del cometa, y de un rastro luminoso llamado *cola*, que experimenta constantemente modificaciones en su forma y magnitud.

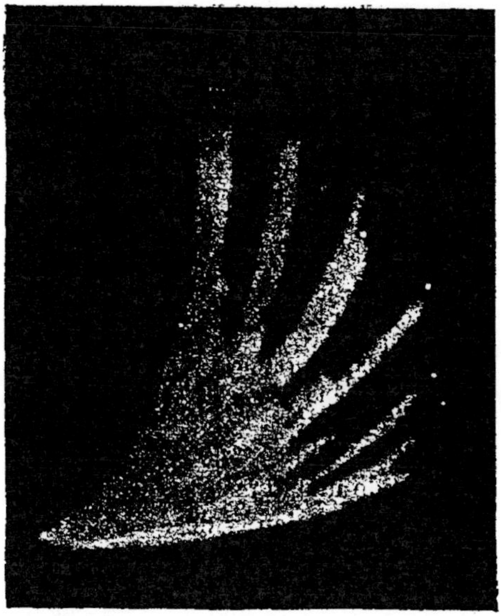

(Fig. 55)

COMETA DE COLAS MULTIPLES.—AÑO DE 1714.

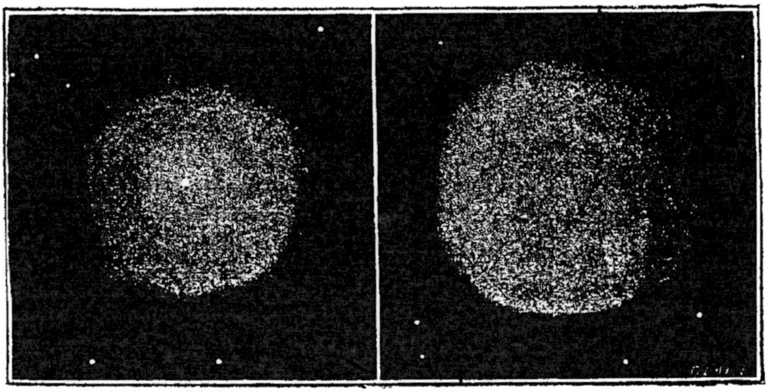

(Fig. 56)

COMETA SIN COLA, Y NEBULOSIDAD COMETARIA SIN COLA NI NUCLEO.

424. Se han observado algunos cometas que no tienen núcleo; otros cuyo núcleo era diáfano, y otros cometas, en fin, más brillantes que los planetas, con un núcleo sólido y opaco.

El mayor núcleo ha sido el del 3.er cometa de 1845 que, segun Arago, tenia 3.200 leguas de diámetro, y el menor el de 1798, que sólo medía 11 leguas.

La nebulosidad, por el contrario, tiene generalmente dimensiones colosales; su forma es casi siempre circular y el diámetro de la del gran cometa de 1811 era de 450.000 leguas, es decir, mayor que el diámetro del Sol.

Nada es más variado que el aspecto de las colas de los cometas: hay algunos que no tienen cola, otros tienen dos ó más; las unas son rectilíneas, otras muy curvas; unas tienen un ancho uniforme, y otras en fin, la figura de un abanico.

La mayor que se ha observado ha sido la del cometa de 1843, que abarcaba un arco en la esfera de 60°, y la del gran cometa de 1811 que llegó á tener hasta 45 millones de leguas de extension.

425. El número de cometas que existe parece ilimitado; hay Catálogos que contienen los elementos de 800, y frecuentemente se observan otros nuevos con el auxilio de los telescopios.

426. Se clasifican en *periódicos* ó de órbitas elípticas y en cometas *parabólicos*. A pesar que se han calculado un gran número de órbitas elípticas, se consideran seis solamente como verdaderos periódicos, cuyas reapariciones se predicen por medio del cálculo.

Algunos astrónomos suponen que las trayectorias de ciertos cometas son parabólicas, y que al dejar de estar próximos al Sol desaparecen para no volverse á ver jamás, pasando á otros sistemas solares. Sin embargo, lo más probable es que sus órbitas sean elipses tan excéntricas, que se hace imposible establecer la diferencia que existe entre ellas y la parábola, en los arcos que describen los cometas mientras son visibles desde la Tierra.

427. Meteoros cósmicos. Al describir nuestro sistema solar, hemos admitido la existencia de una ó más zonas de materia cósmica en diversos estados de aglomeracion, y de donde segun las probabilidades más fundadas, provienen las *estrellas fugaces*, los *bólidos*, los *aerolitos* y la *luz zodiacal*. El estudio de estos meteoros forma una nueva rama de la astronomía, que ha tomado un carácter importante hace algunos años, por lo que nos ocuparemos de ellos con alguna más detencion.

428. Estrellas fugaces. Con este nombre se designan, como sabemos, los puntos y ráfagas luminosas que durante la noche vemos cruzar por el espacio en todas direcciones, desapareciendo á los pocos instantes.

429. Las estrellas fugaces se diferencian unas de otras por el color y brillo de su luz; por la amplitud variable de su curso; por la forma y direccion de la trayectoria que describen; por la huella centelleante y luminosa que algunas dejan tras sí; por la distancia á que pasan de la Tierra y por la velocidad de su movimiento.

430. El color de su luz, generalmente blanco, suele ser tambien rojizo, amarillento, azulado y de otros matices.

Comparando su brillo con el de las estrellas verdaderas, varía entre las magnitudes 1.ª á 6.ª; por regla general las de 1.ª y 2.ª son las más raras. Está comprobado por diferentes observadores, que todas se perciben á simple vista, pues no existen estrellas fugaces telescópicas.

La amplitud de sus trayectorias segun *Coulvier Gravier*, está comprendida desde 26° para las de 1.ª magnitud, disminuyendo progresivamente hasta 10' en las de 6.ª

Por lo general el movimiento es descendente ó dirigido hácia la Tierra; otras veces casi horizontal, ascendente en algun caso y la mayor parte de las veces la trayectoria es rectilínea, salvo algunas escepciones en que describen curvas sinuosas antes de desaparecer.

Lo que sí está demostrado es, que en una misma época la mayor parte de sus apariciones se verifican por una misma region del cielo de pequeña amplitud, que por esta razon se denomina *punto radiante* ó *foco de radiacion*, dirigiéndose despues hácia diferentes puntos del horizonte.

Se ha calculado que la altura de estos cuerpos, ó sea la distancia á que pasan de la Tierra, varía entre 50 y 150 kilómetros, y que por término medio es de unos 100 kilómetros.

La mayoría se mueven con una velocidad de 30 á 70 kilómetros por segundo, llegando á veces su rapidez hasta 100 y 150 kilómetros.

431. El número de estrellas fugaces que se observan es muy variable en las diferentes épocas del año. Se clasifican en estrellas fugaces *diseminadas* ó *esporádicas*, y en *erupciones* de estrellas fugaces, que son el conjunto de multitud de estos cuerpos, cuyas apariciones son generalmente periódicas.

En toda noche despejada se observan de 3 á 4 por hora, y en dos épocas del año, hácia el 10 de Agosto y 11 de Noviembre, las apariciones cuando ménos son diez veces mayores, verificándose algunas veces este fenómeno en tan gran escala, que constituye una verdadera lluvia de estrellas.

432. Estudiando la trayectoria de las estrellas fugaces, se ha descubierto que la estrella γ *de Leo* es el foco de radiacion en el período de *Noviembre*, y *Algol* ó χ. *Perseo* el del período de *Agosto*, puntos que son los mismos para todos los habitantes de la Tierra.

De aquí se deduce que las estrellas fugaces son cuerpos luminosos, cuyos movimientos son independientes del de la Tierra, y que se hallan situadas fuera de su atmósfera, puesto que los puntos radiantes de Leo y Perseo son precisamente aquellos hácia los cuales se dirige la Tierra en su movimiento alrededor del Sol en los meses de Noviembre y Agosto, por lo cual se cree que estos cuerpos tienen un orígen cósmico y que forman parte del sistema solar.

433. La mayoría de los astrónomos y físicos, convienen en que existe una gran cantidad de corpúsculos planetarios en diversos estados de aglomeracion, circulando alrededor del Sol, aunque en planos distintos, á una distancia igual á la que hay del Sol á la Tierra y que forman unos anillos elípticos, cuyas diversas regiones son más ó ménos ricas en materia cósmica, y que nuestro globo en su revolucion ánua pasa por aquellas zonas de pequeños asteróides en una ó más épocas, siguiendo una ley mal conocida hasta ahora.

Al verificarse esto, como la atraccion terrestre es superior á la del Sol, los desvia de su curso ordinario, los hace penetrar en las altas regiones de la atmósfera por breve tiempo, ó hace que se precipiten en nuestro suelo, lo cual explica la caida de piedras y materias ferruginosas, fenómeno muy frecuente y conocido.

La portentosa rapidez con que atraviesan el espacio, nos explica el fenómeno de su repentina inflamacion. Pues si suponemos á estos corpúsculos sólidos y compuestos de materias inflamables, resultará que la intensidad del rozamiento que sufren al atravesar las capas superiores de la atmósfera, bastará para determinar en ellos una gran elevacion de temperatura que producirá la incandescencia de sus capas superficiales; y la diversidad de colores que afecta su luz será una diferencia sin duda en su composicion química.

434. Los bólidos son unas masas luminosas de forma circular ó más bien esférica, de un diámetro aparente sensible y semejantes en sus apariencias á las estrellas fugaces, por lo cual se cree que estas sean bólidos que pasan á grandes distancias de los lugares desde donde se observan.

Los bólidos despiden por lo regular un resplandor muy vivo, comparable á veces al de la Luna, y hasta perceptible de dia. La mayoría deja tras sí un rastro de luz centelleante, pasan á ménos distancia de la Tierra que las estrellas fugaces, su trayectoria es más quebrada, mayor la amplitud de su curso y el tiempo de visibilidad.

El color, aspecto y volúmen aparente de los bólidos, varía en los diferentes puntos de su trayectoria, y antes de extinguirse suelen dividirse en muchos fragmentos, acompañando á esta ruptura fuertes explosiones, que unidas á las nubes de vapores que suceden al resplandor del meteoro, forman un conjunto comparable á una descarga de artillería.

La aparicion de los bólidos es mucho más rara que la de las estrellas fugaces, y como estas, son más frecuentes en Agosto y Noviembre.

Los bólidos se ven á la vez desde varios lugares diferentes, mientras que las estrellas fugaces raras veces se ven simultáneamente en dos lugares distintos y siempre á bastante altura, pues al llegar á estar próximas al horizonte, el espesor de la atmósfera interpuesta impide que la luz llegue al observador con intensidad bastante: los bólidos por el contrario, se ven desaparecer por el horizonte como un astro que se pone.

435. Aerolitos. Al estallido y desaparicion de un bólido sucede algunas veces la caida sobre la Tierra de los fragmentos en que se ha dividido, algunos muy considerables, compactos y candentes aún; que reciben los nombres de *aerolitos* ó *piedras meteóricas*, cuya forma, aspecto, peso y composicion no siempre es igual; pero es digno de notarse que ninguno de los cuerpos simples encontrados en los aerolitos es extraño á nuestro planeta. (*)

La forma más comun suele ser la de fragmentos prismáticos ó piramidales con los ángulos destrozados; su aspecto el de una masa vitrificada y de color negro, brillante á veces, y otras de un blanco marmóreo con betas oscuras: el volúmen y peso varian desde masas apenas perceptibles, hasta otras que tienen 1 ó 2 metros de longitud y 700 y más kilogramos de peso.

(*) De los análisis efectuados por los más célebres químicos, resulta que los cuerpos simples que se encuentran en los aerolitos, que difieren unos de otros, son los 18 siguientes: oxígeno, azufre, fósforo y carbono; el silicio, aluminio, magnesio, calcio, potasio y sodio, combinados con el hierro, niquel, cobalto, cromo, manganeso, cobre, estaño y titano.

436. Luz zodiacal. Este es un fenómeno cósmico más constante y fácil de examinar que las estrellas fugaces, y que es visible generalmente todo el año entre trópicos despues de anochecer ó antes de amanecer, y en nuestras latitudes se presenta algunas ocasiones *en las primeras horas de la noche* desde principios de Febrero á mediados de Abril, y *antes de amanecer* en el otoño.

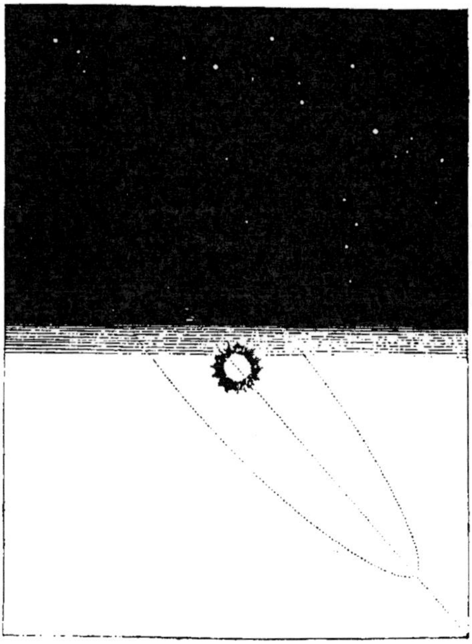

(Fig. 57)
DIRECCION DEL EJE DE LA LUZ ZODIACAL.

En la primera de las épocas citadas, cuando se verifica el fenómeno, no bien termina el crepúsculo vespertino aparece al O una nube luminosa de forma elizoidal, cuyo eje mayor se dirige en la direccion de la eclíptica y cuyo centro se encuentra en la cercanía del Sol; este semi-huso esférico de luz pálida está inclinado sobre el horizonte hácia el S, como unos 50° y su vértice llega hasta unos 60° de altura. Si es en el otoño, entre 2 y 3 de la madrugada empieza por el E un resplandor que aumenta de intensidad y adquiere la forma antes citada, hasta que la luz crepuscular hace desaparecer este misterioso fenómeno.

A través de la luz zodiacal se perciben las estrellas más pequeñas como si tuviesen delante un finísimo velo; y cuando en aquella region del cielo hay algun planeta notable ó aparecen estrellas fugaces, el espectáculo es más interesante. Para su observacion debe elegirse una noche sin Luna, nubes, ni niebla baja, y que la atmósfera esté completamente despejada.

El nombre de *zodiacal* proviene de que aparece siempre inclinada sobre el horizonte y dirigida en el sentido de la eclíptica, curva que como sabemos pasa á través de las constelaciones del zodiaco.

437. Cuantas suposiciones se han hecho hasta ahora para explicar la causa de este fenómeno, están muy lejos de ser completamente satisfactorias. La hipótesis más racional es la de *Laplace*, que supone que la luz zodiacal proviene de cierta cantidad de materia difusa ó hasta cierto punto condensada, bajo la forma de nube ténue ó de anillo que circula alrededor del Sol entre las órbitas de Venus y la Tierra y que tiene el poder de reflejar la luz.

438. Para formular una teoría completa de la luz zodiacal, faltan aún observaciones precisas y delicadas que despejen las dudas que aun existen.

Por este concepto los marinos pueden prestar un señalado servicio á la ciencia, haciendo cuantas observaciones les sean posibles, especialmente durante su permanencia entre trópicos, *acerca de la forma, magnitud, direccion, intensidad, color, luz, uniformidad y duracion de la luz zodiacal.*

Además de la luz zodiacal propiamente dicha, se observa en circunstancias favorables otro rastro luminoso de brillo mucho más debil y de menores dimensiones, cuyo punto de intensidad máxima está precisamente opuesto al Sol, pudiendo decirse que es el reflejo, la imágen del primer cono y que ambos conos luminosos están unidos por un arco de luz mucho más difícil aún de distinguir. Conviene sobremanera dirigir las observaciones sobre la segunda nube luminosa, que es la ménos determinada, procurando medirla y anotar su situacion.

Otro tanto puede decirse respecto á las estrellas fugaces y bólidos, especialmente en las épocas de Agosto y Noviembre en que se verifican las grandes avenidas de estos meteoros.

Aquellos navegantes que en medio de las penalidades de la azarosa vida del mar tengan tiempo y aficion para dedicarse á esta clase de observaciones y remitirlas luego á los centros científicos donde estos fenómenos son objeto de un delicado estudio, pues entre otros resultados que se esperan obtener, se supone que de su observacion podrá deducirse el tiempo que ha de reinar, fuerza y direccion del viento, asuntos á cual más importantes para la navegacion, deberán formar un registro especial y anotar en él las particularidades siguientes:

Longitud y latitud del lugar de observacion; puntos del cielo por donde aparece y desaparece la estrella fugaz ó bólido, precisando con la aproximacion que se pueda la hora de T_m en que se verifican estos fenómenos, siempre que sea posible, y por último se expresará tambien el color é intensidad de su luz, tomando como comparacion la magnitud de las estrellas, y á Júpiter ó á Venus para las más brillantes. Se mencionarán las anomalías en las trayectorias y los cambios de brillo. Si dejan tras sí un rastro hállese el tiempo que permanece visible despues de desaparecer la estrella.

ELEMENTOS ASTRONOMICOS Y FISICOS
DE LOS PLANETAS PRINCIPALES.

PLANETAS.	Movimiento angular medio diurno.	REVOLUCION sidérea en dias medios. Años.	Dias.	Hor.ˢ	Duracion relativa de la revolucion sidérea.	Velocidad lineal ó de traslacion relativa.	Velocidad por hora en leguas de 4 kilómetros.	Tiempo de rotacion alrededor de su eje.
Mercurio....	4°05'32"4	,,	87	23	0,241	1,607	leg.ˢ 44,170	24^h 5^m
Venus	1 36 07.7	,,	224	17	0,615	1,176	32,250	23 21
La Tierra..	59 08,2	,,	365	6	1.	1.	27,500	23 56
Marte	31 26,5	1	321	17	1,881	0,810	22,250	24 37
Júpiter.. ...	4 59,1	11	314	20	11,862	0,439	12,025	9 55
Saturno	2 00,5	29	166	23	29,456	0,323	8,875	10 29
Urano	42,2	84	5	20	84,014	0,228	6,250	Desconoc.ˢ
Neptuno....	21,6	164	225	17	164,610	0,183	5,000	Desconoc.ˢ
Sol	.... ..	....	...	....	....	......	....	25^d 12^h

PLANETAS.	Distancia média al Sol, siendo 1, la de la Tierra	Distancia máxima al Sol referid. á la misma unidad	Distancia mínima id. id.	DIAMETROS APARENTES ecuatorial á la distan.ᵃ média de la Tierra.	id. id. máximo	id. mínimo	Diámetro ecuatorial verdadero comparado con el de la Tierra.
Mercurio....	0.38710	0,46669	0,30751	6",7	12",0	4",4	0,378
Venus.. ...	0,72333	0,72827	0,71839	16 ,9	62,0	9,5	0,954
La Tierra..	1.	1,01677	0,98323	,,	,,	,,	1.
Marte	1,52369	1,66579	1,38159	5 ,8	23,0	3,3	0,540
Júpiter......	5,20280	5,45378	4,95182	38 ,4	46,0	30,0	11,160
Saturno	9,53885	10,07298	9,00472	17 ,1	20,0	15,5	9,527
Urano	19,18264	20,07612	18,28916	3 ,9	4,3	3,5	4,221
Neptuno	30,03697	30,29887	29,77507	2 ,6	,,	,,	4,407
Sol.........	......	....	....	32' 1",8	32'34,6	31'30,1	108,556

PLANETAS.	Excentric. en partes del semi-eje mayor de cada planeta.	Inclinacioⁿ de la órbita respecto á la eclíptica.	Achatam.ᵒ polar referido al diámet. ecuat. de cada planeta.	Volúmen referido al terrestre	Masa id. id.	Densidad id. id.	Luz y calor recibido del Sol.
Mercurio....	0,205618	7° 0' 8"2	(?)	0,054	0,075	1,50	6,674
Venus......	0,006833	3 23 30,7	Casi nulo	6,868	0,859	0,99	1,911
La Tierra..	0,016770	0 0 0	$1/_{299}$	1.	1.	1.	1.
Marte	0 093261	1 51 5,1	$1/_{33}$ (?)	0,157	0,119	0,78	0,431
Júpiter.....	0,048239	1 18 40,3	$1/_{17}$ (?)	1389,996	337,171	0,26	0,037
Saturno ...	0,055996	2 29 28,1	$1/_{9}$ (?)	864.694	100,806	0,13	0,011
Urano	0,046577	0 46 29,9	,,	75,253	17,208	0,23	0,003
Neptuno....	0,008719	1 46 59,0	,,	85,605	20,231	0,24	0,001
Sol	....	....	....	1279,267	354,030	0,28	,,

NOTA.—Estos cuadros los hemos extractado del *Anuario del Observatorio de Madrid*, publicacion utilísima y digna de la mayor confianza.

COMETAS PERIÓDICOS.

COMETA de	Lugar y fecha del descubrimiento.	Astrónomo que lo ha descubierto.	Paso por el perihelio.	Tiempo de la revolucion en años y dias		Sentido del movimiento.
				años	*dias*	
Encke.......	París ... Enero 1786	Michain.	26 Novb 1848	3	109	Directo.
Vico........	Roma .. Agost. 1844	Vico....	2 Setb.re 1844	5	171	Id.
Brorsen.....	Kiel.... Febr.º 1846	Brorsen..	25 Feb.º 1846	5	214	Id.
D'Arrest....	Leipzig. Junio. 1851	D'Arrest	8 Julio. 1851	6	163	Id.
Biela.......	Marsella Novb. 1805	Pons....	10 Feb.º 1846	6	227	Id.
Faye.......	París... Novb. 1843	Faye.....	17 Octb. 1843	7	163	Id.
Halley......	„ Mayo. 1456	....	15 Novb. 1835	76	126	Retrógr.º

SATÉLITES DE LOS PLANETAS.

Satélites de	Satélites segun el órden de distancia al planeta.	Nombre del satélite.	Astrónomo que lo descubrió.	FECHA y lugar del descubrimiento.		
Tierra..	1	La Luna.	„	....	....	....
Júpiter..	1	„	Galileo	7 Enero....	1610	Padua.
	2	„	Id.	Idem	„	Idem.
	3	„	Id.	Idem	„	Idem.
	4	„	Id.	13 Idem	„	Idem.
Saturno.	1	Mimas	W. Herschell	17 Setiembre.	1789	Slough.
	2	Encelado	Id.	28 Agosto ..	1789	Idem.
	3	Tetis.	J. D. Cassini	Marzo ..	1684	Paris.
	4	Dione.	Id.	Idem	„	Idem.
	5	Rhea.	Id.	23 Diciembre.	1672	Idem.
	6	Titan.	Huygens	25 Marzo ..	1655	Idem.
	7	Hyperion	G. P. Bond.	16 Setb.e	1848	Cambridge (E. U.)
	8	Jafet.	J. D. Cassini	Octubre ..	1671	Paris.
Urano..	1	Ariel.	W. Lassell.	24 Octubre ..	1851	Starfield.
	2	Umbriel.	Id.	Idem	„	Idem.
	3	„	W. Herschell	18 Enero....	1790	Slough.
	4	Titania.	Id.	11 Enero ...	1787	Idem.
	5	„	Id.	26 Marzo ..	1794	Idem.
	6	Oberon.	Id.	11 Enero....	1787	Idem.
	7	„	Id.	9 Febrero ..	1790	Idem.
	8	„	Id.	28 Febrero ..	1794	Idem.
Neptuno	1	„	W. Lassell.	10 Octubre ..	1846	Starfield.

SATÉLITES DE LOS PLANETAS.

Satélites de	Satélites segun el órden de distancia al planeta.	Distancia média en radios del planeta.	Revolucion sidérea.	Masa en partes de la del planeta.	Diámetro aparente para la Tierra.	Diámetro verdadero en kilómetros	Inclinac.ⁿ sobre el ecuador del planeta.
Júpiter..	1	6,049	1ᵈ 18ʰ 21ᵐ	0,000017	1",02	3915	3',2
	2	9,623	3 13 14	0,000023	0,91	3515	1° 4,4
	3	15,350	7 3 43	0,000088	1,49	5742	3 21,6
	4	26,998	16 16 32	0,000043	1,27	4914	23 49,4
Saturno	1	3,3607	0 22 37	Desconoc.º	Descono.º	Desconoc.º	Descono.º
	2	4,3125	1 8 53	....	....	....	....
	3	5,3396	1 21 18	....	....	....	....
	4	6,8398	2 17 41	....	....	....	....
	5	9,5528	4 12 25	....	....	....	....
	6	22,1450	15 22 41	....	....	....	....
	7	26,7834	21 7 8	....	....	....	....
	8	64,3590	79 7 53	....	....	....	....
Urano..	1	7,4	2 12 29	....	....	....	....
	2	10,3	4 3 28	....	....	....	....
	3	13,1	5 21 24	....	....	....	....
	4	17,0	8 16 57	....	....	....	....
	5	19,8	10 23 00	....	....	....	....
	6	22,7	13 11 7	....	....	....	....
	7	48,5	38 2 0	....	....	....	....
	8	91,0	107 12 0	....	....	....	....
Neptuno	1	"	5 21 15	....	....	....	....

CAPÍTULO X.

ESTUDIO DEL SOL.

439. Dimensiones del Sol comparadas con las de la Tierra. Si el Sol se conservase siempre á igual distancia de la Tierra, su diámetro *aparente* permaneceria invariable; pero como no sucede así, resulta que dicho diámetro cuyo valor medio es de 32', varía entre 32'..35",6 que es el máximo, y 31'..31" que es el mínimo.

Tambien tenemos, que la paralage del Sol ó sea el valor angular del semi-diámetro de la Tierra visto desde el Sol, es por término medio de 8",57.

Y como es evidente que los valores verdaderos de los radios del Sol y de la Tierra son proporcionales á sus semi-diámetros aparentes, resulta pues, que comparando el ángulo de 32' con el de 17",14, se deduce que el diámetro del Sol es 112 veces mayor que el de la Tierra. (*)

Siendo así que el radio del Sol es 112 veces mayor que el de la Tierra, tendremos tambien que los volúmenes de estos dos cuerpos estarán entre sí como 112^3 es á 1; luego el volúmen del Sol es como 1.450.000 veces mayor que el de la Tierra.

440. Los cálculos más exactos nos demuestran que la masa del Sol es unas

(*) Este resultado nos demuestra que es casi imposible representar exactamente el sistema solar por medio de aparatos en que se conserven las proporciones, pues si indicamos á la Tierra por una esferita de un centímetro de diámetro, el Sol deberia estar representado por un globo de 1ᵐ,12 de diámetro y colocado á 120 metros de distancia.

355.500 veces mayor que la de nuestro planeta; luego si estos dos cuerpos fuesen de volúmenes iguales, el Sol pesaria 355.500 veces más que la Tierra; pero como su volúmen es igual al de la Tierra multiplicado por 112^3, tendremos que su *peso específico* ó densidad média, tomando como unidad la densidad de la Tierra, será:

$$\frac{355500}{112^3} = 0{,}253,$$

y como la densidad média de la Tierra es 5,44 tomando al agua por unidad, resulta en conclusion, que *el Sol es un poco más denso que el agua.*

441. Manchas del Sol. Observando al Sol por medio de un anteojo astronómico y algunas veces á simple vista, pero interponiendo siempre vidrios de color para que la intensidad de su luz no nos moleste, se descubren en su superficie unas manchas negras y de forma irregular.

La mayor extension lineal comprendida por una de estas manchas sobre la superficie del Sol y que se ha medido hasta ahora, es de 167" ó sea 20 veces la paralage horizontal, y por lo tanto diez veces mayor que el diámetro de la Tierra.

Cuando una mancha tiene grandes dimensiones, alrededor de la parte negra que se llama *núcleo*, aparece una zona ménos oscura y de contornos bien determinados que se le llama *penumbra.*

442. Fáculas y lúculas. En el disco solar se observan además unos espacios cuya luz es superior al resto de la superficie del astro, que se llaman *fáculas;* y si se emplea un poderoso anteojo, se advierte que el brillo de su superficie no es uniforme, pues aparece toda ella cubierta de rugosidades luminosas que se llaman *lúculas*, y que Herschell comparaba por su forma con las que nos presenta la cáscara de una naranja.

443. Movimiento de las manchas solares. Continuando la observacion de las manchas solares durante varios dias, se advierte que despues de aparecer por el borde Oriental del disco, es decir, á la izquierda del observador, se dirigen hácia

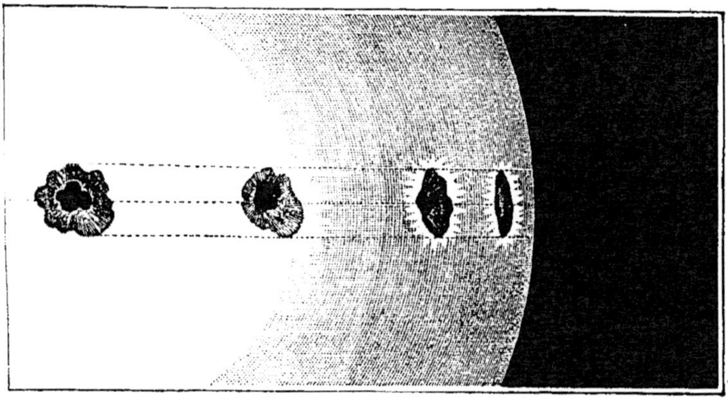

(Fig. 58)

VARIACION APARENTE DE LA FORMA DE UNA MANCHA SOLAR.

el centro y despues hácia el borde Occidental, hasta desaparecer al cabo de unos 14 dias, volviendo á presentarse de nuevo 14 dias despues de haber desaparecido.

Tambien se observa que al presentarse una mancha por el borde Oriental, su núcleo tiene la figura de un filete prolongado en sentido perpendicular al movimiento de la mancha; desde entonces aumenta progresivamente el diámetro transversal del núcleo, hasta que al llegar hácia el centro del disco tiene una forma casi circular, que vá despues disminuyendo de ancho hasta que al desaparecer tiene otra vez la figura estrecha que nos presentó al aparecer.

La penumbra nos presenta durante el movimiento de la mancha, variaciones de aspecto diferente á las del núcleo; en el momento de aparecer la mancha por el borde Oriental ó de desaparecer por el Occidental, la extension de la penumbra es menor hácia el centro que hácia el borde, y cuando la mancha se vé en el centro del disco, entonces la penumbra tiene igual extension por ambos lados.

444. La velocidad con que se mueven las manchas es desigual; la mínima tiene lugar próxima á los bordes, y la máxima hácia el centro del disco.

445. Las fáculas nos ofrecen iguales fenómenos que las manchas, tanto en sus transformaciones como en sus movimientos y velocidades.

446. De todo lo expuesto se deduce que el Sol es una esfera que gira sobre su eje y que la diferente velocidad de las manchas y fáculas, así como sus variaciones de aspecto, son puramente efectos de perspectiva.

Las manchas del Sol no son permanentes, siendo raro que una de ellas subsista durante varias rotaciones sucesivas del Sol. Sus formas y dimensiones varian de una rotacion á otra y á veces en el intervalo de un solo dia. La (Fig. 59) nos manifiesta las modificaciones que han sufrido algunas manchas en el intervalo de una rotacion.

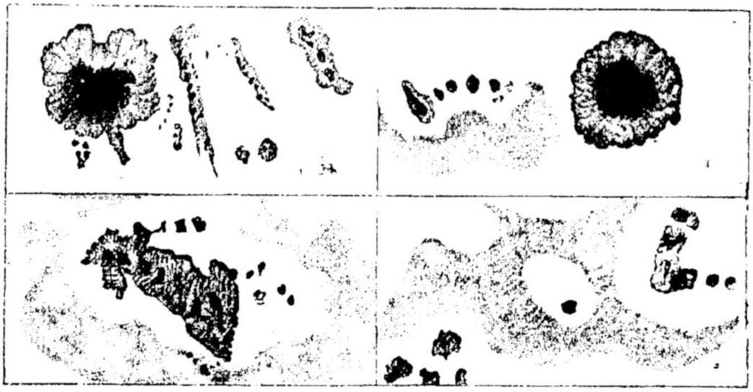

(Fig. 59)

TRANSFORMACION DE MANCHAS EN EL INTERVALO DE UNA ROTACION SOLAR.

Diremos por último, que algunas veces se nos presenta el Sol sin mancha alguna, y que otras veces su número es tan considerable que se han contado hasta 80 en el hemisferio visible.

447. **Duracion de la rotacion solar.** Discutiendo los resultados de numerosas observaciones, se ha demostrado que la duracion de la rotacion del Sol es $25^d.12^h$, y que su eje conservándose siempre paralelo á sí mismo forma un ángulo de 83° con el plano de la eclíptica.

448. La diferencia que existe entre los 25^d.. 12^h que emplea el Sol en dar una vuelta sobre su eje y el período de 27 á 28 dias de reaparicion de las manchas, proviene de que la Tierra no está inmóvil en el espacio; sino que girando alrededor del Sol en el mismo sentido que la rotacion solar, sigue viendo las manchas dos dias y medio despues que han desaparecido para el punto en que se hallaba la Tierra al principio de la observacion.

449. **Movimiento de traslacion del Sol.** Segun W. Herschell y otros astrónomos eminentes, está hoy demostrado que el centro de nuestro sistema planetario está animado de un movimiento de traslacion, y que el Sol acompañado de sus planetas se dirige hácia la estrella λ de la constelacion de Hércules con una velocidad de dos leguas por segundo.

450. **Constitucion física y química del Sol.** Entre las diversas hipótesis que se han hecho acerca de la constitucion física del Sol, dos son las principales y las admitidas por la generalidad de los astrónomos.

La primera, imaginada por *Wilson* en 1774, completada y desarrollada por Herschell y confirmada en parte por *Humboltd* y *Arago*, es la siguiente:

El Sol se compone de un globo esférico, opaco y oscuro, rodeado á diversas distancias por tres atmósferas ó capas gaseosas completamente distintas.

La primera atmósfera ó sea la más próxima al núcleo central, está formada por una aglomeracion de nubes opacas análogas á las de nuestra atmósfera y dotada como estas del poder de reflejar la luz.

La segunda atmósfera, contigua á la primera ó separada de ella, está formada por un gas en ignicion permanente; se denomina foto-esfera, es el orígen de luz y calor del Sol y su superficie forma el disco definido del astro.

La tercera atmósfera es diáfana é iluminada por la foto-esfera, y su brillo disminuye progresivamente al paso que aumenta su distancia al cuerpo central. En esta última capa se supone que existen las nubes rojizas llamadas *protuberancias* y que aparecen alrededor del disco de la Luna durante los eclipses totales de Sol.

451. Para explicar por medio de esta hipótesis los aspectos que presentan las manchas del Sol, se imagina que por efecto de erupciones volcánicas ó de otras causas se producen unas aberturas ó desgarramientos en las dos primeras atmósferas, á cuyo través se vé el núcleo del Sol.

Si las dos atmósferas tienen sus aberturas en línea recta con la Tierra y la abertura de la foto-esfera es la más pequeña, se presenta la mancha bajo el aspecto de un núcleo negro sin penumbra. Pero si la abertura de la foto-esfera es la mayor, entonces se verá un núcleo negro rodeado de penumbra que la constituyen los bordes de la primera atmósfera que sobresalen por debajo de la foto-esfera y que reflejan la luz de esta última. Por último, si la abertura existe en la foto-esfera solamente, entonces se nos presenta la penumbra sin núcleo oscuro.

Supónese en fin, que al verificarse un desgarramiento rápido é intenso en una masa gaseosa, tal como la foto-esfera, debe resultar una gran condensacion de la materia que la forma alrededor de esta abertura y de aquí mayor intensidad de luz, siendo esto el orígen de las fáculas que casi siempre rodean á las manchas.

452. La anterior hipótesis fundada en que la luz solar no proviene del núcleo de este astro, sino de una atmósfera incandescente que la rodea, ha prevalecido exclusivamente hasta hace muy poco tiempo, en que por medio de procedimientos ingeniosos se ha llegado á someter la materia de los astros á un verdadero análisis químico, que revela los cuerpos simples que entran en su composicion.

Este análisis que se llama *espectral*, está fundado en que si se introducen vapores metálicos en un gas incandescente y se descomponen despues por medio del prisma, los rayos luminosos que emite esta llama heterogénea, dan un espectro que presenta ciertas *rayas características* que dan á conocer el metal cuyo vapor se ha introducido en la llama de gas.

Examinando la luz solar por medio del aparato llamado *espectróscopo*, se ha determinado de una manera irrecusable que en la atmósfera de este astro existen vapores de *sodio*, *calcio*, *magnesio*, *chromo*, *hierro*, *nikel*, *cobre*, *zinc*.... metales que deben existir sin duda en el cuerpo del Sol, cuya inmensa temperatura volatiliza incesantemente. Por lo tanto, puede decirse que conocemos, en parte al ménos, la composicion química del inmenso astro que se halla á 38 millones de leguas distante de nosotros. (*)

(*) El Padre Secchi ha hecho numerosas observaciones espectroscópicas de la Luna, y cree como Warren de la Rue que nuestro satélite no es un astro muerto; sino que está rodeado de una atmósfera poco elevada, pero relativamente densa, abrigando tambien la conviccion de que las llanuras designadas con el nombre de mares deben estar cubiertas de vegetacion, opinion que han aceptado varios astrónomos.

En los planetas Venus, Marte, Júpiter y Saturno se ha manifestado la existencia de atmósferas algun tanto análogas en composicion á la de la Tierra, conteniendo como ésta vapor de agua, pero diferenciándose por la naturaleza de elementos que aun no se han podido determinar. Las estrellas, salvo raras escepciones, producen espectros semejantes al del Sol y se ha observado tambien que ciertas nebulosas resolubles parecen ser masas gaseosas en estado incandescente.

Por último, se cree haber observado que los cometas brillan con luz propia, al ménos en su núcleo, y que la naturaleza de su luz los asemeja á las nebulosas ó á las estrellas de débil brillo.

453. Fundándose en estos notables procedimientos y en los resultados de las observaciones de las *protuberancias* ó *nubes rojizas* que han aparecido en los eclipses totales de Sol de los años de 1860 y 1868, se ha establecido una nueva teoría acerca de la constitucion física del Sol, segun la cual se supone que este astro está formado por una esfera incandescente, dotada por lo tanto de una elevadísima temperatura y de una gran intensidad luminosa. Este núcleo se supone rodeado de una atmósfera muy densa dotada tambien, aunque en menor grado, de aquellas dos propiedades físicas, y formada por los elementos constituyentes del Sol, elementos que la intensidad de la temperatura mantiene en estado gaseoso. Se supone que en esta atmósfera existen las nubes rojizas que al proyectarse sobre el disco forman las manchas y al aparecer en los bordes las protuberancias.

454. El fenómeno de las manchas se explica suponiendo que en diversos puntos de la atmósfera solar se verifican enfriamientos parciales, produciéndose por esta causa aglomeraciones muy densas de vapores, nubes oscuras en fin, que interceptando los rayos luminosos del astro aparecen en su disco como manchas. Formada que sea una de estas nubes, no dejará pasar parte de la luz y calor á las regiones inferiores, que se enfriarán á su vez formándose otra nube ménos densa, y vista desde la Tierra será la penumbra que rodea á las manchas. Las deformaciones aparentes que sufren estas al pasar de uno de los dos bordes al centro y al contrario, se explican, como en la hipótesis anterior, por efectos naturales de perspectiva.

De esperar es, que nuevos adelantos de la ciencia nos den una explicacion completamente satisfactoria acerca de tan importante asunto, pues los argumentos que se emplean para defender estas dos teorías no son concluyentes, por más que algunos parezcan más verdaderos que los otros.

CAPÍTULO XI.

ESTUDIO DE LA LUNA.

455. Preliminares. La Luna es despues del Sol el astro más interesante para nosotros, tanto por la luz que nos envia periódicamente, como por su magnitud aparente, por los diferentes aspectos bajo los cuales se nos presenta y por los interesantísimos fenómenos que produce, tales como los *eclipses*, *mareas*, &c.

456. El movimiento de la Luna alrededor de la Tierra es mucho más complicado de lo que á primera vista parece; pues nuestro planeta, en su revolucion ánua alrededor del Sol, arrastra tras sí á su satélite, que acompañándola en su movimiento describe en torno suyo elipses muy excéntricas, especie de epicicloides, y de las cuales la Tierra es el centro móvil.

La inclinacion média de la órbita lunar sobre el plano de la eclíptica es de unos 5°. La comun seccion de estos dos planos se llama *línea de los nodos*, la cual por la accion atractiva del Sol principalmente, sufre un movimiento retrógrado irregular, haciendo una revolucion completa sobre el plano de la órbita terrestre en unos 18 años y $\frac{2}{3}$, período que como sabemos es igual á la nutacion del eje de la Tierra. La accion solar determina además otras irregularidades en el movimiento de la Luna, segun veremos más adelante.

457. La Luna es un cuerpo próximamente esférico, teniendo un ensanchamiento en la direccion de la línea que une su centro con el de la Tierra.

Su eje de rotacion forma un ángulo de 1°..28'..45", con la perpendicular á la órbita de la Tierra.

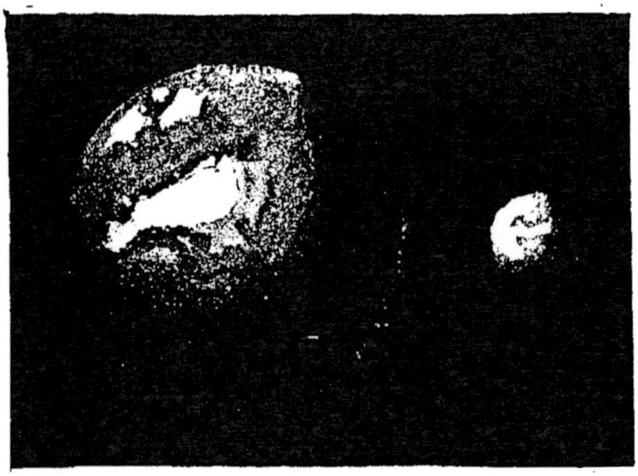

(Fig. 60)

DIMENSIONES COMPARADAS DE LA TIERRA Y DE LA LUNA.

Su radio es próximamente $^{3}/_{11}$ del terrestre; su volúmen 49 veces menor que el de la Tierra, y su distancia média á esta de 96.000 leguas de á 4 kilómetros.

Cuando se compara por espacio de algunas horas la posicion de la Luna con la de las estrellas, se advierte que está animada de un movimiento que se efectúa de Occidente á Oriente.

458. Fases de la Luna. La Luna brilla con una luz blanca, reflejada del Sol, y su diámetro *aparente* es casi igual al de este astro. Pero mientras que el Sol aparece constantemente bajo la forma de un disco circular, la Luna nos presenta en el intervalo de un mes los aspectos más variados, á los cuales se les dá el nombre de *fases de la Luna.*

En efecto, hay una época en que la Luna es invisible para nosotros, que se llama *novilunio* ó *Luna nueva*, y luego despues aparece por la tarde al Occidente y muy cerca del Sol bajo la forma de un huso esférico muy agudo, que vá ensanchándose de dia en dia hasta que unos siete dias despues del novilunio tiene la figura de un semicírculo iluminado, cuyo diámetro está á la izquierda del observador; pasa por el meridiano á las 6 de la tarde, ilumina la primera mitad de la noche y tiene lugar lo que se llama *primer cuarto* ó *cuarto creciente*. Sigue despues ensanchándose la parte iluminada, y unos catorce dias despues del novilunio la vemos bajo la forma de un círculo completo; pasa por el meridiano á las 12 de la noche, nos alumbra durante toda ella y se verifica el *plenilunio* ó *Luna llena*.

En las noches siguientes se la vé pasar por el meridiano cada vez más tarde, disminuye la parte iluminada de su disco, y hácia los veintiun dias despues del novilunio aparece otra vez bajo la forma semi-circular; estando entonces el diámetro á la derecha, pasa por el meridiano á las 6 de la mañana, nos alumbra durante la segunda mitad de la noche y sucede el *segundo cuarto* ó *cuarto menguante*. En las noches que siguen vá disminuyendo el huso iluminado, y unos veintisiete dias despues del novilunio, sólo vemos un filete muy estrecho, hasta que por último desaparece la Luna para ofrecernos más tarde y periódicamente iguales aspectos, que se designan con el nombre de fases de la Luna.

459. *Demostracion.* Sea T T′ *t t′* la órbita de la Tierra; los círculos A B C B, A′B′C′D′.... &c., la órbita de la Luna en sus diferentes posiciones, y B D, B′D′.... &c. la línea de los nodos que se mantiene paralela á sí misma con corta diferencia, y por lo tanto considérese la parte B A D elevada y la B C D depresa respecto al plano de la eclíptica y formando con ella un ángulo de unos 5° (art. 456). Los círculos menores concéntricos á la órbita de la ☾, T, T′, *t*, *t′*, representan la Tierra en diferentes posiciones de su órbita, y los circulitos A, B, C, D... la Luna en varios lugares de su trayectoria.

Admitamos para mayor facilidad que la Tierra permanece inmóvil en T, ínterin la Luna efectúa una revolucion alrededor de ella, y supongamos en fin, que el Sol se halla en S suficientemente distante para que puedan considerarse sus rayos como paralelos en todas las posiciones de la Luna.

460. Esto supuesto, tendremos que al hallarse la Luna en A, ó sea en conjuncion, le presenta á la Tierra el hemisferio oscuro; por esto y por el mucho brillo del Sol, que se halla en la misma direccion, no podemos verla y tiene lugar el *novilunio*. Como su Æ es igual á la del Sol, pasarán ambos astros al mismo tiempo por el meridiano.

Al estar la ☾ en B, su círculo de iluminacion prolongado pasa por el centro de la Tierra, se descubre iluminado la mitad de un hemisferio y sucede el *primer cuarto* ó *cuarto creciente*. Vemos que la diferencia entre la Æ del Sol y de la ☾ es de 6^h y pasará por el meridiano 6^h despues que el Sol.

Cuando está la ☾ en C, ó sea en oposicion, le presenta á la Tierra todo el hemisferio iluminado, tiene lugar el *plenilunio* y pasa por el meridiano á média noche, ó sea 12^h despues que el Sol.

Al hallarse la ☾ en D, vuelve otra vez á pasar la prolongacion de su círculo de iluminacion por el centro de la Tierra, la vemos bajo la forma de un semi-círculo iluminado, cuyo diámetro está á la derecha del observador, tiene lugar el *último cuarto* ó *cuarto menguante*, y pasa por el meridiano á las 6 de la mañana ó sea 18^h despues que el Sol.

461. Finalmente, al estar la Luna otra vez en A, vuelve á ser novilunio, la ☾ y el ⊙ pasan juntos por el meridiano, resultando de aquí que durante el período de las fases, la ☾ retarda su paso por el meridiano de un dia á otro y pasa por él una vez ménos que el Sol.

Tambien se consideran otras cuatro fases intermedias que se denominan *octantes.*

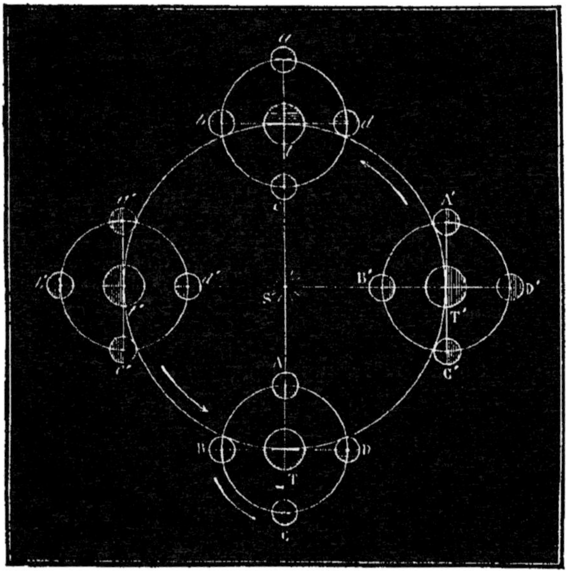

(Fig. 61)

462. Cuernos de la Luna, son los vértices de los ángulos esféricos formados por el círculo terminador del hemisferio visible de dicho astro y el de iluminacion.

Si consideramos prolongado indefinidamente un círculo máximo de la ☾ que tenga sus polos en los cuernos, determinaremos próximamente la situacion de la eclíptica en el cielo.

463. Luz cenicienta. Tres ó cuatro dias antes ó despues del novilunio, y estando el Sol bajo el horizonte, nos presenta la Luna un estrecho filete iluminado y distinguimos el resto de su disco alumbrado por una luz pálida muy débil que se llama *luz cenicienta.*

Este curioso fenómeno es producido por la luz solar, que despues de reflejarse de la Tierra á la Luna, nos la vuelve este astro á reflejar de nuevo.

No hay duda que como la Tierra es un cuerpo opaco, debe reflejar en el espacio la luz que recibe del Sol é iluminar la Luna del mismo modo que este astro nos alumbra á nosotros. La (Fig. 61) nos demuestra que las fases de la Tierra son complementarias á las de la ☾ y que en la época del novilunio un observador situado en nuestro satélite verá todo el hemisferio iluminado de la Tierra: y como el disco de esta es 13 veces mayor que el de la Luna, la luz reflejada por nuestro globo será 13 veces mayor que la que nos envia la Luna llena, por lo que antes ó despues del novilunio la Tierra arroja sobre la Luna parte de la que recibe del Sol, y esta luz, reflejada por la parte oscura, nos la hace visible.

El diámetro de la ☾ que pasa por los cuernos aparece mayor que el correspondiente á la parte que nos envia la luz cenicienta; esta diferencia es un efecto de radiacion, pues un objeto nos parece tanto mayor, cuanto mayor es la cantidad de luz que nos envia.

(Fig. 62)

LUZ CENICIENTA.

464. Diferentes períodos lunares. Para determinar el tiempo que emplea la Luna en hacer una revolucion alrededor de la Tierra, pueden considerarse distintos puntos de referencia en la esfera celeste, y así tenemos que:

1.° *Revolucion trópica de la Luna* es el tiempo que média entre dos pasos sucesivos de este astro, por el máximo de longitud que pasa por el equinoccio de primavera; punto que como sabemos no permanece fijo en virtud del movimiento del equinoccio.

La duracion de este período se determina calculando dos épocas muy distantes, en las cuales sea cero la longitud de la Luna, y dividiendo los dias medios que han trascurrido entre ambas por el número de revoluciones que han tenido lugar.

De este modo se ha deducido:

Revolucion trópica $=$ 27,321582 dias medios solares $=$ $27^d..\ 7^h..\ 43^m..\ 4^s,7$.

2.° *Revolucion sidérea de la Luna* es el tiempo que emplea este astro en volver á corresponder á una misma estrella ó punto fijo del cielo, esto es, en hacer una revolucion exacta alrededor de la Tierra; revolucion que no diferiria de la trópica, si el punto equinoccial de ♈, orígen de las longitudes, no tuviese un movimiento retrógrado sobre la ecliptica.

3.° *Revolucion sinódica* es el tiempo que média entre dos novilunios sucesivos, período que se denomina tambien *mes lunar, sinódico* ó *lunacion*, por verificarse en él todas las fases. Su duracion es muy desigual á causa de las irregularidades del movimiento de la Luna.

La duracion média se determina exactamente observando en dos épocas separadas por un número considerable de años, los momentos en que se verifican dos eclipses de Luna, fenómeno que como veremos tiene lugar en el instante del plenilunio, y dividiendo el tiempo que ha mediado entre los dos eclipses por las lunaciones que han tenido lugar, se obtiene la duracion média del

$$\text{Mes lunar} = 29{,}530588 \text{ dias solares medios} = 29^{d}..\ 12^{h}..\ 44^{m}..\ 2^{s},9.$$

La causa de que la revolucion sinódica sea mayor que la sidérea, depende de que la Tierra durante esta última no permanece inmóvil en el espacio.

En efecto, en la (Fig. 63), análoga á la 61, tenemos que al hallarse la Tierra en T se verifica el novilunio al encontrarse la Luna en L y cuando suceda el novilunio inmediato, habrá recorrido la Tierra como la dozava parte de su órbita y estará por ejemplo en T', y cuando la Luna se halle en L' despues de haber efectuado una revolucion sidérea, no sucederá el novilunio, pues para esto tendria que hallarse en *l* ó sea en conjuncion; luego en el intervalo de la lunacion la Luna describe una circunferencia ó sean 360° mas el arco L'*l*, medida del ángulo L'T'S, igual al TST' por alterno entre paralelas, el cual tiene á su vez por medida el arco TT', movimiento angular de la Tierra durante la lunacion.

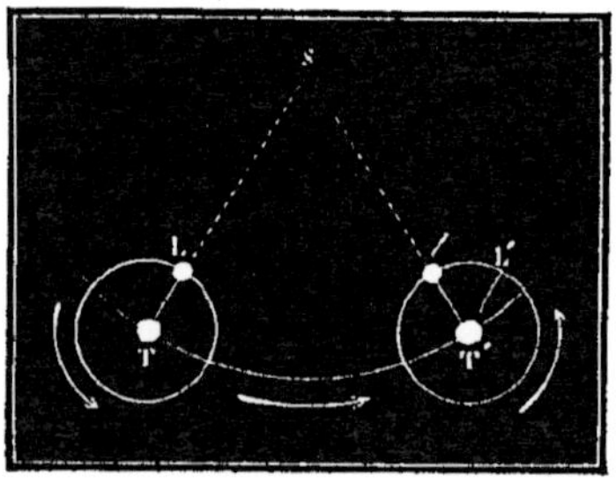

(Fig. 63)

465. De todo lo dicho se deduce, que las fases dependen únicamente de las posiciones relativas del Sol, de la Tierra y de la Luna; que los novilunios se verifican en las conjunciones ó sea al estar los tres astros en línea recta y la Luna entre la Tierra y el Sol. Por lo tanto, el intervalo de tiempo que média entre dos novilunios depende de la diferencia de velocidades que animan á la Luna y al Sol al describir sus órbitas verdaderas ó aparentes alrededor de la Tierra.

466. El período de las fases se explica tambien fácilmente, comparándolo con el movimiento de las agujas de un reloj. Para esto, si suponemos la Luna en el extremo del minutero y al Sol en el extremo del horario, tendremos el fenómeno representado haciendo abstraccion de las distancias.

Resulta, pues, que el minutero se mueve con una velocidad 12 veces mayor que el horario, y suponiendo que los dos partan de las XII, mientras el primero recorre 360°, el otro ha avanzado solamente 30°; luego el minutero tiene que recorrer un arco igual á su diferencia de velocidad con el horario, para alcanzarlo y estar otra vez en conjuncion con él.

De aquí, para determinar la época en que deben verificarse las conjunciones, hay que conocer las velocidades con que se mueven los astros, que se suponen uniformes.

467. Edad de la Luna. Llámase así á los dias que han trascurrido desde el novilunio, que es el principio del mes lunar.

La edad de la Luna el dia 1.° de Enero se denomina *epacta del año*.

Se dice que la edad de la ☾ es de un dia, el del novilunio, cuando este tiene lugar antes del medio dia; y si se verifica despues de esta hora, al dia siguiente. El *Almanaque Náutico* nos dá este dato en las páginas V á XII de cada mes.

Como las duraciones de los meses lunares son desiguales, las fechas en que tienen lugar las fases no son proporcionales á la edad de la Luna. Así, el primer cuarto no se verifica á los $7^d,38$, el plenilunio á los $14^d,76$, ni el último cuarto á los $22^d,15$.

468. Hallar el paso de la Luna por un meridiano cualquiera. Segun hemos visto al tratar de las fases, los pasos de la Luna por un mismo meridiano se van retardando de un dia á otro hasta que al cabo de una lunacion se retardan 24^h, volviendo otra vez á coincidir los pasos del Sol y de la Luna.

Por lo tanto, durante un mes sinódico pasa la Luna una vez ménos que el Sol por el meridiano, resultando de aquí que dichos meses constan de 28,53 pasos de la Luna por el meridiano, es decir, 28,53 dias lunares.

Luego para hallar el retardo diario tendremos: $\frac{24^h}{28,53} = 50^m\ 5.$

Esto es, que suponiendo uniforme el movimiento de la ☾ retarda diariamente $50^m,5$ en su paso por el meridiano, correspondiendo unos 2^m por hora.

469. En el *Almanaque Náutico* y en las páginas V á XII de cada mes, se encuentra la hora del paso de la ☾ por el meridiano de San Fernando, y á continuacion el retardo diario efectivo, ó sea la diferencia entre la hora del paso del dia propuesto y el siguiente.

De aquí resulta, que puede hallarse la hora de su paso por otro meridiano cualquiera, aplicándole una correccion á la hora del paso por San Fernando, y que se deduce de la longitud del observador por la proporcion siguiente: 24^h son al retardo diario efectivo, como la longitud expresada en tiempo es á la correccion. Advirtiendo que si dicha longitud es O, se toma el retardo en el dia propuesto, y si es E el que corresponde al dia próximo anterior.

Ahora bien, como los astros pasan antes por los meridianos más orientales, es evidente que la correccion será aditiva si la longitud del observador es O; y sustractiva si es E.

Cuando la longitud es O y la suma de la correccion y de la hora del paso exceda de 24^h, se le restará esta cantidad y nos dará la hora en el dia siguiente; y cuando la longitud es E y la correccion es mayor que la hora del paso, se le sumará á esta 24^h y la hora que resulte corresponderá al dia próximo anterior.

470. Conocida que sea la hora del paso de la ☾ por el meridiano superior de un lugar, se determinará la hora del paso por el meridiano inferior *antecedente*, restándole 12^h mas la mitad del retardo diario que dá el *Almanaque* en el dia anterior al propuesto, y si fuese por el meridiano inferior *siguiente*, se le sumarán 12^h, mas la mitad del retardo tomado en el dia propuesto.

471. Para hallar la hora del paso por un meridiano cualquiera, cuando no se requiera tanta exactitud, basta aplicar á la hora del paso por San Fernando una correccion de 2^m (art. 468) por cada hora de diferencia en longitud, aditiva si la longitud es O, y sustractiva si es E.

Del mismo modo, para hallar el paso por el meridiano inferior antecedente, se le restarán 12^h+25^m á la hora del paso superior, y, si se quisiese por el meridiano inferior siguiente, se le suman 12^h+25^m.

472. EJEMPLO I. El dia 17 de Agosto de 1871, se pide la hora del paso de la ☾ por un meridiano cuya longitud es $71°..51'$ O$=4^h..45^m$.

Paso por San Fernando	Dia 17 á $1^h..09^m..00^s$	Retardo efectivo 47^m
$24^h : 47^m :: 4^h,75 : x =$ Correccion...	$+\ 9\ ..18$	
Paso por el meridiano del observ.^{or}	Dia 17 á $1^h..18^m..18^s$	

EJEMPLO II. El dia 4 de Octubre de 1871, se pide la hora del paso de la ☾ por un meridiano, cuya longitud es: $117°..30'$ E de San Fernando$=7^h..50^m$.

Paso ☾ por San Fernando el dia 4 á	$16^h..45^m..00^s$	Retardo efectivo $=49^m,3$.
$24^h : 49^m,3 :: 7^h,83 : x =$ Correccion	$-\ 16\ ..05$	
Paso pedido el dia 4	$16^h..28^m..55^s$	

473. *Caso particular*. Siendo así que en la época de los novilunios pasa la ☾ por el meridiano casi al medio dia, y en atencion á que retarda unos 50^m en dicho paso de un dia á otro, resulta de aquí que en la época del novilunio la Luna no pasa por el meridiano de un lugar durante 24^h.

En efecto, si la ☾ pasa por el meridiano de San Fernando el dia 4 por ejemplo, á las $23^h..40^m$, tardará en pasar otra vez 24^h+50^m, y como $(23^h..40^m)+(24^h..50^m)=2^d..30^m$, es evidente que el dia 5 no habrá paso y que no tendrá lugar hasta el dia 6 á $0^h..30^m$.

474. El *Almanaque Náutico* nos indica con asteriscos los dias en que no hay paso de ☾ por el meridiano de San Fernando, que como sabemos ya, tiene lugar en los novilunios; pero si en un dia dado no pasa la Luna por el meridiano de San Fernando, pasará por otro meridiano situado al E ó al O de él.

475. Así cuando se trata de determinar la hora del paso de la ☾ por el meridiano de un lugar, y vemos en el *Almanaque Náutico* que en el dia propuesto no hay paso por el meridiano de San Fernando, se consideran los pasos de los dias anterior y posterior al dado y la diferencia que hay entre ellos, que es el retardo que nos dá el *Almanaque* en el dia anterior, como la diferencia que existe entre las horas del paso de la ☾ por los meridianos de dos lugares, distantes 24^h en longitud.

Por lo tanto, si es O la longitud del observador, se le suma la parte proporcional del retardo á la hora del paso del dia próximo anterior, y si esta suma resulta mayor de 24^h, se le resta esta cantidad y *habrá paso* en dicho dia para el observador; de lo contrario no lo habrá.

Cuando es E la longitud, se le resta la parte proporcional del retardo á la hora del paso del dia próximo siguiente. Si la correccion es mayor que la hora del paso en San Fernando, se le suma á esta 24^h, se halla la diferencia y *habrá paso* para el observador en dicho dia y de lo contrario no lo habrá.

EJEMPLO III. 1871. Dia 19 de Abril. Se pide el paso de la ☾ por un meridiano cuya longitud es: 26°..40′ O de San Fernando$=1^h..46^m..40^s$.

El Almanaque Náutico no dá paso de la Luna el dia 19.

Paso ☾ por el merid.º de S. F. el dia 18 á $23^h..53^m..54^s$ Retardo el dia 18$=42^m$, 6.
$24^h: 42^m,6 :: 1^h,78 : x =$ Correccion.. + 3 ..10

Paso por el merid.º del observ.or dia 18 á $23^h..57^m..04^s$

Por lo tanto no hay paso el dia 19.

EJEMPLO IV. 1871. Dia 19 de Abril. Se pide el paso de la ☾ por un meridiano cuya longitud es: 96°..47m O$=6^h..27^m..08^s$.

El Almanaque Náutico no dá paso de la Luna el dia 19.

Paso ☾ por el merid.º de S. F. el dia 18 á $23^h..53^m..54^s$ Retardo el dia 18$=42^m$,6.
$24^h : 42^m, 6 :: 6^h,45 : x =$ Correccion.. + 11 ..27

Paso por el merid.º del observ.or dia 19 á $00^h..05^m..21^s$

Hay paso por lo tanto el dia 19.

EJEMPLO V. 1871. Dia 19 de Abril. Se pide el paso de la ☾ por un meridiano cuya longitud es $4^h..36^m$ al E de San Fernando.

El Almanaque Náutico no dá paso de la Luna el dia 19.

Paso ☾ por el merid.º de S. F. el dia 20 á $0^h..36^m..30^s$ Retardo el dia 18$=42^m$,6.
$24^h : 42^m,6 :: 4^h, 6 : x =$ Correccion... — 8 ..08

Paso por el merid.º del observ.or dia 20 á $0^h..28^m..22^s$

No hay paso por lo tanto el dia 19.

EJEMPLO VI. 1871. Dia 18 de Mayo. Se pide el paso de la ☾ por un meridiano cuya longitud es: $6^h..48^m$ al E de San Fernando.

El Almanaque Náutico no dá paso de la Luna el dia 18.

Paso ☾ por el merid.º de S. F. el dia 19 á $00^h..01^m..54^s$ Retardo el dia 17$=44^m$, 1.
$24^h : 44^m, 1 :: 6^h, 8 : x =$ Correccion.. — 12 ..30

Paso por el merid.º del observ.or dia 18 á $23^h..49^m..24^s$

Hay paso por lo tanto el dia 18.

476. Al calcular la hora del paso de la Luna, hay que ver si corresponde á la fecha civil para la cual se desea; así este último paso tiene lugar el dia 19 á las $11^h..49^m..24^s$ de la mañana en tiempo civil.

El caso de determinar el paso de la Luna por el meridiano, el dia en que no pasa en San Fernando, sólo se presenta en la práctica de la navegacion para calcular las horas de las mareas, y nunca para la observacion de la altura de la Luna, puesto que estando próxima al novilunio no puede observarse.

477. Efemérides de la Luna. Las páginas IV hasta la XII del *Almanaque Náutico,* contienen los elementos de la Luna.

Los de la página IV y de los cuales se hace uso en la astronomía náutica, son la *paralage horizontal* y *semi-diámetro central ú horizontal,* calculados para cada medio dia y média noche de T_m de San Fernando, y las fases de la ☾, ó sean los momentos en que la longitud de este astro difiere de la del ☉ 0°, 90°, 180° y 270°, calculados tambien en T_m astronómico, y por último, el instante en que se verifica el *perigeo* y *apogeo* de la ☾, esto es, cuando se halla á su menor ó mayor distancia de la Tierra.

En las páginas restantes V á XII nos dá para cada dia del mes y de hora en hora la Æ, *la declinacion* de la ☾ y la variacion de esta última en 10^m, contados desde el principio de cada hora; prolijidad muy necesaria, atendiendo á lo irregular del movimiento de la ☾ y á que es 13 veces más rápido que el movimiento aparente del ⊙. Dichas páginas contienen tambien la *edad de la luna* correspondiente á cada dia y la hora de su paso por el meridiano superior de San Fernando, así como el retardo diario efectivo.

478. Los valores de la paralage, que nos dá el *Almanaque Náutico*, dependen de la distancia á que se halla la ☾ de la Tierra y disminuyen á medida que el radio vector aumenta. El valor de la paralage en el perigeo es de 61'.. 30''; en el apogeo 53'.. 53'', y por lo tanto la média será 57'.. 00'',9.

479. El semi-diámetro horizontal está calculado para un observador que se supone situado en el centro de la Tierra, y como quiera que mientras más cerca está la ☾ de nosotros nos parece mayor, resulta que el semi-diámetro aparente varía con el radio vector y con la paralage. Así cuando está la ☾ en perigeo tiene el máximo semi-diámetro aparente, 16'... 45'',53; en el apogeo es el mínimo 14'.. 40'',96; y el medio es 15'.. 43'',33.

480. Los astrónomos han determinado que el semi-diámetro es siempre $^3/_{11}$ del valor de la paralage. De los valores del semi-diámetro y paralage se deducen los dias en que se halla la ☾ en perigeo y apogeo, datos muy necesarios para el conocimiento de las mareas.

481. Movimiento de rotacion de la ☾. La Luna dá una vuelta completa sobre su eje en un tiempo *precisamente igual* al que emplea en hacer una revolucion sidérea alrededor de la Tierra, que como sabemos es de unos 27 dias y $^1/_3$. Resultando de aquí que le *presenta siempre á la Tierra el mismo hemisferio*.

En efecto, la Luna presenta siempre un gran número de manchas visibles á simple vista y cuyo conjunto ofrece á nuestra imaginacion la apariencia de una cara humana. Si hacemos uso de un anteojo de mediana fuerza, se observa con más precision aún que dichas manchas son permanentes y que conservan siempre igual posicion, lo cual está comprobado por las Cartas de la Luna levantadas hace 1800 años, las cuales no difieren esencialmente de las actuales. Por lo tanto, los habitantes de la Tierra sólo han visto un hemisferio de la Luna y la teoría nos demuestra que jamás se verá el hemisferio opuesto.

Si la Luna no girase sobre su eje, nos presentaria sucesivamente toda su superficie al efectuar una revolucion alrededor de la Tierra y apareceria animada entonces de un movimiento de rotacion retrógrado, cuyo período seria igual á una revolucion sidérea. Engañados por las apariencias, creen algunos que la Luna no gira sobre su eje, pero nada es más fácil que convencerse de la simultaneidad de sus dos movimientos.

Para esto póngase un individuo á dar vueltas alrededor de un objeto fijo sin girar sobre sí mismo; esto es, dirigiendo siempre la vista hácia un mismo punto del espacio; y resultará que al volver dicho individuo al punto de partida, le habrá presentado sucesivamente todos sus costados á un observador situado en el citado objeto fijo y aparecerá como si hubiese girado sobre sí mismo, mientras que visto desde fuera de la circunferencia que ha descrito no habrá dado vuelta alguna.

Por el contrario, si suponemos dos individuos cogidos el uno al otro con ambas manos y dando uno de ellos vuelta alrededor del otro, resultará que durante una revolucion completa le presenta siempre la cara, pero como ha ido dirigiendo la vista sucesivamente hácia todos los puntos del espacio, es evidente que mientras ha efectuado dicha revolucion ha dado una vuelta completa sobre sí mismo.

Si existiese la menor diferencia entre la duracion de estos dos movimientos, dicha diferencia se iria acumulando de revolucion en revolucion, concluiria por hacerse sensible y al cabo de cierto número de años el espectador terrestre concluiria por ser el hemisferio antes invisible; y como esto no es así, queda, pues, demostrado, que cada punto de la superficie de la Luna describe en un intervalo dado un arco igual al movimiento angular de la Luna alrededor de la Tierra en dicho intervalo.

482. Libraciones de la Luna. Observando atentamente las manchas de la Luna próximas á sus bordes, se nota que desaparecen y vuelven á aparecer como si la Luna oscilase periódicamente alrededor de una posicion média. Dicho balanceo se denomina *libracion*, y es simplemente el resultado de una ilusion óptica muy fácil de explicar.

Ante todo diremos que se distinguen tres clases de libraciones producidas por tres causas diferentes y son: *libracion en longitud* ó sea una oscilacion aparente del Este al Oeste; *libracion en latitud* por la cual nos parece que oscila en el sentido Norte Sur, y por último, *libracion diurna*, mucho menor que las otras, y llamada así porque su período es el intervalo de un dia.

483. Libracion en longitud. Sabemos que el movimiento de rotacion de la Luna es uniforme, y que el de traslacion es irregular; y si bien es verdad que estos dos movimientos empiezan y concluyen al mismo tiempo, no conservan sin embargo uniformidad durante todo el período de la revolucion sidérea.

En efecto, los movimientos angulares de la Luna alrededor de la Tierra son irregulares, no sólo por la notable excentricidad de la órbita lunar, sino tambien por las perturbaciones tan sensibles que introducen en su marcha la atraccion solar; y como el movimiento de rotacion no participa de estas desigualdades, resulta que el arco que describe al girar sobre su eje es unas veces mayor y otras menor que el movimiento angular de traslacion en el mismo intervalo.

Por esta causa, al ir la Luna del perigeo al apogeo, desaparecen sucesivamente las manchas del borde Oriental y aparecen otras por el Occidental; esto es, que se descubre por Occidente un huso esférico, antes invisible, y se pierde de vista otro igual por el lado de Oriente, como si el astro girase lentamente sobre sí mismo en sentido retrógrado y alrededor de un eje perpendicular á su órbita. En la segunda mitad de la revolucion se verifica la oscilacion en sentido directo; es decir, que el borde Oriental es el que se descubre, desapareciendo á la vez el Occidental. Por lo tanto, nos parece que la Luna oscila (como si dijese *no*) en el sentido Este-Oeste.

La amplitud de esta libracion es un huso de unos 8° y tiene por período la revolucion sidérea.

484. Libracion en latitud. Como el eje de rotacion de la Luna se conserva siempre paralelo á sí mismo y forma un ángulo de unos 83° con el plano de la órbita, resulta que al recorrer este astro su trayectoria nos presenta unas veces un polo y otras veces el otro y descubrimos al Norte ó al Sur un huso esférico de unos 6°½ de amplitud máxima, perteneciente al hemisferio ordinariamente invisible y nos parece por lo tanto que la Luna oscila, como si dijese *sí*, alrededor de un eje paralelo á su órbita, en el intervalo de una revolucion sidérea.

485. De todo lo dicho resulta, que no es la mitad del globo lunar la que permanece constantemente invisible para nosotros, sino los ³/₇ de su superficie.

486. Libracion diurna. Las libraciones antedichas se suponen observadas desde el centro de la Tierra por el cual pasa el plano de la órbita de la Luna; y haciendo abstraccion de dichas dos libraciones, tendremos que para un observador A, que se imagina en el centro de la Tierra, las manchas tendrán siempre el mismo aspecto; pero no sucederá lo mismo para otro observador B, situado en la superficie de la Tierra; pues á medida que aumenta la altura de la Luna descubrirá nuevos puntos de su superficie invisibles para A, verificándose el fenómeno en sentido opuesto al descender la Luna y ocultarse bajo el horizonte. Por esta razon el movimiento diurno nos hace descubrir sucesivamente en los bordes opuestos de la Luna dos husos de unos 40′ de amplitud, como si dicho astro tuviese un movimiento periódico alrededor de un eje perpendicular al plano del paralelo celeste que parece describir cada dia.

487. Ciclo lunar. *Meton*, astrónomo griego que vivió en el siglo V antes de nuestra era, notó que 235 lunaciones componian $6939^d,69$ y que 19 años trópicos constan de $6939^d,60$; y de aquí dedujo que cada 19 años las mismas fases de la Luna se verifican en iguales fechas.

Este período de 19 años ha tomado el nombre de *ciclo lunar, ciclo de Meton* ó *ciclo de oro*, porque los griegos acordaron que el descubrimiento de este astrónomo se inscribiese con letras de oro en el templo de Minerva.

El ciclo de Meton carece en rigor de exactitud, y las fases no tienen lugar con el trascurso de los años en las fechas indicadas por los *números de oro.*

488. Constitucion de la Luna. Cuando se observa la Luna por medio de un anteojo de mediana fuerza, se advierten en su superficie puntos iluminados acompañados de partes laterales oscuras, cuyas posiciones y extensiones varían en las diferentes fases. De aquí se supone que dichos puntos brillantes deben ser la cima de montañas, y que las partes oscuras serán las sombras proyectadas por estas montañas, ó bien valles profundos que no reciben luz directa del Sol.

Así debe ser, toda vez que las sombras tienen la extension y situacion que les corresponde, segun el lugar en que se halla el Sol, y en la oposicion desaparecen casi del todo, que es cuando vemos la Luna en la misma direccion que recibe los rayos solares.

Otra prueba de la existencia de estas montañas es el aspecto que nos presenta la Luna en los cuartos. Obsérvase en efecto, que el borde de dicho astro que se dirige hácia el Sol es circular y casi seguido y que el límite de la parte iluminada es muy accidentado y desigual, todo lo cual depende de que el primero recibe los rayos solares casi normales, mientras que para el círculo racional de iluminacion se halla el Sol en el ocaso y las montañas arrojarán sus sombras más ó ménos prolongadas y marcadas, segun la extension de las llanuras inmediatas. Por último, sobre la parte no iluminada de la Luna se descubren algunos puntos brillantes que deben ser la cima de montañas tan elevadas, que el Sol las ilumina mientras sus bases están sumergidas en la oscuridad.

489. Aspecto y altura de las montañas lunares. El aspecto de las montañas de la Luna es notable por su singularidad, pues en vez de formar cordilleras casi rectilíneas como las terrestres, tienen generalmente la forma de *circos*, en cuyos centros se elevan picos de considerable altura; tambien hay un gran número de cráteres ó cavidades circulares, semejantes á las de los terrenos volcánicos, y de dimensiones enormes. El cráter llamado de Ptolomeo mide 180 kilómetros de diámetro.

490. Las alturas de las montañas principales se han calculado por la extension de las sombras que arrojan; para esto se mide la longitud de la sombra anotando la hora de la observacion, y se calcula la altura que el Sol tendrá en dicho instante sobre el horizonte del lugar de la Luna y de aquí se deduce la altura de la montaña por un cálculo trigonométrico semejante al que se aplica á los nogmones.

Las alturas de 1000 á 2000 metros son muy comunes, y hay varias hasta de 7000 metros, ó sea tan altas como las más elevadas de la Tierra. Luego si consideramos que el radio lunar es solo $^3/_{11}$ del terrestre, se comprenderá perfectamente que las asperezas de la superficie de nuestro satélite pueden representarse de una manera muy sensible en un modelo en relieve, lo cual no puede hacerse con nuestro globo.

491. Los notables adelantos de la óptica permiten que pueda observarse la Luna con instrumentos tan poderosos, que aparezca su superficie como si estuviese á 10 ó 12 leguas de nosotros. Por esta razon se conocen sus más pequeños detalles topográficos y se han levantado cartas exactísimas del hemisferio que describimos. Tambien se han obtenido excelentes fotografías, entre las cuales figura la ejecutada por *Warren de la Rue*, de la cual está tomada la lámina V.

492. Pruebas de la ausencia de agua y atmósfera en la Luna. Ante todo diremos que los llamados *mares de la Luna* por los antiguos astrónomos, son en realidad grandes llanuras ménos brillantes que las regiones montañosas; pues observadas con un anteojo que amplifique 100 veces, se advierten perfectamente los accidentes del terreno, lo cual no sucederia si fuesen mares.

Por varios razonamientos á cual más concluyentes, se demuestra que en nuestro satélite no hay atmósfera; pues si existiese, deberia al ménos ser del todo diáfana, siendo así que la Luna nos presenta constantemente el mismo aspecto, y observamos del mismo modo toda la parte visible é iluminada por el Sol, sin que nos lo estorben las nubes, como sucederia en caso contrario, las cuales formarian manchas sensibles y variables.

Si en la Luna hubiese atmósfera, resultaria que al atravesarla los rayos de luz se refractarian y se debilitaria la intensidad de los mismos. Por lo tanto, cuando pasa la Luna por delante de una estrella y nos la oculta por efecto de la refraccion, deberíamos seguir viendo á dicha estrella estando ya situada detrás de la Luna y á poca distancia de sus bordes; es decir, que el tiempo de la ocultacion deberia ser mucho más corto que el que nos dá el cálculo rigoroso: y como esto no sucede, no puede admitirse que exista atmósfera en la Luna que tenga una densidad apreciable.

Por último, la prueba más concluyente la encontramos en la separacion perfectamente cortada de las partes iluminada y oscura del disco de la Luna; pues si hubiese atmósfera produciria en dicho astro un crepúsculo análogo al terrestre y la línea de separacion de la luz y de la sombra ofreceria una degradacion que no existe.

493. No habiendo atmósfera en la Luna, es evidente que tampoco debe haber agua; pues si en su superficie existiesen masas líquidas, semejantes á nuestros mares y rios, como no soportarian presion alguna, se evaporaria parte de dicha agua y formaria instantáneamente una atmósfera cuyo peso detendria la evaporacion del resto.

494. De todo lo dicho resulta, que en atencion á que la vida orgánica, tal como nosotros la comprendemos, exige imperiosamente la existencia de gases y líquidos, es evidente que la Luna con tales condiciones no puede estar habitada, al ménos por séres análogos á los que viven en la superficie de la Tierra, y que tampoco debe haber vegetacion semejante á la nuestra. (Art. 452, nota.)

ELEMENTOS DE LA LUNA.

Radio lunar comparado con el terrestre (1/4 próximamente).......	0,273
Area total 1/13	0,075
Volúmen id. 1/50	0,020
Masa id. 1/88	0,011
Densidad id. 1/2	0,560
Inclinacion del eje de rotacion con respecto al plano de la eclíptica.	88° 31′ 35″
Idem de la órbita....................................	5 8 47,9
Revolucion cónica del mismo eje (18 2/3 años)	$6793^d 9^h 23^m 9^s$
Distancia máxima á la Tierra en radios terrestres ecuatoriales....	63,90
Distancia mínima idem....................................	55,90
Distancia média 96.088 leguas de á 4 kilómetros...............	
Semidiámetro máximo visto desde la Tierra....................	16′ 45″, 5
Semidiámetro mínimo....................................	14 41 , 0
Idem á la distancia média de la Tierra	15 33 , 5
Paralage máxima, ó semidiámetro de la Tierra visto desde la Luna.	61 30 , 0
Paralage mínima....................................	53 48 , 0
Paralage média, ó á la distancia del semi-eje	57 02 , 3
Inclinacion média de la órbita lunar con respecto á la eclíptica..	5° 8 40
Revolucion sidérea y retrógrada de los nodos (18 2/3 años)	6793^d, 39108
Excentricidad de la órbita, en partes del semi-eje mayor.........	0 , 054908
Semi-eje mayor en radios terrestres..........................	60 , 26
Tiempo de la rotacion lunar (27 1/3 dias)	$27^d\ 7^h 43^m 11^s,5$
Revolucion sidérea de la Luna con respecto á un punto fijo (27 1/3 d.)	$27^d\ 7^h 43^m 11^s,5$
Revolucion sinódica ó relativa á la línea que vá de la Tierra al Sol (29 1/2 dias)	$29^d 12^h 44^m\ 2^s,9$
Revolucion anomalística....................................	$27^d 13^h 18^m 37^s,4$

CAPÍTULO XII.

DE LOS ECLIPSES.

495. Eclipses de Sol. Cuando la Luna en la época del novilunio se interpone entre el Sol y el ojo del observador, como nuestro satélite es un cuerpo opaco, oculta el todo ó parte del disco solar para algunos habitantes de la Tierra y se dice entonces que el *sol está eclipsado.*

Este fenómeno no se verifica todos los novilunios por razones que expondremos más adelante.

496. Los eclipses de Sol pueden ser *totales, parciales* ó *anulares:*

El eclipse total sólo es posible cuando la Luna está próxima al perigeo y la Tierra al afelio, pues entonces el diámetro aparente del Sol es menor que el de la Luna, y por lo tanto este astro puede ocultarnos todo el disco solar.

Si la Luna está en las inmediaciones del apogeo y la Tierra en las del perihelio, el diámetro aparente del Sol es mucho mayor que el de la Luna y este astro sólo puede ocultarnos el centro del disco solar. Resulta entonces que alrededor del cuerpo oscuro de la Luna se descubre un anillo luminoso, por cuya razon el eclipse se denomina anular.

Por último, si los centros de los tres astros no están en línea recta, la Luna sólo nos oculta una parte del Sol y el eclipse es parcial.

Cuando los centros de los tres astros están en línea recta, se dice que el *eclipse es central,* y este necesariamente será *total* ó *anular,* segun las respectivas distancias á que se encuentren dichos tres astros.

497. Para demostrar estos fenómenos nos valdremos de la (Fig. 64), en la cual los círculos S, L y T representan al Sol, la Luna y la Tierra y supondremos que los centros de estos tres astros se hallan en el plano de la eclíptica.

Tirando la tangente comun exterior BC, á los círculos S y L y suponiendo que gira con ellos alrededor de la línea de los centros S L, engendrará un cono circunscrito á dichos astros, cuyo vértice es C, y tendremos que todos los puntos situados dentro del cono *m C n,* que es la sombra proyectada por la Luna, no recibirán luz alguna del Sol y por esto se le llama *cono de sombra.*

Si se tira en fin, la B E, tangente comun interior á los mismos círculos S y L y se le hace girar tambien alrededor de la S L, se originará otro cono F D E, circunscrito á dichos dos astros, cuyo vértice F se halla entre el Sol y la Luna y que se denomina *cono de penumbra.*

498. Vemos, pues, que la Luna en su movimiento alrededor de la Tierra proyecta tras sí dos conos; uno de sombra y otro de penumbra. Por lo tanto, si en la época del novilunio el cono de sombra *mcn* llega hasta la Tierra, como sucede en O, es evidente que todos los observadores situados en las regiones que vaya recorriendo sucesivamente dicho cono no recibirán rayo alguno del Sol, lo perderán de vista ocultado por la Luna y tendrán *eclipse total de Sol.* (*)

499. Si el cono de penumbra DFE pasa por una parte de la superficie de nuestro globo, resultará que todos los observadores situados fuera del cono de sombra, pero dentro del de penumbra, recibirán solamente una parte de los rayos solares, pues la Luna cubrirá una parte del disco del Sol, tanto mayor cuanto más cerca se halla el observador del cono de sombra y tendrán *eclipse parcial de Sol.* En efecto, el observador O', por ejemplo, sólo verá la parte del disco solar que está fuera del cono HO'L formado por visuales tales como las O'H y O'L, tangentes á la Luna.

500. Sabemos tambien que cuando la Luna está en apogeo y la Tierra en perihelio, el vértice C del cono de sombra no llega á la Tierra y no puede haber por lo tanto eclipse total. Pero como el diámetro aparente de la ☾ es entonces el mínimo y el del Sol el máximo, la Luna sólo puede cubrir el centro del Sol y para todos los observadores situados en la direccion del eje del cono de la sombra prolongado, aparecerá el Sol bajo la forma de un anillo luminoso rodeando á un círculo negro y tendrán por lo tanto *eclipse anular de Sol.*

Si en la (Fig. 64) suponemos la Tierra en T', vemos desde luego que el vértice C del cono de sombra no llega á la Tierra y un observador situado en O''' no descubrirá el casquete central del Sol, terminado por visuales tales como las O''' *r* y O''' *t*, tangentes á los limbos de la Luna, y sólo percibirá los rayos luminosos emanados de la zona esférica BA*tr*.

501. De lo dicho resulta que todos los eclipses totales y anulares empiezan y acaban por ser parciales, y que al mismo tiempo que hay eclipse total ó anular en algunos lugares, el eclipse es parcial en un número de puntos mucho mayor, mientras que para los observadores situados fuera del cono de penunbra no hay eclipse alguno. (†)

502. Eclipses de Luna. Como la Tierra es un cuerpo opaco iluminado por el Sol, proyecta tras sí un cono de sombra que priva de la luz solar á todos los puntos del espacio que se hallan dentro de él.

De aquí resulta, que cuando la Luna en virtud de su movimiento alrededor de nosotros y al estar en oposicion, penetra en dicho cono, deja de recibir la luz del Sol mientras lo atraviesa y se dice que está eclipsada.

Los eclipses de Luna pueden ser *totales* ó *parciales*, segun que el todo ó parte de su disco se halle en el interior del cono de sombra que arroja la Tierra.

(*) La longitud del cono de sombra que proyecta la Luna depende de su distancia al Sol, y varía entre 57 y 59 radios terrestres; y como la distancia del centro de la Luna al punto más próximo de la superficie de la Tierra varía entre 56 y 63 radios terrestres, es evidente que al encontrarse la Luna en el apogeo, el vértice del cono de sombra no llegará á la Tierra, y que al estar en perigeo, puede alcanzar á varios puntos de la superficie de nuestro globo y el eclipse es entonces posible.

(†) Hay ocasiones, si bien rarísimas, en que un eclipse de Sol puede ser total para un lugar y anular para otro. Para que esto suceda es menester que sean casi iguales los diámetros aparentes de la Luna y del Sol; y como la Luna no se halla á igual distancia de todos los puntos de la superficie de nuestro globo, puede aparecer á un observador con un diámetro mayor que el del Sol y á otro más pequeño.

Cuando los centros de los tres astros se hallan en línea recta, el eclipse se llama central.

En la Luna no puede haber eclipses anulares, toda vez que la seccion del cono de sombra de la Tierra en el sitio en que lo encuentra la Luna tiene un diámetro doble mayor que el de nuestro satélite; luego al verificarse un eclipse central será siempre total y nunca anular.

503. Para demostrar estos fenómenos haremos abstraccion por ahora del desvío que le imprime la atmósfera terrestre á los rayos solares, y tendremos que si en la (Fig. 65) los círculos S, T y L representan al Sol, la Tierra y la Luna, cuyos centros se suponen en el plano de la eclíptica, tirando la tangente comun exterior A H, la comun interior A F y haciéndolas girar alrededor de la línea de los centros S T, engendrarán el cono de sombra de la Tierra C H D y el cono de penumbra E G F análogos á los que se explicaron al tratar de los eclipses de Sol en la (Fig. 64.)

Esto supuesto, al hacer la Luna L una revolucion alrededor de la Tierra T, y próxima á la oposicion ó plenilunio, penetrará primero en la penumbra por *n*; desde entonces empezará á amortiguarse su brillo cada vez más hasta que llegue al cono de sombra, y en aquel instante empezará el eclipse propiamente dicho. Si todo el disco penetra en el cono de sombra C H D, el eclipse será total y la mitad de él se verificará al hallarse la Luna en L, esto es, en el instante de la oposicion. Si penetra solamente una parte del disco de la Luna en la sombra de la Tierra, el eclipse será parcial.

En ambos casos, despues de atravesar la Luna el cono de sombra, recorrerá la penumbra opuesta y su brillo aumentará progresivamente hasta que salga por *m*, á la region completamente iluminada por el Sol.

504. Al atravesar la Luna el cono de sombra de la Tierra durante los eclipses totales, nos presenta fases semejantes á la de una lunacion; desde el plenilunio al novilunio en la primera mitad del eclipse y en sentido inverso durante la otra mitad.

505. Influjo de la atmósfera terrestre en los eclipses de Luna. La Luna no está nunca completamente privada de luz durante un eclipse total; casi siempre aparece ligeramente iluminada y de un color rojo oscuro bastante pronunciado.

Esto depende, de que los rayos solares al atravesar la atmósfera terrestre sufren un desvío que los aproxima al eje del cono de sombra y reducen la longitud de este, hasta el punto que un observador situado en la Luna veria por refraccion gran parte del disco solar en el momento de la totalidad; y si á pesar de esto no aparece su disco vivamente iluminado, es porque los rayos solares antes de llegar á la Luna atraviesan las capas más densas y cargadas de vapores de la atmósfera terrestre, que amortiguan su brillo y tienen además la propiedad de absorber los rayos complementarios al rojo, por todo lo cual se vé el disco de la Luna débilmente alumbrado y de un color rojo, semejante al que nos presentan las nubes en los crepúsculos cuando están saturadas de humedad.

506. Condiciones necesarias para que se verifiquen los eclipses. Hemos visto que no puede haber eclipse de Sol sino en las inmediaciones del novilunio, ni de Luna á no hallarse ésta próxima al plenilunio.

Si el plano de la órbita lunar se confundiese con el de la eclíptica, tendríamos eclipses todas las lunaciones; pero como estos planos se cortan formando un ángulo de unos 5°, sucede generalmente que en el momento de la conjuncion ó de la oposicion está la Luna á uno ú otro lado de la eclíptica y lejos de la línea que pasa por los centros del Sol y de la Tierra, de donde resulta que en el novilunio pasa el cono de sombra de la Luna por encima ó por debajo de la Tierra y no hay eclipse de Sol, y que en el plenilunio pasa la sombra de la Tierra por encima ó por debajo de la Luna y no eclipsa este astro.

Por esta causa los eclipses no son muy frecuentes, y para que tengan lugar, es necesario que al llegar la Luna á las sizigias se encuentre en el plano de la eclíptica ó muy próxima á él, esto es, cerca de la línea de sus nodos.(*)

507. Esto se demuestra por medio de la (Fig. 61) en la cual hemos supuesto que B D es la línea de los nodos, que se conserva paralela á sí misma, y que la parte B A D de la órbita lunar debe considerarse elevada y la B C D depresa respecto al plano de la eclíptica que es el de la figura, y formando un ángulo de unos 5°.

Por lo tanto, al verificarse el novilunio en A, la sombra de la Luna pasará por encima de la Tierra T, y no habrá eclipse de Sol, así como al tener lugar el plenilunio en C, la sombra de la Tierra pasará por encima de la Luna y no se eclipsará.

Otro tanto sucederá al hallarse la Tierra en *t*; pero al estar en T′ se encontrará la Luna en el nodo descendente B, es decir, en el plano de la eclíptica al tener lugar el novilunio, y por lo tanto ocultará al Sol á algunos habitantes de la Tierra. Tenemos tambien que al ser plenilunio estará la Luna en el nodo ascendente D, será cubierta por la sombra de la Tierra y habrá eclipse de Luna.

508. Modo de indicar la parte de un astro que está eclipsada. Para esto se toma el diámetro del astro como unidad y se le considera dividido en 1000 partes iguales. Así, cuando se dice que la máxima fase ó parte eclipsada de la Luna es de 0,250, por ejemplo, se dá á entender que la sombra de la Tierra ha ocultado la cuarta parte del diámetro de la Luna.

Antes se acostumbraba á imaginar divididos los diámetros del Sol y de la Luna en doce partes iguales llamadas *dígitos*, subdividiéndose cada uno en 60′...&c.

509. Diferencia entre los eclipses de Luna y los de Sol. Existe una diferencia esencial que distingue los eclipses de Sol de los de Luna, y es que los primeros son *locales* y los segundos *generales*.

(*) Se ha calculado que cuando la latitud de la Luna en el momento de la oposicion es:

menor de 52′	el eclipse de Luna es	seguro
mayor de 61		imposible

y que cuando la latitud de la Luna en el momento de la conjuncion es

menor que 84′	el eclipse de Sol es	seguro
mayor que 93		imposible.

Si la latitud de la Luna está comprendida entre los límites indicados, el eclipse es incierto, y para saber si se verifica hay que emplear otros cálculos más detallados.

En efecto, cuando la Luna penetra en el cono de sombra que proyecta la Tierra, queda privada de la luz que recibe del Sol y desaparece en el mismo instante para todos los observadores del hemisferio de la Tierra que la tienen sobre su horizonte; es decir, que los eclipses de Luna empiezan y concluyen en igual instante, y presentan la misma faz á todos los habitantes de un hemisferio de nuestro globo.

Los eclipses de Sol, por el contrario, son visibles con distintas fases; empiezan y concluyen en instantes diferentes en los diversos paises que pueden observarlos, en los cuales se produce el fenómeno sucesivamente, á medida que la sombra y penumbra de la Luna recorren la superficie de nuestro globo por efecto del movimiento de traslacion de la Luna, combinado con el de rotacion de la Tierra.

510. Así hemos visto, que mientras un eclipse de Sol es total para un observador O (Fig. 64), es parcial para otros en el mismo instante, tal como el O', y que para otros puntos, como el O'' no hay eclipse á pesar de estar el Sol sobre su horizonte.

511. Por esta razon, cuando se dice que *un eclipse es invisible,* sólo debe entenderse que no hay eclipse en el lugar de que se trata y que lo hay en otros muchos.

Tenemos, pues, que un eclipse puede ser invisible en Cádiz, por ejemplo, y visible en las Filipinas.

512. **Frecuencia y duracion de los eclipses.** Los eclipses se reproducen casi del mismo modo cada 18 años y 11 dias, período de tiempo que los caldeos llamaban *Saros*, y que es el tiempo de la revolucion de los nodos de la Luna.

Durante este tiempo se verifican 70 eclipses para toda la Tierra, de los cuales 41 son de Sol y 29 de Luna.

Los eclipses de Sol son más frecuentes que los de Luna, en razon á que las dimensiones transversales del cono que atraviesa la Luna para que haya eclipse de Sol, son mayores que las del cono de sombra de la Tierra por donde pasa la Luna en los eclipses de este astro.

Sin embargo, en un lugar determinado, el número de eclipses visibles de Luna es tres veces mayor que los de Sol, porque los eclipses de Luna son visibles al mismo tiempo desde todos los puntos del hemisferio que tienen la Luna sobre el horizonte, mientras que los de Sol son invisibles en una zona muy estrecha del hemisferio que la Tierra le presenta al Sol.

513. Para un punto dado de la Tierra sólo hay un eclipse de Sol visible cada dos años y uno total en dos siglos.

No por esto vaya á creerse que son tan raros los eclipses totales para toda la Tierra, pues al siglo actual le corresponden doce, sólo que para verlos hay que trasladarse á los puntos desde los cuales son visibles.

514. Los eclipses totales de Sol, visibles en los lugares indicados desde el año de 1870 hasta el de 1900, son los siguientes:

El 22 *de Diciembre de* 1870, eclipse total de Sol que fué visible en las islas Azores, en la parte meridional de España, en Sicilia, en Argel y Turquía.

El 11 *de Diciembre de* 1871, eclipse que fué visible al S de la India, islas de Sumatra y Java, Norte de la Australia, y en varias islas de la Melanesia y Polinesia.

El 19 *de Agosto de* 1887, habrá eclipse total para el NE de Alemania, la Rusia meridional y el Asia central.

El 9 de Agosto de 1896, eclipse total visible en Groelandia, en la Laponia y en la Siberia.

El 28 *de Mayo de* 1900, eclipse total visible en los Estados Unidos de América, en España, Argel y Egipto.

515. La duracion de los eclipses varía segun las causas que concurren, entre las cuales figura la latitud del observador.

Desde que empieza hasta que concluye un eclipse de Luna no dura más de 4^h, y la totalidad $1^h..52^m$

Un eclipse de Sol no emplea más de $4^h..30^m$ desde su principio hasta el fin y en la totalidad $7^m..58^s$ cuando más, y esto para los habitantes del ecuador.

516. Fenómenos físicos que acompañan á los eclipses de Luna. Desde el instante que penetra la Luna en el cono de penumbra, vá debilitándose su luz progresivamente, tanto que no puede apreciarse con exactitud cuándo empieza el eclipse, propiamente dicho, que es cuando entra en el cono de sombra. Entonces se presenta una mancha de borde circular y de un color gris oscuro al principio que vá invadiendo el disco lunar, y concluye por presentar un tinte rojizo que permite ver á veces los detalles de las manchas principales. Entre el rojo y la parte no eclipsada suele observarse tambien una banda azulada. Cuando el eclipse es total queda algunas veces la Luna casi invisible, pero lo más frecuente es que todo su disco aparezca de un color rojo oscuro, que como sabemos proviene de la descomposicion que sufren los rayos solares al atravesar la atmósfera terrestre. Por último, algunos momentos antes de la reaparicion de la luz se presenta la banda azulada, reproduciéndose despues las fases del eclipse en sentido inverso hasta la total emersion de la Luna. (*)

517. Por efecto de la degradacion de luz de la penumbra es muy difícil conocer el instante preciso en que empieza ó concluye un eclipse de Luna, hasta el punto que puede cometerse un error de 1 ó $1/2$ minuto en dicha observacion.

518. Fenómenos físicos que acompañan á los eclipses de Sol. El eclipse empieza siempre por el borde Occidental del Sol (†); la Luna vá proyectándose poco á poco sobre el disco solar, y á medida que esto sucede, disminuye la claridad del dia y los objetos terrestres toman un color gris verdoso. El eclipse parcial vá aumentando hasta que por último desaparece el filete iluminado de Sol, la oscuridad sucede al dia y empieza la *totalidad.* Al cabo de algunos minutos aparece un filete luminoso muy estrecho por el borde Occidental de la Luna que nos restituye instantáneamente la claridad del dia y empieza otra vez el eclipse parcial presentando sucesivamente iguales fases que la primera mitad del fenómeno, si bien en sentido inverso.

Durante la totalidad se ven las estrellas de 1.ª magnitud, algunas de 2.ª á veces, y los planetas principales que están sobre el horizonte; la oscuridad sin embargo no es completa, pues se distinguen fácilmente las horas que marca un reloj.

Alrededor del disco oscuro de la Luna, aparece una aureola de luz amarillenta ó azulada llamada la *corona*, de la cual se destacan generalmente unas *ráfagas* de luz más ó ménos intensa y en diversas direcciones. La existencia de esta corona, en

---

(*) Hay casos en que la Luna queda completamente invisible durante la totalidad, como se asegura que sucedió en los eclipses de 1642 y 1816, y otros en que la visibilidad sin ser nula es muy imperfecta. La causa de estos fenómenos hay que buscarla en el estado particular de nuestra atmósfera sobre la periferia terrestre de los lugares donde el Sol está en el mismo horizonte al verificarse la totalidad.

Hay tambien otro fenómeno, que se presenta raras veces, y que parece contradecir la teoría geométrica y astronómica de los eclipses. Tal es la presencia simultánea del Sol y de la Luna sobre el horizonte durante parte del eclipse, pareciéndonos entonces que la Luna, la Tierra y el Sol no están en línea recta. Esto sucede cuando tiene lugar el eclipse en el mismo instante en que aparentemente nace la Luna y se pone el Sol, en cuyo caso padecemos una ilusion óptica debida á la refraccion que tiene la propiedad de hacer aparecer los astros más elevados de lo que están, y por lo tanto, el Sol en realidad está ya depreso y la Luna no ha llegado aún al orto. Cítanse como ejemplos de esta particularidad los eclipses de 1666, 1668 y 1750.

(†) En los eclipses de Sol empieza siempre á proyectarse el borde Oriental de la Luna sobre el Occidental del Sol próximamente; y en los eclipses de Luna la primera impresion de la sombra de la Tierra se verifica sobre el borde Oriental de la Luna. Esto depende de que la velocidad de la Luna es mayor que la del Sol y que la del cono de sombra de la Tierra, y por esta causa los atraviesa en la direccion de Occidente á Oriente.

cuyo centro se vé la Luna como un círculo negro perfectamente cortado, se atribuye á la atmósfera que se cree rodea al Sol hasta una altura igual á $^1/_{10}$ de su diámetro.

Aparecen tambien sobre todo el contorno de la Luna unas *protuberancias* de un color más ó ménos rojizo y á veces violado, que tienen la figura de picos escabrosos semejantes á los de las montañas. Está demostrado que las protuberancias pertenecen al Sol, que no son adherencias al disco lunar, y todo nos induce á creer que están unidas al Sol, ó bien que flotan en la atmósfera que se le considera á este astro.

519. Ocultaciones de estrellas y planetas por el disco lunar. Como nuestro satélite es el cuerpo celeste más próximo á la Tierra, en su movimiento alrededor nuestro pasa sucesivamente por delante de los astros situados en la zona que su disco recorre; y siendo así que en su trayectoria se separa poco de la eclíptica, plano que casi se confunde con las órbitas planetarias, resulta de aquí que la *Luna nos oculta* ó eclipsa de cuando en cuando los planetas tanto inferiores como superiores y algunas estrellas zodiacales.

Al interponerse la Luna entre el observador y una estrella, desaparece esta repentinamente, de donde se deduce que estos astros no tienen diámetro sensible aparente.

520. Las ocultaciones más notables tienen lugar en las inmediaciones del primer cuarto de la Luna; pues como entonces el limbo oscuro del disco lunar es el que oculta las estrellas que encuentra á su paso, desaparecen estas instantáneamente sin verse el cuerpo que las oculta; y despues que todo el cuerpo de la Luna ha pasado por delante de ellas, aparecen de nuevo tan repentinamente como se ocultaron.

Pocos dias despues del novilunio vemos el limbo oscuro de la Luna alumbrado por la luz cenicienta aproximarse poco á poco á las estrellas y ocultarlas.

521. En las páginas 441 á la 450 del Almanaque Náutico, se encuentran los elementos necesarios para disponerse á observar las ocultaciones que se verifican en el lugar donde se halla el observador y calcular despues la hora média de San Fernando correspondiente al instante de la observacion, con el objeto de deducir la longitud del lugar.

CAPÍTULO XIII.

DE LAS MAREAS.

522. Definiciones. Desígnase en general con el nombre de *mareas*, á los movimientos periódicos de elevacion y depresion del nivel de los mares.

Llámase *marea alta* ó *pleamar*, á la mayor elevacion diaria de las aguas en cada lugar; y *bajamar* ó *marea baja*, á la mayor depresion.

Al movimiento de las aguas que se elevan se le dá el nombre de *flujo, marea entrante* ó *creciente*, y al de descenso *reflujo, marea saliente* ó *vaciante*.

En nuestros puertos se verifican cada dia dos pleamares y dos bajamares. Las aguas suben durante unas seis horas y despues de alcanzar su mayor altura permanecen sensiblemente paradas como média hora. Empieza en seguida el reflujo que dura ménos de seis horas, y al suceder la bajamar vuelven otra vez á estar paradas como en la pleamar.

523. Causas que producen las mareas. Las mareas son el resultado de las atracciones que la Luna y el Sol ejercen sobre la superficie de los mares.

Como los cuerpos se atraen en razon directa de su masa é inversa del cuadrado de las distancias, resulta que la proximidad de la Luna compensa la pequeñez de su masa, hasta el punto que la atraccion que ejerce en las mareas es como dos veces y média mayor que la del Sol.

524. Para mayor claridad explicaremos primero los efectos producidos por la Luna, y cuanto se diga con respecto á nuestro satélite podrá aplicarse fácilmente á la accion solar.

Para esto, si consideramos á la Tierra como una esfera inmóvil completamente cubierta por las aguas del mar, y la suponemos por un momento libre de toda atraccion solar y lunar, tendremos que la superficie acuosa estará solicitada igualmente en todos sus puntos hácia el centro de la Tierra, y tendrá por lo tanto una forma perfectamente esférica. Pero haciendo intervenir la atraccion lunar y suponiendo que en la (Fig. 66) sean T y L la Tierra y la Luna, inmóvil esta última, resultará que cada punto de la superficie de los mares sufrirá la atraccion de la Luna; pero como dicha atraccion se efectúa en razon inversa del cuadrado de la distancia, las regiones del Océano más próximas á la Luna se elevarán en forma esferoidal; esto es, que el agua situada en B ó sea en la recta que vá del centro de la Tierra á la Luna, se hallará más cerca de este astro que el centro de la Tierra, será atraida con más energía y se elevará hasta A, por ejemplo.

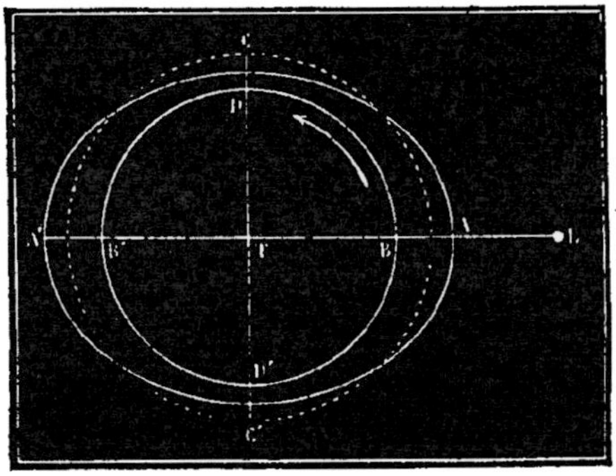

(Fig. 66)

Del mismo modo, el agua situada en la region diametralmente opuesta B', como está más distante de la Luna que el centro de la Tierra, sufrirá ménos atraccion, se quedará hácia atrás y formará otra elevacion A′ análoga á la anterior. Estas dos elevaciones diametralmente opuestas A y A′, darán á la mar la forma de un esferóide prolongado, cuyo eje mayor se dirigirá hácia la Luna.

En los lugares D y D′, situados en las extremidades de un diámetro perpendicular ó sea á una diferencia de longitud de 90°, estará la mar depresa, puesto que han suministrado las aguas necesarias para alimentar el flujo. Por lo tanto producirá dos pleamares en B y B′, y dos bajamares en D y D′.

525. Efectos de la rotacion de la Tierra y del movimiento de la Luna. Si la Tierra y la Luna estuviesen inmóviles, estarian las aguas en constante equilibrio; pero sabemos que por efecto del movimiento de rotacion de la Tierra, que se verifica en 24^h y en la direccion de la flecha (Fig. 66), combinado con el de traslacion de la Luna, nos parece que este astro describe una circunferencia completa alrededor nuestro de Oriente á Occidente en unas $24^h..50^m$, período que se llama dia lunar, de donde resulta que al estar la Luna en el meridiano TA del lugar A, habrá pleamar en A y A′ y bajamar en C y C′. Unas $6^h..12^m$ despues se hallará la Luna L, en el meridiano TC′ del lugar C′; habrá pleamar en C′ y C, bajamar en A y A′ y así sucesivamente.

Luego en un punto cualquiera de la circunferencia ACA′C′ y en el intervalo de un dia lunar ó sean $24^h..50^m$ por término medio, tendrán lugar:

1.° *Una pleamar, al pasar la Luna por el meridiano superior.*

2.° *Una bajamar, á la puesta de la Luna.*

3.° *Una pleamar, al pasar la Luna por el meridiano inferior.*

4.° *Una bajamar, á la salida de la Luna.*(*)

526. De lo dicho resulta que el vértice del esferóide acuoso elevado por la Luna, se halla siempre en la direccion de la recta que pasa por el centro de este astro y el de la Tierra, y que se traslada de Oriente á Occidente acompañando á nuestro satélite en su movimiento aparente alrededor de la Tierra.

527. Accion del Sol sobre las mareas. La atraccion del Sol produce tambien mareas, análogas á las lunares, en el intervalo de un dia solar, y que se explican haciendo iguales consideraciones que al tratar de la Luna.

(*) Tales son los fenómenos que tienen lugar en las regiones ecuatoriales. En nuestros climas jamás se halla la Luna en nuestro zenit, y por lo tanto no nos encontramos nunca en el vértice del esferóide acuoso producido por la marea, pero la diferencia es pequeña. Por regla general, la onda de la marea llega al mismo instante á los lugares cuyo meridiano pasa por la Luna y á los diametralmente opuestos, esceptuándose sin embargo las regiones polares que tienen á la Luna sobre el horizonte ó muy próxima á él, y propiamente hablando, jamás tienen mareas, por pasar muy distante el vértice del esferóide acuoso.

Como los períodos en que se verifican estos dos fenómenos no son iguales, el instante de la marea solar no es siempre el mismo que el de la marea lunar; pues si bien es verdad que en el novilunio pasan la Luna y el Sol al mismo tiempo por el meridiano y coinciden por lo tanto las dos mareas, en los siete primeros dias de la lunacion pasa el Sol 1, 2, 3, 4, 5 y 6 horas antes que la Luna (art. 468) por el meridiano, y la marea solar sucede por lo tanto 1, 2, 3, 4, 5 y 6 horas antes que la lunar, es decir, que en el cuarto creciente la pleamar lunar coincidirá con la bajamar solar, resultando de estas diferencias variaciones en las alturas de las mareas, segun las fases de la Luna.

Haciendo iguales consideraciones en el resto de la lunacion, se deduce que durante el 1.° y 3.er cuarto, la marea solar se verifica antes que la lunar, y durante el 2.° y 4.° sucede despues que la lunar.

Estas dos mareas parciales se combinan y no existe en apariencias más que una sóla marea resultante de ellas, cuya direccion y altura depende de la situacion relativa de estos dos astros y de sus distancias á la Tierra. Pero como la marea lunar es $2\frac{1}{2}$ veces mayor que la solar, puede decirse que la Luna es la que arregla principalmente la marea resultante, y que en un intervalo dado deben verificarse tantas pleamares como veces pasa la Luna por el meridiano superior ó inferior del lugar.

528. Variaciones diarias. Siendo así que entre dos pasos sucesivos de la Luna por un meridiano trascurren unas $24^h..50^m$ ó sea un dia lunar, y que durante este intervalo se verifican dos pleamares y dos bajamares, tenemos pues, que entre una pleamar y su inmediata médian unas $12^h..25^m$, ó sea el tiempo que trascurre desde el paso de la Luna por el meridiano superior de un lugar hasta el paso por el inferior siguiente; y que entre una pleamar y una bajamar médian unas $6^h..12^m$, que es la mitad del tiempo que emplea la Luna en pasar del meridiano superior al inferior.(*)

529. En estos intervalos hay diferencias en más y en ménos que dependen principalmente de lo irregular que es el movimiento de la Luna, de su distancia á la Tierra y de su declinacion.

530. Se ha observado que en todos los parages y especialmente en los mares ártico y Océano Pacífico boreal, una de las pleamares de cada dia es mayor que la otra, la cual se llama *marea diurna.*

Estas diferencias dependen de que la Luna y el Sol no permanecen siempre

---

(*) Generalmente la mar no emplea igual tiempo en subir que en bajar, pues se observa que la bajamar no sucede á una hora equidistante de las pleamares anterior y posterior. Así tenemos que en el Havre tarda en bajar 2^h más que en subir, y en otros lugares las diferencias no dejan de ser tambien notables.

en el plano del ecuador, en atencion á que la declinacion del primero puede ser hasta de 28°.. 27', y la del segundo de 23° de una ú otra especie (*), y de aquí resulta, que la pleamar de la mañana puede ser en un lugar mayor ó menor que la de la tarde, segun que el vértice del esferóide acuoso pase por la mañana ó por la tarde en el hemisferio en que se halle el observador.

La mayor marea diurna corresponde al paso de la Luna por el meridiano superior, si la declinacion de este astro es de la misma especie que la latitud del observador; y al paso por el meridiano inferior, si la declinacion y latitud son de distinta especie.

Así en nuestro hemisferio cuando la latitud de la Luna es Norte, la marea diurna tiene lugar cuando dicho astro está sobre el horizonte; y cuando la latitud es Sur, al estar bajo el horizonte.

La diferencia entre las dos mareas de un mismo dia, sólo es de algunos decímetros; sin embargo, hay parages en que es considerable, como sucede en Singapur, que llega á 2 metros.

531. Cuando los vientos soplan con fuerza y constancia en una misma direccion, producen irregularidades en la duracion y altura de las mareas. Así es, que las mareas se anticipan ó retardan, segun que el viento favorezca su ascenso ó su descenso, lo cual dificulta á veces el conocimiento de las verdaderas mareas.

532. La mayor ó menor presion atmosférica ocasiona tambien diferencias sensibles en la subida y bajada del nivel del mar.

Mr. Danssy ha deducido de un gran número de observaciones, que una variacion de un milímetro en la altura del barómetro, produce una diferencia inversa 14,7 milímetros en la altura del nivel del mar.

533. La altura de las mareas varía considerablemente en las diversas localidades, por efecto de la extension y profundidad de los mares, por la configuracion especial de los continentes, islas y canales que unen la mar ancha con la que baña las costas, y por el encuentro de las ondas de mareas unas con otras.

Citaremos como ejemplos las mareas que se experimentan en las Antillas que son de poca consideracion: en Cádiz apenas excede de 4 metros lo que las aguas de la pleamar se elevan sobre las de la bajamar, mientras que en San Maló se elevan á más de 12 metros, y por último, en la bahía de Fundy (América del Norte) llega á veces la elevacion hasta más de 20 metros, que es la mayor que se ha observado hasta ahora en el globo.

534. Tambien son muy poco sensibles las mareas en los lagos y mares pequeños de entrada estrecha, tanto porque la Luna obra al mismo tiempo sobre todos los puntos de estos mares y sus aguas no son bastante abundantes para formar una intumescencia considerable, como tambien por la dificultad que encuentra la onda de la marea oceánica para penetrar en ellos, cuando la posicion de la entrada no está en la direccion que lleva la referida onda.

(*) Adviértase que la mayor diferencia que puede haber entre la declinacion del Sol y de la Luna sólo llega á 5°, que es el valor del ángulo que forma su órbita con la eclíptica.

Por estas causas vemos que en el Báltico, en el Caspio y Mar Negro, no hay mareas, y sí en el mar Rojo. En el Mediterráneo son insignificantes; en las costas de Venecia, Trípoli y Túnez es donde se nota la altura máxima que es de 2^m cuando está favorecida por los vientos; dicha altura disminuye rápidamente hácia el E y O, y es nula en los parages donde concluye la influencia de la pequeña onda oceánica que penetra por el estrecho de Gibraltar.

535. El encuentro ó interferencia de las ondas unas con otras y con las costas, produce fenómenos no ménos raros. Por esta causa resulta, por ejemplo, que en la costa de Inglaterra entre Portland y Southampton se verifican dos pleamares sucesivas con muy corto intervalo, y en Manila y en casi todo el archipiélago filipino sólo hay una pleamar y una bajamar sensibles cada 24^h, escepto dos ó tres dias despues del 1.° y 3.er cuarto de la Luna, en que suceden dos.(*)

536. *Influjo de las mareas en los rios.* En los rios caudalosos se hace sentir con fuerza el efecto de las mareas á bastante distancia. En el de las Amazonas se nota el influjo de las pleamares á 200 leguas de la desembocadura, en el Orinoco á 75 y á 25 en el Ganges.

La convergencia de las ondas en un mismo rio hace subir las aguas considerablemente y suelen formarse una ó varias olas de 2 y 3 metros de altura que avanzan con gran violencia y arrollan cuanto encuentran á su paso y se produce el fenómeno que podemos llamar *avenida de la marea.* (†)

En los rios de Europa son ménos notables los efectos de las mareas.

537. Variaciones mensuales. La altura de las mareas es tambien variable en las diferentes fases de la Luna.

Las mayores mareas de cada lunacion se verifican en las épocas de los novilunios y plenilunios, y se llaman *mareas vivas* ó *de sizigias*, y las menores en las épocas de los cuartos creciente y menguante, y se llaman *mareas muertas* ó *de cuadratura.*

La simple inspeccion de la (Fig. 61) nos demuestra que en las sizigias las atracciones del Sol y de la Luna se verifican en la misma direccion, y por lo tanto, la pleamar solar corresponde á la pleamar lunar; esto es, que la marea resultante es igual á la suma de las dos mareas parciales.

En los cuartos sucede lo contrario, pues las atracciones del Sol y de la Luna se efectúan en direccion rectangular; la pleamar solar corresponde á la bajamar lunar, y la marea resultante es igual á la diferencia de las dos parciales.

538. De aquí resulta que, *desde las sizigias á las cuadraturas*, la marea de la mañana es mayor que la de la tarde, y *desde las cuadraturas á las sizigias*, la marea de la mañana es menor que la de la tarde.

(*) Para obtener noticias detalladas sobre las mareas en las Filipinas, consúltense las notables observaciones publicadas en el tomo V del *Anuario de la Direccion de Hidrografía*, obra importantísima que sale á luz todos los años y cuya adquisicion recomendamos encarecidamente á todos los navegantes.

(†) En castellano no tiene nombre propio este fenómeno, que los franceses llaman *mascaret* y *bore* los ingleses.

En todos casos, mientras más se elevan las aguas en la pleamar, tanto más descienden en la bajamar siguiente.

539. Sin embargo, la marea mayor no se verifica en los puertos el mismo dia de la sizigia, sino dia y medio despues, designándose este retardo con el nombre de *edad de la marea.*

Por esta causa la pleamar que sucede en el momento de la sizigia es la que resulta de las atracciones del Sol y de la Luna, verificadas 36 horas antes, y la tercera marea que le sucede á la pleamar sizigia es la mayor. Del mismo modo, cuando la cuadratura tiene lugar en el momento de la pleamar, la tercera marea siguiente es la más pequeña.

Este fenómeno es debido á varias causas no bien explicadas aún, pero lo más probable es que resulte de la resistencia producida por la inercia de la materia, por la cohesion de las moléculas acuosas entre sí y por el rozamiento de estas con el fondo del mar ó parte sólida de la Tierra.

540. Variaciones anuales. Las alturas de las mareas de las sizigias no son iguales, toda vez que las atracciones que las producen varían con las declinaciones de la Luna y del Sol y con las distancias de estos astros á la Tierra; de donde resulta que serán tanto mayores cuanto más próximos están de nosotros dichos astros y del plano del ecuador.

Las mayores mareas del año tienen lugar generalmente en las inmediaciones de los equinoccios y cuando la Luna en los sizigios se halla en perigeo y próxima al plano del ecuador. (*)

Por idénticas razones las menores mareas sizigias suceden en los solsticios cuando la Luna está en apogeo y su declinacion es mucha.

541. Altura de la marea y nivel medio. Por altura de la marea se entiende la diferencia de nivel que hay entre una pleamar y una bajamar, y por *nivel medio* la mitad de la altura de la marea.

El nivel medio no puede obtenerse tomando el promedio de las alturas de una bajamar cualquiera y la pleamar antecedente ó siguiente, en razon á que estas no son iguales. Por lo tanto, para determinarlo de una manera exacta se observarán las alturas de dos pleamares consecutivas y la de la bajamar intermedia: se halla la semisuma de las dos pleamares y se tendrá la pleamar média, y tomando despues la mitad de la suma de la altura de dicha pleamar média y la de la bajamar se obtendrá el nivel medio.

Como la presion atmosférica puede ser diferente de $0^m,760$, y sabemos que una variacion de un milímetro en la altura del barómetro produce una diferencia inversa de $14^{mm},7$ en la altura de la mar, será necesario tener en cuenta las variaciones de la presion atmosférica, y á cada altura observada de la marea aplicarle la correccion siguiente:

$$0^m,0147\ (B-0^m,760)$$

en la cual B representa la altura del barómetro en el instante de cada observacion.

(*) En el Almanaque Náutico, hácia la página 451, se encuentran las grandes mareas que deben verificarse uno ó dos dias despues de cada sizigia del año.

542. Unidad de altura. Entre todas las mareas sizigias se considera como *marea média*, la que tiene lugar 36^h despues que el Sol y la Luna se han encontrado en el plano del ecuador y á sus distancias médias de la Tierra.

Ahora bien, la elevacion de esta marea sizigia média, sobre el nivel medio, es lo que se llama *unidad de altura*, que tambien puede definirse diciendo que es la mitad de la subida total ó de la altura de la marea sizigia média.

543. Establecimiento del puerto. En cada localidad se experimenta un retardo diferente en la hora de la pleamar, debido á la resistencia que le opone á la propagacion de la onda de la marea la configuracion de las costas, la abertura del puerto, la profundidad del mar y la desigualdad del fondo.

Este retardo local de la marea, ó sea el tiempo que média entre la hora del paso de la ☾ por el meridiano del puerto, el dia de una sizigia média ó equinoccial y la hora en que se verifica la primera pleamar siguiente, se denomina *establecimiento del puerto.* (*)

Téngase presente que en la época de los sizigios la luna pasa por el meridiano á medio dia ó á media noche, segun que sea Luna nueva ó Luna llena.

Como la onda de la marea no puede llegar á la misma hora á todos los lugares que están bajo un mismo meridiano, por efecto de las condiciones especiales de cada localidad, diremos que el establecimiento es invariable en un mismo punto, pero que puede ser muy diferente en dos puertos inmediatos.

544. El establecimiento aumenta á medida que el observador se interna en el puerto. Así tenemos que en Cádiz el establecimiento correspondiente á la entrada del puerto es de $1^h..24^m$; en el interior de la bahía es de 2^h, y en el Caño de la Carraca de $2^h..30^m$.

545. Las aguas suben y bajan con mucha lentitud en las inmediaciones de la bajamar y pleamar, y en los intermedios ascienden y descienden con rapidez.

Es muy difícil apreciar el momento en que tiene lugar una pleamar ó una bajamar, porque poco antes y despues de verificarse el fenómeno están sensiblemente paradas las aguas.

546. Determinacion del establecimiento del puerto. Para hallar el establecimiento del puerto por medio de la observacion, se coloca una escala graduada en posicion vertical en un parage abrigado del viento y de la marejada; y en la época de las sizigias y en circunstancias

---

(*) Algunos acostumbran á tomar como establecimiento del puerto la hora á que sucede la primera pleamar, despues del medio dia en que se verifica una oposicion ó conjuncion cualquiera; el resultado es erróneo y se le llama *establecimiento vulgar*. El *establecimiento verdadero* es un medio aritmético entre todos los que puedan tener lugar, y sólo se obtiene, como hemos indicado, observándolo cuando la Luna y el Sol pasan al mismo tiempo por el meridiano estando ambos en el ecuador, es decir, que las declinaciones sean cero y á sus distancias médias de la Tierra.

normales respecto á vientos y presion barométrica, (art.ˢ 531 y 532), se anotan con cuidado las horas y alturas de las aguas, á intervalos cortos, antes y despues de la pleamar. Se hallan despues las horas médias correspondientes á aquellas á que se verificaron cada dos alturas iguales y próximas á la marea, la una tomada antes y la otra despues, y la média de todas estas horas médias obtenidas, nos dará con bastante precision la hora de la pleamar en cada sizigia.

Repitiendo esta observacion todas las sizigias durante cierto número de años y tomando el promedio de todas las horas obtenidas, se tendrá la hora de la pleamar el dia de una sizigia média, esto es, el *establecimiento medio del puerto.*

Más adelante obtendremos el establecimiento en funcion de la hora de la marea (art. 549.)

547. Cálculo de las horas de las mareas. Para determinar la hora en que se verifica la pleamar un dia dado y en un lugar del globo cuyo establecimiento se conoce, se determina ante todo la hora del paso de la Luna por el meridiano del observador (*), y sumándole el establecimiento del puerto, que como sabemos es lo que se retarda la marea á dicho paso, tendremos la hora aproximada en que se verifica la pleamar.

Para obtenerla exacta, se le aplicará con su signo la correccion que nos dá la segunda parte de la Tabla XXXII de las de Mendoza, cuyos argumentos son el semi-diámetro de la Luna el dia propuesto y la hora del paso antes hallada, y tendremos la hora exacta de la pleamar en *cuenta astronómica*, que se reducirá á civil, que es como se acostumbra á dar siempre las horas de las mareas. (†)

La antedicha correccion está calculada en funcion del semidiámetro de la Luna y de la hora de su paso por el meridiano; es decir, que depende de la distancia de la Luna á la Tierra y de su posicion respecto al Sol, causas que producen la marea real ó sea la resultante de las atracciones del Sol y de la Luna.

548. Por lo tanto, llamando H á la hora de la pleamar, P á la del paso de la Luna por el meridiano del observador, E al establecimiento del puerto, y C á la correccion, tendremos:

$$H = P + E + C.$$

(*) Este paso se obtiene, como sabemos, de una manera aproximada, aplicándole á la hora del paso por el meridiano de San Fernando el dia propuesto, una correccion de 2^m por cada hora de diferencia de longitud, aditiva si esta es Occidental y sustractiva si es Oriental.

(†) Dependiendo el fenómeno de las mareas de muchas circunstancias propias á cada localidad, toda fórmula que nos dé la hora y altura de la marea, tiene que ser necesariamente empírica. Por nuestra parte nos concretaremos á aplicar la fórmula aproximada de Bornouille, que satisface en general las necesidades del navegante, que sólo necesita conocer las horas de las mareas con la aproximacion de algunos minutos, y recomendamos el estudio de los derroteros para conocer las irregularidades que experimentan las mareas en los mares donde se navega.

549. Despejando E, se puede deducir el establecimiento, conocida que sea H, y será:

$$E = H - P - C.$$

550. Obtenida la hora de la pleamar, se hallará la de la siguiente ó antecedente, sumándole ó restándole $12^h..25^m$; y del mismo modo para hallar la bajamar antecedente ó siguiente á una pleamar, se le restará ó sumará á la hora de esta $6^h..13^m$.

551. PROBLEMA I. El dia 19 de Junio de 1871, se piden las horas de las mareas en Rio Janeiro, cuya longitud es: $2^h..27^m$ O de San Fernando, el establecimiento 3^h y el semi-diámetro de la ☾ dicho dia de 14'..49''.

Paso de la ☾ por el meridiano de San Fernando.	Dia $19 = 1^h..10^m..54^s$	
Correccion por $2^h..27^m$ de diferencia de longit. O.	$+ \quad 5..00$	
Paso ☾ por el meridiano de Rio Janeiro	Dia $19 = 1..15..54$	
Establecimiento del puerto	$+3..00..00$	
Hora aproximada de la pleamar.	Dia $19 = 4..15..54$	en tiempo astronóm.°
Correccion para 14'..49'' de semi-diámetro de la Luna y $1^h..15^m$ ó sea el paso hallado. Tabla XXXII de Mendoza.	$- \quad 22..00$	
Hora exacta de la pleamar en cuenta civil.	Dia $19 = 3..53..54$	de la tarde.

Como el dia 19 civil empezó á las 12 de la noche, vemos que ésta debe ser la segunda pleamar; luego restándole $12^h..25^m$ obtendremos la primera pleamar de dicho dia.

2.ª pleamar =	$3^h..53^m..54^s$	de la tarde.
	$-12..25..00$	
1.ª pleamar =	$3..28..54$	de la madrugada.

Para hallar las dos bajamares se le sumarán en este caso $6^h..13^m$ á las respectivas pleamares.

1.ª pleamar = $3^h..28^m..54^s$	de la mad.ª	2.ª pleamar = $3^h..53^m..54^s$	de la tarde.
$+6..13..00$		$+ 6..13..00$	
1.ª bajamar = $9..41..54$	de la mañ.ª	2.ª bajamar = $10..06..54$	de la noche.

552. Algunas veces nos dá el cálculo una pleamar que corresponde al dia siguiente en cuenta civil; para evitar esto y no tener luego que repetir el cálculo, se suma la hora astronómica del paso de la ☾ con el establecimiento, y si la suma pasa de 12^h, se toma en el *Almanaque* el paso del dia anterior al propuesto.

553. PROBLEMA II. El dia 27 de Octubre de 1871, se piden las horas de las mareas en la entrada de los diques del arsenal de la Carraca, cuyo establecimiento es $2^h..30^m$ y el semi-diámetro de la ☾ en dicho dia 15'..17''.

Paso de la ☾ por el meridiano de San Fernando.	Dia $27 = 11^h..34^m..30^s$	
Establecimiento del Puerto.	$+ 2..30..00$	
Hora aproximada de la pleamar	Dia $27 = 14..04..30$	en cuenta astronóm.ª

Esto es, las $2^h..04^m..30^s$ de la madrugada del dia 28 civil; por lo tanto, tomaremos el paso del dia 26 y resolveremos el problema como el anterior.

Paso ☾ por el meridiano de San Fernando......	Dia 26=10^h..50^m..48^s
Establecimiento del puerto	+ 2 ..30 ..00
Hora aproximada de la pleamar.....	13 ..20 ..48
Correc.^{n} por 10^{h}50^m de paso y 15′ 17″ semi-diám.^{o}	+ 14 ..00
1.ª pleamar en cuenta civil	Dia 27= 1 ..34 ..48 de la mad.^{a}
	+ 6 ..13 ..00
1.ª bajamar.......................	7 ..47 ..48 de la mañ.^{a}
	+ 6 ..13 ..00
2.ª pleamar................................	2 ..00 ..48 de la tarde.
	+ 6 ..13 ..00
2.ª bajamar..................	8 ..13 ..48 de la noche

554. Indicacion de las sondas en las cartas marinas. Las cartas marinas y entre ellas las españolas y francesas, nos indican las sondas ó distancias verticales al fondo del mar, correspondientes al instante de la mayor bajamar sizigia, y de este modo tiene siempre el navegante la seguridad de encontrar fondos superiores á los señalados en las cartas.

555. Las sondas de las cartas inglesas se refieren al *nivel de bajamares médias,* circunstancia que debe tenerse muy presente para no padecer equivocaciones, que en determinadas localidades pueden ser muy sérias, toda vez que en las mayores bajamares pueden encontrarse fondos mucho menores que los indicados en la carta.

556. Cuando un número de sonda está subrayado, expresa la cantidad de piés ó de metros que está elevado el fondo sobre el nivel de las mayores bajamares. Así $\underline{2}$ nos indica un fondo ó una roca que queda descubierta en la bajamar, 2 metros, 2 brazas, &c., segun la unidad adoptada en la carta para expresar el fondo.

557. Reduccion de sondas. Las sondas que se leen en las cartas no sólo sirven para dar á conocer el menor fondo que puede encontrarse en cada parage, sino tambien para determinar la situacion de la nave, como veremos en el tratado de Navegacion. Pero, para obtener este resultado, es menester casi siempre aplicarle una correccion á cada profundidad del mar que se mide á bordo, por la altura que tiene la marea en aquel instante sobre el nivel de la bajamar.

Sucede tambien, que cuando es considerable la altura á que se elevan las aguas en una pleamar y el fondo no es mucho, hay algunos parages en los puertos que no son practicables por buques de cierto porte, sino cuando ha subido la marea una cantidad suficiente para que puedan pasar sin riesgo alguno de varar. Por lo tanto, es preciso conocer en un instante dado y en los siguientes, la cantidad de agua que hay en un parage sobre el nivel de la mayor bajamar que nos indica la carta.

Para hacer esta reduccion de sondas es necesario conocer la altura á que se eleva la marea en la localidad y haciendo uso de la tabla I (Tomo III) calculada por Raper, se obtiene con bastante aproximacion la altura del agua en una hora intermedia entre la bajamar y pleamar.

Para esto, se entra en la tabla con las horas que han trascurrido despues de la bajamar ó pleamar y la altura de la pleamar en el lugar dado que se toma en la tabla de establecimientos que se dá en el Tomo III, y se tendrá la correccion necesaria para reducir la sonda.

558. PROBLEMA I. Conocido el fondo que hay en un parage en bajamar, y la altura á que se eleva el agua en pleamar, hallar la cantidad de fondo que habrá en una hora intermedia.

Supongamos que en bajamar hay 29 piés de fondo; que la altura de la pleamar es de 20 piés y que se desea saber qué fondo habrá $3^h..20^m$ despues de la bajamar.

La tabla de variaciones nos dá para $3^h..20^m$ de intervalo y 20 piés de altura de la marea, la correccion 11,7 piés; que sumados con los 29 que hay en bajamar nos dan $40^p,7$ ó sea el fondo que habrá $3^h..20^m$ despues de la bajamar.

559. PROBLEMA II. Supongamos que la pleamar se verifica á las $8^h..20^m$; que la profundidad del mar entonces es de 41 piés; que la altura de la marea es de 24 piés y que se quiere hallar el fondo que habrá á las $10^h..40^m$.

Desde las $8^h..20^m$, hora de la pleamar, hasta las $10^h..40^m$, médian $2^h..20^m$; con ésta y la altura de la marea 24 piés, dá la tabla 7,9 piés, ó sea lo que bajará el agua en $2^h..20^m$, que restados de 41 piés, resultan 33,1 piés, fondo que habrá á las $10^h..40^m$.

560. PROBLEMA III. Dado el fondo que hay en un parage, en una hora dada, determinar el que habrá en el momento de la bajamar para situarse en la carta.

Supongamos que $4^h..40^m$ despues de la bajamar el fondo es de 33 piés, que la altura de la pleamar es de 27 piés y se desea saber el fondo que habrá en dicho parage en el momento de la bajamar.

Con $4^h..40^m$ de intervalo y 27 piés de altura, nos dá la tabla 23,8 piés, que restados de 33 piés, nos dan 9,2 piés, que es el fondo que habrá al suceder la bajamar.

561. Corrientes producidas por las mareas. El vértice del esferóide acuoso producido por las mareas, que daria la vuelta al globo en $24^h..50^m$, si todo él estuviese cubierto de agua, no arrastra consigo los cuerpos que flotan en la superficie del mar; pues el agua puede decirse que sube y baja sin salir del parage y los buques en alta mar suben y bajan con ella sin ser arrastrados por la onda de la marea, que produce solamente un movimiento de ondulacion muy rápido en sentido vertical; tanto que se propaga en 6^h del Cabo de Buena Esperanza á Cabo Frio en América, sin ocasionar movimiento alguno de traslacion en las aguas, ó corrientes propiamente dichas.

562. Sin embargo, dentro de la misma onda no pueden por ménos de producirse corrientes por la alteracion del nivel que experimentan las aguas al elevarse y al descender, y estas son las que observamos diariamente en la proximidad de las costas.

En efecto, al subir la marea, el agua se esparce á lo lejos por las costas poco inclinadas; y al avanzar de este modo el mar, produce una corriente á veces bastante enérgica, sucediendo otro tanto en la bajamar, si bien en sentido inverso. De aquí provienen los nombres de *flujo* y *reflujo* con los cuales se designa la marea que sube ó que baja, produciendo corrientes en las costas que alternativamente se dirigen hácia tierra ó hácia el mar.

CAPÍTULO XIV.

DE LAS CORRECCIONES QUE SE APLICAN Á LAS ALTURAS DE LOS ASTROS.

563. Horizonte sensible ó aparente, es un plano que se supone que pasa por el ojo del observador y es perpendicular á la vertical.

564. Horizonte visible ó de la mar, es la superficie cónica formada por todas las rectas que saliendo del ojo del observador, son tangentes á la superficie de la mar.

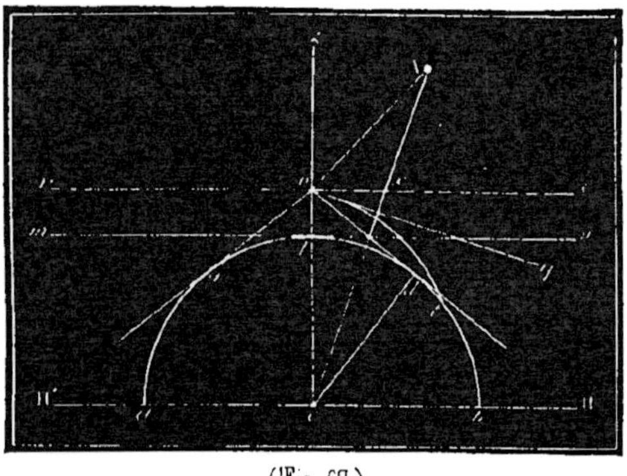

(Fig. 67)

Si en la (Fig. 67) C representa el centro de la Tierra: *alb* una seccion de su superficie hecha por el vertical de un astro A; HH' el horizonte racional ó geocéntrico; *zc* la vertical y *o* el ojo de un observador, tendremos que *rs* será el horizonte sensible ó aparente y *god* el de la mar.

565. El horizonte sensible *rs* es paralelo al racional HH' y dista de él un radio de la Tierra *cl*, mas la elevacion *lo* del ojo del observador sobre la superficie del globo.

Si suponemos el ojo del observador situado en la superficie del mar *l*, los horizontes sensibles y de la mar degenerarán en un solo plano *mn*, tangente á la superficie terrestre.

566. Altura de un astro sobre el horizonte sensible, es el ángulo que forma con dicho horizonte la recta tirada del ojo del observador al centro del astro.

La altura del astro A sobre el horizonte sensible *rs*, es el ángulo A*os* y su complemento A*oz*, ó sea el ángulo que forma con la vertical la visual tirada al centro del astro.

567. Las alturas de los astros sobre el horizonte sensible, observadas desde la superficie del mar ó desde una elevacion menor de 0,9 de milla, son sensiblemente iguales.

568. **Altura de un astro sobre el horizonte de la mar**, es el ángulo formado en un plano vertical por el horizonte de la mar y la visual tirada al centro del astro.

El ángulo A*od* será la altura del astro sobre el horizonte de la mar.

569. **Limbo de un astro**, es una parte de la circunferencia del círculo que termina á su disco, ó sea del que separa el hemisferio visible del invisible.

Los bordes que corresponden al diámetro vertical se llaman *limbos superior* é *inferior;* y los correspondientes al diámetro horizontal *limbos Oriental* y *Occidental.*

570. **Depresion de horizonte**, es el ángulo *sod* formado por el horizonte sensible y el de la mar. Vemos, por lo tanto, que la depresion de horizonte *sod*, debe restarse siempre de la altura del astro sobre el horizonte de la mar A*od*, para obtener la altura sobre el horizonte sensible A*os*.

571. La depresion de horizonte es tambien igual al ángulo *ocd* formado por la vertical del observador *co*, y el radio de la Tierra *cd*, tirado al punto de contacto.

En efecto, como el triángulo *odc* es rectángulo en *d*, resulta que los ángulos *sod* y *ocd* son iguales, por tener ambos el mismo complemento *doc*.

Para determinar el valor de la depresion ó sea el ángulo *ocd* que llamaremos D, conociendo el valor del cateto *cd*, que es un radio de la Tierra y el de la hipotenusa *co* que es igual á un radio *cl*, mas la elevacion del ojo del observador *lo*, tendremos (*Trigon. art.* 53)

$$\cos D = \frac{R \times cd}{cl + lo}.$$

De donde resulta, que al paso que aumenta el valor de *lo*, disminuye el cos D; pero como á menor coseno corresponde mayor arco, vemos que la depresion de horizonte está en razon directa de la elevacion del ojo del observador.

El valor de la depresion que acabamos de hallar es aproximado, segun vamos á demostrar.

572. **Refraccion terrestre.** En atencion á que los rayos de luz se doblan al atravesar medios de diferente densidad, y siendo así que la capa atmosférica que está en contacto con la superficie del globo es más densa que la que se halla á la altura del ojo del observador,

los rayos de luz describen curvas al pasar de la superficie de la mar al ojo del observador.

Así un rayo de luz que viene, por ejemplo, del punto *t*, situado más allá del punto de contacto *d*, describe la curva *to*; llega por lo tanto al ojo del observador, pero este descubre al último punto visible *t* en la direccion de la tangente *oq* á dicha curva. Luego á la depresion de horizonte *sod* calculada anteriormente, habrá que restarle el ángulo *qod* ó sea la refraccion terrestre.

573. De lo dicho resulta, que la refraccion terrestre disminuye la depresion de horizonte y aumenta la distancia al último punto visible; y que la depresion de horizonte y la distancia al último punto visible, aumentan al paso que es mayor la elevacion del observador sobre el nivel del mar; por cuya razon este es el argumento con que se buscan dichas cantidades.

574. La tabla I de las de *Mendoza*, contiene las depresiones de horizonte correspondientes á elevaciones del ojo del observador, expresadas en piés ingleses y corregidas de la refraccion terrestre média. (*)

La depresion que se obtiene en esta tabla se denomina ***média*** ó ***aparente*** y es el ángulo *qos* formado por el horizonte sensible y el rayo de luz refractado *oq* que viene del último punto visible *t*. Luego la depresion verdadera *dos* es igual á la depresion aparente *soq*, mas la refraccion terrestre *qod*.

575. Las depresiones correspondientes á elevaciones mayores de 100 piés son muy erróneas por las irregularidades de la refraccion terrestre.

576. Cuando se observa de noche ó en tiempos foscos ó calimosos, hay bastante dificultad en distinguir el verdadero horizonte de la mar; por lo cual conviene en estos casos estar lo ménos elevado posible, pues de este modo está más próximo el último punto visible y se distingue con más claridad.

577. Siempre que la mar está muy agitada, es muy variable la elevacion del observador sobre el nivel medio del mar, pues el buque, impelido por las olas, experimenta oscilaciones de ascenso y descenso de tal consideracion, que pueden producir errores de 4 y 5 minutos en la depresion de horizonte.

Tambien resulta en estas circunstancias, que si el observador no está muy elevado, las olas se interponen entre él y el horizonte de la mar y no puede observar la altura, que debe medirse en tal caso

---

(*) Como la densidad de las capas atmosféricas más próximas á la Tierra puede ser muy diferente de la densidad média para la cual está calculada la depresion que nos dá la Tabla, al hacer uso de ella para la correccion de alturas, pueden cometerse errores mayores de 4 minutos, cuando es mucha la elevacion del observador.

en el vértice de las olas del último punto visible, y para conseguir esto, debe elevarse á una altura conveniente, que regularmente es en la jarcia mayor ó hasta una de las cofas.

578. **Depresion de horizonte estando la costa interpuesta.** Estando fondeado en una rada ó navegando á la vista de tierra, sucede con frecuencia que la tierra se halla interpuesta en la direccion del vertical del astro y hay que medir la altura sobre la línea divisoria de la tierra y el mar.

Cuando esto tiene lugar, no puede aplicarse la depresion que nos dá la Tabla I de Mendoza, pues daria un resultado erróneo. En tales casos, conociendo la distancia á tierra en millas y la elevacion del observador en piés ingleses, se entra en la tabla II de Mendoza y se obtiene la depresion que debe restarse á la altura observada.(*)

579. **Refraccion astronómica.** Todo rayo de luz que sale de un astro y entra en el ojo del observador atravesando *oblícuamente* capas atmosféricas de distinta densidad, sufre un desvio que se llama refraccion astronómica.

El rayo de luz refractado describe una curva y el observador vé al astro en la direccion de la tangente á esta curva en el extremo que corresponde al ojo del observador.

Por efecto de la refraccion aparecen los astros más elevados de lo que están en realidad, pero en el mismo círculo vertical; luego diremos que la refraccion aumenta las alturas de los astros, pero no altera sus azimutes.

Cuando se halla un astro en el horizonte, los rayos de luz atraviesan oblícuamente las capas más densas y sucede la máxima refraccion, la cual vá disminuyendo á medida que aumenta la altura del astro y al estar este en el zenit se reduce á cero.

580. Si en la (Fig. 68) semejante á la anterior, el arco *bhp* representa la extremidad de la atmósfera y la consideramos dividida en varias capas concéntricas que tienen mayor densidad mientras más próximas estén á la Tierra, tendremos que si el observador colocado en *o*, vé un astro en su zenit, *z*, el rayo de luz *zo*, atravesará la atmósfera perpendicularmente al ho-

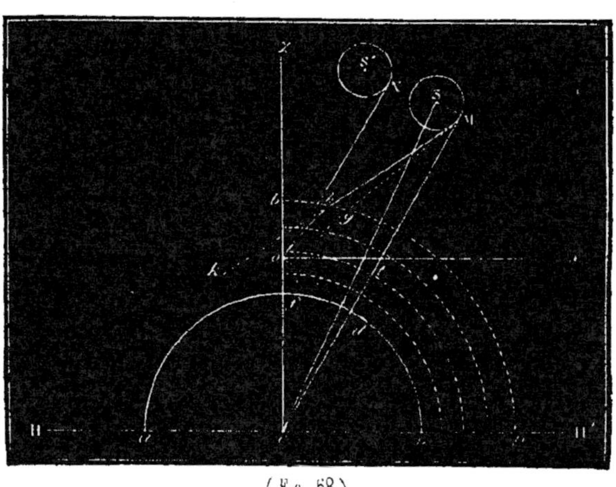

(Fig 68)

(*) El resultado que dá la tabla II no siempre es muy exacto; así, cuando se desea mayor precision, puede emplearse el procedimiento que indica Mendoza en la explicacion de dicha tabla II.

rizonte, no sufrirá desvio alguno y la refraccion será nula. Pero, suponiendo ahora un astro *s*, tendremos que un rayo de luz M*g* que salga del punto M, si no variase de direccion iria al ojo del observador; pero al llegar á la primera capa atmosférica, es decir, al pasar del vacío á un medio refringente, empezará á desviarse y continuará desviándose cada vez más á medida que atraviese capas más densas, describirá la curva *gf*, y el observador, por lo tanto, no verá al punto M por medio de dicho rayo de luz *mgf*. Otro rayo de luz tal como el M*h*, que si no variase de direccion pasaria por encima del ojo del observador, segun la línea M*hk*, al atravesar sucesivamente las capas de la atmósfera describe la curva *ho* y el observador verá el punto M en la direccion de la ON, tangente al extremo de la curva *ho*. Luego M*ox* será la altura verdadera sobre el horizonte sensible y N*ox* la aparente, y la diferencia de estos dos ángulos N*o*M será la refraccion astronómica correspondiente á dicha altura.

581. Tenemos, pues, que por refraccion astronómica se entiende tambien la distancia angular entre la posicion aparente de un astro y la verdadera.

582. La mayor refraccion de un astro, que tiene lugar cuando se halla en el horizonte, se llama *refraccion horizontal* y en nuestros climas vale por término medio 33 minutos.

Resulta de aquí, que al estar el Sol tangente á la superficie del mar, ya sea al nacer ó al ponerse, como su diámetro es de unos 32′, estará ya en realidad debajo del horizonte; luego la refraccion adelanta el orto y atrasa el ocaso, ó lo que es lo mismo, aumenta la duracion del dia y disminuye la de la noche.

583. La refraccion astronómica aumenta ó disminuye, al paso que es mayor ó menor la densidad de la atmósfera, y estas variaciones de densidad se obtienen por observaciones barométricas, teniendo en consideracion al mismo tiempo la temperatura, que influye tambien en la elevacion de la columna del barómetro.

584. Refraccion média es la correspondiente á una densidad atmosférica média ó sea á una presion barométrica de 29,6 pulgadas inglesas ($0^{m},752$) y á una temperatura de 50° del termómetro de Fahrenheit (+10° del centígrado.)

585. En la página 457 del *Almanaque Náutico* y en la tabla VI de *Mendoza*, columna de las estrellas, se encuentran las refracciones médias correspondientes á diversas alturas.

Para la generalidad de los cálculos que ocurren en la práctica de la navegacion, es suficiente el uso de las refracciones médias; pero hay que tener muy presente, que son muy sensibles é irregulares las variaciones de la refraccion cuando están los astros cerca del horizonte y por esta razon debe evitarse hasta donde sea posible tomar alturas menores de 16°.

586. Tanto en el caso de ser la altura menor de 16°, como cuando se desea un resultado exacto y la presion barométrica y altura del termómetro son muy distintas de aquellas para las cuales está calculada la tabla de refracciones médias, habrá que aplicarle á estas una correccion para obtener la refraccion correspondiente á la densidad que tiene la atmósfera en el instante de la observacion.

Dicha correccion se obtiene por medio de la tabla que trae el *Almanaque Náutico* en la página 458, cuya explicacion y uso se encuentra al final de la citada obra.

587. De la paralage. Por paralage de un astro se entiende el ángulo formado por dos rectas que saliendo de un punto del astro termina la una en el ojo del observador y la otra en el centro de la Tierra. Tambien puede decirse que es el ángulo bajo el cual se veria desde dicho astro el radio de la Tierra que pasa por el observador.

La paralage se llama horizontal, cuando el astro se halla en el horizonte del observador, y de altura en los demás casos.

588. Por efecto de la paralage resulta que la altura de un astro sobre el horizonte sensible, es menor que la que se supone observada desde el centro de la Tierra, ó sea la verdadera; luego diremos que la paralage hace aparecer los astros más bajos de lo que están en realidad, pero en el mismo vertical; esto es, que disminuye las alturas, pero no altera los azimutes.

En efecto, en la (Fig. 67) estará representada la paralage de altura por el ángulo oAc; y considerando el triángulo oxA, tenemos que el ángulo externo Axs, igual al AcH altura verdadera, es tambien igual á la suma de los dos ángulos internos del triángulo Aos, altura del astro sobre el horizonte sensible, mas el ángulo oAc que es la paralage de altura.

589. Cuando se halla un astro en el horizonte tiene la mayor paralage, la cual disminuye á medida que el astro se eleva hasta reducirse á cero al estar en el zenit.

590. Para determinar la relacion que hay entre la paralage horizontal y la de altura, sea c (Fig. 69) el centro de la Tierra; bgo una seccion de su superficie hecha por el vertical de un astro A, y supongamos cuatro observadores b, d, g y o. Tendremos, pues, que el observador b, tendrá al astro A en su horizonte verdadero cA; el observador d, lo tendrá en su horizonte sensible dA; el observador g, lo tendrá elevado y el complemento de la altura es Agz'', y por último, el observador o lo tendrá en su zenit.

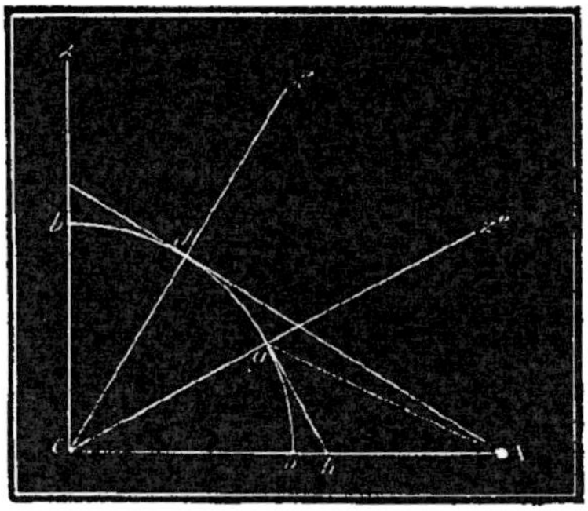

(Fig. 69)

Luego dAc será la paralage horizontal; gAc la de altura, menor que la anterior, y para el observador o que tiene al astro en su zenit la paralage será cero.

Ahora bien, en el triángulo rectángulo cdA (trig. art. 57) tendremos

$$cA : cd :: R : \text{sen } cAd$$

y en el triángulo oblicuángulo cgA será:

$$cA : cg :: \text{sen } cgA : \text{sen } cAg.$$

Llamando P_h á la paralage horizontal cAd; P_a á la paralage de altura cAg; D á la distancia cA del centro de la Tierra al centro del astro; S á los radios terrestres cd y cg; y considerando que el seno de cgA es igual al seno de $z''gA$;

que es su suplemento, y que el seno de $z''gA$ es tambien igual al coseno de su complemento Agh, ó sea la altura que llamaremos A, y sustituyendo en las anteriores proporciones, será:

$$D : S :: R : \text{sen } P_h \quad .... \quad [\ 1\ ]$$
$$D : S :: \cos A : \text{sen } P_a \quad .... \quad [\ 2\ ]$$

y como las primeras razones son iguales, las segundas son recíprocamente proporcionales; luego

$$R : \cos A :: \text{sen } P_h : \text{sen } P_a$$

esto es: $\text{sen } P_a = \frac{\cos A \times \text{sen } P_h}{R}$, ó bien $\log \text{sen } P_a = \log \cos A + \log \text{sen } P_h - 10$, que es la relacion que existe entre P_h y P_a, y por medio de la cual podremos hallar el valor de P_a, conocido que sea P_h y vice versa. (*)

591. Despejando sen P_a en la proporcion [2], será

$$\text{sen } P_a = \frac{S \times \cos A}{D},$$

de donde resulta que aumentará el valor de P_a, al paso que aumente cualquiera de los factores del numerador y que disminuirá al paso que aumente el divisor D.

Por lo tanto, suponiendo constantes los valores de S y D, el mayor valor de P_a sucederá cuando $\cos A = 1$, es decir, al estar el astro en el horizonte; y P_a irá disminuyendo á medida que disminuya cos A, toda vez que á menor coseno corresponde mayor arco, y por último, al ser $\cos A = 0$, es decir, cuando A sea igual á 90°, tendremos que $P_a = 0$.

De todo lo dicho resulta, que no variando la distancia del astro á la Tierra, á iguales alturas corresponden iguales paralages.

Si consideramos constantes los valores de S y cos A, el valor de P_a disminuirá, á medida que aumente el de D, y si $D = \infty$, será $P_a = 0$. Luego los astros más próximos á la Tierra son los que tienen mayor paralage, y los que están á una distancia inmensa de nosotros no tienen paralage apreciable.

Así la Luna es el astro que tiene mayor paralage y la de las estrellas es cero.

Si suponemos constantes los valores de D y A, tenemos que la paralage aumenta, al paso que es mayor el valor de S, semi-diámetro de la Tierra, correspondiente á la latitud del observador; y como la Tierra es un esferóide achatado por los polos y el mayor semidiámetro es el rayo del ecuador, es evidente que las mayores paralages son las correspondientes á los habitantes del ecuador, y que se llaman *paralages ecuatoriales.*

592. *La paralage horizontal ecuatorial del Sol* puede suponerse constantemente igual á 8″,8 y el *Almanaque Náutico* nos la dá en la página 3, de 10 en 10 dias.

593. *La paralage horizontal ecuatorial de la Luna,* es de unos 54′ en apogeo y de 61′ en perigeo, y en atencion á lo irregulares que son sus variaciones, el *Almanaque* la trae calculada en la página IV de cada mes, para cada medio dia y média noche de T_m de San Fernando, pudiendo hallarse la correspondiente á una hora cualquiera por medio de una proporcion.

594. *La paralage de los planetas* es siempre menor de 20″, y por esto cuando no se requiere rigorosa exactitud, se prescinde de

(*) La altura á que se hace referencia en la anterior fórmula, se entiende que está corregida de depresion y refraccion.

ella en la correccion de alturas. El *Almanaque* nos dá la de los 6 planetas principales para cada medio dia del año.

595. *La paralage de las estrellas* es imperceptible, y por lo tanto no se les aplica nunca esta correccion.

596. A la paralage ecuatorial, que como sabemos es la mayor, hay que aplicarle una correccion sustractiva para obtener la correspondiente á la latitud del observador.

Dicha correccion rara vez llega á 10″ en la Luna y en los demás astros es insensible. Por esta causa se desprecia generalmente en la práctica de la navegacion.

Sin embargo, cuando se tiene en cuenta el aplanamiento de la Tierra, tratándose de observaciones de Luna, á la paralage horizontal ecuatorial que dá el Almanaque, se le aplica la correccion sustractiva que se obtiene en la Tabla XI de Mendoza, entrando como argumentos la paralage horizontal ecuatorial y la latitud del observador.

597. Semi-diámetro aparente de un astro, es el ángulo formado por dos rectas que saliendo del ojo del observador, terminan la una en el centro y la otra en el limbo del astro.

Dicho semi-diámetro se llama *central,* cuando se supone observado desde el centro de la Tierra; *horizontal,* cuando el observador tiene al astro en su horizonte, y de *altura,* cuando lo tiene elevado.

Si un astro estuviese siempre á igual distancia de la Tierra, su semi-diámetro aparente seria siempre el mismo, pero como las distancias de los astros á la Tierra aumentan y disminuyen, sus semi-diámetros aparentes aumentan y disminuyen tambien.

Los semi-diámetros central y horizontal de un mismo astro son sensiblemente iguales, en razon á que difieren muy poco las distancias de un astro al centro de la Tierra y á un observador que lo tiene en su horizonte.

598. En la (Fig. 68), S*c*M es el semi-diámetro aparente central del astro S; y llamando S á este ángulo, *r* al radio efectivo del astro SM, y D su distancia al centro de la Tierra, tenemos que en el triángulo rectilíneo rectángulo *c*SM, será

$$D : r :: R : \text{sen}\, S, \quad \text{de donde} \quad \text{sen}\, S = \frac{r \times R}{D};$$

es decir, que los semi-diámetros de los astros son inversamente proporcionales con sus distancias á la Tierra.

599. Por esta razon, cuando un astro se halla en el horizonte, su semi-diámetro aparente es el menor, el cual aumenta á medida que el astro se eleva, y al llegar al zenit tiene el máximo semi-diámetro aparente. (*)

(*) Sin embargo, cuando la Luna ó el Sol están próximos al horizonte, sus discos nos parecen mucho mayores que al estar elevados. Este es el resultado de una ilusion óptica, producida por la forma rebajada de la bóveda celeste y por la densidad de las capas bajas de la atmósfera, que nos hacen ver los discos de una manera difusa, al mismo tiempo que amortiguan la luz y calor que nos envian.

Estas variaciones de semi-diámetro son muy sensibles en la Luna, pues al estar este astro en el zenit, su semi-diámetro es por término medio 16″ mayor que el horizontal, y así debe ser en efecto, pues al hallarse la Luna en el zenit está realmente como 1.500 leguas más próxima al observador que cuando la veia en su horizonte, en razon á que en este último caso el espesor de la Tierra estaba interpuesto entre el observador y el astro.

600. Por lo tanto, al semi-diámetro horizontal de un astro habrá que aplicarle una correccion aditiva, dependiente de la altura, para obtener el semi-diámetro de altura ó aumentado. Esta correccion sólo es apreciable tratándose de la ☾.

601. *El semi-diámetro central del Sol* correspondiente á cada medio dia se encuentra en el *Almanaque Náutico*, pág. II de cada mes.

El semi-diámetro máximo del Sol es de 16′.. 18″, y tiene lugar á fines de Diciembre que es cuando la Tierra está en perihelio; el mínimo es 15′.. 45″, y sucede á principios de Julio ó sea en el afelio.

El *semi-diámetro de los planetas principales* nos lo dá tambien el Almanaque para cada medio dia del año.

Generalmente no se hace uso de esta correccion, pues se acostumbra á tomar la altura del centro del planeta, lo cual se consigue haciendo que sus imágenes aparezcan divididas por mitad por el horizonte de la mar.

El *semi-diámetro de las estrellas* es nulo, en atencion á que dichos astros aparecen siempre como simples puntos luminosos.

El *semi-diámetro central de la Luna,* que como sabemos es sensiblemente igual al horizontal, nos lo trae el Almanaque en la página IV de cada mes, para cada medio dia y média noche de T_m de San Fernando, pudiendo hallarse el correspondiente á una hora intermedia por una proporcion.

Este semi-diámetro horizontal se reduce en caso necesario, á semi-diámetro de altura por medio de la tabla V de Mendoza, entrando como argumentos el semi-diámetro horizontal y la altura aparente sobre el horizonte sensible. (*)

Cuando la Luna está en apogeo, su semi-diámetro vale 14′.. 40″, y en perigeo 16′.. 50″.

602. Téngase muy presente, que cuando á la altura aparente se le han aplicado ya las correcciones de refraccion y paralage, para reducirla al centro se le aplica el semi-diámetro horizontal.

603. Contraccion de semi-diámetros. Cuando el Sol ó la Luna se hallan próximos al horizonte, sucede que los rayos de luz que salen

---

(*) Para esto se suprimen las unidades de segundo que tenga el semi-diámetro horizontal y con los minutos y decenas de segundo de este y los grados de la altura, encontraremos el semi-diámetro de altura, al cual se le suman las unidades de segundo antes suprimidas. (*Véase la explicacion de la tabla V de Mendoza.*)

del limbo inferior sufren mayor refraccion que los que salen del limbo superior, de donde resulta que aparece el diámetro vertical del astro algo menor que el horizontal, y disminuidos proporcionalmente los diámetros oblícuos al horizonte; esto es, que el disco del astro nos parece ovalado.

Como la refraccion es tanto mayor cuanto más próximo al horizonte se halla el punto luminoso, tenemos, por ejemplo, que la tabla de refracciones médias nos dá para una altura de 9° una refraccion de 5'.. 49", y para una altura de 8°.. 44', es decir, 16' menor que la anterior, 5'.. 59". Luego si el centro del Sol está á una altura de 9°, la refraccion le hará aparecer 5'.. 49" más elevado; mientras que el limbo inferior estará más elevado 5'.. 59" ó sea 10" más elevado que el centro; por lo tanto el semi-diámetro vertical quedará disminuido en 10".

604. En alturas mayores de 9°, la contraccion de semi-diámetro es inferior á los errores propios de la observacion. Sin embargo, cuando se quieren corregir alturas con toda exactitud ó cuando son

(Fig. 70)

DEFORMACION DEL DISCO SOLAR POR LA REFRACCION.

menores de 9°, al semi-diámetro que nos dá el *Almanaque* se le resta la contraccion de semi-diámetro que nos dá la tabla IV de *Mendoza*, y obtenemos el semi-diámetro refractado.(*)

(*) Cuando se corrigen las distancias aparentes de los limbos de la Luna al Sol, de que trataremos más adelante, se les aplica tambien la correccion de contraccion que dá la tabla IV. (*Véase la explicacion que dá Mendoza.*)

La (Fig. 70) nos representa el fenómeno de contraccion, el cual puede observarse tanto en tierra como en la mar á la salida ó puesta del Sol ó de la Luna, especialmente en los dias en que está la atmósfera calimosa.

La deformacion del disco solar no ofrece á veces la regularidad y simetría que nos presenta la lámina, pues la desigual densidad de las capas inferiores de la atmósfera hace aparecer el disco bajo las formas más extrañas.

605. Aplicacion general de las correcciones. Para esto nos valdremos de la (Fig. 68) que ya conocemos (art. 580), y en la cual *c* representa el centro de la Tierra; *o* el ojo del observador; S la posicion verdadera de un astro, y S′ la aparente.

Luego para reducir la altura aparente sobre el horizonte de la mar del limbo inferior del astro ó sea el ángulo N*od*, á la altura verdadera del centro S*c*H′, tendremos:

1.° Si al ángulo N*od*, se le resta el *xod*, *depresion de horizonte*, resultará el N*ox*, altura aparente del limbo inferior sobre el horizonte sensible.

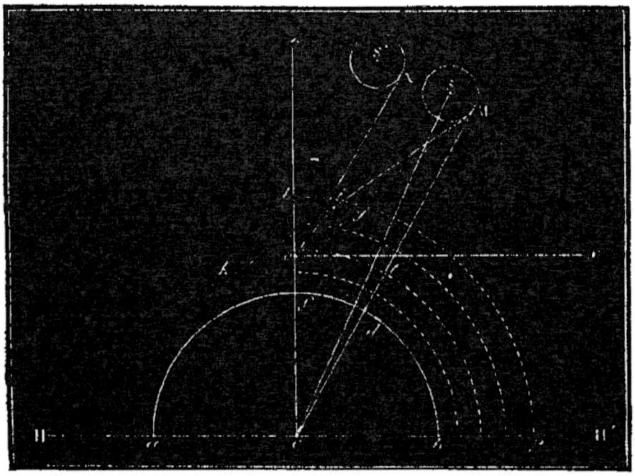

(Fig. 68)

2.° Si á este ángulo N*ox* le restamos el N*o*M, *refraccion astronómica*, tendremos el M*ox*, altura verdadera del limbo inferior sobre el horizonte sensible.

3.° Si al ángulo M*ox*, interno del triángulo M*ot*, se le suma el otro interno *o*M*t*, *paralage de altura*, resultará el ángulo externo M*tx*, igual al M*c*H′ por correspondiente entre paralelas.

4.° Y por último, si á este ángulo M*c*H′, altura verdadera del limbo inferior, se le suma el *semi-diámetro central* M*c*S, obtendremos el ángulo S*c*H′, ó sea la altura verdadera que se trataba de determinar.

Si se hubiese observado la altura del limbo superior, se le aplicarian las correcciones del mismo modo, pero se le restaria el semidiámetro.

606. Luego llamando A_a á la altura aparente; A_v á la verdadera; D á la depresion; R á la refraccion; P á la paralage, y S al semidiámetro, tendremos:

$$A_v = A_a - D - R + P \pm S.$$

Y si se tratase de reducir la altura verdadera á aparente, vemos que habria que aplicar las correcciones en sentido contrario y con signos contrarios, luego será:

$$A_a = A_v \mp S - P + R + D.$$

Finalmente; como disminuir un ángulo equivale á aumentar su complemento, si se aplican las correcciones al complemento de la altura, se hará con signos contrarios, pero en el mismo órden indicado por las fórmulas.

EJEMPLOS DE CORRECCIONES.

607. Correccion de alturas de Sol. Para reducir la altura aparente sobre el horizonte de la mar de uno de los limbos del Sol, á altura verdadera del centro, se le aplicarán las correcciones siguientes:

1.° Se le restará la depresion de horizonte correspondiente á la elevacion del ojo del observador, que nos dá la tabla I de Mendoza.

2.° Se le aplicará la *correccion sustractiva* que dá la tabla VI de Mendoza en la columna correspondiente al Sol, entrando como argumento la altura aparente. Esta correccion es la suma algebráica de la refraccion y paralage del Sol, y tiene el signo — porque en dicho astro la refraccion es mayor que la paralage.

3.° Se le aplicará el semi-diámetro que nos dá el Almanaque para el dia de la observacion, con signo + si se ha observado el limbo inferior, ó con signo — si lo ha sido el superior.

Ejemplo. El 18 de Noviembre de 1871, se observó la $A_a \underline{\odot} = 39°..52'..40''$ elevacion del ojo del observador 20 piés.

Altura aparente sobre el horizonte de la mar $\underline{\odot}$	39°..52'..40''
Depresion de horiz. á 20 piés de elevacion (Tab. I)	— 4..24
Altura aparente sobre el horizonte sensible $\underline{\odot}$	39..48..16
$-R+P=$ Correccion sustractiva (Tabla VI)..	— 1..01
Altura verdadera del limbo inferior..........	39..47..15
Semi-diámetro del ⊙ dia 19 de Nov. (Almanaque)	+ 16..14
Altura verdadera del centro del Sol...........	40..03..29

608. Para reducir una altura aparente sobre el horizonte de la mar, á altura aparente del centro sobre el horizonte sensible, se le aplicarán únicamente las correcciones de depresion y semi-diámetro.

609. Correccion de alturas de estrellas. Para reducir una altura aparente de estrella sobre el horizonte de la mar á verdadera, se le aplicará:

1.° La depresion de horizonte (Tabla I.)

2.° La refraccion astronómica correspondiente á la A_a (Tabla VI de Mendoza, columna de las ✱)

EJEMPLO. El dia 25 de Diciembre A_a de *Aldebaran* 43°..37′..10″; elevacion 12 piés: se pide la A_v.

Altura aparente sobre el horizonte de la mar...	43°..37′..10″
Depresion á 12 piés (Tabla I)................	— 3..25
Altura aparente sobre el horizonte sensible....	43..33..45
Refraccion astronómica (Tabla VI)..........	— 1..00
Altura verdadera.......	43..32..45

610. Correccion de alturas de planetas. Para reducir una altura aparente á verdadera, se le aplican las correcciones siguientes:

1.° Depresion de horizonte correspondiente á la elevacion del observador.

2.° Refraccion astronómica (Tabla VI, columna de ✱)

3.° Paralage horizontal el dia de la observacion (*Almanaque Náutico.*)

4.° Semi-diámetro horizontal el dia de la observacion (*Almanaque Náutico.*)

Generalmente sólo se aplican las correcciones de *depresion* y *refraccion*, y se toma la altura del centro, para lo cual se hace que aparezca la imágen del astro dividida por mitad por el horizonte. (*)

EJEMPLO. El dia 24 de Diciembre de 1871, se tomó A_a sobre el horizonte de la mar del limbo inferior de *Júpiter* 42°..36′..50″; elevacion 16 piés: se pide A_v.

A_a de *Júpiter* sobre el horizonte de la mar	42°..36′..50″
Depresion á 16 piés (Tabla I)..............	— 3..56
A_a sobre el horizonte sensible.	42..32..54
Refraccion (Tabla VI, columna de ✱)	— 1..01
A_v sobre el horizonte sensible.........	42..31..53
Paralage horizontal dia 24 de Diciembre(Alman.)	+ 2
A_v del limbo inferior........................	42..31..55
Semi-diámetro horizontal, dia 24 de Diciembre..	+ 23
Altura verdadera del centro..................	42..32..18

(*) La diferencia que puede resultar operando de este modo, es menor que los errores propios de la observacion, toda vez que el instrumento con que se mide el ángulo sólo aprecia de 10 en 10 segundos.

Vemos, pues, que á pesar de no haber medido la altura del centro, la diferencia que habria resultado no corrigiendo de paralage y semi-diámetro, sólo seria de 25″.

611. Correccion de alturas de Luna. Para reducir á verdadera la altura aparente sobre el horizonte de la mar de uno de los limbos de la Luna, cuando no se necesita obtener primero la altura aparente del centro sobre el horizonte sensible, se hallará ante todo la *hora reducida* (art. **291**), y se calcula para esta hora el *semi-diámetro horizontal* y *paralage horizontal de la Luna.*

De la altura aparente sobre el horizonte de la mar se resta la depresion de horizonte y se obtiene la altura aparente del limbo sobre el horizonte sensible.

A este resultado se le resta la refraccion que dá la Tabla VI, columna de las estrellas, y se tendrá la $A_{''}$ sobre el horizonte sensible, y con esta altura y la paralage horizontal para la hora reducida se determina la paralage de altura (art. **590**), la cual se sumará para obtener la altura verdadera del limbo.

Si en vez de aplicar separadamente las correcciones de refraccion y paralage, se hace uso de la tabla VIII de Mendoza, se facilita mucho el cálculo, pues en ella hallaremos la suma algebráica de la refraccion y paralage de altura, y como esta es siempre en la Luna mayor que la refraccion, dicha correccion es siempre aditiva.

Para esto se entra en la citada tabla VIII con los grados y minutos de la altura y los minutos de la P_h correspondientes á la hora reducida, y al resultado se le suma la parte proporcional por los segundos de la paralage, que van dados en cada seccion de dos grados en una columna intermedia, y tendremos la paralage de altura, menos la refraccion.

Por último, á la $A_{''}$ del limbo hallada por cualquiera de estos dos procedimientos, se le aplica el semi-diámetro horizontal correspondiente á la hora reducida y tendremos la altura verdadera del centro.

612. Cuando se necesite obtener primero la altura aparente del centro sobre el horizonte sensible, se procede como sigue:

A la altura aparente del limbo sobre el horizonte de la mar, se le resta la depresion, y con esta altura y el semi-diámetro horizontal correspondiente á la hora reducida, se entra en la tabla V de Mendoza y se obtiene el semi-diámetro de altura, el cual se suma ó se resta segun que se haya observado el limbo inferior ó el superior y se tiene la altura aparente del centro sobre el horizonte.

Si esta altura se quiere reducir despues á verdadera, se le aplican las correcciones de refraccion y paralage de altura como en el caso anterior.

EJEMPLO I. El dia 21 de Octubre de 1871, en longitud $2^h..36^m$ E de San Fernando, á $10^h..12^m$ se tomó A_a de ☾ 29°..50′..30″; elevacion 16 piés. Se pide A_v del centro.

Determinacion de la hora reducida.

Hora de T_m del observador el 21 de Octubre. . .	$10^h..12^m$
Longitud del observador al E de S. Fernando	— 2 ..36
Hora reducida.	7 ..36 = $7^h,6$

Determinacion de la paralage y semi-diámetro horizontal correspondientes á la hora reducida.

Dia 21 de Oct. = P_h ☾ á 0^h = 58′..40″,7	Semi-diámetro horiz. ☾ á 0^h = 16′..11″
„ „ á 12 = 58 ..26 ,3	„ „ „ á 12 = 15 ..57
Variacion en 12 = 14 ,4	Variacion en 12 = 14
$12^h : 14'',4 :: 7^h,6 : x = 9'',1$	$12^h : 14'' :: 7^h,6 : x = 8''9.$
58′.40″,7 − 9″,1 = 58′.31″,6 P_h *para la h. r.*	16′..11″ − 8″,9 = 16′..02″,1 *Semidiámetro horizontal para h. r.*

A_a sobre el horizonte de la mar ☾		29°..50′..30″
Depresion á 16 piés de elevacion (Tabla I).		— 3 ..56
A_a sobre el horizonte sensible ☾		29 ..46 ..34
Para 29°..46′ de A_a y 58′ de P_h la tabla VIII dá . .	= 48′..42″	
Parte proporcional por 31″,6 de la paralage	= + 29	
Correccion aditiva ó sea P_a — R (*)	= 49 ..11	+ 49 ..11
A_v del limbo inferior.		30 ..35 ..45
Semi-diámetro horizontal para la hora reducida.		+ 16 ..02,1
Altura verdadera del centro de la Luna		30 ..51 ..47,1

613. Si en el cálculo anterior hubiésemos deseado obtener primero la A_v del centro sobre el horizonte sensible, se hubiera operado del modo siguiente:

(*) No haciendo uso de la tabla VIII de Mendoza, se hubiera procedido de la manera siguiente:

A_a sobre el horizonte sensible		29°..46′..34
Refraccion (Tabla VI, columna de ✱)		— .. 1 ..40
A_v sobre el horizonte sensible		29 ..44 ..54
R : cos A_a = 29°..44′..54″	9,9386252	
:: sen P_h = ..58 ..31 ,6	8,2311084	
: sen P_a = ..50 49	8,1697336	+ 50 49
A_v del limbo inferior		30 35 43

Resultado que difiere del anterior en 2″ solamente.

A_a sobre el horizonte de la mar ☾		29°..50'..30"
Depresion á 16 piés		— 3..56
A_a sobre el horizonte sensible ☾		29..46..34
Con 30° de A_a y 16'..02" de semi-diámetro horizontal, la tabla V de Mendoza nos dá semi-diámetro de altura		+ 16..08
A_a del centro sobre el horizonte sensible		30..02..42
Para 30°..03' de A_a y 58' de P_h la tabla VIII dá	=48'..33"	
Parte proporcional por 31",6 de P_h	=+ 27	
Correccion aditiva ó sea P_a—R	=49..00	+ 49..00
Altura verdadera del centro		30°..51'..42"

614. Reduccion de alturas verdaderas á aparentes. Hemos dicho que para reducir una altura verdadera á aparente, deben aplicarse las correcciones en sentido contrario y con signos contrarios (art. 606). Este procedimiento es suficientemente exacto si se trata del Sol, de un planeta ó de una estrella; pero tratándose de la Luna el resultado que se obtiene es aproximado, toda vez que el argumento con que se entra para hallar las correcciones de refraccion y paralage de altura, es la altura verdadera, y sabemos que es necesario entrar con la altura aparente que aun no se conoce. Por esta razon se hallará la *correccion aditiva* que dá la tabla VIII de Mendoza entrando con la altura verdadera; y con la altura aparente que resulta, se repetirá el cálculo y volverá á hallarse la *correccion aditiva* que en este caso es ya bastante exacta.

Resolviendo el ejemplo anterior por via de comprobacion, tendremos:

Altura verdadera del centro		30°..51'..34"
Correccion aditiva para 30°..51' de A_v y 58' de P_h	48'..13"	
Parte proporcional por 31",6 de P_h	27	
Correccion aditiva *aproximada*	48'..40"	— 48..40
A_a del centro sobre el horizonte sensible *aproximada*		30°..02'..54"
Correccion aditiva para 30°..03' de A_a y 58' de P_h	48'..33"	
Parte proporcional por 31",6 de P_h	27	
Correccion aditiva *exacta* que se resta de la A_v	49'..00"	49..00
A_a del centro sobre el horizonte sensible		30°..02'..54"
Con 30° de A_a y 16'..02",1 de semi-diámetro horizontal, resulta semi-diámetro de altura		— 16..08
A_a ☾ sobre el horizonte sensible		29°..46'..46"
Depresion de horizonte por 16 piés de elevacion		+ 3..56
A_a ☾ sobre el horizonte de la mar		29°..50'..42"

CAPÍTULO XV.

PROBLEMAS DE ASTRONOMÍA NÁUTICA.

PROBLEMA I.

CALCULAR LA HORA MEDIA DEL PASO DE UNA ESTRELLA POR EL MERIDIANO DEL OBSERVADOR.

615. Sabemos que al hallarse un astro en el meridiano, su Æ es igual al tiempo sidéreo (art. 287). Por lo tanto, la Æ de la estrella, cuyo paso por el meridiano se trata de calcular, nos dará desde luego la hora sidérea, quedando por lo tanto reducida la cuestion á determinar la hora média correspondiente á ella, siguiendo los preceptos dados en el (art. 316.)

616. Ejemplo I. El dia 25 de Agosto de 1871, en longitud 63°.. 29′ = 4h.. 13m.. 56s E de San Fernando, se pide la hora média del paso por el meridiano de *Aldebaran.*

Æ de Aldebaran el 25 de Agosto = 4h.. 28m.. 32s,15 = T_s del paso por el meridiano.

Determinacion del T_s á 0h de T_m del meridiano del observador.

T_s á 0h de T_m en San Fernando el 25 de Agosto (*Alm.e Náut.o*) 10h.. 13m.. 18s,20

Correccion por la longitud.

Tabla I auxiliar *Alm.e N.o*	Por 4h T_m	4h.. 00m.. 39s,43 T_s		
	„ 13m „	13 .. 02 ,14 „		
	„ 56s „	56 ,15 „		
		4h.. 14m.. 37 ,72		
	Longitud = —	4 .. 13 .. 56 E		
	Correcc.n = —	41 ,72	....	— 41 ,72

T_s á 0h de T_m del meridiano del observador el dia 25 de Agosto	10 .. 12 .. 36 ,48
Hora sidérea dada, aumentada en 24h......................	28 .. 28 .. 32 ,15
Interv.o de T_s trascurrido desde 0h de T_m del observ.or = Dif.a =	18 .. 15 .. 55 ,67

Conversion de este intervalo en hora média.

Por 18h	T_s	17h.. 57m.. 03s,07 T_m
„ 15m	„	14 .. 57 ,54 „
„ 55s	„	54 ,85 „
„ 0s,67	„	0 ,67 „
Hora média el 25 de Agosto		18 .. 12 .. 56 ,13 **del paso de Aldebaran por el merid.o**

617. Si se desea obtener solamente la hora aproximada del paso de la estrella, se restará de la Æ de la estrella el T_s á 0h de T_m de San Fernando, sumándole á la primera 24h si fuese la menor.

EJEMPLO II.

Æ de Aldebaran + 24^h	= 28^h .. 28^m .. 32^s,15
T_s á 0^h de T_m en San Fernando	= 10 .. 13 .. 18 ,20
Hora aproximada del paso..	= 18 .. 15 .. 13 ,95
Hora exacta, hallada antes..	= 18 .. 12 .. 56 ,13
Diferencia...............	= 2 .. 17 ,82

618. Determinada la hora média del paso de una estrella por el meridiano superior de un lugar, se halla el paso por el meridiano inferior antecedente, restándole 12^h y sumándole la mitad de la aceleracion diaria (art. **309**); y para obtener el paso por el meridiano inferior siguiente, se le suman 12^h y se le resta la semi-aceleracion diaria ó sea la variacion horaria de la Æ del Sol, el dia dado, multiplicada por 12.

EJEMPLO III.

H_m del paso superior...........	25^d.. 18^h.. 12^m.. 56^s,13
	— 12 .. 00 .. 00^s,
	25 .. 6 .. 12 .. 56 ,13
Aceleracion en 12^h = 9^s,18×12 =	+ 1 .. 50 ,16
H_m paso inferior antecedente.. =	25^d.. 6 .. 14 .. 46 ,29
H_m del paso superior.	25^d.. 18 .. 12 .. 56^s,13
	+ 12 .. 00 .. 00
	26 .. 6 .. 12 .. 56 ,13
Aceleracion en 12^h..........	— 1 .. 50 ,16
H_m paso ∗ mer.° inf.^{or} siguiente	26 .. 6 .. 11 .. 05 ,97

PROBLEMA II.

CALCULAR LA HORA MEDIA DEL PASO DE UN PLANETA POR EL MERIDIANO DEL OBSERVADOR.

619. El *Almanaque Náutico* nos dá cada dia, en la última columna de la página de la derecha de cada planeta principal, la hora de T_m de su paso por el meridiano de San Fernando; y para hallar la hora del paso por otro meridiano cualquiera, se toma en dicho Almanaque la hora del paso por San Fernando el dia propuesto y la diferencia con la hora del paso el dia siguiente, á la cual se le pondrá el signo + si se retardan los pasos de un dia á otro, ó el signo — si se anticipan.

Con este retardo ó adelanto diario y la longitud del observador en tiempo, se obtiene por medio de una proporcion la correccion que debe aplicársele á la hora del paso por San Fernando para obtener la *hora média* del paso por el meridiano del observador.

Dicha correccion se aplica con *su signo* si la longitud es O y con *signo contrario* si es E.

620. EJEMPLO. El 10 de Noviembre de 1871, en longitud $4^h..30^m$ O de San Fernando, se pide la hora média del paso de Júpiter por el meridiano.

Paso por el merid.º de S. Fernando el dia 10	$16^h..48^m,7$ (*Alm.ᵉ N.º*)
„ „ „ „ „ 11	16 .. 44 ,9
Diferencia en 24^h de longitud (en adelanto)	— 3 ,8
$24^h : -3^m,8 :: 4^h,5 : x$ de donde $x =$	— 0 ,71
Por lo tanto, paso por el m.º de S. Fernando	= 16 .. 48 ,7
Correccion	= — 0 ,71
H_m del paso por el meridiano del observ.ᵒʳ dia 10	= 16 .. 47 ,99

621. Hay que advertir, que cuando en el intervalo de un dia solar no hay paso de un planeta por el meridiano de San Fernando, el Almanaque pone *asteriscos* en lugar de la hora, y que cuando suceden dos pasos dentro del mismo dia, las horas van dentro de una llave.

En estos casos se procede de una manera análoga á lo explicado al tratar de la Luna (art. 475), teniendo presente que si un planeta no pasa por el meridiano de San Fernando en un dia dado, ó pasa dos veces, no debe suponerse que suceda lo mismo en otro meridiano diferente.

PROBLEMA III.

DADA LA HORA DE TIEMPO VERDADERO Ó MEDIO DEL MERIDIANO DE UN OBSERVADOR, DETERMINAR EL HORARIO DE UN ASTRO.

622. Horario del Sol. Si la hora astronómica dada es de tiempo medio, se hallará ante todo la hora reducida para la cual se determinará la ecuacion de tiempo, que aplicada á dicha hora média, nos dará *la hora astronómica de tiempo verdadero, que es igual al horario Occidental del Sol;* y si fuese mayor de 12^h, se restará de 24^h y tendremos el horario Oriental.

EJEMPLO I. El 28 de Diciembre de 1871, en longitud $3^h..17^m$ O de San Fernando, hora média astronómica $4^h..37^m..28^s$, se pide el horario del Sol.

H_m del observ.ᵒʳ	$4^h..37^m..28^s$	Ec.ᵒⁿ de t. dia 28	$+1^m..41^s,82$ V.ᵒⁿ h.ᵃ $=+1^s,23$
Lg. O. de S. F.º	$+3..17..00$	$1^s,23 \times 7^h,9 =$	$+$ 9 ,71
Hora reducida	$=7..54..28$	Ec.ᶜⁿ corregida.	$+1..51,53$

H_m astronómica. . =	$4^h..37^m..28^s$
Ecuac.ⁿ corregida =	— 1 .. 51 ,53
H_v astronómica. . =	4 .. 35 .. 36 ,47 **Horario Occidental del Sol.**

EJEMPLO II. — Siendo la hora verdadera astronómica del observador $17^h..32^m..25^s$, será:

Horario Occidental ☉ $=17^h..32^m..25$
„ Oriental ☉ $=6..27..35$

623. Horario de una estrella, de un planeta ó de la Luna. Sabemos que el tiempo sidéreo es igual al horario Occidental de un astro mas su Æ (art. 286), esto es:

$$T_s = h_o + \alpha \qquad \text{de donde} \qquad h_o = T_s - \alpha .$$

Por lo tanto, si la hora astronómica del observador es de tiempo verdadero, se reduce á hora de T_m equivalente.

Hállese el T_s del observador correspondiente á esta hora média (art. 311.)

Si se trata de una estrella, tómese su Æ con la aproximacion que nos la dá el *Almanaque*, y si el astro es un planeta ó la Luna, hállese su Æ correspondiente á la hora reducida.

La diferencia entre la hora sidérea antes hallada y esta Æ nos dará el horario pedido, que será Occidental si resulta una cantidad positiva, y Oriental en el caso contrario.

Si el horario que resulta es mayor de 12^h, se resta de 24^h y tendremos el horario correspondiente de especie contraria.

624. EJEMPLO III. El 20 de Abril de 1871, en long. $2^h.34^m$ O de San Fernando, á $6^h..50^m$ de T_m, se pide el horario de la *Polar*, cuya Ascension recta es $1^h..10^m..44^s,82$.

T_s á 0^h de T_m en San Fernando el dia 20				$1^h..52^m..35^s,54$
	Correccion por longitud.			
T.ª 1.ª aux.r *Alm.e N.o*	Por 2^h T_m	$2^h..00^m..19^s,71$ T_s		
	„ 34^m „	$34..05,58$ „		
		$2..34..25,29$		
	Longitud	$-2..34..00$ O		
	Correc.n =	$+$ $25,29$	....	$+$ $25,29$
T_s á 0^h de T_m del meridiano del observador, dia 20				$1..53..00,83$
	Conversion de la H_m dada.			
	Por 6^h T_m	$6^h..00^m..59^s,14$ T_s		
	„ 50^m „	$50..08,21$		
Interv.º de T_s desde 0^h T_m =		$6..51..07,35$	....	$+6..51..07,35$
Hora sidérea del observador				$8..44..08,18$
Ascension recta de la *Polar*, dia 20				$1..10..44,82$
Horario Occidental de la Polar				$7..33..23,36$

625. EJEMPLO IV. El 2 de Mayo de 1871, en long. $6^h..58^m$ E de San Fernando, á $16^h..50^m$ T_m, se pide el horario de *Júpiter*.

H_m del observ.r =	$16^h..50^m$	Æ de *Júpiter* el dia 2 =	$5^h..40^m..38^s,86$
Longitud E... =	$-$ $6..58$	„ „ el dia 3 =	$5..41..29,60$
Hora reducida =	$9..52$	Variacion en 24^h.... =	$50,74$

$24^h : 50^s,74 :: 9^h,9 : x = 20^s,93.$

Æ de *Júpiter* el dia 2..........	=	$5^h .. 40^m .. 38^s,86$
Variacion en $9^h .. 52^m$.....	= +	20 ,93
Æ de *Júpiter* corregida........	=	5 .. 40 .. 59 ,79

T_s á 0^h de T_m en San Fernando el dia 2 de Mayo.......... $2^h .. 39^m .. 54^s,20$

Correccion por la longitud.

Por 6^h T_m $6^h .. 00^m .. 59^s,14$ T_s

" 58^m " 58 .. 09 ,53 "

6 .. 59 .. 08 ,67

Longitud E — 6 .. 58 .. 00

Correccion — 1 .. 08 ,67 .... — 1 .. 08 ,67

T_s á 0^h de T_m del meridiano del observador, dia 2.......... 2 .. 38 .. 45 ,53

Conversion de la h_m dada.

Por 16^h T_m.... = $16^h .. 02^m .. 37^s,70$ T_s

" 50^m " .... = 50 .. 08 ,21 "

Intervalo de T_s = 16 .. 52 .. 45 ,91 desde 0^h de T_m .... 16 .. 52 .. 45 ,91

Suma = hora sidérea del observador...... .... 19 .. 31 .. 31 ,44

Ascension recta de Júpiter el dia 2 á $9^h,9$ .... 5 .. 40 .. 59 ,79

Horario Occidental de Júpiter = diferencia............ ... 13 .. 50 .. 31 ,65

Horario Oriental de Júpiter = suplemento á 24^h .... 10 .. 09 .. 28 ,35

626. Ejemplo V. El 8 de Abril de 1871, en long. $2^h .. 20^m$ O de San Fernando, á $10^h .. 10^m$ de T_m se pide el horario de la Luna.

H_m del observ.^{r} = $10^h . 10^m$	Æ ☾ dia 8 á $12^h = 16^h . 17^m . 55^s,01$ V.^{on} en $1^h = 2^m . 30^s,64$
Longitud O... + 2 . 20	Variac.^{n} en 30^m = + 1 . 15 ,32
Hora reducida 12 . 30	Æ ☾ para la h.r. = 16 . 19 . 10 ,33

T_s á 0^h de T_m en San Fernando, el dia 8 de Abril .... $1^h .. 05^m .. 16^s,90$

Correccion por la longitud.

Por 2^h $T_m = 2^h .. 00^m .. 19^s,71$ T_s

" 20^m T_m = 20 .. 03 ,28 "

2 .. 20 .. 22 ,99

Longitud O — 2 .. 20 .. 00

Correccion + 22 ,99 .... + 22 ,99

T_s á 0^h de T_m del meridiano del observador el 8 de Abril.... 1 .. 05 .. 39 ,89

Conversion de la h_m dada.

Por 10^h $T_m = 10^h .. 01^m .. 38^s,56$ T_s

" 10^m T_m = 10 .. 01 ,64 "

Interv.^{o} de T_s 10 .. 11 .. 40 ,20 desde 0^h de T_m .... 10 .. 11 .. 40 ,20

Hora sidérea del observador = suma...... .... 11 .. 17 .. 20 ,09

Ascension recta de la ☾ el 8 de Abril á $12^h .. 30^m$ .... — 16 .. 19 .. 10 ,33

Horario Oriental de la ☾ = diferencia............ .... 5 .. 01 .. 50 ,24

PROBLEMA IV.

DADO EL HORARIO DE UN ASTRO, DETERMINAR LA HORA DE TIEMPO VERDADERO Ó MEDIO DEL MERIDIANO DEL OBSERVADOR.

627. Por el horario del Sol. El horario Occidental del Sol, expresado en tiempo, es la hora *verdadera* astronómica del meridiano del observador: si el horario es Oriental, restándolo de 12^h ó de 24^h, nos dará la hora civil ó astronómica de tiempo verdadero.

Dicha hora verdadera que resulta puede reducirse á média, aplicándole la ecuacion de tiempo correspondiente á la hora reducida, con el mismo signo que tiene en el Almanaque.

628. Por el horario de una estrella, de un planeta ó de la Luna. Sabemos que $T_s = h_o + \alpha$; esto es, que sumando el horario occidental de un astro con su Æ, se obtiene la hora sidérea del observador, la cual puede reducirse á média ó verdadera segun convenga.

Por lo tanto, para resolver este problema, tenemos las reglas siguientes:

1.ª Si el horario dado fuese Oriental, se restará de 24^h y tendremos el Occidental.

2.ª Con la longitud y la hora del observador, que debe conocerse con la aproximacion posible, se hallará la hora reducida.

3.ª Si se trata de una estrella, se tomará su Æ con la aproximacion que la dé el *Almanaque*, y si el astro es un planeta ó la Luna, se calculará su Æ para la hora reducida.

4.ª Esta Æ se sumará con el *horario Occidental*, restando de la suma 24^h si excediese de esta cantidad, y se tendrá la hora sidérea del observador, la cual se reduce á média (art. **316**.)

Hay que advertir que si se trata de la Luna, como su Æ varía con tanta rapidez, el resultado no es de confianza cuando la hora que resulta del cálculo difiere más de 3^m de la supuesta como aproximada, en cuyo caso debe repetirse el cálculo, considerando la hora média obtenida como hora aproximada.

629. EJEMPLO I. El 20 de Abril de 1871, en long. $2^h.\ 34^m$ O de San Fernando, siendo el horario Occidental de la Polar, $7^h..33^m..23^s,36$, se pide la hora média correspondiente.

Æ de la Polar el 20 de Abril	$1^h..10^m..44^s,82$
Horario Occidental de la Polar....	7 ..33 ..23 ,36
Hora sidérea del observador.......	8 ..44 ..08 ,18

T_s á 0^h de T_m en San Fernando el 20 de Abril	$1^h..52^m..35^s,54$

Correccion por la longitud.

Por 2^h T_m =	$2^h..00^m..19^s,71$ T_s	
„ 34^m „ =	34 ..05 ,58 „	
	2 ..34 ..25 ,29	
Longitud O =	2 ..34 ..00	
Correccion = +	25 ,29	+ 25 ,29
T_s á 0^h de T_m del meridiano del observador		1 ..53 ..00 ,83
Hora sidérea del observador		8 ..44 ..08 ,18
Intervalo de T_s trascurrido desde 0^h de T_m		6 ..51 ..07 ,35

Conversion en T_m

Por 6^h T_s	$5^h..59^m..01^s,02$ T_m
„ 51^m „	50 ..51 ,64 „
„ 7^s „	6 ,98 „
„ $0^s,35$ „	0 ,35 „
H_m del observador	6 ..49 ..59 ,99

Este resultado concuerda con el ejemplo III del problema anterior, que es el recíproco de este.

630. EJEMPLO II. El 2 de Mayo de 1871, en long. $6^h..58$ E de San Fernando, á $16^h..54^m$ H_m aproximada, siendo el horario Occidental de Júpiter $13^h..50^m..31^s,65$, se pide la H_m del observador.

Æ de Júpiter el dia 2..	$5^h.40^m.38^s,86$. V.^{on} en $24^h = 50^s,74$.	H_m apr.^{da} $16^h..54^m$
Variacion en $9^h..56^m$..	20 ,93	Log E.. — 6 ..58
Æ de Júpiter corregida.	5 .40 .59 ,79	Hora r.. 9 ..56
Hor.^{o} Occid.^{l} de Júpiter.	13 .50 .31 ,65	
H_s del observador	19 .31 .31 ,44	

T_s á 0^h de T_m en San Fernando el 2 de Mayo		$2^h..39^m..54^s,20$
Por 6^h T_m =	$6^h..00^m..59^s,14$ T_s	
„ 58^m „ =	58 ..09 ,53 „	
	6 ..59 ..08 67	
Longitud E =	6 ..58 ..00	
Correccion.. = —	1 .. 8 ,67	— 1 ..08 ,67
T_s á 0^h de T_m del meridiano del observador		2 ..38 ..45 ,53
H_s del observador		19 ..31 ..31 ,44
Intervalo de T_s trascurrido desde 0^h de T_m del observador....		16 ..52 ..45 ,91

Por 16^h de T_s	$15^h..57^m..22^s,73$ T_m
„ 52^m „	51 ..51 ,48 „
„ 45^s „	44 ,88 „
„ $0^s,91$ „	0 ,91 „
H_m del observador	16 ..50 ..00

Vemos, pues, que este resultado concuerda con el ejemplo IV del problema anterior, á pesar de ser la hora supuesta 4^m mayor que la exacta.

631. EJEMPLO III. El 8 de Abril de 1871, en long. $2^h..20^m$ O de S. Fernando, H_m aproximada $10^h.16^m$, siendo el horario Occidental de la Luna $18^h.58^m.9^s,76$ se pide la H_m correspondiente.

H_m apro.ª	$10^h.16$	Æ de ☾ el dia 8 á 12^h.	$16^h.17^m.55^s,01$ V.on en $1^h=2^m.30^s,64$
Long. O	+ 2 . 20	Variacion en 36^m....	1 . 30 , 38
Hora r.ª	12 . 36	Æ ☾ corregida	16 . 19 . 25 , 39
		Horario Occidental ☾	18 . 58 . 09 , 76
		H_s del observador = suma — 24^h =	11 . 17 . 35 , 15

T_s á 0^h de T_m en San Fernando el 8 de Abril			$1^h..05^m..16^s,90$
Por 2^h T_m =	$2^h..00^m..19^s,71$ T_s		
„ 20^m „ =	20 .. 03 , 28		
	2 .. 20 .. 22 , 99		
Longitud O =	2 .. 20 .. 00		
Correccion.. = +	22 , 99	....	+ 22 , 99
T_s á 0^h de T_m del meridiano del observador el 8			1 .. 05 .. 39 , 89
H_s del observador			11 .. 17 .. 35 , 15
Intervalo de T_s trascurrido desde 0^h de T_m del observador....			10 .. 11 .. 55 , 26

Por 10^h T_s	$9^h..58^m..21^s,70$	T_m
„ 11^m „	10 .. 58 , 20	„
„ 55^s „	54 , 85	„
„ $0^s,26$ „	0 , 26	„
H_m del observador..	10 .. 10 .. 15 , 01	„

Como esta hora média obtenida difiere $5^m..45^s$ de la supuesta como aproximada, habrá que repetir el cálculo, tomando el resultado anterior como hora aproximada.

H_m del obs.or	$10^h.10^m.15^s$	Æ ☾ el dia 8 á 12^h = $16^h.17^m.55^s,01$ V.on en $1^h=2^m30^s,64$	
Longitud O	+ 2 . 20 . 00	Variac.n en 30^m,2.	1 . 15 , 77
Hora red.ª	12 . 30 . 15	Æ ☾ corregida...	16 . 19 . 10 , 78
		Horario occid.l ☾	18 . 58 . 09 , 76
Hora sidérea del observador = Suma — 24^h..			11 . 17 . 20 , 54
T_s á 0^h de T_m del merid.o del observador el 8.			1 . 05 . 39 , 89
Int.o trascur.o de T_s desde 0^h de T_m del m.o ob.r			10 . 11 . 40 , 65

Por 10^h T_s	$9^h..58^m..21^s,70$	T_m
„ 11^m „	10 .. 58 , 20	„
„ 40^s „	39 , 89	„
„ $0^s,65$ „	0 , 65	„
H_m del observador	10 .. 10 .. 00 , 44	

Comparando esta hora média con la del ejemplo V del problema anterior, recíproco de este, vemos, pues, que resulta solamente una diferencia de $0^s,44$, que no tiene importancia en la práctica.

PROBLEMA V.

CALCULAR LA HORA Y ALTURA CORRESPONDIENTES AL PASO DE UN ASTRO POR EL VERTICAL PRIMARIO.

632. Fórmulas generales. Para hacer ciertas observaciones en las circunstancias más favorables, es preciso conocer la hora y altura correspondientes al paso del astro de que se trata por el vertical primario, ó sea el instante en que su azimut es de 90°.

Siendo ZOP (Fig. 71) el vertical primario y A un astro, tendremos el triángulo NZA, rectángulo en Z, toda vez que el vertical primario es perpendicular al meridiano. Luego si conocemos el cateto NZ complemento de la latitud $Zq = \varphi$, del observador, y la hipotenusa NA distancia polar del astro Δ, podremos hallar el valor del ángulo N, horario del astro, que llamaremos h, y el otro cateto ZA complemento de la altura verdadera que designaremos por A_v, y será (trigonometría art. 95)

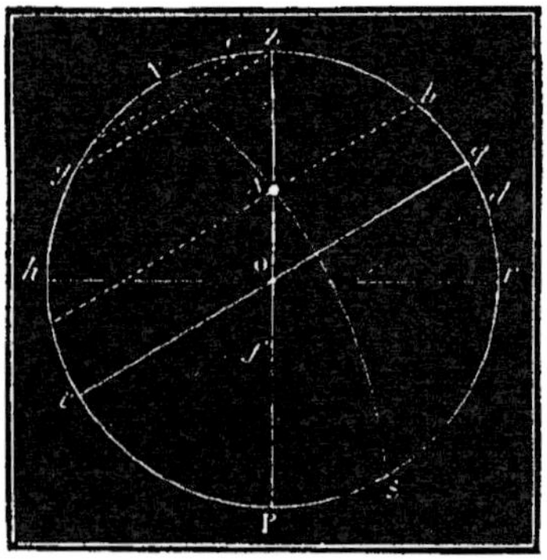

(Fig. 71)

$$\cos ZA = \frac{\cos \Delta}{\cos NZ},$$

y empleando las líneas complementarias

$$\operatorname{sen} A_v = \frac{\operatorname{sen} \delta}{\operatorname{sen} \varphi} \quad \ldots \quad [\ 1\ ]$$

tambien será:

$$\cos h = \frac{\operatorname{tang} ZN}{\operatorname{tang} \Delta}, \text{ de donde } \cos h = \frac{\cot \varphi}{\cot \delta} = \cot \varphi \operatorname{tang} \delta \qquad [\ 2\ ]$$

633. Discusion. Para que un astro pase por el vertical primario, mientras está sobre el horizonte, es menester que su declinacion sea igual ó menor que la latitud del observador y de la misma especie.

En efecto, en la (Fig. 71) la latitud del observador es Norte, por ser el polo de este nombre el elevado sobre el horizonte, y tenemos:

1.° Si la declinacion qb, es menor que la latitud qZ y de la misma especie, pasa el astro por el vertical primario en A, ó sea sobre el horizonte.

2.° Si la declinacion es igual á cero, pasa el astro por el vertical primario en el instante de hallarse en el horizonte, en cuyo caso se encuentra en los puntos verdaderos del E ó del O, y su horario vale 6^h. En este caso se halla el Sol los dias de los equinoccios.

3.° Si la latitud es igual á cero, sólo pasará el astro por el vertical primario cuando su declinacion sea tambien cero.

4.° Si la declinacion y latitud son ambas iguales á *cero*, el vertical primario se confunde con el ecuador y el astro se halla en dicho vertical durante toda la revolucion.

5.° Si el astro se halla en el paralelo Zg, esto es, si su declinacion Zq es igual á la latitud, pasará por el vertical primario al tener 90° de altura; esto es, al hallarse en el zenit.

6.° Si la declinacion qc es mayor que la latitud qZ, vemos que no pasará por el vertical.

7.° Si la declinacion es qd, de especie contraria á la latitud, el astro pasa por el vertical primario en f; esto es, debajo del horizonte.

634. Cuando se trata del Sol, es menester conocer la hora aproximada del paso de este astro por el vertical primario.

Con esta hora aproximada se halla la hora reducida y se corrige para ella la declinacion del Sol.

Se supone conocida la latitud del observador, y aplicando logaritmos á las fórmulas [1] y [2], tendremos:

$$\log \text{sen } A_v = \log \text{sen } \delta + \text{complemento} \log \text{sen } \varphi - 10$$

ó bien,(*)

$$\log \text{sen } A_v = \log \text{sen } \delta + \log \text{cosec } \varphi.$$

La altura que resulta es *verdadera del centro*, la cual en caso necesario se reduce á aparente de uno de los limbos.

Tambien será $\log \cos h = \log \cot \varphi + \log \text{tang } \delta$.

Si se trata del paso Occidental, dicho horario será la hora verdadera de la tarde; y si se trata del paso Oriental, restando dicho horario de 12 ó 24 horas se tendrá la hora verdadera en cuenta civil ó astronómica, la cual en caso necesario puede reducirse á média, aplicándole la ecuacion de tiempo correspondiente á la hora reducida, con signo igual al que tiene en el *Almanaque*.

635. EJEMPLO I. El 20 de Mayo de 1872, en lat. 38°.. 30′ N y long. 3^h.. 20^m E de San Fernando, se pide la hora verdadera y altura verdadera que tendrá el Sol al pasar por el vertical primario Occidental.

Determinacion de los elementos del cálculo.

H.ª sup.ª del paso dia 20	$=5^h\,00^m\,00^s$	δ ☉ dia 20 á 0^h	$=+20°\,06'\,29'',7$ V.ⁿ h.ª $+30'',79$
Long. E de San Fern.°	$-3\;\;20\;\;00$	$30'',79 \times 1^h,7$	$=+\;\;\;\;\;\;52\,,3$
Hora reducida dia 20..	$=1\;\;40\;\;00$	δ ☉ corregida	$=+20\;\;07\;\;22$

(*) Sabemos (trig. 29) que $\sec a = \frac{1}{\cos a}$; y $\text{cosec } a = \frac{1}{\text{sen } a}$; es decir, que el log. sec. es igual al complemento log. del cos. y el log. cosec. igual al complemento log. del seno.

Cálculo de la H_v del paso. *Cálculo de la A_v.*

$\delta = 20°..07'..22''$	log tang = 9,56394	....	log sen = 9,53659
$\varphi = 38 . 30 .. 00$	„ cot = 0,09939	....	„ cosec = 0,20586
$H_v = 64 .. 34 .. 25$	„ cos = 9,66333		„ sen = 9,74245

Hora verdadera 4h.. 10m.. 17s,7 de la tarde. **Altura verdadera = 33°.. 33'.. 00''.**

636. EJEMPLO II. El 18 de Octubre de 1872, en lat. 36°.. 30' S y longitud 9h.. 50m E de San Fernando, se pide hora y altura verdaderas del paso del Sol por el vertical primario Oriental.

Determinacion de los elementos del cálculo.

H.a sup.a del paso dia 18 = 19h 00m	δ ⊙ dia 18 á 0h = −9° 50' 34'',1 V.n h.a −54'',39
Long. E de San Fern.o − 9 50	−54'',39 × 9h,2 = − 8 20 ,4
Hora reducida dia 18 . . = 9 10	δ ⊙ corregida = −9 58 54 ,5

Cálculo de la H_v del paso. *Cálculo de la A_v.*

$\delta = 9°. 58'. 54$	log tang = 9,24546	....	log sen = 9,23883
$\varphi = 36 . 30 . 00$	„ cot = 0,13079	....	„ cosec = 0,22561
$h_o = 76 . 14 . 30$	„ cos = 9,37625	....	„ sen = 9,46444

En tiempo = 5h.. 04m.. 58s

Hora verd.a = 18 .. 55 .. 02 del paso, dia 18. **Altura verd.a 16°.. 56'.. 25''.**

637. Método tabulario. El horario correspondiente al paso de un astro por el vertical primario puede hallarse tambien con bastante aproximacion por medio de la tabla XXIV de *Mendoza,* en la cual sirven de argumentos la latitud y declinacion de grado en grado.

Así, en el ejemplo I, para 20° de declinacion y 38° de latitud nos dá la tabla 4h 9m de horario; y en el ejemplo II, para 10° de declinacion y 36 de latitud, 5h 4m de horario.

638. Cuando el astro de que se trata es la Luna, hay que conocer con la mayor aproximacion posible la hora del paso por el vertical primario, para corregir convenientemente la declinacion, que es muy variable, por lo cual se emplean las reglas siguientes:

1.a Se determina ante todo la hora del paso de la Luna por el meridiano del observador (art. **469.**)

2.a Suponiendo que medien 3h entre el paso por el meridiano y el paso por el vertical, á la hora del paso por el meridiano antes hallada se le restarán ó sumarán 3h, segun que se trate del paso por el vertical primario Oriental ó por el Occidental, y se tendrá la hora aproximada del paso por dicho vertical, con la cual se hallará la hora reducida y con esta se buscará en el *Almanaque* la declinacion de la ☾ al grado más próximo.

3.a Con esta declinacion y la latitud del observador se entra en la tabla XXIV de Mendoza, y se halla el horario correspondiente al paso por el vertical primario, al cual se le suma la parte proporcional del retardo diario del paso de la Luna por el meridiano si es Oriental, ó se le resta si es Occidental.

4.a Si este horario es Oriental, se resta de la hora del paso por el meridiano, ó se suma si es Occidental, y se tendrá la hora más próxima del paso por el vertical, con la cual se halla la hora reducida y se determina la declinacion de la ☾ correspondiente á ella.

5.a Con esta declinacion y la latitud se calcula el horario exacto, por medio de la fórmula [2], al cual se le aplicará la parte proporcional del retardo como en el n.° 3, y sumado ó restado dicho horario de la hora del paso por el meridiano n.° 4, tendremos la *hora média* del paso de la Luna por el vertical primario, con la exactitud necesaria.

6.ª Finalmente, la fórmula [1] nos dará la *altura verdadera* de la ☾, que en caso necesario se reduce á aparente.

639. EJEMPLO III. El 7 de Enero de 1872, en latitud 41°.. 18′ S y longitud 6ʰ.. 30ᵐ E de San Fernando, se pide la hora del paso de la Luna por el vertical primario *Oriental* y la altura verdadera de dicho astro en el mismo instante.

Cálculo de la hora del paso por el meridiano.

Paso ☾ por el m.° de S. Fernando el dia 7 =	21ʰ.. 52ᵐ.. 24ˢ	Ret.° diario dia 6 = 60ᵐ
24ʰ : 60ᵐ : : 6ʰ,5 : x = Correccion =	— 16 .. 15	
Paso ☾ por el mer.° del observador, dia 7 =	21 .. 36 .. 09	

Cálculo de la hora aproximada del paso por el vertical primario Oriental.

Paso ☾ por el meridiano del observador	21ʰ.. 36ᵐ.. 09ˢ
	— 3
Hora aproximada paso vertical p.° Oriental =	18 .. 36 .. 09
Longitud E de S. Fernando =	— 6 .. 30 .. 00
Hora reducida aproximada =	12 .. 06 .. 09
Declinacion ☾ dia 7 á 12ʰ .. .. =	21°

La tabla XXIV de Mendoza, nos dá para 21° de declinacion y 41° de latitud, el siguiente horario aproximado del paso de la Luna por el vertical primario, que en este caso es Oriental.

Hora.° aproxim.° paso vertical prim.° Oriental =	4ʰ.. 15ᵐ.. 00ˢ	
Parte proporcional rect.° = 24ʰ : 60ᵐ : : 4ʰ,2 : x = +	10 .. 30	(se suma porque es Oriental el paso.)
Horario aproximado Oriental en T_m	4 .. 25 .. 30	
H_m paso ☾ meridiano del observador........	21 .. 36 .. 09	
H_m aproximada del paso ☾ vert.ˡ pri.° Oriental =	17 .. 10 .. 39	

Dada la hora aproximada del paso, calcular la hora exacta.

H_m aproximada dia 7 ..	17 .. 10 .. 39	
Long. E de S. Fernando —	6 .. 30 .. 00	
Hora reducida	10 .. 40 .. 39	
Declinacion ☾ á 10ʰ	—20°.. 42′.. 41″,5	V.ⁿ en 10ᵐ = 88″,79
Parte proporcional por 40ᵐ,6 = —88″79 × 4,06 —	6 .. 00 ,5	
δ para la hora reducida	—20 .. 48 .. 42	log tang = 9,57988
φ del observador	—41 .. 18 .. 00	„ cot = 0,05625
Horario en arco.	64 .. 21 .. 50	„ cos = 9,63613
„ en tiempo	4ʰ.. 17ᵐ.. 27ˢ	
Parte proporc.ˡ retardo = 24ʰ : 60ᵐ : : 4ʰ,3 : x = +	10 .. 45	
Horario oriental exacto en T_m.............	4 .. 28 .. 12	
Paso ☾ meridiano del observador	21 .. 36 .. 09	
Hora média exacta paso ☾ vertical primario....	**17 .. 07 .. 57**	**Oriental.**

Cálculo de la altura.

δ = 20°.. 48′.. 42	log sen	= 9,55058
φ = 41 .. 18 .. 00	„ cosec	= 0,18046
Altura verdadera ☾ = 32 .. 34 .. 10	„ sen	= 9,73104

640. **Tratándose de un planeta**, se determinará la hora de su paso por el meridiano del observador (art. 619), y sumándole ó restándole 4^h ó el horario aproximado, si se conoce, se tendrá la hora aproximada de su paso por el vertical primario Occidental ú Oriental, con la cual se determinará la hora reducida y se calculará para ella la declinacion del planeta.

Con esta declinacion y la latitud del observador se calculará el horario correspondiente al paso por el vertical fórm. [2] (art. 632), y conocido que sea se hallará la hora média correspondiente. (PROB. IV)

Por último, se obtendrá la altura verdadera por medio de la fórmula [1].

641. **Tratándose de una estrella**, con su declinacion para el dia propuesto y la latitud se calcula el horario fórmula [2], del cual se deduce la hora média (PROBLEMA IV); y se obtiene la altura verdadera por la fórmula [1].

PROBLEMA VI.

CALCULAR LA HORA Y ALTURA DE UN ASTRO, EN EL INSTANTE DE SER RECTO EL ANGULO DE POSICION.

642. La circunstancia más favorable para observar la altura de un astro con el fin de determinar la hora del observador, problema que explicaremos más adelante, es el momento en que pasa dicho astro por el vertical primario, ó bien cuando vale 90° el ángulo de posicion.

Para resolver este último caso tenemos en la (Fig. 72), análoga á la anterior, el triángulo NAZ, en el cual considerando recto el ángulo de posicion A, será segun lo dicho en el problema anterior,

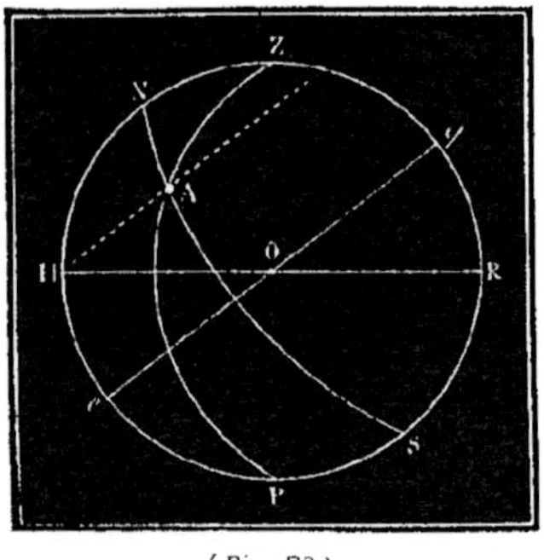

(Fig. 72)

$$\text{sen } A_v = \frac{\text{sen } \varphi}{\text{sen } \delta} \quad \ldots\ldots\ldots \quad [\ 1\ ]$$

$$\text{y} \qquad \cos h = \frac{\cot \delta}{\cot \varphi} = \cot \delta \ \text{tang } \varphi \ldots \quad [\ 2\ ]$$

Vemos, pues, que para que sen. A_v sea positivo y menor de 90°, deberá ser $\varphi < \delta$ y de la misma especie.

643. Luego diremos que para que el ángulo de posicion de un astro sea recto, estando sobre el horizonte, deberá ser la latitud menor que la declinacion y de la misma especie.

Comparando las fórmulas [1] y [2] con las del problema anterior, vemos que el dia en que pasa un astro por el vertical primario no puede ser recto el ángulo de posicion, y al contrario; es decir, que *estas dos circunstancias no se presentan simultáneamente.*

644. **Cuando se trata del Sol**, hay que conocer la hora aproximada en que será recto el ángulo de posicion, con la cual se halla la hora reducida y se corrige para ella la declinacion del Sol.

Suponiendo conocida la latitud del observador y aplicando los logaritmos á las fórmulas anteriores, tendremos:

$$\log \operatorname{sen} A_v = \log \operatorname{sen} \varphi + \text{comp.} \log \operatorname{sen} \delta - 10 = \log \operatorname{sen} \varphi + \log \operatorname{cosec} \delta$$
$$\log \cos h = \log \cot \delta + \log \operatorname{tang} \varphi;$$

resultando como en el problema anterior la altura verdadera; y el horario Oriental ú Occidental, segun que sea por la mañana ó por la tarde.

645. Ejemplo I. El 8 de Junio de 1872, en lat. 12°..15′ N y long. $3^h..37^m$ E de San Fernando, se pide la hora verdadera y altura verdadera del ☉, en el instante de ser recto el ángulo de posicion por la *mañana*.

Determinacion de los elementos del cálculo.

Hora supuesta	$21^h..00^m$	δ ☉ dia 8 á 0^h = + 22°..54′..33″,1	V.on h.a + 12″,95
Longitud E..	− 3 ..37	12″,95 × 17^h,4 = + 3..45,3	
Hora reducida	17 ..23	δ corregida.. = + 22..58..18,4	

Cálculo de la altura verdadera. *Cálculo de la hora verdadera.*

φ = 12°.15′.00″N	log sen = 9,32670	....	log tang = 9,33670
δ = 22.58.18 N	„ cosec = 0,40864	....	„ cot = 0,37273
A_v = 32.56.00	„ sen = 9,73534	H.º Or.al = 59°.11′.20″	„ cos = 9,70943

En tiempo = $3^h..56^m..45^s$,3

Dia 8 de Junio hora verdadera = 20..03..14,7

646. Método tabulario. Por medio de la tabla XXIV de Mendoza, que ya conocemos (art. **637**), se halla tambien el horario del astro en el instante de ser recto el ángulo de posicion.

En efecto, para 12° de lat. y 23° de declinacion, la citada tabla nos dá $3^h..58^m$ de horario. En la práctica no hay necesidad del cálculo, pues basta el resultado que nos dá la tabla XXIV.

647. Cuando se trata de la Luna, de un planeta ó de una estrella, se efectúa el cálculo de una de un modo análogo á lo explicado en el problema anterior.

PROBLEMA VII.

CALCULAR LA AMPLITUD DE UN ASTRO EN EL MOMENTO DE SU ORTO Ú OCASO VERDADERO.

648. En el triángulo ABO, rectángulo en B, si suponemos conocido el ángulo en O, cuya medida es el arco *e*H, complemento de la latitud del observador y el cateto BA declinacion del astro, podremos hallar el valor de la hipotenusa OA, ó sea la amplitud, que llamaremos θ, por la fórm.ª (*Trig.* 96)

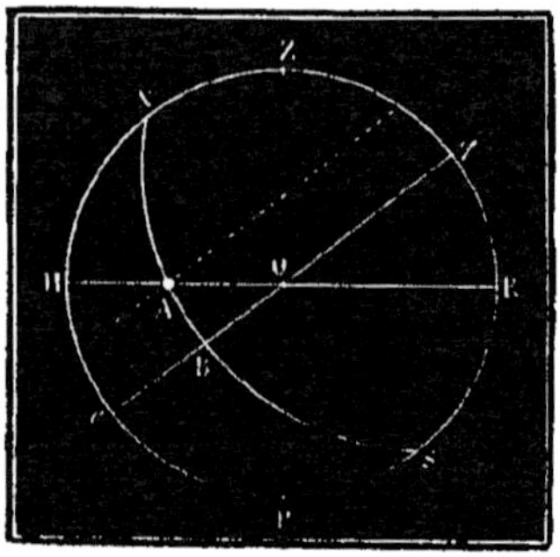

(Fig. 73)

$$\frac{\text{sen } O}{\text{sen } B} = \frac{\text{sen } BA}{\text{sen } AO}.$$

Poniendo en vez de sen O su complemento cos φ; y en vez de sen B el R que es el seno de 90°, será:

$$\frac{\cos \varphi}{R} = \frac{\text{sen } \delta}{\text{sen } \theta}$$

de donde

$$\text{sen } \theta = \frac{\text{sen } \delta \, . \, R}{\cos \varphi} = \text{sen } \delta \sec \varphi \quad [1]$$

La amplitud resultará contada desde el E ó desde el O, segun que sea por la mañana ó por la tarde, y hácia el N ó hácia el S, segun que la declinacion sea N ó S.

En efecto, como siempre $\varphi < 90°$, el denominador cos φ será siempre positivo, y por lo tanto θ tendrá el mismo signo que δ.

649. Resulta, pues, que para resolver este problema se determina la hora reducida correspondiente á la hora aproximada del orto ú ocaso, segun que se trate de la amplitud ortiva ú occídua del astro.

Se corrige la declinacion del astro, y aplicando logaritmos á la fórmula [1], tendremos

$$\log \text{sen } \theta = \log \text{sen } \delta + \text{comp. } \log \cos \varphi$$

ó bien

$$\log \text{sen } \theta = \log \text{sen } \delta + \log \sec \varphi.$$

650. Adviértase que la amplitud que resulta es la correspondiente al momento de hallarse el centro del astro en el horizonte verdadero, que es cuando dicho centro aparece elevado sobre el horizonte visible unos 30′, mas la depresion correspondiente á la elevacion del observador.

Luego tratándose del ☉, será cuando aparezca su limbo inferior elevado sobre el horizonte de la mar una cantidad igual á su semidiámetro, mas la depresion.

651. Ejemplo. El 25 de Mayo de 1872, en lat. 38°.. 30′ S y long. $3^h.. 28^m$E de San Fernando, se pide la amplitud ortiva del Sol.

H.ª aprox.ª del orto	$19^h..00^m$	δ ☉ dia 25 á $0^h = +21° 03' 42'',6$	V.on h.ª $= +26'',39$
Longitud E......	— 3..28	$26'',39 \times 15^h,5 = +\quad 6\ 49$	
Hora reducida....	15..32	δ corregida.. $= +21\ 10\ 31,6$	

	$\delta = 21°..10'..32$	log sen	$= 9{,}55777$
	$\varphi = 38..30..00$	„ sec	$= 0{,}10646$
Amplitud $=$	E $27..29..15$ N	„ sen	$= 9{,}66423$

652. **Método tabulario.** La amplitud puede hallarse directamente por la tabla XXVI de Mendoza, entrando en ella con la latitud y declinacion al grado más próximo.

Así para 21° de declinacion y 39° de latitud la tabla nos dá 27° 28′.

PROBLEMA VIII.

DETERMINAR EL AZIMUT VERDADERO DE UN ASTRO, CORRESPONDIENTE A UNA ALTURA OBSERVADA DEL MISMO.

653. En el triángulo de posicion ANZ (Fig 74), suponiendo conocidos sus tres lados ZN, complemento de la latitud del observador; AZ complemento de la altura verdadera del astro; y AN distancia polar, podremos determinar el azimut *hb*, medida del ángulo Z, para lo cual, poniendo en vez de AZ su complemento que es la altura A_v y en vez de NZ su complemento que es φ, tendremos (*Trig. art.* 112.)

$$\cos\Delta = \text{sen}\,\varphi\,\text{sen}\,A_v + \cos\varphi\cos A_v\cos z,$$

de donde

$$\cos z = \frac{\cos\Delta - \text{sen}\,\varphi\,\text{sen}\,A_v}{\cos\varphi\cos A_v} \quad .. \quad [\,1\,]$$

por lo tanto (*Trig. fórm.* 80)

$$\cos^2\tfrac{1}{2}z = \frac{\cos\tfrac{1}{2}S\cos(\tfrac{1}{2}S-\Delta)}{\cos\varphi\cos A_v}$$

luego será:

$$\text{subv.}\,z = \cos\tfrac{1}{2}S\cos(\tfrac{1}{2}S-\Delta)\sec\varphi\sec A_v \quad [\,2\,]$$

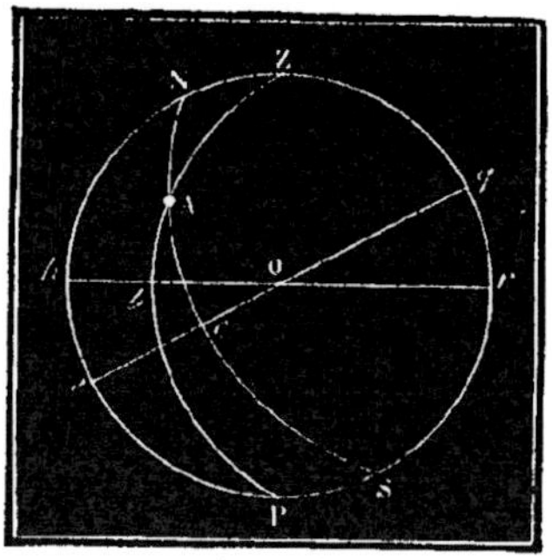

(Fig. 74)

El azimut que resulta se contará desde el N ó desde el S, segun que la latitud del observador sea N ó S; y hácia el E ó el O, segun que el astro esté al E ó al O del meridiano.

654. Por lo tanto, las reglas que deben seguirse son:

1.ª Redúzcase la altura observada á verdadera.

2.ª Determínese la declinacion del astro para la hora reducida, y hállese la distancia polar Δ, que como sabemos, es igual á $90° - \delta$ cuando δ y φ son de la misma especie; y $90° + \delta$ cuando δ y φ son de diferente especie.

3.ª Determínese la latitud del observador para el instante de la observacion.

4.ª Aplicando logaritmos á la fórmula [2], se sumarán los logaritmos secantes de A_v y φ, los cosenos de $\frac{1}{2}$ S y ($\frac{1}{2}$ S—Δ); y restando 10 de la característica de la suma, tendremos el subverso del azimut.

655. Ejemplo I. El 4 de Febrero de 1872, en lat. 36°. 58′ N y long. $2^h\ 54_m$ O, á $4^h.. 10^m$, se tomó A_a ⊙ 32°.. 30′.. 50″; elevacion 16 piés. Se pide el azimut verdadero del ⊙.

Hora del obser.r $= 4^h.. 10^m$	δ ⊙ dia 4 á 0^h = − 16°.. 19′.. 41″	V.on hor.a + 44″, 65.
Longitud O.... + 2 .. 54	44″, 65 × 7^h, 1 = + 5 .. 17	
Hora reducida.. = 7 .. 04	δ corregida. . = − 16 .. 14 .. 24	
	δ + 90° = Δ = 106°.. 14′.. 24″	

A_a ⊙ = 32°.. 30′.. 50″			
D...... − 3 .. 56	Δ = 106°.. 14′.. 24″		
32 .. 26 .. 54	A_v = 32 .. 41 .. 48	log sec	= 0,07488
−R+P − 1 .. 21	φ = 36 .. 58 .. 00	log sec	= 0,09746
32 .. 25 .. 33	S = 175 .. 54 .. 12		
S....... + 16 .. 15	½ S = 87 .. 57 .. 06	log cos	= 8,53354
A_v ⊙ = 32 .. 41 .. 48	D = 18 .. 17 .. 18	log cos	= 9,97749
	Z = 154°.. 37′.. 30″	log subv.	= 8,68337

Azimut verdadero del ⊙ N 154°.. 37′.. 10″ O = S 25°.. 22′.. 50″ O.

656. Advertencia. La determinacion del azimut no exige el grado de precision que otros cálculos; y respecto á las circunstancias más favorables para hacer la observacion, sólo diremos que para la aplicacion que tiene este cálculo en la práctica de la navegacion, conviene que la altura sea pequeña.

Metodo tabulario. Por medio de las tablas II, III y IV que se dan en el tomo III, puede hallarse con suma facilidad y prontitud el azimut de un astro cualquiera.

657. **Determinacion del azimut verdadero de un astro correspondiente al instante de su orto ú ocaso aparente.** Si el astro tiene un diámetro sensible, hay que considerar:

1.° el orto ú ocaso aparente del limbo superior.
2.° „ „ „ del limbo inferior.
3.° „ „ „ del centro.

Como en cualquiera de estos casos la altura aparente es *cero*, aplicando las reglas generales de las correcciones (art. 606) tendremos:

1.er caso . . A_v = — depresion — refraccion horizontal + paralage + semi-diámetro.
2.° caso . . A_v = — depresion — refraccion horizontal + paralage — semi-diámetro.
3.er caso . . A_v = — depresion — refraccion horizontal + paralage.

658. Si es negativa la altura verdadera que resulta, habrá que cambiarle el signo en la fórmula [1], y será:

$$\cos z = \frac{\cos\Delta + \operatorname{sen} A_v \operatorname{sen}\varphi}{\cos A_v \cos\varphi},$$

restando ambos miembros de la unidad, tendremos:

$$1-\cos z=1-\frac{\cos\Delta+\operatorname{sen}A_v\operatorname{sen}\varphi}{\cos A_v\cos\varphi}=\frac{\cos A_v\cos\varphi-\operatorname{sen}A_v\operatorname{sen}\varphi-\cos\Delta}{\cos A_v\cos\varphi},$$

pero $1-\cos z=2\operatorname{sen}^2\frac{1}{2}z$ (art. 55); y $\cos A_v\cos\varphi-\operatorname{sen}A_v\operatorname{sen}\varphi=\cos(A_v+\varphi)$

luego $$2\operatorname{sen}^2\tfrac{1}{2}z=\frac{\cos(A_v+\varphi)-\cos\Delta}{\cos A_v\cos\varphi},$$

convirtiendo en producto la diferencia de los cosenos del numerador (*Trig. fór.* 42)

$$2\operatorname{sen}^2\tfrac{1}{2}z=\frac{2\operatorname{sen}\frac{1}{2}(A_v+\varphi+\Delta)\operatorname{sen}\frac{1}{2}(A_v+\varphi-\Delta)}{\cos A_v\cos\varphi},$$

si hacemos $A_v+\varphi+\Delta=S$, y dividimos ambos miembros por 2, resulta

$$\operatorname{sen}^2\tfrac{1}{2}z=\frac{\operatorname{sen}\frac{1}{2}S\operatorname{sen}(\frac{1}{2}S-\Delta)}{\cos A_v\cos\varphi},$$

pero $\log\operatorname{sen}^2\frac{1}{2}z=\log$ verso z; luego sustituyendo y empleando logaritmos, tendremos:

$$\log\text{ver } z=\log\sec A_v+\log\sec\varphi+\log\operatorname{sen}\tfrac{1}{2}S+\log\operatorname{sen}(\tfrac{1}{2}S-\Delta)-10\ ..\quad[5]$$

fórmula que nos dá el azimut con la misma facilidad que si A_v fuese positiva.

659. EJEMPLO II. El 16 de Junio de 1872, en lat. 38°. 20′ S y long. 6ʰ. 25ᵐ E de San Fernando, á 7ʰ.. 17ᵐ de la mañana, estando tangente al horizonte el limbo inferior del Sol, y elevado el observador 25 piés, se pide el azimut verdadero.

Hora del observador	19ʰ.. 17ᵐ	Depresion por 25 piés	= − 4′.. 55″
Longitud E........	− 6 .. 25	− R + P............	= − 32 .. 51
Hora reducida.. ...	12 .. 52	Suma........	= − 37 .. 46
δ ☉ el dia 16 á 0ʰ	= + 23°.. 22′.. 58″,3	Semi-diámetro.	= + 15 .. 46
V.ⁿ h.ᵃ = + 4″,78 × 12ʰ,9	= + 1 .. 1,7	A_v	= − 22 .. 00
δ ☉ corregida........	= + 23 .. 24 .. 00		

δ + 90° = Δ =	113 .. 24 .. 00		
φ =	38 .. 20 .. 00	.... log sec	= 0,10545
A_v =	22 .. 00	.... „ sec	= 0,00001
S =	152 .. 06 .. 00		
½S =	76 .. 03 .. 00	.... „ sen	= 9,98700
D =	37 .. 21 .. 00	.... „ sen	= 9,78296
Azimut = S 120°.. 05 .. 00 E		.... „ verso	= 9,87542

660. Azimut correspondiente al instante de pasar un astro por el vertical primario. Por medio del (PROBLEMA V) podemos determinar el momento en que se halla un astro en el vertical primario, y entonces como sabemos, su azimut vale 90°

661. Azimut correspondiente al instante de pasar un astro por el meridiano. Siendo así que al pasar un astro cualquiera por el meridiano su azimut es *cero*, determinaremos la hora que debe señalar entonces un reloj bien arreglado al hallarse el astro en el meridiano, con el objeto de marcarlo.

662. Resúmen. De lo dicho resulta, que podemos determinar el azimut verdadero de un astro en los casos siguientes:

1.° Cuando está el astro elevado sobre el horizonte.

2.° En el instante del orto ú ocaso aparente { del limbo superior. / del limbo inferior. / del centro. }

3.° Al pasar por el vertical primario.

4.° Al pasar por el meridiano.

5.° En el orto ú ocaso verdadero (art. **648**), puesto que la amplitud es el complemento del azimut.

PROBLEMA IX.

DETERMINAR LA HORA VERDADERA Ó MEDIA DEL MERIDIANO DE UN OBSERVADOR, POR MEDIO DE LA ALTURA DE UN ASTRO.

663. Suponiendo conocidos los tres lados del triángulo A N Z (Fig. 75), podremos hallar su ángulo N ó sea el horario del astro A, para lo cual sustituyendo A Z, por su complemento A O, altura verdadera, y N Z por su complemento φ, tendremos (*Trig. fórm.*ª 100)

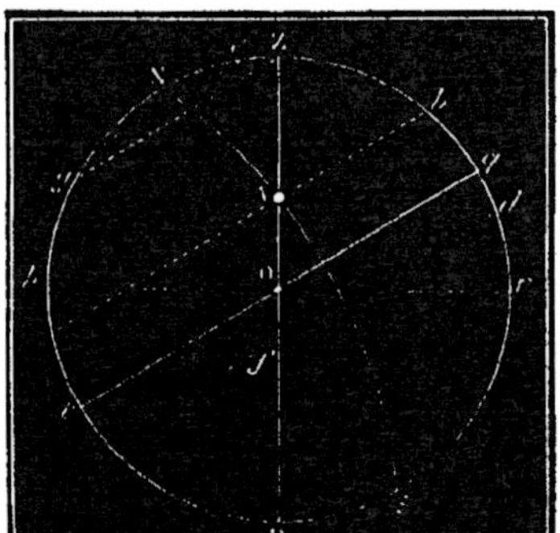

(Fig. 75)

$$\text{sen}\,A_v = \cos\Delta\,\text{sen}\,\varphi + \text{sen}\,\Delta\cos\varphi\cos h,$$

de donde

$$\cos h = \frac{\text{sen}\,A_v - \cos\Delta\,\text{sen}\,\varphi}{\text{sen}\,\Delta\cos\varphi} \quad \ldots\ldots \quad [\,1\,]$$

restando ambos miembros de la unidad, tenemos:

$$1 - \cos h = 1 - \frac{\text{sen}\,A_v - \cos\Delta\,\text{sen}\,\varphi}{\text{sen}\,\Delta\cos\varphi},$$

pero $1 - \cos h = 2\,\text{sen}^2\tfrac{1}{2}h$: luego sustituyendo y efectuando la resta indicada

$$2\,\text{sen}^2\tfrac{1}{2}h = \frac{\text{sen}\,\Delta\cos\varphi + \cos\Delta\,\text{sen}\,\varphi - \text{sen}\,A_v}{\text{sen}\,\Delta\cos\varphi},$$

pero $\text{sen}\,\Delta\cos\varphi + \cos\Delta\,\text{sen}\,\varphi = \text{sen}\,(\varphi + \Delta)$ (*Trig. fórm.*ª 21); por lo tanto:

$$2\,\text{sen}^2\tfrac{1}{2}h = \frac{\text{sen}\,(\varphi + \Delta) - \text{sen}\,A_v}{\text{sen}\,\Delta\cos\varphi},$$

convirtiendo en producto la diferencia de los senos del numerador (*Trig., fórm.*ª 40)

$$2\,\mathrm{sen}^2\tfrac{1}{2}h=\frac{2\cos\frac{1}{2}(\varphi+\Delta+A_v)\,\mathrm{sen}\,\frac{1}{2}(\varphi+\Delta-A)}{\mathrm{sen}\,\Delta\cos\varphi}$$

haciendo $\varphi+\Delta+A_v=S$ y dividiendo ambos miembros por 2, será:

$$\mathrm{sen}^2\tfrac{1}{2}h=\frac{\cos\frac{1}{2}S\,\mathrm{sen}\,(\frac{1}{2}S-A_v)}{\mathrm{sen}\,\Delta\cos\varphi},$$

y como log $\mathrm{sen}^2\frac{1}{2}h$=log verso h (*Trig. fórm.ª* 46), tendremos que sustituyendo y empleando logaritmos

$$\log\,\mathrm{verso}\,h=\log\,\mathrm{cosec}\,\Delta+\log\,\sec\varphi+\log\cos\tfrac{1}{2}S+\log\mathrm{sen}\,(\tfrac{1}{2}S-A_v) \qquad [2]$$

664. Por lo tanto, se reducirá á verdadera la altura observada del astro y se corregirá su declinacion para la hora reducida, con la cual se obtendrá la distancia polar.

Determínese la latitud correspondiente al instante de observar la altura, y por medio de la fórmula [2] se obtendrá el horario del astro en el momento de la observacion, el cual será Oriental ú Occidental, segun que se halle el astro al E ó al O del meridiano.

Conocido el horario, y tratándose del ⊙, si dicho horario es Occidental será la hora verdadera astronómica; y si es Oriental, restándolo de 24^h se tendrá la hora verdadera astronómica.

Si el astro observado fuese la Luna, una estrella ó un planeta, una vez hallado el horario Occidental, se calculará la hora média correspondiente por el problema IV.

665. Ejemplo I. El 29 de Marzo de 1872, en long $0^h..26^m$ O de San Fernando, y lat. 35°.. 40′ N á $19^h..16^m$, se tomó A_a ⊙ 21°.. 16′.. 40″: elevacion 18 piés. Se pide la hora verdadera del observador.

A_a ⊙ =	21°.. 16′.. 40″	Hora del observador=	$19^h..16^m$
D =	− 4 .. 11	Longitud O........=	+ 0 .. 26
	21 .. 12 .. 29	Hora reducida.....=	19 .. 42
−R+P =	− 2 .. 18	δ ⊙ dia 29 á 0^h ...=	+ 3°.. 37′.. 19″,1
	21 .. 10 .. 11	V.on h.a 58″,27×19^h,7=	+ 19 .. 7,92
S =	+ 16 .. 02	δ ⊙ correg.=	+ 3 .. 56 .. 27,02
A_v ⊙ =	21 .. 26 .. 13	δ−90°=Δ=	86 .. 03 .. 33

Δ =	86 .. 03 .. 33	log cosec=	0,00103
φ =	35 .. 40 .. 00	„ sec =	0,09022
S =	143 .. 09 .. 46		
½S =	71 .. 34 .. 53	„ cos =	9,49963
D =	50 .. 08 .. 40	„ sen =	9,88517
Hor.º Or.l =	$4^h..25^m..19^s$	„ verso=	9,47605

Supl.º á 24^h= $19^h..34^m..41^s$ **H_v astronómica del observador el 29 de Marzo.**

666. Ejemplo II. El 20 de Enero de 1872, en latitud 12°.. 20′.. 30″ N, y long. $2^h..12^m$ E á $5^h..50^m$, se tomó, *hácia Oriente*, A_a de Sirio 16°.. 11′.. 50″: elevacion 15 piés. Se pide la H_m del observador en el instante de tomar la altura.

Æ de Sirio dia 20 = $6^h..39^m..31^s,13$ — $A_a \star = 16°..11'..50''$

δ de Sirio „ „ = $16°..32'..35''$ S — D = — 3 ..49

δ + 90° = Δ .. = 106 ..32 ..35 — 16 ..08 ..01

Hora del obser.^r = $5^h..50^m$ — R = — 3 ..15

Longitud E.... = —2 ..12 — $A_v \star$ = 16 ..04 ..46

Hora reducida... = 3 ..38 — Δ = 106 ..32 ..35 log cosec = 0,01836

φ = 12 ..20 ..30 „ sec = 0,01015

S = 134 ..57 ..51

½ S = 67 ..28 ..55 „ cos = 9,58317

D = 51 ..24 ..09 „ sen = 9,89296

Esta hora reducida nos indica que el último medio dia de San Fernando fue el 20, y para este se deberá tomar en el *Almanaque Náutico* el tiempo sidereo para hallar la hora media.

Horario Oriental Sirio . = $4^h..35^m..25^s$ „ verso = 9,50464

Horario Occidental Sirio. = 19 ..24 ..35

Æ de Sirio .... = 6 ..39 ..31 ,13

Suma—24^h = hora sidérea del observador = 2 ..04 ..06 ,13

T_s 0^h de T_m en San Fernando el dia 20 de Enero .... $19^h..56^m..48^s,42$

Correccion por la longitud.

Tab. 1.ª Aux.^r { Por 2^h T_m $2^h..00^m..19^s,71$ T_s

Alm. Náutico. { „ 12^m „ 12 ..01 ,97 „

2 ..12 ..21 ,68

Longitud —2 ..12 ..00 E

Correccion — 21 ,68 .... — 21 ,68

T_s á 0^h de T_m del meridiano del observador .... 19 ..56 ..26 ,74

Hora sidérea del observador + 24^h .... 26 ..04 ..06 ,13

Intervalo de T_s trascurrido desde 0^h de T_m del observador ... 6 ..07 ..39 ,39

Conversion en tiempo medio.

Por 6^h T_s .... $5^h..59^m..01^s,02$ T_m

„ 7^m „ .... 6 ..58 ,85

„ 39^s „ .... 38 ,89

„ $0^s,39$ „ .... 0 ,39

Hora média del observador.... 6 ..06 ..39 ,15 en el instante de tomar la altura de Sirio.

667. Ejemplo III. El 14 de Junio de 1872, en latitud 54°..36′ N y longitud $1^h..40^m$ O, á $9^h..20^m$ se observó al *Occidente* A_a ☾, que reducida á verdadera resultó 29°..46′..30″. Se pide la h_m del observador.

H.^ra aprox.ª del obs.^or = $9^h..20^m$ — A_v ☾ = 29°..46′..30″

Longitud O ...... + 1 ..40 — Δ = 86 ..11 ..31 log cosec = 0,00096

Hora reducida.. ... 11 ..00 — φ = 54 ..36 ..00 „ sec = 0,23711

δ ☾ dia 14 á 11^h.... = + 3°..48′..29″ — S = 170 ..34 ..01

δ — 90° = Δ = 86 ..11 ..31 — ½ S = 85 ..17 ..00 „ cos = 8,91502

Æ ☾ dia 14 á 11^h... = $12^h..14^m..57^s,67$ — D = 55 ..30 ..30 „ sen = 9,91604

Horario Ocidental ☾ = $2^h..40^m..12^s$ „ verso = 9,06913

Æ ☾ = 12 ..14 ..57,67

Hora sidérea del observador = 14 ..55 ..09,67

T_s á 0^h de T_m en San Fernando el 14 de Junio.............			$5^h..32^m..25^s,46$
Correccion por la longitud.			
Por 1^h T_m..........	$1^h..00^m..09^s,86$ T_s		
„ 40^m „	40 ..06 ,57 „		
	1 ..40 ..16 ,43	diferencia = corr.^{on} +	16 ,43
„ longitud.........	1 ..40 ..00 ,0		
T_s á 0^h de T_m del meridiano del observador			= 5 ..32 ..41 ,89
		Hora sidérea del observador	=14 ..55 ..09 ,67
Intervalo de T_s trascurrido desde 0^h de T_m del observador ..			= 9 ..22 ..27 ,78

Por 9^h T_s	$8^h..58^m..31^s,53$	T_m
„ 22^m „	21 ..56 ,40	„
„ 27^s „	26 ,93	„
„ $0^s,78$ „	0 ,78	„
Hora média del observador..	9 ..20 ..55 ,64	„ **correspondiente al momento de tomar la altura.**

668. Téngase presente, que si la hora média que resulta difiere mucho de la aproximada, con la cual se halló la hora reducida y se corrigió la $Æ$ y δ, habrá que repetir el cálculo.

669. Para determinar la hora del observador correspondiente á la altura de un planeta, se sigue un procedimiento análogo al empleado respecto á la Luna.

670. Casos particulares.

1.° Si $\varphi=0$; es decir, si el observador se halla en el ecuador al tomar la altura, la fórmula [1] se convierte en

$$\cos h=\frac{\text{sen } A_v}{\text{sen } \Delta} \quad \ldots\ldots \quad [3]$$

2.° Si $\Delta=90°$; es decir, si el astro se halla en la equinoccial en el instante de la observacion, la fórmula [1] nos dá

$$\cos h=\frac{\text{sen } A_v}{\cos \varphi} \quad \ldots\ldots \quad [4]$$

3.° Si fuesen al mismo tiempo $\varphi=0$ y $\Delta=90°$, tendríamos en fin,

$$\cos h=\text{sen } A_v \quad \ldots\ldots \quad [5]$$

es decir, que el ángulo horario seria igual al complemento de la altura.

Es, sin embargo, muy raro, que ocurra uno de estos casos en la práctica.

671. Circunstancias favorables para el cálculo de la hora del observador. Si se comete un error, ya sea en la altúra, en la latitud ó en la distancia polar, la diferencia que produce en el horario varía segun las circunstancias. Conviene por lo tanto conocer las que son más favorables, ó sean aquellas en que resulta el menor error, lo cual depende de las situaciones respectivas del observador y del astro y sobre todo de la hora en que se toma la altura.

672. Las alturas tomadas *en la proximidad del vertical primario* ó hácia el momento *en que el ángulo de posicion es recto*, son las que dan mejores resultados, por lo que se les dá el nombre de *alturas horarias*. Entonces es cuando varía con mayor rapidez la altura del astro y es evidente que un error cometido en la observacion de la altura ejercerá la menor influencia en la determinacion del horario.

673. De aquí se deducen las consideraciones siguientes:

1.° *Si la declinacion* del astro *es menor que la latitud* del observador, y *de la misma especie*, el momento más favorable para tomar la altura es cuando se halla el astro en el vertical primario, lo cual se determina por el (PROBLEMA V.)

2.° *Si la declinacion es mayor que la latitud y de la misma especie*, el momento más favorable es al ser recto el ángulo de posicion (PROBLEMA VI.)

3.° *Si la declinacion y latitud son de distinta especie*, ó una de ellas nula sin serlo la otra, no hay máximo de variacion sobre el horizonte, por lo que es conveniente en tales casos observar alturas pequeñas, pero nunca menores de 12°, para evitar los errores producidos por la irregularidad de la refraccion.

4.° *Si la declinacion es igual á la latitud y de la misma especie*, la ocasion más favorable para observar la altura, es al estar el astro lo más próximo al meridiano.

5.° *Si la declinacion y la latitud son nulas*, el vertical que describe el astro coincide con el ecuador, y todas las alturas son igualmente favorables esceptuando las pequeñas (art. 585.)

6.° *Si la declinacion ó la latitud son muy crecidas*, no puede determinarse el horario con exactitud y hay que emplear mucho cuidado en la resolucion del triángulo. Esto sucede si el observador se halla próximo á uno de los polos, ó cuando la declinacion se aproxima á 90°. (*)

674. Para obtener el error que puede producir en el horario una diferencia de $\pm 1'$ ó $\pm 2'$ en la latitud, en la altura ó en la distancia polar, lo más expedito es repetir el cálculo con uno de estos elementos nuevos.

(*) La demostracion de todo lo expuesto puede verse en la explicacion de las Tablas de Mendoza, pág. 69.

675. Siempre que se tenga un buen cronómetro bien arreglado, el cual nos indica la hora média de San Fernando en el instante de la observacion, no puede haber error de importancia en la determinacion de la declinacion.

PROBLEMA X.

CALCULAR LA ALTURA VERDADERA DE UN ASTRO, CORRESPONDIENTE A UNA HORA CONOCIDA DEL MERIDIANO DEL OBSERVADOR.

676. Si en el triángulo N A Z, que hemos considerado en los problemas anteriores, se conoce el ángulo N ó sea el horario; el lado N Z complemento de φ, y A N $= \Delta$, podemos hallar el tercer lado A Z, complemento de la altura verdadera, empleando las fórmulas trigonométricas correspondientes (*Trig. art.* 114.)

677. Empleando el método de *Mendoza*, que es mucho más breve, será:

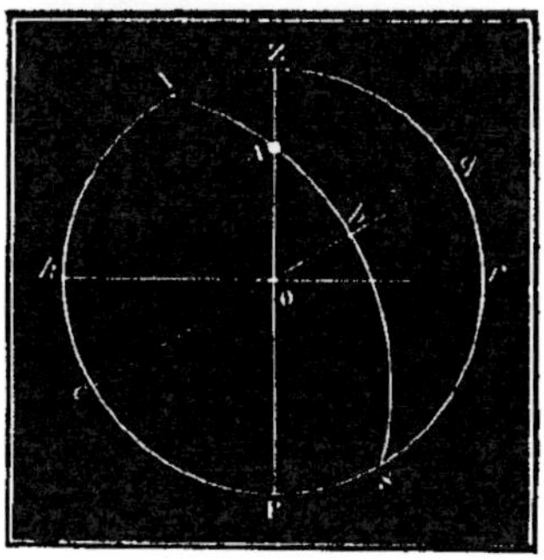

(Fig. 76)

$$\operatorname{sen} A_v = \operatorname{sen}\varphi \cos\Delta + \cos\varphi \operatorname{sen}\Delta \cos h,$$

de donde

$$\cos h = \frac{\operatorname{sen} A_v - \operatorname{sen}\varphi\cos\Delta}{\cos\varphi\operatorname{sen}\Delta},$$

y restando de la unidad ambos miembros

$$1 - \cos h = 1 - \frac{\operatorname{sen} A_v - \operatorname{sen}\varphi\cos\Delta}{\cos\varphi\operatorname{sen}\Delta},$$

pero, $1 - \cos h = 2\operatorname{sen}^2\frac{1}{2}h$; luego sustituyendo y efectuando la resta indicada, tendremos:

$$2\operatorname{sen}^2\tfrac{1}{2}h = \frac{\cos\varphi\operatorname{sen}\Delta + \operatorname{sen}\varphi\cos\Delta - \operatorname{sen} A_v}{\cos\varphi\operatorname{sen}\Delta},$$

ahora bien; $\cos\varphi\operatorname{sen}\Delta + \operatorname{sen}\varphi\cos\Delta = \operatorname{sen}(\varphi + \Delta)$, luego

$$2\operatorname{sen}^2\tfrac{1}{2}h = \frac{\operatorname{sen}(\varphi + \Delta) - \operatorname{sen} A_v}{\cos\varphi\operatorname{sen}\Delta}.$$

Siendo así que $\Delta = 90° \mp \delta$, segun que δ y φ sean de la misma ó de contraria especie; y $2\operatorname{sen}^2\frac{1}{2}h = 2\operatorname{verso} h$, resulta

$$2\operatorname{verso} h = \frac{\operatorname{sen}(\varphi + (90° \mp \delta)) - \operatorname{sen} A_v}{\cos\varphi\cos\delta} = \frac{\operatorname{sen}\varphi\operatorname{sen}\delta \pm \cos\varphi\cos\delta - \operatorname{sen} A_v}{\cos\varphi\cos\delta} =$$

$$= \frac{\cos(\varphi \mp \delta) - \operatorname{sen} A_v}{\cos\varphi\cos\delta},$$

de donde $\operatorname{sen} A_v = \cos(\varphi \mp \delta) - 2\operatorname{verso} h \cos\varphi\cos\delta,$

tomando á cos $(\varphi \mp \delta)$ como factor comun, y teniendo presente que $\frac{1}{\cos(\varphi \mp \delta)} = \sec(\varphi \mp \delta)$,

$$\text{sen } A_v = (1 - 2 \text{ verso } h \cos\varphi \cos\delta \sec(\varphi \mp \delta)) \cos(\varphi \mp \delta),$$

si hacemos $\quad \text{verso } h \cos\varphi \cos\delta \sec(\varphi \mp \delta) = \text{verso } \theta \quad \ldots\ldots\ldots \quad [\ 1\ ]$

y teniendo presente que $1 - 2 \text{ verso } \theta = \cos\theta$, será:

$$\text{sen } A_v = \cos\theta \cos(\varphi \mp \delta),$$

y por último, dividiendo la unidad por cada uno de los miembros y recordando que $\frac{1}{\text{sen } A_v} = \text{cosec } A_v$; que $\frac{1}{\cos\theta} = \sec\theta$; y que $\frac{1}{\cos(\varphi \mp \delta)} = \sec(\varphi \mp \delta)$, tendremos en conclusion:

$$\text{cosec } A_v = \sec\theta \sec(\varphi \mp \delta) \quad \ldots\ldots\ldots \quad [\ 2\ ]$$

678. Por lo tanto, para resolver este problema se seguirán estas reglas:

1.ª Determínese la hora reducida y corríjase para ella la declinacion del astro.

2.ª Súmense la latitud del observador y declinacion del astro si son de contraria especie, ó réstense si son de la misma, y resultará la *distancia zenital meridiana* del astro.

3.ª Calcúlese el horario del astro, menor de 12^h, correspondiente á la hora del observador (PROBLEMA III), y aplicando logaritmos á las fórmulas [1] y [2] sumaremos el log. verso del horario con los cosenos de φ y δ y secante de la distancia zenital meridiana; buscaremos el verso del logaritmo suma, suprimiendo las decenas de la característica; y sin escribir este arco, tomaremos su secante, que sumada con la de la distancia zenital meridiana, nos dará el logaritmo cosecante de la A_v del astro.

679. EJEMPLO I. El 29 de Marzo de 1872, en long. 26^m al O de San Fernando, y lat. 35°..40' N, á $19^h..34^m..41^s$, se pide la A_v del ☉.

H_v del obser.$^r = 19^h.34^m.41^s$	δ ☉ dia 29 á $0^h = +3°.37'.19'',1$	V.^{on}h.$^a = +58'',27$
Longitud O $= +\quad 26$	$58'',27 \times 20\ldots = +\quad 19.25,40$	
Hora reduc.$^a = 20.00.41$	δ corregida... $= \quad 3.56.44,5$ N	
Hor.^{o} Occid.$^l = 19.34.41$	φ .... $= \quad 35.40.00\quad$ N	
„ Orien.$^l = \quad 4.25.19$	$\varphi - \delta$ ...... $= \quad 31.43.15,5$	

Horario $= 4^h..25^m..19^s$	.... log verso $= 9{,}47605$		
$\delta = 3°..56'..45$	.... „ cos $= 9{,}99897$		
$\varphi = 35..40..00$	.... „ cos $= 9{,}90978$		
$\varphi - \delta = 31..43..16$	.... „ sec $= 0{,}07026$	....	0,07026
	Suma $=$ log verso $= 9{,}45506$	.. log sec	$= 0{,}36681$
A_v del ☉ $= 21°..26'..20''$	....	„ cosec	$= 0{,}43707$

Este resultado concuerda con el caso inverso, que es el ejemplo I del problema IX.

680. EJEMPLO II. Suponiendo el mismo horario, declinacion y latitud que en el ejemplo III del problema anterior, recíproco de este, se pide la A_v de la ☾.

Horario ☾ = $2^h..40^m..12^s$	.... log verso = 9,06914		
δ ☾ = 3°..48'..29" N	.... ,, cos = 9,99904		
φ = 54..36..00 N	.... ,, cos = 9,76289		
φ − δ = 50..47..31	.... ,, sec = 0,19919	....	0,19919
	Suma = log verso = 9,03026	.. log sec	= 0,10482
A_v ☾ = 29°..46'..30"	....	,, cosec	= 0,30401

Resultado que concuerda exactamente.

681. Circunstancias favorables para el cálculo de la altura. La menor influencia que ejerce en el resultado un error cometido en el *horario,* es cuando el astro se halla próximo al meridiano; en la *latitud,* cuando pasa por el vertical primario, y en la *declinacion,* cuando es recto el ángulo de posicion.

Vemos, pues, que las circunstancias más favorables varian y que debe elegirse aquella que tenga relacion con el error que sea más probable.

PROBLEMA XI.

DETERMINAR LA HORA DEL ORTO Ó DEL OCASO VERDADERO Y APARENTE DE UN ASTRO; DURACION DEL DIA, DE LA NOCHE Y DE LOS CREPÚSCULOS.

682. Orto ú ocaso verdadero de un astro es, el instante en que el centro de dicho astro se halla en el horizonte verdadero; esto es, el momento en que es cero su altura verdadera.

Por lo tanto, tenemos que si en la fórmula general del horario, fórmula [1], (art. 663)

$$\cos h = \frac{\text{sen } A_v - \cos \Delta \text{ sen } \varphi}{\text{sen } \Delta \cos \varphi},$$

suponemos sen $A_v = 0$, tendremos

$$\cos h = -\text{tang } \delta \text{ tang } \varphi \qquad \ldots\ldots \quad [1]$$

El valor de h será *obtuso* si δ y φ son de la misma especie, y *agudo* si son de contraria, y nos dará el valor del arco semi-diurno (*) que describe el astro. Su duplo será el tiempo que permanece el astro sobre el horizonte del observador, y restado este duplo de 24^h tendremos el tiempo que está bajo el horizonte.

(*) El arco semi-diurno, expresado en tiempo, nos indica como sabemos (art. 273) el intervalo que emplea en pasar el astro desde el horizonte al meridiano y vice versa.

683. **Tratándose del Sol**, con la hora aproximada del orto ú ocaso que se quiere hallar, se determina la hora reducida y se corrije para ella la declinacion de dicho astro.

Se determina tambien la latitud del observador y se suman los logaritmos tangente de δ, y tangente de φ; el logaritmo suma, suprimiendo las decenas de la característica, se busca en la tabla de los cosenos y tendremos la hora del orto ú ocaso que se pide.

Para saber si dicho coseno debe tomarse mayor ó menor de 6^h, se tendrá presente que cuando δ y φ son de la misma especie, sale el Sol antes de las 6 de la mañana y se pone despues de las 6 de la tarde, y que cuando δ y φ son de contraria especie, sale despues de las 6 y se pone antes de las 6.

684. Duplando la hora del ocaso, se tendrá la duracion del dia artificial, y su suplemento á 24^h, ó el duplo de la hora del orto será la duracion de la noche.

685. Téngase muy presente que las horas del orto ú ocaso que resultan *son de tiempo verdadero*, y que hay que reducirlas á tiempo medio en caso necesario.

Adviértase tambien que el centro del ☉ se halla en realidad en el horizonte verdadero, cuando aparece elevado el limbo inferior unos 15′, mas la depresion de horizonte.

686. EJEMPLO I. El 10 de Junio de 1872, en lat. 38°..50′ N y long. $7^h.32^m$ E, se pide la hora média del orto verdadero del Sol.

Como δ y φ son de igual especie, saldrá el Sol antes de las 6 de la mañana, y suponiendo que sea á las $4^h..45^m$, será:

H.ª aprox.ª orto =	$16^h.45^m$	δ ☉ dia 10 á 0^h =	$+23°.04'.06'',4$ V.ᵒⁿ h.ª = $+10'',93$
Longitud E.... =	$-7\ .32$	$10'',93 \times 9^h,2$. =	$+\quad 1.40,6$
Hora reducida.. =	$9\ .13$	δ corregida... =	$+23\ .05\ .47$

$\delta = 23°..05'..47$ N	...... log tang = 9,62987	Ec.ⁿ de tpo. dia 10 á 0^h	$-0^m 48^s,25$
$\varphi = 38..50..00$ N	...... „ „ = 9,90579	V.ᵒⁿ h.ª $+0^s,5 \times 9^h,2$	$+\quad 4,65$
Arco $< 6^h$ = H_v orto = $4^h 39^m 41^s,5$ „	cos = 9,53566	Ecuacion corregida.	$= -43,6$

Ecuac.ⁿ de tiempo = $-\quad 43,6$

Hora média orto... = 4 38 57,9 .... Duplo = durac.ⁿ de la noche = $9^h..17^m..55^s,8$

12

H_m apr.ᵈᵃ del ocaso = 7 21 02,1 ... Duplo = durac.ⁿ del dia .... = 14 ..42 ..04,2

Suma = 24 ..00 ..00

687. **Método tabulario.** Por medio de la tabla XXV de Mendoza pueden hallarse tambien las horas civiles de tiempo verdadero del orto ú ocaso del Sol, con suficiente aproximacion, para lo cual entran como argumento la latitud y declinacion, y se halla la diferencia ascensional, que sumada ó restada de 6^h nos dá la hora deseada.

Concretándonos al ejemplo anterior y entrando en dicha tabla con 23° de declinacion y 39° de latitud, encontramos $1^h..20^m$ de diferencia ascensional, que restada de 6^h resulta hora verdadera del orto $4^h..40^m$.

688. Ejemplo II. El 30 de Octubre de 1872, en latitud 38°.50′ N y longitud $7^h..32^m$ E de San Fernando, se pide la hora média del orto verdadero del Sol.

Como δ y φ son de contraria especie, saldrá el Sol despues de las 6 de la mañana, y suponiendo que sea á las $6^h..50^m$, tendremos:

H.ª ap.ª del orto = $18^h.50^m$	δ ☉ dia 30....= −13°.59′.32″,8	V.on h.ª −48″,94
Longitud E....= −7 .32	−48″,94 × 11^h,3 = − 9.13	
Hora reducida..= 11 .18	δ corregida....= −14 .08 .45 ,8	

δ = 14°..08′..46″ S	log tg = 9,40145	Ecuac.n de tpo. dia 30 = −16^m 15^s,65
φ = 38 ..50 ..00 N	„ „ = 9,90579	V.on h.ª −0^s,10 × 11^h,3 = − 1,13
Arco > 6^h = h_v orto = $6^h45^m44^s$,5	cos = 9,30724	Ecuacion corregida. = −16 16,78

Ecuac.n de tiempo = − 16 16,78	
H_m del orto......= 6 29 27,72	Duplo = durac.on de la noche = $12^h..58^m..55^s$,44
12	
H_m apr.da del ocaso = 5 30 32,28	Duplo = durac.on del dia....= 11 ..01 ..04 ,56
	Suma = 24 ..00 ..00

689. La tabla XXV para 14° de δ y 39° de φ nos dá 47^m de diferencia ascensional, que sumados con 6^h, resultan $6^h..47^m$ hora verdadera del orto, que en caso necesario se reduce á tiempo medio.

690. Por qué en el mes de Enero, la duracion de los dias artificiales aumenta ménos por la mañana que por la tarde. Observan algunos con extrañeza, que desde fines de Diciembre á mediados de Enero, no alargan los dias por la mañana y sí por la tarde, cuando en rigor deberian alargar casi del mismo modo.

Esto depende de que expresándose las horas del orto y ocaso en tiempo medio, hay que considerar que desde el 25 de Diciembre hasta mediados de Abril, es *positiva la ecuacion de tiempo*, es decir, que el tiempo medio vá en adelanto respecto al verdadero; y si la variacion diaria de la ecuacion de tiempo es positiva é igual á la diferencia de dos arcos semi-diurnos consecutivos, no variarán las horas médias de los ortos, mientras que las de los ocasos aumentan, por cuya razon no empiezan á alargar los dias por la mañana hasta mediados de Enero.

691. Por lo tanto, comparando los valores y los signos que tienen durante el año, las variaciones diarias de los arcos semi-diurnos y las de la ecuacion de tiempo, vendremos en conocimiento de las épocas en que los dias aumentan ó disminuyen más por la mañana que por la tarde y al contrario.

692. Determinar la hora média del orto ó del ocaso verdadero de una estrella. Con la latitud del observador y la declinacion de la estrella, tomada con la aproximacion que nos la dá el Almanaque, se calcula por la fórmula [2] el arco semi-diurno que llamaremos H, el cual será el tiempo sidéreo que emplea la estrella en pasar del horizonte al meridiano. (*)

Como la Æ de la estrella es la hora sidérea de su paso por el meridiano, sumándole ó restándole H á la Æ, segun que se trate del ocaso ó del orto, tendremos la h_s en que tiene lugar el orto ú ocaso pedido, la cual no hay más que reducirla á hora média.

693. Ejemplo III. El 10 de Enero de 1872, en latitud 36°.. 30′ N y longitud 2ʰ.. 20ᵐ E, se pide la hora média del ocaso de Aldebaran.

δ Aldebaran dia 10 Enero = + 16°.. 14′.. 59″. Æ ✱ ...... 4ʰ.. 28ᵐ.. 34ˢ, 69

δ =	16°.. 14′ 59″ N	......	log tang = 9,46460
φ =	36 .. 30 00 N	......	„ tang = 9,86921
Arco > 6ʰ = H =	6ʰ.. 49ᵐ.. 49ˢ	.....	„ cos = 9,33381
Æ ✱ =	4 .. 28 .. 34 , 69		
H_s del ocaso ✱ =	11 .. 18 .. 23 , 69		

T_s á 0ʰ de T_m en San Fernando el 10 de Enero		19ʰ.. 17ᵐ.. 22ˢ, 85
Correccion por la longitud { Por 2ʰ T_m 2ʰ.. 00ᵐ.. 19ˢ, 71 T_s		
{ „ 20ᵐ „ 20 .. 3 , 29 „		
2 .. 20 .. 23 }		
Longitud O 2 .. 20 .. 00 } diferen.ª = correc.ᵒⁿ	+	23
T_s á 0ʰ de T_m del meridiano del observador		19 .. 17 .. 45 , 85
Hora sidérea del ocaso ✱ + 24ʰ		35 .. 18 .. 23 , 69
Intervalo de T_s trascurrido desde 0ʰ de T_m del observador....		16 .. 00 .. 37 , 84

Por 16ʰ	T_s	....	15ʰ.. 57ᵐ.. 22ˢ, 73 T_m
„ 37ˢ	„	....	36 , 90 „
„ 0ˢ, 84	„	....	0 , 84 „
H_m del ocaso de Aldebaran el 10 de Enero		....	15 .. 58 .. 00 , 47

694. Determinacion de la hora média del orto ó del ocaso verdadero de la Luna ó de un planeta. Ante todo se calcula la hora del paso de la Luna ó del planeta por el meridiano del observador (arts. **468** y **619**), y suponiendo que salga el astro 6ʰ antes del paso ó que se ponga 6ʰ despues de él, tendremos la hora aproximada del orto ó del ocaso, que se reduce al meridiano de San Fernando y se determina para ella la declinacion del astro, con la cual y la latitud se busca en la tabla XXV de Mendoza el arco semi-diurno, que corregido de la parte proporcional del retardo diario de la ☾, se aplica á la hora del paso por el meridiano antes hallada y nos dará una hora más aproximada del orto ú ocaso que se pide.

Con dicha hora más aproximada se halla la hora reducida y se corrije para ella la declinacion y Æ del astro.

Con dicha declinacion y la latitud se calcula el arco semi-diurno, por la fórmula [2], que sumado con la Æ si se trata del ocaso, ó restado si es del orto, nos dará la hora sidérea correspondiente que se reduce á média.

695. Cuando el astro de que se trata es la Luna, hay que recordar que su declinacion y Æ varian con mucha rapidez, y por lo tanto, si se desea obtener un resultado muy exacto habrá que repetir el cálculo, si la hora que se tomó como aproximada difiere de la calculada.

Generalmente basta conocer aproximadamente las horas del orto ó del ocaso de la ☾ ó de un planeta, para saber si estará sobre el horizonte á una hora dada con el objeto de observar un fenómeno determinado, tal, por ejemplo, como

(*) El valor de H puede hallarse por la tabla XXV, siempre que δ no pase de 30°.

la ocultacion de una estrella por el disco de la Luna, ó el eclipse de uno de los satélites de Júpiter, &c.

696. Cuando se trata de planetas, como sus declinaciones no son muy variables, se les puede considerar como si fuesen estrellas (art. 595). Por lo tanto, tratándose de estos astros ó de la Luna, basta el resultado que nos dá la tabla XXV de Mendoza para las necesidades del marino y no hay que apelar á la fórmula [1].

697. Ejemplo IV. El 10 de Abril de 1872, en longitud $1^h..30^m$ O y latitud $22°..10'$ N, se pide la hora média del ocaso verdadero de la Luna.

Paso ☾ por el meridiano de S. Fernando el 10 de Abril	$2^h..04^m..12^s$
Retardo por $1^h..30^m$ de longitud O................	+ 3 ..00
Paso ☾ por el merid.º del observador el 10 de Abril..	2 ..07 ..12

Suponiendo que se oculte la ☾ 6^h despues; esto es, á las $8^h..07^m$, la hora reducida será $9^h..37^m$, y para dicha hora el *Almanaque* nos dá δ ☾ $+17°..46'$.

La Tabla XXV de Mendoza, para 22° de latitud y 18° de declinacion, dá 30^m de diferencia ascensional, y como δ y φ son de igual especie, el arco semi-diurno será $6^h..30^m$; luego

Arco semi-diurno ú horario en el momento del ocaso ☾	$6^h..30^m$
Retardo por $6^h..30^m = 6^h,5 \times 2^m$....................	+ 13
	6 ..43
Hora del paso por el meridiano del observador	2 .. 7
Hora média aproximada del ocaso..................	8 ..50
Longitud O	+ 1 ..30
Hora reducida..........	10 ..20

δ ☾ dia 10 á 10^h	$=+17°49'36''$	Æ ☾ dia 10 á $10^h = 3^h37^m11^s,24$	V.on h.a 125^s
V.on en $10^m = +98'',61 \times 2+$	3 17	$60^m : 125^s :: 20^m : x =$	41 ,7
δ corregida...........	+17 52 53	Æ corregida....	=3 37 52 ,94

	$\delta = 17°..52'..53''$ N	log tang	$= 9{,}50866$
	$\varphi = 22..10..00$ N	„ tang	$= 9{,}61004$
Arco $> 6^h = H =$	$6^h..30^m..12^s,5$	„ cos	$= 9{,}11870$
Æ $=$	3 ..37 ..25 ,84		
H_s del ocaso ☾ $=$	10 ..07 ..38 ,34		

T_s á 0^h de T_m en San Fernando el 10 de Abril.............. $1^h..16^m..09^s,30$

Por 1^h T_m ...	$1^h..00^m..9^s,86$ T_s			
„ 30^m „	30 .. 4 ,93 „			
	1 ..30 ..14 ,79	diferencia = correccion.	+	14 ,79
Longitud O....	1 ..30 ..00			

T_s á 0^h de T_m del meridiano del observador................	1 ..16 ..24 ,09
Hora sidérea del ocaso ☾.........................	10 ..07 ..38 ,34
Intervalo de T_s trascurrido desde 0^h de T_m del observador....	8 ..51 ..14 ,25

Por 8^h	T_s	....	$7^h..58^m..41^s,36$ T_m
„ 51^m	„	....	50 ..51 ,64
„ 14^s	„	....	13 ,96
„ 0 ,25	„	....	0 ,25

H_m ocaso verdadero de la ☾ = 8 ..49 ..47 ,21 el 10 de Abril.

Vemos, pues, que la diferencia entre esta hora y la aproximada, solo es unos 13^s, con lo cual queda demostrado que bastaba haber tomado la primera.

698. EJEMPLO V. Sea como en el ejemplo anterior, el 10 de Abril de 1872, en long. $1^h..30^m$ O y lat. $22°..10'$ N, se pide la hora média del orto verdadero de Saturno.

δ Saturno el dia $10 = -21°..30'..16''$.		$Æ = 19^h..30^m..24^s,90$.
$\delta = 21°..30'..16''$ S	......	log tang $= 9,59549$
$\varphi = 22..10..00$ N	......	„ tang $= 9,61004$
Arco $< 6^h = H = 5^h..23^m..03^s$	......	„ cos $= 9,20553$
$Æ = 19..30..24,90$		
Dif.ª $= H_s$ del orto $= 14..07..21,90$ Saturno.		

T_s á 0^h de T_m del observador (ejemplo anterior)	$1^h..16^m..24^s,09$
Hora sidérea del orto de Saturno........................	$14..07..21,90$
Intervalo de T_s trascurrido desde 0^h de T_m................	$12..50..57,81$

Por 12^h	T_s	....	$11^h..58^m..02^s,05$ T_m
„ 50^m	„	....	$49..51,81$
„ 57^s	„	....	$56,84$
„ $0^s,81$	„	....	$0,81$
Hora média del orto de Saturno =			$12..48..51,51$ **el 10 de Abril.**

La tabla XXV de Mendoza para $21°..30'$ de declinacion y $22°$ de latitud, dá 37^m de diferencia ascensional, que restados de 6^h, porque δ y φ son de contraria especie, dá $5^h..23^m$ de arco semi-diurno, el cual restado de la hora del paso por el meridiano de San Fernando el dia 10, que trae el Almanaque $18^h..11^m,4$, nos dá la hora média del orto $12^h..48^m,4$, resultado bastante aproximado al que acabamos de calcular.

699. Determinacion de la hora del orto ó del ocaso aparente de un astro. En los casos anteriores no hemos tomado en consideracion los efectos producidos por la refraccion y paralage, que es lo que generalmente hacen los marinos; pero si deseamos obtener resultados más precisos y determinar con exactitud el instante en que se halla el astro en el horizonte de la mar, esto es, el orto ú ocaso aparente, tenemos que si el astro en cuestion tiene un diámetro sensible, como el Sol ó la Luna, se distinguen el *orto ú ocaso del limbo inferior*, *del superior ó del centro*.

En estos casos la altura aparente es cero, y se determina ante todo la verdadera (art. **606**), y para hallar el arco semi-diurno se tendrá muy presente que si resulta negativa la altura verdadera, en la fórmula general del horario (art. **663**), si hacemos negativo á sen A_v, resultará finalmente

$$\operatorname{sen}^2 \tfrac{1}{2} h = \frac{\operatorname{sen} \frac{1}{2} S \cos\left(\frac{1}{2} S - A_v\right)}{\operatorname{sen} \Delta \cos \varphi} \quad \ldots\ldots \quad [\ 5\ ]$$

de donde

$$\log \operatorname{verso} h = \log \operatorname{cosec} \Delta + \log \sec \varphi + \log \operatorname{sen} \tfrac{1}{2} S + \log \cos\left(\tfrac{1}{2} S - A_v\right)$$

700. El resto del cálculo es igual al caso de determinar el orto ú ocaso verdadero, teniendo presente que si se trata del Sol, la hora que resulta es de tiempo verdadero, y siendo otro el astro, de tiempo medio.

701. EJEMPLO VI. El 10 de Junio de 1872, en lat. $38°.50'$ N y long. $7^h.32^m$ E, caso exactamente igual al del (ejemplo I), se pide la hora média del orto aparente del limbo inferior del Sol, siendo la elevacion del observador 16 piés.

δ ☉ corregida = 23°.. 05'.. 47" N   Ecuacion corregida —43",6

Δ = 66°.. 54 .. 13

Depresion por 16 piés = —	3' .. 56"	
— R + P á 0° de altura = —	32 .. 51	
Suma...... = —	36 .. 47	
Semi-diámetro ...... = +	15 .. 46	
A_v ☉ = —	00°.. 21'.. 01"	
Δ =	66 .. 54 .. 13	cosec = 0,03628
φ =	38 .. 50 .. 00	sec = 0,10848
S =	106 .. 05 .. 14	
½ S =	53 .. 02 .. 37	sen = 9,90260
D =	52 .. 41 .. 36	cos = 9,78253
Arco < 6ʰ = h_v del orto =	4ʰ.. 37ᵐ.. 36ˢ	verso = 9,82989
Ecuacion. .... = —	43 , 6	
Hora média del orto aparente =	4 .. 36 .. 52 , 4	**limbo inferior del Sol.**

Vemos, pues, que el orto aparente excede al verdadero (ejemplo I) en 2ᵐ.. 25ˢ,5; lo cual dimana de que la refraccion en el Sol es mayor que la paralage y aparece elevado sobre el horizonte más tiempo de lo que está en realidad.

702. Ejemplo VII. El 10 de Enero de 1872, en lat. 36°.. 30' N y longitud 2ʰ.. 20ᵐ O (caso igual al ejemplo III), se pide la hora média del ocaso aparente de Aldebaran. Elevacion 20 piés.

δ ✱ = 16°.. 14' .. 59" N
Δ = 73 .. 45 .. 01
Æ ✱ = 4ʰ.. 28ᵐ.. 34ˢ,69

Depresion por 20 piés = —	4' .. 24"	
R = —	33 .. 00	
A_v ✱ =	—00 .. 37 .. 24	
Δ =	73 .. 45 .. 01	cosec = 0,01771
φ =	36 .. 30 .. 00	sec = 0,09482
S =	110 .. 52 .. 25	
½ S =	55 .. 26 .. 12	sen = 9,91567
D =	54 .. 48 .. 48	cos = 9,76061
Arco > 6ʰ = H =	6ʰ.. 53ᵐ.. 09ˢ	verso = 9,78881
Æ =	4 .. 28 .. 34 ,69	
H_s del ocaso ✱ =	11 .. 21 .. 43 ,69	

T_s á 0ʰ de T_m del meridiano del observador (ejemplo III) ..	19ʰ.. 17ᵐ.. 45ˢ,85
Hora sidérea del ocaso de Aldebaran + 24ʰ	35 .. 21 .. 43 ,69
Intervalo de T_s desde 0ʰ de T_m del observador	16 .. 03 .. 57 ,84

Por 16ʰ	T_s	15ʰ.. 57ᵐ.. 22ˢ,73	T_m
„ 03ᵐ	„	2 .. 59 ,51	„
„ 57ˢ	„	56 ,84	„
„ 0,84	„	0 ,84	„

H_m del ocaso aparente Aldebaran = 16 .. 01 .. 19 ,92

703. La diferencia entre este resultado y el ocaso verdadero, determinado en el ejemplo III, es de 3ᵐ.. 19ˢ, 45. Esto depende de que la refraccion nos hace ver á la estrella más elevada de lo que está en realidad, y por lo tanto el ocaso aparente debe verificarse despues que el verdadero.

704. Determinacion de la hora média del principio del crepúsculo matutino ó del fin del vespertino. Hemos dicho (art. 227) que el crepúsculo astronómico empieza ó acaba cuando el Sol está 18° depreso y el civil al estar 6° depreso solamente; por lo tanto, para determinar la hora en que empieza ó acaba el crepúsculo, emplearemos la fórmula [3] tomando 18° ó 6° de altura negativa, segun que se trate del crepúsculo astronómico ó del civil. Restando el resultado de la hora del orto ó del ocaso aparente, nos dará la duracion del crepúsculo de que se trata.

705. Ejemplo VIII. El 10 de Junio de 1872 (ejemplo igual al I) en latitud 38°.. 50′ N y longitud 7h.. 32m al E, se pide la hora média del principio del crepúsculo matutino civil y del astronómico y la duracion de los mismos.

Determinacion del principio y duracion del crepúsculo astronómico.

$A_v =$	−18°.. 00′ .. 00″	
$\Delta =$	66 .. 54 .. 13	cosec = 0,03628
$\varphi =$	38 .. 50 .. 00	sec = 0,10848
S =	123 .. 44 .. 13	
½ S =	61 .. 52 .. 06	sen = 9,94540
Dif. =	43 .. 52 .. 06	cos = 9,85789
Arco < 6h = H.a verd.a principio crepúsculo =	2h.. 36m.. 57s	verso = 9,94805
Ecuacion de tiempo =	— 43 ,6	
H_m civil del principio del crep.° astronómico =	2 .. 36 .. 13 ,4	(*matutino.*)
H_m del orto aparente del ☉ (ejemplo VI) =	4 .. 36 .. 42 ,4	
Duracion del crepúsculo astronómico ...... =	2 .. 00 .. 29	en tiempo medio.

Determinacion del principio y duracion del crepúsculo civil.

A_v del ☉ =	− 6°.. 00′ .. 00″	
$\Delta =$	66 .. 54 .. 13	cosec = 0,03628
$\varphi =$	38 .. 50 .. 00	sec = 0,10848
S =	111 .. 44 .. 13	
½ S =	55 .. 52 .. 06	sen = 9,91790
D =	49 .. 52 .. 06	cos = 9,80925
Arco < 6h = H_v del principio crepúsc.° civil =	4 .. 02 .. 51s,5	verso = 9,87191
Ecuacion de tiempo =	— 43 ,6	
H_m principio crepúsculo civil .... =	− 4 .. 02 .. 07 ,9	(*matutino.*)
H_m del orto aparente del ☉ .... =	4 .. 36 .. 42 ,4	
Duracion del crepúsculo civil .... =	34 .. 34 ,5	en tiempo medio

Diferencia entre las horas en que principian ambos crepúsculos
y entre sus duraciones .... = 1h.. 25m.. 54s, 5

Los resultados que acabamos de obtener concuerdan con los que nos dá la tabla de crepúsculos (art. 227), teniendo presente que hemos considerado el orto del limbo inferior del ☉ cuando más bien se deberia haber empleado el del centro.

PROBLEMA XII.

DETERMINAR LA LATITUD POR MEDIO DE LA ALTURA MERIDIANA DE UN ASTRO.

706. Tratándose de alturas meridianas de paso superior, la altura aparente se reduce, ante todo, á verdadera, y se le toma el complemento, con lo que se tendrá la *distancia zenital meridiana ú observacion*, O, y que se denomina N ó S, segun que al tomar la altura meridiana esté el observador cara al Norte ó al Sur.

Se corrije la declinacion del astro δ, para la hora reducida, y tendremos la fórmula general

$$L = \delta - O, \qquad \dots\dots \qquad [\ 1\ ]$$

tomando como positivos los valores de cada una de estas cantidades cuando son de especie Norte, y como negativos cuando son de especie Sur.

Por lo tanto, sumando algebráicamente la declinacion con la observacion, con signo cambiado, tendremos la latitud de la especie del signo de la mayor.

707. Sea el círculo terminador el meridiano; hr el horizonte, Z y P sus polos; eq el ecuador, N y S los polos del mundo; y la latitud estará representada por el arco Zq, medida del ángulo que forma la vertical con la equinoccial.

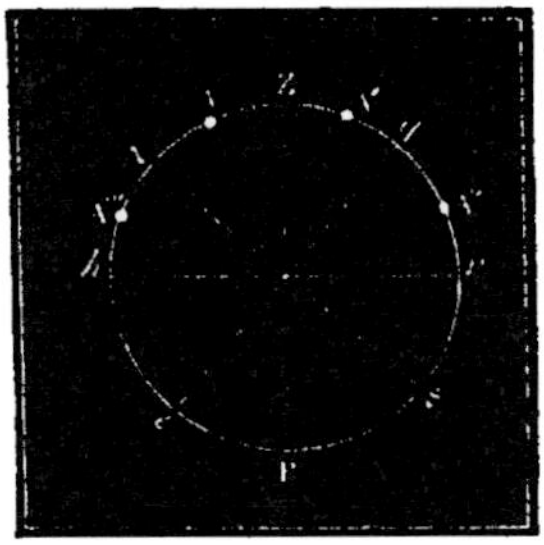

(Fig. 77)

Tratándose del paso por el meridiano superior, pueden ocurrir tres casos diferentes; que el astro se halle en A, en A′ ó en A″; y respectivamente tendremos:

En A $(+A\,q) - (+A\,Z) = Z\,q$ esto es: $(+\delta) - (+O) = \delta - O = L$ (Norte)
„ A′ $(+A'q) - (-A'Z) = Z\,q$ „ „ $(+\delta) - (-O) = \delta + O = L$ (Norte)
„ A″ $(-A''q) - (-A''Z) = Z\,q$ „ „ $(-\delta) - (-O) = -\delta + O = L$ (Norte)

Si el polo elevado fuese el Sur, tendríamos otros tres casos análogos á estos, con lo cual queda demostrada la regla.

708. Latitud por la altura meridiana del Sol. Determínese la hora reducida con la longitud en tiempo y la hora del observador, que en este caso es *cero*, y corríjase para ella la declinacion del ☉.

Redúzcase la altura aparente á verdadera; tómesele el complemento, al cual se le pondrá el signo + ó — segun que demore el Sol al Norte ó al Sur al estar en el meridiano.

Súmese algebráicamente la declinacion y la observacion con signo cambiado, y se tendrá la latitud de la especie del signo de la mayor.

709. Ejemplo I. El 22 de Abril de 1872 en longitud 2h.. 40m O, se observó la altura meridiana del Sol, cara al S, 62°.. 20'.. 40''. Elevacion 18 piés. Se pide la latitud.

H_v observador = 22d 00h 00m 00s	δ ☉ dia 22 á 0_h = +12°. 24'. 09'',9 V.on h.a + 50'',09
Longitud O.. = + 2 40	50'', 09 × 2h, 7 = + 2 . 15 , 2
Hora reducid. = 22 2 40 00	δ corregida.. = +12 . 26 . 25 , 1

A_a ☉ =	62°.. 20'.. 40''	
D = −	4 .. 11	
	62 .. 16 .. 29	
− R + P = −	26	
	62 .. 16 .. 03	
S = +	15 . 55	
A_v ☉ =	62 .. 31 .. 58	
Observacion = +	27 .. 28 .. 02	(Sur)
δ = +	12 .. 26 .. 25	(Norte)
Latitud...... = +	39 .. 54 .. 27	(Norte)

710. Ejemplo II. El 10 de Diciembre de 1872, en longitud 8h.. 36m E, se tomó altura meridiana del Sol, cara al N, la cual reducida á verdadera resultó ser 56°.. 27'.. 52''.

H_v observad. = 10d 00h 00m	δ ☉ dia 9 á 0h = −22°. 53'. 49'',9 V.on h.a = −13'',92
Longitud E. = 8 36	−13'',92 × 15,4 = − 3 . 34 , 4
Hora reduc.a = 9 15 24 (*)	δ corregida.. = −22 . 57 . 24 , 3

A_v ☉ =	56°.. 27'.. 52''	
Observacion = −	33 .. 32 .. 08	(Norte)
δ = −	22 .. 57 .. 24	(Sur)
Latitud...... = −	56 .. 29 .. 32	(Sur)

711. Ejemplo III. A_v = 70°.. 21'.. 10'' cara al S; δ = 18°.. 10'.. 15'' Sur.

A_v =	70°.. 21'.. 10''	
Observacion = +	19 .. 38 .. 50	(Sur)
δ = −	18 .. 10 .. 15	(Sur)
Latitud...... = +	1 .. 28 .. 35	(Norte)

(*) Para abreviar puede considerarse siempre la longitud como hora reducida; para esto se multiplica por la variacion horaria de la declinacion, poniéndole el signo de esta al producto si la longitud es Occidental, ó el signo contrario si es Oriental, y aplicándole este producto ó sea la parte proporcional de la variacion de la declinacion á la de medio dia, se tendrá la declinacion corregida. Así en el caso actual tendremos

δ ☉ dia 10 de Diciembre á 0h = − 22°.. 59'.. 10'',4 V.on h.a = − 12'', 78 × 8h, 6 = − 1'..49'', 9
Parte proporcional = + 1 .. 49 , 9
δ corregida = − 22 .. 57 .. 20 , 5

EJEMPLO IV.	EJEMPLO V.	EJEMPLO VI.
O=−10°..16′..22″(Norte)	O=−18°..50′..20″(Norte)	O=+ 8°..36′..10″ (Sur)
δ =+21 ..30 ..40 (Norte)	δ =+ 6 ..10 ..20 (Norte)	δ =−19 ..21 ..30 (Sur)
L=+11 ..14 ..18 (Norte)	L=−12 ..40 ..00 (Sur)	L=−10 ..45 ..20 (Sur)

712. Latitud por la altura meridiana de una estrella.(*) Se reduce la altura aparente á verdadera y se halla la observacion como al tratarse del ☉; y con la declinacion que nos dá el Almanaque se determina la latitud aplicando la fórmula [1]

713. EJEMPLO VII. El 21 de Enero de 1872, se tomó la altura meridiana de β Géminis, cara al N, 27°..30′..10″; elevacion 18 piés. Su declinacion para el dia 20 = + 28°..20′.

A_a ✱ =	27°..30′..10″	
D =−	4 ..11	
	27 ..25 ..59	
R =−	1 ..49	
A_v ✱ =	27 ..24 ..10	
Observacion =	−62 ..35 ..50	(Norte)
δ =	+28 ..20 ..00	(Norte)
Latitud...... =	−34 ..15 ..50	(Sur)

714. Latitud por la altura meridiana de la Luna. Calcúlese ante todo la hora del paso de la Luna por el meridiano del observador (art. 468); determínese la hora reducida correspondiente y corríjase para ella la declinacion, paralage y semi-diámetro de la ☾.

Hállese la altura verdadera y la observacion, y por la fórmula [1] se determina la latitud como en los casos anteriores.

715. EJEMPLO VIII. El 16 de Julio de 1872, en longitud 1^h..24^m E, se tomó altura meridiana de la ☾, cara al Sur, 65°..32′..20″: elevacion 18 piés. Se pide la latitud.

Paso ☾ meridiano S. Fernando dia 16 =	8^h..23^m..48^s
Correcion por 1^h..24^m de long. E.... =	− 3
Paso ☾ meridiano del observador .... =	8 ..20 ..48
Longitud E. .... =	−1 ..24 ..00
Hora reducida .... =	6 ..56 ..48

Paralage horizontal á 0^h........... =	59′..07″,9	V.^{on} en 12^h = + 27″,3
12^h : 27″,3 :: 6^h,9 : x .... = +	15 ,69	
Paralage horizontal para la $h.r$ ...... =	59 ..23 ,59	
δ ☾ dia 16 á 6^h...................... =	−19°..32′..15″,6	V.^{n} en 10^m = −102″,41
−102″,41 × 5,7.................... =	9 ..43 ,7	
δ corregida........................ =	19 ..41 ..59 ,3	
Semi-diámetro horizontal á 0^h....... =	16′..08″,4	V.^{on} en 12^h = + 7″,4
12^h : 7″,4 :: 6^h,9 : x......... = +	4 ,27	
Semi-diámetro horizontal para la $h.r.$ =	16 ..12 ,67	

(*) Las alturas meridianas de las estrellas de 1.ª magnitud permiten obtener fácilmente la latitud, con una aproximacion de 4 á 5 minutos, generalmente suficiente para la práctica de la navegacion.

	A_a ☾ =	65°.. 32'.. 20"
	D = −	4 .. 11
		65 .. 28 .. 09
Para 65°.. 28' A_a y 59' P_h 24'.. 04" / Parte proporcional por 23" P_h+10	= +	24 .. 14
		65 .. 52 .. 23
Semi-diámetro horizontal	= +	16 .. 13
	A_v ☾ =	66 .. 08 .. 36
Observacion..	= +	23 .. 51 .. 24 (Sur)
	δ = −	19 .. 41 .. 59 (Sur)
Latitud	= +	4 .. 09 .. 25 (Norte)

716. Latitud por la altura meridiana de un planeta. Con la hora del paso del planeta por el meridiano se halla la hora reducida y se corrije la declinacion. Se reduce la altura á verdadera; se halla la observacion y se determina la latitud como en el caso anterior. (*)

717. Latitud por alturas meridianas de paso inferior. Cuando el astro se halla en el meridiano inferior, esto es, entre el polo elevado y el horizonte, se reduce la altura aparente á verdadera, A_v; se determina la declinacion para la hora del paso, y tomándole el complemento que llamaremos Δ, será

$$L = A_v + \Delta \qquad \ldots\ldots\ldots\ldots \qquad [\ 2\ ]$$

718. Luego sumando la altura verdadera con la distancia polar se obtiene la latitud, que será siempre de la misma especie que la declinacion.

En efecto; si un astro A‴ se halla en el meridiano inferior N*e*S (Fig 77), tendremos que N*h*, altura del polo ó sea la latitud, será igual á A‴ *h*, altura verdadera, mas A‴N, complemento de la declinacion.

719. Ejemplo IX. El 29 de Marzo de 1872, se tomó altura meridiana de paso inferior de α *Aurigæ* ó *Capella*, que reducida á verdadera fué = 11°. 31'. 20".

δ *Capella* el 1.° de Enero 1872	= +	45°.. 51'.. 53"
	Δ =	44 .. 08 .. 07
A_v ✱	=	11°.. 31'.. 20"
	Δ =	44 .. 08 .. 07 (Norte)
Latitud	=	55 .. 39 .. 27 (Norte)

720. Ejemplo X. El 20 de Diciembre de 1872, en longitud $8^h.. 50^m$ E, se tomó altura meridiana, de paso inferior del ☉, que reducida á verdadera resultó 10°.. 30'.. 20". Se pide la latitud.

(*) Las alturas meridianas de los planetas principales, especialmente las de Júpiter, dan la latitud con bastante exactitud.

H.ª del observ.ʳ $= 12^h.\ 00^m$ | δ ⊙ dia 20 .. $= -23^\circ..\ 27'..\ 10'',6$ V.ᵒⁿ h.ª $= -1'',15$
Longitud E $= 8\ .\ 50$ | $-1'',15 \times 3^h,2 = -$ $3\ ,7$
Hora reducida $= 3\ .\ 10$ | δ corregida .. $= -23\ ..\ 27\ ..\ 14\ ,3$ Sur.

$\Delta = 66\ ..\ 32\ ..\ 45\ ,7$

A_v ⊙ $= 10^\circ..\ 30'..\ 20''$
Δ ⊙ $= 66\ ..\ 32\ ..\ 46$ Sur.
Latitud $= 77\ ..\ 03\ ..\ 06$ Sur.

PROBLEMA XIII.

DETERMINAR LA LATITUD POR MEDIO DE UNA ALTURA DE LA POLAR, OBSERVADA FUERA DEL MERIDIANO.

721. Si la estrella polar estuviese situada en el polo Norte, bastaria observar su altura para obtener la altura del polo sobre el horizonte ó sea la latitud; pero distando del polo actualmente $1^\circ..22'$, resulta de aquí que la altura de la estrella en un instante dado, difiere de la latitud en una cantidad x que vamos á determinar.

722. Sea en la (Fig. 78) el círculo b E a O, el paralelo de declinacion de la ✱ Polar; N el polo Norte; y H R el horizonte.

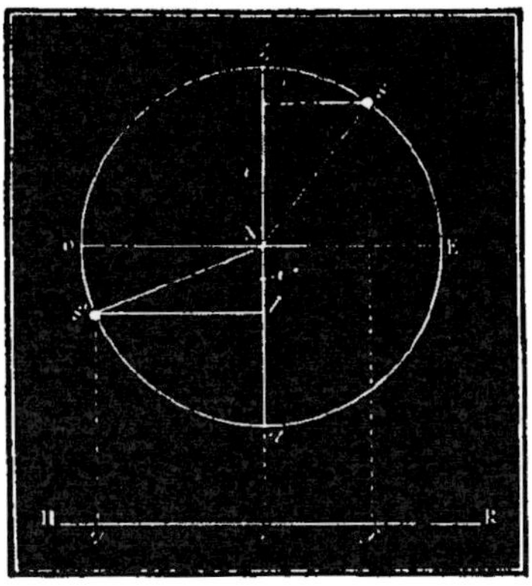

(Fig. 78)

Es evidente que Nc será la latitud ó sea la altura del polo, y si consideramos la estrella en b, esto es, en el meridiano superior, restando de su altura bc la distancia polar bN, tendremos Nc = latitud.

Del mismo modo, si consideramos la estrella en a, ó sea en el meridiano inferior, tendremos N$c = ac +$ Na; es decir, latitud igual á la altura, mas la distancia polar.

Ahora bien; suponiendo la estrella en S, por ejemplo, tirando el arco de su semi-círculo horario N S, y desde S el arco Sd, perpendicular al meridiano, resultará el triángulo esférico N Sd; pero, como la distancia polar N S es menor que 100′, el lado x será menor que esta cantidad; luego siendo sus lados muy pequeños se confundirán sensiblemente con sus cuerdas, y podremos considerarlo como *rectilíneo rectángulo* en d.

Por lo tanto, conocido el valor del ángulo bNS, que es el horario Oriental de la estrella menor de 6^h y la hipotenusa NS, que es la distancia polar Δ, podremos determinar el valor del cateto x, que restado de $dc = Sf =$ altura de la estrella, nos dará Nc, que es la latitud del observador.

Si fuese el horario mayor de 6^h; esto es, si la estrella estuviese en S′, por ejemplo, tendríamos el triángulo NlS′ rectángulo en l, en el cual el ángulo aNS′ seria el suplemento de su horario Occidental bOS′, mayor de 6^h; $NS' = \Delta$, y hallando el valor del cateto x' y sumándolo con $lc = S'g =$ altura de la estrella, nos dará $Nc =$ latitud.

723. En uno ú otro caso el valor de la correccion x se hallará por la fórmula de los triángulos rectilíneos rectángulos (*Trig. for.* 51),

$$x = \frac{\Delta \cos h}{r}, \text{ de donde } \log x = \log \Delta + \log \cos h - 10 \quad .. \quad [1]$$

Resulta, pues, que para resolver este problema, se reduce á verdadera la altura observada.

Con la hora média del observador, que es menester conocer con 2 ó 3 minutos de diferencia, se calcula el horario de la estrella menor que 12^h (PROBLEMA III.)

Se toma en el *Almanaque Náutico* la declinacion de la estrella para el dia propuesto, se halla la distancia polar, y por medio de la fórmula [1] se obtendrá el valor de la correccion x, *la cual se resta de la altura si el horario es menor de* 6^h, *ó se suma si es mayor de* 6^h, con lo cual se tendrá la latitud.

724. Dicha latitud resulta tanto mejor determinada, cuanto menor es la altura y el error que hay en la hora, y cuanto mayor es la distancia que hay del horario al de 6^h.

Cuando el horario se aproxima á 6^h, el error que puede haber en el resultado, es poco más de 1′ en la latitud de 50°; algo mayor de 2′ en la latitud de 60°, y como de 3′ en la de 70°.

725. EJEMPLO I. El 6 de Febrero de 1872, en long. $2^h .. 34^m$ O, á $8^h .. 16'$ de T_m y elevacion 20 piés, se tomó altura de la Polar 32°.. 50′.. 40″. Se pide la latitud del observador.

δ de la Polar, dia 6 = + 88°.. 37′.. 50″,57	Æ ✱ = $1^h .. 11^m ..$ 23″,45
Δ ✱ = 1 .. 22 .. 09 ,43	

T_s á 0^h de T_m en San Fernando el 6 de Febrero...........			$21^h..03^m..49^s,88$
Correccion por la longitud.			
Por 2^h T_m.. $2^h..00^m..19^s,71$ T_s			
„ 34^m „ .. 34 .. 05 ,58 „			
2 .. 34 .. 25 ,29	diferencia = correccion..	+	25 ,29
Longitud O — 2 .. 34 .. 00			
T_s á 0^h de T_m del meridiano del observador...............			21 .. 04 .. 15 ,17
Conversion de la hora média dada.			
Por 8^h T_m.. $8^h..01^m..18^s,85$ T_s			
„ 16^m „ .. 16 .. 02 ,63 „			
Intervalo .... 8 .. 17 .. 21 ,48 „	desde 0^h de T_m......		8 .. 17 .. 21 ,48
Suma—24_h=Hora sidérea del observador		=	5 .. 21 .. 36 ,65
Æ ✱		= —	1 .. 11 .. 23 ,45
Diferencia = Horario Occidental de la Polar		=	4 .. 10 .. 13 ,20

$H = 4^h..10^m..13^s$	log cos = 9,66362	A_a ✱ =	32°.. 50′.. 40″
$\Delta = 1..22'..09''$	„ = 3,69276	D = —	4 .. 24
$x =$ .. 37 .. 52	„ = 3,35638		32 .. 46 .. 16
		R = —	1 .. 29
		A_v ✱ =	32 .. 44 .. 47
		Correccion = x = —	37 .. 52
		Latitud ...... =	32 .. 06 .. 55 **Norte.**

726. Método tabulario. La correccion x puede determinarse tambien por medio de la tabla XXXV de *Mendoza*, para lo cual se busca la página que tiene, en la cabeza ó en el pié, el número de horas y minutos más próximo al horario; y con la distancia polar expresada en minutos, tomada en la columna que lleva por título *distancia*, se encontrará el resultado correspondiente en la columna que lleva por título *diferencia de latitud*, y se tendrá en minutos el valor de dicha correccion x.

Resolviendo el ejemplo anterior, tenemos que para $4^h..10^m$ de horario y 82′ de Δ, nos dá la citada tabla 37, 85 = 37′..51″ de correccion, resultado bastante aproximado al anterior y que nos demuestra que puede prescindirse en la práctica del método logarítmico.

CAPÍTULO XVI.

DEL CALENDARIO.

727. Cronología es la ciencia que trata de la historia de los tiempos; dándonos á conocer el modo de medirlos y compararlos y las divisiones adoptadas por los diferentes pueblos.

La cronología se divide en *matemática* ó *astronómica*, ó sea la que trata de las divisiones del tiempo producidas por la naturaleza, tales como las revoluciones de la Luna, los solsticios, equinoccios, &c., y en *cronología histórica* que es la que distribuye los acontecimientos en los tiempos, fijando las épocas para este fin.(*)

728. Calendario es una distribucion de tiempo en períodos adecuados á las necesidades de la vida, para lo cual contiene el órden de los dias, semanas, meses, fiestas, &c., que se suceden en el espacio de un año.

El *Almanaque Náutico* nos trae en la página 2.ª la parte cronológica ó artículos principales del Calendario, que pasaremos á explicar en razon á la aplicacion que de ellos se hace en muchas investigaciones científicas.

729. Calendario adoptado en Europa. Todas las naciones europeas han adoptado el Calendario *Gregoriano*, á excepcion de la Rusia que sigue aún el Calendario *Juliano*.

Del uso del Calendario Juliano ó Gregoriano procede lo que se llama *estilo antiguo* y *estilo moderno*, y segun se ha explicado (artículo 347), los que siguen el antiguo cuentan 11 dias ménos que nosotros.

Con el Calendario Gregoriano se ha conseguido la uniformidad entre el cómputo civil del tiempo y el órden de las estaciones, y que la celebracion de la Pascua tenga lugar en la época en que la tradicion y la historia nos dicen que se verificó la Resurreccion de Jesucristo.

730. Era, es un instante fijo en la historia, generalmente mar-

(*) A pesar de los trabajos de los hombres más eminentes de la ciencia, existe una gran incertidumbre acerca de las fechas de los acontecimientos que se refieren á los primeros tiempos históricos. En prueba de ello bastará decir, que se han emitido más de 140 opiniones diferentes sobre la época de la creacion del mundo.

cado por algun acontecimiento notable, y desde el cual se empiezan á contar los años.

Epoca, es un instante convencional de que se sirven los cronólogos para hacer referencia á los años trascurridos desde ella. Como ninguna época tiene razon de preferencia, cada nacion ha adoptado las suyas.

731. Reduccion de los años de una época á los de otra. Para hallar el año de una era cualquiera correspondiente á un año dado de otra, se ha imaginado un período que empieza antes de todas las épocas conocidas y que se llama *período Juliano.*

Dicho período empezó 4714 años antes de J. C., y consta de 7980.(*) Todas las eras pueden reducirse á este poríodo, para lo cual habrá que determinar el año del período Juliano correspondiente al principio de la era dada y sumarle el año propuesto. Del mismo modo un año del período Juliano se reduce al correspondiente de otra era, restándole el año del período Juliano en que principió la era dada.

Tenemos, pues, que la *era Cristiana* se empieza á contar desde el nacimiento de Jesus, que acaeció el 25 de Diciembre, ó más bien desde su Circuncision el 1.º de Enero, y que el año del período Juliano que precedió á la Circuncision fué el 4713; esto es, que el primer año de nuestra era corresponde al 4714 del período Juliano; luego si á un año dado de nuestra era le sumamos 4713, tendremos el año correspondiente del período Juliano. Por lo tanto, el año de 1871, es el 6584 del período Juliano. Por el contrario, si á un año del período Juliano le restamos 4713, obtendremos el año correspondiente de la era Cristiana.(†)

732. El año del nacimiento de Jesus debe llamarse *cero* para el cómputo del tiempo antes de nuestra era, y el *primero* ó *uno* para la cuenta de los años posteriores. Luego para obtener los años que han trascurrido desde la muerte de César, que sucedió 44 años antes de J. C. hasta 1871, le sumaremos á este 43, y tendremos que han mediado 1914 años.

733. Para hallar el año del período Juliano correspondiente á

(*) La cantidad 7980 es el producto que resulta de multiplicar 28 por 19 y 15, ó sean las duraciones respectivas de los ciclos solar, lunar y de indiccion, de que nos ocuparemos más adelante.

(†) La era Cristiana, llamada tambien *Dionisiana* por haber sido propuesta por el abate Dionisio el *Exiguo*, se generalizó en el siglo VIII, y es hoy la admitida en todos los paises civilizados. A pesar de ser su fecha tan reciente, no todos los autores están acordes en si acaeció en su primer año el nacimiento de Jesus; júzguese por aquí de la certidumbre de las demás.

Anuario del Real Observatorio de Madrid.—Tomo I.

un año dado antes de J. C., restaremos este de 4714 y tendremos el año del período Juliano que se busca.

Por lo tanto, el año 55 antes de J. C. es el 4659 del período Juliano. Recíprocamente, si á 4714 le restamos el año del período Juliano, tendremos el año correspondiente antes de nuestra era.

734. Eras más notables. Son las siguientes:

La era de las Olimpiadas, que tuvo su orígen el año 776 antes de J. C., y fué muy famosa en la historia antigua. Su nombre se deriva de los juegos olímpicos que se celebraban en Grecia cada 4 años hácia el solsticio de verano cerca de Olimpia.

Las olimpiadas empezaron á contarse desde que se adoptó el uso de erigir estátuas á los vencedores y siguieron verificándose hasta fines del siglo IV de nuestra era.

El año de 1871 hasta Julio, es el 2646 de la era de las Olimpiadas. En efecto, 1871+775=2646.

La era de la fundacion de Roma, que segun *Varron* principió el 21 de Abril de 753 antes de J. C.

Luego el año de 1871 hasta Abril, es el 2623 de dicha era. En efecto, 1871+752=2623.

La era de Nabonassar, que principió el 26 de Febrero de 747 antes de J. C.: de donde 1871+746=2617.

Esta era toma el nombre de Nabonassar rey de Babilonia, que la instituyó, y es la misma de que se sirvió Ptolomeo y otros varios astrónomos. Su año consta de 365 dias; por lo tanto, cada 4 años está atrasado un dia respecto del año Juliano.

La era Española, que principió el año 39 antes de J. C., de donde 1871+38=1909.

Empezó al ser declarada España como provincia romana, una vez dominada por las armas victoriosas de Augusto. Pedro IV de Aragon abolió el uso de esta era en sus estados en 1350.

La era Mahometana ó *Hegira*, que quiere decir fuga, principió el 16 de Julio de 622 de nuestra era, que fué cuando Mahoma se huyó de la Meca á Medina. Por lo tanto, 1871—622=1249; luego el año actual hasta Julio es el 1249 de esta era.

El Almanaque de los Mahometanos es exclusivamente lunar, y el primer dia de cada mes corresponde siempre á un novilunio; por lo tanto, los años de la Hegira constan de 12 meses que son alternativamente de 29 y 30 dias, de donde resulta que dichos años son más cortos que los nuestros. Por esta razon el año 1287 de la Hegira empieza el 3 de Abril de 1870 y concluye el 22 de Marzo de 1871.

735. Epocas célebres de España. Las principales son:

Antes de Jesucristo.

Establecimiento de los Fenicios en Cádiz........	1400?
Establecimiento de los Cartagineses............	501
Destruccion de Sagunto........................	219
Venida á España de los Romanos	218
Destruccion de Numancia	133

Despues de Jesucristo.

Establecimiento de los Godos en España........	414
Invasion de España por los Arabes.............	711
Principio de la reconquista y del reino de Asturias.	718
Idem del Condado de Barcelona..................	874
Idem del reino de Navarra.......................	905?
Idem del de Leon.................................	909
Idem del de Aragon..............................	1035
Union de Aragon y Cataluña	1137
Principio del reino de Portugal.................	1139?
Union definitiva de Castilla y Leon.............	1230
Conquista de Sevilla.............................	1248
Monarquía española de los reyes Católicos........	1474
Conquista de Granada...........................	1492
Descubrimiento de América por Colon	1492
Reinado de la Casa de Austria.................	1517
Idem de la Casa de Borbon......................	1700
Revolucion española............................	1868
Reinado de la Casa de Saboya..................	1870
Proclamacion de la República..................	1873
Proclamacion de D. Alfonso XII................	1874

736. Del cómputo eclesiástico. La iglesia católica ha establecido varias reglas fundadas en la duracion de las revoluciones del Sol y de la Luna, con el objeto de celebrar la Pascua en la época en que tuvo lugar la Resurreccion de Jesus, segun nos cuenta la historia.

Por lo acordado el año 325 en el Concilio de Nicea, *debe verificarse la Pascua el primer Domingo despues de la Luna llena que sigue al 20 de Marzo;* dicha decision se funda en que la Resurreccion tuvo lugar despues del equinoccio de primavera y á continuacion de un plenilunio.

737. Como en la época del citado Concilio no se conocian aún las tablas de la Luna, resulta que el Calendario eclesiástico se refiere al movimiento de una *Luna média,* y por lo tanto, los *novilunios medios* que podremos llamar tambien *eclesiásticos,* difieren de los verdaderos ó astronómicos, y esta es la causa por que no se celebra la Pascua el Domingo siguiente al plenilunio verdadero, que sigue al 20 de Marzo. Esto fué lo que sucedió el año de 1818, en el cual se celebró la Pascua el 22 de Marzo, porque el plenilunio ficticio acaeció el dia 21, siendo así que si se hubiese tenido en cuenta el plenilunio astronómico que sucedió el 22, deberia haberse celebrado la Pascua el dia 29.

Antes de exponer los preceptos del Calendario católico, explicaremos los elementos que se denominan *cómputo eclesiástico.*

738. Ciclo Lunar, áureo número. El ciclo lunar es un período de 19 años Julianos, descubierto por *Meton,* célebre astrónomo de Atenas; durante el cual suceden 235 lunaciones y se reproducen siempre cada 19 años las mismas fases de nuestro satélite en los mismos dias de cada mes.

Este descubrimiento, que se aplicaba entre otros usos para predecir los eclipses, se publicó unos 43 años antes de J. C., y los griegos lo consideraron de tal importancia, que mandaron inscribir en los edificios públicos en letras de oro los números 1 al 19, que formaban el ciclo de Meton. De aquí proviene que se llame *áureo* el número que expresa el lugar que ocupa un año en el período de Meton.

739. En atencion á que el primer año de la era Cristiana tenia por áureo número el 2, es evidente que para hallar el número de oro que le corresponde á un año dado, se le sumará á este una unidad, y dividiendo la suma por 19, el resíduo que resulte será el *áureo* número buscado.

Aplicando esta regla al año de 1871, será:

$$\frac{1871+1}{19}=98+\frac{10}{19},$$

es decir, que 10 será el número de oro del año de 1871.

740. Epacta. En el Calendario se llama *epacta,* á la edad que tiene la Luna el 1.° de Enero en el año propuesto. Las epactas establecidas en el Concilio de Nicea para el cálculo de la celebracion de là Pascua, difieren de las astronómicas, toda vez que las primeras sirven para determinar los dias de los novilunios ficticios ó eclesiásticos, y las segundas para calcular las sizigias astronómicas.

741. Como el *áureo* número es el período que determina la vuelta de la misma edad de la Luna á igual dia del año, resulta cierta correspondencia entre las epactas y los áureos números, que no es constante todos los ciclos, segun veremos.

En efecto, si suponemos que el primer dia del año coincide con el primer dia de una lunacion, como al hacer la Luna 12 revoluciones sinódicas habrán trascurrido 354 dias, faltarán 11 por lo tanto para la conclusion del año; luego al empezar el segundo año la Luna tendrá 11 dias de edad, y esta será la epacta correspondiente: en el 3.er año la epacta será 22; en el 4.° año 33, ó mejor dicho 3, suprimiendo 30 dias ó sea un mes lunar, y así sucesivamente. Pero tenemos que el período de los 19 años de Meton no es del todo exacto, y al cabo de ellos no coincide el 1.er dia del año con el 1.º de la lunacion, y para remediar esto hay que sumarle 12 unidades en vez de 11 al año 19 del período, resultando de aquí una epacta de 30 dias que se indica con un asterisco para que dicho número 30 no figure como epacta verdadera.

742. El 1.º de Enero del año anterior al 1.º de nuestra era hubo novilunio; luego representando por * la epacta de este año, el cuadro siguiente manifestará los números de oro y las epactas correspondientes á cada año del ciclo, expresados en números romanos segun la costumbre establecida.

Número de oro.	Epacta.	Número de oro.	Epacta.	Número de oro.	Epacta.
1	*	8	XVII	15	IV
2	XI	9	XXVIII	16	XV
3	XXII	10	IX	17	XXVI
4	III	11	XX	18	VII
5	XIV	12	I	19	XVIII
6	XXV	13	XII	1	*
7	VI	14	XXIII	2	XI

La epacta de un año puede determinarse tambien, multiplicando por 11 su número de oro disminuido una unidad, y si el producto es mayor de 30 se divide por esta cantidad y el resíduo será la epacta del año propuesto.

Bien por esta regla ó por la tabla anterior, se deduce que la epacta del año de 1871 es IX.

743. Letra dominical. Con el objeto de formar Calendarios perpétuos, se distingue cada dia de la semana con una de las siete primeras letras del alfabeto. La primera, ó sea la A, se le asigna al 1.er dia de Enero; la 2.ª ó sea la B al dia 2.º, y así las demás hasta la G que se asigna al 7.º, volviendo despues en el mismo órden la A al 8.º, la B al 9.º, y así sucesivamente hasta el fin de año.

Por este medio resulta que la misma letra corresponde todo el año á igual dia de la semana. Así, si el 1.º de Enero indicado por la letra A, es Domingo, serán tambien Domingos todos los dias indicados por dicha letra A; y si el 4 de Enero, al cual le corresponde la D, es un Domingo, quiere decir que el año empieza en Jueves, y que son Domingos todos los dias que les corresponde la D en el Almanaque perpétuo.

Por esta razon, cualquiera que sea esta letra se llama *dominical*, indicando la siguiente el Lunes, la otra el Martes, &c.

744. Siendo así que el año consta de 52 semanas mas un dia, es evidente que empezando un año por Domingo terminará tambien por Domingo; el año siguiente empezará y concluirá por Lunes, y así los demás: luego si los años fuesen todos de 365 dias, al cabo de 7 años el mismo dia de la semana corresponderia á igual dia del mes; pero, como el año bisiesto consta de 366 dias, es claro, que si principia en Domingo acabará en Lunes, y al año siguiente empezará por Martes, de donde resulta que las letras dominicales se interrumpen de 4 en 4 años y no vuelven á repetirse hasta 4 veces 7 ó sean 28.

745. **Ciclo solar**, es pues, un período de 28 años, al cabo del cual se reproducen las letras dominicales en el mismo órden.

Este ciclo no tiene relacion alguna con el curso del Sol, y su nombre proviene de que en otro tiempo al Domingo se le llamaba dia del Sol. Actualmente su importancia depende del uso que hacen de él los papas en las Bulas.

746. Hemos dicho que si un año empieza por Domingo, el que le sigue debe empezar por Lunes, en cuyo caso la letra dominical es G y el año tercero por Martes con la letra F; de donde resulta que las letras dominicales se suceden retrogradando en este órden: A, G, F, E, D, C, B y A.

747. En los años bisiestos la iglesia le asigna la misma letra al 24 y 25 de Febrero, como si fuesen un solo dia. Por lo tanto, diremos que los años bisiestos tienen dos letras dominicales; la primera sirve desde el principio del año hasta el 24 ó 25 de Febrero, y la segunda para el resto del año.

748. El primer año de nuestra era habian pasado ya 9 años del ciclo; luego para hallar el siclo solar de un año dado, se le suman á este 9 unidades, se divide la suma por 28, y el resíduo que resulte nos indica el número que le corresponde al año propuesto en el ciclo solar.

Determinado que sea el ciclo solar, se hallará en la tabla siguiente la letra dominical que le corresponde, y por medio del Almanaque perpétuo se verá por qué dia de la semana empieza el mes.

Así el año de 1871 es el 4.º del ciclo solar, su letra dominical es A, y por lo tanto empieza por Domingo.

Tambien el año bisiesto de 1872, es el 5.º del ciclo; sus letras dominicales son G F; esto es, la G hasta el 24 y 25 de Febrero y la F el resto del año; y siendo G la primera, empezará por Lunes.

NÚMEROS DEL CICLO SOLAR
Y LETRAS DOMINICALES QUE LES CORRESPONDEN.

1 .. ED	5 .. GF	9.. BA	13.. DC	17.. FE	21.. AG	25.. CB
2 .. C	6 .. E	10.. G	14.. B	18 . D	22.. F	26.. A
3 .. B	7 .. D	11.. F	15.. A	19.. C	23.. E	27.. G
4 .. A	8 .. C	12.. E	16.. G	20.. B	24.. D	28 . F

CALENDARIO PERPÉTUO.

Dias.	Enero.	Febrero.	Marzo.	Abril.	Mayo.	Junio.	Julio.	Agosto.	Setiembre.	Octubre.	Noyiembre.	Diciembre.
1	A	D	D	G	B	E	G	C	F	A	D	F
2	B	E	E	A	C	F	A	D	G	B	E	G
3	C	F	F	B	D	G	B	E	A	C	F	A
4	D	G	G	C	E	A	C	F	B	D	G	B
5	E	A	A	D	F	B	D	G	C	E	A	C
6	F	B	B	E	G	C	E	A	D	F	B	D
7	G	C	C	F	A	D	F	B	E	G	C	E
8	A	D	D	G	B	E	G	C	F	A	D	F
9	B	E	E	A	C	F	A	D	G	B	E	G
10	C	F	F	B	D	G	B	E	A	C	F	A
11	D	G	G	C	E	A	C	F	B	D	G	B
12	E	A	A	D	F	B	D	G	C	E	A	C
13	F	B	B	E	G	C	E	A	D	F	B	D
14	G	C	C	F	A	D	F	B	E	G	C	E
15	A	D	D	G	B	E	G	C	F	A	D	F
16	B	E	E	A	C	F	A	D	G	B	E	G
17	C	F	F	B	D	G	B	E	A	C	F	A
18	D	G	G	C	E	A	C	F	B	D	G	B
19	E	A	A	D	F	B	D	G	C	E	A	C
20	F	B	B	E	G	C	E	A	D	F	B	D
21	G	C	C	F	A	D	F	B	E	G	C	E
22	A	D	D	G	B	E	G	C	F	A	D	F
23	B	E	E	A	C	F	A	D	G	B	E	G
24	C	F	F	B	D	G	B	E	A	C	F	A
25	D	G	G	C	E	A	C	F	B	D	G	B
26	E	A	A	D	F	B	D	G	C	E	A	C
27	F	B	B	E	G	C	E	A	D	F	B	D
28	G	C	C	F	A	D	F	B	E	G	C	E
29	A		D	G	B	E	G	C	F	A	D	F
30	B		E	A	C	F	A	D	G	B	E	G
31	C		F		D		B	E		C		A

749. Indiccion romana es un ciclo de 15 años, puramente convencional, referente al modo de cobrar los tributos los emperadores romanos, cuyo año 3 fué el primero de nuestra era. Luego á un año dado se le sumarán tres unidades, se dividirá la suma por 15 y el resíduo manifestará el número de órden de dicho año en el ciclo de indiccion. (*)

Segun esto, tenemos que la indiccion romana del año de 1871, es XIV.

750. Fiestas del Calendario Católico. Las fiestas que celebra la iglesia se dividen en *fijas*, ó sean aquellas que caen siempre en iguales dias del año; y en *movibles*, que son las que suceden cada año en distintos dias, pero que quedan determinadas una vez fijado el dia de la Pascua de Resurreccion, por ser siempre iguales los intervalos que médian entre esta y las movibles.

Fiestas fijas.

La Circuncision................	El 1.° de Enero.
La Epifania....................	El 6 de idem.
La Candelaria..................	El 2 de Febrero.
La Encarnacion.................	El 25 de Marzo.
La Asuncion....................	El 15 de Agosto.
La Natividad de la Vírgen......	El 8 de Setiembre.
La fiesta de todos los Santos....	El 1.° de Noviembre.
La Concepcion..................	El 8 de Diciembre.
La Natividad de Jesus..........	El 25 de Diciembre.

Fiestas movibles.

Septuagésima.	Pascua de Pentecostés.
Ceniza.	La Trinidad.
Pascua de Resurreccion.	Corpus Christi.
Letanías.	Los cuatro Domingos de Adviento.
Ascension del Señor.	Las cuatro témporas.

751. Fecha de la Pascua de Resurreccion. Sabemos ya que esta Pascua debe celebrarse *el Domingo siguiente al dia del primer plenilunio, que sucede despues del* 20 *de Marzo,* y ahora diremos que dicho dia debe caer necesariamente entre el 21 de Marzo y 26 de Abril.

En efecto, si el plenilunio pascual sucede el 21 de Marzo y este dia es Sábado, el dia siguiente, ó sea el 22, será la Pascua. Si el plenilunio de Marzo sucede el 20, el plenilunio siguiente ó sea el pascual, sucederá 30 dias despues, esto es, el 18 de Abril; y si este dia es Domingo, se traslada la Pascua al Domingo siguiente, que es el 25 de Abril. El primer caso se presentó en 1818, y el segundo se presentará en 1886.

752. Fechas de las fiestas movibles. Conocido que sea el dia de Pascua, en un año dado, podremos determinar las fechas de las fiestas movibles, por las reglas siguientes:

(*) Sabemos ya (art. 731), que el producto de los números 28, 19 y 15 que representan los ciclos solar, lunar y de indiccion, constituye el período Juliano de 7980 que empezó 4714 años antes de J. C., y en el primer año de dicho período Juliano los tres ciclos eran iguales á 1.

Ante todo diremos por via de ejemplo, que en 1871 la *Pascua de Resurreccion* fué el 9 de Abril.

La Septuagésima, es el 9.° Domingo, ó sea 63 dias antes de la Pascua: en 1871 es el 5 de Febrero.

El Miércoles de Ceniza, es el 47 antes del dia de Pascua, ambos inclusive: en 1871 el 22 de Febrero.

La Ascension del Señor es siempre Jueves y sucede 40 dias despues de Pascua, ambos inclusive: en 1871 es el 18 de Mayo.

Las Letanias, son el Lunes, Martes y Miércoles antes de la Ascension: en 1871 el 15, 16 y 17 de Mayo.

La Pascua de Pentecostés, el 7.° Domingo ó 49 dias despues de Resurreccion: en 1871 el 28 de Mayo.

La Trinidad, es el 8.° Domingo ó 57 dias despues de Pascua, ambos inclusive: en 1871 el 4 de Junio.

Corpus Christi, es el Jueves siguiente á la Trinidad, ó sea 60 dias despues de Pascua, sin contar el primero: en 1875 el 8 de Junio.

Los cuatro Domingos de Adviento, son los que anteceden á la Natividad del Señor.

Las cuatro témporas, suceden los Miércoles, Viernes y Sábados, que corresponden á estas cuatro fechas:

1.ª Primera semana de Cuaresma ó Miércoles de Ceniza.

2.ª Semana de Pentecostés.

3.ª Exaltacion de la Santa Cruz, 14 de Setiembre.

4.ª Despues del 3.er Domingo de Adviento.

753. **Composicion de un Calendario.** Para la formacion de un Calendario deben emplearse los preceptos siguientes:

1.° Véase si el año propuesto es comun ó bisiesto.

2.° Hállese la letra dominical, y por ella arréglense los dias de la semana en todo el año.

3.° Exprésense los santos y fiestas fijas antes indicadas.

4.° Determínese el dia de Pascua de Resurreccion, y distribúyanse las fiestas movibles.

5.° Calcúlense ó tómense de las tablas astronómicas las fechas en que se verifican las fases de la Luna y los eclipses, así como tambien el principio de las estaciones y la situacion del Sol en la eclíptica.

Respecto á los pronósticos de los cambios de tiempo y variaciones de temperatura que *lastimosamente se insertan aún en algunos Almanaques*, sólo diremos que es un abuso ridículo que se hace de la ignorancia del vulgo, y el último vestigio de aquellos tiempos vergonzosos para la ciencia en que imperaba la astrología.

754. Fórmulas de Gauss. La determinacion de la fiesta de Pascua por medio de la Luna ficticia, tal como la entendió el Concilio de Nicea, dá lugar á un problema complicado que han tratado de resolver directamente varios matemáticos, hasta que *Gauss* consiguió el objeto deseado sin necesidad de conocer para esto el áureo número, la epacta, ni el ciclo solar, que constituyen el cómputo eclesiástico.

Las fórmulas de *Gauss*, aplicables al siglo actual, son las siguientes:

$$\left(\frac{14+h}{19}\right)_r = a; \quad \left(\frac{h}{4}\right)_r = b; \quad \left(\frac{1+h}{7}\right)_r = c; \quad \left(\frac{23+19a}{30}\right)_r = d;$$

$$\left(\frac{4+2b+4c+6d}{7}\right)_r = e; \quad p = d + e.$$

En estas fórmulas h representa las decenas y unidades del año propuesto, es decir, los años que han trascurrido del siglo; y el índice r colocado fuera del paréntesis, que los resultados a, b, c, d y e son los resíduos que resultan de dividir el numerador por el denominador de la fórmula respectiva.

Esto supuesto, tenemos que las fiestas movibles quedan determinadas por las fórmulas siguientes:

Septuagésima......	18 de Enero $+p$.
Ceniza............	4 de Febrero $+p$.
Pascua.............	22 de Marzo $+p$.
Ascension.........	30 de Abril $+p$.
Pentecostés........	10 de Mayo $+p$.
Trinidad..........	17 de Mayo $+p$.
Corpus Christi......	21 de Mayo $+p$.

Cuando el año propuesto es bisiesto, se le aumenta un dia á cada fiesta movible anterior al 29 de Febrero, y las demás no sufren alteracion alguna.

EJEMPLO. Haciendo aplicacion de estas reglas al año de 1871, será:

$$h = 71.$$

$$\left(\frac{14+71}{19}\right)_r = a = 9; \left(\frac{71}{4}\right)_r = b = 3; \left(\frac{1+71}{7}\right)_r = c = 2; \left(\frac{23+19\times 9}{30}\right)_r = d = 14;$$

$$\left(\frac{4+2\times 3+4\times 2+6\times 14}{7}\right)_r = e = 4; \quad p = 14 + 4 = 18.$$

y por lo tanto:

Septuagésima....	= 18 de Enero	+ 18 =	5 de Febrero.
Ceniza..........	= 4 de Febrero	+ 18 =	22 de Febrero.
Pascua..........	= 22 de Marzo	+ 18 =	9 de Abril.
Ascension........	= 30 de Abril	+ 18 =	18 de Mayo.
Pentecostés.......	= 10 de Mayo	+ 18 =	28 de Mayo.
Trinidad........	= 17 de Mayo	+ 18 =	4 de Junio.
Corpus Christi....	= 21 de Mayo	+ 18 =	8 de Junio.

755. Por medio de las fórmulas de *Gauss*, se hallan tambien los números del cómputo eclesiástico con mucha más facilidad, operando como sigue:

El áureo número.. $= a + 1$; en 1871 será 10.

La epacta........ $= \left(\frac{53-d}{30}\right)_r$; en 1871 $\left(\frac{53-14}{30}\right)_r =$ IX.

La letra dominical $= \left(\frac{p+4}{7}\right)_r$; este resíduo nos dá la letra con auxilio de la relacion que sigue:

Letras dominicales......	A, B, C, D, E, F, G.
Resíduos..............	1, 2, 3, 4, 5, 6, 0.

Si el año dado es bisiesto, nos resulta la 2.ª letra ó sea la que rige desde Marzo, y la primera será la que rige en el órden alfabético.

En 1871, la letra dominical será $\left(\frac{18+4}{7}\right)_r = 1 =$ A.

Ciclo solar ...... $= \left(\frac{h+17}{28}\right)_r =$; en 1871 será $\left(\frac{71+17}{28}\right)_r = 4$.

Indiccion romana $= \left(\frac{h+2}{15}\right)_r + 1$; en 1871 será $\left(\frac{71+2}{15}\right)_r + 1 =$ XIV.

Vemos, pues, que los resultados obtenidos para el año de 1871, son exactamente iguales á los que se hallaron por las reglas anteriores.

FIN DE LA ASTRONOMÍA NÁUTICA.

LÁMINAS

LUZ ZODIACAL.

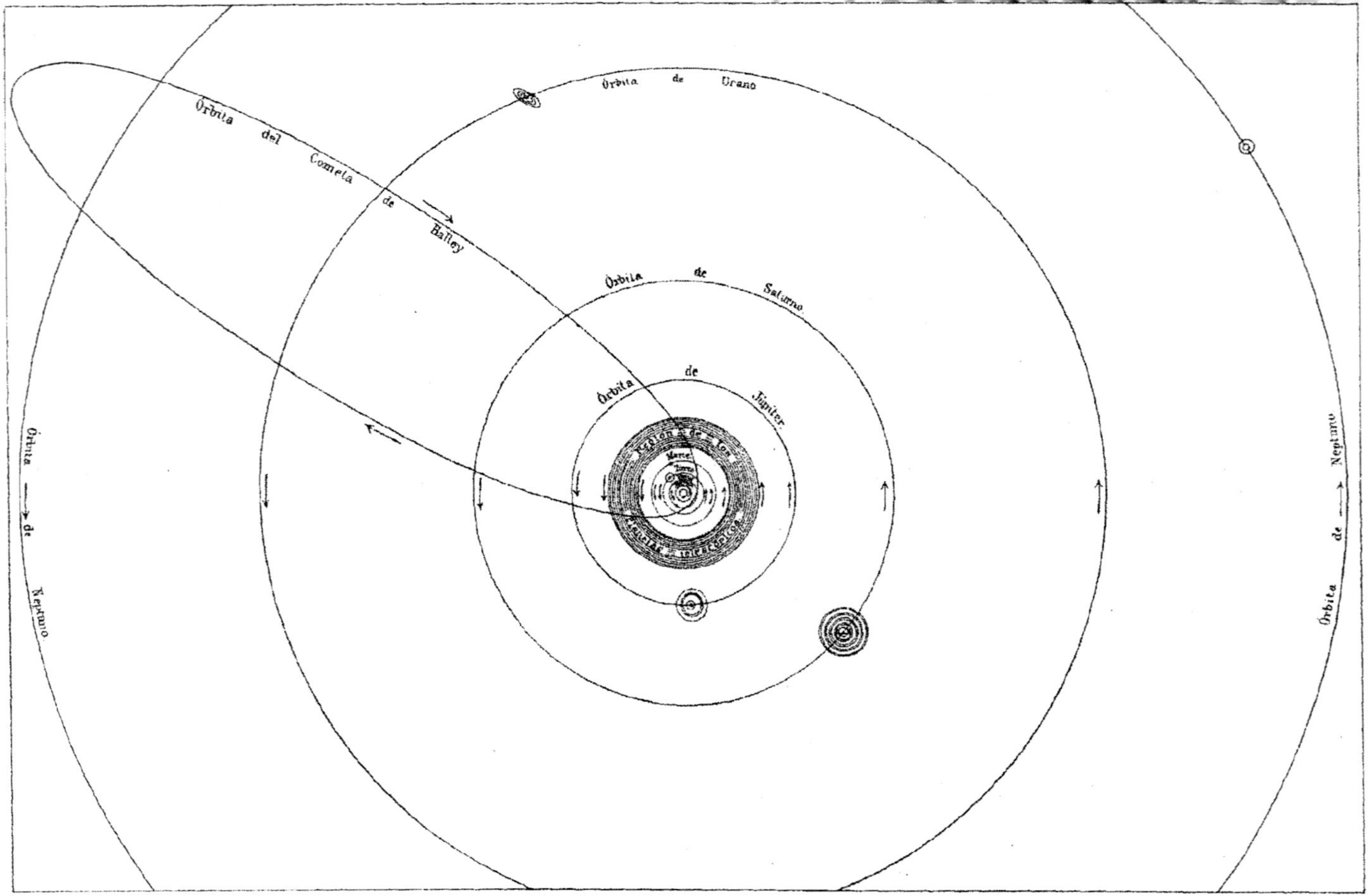

SISTEMA SOLAR.

DIMENSIONES RELATIVAS DE LOS PLANETAS.

1. *Mercurio.* 2. *Marte.* 3. *Venus.* 4. *La Tierra.* 5. *Urano.* 6. *Neptuno.* 7. *Saturno.* 8. *Júpiter.*

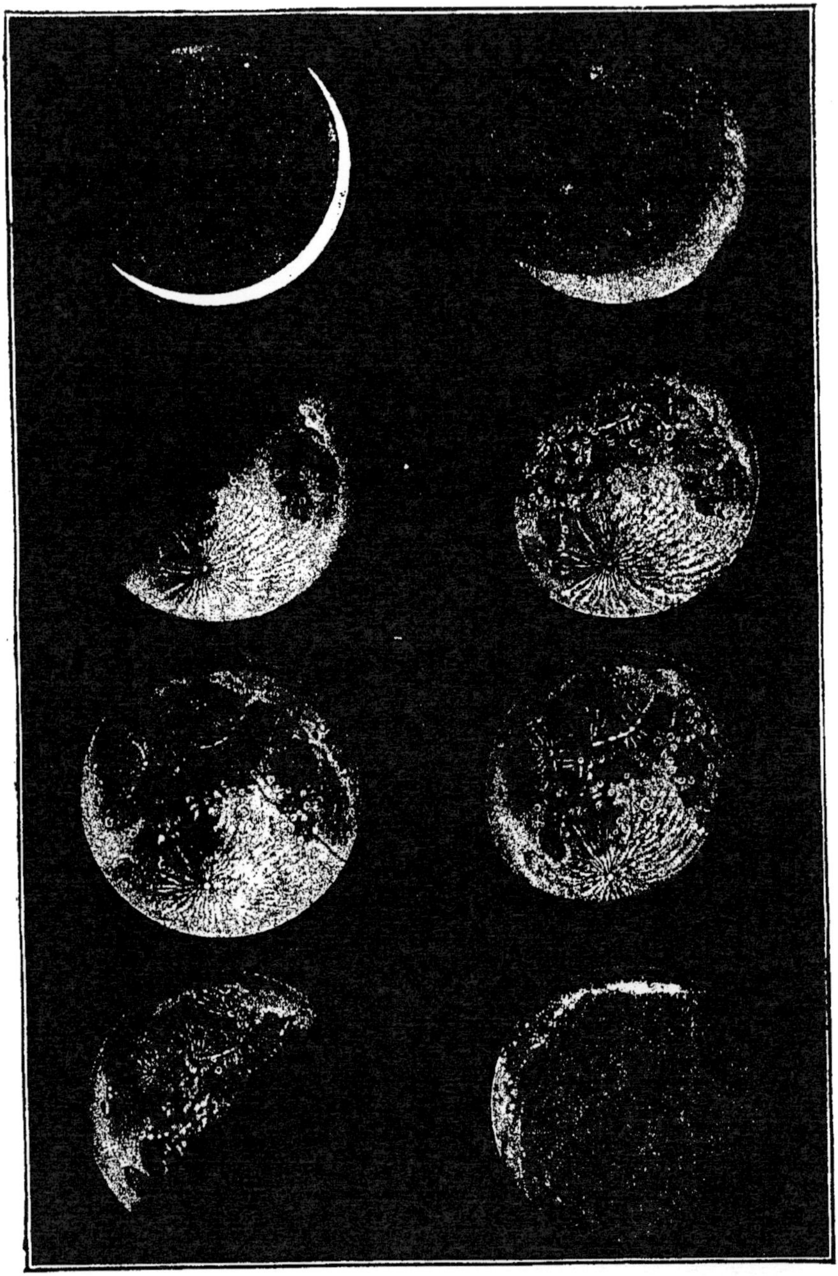

FASES DE LA LUNA.

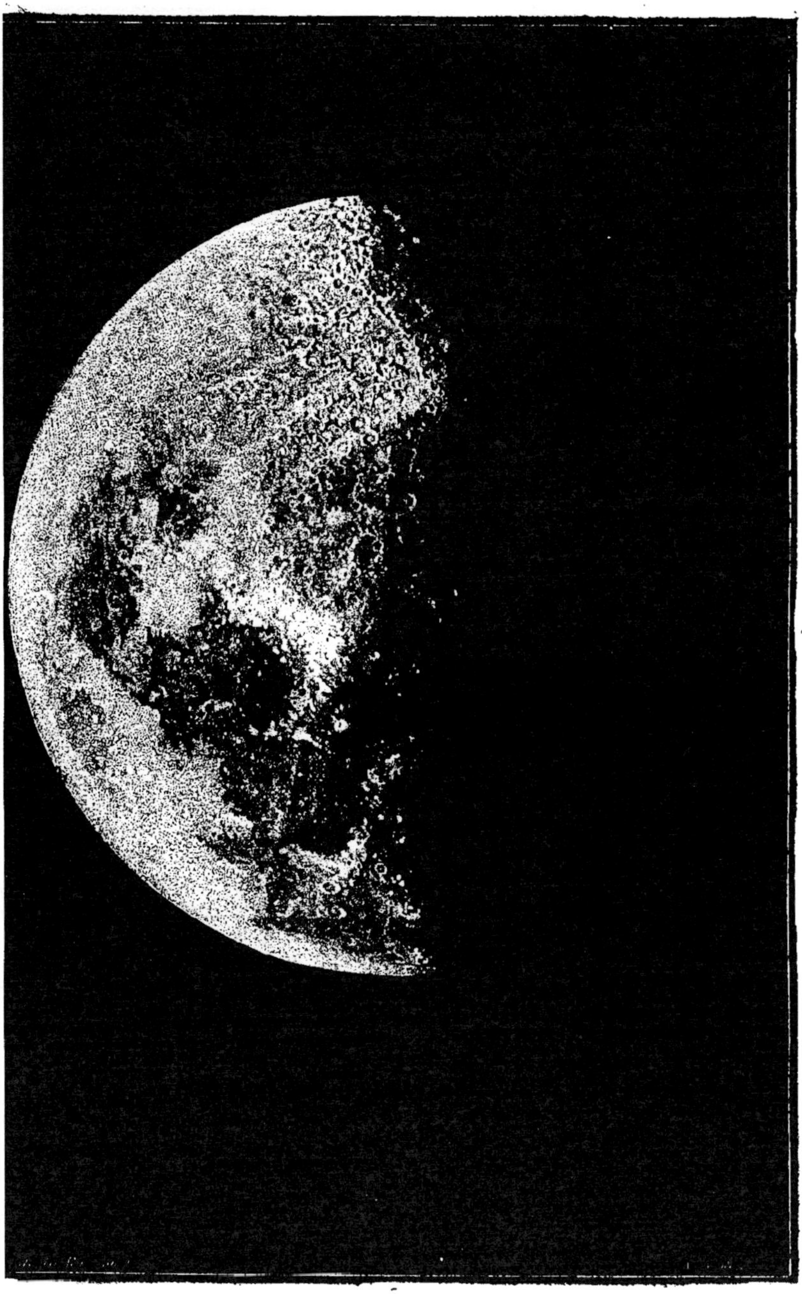

LA LUNA, SEGUN UNA FOTOGRAFIA DE WARREN DE LA RUE.

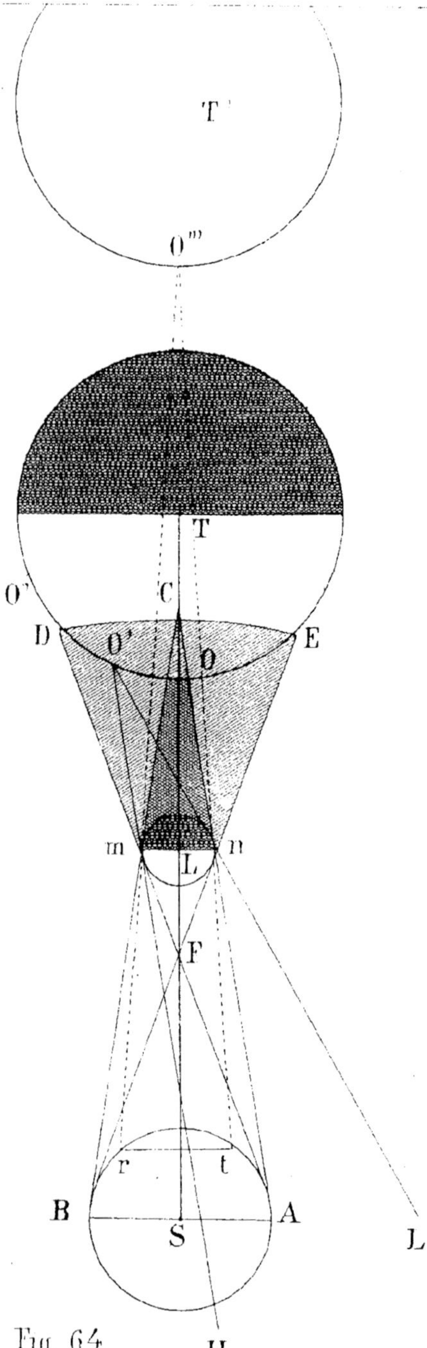

Fig. 64.

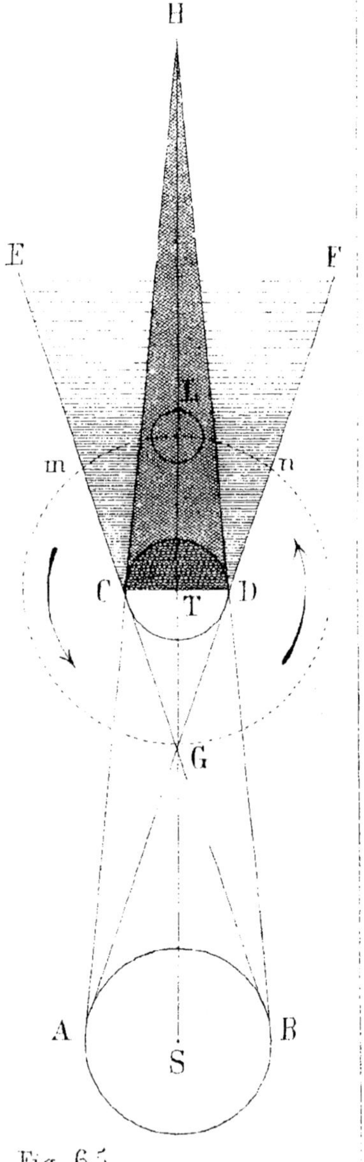

Fig. 65.

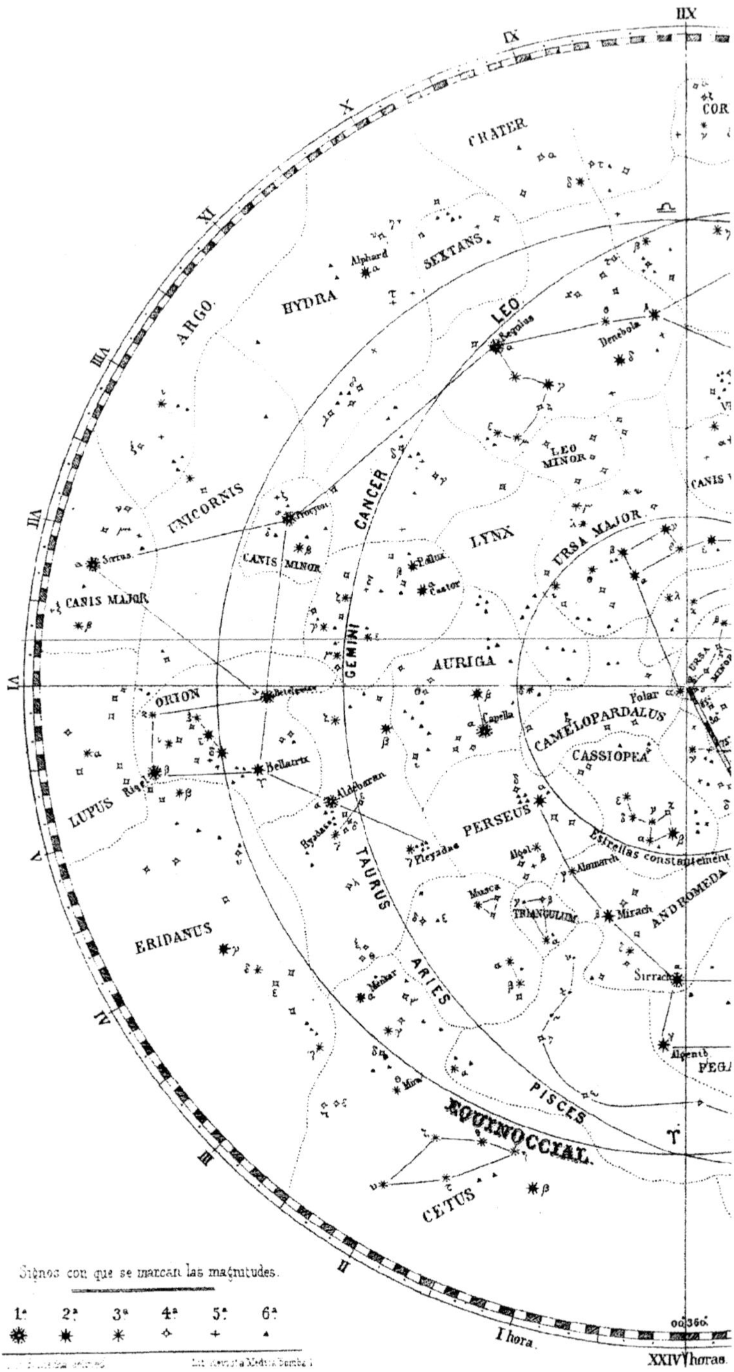
CRATER
HYDRA
Alphard
SEXTANS
ARGO
LEO
Regulus
Denebola
LEO MINOR
UNICORNIS
CANCER
Procyon
CANIS MINOR
LYNX
Sirius
CANIS MAJOR
Pollux
Castor
URSA MAJOR
GEMINI
AURIGA
ORION
Betelgeuse
Capella
Polar
CAMELOPARDALUS
CASSIOPEA
Bellatrix
Rigel
LUPUS
Aldebaran
PERSEUS
Hyades
Pleyades
TAURUS
Algol
Almanach
Estrellas constantemente
Musca
TRIANGULUM
Mirach
ANDROMEDA
ERIDANUS
ARIES
Sirrach
Menkar
Algenib
PEGA
Mira
PISCES
EQUINOCCIAL
CETUS
IX
X
XI
VIII
VII
VI
V
IV
III
II
I hora
XXIV horas
0ó 360.
Signos con que se marcan las magnitudes.
1ª 2ª 3ª 4ª 5ª 6ª

LAMINA VII.

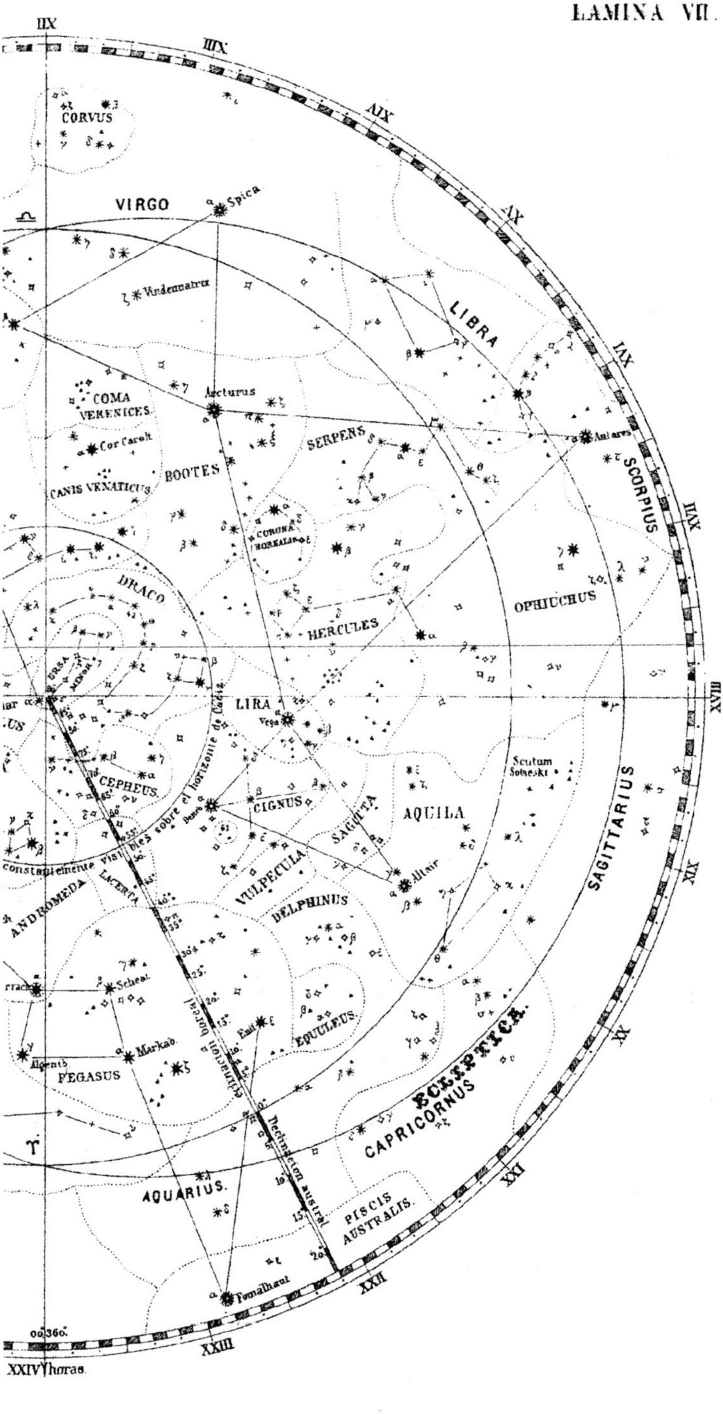
CORVUS
VIRGO
Spica
Vindemiatrix
LIBRA
COMA VERENICES
Arcturus
Cor Caroli
BOOTES
SERPENS
CANIS VENATICUS
SCORPIUS
Antares
CORONA BOREALIS
DRACO
HERCULES
OPHIUCHUS
URSA MINOR
LIRA
Vega
CEPHEUS
Scutum Sobieski
CIGNUS
Deneb
AQUILA
SAGITTA
Altair
VULPECULA
DELPHINUS
ANDROMEDA
LACERTA
SAGITTARIUS
Scheat
EQUULEUS
PEGASUS
Markab
ECLIPTICA
CAPRICORNUS
AQUARIUS
PISCIS AUSTRALIS
Fomalhaut
Declinacion austral
Declinacion boreal
constantemente visibles sobre el horizonte de Cadiz
XXIV horas
XXIII
XXII
XXI
XX
XIX
XVIII
XVII
XVI
XV
XIV
XIII
XII

CURSO

DE

ASTRONOMIA NAUTICA

Y

NAVEGACION.

TOMO SEGUNDO.

PRECIOS DE ESTA OBRA

(A LA RUSTICA.)

En la Península, Baleares y Canarias..	25 pesetas.
En las Antillas y Filipinas	6 $ (moneda efectiva.)

Se halla de venta en las principales librerías.

Los pedidos, acompañados de su importe, se dirigirán al autor.
CADIZ.

CURSO

DE

ASTRONOMIA NAUTICA

Y

NAVEGACION

ACOMPAÑADO
DE UNOS ELEMENTOS DE TRIGONOMETRIA, DE UNA COLECCION DE TABLAS PARA ABREVIAR
CALCULOS DE IMPORTANTE Y FRECUENTE USO Y DE ALGUNAS NOCIONES
Y TABLAS METEOROLOGICAS,

POR

D. FRANCISCO FERNANDEZ FONTECHA,

CATEDRATICO POR OPOSICION
DE LA ESCUELA DE NAUTICA DE CADIZ.

SEGUNDA EDICION

ILUSTRADA CON 7 LAMINAS Y 200 GRABADOS INTERCALADOS EN EL TEXTO.

Tomo II.

NAVEGACION.

CADIZ.

IMPRENTA DE LA REVISTA MEDICA, DE D. FEDERICO JOLY,
CEBALLOS (ANTES BOMBA), NUMERO 1.

1880

INDICE DEL TOMO SEGUNDO.

NAVEGACION.

CAPÍTULO I.

DE LAS AGUJAS NÁUTICAS.

CAPÍTULO II.

DE LA INCLINACION Y VARIACION DE LAS AGUJAS; ABATIMIENTO DE LA NAVE Y CORRECCION DE RUMBOS Y MARCACIONES.

CAPÍTULO III.

DE LA PERTURBACION DE LAS AGUJAS Y CORRECCIONES QUE DEBEN APLICARSE POR ESTE CONCEPTO.

CAPÍTULO IV.

MÉTODOS PARA DETERMINAR LA PERTURBACION DE LA AGUJA YA SEA EN PUERTO Ó EN ALTA MAR.

CAPÍTULO V.

DESCRIPCION Y PRÁCTICA DE LOS CÍRCULOS AZIMUTALES.

CAPÍTULO VI.

DESCRIPCION Y PRÁCTICA DEL POLIDIÓSCOPO.

CAPÍTULO VII.

DE LA CORREDERA.

CAPÍTULO VIII.

NAVEGACION LOXODRÓMICA.

CAPÍTULO IX.

NAVEGACION POR ESTIMA.

CAPÍTULO X.

DE LAS CARTAS HIDROGRÁFICAS.

Páginas.

CAPÍTULO XI.

DE LOS VIENTOS EN GENERAL.

CAPÍTULO XII.

PROPIEDADES FÍSICAS DEL MAR.

CAPÍTULO XIII.

MOVIMIENTOS Y CORRIENTES DEL MAR.

CAPÍTULO XIV.

INFLUJO DE LAS CORRIENTES EN LA DERROTA DE LA NAVE.

CAPÍTULO XV.

INSTRUMENTOS PARA HALLAR LA PROFUNDIDAD DEL MAR.

CAPÍTULO XVI.

NAVEGACION ORTODRÓMICA.

CAPÍTULO XVII.

INSTRUMENTOS DE REFLEXION.

CAPÍTULO XVIII.

HORIZONTE ARTIFICIAL.

CAPÍTULO XIX.

DE LOS CRONÓMETROS.

CAPÍTULO XX.

ARREGLO DE LOS CRONÓMETROS.

CAPITULO XXI.

CÁLCULO DE LA LONGITUD POR MEDIO DEL CRONÓMETRO.

CAPITULO XXII.

DISTANCIAS LUNARES.

CAPITULO XXIII.

MÉTODO DE LITTROW.

CAPITULO XXIV.

MÉTODO DE SUMNER.

CAPITULO XXV.

DETERMINACION DE LA LATITUD POR ALTURAS EXTRA-MERIDIANAS.

CAPITULO XXVI.

DEL CUADERNO DE BITÁCORA Y DIARIO DE NAVEGACION.

CAPITULO XXVII.

RESÚMEN GENERAL DE LA NAVEGACION.

NAVEGACION.

NOCIONES PRELIMINARES.

1. Navegacion ó pilotage, es la ciencia que nos enseña á determinar la situacion de la nave y la derrota que debe seguirse para trasladarla á un punto cualquiera del globo, surcando los mares con la mayor seguridad y prontitud. (*)

Todos los problemas de la navegacion se refieren á cuatro términos principales, que son : *rumbo, distancia, longitud* y *latitud*. El primero nos dá á conocer la direccion que debe seguir ó ha seguido la nave; el segundo la distancia que se navega por dicho rumbo, y el tercero y cuarto el lugar del globo en que se halla el buque.

2. Podemos tambien decir que la navegacion se reduce á dos problemas principales, que son:

1.° *Determinar en un instante cualquiera la longitud y latitud del lugar en que se halla la nave.*

2.° *Conocer el rumbo que debe seguirse, por la derrota más corta y evitando todos los peligros, para trasladarse á un lugar cuya latitud y longitud se conocen.*

3. Segun los medios que se emplean para resolver el primero de estos problemas, hay que distinguir *la navegacion por estima* y la *astronómica.*

Navegacion por estima es aquella en que conociendo la longitud y latitud en que se hallaba el buque, se deduce su situacion posterior por medio de los rumbos y distancias navegadas en el intermedio.

Navegacion astronómica es la que nos dá á conocer con toda precision el lugar de la nave, empleando al efecto las observaciones

---

(*) La navegacion puede ser *interior* ó *fluvial* y *marítima*: esta última se divide en *costera* ó de *cabotaje*, cuando se navega sin separarse de las costas; y en *navegacion de altura*, cuando se hace por ancha mar, no viendo en varios dias más que cielo y agua.

de los astros, y sin tener que conocer la situacion en que se hallaba anteriormente.

4. A los que ejercen esta profesion se les llama *pilotos de altura*, para distinguirlos de los *prácticos*, que son los que únicamente dirigen los buques en las entradas de los puertos, en los canales peligrosos y en la proximidad de las costas, auxiliados tan solo de los conocimientos que han adquirido á fuerza de experiencia, los cuales son utilísimos, pues en determinadas circunstancias se hace preciso conocer á simple vista y con prontitud el lugar en que se halla el buque y la direccion en que debe navegar, y esto no se consigue sino teniendo un perfecto conocimiento de la costa, bajos, cantiles, direccion de las corrientes y efectos de las mareas en el parage de que se trata.

CAPÍTULO I.

DE LAS AGUJAS NÁUTICAS.

5. **De la rosa náutica.** Encontrándose siempre un buque en la mar en el centro de un círculo cuya circunferencia nos indica los límites del horizonte visible, se ha imaginado para expresar el rumbo ó direccion de la nave, representar dicho horizonte por medio de una hoja circular llamada *rosa náutica*, dividida por dos diámetros perpendiculares, cuyas extremidades corresponden á los cuatro puntos cardinales del mundo y se denominan *rumbos* ó *vientos cardinales*, distinguiéndose con los mismos nombres de *Norte, Sur, Este* y *Oeste*, ó de un modo abreviado por las letras N, S, E y O.

Para distinguir con rapidez estas cuatro direcciones de las cuales dependen las demás, se acostumbra indicar el N con una flor de lis; y el E con un tridente y un delfin ú otra figura cualquiera.

6. La rosa resulta, pues, dividida como el horizonte en cuatro cuadrantes, y su graduacion está ordenada empezando por *cero* en el N y en el S, hasta los 90° que corresponden al E y al O; pero siendo demasiado minuciosa esta division en grados, los marinos dividen la rosa en 32 partes iguales, por medio de otros tantos radios, que llaman *rumbos, vientos* ó *cuartas*, y cuyos nombres se componen de los correspondientes á los cuatro cardinales del modo siguiente:

1.° Entre los cuatro rumbos cardinales, dividiendo por mitad cada cuadrante, se imaginan otros cuatro rumbos que se llaman *laterales* y son: entre el N y el E el *Nord-Este,* NE; entre el S y el E el *Su-Este,* SE; entre el S y el O el *Sud-Oeste,* SO; y entre el N y el O el *Nor-Oeste,* NO.

2.° Entre estos ocho rumbos se imaginan otros ocho llamados *colaterales,* que toman respectivamente el nombre de los rumbos entre los cuales se hallan, nombrando siempre primero el del cardinal más próximo. Así, entre el N y el NE, tenemos el *Nor-Nord-Este,*

(Fig. 1)

NNE; entre el E y el NE, el *Es-Nord-Este,* ENE; entre el E y el SE, el *Es-Su-Este,* ESE; entre el S y el SE, el *Sur-Su-Este,* SSE; entre el S y el SO, el *Sur-Sud-Oeste,* SSO; entre el O y el NO, el *Oes-Nor-Oeste,* ONO; y entre el N y el NO, el *Nor-Nor-Oeste,* NNO.

3.° Por último, entre estos 16 rumbos se consideran otros 16, que se llaman *cuartas,* y toman los nombres de los cardinales y laterales, entre los cuales se hallan, nombrándose primero el más próximo de estos, despues la palabra cuarta, y por último el otro rumbo más inmediato.

Entre el N y el NNE tenemos el *Norte cuarta al Nord-Este,* N $\frac{1}{4}$ NE; entre el NE y NNE, el NE $\frac{1}{4}$ N; entre el NE y ENE, el NE $\frac{1}{4}$ E; entre el ENE y el E, el E $\frac{1}{4}$ NE; y así sucesivamente el E $\frac{1}{4}$ SE, SE $\frac{1}{4}$ E, SE $\frac{1}{4}$ S, S $\frac{1}{4}$ SE, S $\frac{1}{4}$ SO, SO $\frac{1}{4}$ S, SO $\frac{1}{4}$ O, O $\frac{1}{4}$ SO, O $\frac{1}{4}$ NO, NO $\frac{1}{4}$ O, NO $\frac{1}{4}$ N y N $\frac{1}{4}$ NO.

7. Diferentes modos de indicar los rumbos. Además de los respectivos nombres que se les dan á los 32 rumbos, se designan tambien los de cada cuadrante por el número de órden que le corresponde á cada uno, empezando por el N ó por el S, que se consideran como cero, y concluyendo en el E ó en el O, que son rumbos octavos.

8. Para clasificar inmediatamente un rumbo, téngase presente que los cardinales N y S son cero; los E y O octavos; los laterales, cuartos; los colaterales, segundos ó sextos; serán segundos si entra en las iniciales de su nombre dos veces la N ó la S, y sextos si entra dos veces la E ó la O. Las cuartas son rumbos nones, esto es, 1.º, 3.º, 5.º ó 7.º; será primero, si la primera letra de su nombre es una N ó una S, tal como N¼NE; tercero, si la primera parte es un lateral y la segunda el N ó el S como NE¼N; quinto, si la primera parte de su nombre es un lateral y la segunda el E ó el O, como NE¼E; y séptimo, si la primera parte de su nombre es el E ó el O.

9. Tambien se expresan los rumbos por sus valores en grados y minutos; para esto tenemos, que dividiendo 360° por 32, se obtienen 11°.. 15′ que es el valor de una cuarta.

Ocurre con frecuencia el tener que reducir cuartas á grados ó vice versa, para lo cual hay que saber de memoria los valores siguientes:

1 cuarta vale.......	11°.. 15′	5 cuartas valen....	56°.. 15′
2 cuartas valen ...	22 .. 30	6 " "	67 .. 30
3 " "	33 .. 45	7 " "	78 .. 45
4 " "	45 .. 00	8 " "	90 .. 00

Por lo tanto, lo mismo será decir ONO que N 67°..30′ O, y E¼SE que S 78°..45′ E.

Los medios rumbos, ó sean los intermedios entre los 32 que conocemos, se expresan así: NNO 5° O, que es lo mismo que decir N 27°..30′ O, y SO 5° S, ó sea S 40° O.

10. Ponemos á continuacion los números de órden, nombres y valores de los 32 rumbos de la rosa.

PRIMER CUADRANTE.

N.º de órden.	NOMBRES.	Abreviaturas.	Valores.
0	**Norte**	.. N ..	00°.. 00′
1.º	Norte cuarta al Nord-Este	.. N¼NE ..	11 .. 15
2.º	*Nor-Nord-Este*...	.. NNE ..	22 .. 30
3.º	Nord-Este cuarta al Norte	.. NE¼N ..	33 .. 45
4.º	NORD-ESTE............	.. NE ..	45 .. 00
5.º	Nord-Este cuarta al Este..........	.. NE¼E ..	56 .. 15
6.º	*Es-Nord-Este*	.. ENE ..	67 .. 30
7.º	Este cuarta al Nord-Este..........	.. E¼NE ..	78 .. 45
8.º	**Este**..........	.. E ..	90 .. 00

SEGUNDO CUADRANTE.

N.º de órden.	NOMBRES.	Abreviaturas.	Valores.
0	**Sur**	S	00°.. 00'
1.°	Sur cuarta al Su-Este	S¼SE	11 .. 15
2.°	*Sur-Su-Este*	SSE	22 .. 30
3.°	Su-Este cuarta al Sur	SE¼S	33 .. 45
4.°	SU-ESTE	SE	45 .. 00
5.°	Su-Este cuarta al Este	SE¼E	56 .. 15
6.°	*Es-Su-Este*	ESE	67 .. 30
7.°	Este cuarta al Su-Este	E¼SE	78 .. 45
8.°	**Este**	E	90 .. 00

TERCER CUADRANTE.

N.º de órden.	NOMBRES.	Abreviaturas.	Valores.
0	**Sur**	S	00°.. 00'
1.°	Sur cuarta al Sud-Oeste	S¼SO	11 .. 15
2.°	*Sur-Sud-Oeste*	SSO	22 .. 30
3.°	Sud-Oeste cuarta al Sur	SO¼S	33 .. 45
4.°	SUD OESTE	SO	45 .. 00
5.°	Sud-Oeste cuarta al Oeste	SO¼O	56 .. 15
6.°	*Oes-Sud-Oeste*	OSO	67 .. 30
7.°	Oeste cuarta al Sud-Oeste	O¼SO	78 .. 45
8.°	**Oeste**	O	90 .. 00

CUARTO CUADRANTE.

N.º de órden.	NOMBRES.	Abreviaturas.	Valores.
0	**Norte**	N	00°.. 00'
1.°	Norte cuarta al Nor-Oeste	N¼NO	11 .. 15
2.°	*Nor-Nor-Oeste*	NNO	22 .. 30
3.°	Nor Oeste cuarta al Norte	NO¼N	33 .. 45
4.°	NOR-OESTE	NO	45 .. 00
5.°	Nor-Oeste cuarta al Oeste	NO¼O	56 .. 15
6.°	*Oes-Nor-Oeste*	ONO	67 .. 30
7.°	Oeste cuarta al Nor-Oeste	O¼NO	78 .. 45
8.°	**Oeste**	N	90 .. 00

11. Rumbo de la proa es el punto del horizonte, indicado por la rosa, hácia el cual se dirige el buque; que es precisamente lo contrario que al tratarse de los vientos, los cuales toman el nombre del punto del horizonte desde donde soplan.

12. Angulo del rumbo es el que forma la direccion de la quilla con la línea N-S., el cual se cuenta de 0° á 90° partiendo del N, ó del S hácia el E ó el O.

13. Diferentes direcciones en que puede recibir un buque el viento. Un buque puede recibir el viento por la proa, por la popa ó por uno de sus costados, de los cuales se llama de *estribor* el que corresponde á la derecha de un individuo colocado á popa mirando hácia proa; y de *babor*, el que corresponde á su izquierda; y se dice que un buque navega *amura á babor* ó *á estribor*, segun que recibe el viento ciñendo, por el costado de babor ó de estribor.

Cuando el buque recibe el viento por la proa en la misma direccion de su quilla, se dice que está á *fil de roda.*

Se dice que un buque navega de *bolina* ó *ciñendo,* cuando la direccion del viento forma un ángulo de seis cuartas con la proa.(*)

Formando el viento un ángulo de siete cuartas con la proa, se dice que está á *un descuartelar.*

Si el viento es perpendicular al rumbo que sigue el buque, se llama *viento á la cuadra.*

Cuando el viento forma un ángulo de unas 10 cuartas con la proa, se dice que está *á un largo.*

Si forma un ángulo con la proa de 12 cuartas, se dice entonces que está por *la aleta.*

Y por último, cuando sopla por la popa en la direccion de la quilla, se dice que está en *popa cerrado.*

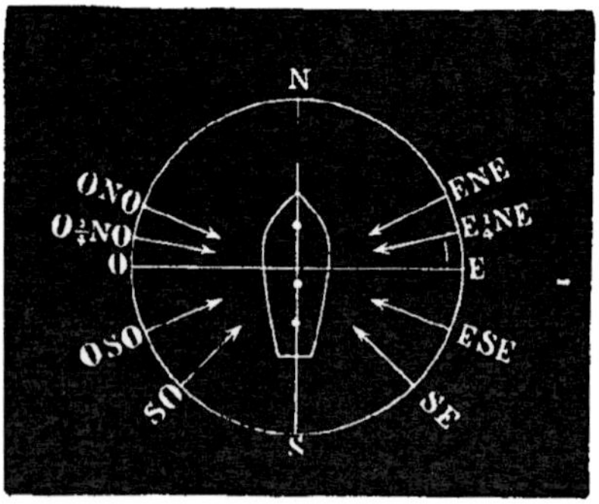

(Fig. 2)

EJEMPLO.—Representando la (Fig. 2) un buque A, que navega proa al N, tendremos que las diferentes direcciones del viento serán: ENE bolina de estribor. —ONO bolina de babor.— E¼NE á un descuartelar por estribor. —O¼NO á un descuartelar por babor.—E, viento á la cuadra por estribor.—O, á la cuadra por babor. ESE á un largo por estribor. —OSO á un largo por babor.—SE viento por la aleta de estribor. —SO por la aleta de babor.—S en popa cerrado.

14. La direccion del viento se expresa en general por el número de cuartas que vale el ángulo que forma con la proa.

Así, si en la (Fig. 2) fuese el viento S¼ES, diríamos que estaba en 13 cuartas por estribor; y si fuese O¼SO en 9 cuartas por babor.

15. Cuartear la rosa es nombrar sucesivamente los 32 rumbos, empezando por distintos puntos y en direcciones diferentes.

Conviene estar muy diestro en cuartear la rosa y designar con prontitud los rumbos, ya sea por sus nombres, números ó valores, así como tambien los rumbos opuestos, y los perpendiculares y bolinas de estribor y babor, para lo cual se tendrá presente la figura 1.ª, la tabla anterior y las siguientes reglas:

Para indicar el rumbo opuesto á uno dado, basta poner las letras opuestas á las que entran en su nombre abreviado. Así, el opuesto al SO será el NE, y el opuesto al N¼NE será el S¼SO.

(*) En rigor se dice que un buque navega de bolina, cuando el ángulo que forma el viento con la quilla es el menor posible. La generalidad de los buques de cruz no pueden navegar en ménos de seis cuartas, si bien hay algunos que navegan en cinco y média y hasta en cinco cuartas, segun su construccion y clase de arboladura.

Respecto á los demás rumbos, se considerará el observador situado en el centro de la rosa mirando hácia el rumbo propuesto, y contará las cuartas que correspondan hácia la derecha ó hácia la izquierda, segun que el rumbo pedido sea á estribor ó á babor.

Tambien se tendrá presente, que segun que el rumbo propuesto sea par ó impar, así su opuesto, bolinas y perpendiculares, serán todos pares ó impares.

16. Para facilitar la inteligencia de todo lo dicho, pondremos una série de ejemplos referentes á los diversos casos que pueden ocurrir, que deben estudiarse con detenimiento para adquirir la destreza necesaria.

Ejemplo I.—Siendo el rumbo propuesto NNO, diremos que es el 2.º del 4.º cuadrante; su valor 22°.. 30'; su opuesto el SSE; la bolina de estribor NE y la de babor O; el perpendicular de estribor ENE y el de babor OSO.

Ejemplo II.—Rumbo dado SE$\frac{1}{4}$E: es el 5.º del 2.º cuadrante; vale 56°.. 15'; su opuesto es el NO$\frac{1}{4}$O; bolina de babor NE$\frac{1}{4}$E, de estribor S$\frac{1}{4}$SO; perpendicular de estribor SO$\frac{1}{4}$S, de babor NE$\frac{1}{4}$N.

Ejemplo III.— Rumbo dado NE 5° N: está entre el 3.º y 4.º del 1.er cuadrante; vale 40°; su opuesto SO 5° S; bolina de estribor ESE 5° E, de babor NNO 5° O; perpendicular de estribor SE 5° E, de babor NO 5° O.

Ejemplo IV.—Siendo el rumbo de la proa OSO, se piden las distintas direcciones en que puede recibir el viento: á fil de roda será el viento OSO; de bolina por estribor NO, por babor S; á un descuartelar por estribor NO$\frac{1}{4}$N, por babor S$\frac{1}{4}$SE; á la cuadra por estribor NNO, por babor SSE; á un largo por estribor N; por babor SE; por la aleta de estribor NNE, por la de babor ESE; y en popa cerrado ENE.

Ejemplo V.—Siendo el viento E, se piden los diferentes rumbos que puede hacer el buque segun la direccion en que lo reciba. Estando á fil de roda, el rumbo será E; de bolina por estribor NNE, por babor SSE; á un descuartelar por estribor N$\frac{1}{4}$NE; por babor S$\frac{1}{4}$SE; á la cuadra por estribor N, por babor S; á un largo por estribor NNO, por babor SSE; por la aleta de estribor NO, por la de babor SO, y en popa cerrado será el rumbo O.

17. De las agujas náuticas. La direccion ó rumbo que sigue la nave, se obtiene por medio de un instrumento llamado *aguja náutica, compás* ó *brújula*, cuyo fundamento consiste en la propiedad notable que tiene una barra de acero imantada, de colocarse próximamente en la direccion del meridiano, al suspenderla libremente por su centro de gravedad. (*)

(*) De las traducciones que se han hecho de las obras chinas, resulta que en aquel pais se conocian, como 1000 años antes de nuestra era, unas llamadas balanzas magnéticas, á las que colocaban una figura humana en uno de sus brazos que indicaba constantemente el Sur, y se servian de estas agujas para caminar por las áridas é inmensas llanuras de la Tartaria. Tambien resulta que unos 800 años antes de la introduccion de la aguja en los mares europeos, navegaban ya los chinos en sus juncos por el Océano Indico guiados por la indicacion magnética.

Respecto á la época en que se introdujo el uso de la aguja en Europa, hay diversas opiniones; unos nos dicen que por el siglo XII los pueblos del Mediterráneo y del Océano hacian uso de ella, dándole el nombre de *marineta ó piedra marinera*, pero que su construccion era tan groseramente imperfecta, que hacia su uso muy raro y difícil, pues consistia en una barra de *acero imantado* colocada sobre corcho ó paja flotando dentro de una vasija con agua. Otros aseguran que el célebre *Marco Polo*, piloto veneciano, en sus viajes de Armenia al Japon por el siglo XIII, tuvo ocasion de ver la aplicacion que hacian en Asia de la propiedad del iman y que introdujo su uso á su regreso á Europa.

Segun la opinion más general y autorizada, la aplicacion de este prodigioso instrumento en Europa se debe al navegante napolitano *Flavio Gioja*, que vivió á principios del siglo XIV, al cual no se le puede negar cuando ménos el haber sido el primero que ideó los medios de poner la aguja imantada en condiciones de satisfacer las necesidades del piloto, dándole una utilidad real y una verdadera importancia á este instrumento.

18. Meridiano magnético es un plano vertical que pasa por el eje de una aguja imantada, móvil y suspendida en equilibrio por su centro.

El meridiano magnético difiere regularmente del meridiano astronómico, formando los dos planos un ángulo variable, segun los lugares y épocas de observacion, como veremos más adelante.

19. Diferentes clases de agujas. Las agujas de que se hace uso en la navegacion, son de dos clases distintas: la una sirve para indicar el rumbo de la nave y se llama *aguja ó compás de bitácora*, y la otra para conocer la demora ó direccion en que se ven los astros y objetos terrestres, y se denomina *aguja ó compás de marcar ó azimutal.*

20. Los compases de bitácora se componen *de la planchuela* y de la *rosa náutica* unida á ella; del *mortero* con su *estilo*, de la *suspension* y de la *bitácora.*

Estos instrumentos varian bastante en los detalles de su construccion; por lo que nos concretaremos á explicar los dos sistemas que creemos más convenientes, uno para buques de vela y otro para los de vapor.

21. Compás de bitácora para buques de vela. Este instrumento se compone de una *planchuela* rectangular AB, de acero templado é imantada á saturacion, de unos 20 centímetros de longitud por uno de ancho y un milímetro de grueso.

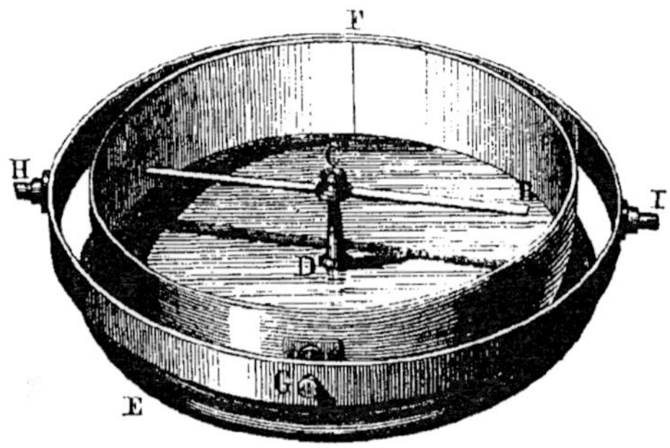

(Fig. 3)

En el centro de gravedad de la planchuela hay un agujero circular, en el cual se introduce un cono cóncavo de laton C, llamado el *chapitel*, el cual lleva engastado en su vértice otro cono más pequeño de rubí, ágata ú otra piedra dura.

22. La rosa del compás (Fig. 4), es una hoja circular de talco mica, de un diámetro poco mayor que el de la planchuela, sobre la cual vá pegada otra hoja igual de papel que representa la rosa náutica.

La rosa del compás se fija sobre la planchuela por medio de dos tornillos, y vá sujeta tambien por la base del chapitel, de modo que el eje magnético de la planchuela coincida con la línea Norte-Sur de la rosa, y el centro de esta con el vértice del chapitel.

23. **El mortero** es una caja cilíndrica de cobre rojo E (Fig. 3), cuyo fondo lo forma un cristal esmerilado, en el centro del cual se fija perpendicularmente un *estilo* de bronce D, sobre cuya punta se apo-

(Fig. 4)

ya la concavidad del chapitel *c*, de la planchuela con la rosa unida, á fin de que esta pueda girar libremente obedeciendo á la fuerza magnética del globo.

El mortero (Fig. 5), se cubre con una tapa con cristal para evitar que el viento mueva la rosa.

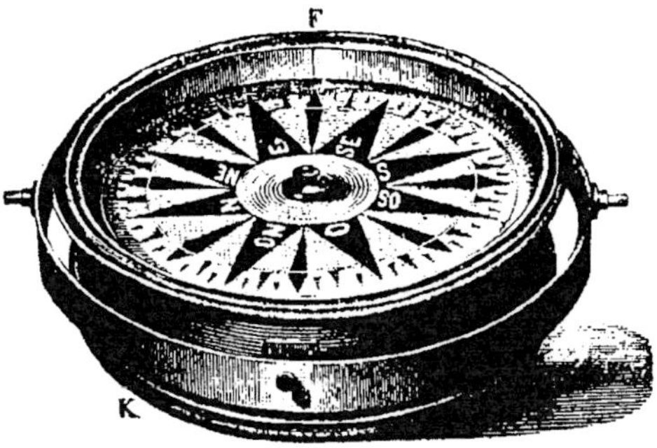

(Fig. 5)

24. Las paredes laterales interiores del referido mortero se pintan de blanco mate, y en ellas se trazan cuatro líneas negras perpendiculares al fondo; tales como la F (Figs. 4 y 5), que deben corresponder exactamente á las extremidades de dos diámetros perpendiculares, las cuales se llaman *líneas de fé*.

25. *La suspension del mortero* sirve para mantenerlo siempre en una posicion horizontal y que no sufra movimientos bruscos producidos por los balances y cabezadas que dá el buque.

Para conseguir esto, en dos puntos diametralmente opuestos FG del mortero (Fig. 3), hay dos ejes ó muñones que entran en dos agujeros practicados en un aro de cobre J, de modo que pueda girar perfectamente el mortero. El aro J tiene otros dos ejes H é I, colocados en una direccion perpendicular á los primeros, los cuales se apoyan en dos agujeros que hay en el armario ó caja en que se coloca el compás, de modo que giren perfectamente; y por último, el mortero vá lastrado en su parte inferior con un aro de plomo muy pesado K (Fig. 5), con el objeto de que dicho mortero se coloque fácilmente en la posicion horizontal y se mantenga en ella lo más inmóvil que sea posible.

Es evidente, que si colocamos los ejes F G (Fig. 3), en la direccion de la quilla, girará el compás sobre ellos en los movimientos de balance; mientras que en los movimientos de cabezadas girará sobre los ejes H, I, que se apoyan en el armario ó caja del compás, con lo cual se consigue que el mortero se conserve siempre horizontal y que no se agite la rosa á pesar de los movimientos de la nave.

Este sistema que se llama *suspension de Cardano*, en memoria del célebre matemático que lo inventó en el siglo XVI, tiene muchas aplicaciones en la marina.

26. La bitácora es un armario dentro del cual se coloca el compás suspendido por los ejes del círculo del mortero, procurando que queden estos en la direccion de babor á estribor. En la parte superior lleva un cubichete de laton con cristales, que á su vez se cubre con otro de madera ó encerado, para evitar que le dé el Sol á la aguja, dejando solamente una abertura para ver por ella á la rosa.

Para alumbrar de noche el compás lleva la bitácora en su testero de popa una abertura cuadrangular con un cristal, delante del cual se sujeta por medio de cuatro botones un farol llamado *lántia*, cuya luz penetra fácilmente á través del fondo del mortero que es de cristal y de la rosa que es de talco.

27. Instalacion de la bitácora. La bitácora se coloca á popa fuertemente atornillada en la cubierta delante de la rueda del timon, de modo que el timonel distinga perfectamente la rosa.

Para que la aguja indique la direccion de la quilla, se coloca de modo que las dos líneas de fé del mortero perpendiculares á los ejes de suspension del mismo que se apoyan en la bitácora de babor á estribor, sean paralelas á la direccion de la quilla, lo cual se consigue del modo que explicaremos más adelante.

Es evidente, que una vez instalada la bitácora, una de las líneas de fé del mortero nos indicará la direccion de la proa; su opuesta la de la popa, y las perpendiculares trazadas á 8 cuartas ó 90° distantes de las primeras, los costados de babor y estribor.

Por lo tanto, para conocer el rumbo de la proa indicado por la aguja, se colocará el observador á popa de la bitácora y leerá el rumbo de la rosa que coincida con la línea de fé trazada en la parte de proa del mortero.

(Fig. 6)

Así en la (Fig. 5) el rumbo estará comprendido entre el ESE y el ESE 5° E. que se expresa diciendo ESE á barlovento si el buque recibe el viento por el costado de babor, ó ESE á sotavento si lo recibe por el de estribor. (*)

Recientemente se ha introducido una perfeccion de gran sencillez é importancia, que consiste en fijar sobre la rosa, en la division misma que debe ponerse en coincidencia con la línea de fé, una flecha de aluminio, y el timonel sólo tiene que ajustar dicha flecha con la línea de fé, lo cual es mucho más fácil que ajustar una línea de la graduacion, que hay que esforzarse para no confundirla con las inmediatas, que son idénticas; con esta flechita, que puede correrse á voluntad, se puede gobernar al grado justo.

28. De las guiñadas. Sucede generalmente, que el choque de las olas y las variaciones del viento en fuerza y direccion, impiden el mantener la proa á un rumbo fijo; por lo cual hay que observar dichos desvíos de la proa hácia uno y otro lado que se llaman *guiñadas*, y en este caso se toma como rumbo de la proa el intermedio

(*) Llámase barlovento el costado por el cual recibe un buque el viento, y sotavento el costado opuesto; y se dice que está á barlovento ó á sotavento todo lo que se halla hácia uno ú otro costado de este nombre.

entre los dos extremos á que se dirige la proa con más frecuencia en las guiñadas.

29. Compás de bitácora para buques de vapor. El fuerte movimiento de trepidacion que se experimenta en los buques de vapor, especialmente en los de hélice, haria que fuese la rosa saltando continuamente sobre el estilo, imposibilitando su uso, si se emplease el modelo que acabamos de describir.

Entre los diversos sistemas de compases que se aplican á los buques de vapor, consideramos preferible el siguiente:

30. En el interior de un mortero de cobre A (Fig. 7), de bastante altura y suspendido por el método de *Cardano*, se vierte una canti-

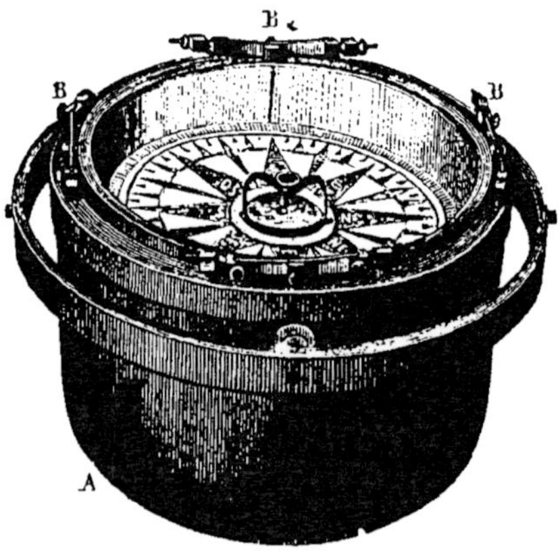

(Fig. 7)

dad conveniente de agua ó alcohol(*) para que flote dentro de él otro mortero más pequeño con tapa de cristal y unido al primero en cuatro puntos diametralmente opuestos B, por medio de bandas de cautchuc afianzadas á tres pinzas, dos de ellas colocadas en el mortero exterior y una en el interior.

31. *La cantidad de agua que se le debe echar al mortero* ha de ser tal, que las bandas de goma formen un ángulo de 170° con el vértice hácia arriba, con el objeto de que trabajen en sentido contrario al agua, formándose de este modo un sistema de dos fuerzas opuestas que suspendan al compás como si estuviese montado sobre muelles, y que hacen que sean muy suaves sus movimientos, sin que

---

(*) El alcohol se emplea en latitudes elevadas, cuando se abrigue el temor que pueda helarse el agua.

el aro del mortero interior choque, cuando dá el buque grandes cabezadas, contra el canto alto del mortero exterior.

32. En el fondo del mortero interior se coloca un estilo de cobre C (Fig. 8), que lleva en su extremo una caja cilíndrica D, tambien de cobre, en cuya medianía vá sujeto un círculo de cautchuc, que

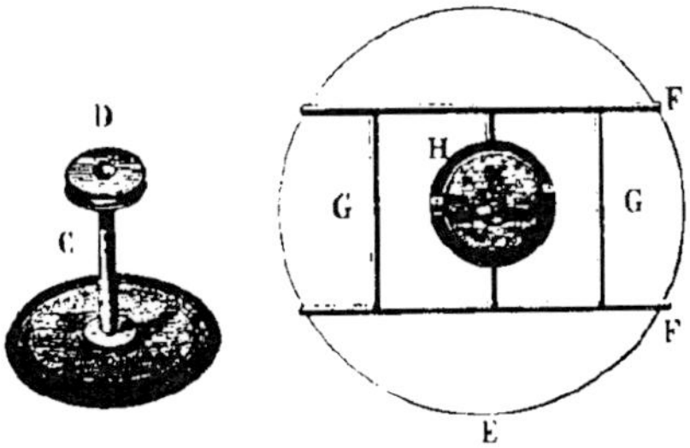

(Fig. 8)

tiene en su centro un chapitel de laton con un rubí en su vértice ó punto de rotacion.

33. *La rosa del compás* E, lleva dos planchuelas paralelas F, unidas por medio de una armadura de cobre G, de modo que en el centro y paralela á ellas, se halle la línea Norte-Sur de la rosa. Dicha rosa tiene en su centro una abertura circular H, con un aro de cobre, del cual salen dos brazos encorvados que llevan en el centro un estilo de bronce I, para que descanse la rosa sobre el chapitel D.

De este modo se consigue que no experimente sacudidas la rosa y que se conserve en perfecto reposo, en atencion á que el movimiento que pudiese comunicarle la trepidacion del buque, se destruye en primer lugar por la suspension del mortero flotante y las bandas de goma que lo sujetan por la parte superior, y por último, por el chapitel montado en el círculo de goma sobre el cual se apoya el estilo de la rosa, la cual tiene á su vez mayor estabilidad, por estar el centro de gravedad más bajo que el punto de apoyo y por ser mayor su peso á causa de las dos planchuelas que lleva, que tienen tambien la importante propiedad de poseer mayor fuerza directriz.

(Fig. 9)

34. *La bitácora* en que se coloca este compás (Fig. 9), difiere de la anterior en el sistema de alumbrado solamente, que en este caso no puede efectuarse por la parte inferior, sino por medio de dos faroles ó lántias *m*, que se colocan en los costados del cubichete, que es de laton, y tiene una abertura elíptica con un cristal por la cara de popa para ver la rosa, y además otra abertura con una tapa *n*, para introducir por ella la mano y limpiar el cristal cuando se empañe.

35. Compás de marcar ó azimutal. Sabemos que por azimut verdadero de un astro se entiende el ángulo que forma su vertical con el meridiano del observador, y ahora diremos que el *azimut magnético* de un astro ú objeto terrestre, es el ángulo que forma su vertical con el meridiano magnético marcado por la direccion del Norte de la aguja.

36. Por *marcacion* ó *demora* de un astro ú objeto, se entiende la direccion del punto del horizonte en que se halla su vertical, refiriéndolo al rumbo correspondiente de la aguja.

37. Con este objeto se emplea el compás de marcar ó azimutal (Fig. 10), que viene á ser un compás algo más pequeño que los de bitácora, cuyos ejes de suspension A, descansan en dos brazos verticales de laton que se apoyan en una barra horizontal que lleva un pinzote en su medianía, para que introduciéndolo en un agujero que hay en el fondo de la caja en que se coloca el compás, ó bien sobre un trípode, se pueda hacer girar en cualquiera direccion.

(Fig. 10)

En el borde de la rosa hay un círculo de plata en el cual vá dividida la graduacion, pudiéndose apreciar en ella la mitad ó tercera parte de un grado.

38. Sobre la tapa de cristal del mortero vá colocada una regla de laton B, de modo que su medianía esté en la direccion de un plano vertical que pase por el centro de la rosa, y en sus extremidades hay dos chapas de laton C y D que se llaman *pínulas*.

39. La *pínula* D se llama *ocular*, porque el observador dirige la vista por una rendija muy fina que hay en ella, cuya prolongacion debe coincidir con una de las líneas de fé del mortero; y la otra pínula C, llamada *objetiva*, porque se coloca en la direccion del objeto que se trata de marcar; tiene una abertura cuadrangular con un hilo tirante colocado en su centro, cuya prolongacion debe corresponder con la línea de fé opuesta á la de la pínula ocular.

40. *Para marcar un objeto* se hace girar el compás, dirigiendo la vista por la pínula ocular, hasta tanto que el objeto que se trata de marcar aparezca dividido por mitad por el hilo de la pínula objetiva; y entonces la línea de fé de esta pínula nos indicará en la graduacion de la rosa la demora ó marcacion del objeto.

En algunos compases se cuenta la graduacion en la direccion de la perpendicular á la regla de las pínulas; para esto hay una palanquilla *e*, que al oprimirla con el dedo, mueve una chapita vertical colocada en el interior del mortero, que detiene á la rosa, y lleva una línea vertical en su centro para marcar la graduacion correspondiente. En este caso se marcan los 90° en el N y en el S, y los cero en el E y en el O, y una vez contados los grados se verá el cuadrante á que corresponde mirando á la pínula objetiva.

41. Cuando oscila la rosa á causa de los movimientos del buque, se toma un promedio de dos ó tres marcaciones seguidas, lo cual es mucho mejor que detener la rosa por medio de la palanquilla *e*, toda vez que es muy difícil que se pare la rosa en el centro de su oscilacion.

Así, si la demora de un objeto oscila entre el N 35° E y el N 43° E, por ejemplo, diremos que su demora média es N 39° E.

Cuando se marca el Sol, se interpone un cristal de color que lleva la pínula ocular para que no ofenda la vista. Si dicho astro está muy elevado y no puede dirigirse la visual á él por las pínulas, se hará girar el compás hasta tanto que la sombra que arroja un hilo *c d*, que vá de una á otra pínula, caiga sobre una línea que hay trazada en el centro de la regla B, del mortero.

42. **Compás azimutal prismático.** Este compás, mucho más perfecto que el anterior, tiene las modificaciones siguientes:

La pínula ocular (Fig. 11), que es más corta, lleva un prisma de reflexion, por el cual, al dirigir la vista por la citada pínula, se vé la graduacion de la rosa por reflexion, al mismo tiempo que el objeto confundido con el hilo de la objetiva *c*; es decir, que una vez enfilado el objeto, se lee la graduacion simultáneamente por su coincidencia con el hilo de la pínula *c*, y no por la línea de fé del mortero como en el compás antes descrito; ventaja muy notable que dá marcaciones más exactas y evita que un individuo tenga que contar la graduacion mientras el otro conserva el objeto enfilado.

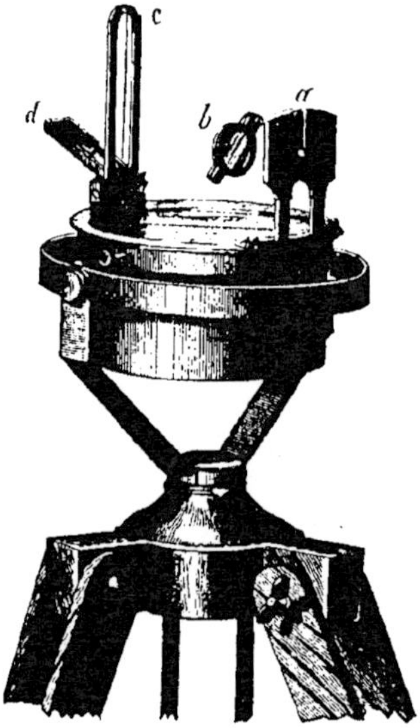

(Fig. 11)

En la citada pínula ocular *a*, hay dos modificadores para interponerlos cuando se observa el Sol; y en la parte inferior de la objetiva lleva un espejo *d* con movimiento de charnela, que puede inclinarse formando el ángulo conveniente para ver en él la imágen de un astro y marcarlo por reflexion cuando está muy elevado sobre el horizonte.

En el eje de suspension del mortero que está debajo de la pínula objetiva, hay un boton que al oprimirlo detiene la oscilacion de la rosa y se consigue que se quede parada más pronto.

43. Concluidas de hacer las marcaciones se dobla la pínula objetiva sobre el mortero, y oprime entonces un resorte que suspende la rosa del estilo, evitándose de este modo el que se gaste su punta, en lo cual depende en gran parte la exactitud del compás. Tan luego como se eleva la pínula *c*, vuelve á caer la rosa sobre el estilo, y por medio del boton se consigue que quede pronto en reposo y puedan verificarse las marcaciones.

44. Nuevos sistemas de agujas de bitácora y azimutales. Numerosos son los nuevos métodos y procedimientos de construccion que se publican y encomian diariamente acerca de tan interesantísimos instrumentos; pero la prudencia nos aconseja que esperemos sean definitivamente sancionados por una más dilatada práctica y concluyentes experiencias.

Merecen especial atencion las *agujas Duchemin*, de imanes circulares, adoptadas en la marina militar francesa, y sobre todo el nuevo compás dado á conocer en 1878 por el Profesor *Thomson*, que se asegura ha dado excelentes resultados en las pruebas hechas en la mar por su autor, como en la acorazada alemana *Deutschland* en la campaña hecha recientemente por la escuadra del Mediterráneo.

El Profesor Thomson ha disminuido todo lo posible el rozamiento con el estilo, haciendo que sea muy poco el peso de la rosa y aguja, que tiene por esta causa una gran sensibilidad, acusando inmediatamente la más leve variacion del rumbo de la proa, evitándose al mismo tiempo que oscile ó se mueva la aguja, ya sea por el movimiento del buque, de la máquina de vapor ó de la mar.

Con tal objeto está formada la rosa por un aro de papel con los rumbos señalados, que lleva en su borde exterior otro aro más delgado de aluminio, con la graduacion, y del cual parten como radios 32 hilos de seda que se fijan en el aro del chapitel, que tambien es del mismo metal, con un zafiro engastado en su centro que se apoya sobre un estilo de *osmiuro de iridium*. Sobre los hilos de seda vá colocado un sistema de ocho agujas imantadas, hechas de alambre de acero muy delgado, de unos 8 centímetros de largo, paralelas unas á otras y repartidas en igual número á cada lado del centro en la direccion del N-S de la rosa.

El peso total de la rosa con agujas y chapitel, sólo alcanza á unos 12 gramos; su diámetro es de 30 centímetros y sus oscilaciones, á causa de su gran dimension, alcanzan hasta 40 segundos. Las rosas ordinarias de 20 centímetros de diámetro pesan en general 95 gramos.

45. Exámen de las condiciones que deben reunir los compases. El encargado de dirigir la derrota de un buque debe tener el especialísimo cuidado de reconocer detenidamente los compases antes de emprender el viaje, y comprobarlos con frecuencia durante la navegacion, para ver si han sufrido algun desarreglo, con lo cual se evitarán no pocos accidentes.

46. **Verificacion de las planchuelas.** Para comprobar si la planchuela está bien imantada, suponiendo ante todo que el estilo y el chapitel sean perfectos, se separará el Norte de la rosa 90° hácia cualquier lado, y dejándolo libre despues, tendremos que mientras mayor sea el número de oscilaciones que haga en un intervalo dado, tanto mayor será su fuerza magnética, y cuanto más tiempo tarde en dejar de oscilar, será más perfecta la friccion del estilo. Tambien deberá observarse si queda parada la aguja en el mismo punto en que estaba antes de oscilar.

En las rosas que sólo llevan una planchuela, se observa que las amplitudes de las oscilaciones van disminuyendo 5° por cada banda; hasta los últimos 10° grados, que entonces van disminuyendo de 3 en 3, de 2 en 2, de 1 en 1 y de medio en medio grado, hasta quedar paradas.

Las rosas que llevan dos planchuelas disminuyen de 10 en 10°, y en los últimos 15° de 5 en 5, y por fin, de 2 en 2.

47. La direccion del magnetismo de la planchuela, es decir, su *eje magnético*, debe coincidir exactamente con su eje de figura; para comprobar esto, así como tambien si la rosa está bien centrada, se invertirá la posicion de la rosa en la planchuela, y si despues resulta tambien invertida exactamente la direccion del N de la rosa, no habrá error, y si lo hubiese, será el mismo para todos los rumbos y estará comprendido en la variacion de la aguja, que se determina como veremos más adelante.

48. A las rosas que sólo tienen una planchuela, les adaptan algunos debajo del chapitel una campana de unos tres centímetros de altura, con lo cual se le dá más estabilidad á la rosa y se evita el que se desmonte la aguja cuando dá el buque grandes cabezadas; pero resulta el gravísimo inconveniente de aumentar el rozamiento con el estilo, lo cual disminuye mucho la sensibilidad.

49. Las rosas que llevan dos planchuelas tienen mayor fuerza directriz y estabilidad mecánica; en tiempos de calma son más exactas sus indicaciones; pero en tiempos malos son demasiado sensibles. Resulta tambien, que como lleva más peso la rosa, destruye más pronto la punta del estilo, circunstancia que hay que tener muy presente para aguzarla con frecuencia. Por último, su imantacion es mucho más delicada y difícil, en razon á que ambas planchuelas deben tener igual temple y la misma fuerza magnética, pues de lo contrario no corresponderia la línea Norte-Sur de la rosa con el meridiano magnético. Esto se comprueba del mismo modo que en las agujas de una sola planchuela (art. 47.)

En atencion á que los compases de doble mortero que se usan en los buques de vapor no sufren tanto con los movimientos violentos del buque, debe preferirse en ellos el sistema de dos planchuelas, pues dá desde luego mejores resultados.

50. Cuando por efecto de los golpes de mar, ú otras causas, se oxidan las planchuelas, se destruye gran parte de su magnetismo, por lo que conviene entonces cambiarlas por otras de las que deben llevarse de respeto, y si no las hubiese se desmontarán dichas planchuelas, se limpiarán y pulirán perfectamente, y se imantarán empleando al efecto uno de los métodos que explicaremos más adelante.

51. Verificacion del estilo y del chapitel. En los compases, tanto de bitácora como de marcar, conviene que el centro del chapitel sea de rubí, zafiro ó ágata, y que el estilo sea de bronce, á pesar que los estilos más perfectos que se usan llevan una punta tallada en forma de grano de cebada de *osmiuro de iridium*, liga inoxidable muy dura.(*)

52. Muchos suponen que la disminucion de sensibilidad de las agujas proviene de una disminucion de su fuerza magnética, lo cual generalmente no es cierto, pues la causa reside la mayor parte de las veces en la deterioracion del estilo cuando es de bronce, ó en el doble deterioro del estilo y del centro del chapitel cuando éste es de ágata y aquel de acero.

En efecto; como el estilo de bronce es más blando que la piedra del chapitel, se gasta pronto, y se pone tan roma su punta á veces, que produce un rozamiento tan considerable, que la fuerza magnética no puede vencer sino en parte, fijándose la planchuela en un lugar distante del verdadero 4 ó 5 grados, y en ciertas ocasiones hasta 8 y 10 grados.

Este inconveniente se remedia con facilidad aguzando con frecuencia la punta del estilo, ya sea con una lima muy fina ó pasándolo por una piedra de afilar muy suave. Para hacer desaparecer el polvo metálico que se adhiere á la superficie pulida de la piedra, se introduce dentro del chapitel la punta de un palito duro y se frota circularmente con aceite y trípoli ó piedra pomez; hecho lo cual, recobrará la aguja su sensibilidad y volverá á situarse en la direccion del meridiano magnético.

53. Cuando el estilo es de acero se oxida fácilmente y hay que limpiarlo siempre que esto suceda: respecto á su punta hay que aguzarla como en el caso anterior, si bien con ménos frecuencia, pero

(*) El osmiuro de iridium es una aleacion de *osmio* y de *iridium*, metales muy raros que se encuentran en pequeñísimas porciones en los minerales de oro y platino, lo que hace que tenga un precio elevadísimo.

hay que tener mucho cuidado de ver si la punta del estilo, la mayor parte de las veces templado, ha producido una horadacion parcial en la piedra, lo cual se reconoce introduciendo la punta de una aguja de coser muy fina dentro del chapitel. Si esto ha sucedido, no hay medios á bordo para corregir tal defecto, y no hay más que poner otra de las rosas que deben llevarse de repuesto, con lo cual queda demostrado lo preferibles que son los estilos de bronce.

54. Para verificar si la punta del estilo está en la direccion de las dos líneas de fé que corresponden á la proa y popa, se levanta la rosa y colocando dos hilos tirantes y en cruz que pasen por las extremidades de las cuatro líneas del mortero, se verá si la punta del estilo corresponde á la cruz de los hilos; y si esto no sucede, hágase que coincida, á pesar de que basta que la referida punta se encuentre en el plano de las líneas de popa y proa, importando poco que no corresponda á la cruz de los hilos.

55. Verificacion de la rosa. El estilo debe suspender á la rosa precisamente por su centro, pues de lo contrario serán erróneos los ángulos medidos con el compás. Esto se comprueba haciendo girar la rosa y observando si sus bordes están siempre á igual distancia de un punto fijo del mortero.

Para determinar si la graduacion de la rosa es exacta, se toma con un compás en su circunferencia una abertura igual á 30°, por ejemplo, y se vé si dicha abertura mide cuerdas iguales sobre todos los puntos de la circunferencia.

56. Para evitar las deformaciones que produce la humedad en el papel de las rosas, tanto al imprimirlas como al pegarlas sobre el talco, conviene que se haga la impresion en seco, despues de pegado y seco el papel sobre el talco.

57. Durante la permanencia en puerto conviene desmontar las rosas ó bien colocar un corchito entre el estilo y el chapitel para que no se deterioren.

Las rosas que se llevan á bordo de respeto deberán guardarse de dos en dos, separadas por pedacitos de corcho á un centímetro distante una de otra, teniendo mucho cuidado de colocar el extremo Norte de una planchuela con el extremo Sur de la otra, pues de este modo se conserva la intensidad magnética, que se destruiria si pusiésemos juntos los extremos de igual nombre.

58. Verificacion del mortero. El mortero conviene que sea de cobre rojo, pues su accion inductiva descubierta por Arago, hace que sea más sensible la aguja, y tambien para evitar la proximidad de las partículas de hierro que existen por lo regular en el laton.

La interseccion de los dos diámetros que pasan por los ejes de suspension, debe coincidir con el centro de oscilacion de la rosa, condicion la más favorable para asegurar la estabilidad.

Las líneas de fé deberán corresponder á los centros de los ejes de suspension, pues de lo contrario los fuertes balances harian variar las indicaciones del rumbo de la proa.

Con una abertura de compás ó por medio de la rosa se verá tambien si las cuatro líneas de fé están á 90° unas de otras.

59. Importa mucho verificar si las líneas de fé del mortero son paralelas á la direccion de la quilla. Para esto, si suponemos que la aguja de bitácora está á estribor, por ejemplo, del eje longitudinal, empezaremos por quitarle la tapa de cristal á la rosa y colocando encima del mortero una regla de modo que uno de sus bordes esté en el plano de la punta del estilo y de los extremos de las líneas de fé, dirigiremos una visual por dicho borde á un objeto del buque situado lo más á proa posible, y midiendo la distancia á que se halla dicho objeto de la línea que pasa por el centro del buque, se verá si esta distancia es igual á la que hay de las líneas de fé del mortero al centro del buque, en cuyo caso dichas líneas de fé estarán paralelas á la direccion de la quilla. En caso contrario, conservando siempre el canto de la regla sobre la punta del estilo, se hace girar aquella un poco hasta enfilar por su canto un objeto á proa, cuya distancia á la línea central del buque sea igual á la que hay del centro de éste al estilo; se trazarán entonces dos líneas de fé que ajusten con el canto de la regla y se borrarán las antiguas.

Cuando el compás de bitácora está colocado en el centro del buque, se situan á proa dos objetos visibles desde el compás, lo más cerca posible de la línea central del buque y equidistantes de ella uno á babor y otro á estribor. Colocada la regla con su borde ajustado con la punta del estilo, se le hace girar hasta enfilar por dicho borde uno de los objetos y se hacen dos señales en el borde del mortero, ajustadas á la regla: gírese ésta hasta enfilar el otro objeto y háganse igualmente otras dos señales en el borde del mortero; tómese la mitad de los arcos de mortero comprendidos entre cada dos de estas señales y se obtendrá la colocacion exacta de las líneas de fé, que se enmendarán si no resultan bien situadas.

60. Sistema de alumbrado que debe emplearse en las bitácoras. Siempre que sea posible, como sucede en los buques de vela, deberá colocarse la lántia en la parte exterior de la bitácora, de modo que ilumine la rosa por su cara inferior (Fig 6), pues colocando la luz en el interior del cubichete, se eleva considerablemente la temperatura dentro de la bitácora, especialmente en latitudes bajas, lo cual disminuye la fuerza magnética de la aguja, si bien vuelve á recobrarla al enfriarse. Tambien resulta que su luz es demasiado fuerte y deslumbra al timonel, quedando imposibilitado para distinguir bien el aparejo y horizonte; y por último, porque se empañan con frecuencia los cristales del cubichete y no se vé la rosa.

No pudiéndose alumbrar de este modo las bitácoras de los buques de vapor, deberá cuidarse hasta donde sea posible el evitar estos inconvenientes.

61. Instalacion de las bitácoras. Es de absoluta necesidad instalar la bitácora de modo que las líneas de fé del mortero estén exactamente en la direccion de la quilla.

El método más expedito que puede emplearse estando el buque descargado en una dársena y en completo reposo, es el siguiente: márquese una línea con lápiz blanco en el centro de la sobrequilla y colóquese una regla de madera sobre las brazolas de una de las escotillas de popa á proa, y tirando dos plomadas desde sus extremos dirigidas á la línea de la sobrequilla, colocaremos la regla en la direccion exacta de la quilla, hecho lo cual se trazará sobre cubierta una línea en la citada direccion, con lo que podremos instalar la bitácora ó ver si está bien instalada. Para esto colocaremos una regla sobre el compás en la direccion de sus líneas de fé, y tirando dos plomadas desde sus extremos, veremos si corresponde con la línea trazada en la cubierta, que nos indica la direccion de la quilla.

62. Cuando no se puede emplear este procedimiento, se igualan los diámetros de los palos, poniéndole un suplemento cualquiera á los que lo tengan menor, y colocando un hilo tirante tangente á todos los palos, nos dará á conocer la direccion de la quilla con corta diferencia.

63. Inconvenientes de llevar dos bitácoras. Convendria que se desterrase la práctica perjudicial que se sigue en algunos buques de llevar dos compases de bitácora delante del timon y próximos uno al otro, para evitar los errores producidos por la influencia que ejercen entre sí, atrayéndose los polos de distinto nombre de sus agujas y repeliéndose los de igual denominacion.

En efecto; cuando se dirige la proa al Norte ó al Sur, como cada polo repele á otro una cantidad igual, son iguales las indicaciones de los compases y no tienen alteracion; pero cuando se dirige la proa hácia el E ó el O, los polos más próximos se atraen mútuamente, y como esta atraccion es igual en ambos compases, sus indicaciones serán las mismas, pero erróneas.

Estos errores dependen de las dimensiones de las agujas y de las distancias á que se colocan, que nunca deberá ser menor de un metro, á pesar que lo más conveniente es llevar una sola bitácora equidistante de ambas bandas.

64. Verificacion de los compases azimutales. Los compases azimutales deberán comprobarse de un modo análogo á los de bitácora.

Tambien deberá observarse si la visual que se dirige por las pínulas pasa por el centro de la rosa, y si las pínulas tienen una posicion vertical; esto último se determina colocando el compás en tierra y viendo si el hilo de la pínula objetiva se confunde en toda su longitud con el hilo de una plomada.

Los errores que resultan de estos defectos son tanto mayores, cuanto más elevado se halla sobre el horizonte el objeto ó astro que se trata de marcar.

65. Antes de hacer una observacion con la aguja azimutal, se tendrá un cuidado especial de ver si la direccion de la proa que nos indica concuerda con la de la aguja de bitácora, para aplicarle á la marcacion las correcciones oportunas, si las hay, á causa de dicha diferencia.

66. Imantacion de las agujas. Llámanse *imanes artificiales* unas barras de acero templado que han adquirido las propiedades de los imanes naturales, ya sea por medio de fricciones ó bien por el paso de una corriente eléctrica.

Los imanes artificiales á los cuales se les dá tambien la forma de una herradura, no manifiestan en todas sus partes el mismo grado de imantacion; así, cuando se les pasa por encima de limadura de hierro, forma ésta en cada extremidad una borla erizada, mientras en el centro no hay adherencia alguna. Dicha parte central se llama *línea neutra*, y los extremos *polos*, distinguiéndose el uno con el nombre de *polo Norte* ó *boreal*, y el opuesto con el de *polo Sur* ó *austral*.

Para que los imanes artificiales conserven toda su fuerza magnética, si tienen la forma de herradura, se les coloca una chapita de hierro que esté en contacto con ambos extremos, y de ella se suspende todo el peso que pueda sostener; si son dos barras, se colocan en una caja de madera, paralela la una á la otra, cuidando que se hallen á un mismo lado los polos de distinto nombre; por último, en sentido perpendicular á estas dos barras se colocan otras dos más pequeñas de hierro dulce, unidas á las primeras por ambos extremos las cuales se llaman armaduras, y que imantándose por influencia con el contacto de los imanes, conservan su fuerza magnética.

En los tratados de Física se explican detalladamente los diversos sistemas de imantar las agujas; pero nosotros nos concretaremos á dar una idea de los métodos más fáciles y adecuados que pueden ponerse en práctica en la mar, para lo cual deberá llevarse en todo buque un iman artificial, que puede ser de gran utilidad en determinadas circunstancias.

67. *La imantacion por contactos separados* consiste en colocar la planchuela sobre una tabla en la direccion del meridiano magnético, y en pasar varias veces desde su centro hasta un mismo extremo el polo de un iman, de nombre contrario al polo que se quiere obtener en la planchuela; una vez imantado este extremo de la planchuela por una y otra cara, se procederá á imantar el otro, empleando entonces el otro polo del iman.

68. *La imantacion por doble contacto* se reduce á ejecutar las fricciones con dos imanes á la vez. Para esto se coloca la planchuela como antes sobre una tabla en la direccion del meridiano magnético, y cogiendo en cada mano un iman, se presentan á cada lado del centro de la planchuela los polos de nombre contrario, y se frota con fuerza y con un movimiento lento y uniforme desde el centro hácia los extremos, manteniendo los imanes con una inclinacion de unos 30° sobre la planchuela. Despues de cada friccion se levantan los imanes y vuelven á colocarse otra vez en el centro, hasta que al cabo de unas 10 fricciones por cada cara de la planchuela estará imantada á *saturacion*, es decir, que tendrá todo el magnetismo que puede adquirir, teniendo siempre muy presente, que cada extremidad de la planchuela será un polo de nombre contrario al del extremo del iman con que se hicieron las fricciones en aquel sitio.

El mayor grado de saturacion de una planchuela depende de la mayor dureza de su temple y de la fuerza del iman que se emplea.

CAPÍTULO II.

DE LA INCLINACION Y VARIACION DE LAS AGUJAS; ABATIMIENTO DE LA NAVE Y CORRECCION DE RUMBOS Y MARCACIONES.

69. Inclinacion de las agujas. La aguja imantada libremente suspendida por su centro de gravedad, y por lo tanto en la direccion del meridiano magnético, no se sitúa en la posicion horizontal, sino formando un ángulo con ella que se llama *inclinacion de la aguja*, el cual varía segun las latitudes y con el trascurso del tiempo.

70. Para medir la inclinacion se usa una aguja imantada suspendida por un eje horizontal alrededor del cual gira y marca sobre un círculo vertical graduado, cuando éste se coloca en el plano del meridiano magnético del lugar, el ángulo que forma la aguja con la horizontal. Este aparato se llama *aguja de inclinacion*.

71. Para explicar la accion directriz de la tierra sobre las agujas imantadas, se considera nuestro globo como un gran iman, cuyos polos magnéticos se hallan próximos á los geográficos, y cuya línea média ó neutra se aproxima mucho al ecuador.

72. Ecuador magnético es una curva que pasa por todos los lugares en que la inclinacion es cero; ó sean aquellos en que la aguja se mantiene horizontal. El ecuador magnético se separa unos 12° del terrestre, y se cortan próximamente en dos puntos diametralmente opuestos. Las curvas de igual inclinacion, algo parecidas á los paralelos terrestres, se llaman *líneas isoclínicas.*

73. Polos magnéticos son los puntos del globo en que la inclinacion es de 90°, ó sean aquellos en que la aguja de inclinacion se coloca en posicion vertical.(*)

74. Latitud magnética es la contada desde el ecuador magnético hácia sus polos, y puede decirse que la inclinacion aumenta de una manera regular desde el ecuador hácia los polos.

El polo N de la aguja es el que se inclina en latitud magnética Norte y el polo Sur en latitud magnética Sur.

75. Modo de corregir la inclinacion. En la práctica de la navegacion no se hace necesario atender al valor variable de la inclinacion, y sí únicamente á contrarestar sus efectos, haciendo que la rosa se mantenga siempre horizontal, para lo cual se colocan unos contrapesos de cobre en los dos brazos de la planchuela, que pueden correrse hácia los extremos.

Por lo tanto, cuando se halle el navegante en el hemisferio magnético Norte, deberá correr el contrapeso por el brazo Sur de la planchuela á medida que aumenta de latitud; y por el brazo Norte si se halla en el hemisferio Sur, debiendo colocar ambos contrapesos en el centro en las cercanías del ecuador.(†)

76. Variacion ó declinacion de la aguja. La declinacion de la aguja que en términos náuticos se llama variacion, es el ángulo que forma el meridiano magnético con el astronómico, ó sea lo que el Norte de la aguja se aparta del Norte del mundo. La variacion se denomina *Nord-Este* ó *Nor-Oeste*, segun que el N de la aguja se desvía hácia el Este ó hácia el Oeste.(‡)

(*) El polo magnético boreal se halla en la América del Norte á los 70° de lat. N. y 99° de long. O. de San Fernando próximamente; y el polo magnético austral al Sur de la Australia á los 75° de lat. S y 144° de long. E.

(†) En razon á que la inclinacion de la aguja aumenta progresivamente á medida que se está más próximo á uno de los polos magnéticos, resulta que al dirigirse á las regiones polares vá aumentando la fuerza vertical que solicita á la aguja, y disminuyendo la horizontal hasta el punto que se anula la accion directriz y no funciona la planchuela, dirigiéndose el N. alternativamente á diferentes puntos del horizonte, y entonces se dice que la *aguja está loca.* Para evitar estos inconvenientes se han ideado diversos sistemas especiales de agujas para la navegacion en los mares polares, pero ninguno de ellos dá por completo los resultados que se desean.

(‡) Cristóbal Colon, en su viaje del descubrimiento de América en 1492, fué el primero que observó el fenómeno de la variacion, que era Oriental en aquella época en España, y la halló nula en la proximidad de las Azores, y Occidental y aumentando progresivamente, al paso que se acercaba al continente americano; y aun cuando tenia un convencimiento íntimo de que la aguja variaba, no se atrevió á manifestarlo á su regreso á España, porque oponiéndose esto á las ideas generalmente admitidas, tenia el temor de que no se le creyese. Así es, que 53 años despues de las observaciones de Colon y de otros marinos, se consideraba la variacion como el resultado de malas observaciones, participando de esta opinion el célebre maestro *Pedro de Me-*

77. La variacion de la aguja no es la misma en los diferentes lugares del globo; y en un mismo lugar está sometida á oscilaciones *seculares* y *diurnas*.(*)

78. *Las variaciones seculares* son las que se experimentan con el trascurso de los años, recorriendo la aguja un arco de circunferencia desde uno á otro lado del N, que en España es próximamente de unos 47°.

Las variaciones de declinacion se operan de una manera muy lenta é irregular, y para que cambie de especie tarda un gran número de años; basta decir que en la actualidad disminuye la variacion en España á razon de unos 6′ por año.

Por los años de 1589 era en España la variacion Oriental; continuó disminuyendo hasta 1664 en que era nula, y en 1747, segun D. Antonio de Ulloa, era la variacion en Madrid de 16° NO, y en la actualidad es de unos 21° NO.

79. *Las variaciones diurnas* son las oscilaciones que experimenta la aguja hácia el E ó el O en el intervalo de un dia. Con el auxilio del microscopio se ha determinado que las variaciones diurnas ascienden á 15 ó 20′ en verano y á 8 ó 10′ en el invierno, llegando á veces hasta 25′; valores tan insignificantes, que hacen que en la navegacion se prescinda de dichas variaciones.

80. La variacion de la aguja experimenta tambien perturbaciones bruscas y accidentales, ocasionadas por la caida próxima de un rayo, por las auroras boreales, temporales, neblinas, erupciones volcánicas, temblores de tierra, &c.

81. Líneas de igual variacion, llamadas tambien *isogónicas*, son unas curvas sinuosas é irregulares que van de uno á otro polo, atravesando los mares y continentes y pasando por los lugares en que tiene la aguja igual variacion.

82. En la superficie del globo hay líneas sin variacion, esto es, en que el N de la aguja se dirige exactamente al N del mundo.

El número de estas líneas, cuya existencia está bien comprobada, son dos: la primera bastante regular, está situada en el Atlántico entre Europa y América, y la segunda muy sinuosa, atraviesa la Australia y se dirige por las islas de la

---

dina, segun se vé en su *Arte de navegar*, impreso en Valladolid en 1545, si bien en otra obra que publicó en Sevilla en 1563, titulada *Regimiento de navegacion*, reconoce ya la variacion y dá reglas para su cálculo exacto en la mar.

Martin Cortes en su obra titulada *Breve compendio de la sphera y de la arte de navegar*, de cuyo texto se deduce que fué escrita en Cádiz en 1545, pero que no se imprimió hasta 1551 en Sevilla, es el primero que dá noticias de la variacion como un hecho comprobado por la práctica.

Las primeras tablas de variacion fueron escritas en 1599 por los navegantes holandeses, de órden del príncipe de Nassau.

(*) La variacion es muy diferente segun los lugares de observacion; así tenemos que en España es de unos 21° NO, mientras en el cabo *Fare-well* es de 50 á 55° NO y de 80° NO en la bahía de *Baffin*.

Actualmente la variacion es NO en todo el Atlántico del N, excepto en el mar de las Antillas y golfo mejicano; en el Atlántico del Sur, ménos en la parte que baña la América meridional al Sur de Rio Janeiro; y por último, en el mar de la India excepto en el golfo de Bengala é islas de Sonda.

La variacion es NE en todo el Océano Pacífico, excepto en las costas de Asia.

Occanía, dividiéndose despues en dos ramas; la una se dirige por el E hácia la Siberia y la otra hácia el O hasta la Laponia.

La situacion de estas líneas varía con los años, y su movimiento no es proporcional al tiempo en el intervalo de muchos años. En 1664 pasaba por España una de estas curvas.

83. Sobre cada paralelo terrestre existen dos puntos en los cuales no hay variacion, y otros dos en que tiene un valor máximo NO y NE.

La diferencia entre los valores máximos de la variacion aumenta desde el ecuador hácia los polos.

Los límites de la variacion en el ecuador son 20° NO y 10° NE próximamente, mientras que sobre el paralelo de Paris son dichos límites 37° NO y 23° NE; resultando una diferencia ó arco de oscilacion de 30° en el primer caso, y en el segundo de 60°.

84. **La fuerza magnética** que emana de la Tierra, se traduce en las observaciones por dos componentes, la una vertical que es la inclinacion, y la otra horizontal que es la variacion.

Midiendo en diversos lugares la inclinacion y la variacion, se tendrán las dos componentes de la fuerza magnética terrestre y por consiguiente esta fuerza considerada como la resultante de las dos primeras.

Se ha determinado que la intensidad magnética varía con las situaciones geográficas. Haciendo pasar curvas por todos los puntos en que la intensidad magnética es la misma, se tendrán las que se llaman *líneas isodinámicas*.

La declinacion, la inclinacion y la intensidad, son los elementos que entran en el cálculo de los desvíos de la aguja, y por lo tanto en el arreglo de estos interesantes instrumentos.

85. **Cartas y tablas de variaciones magnéticas.** Constrúyense unas cartas generales del globo que llevan trazadas cierto número de curvas, cada una de las cuales pasa por todos los lugares en que la variacion de la aguja es la misma. Hácia uno y otro lado de la curva de variacion de 0° se hallan las curvas de variacion NE y NO de cinco en cinco grados, pudiéndose determinar por promedio la variacion de los puntos situados entre dos de dichas curvas.

Tambien se publican tablas con las variaciones correspondientes á los diversos puntos del globo, pero conviene tener muy presente al consultar una de estas tablas ó cartas, la fecha de su publicacion, y pasando de 10 años no se deben emplear las variaciones que indican, por ser diferentes de las que habrá en la actualidad.

Tambien se construyen cartas que traen separadamente las líneas *isoclínicas*, *isogónicas* é *isodinámicas*, y es lástima que estas cartas tan precisas para la navegacion estén tan poco generalizadas, cuando seria de desear que su publicacion se efectuase de una manera contínua y regular y que todos los marinos diesen cuenta de sus observaciones magnéticas para allegar datos que permitiesen algun dia descubrir la verdadera ley de la variacion de la fuerza magnética terrestre.

86. **Compases corregidos de variacion.** Suelen construirse algunos compases corregidos de variacion, cuyo N se dirige exactamente al N del mundo; esto se consigue colocando la rosa sobre la planchuela, de modo que forme un ángulo con la línea N-S de la rosa, igual á la variacion que hay en aquel paraje y contado en sentido contrario.

Estos compases sólo pueden usarse en los parajes para los cuales han sido construidos y durante un tiempo limitado; únicamente los usan los prácticos en la navegacion de cabotaje.

87. Métodos para hallar la variacion de la aguja. Toda vez que la variacion no es constante en un mismo lugar y que varía considerablemente de uno á otro, compréndese desde luego lo interesante que es su conocimiento para la práctica de la navegacion y la necesidad que tiene el piloto de determinarla con la mayor frecuencia posible, especialmente si navega en una direccion que diste de ser paralela á las curvas de variacion.

La variacion puede determinarse á bordo de los buques, por cualquiera de los métodos siguientes:

88. *Por el azimut de un astro.* Para determinar la variacion por medio del azimut de un astro, se toma su altura en circunstancias favorables, ó sea cuando el astro está en el horario de 6^h, si llega á él sobre el horizonte, y si no lo más próximo posible á él, y se calcula el azimut verdadero correspondiente á ella; al mismo tiempo se marcará el astro con el compás azimutal y se tendrá el azimut magnético, que comparado con el verdadero, nos dará la variacion y su especie. (*)

89. Para esto se reducen, ante todo, el azimut magnético y el verdadero á un mismo término de comparacion; es decir, que si el uno está contado desde el Norte y el otro desde el Sur, se reduce el primero al Sur ó el segundo al Norte, tomándole el suplemento.

Hecho esto, si ambos azimutes son de igual especie, es decir, si están contados ambos hácia el E ó hácia el O, se toma la diferencia entre ellos, ó se suman si son de contraria especie, y tendremos la variacion. (†)

90. Para determinar su especie, se supondrá al observador situado en el centro de la rosa mirando hácia el punto de la misma correspondiente á la demora ó azimut verdadero, y *si la demora*

(*) Téngase presente que la marcacion resulta tanto más errónea cuanto mayor es la altura del astro, por lo cual se evita que pase esta de 30°. Los errores que produce la refraccion cuando la altura no llega á 10°, sólo son de importancia en latitudes elevadas, si tenemos presente que se gobierna con una aproximacion de 2 á 3°, y que basta obtener la variacion con una aproximacion de uno ó dos grados.

(†) Por medio de las tablas de azimutes que damos en el tomo III, podrá efectuarse el cálculo del azimut verdadero, con suma facilidad y prontitud y con toda la aproximacion que es necesaria en la práctica.

aparente, ó sea el azimut magnético, cae á la derecha del verdadero, la variacion será NO; y si cae á la izquierda, NE.(*)

91. La variacion y su especie pueden determinarse tambien por medio de una figura: para esto se describe una circunferencia que represente el horizonte con los cuatro puntos cardinales; se sitúa el astro en ella segun su demora ó azimut verdadero, y despues se traza el N-S de la aguja de modo que resulte bien situado el astro, segun su demora aparente, ó sea el azimut magnético; y la figura nos indicará las posiciones respectivas del meridiano verdadero y el magnético, y conoceremos á primera vista si deben sumarse ó restarse estos dos azimutes para obtener la variacion y su especie.(†)

Ejemplo I.—Por la observacion de la altura de un astro se calculó su *azimut verdadero* N 67°.. 30′ O, y marcando dicho astro en el mismo instante, resultó *azimut magnético* N 76° O.

El azimut magnético cae á la izquierda del verdadero y será NE la variacion; é igual á la diferencia entre ambos azimutes por ser estos de la misma especie; luego

Azimut verdadero =	N 67°.. 30′ O
„ magnético =	N 76 .. 00 O
Difer.ª = Variacion =	8 .. 30 NE

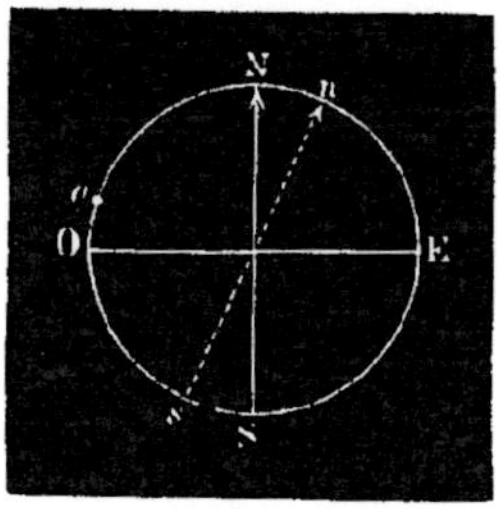

(Fig. 12)

Situando el astro en *a* (Fig. 12) segun su azimut verdadero N*a*, es evidente que para que la marcacion ó azimut magnético valga 76° contados desde el N hácia el O, deberá situarse el Norte de la aguja en *n*, y tendremos:

na (azimut magnético) — N*a* (azimut verdadero) = N*n* = Variacion NE.

Ejemplo II.—*Azimut verdadero* S 82°.. 40′ O; *azimut magnético* N 65° O, que tomando su suplemento será S 115° O, el cual cae á la derecha del verdadero y la variacion será NO.

Azimut verdadero =	S 82°.. 40′ O
„ magnético =	S 115 .. 00 O
Difer.ª = Variacion =	32 .. 20 NO

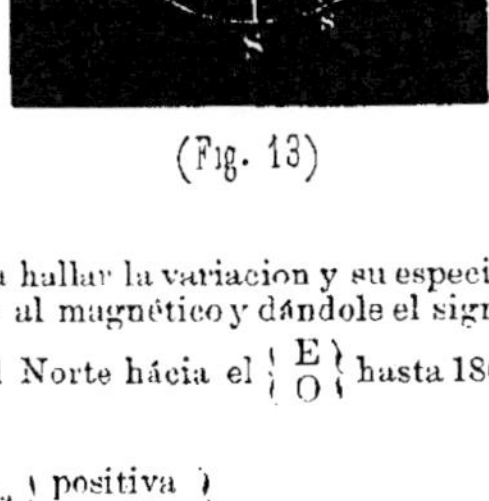

(Fig. 13)

Situando el astro en *a*, segun su azimut verdadero S*a*, para que valga el azimut magnético S 115° O, deberá estar en *s* el polo Sur de la aguja y será:

sa — S*a* = S*s* = N*n* = Variacion NO.

Ejemplo III.—*Azimut verdadero* N 10°. 20′ E, y el *magnético* N 29° O, que cayendo á la izquierda

---

(*) Puede establecerse tambien la siguiente fórmula para hallar la variacion y su especie: Llamando V á la variacion; A_v al azimut verdadero y A^m al magnético y dándole el signo (±) á los azimutes verdaderos y magnéticos contados desde el Norte hácia el {E / O} hasta 180° será siempre

$$V = A_v - A_m$$

y la variacion será {NE / NO} segun que V sea {positiva / negativa}

(†) Cuando se navega en latitudes muy elevadas y pasa la variacion de 90°, acostumbran los marinos cambiar los polos de la aguja, dirigiendo el polo Norte al O de la rosa y vice versa.

del anterior será NE la variacion é igual á la suma de ambos azimutes por ser estos de contraria especie.

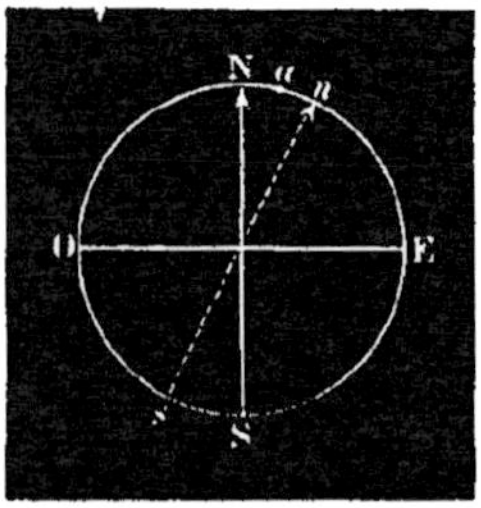

(Fig. 14)

Azimut verdadero =	N 10°.. 20′E	
„ magnético =	N 29 .. 00 O	
Suma = Variacion =	39 .. 20 NE	

Situando el astro en a segun su azimut verdadero Na, tendremos que para que valga el azimut magnético N 29° O, se situará en n el Norte de la aguja y será:

$$Na + na = Nn = \text{Variacion NE.}$$

Un caso de esta naturaleza sólo se presenta en latitudes muy elevadas.

92. Determinar la variacion por el orto ú ocaso aparente de un astro. Márquese el astro cuando aparezca su centro ó uno de sus limbos en contacto con el horizonte de la mar, y se tendrá el azimut magnético. Calcúlese el azimut verdadero correspondiente al orto ú ocaso aparente de que se trata (*Astr.ª prob.ª* VIII *art.* 657) y comparando ambos azimutes como en el caso anterior, se tendrá la variacion.

93. Determinar la variacion por la amplitud verdadera del Sol. Márquese el Sol en el instante de su orto ú ocaso verdadero, que es cuando su limbo inferior aparece elevado unos dos tercios de su diámetro vertical, y se tendrá su amplitud magnética.

Calcúlese su amplitud verdadera (*Ast.ª prob.ª* VII), ó determínese por las tablas de Mendoza, y tendremos como en los casos anteriores, que se restarán las amplitudes si son de la misma especie ó se sumarán si son de contraria y resultará la variacion; NO si la amplitud magnética cae á la derecha de la verdadera y NE si cae á la izquierda. (*)

En caso de duda puede construirse una figura como en el caso de los azimntes, con la diferencia de que ahora se toman por términos de comparacion los puntos E y O.

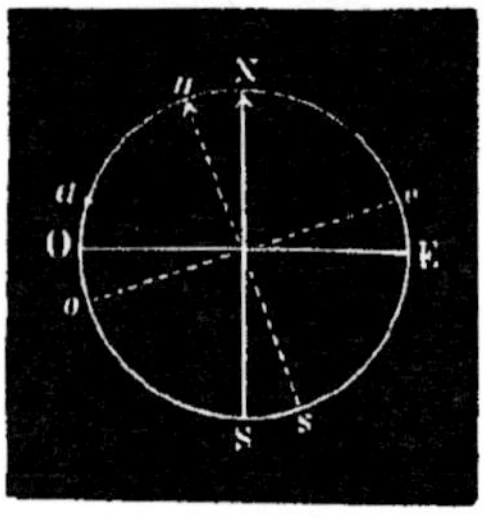

(Fig. 15)

EJEMPLO I. Amplitud verdadera =	O 10° N	
„ magnética =	O 24 N	
Difer.ª = Variacion =	14 NO	

(porque la magnética cae á la derecha de la verd.ʳᵃ)

En efecto, situando el astro en a, segun su amplitud verdadera Oa, tendremos que para que la magnética valga O 24° N, será preciso situar el O de la aguja en o, y será:

$$oa - Oa = Oo = Nn = \text{Variacion NO.}$$

(*) Lo dicho en la nota del art. 90 es aplicable en este caso, para lo cual llamando V á la variacion, M á la marcacion y A á la amplitud verdadera y dándole el signo (∓) á las amplitu-

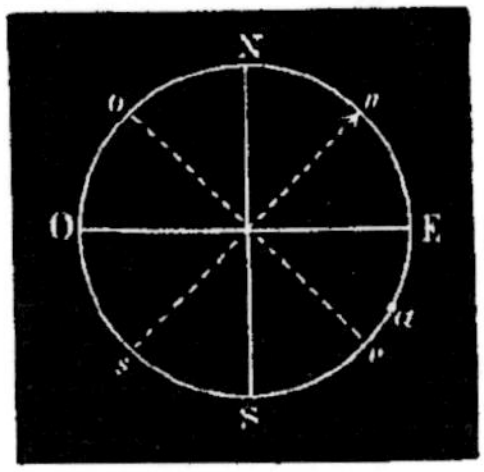

(Fig. 16)

EJEMPLO II. Amplitud verdadera = E 16° S
,, magnética = E 28 N
Suma = Variacion . . = 44 NE.

(porque la magnética cae á la izquierda de la verd.ra)

Situando el astro en *a*, segun su amplitud verdadera E*a*, y situando el punto E de la aguja en *e* para que resulte la amplitud magnética E 28° N = *ea*, tendremos que

$$Ea + ea = Ee = Nn = \text{Variacion NE.}$$

94. Determinar la variacion por el paso de un astro por el vertical primario. Sabemos que al estar un astro en el vertical primario, tiene 90° de azimut verdadero; luego determinando la hora exacta en que pasa por dicho círculo (*Astr.ª probl.ª* V) y marcándolo en dicho instante, se tendrá el azimut magnético, que comparado con el verdadero, nos dará la variacion como en los casos anteriores.

EJEMPLO. Azimut verdadero = N 90° O
,, magnético = N 67 O
Difer.ª = Variacion = 23 NO.

El resultado será tanto más erróneo cuanto mayor sea la altura del astro al pasar por el vertical primario, á causa de las inexactitudes de la marcacion que aumentan con la altura.

95. Determinar la variacion por el paso de un astro por el meridiano. Al pasar un astro por el meridiano, sabemos que su azimut verdadero es Norte ó Sur; por tanto, marcándolo en dicho instante, se tendrá desde luego la variacion.(*)

EJEMPLO. Azimut verdadero = N
,, magnético = N 18° E
Difer.ª = Variacion = 18 NO.

96. Para conocer el instante preciso en que se halla un astro en el meridiano, con el objeto de marcarlo, se observa por medio de un instrumento de reflexion cuándo llega á su mayor ó menor altura, segun que se trate del paso superior ó del inferior, ó bien se calcu-

---

des ó marcaciones contadas hácia el Norte desde el {E/O} ó el signo (∓) á las contadas desde el Sur hácia el {E/O} será V = M − A

y la variacion será {NE/NO} segun que resulte una cantidad {positiva/negativa}

(*) En las regiones ecuatoriales es impracticale este método tratándose del Sol, por ser muy rápido su movimiento azimutal; pero en latitudes más elevadas puede marcarse el Sol con facilidad, no sólo para determinar la variacion, sino tambien para conocer cuándo está cerca del meridiano, que será cuando su demora difiera poco de la variacion de la aguja en aquel paraje y que puede conocerse aproximadamente de antemano.

la la hora que debe marcar en dicho instante un reloj bien arreglado. Este último procedimiento es preferible, porque describiendo el astro en su proximidad al meridiano un arco sensiblemente paralelo al horizonte, se hace muy difícil conocer cuándo tiene su mayor ó menor altura.

En todos casos se elegirá un astro cuya culminacion se efectúe lo más cerca posible del horizonte, para poderlo marcar con facilidad y exactitud, y en el caso contrario no debe emplearse este método, teniendo siempre presente que sólo son de confianza las marcaciones de objetos situados en el horizonte ó muy próximos á él.

97. La distancia zenital correspondiente á la altura meridiana de un astro si es de paso superior, es igual á la diferencia entre la declinacion y la latitud cuando son ambas de la misma especie, ó á la suma cuando son de contraria. En los pasos inferiores la altura es igual á la latitud menos el complemento de declinacion del astro.

98. **Determinar la variacion por la estrella polar.** En toda noche despejada del hemisferio boreal, siempre que se halle la polar próxima al meridiano superior ó inferior, nos indicará el Norte verdadero.

Como la polar dista del polo un grado y medio, en latitud de 60° podrá ser hasta de 3° el mayor error que podrá haber en la variacion si observamos la estrella fuera del meridiano. Vemos, pues, que dicha estrella nos dará á conocer durante toda la noche con suma facilidad la variacion de la aguja, siempre y cuando que la latitud no sea muy crecida, pues de lo contrario pueden resultar errores considerables en la marcacion por ser muy elevada la altura del astro.

Así, si se ha marcado la polar al N 24° O, por ejemplo, la variacion será 24° NE.

99. **Determinar la variacion por la demora astronómica de un objeto terrestre.** Cuando se determina por medio de observaciones celestes el *azimut verdadero de un punto terrestre*, elevado sobre el horizonte del observador, se dice que se ha hallado su *demora astronómica.* Por lo tanto, si marcamos al mismo tiempo con el compás dicho punto, tendremos su azimut magnético, que comparado con el verdadero nos dará la variacion de la aguja.

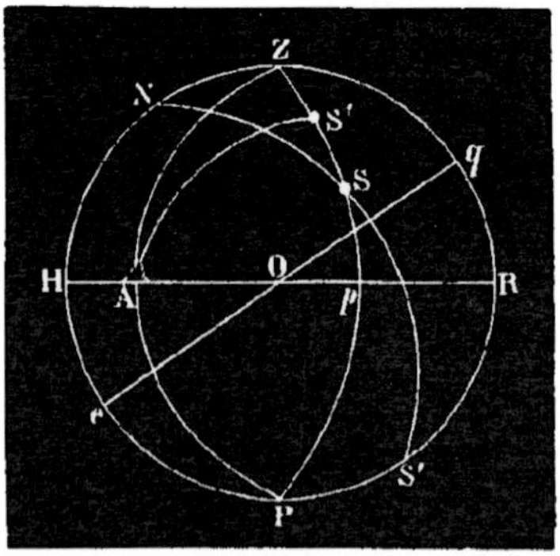

(Fig. 17)

100. Este método se emplea generalmente cuando se está en puerto y no se puede marcar el astro en el instante de su orto ú ocaso, ó bien cuando su altura es demasiado elevada. Tambien se emplea para orientar un plano y para otros usos de que se tratará más adelante.

101. En tales casos se marcará un objeto en tierra que esté algo elevado sobre el horizonte, y tendremos ya su azimut magnético. Para obtener el verdadero ó sea su demora astronómica, se seguirán estas reglas:

1.ª Al mismo tiempo que se marca el objeto, tomará un observador la altura de un astro, eligiéndose regularmente el Sol: y otro observador medirá á la vez la distancia D, del astro al objeto.(*)

2.ª Antes ó despues tomará un observador la altura del objeto, si el buque está fondeado, ó cuando el andar no es mucho y el objeto está bien distante, ó bien cuando el rumbo que sigue el buque es sensiblemente paralelo á la direccion en que se halle el astro y el objeto. No concurriendo estas circunstancias, se medirá la altura del objeto al mismo tiempo que la altura y distancia del astro.

Sea HR el horizonte; *eq* el ecuador y O el punto del O. Sea tambien A, el punto marcado en tierra; S′ la situacion aparente del astro ó sea la refractada, y S la posicion verdadera.

Tenemos, pues, que en el triángulo NZS se conocen sus tres lados (y por el Problema VIII de la Astr.ª) se podrá hallar el azimut verdadero del astro que es el ángulo NZS, medida del arco de horizonte H*p* contado desde el N hácia el O.

Del mismo modo en el triángulo AZS′ cuyos lados son: S′Z complemento de la altura aparente del astro; AS′ distancia del astro al objeto; y AZ complemento de la altura del objeto, podremos hallar el valor del ángulo AZS′, que se llama ángulo de los verticales, cuya medida es el arco de horizonte A*p*.

De donde si del arco H*p*, azimut verdadero del astro, se resta el ángulo de los verticales A*p*, nos resultará el arco HA azimut ó demora astronómica del objeto A, contado desde el N hácia el O.

102. Por lo tanto, para resolver este problema se determinará ante todo el azimut verdadero del astro, correspondiente á la altura observada (Astronomía, problema VIII, ó lo que es más breve por las Tablas azimutales Tomo III.)

La altura observada del objeto se corrije de depresion y se le toma el complemento: á la altura del astro se le aplica tambien la depresion y semi-diámetro y se le toma el complemento; y por último, el semi-diámetro de altura del astro se le aplica á la distancia observada de dicho astro al objeto, y tendremos la distancia aparente y con esto los tres lados del triángulo, y hallaremos el ángulo de los verticales ó sea la diferencia de azimutes del astro y objeto.

El azimut verdadero del astro sumado ó restado del ángulo de los verticales nos dará por último la demora astronómica del objeto.

Para saber cuándo debe sumarse ó restarse, se verá al hacer las observaciones si el objeto está á la derecha ó á la izquierda del Sol, y una vez terminado el cálculo, se trazará una figura que represente al horizonte y los cuatro puntos cardinales, y se situará en ella el astro segun su azimut verdadero; desde el punto en que resulta y en la *direccion observada*, se contará el ángulo de los verticales y se situará el objeto, con lo cual la inspeccion de la figura nos indicará la operacion aritmética que debe efectuarse para obtener la demora astronómica del objeto, así como tambien la direccion en que se debe contar.

EJEMPLO.—El 12 de Junio de 1872, hallándose á la vista del Cabo de San Vicente á 20h..50m, en long. 2°..51′ O de San Fernando, y lat. 36°..47′..45″ N, se hicieron las observaciones siguientes:

A_a ☉	40°.. 17′.. 00″	El campanario estaba á la izquierda del vertical del Sol.
Alt.ª obs.ª del campanario del mon.rio	1 .. 18 .. 30	
Distancia del limbo ☉ al campan.rio	79 .. 31 .. 20	
Demora del campanario	N 34° E	Elevacion del obser.or 25 piés.

Se pide la demora astronómica del monasterio y la variacion de la aguja.

(*) Cuando no hay más que un observador, se toma primero una altura del astro; despues la distancia de él al objeto y en seguida otra altura del astro, apuntando las horas, minutos y segundos que señala un reloj al hacer cada una de estas tres observaciones. Hecho esto se hallará por una proporcion la altura del astro correspondiente al momento de medir la distancia diciendo: la diferencia entre las horas que señala el reloj al tomar las dos alturas, es á la diferencia entre estas, como la diferencia entre la hora de la primera altura y la de la diferencia es á x. El valor de x sumado ó restado de la primer altura, segun que vaya esta aumentando ó disminuyendo, nos dará la altura en el instante de medir la distancia.

Cálculo del azimut del Sol.

Hora del obs.^{r} = 20^{h}.50^{m}.00^{s}	Decl.^{on} del ⊙ á 0^{h} = 23°.12'.02" N	V.^{on} h.^{a} + 8",89
Longitud O . . = + 11 .24	8",89 × 21^{h}. . . . . = + 3.07	
Hora reducida = 21 .01 .24	Decl.^{on} corregida = 23 .15.09 N	Δ = 66°.44'.51"

A_a ⊙ = 40°..17'..00"	Δ = 66°..44'..51"	
Depr. = — 4..55	φ = 36..47..45....	log sec = 0,09649
40..12..05	A_v = 40..26..51	„ sec = 0,11860
Sem.° = + 15..46	S = 143..59..27	
40..27..51	½ S = 71..59..43	„ cos = 9,49008
—R+P = — 1..00	D = 5..14..52	„ cos = 9,99818
A_v ⊙ = 40..26..51	**Azimut verd.°** ⊙ N 89°..25' E	„ subv. = 9,70335

Cálculo del ángulo de los verticales.

Alt.^{a} observ.^{a} del camp.°	1°.18'.30"	D = 79°.47'.06"	
Depresion	— 4.55	A_a ⊙ = 40 .27 .51	log sec = 0,11872
Alt.^{ra} apar.^{te} campanario	1 .13 .35	A_a camp.° = 1 .13 .35	„ sec = 0,00010
Dist.^{a} del ⊙ al campan.°	79 .31 .20	S = 121 .28 .32	
Semi-diámetro del ⊙ ..	+ 15 .46	½ S = 60 .44 .16	„ cos = 9,68914
Dist.^{a} central ⊙ al camp.°	79 .47 .06	D = 19 .02 .50	„ cos = 9,97555
		Angulo de los verticales = 77°.35'.30"	„ subv. = 9,78351

Cálculo de la demora astronómica y de la variacion.

Azimut verdadero del ⊙ calculado	N 89°..25'..00" E
Angulo de los verticales (el camp. á la izquierda del ⊙)..	77 ..35 ..30
Diferencia = **demora astronómica del campanario**	N 11 ..49 ..30 E
Demora aparente del campanario........................	N 34 ..00 ..00 E
Diferencia = **variacion de la aguja**	22 ..10 ..30 NO

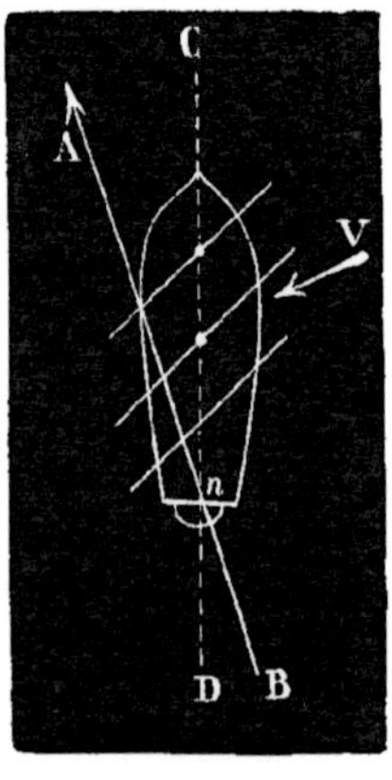

(Fig. 18)

103. Abatimiento de la nave. El compás de bitácora sólo nos indica la direccion de la quilla; así tenemos, que cuando las velas van ceñidas (Fig. 18) y reciben el viento V oblícuamente, la direccion de la fuerza motriz BA, que es la resultante de los esfuerzos parciales ejercidos por el viento en cada punto de las velas, forma un ángulo B*n*D con el plano de la quilla, y el buque en realidad navega algun tanto de costado y sigue un rumbo distinto al que nos manifiesta el compás de bitácora.

104. Resulta, pues, que siempre que el viento ó la marejada arrojan al buque algun tanto de costado, el rumbo indicado por la aguja sufre un desvío que se llama *abatimiento*, y es el ángulo D*n*B = A*n*C que forma la direccion de la quilla *n*C con la verdadera direccion *n*A que sigue la nave.

105. El mayor ó menor abatimiento depende de la direccion y fuerza del viento y de la mar; de la orientacion y cantidad de vela y de la construccion y calado del buque.

El mayor abatimiento tiene lugar cuando se navega de bolina, y es tanto más considerable al paso que es menor la cantidad de vela que se lleva; que aumenta la fuerza del viento ó de la mar y que sea menor el calado del buque; llegando á veces á valer hasta 45°. El valor del abatimiento disminuye á medida que se reducen estas condiciones, y suele despreciarse por su pequeñez cuando la direccion del viento forma con la quilla un ángulo mayor de 90°.

106. El abatimiento es sensible en los buques de vapor por el sólo esfuerzo de la mar y del viento sobre la parte exterior del buque.

107. Resulta de lo expuesto, que debe determinarse el valor del abatimiento con frecuencia, especialmente siempre que haya diferencias en las causas que lo hacen variar.

108. Para medir el abatimiento se coloca en el centro del coronamiento de popa *n* (Fig. 18) un semi-círculo graduado, sensiblemente horizontal, de modo que el radio que pasa por el cero de la graduacion sea paralelo á la direccion de la quilla; hecho esto, se vé el ángulo D*n*B que forma dicho radio con la visual dirigida á la medianía de la estela *n*B, que es el rastro que deja tras sí la nave, á la mayor distancia visible.

109. Si se marca la estela con el compás de bitácora, el rumbo opuesto á esta marcacion será el rumbo de la aguja á que se dirige la nave; y la diferencia entre éste y el indicado por la aguja será el abatimiento.

110. Se dice que el abatimiento es á estribor ó á babor, segun que se desvíe la proa hácia la derecha ó hácia la izquierda de un observador colocado en la popa mirando hácia proa.

El abatimiento puede considerarse por lo tanto como si fuese una nueva variacion, NO si es á babor y NE si es á estribor.

111. Correccion de rumbos. Llámase *rumbo verdadero* ó *corregido*, el ángulo que forma la direccion de la nave con el meridiano astronómico; y *rumbo aparente* ó *navegado*, el que nos indica la aguja de bitácora.

Para reducir un rumbo aparente á verdadero se le aplican las correcciones de variacion y abatimiento.

112. *Para corregir de variacion un rumbo aparente,* se le sumará ésta, si dicho rumbo se halla en el cuadrante de la variacion ó en su opuesto, y se le restará si se halla en uno de los cuadrantes adyacentes.

Suponiendo por ejemplo que la variacion sea 20° NO, es decir, que el Norte de la aguja corresponda al N 20°O del mundo, es evidente que cada rumbo de la rosa estará desviado 20° hácia la izquierda, y que si la variacion fuese NE estaria desviado hácia la derecha.

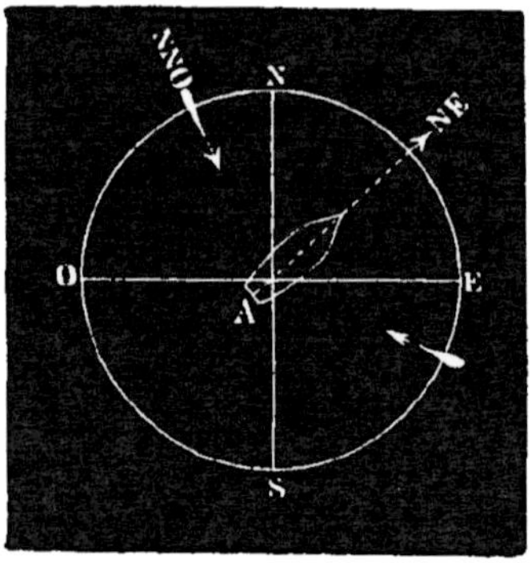

(Fig. 19)

113. *Para corregir de abatimïento un rumbo aparente,* sabemos que puede considerarse el abatimiento como una nueva variacion y que deberá sumarse ó restarse segun que aumente ó disminuya el valor del ángulo formado por la direccion de la proa y la línea N-S.

114. Navegando un buque A, por ejemplo, al NE (Fig. 19), si ciñe amura á estribor, el viento será ESE, desviará ó arrastrará el buque hácia el N, y por lo tanto el abatimiento disminuirá el ángulo del rumbo y tendrá el signo — ó lo que es lo mismo, siendo el abatimiento á babor, puede considerarse como una variacion NO, que en este caso debe restarse.

Si se ciñe amura á babor, el viento será entonces NNO, arrojará al buque A hácia el E, aumentará el abatimiento el ángulo del rumbo y tendrá el signo +, ó bien diremos que considerándolo como una variacion NE deberá sumarse.

115. *Para reducir los rumbos verdaderos á aparentes,* se les aplican las mismas correcciones, pero con signos contrarios.(*)

116. *Las marcaciones se corrigen* únicamente de variacion, puesto que el abatimiento solo afecta al rumbo de la proa indicado por el compás de bitácora.

117. *Para corregir los rumbos de variacion y abatimiento* con facilidad y prontitud, se emplearán las reglas siguientes:

1.ª El rumbo que se trata de corregir se considerará siempre como una cantidad positiva, y á los valores de la variacion y abatimiento se les pondrá el signo + ó —, segun que aumenten ó disminuyan el valor del ángulo del rumbo dado.

(*) Como en este caso no se conoce el abatimiento con exactitud de antemano, se dá el rumbo por la aguja de bitácora, corregido en su abatimiento aproximado, y si despues se observa que el abatimiento verdadero es diferente, se enmienda el rumbo convenientemente.

2.ª Súmense algebráicamente los valores de la variacion y abatimiento, y aplíquese la suma con su signo al rumbo aparente que se trata de reducir á verdadero, ó con signo contrario si se vá á reducir un rumbo verdadero á aparente.

3.ª Cuando el resultado es negativo, indica que el rumbo ha pasado al cuadrante inmediato por el lado de cero, es decir, por el N ó por el S; y si el resultado fuese mayor de 90° se restará de 180° y tendremos el rumbo contado desde el punto cardinal opuesto.

EJEMPLO I.—Sea rumbo navegado ONO: viento SO; variacion 18° NO; abatimiento 25°; se pide el rumbo verdadero.

Siendo así que el rumbo está en el mismo cuadrante que la variacion, le corresponde á esta el signo +. Tambien tenemos que el viento SO, desviará el rumbo hácia el N; es decir, que disminuirá el ángulo del rumbo y el abatimiento tendrá el signo —.

Luego	Variacion	+ 18°	Rumbo navegado..	N 67°..30′ O.
	Abatimiento..	— 25	Correccion........	— 7
	Correccion....	— 7°	Rumbo corregido..	N 60°..30′ O

EJEMPLO II.—Rumbo navegado $E\frac{1}{4}SE$; viento $S\frac{1}{4}SE$; variacion 22° NO; abatimiento 8°; se pide el rumbo verdadero.

Variacion.....	+ 22°	Rumbo navegado..	S 78°..45′ E
Abatimiento..	+ 8	Correccion	+ 30..
Correccion....	+ 30°	Rumbo corregido..	S 108..45 E
		Suplemento..	N 71°..15′ E

EJEMPLO III.—Rumbo navegado NNO 5° N; viento O; variacion 15° NE; abatimiento 8°; se pide el rumbo verdadero.

Variacion	— 15°	Rumbo navegado..	N 17°..30′ O
Abatimiento..	— 8	Correccion........	— 23
Correccion....	— 23°	Rumbo corregido..	— 5..30
		Esto es:	N 5°..30′ E

EJEMPLO IV.— Rumbo verdadero S 39° O; viento SSE; variacion 26° NO; abatimiento 6°; se pide el rumbo aparente.

Como se trata de reducir un rumbo verdadero á aparente, se aplicarán las correcciones con signos contrarios á los preceptuados en las reglas anteriores (artículo 117.)

Variacion.....	+ 26°	Rumbo verdadero..	S 39° O
Abatimiento..	— 6	Correccion	+ 20
Correccion....	+ 20°	Rumbo aparente....	S 59° O

EJEMPLO V.—Demora aparente de un punto N 68° E

Variacion NO 17°...........	— 17
Demora verdadera..........	N 51° O

118. Corrector de rumbos. A pesar de que la correccion de rumbos se reduce á una simple adicion ó sustraccion, conviene estar muy diestro para no equivocarse y hacer las correcciones con prontitud. Para esto puede emplearse un aparato llamado *corrector de rumbos*, por medio del cual se deducen de los aparentes los verdaderos y vice versa, con la mayor facilidad, evitándose las operaciones aritméticas. (*)

(*) A pesar de que varios autores hacen referencia á la posibilidad de emplear un aparato

119. El corrector se compone de una plancha metálica circular, sobre la cual y concéntrica con ella gira otra más pequeña. Sobre cada uno de estos dos círculos vá pegada una rosa náutica, y en el eje sobre que giran hay un tornillo de presion para fijarlas en la posicion que se desee, y tambien lleva una aguja que gira libremente alrededor de los círculos.

120. Para hacer uso del corrector se leerán los rumbos verdaderos en la graduacion de la rosa exterior y los aparentes en la de la interior; por lo tanto, se fijará el N de la rosa interior de modo que corresponda con un punto de la graduacion de la exterior en el cuadrante correspondiente, igual á la variacion magnética, y es evidente que indicando la rosa interior los rumbos aparentes, los de la exterior que se hallan en línea con ellos serán los verdaderos correspondientes y vice versa. Para mayor comodidad se coloca la aguja movible sobre el rumbo que se desee corregir y su punta nos señalará el rumbo verdadero correspondiente.

Por último, para corregir de abatimiento se corre la aguja los grados que éste valga en la direccion conveniente, y se tendrán aplicadas las dos correcciones.

CAPÍTULO III.

DE LA PERTURBACION DE LAS AGUJAS Y CORRECCIONES QUE DEBEN APLICARSE POR ESTE CONCEPTO.

121. Causas generales de la perturbacion. Toda aguja imantada suspendida libremente por su centro de gravedad, y exenta de todo movimiento circular, se coloca en equilibrio en el plano del meridiano magnético, cuando está sometida únicamente á la accion directiva del magnetismo terrestre; pero siempre que existan objetos de hierro en las cercanías de la aguja, ó en general centros de atracciones magnéticas bastante próximas, estará influida hasta cierto punto por las fuerzas locales, y despues de cierto número de oscilaciones tomará finalmente una posicion de equilibrio que corresponderá á la direccion de la resultante de las fuerzas magnéticas que obran sobre ella, direccion que formará cierto ángulo con el plano del meridiano magnético. Por lo tanto, es evidente que á bordo de los buques sufrirán las agujas desvíos considerables, producidos por el hierro que haya en el casco, en el armamento, en la arboladura ó en la carga. (*)

---

de esta clase, no tenemos noticias de que se haya construido ninguno ni generalizado su uso hasta 1868, que Mr. Malacrida, óptico de Tolon, construyó uno bajo la direccion del capitan Roux de la marina francesa. Poco tiempo despues construyó el Sr. Torres, segun nuestras indicaciones, el corrector que vamos á describir, que es diferente al del capitan Roux.

(*) El descubrimiento de la perturbacion de las agujas no se remonta á una época muy lejana, pues se supone que el primero que la observó fué el astrónomo Wales en el viage del capitan Cook.

122. Estos desvíos han tomado grandes proporciones desde que se construyen de hierro los cascos de los buques, la arboladura, gran parte de las jarcias firmes y sobre todo en los buques acorazados, de torres y monitores; y como todo nos induce á creer que aumentarán las construcciones de hierro, los desvíos é irregularidades de las agujas producirán mayor número de siniestros, si la prudencia y vigilancia de los marinos no aumenta en la misma proporcion.

123. Hay que tener muy presente que hasta en los buques de madera y de vela existen atracciones magnéticas producidas por las anclas, cadenas, algibes, armamento, pescantes, curvas de hierro, &c. que determinan á veces desvíos tan considerables que seria peligroso el despreciarlos.(*)

124. **Efectos particulares de los hierros en los buques.** Todos los objetos de hierro que hay en un buque se convierten en centros magnéticos y adquieren el carácter de imanes permanentes ó variables, ya sea por el modo de trabajarlos ó por la accion de la Tierra, que puede considerarse como un gran iman, y obran con más ó ménos intensidad sobre las agujas.

Sometido el *hierro dulce* á una accion magnética, se convierte instantáneamente en un iman variable, segun la posicion que ocupa respecto al meridiano magnético, no pudiendo conservar el magnetismo adquirido. Por el contrario, el *hierro endurecido y el acero,* ménos susceptibles de magnetizarse por induccion, conservan de un modo permanente el magnetismo recibido, de todo lo cual resulta que la aguja se colocará en la direccion de la resultante de tres fuerzas combinadas y que son: el magnetismo terrestre, el permanente del hierro endurecido y el variable del hierro dulce, segun vamos á explicar.

125. **El magnetismo permanente** que existe en cantidad considerable en los buques de hierro, es debido á la imantacion que han adquirido un gran número de piezas de hierro, durante la construccion del buque, por la influencia prolongada de la Tierra, y segun su posicion más ó ménos aproximada al meridiano magnético. Esta fuerza magnética fugaz y transitoria al principio, se convierte en permanente por la accion de ciertos trabajos mecánicos, tales como los repetidos golpes de martillo, y una vez adquirida esta propiedad, se conserva aun cuando hayan cesado de ejercer su accion las causas que la produjeron, convirtiéndose las distintas piezas de hierro ya endurecido, en verdaderos imanes con sus polos N y S, ejerciendo cada uno una accion distinta en la aguja imantada, y obrando á su vez sobre los objetos de hierro colocados en su proximidad, los cuales se

(*) De observaciones practicadas en el Ferrol á bordo de la corbeta *Villa de Bilbao*, en cuya construccion no se empleó un sólo clavo de hierro, resultó que al dirigirse la proa al E¼SE y al SSO era la perturbacion de la aguja de 9° NE en el primer caso y NO en el segundo. Todo lo cual nos demuestra la imprescindible necesidad de observar los desvíos en toda clase de buques.

imantan por influencia y vienen á aumentar la fuerza magnética permanente del buque.(*)

126. Los buques de hierro tienen regularmente un magnetismo permanente considerable y son por lo tanto poderosos imanes que ejercen acciones enérgicas en las agujas, habiendo demostrado la experiencia que acabados de construir y al botarlos al agua están fuertemente imantados; que pierden rápidamente una parte de este magnetismo al estar en el mar, sobre todo si se fondean sobre un ancla, de modo que pueden dirigir la proa á distintos rumbos, y que en general al cabo de un año cesa de disminuir esta pérdida de magnetismo y desde entonces permanece casi constante.(†)

127. El magnetismo permanente es constante en todos los lugares; sin embargo, el desvío que produce es menor en las regiones ecuatoriales, donde la accion directiva de la Tierra obra con mayor fuerza sobre las agujas.

128. La posicion de los polos permanentes depende de la orientacion del buque mientras se construye.

El polo N magnético del buque, se halla generalmente situado hácia la parte inferior del casco que se dirigia al N durante la construccion, y el polo magnético S hácia la parte superior del casco que se dirigia al Sur.

Cuando se ha construido un buque proa al Norte, la aguja de bitácora se encuentra situada en un sitio en que hay un magnetismo S intenso, que atrae enérgicamente el extremo N de la planchuela hácia popa, produciendo por lo tanto una gran perturbacion y errores cuando el buque escora. Por esta razon conviene llevar á proa otro compás, para compararlo con el de bitácora.

En los buques construidos proa al S, la perturbacion es menor, más regular y ménos sensibles los errores cuando el buque escora.

En los buques construidos proa al E ó al O, son débiles las perturbaciones, pero muy irregulares, de donde resulta que á ser posible debe orientarse el buque al S mientras se construye.(‡)

129. **Magnetismo accidental** es el que existe en un buque, en cantidad menor que el permanente, producido por la imantacion pasajera que, por efecto del magnetismo terrestre, adquieren las piezas de hierro dulce que entran en la construccion y armamento del buque y que no han recibido la imantacion permanente, ya sea por no haber estado situadas en la direccion del meridiano magnético ó bien por no haber recibido los golpes necesarios para fijar el magnetismo accidental.

130. Demostrado que la fuerza magnética de un buque es debida á las acciones combinadas de dos magnetismos distintos que llevan los nombres de permanente y accidental, tendremos que el desvío de la aguja, á bordo de los buques de hierro, proviene de causas diferentes, siendo las principales las que siguen:

1.° La orientacion del buque durante su construccion, en cuyo caso las diferentes piezas de hierro obran sobre la aguja como verdaderos imanes y al mismo tiempo sobre los demás objetos de hierro colocados en su proximidad imantándolos por influencia, lo cual viene á aumentar la *fuerza magnética permanente del buque.*

2.° El magnetismo accidental, menor que el permanente, debi-

(*) Un efecto semejante, pero mucho ménos sensible, se produce cuando un buque de hierro dirige su proa á un mismo rumbo durante largo tiempo.

(†) Por esta razon se ha dispuesto en Inglaterra, como medida prudente, que los buques de hierro no puedan dedicarse al trasporte de pasageros hasta despues de haber hecho un viage de larga duracion.

(‡) En Inglaterra se ha intentado destruir el magnetismo adquirido por los buques durante la construccion, para lo cual se les coloca durante varios dias, despues de salir de grada, en una direccion contraria á la que tenian antes, y se les desimanta empleando dos poderosas baterías de *Grove;* los resultados no han sido hasta ahora completamente satisfactorios.

do á la imantacion pasajera que produce el magnetismo terrestre en los objetos de hierro dulce, que no adquirieron la imantacion permanente, ya sea por no haber estado desde el principio colocados á bordo, por haber estado en direccion diferente á la del meridiano magnético, ó bien, por último, por no haber experimentado la torcion ó los golpes necesarios para fijar el magnetismo accidental convirtiéndolo en permanente.

3.° Por la accion recíproca de las agujas de bitácora cuando se colocan muy juntas; por la imperfeccion de las agujas, ya sea por una imantacion insuficiente, por un sistema de suspension defectuoso, ó bien por existir un gran rozamiento entre la punta del estilo y el chapitel.

131. Perturbacion de la aguja ó atraccion local, es lo que el Norte de la aguja se separa del meridiano magnético, por efecto de los objetos de hierro que existen á bordo, y en casos excepcionales por corrientes eléctricas, fenómenos que son raros y siempre accidentales.

La perturbacion se denomina NE ó NO, segun que el Norte de la aguja se desvíe hácia el E ó el O del Norte magnético.

La mayor influencia del hierro depende de la mayor extension de su superficie y no de la masa ó cantidad de metal. Así, una plancha de hierro muy delgada, que sólo pese un kilogramo, por ejemplo, puede producir mayor perturbacion que una esfera de hierro que pese veinte kilogramos.

La atraccion del hierro se efectúa en razon inversa del cuadrado de su distancia á la aguja; luego si dicha distancia se reduce á la mitad, la atraccion será cuatro veces mayor; y si se hace doble, será cuatro veces menor.

132. La perturbacion es diferente, segun el rumbo á que se dirige la proa. Sucede en toda clase de buques, que cuando se dirige la proa á ciertos dos rumbos, generalmente opuestos, la perturbacion es insensible; que aumenta progresivamente en los rumbos inmediatos, hasta que al dirigirse la proa á otros dos rumbos próximamente perpendiculares á los primeros, tiene lugar la máxima perturbacion.

Esto depende de que el hierro que existe á bordo puede considerarse distribuido en partes iguales hácia cada costado, por lo que la direccion de la fuerza atractiva resultante de todos los centros de atraccion que actúan sobre la aguja, colocada equidistante de ambas bandas, se separará muy poco de la línea central del plano longitudinal de la nave; resultando de aquí, que cuando se dirige la proa hácia el N ó hácia el S de la aguja, obrarán en la misma direccion el magnetismo terrestre y la atraccion local, en cuyo caso la perturbacion será muy poca ó ninguna. Pero al dirigirse la proa hácia el E ó el O, el magnetismo terrestre y la atraccion local serán dos fuerzas que actuarán sobre la aguja formando un ángulo casi recto, por lo que sucederá la máxima perturbacion.

133. Este desvío llamado circular, es diferente para cada uno de los rumbos de la rosa y por lo tanto á cada rumbo que haga el buque le corresponde una perturbacion diferente.

Los rumbos diametralmente opuestos tienen casi igual perturbacion, pero de signo contrario. La perturbacion es casi nula en el ecuador para todos los rumbos; varía de signo en cada hemisferio y aumenta con la latitud.

134. La máxima perturbacion varía, segun los buques, de 1 á 6 cuartas, en cada bordada, lo que constituye un desvío total de 2 á 12 cuartas de una á otra bordada.

Estos desvíos tan considerables en los buques de hierro, son tambien muy irregulares, lo cual nos viene á demostrar la gran necesidad que hay de conocerlos, sobre todo si atendemos á la gran marcha de los buques modernos, que aumenta la influencia de los errores que puedan cometerse en los rumbos.

135. **Variaciones é irregularidades de la perturbacion.** Al tomar en consideracion los efectos producidos por el hierro de á bordo, hay que tener muy presente las variaciones é irregularidades que experimenta la perturbacion en los distintos casos que vamos á explicar.

136. La perturbacion es diferente siempre que se emplee un compás distinto á aquel con que se hicieron las observaciones, ó si se varía la colocacion de éste.

La práctica ha demostrado que hay en los buques un lugar casi exento de perturbacion, que se halla situado generalmente á unos 10 metros de la cubierta y próximo al palo mayor. Esta es la razon por qué llevan algunos buques compases en los palos á cierta altura de la cubierta, con el objeto de compararlos con el de bitácora y conocer los desvíos de este último.

137. La perturbacion aumenta con la latitud, y en el ecuador magnético es insensible.

Así, mientras el buque permanece en la misma latitud magnética, esto es, ínterin la *inclinacion de la aguja* no varía, debe suponerse generalmente que la perturbacion es la misma, siempre y cuando que no se haya variado la cantidad ni la colocacion del hierro á bordo, especialmente el más próximo al compás.

138. *Cuando la inclinacion de la aguja cambia en sentido contrario*, es decir, cuando se pasa de latitud magnética boreal á austral ó vice versa, *la perturbacion se efectúa en direccion opuesta.*

Supongamos que sea Norte la latitud magnética (Fig. 20), y que la proa del buque se dirige al NE, por ejemplo: considérese el hierro perturbador en *a*, el cual atraerá el polo Norte de la aguja, por ser éste el inclinado, hasta *n* 5°, por ejemplo, y tendremos que la proa se dirigirá segun la aguja al NE 5° N, luego la perturbacion será NO y *desviará el rumbo hácia babor.*

Si hacemos iguales suposiciones en la (Fig. 21), con la diferencia de que sea ahora la latitud magnética Sur, resultará que el polo Sur será el atraido hácia *s*, y que la proa del buque se dirigirá al NE 5° E de la aguja, de donde la perturbacion será NE y *desviará el rumbo hácia estribor*, que es lo contrario á lo que sucedió en el caso anterior.

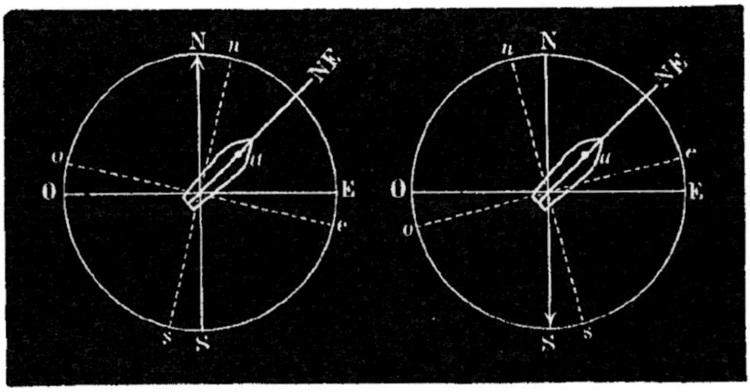

(Fig. 20) (Fig. 21)

139. Desvíos en las proximidades de costas que contienen minerales de hierro. Independientemente de la perturbacion que ejerce sobre las agujas el hierro del buque, sufren tambien desvíos considerables navegando muy próximo á costas de tierras volcánicas ó que contienen minerales de hierro.(*)

Sucede en efecto, que ciertas costas y montañas próximas á las playas, contienen grandes masas ferruginosas que obran por induccion sobre el hierro del buque y alteran la perturbacion de la aguja con tanta rapidez y en tan inusitadas proporciones, que son más peligrosas, porque á veces tienen lugar en parajes donde la influencia magnética terrestre es muy débil y el navegante está confiado en que la perturbacion variará con mucha lentitud.

Cuando se navega próximo á tierra deben verificarse las agujas con mucha frecuencia y prolijidad, sobre todo durante la noche y en tiempos de neblina, en la inteligencia que no hay exageracion al afirmar que las cuatro quintas partes de los buques de hierro que se pierden, son á causa de errores de las agujas.

(*) Sir James Clarke Ross, dice que encontró una gran perturbacion en la aguja en la *Isla Trinidad;* que estando al ancla en *Santa Elena*, el efecto producido por las rocas era tan grande que sobrepujaba al del hierro existente á bordo; y por último. que al pasar á unos cuantos metros de distancia de una de las islas *Auklands*, los compases variaron dos cuartas.

Entre trópicos pueden citarse las proximidades al estrecho *Bad-el-Mandeb*, el *cabo Guardafui* y las *islas del Sur del Mar Rojo*. Recientemente se han perdido dos grandes buques de hierro en la proximidad del cabo Guardafuí, á causa de errores en las agujas.

140. Variaciones en la perturbacion á causa de la escora. Cuando un buque se inclina hácia una banda, ya sea por la accion del viento ó por otra causa, presenta una parte mayor de casco á barlovento de la perpendicular á la aguja, que produce irregularidades en la perturbacion, cuyos valores y direccion dependen del ángulo de escora, del rumbo de la proa, de la latitud magnética y de la orientacion del buque al construirlo.(*)

141. Esta irregularidad alcanza su valor máximo cuando se gobierna en la direccion de un meridiano, y en algunos buques ha sido hasta de 15° á 20° con una inclinacion ó escora de 10°.

Conviene estudiar detenidamente los desvíos de escora, especialmente en los buques acorazados, y construir unas tablas especiales para estos desvíos, segun explicaremos más adelante.

142. Circunstancias en las cuales se duermen los compases. El magnetismo de los buques no sólo produce desvíos en las agujas, sino que disminuye tambien la fuerza directriz de la planchuela, debilitando considerablemente la sensibilidad de la rosa, sobre todo en ciertos rumbos. Para evitar esto deben emplearse en los buques de hierro compases de gran precision (*Nav. art. 44*) provistos de planchuelas bien imantadas y cuidando que no estén gastados los estilos ni deteriorados los chapiteles en que giran.

143. Obsérvese tambien que las agujas pierden su sensibilidad cuando está el buque en calma, cuando se navega despues de haber estado mucho tiempo fondeado, y en los buques de vapor á causa de la trepidacion, especialmente con buen tiempo. En tales casos deben darse unos golpecitos con la mano sobre el cristal del mortero para que se coloque la aguja en su verdadera direccion, y despues se rectifica conservando enfilado un punto de la proa con una estrella ó punto notable á la vista.

144. Instalacion del compás de bitácora. Siendo así que la atraccion se efectúa en razon inversa del cuadrado de la distancia, compréndese desde luego que una cantidad muy pequeña de hierro colocada cerca del compás producirá desvíos considerables, por cuya razon debe cuidarse que no haya objetos de hierro próximos al compás, debiendo usarse en su lugar el cobre ó el bronce en todos aquellos que no puedan suprimirse ó alejarse.(†)

(*) En una Memoria del Dr. Smith en que se ocupa de la pérdida del *Glesurchy*, atribuida á lo que se llama *error de escora*, se demuestra lo difícil que es tener confianza y seguridad en los buques de hierro, y nos dice que en el mencionado buque se tuvo en consideracion este error, pero que se olvidaron al cambiar de escora que el error obraba en sentido contrario.—Octubre de 1869. *Naval and Military Gazette*.

(†) El Almirantazgo inglés recomienda que no se coloque objeto alguno de hierro, ya sea en la construccion del buque ó accidentalmente, á una distancia del compás menor de 2 metros.

145. Compás magistral. El compás de bitácora hay que colocarlo necesariamente próximo al lugar del timon y no puede elegirse otro lugar más conveniente para que disminuyan ó se regularicen sus desvíos. Por esta razon se lleva en muchos buques un *compás que se llama magistral*, con el cual se compara el de bitácora, y que se instala en un lugar tal que las atracciones de los diversos objetos de hierro se neutralicen todo lo posible.(*)

146. Correcciones que se aplican á los rumbos y marcaciones. De lo expuesto resulta, que á todo rumbo ó demora indicada por la aguja, á bordo, hay que aplicarle dos correcciones: una por la perturbacion y otra por la variacion magnética.

La correccion que es necesario aplicarle á un rumbo por razon de ambos desvíos, la llamaremos desvío total. Estas tres cantidades pueden definirse en sus aplicaciones del modo siguiente:

La perturbacion es la cantidad positiva ó negativa que se le suma al rumbo aparente, ó sea el indicado por la aguja, para obtener el rumbo magnético.

La variacion es otra cantidad positiva ó negativa que se suma al rumbo magnético para obtener el rumbo verdadero.

El desvío total es la suma algebráica de la perturbacion y variacion; es decir, una cantidad positiva ó negativa que es menester aplicarle á un rumbo ó demora indicada por la aguja de á bordo, para obtener el rumbo ó la demora verdadera.

147. El desvío total es por lo tanto el ángulo formado por la direccion del Norte verdadero y el indicado por la aguja. Esta correccion se determina *comparando una demora aparente con la verdadera;* que serán los azimutes aparente y verdadero si el objeto marcado es un astro.

148. Cómo debe observarse la variacion. Hay que tener muy presente, que si la aguja se halla perturbada por el hierro de á bordo, el azimut que se observa con ella se llama *azimut aparente*, para distinguirlo del magnético.

Resulta de aquí, que cometen un error los que creen determinar la variacion magnética comparando una amplitud ó azimut observado, ó sea el aparente, con el verdadero, pues en tal caso lo que han hallado es el desvío total, ó sea el resultado de la variacion y de la perturbacion correspondiente al rumbo á que se dirigia la proa

---

(*) El compás magistral que usan los ingleses, *Standard compass*, tiene una fuerza directriz muy poderosa; sus rosas llevan regularmente cuatro planchuelas dispuestas simétricamente, dos á cada lado de la línea N-S.

al hacer la marcacion; y como la perturbacion varía segun el rumbo á que se dirige la proa, es evidente que si á todos los rumbos se les aplica la misma correccion, se parte de un principio falso que puede producir en ciertas ocasiones muy malos resultados.(*)

Por lo tanto, *para determinar únicamente la variacion magnética*, habrá que dirigir la proa, al hacer la marcacion, al rumbo en que sea cero la perturbacion; esto es, próximamente al N ó al S.

149. *La perturbacion debe considerarse como una segunda variacion magnética*, con la diferencia de que esta es producida por el magnetismo terrestre y aquella por el hierro que hay en el buque.

Luego para corregir de perturbacion un rumbo *aparente* á verdadero, se siguen las mismas reglas que se dieron para corregir de variacion, es decir, que se suma la perturbacion si el rumbo se halla en el cuadrante en que se desvía el N de la aguja ó en su opuesto, ó se resta si se halla en alguno de los cuadrantes adyacentes, efectuando lo contrario cuando se trate de reducir un rumbo verdadero á aparente.

150. Tenemos, pues, que todo rumbo ó demora indicada por la aguja se reduce á verdadera, ya sea aplicándole el desvío total, ó *primero la perturbacion y despues la variacion*; efectuando lo contrario si se quiere reducir un rumbo verdadero á aparente.(†)

Si se conoce el desvío total y la variacion magnética, *será igual la perturbacion* á la diferencia que haya entre el rumbo verdadero y el corregido de variacion solamente.

EJEMPLO I.—Siendo el rumbo navegado N 67° O, variacion 15° NO y perturbacion 7° NE, se pide el rumbo corregido ó sea el verdadero.

La variacion aumenta el ángulo del rumbo y la perturbacion lo disminuye, luego será:

Variacion.....	= + 15°	Rumbo navegado	= N 67° O
Perturbacion ..	= − 7	Desvío total	= + 8
Desvío total....	= + 8°	Rumbo corregido	= N 75° O

EJEMPLO II.—Siendo la variacion 20° NE y la perturbacion 13° NO, se pide el rumbo aparente á que hay que gobernar para dirigirse al ESE verdadero.

La variacion disminuye el ángulo del rumbo y la perturbacion lo aumenta; pero como se trata de reducir un rumbo verdadero á aparente, se aplican las correcciones con signo contrario, esto es:

(*) Suele suceder que algunos navegantes, ya sea por falta de reflexion ó por ignorancia, califican á una carta de errónea cuando las marcaciones que han hecho no dan buen resultado, sin considerar que ellos son los equivocados por no haberle aplicado á la aguja las correcciones convenientes.

(†) La correccion de perturbacion debe aplicarse antes que la de variacion, cuando se reducen rumbos aparentes á verdaderos, en razon á que la perturbacion varía segun el rumbo de la proa y debe corregirse con la perturbacion que le corresponde y no con la que le corresponderia al rumbo corregido ya de variacion y abatimiento.

Variacion.......	= + 20°	Rumbo verdadero	= S 67° E
Perturbacion ..	= − 13	Desvío total.....	= + 7
Desvío total....	= + 7°	Rumbo aparente..	= S 74° E

Ejemplo III.—Navegando al SE de la aguja se marcó un objeto al S 64° O, cuya demora verdadera se sabe que era S 49° O y la variacion 20° NO. Se pide el desvío total, la perturbacion y el rumbo verdadero.

La diferencia entre la demora verdadera y la marcada con la aguja, nos dará el desvío total de especie NO, pues la demora aparente cae á la derecha de la verdadera: luego

Marcacion aguja......	= S 64° O
Demora verdadera	= S 49 O
Desvío total...........	= 15° NO.

Ahora bien, la variacion es 20° NO, y el desvío total sólo es de 15° NO, luego la perturbacion ha disminuido la variacion; es decir, que habrá atraido el N de la aguja hácia el E una cantidad igual á la diferencia entre la variacion y el desvío total, esto es:

Variacion............	= 20° NO
Desvío total...........	= 15 NO
Perturbacion	= 5° NE.

Diremos como regla general, que si caen en el mismo cuadrante la variacion y el desvío total, la perturbacion será igual á la diferencia entre ambas, y cuando caen en distintos cuadrantes será igual á la suma.

Por último, el rumbo navegado SE, puede reducirse á verdadero, ya sea aplicándole el desvío total, que será S 45° E + 15° = S 60° E; ó bien corrigiéndolo primero de perturbacion y luego de variacion.

Ejemplo IV.—Rumbo navegado ONO; demora verdadera de un objeto S 70° O, demora del mismo segun la aguja S 79° O; variacion 2° NE. Se pide el desvío total, la perturbacion y el rumbo verdadero.

Demora verdadera	= S 70° O	Desvío total....	= 9° NO
„ magnética	= S 79 O	Variacion......	= 2 NE
Desvío total.......	= 9° NO.	Perturbacion ...	= 11° NO

Rumbo navegado......	= N 67°.. 30′ O
Desvío total...........	= + 9
Rumbo verdadero.....	= 76°.. 30′ O

151. Reduccion de los rumbos indicados por el compás de marcar, á sus correspondientes en el de bitácora. Teniendo presente que la perturbacion es distinta cuando se varía á bordo la colocacion de la aguja, es evidente que las direcciones de la proa indicadas por el compás azimutal, no convendrán con las señaladas por el de bitácora; por lo que siempre que sea necesario referir á este último las marcaciones hechas con el primero, habrá necesidad de tomar nota de las direcciones indicadas por ambos compases, en cada observacion que se haga, y la diferencia será la correccion que deberá aplicársele á la demora tomada con el compás azimutal para obtener su correspondiente en el de bitácora.(*)

152. Esta correccion hay que aplicarla con frecuencia especialmente en los diversos procedimientos que se emplean para determinar la perturbacion de la aguja de bitácora, por la cual se gobierna al rumbo deseado, y para hallar el rumbo de la proa por el compás azimutal, siguiendo un procedimiento análogo al indicado en el art. 59, se instalará dicho compás de modo que la distancia de su estilo á la línea central y longitudinal del buque, sea igual á la que hay de este á un objeto situado á proa en la misma banda en que está el compás; y enfilando entonces con las pínulas dicho objeto, se obtendrá el rumbo de la proa.

La diferencia entre este rumbo de la proa y el indicado por la aguja de bitácora, ó sea la correccion que debe aplicársele á las marcaciones del compás azimutal, siempre que no varíe dicho rumbo de la proa, es una cantidad cuyo signo puede hallarse siguiendo las reglas dadas en el art. 90; por lo tanto, si el rumbo de la proa del compás azimutal cae á la derecha del indicado por el de bitácora, se considerará dicha diferencia como una variacion NO, y si cae á la izquierda NE, la cual aplicada (art. 112) á la marcacion del compás azimutal, nos dará su correspondiente en el de bitácora.(†)

EJEMPLO.

Rumbo de la proa	Compás azimutal......	N 67° E
	„ de bitácora....	N 60 E
	Difer.ª = Correccion.. =	7°

Considerando en este caso dicha diferencia como si fuese una variacion magnética de especie NO, tendremos:

Marcacion efectuada con el compás azimutal.......	S 48° E
Correccion..............	+ 7
Marcacion correspondiente en el compás de bitácora	S 55° E

(*) Para evitar el tener que hacer estas correcciones que además de engorrosas están expuestas á errores y equivocaciones, y los defectos de que adolecen los compases azimutales, cuyas indicaciones se retardan más ó ménos por el rozamiento del estilo, dificultando las oscilaciones de la rosa, las lecturas de las graduaciones, y por otros inconvenientes no ménos graves, convendria desterrar el uso de dichos compases azimutales, empleando exclusivamente los círculos azimutales, de que trataremos en el capítulo V, con los cuales se verifican las marcaciones, cualquiera que sea el lugar del buque en que se coloquen, como si se hubiesen hecho directamente con la aguja de bitácora.

(†) Cuanto se diga respecto al compás de bitácora es aplicable al magistral, si se desea referir á este las observaciones efectuadas.

CAPÍTULO IV.

MÉTODOS PARA DETERMINAR LA PERTURBACION DE LA AGUJA, YA SEA EN PUERTO A LA VISTA DE TIERRA Ó EN ALTA MAR.

153. Preliminares. Demostrada la imprescindible necesidad en que se halla el marino de determinar la perturbacion de la aguja con la mayor frecuencia posible, pasaremos á explicar los métodos más exactos y fáciles de practicar, ya sea hallándose fondeado en un puerto ó rada, á la vista de tierra, ó bien en alta mar; advirtiendo que todos ellos se reducen á dirigir la proa á diferentes rumbos, ó bien hacer que dé el buque una vuelta completa, y cada vez que se dirija la proa á un rumbo, se marca un astro ó punto terrestre, cuyo azimut magnético ó verdadero se conoce, el cual comparado con el aparente nos dará la perturbacion ó el desvío total, segun los casos, y siempre respecto á la aguja con que se hagan las marcaciones.

HALLAR LA PERTURBACION ESTANDO AL ANCLA EN UN PUERTO Ó EN UNA RADA.

154. 1.er Método. **Un observador y un compás azimutal.** Estando al ancla un buque y siendo el tiempo bonancible, se dispondrá la maniobra de modo que pueda bornear lentamente y con facilidad, cuidando que esté el ancla casi á pique, esto es, dejando únicamente la cadena necesaria para que el ancla no se suspenda del fondo, á fin de que pueda verificarse la vuelta en el menor espacio posible.

155. Elíjase un punto de la costa bien determinado, para marcarlo durante el borneo, que deberá estar cuando ménos á dos millas de distancia; y si el ancla no se ha podido poner á pique, á 8 ó 10 millas, á fin de que pueda considerarse como constante la direccion del buque al objeto, á pesar de la mutacion de lugar que tiene la nave mientras dá una vuelta completa.

156. Determínese la demora magnética de dicho punto que se vá á marcar, para lo cual puede emplearse, segun los casos, cualquiera de los siguientes procedimientos:

1.° *Trasladando el compás á tierra.* Para esto trasládese el compás azimutal á tierra, y colóquese en la direccion de una línea que pase por el objeto que se trata de marcar y el lugar en que se situará despues el compás en el buque; hecho lo cual se marca dicho objeto y se tendrá su demora magnética, que seria la misma que se hubiese observado desde el buque si no hubiese en él hierro alguno que perturbase la direccion de la aguja.

2.° *Por medio de una demora astronómica.* En el instante en que el Sol se halle en su orto ú ocaso verdadero, se medirá por medio de un instrumento de reflexion la distancia angular que hay del centro de dicho astro al objeto cuya demora astronómica se quiere hallar; súmese ó réstese el valor de este ángulo, segun los casos, de la amplitud verdadera del Sol, que se calculará por los medios que nos enseña la Astronomía y se obtendrá el azimut verdadero del objeto, que se reduce á magnético aplicándole la variacion de la aguja, la cual si no se conoce, se observa trasladando el compás azimutal á tierra y situándolo en un paraje en que no haya hierro próximo á él.(*)

3.° *Por medio de enfilaciones.* Cuando se halla el buque fondeado en un paraje desde el cual aparecen dos puntos notables de la costa perfectamente enfilados, se determina por medio del plano del puerto la demora verdadera de la enfilacion, la cual se reduce á magnética aplicándole la variacion, que si no se conoce se determina como en el caso anterior. Téngase muy presente, que mientras se hace bornear al buque deben aparecer dichos objetos perfectamente enfilados, y para esto deben estar situados á una distancia conveniente del buque.

4.° *Por las distancias angulares de tres puntos de la costa.* Mídanse por medio de un instrumento de reflexion las distancias angulares de tres puntos bien determinados de la costa, con lo cual podrá determinarse la situacion del buque en el plano(†) y ver en él la demora verdadera del punto que se va á marcar, la cual se reduce

---

(*) La variacion observada á bordo no seria otra cosa como ya se ha dicho, que el resultado de la variacion y de la perturbacion correspondiente al rumbo á que se dirigia la proa al tiempo de marcar al astro, á no ser que se dirigiese la proa á un rumbo para el cual fuese insensible la perturbacion.

(†) Esto modo de situar el buque se explicará detalladamente más adelante, en el capítulo en que se trata de situar al buque por marcaciones.

á magnética aplicándole la variacion como en los casos anteriores.

157. Conocida que sea la demora magnética del objeto que se vá á marcar, se colocará el compás azimutal sobre su trípode de modo que puedan tomarse en él, durante el borneo, los diferentes rumbos á que se dirige la proa (art. 151.)

158. Hecho esto, hágase bornear al buque muy despacio(*) y márquese el objeto cada vez que la proa se dirija exactamente á cada uno de los rumbos de la rosa, *segun el compás de bitácora,* procurando esté bien parada la rosa y que el buque esté adrizado y cuidando de dar unos golpecitos sobre el cristal del compás antes de hacer la marcacion para vencer la inercia de la aguja.(†)

159. Al hacer cada marcacion, véase el rumbo de la proa indicado por el compás azimutal, que regularmente será siempre diferente del señalado por la aguja de bitácora.(‡)

160. Fórmese una tabla de 7 columnas, en la cual se harán las anotaciones siguientes:

1.ª Los 32 rumbos á que se dirige la proa *segun la aguja de bitácora,* ó bien los cardinales laterales y colaterales, pues generalmente basta hallar la perturbacion correspondiente á estos 16 rumbos, determinándose por promedio las respectivas á las otras 16 cuartas ó rumbos.

2.ª Los rumbos de la proa tomados en el mismo instante en la aguja azimutal (art. 151 y 152.)

3.ª Diferencia entre los rumbos de la proa indicados en el mismo instante por las agujas de bitácora y azimutal, con la denominacion de NO ó NE, segun que el rumbo de la aguja azimutal esté á la derecha ó á la izquierda del indicado por el de bitácora (art. 152.)

4.ª Demoras observadas con la aguja azimutal.

5.ª Demoras observadas correspondientes en la aguja de bitácora (art. 152.)

6.ª Demora verdadera magnética del punto marcado durante el borneo (art. 156.)

7.ª Perturbaciones de la aguja de bitácora á los diferentes rum-

---

(*) En varios puertos de Inglaterra hay colocadas las boyas necesarias en los parages convenientes, para que dando estachas á ellas se pueda verificar el borneo completo, siempre que se desee determinar las perturbaciones.

(†) Siempre que sea posible conviene repetir las observaciones haciendo bornear al buque en direccion contraria á la primera, y se tomará un promedio de las dos marcaciones correspondientes á cada rumbo de la proa y se tendrá un resultado más exacto.

(‡) Para evitar un error de paralage al tomar los rumbos de la proa en el compás de bitácora, se coloca sobre el cristal de este un hilo negro tirante en la direccion de los extremos de las líneas de fé del mortero, caso que no hubiese una línea negra trazada sobre dicho cristal en esta direccion, y al observar el rumbo de la proa consérvese dicha línea negra ajustada con la línea de fé del mortero que indica la direccion de la proa.

bos á que se ha dirigido la proa, ó sean las diferencias entre las demoras observadas *correspondientes á la aguja de bitácora* y la demora verdadera magnética del punto marcado.

Para determinar la especie de la perturbacion, se considerará el observador situado en el centro de la rosa, mirando hácia el punto de la misma, correspondiente á la demora verdadera magnética, y si la demora observada con el compás cae á la derecha de ella, será NO la perturbacion; y si cae á la izquierda NE.(*)

TABLA *de las observaciones hechas en la bahía de...... el dia...... de...... de* 1880, *para determinar la* PERTURBACION DE LA AGUJA DE BITÁCORA *de la fragata...... por medio de marcaciones hechas á.........*

RUMBOS DE LA PROA.		Diferencia entre los rumbos de la proa.	Demoras observadas en la aguja azimutal.	Demoras observadas correspondientes á la aguja de bitácora.	Demora verdadera magnética del punto marcado.	Perturbaciones de la aguja de bitácora.
Aguja de bitácora.	Aguja azimutal					
Norte	N 1° O	1° NE	N 27° E	N 28° E	N 26° E	2° NO
NNE	N 24°. 30′ E	2 NO	N 27 E	N 25 E	„ „	1 NE
NE	N 48° E	3 NO	N 25 E	N 22 E	„ „	4 „
ENE	N 71°. 30′ E	4 NO	N 24 E	N 20 E	„ „	6 „
Este	S 84° E	6 NO	N 23 E	N 17 E	„ „	9 „
ESE	S 63°. 30′ E	4 NO	N 22 E	N 18 E	„ „	8 „
SE	S 42° E	3 NO	N 23 E	N 20 E	„ „	6 „
SSE	S 65°. 30′ E	2 NO	N 24 E	N 22 E	„ „	4 „
Sur	S 2° O	2 NO	N 26 E	N 24 E	„ „	2 „
SSO	S 22°. 30′ O	0	N 27 E	N 27 E	„ „	1 NO
SO	S 42° O	5 NE	N 24 E	N 29 E	„ „	3 „
OSO	S 57°. 30′ O	10 NE	N 22 E	N 32 E	„ „	6 „
Oeste	S 82° O	8 NE	N 28 E	N 36 E	„ „	10 „
ONO	N 73°. 30′ O	6 NE	N 28 E	N 34 E	„ „	8 „
NO	N 47° O	2 NE	N 30 E	N 32 E	„ „	6 „
NNO	N 22°. 30′ O	0	N 29 E	N 29 E	„ „	3 „

Nótese que las 16 marcaciones observadas son diferentes de la verdadera, excepto dos que son casi iguales y que corresponden á dos rumbos diametralmente opuestos, próximos á los cuales pueden considerarse aquellos en que es nula la perturbacion; y que ocho cuartas distante se encuentran los rumbos en que la perturbacion es la máxima.

161. Cuando no se puede obtener la demora magnética del objeto que se marca durante el borneo, ó cuando se quiera comprobar, se halla tomando el promedio de las 16 ó 32 marcaciones hechas, siempre y cuando que se hallen equidistantes unas de otras.

Las demoras observadas correspondientes á la aguja de bitácora que se insertan en la tabla anterior, suman 415°, que divididos por

(*) La especie de la perturbacion puede hallarse tambien segun se ha explicado, respecto á la variacion de la aguja, por medio de la figura correspondiente (art. 91.)

16, número de marcaciones, dan de cociente 26°, valor exacto de la demora verdadera magnética.

162. Hallada que sea la perturbacion y su especie, segun la tabla anterior, puede formarse una nueva tabla llamada de *compensacion*, que se compone de las columnas primera y sétima solamente, y que se copia en el *diario de navegacion* para corregir los rumbos cuando sea necesario.

TABLA DE COMPENSACION.

Desvío de la aguja de bitácora determinado en la bahía de......... por medio de marcaciones hechas á........

Rumbo de la proa.	Perturbacion	Rumbo de la proa.	Perturbacion
Norte	2° NO	**Sur**	2° NE
NNE	1 NE	SSO	1 NO
NE	4 NE	SO	3 NO
ENE	6 NE	OSO	6 NO
Este	9 NE	**Oeste**	10 NO
ESE	8 NE	ONO	8 NO
SE	6 NE	NO	6 NO
SSE	4 NE	NNO	3 NO

163. 2.° Método. **Dos observadores y dos compases azimutales.** Cuando no hay un punto bien determinado en tierra, ó que no está á la distancia necesaria para poder practicar el método anterior, se emplea el de marcaciones recíprocas, para lo cual despues de comparar dos agujas azimutales para cerciorarse de la bondad de ambas, se traslada un observador con una de ellas á tierra, y se sitúa en un paraje exento de influencias ferruginosas y muy visible desde á bordo. El otro observador se situará á bordo con el otro compás del modo indicado en el método anterior.

Se hace bornear al buque como en el caso anterior, de modo que vaya deteniéndose en 16 ó 32 cuartas de la aguja y al dirigirse la proa, segun el compás de bitácora á cada una de ellas, se marcarán mútuamente los dos observadores. El momento preciso en que se han de efectuar estas marcaciones, lo hace conocer el observador de á bordo al de tierra por medio de una señal convenida de antemano. La más á propósito será izar una bola ó una bandera en el penol de una verga, en el pico de la mesana ó en otro paraje bien visible desde tierra, la cual se arriará rápidamente en el momento en que se desee que se marquen mútuamente los dos observadores.

Para evitar el error que pudiese resultar de una señal mal interpretada, conviene que ambos observadores, por medio de relojes comparados, anoten las horas en que hacen las marcaciones.

164. Hecho lo que antecede, se formará una tabla semejante á la anterior (art. 160) con la única diferencia de que en la columna 6 se anoten ahora los *rumbos opuestos á las marcaciones hechas en tierra* y las diferencias entre las cantidades de las columnas 5° y 6° nos darán las perturbaciones de la aguja de bitácora, á la cual se han referido las marcaciones hechas con la azimutal (art.ˢ 151 y 152.)

165. Tanto en este caso como en el anterior, se puede emplear con notable ventaja el círculo de marcar, en vez del compás azimutal de á bordo, porque además de simplificar la operacion y evitar errores, no habria que formar más que una tabla de 4 columnas, pues se suprimirian las 2.ª, 3.ª y 4.ª (art. 160) del caso anterior.

166. Como la maniobra de hacer bornear al buque para que dé una vuelta completa es á veces dificultosa y no es posible detener el buque al estar la proa precisamente á cada uno de los rumbos de la rosa, es suficiente detenerlo de cuando en cuando, despues de describir arcos de horizonte que no excedan mucho de 15° ó 20°.

167. 3.ᵉʳ MÉTODO. **Aprovechando el borneo producido por los vientos y mareas.** Toda vez que los métodos anteriores exigen ciertos preparativos especiales, puede recurrirse al siguiente procedimiento que es sumamente fácil.

Durante la permanencia de un buque en puerto, se determinará á bordo la variacion magnética aparente, ó sea *el desvío total*, observando cada mañana y tarde azimutes ó amplitudes y anotando el rumbo á que se dirigia la proa al hacer dichas observaciones; y como el rumbo á que se dirige la proa al hacer estas marcaciones no es siempre el mismo, en razon á los cambios de mareas y á las distintas direcciones en que puede soplar el viento, es evidente que al cabo de cierto número de dias se habrá obtenido *el desvío total* correspondiente á todos ó á la mayor parte de los rumbos de la aguja.

Obsérvese en tierra la variacion magnética empleando el mismo compás, y la diferencia entre esta variacion y cada una de las observadas á bordo, manifestará la perturbacion correspondiente á cada rumbo.

DETERMINAR LA PERTURBACION ESTANDO EN MOVIMIENTO,

YA SEA A LA VELA Ó AL VAPOR.

168. 1.er Método. **A la vista de tierra por medio de enfilaciones.** Estando en movimiento, ya sea á la vela ó al vapor, y encontrándose próximo á una costa de la cual se tenga un plano exacto, se puede aprovechar todo el tiempo en que aparezcan enfilados dos objetos bien determinados, para marcarlos haciendo girar al buque; estas demoras comparadas con la verdadera deducida del plano, nos indicarán los *desvíos totales* correspondientes á los rumbos á que se dirigia la proa al hacer las marcaciones.

Si no fuese posible hacer virar al buque sin perder la enfilacion de los dos objetos, se correrán cierto número de bordadas, procurando llevar la proa á distinto rumbo, cada vez que se tengan enfilados los dos objetos, en cuyo caso se disminuirá el andar del buque.

Marcando un punto de tierra bien determinado y á la distancia conveniente, puede tambien hallarse la perturbacion de un modo análogo al empleado en el *método* 1.°, pues ya sabemos que el promedio de las marcaciones es igual á la *demora magnética verdadera.*

169. 2.° Método. **Por la demora astronómica de un buque ú objeto lejano.** Si en el instante del orto ó del ocaso verdadero del Sol, hubiese un buque á la vista á una distancia de 6 millas cuando ménos, encalmado ó navegando de vuelta encontrada, se medirá con un instrumento de reflexion la distancia angular de dicho buque al Sol, y el valor de este ángulo sumado ó restado de la amplitud verdadera del astro, calculada segun sabemos (*Astr.ª art.* 648), nos dará el azimut verdadero del buque á la vista; luego, haciendo una virada y marcando á dicho buque al estar la proa á los diferentes rumbos, se tendrán los azimutes aparentes, que comparados con el verdadero, nos darán los desvíos totales correspondientes á los diversos rumbos de la proa.

170. 3.er Método. **En alta mar por medio de una série de azimutes.** Nada más importante que conocer en alta mar la perturbacion de la aguja, y precisamente es muy fácil, sobre todo si se navega en buque de vapor.

Para efectuar esto se situará á bordo la aguja azimutal como en los métodos anteriores, para conocer por ella el rumbo de la proa y referir sus indicaciones á la de bitácora.

Sitúese un observador con dicho compás azimutal para marcar

al Sol, por la mañana ó por la tarde cuando su altura *sea menor de* 20°.

Un segundo observador se encargará de la aguja de bitácora.

El tercero se preparará con un instrumento de reflexion para tomar una altura del astro cada vez que se marque.

Y el cuarto, en fin, apuntará la hora que señale un cronómetro en el instante de cada observacion.

171. Estando todos listos, se mandará poner el timon un poco de orza para que caiga el buque lentamente, y cuando note el observador de la bitácora que la proa está próxima á dirigirse á un rumbo, sea el NE por ejemplo, dará á los observadores la voz de listos, y mandará al mismo tiempo levantar la caña del timon para que el buque se mantenga un momento al rumbo deseado, y al estar la proa al NE dará la voz de *top*.

Efectuado esto, se tendrán los datos siguientes, de los cuales se tomará nota.

Un azimut magnético con el compás de marcar y el rumbo de la proa.

El rumbo de la proa en la aguja de bitácora.

Una altura del astro.

La hora del cronómetro.

Seguidamente se volverá á orzar, y al estar la proa al rumbo inmediato al anterior, se repetirán las mismas observaciones, y así sucesivamente con los 16 rumbos principales.

172. Antes ó despues de hacer estas observaciones, se tomará una altura del astro en circunstancias favorables y se calculará su horario, apuntando tambien la hora que señala el cronómetro en dicho instante.

Las diferencias entre la hora del cronómetro al tomar esta altura y cada una de las horas del mismo, al tiempo de tomar las otras alturas, serán las cantidades que deberán aplicarse al horario calculado para determinar los horarios correspondientes á cada observacion.

En efecto; siendo el horario calculado $3^h..28^m..30_s$ Occidental, y la diferencia entre la hora del cronómetro al observar este horario y la correspondiente á la primera altura de 20^m despues, es evidente que sumando esta cantidad al horario calculado, se tendrá el correspondiente á la primera observacion que será $3^h..48^m..30_s$.

173. Las alturas observadas se reducirán á verdaderas y se hallará la declinacion del astro para la hora reducida correspondiente al promedio de las horas de las observaciones.

Con estos datos se calculará el azimut verdadero para cada altura, por la fórmula siguiente:

$$\text{sen azimut} = \frac{\text{sen hor.}^{\circ} \times \text{sen } \Delta}{\cos A_v}.$$

DEMOSTRACION.—Sea hr el horizonte, ZP sus polos, eq la equinoccial, y ns sus polos: suponiendo el astro en a y tirando su horario y vertical, resultará el triángulo nZa, en el cual se conoce el ángulo en n, que es el horario, el lado na que es la distancia polar Δ; y el lado Za por complemento de la altura verdadera; luego para hallar el azimut que es el ángulo en Z, tendremos, que como los senos de los lados de un triángulo esférico, son proporcionales á los senos de los ángulos opuestos, será:

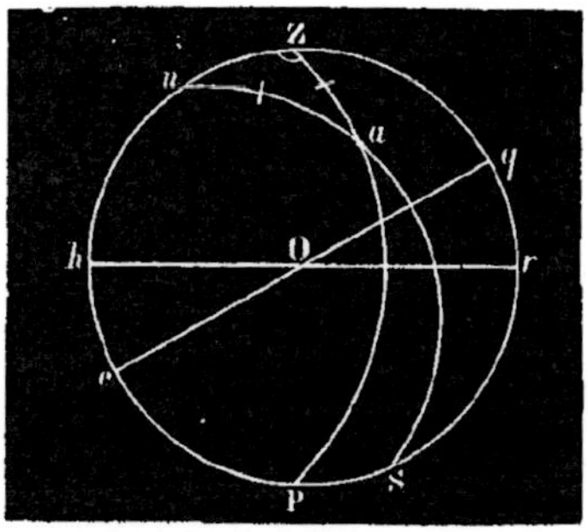

(Fig. 22)

$$\text{sen } Za : \text{sen } n :: \text{sen } na : \text{sen } Z,$$

esto es,

$$\cos A_v : \text{sen hor.}^{\circ} :: \text{sen } \Delta : \text{sen azimut},$$

luego

$$\text{sen azimut} = \frac{\text{sen hor.}^{\circ} \times \text{sen } \Delta}{\cos A_v},$$

de donde $\log \text{sen azimut} = \log \text{sen horario} + \log \text{sen } \Delta + \text{complemento} \log \cos A_v$.

174. Los azimutes verdaderos ó sean los calculados, comparándolos con los observados ó aparentes, nos darán los *desvíos totales* para los respectivos rumbos á que se dirigia la proa al hacer cada observacion, para lo cual se formará una tabla semejante á la del art. 160, con la única diferencia de anotar en la columna 6.ª los azimutes calculados.

Determinando la variacion magnética de la aguja y comparándola con los desvíos totales hallados para cada rumbo de la proa, segun la *aguja de bitácora*, obtendremos las perturbaciones correspondientes.

175. Tablas de azimutes. El método que acabamos de explicar debe emplearse en la mar con la mayor frecuencia posible, para tener siempre un perfecto conocimiento de las perturbaciones.

Como quiera que en la práctica de la navegacion no hay necesidad de obtener un azimut con una aproximacion mayor de 30′, con tanta más razon cuanto que las agujas á causa de las imperfecciones de construccion no llegan á tal precision y las *guiñadas inevitables producen diferencias muchísimo mayores*, es de todo punto supérfluo efectuar el cálculo numérico para la determinacion de los azimutes, siendo muchísimo más breve y suficientemente exacto el emplear los azimutes verdaderos obtenidos por medio de las *Ta-*

blas II, III y IV, que damos en el tomo III, (*) cuya explicacion y uso puede verse á continuacion de las mismas.

Por medio de estas tablas se obtendrán rápida y fácilmente los azimutes verdaderos de cualquier astro, cuya declinacion no pase de 70° y para latitudes hasta de 70° en ambos hemisferios. Los argumentos con los cuales hay que entrar en estas tablas son: horario del astro, que tratándose del Sol es la hora verdadera de á bordo (*Astr. art.* 622), latitud y declinacion al grado más próximo.

176. 4.° MÉTODO. **Por las diversas observaciones que pueden hacerse cada dia.** El desvío total correspondiente al rumbo de la proa puede determinarse fácilmente en la mar, tanto de dia como de noche, siempre que pase un astro por el meridiano ó por el vertical primario, así como tambien por la estrella polar si se navega en el hemisferio Norte, para lo cual se seguirán los mismos preceptos dados para determinar la variacion de la aguja.

177. Diremos por último, que se presentan en la mar cuatro ocasiones cada dia para obtener fácilmente la correccion total, que son:

En el orto y *en el ocaso verdadero del Sol*, por medio de la amplitud.

Cuando se observa la altura del Sol para el cálculo del horario, marcando á dicho astro y calculando su azimut.

En el momento en que pasa el Sol por el meridiano.

Determinando el desvío total estas cuatro veces cada dia, correspondiente á los distintos rumbos á que puede llevarse la proa, se tendrá un medio fácil y seguro de comprobar la tabla de perturbaciones que se obtuvo en el puerto, ó bien en la mar, segun las últimas observaciones.

Finalmente, las tablas de azimutes que damos en el tomo III facilitan sobremanera el cálculo de los azimutes verdaderos y con ellas se puede hallar el desvío total, tanto de dia como de noche, con tal que esté despejado.

Al emplear estos procedimientos debe tenerse muy presente, que no todos ellos dan resultados exactos, y que algunos sólo deben usarse á falta de otros mejores. Tambien hay que advertir que conviene que los astros que se marquen no estén muy elevados; que la observacion de los azimutes debe hacerse en circunstancias favorables, que es cuando el horario del astro es de 6^h si se verifica sobre el horizonte, y si no en el mayor horario posible; y por último, que el peor azimut que puede obtenerse en un mismo astro es cuando éste se halla en el meridiano.

(*) Hace años que Mr. Labrosse, oficial de la marina francesa, publicó unas tablas de azimutes para cada grado de latitud de las comprendidas entre los paralelos 55° N y 55° S; que fueron muy bien recibidas por los marinos y generalizádose su uso. Estas tablas sólo pueden servir para el Sol y para estrellas, cuyas declinaciones no pasen de 24°, de donde resulta que sólo son aplicables durante el dia por regla general.

178. Desvíos de escora. Demostrada la influencia que ejerce en la perturcion de la aguja la inclinacion del buque cuando se navega á la vela y de bolina, conviene conocer el desvío de escora, que á veces tiene tanta importancia, que sería peligroso el no tenerlo en consideracion.(*)

Este desvío toma las mismas denominaciones que la perturbacion, y así se llama NE ó NO. Para determinar si la escora produce variaciones notables en la perturbacion, y suponiendo conocida ésta, se hallarán los desvíos al dirigirse la proa hácia el N ó hácia el S, y despues de hacerlo escorar sobre una banda, empleando pesos convenientes en los que no haya hierro alguno. La diferencia entre estos desvíos y los correspondientes estando el buque adrizado, nos dará la influencia que ejerce la inclinacion del buque, debiendo repetirse las observaciones, haciéndolo escorar sobre la otra banda, pues la práctica ha demostrado que pueden ser diferentes los resultados que se obtengan.

179. Admitida la necesidad de hallar los desvíos de escora, se le darán al buque distintas inclinaciones sin emplear pesos de hierro y se determinará la perturbacion á los diferentes rumbos de la proa, empleando uno de los métodos explicados, y las diferencias entre estos desvíos y las perturbaciones conocidas para dichos rumbos de la proa, estando el buque adrizado, se anotarán en una tabla, expresando los grados de inclinacion y la banda sobre la cual escoraba el buque.

Navegando en alta mar no hay necesidad de hallar el desvío de escora nada más que para el rumbo que se navega; pero estando próximo á tierra conviene calcular la tabla completa haciendo escorar al buque á una y otra banda.

Navegando un buque escorado para pasar del rumbo de la aguja al magnético, se le aplicará al primero el desvío de escora que le corresponda, siguiendo las reglas dadas para reducir rumbos verdaderos á aparentes (art. 115), con lo cual se tendrá el rumbo de la aguja como si el buque navegase adrizado, y aplicándole á este último rumbo la perturbacion correspondiente, se tendrá el rumbo magnético.

El desvío de escora es diferente siempre que varía la colocacion del hierro á bordo, ó es distinta la latitud, por lo que hay que determinarlo siempre que las circunstancias lo exijan.

(*) Navegando de bolina se encuentran muchas veces diferencias entre la situacion por estima y por observaciones, que se atribuyen á las corrientes ó al abatimiento y que en realidad han sido producidas por el desvío de escora.

Para la mayor inteligencia de lo dicho, pondremos el siguiente

EJEMPLO.—Rumbo de la proa NNO; escora 8° sobre estribor, variacion magnética 20° NE; perturbacion correspondiente al NNO 10° NO. Se pide el desvío de escora.

Para esto, estando el buque escorado los expresados 8° sobre estribor, se calculó el azimut verdadero del Sol para el instante de marcarlo con el compás azimutal y reduciendo esta marcacion á su correspondiente en la aguja de bitácora, resultó:

Azimut verdadero	N 48° E
„ marcado	N 40 E
Diferencia	7 NE
Variacion magnética	20 NE
Desvío al hacer la observacion	13 NO
Perturbacion ordinaria	10 NO
Desvío de 8° de escora sobre estribor y al rumbo NNO=	3 NO

180. Inconveniencia de los correctores y compensadores de las agujas. Con el fin de neutralizar la accion perturbadora del hierro sobre las agujas, se han puesto en práctica diversos sistemas de correctores y compensadores, cuyo uso no prevalece y se abandona como defectuoso por la generalidad, hasta el punto que el Almirantazgo inglés ha prohibido su empleo en los buques de guerra, ejemplo que han seguido muchas compañías de navegacion.

181. Entre estos sistemas figura el *corrector de Barlow*, que consiste en un disco circular de hierro que puede colocarse á distinta distancia, altura y direccion del compás; y los *compensadores de Airy*, que son dos barras imantadas y cierta cantidad de hierro, colocadas en determinadas direcciones y distancias del compás.

La práctica ha demostrado plenamente lo defectuosos que son estos sistemas y los perjuicios que pueden ocasionar, por inspirar á los navegantes una seguridad que está muy lejos de ser justificada.

En efecto; aun admitiendo que resulte un compás perfectamente corregido de perturbacion para la latitud en que se ha verificado esta correccion, tendremos que, como la accion producida por el magnetismo permanente y accidental de los objetos de hierro á bordo, varía al mismo tiempo que la latitud, tendríamos que seria preciso variar á cada momento la posicion de los compensadores, operacion que exige un gran cuidado y que no siempre sale bien.

Además, cuando se varía de hemisferio, la perturbacion se efectúa en sentido contrario, y entonces los correctores y compensadores producen errores grandísimos como se ha visto en la práctica. (*)

182. Por lo tanto diremos, que tales sistemas sólo deben emplearse, cuando más, en buques que se separan muy poco del paraje en el cual se le han arreglado los correctores, á pesar que se citan algunos buques que al regresar al punto donde se los instalaron,

(*) Cítanse los buques ingleses el *Bosphorus*, el *Propontis*, el *Evangeline*, el *Harvest-home*, &c., en los cuales los imanes correctores han producido enormes diferencias al variar de latitud magnética. El *Harvest-home*, corregido en Inglaterra con mucho cuidado, dió errores de 86° al encontrarse á los 39° de latitud Sur; el *Bosphorus* tenia en el cabo de Buena Esperanza desvíos de 40°: y el *Evangeline* manifestó errores de 60° al hallarse en 40° de latitud Sur y 34°. 20′ de longitud O.

despues de hacer un viaje con ellos, encontraron desvíos diferentes en sus agujas.

Resulta en conclusion, que debe desconfiarse de tales sistemas, y que es indispensable para la seguridad de la navegacion determinar la perturbacion de la aguja con la mayor frecuencia posible, formando al efecto la tabla de compensacion.

183. Advertencias importantes. Con los métodos que dejamos explicados podrá el navegante en cualquiera circunstancia y paraje en que se halle, determinar la perturbacion con la exactitud necesaria; pero deberá tener muy presente que varía en los casos siguientes:

1.° Cuando se emplea una aguja diferente á aquella con que se observó.

2.° Siempre que se coloca la aguja en un lugar distinto á aquel en que se hicieron las observaciones.

3.° Cuando aumenta ó disminuye el hierro de á bordo ó se varía su colocacion.

4.° Cuando el buque tiene una inclinacion ó escora distinta que al tiempo de verificar las observaciones, ó cuando varía la diferencia de los calados de popa y proa.

5.° Cuando disminuye el magnetismo permanente del buque, si es de hierro, por efecto de su orientacion mientras ha estado en construccion.

6.° Siempre que se varía de latitud magnética.

7.° Estando próximo á costas de tierras volcánicas ó que contienen minerales de hierro.

8.° En tiempos de neblina, durante los temporales y huracanes y antes de sufrirlos; con las turbonadas, auroras boreales y otros fenómenos eléctricos.

9.° Siempre que se debilite la fuerza magnética de la planchuela ó se deteriore el estilo ó el chapitel.

Concluiremos repitiendo una vez más, que se evitan muchos peligros teniendo un perfecto conocimiento de la perturbacion, lo cual sólo se consigue por medio de frecuentes y escrupulosas observaciones.

CAPÍTULO V.

DESCRIPCION Y PRACTICA DE LOS CIRCULOS AZIMUTALES.

184. Preliminares. Siendo así que la perturbacion de una aguja es distinta segun el lugar del buque en que se coloca, es evidente que las indicaciones del compás de marcar diferirán siempre de las correspondientes en la aguja de bitácora, resultando de aquí errores al determinar con el primero las correcciones de variacion y perturbacion que deben aplicársele á este último, si no se tienen en cuenta dichas diferencias, lo cual es bastante engorroso y fácil de que se cometan equivocaciones.

La aguja azimutal tiene casi siempre oscilaciones que entorpecen su lectura y sus indicaciones se retardan por el rozamiento del chapitel con el estilo. Todos estos inconvenientes se salvan empleando en vez del compás de marcar un instrumento llamado *círculo azimutal*, que reune entre otras ventajas la importantísima de referir las observaciones que se hacen con él, como si se hubiesen hecho con la aguja de bitácora, cualquiera que sea el sitio del buque en que se coloque.

185. Descripcion del círculo azimutal. (*) Este instrumento se emplea para medir ángulos horizontales con la aproximacion que requieren las observaciones á que se aplica, y se compone de un círculo de laton A, de unos 10 centímetros de radio, suspendido por el método de *Cardano,* con el objeto que se conserve horizontal, dentro de una caja rectangular de madera.

(*) La invencion de este instrumento le pertenece al Jefe de escuadra *D. Antonio Doral,* que publicó en 1848 una extensa Memoria acerca de su teoría y práctica, despues de comprobarse la exactitud del instrumento en los ensayos que se hicieron en la corbeta de guerra *Villa de Bilbao,* en vista de lo cual se adoptó y mandó llevar de cargo en todos los buques de nuestra Armada. El círculo que vamos á describir no es más que una modificacion que hemos hecho del de Doral, el cual segun nuestro humilde entender es de más fácil manejo, evitándose los errores que suelen cometerse con el de Doral al deducir de los ángulos medidos los rumbos correspondientes de la aguja de bitácora; tiene las condiciones de exactitud que requiere la índole de observaciones á que se aplica y su costo es la tercera parte del de Doral, con lo cual creemos que se facilitará su adopcion en todos los buques mercantes. El primer ejemplar, de cuya fotografía está sacada la fig. 23, fué construido segun nuestras indicaciones en 1870, para el Gabinete de la Escuela de Náutica de Cádiz, por nuestro hábil artista D. Pedro Torres,

El extremo de este círculo está dividido de grado en grado desde 0° á 180 por uno y otro lado, y vá instalado de modo que el diáme-

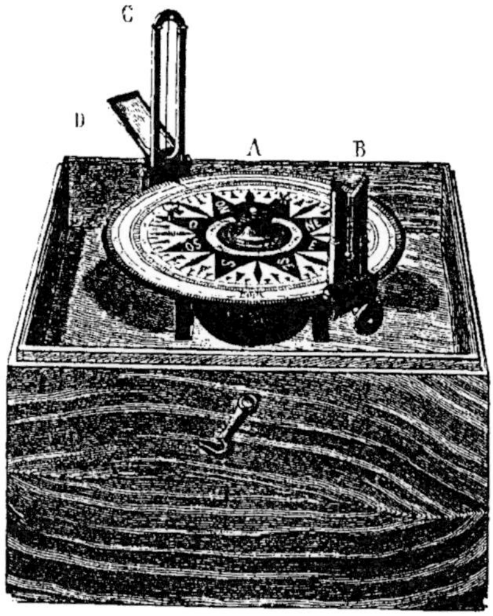

(Fig. 23)

tro que pasa por los puntos 0° y 180° sea perfectamente paralelo á dos costados opuestos de la caja.

En el centro de este círculo vá embutido otro círculo más pequeño, tambien de laton, que lleva pegada una rosa náutica y que puede girar libremente, fijándose cuando se desee por medio de un tornillo de presion que lleva en el centro.

Debajo de estos círculos hay una alidada que lleva dos pínulas en sus extremos; la ocular B, termina en una horquilla para facilitar la observacion de los objetos poco luminosos, y lleva vidrios de colores para interponerlos cuando se observa al Sol; la objetiva C lleva un espejo D para marcar al astro por reflexion cuando está muy elevado. Debajo de dicha pínula objetiva y perpendicular á la prolongacion del hilo, hay un puntero metálico para señalar el punto de la graduacion correspondiente al ángulo medido. La alidada gira libremente y se fija en el círculo por medio de un tornillo que lleva la pínula ocular.

186. Comprobacion del círculo azimutal. Para comprobar la bondad de este instrumento, deberá examinarse detenidamente y ver si reune las siguientes condiciones:

1.ª *El círculo deberá estar perfectamente horizontal.* Para verificar esta condicion, que deberá dársela el constructor, una vez instalado el círculo en tierra se le quitará el tornillo de presion de la rosa y se colocará un nivel de aire en la direccion de la alidada, y situando esta en direcciones perpendiculares entre sí, se verá si el círculo está horizontal; y caso que no estuviese, se corregirá la colocacion del peso que lleva debajo, ya sea adicionando en un lado ó suprimiendo en el otro.

2.ª *El diámetro que pasa por el cero de la graduacion, debe ser paralelo á dos lados opuestos de la caja.* Ante todo hay que comprobar si los costados de la caja que se colocan en la direccion de popa á proa son paralelos entre sí, para lo cual se pueden ajustar á dichos costados dos reglas suficientemente largas y por medio de una escala y plantilla de escuadra se examina si existe el paralelismo necesario. Hecho esto, y por un procedimiento análogo, se registra si el diámetro que pasa por el cero de la graduacion es paralelo á los dos mencionados costados de la caja, y en caso contrario se enmendará convenientemente el eje de suspension del círculo.

Esta rectificacion no es necesaria, siempre y cuando que el instrumento esté construido con la solidez y esmero conveniente, á ménos que haya sufrido un fuerte golpe ó las maderas hayan tomado movimiento por efecto de la humedad ó del calor.

3.ª *La alidada deberá estar bien centrada.* Colocando el puntero de la pínula objetiva en 0°, el centro de la otra pínula deberá corresponder á los 180°, y en cualquiera posicion en que se sitúe la alidada deberán ser iguales los ángulos opuestos que forma con la línea 0°, 180°; en tal caso el centro de rotacion de la alidada coincidirá con el centro del círculo.

187. Modo de instalar á bordo el círculo azimutal. El diámetro que pasa por el cero de la graduacion debe colocarse en una direccion paralela á la de la quilla, para lo cual se harán estando en puerto las operaciones siguientes:

Hallándose el buque en reposo y *su proa en una direccion invariable,* se colocará una regla sobre las brazolas de una de las escotillas en la direccion del centro de la sobre-quilla, empleando al efecto una plomada, segun sabemos (art. 61), y de modo que sobresalgan sus extremos como medio metro á proa y popa de dichas brazolas.

188. Colóquese uno de los costados de la caja del círculo que es paralelo á la línea del cero, unido á uno de los extremos de la regla, de modo que el costado que lleva el letrero *popa* corresponda á esta parte del buque, con lo cual la línea del cero será paralela á la direccion de la quilla.

Hágase girar la alidada del círculo hasta enfilar con las pínulas *un objeto lejano ó un astro muy bajo que varíe poco en azimut*, y tendremos el ángulo que forma su demora con la direccion de la quilla; *fíjese bien la alidada* y trasládese el círculo á uno de los portalones sobre la regala y hágase girar la caja hasta que se enfile con las pínulas el objeto antes marcado, en cuyo caso la línea del cero se hallará en la direccion de la quilla, siempre y cuando que en el intervalo de las dos marcaciones no se haya movido el buque ó variado el astro de azimut, pues entonces habria que repetir la operacion.

189. Para volver á colocar el círculo en la misma posicion siempre que se quiera, se atornillará un barrote de madera ó de hierro de un largo proporcionado y de dos centímetros de alto, de modo que esté unido á uno de los costados de la caja paralelo á la quilla, y es evidente que siempre que se coloque el costado de la caja del círculo, unido al referido barrote, la línea del cero será paralela á la quilla.

190. Para poder marcar con el círculo objetos que se vean en cualquier punto del horizonte, se colocarán barrotes, operando del mismo modo en los portalones, en las amuras y en las aletas; advirtiendo que si hubiese á bordo dos círculos, convendria tener uno unido á la regla de la escotilla y emplear el otro para situar el barrote, en cuyo caso se marcará con ambos á la vez y se evitarán los errores que podria producir el haber girado la proa en el intervalo de las dos marcaciones, ó si se hubiese marcado un astro que haya variado en azimut.

191. Tambien podrá comprobarse la colocacion de la bitácora, para lo cual se marcará el objeto teniendo como antes la caja del círculo unida á la regla de la escotilla, y colocándola despues contigua á la bitácora de modo que la línea del cero sea paralela á la que pasaria por las dos líneas de fé del mortero; se volverá á marcar el objeto, y siendo la marcacion igual á la anterior, estará bien colocado el compás de bitácora.

192. Modo de observar con el círculo azimutal. Siempre que se desee hallar la demora de un astro ú objeto terrestre, podrá emplearse el círculo con notables ventajas sobre el compás azimutal.

Para esto se colocará la caja del círculo unida á uno de los barrotes, desde donde se vea bien el objeto que se vá á marcar. Enfílese el objeto con las pínulas y fíjese en seguida la alidada con el tornillo de presion, y en el mismo instante se le dará al timonel la voz de *top*, el cual dirá el rumbo á que se dirige la proa; hágase girar la rosa del círculo hasta que el rumbo á que se dirige la proa coincida con la línea cero de la graduacion exterior del círculo, y el puntero de la pínula objetiva marcará en la rosa del círculo la demora del objeto de que se trata, del mismo modo que si se hubiese observado con la aguja de bitácora.

193. Dirigir la proa á un rumbo corregido cualquiera, siempre que se conozca el que vá haciendo la nave. Cuando se conoce el rumbo verdadero correspondiente al aparente que sigue el buque ó sea el indicado por la aguja, y se desea variar de rumbo, no conociendo el desvío total que le corresponde por no haber podido observarlo, el círculo azimutal nos servirá para determinar el nuevo rumbo á que se debe gobernar para que resulte el verdadero que se desea.

194. Para esto márquese con el círculo azimutal un astro que esté próximo al vertical primario y hágase girar el puntero de la pínula objetiva, un número de grados igual á la diferencia que haya entre el rumbo verdadero que sigue la nave y el que se desea hacer, en direccion hácia proa si el buque ha de girar sobre la banda en que está el círculo, ó en direccion hácia popa si debe girar hácia la banda contraria.

Mándese orzar ó arribar, segun el caso, hasta que el astro marcado esté de nuevo enfilado por las pínulas, y tendremos que el rumbo que indique la aguja de bitácora en aquel momento, será el rumbo aparente que corresponde al nuevo rumbo verdadero que se trata de hacer, y la diferencia entre estos dos rumbos el desvío total del rumbo de la proa.

195. Por medio de este procedimiento podrá determinarse el desvío total correspondiente á los diferentes rumbos de la rosa, siempre que se conozca el del rumbo á que se dirige la proa.

196. Ejemplo.—Supongamos que se gobierna al N$\frac{1}{4}$NE que corresponde al verdadero NNO, y se desea saber á qué rumbo debe gobernarse para hacer el O$\frac{1}{4}$NO verdadero.

Tenemos que la diferencia entre el NNO y el O$\frac{1}{4}$NO son 5 cuartas, que es lo que se desea que gire la proa hácia babor. Esto supuesto, con el círculo colocado en la banda de babor, se marcó un astro que demoraba á los 86° distante de la proa; luego corriendo el puntero de la pínula 5 cuartas ó sean 56° hácia proa, puesto que se trata de que gire el buque hácia la misma banda del círculo, marcará el puntero los 30°. Entonces se mandará poner la caña á estribor para que gire la nave hasta que vuelva otra vez á marcar el astro; en cuyo caso se dirigirá la proa al NO$\frac{1}{4}$N que será desde luego el rumbo aparente que corresponde al O$\frac{1}{4}$NO verdadero, y 4 cuartas ó 45° el desvío total, diferencia entre ambos rumbos, de especie NE.

197. El error que puede resultar en esta determinacion, depende del movimiento en azimut que haya tenido el astro durante el tiempo que se ha empleado en hacer las marcaciones, y poner al buque al nuevo rumbo.

Si el astro que se ha marcado tiene un movimiento azimutal pequeño y ha sido corto el intervalo, será despreciable el error que pueda resultar; pero si no fuese así, se observará con el círculo la variacion en azimut que ha tenido el astro cinco minutos antes y otros cinco despues de la marcacion, y por medio de una simple proporcion se hallará la correccion diciendo: si en 5 minutos la variacion média en azimut del astro ha sido una cantidad *n*, en los minutos que ha durado la operacion, qué variacion habrá tenido el astro en azimut; y tendremos que aplicando convenientemente el valor de este cuarto término, el nuevo rumbo hallado se tendrá corregido del error de movimiento en azimut del astro.

198. Sucede á veces que puede marcarse el objeto desde la aleta de babor, por ejemplo, al principio de la maniobra, y que no puede marcarse desde el mismo punto al concluirla; en tal caso se trasladará desde luego el círculo á un lugar en que pueda marcarse el objeto al estar la proa al nuevo rumbo.

199. Siempre que se está á la vista de tierra, debe preferirse para hacer la marcacion el punto de la costa más lejano y bien determinado ó bien un buque que se vea en el horizonte.

200. **Uso del círculo cuando el cielo está nublado.** Cuando no se está á la vista de tierra ni se descubre ningun astro por estar el cielo cubierto, puede marcarse un punto bien determinado de una nube, eligiendo la que se halle más próxima al horizonte y en la direccion del viento, ya sea á barlovento ó á sotavento, cuidando de observarla antes y despues de hacer la marcacion, para ver si se ha conservado sensiblemente inmóvil.

201. **Observar con el círculo un azimut en tierra, no habiendo compás de marcar.** Cuando hay necesidad de determinar en tierra la variacion de la aguja y no hay compás de marcar para observar el azimut aparente del astro, puede emplearse el círculo azimutal, para lo cual se coloca en tierra una aguja cualquiera, de modo que se halle el N en una de las líneas de fé del mortero, y se pone el círculo al lado de la aguja, haciendo que el diámetro del cero de su graduacion sea paralelo á la línea N-S de la aguja y el ángulo que forme en el círculo el vertical del astro será su azimut magnético.

202. **Medir el abatimiento por medio del círculo.** En el centro del coronamiento deberá fijarse un barrote en la direccion de la quilla y unido á él se colocará un costado de la caja del círculo, paralelo al diámetro del cero de la graduacion; y marcando por medio de las pínulas el centro de la parte más lejana de la estela, se tendrá el abatimiento.

203. **Círculo azimutal de Doral.** (*) Este instrumento se compone de

---

(*) Los que deseen mayores detalles acerca de este instrumento, pueden ver el folleto titulado "Memoria descriptiva del círculo de marcar por el Jefe de Escuadra D. Antonio Doral," impreso en Madrid en 1848.

un círculo graduado que se mantiene horizontal por la suspension de *Cardano*. Lleva una pínula objetiva de forma curva *a*, á lo largo de la cual se mueve y fija por ajuste una lente *b*, cuya distancia focal es igual á la distancia que hay entre dicha pínula y un arco concéntrico con ella, situado debajo de la pínula ocular *d*, con el objeto de que se proyecte la imágen del Sol como un punto luminoso sobre el centro de dicho arco, para lo cual se orienta el círculo convenientemente, marcándose el astro de este modo, sin tener que enfilarlo con las pínulas.

La marcacion de los objetos poco luminosos se verifica por medio de un hilo que hay en un bastidor *c*, que se coloca á la altura que se desea, segun la elevacion del objeto que se vá á marcar.

(Fig. 24)

Las pínulas van colocadas en una alidada que gira en el centro del círculo y que lleva en uno de sus extremos un *nonius* con el cual se aprecian los arcos de 5 en 5 minutos. (*)

El valor de los ángulos se mide contando de 0° á 180° desde la proa hácia uno y otro lado.

204. Para verificar la horizontalidad del círculo, lleva un nivel en la alidada *e*, y debajo del círculo dos pesos que pueden moverse en direcciones opuestas formando ángulo recto, produciéndose dicho movimiento por un tornillo que lleva cada peso. Por lo tanto,

---

(*) Vemos, pues, que este círculo es más exacto que el anterior, pero bien considerado, hasta la aproximacion de un grado para la clase de observaciones á que se dedica, en atencion á que son mucho mayores lo errores que resultan por efecto de las guiñadas que dá el buque, y por las oscilaciones é inercia de la aguja.

no habrá más que colocar la alidada en la direccion de los referidos tornillos y se verá si el círculo está nivelado, y en caso contrario se mueven los pesos convenientemente.

El diámetro del cero está colocado por el constructor en sentido paralelo á dos costados opuestos de la caja; y para rectificar este paralelismo del círculo lleva un tornillo *f*, por medio del cual puede hacerse variar lentamente la direccion de dicha línea.

Por último, dentro de la caja lleva un carretel con su hilo y una plomada que sirve para colocar la regla sobre las brazolas (art. 61) de las escotillas, paralela á la direccion de la quilla *del buque*, é instalar el círculo á bordo.

205. Para hacer uso de este instrumento se instala como el anterior, y marcando con él un objeto, se verá el ángulo que forma la visual dirigida á él con la proa; y sumando ó restando el valor de este ángulo al rumbo á que se dirigia la proa en aquel instante, se tendrá la demora del objeto, como si se hubiese observado con el compás de bitácora.

Debe tenerse mucho cuidado de no equivocarse al deducir la demora del objeto, por el valor del ángulo que forma la visual con el rumbo de la proa, error que suele á veces cometerse y que está salvado en el círculo anteriormente descrito.

CAPÍTULO VI.

DESCRIPCION Y PRACTICA DEL POLIDIOSCOPO.

206. Efectos que producen en las agujas las descargas eléctricas. La caida de un rayo á bordo de un buque ó próximo á él, produce grandes alteraciones en las agujas imantadas, cuyos polos se invierten la mayor parte de las veces; otras ocasiones sufren grandes desvíos que modifican la variacion magnética, y otras en fin, pierden la fuerza directriz hasta el punto que hay que imantar las planchuelas de nuevo.

207. Sucede generalmente, que todas las agujas de un mismo buque sufren alteraciones iguales, pero tambien hay casos en que son diferentes en los distintos compases, segun la distancia á que se hallan del paso de la descarga eléctrica.(*)

208. La imantacion producida por la caida de un rayo se efectúa segun la posicion de las agujas y los polos dependen de la direccion de la corriente eléctrica; así se explica las alteraciones que se han experimentado en algunos buques, en los cuales se ha visto que varias planchuelas encerradas en una misma caja han sufrido desvíos diferentes de 3 á 8 cuartas, al paso que otras han perdido la fuerza magnética, si bien la vuelven á recobrar en parte algun tiempo despues.

209. Si la inversion de los polos se efectúa de una manera visible, todo está previsto; pero, si la caida de un rayo en el buque ó próximo á él invierte instantáneamente los polos, sin poderse explicar cómo se ha efectuado, ya sea en todas las agujas ó en algunas solamente, lo que produce mayor confusion; y si en aquel crítico instante no hay astros visibles para orientarse por estar el cielo del todo nublado, como sucede en las turbonadas que con tanta fre-

(*) D. Alejandro M.ª de Ory, comandante de la goleta *Edetana*, nos refiere que estando fondeado en la bahía de Sta. Isabel (isla de Fernando Póo) el 26 de Diciembre de 1873, al descargar un tornado atrajeron los para-rayos de los palos mayor y trinquete dos chispas eléctricas que no sólo invirtieron los polos de la aguja de bitácora, sino tambien los del soplon de su cámara, los de la aguja azimutal y hasta los de tres rosas que iban de respeto.

cuencia se experimentan en la zona tórrida, sobre todo en la proximidad de las costas, se encontrará entonces el navegante en una situacion muy difícil, sin conocer el rumbo que sigue, y podrá suceder que lejos de separarse de peligros próximos siga un rumbo opuesto, resultando de aquí la pérdida del buque.(*)

210. Para determinar si la flor de lis de la rosa nos indica el N magnético, pueden emplearse varios procedimientos rápidos y seguros, pero es necesario tener muy presentes ciertas leyes físicas y hacer funcionar pilas y otros aparatos que no se llevan á bordo, y aun cuando así sea, hay que estar muy diestro en su manejo para no equivocarse en momentos de confusion y ansiedad.

211. Polidióscopo. Para salvar todos estos inconvenientes, hemos ideado un aparato muy sencillo con el cual no es posible equivocarse, aun suponiendo que el que lo maneje carezca por completo de conocimientos físicos.

Dicho aparato se reduce á una aplicacion especial del *elemento de Seebeck*, al cual le hemos dado el nombre de *Polidióscopo*, palabra compuesta de las voces griegas πολος, *polo;* ιδιος, *mismo;* σκοπεω, *veo.*

212. Teoría en que se funda el Polidióscopo. Para explicar los principios físicos en que se funda, diremos segun las experiencias de *Oertedt*, que si colocamos un hilo metálico por el cual se hace pasar una corriente eléctrica producida por una pila, paralelo á una aguja y próximo á ella por su parte superior, en el mismo instante abandonará la aguja la direccion del meridiano magnético y se colocará perpendicular al hilo, volviendo á su posicion primitiva tan luego como concluya la corriente. Si en vez de situar el hilo por la parte superior de la aguja lo colocamos por la inferior, tambien se pondrá la aguja en cruz con la corriente, pero la direccion de los polos será entonces opuesta, es decir, que si el hilo superior desvía el N de la aguja hácia el O, por ejemplo, el inferior lo desviará hácia el E.

213. Para explicar *Ampere* las leyes que siguen estos desvíos, tuvo la ingeniosa idea de personificar la corriente, figurando una persona colocada á lo largo de ella, mirando siempre hácia la aguja, cualquiera que sea la posicion del hilo.

(*) En prueba de la frecuencia con que desgraciadamente se repiten estos accidentes, diremos que en un notable artículo publicado en el *Nautical Magazine* en Enero de 1869, se hace mencion de las cuantiosas pérdidas y averías que han sufrido los buques de la Marina real inglesa, y lo que es más doloroso aún, el número de víctimas producidas por la caida de rayos; bastando decir que desde el año de 1794 á 1815, época de guerra para Inglaterra, se registran 133 casos de buques de guerra en que han caido rayos; y desde 1815 á 1840, período de paz y en el cual era menor el número de buques armados, se cuentan 55 casos.

La corriente que sale del polo positivo de una pila, atraviesa el hilo y se dirige hácia el polo negativo, y *Ampere* supone que entra por los pies y sale por la cabeza de la persona figurada, resultando de este artificio que la corriente tiene cara, espalda, derecha é izquierda, y nos enuncia la ley del siguiente modo: *cuando una corriente eléctrica obra sobre una aguja imantada, el polo de ésta que se dirige al N del mundo, se desvía hácia la izquierda de la corriente.*

214. *Seebeck* ha demostrado que el movimiento de la calor al atravesar un circuito metálico produce corrientes eléctricas, valiéndose al efecto de un aparato formado por una hoja de cobre, cuyos extremos doblados en ángulo recto van soldados á una barra de bismuto; en el interior de este circuito gira sobre un eje una aguja imantada; y puesto el aparato en la direccion del meridiano magnético y calentando una de las soldaduras, sufre la aguja un desvío que manifiesta la existencia de la corriente, que se dirige por la hoja de cobre del extremo calentado al frio, y por lo tanto, el polo de la aguja que se desvía á la izquierda de la corriente, será el que se dirige al N magnético.

215. Descripcion del Polidióscopo. Este instrumento se compone de una varilla de laton (Fig. 25), con un contrapeso de plomo en su ex-

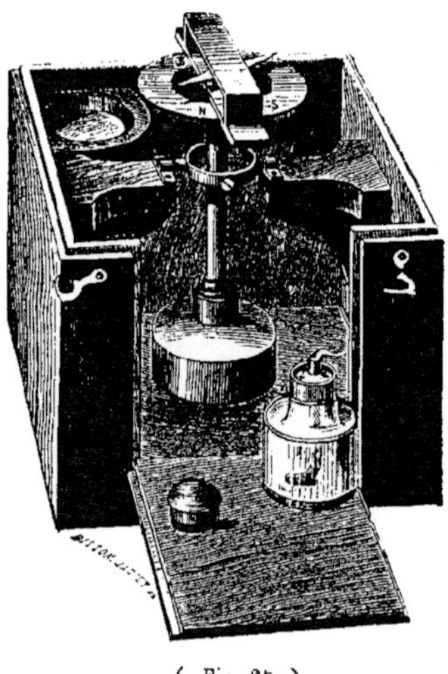

(Fig. 25)

tremo inferior, y que se conserva en posicion vertical suspendida por el método de Cardano, dentro de una caja de madera: en la parte superior de la varilla lleva un circuito formado por una hoja de cobre unida por sus extremos á una barra de bismuto.

En el centro del circuito hay un estilo muy fino sobre el cual gira una aguja imantada sumamente sensible y á cada lado de la barra de bismuto, sin estar en contacto con ella, hay un semi-círculo de marfil con unos letreros que indican la denominacion de los polos de la aguja, cuando gira sobre dichos semi-círculos.

Hemos dicho que el aparato vá fijo en una caja y presenta hácia afuera un extremo del circuito, al cual se le puede aplicar la llama de una pequeña lámpara de alcohol que acompaña al instrumento.

216. **Uso del Polidióscopo.** Para esto se hace girar la caja hasta tanto que se coloque la aguja en la direccion del centro del circuito, y aplicando entonces la luz al extremo que presenta libre, se desviará la aguja recorriendo parte de los semi-círculos; y leyendo en ellos los letreros que hay debajo de los extremos de la aguja, conoceremos los nombres de sus respectivos polos.

217. Debe cuidarse durante la operacion, que se gobierne sin dar guiñadas, para no equivocarse en la direccion en que se desvía la aguja del Polidióscopo.

218. Esto supuesto, si en un buque que lleva varios compases, se han invertido los polos de todos ó de parte de ellos, y se desea conocer la verdadera direccion del N magnético, se comparará uno de los compases con la aguja del Polidióscopo, cuidando que medie entre ellos un metro de distancia, y haciendo funcionar el último, se determinará cuál es el polo N magnético.

219. Si alguna de las agujas hubiese perdido su magnetismo, se conocerá desde luego, así como tambien si hubiese sufrido solamente un desvío de algunas cuartas: en ambos casos se imantará la aguja por uno de los métodos que hemos explicado y se restablecerá la línea de los polos en su direccion primitiva.

220. Si suponemos en último extremo que la aguja del Polidióscopo haya perdido el magnetismo, podremos imantarla, y si no hubiese á bordo iman artificial, podrá emplearse en su lugar una de las planchuelas de los compases que conserve su fuerza magnética.

CAPÍTULO VII.

DE LA CORREDERA.

221. Unidades en que se expresan las distancias navegadas. Para apreciar las distancias navegadas se toma como unidad *la milla marina, que es igual á la longitud de un minuto* de arco de círculo máximo de la Tierra, suponiéndola exactamente esférica; por lo tanto, la extension de un grado de meridiano será de 60 millas ó 20 leguas.

Siendo así que los 90° de un meridiano valen 10 millones de metros, y que 90° equivalen á 5400 minutos ó millas, tendremos que una milla será igual $\frac{10.000.000}{5.400}=1.851^{\text{metros}},85$; y como 3 millas forman una legua marina, el valor de esta será $1.851^{m},85\times3=5555^{\text{metros}},55$. (*)

222. Teoría en que se funda la corredera. Para determinar en un momento dado la velocidad que lleva un buque, se emplea un instrumento llamado *corredera*, que está fundado en el principio siguiente:

Si el andar del buque es uniforme, en una hora navegará tantas millas; cuántos $\frac{1}{120}$ de milla, navegue en $\frac{1}{120}$ de hora.

Pero $\frac{1}{120}$ de hora es igual á 30 segundos, y $\frac{1}{120}$ de milla es igual á $15^{m},43$; luego es evidente que el número de distancias de $15^{m},43$ que navegue el buque en medio minuto, manifestará las millas marinas que navega en una hora. (†)

223. Descripcion de la corredera. Este instrumento se compone de una tablita llamada la barquilla A (Fig. 26), cuya forma es la de un sector de círculo de 60 á 90° y de unos 18 centímetros de radio. El canto del arco lleva la cantidad de plomo necesaria para que al estar en el agua la barquilla, quede en posicion vertical y sumergida hasta poco más de sus dos tercios.

224. En un *carretel* E, se amarra y envuelve un cordel de unos

---

(*) En rigor el cuadrante de meridiano vale 10,000,085,^{m}7 y por lo tanto la legua marina constará de $5555^{m},60$.

(†) Tenemos que $\frac{1}{120}$ de milla es igual tambien á 55 piés y 5 pulgadas de Búrgos ó sean 50 piés y 8 pulgadas de Londres.

200 metros de longitud, en cuyo extremo hay dos pernadas D, de un metro de largo; el extremo de una de ellas se fija en el vértice B de la barquilla, y la otra pernada lleva una clavija C, que se introduce en un agujero que tiene la barquilla en las inmediaciones del arco.

225. A una distancia de la barquilla igual á la longitud del buque, si éste es de vela, ó á doble distancia si es de vapor, se coloca un trapo blanco entre las mallas del cordel, desde el cual empiezan las divisiones de la corredera.

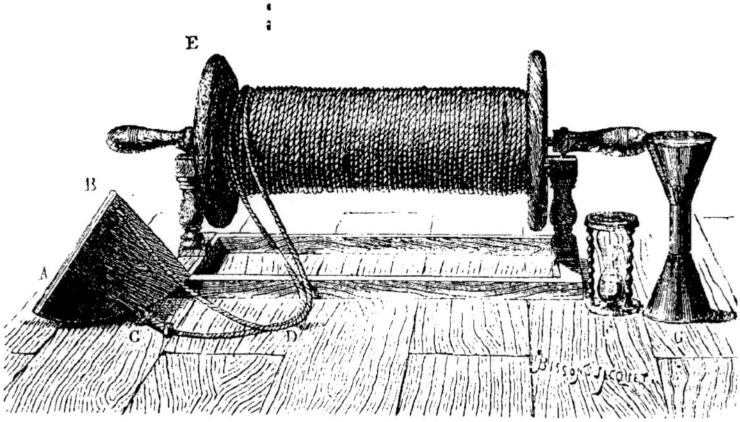

(Fig. 26)

Esto se hace con el objeto que la cantidad de cordel que se fila, mida exactamente el andar del buque; para lo cual es indispensable que permanezca inmóvil la barquilla en el lugar en que se arroja; y como al principio es arrastrada por los remolinos que forma el agua al ocupar el vacío que deja la nave y por otras causas, no puede considerarse como inmóvil sino cuando se halla á una distancia del buque igual á la longitud antes indicada.

226. Para deducir el andar del buque se divide la corredera en *nudos* que son $\frac{1}{120}$ de la milla marina. La longitud de cada nudo ó milla deberia ser, segun lo dicho (art. 222), de $15^m,43$; pero se le dan solamente $14^m,61$, en razon á que repetidas experiencias han demostrado que con esta longitud se obtienen los resultados más exactos.

Para marcar las millas en la corredera, al final de la primera ó sea á una distancia del trapo de $14^m 61$, se sujeta entre las mallas del cordel una piola con un nudo, que indica una milla; al final de la segunda division otra piola con dos nudos, que indica dos millas, y así sucesivamente hasta un número de divisiones algo mayor que el máximo andar que pueda alcanzar el buque. En la mitad de cada division ó milla se coloca una tira de cuero que marca média milla y esta se puede subdividir á ojo en cinco partes iguales ó brazas cortas que indicarán décimos de milla.

227. Ampolletas. Para medir el tiempo mientras se echa la corredera se usa la *ampolleta* F, que es un reloj de arena, empleándose segun los casos, de 30^s ó bien de 15^s.(*)

Esta clase de ampolleta tiene el gran inconveniente que en tiempos de lluvias se humedece la arena, tarda más tiempo en caer, y á veces se detiene del todo; y además que se necesita de noche estar próximo á una luz para ver caer la arena.

Por esta causa se prefieren unas ampolletas de laton ó hierro G, herméticamente cerradas, en cuyo interior llevan unas piedrecitas menudas, en las cuales no influye la humedad, y por el ruido que hacen al caer se evita el que haya que mirarla como la anterior. Esta clase de ampolleta se llama de *sonido*.

228. Uso de la corredera. Para echar la corredera, se colocan á popa y á sotavento un marinero con la ampolleta y otro con el carretel, manteniéndolo elevado y sujeto por los extremos de su eje; el que dirige la operacion introduce la clavija en la barquilla ni muy floja ni muy apretada; coje varias adujas de cordel con la mano izquierda y despues de ver si vá gobernando el timonel al rumbo que se le ha mandado, dá la voz de *listos*.

El que tiene la ampolleta vé si toda la arena está en la parte inferior y contesta *listo*.

Entonces se arroja la barquilla al mar hácia sotavento para que caiga fuera de los remolinos que forma el agua, y la barquilla se mantendrá vertical y sensiblemente inmóvil detenida por la resistencia que le presenta el agua.

Se irá filando cordel de modo que no tire de la barquilla ni quede flojo, para lo cual se dejará correr por la mano izquierda que se mantiene medio cerrada, y con la derecha se tira y se vá desliando el cordel del carretel segun se vaya necesitando, hasta que llegue á la mano el trapo que indica la eslora y entonces se dá la voz de *cambia;* el marinero que tiene la ampolleta la invierte; se sigue filando cordel hasta que al caer el último grano de arena de la ampolleta dá la voz de *top* (†); al mismo tiempo se cerrará la mano para detener la salida del cordel, y contando el número de nudos, medios nu-

(*) Algunos suelen usar ampolletas de 28^s y 14^s en vez de las de 30^s y 15^s, pero entonces se le dá á cada division ó milla del cordel una longitud de $15^m,43$ en vez de los $14^m,61$ que dejamos dicho, con lo cual se viene á obtener igual resultado.

(†) Esta palabra se deriva de la inglesa *stop*, que quiere decir *deten*.

dos y décimos que correspondan al punto en que se ha cerrado la mano, se tendrá el andar del buque.

Para recojer la corredera se le dá un fuerte tiron al cordel, para que salte la clavija y se coloque la barquilla horizontal, presentando así poca resistencia, lo cual facilita sobremanera la operacion.

229. **Modo de estimar la velocidad, segun la ampolleta que se emplea.** Cuando el andar del buque es menor de 6 millas, se usa la ampolleta de 30^s, y cuando llega ó pasa de esta cantidad, la ampolleta de 15^s; pues de lo contrario se dificultaria la operacion de recojer el cordel, tanto por la gran cantidad que habria que filar, como por la mayor resistencia que encontraria.

230. Si se emplea la ampolleta de medio minuto, se cuentan los nudos, medios nudos y décimos, y nos darán el andar en millas; pero si se usa la ampolleta de 15 segundos, se le dará un valor doble á las divisiones que salgan en dicho intervalo: por lo tanto, si se han filado, por ejemplo, 3 nudos, un cuero y dos brazas cortas, diremos que el andar del buque es de 7 millas y 4 décimos.

231. **Frecuencia con que debe echarse la corredera.** Cuando el andar del buque es uniforme, se echa la corredera de hora en hora; pero se cuidará de echarla siempre que aumente ó disminuya la fuerza del viento ó de la marejada, así como tambien cuando se varía de rumbo ó de aparejo, ó es diferente el número de revoluciones que dá la máquina por minuto, si se trata de un vapor.

232. Cuando en el intervalo de una hora ha tenido el buque distintas velocidades, se determina por medio de proporciones la distancia que ha recorrido en dicho intervalo.

Si en la primera média hora anda el buque, por ejemplo, á razon de 10 millas por hora, en el cuarto de hora siguiente á razon de 8 millas y en el último cuarto á razon de 6 millas, sin haber variado de rumbo, tendremos:

$60^m : 10' :: 30^m : x = 5$ millas
$60 : 8 :: 15 : x = 2$ „
$60 : 6 :: 15 : x = 1,5$ „

y la suma 8,5 millas, será la dist.ª navegada en dicha hora.

233. **Rectificacion de la corredera y de la ampolleta.** Siempre que se hace una corredera nueva, debe mojarse el cordel y dejarlo secar despues varias veces y estirarlo luego convenientemente para que su longitud sufra la menor alteracion posible.

Cuando el cordel de la corredera ha estado en uso algun tiempo, debe comprobarse si su longitud ha sufrido alguna alteracion, que generalmente es en aumento. Para esto se marca en una de las tablas de la cubierta, con dos clavos de cobre, la extension correspondiente á média milla; y se van ajustando con ella todas las divisiones de la corredera, y se enmiendan los nudos siempre que las diferencias que se noten no dependan de causas accidentales, tal como el haber estado mojado el cordel mucho tiempo.

234. Las ampolletas deben comprobarse con frecuencia, comparándolas con un reloj de segundos, y si resultan erróneas, se deja secar bien la arena y se le agrega ó se le quita despues la necesaria para que marquen exactamente los 30^s ó 15^s.(*)

235. Si despues de haber echado la corredera se verificasen los instrumentos y se notase error ya sea en uno, en otro, ó en ambos, pueden determinarse las millas ó fracciones de milla que representa cada division de la corredera, por medio de proposiciones; es decir, que se deducirá del número de millas que se han obtenido, las que hubieran sido, si no hubiese error en los instrumentos. (†)

En tal caso, no es necesario corregir cada distancia que se obtiene, sino corregir los resultados finales de que ha de hacerse uso, es decir, las sumas de todas las distancias navegadas á un mismo rumbo.

236. Determinacion aproximada del andar del buque, sin hacer uso de la corredera. Cuando se quiere saber aproximadamente el andar del buque, ó bien la velocidad que tiene la marea ó la corriente estando fondeado, se arroja al mar un pedazo de madera por sotavento y todo lo más á proa que se pueda, y contando el número de segundos que emplea en recorrer toda la longitud del buque, se deducirá el andar por medio de una proporcion ó bien por la regla práctica siguiente:

$$\text{Andar del buque} = \frac{\text{Duplo de la longitud del buque en metros.}}{\text{Número de segundos de la experiencia.}}$$

Por lo tanto, si un pedazo de madera ha empleado 21^s en recorrer la longitud del buque que es de 42 metros, tendremos:

$$\text{Andar del buque} = \frac{2 \times 42}{21} = \frac{84}{21} = 4 \text{ millas.}$$

237. Corredera automática (‡) Este instrumento sirve tambien para medir el andar de la nave, y la velocidad de las corrientes marinas cuando se está fondeado. Consta de dos partes principales que son la *hélice* y el *contador*.

(*) Cuando no hay reloj que marque segundos y se hace la comprobacion en tierra ó bien á bordo cuando no hay movimiento, puede formarse un péndulo con una bala de fusil y un hilo fino, de modo que haya un metro de distancia desde el centro de la bala al punto de suspension; y separando luego la bala como dos pulgadas de la vertical y abandonándola despues, se contarán 30 oscilaciones, 15 hácia un lado y otras 15 hácia el otro, y habremos obtenido el intervalo de 30^s con un error menor que 15 céntimos de segundo

(†) Conviene sobremanera determinar las distancias con la mayor exactitud posible, siendo esta necesidad más apremiante aún en los buques de vapor; por lo que no debe confiarse la operacion de echar la corredera á un simple marinero, sino que debe ejecutarla un oficial, de lo que se obtendrán resultados más exactos para situar la nave y determinar la velocidad de las corrientes.

(‡) Esta corredera fué inventada en Londres por Massey hácia el año de 1825. Algunos marinos suelen llamarla corredera de patente ó simplemente patente, calificativo que no le conviene por su falta de significacion y que sin duda debe su orígen á la palabra inglesa *patent*, que significa privilegio exclusivo para la fabricacion.

La hélice está formada por tres alas colocadas sobre un cilindro hueco de cobre A, que tiene el peso necesario para que al funcionar en el agua se mantenga horizontal y sus alas siempre sumergidas.

El contador es una caja metálica muy chata C, cuyas paredes están prolongadas de modo que impida la resistencia del agua el que gire el cordel de retenida D, con el cual se echa la corredera al mar.

(Fig. 27)

Una vez en el mar la corredera, la corriente imprime á la hélice un movimiento de rotacion, tanto más rápido cuanto mayor es el andar del buque, movimiento que se trasmite al contador por medio de un tornillo sin fin B, que hay en el extremo de un cabo, como de un metro de largo, y que une la hélice al contador. El tornillo sin fin engrana y pone en movimiento un sistema de ruedas, que á su vez hacen girar 3 agujas C, que marcan en 3 cuadrantes distintos el andar del buque. El cuadrante de la derecha marca los décimos de milla; el del centro las unidades y el de la izquierda las decenas, pudiendo indicar el aparato por lo tanto hasta 100 millas.

238. Modo de usar la corredera automática. Despues de colocar las tres agujas en cero, se arroja al mar por la popa y á sotavento, filando el cordel necesario para que funcione fuera de los remolinos de la estela. Teniendo en cuenta la hora en que se echó y aquella en que se recogió, la indicacion de las agujas nos dará qué ha navegado el buque en dicho intervalo.

239. Este intervalo deberá ser cuando ménos de 15 minutos, pues esta corredera indica con más exactitud el andar medio en un intervalo dado que el andar actual.

Para demostrar que esta corredera no sirve para determinar lo que anda el buque en un momento dado, basta atender á las consideraciones siguientes:

1.° La hélice que pone en movimiento al contador, no empieza á marchar hasta tanto que el cordel tiene cierto grado de torsion, lo cual retarda la trasmision del movimiento.

2.° Cuando se saca del agua el aparato, se le imprime á la hélice una velocidad mayor que la del buque, y por lo tanto resultan aumentadas las indicaciones del contador.

3.° El aparato funciona en las aguas de la estela que son arrastradas por el buque y las indicaciones son menores que si funcionase en aguas no arrastradas.

Por lo tanto, la corredera automática sólo sirve para determinar la distancia que ha navegado el buque en un intervalo largo, conocimiento que no se adquiere con la corredera ordinaria, que dá á conocer solamente el andar del buque en el instante de echarla.

240. Hay que tener tambien presente que la corredera automática no indica bien ó deja de indicar cuando es poca la velocidad que lleva el buque; pues como la hélice es más pesada que el agua, con el objeto de que estén siempre sumergidas sus alas, se queda á pique y no gira ó trasmite mal el movimiento al contador.

241. Diremos por último, que para evitar que las yerbas ó cuerpos flotantes que pueda haber en el mar, no embaracen el movimiento de la hélice, se coloca en el cordel de retenida á corta distancia del contador, una cruceta de hierro que separa los cuerpos que puedan encontrarse.

242. Verificacion de la corredera automática y correcciones que hay que aplicarle. Antes de hacer uso de este instrumento debe comprobarse si sus indicaciones son exactas, haciéndole funcionar mientras se recorre una distancia conocida ó determinada por marcaciones cuando se está á la vista de tierra. La diferencia que resulte nos dará á conocer la correccion que hay que aplicarle en lo sucesivo, de la cual se tomará nota, así como de la longitud del cordel de retenida y sitio del buque en que se amarró, para hacer siempre lo mismo.

Se examinará si está en buen estado la hélice, el cordel que la une al contador y si están oxidados ó entorpecidos los ejes y ruedas del mismo.

Para evitar la oxidacion del mecanismo, deberá enjuagarse el contador en agua dulce despues de usar la corredera y darle aceite de cuando en cuando á las ruedas y ejes, especialmente cuando se vá á dejar sin uso durante algun tiempo.

243. Diremos por último, que para obtener con toda exactitud las distancias navegadas, es preciso determinar en cada buque las correcciones que deben aplicársele á la corredera, en las distintas velocidades que puede tener el buque, y que hagan desaparecer los errores producidos por el aumento de velocidad que sufre la hélice al recoger la corredera, así como tambien los retardos que provienen de la torsion del cordel y de funcionar el aparato en aguas arrastradas por el buque.

244. Movimientos que le imprime el mar á las correderas. Las distancias que se obtienen por medio de la corredera automática ó de la ordinaria, nunca son rigorosamente exactas, en razon á que el buque en movimiento le imprime cierta velocidad á las aguas que lo rodean, resultando de aquí que las correderas funcionan en un líquido impulsado ó arrastrado, lo cual hace que las velocidades que se obtienen no sean las verdaderas.

245. En efecto, suponiendo que el buque sea de vela, tenemos que el mar le presentará una resistencia que dependerá de la forma y dimension del buque y de la velocidad que lleva; la proa rechazará las moléculas líquidas que encuentre delante de sí, las cuales trasmitirán una parte de su movimiento á las moléculas que las preceden por presion y á las laterales por cohesion; además, la parte de casco sumergido producirá tambien sobre el agua que está en contacto con él un doble efecto de rozamiento y adherencia, que arrojará el agua hácia proa, y por último, en el vacío que constantemente vá dejando la popa se precipitará el agua por ambos lados como si el buque la aspirase, todo lo cual dá por resultado que funcione la corredera en un agua arrastrada por el buque y que las velocidades que se obtienen sean menores que las verdaderas.

246. Si suponemos que el buque es de vapor, se complica entonces la cuestion mucho más, pues el movimiento de retroceso que le imprimen al mar las ruedas ó la hélice, se combina con el movimiento de que hemos hablado respecto á los buques de vela, y por lo tanto la velocidad de las moléculas líquidas será muy diferente, segun que navegue el buque á la vela, ó al vapor, ó que emplee á la vez ambos motores.

247. Por último, el viento y las olas, segun su fuerza y direccion, producen irregularidades en las corrientes que dejamos indicadas, resultando en conclusion que el agua que rodea al buque en marcha, está animada de movimientos horizontales muy variables que hacen que los instrumentos que funcionan próximos al casco no sean á propósito para indicarnos el andar verdadero, y que para obtenerlo seria preciso tener en consideracion muchos datos que difieren de un buque á otro y que hacen que sea muy complicado y difícil obtener un resultado exacto.

248. El cálculo y la experiencia han demostrado que el valor de la division de millas para un buque pequeño debe diferir poco del de $15^{m},43$ asignado por la teoría, en razon á que el impulso que produce en el agua una embarcacion pequeña es insignificante comparado con el de una fragata; así como en igualdad de andar un buque fino arrastra ménos agua que otro de igual eslora, pero más lleno de varenga.

Midiendo el andar con dos correderas iguales en una goleta y en una fragata de gran porte, llevando ambas una velocidad de 10 millas por hora, se ha encontrado que pueden resultar diferencias en la distancia total, de 17 millas en 24^{h}. Estos errores nos ponen de manifiesto las diferencias que puede haber en la estima, empleando en todos los buques una misma division en la corredera y que deben estudiarse con el mayor detenimiento las correcciones que deben aplicarse, tanto á la corredera ordinaria como á la automática, pues sólo así se podrán obtener resultados exactos y hacer como corresponde el estudio de las corrientes del mar, en lo cual está tan interesada la física general del globo, como la navegacion y la hidrografía. (*)

(*) Los que deseen adquirir mayores conocimientos sobre este particular y conocer el modo de determinar la extension que debe darse á las divisiones de la corredera en cada buque, pueden ver la interesante Memoria publicada por el Sr. D. Miguel Lobo, en el tomo 9 de la *Crónica Naval de España.*

CAPÍTULO VIII.

NAVEGACION LOXODRÓMICA.

249. De la línea loxodrómica. El rumbo indicado por la aguja náutica es el ángulo que forma *en cada momento* la derrota con el meridiano del observador; y como los meridianos no son paralelos, habria que variar contínuamente de rumbo para dirigirse al lugar deseado, siguiendo el camino más corto.

Siempre que no se desee gran exactitud se evita el inconveniente de variar contínuamente de rumbo, navegando por una línea que forme ángulos oblícuos iguales con todos los meridianos que atraviesa y que se llama *línea loxodrómica.*

250. Al tratar de la direccion en que la línea del rumbo puede encontrar un meridiano, hay que considerar tres casos diferentes:

1.° Cuando se dirige la nave de un punto á otro que está en igual longitud, se navega siguiendo un meridiano ó sea en la direccion Norte ó Sur.

2.° Cuando se dirige de un lugar á otro que está en igual latitud, se navega formando ángulos rectos con todos los meridianos; es decir, en la direccion E ú O siguiendo el paralelo de dichos lugares ó el ecuador cuando la latitud es cero.

3.° Cuando se dirige de un lugar á otro que se halla en diferente latitud y longitud se navega siguiendo una curva, que forma ángulos oblícuos iguales con todos los meridianos que corta, que se llama línea loxodrómica.

251. La línea loxodrómica es por lo tanto una curva tortuosa que no representa la menor distancia entre dos puntos situados en la superficie de nuestro globo, por cuya razon no debe confundirse con la línea de marcacion que es un arco de círculo máximo.

252. Punto de salida es la situacion del buque, determinada con la exactitud posible por su latitud y longitud, á partir desde la cual se empiezan á estimar los rumbos y distancias navegadas, para deducir la latitud y longitud del *punto de llegada.*

253. **Diferencia en latitud** es la contraida por el buque en un intervalo dado, segun el rumbo y distancia navegada; puede ser N ó S, y se expresa en minutos y decimales de minutos.

254. **Diferencia en longitud** es la contraida del mismo modo en un intervalo dado; se denomina E ú O y se expresa tambien en minutos y decimales de minutos.

255. Los puntos cardinales del cuadrante en que se navega nos dan á conocer la especie de la diferencia en latitud y en longitud. Así, si se ha navegado, por ejemplo, á un rumbo corregido del cuarto cuadrante, tendremos que la diferencia en latitud habrá sido Norte, y la diferencia en longitud Oeste.

256. Por medio de la aguja náutica y de la corredera se determina el rumbo y distancia navegada, y de estas dos cantidades se deduce la diferencia en latitud y en longitud contraidas desde el punto de salida para determinar el punto de llegada.

Para obtener la diferencia en longitud hay que conocer ante todo el *apartamiento de meridiano.*

257. **Apartamiento de meridiano** es la extension del arco de paralelo de latitud comprendido entre dos meridianos, expresada en millas marinas ó minutos de ecuador; y como dichos paralelos son menores al paso que están más próximos al polo respectivo, es evidente que la extension absoluta de los grados de paralelo ó sea de apartamiento, será menor cuanto mayor sea la latitud á que correspondan.

Representando la (Fig. 28) el globo terrestre y siendo EQ el ecuador, N y S sus polos; *fh* y *bk* dos paralelos de latitud; NES y N*a*S dos meridianos, tendremos que el apartamiento correspondiente á la latitud E*b*=*ao* será el arco *bo*; el apartamiento correspondiente á la latitud E*f*=*ag* será *fg*; y E*a* será la diferencia en longitud ó el apartamiento á la latitud cero.

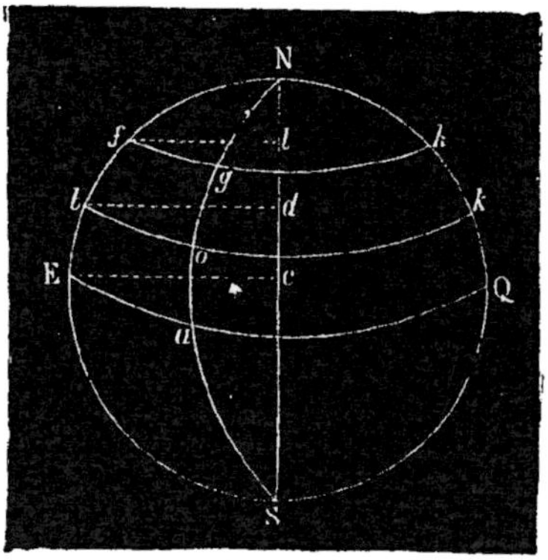

(Fig. 28)

258. Para determinar la extension de un arco de apartamiento en minutos de ecuador tenemos, segun nos enseña la Geometría, que los arcos de paralelos E*a*, *bo* y *fg*, comprendidos entre los mismos meridianos, constarán de igual número de grados, pero sus extensiones absolutas estarán entre sí como sus radios; luego para hallar la relacion entre un apartamiento cualquiera, *bo* por ejemplo, y la diferencia en longitud E*a*, será segun lo dicho:

$$bd : Ec :: bo : Ea,$$

pero, *bd* es el seno del arco *b*N ó coseno de su complemento *b*E, que es la latitud; y E*c* es el seno de EN = 90° ó sea el radio de las tablas, de donde

$$\text{cos lat.} : r :: \text{apart.}^{\circ} : \text{dif.}^{a} \text{ en long.} \quad \ldots\ldots\ldots \quad [\alpha]$$

Queda, por lo tanto, demostrado que *el coseno de una latitud cualquiera es al radio, como el apartamiento de meridiano correspondiente á dicha latitud, es á la diferencia en longitud.*

259. En la práctica se supone que el apartamiento de meridiano corresponde á la *latitud média* entre la salida y la llegada, ó sea á la latitud del paralelo situado á igual distancia de los paralelos de los lugares de salida y llegada; y aunque esta suposicion no es rigorosamente exacta, los errores que pueden resultar son generalmente de poca importancia.

260. La latitud média es igual á la semi-suma de las latitudes salida y llegada, cuando ambas son de la misma especie, ó á la semi-diferencia cuando son de contraria especie.

261. Si se construye un triángulo rectilíneo rectángulo ABC, de modo que el ángulo A tenga un valor igual á la latitud, y el cateto adyacente AB tenga una extension, en unidades de una escala de partes iguales, igual á las millas de apartamiento correspondiente á la latitud, resultará que la hipotenusa AC tendrá un valor en unidades de la misma escala, igual á la diferencia en longitud.

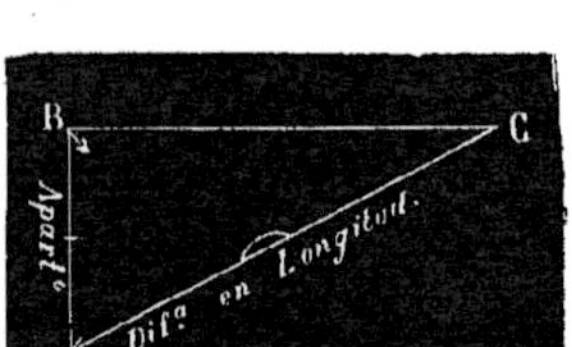

(Fig. 29)

En efecto, en dicho triángulo será segun lo explicado en la Trigonometría fór.ª [51]

$$\cos A : r :: AB : AC,$$

y como se ha hecho por construccion el ángulo A igual á la latitud, y el cateto AB al apartamiento, podrá tambien decirse

$$\text{cos lat.} : r :: \text{apart.}^{\circ} : AC; \quad \ldots\ldots\ldots \quad [\beta]$$

comparando esta proporcion con la [α] vemos que tienen sus primeros tres términos iguales, luego tambien lo serán los cuartos; por lo tanto AC=diferencia en longitud, que es lo que se trataba de demostrar.

Del mismo modo podria demostrarse que si á la hipotenusa AC se le hubiese dado una extension igual á la diferencia en longitud, el cateto AB seria igual al apartamiento, en unidades de la misma escala.

262. De lo dicho resulta que la relacion que existe entre la diferencia en longitud y el apartamiento, puede determinarse por medio de un triángulo rectilíneo rectángulo, en el cual uno de los ángulos oblícuos representa la latitud média, el cateto adyacente el apartamiento, y la hipotenusa la diferencia en longitud.

263. Relacion entre el rumbo y distancia, con la diferencia en latitud y apartamiento. Para esto nos valdremos de la (Fig. 30) que representa el globo de la tierra, EQ la equinoccial, N y S sus polos; A el punto

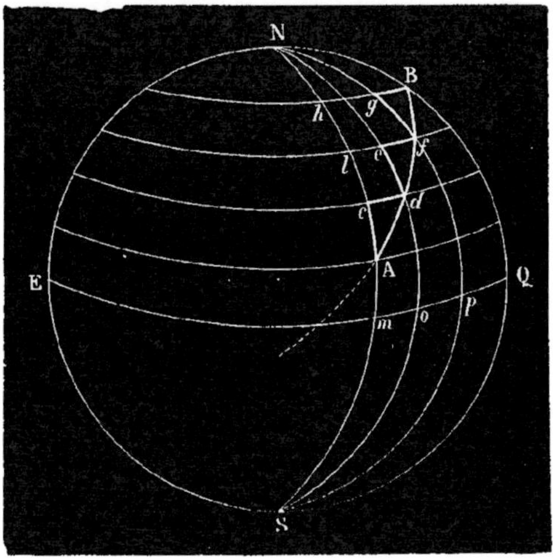

(Fig. 30)

de salida y B el de llegada; de donde A*d*B será la línea loxodrómica que pasa por dichos dos puntos; y podremos dividirla en partes muy pequeñas como A*d*, *df*, *f*B.... &c., que podrán considerarse como líneas rectas, las cuales con los arcos de meridianos A*c*, *de* y *fg*; y los de paralelos de latitud *cd*, *ef* y *g*B, que pasan por los puntos de division, formarán los triángulos A*cd*, *def* y *fg*B tan pequeños, que serán sensiblemente rectilíneos rectángulos; y tendrán iguales los ángulos *c*A*d*, *edf* y *gf*B, que llamaremos ángulo del rumbo, por la propiedad fundamental de la línea loxodrómica, de formar ángulos oblícuos iguales con todos los meridianos que corta. Los catetos adyacentes al ángulo del rumbo Ac, de y fg, representarán diferencias en latitud; los catetos opuestos cd, ef y gB apartamientos de meridiano, y las hipotenusas Ad, df, fB, las distancias navegadas en la derrota del punto A al B, y tendremos segun la Trigonometría fórm.ª [50]

$$r : \text{sen Rumbo} :: Ad : cd$$
$$r : \text{sen Rumbo} :: df : ef$$
$$r : \text{sen Rumbo} :: fB : gB,$$

teniendo estas proporciones las primeras razones iguales, será:

$$r : \text{sen Rumbo} :: Ad + df + fB : cd + ef + gB,$$

pero $Ad+df+fB$ es igual á la distancia navegada, y $cd+ef+gB$ es la suma de apartamientos contraidos en la derrota, que se llama *apartamiento del cálculo,* y corresponde á la latitud média; luego será finalmente

r : sen Rumbo : : dist.ª : apart.º .... [γ]

264. Segun lo preceptuado en la Trigonometría fórm.ª [51] será tambien

$$r : \cos R :: Ad : Ac$$
$$r : \cos R :: df : de$$
$$r : \cos R :: fB : fg$$

sustituyendo el arco de por su igual cl y el fg por su igual lh será:

$$r : \cos R :: Ad + df + fB : Ac + cl + lh,$$

pero $Ac+cl+lh$ es la diferencia en latitud contraida en la derrota, luego tendremos por último

r : cos R : : dist.ª : dif.ª lat. .... [δ]

265. Hechas las anteriores suposiciones será del mismo modo Trig. fórm.ª [52]

$$r : \text{tang } R :: Ac : cd$$
$$r : \text{tang } R :: de : ef$$
$$r : \text{tang } R :: fg : gB$$

de donde $$r : \text{tang } R :: Ac + cl + lh : cd + ef + gB,$$

y **r : tang R : : dif.ª lat. : apart.º** .... [ε]

266. Lo que se acaba de demostrar en el triángulo curvilíneo AhB, puede aplicarse á un triángulo rectilíneo rectángulo AhB

(Fig. 31), en el cual, siendo uno de los ángulos oblícuos A, igual al rumbo navegado y la hipotenusa AB igual á la distancia, resultará que el cateto adyacente A*h* será igual á la diferencia en latitud y el opuesto *h*B al apartamiento de meridiano; luego conociendo dos de estos cuatro elementos, se podrán determinar los otros dos resolviendo dicho triángulo.

267. En efecto, si construimos el ángulo A=Rbo. y la hipotenusa AB= Dist.ª en unidades de una escala de partes iguales, el cateto adyacente A*h* será igual á la diferencia en latitud, y el *h*B al apartamiento, en unidades de la misma escala, puesto que en dicho triángulo seria

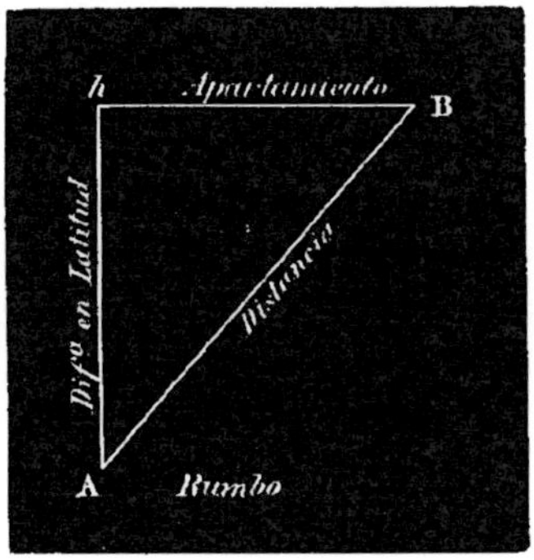

(Fig. 31)

r : cos R : : dist.ª : A*h*,

y r : sen R : : dist.ª : *h*B;

comparando respectivamente estas dos proporciones con la [γ] y [δ] vemos que tienen sus tres primeros términos iguales, luego será *h*B = Apartam.º y A*h* = Diferencia en latitud.

Del mismo modo podrá demostrarse que r: tang R :: dif.ª lat. : *h*B=apartamiento, y que si se construyese un triángulo haciendo un cateto igual á la diferencia en latitud, y el otro al apartamiento, el ángulo opuesto á éste seria igual al rumbo y la hipotenusa á la distancia.

268. Resolucion de los problemas de la linea del rumbo. Resulta de lo dicho, que todos los problemas relativos á la línea del rumbo pueden resolverse por medio de dos triángulos rectilíneos rectángulos.

En uno de ellos entran como elementos el *rumbo,* ángulo oblícuo; *la distancia,* hipotenusa; *la diferencia en latitud,* cateto adyacente al rumbo, y el *apartamiento de meridiano,* cateto opuesto.

En el otro triángulo tenemos *latitud média,* ángulo oblícuo; *apartamiento de meridiano,* cateto adyacente; y *diferencia en longitud,* hipotenusa.

Conociendo en cualquiera de ellos dos elementos, podrán determinarse los restantes empleando cualquiera de los métodos siguientes:

1.º *Por el cálculo.* El método más exacto es el trigonométrico, para lo cual se aplican los logaritmos á las fórmulas que hemos explicado, segun veremos más adelante.

2.º *Por construcciones gráficas,* empleando al efecto el semicírculo graduado, el compás y la regla, y construyendo los triángulos rectilíneos rectángulos de que hemos tratado.(*)

(*) Dichos problemas pueden resolverse tambien por medio del *cuadrante de reduccion,* llamado generalmente *cuartier,* que es una construccion gráfica delineada sobre un carton, con

Para esto, desde un punto A (Fig. 31), se tira la línea Norte, A *h*, ó la Sur si corresponde, y se tira el rumbo AB en su direccion; se traza desde A una extension AB igual á la distancia, y desde B una perpendicular á la línea Norte ó Sur.

3.° *Por medio de la tabla* XXXV *de Mendoza,* que dá calculados los elementos de un triángulo rectilíneo rectángulo, con toda la exactitud necesaria, para lo cual se prefiere generalmente este método al logarítmico que es mucho más largo.

Para esto, el rumbo ó sea el ángulo conocido, se encuentra en la parte superior de la tabla cuando es menor de 45°, y en la inferior cuando excede de 45°; en la primera columna se dá la distancia, ó sea la hipotenusa, de milla en milla desde 1 á 480, y en línea horizontal con cada distancia se encuentran en otras dos columnas la diferencia en latitud y apartamiento, ó sean los catetos adyacente y opuesto al ángulo; advirtiendo que cuando se toma el rumbo en la parte superior, la primera de dichas columnas es la diferencia en latitud y la segunda el apartamiento, sucediendo lo contrario si se toma el rumbo en la parte inferior.

Para resolver el primer triángulo se busca la tabla que contiene los dos elementos conocidos y se hallarán en la misma los otros dos que se tratan de determinar.

Para resolver el segundo triángulo ó sea para reducir el apartamiento á diferencia en longitud, se entrará con la latitud média como rumbo, se buscará el apartamiento en la columna de la diferencia en latitud y se tendrá la diferencia en longitud en la columna de la distancia. Del mismo modo, si se conoce la latitud média y la diferencia en longitud y se quiere conocer el apartamiento, se entrará con la latitud como rumbo, la diferencia en longitud como distancia y en la columna de la diferencia de latitud se hallará el apartamiento.

Vemos, pues, que por la referida tabla podrán resolverse todas las cuestiones cuya solucion puede obtenerse por medio de triángulos rectilíneos rectángulos.

---

la cual se resuelven triángulos rectilíneos rectángulos. Omitimos la descripcion de este método en razon á que creemos preferible el uso de la tabla XXXV de Mendoza, tanto por su exactitud y brevedad de procedimiento, como por lo difícil que es equivocarse.

CAPÍTULO IX.

NAVEGACION POR ESTIMA.

---

269. Punto de estima es aquel en que se halla la nave, deducido con la aproximacion posible de los rumbos y distancias navegadas á cada uno de ellos.

Para esto se toma como punto de partida aquel en que resultó hallarse la nave segun las últimas observaciones ó por otros métodos exactos, y por medio de los rumbos y distancias navegadas desde entonces, se determina el punto á que ha llegado, lo cual se llama *trabajar la estima.*

270. Singladuras. Para llevar la cuenta de los dias de navegacion, se llaman singladuras, lo que los viajeros terrestres denominan jornadas. Las singladuras constan de 24^h contadas desde un medio dia á otro y al final de cada una se determina, cuando ménos, la situacion por estima.

271. Resolucion de los problemas de estima. Los seis elementos que hemos considerado en el capítulo anterior y que son: *latitud salida, longitud salida, rumbo corregido, distancia navegada, latitud llegada* y *longitud llegada*, cuyas relaciones hemos demostrado, son los que entran en los problemas de estima, que pueden resolverse como sabemos por el cálculo, por la tabla XXXV de Mendoza ó por construcciones gráficas.

Siendo así que conocidos cuatro de dichos elementos, pueden determinarse los otros dos, resulta, pues, que pueden formarse tantos problemas como combinaciones con dichas cantidades. Explicaremos solamente los que tienen aplicacion y pueden presentarse en la práctica.

272. PROBLEMA I. **Dado el punto de salida, el rumbo y distancia navegada, hallar el punto de llegada.** Con el rumbo corregido y la distancia se hallará la diferencia de latitud y apartamiento de meridiano, ya sea por el cálculo ó bien por la tabla de Mendoza. Dicha diferencia en latitud y apartamiento serán de la especie de los puntos cardinales del cuadrante á que pertenece el rumbo.

A la latitud salida se le suma la diferencia en latitud, si son ambas de la misma especie, ó se restan si son de contraria y se tendrá la latitud llegada de la especie de la mayor.

Se sumarán las latitudes salida y llegada, y la semi-suma será la latitud média; con la cual y el apartamiento de meridiano se hallará la diferencia en longitud de la especie del apartamiento; teniendo presente que cuando la derrota corta al ecuador, la latitud média es la semi-diferencia de las latitudes salida y llegada.

La diferencia en longitud sumada con la longitud salida, cuando son de igual especie ó restada si son de contraria, nos dará la longitud llegada de la especie de la mayor.

Cuando la longitud llegada resulta mayor de 180°, se resta de 360° y resultará de especie contraria.

EJEMPLO I.—Latitud salida 42°.. 50'.. 30'' S; longitud salida 33°.. 17'.. 50'' O; rumbo corregido S 37° E, distancia 184ᵐ, 8. Se pide el punto de llegada.

Resolucion por medio del cálculo.

r : cos R=37°......	log 9,90235	*r* : sen R=......	log 9,77946
: : Dist.ª=184ᵐ,8	„ 2,26670	: : Dist.ª=	„ 2,26670
: dif.ª lat.=147',6 S	„ 2,16905	: apart.º=111',2 E	„ 2,04616

Latitud salida......	=42°.. 50'.. 30'' S
Diferencia en latitud	= 2 .. 27 .. 36 S
Latitud llegada......	**=45 .. 18 .. 06 S**
Suma de latitudes ..	=88 .. 08 .. 36
Latitud média.......	=44 .. 04 .. 18

cos lat. m.ª=44°. 04'. 18''..c.ᵗᵒ	log 0,14358	Longitud salida..	= 33°. 17', 50'' O
: *r* : : apart.º=111,2	„ 2,04616	Dif.ª en longitud	= 2 . 34 . 48 E
: dif.ª long. =154,8 E	„ 2,18974	**Long. llegada ....**	**= 30 . 43 . 02 O**

Resolucion por la tabla XXXV de Mendoza.

Para 37° de rumbo y 185 millas de distancia, nos dá la tabla 147',7 de diferencia en latitud y 111',3 de apartamiento, luego

Latitud salida......	=42°,. 50'.. 30'' S
Diferencia en latitud	= 2 .. 27 .. 42 S
Latitud llegada......	**=45 .. 18 .. 12 S**
Suma de latitudes ..	=88 .. 08 .. 42
Latitud média......	=44 .. 04 .. 21

Con la latitud média como rumbo y el apartamiento 111',3 como diferencia en latitud, nos dá la tabla en la columna de la distancia 155', que será la diferencia en longitud.

Longitud salida	= 33°.. 17'.. 50'' O
Diferen.ª en longitud	= 2 .. 35 .. 00 E
Longitud llegada.....	**= 30 .. 42 .. 50 O**

La pequeñísima diferencia que hay entre ambos resultados, nos demuestra que puede preferirse este último método de resolucion por ser mucho más fácil y rápido.

EJEMPLO II.—Latitud salida 1°.. 21'.. 10'' N. Longitud salida 178°.. 54'.. 40'' E; rumbo corregido S 32° E, distancia 253 millas.

Para 32° de rumbo y 253' de distancia, dá la tabla 214',6 de diferencia en latitud S y 134',1 de apartamiento E.

Latitud salida.....	=1°.. 21'.. 10'' N
Diferencia en latitud	=3 .. 34 .. 36 S
Latitud llegada......	=2 .. 13 .. 26 S
Diferen.ª de latitudes	= 52 .. 16
Semi-diferencia.....	= 26 .. 08 = Lat. média.

Para 26' de latitud média y 134' de apartamiento, nos dá la tabla 134' de diferencia en longitud, por lo tanto

Longitud salida	=178°.. 54'.. 40'' E
Diferen.ª en longitud	= 2 .. 14 .. 00 E
Longitud llegada.....	=181 .. 08 .. 40 E
	=360
Longitud llegada.....	=178 .. 51 .. 20 O

273. Casos particulares. Pueden presentarse dos casos particulares, que son cuando R=0° y R=90°; en el primer caso se habrá navegado al N ó al S, es decir, en la direccion de un meridiano, y en el segundo al E ó al O, ó sea por un paralelo de latitud.

Cuando el rumbo corregido es N ó S, la distancia navegada será la diferencia en latitud y el apartamiento cero.

Si el rumbo es E ú O, la diferencia en latitud será cero y la distancia será el apartamiento, que se reduce á diferencia de longitud con la latitud salida como latitud média.

EJEMPLO III.—Latitud salida 19°. 27'. 00'' N; longitud salida 73°. 21'.20'' O; rumbo corregido N, distancia 167 millas. Se pide el punto de llegada.

Latitud salida=19°.. 27'.. 00'' N	Longitud salida =73°.. 21'.. 20'' O
Dif.ª lat. = D= 2 .. 47 .. 00 N	Dif. en longitud =00 .. 00 .. 00
Lat. llegada...=22 .. 14 .. 00 N	**Long. llegada**. .. =73 .. 21 .. 20 O

EJEMPLO IV.—Latitud salida 27°.. 54'.. 40'' S: longitud salida 18°.. 15'.. 00'' E; rumbo corregido O, distancia 198 millas.

Latitud salida = **Latitud llegada.**

Con 28° de latitud média y 198' de apartamiento, nos dá la tabla 224 millas de diferencia en longitud; por lo tanto,

Longitud salida....	= 18°.. 15'.. 00'' E
Diferen.ª en longitud	= 3 .. 44 .. 00 O
Longitud llegada	= 14 .. 31 .. 00 E

274. PROBLEMA II. **Dado el punto de salida y el de llegada, hallar el rumbo y distancia que se ha navegado.**

La diferencia entre la latitud salida y la llegada nos dará la diferencia en latitud, que será al N ó al S, segun que la latitud llegada esté al N ó al S de la salida.

La diferencia entre la longitud salida y la llegada nos dará la diferencia en longitud, con la cual y la latitud média hallaremos el apartamiento de meridiano.

Con este apartamiento y la diferencia en latitud, antes hallada, se determinará el rumbo y distancia correspondiente, ya sea por el cálculo (fórm. [ε] art. 265), ó bien por la tabla XXXV de Mendoza.(*)

EJEMPLO I.—Latitud salida 42°.. 50'.. 30" S. Latitud llegada 45°.. 18'.. 06" S; longitud salida 33°.. 17'.. 50" O; longitud llegada 30°.. 43'.. 02" O. Se pide el rumbo verdadero y la distancia navegada. (Este ejemplo es inverso del I del problema I, para comprobar la igualdad de los resultados.)

Latitud salida.	= 42°. 50'. 30" S	Long. salida	= 33°. 17'. 50" O
„ llegada	= 45 . 18 . 06 S	„ llegada	= 30 . 43 . 02 O
Dif. de latitud	= 2 . 27 . 36 S = 147',6	Dif. en long.	= 2 . 34 . 48 E = 154',8
Suma de lat.es	= 88 . 08 . 36		
Latitud média	= 44 . 04 . 18		

Resolucion trigonométrica.

r : cos lat. média = 44°.. 04'.. 18"	log	9,85642
: : dif. en long. = 154'8	„	2,18977
: **apartamiento** .. = **111',2**......	„	2,04619

Dif. en lat. = 147',6 . . c.to log		7,83091	sen R = 36°. 59'. 40" . . c.to log		0,22059
: **apartam.o** . . = **111 ,2**	„	2,04610	: r : : apar. = 111',2........	„	2,04610
: : r : **tang R = 36°. 59'. 40"**	„	9,87701	: **D = 184 ,8**........	„	2,26669

El rumbo hallado, deberá ser S. 37° E, porque la diferencia en latitud es S. y el apartamiento E.

Resolucion por la tabla XXXV de Mendoza.

Entrando en dicha tabla con la latitud média 44° como rumbo, y la diferencia en longitud 155 millas como distancia, se tendrá en la columna de la diferencia en latitud 111 ,5 que es el apartamiento.

Con este apartamiento y la diferencia en latitud 148' se hallará por último 37° de rumbo, que será **S 37° E** y **distancia 185** millas, resultados que están conformes en el (PROBLEMA I, EJEMPLO I.)

275. **Casos particulares.** Puede suceder que la latitud salida sea igual á la llegada, ó bien que la longitud salida sea igual á la llegada.

Cuando la latitud salida es igual á la llegada, ha navegado el

(*) Este problema sirve tambien para determinar la *distancia loxodrómica* que hay entre dos puntos dados, la cual es diferente de la distancia contada sobre un arco de círculo máximo que pase por dichos dos puntos, ó sea la más corta, segun se explicará más adelante.

buque por un paralelo; no hay por lo tanto variacion en latitud y el rumbo será 90°; es decir, E ú O. En este caso, con la diferencia entre las longitudes y la latitud, se hallará el apartamiento, y éste será el valor de la distancia navegada.

Si la longitud salida es igual á la llegada, se habrá navegado por un meridiano y entonces el rumbo será cero, es decir, N ó S, y la diferencia entre las latitudes la distancia navegada.

EJEMPLO II.	Lat. salida = 29°.. 58′ N	Long. salida = 69°.. 18′ E
	„ llegada = 29 .. 58 N	„ llegada = 66 .. 45 E
	Dif. en lat. = 00 .. 00	Dif. en long. = 2 .. 33 O = 153′.

Es evidente que el rumbo será O, por ser de esta especie la diferencia en longitud, toda vez que la longitud llegada está al O de la salida.

Ahora bien: con 153′ de diferencia en longitud y 33° de latitud nos dá la tabla de Mendoza 132′,5 de apartamiento, que en este caso es la distancia navegada.

EJEMPLO III.	Lat. salida = 10°.. 12′ N	Long. salida = 102°.. 18″ O
	„ llegada = 12 .. 30 N	„ llegada = 102 .. 18 O
	Dif. en lat. = 2 .. 18 N = 138′.	Dif. en long. = 00 .. 00

Como la latitud llegada está al N de la salida, el rumbo habrá sido N; y la distancia navegada 138′ que es la diferencia entre las latitudes.

276. Origen de los errores que pueden resultar en la estima. Cuando hay una diferencia considerable entre la latitud llegada por estima y la observada, debe suponerse que se ha cometido algun error en la primera, siempre que no haya corrientes que puedan haber producido dicha diferencia.

277. Para averiguar si la diferencia entre las latitudes proviene de haberse cometido algun error en los rumbos estimados ó en las distancias, basta considerar que si navegando próximo al N ó al S se cometiese un gran error en el rumbo, permaneciendo la distancia la misma, la diferencia entre las latitudes seria pequeña; y si en iguales circunstancias estuviese equivocada la distancia, produciria una diferencia notable en las latitudes; por lo tanto, en este caso debe atribuirse el error á la distancia estimada más bien que al rumbo, y entonces, como se verá en el (PROBLEMA III), por medio de la latitud y longitud salida, el rumbo navegado y la latitud llegada, se determinará la distancia y la longitud llegada con más exactitud que por el método ordinario.

Para que se comprenda bien lo que dejamos dicho, citaremos como ejemplo, que un error de 3′,7 en la distancia puede producir un error 3′,5 en la latitud, mientras que seria necesario un error de dos cuartas en el rumbo para producir igual diferencia entre las latitudes; lo cual puede determinarse por el cálculo ó por las tablas, suponiendo que la diferencia en latitud segun la estima sea de 41′5, y segun la observacion 45′.

278. Si el rumbo navegado fuese próximo al E ó al O, un pequeño error en dicho rumbo produce una diferencia notable en la latitud; mientras que suponiendo exacto el rumbo, seria preciso para que resulte igual error, una equivocacion considerable en la distancia.

En este caso, para determinar la longitud llegada con la mayor exactitud, puede emplearse el (PROBLEMA IV), conociendo el punto de salida, la latitud llegada y la distancia.

279. Reasumiendo diremos, que cuando no concuerde la latitud llegada de estima con la observada, debe atribuirse un error en la distancia, si el rumbo está próximo al N ó al S; ó en el rumbo si está próximo al E ó al O.

280. Corriente producida por la marejada. Para investigar el orígen de los errores de la estima, debe atenderse además del andar del buque, á la direccion y fuerza de la marejada y á la intensidad del viento, pues éste cuando es duro arrastra el agua delante de sí, de tal suerte, que si el buque navega en popa, hace siempre una distancia mayor que la indicada por la corredera, sin sufrir alteracion el rumbo; y siendo el viento y marejada perpendiculares al rumbo que lleva el buque, no habrá error en la distancia; pero sí en el rumbo.

En tales casos, para hallar la longitud llegada con toda aproximacion, pueden aplicarse los (PROBLEMAS III ó IV), segun que se le atribuya el error á la distancia ó al rumbo.

Numerosas y fatales pruebas vienen á demostrar frecuentemente la notable insuficiencia de los elementos introducidos hasta ahora en los trabajos de la estima y la imperiosa necesidad que hay de remediar sus defectos.

Una de las causas de error proviene, como hemos dicho, del movimiento horizontal que le imprime á la masa líquida el viento, cuando sopla con fuerza y constancia en una misma direccion; y este movimiento, al cual podremos llamar *corriente de la marejada*, debe por lo tanto tomarse en consideracion en los cálculos de estima.

La corriente de la marejada, cuya existencia está hoy admitida y demostrada por los marinos más entendidos y prácticos, se deja sentir tanto en alta mar como en la proximidad de las costas, y para determinar las millas que le hace correr al buque por hora (*) hay

(*) Examinando las causas que produjeron el naufragio de la fragata de guerra rusa *Alexandre Newski*, acaecido en el mar del Norte en 1868, se ha demostrado que la corriente de la marejada la arrojó sobre la costa de Jutlandia, donde embarrancó, con una velocidad média de 4½ millas por hora. Este notable fenómeno está comprobado por los prácticos de aquellas costas, los cuales esperan naufragio y raras veces se equivocan, despues de haber soplado con

que atender á la fuerza del viento, á la altura y extension de las olas, velocidad con que corren, configuracion de las costas y profundidad del mar.

Conviene sobremanera que se dediquen los marinos á estudiar detenidamente este fenómeno, con el objeto de perfeccionar la estima, pues su cálculo es de grandísima importancia, especialmente en los parajes en que está el cielo cubierto durante meses enteros, en determinadas estaciones, y no puede hacerse por lo tanto ninguna observacion astronómica.

281. PROBLEMA III. **Dado el punto de salida, el rumbo navegado y la latitud llegada observada, determinar la distancia y la longitud llegada.**

Este problema tiene aplicacion para hallar la longitud llegada, cuando se considera errónea la distancia estimada y exacto el rumbo navegado.

Para esto, con la diferencia entre las latitudes salida y llegada observada y el rumbo se halla la distancia, bien por la tabla de Mendoza ó por la fórmula, $D = \frac{\text{Dif.}^a \text{ Lat.} \times r}{\cos R}$ (art. 264) y se verá el error que ha dado la corredera.

Conocida la distancia, con ella y el rumbo puede determinarse la longitud llegada como en el (PROBLEMA I, art. 272.)

Cuando sea el rumbo $= 0°$, será la distancia $=$ diferencia en latitud y la diferencia en longitud $= 0$.

Cuando sea el rumbo $= 90°$, será diferencia en latitud $= 0$, é indeterminados los valores de la distancia y diferencia en longitud.

282. PROBLEMA IV. **Dado el punto de salida, la distancia navegada y la latitud llegada observada, determinar el rumbo y la longitud llegada.**

La resolucion de este problema puede ser útil, cuando se conoce la latitud llegada por observacion y se desea hallar la longitud llegada de estima, presumiendo que es exacta la distancia estimada y erróneo el rumbo que se ha estimado.

Para esto, con la distancia por corredera y la diferencia entre las latitudes salida y llegada observada, se hallará el rumbo, ya sea por la tabla de Mendoza ó por la fórmula $\cos R = \frac{\text{Dif.}^a \text{ lat.} \times r}{D}$ (art. 264) y podrá determinarse luego la longitud llegada como en el (PROBLEMA I.)

Cuando sea la diferencia en latitud$=0$, resultará $R = 90°$ y diferencia en longitud $= \frac{D \times r}{\cos \text{lat.}}$.

---

fuerza los vientos del SE; esto proviene de que los vientos fuertes del SE. impelen con fuerza las aguas hácia afuera, y cuando sopla despues el O. vuelve la mar con violencia hácia la costa, de donde habia sido antes arrojada, cubriendo las tierras bajas é inundando una lengua de arena que sale bastante afuera, en la cual se pierden muchos buques.

Cuando sea diferencia en latitud = D, será R = 0, y diferencia en longitud = 0.

283. Problema V. **Determinar el punto de llegada, cuando se ha navegado á diferentes rumbos y distancias.**

En la mar se trabaja la estima al final de cada singladura, tomando como punto de salida la última situacion del buque en que se practicó el mismo cálculo el dia anterior, excepto en las circunstancias en que se rectifica la estima por observaciones celestes ó bien cuando se obtiene para una hora intermedia del dia.

Cuando en una singladura se hacen distintos rumbos y distancias, seria necesario determinar sucesivamente los puntos de llegada correspondientes á cada rumbo y distancia; pero como tal procedimiento es demasiado largo, se emplea el siguiente método aproximado.

284. Con cada rumbo corregido y la distancia que se ha navegado á él, se determina la diferencia en latitud y apartamiento de meridiano correspondiente, los cuales se anotan en una tablita de cuatro columnas que llevan las iniciales N, S, E y O, cuidando de escoger para cada rumbo las columnas de los puntos cardinales del cuadrante á que pertenece.

Se sumarán aparte las diferencias en latitud contraidas hácia el Norte y hácia el Sur, y restando la menor de la mayor, se obtendrá la diferencia en latitud final, y del mismo modo se hallará el apartamiento y quedará reducido este caso, como en el (Problema I), á aplicar la diferencia en latitud final y á la latitud salida para hallar la latitud llegada, y despues con la latitud média y el apartamiento final, á determinar la diferencia en longitud, con la cual se deduce la longitud llegada.

Ejemplo.—Latitud salida 27°..39′..20″ N; longitud salida 13°..51′..00″ O. Se han hecho los siguientes rumbos y distancias:

N 18° E, 62 millas. S 64°..45′ O, 34 millas. N 36° O, 116,8 millas.

Para calcular el punto de llegada se dispondrá el problema del modo siguiente:

Rumbos corregidos.	Distancias	Dif.ᵃˢ en latitud.		Apartamientos.	
		N.	S.	E.	O.
N 18° E	62	59	....	19,2	
S 65 O	34	...	14,4	....	30,8
N 36 O	116,8	94,7	....	....	68,8
		153,7	14,4	19,2	99,6
		14,4			19,2
		139,3			80,4

Lat. salida... = 27°.. 39'.. 20" N	Long. salida.. = 13°.. 54'.. 00" O
Difer.ª en lat. = 2 .. 19 .. 18 N	Dif.ª en long. = 1 .. 32 .. 00 O
Lat. llegada .. = 29 .. 58 .. 38 N	**Long. llegada**.. = 15 .. 26 .. 00 O
Suma de lat.ˢ = 57 .. 37 .. 58	
Lat. média .. = 28 .. 48 .. 59	

285. El método que acabamos de emplear no es en rigor exacto, puesto que la diferencia en longitud que hemos deducido no es la misma que si se hubiese determinado para cada apartamiento y latitudes respectivas; sin embargo, el resultado es bastante aproximado y satisface las necesidades del navegante en la generalidad de los casos, especialmente en latitudes bajas; pero puede producir errores de consideracion en latitudes elevadas, lo cual se evita hallando para cada rumbo y distancia la latitud llegada, la latitud média y la diferencia en longitud correspondiente, y por último, la diferencia en longitud final, para hallar con ella la longitud llegada.

286. PROBLEMA VI. **Determinacion del rumbo y distancia directa.** Cuando se han hecho durante la singladura diferentes rumbos y distancias, la derrota que ha seguido la nave será una línea angulosa, y para hallar el rumbo directo y la distancia que habria hecho el buque suponiendo que hubiese ido directamente del punto de salida al de llegada, se determinará la diferencia en latitud y apartamiento correspondiente á cada rumbo y distancia, y con el apartamiento de meridiano y la diferencia en latitud final, se hallará el rumbo y la distancia, ya sea por el cálculo ó por la tabla de Mendoza, y se tendrá el rumbo y distancia directa.

Concretándonos al ejemplo anterior, tenemos que para 139',3 de diferencia en latitud N y 80',4 de apartamiento O, nos dá la tabla 30° de rumbo, que será N 30° O, y 161 millas de distancia directa

CAPÍTULO X.

DE LAS CARTAS HIDROGRÁFICAS.

---

287. De las cartas en general. Para dirigir la derrota de la nave y conocer *visiblemente* su situacion, se hace preciso recurrir á las *cartas* ó sea á la representacion de la superficie de nuestro globo sobre un plano, que nos dá á conocer la configuracion de las costas, islas, cabos, canales, bajos y demás detalles necesarios, situados segun su latitud y longitud, y á los rumbos y distancias relativas que hay entre ellos.

288. En los planos ó mapas geográficos están representados los meridianos por líneas curvas ó por rectas que concurren en el polo; y para que la línea loxodrómica forme ángulos oblícuos iguales con todos los meridianos, seria preciso representarla por una curva, siendo muy engorroso tanto la operacion de trazarla y medirla, como resolver los problemas de la línea del rumbo y marcaciones.

Por esta causa se inventaron para los usos de la navegacion, las *cartas marinas* ó *hidrográficas*, en las cuales están representados los meridianos por líneas rectas paralelas entre sí, con el objeto de que la línea del rumbo pueda indicarse con una recta, sin que resulte alterada la posicion relativa de los lugares de la Tierra.

En las cartas no pueden representarse en rigor los puntos de la superficie del globo de una extension considerable, ni como son en realidad, ni como aparecen; pero tratándose de la pequeña porcion de superficie que descubre el navegante, las diferencias son imperceptibles.

289. Clasificacion de las cartas hidrográficas. Las cartas marinas, segun su construccion ó sistema de proyeccion se dividen en *cartas planas* y en *cartas esféricas*.

Las primeras fueron inventadas en el siglo XIV por el infante D. Enrique de Portugal y las segundas por Mercator, á mediados del siglo XVI, si bien su uso no se generalizó hasta fines del siglo XVII.

290. Distínguense tambien las *cartas en punto menor, las cartas en punto mayor, y los planos ó cartas en gran escala.*

Las cartas en punto menor se emplean para la navegacion por alta mar, y representan una gran extension de los mares.

Las cartas en punto mayor se usan para la navegacion de costas, y representan su configuracion con los mayores detalles.

Los planos ó cartas en gran escala, representan en grandes dimensiones la entrada de los puertos, radas, rios, &c., con minuciosos detalles y enfilaciones que deben seguirse para entrar y salir de ellos evitando todos los peligros. Exprésase en ellos la variacion de la aguja, el establecimiento del puerto, altura de la marca y demás noticias necesarias para facilitar la navegacion en aquel paraje.

291. De las cartas planas. Llámanse así las que representan una porcion de zona terrestre comprendida entre dos paralelos de latitud, como si dicha zona perteneciese á la superficie de un cilindro cuya base fuese igual al paralelo de latitud média, en una escala conveniente.

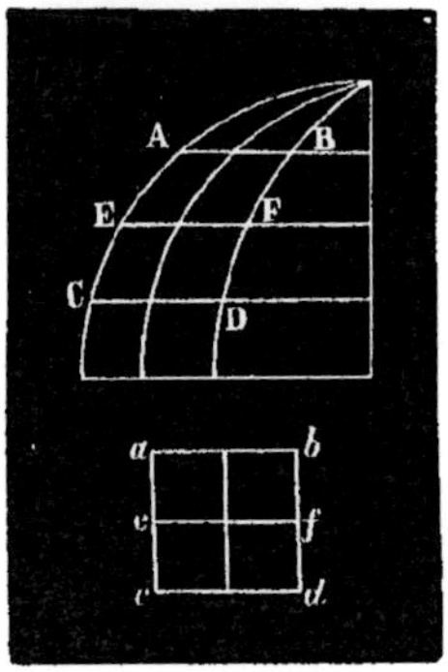

(Fig. 32)

Por lo tanto, para representar una parte de la superficie de la Tierra, tal como la ABCD, por medio de una carta plana *abcd*, le daríamos á los paralelos superior *ab* é inferior *cd*, una extension igual á la del paralelo medio EF$=$*ef*.

292. Cuando las latitudes extremas de la carta difieren poco una de otra, son casi iguales las extensiones absolutas de los grados de apartamiento, y de aquí que no resulte un error demasiado sensible de hacerlos todos de igual extension que los grados del paralelo medio. Por lo tanto, diremos que las cartas planas son tanto más inexactas, cuanto mayor sea la diferencia de latitud que comprendan y cuanto más se aproximen á uno de los polos.

Si una carta plana comprende solamente un espacio de dos ó tres grados de diferencia en longitud y en latitud, puede considerarse como bastante exacta, especialmente si sus límites están en la zona tórrida, pero en los demás casos conviene hacer uso de las cartas esféricas de que hablamos más adelante.

293. Construccion de las cartas planas. Una vez conocidos los límites de la carta, es decir, los grados de longitud y latitud que ha de comprender, trazaremos en el centro del papel ABCD (Fig. 33), una línea *ef* que llamaremos *vertical de construccion;* y la dividiremos por mitad por otra línea *gh*, perpendicular á ella, que se llama *horizontal de construccion.*

La vertical de construccion, que representa el meridiano que pasa por el centro de la carta, se divide en tantas partes iguales como grados haya de diferencia en latitud, dándoles una extension proporcionada á la del papel.

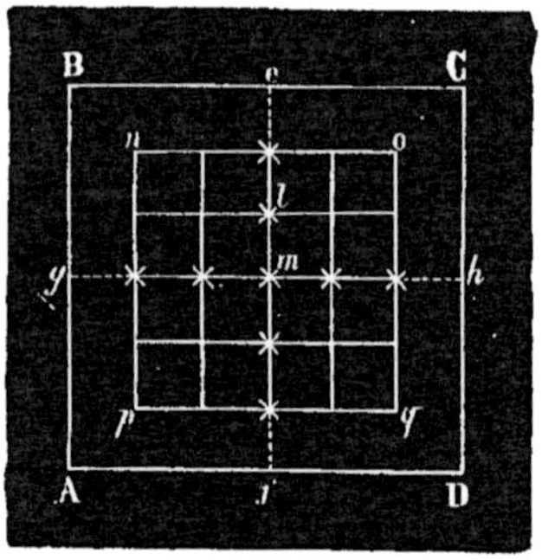

(Fig. 33)

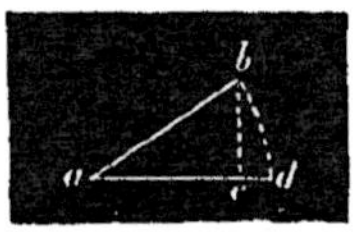

(Fig. 34)

La extension que deberá dársele á cada grado de longitud puede determinarse por medio del cálculo (art. 238), ó bien por el método gráfico siguiente:

Con un radio *ab* igual á la extension *m l* (Fig. 33 y 34) de un grado de latitud de la carta, descríbase un arco *bd*, de un número de grados igual á la latitud média y tirando desde *b* la *bc*, perpendicular á la *ad*, tendremos que la extension *ac* será la que deberá dársele á cada grado de longitud de la carta. Por lo tanto, trasladaremos dicha extension *ac* sobre la horizontal de construccion *gh* tantas veces como grados de longitud comprenda la carta, y podremos trazar el rectángulo *nopq*, formado por los meridianos y paralelos extremos: divídanse estos en grados ó en otras partes, é indíquense con números las latitudes y longitudes correspondientes á las divisiones hechas, y tirando líneas por ellas habremos formado la carta con sus meridianos y paralelos, y se concluirá situando en ella los lugares segun su latitud y longitud.

294. Orientacion de las cartas. La parte superior de la carta *no* corresponde al Norte, la inferior *pq* al Sur, la de la derecha *oq* al Este, y la de la izquierda *np* al Oeste.

Segun esto, la simple inspeccion de una carta nos dará á conocer cómo están situados los parajes que representa respecto del ecuador y primer meridiano. Si las latitudes aumentan, por ejemplo, hácia la parte superior de la carta y las longitudes hácia la izquierda, diremos que los parajes que indican están en el hemisferio Norte y al Oeste del primer meridiano.

Los planos, sin embargo, están orientados á veces de una manera distinta, y entonces se indica en ellos con una flecha, la línea N-S, ó sea la direccion del meridiano. Cuando varios planos están dibujados en la misma hoja, cada uno tiene una orientacion diferente, por regla general.

295. La primer cosa que debe verse en una carta es lo que representa cada division de los meridianos y paralelos graduados; para lo cual se vé primero cuál es la extension que manifiesta un grado, y despues la de 30′, 10′, &c., hasta las divisiones más pequeñas de la graduacion.

296. Los problemas de la línea del rumbo se resuelven en las cartas construyendo en ellas los triángulos rectángulos formados por la derrota de la nave y los arcos correspondientes de meridiano y paralelo, semejantes á los que se imaginan sobre la superficie de nuestro globo.

297. De las cartas esféricas. Para evitar los efectos de que adolecen las cartas planas se han ideado las *esféricas*, en las cuales puede representarse el todo ó una parte de la superficie de la Tierra, con los lugares situados segun su verdadera latitud, longitud y rumbo.

Para obtener este resultado en una carta en que los meridianos son rectas paralelas entre sí, perpendiculares al ecuador y en la cual todos los grados de apartamiento tienen igual extension que los grados de ecuador, siendo así que en nuestro globo la extension de dichos grados de apartamiento disminuye al paso que aumenta la latitud, y no pudiendo establecerse esta relacion disminuyendo la extension de los grados de paralelo, se apela al recurso de aumentar progresivamente la extension de los grados de latitud al paso que se acercan á uno de los polos, con lo cual se consigue el objeto deseado.

298. Luego diremos que en las cartas esféricas se conservan equidistantes los meridianos, y que los paralelos se van separando cada vez más uno de otro al paso que se acercan al polo, resultando de aquí que los rectángulos iguales formados en la carta plana por los meridianos y paralelos, se convierten en la esférica en rectángulos de bases iguales y de alturas que aumentan progresivamente.

299. Para determinar la relacion que debe haber en una carta esférica entre la extension de los grados de apartamiento y los de latitud correspondiente, tendremos presente que los grados de apartamiento disminuyen en el globo como los cosenos de sus latitudes (art. 258), y por lo tanto, diremos que en toda carta esférica la extension absoluta de cada minuto de latitud debe estar con la extension absoluta de cada minuto de longitud, en la misma razon que el radio con el coseno de la latitud á que corresponde dicho minuto de meridiano.

Segun lo demostrado en la Trigonometría podremos decir tambien, que una porcion cualquiera de un paralelo es á otra de meridiano de igual número de grados ó minutos, como el radio es á la secante de la latitud de dicho paralelo; de donde la extension de un minuto de latitud será igual al minuto de ecuador multiplicado por la secante de la latitud dividido por el radio.

300. La extension que debe darse á cada division del meridiano de la carta expresada en divisiones correspondientes de longitud, se llama *diferencia de latitud en partes meridionales* y las latitudes señaladas siguiendo este sistema, *latitudes crecientes ó aumentadas.*

301. Construccion de las cartas esféricas. Conocidos los grados de longitud y latitud que ha de comprender la carta, tírese la recta AB que será la porcion de paralelo que ha de tener, y divídase en partes iguales tales como la Ae, de la magnitud conveniente para representar ya sea 1, 5, 10 ó 15 minutos de ecuador, con arreglo á los grados de diferencia en longitud que debe tener dicho paralelo de la carta.

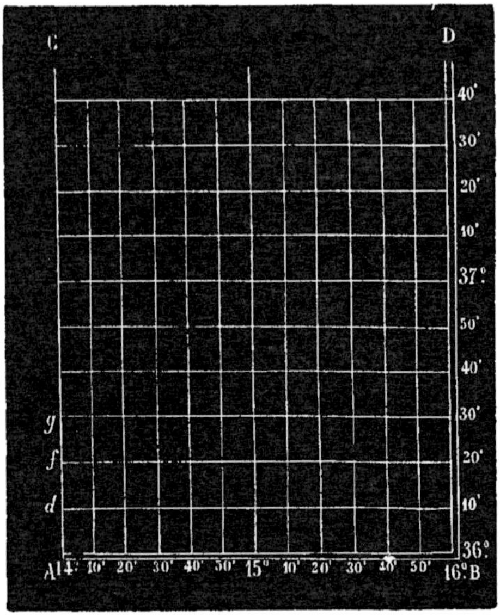

(Fig. 35)

Levántense rectas perpendiculares por las divisiones de la AB y tendremos trazados los meridianos.

Empezando la carta desde la latitud de 36°, por ejemplo, y valiendo la division Ae diez minutos, tendremos que calcular la extension de los 10′ primeros Ad de diferencia en latitud, y siendo la latitud média entre estos dos paralelos 36°..05′, será

$$r : \sec 36°..05' :: Ae : Ad$$

de donde

$$Ad = \frac{Ae \times \sec 36°..05'}{\;},$$

y habremos determinado de cuántas veces la extension Ae y fraccion de la misma si resulta, debe constar la primera division Ad para representar los 10 primeros minutos de latitud.

302. Del mismo modo podrá calcularse la extension de las divisiones siguientes df, fg, &c., y tirando rectas paralelas por ellas, tendremos los paralelos de latitud al lado de cada cual y de los meridianos que antes trazamos, se indicará con números la longitud ó latitud que representa.

Seguidamente situaremos los lugares principales segun sus latitudes y longitudes, se dibujará la configuracion de las costas, y se indicarán los bajos, cantidad y calidad del fondo y demás detalles, y habremos terminado la construccion de la carta. (*)

303. Cuando es corta la extension que tienen los grados en la carta, esto es, cuando es de *punto menor*, se puede dividir el paralelo y hallar las partes meridionales de grado en grado, y cada uno de estos se divide á su vez en el número de partes iguales que permite la escala para representar los minutos. Pero si la carta es de punto mayor, se divide el paralelo y se calculan las partes meridionales de minuto en minuto, con lo cual se tendrá la exactitud que es necesaria para la seguridad de la navegacion.

304. Tablas de partes meridionales. En casi todas las colecciones de *Tablas náuticas* se encuentra una *Tabla de partes meridionales*, que dá en una columna todas las latitudes de minuto en minuto, y al lado las partes meridionales ó minutos de ecuador que hay desde este círculo hasta la latitud de que se trata. (†)

(*) Al construir una carta esférica, se sitúan únicamente por su latitud y longitud los puntos principales; y para situar los demás se emplean otros procedimientos que se explican en los tratados de geodesia y de hidrografía.

(†) *Mendoza* ha publicado una tabla de partes meridionales, considerando á la Tierra como esférica y otra como un esferoide; ninguna de ellas se encuentra en la edicion de 1851, pero la última puede verse en el *Anuario de la Direccion de Hidrografía* correspondiente al año de 1863.

Tenemos, pues, que en una de esas tablas el número 2344.94 correspondiente á los 36°..32', indica los minutos de ecuador que debe medir el arco de meridiano que representa dicha latitud.

305. Cuando se desea obtener la extension de un minuto de meridiano correspondiente á una latitud dada, se halla la diferencia de las partes meridionales de las latitudes entre las cuales está comprendida.

Suponiendo que dicho minuto está comprendido entre las latitudes 56°..30' y 56°..31', tendremos:

Latitud 56°.. 30' partes meridionales correspondientes...........	4110,05
„ 56 .. 31 „ „ „	4111,85
Extension de un minuto de latitud en minutos de ecuador=Difer.ª=	1,80

306. Construccion de una carta general esférica. Para esto se divide la hoja del papel en la cual se desea dibujar la carta, en cuatro partes iguales por medio de dos líneas perpendiculares que representará la una el ecuador y la otra el primer meridiano.

El ecuador se dividirá en un número de partes iguales que llamaremos D, cada una de las cuales comprenderá 10°, 5° ó 1°, segun lo permita la extension de la carta, y por cada division se trazará un meridiano.

Para formar sobre el meridiano graduado la escala de las latitudes, se determinará por medio del cálculo ó por la tabla de partes meridionales, las extensiones respectivas que deberá tener en minutos de ecuador cada division de meridiano de un número de grados D, igual á la extension que se le dió á la division del ecuador.

El polo y las regiones próximas á él no pueden representarse en la carta esférica, en razon á que los minutos de meridiano tienen en dichas regiones una extension inmensa con respecto á los de ecuador, y tambien porque es infinita la latitud aumentada de 90°.

307. Escalas de longitudes y latitudes en las cartas esféricas. De lo dicho resulta, que en las cartas esféricas están representados los paralelos de latitud por rectas paralelas entre sí, orientadas de Este á Oeste, aumentando las distancias que hay entre ellas, al paso que se acercan á los polos y que los meridianos son rectas paralelas y equidistantes, orientadas de Norte á Sur.

308. En los meridianos que terminan la carta, á derecha é izquierda, se encuentra *la escala de las latitudes* que tambien se llama *escala de partes meridionales* ó aumentadas, porque la extension de los grados de latitud aumenta hácia los polos.

En los paralelos que terminan la carta se halla *la escala de las longitudes* ó *de partes iguales,* llamada así, porque todos los grados tienen igual extension.

309. La forma esférica de nuestro globo impide que pueda representarse exactamente sobre una carta el todo ó una parte de su superficie, pues como sabemos, los grados de apartamiento son iguales en la carta, mientras en el globo disminuyen con la latitud, y tambien en la carta aumenta la extension de los grados de latitud que en la Tierra son iguales; procedimiento que se emplea para resolver fácilmente los problemas de la línea del rumbo, ventaja que se obtiene á expensas de la exactitud, pues si bien son exactas las cartas en su conjunto, representan las regiones de la Tierra tanto mayores, cuanto más cerca están de uno de sus polos.

En efecto, á los 60° de latitud el grado de apartamiento mide sólo 30′ ó sea la mitad del grado de ecuador; y como en la carta ambos grados son iguales, resulta el grado de paralelo doble que en el globo, á la vez que el grado de latitud en dicho paralelo de 60°, es tambien doble que el primer grado de latitud contado desde el ecuador; luego diremos que las regiones situadas en la carta á los 60° de latitud, tienen doble dimension lineal que las situadas en el ecuador, sin que por esto varíe la exactitud de la configuracion.

310. De lo dicho resulta, que las cartas marinas no pueden utilizarse en la proximidad de los polos, en razon á que los minutos de meridiano tienen en tal caso una extension inmensa comparados con los del ecuador. Si suponemos dos islas de iguales dimensiones, situada la una en el ecuador y la otra próxima al polo, aparecerá esta mucho mayor que la primera; por lo que no podremos á primera vista comparar las superficies y distancias, á ménos que no se haga la reduccion oportuna de que vamos á tratar.

311. Determinar el rumbo verdadero y la distancia efectiva que hay entre dos puntos situados en la carta. Ante todo diremos, que para trazar desde un punto de la carta una línea en la direccion de un rumbo dado, se usa el *trasportador*, que es un semi-círculo de talco dividido de grado en grado y en rumbos ó cuartas, en cuyo centro A, lleva sujeto un hilo de una longitud conveniente. Para hacer uso del semi-círculo se coloca su centro A en el punto de la carta desde el cual se quiere tirar el rumbo dado, de modo que el diámetro CB, sea paralelo á uno de los meridianos EF de la carta; y suponiendo que el rumbo que se quiere tirar sea el S 40° O, por ejemplo, se contarán en la graduacion 40° desde B y el punto G se señalará con un lápiz, y ajustando despues una regla á los puntos A y G, se tirará la AH y tendremos el rumbo que se deseaba trazar en la carta.

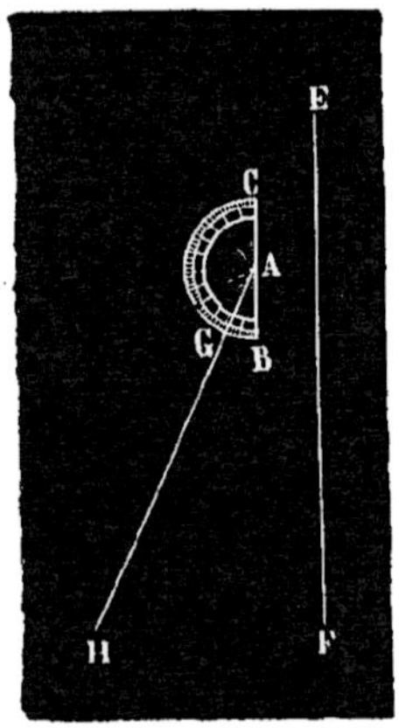

(Fig. 35)

312. Si dado el punto A, se hubiese deseado saber el rumbo á que demoraba el punto H, habríamos colocado el trasportador en A, como en el caso anterior, y puesto el hilo tirante pasando por el punto H, nos marcaria en la graduacion el rumbo pedido.

313. Ahora bien, para determinar en una carta esférica el rumbo y distancia que hay entre dos puntos dados A y B, por ejemplo, uniremos dichos puntos con una línea, tiraremos la porcion de meridiano AC y la de paralelo CB y resultará el triángulo rectilíneo rectángulo ACB, en el cual el ángulo CAB, medido con el trasportador, será el rumbo verdadero que hay que seguir para trasladarse de A á B; el lado AC=DE será la diferencia de latitud en partes meridionales ó aumentadas; el lado CB=FG la diferencia de longitud entre dichos lugares, y AB la distancia que hay de uno á otro, aumentada en la misma razon que la diferencia en latitud AC.

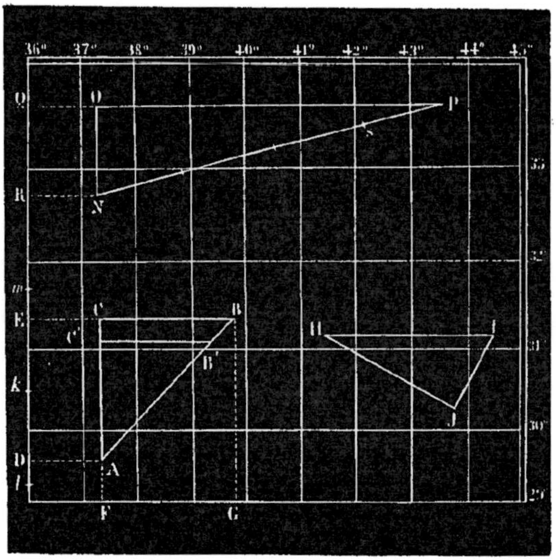

(Fig. 37)

314. Para obtener la distancia efectiva se contará en el meridiano graduado el número de minutos de que consta la diferencia en latitud DE; se tomará en el paralelo graduado una abertura de compás igual á dicho número de minutos y se trasladará desde A hasta donde alcance que será C'; tírese el paralelo C'B', que será el apartamiento de meridiano entre los lugares A y B; y AB' medida en el paralelo graduado ó escala de partes iguales, la distancia efectiva que se trataba de hallar.

315. *El triángulo* ACB se llama *de partes meridionales ó aumentadas* y entran en él los elementos siguientes: AC=diferencia de latitud en partes meridionales; CB=diferencia de longitud, medida en el paralelo graduado; CAB = ángulo del rumbo y AB = distancia, aumentada en la misma razon que la diferencia en latitud AC.

316. *El triángulo* AC'B' se llama *de partes iguales*, porque la escala con que se ha construido es el paralelo graduado, y en él tenemos: AC' = diferencia de latitud en partes iguales; C'B' = apartamiento de meridiano; AB' = distancia efectiva, y C'AB' = ángulo del rumbo entre A y B.

317. De la semejanza de estos dos triángulos resulta: AC' : AC : : AB' : AB; esto es, diferencia de latitud en partes iguales es á diferencia de latitud en partes meridionales, como distancia efectiva es á distancia aumentada.

Todos los problemas de la línea del rumbo se reducen, como vamos á ver, á la comparacion y resolucion de los triángulos de partes iguales y de partes meridionales, ya sea por medio de construcciones geométricas hechas sobre las mismas cartas, ó bien empleando el cálculo.

318. *Casos particulares.* Cuando los dos lugares están en un mismo meridiano, tales como A y C, entonces la distancia en millas de uno á otro AC, será igual al número de minutos que contenga la diferencia de latitud CA = ED.

Cuando el ángulo del rumbo se acerca mucho á ser recto ó lo es, es decir, cuando los dos lugares están en un mismo paralelo, tales como H é I, entonces la distancia HI medida en la escala de partes iguales, será la diferencia de longitud entre ambos; por lo tanto, para hallar la distancia efectiva, ó sea en este caso las millas que mide el apartamiento de meridiano entre dichos lugares, formaremos en H el ángulo IHJ igual á la latitud de los lugares y bajando desde I la perpendicular IJ, á la HJ, tendremos que midiendo la extension HJ en el paralelo graduado, nos dará la distancia E-O, que hay entre dichos dos lugares H é I.

319. Tomar sobre la carta esférica una distancia aumentada en la direccion de un rumbo dado. Para resolver este problema, que es inverso del anterior, desde el punto de salida A (Fig. 37), tírese la AB en la direccion del rumbo seguido y la porcion de meridiano AC; tómese en la escala de partes iguales una abertura de compás igual al número de millas de la distancia y trasládese desde A hasta B'; tírese el paralelo C'B' y mídase la extension AC' en la escala de partes iguales y tendremos la diferencia en latitud; tómese una abertura de compás igual á esta diferencia, en el meridiano graduado desde el paralelo de salida D en la direccion del rumbo hasta E, y tirando el paralelo EB tendremos que la AB será la distancia aumentada entre los lugares A y B que se pedia.

320. Casos particulares. Si el rumbo es N ó S; esto es, si se confunde con un meridiano, la distancia aumentada será igual á la diferencia de latitud en partes meridionales; por lo tanto, la que hay entre los puntos A y C será el número de millas que mida DE.

Si el rumbo que se ha seguido fuese E ú O; esto es, si se confunde con un paralelo tal como el HI (Fig. 37), haremos lo contrario que en el problema anterior (art. 318); luego, se construirá el ángulo IHJ igual á la latitud de los lugares; se tomará en el paralelo graduado un número de minutos igual á la distancia y se trasladará desde H hasta J; se levantará la perpendicular JI y la distancia HI, medida en la escala de partes iguales, nos dará la distancia aumentada que se pedia.

321. Téngase muy presente que todas las distancias que hemos determinado son loxodrómicas y no son las más cortas entre los puntos dados, y por lo tanto no deben confundirse con las distancias ortodrómicas de que trataremos más adelante.

322. **Modo de medir las distancias en las cartas planas.** En las cartas planas se miden las distancias directamente en cualquier punto del meridiano graduado y no hay necesidad de hacer reduccion alguna.

323. **Métodos abreviados para medir distancias en las cartas esféricas.** En la práctica no se emplean generalmente los procedimientos anteriores, sustituyéndolos los siguientes métodos aproximados, por ser de muy fácil resolucion.

324. *Determinar en la carta esférica la distancia entre dos puntos, cuando no pasa de* 50 *leguas.* Sean A y B (Fig. 37) los puntos dados; tómese una abertura dec ompás igual á la distancia AB que hay entre ellos y trasládese al meridiano graduado colocando las puntas del compás en *l* y en *m*, ó sea equidistantes de los puntos D y E en que terminan los paralelos de los dos lugares; y el número de minutos que haya de *l* á *m* será la distancia pedida en millas.

325. Compréndese desde luego que este procedimiento no puede ser exacto, en razon á que los grados contados desde el paralelo medio *k* hácia *l*, están aumentados en mayor razon que la que convendria para compensar la menor extension de los grados contados hácia la parte inferior *kl* del paralelo medio; pero el resultado es bastante aproximado cuando la distancia no es considerable, y satisface las necesidades del marino.

326. *Hallar en la carta esférica la distancia entre dos puntos, cuando pasa de* 50 *leguas.* Suponiendo que sean N y P los dos puntos dados, se tomará una abertura de compás RQ, igual á la distancia que hay entre los paralelos de los dos lugares, y el número de minutos que comprenda se multiplicará por el número exacto de veces, que en este caso son tres, que puede trasladarse dicha abertura sobre la NP; y al producto se le sumarán los minutos que valga la parte sobrante *s*P, para lo cual se tomará con el compás dicha porcion, y se trasladará al meridiano graduado, cuidando que las puntas del compás equidisten de los paralelos R y Q, y tendremos la distancia pedida con la aproximacion necesaria, siempre que la diferencia de latitud esté comprendida ménos de 4 veces en dicha distancia, y en caso contrario se tomará una abertura de compás mayor que dicha diferencia de latitud.

327. Tambien puede emplearse este otro procedimiento: tómese con un compás por tanteo, la cuarta parte de la distancia NP; trasládese sobre el meridiano graduado, estando las puntas del compás equidistantes de los paralelos de los dos lugares; y el número de minutos que comprenda, multiplicado por 4, será la distancia pedida.

328. *Tomar una distancia aumentada en la direccion de un rumbo dado.* Tómese en el meridiano graduado un número de minutos igual á la distancia efectiva, desde el punto en que termina el paralelo de latitud del lugar dado, hácia el lado en que se halla el otro que se quiere situar.

Si dado el punto A, se quiere tomar una distancia en la direccion del rumbo AB (Fig. 37), se tomará desde D hácia E y despues se trasladará desde A hasta donde alcance sobre el rumbo AB.

Este método es bastante exacto cuando la latitud no pasa de 60° y la distancia de 25 leguas, pues el error que puede resultar no llega á un dos por ciento de la distancia, siendo tanto menor cuanto menores son la latitud, la distancia y el ángulo del rumbo.

329. Resolucion sobre las cartas, de los problemas relativos á la línea del rumbo. Para esto se construyen ó se consideran construidos en las cartas, unos triángulos rectilíneos rectángulos, semejantes á los que se imaginan formados sobre la superficie del globo por la derrota de la nave y los arcos correspondientes de meridianos y paralelos, teniendo presente que si la carta es esférica hay que atender á lo dicho respecto á las distancias aumentadas y efectivas, y hacer las reducciones convenientes.

330. PROBLEMA I. *Dado un punto en la carta; determinar su latitud y longitud.* Sea el punto dado *a*; tómese con un compás la distancia de dicho punto al paralelo más próximo, (Fig. 38) que es AB, y corriendo el compás por dicho paralelo hasta llegar al meridiano graduado AC, la punta D marcará en la graduacion la latitud, que es 18°.. 40′ N.

Tómese tambien la menor distancia de *a* al meridiano más próximo, que es HI, y corriendo el compás por él hasta llegar al paralelo graduado, la punta E nos indicará la longitud que es 1°..18′O.

331. PROBLEMA II. *Dada la longitud y latitud de un punto, situarlo en la carta.* Sea por ejemplo lat. 18°.. 20′ N y long. 0°..30′ O. Tómese con un compás F la latitud y corriéndolo por el paralelo, márquense los puntos *b* ó *c* en los meridianos que comprenden á la longitud dada; tírese la línea *bc* y éste será el paralelo del lugar.

Tómese en el paralelo graduado con un compás L, la longitud y córrase por el meridiano hasta encontrar al paralelo *b c* y el punto *d* será el que se trataba de situar en la carta.

332. Puede evitarse el trazar el paralelo *b c*, colocando dos compases F y L en el meridiano y paralelo graduado, segun la latitud y longitud dada, y corriendo ambos hasta *f* y *l* en que se encuentran sus puntas en *d*, marcando antes con el compás *l* el punto *e* para colocar en él la punta del compás *f*.

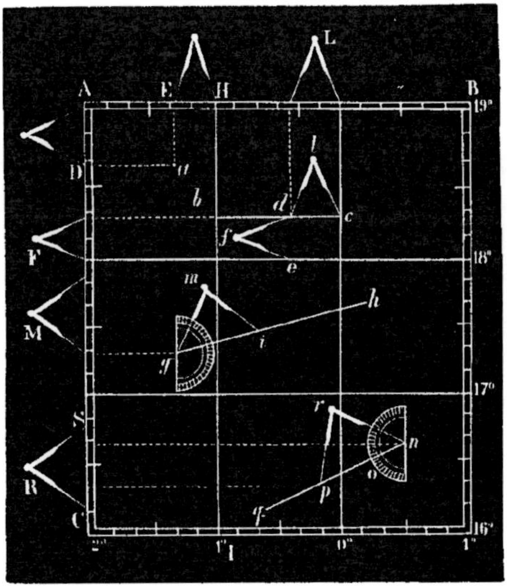

(Fig. 38)

333. Problema III. *Dado el punto de salida, rumbo verdadero que ha hecho la nave y distancia navegada, situarse en la carta.* Sea *g* el punto dado (Fig. 38), situado segun la longitud y latitud salida; el rumbo verdadero N 52° E y la distancia 35 millas. Colóquese el trasportador en *g* (art. 311) y tírese la *gh* en la direccion del rumbo dado; tómese con el compás M en el meridiano graduado una abertura de 35 millas, colocando una punta en el paralelo de *g* y la otra en la direccion del punto que se busca (art. 328) y trasladando dicha abertura sobre la *gh* desde *g* hasta donde alcance, se tendrá el punto *i*, que será la situacion de la nave ó punto de llegada, cuya longitud y latitud podrá determinarse por el (Problema I, art. 330.)

334. Problema IV. *Dado el punto de salida y el de llegada, de-*

terminar el rumbo verdadero y distancia que se ha navegado. Sea n (Fig. 38) el punto de salida y p el de llegada, situados en la carta segun sus respectivas longitudes y latitudes. Colóquese el trasportador en el punto n, y poniendo el hilo nq tirante y que pase por p, nos marcará en la graduacion el punto o, que será el rumbo verdadero, en este caso S 45° O, (art. 312). Tómese con un compás r la abertura np, y trasládese á R sobre el meridiano graduado, estando sus puntas equidistantes de los paralelos de los lugares n y p y los minutos que contenga CS, será la distancia navegada entre los puntos n y p (art. 324.)

Cuando la distancia sea mayor de 50 leguas, practíquese lo explicado en el (art. 326.)

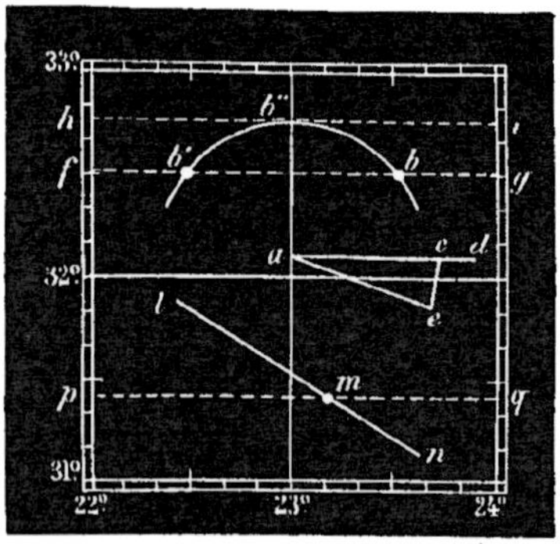

(Fig. 39)

335. Problema V. *Conocida la distancia de un punto de la costa y la latitud del observador, situarse en la carta.* Sea a el punto conocido de la costa (Fig. 39), y supongamos que b, cuya situacion se trata de determinar, dista de él 30 millas y que su latitud es de 32°.. 30′.

336. Tírese el paralelo fg del punto b, y tómese con un compás sobre el meridiano graduado una distancia de 30 millas, y haciendo centro en a descríbase un arco, y el punto b en que corta á la fg, será el que se trata de situar.

Dicho arco encuentra á la fg en dos puntos b y b', pero será fácil conocer el que conviene, pues siempre se sabe, si b está al E ó al O, del punto conocido a.

337. *Casos particulares.* Si el arco descrito fuese tangente al paralelo de latitud, el punto buscado seria b'', y entonces la diferencia de latitud entre a y b'' seria igual á la distancia.

Si los dos puntos a y c, por ejemplo, tuviesen igual latitud, se formaria el ángulo dae igual á la latitud, se tomaria sobre el paralelo graduado una abertura igual á la distancia, se trasladaria desde a á e, desde e se levantaria una perpendicular ec, y tendríamos el punto c que se trataba de situar.

338. Problema VI.—*Dado el punto de salida, la latitud llegada, y el rumbo verdadero que se ha navegado, situarse en la carta, determinar la distancia navegada y la longitud llegada.* Sea l el punto de salida (Fig. 39), tírese el rumbo navegado ln, y el punto m en que corta al paralelo de la latitud llegada pq, será aquel en que se encuentra la nave y no habrá inconveniente para hallar la distancia lm y la longitud del punto m.

339. Problema VII.—*Dado el punto de salida, la latitud llegada, y distancia navegada, situarse en la carta y hallar el rumbo navegado y longitud llegada.* Con el punto de salida, la distancia y la latitud llegada se determina el punto de la nave, como en el problema V; el rumbo navegado se hallará empleando el trasportador y la longitud llegada, segun lo dicho en el problema I.

340. Este problema y el anterior pueden emplearse para hallar la situacion de la nave, siempre que no se conoce con exactitud la longitud llegada; pero sí la latitud, y empleando el rumbo verdadero navegado ó la distancia, segun que se tenga más confianza en uno ó en otro de estos datos.

341. Método para determinar la distancia del observador á los puntos que tiene á la vista. Los pilotos tienen generalmente la costumbre de estimar á ojo la distancia á que se hallan de los puntos de tierra ó de otros buques; pero al adoptar este sistema por su facilidad, suelen padecer grandes equivocaciones aun los sugetos más experimentados, por lo que pueden utilizarse con ventaja los métodos que ponemos á continuacion.[*]

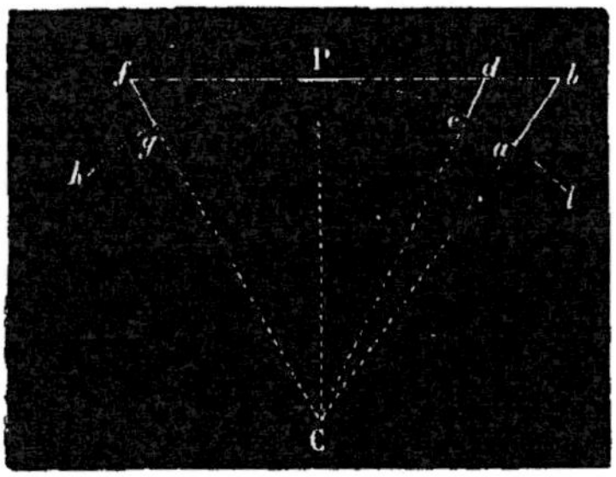

(Fig. 40ª)

342. *Calcular la distancia á un punto que se vé en el horizonte de la mar.* Sea hPl una parte de la superficie de la Tierra, cuyo centro es C; a un observador y P un objeto que divisa en su horizonte.

Elévese el observador á b, por ejemplo, hasta tanto que elevándose más no descubra nuevos puntos del objeto P, y que bajándose algo, pierda algunos de vista. En tal caso la Pb será tangente á la superficie de la mar, y tendremos que en el triángulo rectilíneo rectángulo bPC, se conoce el cateto PC que es un radio de la Tierra, la hipotenusa Cb que es otro radio ca, mas la elevacion del ojo del observador ab sobre la superficie del mar, y podrá hallarse por lo tanto el valor del otro cateto bP ó sea la distancia del observador al objeto P.

343. La construccion de la tabla XXXI de Mendoza está fundada en estos principios, y entrando en ella con la elevacion del ojo del observador en piés ingleses, se obtiene la distancia de un objeto que se vé en el horizonte, en millas y decimales de milla.

---

[*] Para no equivocarse al estimar á ojo las distancias, debe atenderse al estado de la atmósfera y al grado de claridad con que vemos iluminados los objetos, pues en tiempos despejados nos parece que se hallan más cerca y en tiempo de neblina más lejos de lo que están en realidad; del mismo modo que cuando tenemos varios objetos á la vista, nos suele parecer el más lejano á igual distancia que los más cercanos, dependiendo esto de estar más iluminado que los otros, y por esta causa nos parece tambien que dos objetos que se ven enfilados están unidos, siendo así que están muy separados el uno del otro.

344. La inspeccion de esta tabla nos dá á conocer el error que puede resultar en la distancia por cada pié de diferencia en la elevacion del observador; y que por medio de ella puede determinarse á bordo con la precision conveniente las distancias de la nave al último punto visible, comprendidas entre 5 y 12 millas.

Por ejemplo, si un observador elevándose á 19 piés no descubre nuevos puntos de una playa, determinará por medio de la tabla que su distancia á tierra es de 5 millas; y si para conseguir igual resultado tiene que elevarse hasta 27 piés, la distancia entonces será de 6 millas; y por último, si habiéndose elevado hasta 110 piés descubre aún nuevos puntos de la costa, podrá decir que su distancia á ella es mayor de 12 millas.

345. *Determinar la distancia á un objeto situado más allá del horizonte de la mar.* Sea *a* el observador (Fig. 40), y *gf* el objeto; elévese el observador hasta *b* para ver el extremo *f* del objeto rasante con la superficie del mar, y para hallar la distancia *b* P*f*, se sumarán las distancias al último punto visible, correspondientes á las elevaciones *b* del observador y *gf* del objeto.

Supongamos que se desea saber la distancia á un faro cuya elevacion sobre el nivel del mar es de 79 piés, en el instante en que su linterna aparece rasante con la superficie del mar, para un observador elevado á 22 piés.

Distancia al último punto visible correspondiente á 70 piés..	9,609	millas.
" " " " á 22 ,. ..	5,387	"
Distancia del observador al faro........	14,996	"

346. *Determinar la distancia á un objeto situado entre el observador y el horizonte de la mar.* Sea *a* el observador (Fig 40), y *ed* el objeto: elévese el observador hasta *b* para ver la parte superior del objeto *d*, rasante con el horizonte de la mar, en cuyo caso para determinar la distancia *bd*, se restará de la distancia al último punto visible correspondiente á la elevacion del observador, la distancia al último punto visible por la elevacion del punto *d* del objeto, que nunca deberá ser menor de 12^{m} para que el resultado merezca confianza.

347. *Determinar la distancia á un objeto que sea sensiblemente vertical.* Sea *b* el objeto y *o* el ojo del observador: mídase con un instrumento de reflexion el ángulo *boa* formado por dos visuales *ob* y *oa*, dirigidas á la parte superior é inferior del objeto, no muy distantes de la horizontal;

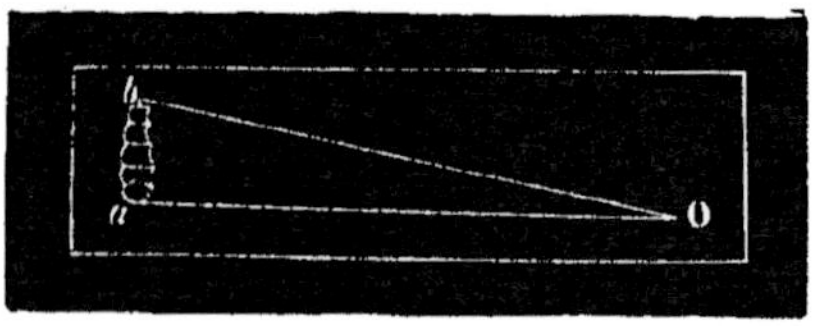

(Fig. 41)

luego tendremos que si en el triángulo rectilíneo rectángulo *bao*, se conoce el ángulo medido *o* y la altura *ab* del objeto, podrá determinarse el lado *oa* distancia pedida, ya sea trigonométricamente ó por las tablas de estima de Mendoza, teniendo presente que en la misma unidad lineal que se expresa la altura del objeto, se obtendrá la distancia deseada.

Este método es bastante aproximado siempre que el ángulo de las visuales no pase de 5°, y puede tener útiles aplicaciones, ya sea para hallar la distancia á que se encuentre un buque cuya altura de arboladura se estima con bastante aproximacion, ó ya sea á un faro ó á otro objeto terrestre cuya elevacion podremos conocer, ya sea por el derrotero ó por la carta del paraje.

348. *Determinar la distancia por el sonido de un disparo de arma de fuego.* De la velocidad con que se propaga el sonido puede deducirse la distancia á un punto; para esto, se cuenta el número de segundos y décimos de segundo que médian desde que se vé la inflamacion de la pólvora, hasta que se oye la detonacion, diciendo cero en el instante de ver la luz y contando despues uno, dos, &c.

Dúplense los segundos que han mediado y del duplo réstese el décimo de dicho número de segundos, y el resultado será la distancia en cables ó décimos de milla.

Ejemplo.—Desde que se vió la luz de un cañonazo disparado en una fortaleza, hasta que se oyó el tiro, mediaron $9^s{,}4$; luego tendremos:

Duplo de $9^s{,}4$ . . . . . . = 18,8
Décimo de 9 ,4 . . . . . . = 0,94

Diferencia = distancia á la fortaleza = 17,86 ó sea 1 milla 7,86 cables.

349. Para obtener un resultado más exacto llamaremos d á la distancia expresada en piés; n á los segundos de intervalo, y t á la temperatura del aire en escala centígrada, y tendremos:

$$d = (1192{,}5 + 0{,}73\,t)\,n.$$

Para estas observaciones deben preferirse los dias en que no haya viento, pues éste acelera ó retarda la propagacion del sonido, segun la direccion en que sopla. En todos casos, cuando puedan hacerse varias observaciones se toma el promedio de los resultados.

350. Problemas de marcaciones. Cuando se navega á la vista de tierra de la que se tiene una carta exacta, puede determinarse en ella por medio de marcaciones, la situacion de la nave. Para esto, por los puntos más notables se trazan rumbos opuestos á las demoras verdaderas de los mismos tomadas con el compás azimutal, ó lo que es mejor, con el círculo de marcar, y el punto de interseccion de dos marcaciones ó de una marcacion y el paralelo de latitud, nos dará la situacion del observador.

351. Problema I. *Situarse en la carta por medio de la marcacion y distancia de un punto.* Cuando se está á la vista de tierra y sólo hay un punto conocido, se determina la situacion de la nave marcándolo y estimando ó calculando la distancia á él; advirtiendo que debe desconfiarse de las distancias estimadas á ojo por lo fácil que es equivocarse.

Esto supuesto, desde el punto marcado se tirará un rumbo opuesto á la demora, corregida de variacion y perturbacion, y tomando con un compás la distancia estimada en el meridiano graduado, desde el paralelo del lugar en la direccion del otro punto que se vá á situar, se colocará el compás sobre la demora trazada y nos dará el punto de la nave.

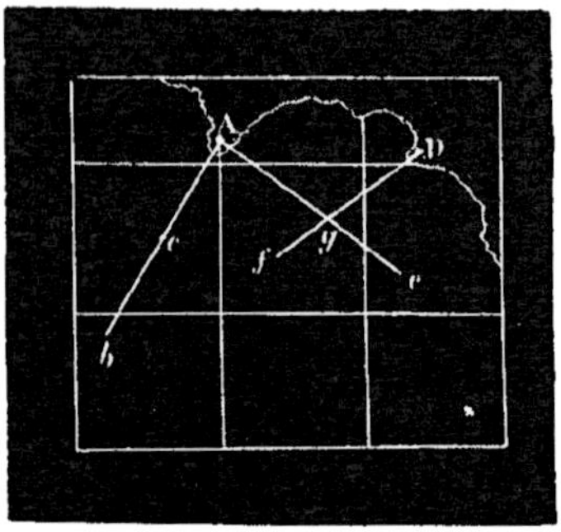

(Fig. 42)

Ejemplo. Demora corregida de A=N N E distancia 12 millas. Desde A (Fig. 42) tiramos un rumbo A*b* opuesto á la marcacion, que será S S O; se tomará con un compás sobre el meridiano graduado desde el paralelo de A hácia el Sur, una abertura de 12 millas, y trasladándola desde A sobre la A*b*, nos dará el punto *c* que será aquel en que se halla la nave.

352. Este problema puede emplearse con ventaja, siempre que se conozca con exactitud la distancia del punto marcado, como sucede al separarse de una costa y al recalar á ella, en el instante en que se pierde de vista ó se descubre la luz de un faro.

353. Problema II. *Situarse por medio de dos marcaciones á dos puntos de la costa.* Por cada uno de los puntos marcados se tira un rumbo opuesto á su demora, corregida de variacion y perturbacion, y en el punto de concurso se hallará la nave.

Supongamos que se ha marcado el punto A al N. 40° O, y el punto D al N. 60° E, ambas marcaciones corregidas de variacion y perturbacion. Desde el punto A (Fig. 42) se tirará el rumbo A*e*, S 40°E, opuesto á la primera marcacion, y desde D el D*f*, S 60° O, opuesto á la segunda, y el punto *g* será aquel en que se halla la nave.

354. Para comprobar si es exacta la situacion del punto *g*, se acostumbra á marcar un tercer punto, si es posible, y despues se vé en la carta si es igual su demora desde el punto *g*.

El resultado de este problema es tanto más exacto cuanto más se aproxima á ser recto el ángulo A*g*D y que el triángulo *g*A D sea isósceles; esto es, que los puntos A y D estén próximamente á igual distancia del buque, para que los ángulos en A y en D no sean muy agudos.

355. Problema III. *Situarse por dos marcaciones á dos puntos rumbo verdadero y distancia navegada en el intermedio.* Por el primer punto marcado A (Fig. 43), se tirará la A*c* en la direccion del rumbo que ha seguido la nave en el intermedio de las dos marcaciones, y

se le dará una longitud igual á la distancia navegada; desde el extremo *c* de esta línea se tirará un rumbo opuesto á la primera marcacion *cd* del punto A, y por el otro punto marcado B se traza un rumbo B*h* opuesto á la marcacion, y el punto *f* será aquel en que se encontraba la nave al hacer la segunda marcacion.

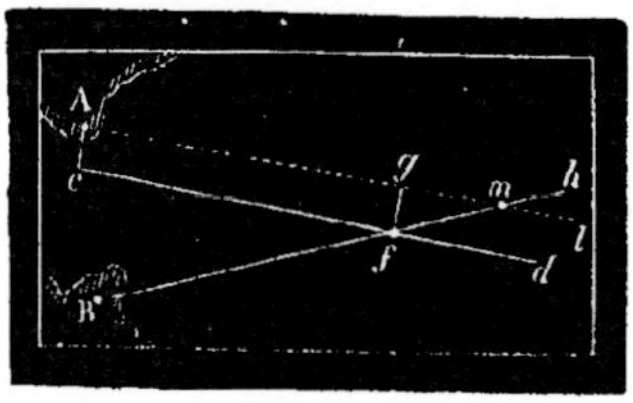

(Fig. 43)

Para determinar el punto en que se hallaba al hacer la primera marcacion, se tirará desde *f* la *fg* opuesta al rumbo A*c*, y desde A un rumbo opuesto á la primera marcacion, y *g* será el lugar que se pedia.

Si se hubiese resuelto este problema sin tener en consideracion el rumbo y distancia navegada en el intermedio de las marcaciones, se hubiese encontrado el punto *m* como situacion de la nave, y se habria cometido por lo tanto un error igual á la distancia que hay de *f* á *m*.

356. Este caso nos viene á demostrar, que no debe prescindirse en la práctica de la distancia navegada en el intermedio de las dos marcaciones, especialmente cuando es de importancia ó cuando es muy agudo el ángulo formado por las dos marcaciones.

357. Problema IV. *Situar la nave por dos marcaciones al mismo punto, rumbo verdadero y distancia navegada en el intermedio.* Cuando no hay más que un punto conocido á la vista, cuya distancia ni se sabe ni puede estimarse con la exactitud necesaria, se marca dicho punto y se navega á un rumbo que forme, si es posible, un ángulo casi recto con dicha marcacion hasta que la demora del punto haya variado cuando ménos 2 ó 3 cuartas; entonces se vuelve á marcar teniendo en cuenta la distancia que se ha navegado en el intervalo de las dos marcaciones.

Hecho esto, se reducen á verdaderas las dos marcaciones y el rumbo navegado, y se traza en la carta desde el punto dado una línea en la direccion del rumbo verdadero navegado, dándole una extension igual á la distancia navegada; desde el extremo de esta línea se tira un rumbo opuesto á la primera marcacion, y desde el punto dado un rumbo opuesto á la segunda marcacion, y el punto en que se encuentran estas dos marcaciones será aquel en que se halla la nave al hacer la segunda marcacion.

358. Ejemplo. Primera marcacion al punto A, N 54° O
Rumbo navegado N¼NE, dist.ª 6 millas
Segunda marcacion al punto A, S 86° O
} Las marcaciones y el rumbo son verdaderos.

Desde el punto marcado A tírese la A*b* en la direccion N $\frac{1}{4}$ N E, que es el rumbo navegado, y désele una extension de 6 millas. Desde el punto *b* tírese la *bg* opuesta á la primera marcacion ó sea al S 54° E y desde el punto A tírese la A*c* opuesta á la segunda marcacion ó sea al N 86° E, y el punto *c* será aquel en que se hallaba la nave al hacer la segunda marcacion.

Para determinar el punto desde el cual se hizo la primera marcacion, tírese desde *c* una paralela *cd* á la A *b*, y desde A una paralela A*d* á la *bc*; y el punto *d* será aquel desde el cual se hizo la primera marcacion, navegándose despues al rumbo y distancia *dc*, y desde *c* se volvió á marcar el punto A.

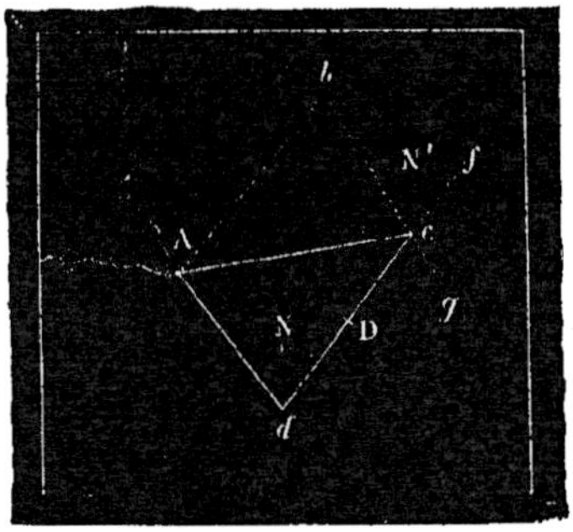

(Fig. 44)

Por medio de este problema puede determinarse de noche la distancia á que se halla la nave de un faro, y por lo tanto la situacion con toda exactitud.

359. *Tabla para determinar la distancia de la nave á un punto dado por medio de dos marcaciones á él, y el rumbo y distancia navegada en el intermedio.* Por medio de la tabla VI (Tomo III, art. 154) puede determinarse con gran facilidad la distancia *c* A (Fig. 44) á que se halla el buque del objeto, al hacer la segunda marcacion, trazando la cual en la carta y con la distancia hallada, se sitúa la nave como en el (PROBLEMA I.)

360. Para esto se entra en dicha tabla como argumento vertical con la diferencia en grados entre el rumbo y la segunda marcacion, que llamaremos N'; y como argumento horizontal, con la diferencia entre dicho rumbo y la primera marcacion que llamaremos N, y en el punto de concurso se hallará el factor por el cual hay que multiplicar la distancia navegada para obtener la distancia del buque al objeto, al hacer la segunda marcacion.

Hay que advertir que si se hace uso de la tabla, no hay que reducir las demoras á verdaderas como en el caso anterior, y el rumbo navegado sólo se corrije de abatimiento y si es posible y las hay, del efecto de las corrientes, todo lo cual facilita sobremanera la situacion del observador en la carta.

361. Resolviendo el ejemplo anterior (art. 358), tenemos los valores N'= argumento vertical=105° y N=argumento horizontal=65°, para los cuales nos dá la tabla el factor 1,41, que multiplicado por la distancia 6 millas, nos dá 8,46 millas ó sea la distancia al punto A (Fig. 44), desde el lugar *c* en que se hizo la segunda marcacion.

362. Para calcular y construir la dicha tabla VI, tenemos que en el triángulo A*dc* (Fig. 44), puede hallarse el valor de la distancia A*c*, siendo así que se conoce el ángulo *d*, que hemos llamado N y el ángulo externo N', y restando estos dos ángulos N' y N tendremos el valor de otro ángulo interno *d*A*c* que llamaremos N'—N, y conociéndose tambien el lado dc distancia navegada que llamaremos d, tendremos:

$$cA = d\frac{\text{sen N}}{\text{sen (N'}-\text{N)}}, \text{ y haciendo } f = \frac{\text{sen N}}{\text{sen (N'}-\text{N)}}, \text{ tendremos } cA = df,$$

siendo f por lo tanto el factor que nos dá la tabla, que multiplicado por la distancia navegada d nos dará la distancia cA al objeto al hacer la segunda marcacion.

363. Diremos por último, que la tabla no trae factores cuando la diferencia entre los argumentos N y N' es menor de 10°, por lo erróneo que son entonces los resultados, y que las interpolaciones pueden hacerse siempre de memoria con la mayor facilidad.

364. PROBLEMA V. *Situarse por enfilaciones ó por oposiciones.* Siempre que se vean perfectamente enfilados dos puntos marcados en la carta, tales como dos cabos que avancen hácia el mar, una punta y un islote, dos faros, &c., no habrá más que trazar en la carta una línea que pase por ellos, y en ella se hallará el buque; y para conocer su posicion bastará saber la distancia á uno de los puntos enfilados ó bien la demora de un tercer punto.

Para que resulte bien determinada la posicion del buque por este método, conviene que uno de los puntos enfilados se halle distante y el otro próximo al observador.

365. El método de enfilacion debe preferirse siempre que sea posible al de marcacion, tanto por su mayor exactitud y rapidez, como por estar exento de los errores que puede dar la aguja; por esta razon es el que se emplea para la situacion de los bajos, barras, entradas de puertos, &c., pudiéndose en tal caso gobernar guiado únicamente por la vista.

366. Tambien puede situarse la nave por medio de *oposiciones*, ó sea cuando se halle el observador entre dos puntos situados en línea recta y que aparezcan diametralmente opuestos; como en el caso anterior será preciso conocer además la distancia á uno de ellos ó la demora de otro.

367. PROBLEMA VI. *Situarse conociendo la latitud del observador y la demora de un punto ó una enfilacion.* Siempre que se esté á la vista de tierra y se observe la latitud, puede determinarse la posicion de la nave, ya sea marcando un punto de la costa, ó bien por una enfilacion, lo cual es preferible.

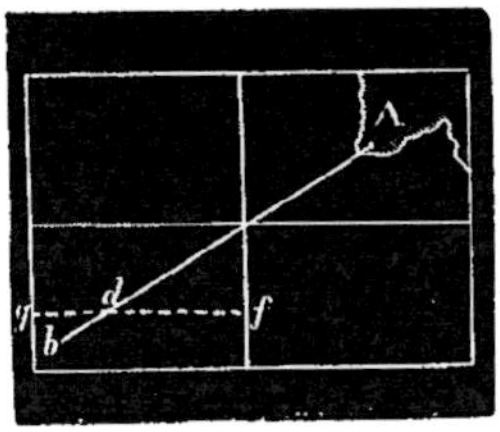

(Fig. 45)

Para esto, desde el punto marcado A (Fig. 45), se tirará un rumbo Ab, opuesto á la marcacion, y trazando el paralelo de latitud de la nave gf, el punto de interseccion d será la situacion del observador.

En vez de la latitud puede emplearse la longitud, y entonces se trazaria sobre la carta una porcion de meridiano; pero es rarísimo el caso en que se tenga más conocida la longitud que la latitud, por lo que no suele emplearse este procedimiento.

368. Problema VII. *Situarse por medio de los ángulos formados por las visuales horizontales dirigidas á tres puntos de la costa.* Cuando se tienen á la vista tres puntos conocidos y situados en la carta, puede emplearse el siguiente procedimiento, bastante exacto y de frecuente aplicacion en el levantamiento de planos.

Sean A, B y C los tres puntos dados (Fig. 46), y O la situacion del observador que se trata de hallar; mídase el ángulo AOB que llamaremos α, y el BOC que llamaremos β, ya sea con un compás de marcar, para lo cual no hay que tener en cuenta la variacion, ya sea por medio del círculo azimutal, ó bien por último, con un instrumento de reflexion, lo cual es lo más exacto y debe por tanto preferirse.

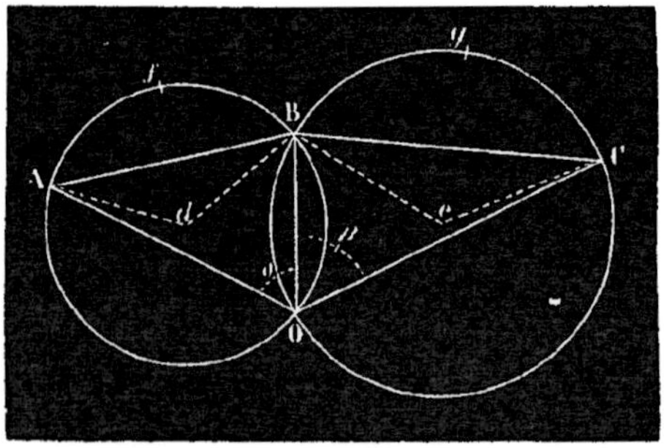

(Fig. 46)

Ahora bien: pueden ocurrir tres casos: que los dos ángulos α y β sean agudos, que sean obtusos, ó el uno agudo y el otro obtuso.

369. 1.er caso. *Los ángulos α y β son agudos.* Unanse en la carta los tres puntos dados por medio de las líneas AB y BC; y en cada uno de los extremos A y B de la AB constrúyase un ángulo igual al complemento de α y resultará el triángulo isósceles A*d*B: haciendo centro en *d* con un radio *d*A descríbase la circunferencia A*f*B.

Del mismo modo, en cada uno de los extremos B y C de la BC, constrúyase un ángulo igual al complemento de β, y resultará el triángulo isósceles B*e*C, y con un radio *e*C descríbase la circunferencia B*g*C, y el punto O en que corta á la anterior será aquel en que se halla el observador.

370. Demostracion.—En efecto; de la inspeccion de la figura y de lo que nos enseña la geometría, resulta que en los triángulos isósceles A*d*B y B*e*C, siendo por construccion cada uno de los ángulos iguales respectivamente, complemento de los ángulos α y β, los terceros ángulos en *d* y *e*, medidos por los arcos A*f*B y B*g*C, deberán tener un valor doble que los citados ángulos α y β, lo cual es cierto, pues trazadas las circunferencias vemos que los ángulos inscritos α y β tienen respectivamente por medida la mitad de los arcos A*f*B y B*g*C, con lo cual queda demostrado que la situacion del observador no puede ser otra que el punto O en que se cortan las dos circunferencias.

371. 2.° CASO. *Los ángulos* α *y* β *son obtusos.* Unanse los puntos dados A, B y C (Fig. 47), por medio de las líneas AB y BC, como en el caso anterior, y fórmense sobre ellas los ángulos complementarios *por exceso* á los α y β hácia la parte de tierra, ó sea á la opuesta á aquella en que se halle el observador O, respecto á las citadas líneas AB y BC.

Siendo, por ejemplo, α=96° y β=102°, construiremos los triángulos isósceles A*d*B y B*e*C, de modo que los ángulos en A y en B del primero valga cada uno 6°, y los B y C del segundo 12° tambien cada uno.

Haciendo centro en *d* con el radio *d*A, describiremos una circunferencia, y haciendo centro en *e* con el radio *e*R, describiremos otra, y el punto O en que se cortan será aquel en que se halla el observador.

372. Para comprobar la exactitud de la situacion del punto O, tanto en este caso como en el anterior, se medirán con el trasportador los ángulos α y β, y se verá si sus valores son exactamente iguales á los observados.

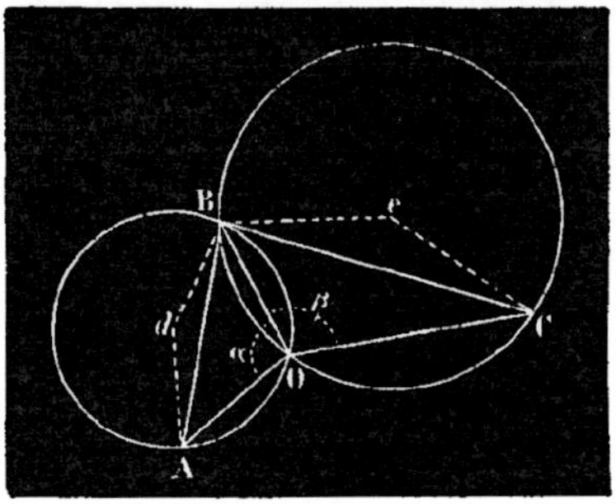

(Fig. 47)

373. 3.er CASO. *Un ángulo agudo y otro obtuso.* Cuando uno de los ángulos observados es agudo y el otro obtuso, se construirá la circunferencia como se ha explicado en el primer caso para el ángulo agudo, y segun se ha explicado en el segundo caso para el ángulo obtuso, y el punto en que ambas se cortan será la situacion del observador.

374. Cuando los puntos obervados tienen cierta elevacion, deberian reducirse al horizonte los ángulos α y β; pero esta correccion no se hace generalmente en la mar, pues en tal caso se mide con la aproximacion posible la distancia angular de las bases de los puntos elevados.

Conviene elegir los puntos de modo que no se corten las circunferencias formando un ángulo muy agudo, pues entonces resultaria errónea la situacion del observador.

Diremos por último, que si en el instante de medir los ángulos marcamos con el compás uno de los puntos, podremos despues comparar esta marcacion con la demora verdadera del punto tomada en el plano, y obtendremos por lo tanto el desvío total de la aguja (*) correspondiente al rumbo de la proa al hacer la marcacion.

375. Problema VIII. *Determinar por medio de un compás ó de un círculo azimutal y de la corredera, la distancia á que se pasa de un punto de la costa, suponiendo que no varía el rumbo de la proa.* Gobernándose en un buque al rumbo RO (Fig. 48) para montar la punta A, se desea saber á qué distancia habrá pasado de dicha punta, representada por la A*c* perpendicular al rumbo.

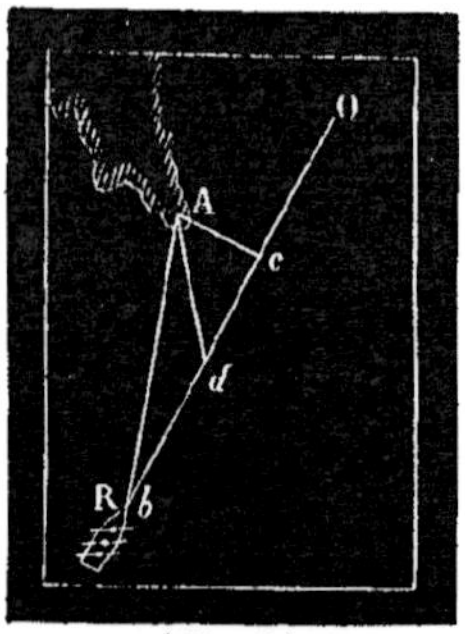

(Fig. 48)

Al hallarse el buque en *b*, por ejemplo, medirá con un compás de marcar ó con el círculo azimutal, el ángulo A*bc* formado por la demora del punto *b*A y el rumbo de la proa *b*O, y se tendrá cuenta con toda precision de la distancia navegada desde que se hizo dicha marcacion hasta hallarse en *c*, ó sea cuando el punto A, demora formando un ángulo de 8 cuartas con la proa.

Segun esto, tendremos que en el triángulo rectilíneo rectángulo A*cb*, se conocerá el ángulo en *b* y el lado *bc*, y podrá hallarse el cateto A*c*, distancia á que se ha pasado de A, ya sea trigonométricamente ó bien por la tabla XXXV de Mendoza, entrando en ella con el ángulo *b* como rumbo, con el lado *bc*, millas navegadas, como diferencia en latitud y en la columna del apartamiento se tendrá el valor de A*c*.

376. Si se marca el punto A al estar el buque en *d*, formando la demora *d*A un ángulo A*dc* de 4 cuartas ó 45° con el rumbo *d*O, será entonces isósceles el triángulo A*dc* y por lo tanto, las millas que se naveguen desde que se hizo la marcacion en *d*, hasta tener el punto A por el través, será la distancia A*c* á que se ha pasado del punto A.

377. Problema IX. *Determinar la distancia del observador á un punto de la costa, suponiendo que no se varía de rumbo.* Al hallarse el buque en un punto cualquiera *b*, (Fig. 49), se medirá el ángulo *db*A, formado por la demora *b*A y el rumbo *bd*, y se medirá con la corredera la distancia navegada hasta hallarse en *c* en que el ángulo *dc*A tenga un valor doble del *db*A antes medido, y entonces el

---

(*) Este desvío total corresponde á la aguja con que se hizo la marcacion, que se reduce á su correspondiente en la aguja de bitácora.

triángulo A*cb* será isósceles y al hacer la segunda marcacion en *c* se hallará el observador á una distancia *c*A del punto A igual á la distancia que se ha navegado *bc*, en el intervalo de las dos marcaciones.

378. PROBLEMA X. *Determinar la distancia á que se pasará de un punto de la costa, sin variar de rumbo.* En el problema anterior hemos determinado el valor del lado *c*A (Fig. 49), del triángulo isósceles A*cb*; ahora bien, este lado *c*A es hipotenusa del triángulo A*fc* en el cual se conoce el ángulo *fc*A, formado por el rumbo y la segunda marcacion *c*A hecha en el problema anterior, y podremos hallar el valor del cateto *f*A, nueva distancia á que pasará el buque de A, ya sea por medio del cálculo ó por la tabla XXXV de Mendoza, entrando en ella con el citado ángulo *fc*A como rumbo; con el valor de *c*A como distancia y en la columna del apartamiento se encontrará el valor de *f*A.

379. Este problema puede resolverse tambien del modo siguiente: cuando un buque que sigue el rumbo *bd* (Fig. 49), se halle en el punto *c* formando la demora de A, *c*A un ángulo de 45°, se tendrá en cuenta la distancia que recorre hasta llegar al punto *g*, y en que la demora de A forme un ángulo *fg*A de 63°..30′ ó sean unas 5½ cuartas, y tendremos que el duplo de la distancia que ha navegado *cg*, en el intermedio de las dos marcaciones en *c* y en *g*, será la menor distancia *f*A á que pasará del punto A ó sea al tenerlo por el través.

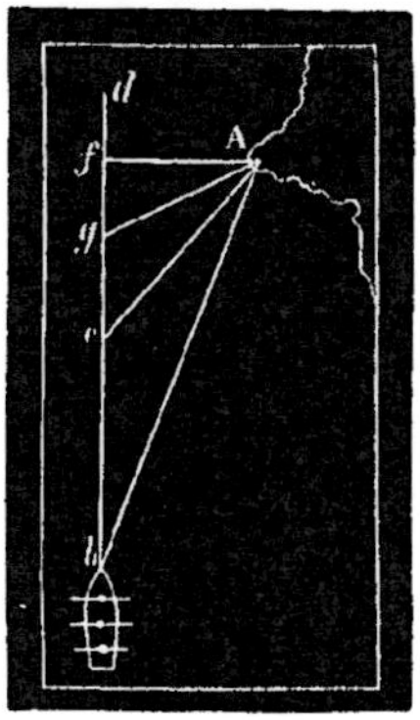

(Fig. 49)

380. Esto se funda en que en el triángulo isósceles *fc*A, si dividimos el lado *fc* por mitad por medio de la A*g*, resultará el triángulo rectángulo A*fg*, en el cual el cateto *fg*=*gc* es mitad de *f*A, y en este caso el valor del ángulo *fg*A deberá ser 63°..30′, como puede comprobarse en todos los casos por medio del cálculo.

381. Las distancias determinadas en estos tres problemas están sujetas á errores que provienen de la poca precision de los instrumentos que se emplean, especialmente cuando se navega en parajes donde hay corrientes; pero, los resultados son bastante aproximados y satisfacen generalmente las necesidades del marino, que puede determinar, tanto de dia como de noche, la distancia á que se halla de un punto, y aquella á que pasará de él, sin hacer uso de la carta y sin más instrumentos que la corredera y un compás de marcar, al cual no hay necesidad de aplicarle correccion alguna, pues sólo se trata de medir con él la diferencia entre el rumbo de la proa y la demora de un objeto.(*)

382. Determinacion de la distancia á que se halla la nave del pié de una montaña ó de un objeto elevado. La gran velocidad que ha alcanzado en nuestros dias el andar de los buques, hace absolutamente indispensable que se adopten métodos tan rápidos como exactos para obtener la situacion de la nave, necesidad que se hace aun más apremiante estando á la vista de tierra.

Sabemos que por medio de la demora y distancia de un punto se obtiene una buena situacion; y como quiera que las tierras altas son las que se descubren á mayor distancia, serán desde luego las que con mayor anticipacion podrán marcarse. Pero siendo dificilísimo estimar á ojo la distancia, dificultad que aumenta á medida que es mayor, resultará de aquí un dato erróneo, que producirá una situacion inexacta.

Con el fin de salvar tan grave inconveniente, se indica en los derroteros y planos modernos la elevacion de los picos y montes más notables, para que con esta elevacion y la altura angular del monte pueda hallarse su distancia á él, ya sea por medio del cálculo ó con tablas construidas al efecto.

Para tan importante procedimiento se aplica la Tabla VII (Tomo III, art. 156), en la cual se entra en la elevacion del monte como argumento vertical y su altura angular como horizontal y se obtiene directamente la distancia al pié del monte expresada en millas.

383. Explicacion del método. Mídase con un instrumento de reflexion la altura angular del pico sobre el nivel del mar, y aplicándole las correcciones de rectificacion del instrumento y depresion de horizonte, se obtendrá su altura corregida, con la cual y la elevacion del objeto, se tendrá en la Tabla VII la distancia en millas.

EJEMPLO.—Estando un observador á 24 piés de elevacion sobre el nivel del mar, midió con un sextante la altura angular del pico de Teyde 00°..42'..50", cuya elevacion, segun el derrotero, es de 3.709 metros. Error del instrumento +2'.

	Altura angular observada..........	00°..42'..50"
	Error de índice....................	+ 2
	Altura sobre el horizonte de la mar..	00..44..50
Tabla I de Mendoza.	Depresion á 24 piés.......	— 4..49
	Altura verdadera.........	40..01

Tabla VII. Para 3.709m de elevacion y 40' de altura, dá 83,5 millas, distancia á que se hallaba el observador del pié del pico de Teyde.

(*) Será muy conveniente hacer aplicacion de estos problemas, siempre que haya ocasion, no sólo por la facilidad con que se determina la situacion de la nave, sino tambien para adiestrarse á estimar á ojo las distancias de los puntos de tierra que se tienen á la vista.

384. Determinacion de elevaciones de montañas. Sabemos (art. 347) que en los derroteros y cartas modernas se indica la elevacion de los picos, montañas, &c., visibles desde el mar, para deducir la situacion de la nave.

No estando aún determinadas las elevaciones de muchos interesantísimos puntos de recalada, convendria que los navegantes calculasen las elevaciones de los puntos notables avistados en el viaje, y que al rendir éste, diesen cuenta oportuna á la Direccion de Hidrografía, expresando el ángulo observado corregido de rectificacion, la distancia y método seguido para estimarla ó calcularla, y por último, las alturas del barómetro y termómetro al efectuar las observaciones.

385. El método propuesto por el Almirantazgo inglés para calcular las alturas de montañas es el siguiente:

A la altura angular observada de la montaña, corregida de error del instrumento, se le aplica la correccion complementaria aditiva correspondiente á los metros de elevacion del observador, tomada en la Tabla VIII y las correcciones que dá la Tabla IX (Tomo III art. 159) para las millas de distancia al pié de la montaña. La suma, disminuida en un grado, será la altura verdadera angular, cuya tangente, sumada con el logaritmo de la distancia que dá la Tabla IX, será el logaritmo del número de metros de elevacion de la montaña ó del objeto de que se trata.

386. EJEMPLO.—Un observador elevado 8 metros sobre el nivel del mar y á 60 millas de distancia de una montaña, midió su altura angular, que corregida de rectificacion, resultó 00°.. 40′.. 10″. Se pide la elevacion de dicha montaña.

	Altura observada....	00°.. 40′.. 10″		
Tabla VIII.	Correc.ⁿ por 8ᵐ elev.ᵒⁿ +	55.. 06		
Tabla IX.	Id. por 60′,1 Distancia	24.. 00	*Tabla IX* por 60′ log =	5,04645
			Parte prop.[1] por 0,1 =	72
	Suma — 1° = Altura verdadera =	00.. 59.. 16	.... log tang =	8,23690
			Elevacion de la montaña en metros 1923,5 log =	3,28407

Por este método determinó nuestro malogrado amigo el eminente piloto Don Anselmo T. Quijano las siguientes elevaciones, no expresadas entonces en carta alguna: Isla Gaspar, 191 metros.—Monte Mariveles, 1.396ᵐ, y monte Arayat, 1.061ᵐ.

387. Trabajos hidrográficos que pueden hacerse desde á bordo. Las siguientes operaciones hidrográficas pueden hacerse desde á bordo, empleando únicamente los instrumentos de uso diario, con los cuales se obtendrán resultados bastante aproximados y de importancia, cuando se refieran á costas ó bajos desconocidos ó mal explorados. (*)

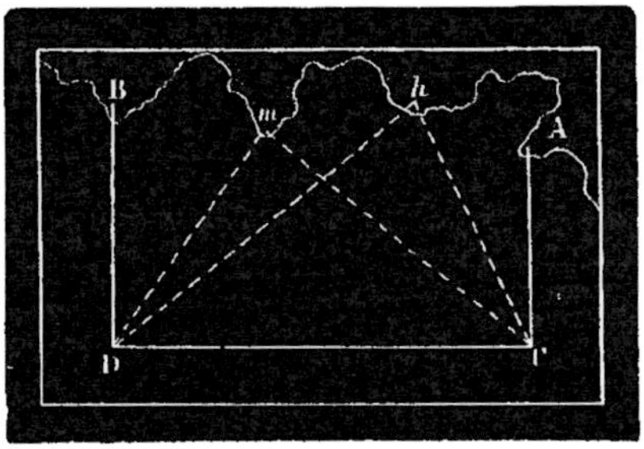

(Fig. 50)

388 *Vistas de tierra.* Cuando se navega á la vista de tierra podrán dibujarse croquis exactos de ella á diferentes distancias, que serán muy útil s para conocerla con facilidad en otros viajes.

Para esto se marca con el círculo ó con la aguja azimutal el punto más notable de la costa A (Fig. 50), debiendo conocerse el desvío total para reducir dicha demora á verdadera CA. Si el Sol no tiene mucha altura es preferible hallar la demora astronómica de dicho punto (art. 99), operacion muy sencilla en el instante del orto ó del ocaso verdadero del Sol (art. 102.)

(*) Todo navegante tiene el deber y la necesidad de hacer cuantas observaciones puedan serle de utilidad para lo sucesivo, y darles la publicidad oportuna cuando así lo reclame su importancia.

Determinada esta demora verdadera, se miden con el sextante los ángulos horizontales que forman las visuales dirigidas á los demás puntos de la costa, con el marcado *h* C A y *m* C A, y de este modo se podrá dibujar con las proporciones debidas la vista de aquel paraje, cuidando siempre de expresar la distancia á que se ha efectuado.

Despues de haber navegado una determinada distancia C D, pueden medirse los ángulos que forman las visuales dirigidas á los puntos anteriores *m* y *h*, desde esta nueva estacion D, con la demora verdadera D B, de otro punto notable B, que se determina al efecto, con lo cual tendremos los triángulos D *m* C, D *h* C, &c., de una base comun bien conocida D C, que es la distancia entre las dos posiciones del buque D y C, y es evidente que si situamos los puntos D y A respecto á la base D C, segun sus respectivas demoras verdaderas y sus distancias de A á C y de B á D, determinadas segun lo explicado en el punto de concurso de las visuales C *h* y C *m* con las D *h* y D *m*, se encontrarán los puntos de la costa *h* y *m*, los cuales podrán desde luego situarse en la carta y obtener la configuracion de la costa con bastante aproximacion y con arreglo á la distancia en que se halla el buque. Por último, la segunda estacion D se liga con otra tercera y así sucesivamente.

389. Para no equivocarse groseramente al sacar las vistas de las costas, hay que atender á las ilusiones ópticas que pueden experimentarse, siendo las más importantes las siguientes:

Toda vez que al aproximarse el observador á una costa empieza por descubrir las tierras más elevadas, avistando despues sucesivamente las que le siguen en altura hasta ver por último las playas, es evidente que la interposicion del horizonte de la mar podrá hacernos formar un juicio equivocado acerca de la verdadera configuracion de las costas, si no tenemos en consideracion las distintas elevaciones de los diferentes puntos de la costa, las direcciones en que se divisan y las distancias á que se hallan del observador.

En efecto, cuando empezamos á ver la parte más elevada de la costa, un monte H, por ejemplo (Fig. 51), nos parece estar bañado por el mar, aunque en

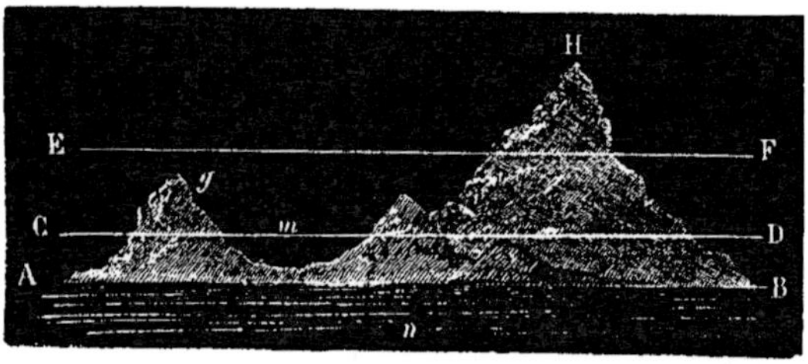

(Fig. 51)

realidad diste de él muchas leguas, por no descubrir la parte baja de tierra A B situada más allá del horizonte de la mar, representado en este caso por la línea E F.

Otras veces se ven dos porciones elevadas de la costa H y *g* sin descubrir la parte baja que las une y se nos figura que existe un canal *m* entre ellas.

Cuando sólo se descubre la parte más elevada, nos parece que corre la costa en una direccion; y despues que nos aproximamos y se ven las tierras bajas, vémos que corre en otra direccion por estar debajo del horizonte C D, playas que se adelantan mucho hácia el mar.

Tambien suele aparecer una isla *n* proyectada sobre la costa y nos parece ser una parte de esta por no descubrirse el canal que la separa de ella.

Por último, suele pasarse á la vista de un canal sin notarlo, por aparecer enfiladas ó confundidas una con otra las puntas que forman su entrada.

390. *Situacion de bajos y parajes de sonda.* Para situar los bajos y puntos de sonda se fondeará un bote sobre ellos y desde él se mide la distancia al buque por medio del ángulo formado por dos visuales dirigidas al casco y arboladura (artículo 347), y midiendo desde á bordo el ángulo que forma el bote con un punto de tierra situado en la carta, se tendrá la demora y distancia del bajo ó punto de sonda al buque, con lo cual queda determinada su situacion. Para la situacion de bajos deben emplearse, si es posible, las enfilaciones y oposiciones con preferencia á las demoras. Tambien puede situarse un bajo con precision, midiendo desde él los ángulos horizontales que forman entre sí tres puntos de la costa situados en el plano (art. 368.)

Siempre que se encuentre un bajo en alta mar, debe situarse con toda precision, especialmente si no está indicado en la carta; para esto se situará el buque en su paralelo, esto es, E-O, con él, en el momento de observar la latitud, por el método más exacto que puede emplearse y en la direccion de su meridiano para determinar la longitud con toda escrupulosidad.

391. *Plano de los puertos.* Para levantar el plano de un puerto desde á bordo con bastante aproximacion, se sacará ante todo una vista general de las tierras, que nos servirá para la referencia de los ángulos observados; hecho esto, se medirá una base fondeando un bote á una distancia conveniente y determinando la que hay desde él al buque por el ángulo que forman dos visuales dirigidas al casco y arboladura.

Una vez determinada la base, se medirán desde sus extremos por medio del sextante los ángulos que formen con ella los principales puntos de la costa, con lo cual podrá situarse en el plano. Para situar los puntos que están próximos á la direccion de esta base, se medirá otra, perpendicular á la primera, y una de estas dos bases se orientará por medio de la aguja, cuya correccion total deberá conocerse con toda exactitud.

Formada la triangulacion del puerto, orientada la base y conocidas por lo tanto las posiciones relativas de los puntos principales de tierra, se trazará una proyeccion de carta plana ó esférica, segun se desee, con sus meridianos y paralelos y se situarán en ella todos los puntos del plano segun su latitud y longitud.

392. Para sondar en puerto con prontitud se toma el buque como punto de partida y saldrá de él un bote llevando enfilado un punto de tierra de posicion conocida, y de este modo recorrerá una línea recta. Se sondará á intervalos iguales mientras tanto que no varía la cantidad y calidad del fondo, y al notarse alteracion se detendrá el bote y se situará como sabemos (art. 386); y si ocurriese el caso de no haber puntos notables en tierra para llevarlos enfilados con el bote, se marcará éste desde á bordo al tiempo de sondar.

Las sondas hechas se reducen al nivel de la marea más baja equinoccial, apuntando la hora en que se sondó para aplicar la correccion oportuna segun la altura de la marea en aquel instante.

Se observará el establecimiento del puerto y la unidad de marea; se anotarán los vientos que predominan, direccion y velocidad horaria de las corrientes si las hay; las mareas; altura média y oscilacion del barómetro; cómo deben amarrarse los barcos; descripcion de los faros, boyas y valizas; instrucciones para la entrada y salida del puerto y cuantas particularidades se consideren convenientes.

CAPÍTULO XI.

DE LOS VIENTOS EN GENERAL.

393. **Causas que producen los vientos.** Si la densidad de la atmósfera que rodea á nuestro globo fuese en todas partes la misma, permaneceria en completo reposo; pero al faltar el equilibrio por cualquier causa, el aire más denso se desliza hácia las regiones en que se ha enrarecido, y estas corrientes atmosféricas, ó sea el aire puesto en movimiento, es lo que se designa con el nombre de viento.

La causa principal que produce la falta de equilibrio en la atmósfera, es la diferencia de temperatura entre dos regiones contiguas.

En efecto, si en un lugar cualquiera se eleva la temperatura de la Tierra, el aire que está en contacto con ella se dilata y se eleva hácia la parte superior; y siendo las capas adyacentes más pesadas, tienden á restablecer el equilibrio, precipitándose hácia el paraje en que se ha enrarecido el aire, produciendo de este modo un viento que sopla de las regiones frias hácia las calientes.

Una experiencia muy sensible debida á Franklin, nos demuestra que dos masas aéreas de distintas densidades puestas en contacto una con otra, no pueden permanecer en equilibrio cuando la superficie de separacion no es horizontal. Supongamos para esto que en dos salones contiguos en los cuales hay temperaturas muy diferentes, se colocan dos bujías encendidas en la puerta de comunicacion, una en la parte inferior y la otra en la superior; si se abre en seguida esta puerta de comunicacion, veremos que la llama de la bujía inferior se dirigirá hácia el salon caloroso impelida por una corriente que vendrá del salon frio, y que la llama de la bujía superior se dirigirá por el contrario hácia el salon frio; es decir, que en la parte inferior el aire del salon frio será *aspirado* hácia el caloroso, mientras que el aire de este último, por efecto de su ligereza, penetrará en el salon frio por la parte más elevada, y esta corriente superior será un viento como el de la inferior, con la diferencia de que es producido por *impulsion*.

Vemos, pues, que una simple diferencia de temperatura entre dos regiones contiguas, basta para producir una doble corriente de aire, ó sean dos vientos opuestos, el uno por *aspiracion* en la parte inferior, y el otro por *impulsion* en la superior, que cesarán cuando el aire caliente y el frio se mezclen y sea igual la temperatura en dichas dos regiones.

Segun esto, tendremos que un viento Sur por aspiracion soplará en Francia antes de soplar en España, y un viento Sur por impulsion soplará en España antes de soplar en Francia.

A esta causa principal de los vientos hay que agregar las modificaciones que el movimiento de rotacion de la Tierra introduce en las velocidades relativas de las moléculas del aire, cuando estas se mueven en la direccion de los meridianos.

394. Direccion y velocidad de los vientos. El viento toma el nombre del punto del horizonte de donde sopla y las *veletas* ó *cata-vientos* (*) nos indican la direccion del viento reinante en la superficie de la Tierra.

Del movimiento de las nubes se deduce la direccion de las corrientes aéreas superiores, y como á veces es diferente de la que sigue el viento en la superficie del globo, conviene tomar nota de ambas en el *diario de navegacion*, del que se tratará más adelante.

Para determinar la direccion de las nubes á diferentes alturas, ó sea la direccion de las corrientes de aire que las arrastran, se usa un espejo con una rosa náutica trazada en su superficie ó simplemente radios de circunferencia. Colocado este espejo en posicion horizontal, se observa por reflexion en la direccion de qué línea se mueven las nubes, y comparándola con un compás que se coloca al lado del espejo, tendremos la direccion que sigue la nube observada.

La velocidad del viento se mide por medio de un instrumento llamado anemómetro, de los cuales hay diferentes sistemas, segun el uso á que se dedican, pero todos ellos hay que instalarlos en tierra en un paraje completamente aislado y que domine todo el horizonte.

La velocidad média del viento en España es de 4 á 6 metros por segundo: con una velocidad de dos metros el viento es *galeno:* con la de diez es *fresco:* con la de veinte, *duro:* con la de veinte y cinco, *temporal,* y con la de cuarenta ó cincuenta, *huracan;* ó sean unas 90 millas por hora.

Entre los diversos medios que pueden emplearse para determinar la velocidad de las nubes, se usa en algunas circunstancias la marcha de su sombra sobre la Tierra.

395. Siendo generalmente imposible determinar á bordo la fuerza del viento por medio del anemómetro, y siendo necesario indicarla con más precision y claridad que por los nombres arbitrarios que emplean algunos navegantes, seria conveniente que adoptasen todos el sistema del *Almirante Beaufort,* tanto por ser el más fácil, como por estar más generalizado.

(*) Los cata-vientos de los buques indican generalmente mal la direccion del viento, puesto que están colocados sobre un cuerpo en movimiento, cuya direccion combinada con la del viento, hace que nos señale la resultante de estas dos direcciones, lo cual debe tenerse presente al observar en la mar la direccion de los vientos.

Números con que se indica la fuerza del viento, segun el sistema del Almirante Beaufort.

0.—Indica calma.		
1.—Ventolina suficiente para gobernar.		
2.—Viento muy flojo..	De la fuerza conveniente para que un buque bien dispuesto, ciñendo en buena vela con todo aparejo y mar llana, ande de . . .	1 á 2 millas.
3.—Viento flojo.......		3 á 4 millas.
4.—Viento bonancible.		5 á 6 millas.
5.—Viento fresquito..	De la fuerza necesaria para que el buque pueda aguantar la bolina . . .	Todo aparejo con sobres.
6.—Viento fresco. ...		Gavias en un rizo y juanetes.
7.—Viento frescachon.		Gavias con dos rizos.
8.—Viento duro......		Mayores y gavias con tres rizos.
9.—Viento muy duro..		Mayores y gav.^{s} con todos los rizos.
10.—Viento borrascoso.		Trinquete y ga.^{s} con todos los rizos.
11.—Temporal.........		Velas de cuchillo de capa.
12.—Huracan..............		A palo seco.

Cuando hay chubascos, despues del número que indica la fuerza del viento reinante, deberá anotarse la del chubasco entre paréntesis.(*)

396. Clasificacion de los vientos. Atendiendo á la direccion más ó ménos constante con que soplan los vientos, se dividen en las tres clases siguientes:

1.ª *Vientos generales ó aliseos,* que son los que soplan todo el año en una direccion sensiblemente constante.

(*) En 1878 se ha expedido una Real órden disponiendo que en las principales capitanías de los puertos de España se establezcan estaciones meteorológicas donde se registren entre otras las observaciones del barómetro, termómetro, psicrómetro, pluviómetro y anemómetro.

Ha sido elegido el anemómetro péndulo del Dr. Prestel, que consiste en una veleta con un cierto número de puntas en la parte que forma la banderola. Inmediato al eje de rotacion hay suspendida por dos varillas con movimiento de péndulo una plancha metálica, de modo que reciba el viento perpendicularmente, y al oscilar ó elevarse esta plancha nos indica la fuerza del viento segun la punta de la banderola hasta la cual se eleva, como se expresa por la siguiente

TABLA *correspondiente al Anemómetro péndulo del Dr. Prestel.*

Escala de las puntas.	Presion por metro cuadrado.	VELOCIDADES por segundo.	VELOCIDADES por hora.		Nombres vulgares de los vientos.
	Kilogramos	*Metros.*	*Kilómetros*	*Millas.*	
0	0	0	0	0	Calma.
1	1	1	3½	2	Ventolina.
2	4	2	7	4	Viento flojo ó galeno.
3	9	4	14½	8	Viento bonancible ó fresquito.
4	15	7	25	13½	Viento fresco.
5	25	11	39½	21	Viento frescachon.
6	36,8	16	57½	31	Viento duro.
7	49	22	79	43	Viento muy duro.
8	64	29	104	56	Viento borrascoso.
9	81,6	37	133	72	Temporal.
10	100	46	166	90	Huracan.

2.ª *Vientos periódicos* son los que soplan en la misma direccion durante cierto período de tiempo y en distinta direccion durante otro período; tales como las monzones y los terrales y virazones.

3.ª *Vientos variables*, ó sean los que soplan en diferentes direcciones, sin que se les pueda fijar ley alguna referente á la direccion y constancia con que reinan.

397. La meteorología necesita aún muchas observaciones rigorosamente comprobadas, para resolver con toda exactitud el interesantísimo problema referente á la *direccion*, *intensidad* y *sucesion* probable de los vientos en los diversos puntos del globo; así como tambien la hidrografía necesita dilatar el campo de sus conocimientos respecto á las corrientes del mar, asuntos ambos de la mayor importancia para la ciencia náutica.

Muchos son, sin embargo, los adelantos que se han hecho hasta el dia, figurando en primera línea los trabajos del célebre *Maury*, con justicia llamado el *Keplero* de la meteorología; pues coordinando y analizando numerosísimas observaciones antiguas y modernas efectuadas en todos los mares, nos ha revelado importantísimos conocimientos, que puede decirse han acortado materialmente las distancias que tienen ahora que recorrer las naves.

398. De los vientos generales. El movimiento giratorio de la Tierra combinado con la accion calórica del Sol, produce en la zona tórrida un viento que puede considerarse como primitivo, el cual sopla del E al O. Pero siendo esta zona la más calurosa del globo, resulta que al dilatarse el aire se eleva constantemente en la atmósfera y es reemplazado por otro más denso que viene de los polos hácia el ecuador, y que combinándose con el general del E antedicho, produce al N de la equinoccial hasta unos 28° de latitud los *vientos generales del* NE, y desde la equinoccial hasta una latitud de 28° S *los vientos generales del* SE.

Estos vientos que soplan siempre con una regularidad constante, suelen ser algo más frescos de dia que de noche, y en su region no se experimentan temporales, pero sí huracanes.

Los vientos generales del N varían desde el NNE al NE y ENE, y los generales del S, desde el SSE al SE y ESE.

399. Calmas ecuatoriales y tropicales. Por efecto del choque de los generales del NE y del SE, que se efectúa próximo al ecuador, resulta una *region de calmas ecuatoriales* que ocupa una zona de unos 5°, en la cual sólo se experimenta un viento calmoso del E.

Al aproximarse á la region de las calmas ecuatoriales, en la cual vienen á acumularse los vapores arrastrados por los alíseos en su largo trayecto por el Océano, toma el cielo un aspecto especial; aparece siempre cubierto de nubes, la atmósfera que se respira es pesada, las lluvias son frecuentes y torrenciales, así como los chubascos y violentas turbonadas.

Rigorosamente hablando, no existe una zona contínua de calmas ecuatoriales rodeando todo el globo; así tenemos, que en el Atlántico y al O del meridiano de 25° próximamente, se unen con frecuencia los generales del NE y SE, hasta el punto que se pasa de uno á otro sin perder completamente la brisa; mientras que al E de este meridiano el alisio del NE es interceptado por el continente africano, y la region de calmas aumenta de latitud á medida que se aproxima á la costa. Tambien en el Océano Pacífico se unen los generales entre los meridianos de 110° y 160° O; y al E del meridiano de 110° el general del NE es interceptado por las costas de Méjico y Centro de América, aumentando la latitud de la region de calmas mientras más cerca se está de tierra.

400. Tambien en los límites de los vientos generales se encuentran otras dos zonas de calmas de unos 5° de extension, que se llaman tropicales, y que en rigor no rodean al globo de una manera contínua. Citaremos como ejemplos, que en el Atlántico las calmas de Cáncer no existen más que en la parte central al O de Madera y de las Azores, y las de Capricornio hácia el centro del Océano en una gran extension de latitud, especialmente en la parte Occidental. En el Pacífico son más regulares las calmas tropicales, sin embargo de que presentan interrupciones, sobre todo próximo á las costas de California en los de Cáncer, y á las de Chile en los de Capricornio.

401. Tanto los límites de los vientos generales como la situacion de las regiones de calmas, varían segun que la declinacion del Sol es boreal ó austral. Así, al paso que dicha declinacion vá aumentando N, los generales de nuestro hemisferio van subiendo hasta llegar á los 30° de latitud, y en el hemisferio S terminan á los 25°, efectuándose lo contrario cuando la declinacion es S. Se ha observado que los generales del NE sólo bajan hasta 2° de latitud S, y que los del SE suben hasta unos 8° y 9° de latitud N.

402. De los vientos variables ó irregulares. Entre las calmas tropicales, límites de los generales, y los polos respectivos, reinan vientos variables que no guardan ley alguna determinada, no habiéndose podido hasta ahora sino formular algunas generalidades en cada localidad, que varían con las estaciones.

403. Los vientos variables, á pesar de su inconstancia, tienen una propiedad notable en su cambio de direccion. En el hemisferio N dan la vuelta generalmente en el sentido de las agujas de un reloj, esto es, del N al S por E, y lo contrario en el hemisferio Sur, ó sea del N al S por el O. Cuando no siguen estas direcciones, se dice que retroceden, pueden suceder vientos fuertes, y en tales casos deben observarse con cuidado los instrumentos que lo indican para no ser sorprendidos.

404. Los vientos polares son en general frios y secos, y los tropicales calientes, húmedos y lluviosos. En efecto, los vientos polares son los vientos de evaporacion por excelencia, pues al pasar de las regiones frias á las calientes aumenta su capacidad para el vapor de agua y absorben cada vez más humedad mientras se aproximan al ecuador. Los vientos tropicales son por el contrario los agentes de la precipitacion, pues al pasar del calor al frio las masas de aire en movimiento, abandonan en forma de nubes ó de lluvia el vapor de agua que contienen.

405. **Estaciones entre trópicos.** En las costas situadas en la zona tórrida se notan perturbaciones en la direccion de los alisios durante una parte del año, y éste sólo consta de dos estaciones; una *lluviosa* y otra *seca*. La estacion lluviosa corresponde al paso del Sol por el zenit de la localidad de que se trata, y en los paises situados cerca del ecuador en que las épocas del paso del Sol por el zenit están separadas por un intervalo más largo, hay dos estaciones de lluvias y otras dos secas.

406. En el hemisferio N, salvo ligeras variantes, se efectúa por lo tanto la estacion lluviosa mientras la declinacion del Sol es N, esto es, de Marzo á Setiembre, y entonces son muy frecuentes las lluvias torrenciales, acompañadas de fuertes tronadas, siendo esta la época de las enfermedades endémicas tan fatales para los europeos; y la estacion seca se verifica ínterin la declinacion del Sol es Sur, ó sea desde Setiembre á Marzo, y se pasan meses enteros sin aparecer una nube en el cielo.

407. En los mares en que soplan constantemente los alisios no llueve; el cielo está sereno, especialmente cuando el Sol se halla en el hemisferio opuesto; pero en las cercanías de las regiones de calmas llueve con bastante frecuencia.

En las regiones en que soplan unos vientos llamados *monzones*, las lluvias están bajo la dependencia de estos. Así, en el hemisferio N la monzon del Sur es la estacion de lluvia y la del Norte la seca, sucediendo lo contrario en el hemisferio Sur.

408. **Vientos llamados terrales y virazones.** En las costas situadas entre trópicos, especialmente en las orientales de América y en las Antillas, desde la salida del Sol hasta las nueve ó diez de la mañana, durante buenos tiempos, está el viento en calma; y á esta hora se entabla la *virazon ó brisa del mar*, que regularmente sopla en direccion perpendicular á la costa y vá aumentando de fuerza hasta las dos de la tarde, aflojando despues hasta la puesta del Sol en que concluye, y permanece despues en calma hasta cerca de la média noche que se entabla el *terral* y dura hasta la salida del Sol.

409. La alternativa de estos vientos se explica por la diferencia que hay entre las temperaturas de la tierra y del mar. En efecto, desde la salida del Sol hasta las nueve de la mañana, son sensiblemente iguales las temperaturas de la tierra y del mar, y la atmósfera está por lo tanto en equilibrio; pero á medida que el Sol se eleva sobre el horizonte, siendo así que el calor no penetra hasta tanta profundidad en la tierra como en el mar, la superficie de aquella está más caliente; resultando de aquí que el aire que está en contacto con la tierra se dilata más y se establece una corriente desde el mar hácia la costa, que aumenta á medida que hay más calor, y disminuye con éste hasta la puesta del Sol, en que restableciéndose el equilibrio entre el aire de tierra y el del mar, sucede otra vez la calma. Durante la noche se enfria la tierra más que el mar, proviniendo de esto el viento terral, el cual llega á su mayor fuerza cuando sucede la mínima temperatura del dia.

410. De las monzones.(*) Llámanse así á unos vientos periódicos que soplan durante seis meses en una misma direccion y durante otros seis en otra. Se experimentan principalmente en el mar de China, en los mares que bañan las islas Filipinas y toda la Malesia, en todo el Océano Indico septentrional, y hasta unos 10° de latitud en el meridional, excepto próximo á la Australia, donde se extienden hasta unos 14° de latitud.

411. Estos vientos son del SO ó del NE al Norte del ecuador, y del SE ó del NO al Sur del mismo en este órden: cuando en el hemisferio septentrional reina la monzon del NE, en el meridional es la del NO y se verifica la *monzon* llamada *del Norte*, y cuando es la monzon del SO al Norte del ecuador, es la del SE al Sur del mismo y tiene lugar la *monzon del Sur*.

La monzon del Norte sucede desde mediados de Octubre á mediados de Abril y la del Sur desde mediados de Abril á mediados de Octubre. Para la mejor inteligencia diremos, que la monzon del Norte se verifica cuando la declinacion del Sol es Sur, y la monzon del Sur cuando la declinacion del Sol es Norte; es decir, que la monzon es siempre de especie opuesta á la declinacion.

412. En los cambios de las monzones se experimentan calmas, vientos variables y fuertes huracanes, que hacen peligrosa la navegacion en esta época en aquellas regiones.

413. La causa de las monzones se atribuye al calor de los grandes continentes, que hace elevar masas considerables de aire y que se precipitan hácia ellas

(*) Este nombre se deriva de una voz de la lengua *malaya* que significa estacion.

las de las regiones contiguas. Así, por ejemplo, en el mar de China y en el Indico, durante el verano, ó sea de Abril á Octubre, se halla el Sol en el hemisferio Norte, la temperatura al Sur de Asia es más elevada que la del mar, y el aire ecuatorial es atraido hácia el continente, produciéndose de este modo un viento constante del SO. Cuando pasa el Sol al hemisferio Sur, ó sea de Octubre á Abril, la temperatura del mar es mayor que la del continente y se produce la monzon del NE. En los equinoccios tienden á equilibrarse las temperaturas del mar y de tierra, lo que dá lugar á vientos variables, alternando con calmas y violentos huracanes.

414. Clasificacion de las nubes segun sus formas. Siendo así que las nubes nos indican la direccion en que se efectúan las corrientes atmosféricas y pudiéndose deducir de su forma y aspecto las variaciones de tiempo que hayan de ocurrir, es evidente que de su observacion se sacarán utilísimas consecuencias.

(Fig. 52.—CIRRUS.)

Conviene desterrar la costumbre viciosa de la generalidad de los navegantes que designan las nubes cada uno á su modo, dándoles nombres vulgares, pues sólo deben darles los técnicos y seguir todos un mismo sistema para evitar confusion é interpretaciones dudosas.

(Fig. 53.— CÚMULUS.)

415. Los meteorologistas dividen las nubes segun la forma que presentan, en cuatro tipos principales, que son: *cirrus*, *cúmulus*, *stratus* y *nimbus*.

Los cirrus son unas nubes formadas de filamentos sueltos y paralelos, que se extienden en todas direcciones, de un aspecto parecido al de la lana cardada y que vulgarmente se les llama *rabos de gallo.*

Los *cirrus* son las nubes más elevadas; están á mayor altura que las más altas montañas y se conservan á 8.500^{m}, á lo ménos, sobre la superficie terrestre: á tal elevacion la temperatura del aire es inferior á cero, y por tanto los cirrus están compuestos de finas agujas de hielo.

Los cúmulus son nubes voluminosas de formas esféricas, que aparecen como montañas cubiertas de nieve formando figuras caprichosas. Los marinos la conocen con el nombre de *nubes algodonadas;* y cuando se apoyan en el horizonte y se elevan en forma piramidal con el de *gigantones.*

(Fig. 54.— STRATUS.)

Los cúmulus deben su orígen á corrientes ascendentes de aire en las capas inferiores de la atmósfera; se forman ordinariamente á temperaturas elevadas y son por tanto la clase de nubes más frecuente entre trópicos y en verano en el nuestro.

(Fig. 55.— NIMBUS .)

. En invierno no se presentan en latitudes altas. La base horizontal del cúmulus indica la capa de aire en que la corriente ascendente ha llegado al punto de rocío; y segun que crece ó disminuye la fuerza de la corriente ascendente, así se elevan ó descienden estas nubes en el curso del dia.

Cúmulo-stratus. Esta es la forma más usual de nube; pertenece como los cúmulus, á las capas inferiores de la atmósfera y descienden hasta casi tocar la superficie de la Tierra.

Los stratus son aquellas nubes que se presentan extendidas horizontalmente en forma de fajas largas y estrechas, generalmente próximas al horizonte y que los marinos llaman *cejas* ó *bardas*.

Los nimbus son las nubes de lluvia que se presentan en capas horizontales, dominando los cirrus en la parte superior y los cúmulus debajo y lateralmente; tienen un color gris oscuro y se designan á bordo con el nombre de *chubascos* ó de *turbonadas*.

Cuando en una capa de nubes se verifica rápidamente la condensacion de los vapores, se forman gotas de agua si la temperatura pasa de 0°, y cristales de hielo si es inferior á 0°. Dichas gotas ó cristales son demasiado pesados para flotar en la atmósfera y caen en la tierra en forma de lluvia ó nieve.

416. Además de estas cuatro formas, que llamaremos primitivas, existen otras tres llamadas compuestas ó secundarias y que se designan con un nombre compuesto de las denominaciones empleadas para las tres primeras. Así tenemos.

Cirro-cúmulus. Nubes esféricas de poco volúmen y separadas unas de otras. Cuando se cubre con ellas el todo ó parte del cielo, se le llama vulgarmente *aborregado*.

Cirro-stratus. Se compone de fajas y filamentos más compactos que los cirrus, á cuyo través pasan difícilmente los rayos del Sol y de la Luna; se presentan en fajas horizontales y sus filamentos en direccion oblícua al horizonte.

Los *cirro-stratus* son la forma de nubes que se extiende en el cielo como una diáfana cortina. Son principalmente las que dan lugar á varios fenómenos ópticos, como los anillos ó coronas alrededor del Sol ó de la Luna, los falsos soles ó parhelios, las falsas lunas ó pareselenes, y por tanto puede decirse como consecuencia, que tambien están formadas por cristales de hielo.

Cúmulu-stratus. Son los cirro-stratus unidos en grandes masas, más densos que los cúmulus, de un color pardo con líneas más oscuras y á veces rojizas. Estas nubes están formadas generalmente por fajas horizontales en su base, que disminuyen de densidad hácia la parte superior, apareciendo los bordes de un blanco brillante.

417. Chubascos. Llámase así á una gran nube ó á un conjunto de nubes más ó menos oscuras, que elevándose desde el horizonte y corriendo en la direccion del viento que lo impele, descarga con agua y viento al estar próximo al zenit y otras veces sin viento, por lo cual se les llama *chubasco de agua* ó *chubasco de viento* y cuando se unen á ambas cosas los relámpagos y truenos se llaman *turbonadas*.

Los chubascos se presentan con frecuencia en las regiones de calmas ecuatoriales y tropicales, en las regiones de los variables, sobre todo en invierno, experimentándose los más fuertes en latitudes altas y próximas á las costas. Divídense en *chubascos arqueados, chubascos descendentes* y en *chubascos blancos.*

418. Los chubascos arqueados, que son los más frecuentes, se elevan sobre el horizonte formando su base una ó más nubes de figura arqueada, de un color tanto más oscuro cuanta más agua traen ó están cargadas de electricidad.

Los chubascos se elevan á veces con gran velocidad, y apenas dan tiempo para disminuir el aparejo antes de que descarguen; otras veces se elevan despacio y se disipan sin que el viento tenga fuerza bastante para llegar hasta el buque. Se ha observado que cuando empiezan con lluvia traen viento fuerte, y que cuando el viento se deja sentir primero, no suelen ser violentos y concluyen por descargar en agua.

Cuando aparece un chubasco en el horizonte que trae viento, se vé cabrillear la mar á lo léjos y debajo de él. Las rachas de viento duran algunos minutos, habiendo parajes tales como el Cabo de Hornos y el de Buena Esperanza, donde duran hasta média hora. Cuando soplan las rachas en sentido contrario al viento reinante son temibles, no solo por lo violentas que pueden ser, sino por el contraste, que pone todo el aparejo en facha, exponiendo al buque á un desarbolo si no se está muy prevenido observando su marcha y la direccion en que soplará el viento.

La costumbre de observar los chubascos enseña á conocerlos, á pesar de que los marinos más prácticos suelen equivocarse, por lo que conviene estar siempre prevenidos, especialmente si no hay mucha gente para ejecutar las maniobras.

419. Los chubascos descendentes no se reconocen con tanta facilidad, porque provienen de nubes que se forman cerca del observador en la parte más baja de la atmósfera. Descargan generalmente con agua y viento, y á veces la direccion de éste es oblícua al horizonte.

Los chubascos blancos, llamados tambien ojos de buey, son muy raros; se encuentran en latitudes altas y en los generales, sobre todo en el Pacífico y cerca de costas elevadas. Suelen ser violentos y de corta duracion; se experimentan con un cielo despejado y sólo se conocen por el cabrilleo del mar.

Otras veces se vé una nube blanca muy pequeña, que en el momento de descargar el viento adquiere con rapidez grandes dimensiones. Estos chubascos son muy temibles, porque burlan con frecuencia la vigilancia del marino y producen grandes averías.

Las turbonadas se experimentan por lo general entre trópicos con frecuencia y bastante intensidad, especialmente en la estacion de las lluvias y en el cambio de las monzones; en las regiones de calmas son casi contínuas, y en las de los generales son rarísimas y disminuyen á medida que se aumenta de latitud.

420. **La cantidad de nubes** se expresa, suponiendo reunidas todas las nubes visibles y apreciando la relacion del espacio que cubririan respecto al de todo el cielo. Para esto se emplean los números 0 á 10; indicando el 0 completamente claro y el 10 completamente cubierto. El 1 quiere decir por tanto que está cubierta de nubes la décima parte del cielo y claras las $^{9}/_{10}$ restantes; los 2 y 3 indican ligeramente cubierto; 4 claro casi la mitad y 5 claro la mitad; 7 y 8 muy nublado y 9 casi completamente cubierto. Cuando el cielo está todo cubierto de neblina se indica tambien la parte del cielo que está nublada por el número 10.

421. **Mangueras marinas**, son unos torbellinos de agua y viento en forma de columnas que unen la superficie del mar con la de las nubes.

Estos meteoros están animados de un movimiento rápido de rotacion y á veces tambien de traslacion; tienen regularmente la forma de un cono cuya base se dirige al cielo; van acompañados frecuentemente de lluvias y granizo, y la teoría más admitida acerca de su formacion es la electricidad, pues se cree que una nube muy cargada es atraida por el fluido de especie contraria que se desarrolla en la superficie del globo debajo de la misma, de donde proviene su forma cónica que se dirige hácia el mar, y que al estar próxima á ella atrae el agua y los cuerpos flotantes ligeros.

422. Se anuncian por una agitacion violenta en el mar debajo de una nube muy densa; poco despues se vé descender la parte inferior de esta, en forma cónica, con bastante rapidez, hasta que elevan la mar hácia la extremidad de la nube y se establece la comunicacion.

Las mangueras tienen regularmente una direccion vertical; otras veces están inclinadas ó encorvadas; su color es gris oscuro, y cuando las ilumina el Sol toman un tinte amarillento.(*)

(*) Despues de formadas aumentan de dimensiones y las hay de diámetros comprendidos entre 5 y 20 metros. Su duracion es próximamente de média hora y es muy raro que lleguen á una hora.

Antes de desaparecer empiezan por disminuir de diámetro, hasta que se rompen por la parte inferior y recobra el mar su nivel ordinario.

423. Las mangueras son muy frecuentes en el mar, sobre todo en el Pacífico en las cercanías de China y del Japon; sus fuertes torbellinos de agua y viento son muy desastrosos, sobre todo para los buques pequeños, por lo que debe siempre huirse de ellas, y si á pesar de haber hecho todas las maniobras para evitarlas se hace inminente su encuentro, deberán cerrarse todas las escotillas, portas, &c., y cargar y aferrar todo el aparejo si dá lugar. Cuando hay artillería se les debe hacer disparos con bala para romperlas y evitar sus peligrosos efectos.

Las mangueras en tierra son quizás más temibles aún por los estragos que causan, llegando á veces á arrancar de raiz los árboles más corpulentos y hasta derribar los edificios.

CAPÍTULO XII.

PROPIEDADES FÍSICAS DEL MAR.

424. Composicion del agua del mar. El agua del mar tiene en disolucion varias sales, siendo el cloruro de sodio ó sal marina la que existe en mayor cantidad, pues llega á ser próximamente el tres por ciento del peso del agua.

La composicion média del agua del mar, segun los análisis de Regnault, es la siguiente:

Agua dulce	96,470
Cloruro de sodio	2,700
,, de potasio	0,070
,, de magnesio	0,360
Sulfato de magnesia	0,230
,, de cal	0,140
Carbonato de cal	0,003
Bromuro de magnesio	0,002
Resíduos	0,025
	100

Análisis más recientes han dado á conocer la presencia de una cantidad pequeñísima de cloruro de plata y huellas de ioduro de sodio y de potasio.

El sabor salado del agua del mar es producido por el cloruro de sodio; el amargo por el cloruro de magnesio, y el sabor y olor fétido, que se nota especialmente en el agua que ha estado encerrada en una vasija durante algun tiempo, proviene de materias vegeto-animales muy corruptibles que contiene.

425. Temperatura del mar en la superficie. La temperatura média del mar en su superficie es igual, con corta diferencia, á la del aire que la rodea, ínterin no vengan á perturbarla corrientes de otras regiones más ó ménos calientes, ú otra causa extraña.

La temperatura del mar varía como la del aire con la latitud,(*) con las estaciones y con las horas del dia. En general, puede decirse que se mantiene de un modo más uniforme que la del aire, siendo siempre la temperatura média del mar algo superior á la de la atmósfera.(†)

426. Estando la mar tranquila, su máxima temperatura diaria tiene lugar entre una y dos de la tarde; la mínima á la salida del Sol; á medio dia es inferior á la del aire, y á média noche superior.

La profundidad del mar ejerce influjo notable en la temperatura de la superficie, y la observacion nos indica en los sitios de poco fondo una temperatura más baja que en los parajes inmediatos en que tiene el mar mayor profundidad.

El agua más caliente no se halla en la superficie sino en las capas inmediatas; este fenómeno se observa especialmente en la region de los vientos generales, donde se encuentra una diferencia de 1°, y que se atribuye al enfriamiento que produce la evaporacion en la superficie.

427. El estudio de la temperatura de los mares está íntimamente ligado con el de las corrientes marinas, las cuales hacen sentir su influencia en los climas terrestres, al arrastrar aguas frias ó calientes cerca de los continentes.

428. *Para hallar la temperatura de la superficie del mar*, se saca un balde de agua por el costado de sotavento, cuidando de hacerlo todo lo más separado que se pueda del buque; se coloca dicho balde á la sombra resguardado del derrame de las velas, y se introduce en él un termómetro flotador cuya graduacion se vé dos ó tres minutos despues, antes de sacarlo del agua.

Para hallar la temperatura del mar en la superficie, si el buque es de vapor, debe sacarse el agua por la cara de proa de la máquina. En uno de hélice, el agua que se saca á popa tiene una tempe-

---

(*) Esta variacion dista de ser regular, á causa de las corrientes frias y calientes que surcan el Océano y tienden á uniformar su temperatura.

(†) Las cartas termales construidas por *Humboldt*, *Duperrey*, *Berghauss*, *Johnston* y especialmente las publicadas por *Maury*, nos dan á conocer para cada estacion el resultado del conjunto de observaciones de temperaturas en la superficie de los diversos mares del globo. Las líneas isotermas trazadas en dichas cartas nos indican la distribucion de los climas marinos, y dan á conocer la circulacion de las aguas frias ó calientes del mar, conocimiento de la mayor importancia para la navegacion.

ratura muy diferente de la generalidad de la superficie, pues el movimiento de la hélice hace se mezclen con el agua de la superficie las de las capas más inferiores que tienen más ó ménos temperatura que aquella.

429. Temperatura del mar á diversas profundidades. Del mismo modo que los climas en tierra varían con la elevacion de los lugares sobre el nivel del mar, así los climas de éste varían con sus profundidades bajo dicho nivel.

Esta parte de la geografía física del mar, tan importante para el estudio de las corrientes, es todavía poco conocida, por la dificultad de obtener la temperatura de las aguas profundas.

En general, puede decirse, que en las zonas tórrida y templadas disminuye la temperatura al aumentar la profundidad, disminucion que es tanto menor cuanto más elevada es la latitud; y en las zonas frias por el contrario, desde el paralelo de 70°, aumenta la temperatura con la profundidad.

Tambien se ha observado que en grandes profundidades la temperatura del mar es la misma en todos los parajes del globo, y que es de 4° sobre cero, centígrado, ó sea la temperatura que tiene el agua en su máxima densidad. En el ecuador se encuentra esta temperatura á unos 2.200 metros de profundidad y á 1.400 en las regiones polares.

430. *Para obtener la temperatura á diversas profundidades*, se emplea con preferencia el *termometrógrafo* (Fig. 56), ó sea un termómetro de máxima y mínima, con un índice colocado sobre cada una de las dos extremidades de la columna mercurial, que se detienen en la altura que los arrastra el mercurio cuando sube por una ú otra rama. Estos índices son de hierro, y antes de hacer la observacion se les pone en contacto con el mercurio por medio de un iman.

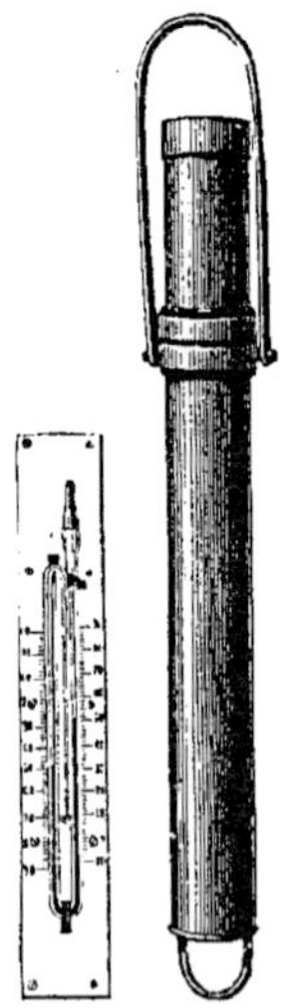

(Fig. 56)

El termometrógrafo se coloca dentro de un tubo de cobre, debajo del cual se amarra un escandallo y se echa al agua con una sondaleza dividida convenientemente para conocer cuándo ha descendido á la profundidad que se deseaba. Al descender el aparato, vá entrando el agua por una válvula que lleva el tubo en la parte inferior y saliendo por otra parte que hay en la parte superior; y cuando se encuentra en la profundidad pedida, se deja allí algunos minutos y se empieza luego á recoger, en cuyo caso, efectuándose la presion del agua de arriba á abajo, permanecen cerradas las válvulas y queda dentro del tubo el agua que entró en la mayor profundidad á que llegó el instrumento.

431. La enorme presion á que se somete el termometrógrafo en grandes profundidades, produce regularmente su destruccion por muchas que sean las precauciones que se tomen para evitarlo. Citaremos como ejemplo, que en una sonda efectuada en 3.900 metros, quedó el tubo aplastado y el termómetro reducido á polvo, lo cual nada tiene de extraño, pues contando una atmósfera por cada capa de agua de 10 metros de altura, tenemos en este caso que estuvo sometido el aparato á una presion de 390 atmósferas próximamente.

432. Hielos polares. La baja temperatura que hay en las zonas glaciales, sostiene allí hielos perpétuos que se extienden hasta cierta distancia alrededor de los polos.

En el hemisferio boreal han llegado los navegantes hasta los 80° de latitud; pero en el hemisferio Sur no puede fijarse ni aproximadamente el límite de los hielos por variar de contínuo. En prueba de ello, bastará decir que el capitan Cook, sólo pudo llegar hasta los 74°; Dumont d'Urville á los 67°, y Ross pudo navegar despues hasta los 78°.

433. A la entrada del verano, ó sea en los meses de Junio y Julio, en el hemisferio Norte, y en los de Diciembre y Enero en el hemisferio Sur, el deshielo y el esfuerzo de las olas hace que se desprendan fragmentos de las masas de hielo de los mares polares, que se dirigen hácia la zona templada impelidos por los vientos ó por las corrientes, llegando hasta las latitudes de 55 á 60°, si bien en el Atlántico y en el Indico del Sur, se han encontrado algunas veces en los 40° de latitud.

En estas masas flotantes hay que distinguir los llamados *campos ó llanuras de hielo* y las *bancas;* los primeros tienen una gran extension; su espesor es poco y provienen de la congelacion del mar; las bancas se forman por hielos acumulados durante algunos años; las hay de dimensiones colosales, teniendo algunas un kilómetro de largo y 300 metros de altura, variando la parte sumergida segun la forma; pero regularmente es la octava parte de la altura total, por lo que son á veces impelidas por las corrientes en direccion contraria á la de los vientos.

El agua del mar pierde al helarse las sales que tenia en disolucion, y por esta causa al fundirse los hielos sólo producen agua dulce.

434. Cuando una banca es algo considerable, se conoce su proximidad durante el dia antes de avistarla por la claridad que se nota en el horizonte, producida por la reflexion de la luz solar sobre el hielo. Tambien se anuncian por el ruido de la mar al romper contra ellas, y sobre todo, por el considerable enfriamiento que producen en el aire y en el agua.

Cuando se navega en mares en que puede suponerse que existan bancas, que tan peligrosas son para la navegacion, especialmente de noche y en tiempo de neblina, puede conocerse su proximidad observando la temperatura del agua, que nos lo indica hasta una distancia de 3 millas.

435. Zoología microscópica del mar. Cuando se analizan con el microscopio las aguas del mar, se observa que están pobladas por innumerables séres vivientes que apenas se ven á la simple vista. Estos animalejos son de formas orgánicas muy variadas y raras, pero de constitucion tan frágil y delicada, que perecen pronto y no se les puede conservar. Por esta razon hay que estudiarlos y describirlos en el instante de observarlos, para lo cual deberá ser diestro el observador en dibujo y en el manejo del microscopio.

436. Se supone que en cada clima acuático y en diferentes profundidades, se encontrarán razas y especies diferentes de animalejos, si bien se cree que en todos los parajes del mar que tengan igual temperatura, densidad, trasparencia y profundidad, se hallarán iguales especies. Si las observaciones vienen á confirmar esta suposicion, se habrá adelantado mucho en el conocimiento de la circulacion y climatologia del mar; pero para que esto suceda se necesitan muchos años de observaciones y que tomen parte en ellas muchos navegantes.

437. Todos los naturalistas que viajan y los marinos aficionados á este nuevo estudio, prestarán un buen servicio dedicándose á esta clase de observaciones, las cuales, reunidas y comparadas por personas competentes, vendrán á explicarnos las corrientes polares y ecuatoriales que circulan por el Océano.(*)

Cuando se está en calma ó hay poco viento, especialmente entre trópicos y cuando tiene el mar un color especial ó bastante fosforescencia, podrá sacarse un balde de agua, y colándola por un tra-

(*) Los marinos norte-americanos son los que más se han distinguido hasta ahora por sus trabajos en este nuevo campo de investigacion, y entre las obras más notables que se han publicado hay que citar: *Dana on Zoophytes*, vol. 8.° *U. S. exploring expedition*: Philadelphia Lea &. Blanchard 1848; *Dana on Crustacœ*, vol. 13. *U. S. exploring expedition*, Philadelphia C. Sherman 1852; y por último, el volúmen 1.° de la octava edicion de las obras de Maury, que trae un capítulo consagrado á esta materia y una coleccion de láminas iluminadas representando animalejos del mar, segun las observaciones micoscrópicas del capitan Toynbee en el Indico y dibujos ejecutados por la señora de este laborioso marino, que lo acompañaba en sus viajes, y de otros dibujos extractados del diario del capitan Foster.

po muy fino, se encontrará gran número de animalejos. Del mismo modo, cuando el mar presenta diferencia de color y distinta densidad, ó se advierten rayas ó manchas relucientes, pueden introducirse en el agua hojas delgadas de talco ó papel fuerte; y sacándolas horizontalmente, será muy raro que no se encuentren animalejos adheridos.

438. Fosforescencia del mar. La fosforescencia del mar se supone que es producida por la presencia en su superficie de animalejos y materias orgánicas, si bien otros la atribuyen á una sustancia grasa segregada por dichos animalejos, siendo lo más probable que sea producida por una y otra causa.(*)

Este fenómeno se observa en todos los mares, especialmente en las noches calurosas de la zona tórrida, pues el calor y la electricidad favorecen el desarrollo de la fosforescencia. El espectáculo es sorprendente sobre todo en los buques de vapor, pues dejan tras sí un rastro brillante que ondula y se extiende hácia el horizonte, destacando multitud de puntos luminosos.

439. Color del mar. El mar en grandes profundidades tiene por lo regular un hermoso color azul, que se modifica en la proximidad de las costas y bancos por el color del fondo trasmitido á través de la capa de agua que se mezcla y combina con el color propio de esta. La coloracion del fondo se nota en profundidades de unos 200 metros y la mar toma entonces un tinte verdoso, amarillo ó rojizo, segun la naturaleza de aquel.

El color del mar depende tambien del estado del cielo; así en tiempos despejados tiene un color azul brillante, y cuando está nublado toma un aspecto sombrío.

440. Tambien se notan con frecuencia coloraciones accidentales en el mar, que provienen de grandes acumulaciones de materias animales ó vegetales en suspension, acompañadas siempre por un estado fosforescente muy pronunciado. La coloracion más frecuente es verde oscuro, si bien las hay tambien rojizas y amarillosas, de donde provienen los nombres de mar Rojo y Amarillo, por el color que tienen regularmente las aguas de estos mares.

Examinadas con el microscopio las aguas que tienen tal grado de coloracion, se descubre en ellas casi siempre miles de animalejos, de formas rarísimas, gelatinosas y trasparentes, algunos de los cuales se mueven con una rapidez extraordinaria.

(*) Los peces, zoofitos y crustáceos, producen tambien luz cuando existe en ellos un principio de descomposicion.

441. Color, agitacion y temperatura del mar sobre los bancos y bajos. Distínguense con el nombre de *banco*, los parajes en que el fondo del mar es poco profundo, para diferenciarlos de los bajos, que son los sitios en que hay tan poca agua que no pueden pasar los buques por ellos.

Los bancos y bajos se reconocen por el color, agitacion y enfriamiento del agua.

442. En efecto, el color del agua sobre los bancos y bajos difiere de el de las inmediatas, variando segun la calidad del fondo; por esta causa tiene un color sombrío cuando el fondo es de piedras, gris si es fango ó arena y blancuzco cuando es de madréporas ó corales.

Cuando hay poca agua sobre un banco rompe siempre la mar y nos indica su situacion, lo cual no sucede si el fondo es algo más profundo, en cuyo caso tienen poca extension las olas, pero son elevadas y se dice que hay *mar de fondo.*

La temperatura del agua baja de 3 á 7 grados centígrados en la proximidad de las costas, bancos y bajos, segun los parajes y estaciones, pudiendo fijarse como regla general que dicha disminucion de temperatura es mayor en los bancos y bajos que en las costas, especialmente si se hallan en alta mar, si es mucha su extension, ó si hay poca agua.

443. Mucho antes de avistarse una costa nos advierte su proximidad, la variacion de color y temperatura del agua, la bruma del horizonte al final de la noche, la agitacion especial de las olas, las plantas y despojos flotantes, y la aparicion de aves de vuelo corto; y cuando se está entre trópicos, son tambien indicios casi seguros, el rocío más abundante y la formacion de brisas de mar y tierra.

444. Densidad del agua del mar. La densidad média del agua del mar ó sea la relacion de su peso con el de otro volúmen igual de agua destilada á la temperatura de $+4°$ centígrados, es segun Gay-Lussac de 1028. Por lo tanto, un metro cúbico pesará 1028 kilogramos, mientras el metro cúbico de agua dulce pesa 1000 kilogramos solamente.

445. El calor solar produce una evaporacion constante de agua dulce en la superficie del mar, de donde resulta que mientras más calor haya en un paraje, mayor será la evaporacion y el agua estará por lo tanto más salada. Las aguas de las lluvias y de los rios vienen á disminuir la salobridad del mar, que sin esta restitucion llegaria á estar en ciertas regiones completamente saturada.

Las sales que contiene el mar hacen que su evaporacion sea menor, y que el punto de congelacion esté más bajo. Por término medio el agua del mar se hiela á —2°,7; y si estuviese completamente saturada, no se helaria hasta llegar á 15° bajo cero.

446. Segun veremos más adelante, las corrientes marinas son producidas principalmente por las diferentes temperaturas y densidades de las aguas, por lo que es de gran importancia observar la densidad del agua del mar con la frecuencia posible, cada 4 horas por ejemplo, y de este modo se obtendrán útiles indicaciones para deducir la existencia de las corrientes, ó bien datos interesantes, que comparados con los obtenidos por otros navegantes, ayudarán en su dia al descubrimiento de corrientes ignoradas, ó á la rectificacion de las poco conocidas.

447. Del hidrómetro. Para determinar la cantidad de sales que contiene el agua del mar, ó sea su densidad, se emplea un areómetro especial (Fig. 57) que se denomina *hidrómetro*. Este instrumento se compone de una varilla graduada unida á un tubo delgado de vidrio, que lleva en su extremo inferior una bola lastrada convenientemente con plomo ó mercurio, para que al introducirla en el agua se sumerja hasta cierto punto y se mantenga en una posicion vertical.

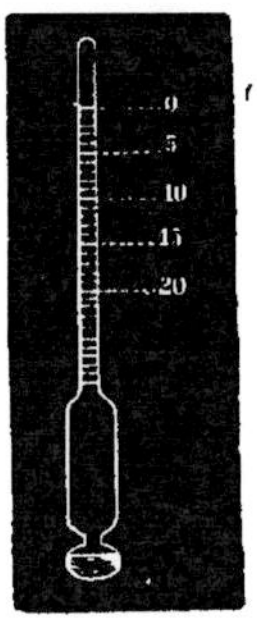

(Fig. 57)

Para guardar este instrumento se sumerje en agua destilada; cuya gravedad específica se toma como unidad, y se marca el *cero* de la escala en el punto de la varilla que corresponde al nivel del líquido. Hecho esto, se disuelven 5, 10, 15.... gramos de sal en 995, 990, 985... gramos de agua destilada, y sumergiendo el hidrómetro en cada una de estas disoluciones, se marcarán respectivamente en los puntos de enrase de la varilla los números 5, 10, 15... y dividiendo cada uno de estos intervalos en cinco partes iguales, tendremos una escala contínua desde cero hasta 40, con lo cual basta, toda vez que la densidad del agua del mar está comprendida entre 1,014 y 1,040.

Para hacer uso del hidrómetro, se llena una probeta de cristal del agua que se quiere analizar, y se introduce en ella el instrumento procurando que no esté engrasado ni empolvado, ni toque á las paredes del vaso, y leyendo la division de la varilla que enrasa con el líquido, tendremos su densidad. Si enrasa la superficie del líquido con la division 28 de la varilla, por ejemplo, nos indica que el kilogramo de agua del mar contiene 28 gramos de sales en disolucion, ó sea el 28 por mil.

448. De las observaciones hechas hasta ahora resulta, que el agua del fondo es más salada que la de la superficie, pero es poca la diferencia que hay. Sin embargo, el Dr. Wollaston asegura, que habiendo analizado el agua sacada por el capitan Smith á 15 leguas al E del estrecho de Gibraltar, y á 1000 metros de profundidad, resultó que tenia cuatro veces más sal que la de la superficie.

449. Para sacar agua de una profundidad determinada, se usa el aparato de Biot (Fig. 58), que consiste en un tubo de cristal de unos 50 centímetros de longitud y uno de diámetro interior, cerrado por su extremo superior y cortado en plano inclinado por el inferior, que se introduce en otro tubo de hierro que lo cierra por su parte inferior un cono con la base hácia arriba y con aberturas en ella para que pueda penetrar el agua.

Para hacer uso del aparato se une á un escandallo y se arroja al mar, haciéndolo descender hasta algo más de la profundidad deseada, durante cuya operacion se desliza el agua por las paredes exteriores del cono y no penetra en el tubo de cristal; pero al hacer subir el aparato, la presion del agua unida á la columna líquida que arrastra la base del cono, hace que el agua penetre en el tubo de cristal y que se obtenga de la profundidad que se deseaba.

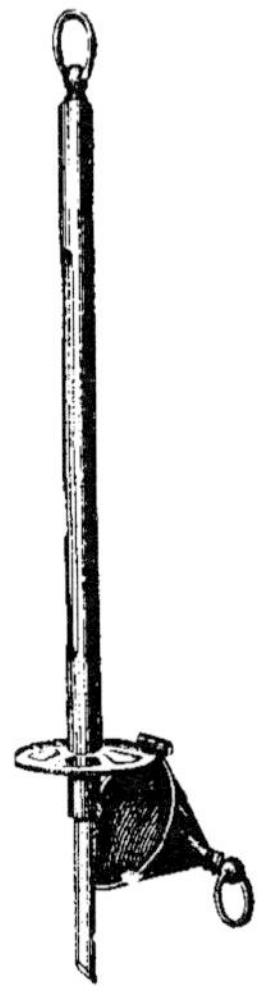

(Fig. 58)

450. Desplazamiento y calado de los buques. Ateniéndonos al principio de Arquímedes que nos dice "que el peso de un "cuerpo flotante es igual "al peso del líquido des-"alojado por la parte su-"mergida," tenemos que por *desplazamiento* de un buque se entiende el peso del volúmen de agua que desaloja su casco, que es igual al peso total del buque con su cargamento y tripulacion.

451. Llámase *calado* de un buque, la distancia vertical que hay desde su línea de flotacion hasta el canto inferior de la falsa quilla.

Los calados del buque á popa y proa, por lo regular no son iguales; la diferencia entre ambos, distinta en cada buque, se llama *diferencia de calados* y su promedio *calado medio.*

452. Tabla de desplazamiento. Es muy útil formar para cada buque una tabla llamada de desplazamiento; en la primera columna se anotan los calados medios, empezando por el que tiene el buque en *rosca*, ó sea descargado, si bien conteniendo los pertrechos y víveres necesarios para la navegacion, y concluyendo por el mayor calado que pueda tener; en la segunda columna se anotan los desplazamientos correspondientes á cada calado expresados en toneladas métricas, ó sean de á 1000 kilogramos.

Por medio de esta tabla podrá hallarse inmediatamente el desplazamiento del buque y el peso del cargamento que ha embarcado ó desembarcado, con arreglo á la variacion de calado que ha tenido.

Para calcular esta tabla, se considerará dividido el buque por varios planos horizontales, equidistantes un decímetro uno de otro, por ejemplo, imaginando que pase el primero por la línea de flotacion estando el buque en rosca, y el último por la línea de mayor calado. Esto supuesto, se determinará el volúmen en metros cúbicos de cada uno de los espacios comprendidos entre cada dos planos horizontales, y por cada uno de estos metros cúbicos podrá admitir el buque 1000 kilogramos, mas el tanto por mil de densidad del agua, que tomando por tipo la média, sería 1028 kilogramos.

453. Diferencia de calados en el mar y en los rios. Siendo así que el agua salada es más densa que la dulce, calarán los buques más en los rios que en la mar; por lo que deberá tenerse muy presente esta condicion al entrar en un rio para no exponerse á varar el buque.

Atendiendo á que el metro cúbico de agua dulce pesa 1000 kilogramos y que el de agua salada pesa por término medio 1028 kilogramos, tendremos que por cada 1028 toneladas que desplace el buque, deberán alijarse 28 para que el calado en el rio sea igual al que tenia en la mar. En este caso, se supone que el agua del rio tendrá una densidad igual á 1, lo cual nunca es exacto, especialmente en la entrada y en los parajes en que alcanza la marea, por estar mezcladas sus aguas con las del mar.

Cuando el buque tiene diferentes calados á popa y proa, puede anularse ó disminuirse esta diferencia pasando pesos hácia popa ó hácia proa, y por este medio se suele disminuir el calado lo suficiente para que entre un buque en un rio sin alijar carga alguna.

CAPÍTULO XIII.

MOVIMIENTOS Y CORRIENTES DE LAS AGUAS DEL MAR.

---

454. Movimientos del mar. Los principales movimientos del mar son debidos á la accion de los vientos, á la atraccion de los astros y á las diferencias de temperatura y densidad de las aguas, designándose estos movimientos segun las causas que los producen, con los nombres de *olas, mareas* y *corrientes.*

455. De las olas. Cuando está el mar en completa calma y se entabla una brisa suave, se forman en su superficie pequeñas ondulaciones semi-circulares y entrelazadas, cuya concavidad se halla del lado que sopla el viento; si éste adquiere más fuerza, aumenta la altura de las ondulaciones, se alejan las unas de las otras, se elevan en forma piramidal y siguen aumentando de dimensiones con la fuerza del viento, hasta que al ser éste duro se unen las ondulaciones y forman las olas, que se propagan á grandes distancias, y subsisten algun tiempo despues de haber cesado la causa que las produjo.

Aunque se considera que el movimiento de las olas es puramente ondulatorio, son sin embargo impelidos los buques en la direccion que tiene la marejada, circunstancia que deberá tenerse presente al hacer el trabajo de la estima.

456. Cuando al costado de un buque se elevan grandes olas y aquel está inclinado del lado de estas, parece que pueden cubrir al buque por completo, y los marinos que no tienen la práctica necesaria le atribuyen á las olas dimensiones exageradas en altura, muy distantes de las que tienen en realidad. La altura de una ola se mide con suma facilidad aprovechando el momento en que el buque tiene una posicion vertical y se halla en la parte más depresa del mar; en cuyo instante se elevará un observador por uno de los palos, hasta tanto que la visual dirigida al vértice de la ola más próxima sea tangente al horizonte ó al vértice de la otra ola más inmediata, y la altura del ojo del observador sobre la línea de flotacion, será la altura de la ola. De este modo se ha hallado que la altura de las olas mayores no pasa de ocho metros.

457. Las dimensiones trasversales de las olas pueden obtenerse con aproximacion, comparando el espacio que média entre dos olas consecutivas con la longitud del buque. Cuando la mar es muy arbolada, hay olas que tienen una extension de 150 á 200 metros, y una velocidad de 20 metros por segundo, ó sean unas 40 millas por hora. Se observa que la marcha de ondulacion de las olas es tanto más rápida cuanto mayor es la profundidad del mar.

458. **Mar desbordada** (*) Con este nombre designaremos unos movimientos extraordinarios que suele tener el mar, en virtud de los cuales se alejan las aguas de las costas para avanzar despues con violencia, inundando las orillas y arrastrando cuanto encuentran en su paso.

Se cree que este fenómeno, algo frecuente en las costas de Chile y del Perú, pero muy raro en Europa, esté íntimamente relacionado con los terremotos y temblores de tierra; nada hay más fácil en efecto de comprender, que las oscilaciones del fondo del mar producirán movimientos considerables en las aguas, las cuales parecerán retirarse cuando el suelo se eleva, é invadir la costa en el caso contrario.

459. Tambien le daremos el nombre de mar desbordada á una agitacion muy grande del mar, que se experimenta en un paraje determinado próximo á una costa, al mismo tiempo que á cierta distancia apenas hay marejada.

Este fenómeno se deja sentir en las costas de la Guayana, en las Antillas, al O de Africa, en la isla de la Reunion y en la costa de Coromandel, especialmente en la época de los huracanes.

460. La agitacion del mar producida por los huracanes, se deja sentir á grandes distancias y se propaga bajo la forma de grandes ondulaciones, que hacen garrear los buques exponiéndolos á sérios peligros, pues esto sucede estando por lo regular el viento en calma.

461. *El fenómeno de las mareas,* ó sean las elevaciones y depresiones periódicas de las aguas del mar, producidas por la accion atractiva de la Luna y del Sol, y del cual nos hemos ocupado ya en la Astronomía, es otro de los movimientos que tienen las aguas del mar.

(*) No conocemos, ni creemos que exista en castellano un nombre para expresar este fenómeno, que los franceses llaman *ras de marée* y los ingleses *tide-gate.*

462. De las corrientes en general. Independientemente de los movimientos de las aguas producidos por la accion de los vientos y de los astros, la superficie de los mares está surcada en distintas direcciones por inmensas corrientes, cuyo conocimiento interesa en alto grado á la navegacion y á la física del globo.

Se supone que las corrientes deben su orígen á la fuerza y constancia con que soplan los vientos en una misma direccion, á la propagacion de las mareas alrededor del globo, y sobre todo á la desigual temperatura y densidad de las aguas del mar, producida por la accion de los rayos solares en las diferentes latitudes; pues es evidente que todo lo que tiende á modificar el nivel del Océano ó la densidad de las aguas, destruirá el equilibrio y producirá el movimiento, equilibrio que no podrá restablecerse ínterin sean permanentes las causas que lo han destruido.

463. Direccion y velocidad de las corrientes. Para definir una corriente, hay que conocer el rumbo que sigue y su velocidad.

El rumbo de la corriente toma el nombre del punto del horizonte hácia el cual se dirige la masa líquida, que es lo contrario que al tratar de los vientos, que toman el nombre del punto del horizonte desde donde soplan.

Velocidad de la corriente es la distancia, expresada en millas, que recorre un buque ú otro objeto flotante arrastrado por ella en el intervalo de una hora.

464. Principales corrientes del globo. Sin detenernos en analizar ni demostrar del modo que obran las causas que producen las corrientes, nos concretaremos á describir á grandes rasgos las principales que se han observado hasta ahora.

Los que deseen adquirir conocimientos más extensos sobre este importante asunto, pueden consultar las Cartas y obras de Maury, entre las cuales figura su *Geografía física del mar*, ó bien los derroteros, especialmente el universal de *Horsbourgh*, del cual hay una buena traduccion en francés.(*)

465. Gran corriente ecuatorial. La accion calórica del Sol, combinada con los vientos generales del NE que reinan siempre al N del ecuador, impelen las aguas hácia el SO, y los vientos generales del SE en el hemisferio S las impelen hácia el NO; y estas dos corrientes al reunirse en el ecuador, forman la gran corriente ecuatorial que se dirige del E hácia el O hasta encontrar un obstáculo que se

(*) Hace ya muchos años que nuestra Direccion de Hidrografía se ocupa de la traduccion de esta importante obra, tan necesaria como deseada por muchos marinos.

oponga á su curso, como sucede al llegar á los continentes y grandes islas, en cuyo caso se descompone y bifurca en diferentes direcciones.

De las regiones polares descienden tambien corrientes que siguen diferentes direcciones, las cuales, con las ramas derivadas de la corriente ecuatorial, constituyen las grandes vias de circulacion de las aguas del mar.

466. Corrientes del Océano Atlántico. En este mar, el más conocido de todos por ser más frecuentado, tenemos que la corriente ecuatorial sale del interior del golfo de Guinea y sigue su curso del E al O, hasta llegar á las costas de la América del Sur, próximas al Cabo de San Roque, donde se divide en dos grandes ramas que siguen despues direcciones opuestas.

Una de estas ramas se dirige hácia el Sur costeando el Brasil, y á la altura del rio de la Plata vuelve de rechazo hácia el E atravesando el Atlántico entre los 35 y 40° de latitud, y se divide en dos brazos, uno de los cuales pasa por el Sur del cabo de Buena Esperanza, y el otro dirigiéndose hácia el NE vá á parar á las costas occidentales de Africa.

La otra rama de la gran corriente ecuatorial se dirige hácia el Norte á lo largo de las costas del Brasil y de la Guayana, entra en el mar de las Antillas, pasa por el canal de Yucatan, se interna en el golfo de Méjico, y pasando por el canal de Bahama desemboca en el Atlántico, tomando desde entonces el nombre de *corriente del golfo*.(*)

467. El ancho de la corriente del golfo está comprendido entre 200 y 300 millas; su largo entre 2000 y 3000, y segun los parajes corre con una velocidad de 1½ á 5 millas por hora, ó sean de 36 á 120 millas por dia.(†) Desde su desemboque por el canal de Bahama sigue la costa de América hasta llegar al banco de Terranova, donde vuelve bruscamente hácia el E dividiéndose en dos brazos; uno de estos se dirige hácia las costas de Irlanda y Escocia y de allí á las de Noruega, perdiéndose en el mar polar, y el otro al llegar próximo á las Azores dobla hácia el Sur, hace rumbo á la costa de Africa hasta unirse á la corriente ecuatorial, y de este modo vuelven sus aguas á penetrar de nuevo en el mar de las Antillas.

(*) Este nombre es una traduccion de *gulf-stream*, que es el que le han dado los anglo-americanos á dicha corriente y está generalmente admitido.

(†) La corriente del golfo tiene una velocidad de 3 millas por hora en el canal de Bahama, de 4 á 5 millas á la altura del cabo Hatteras, y próximo á las Azores sólo tiene 1½ millas.

468. En medio de este vasto circuito formado por la corriente del golfo, se encuentra el llamado *mar de Sargaso,* cuyas aguas están cubiertas de plantas marinas y de los despojos que deposita la corriente;(*) hallándose comprendido entre los paralelos de 16° y 38° de latitud Norte y los meridianos 40° y 70° de longitud O de San Fernando.

Se ha calculado que la corriente del golfo emplea unos tres años en dar la vuelta al mar de Sargaso, y que tiene un perímetro de unas 3.800 leguas.

La corriente del golfo disminuye considerablemente la duracion de los viajes de América á Europa y ofrece un seguro refugio para evitar el encuentro de las bancas de hielo.

469. *Modo de conocer cuándo se halla un buque en la corriente del golfo.* Las aguas de la corriente del golfo son siempre más calientes que las inmediatas. Esta diferencia de temperatura es más sensible en invierno que en verano, y asciende por término medio á unos 5 ó 6°, si bien hay ocasion y parajes en que llega á ser de 14 á 15 grados.

En sus cercanías suelen encontrarse nieblas espesas que provienen de estas diferencias de temperatura, y cuando el viento y la corriente luchan en direcciones encontradas, se levanta una mar formidable. Las aguas de las corrientes del golfo son más saladas que las adyacentes y tienen un color azul turquí (†) muy distinto de el de las orillas que es verdoso.

Tambien se ha observado que las aguas de la corriente del golfo, á causa de la mayor cantidad de sales que contienen, producen unos efectos corrosivos en el forro de cobre de los buques, mucho mayores que en las demás partes del Océano.

470. *Variacion de límites de la corriente del golfo.* Al separarse la corriente del golfo de la costa de América, no atraviesa siempre el Océano por la misma latitud, pues oscilan sus límites con las estaciones. Sobre el meridiano de cabo Race, por ejemplo, el límite N en invierno se halla en los 40° ó 41° de latitud, y en Setiembre, que es la época en que las aguas del Atlántico del N tienen su mayor temperatura, llega hasta los 46°.

471. *Corrientes polares.* De los mares polares baja una corriente

---

(*) Los portugueses fueron los que le dieron el nombre de mar de *Sargaçæ,* á causa de las plantas marinas *(fucus natants)* que flotan en él.

(†) Este color proviene de que las aguas han sufrido una evaporacion considerable, y son por lo tanto más saladas. En prueba de esto diremos, que en las salinas se conoce la salobridad de las aguas por su color, que es más oscuro al paso que han sufrido mayor evaporacion, lo cual concuerda al observarse tambien que el agua de los mares polares tiene un color verdoso, mientras los ecuatoriales son de un azul oscuro, muy notable en el Indico, al cual llaman algunos poetas por esta causa *mar tenebroso.*

pasando entre la Groelandia y la Islandia y otra por el estrecho de Davis, conocida con el nombre de corriente de la bahía de Hudson, reuniéndose ambas á cierta distancia del cabo Farewell y siguiendo su curso hácia el Sur hasta perderse en los límites de la corriente del golfo.

Estas corrientes arrastran al principio del verano numerosas bancas de hielo que son detenidas por la corriente del golfo, á causa de su elevada temperatura, presentándoles de este modo una barrera insuperable.

A la influencia de las corrientes polares se atribuye la abundancia y superior calidad de los peces que hay sobre el banco de Terranova.

En el Atlántico del Sur entra una corriente que viene del Indico, doblando el cabo de Buena Esperanza, unida á tierra y pasando despues entre la isla de Sta. Elena y la costa de Africa, y otra corriente que viene del Pacífico, doblando el cabo de Hornos, y que se dirige hácia el Sur de Africa.

472. Corrientes del Océano Pacífico. La gran corriente ecuatorial atraviesa todo este mar entre los paralelos 24° N y 26° S, existiendo en el centro de ella una contra-corriente que se dirige al E, comprendida entre los 3° y 8° de latitud Norte, resultando de aquí dividida en dos grandes brazos la corriente ecuatorial que reciben á su vez los nombres de corriente ecuatorial del N y corriente ecuatorial del Sur.

La gran corriente ecuatorial del N, al llegar á las costas de Asia se dirige al Norte, y uniéndose con una corriente polar que baja por el estrecho de Behring, descienden hácia el ecuador por las costas de Méjico. La corriente ecuatorial del Sur se dirige hácia la Australia y se interna en el Indico.

473. Las corrientes del polo antártico se dirigen en varios brazos hácia el ecuador, mezclando sus aguas con la corriente ecuatorial. La más considerable, conocida con el nombre de corriente de Humboldt, se divide en dos ramas próximo á las costas de Chile, una de las cuales se dirige al ecuador, refrescando los climas de Chile y del Perú, y la otra rama retrocede hácia el Sur á la altura de la isla Chiloe, y doblando el cabo de Hornos, se interna en el Atlántico.

474. Corrientes del Océano Indico. La gran corriente ecuatorial del Pacífico entra en el Indico por el N de la Australia y se divide en dos grandes brazos, que se llaman corriente ecuatorial del N y corriente ecuatorial del Sur.

La del N en su curso hácia el E pasa por los golfos de Bengala y de Arabia, y sigue costeando el Asia hasta llegar al cabo Guardafuí en Africa, donde dá la vuelta hácia el Sur, pasando por el canal de Mozambique. La corriente ecuatorial del Sur sigue su rumbo hácia el O hasta encontrar la isla de Madagascar, donde se divide en dos brazos, uno de los cuales pasa al N y el otro por el S de dicha isla, uniéndose despues cerca de la costa de Africa y doblando el cabo de Buena Esperanza por el banco de las Agujas, siguiendo despues entre la costa y Sta. Elena, hasta unirse á la corriente ecuatorial del Atlántico.

La corriente del banco de las Agujas, interesante para los buques que se dirigen á Europa doblando el cabo de Buena Esperanza, adquiere en invierno su máxima velocidad. Durante el año varía esta entre 20 y 120 millas por dia, siendo su velocidad média de unas 3 millas por hora.

475. En los parajes en que reinan las monzones existen corrientes que siguen el curso de estos vientos, variando casi al mismo tiempo que tiene lugar el cambio de las mismas.

476. **Modos de investigar la existencia de las corrientes.** En las costas se determinan fácilmente las corrientes superficiales, observando la direccion y velocidad con que se mueven los objetos que flotan en el mar; pero en alta mar sólo se conocen por las diferencias que resultan entre la situacion del buque obtenida por observaciones astronómicas y la situacion por estima que deberia tener; pero este método es bastante incierto, en razon á los errores que puede haber en las observaciones astronómicas y en la cuenta de la estima, y despues de todo, sólo nos dá á conocer el efecto de la corriente en un intervalo dado, sin indicarnos si ha tenido direcciones y velocidades diferentes en dicho intervalo.

Tambien se ha empleado el medio de arrojar al mar botellas vacías y perfectamente cerradas, conteniendo dentro un papel con la fecha y situacion del observador que las arrojó, y al encontrarse una de estas botellas al cabo de cierto tiempo, indicará el movimiento de las aguas, pero no la velocidad y direccion que han seguido.

477. Los medios más seguros para deducir en alta mar la existencia de las corrientes, se reducen á la observacion de la temperatura y densidad del agua, con lo cual se sabrá si el buque se halla en una corriente conocida, y en último caso se tienen datos que, comparados con los obtenidos por otros navegantes, nos vendrán con el tiempo á revelar las corrientes desconocidas.

478. En efecto; la temperatura de la superficie del mar vá disminuyendo desde el ecuador hácia los polos, y esta disminucion seria regular y progresiva si las aguas estuviesen inmóviles; luego siempre que se observe que el mar tiene una temperatura distinta de la que le corresponde á aquella latitud, se supondrá con fundamento que el agua en que se sumerje el termómetro proviene de otras regiones. Tambien tenemos que las observaciones hidrométricas, ya se las considere de una manera absoluta, ó bien á una misma temperatura, vienen á auxiliarnos para determinar la existencia de las corrientes.

479. Reasumiendo diremos, que siempre que la temperatura del mar dificra considerablemente de la del aire, puede ocurrir alguno de estos casos:

1.° Si la temperatura del mar es mayor que la del aire, indica la presencia de una corriente que viene de latitudes más bajas.

2.° Si la temperatura del mar es menor que la del aire que la rodea, puede suceder una de estas tres cosas: que se está en una corriente que viene de latitudes más altas; que se está próximo á alguna banca de hielo, si esto puede suponerse por hallarse en mares en que puede haber encuentros tan peligrosos, especialmente de noche, ó bien, por último, que se está proximo á alguna costa, bajo, banco ó arrecife, pues sabemos que el agua en pequeñas profundidades está más fria que en alta mar.

480. El hidrómetro viene á confirmar las indicaciones del termómetro, pues sabemos que las aguas que vienen de las regiones ecuatoriales son más densas y las que provienen de las polares ménos saladas.

Basta, pues, con lo dicho para comprender que el termómetro y el hidrómetro son dos instrumentos importantísimos en manos de todo marino estudioso, en prueba de lo cual citaremos como ejemplo, que en las derrotas de América á Europa se acorta considerablemente la navegacion viniendo por la corriente del golfo, y el medio más seguro que puede emplearse para tener conocimiento de ello, es observar la temperatura y densidad del agua; pues mientras más caliente y salada se encuentre, más hácia el centro se estará de la corriente.(*)

481. Del estudio de los parajes frecuentados por las diversas especies de animales acuáticos, resultarán tambien útiles indicaciones para resolver el importante problema de las corrientes. Tenemos, por ejemplo, que mientras el cachalote habita en las aguas calientes, la ballena vive por el contrario en los mares polares; luego, si consultamos una carta construida por Maury, en la cual hay trazadas unas curvas que indican los límites de los parajes en que se en-

---

(*) El Doctor Franklin fué el primero que dió á conocer en 1775, el notable contraste de a temperatura de la corriente del golfo y la de las aguas inmediatas.

cuentra cada una de estas especies de cetáceos, tendremos que si la curva que indica el límite de las ballenas se acerca al ecuador, nos dá á conocer una corriente de aguas frias, y cuando la curva que termina la excursiones del cachalote se aproxima al polo, que hay una corriente de aguas tropicales.

Diremos, por último, que el análisis microscópico de las aguas del mar está llamado á prestar señalados servicios, pues el dia en que se lleguen á conocer y clasificar las especies de animalejos que viven en cada clima acuático, su presencia en latitudes distintas nos revelará que han sido arrastrados allí por las corrientes, cuya direccion podrá deducirse tambien por este medio en la mayoría de los casos.

482. **Corrientes submarinas ó inferiores.** Las corrientes que se observan en la superficie, sólo se experimentan en las capas superiores, pues á una profundidad relativamente pequeña están inmóviles las aguas, ó se mueven á veces en direccion distinta.

Se supone que las corrientes submarinas son producidas, como las superficiales, por la diferencia de temperatura y densidad de los mares; pues no hay duda que concentradas las aguas superficiales por la evaporacion, especialmente entre trópicos, deberán precipitarse hácia el fondo en virtud de su mayor densidad, tomando un movimiento lateral dirigido hácia las regiones en que las aguas son ménos densas, de donde resultará un sistema de corrientes submarinas análogas á las superficiales.

Vemos, pues, que hay una notable analogía entre los vientos y corrientes, pues así como los primeros soplan en distintas direcciones á diferentes alturas, las corrientes varían tambien en las profundidades, todo lo cual se explica por la igualdad de causas que producen ambos fenómenos.

483. Las corrientes submarinas han sido hasta ahora poco estudiadas y no tienen en sí importancia para la práctica de la navegacion. Su determinacion por observaciones directas es bastante difícil y los instrumentos que se han ideado con este objeto no han dado los resultados que se deseaban.

El estudio y comparacion de las temperaturas y densidades del mar á diferentes profundidades, nos conducen á afirmar la existencia de las corrientes submarinas, pues no hay duda que toda masa de agua que parte de un punto dado, debe ser reemplazada por otra de igual volúmen, y como quiera que las corrientes calientes son las que tienen mayor rapidez, para que las frias traigan una cantidad de agua igual á la que las otras arrastran, deberá haber por lo tanto corrientes submarinas en determinados parajes.

De este modo se explica el equilibrio de las aguas del Mediterráneo, pues existiendo siempre en el estrecho de Gibraltar una corriente superficial que vá del Océano al Mediterráneo, si estas aguas no tuviesen despues salida al Atlántico por una corriente submarina, resultaria una diferencia notable de nivel entre ambos mares, pues se ha calculado que la corriente superior introduce en el Mediterráneo al cabo de un año 120.000 metros cúbicos de agua.

484. La existencia de las corrientes submarinas se conoce tambien por la dificultad que hay á veces de hallar fondo en grandes profundidades, por mucha que sea la cantidad de sondaleza que se file.(*)

De esta manera se ha comprobado tambien la del estrecho de Gibraltar, pues sumergiendo algunos cuerpos á cierta profundidad, han sido trasportados por la corriente inferior á gran distancia del punto en que se arrojaron.

Diremos por último, que se ha observado que las bancas de hielo se dirigen á veces en una direccion distinta á la del viento y corriente de la superficie, lo cual sólo se explica admitiendo la existencia de una fuerte corriente inferior que arrastra la parte sumergida de la masa helada.

485. Cartas de vientos y corrientes de Maury. Para dirigir la derrota con acierto, es de gran importancia conocer con exactitud los vientos y corrientes que se experimentan en los mares que hay que atravesar, pues de este modo se abrevia considerablemente la duracion de los viajes y se evitan peligros que podrian en ciertos casos comprometer la seguridad de la nave.

El estudio más completo que se ha hecho hasta ahora sobre tan interesante asunto, se le debe al teniente *Maury*, de la marina de los Estados-Unidos, el cual, al emprender esta obra colosal, ha sido auxiliado por las marinas de guerra y mercante de casi todas las naciones de Europa. Y si bien es verdad que el sistema de vientos y corrientes que presenta como fruto de sus trabajos, deja todavía que desear, pues no está suficientemente comprobado, sin embargo, nadie le puede negar á este entendido y laborioso hidrógrafo, la gloria de haber dilatado considerablemente los conocimientos del marino.

El sistema seguido por *Maury* en sus trabajos, ha sido reunir un gran número de diarios de viajes efectuados en diferentes puntos del globo, y examinando y comparando las corrientes atmosféricas y marítimas observadas por los navegantes en los diversos puntos de sus derrotas, ha obtenido una série inmensa de datos, y formó una coleccion de cartas marinas que llevan el nombre de *Cartas de vientos y corrientes*, y escribió además una obra titulada: *Explicacion y derrotero que acompaña á las cartas de vientos y corrientes.* (†)

Esta coleccion de cartas está dividida en seis séries que son:

(*) El teniente Parker, en 1852, filó á bordo de la fragata *Congress* 10 millas de sondaleza sin encontrar fondo, en un parage en que se encontró despues á tres millas de profundidad.

(†) Segun tenemos entendido, van publicadas 10 ediciones de esta obra, y la 8.ª que es la última que conocemos, consta de dos tomos en fólio de unas 500 páginas cada uno y numerosas láminas, estando intercalado el importante tratado del mismo autor, titulado *Geografía física del mar*, del cual hay una traduccion en castellano, hecha por el brigadier de nuestra Armada el Sr. D. Juan Vizcarrondo.

En 1863 ha publicado en Paris *M. Charles Ploix* una obra extractada de las de Maury, y cuyo título es: *Vents et courants, routes generales.*

Las cartas y obras de Maury se le regalaban á todo marino que se comprometiese á presentar un diario de todos sus viajes, conforme al modelo adoptado en la conferencia de Bruselas en 1853.

Hasta el año de 1858 se habian repartido ya 210.000 cartas y 20.000 ejemplares del derrotero,

1.ª SÉRIE A.—**Cartas de derrotas** (*Track charts*). Demuestran al primer golpe de vista la parte más frecuentada del mar, pues llevan trazadas las derrotas más interesantes, explicando los tiempos, vientos y corrientes que se experimentaron en ellas.

2.ª SÉRIE B.—**Cartas de vientos generales** (*Trade winds charts*). Hay una sola hoja en la que se indican las regiones en que se experimentan los vientos generales, las monzones y las calmas tropicales y ecuatoriales.

3.ª SÉRIE C.—**Cartas de pilotos** (*Pilot charts*). Manifiestan la proporcion que existe entre la duracion de las calmas y la constancia y direccion de los vientos que se experimentan cada mes en los diferentes puntos del Océano.

4.ª SÉRIE D.—**Cartas termales** (*Thermal charts*). Se dá á conocer en ellas la temperatura de la superficie del mar en todos los parajes en que se han hecho observaciones, distinguiéndose por diferentes colores y signos las correspondientes á cada mes.

5.ª SÉRIE E.—**Cartas de tormentas y lluvias** (*Storm and rain charts*). Están divididas en espacios de á cinco grados cuadrados, y se demuestran los dias de lluvias, calmas, neblinas y tormentas que se han experimentado cada mes en los cuadrados respectivos.

6.ª SÉRIE F.—**Cartas de balleneros** (*Whale charts*). Son de interés únicamente para los que se dedican á la pesca de estos cetáceos.

Carta física del mar (*Physical chart of the sea*). Representa los principales fenómenos visibles en la superficie del Océano, y su objeto principal es ilustrar la *Geografía física del mar.*

Siendo así que con el auxilio de estas cartas se han hecho progresos muy notables, y puede decirse tambien que se ha disminuido la duracion de los viajes, debemos esperar que con el tiempo se obtengan mayores beneficios, para lo cual es necesario que los navegantes den cuenta exacta de cuantas observaciones hagan en sus viajes.(*)

CAPÍTULO XIV.

INFLUJO DE LAS CORRIENTES EN LA DERROTA DE LA NAVE.

486. Consideraciones generales. Todos los cuerpos que flotan en la superficie del mar, en parajes donde se experimentan corrientes, son arrastrados por ellas en una direccion determinada.

Siendo así que las corrientes impelen al buque en cierta direccion y con una velocidad dada, al mismo tiempo que el motor, ya sea el vapor ó las velas, le hace surcar el mar en otra direccion y con velocidad distinta, tenemos, que cuando se navega en parajes de corrientes estará solicitado el buque por dos fuerzas, y el rumbo

(*) El depósito hidrográfico en Francia ha publicado una coleccion de cartas de vientos, formadas por el teniente de navío L. Brault, con el título *Nouvelles cartes de meteorologie nautique donnant à la foi la direction et l'intensité probable des vents.* Estas cartas en número de 16 corresponden al Atlántico del N, al del S, al mar de la India y al Pacífico, y están fundadas en las observaciones tomadas de 20.000 diarios de navegacion.

verdadero directo que seguirá será en la direccion de estas dos fuerzas combinadas.

Todos los casos que pueden ocurrir en la práctica con respecto á corrientes están comprendidos en los tres problemas que siguen:

487. PROBLEMA I. *Dado el rumbo verdadero de la proa y la distancia navegada, segun la corredera, juntamente con el rumbo y velocidad de la corriente, determinar el rumbo y distancia directa que ha hecho la nave.*

488. Cuando el rumbo de la corriente es exactamente igual al que sigue la nave, no sufre alteracion el rumbo verdadero indicado por la aguja, y en este caso la distancia navegada será igual á las millas indicadas por la corredera, mas las millas de velocidad que tenga la corriente.

489. Siendo el rumbo de la corriente contrario al rumbo de la proa, permanece invariable el rumbo verdadero á que se gobierna, y la distancia navegada es igual á la diferencia entre el andar del buque y la velocidad de la corriente, y cuando esta última cantidad es mayor que la primera, claro es que el buque irá para atrás.

490. Si el rumbo de la corriente forma ángulo con aquel á que se gobierna, supondremos en tal caso que el buque ha seguido dos rumbos y navegado dos distancias diferentes, y por lo tanto se hallarán las diferencias en latitud y apartamientos correspondientes á estos dos rumbos y con la diferencia en latitud y apartamiento final se determinará el rumbo y distancia directa que se pedia.

Hay que tener muy presente, que el rumbo de la proa hay que reducirlo siempre á verdadero, cuando el rumbo de la corriente es tambien verdadero, y que el rumbo directo que resulte es el correspondiente únicamente á la velocidad del buque y de la corriente con que se ha hallado, habiendo por lo tanto que repetir el cálculo siempre que varíe alguno de dichos datos.

491. EJEMPLO I.—Supongamos que sea: rumbo verdadero de la proa NE; rumbo verdadero de la corriente NE tambien; andar del buque 9 millas, y velocidad de la corriente 3 millas.

El rumbo verdadero directo será NE, y la distancia navegada $9+3=12$ millas.

492. EJEMPLO II.—Rumbo verdadero de la proa N; rumbo verdadero de la corriente S; andar del buque 10 millas, velocidad de la corriente 2 millas.

Será por lo tanto, rumbo verdadero directo N y distancia navegada $10-2=$ 8 millas.

493. EJEMPLO III.—Durante tres horas ha navegado un buque 18 millas al rumbo verdadero NE$\frac{1}{4}$N, siendo el rumbo verdadero de la corriente O$\frac{1}{4}$SO y su velocidad horaria 2 millas.

Se pide el rumbo y distancia directa que se ha navegado en dicho intervalo.

Rumbo verd. NE$\frac{1}{4}$E y dist.ª 18 millas......	Dif.ª en lat.	15,0 N	y Apart.º	10,0 E
„ „ O$\frac{1}{4}$SO „ 6 „	„ „	1,2 S	y „	5,9 O
	Dif.ª en lat. final =	13,8 N	y Apart.º	4,1 E

De donde resulta = Rumbo verdadero directo N 16°.. 52′ E y dist.ª 14 millas.

494. Para demostrar este último caso, desde un punto que representase la situacion de la nave, tiraríamos dos rectas: una en la direccion del rumbo de la proa y la otra en la de la corriente; dándole en unidades de una escala una extension igual á las millas de velocidad del buque, y á la otra de velocidad de la corriente, no habria más que construir el paralelógramo de las dos fuerzas, y la resultante nos indicaria el rumbo y distancia directa.

495. PROBLEMA II. *Dada la latitud y longitud de estima y la latitud y longitud observadas, deducir el rumbo y velocidad de la corriente.*

Siempre y cuando que se haya llevado con toda exactitud la cuenta de la estima, esto es, que se haya gobernado con la mayor precision; que se hayan corregido los rumbos escrupulosamente y que el verdadero andar de la nave sea el indicado por la corredera, tendremos que si el punto llegada de estima no concuerda con el punto llegada obtenido por observaciones de confianza, la diferencia que haya entre estas dos situaciones nos indicará la existencia de una corriente, cuyo rumbo y velocidad se determinan fácilmente.

La diferencia entre la latitud de estima y la observada, nos dará á conocer el efecto de la corriente producido en la direccion N-Sur, ó sea en la del meridiano; y dicha corriente habrá sido hácia el N ó hácia el Sur, segun que la latitud observada resulte al Norte ó al Sur de la estimada.

Del mismo modo, la diferencia entre la longitud de estima y la observada, nos indicará el efecto producido por la corriente en el sentido Este-Oeste, y dicho efecto habrá sido hácia el Este ó hácia el Oeste, segun que la longitud observada resulte al Este ó al Oeste de la estimada.

Esto supuesto, con la latitud média y la diferencia entre las longitudes llegadas de estima y observada, se hallará el apartamiento de meridiano correspondiente, con el cual y con la diferencia entre las latitudes llegada estimada y observada se hallará el rumbo y distancia que corresponda, y tendremos el rumbo de la corriente y su velocidad en el intervalo dado, y dividiendo dicha velocidad por las horas del citado intervalo, se obtendrá la velocidad horaria en millas.

496. Ejemplo.

Lat. llegada de estima.	=40°.. 30' S	Long. llegada de estima	=28°.. 53' O
„ „ observada	=40 .. 54 S	„ „ observada	=30 .. 45 O
Diferencia de latitud..	= 24 S	Diferencia de longitud	= 1 .. 52 O

Con la latitud média, que es 40°, y la diferencia en longitud 1°.. 52'=112 millas, resultan 86 millas de apartamiento.

Con este apartamiento 86m y la diferencia de latitud 24m, se obtienen 74° de rumbo y 90 millas de distancia.

Ahora bien; como las latitudes nos indican que el efecto de la corriente ha sido hácia el Sur, y las longitudes nos dicen que dicho efecto ha sido tambien hácia el O, tendremos que será: *rumbo de la corriente* S 74° O, y su velocidad en el intervalo que ha mediado 90 millas; y suponiendo que dicho intervalo sea una singladura ó 24h, dividiendo por esta cantidad las 90 millas, resultarán 3m,8, velocidad horaria de la corriente.

497. Problema III. *Dada la demora del punto á donde se trata de dirigir la nave y el andar de esta, juntamente con el rumbo y velocidad de la corriente, determinar el rumbo corregido de corriente, ó sea aquel á que se debe gobernar para recalar al punto deseado.*

Si el rumbo de la corriente y la demora del punto á donde se trata de dirigir la nave están en cuadrantes adyacentes, se sumará el valor de estos dos rumbos, y si la suma pasa de 90°, se le tomará el suplemento. Pero si dicha demora y el rumbo de la corriente corresponden á un mismo cuadrante ó á cuadrantes opuestos, se tomará la diferencia entre los valores de dichos dos rumbos.

Con esta suma ó diferencia considerada como rumbo y la velocidad de la corriente como distancia, se hallará por medio de la tabla XXXV de Mendoza el apartamiento correspondiente.

Con este apartamiento considerado como tal y el andar del buque como distancia, hállese del mismo modo el ángulo del rumbo.

El valor en grados de este ángulo se le aplica á la demora del punto en sentido contrario á aquel en que es impelido el buque por la corriente, y tendremos el rumbo á que se debe gobernar corregido del influjo de la misma.

Téngase siempre presente, que el rumbo hallado corresponde únicamente á la velocidad de la corriente y andar del buque con que se ha calculado, y que siempre que varía alguno de estos elementos habrá que repetir el cálculo.

498. Ejemplo I.—Sea la demora del punto á donde se desea recalar S 52°O, el rumbo de la corriente SSE, su velocidad 2 millas por hora, y el andar del buque 7 millas por hora tambien.

Como los rumbos S 52° O y SSE están en cuadrantes adyacentes, se sumarán y tendremos 52°+22°.. 30'=74°.. 30'.

Con este ángulo como rumbo y la velocidad de la corriente 2 millas como distancia, resulta de apartamiento 1m,9.

Finalmente, el andar del buque 7m como distancia, y 1m,9 como apartamiento dá de rumbo 16°.

Como la corriente arroja al buque hácia el Sur, se aplicará el valor de este ángulo hallado hácia el O de la demora, y tendremos S 52°O+16°=S 68° O, ó sea el rumbo corregido de corriente.

499. *Demostracion.* Sea *a* (Fig. 59), el punto de salida, y *c* aquel á que se quiere recalar; tírese la *ac*, que será el rumbo S 52°O á que demora *c* de *a*; desde el punto *a* tírese la *ad*, en la direccion SSE, rumbo de la corriente, y desde el punto *c* tírese la *cb* opuesta al rumbo de la corriente y désele la misma extension que á la *ad*; hecho esto constrúyase el paralelógramo de las fuerzas *abcd*, y tendremos, que siendo la corriente *ad* y gobernando en la direccion *ab*, se vendrá á recalar al punto *c*, ó sea siguiendo la resultante de las dos fuerzas que solicitan al buque.

Para conocer el valor del rumbo *ab* á que se debe gobernar, hay que hallar el valor del ángulo *bac* y sumarlo con el valor del rumbo *ca*, porque en este caso la corriente arroja al buque hácia el lado opuesto ó sea hácia el Sur.

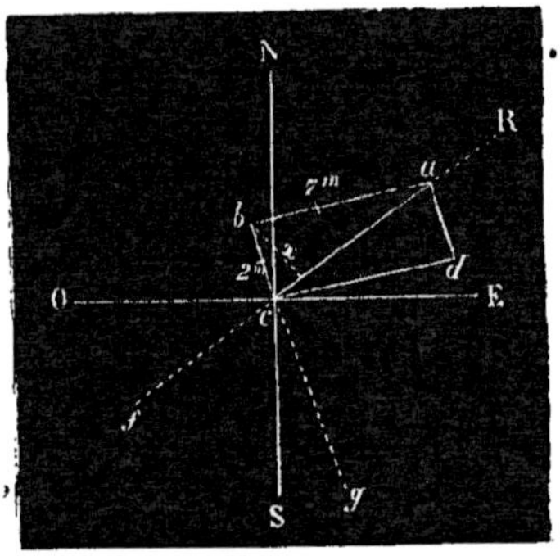

(Fig. 59)

Ahora bien, para hallar el ángulo *bac*, tenemos que en el triángulo oblicuángulo *abc*, se conoce el lado *ba*, andar del buque 7 millas; el lado *bc*, velocidad de la corriente, 2 millas, y el ángulo *bca*, que es igual á la suma del rumbo de la demora y el de la corriente, porque se compone del N*ca*, igual á su opuesto S*cf*, ó sea la demora, y del N*cb*, tambien igual á su opuesto S*cg*, que es el rumbo de la corriente. Desde el ángulo *b*, bájese la perpendicular *bx*, y tendremos el triángulo rectilíneo rectángulo *bxc*, en el cual se conoce la hipotenusa *bc* y el ángulo en *c*, y podrá hallarse el valor del lado opuesto *bx*.

Toda vez que por medio de la tabla XXXV de Mendoza se resuelven triángulos rectilíneos rectángulos, entraremos en ella con el valor del ángulo *c* como rumbo, y con el de la hipotenusa *bc* como distancia, y hallaremos el valor del lado *bx* en la columna del apartamiento. Esto supuesto, en el triángulo *bxa*, tambien rectángulo, se conoce el lado comun *bx* y la hipotenusa *ba* que es el andar del buque 7^m; luego considerando á *bx* como apartamiento y á *ba* como distancia, se hallará el ángulo *bac*, que equivale al rumbo; y sumando dicho ángulo *bac* con el rumbo *ac*=S 52° O, nos dará el rumbo corregido de corriente *ab*, que es lo que se trataba de demostrar.

500. Para resolver estos triángulos puede emplearse si se quiere el método trigonométrico, pero consideramos preferible emplear las tablas de estima por la brevedad del procedimiento.

De un modo análogo al anterior podrán demostrarse cuantos casos se presenten, con la sola diferencia que cuando la suma de la demora y el rumbo de la corriente es mayor de 90°, la perpendicular cae fuera del triángulo, y se toma el suplemento del ángulo de la suma que en tal caso es el ángulo externo del triángulo.

501. Ejemplo II. Demora del punto N 42° O, rumbo de la corriente S, velocidad 3 millas; andar de la nave 5 millas. Se pide el rumbo corregido de corriente.

El valor del rumbo de la corriente es cero, luego el valor del rumbo será 42°; con éste y la distancia 3 millas, resultan 2m. de apartamiento, con el cual y la distancia 5 millas, encontramos el rumbo 24°, que aplicado hácia el Norte de la demora, puesto que la corriente arroja al buque hácia el Sur, nos dará el rumbo N 18° O, corregido de corriente.

502. Ejemplo III. Demora del punto E; rumbo de la corriente SO¼S, velocidad 3 millas; andar del buque 4 millas.

El rumbo E vale 90° ú 8 cuartas; restándolo del rumbo de la corriente, por estar en cuadrante opuesto, nos dá 5 cuartas: con éste como rumbo y la distancia 3 millas, resulta de apartamiento $2^m,5$. El apartamiento $2^m,5$ y la distancia 4 millas; dá el rumbo 39°, que aplicado al Norte de la demora, porque la corriente impele al buque hácia el Sur, nos dá el rumbo corregido de corriente N 51° E.

CAPÍTULO XV.

INSTRUMENTOS PARA HALLAR LA PROFUNDIDAD DEL MAR.

503. Cambios que se operan en la configuracion de los mares. Al estudiar la disposicion y composicion de las capas que constituyen la costra terrestre, se encuentran en muchas partes señales evidentes de una permanencia prolongada de las aguas del mar, lo cual nos viene á demostrar que la configuracion de los mares ha sido muy distinta de la que hoy nos presenta. En estos últimos siglos hemos tenido otra prueba concluyente, pues una parte considerable del fondo del Báltico y del mar del Norte se ha elevado verticalmente, trasformándose en tierra firme.

Si bien es verdad que estas notables trasformaciones sólo se pueden apreciar con el trascurso de los siglos, tenemos en cambio otras más sensibles que tienen lugar en las orillas del mar, cuyos progresos se notan de año en año. Tales son los aterramientos que hay en el desemboque de los rios (*) y la destruccion producida por la fuerza de las olas en las rocas que están situadas próximo á las costas, cuyos despojos, despues de ser disueltos por el mar, se aglutinan de nuevo, ya sea para formar nuevas rocas en otras costas, ó bien para acumularse en forma de arena y guijarros, que hacen que el fondo se vaya elevando en ciertos parajes, á causa de este trasporte contínuo. (†)

504. Nivel del mar. El nivel del mar oscila contínuamente alrededor de una altura média á causa de los vientos, de las diferentes temperaturas, de las mareas y de la presion barométrica. Así, para

---

(*) Como ejemplos de los aterramientos formados por los materiales que trasportan las corrientes de los rios, citaremos que los depósitos formados por el Rin, el Escalda y el Mosa, constituyen hoy el suelo de la Holanda, y que una parte de la Bengala es debida á los aluviones del Ganges. Tambien en las bocas del Pó avanza la costa como unos 30 metros al año, y el delta del Nilo ha avanzado unos 2000 metros desde el principio de nuestra era, calculándose que la superficie del bajo Egipto ha debido elevarse como dos metros, á causa de las inundaciones del Nilo.

(†) Un ejemplo notable de las modificaciones producidas por la accion simultánea de las olas y de las corrientes, lo encontramos en las costas del canal de la Mancha y en el mar del Norte.

expresar con propiedad y exactitud la profundidad del mar, deberá referirse á un nivel determinado.

505. Profundidades del mar. Los conocimientos que tenemos hasta ahora acerca de las profundidades del mar son bastante limitados, pudiendo decirse que sólo una parte del Atlántico del Norte es la que se ha estudiado por completo.(*)

A pesar de esto, puede asegurarse que el fondo del mar es tan accidentado ó más, que la superficie de la tierra; y que se encuentran en él grandes llanuras y elevadísimas montañas, cuyas partes más elevadas constituyen las islas y bajos que se encuentran en el Océano.

Tambien se observa que la profundidad del fondo y la forma del terreno que continúa bajo el mar, guarda cierta analogía con la elevacion de la costa inmediata. Así tenemos, que en las playas bajas y llanas aumenta el fondo lenta y gradualmente, mientras en las costas elevadas y escarpadas se encuentra mucho fondo.

506. Las mayores profundidades que se han medido hasta ahora en el mar son de 8244 metros, pues se consideran defectuosas las sondas que se han hecho hasta 15.000 metros; muchas de ellas rectificadas despues, se ha encontrado que no llegaban á 8000 metros.

507. Calidades del fondo. Las observaciones de confianza hechas hasta ahora, vienen á demostrar que el fondo de las aguas azules está cubierto de despojos orgánicos, siendo la mayor parte restos de infusorios y conchas microscópicas, tan bien conservadas las formas de estas últimas, que debe suponerse existe una calma completa en el fondo del mar. En grandes profundidades se encuentran tambien bancos de corales iguales á los que forman las islas de madréporas del Océano Indico y del Pacífico.

508. Las olas y las corrientes arrastran los despojos de las costas, y á partir de estas los disponen regularmente por órden decreciente de densidades y volúmenes. Así es, que se encuentran primero los guijarros, despues los cascajos y la arena cada vez más fina, y por último, el fango, que como puede mantenerse mucho tiempo en suspension es arrastrado por las corrientes y se le encuentra á grandes distancias de la costa.

509. Modo de hallar la profundidad del mar. Llámase *sondar*, la operacion que tiene por objeto hallar la profundidad del mar. Esto se

---

(*) Hasta hace pocos años no se ha tratado de estudiar sériamente la profundidad del mar, siendo la causa que ha obligado á adquirir tales conocimientos, la instalacion de los cables telegráficos que ponen hoy en comunicacion á los continentes separados por dilatados mares.

ejecuta con un aparato llamado *sonda,* que se compone de la *sondalesa* y del *escandallo.*

510. La *sondalesa* es un cordel dividido convenientemente y señalado con nudos semejantes á los de la corredera; en el extremo desde el cual se empiezan á contar las divisiones, se hace firme el vértice de un cono de plomo llamado el *escandallo,* que tiene una concavidad en la base que se llena de sebo.

Usanse dos clases de sondas; la una llamada de *mano* con un escandallo que pesa de 8 á 10 libras, unido á una sondalesa de 25 ó 30 brazas; y la *sonda de profundidad,* compuesta de un escandallo de 25 ó 30 libras de peso y una sondalesa de 130 brazas.

La sondalesa de mano se divide de braza en braza por medio de piolas con nudos, y cada média braza se señala con un cuero. Tambien se coloca un trapo blanco entre las mallas del cordel á una distancia del escandallo una braza mayor que el calado del buque, con el objeto que al quedar el trapo fuera del agua, cuando se sonda, nos indique que hay poca agua antes de medir la sondalesa.

La sondalesa de profundidad se divide de 10 en 10 brazas, y en la mitad de cada una de estas divisiones se pone un cuero.

511. Cuando se trata de sondar se arroja el escandallo al mar, y se vá arriando sondalesa hasta tanto que la disminucion de peso nos indique que ha llegado al fondo; en este caso, se pone tirante el cordel que ha salido y se cuentan las divisiones que están sumergidas en el agua. Seguidamente se echa el escandallo arriba y se vé si hay algunas partículas adheridas al sebo que lleva en la base, y obtendremos la calidad del fondo. Cuando quede marcada en el sebo la impresion del fondo sin haber partículas adheridas, debe suponerse que dicho fondo sea de piedra.(*)

Las divisiones de la sondalesa deben rectificarse con alguna frecuencia para ver si han sufrido alguna alteracion, teniendo siempre cuidado de mojarla antes.

512. Errores que resultan de la inclinacion de la sondalesa. Cuando pasa el andar del buque de 3 ó 4 millas, y el fondo es mayor de 10 brazas, se hace difícil la operacion de sondar, pues empleando el escandallo unos seis segundos en descender las 10 primeras brazas, resulta que la sondalesa se queda inclinada hácia popa en el momento de cojer fondo el escandallo, y la *sonda que se obtiene es siempre*

(*) En los tratados de maniobra se explican los distintos medios de sondar segun las diferentes circunstancias en que puede encontrarse el buque.

mayor que la que hay en realidad, por lo que puede suceder que un buque que cale 6 metros, por ejemplo, vare en el instante en que el timonel canta 8 ó 9 metros de agua.

513. Para apreciar este desvío, supongamos que sea A (Fig. 60) el punto del buque desde el cual se sonda; AB la direccion oblícua que toma la sondalesa á causa del andar del buque, y tendremos que la verdadera profundidad del mar será D C, mucho menor que F B, que es la indicada por la sonda.

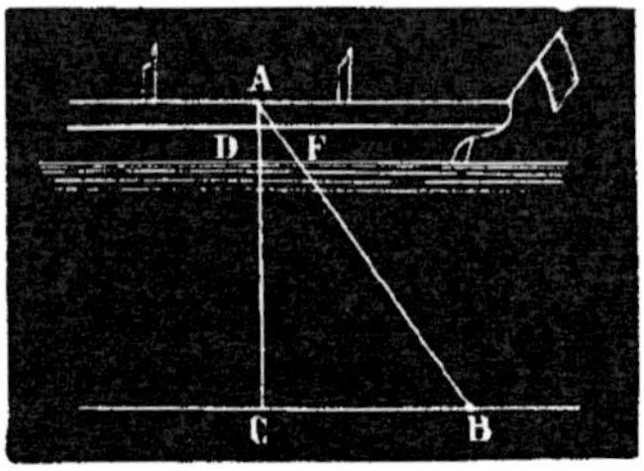

(Fig. 60)

Si queremos hallar el valor de D C, estimaremos á ojo el valor del ángulo BAC, que forma la direccion de la sondalesa B A con la vertical AC, ó bien lo mediremos por medio de un semi-círculo, y contaremos al mismo tiempo el número de brazas que han salido de sondalesa AB; con lo cual tendremos un triángulo rectilíneo rectángulo A C B, en el cual se conoce el valor de la hipotenusa A B y el del ángulo oblícuo A, y podremos hallar el valor del cateto adyacente A C, que restándole la distancia AD, que hay desde el paraje en que se sonda á la lumbre de agua, nos dará la verdadera profundidad del fondo DC.

Este triángulo puede resolverse con facilidad empleando la tabla XXXV de Mendoza, para lo cual se entrará en ella con el ángulo como rumbo, y con las brazas de sondalesa FB como distancia, y tendremos en la columna de la diferencia en latitud la sonda D C, reducida á la vertical y expresada tambien en brazas.

514. Determinar la situacion del buque por medio de la sonda. Las sondas señaladas en las cartas no solo sirven para indicarnos el menor fondo que puede hallarse en aquellos parajes, sino tambien para determinar la situacion de la nave en las recaladas, especialmente en los sitios en que se encuentra fondo á gran distancia de la costa y en que el suelo submarino se eleva con regularidad.

Para obtener un buen resultado hay que tener muy presente que las sondas de las cartas nos dicen la profundidad en el momento de la mayor bajamar sizigia, resultando de aquí que á toda sonda hecha á bordo habrá que restarle la altura de la marea en aquel instante sobre el nivel de la mayor bajamar, para obtener la sonda correspondiente de la carta.

515. Vemos, pues, que á las sondas efectuadas á bordo hay que aplicarles dos correcciones: consiste la primera en reducirlas á la vertical, cuando la sondalesa ha quedado inclinada hácia popa, y la segunda por la altura que tenga la marea en el momento de sondar, operacion que se llama *reduccion de sondas*, y que ya sabemos determinar. (Ast.ª art.º 475.)

516. Hecho esto, se señalará con un lápiz en la carta el paralelo de latitud en que se halla la nave, y el punto de dicho paralelo en que esté marcada una sonda igual á la que se ha hecho, será aquel en que se encuentra la nave.

Si en varios puntos de dicho paralelo se encontrase igual cantidad de agua, habrá que apelar á la calidad del fondo, y si se encontrase, por último, en varios puntos del paralelo igual cantidad de agua y calidad de fondo, no podrá saberse la situacion de la nave por este método.

Para que la situacion de la nave resulte exacta, es preciso que sea de confianza la carta que se emplea y que se repita la operacion sondando en distintos sitios.

517. Es importantísimo sondar con la mayor frecuencia, sobre todo en noche cerrada y en tiempos de neblina, en que puede decirse que se navega guiado casi exclusivamente por la sonda, en los parajes en que se halla fondo á gran distancia de la costa y la profundidad aumenta lentamente, ocupando á veces un espacio de 2 millas un fondo igual, y siendo paralelas á la costa las curvas que pasan por los puntos de igual profundidad.

Las observaciones de la temperatura del agua á distintas profundidades, las de las especies de plantas, conchas é insectos marinos peculiares á cada zona del globo, pueden ser tambien de mucha utilidad.

518. Escandallo automático. Este aparato tiene entre otras ventajas, la de no ser necesario medir la cantidad de sondalesa que se fila, ni la direccion que toma respecto á la vertical, pues él mismo registra y nos indica al echarlo arriba, la cantidad de agua que hay en el paraje en que se arrojó.

519. Este escandallo se compone de una barra de hierro como de un metro de longitud que lleva en la parte inferior un cono de plomo de un peso conveniente; en su tercio superior tiene una hélice *a* de cuatro alas, en cuyo eje hay un tornillo sin fin que pone en movimiento un sistema de ruedas dentadas, cuyas agujas, segun el número de vueltas que dá la hélice, indican en brazas ó en metros, segun la construccion del aparato, la distancia recorrida por el escandallo al descender hasta el fondo en sentido vertical.

En la platina del rodaje hay una palanquilla *b*, con movimiento de corredera de arriba abajo, y que lleva una chapa horizontal en la parte superior. Esta palanquilla se suspende hácia arriba antes de echar al agua el escandallo, y mientras éste desciende, la presion del agua se efectúa de abajo á arriba; mantiene suspendida la palanquilla, pudiendo entonces girar la hélice libremente; pero desde el instante en que se empieza á echar arriba el escandallo, la presion del agua se efectúa de arriba á abajo, empuja la palanquilla, la hace descender, detiene el movimiento de la hélice, y por lo tanto el de las ruedas, mientras se iza el aparato. Cuando esto se ha efectuado, una simple lectura basta para conocer la profundidad á que ha descendido.

Este escandallo lleva tambien una concavidad llena de sebo en la base del cono de plomo; y en la parte superior para preservar al rodaje de un choque, dos aros de hierro *c*.

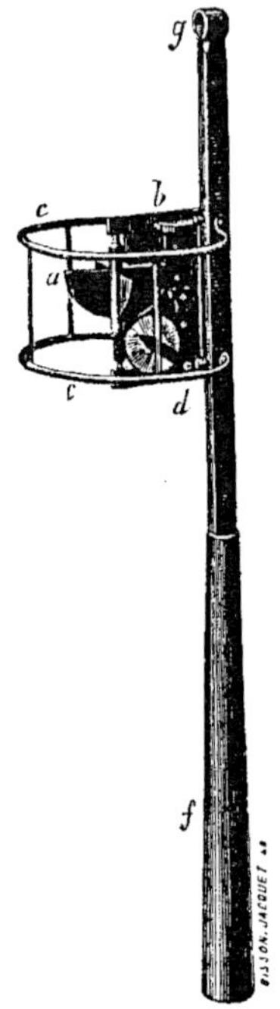

(Fig. 61)

520. Para hacer uso de este aparato y obtener un buen resultado, estando el buque parado, es necesario que descienda libremente en direccion vertical, lo cual se consigue arrojando al agua al mismo tiempo que el escandallo un número conveniente de adujas de sondalesa, y de este modo baja sin experimentar ninguna resistencia, exceptuando la que le presenta el líquido que tiene que atravesar. Por lo tanto, si se supone que el fondo es de 80 brazas, convendrá arrojar 90 ó 95 brazas en adujas, las cuales no hay temor que se enreden, en razon á que el peso y velocidad del aparato arrastran en seguida las adujas que flotan en el mar.

521. Cuando el andar del buque no pasa de 8 millas y la profundidad es de 50 á 60 brazas, conviene arrojar el escandallo por la serviola de barlovento, y al pasar por la popa, el número de adujas necesario para que pueda llegar al fondo; y despues se sigue arriando sondalesa, segun lo pida, como se hace con la corredera, á fin de que no arrastre el buque consigo el aparato antes de llegar al fondo.

Si el buque lleva una velocidad mayor, lo más conveniente será hacer que disminuya su marcha. Desde que se empieza á echar arriba, hay que tener cuidado de no arriar sondalesa, para que no pueda ponerse otra vez en movimiento la hélice, lo cual produciria indicaciones erróneas.

En sondas mayores de 150 brazas, se ha notado que suelen detenerse las alas de la hélice, entorpeciéndose de este modo su movimiento.

Deberá limpiarse y aceitarse el aparato con frecuencia, especialmente cuando se vá á dejar de usar, para lo cual puede desarmarse y armarse con gran facilidad.

Antes de hacer uso de uno de estos escandallos, deberá observarse su marcha con sumo cuidado y determinar el error que pueda haber, para aplicarle en lo sucesivo las correcciones convenientes. Para esto se sonda en varios parajes conocidos de antemano, y de 20 brazas de agua cuando ménos, para ver si sus indicaciones son exactas, ó si hay que aplicarles alguna correccion.

522. Aparato para sondar de Thomson. La idea esencial de la invencion es obtener la profundidad del mar indicada por la presion que ejerce el agua á dicha profundidad, para lo cual ha empleado *Sir W. Thomson* dos especies de procedimientos. El más usado consiste en un tubo de vidrio, de pequeño diámetro, abierto únicamente por su extremo inferior para que penetre el agua del mar cuando se sonda, la cual comprime la columna de aire que hay en el tubo, cuya altura disminuye proporcionalmente al aumento de presion ejercida. La altura á que se eleva el agua en el tubo marca el límite de la compresion del aire, y para que se conozca se recubren las paredes interiores del tubo con una preparacion tal como un color mordiente, tinta, ó anilina azul seca, para que su decoloracion nos señale la altura á donde llegó el agua, que se mide por medio de una escala graduada que se aplica á dicho tubo despues de sacarlo del mar.

El aparato se coloca en un tablon que se fija en el coronamiento de popa para que salga fuera del costado.

La sondalesa es un alambre delgado de acero, semejante á cuerdas de piano, pesando cada 100 brazas $1\frac{1}{2}$ libra, arrollado en su carretel de hierro muy ligero y sólido. El escandallo vá unido por medio de una piola de $2_{m},74$ de largo. Este escandallo es de hierro, de forma cilíndrica, de un metro de largo y 10 kilogramos de peso, y el tubo medidor vá amarrado á la piola. Un aparato de relojería, movido por el eje del carretel, registra el número de brazas de sondalesa filadas del carretel. Finalmente, el eje del dicho carretel lleva un freno regulador del rozamiento, para detener el movimiento al llegar el escandallo al fondo.

523. Para ejecutar la maniobra de sondar se dá de sebo el escandallo, se vá arriando hasta llegar al agua y arriándolo entonces en banda, se desarrolla rápidamente la sondalesa hasta cojer fondo, quedando entonces detenido el carretel por el freno. Por medio de un manubrio se hace girar el carretel y se echa el escandallo arriba, se mide la altura á que penetró el agua en el tubo, á la que se le aplica una correccion por la altura barométrica y se obtiene la profundidad del mar con suficiente exactitud.

Cuando la sondalesa no está en uso se preserva de la oxidacion sumergiéndola en una disolucion de cal viva ó de soda cáustica.

Segun el autor, dos hombres bastan para sondar, *cualquiera que sea el andar del buque*, y en medio minuto próximamente se coje fondo y se saca el escandallo del agua en dos ó cuatro minutos.

Puede sondarse fácilmente cada 6 ú 8 minutos y no es necesario servirse cada vez de un nuevo tubo, porque el movimiento de relojería del carretel dá tambien el número de brazas filadas, que es próximamente el doble de la profundidad del mar, proporcion que varía sin embargo, segun el fondo, el andar del buque y el estado del mar.

Este aparato ha dado muy buenos resultados en varios buques en que se ha ensayado, sobre todo en 1877 á bordo del *Minotaur*, en su crucero por las costas de España. El comandante de este buque, Lord Walter Kerr, hace los mayores elogios y dice que andando 10 millas con mar gruesa, efectuó sondas con tanta facilidad como si estuviese fondeado.

Este aparato, perfeccionado por el capitan Belknap de los Estados-Unidos, se aplica tambien á grandes sondas, en prueba de lo cual diremos que el *Essex* de la marina de los Estados-Unidos, ha hecho un número importantísimo de sondas en el Atlántico del Sur, siendo las mayores profundidades halladas de 6.006 metros entre la isla de Sta. Elena y la costa del Brasil.(*)

524. Sonda de Brook para grandes profundidades. La sonda ordinaria no dá resultados exactos en fondos mayores de 500 brazas, empleándose en tales casos la *sonda de Brook*, llamada así por ser éste el nombre del guardia-marina anglo-americano que la inventó. El momento en que llega al fondo esta sonda se determina por un medio indirecto, que consiste en observar la velocidad con que desciende el aparato.

La sonda de *Brook* (Fig. 62), se compone de un escandallo forma-

(Fig. 62)

do por una barra de bronce A, de unos 50 centímetros de longitud, en la cual entra con holgura una bala de hierro de 14 á 16 kilogramos de peso, que con este objeto está taladrada en el sentido de uno de sus diámetros.

En la parte superior del escandallo hay dos palancas giratorias

(*) *Revue Maritime.*—Marzo y Agosto de 1878.

B, en las cuales van hechas firmes dos pernadas *d*, donde se amarra la sondalesa, y en los extremos de las palancas de suspension entran y se apoyan las dos gazas de una onda de cabo delgado *e*, que sirve para sujetar y mantener suspendida la bala.

Esto supuesto, tenemos que al llegar el escandallo al fondo se queda en banda la sondalesa *d'*, y las palancas de suspension se doblan hácia abajo por efecto de su peso y de la tension que ejerce sobre ellas la onda, la cual se escapa de las palancas, como lo indica la figura, resultando que en cada sonda se pierde una bala, pues de lo contrario seria muy difícil echar el escandallo arriba, siendo lo más probable que se partiese la sondalesa por el mayor peso que tenia que suspender, unido á la presion y rozamiento del agua.

El extremo inferior del escandallo es tubular y en él se introducen varios cañones de pluma abiertos por ambos extremos y sujetos por la elasticidad unos contra los otros. En la parte média del escandallo hay un orificio con una válvula de cuero, que abre hácia afuera dejando pasar el agua que entra por los cañones de pluma mientras desciende el escandallo, pero que se cierra desde que se empieza éste á echar arriba, conservándose retenidas en los referidos cañones de pluma las partículas del fondo que entraron en ellos.

525. Se emplean dos clases de sondalesa, segun las profundidades á que se destina el aparato.

La más delgada tiene un milímetro y medio de grueso; cada 360 brazas pesan un kilogramo, y se arrolla en carreteles de á 10.000 brazas, con divisiones en cada 100 brazas.

La más gruesa tiene poco más de dos milímetros de diámetro; 160 brazas pesan un kilogramo, y se dispone en carreteles de á 5000 brazas cada uno.

La maniobra de sondar se ejecuta siempre en un bote, que se mantiene aguantado con los remos, de modo que descienda verticalmente la sondalesa al desliarse del carretel y ser arrastrada por el peso del escandallo.

Durante la operacion se observará cuidadosamente en un reloj de segundos el intervalo que emplean en salir las divisiones de á cien brazas de la sondalesa, y de este modo se aprecia con bastante exactitud el momento en que llega el escandallo al fondo y deja por lo tanto de arrastrar consigo á la sondalesa.

Regularmente se hace una sonda en el Océano en cada espacio de 5° cuadrados, repitiendo siempre la operacion las veces que se crea necesario, hasta tener confianza en los resultados obtenidos.

526. En el levantamiento del plano del estrecho de Gibraltar, hecho por la comision hidrográfica francesa en 1857, se empleó una sonda que se asegura haber dado mejores resultados que la de Brook, pudiendo decirse sin embargo que sólo es una modificacion de ella, pues consiste en un escandallo algo más largo, en el cual entra un gran cono de plomo en vez de bala; las palancas de suspension son idénticas,(*) pero en la parte superior del escandallo lleva una hélice que pone en movimiento mientras desciende el aparato un sistema de ruedas dentadas, semejante al del escandallo automático de Massey, y de este modo se registran las *decenas*, *centenas* y *millares* de metros á que ha descendido el aparato.

El peso del cono de plomo varía segun la profundidad en que se sonda, y en la base del escandallo lleva tambien cañones de pluma para recojer en ellos partículas del fondo.

CAPÍTULO XVI.

NAVEGACION ORTODRÓMICA.

527. Diferencia entre la navegacion loxodrómica y la ortodrómica. En atencion á que la menor distancia entre dos puntos situados en la superficie de una esfera, es el arco de círculo máximo comprendido entre ellos, y siendo así que la superficie del mar es sensiblemente esférica, es evidente que al trasladarse de un punto á otro, no será la distancia más corta la línea loxodrómica que se traza en la carta, sino el arco de círculo máximo que pasa por dichos dos puntos.

Por lo tanto, sólo irá directamente al punto de su destino aquel que siga la derrota por arco de círculo máximo, ó sea por la *línea ortodrómica.*

528. La línea loxodrómica conduce al buque por una derrota tortuosa si se compara con la ortodrómica.

En efecto, segun la línea loxodrómica, el rumbo á que demora un lugar A de otro B, es precisamente el rumbo opuesto á aquel que B demora de A; mientras que, segun la línea ortodrómica estos dos rumbos son muy distintos, como veremos más adelante. Tenemos tambien que la línea loxodrómica forma ángulos iguales al cortar todos los meridianos, y como estos no son paralelos, la direccion de la proa con relacion al punto de destino vá variando siempre de rumbo, y no se gobierna directamente hácia él hasta tenerlo á la vista. En la derrota ortodrómica se dirige la nave directamente hácia el lugar deseado, pero variando contínuamente el ángulo que forma el rumbo con los meridianos, pudiendo decirse que se navega como si se tuviese el punto á la vista.

(*) El teniente Brook ha modificado su sonda recientemente, poniéndole una sola palanca de suspension, asegurando que de este modo se desprende con más facilidad la onda que sujeta la bala.

529. Posicion del círculo máximo sobre la esfera. Para determinar la posicion del círculo máximo que pasa por dos lugares dados, situados en la superficie de la esfera, hay que conocer la longitud á que dicho círculo corta al ecuador y el ángulo que forma con él.

Con estos datos y las latitudes y longitudes de los puntos salida y llegada, se obtendrá fácilmente la posicion del arco de círculo máximo para luego trazarlo en la carta esférica, segun vamos á explicar.

Ante todo diremos, que pueden presentarse cuatro casos distintos, que son:

1.° Cuando los lugares están hácia un mismo lado del ecuador.

2.° Cuando los lugares están en hemisferios diferentes respecto al ecuador.

3.° Cuando están en el mismo hemisferio y en la misma latitud, ó sea en el mismo paralelo.

4.° Cuando los lugares están en un mismo meridiano, ó sea en igual longitud, ó bien en el ecuador.

530. 1.er caso. **Posicion del círculo máximo cuando están los lugares hácia el mismo lado del ecuador.** Sean A y B los dos lugares por donde se

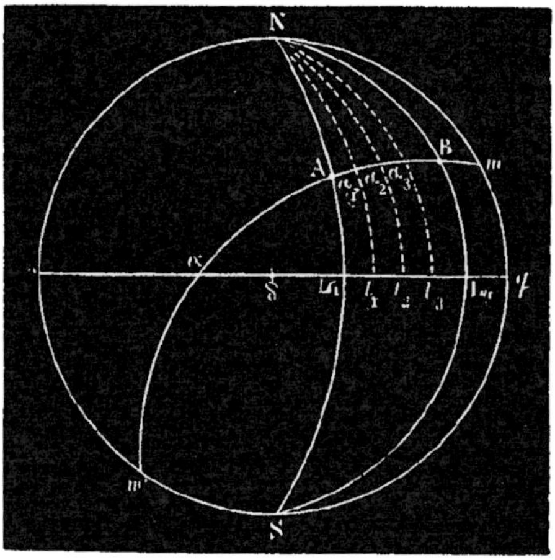

(Fig. 63)

quiera hacer pasar el círculo máximo, cuyas latitudes y longitudes se suponen desde luego conocidas. Sea tambien (Fig. 63) *eq* el ecuador; N y S sus polos; N*q*S el primer meridiano; NAS el meridiano del lugar A; NBS el meridiano del lugar B y mm' el círculo máximo que pasa por los dos lugares dados, que corta al ecuador en α.

Tendremos que la longitud de A será el arco de ecuador qL_0; y la longitud del lugar B el arco qL_1; la latitud de A será L_0A y la látitud de B, L_1B, ambas de especie Norte.

Ahora bien, para resolver este problema tenemos ante todo que hallar la longitud de α, ó sea del punto en que el círculo máximo corta al ecuador, representada por el arco $q\alpha$; y el valor del ángulo $q\alpha m$, que dicho círculo máximo forma con el ecuador.

531. Para esto tenemos el triángulo ANB, formado por los meridianos de los dos lugares y el arco de círculo máximo comprendido entre ellos, en el cual se conocen los lados AN y BN, por complementos de las latitudes respectivas de dichos dos lugares, y el ángulo ANB que tiene por medida el arco de ecuador L_0L_1, ó sea la diferencia de longitud entre los repetidos lugares, y con estos datos determinaremos el valor del lado AB, que es la distancia de un punto á otro por arco de círculo máximo, ó sea la ortodrómica, y el valor del ángulo A que es el rumbo á que demora B de A.

Para hallar el lado AB tendremos que será: (*Trig.ª art.º* 101)

$$\tan \varphi = \tan AN \cos N, \quad \text{de donde} \quad \log \tan \varphi = \log \tan AN + \log \cos N.$$

$$\text{y} \qquad \cos AB = \frac{\cos AN \cos (NB - \varphi)}{\cos \varphi},$$

$$\text{de donde} \quad \log \cos AB = \log \cos AN + \log \cos (NB - \varphi) + \text{compl.} \log \cos \varphi - 10.$$

Para hallar el valor del ángulo A, tendremos: (*Trig.ª art.º* 102)

$$\frac{\operatorname{sen} AB}{\operatorname{sen} N} = \frac{\operatorname{sen} NB}{\operatorname{sen} A}, \quad \text{de donde} \quad \operatorname{sen} A = \frac{\operatorname{sen} N \operatorname{sen} NB}{\operatorname{sen} AB},$$

y aplicando logaritmos,

$$\log \operatorname{sen} A = \log \operatorname{sen} N + \log \operatorname{sen} NB + \text{compl.} \log \operatorname{sen} AB - 10.$$

Del mismo modo podremos hallar el valor del ángulo B, y veremos que en la navegacion ortodrómica el rumbo á que demora B de A no es el opuesto al rumbo á que A demora de B.

532. Ahora podemos ya determinar la longitud á que el círculo máximo corta al ecuador $q\alpha$, y el ángulo que forma con él $m\alpha q$.

Para esto, en el triángulo rectángulo $AL_0\alpha$, se conoce el cateto L_0A latitud de A, el ángulo $\alpha AL_0 = NAB$, hallado antes, por opuesto por el vértice y el ángulo αL_0A que es el recto.

Para hallar el valor del cateto αL_0, que llamaremos δ, será: (*Trig.ª art.º* 86)

$$\text{tang } \delta = \frac{\text{sen } L_0A \text{ tang } A}{R},$$

de donde $\log \text{tang } \delta = \log \text{sen } L_0A + \log \text{tang } A - 10.$

Si á la longitud de $A = qL_0$ se le suma δ, tendremos $q\alpha$, ó sea la *longitud á que el círculo máximo corta al ecuador.*

Para hallar el valor del ángulo α que el círculo máximo forma con el ecuador, tendremos (*Trig.ª art.º* 102)

$$\frac{\text{sen } \delta}{\text{sen } A} = \frac{\text{sen } AL_0}{\text{sen } \alpha} \quad \text{y} \quad \text{sen } \alpha = \frac{\text{sen } A \text{ sen } AL_0}{\text{sen } \delta},$$

y aplicando logaritmos,

$$\log \text{sen } \alpha = \log \text{sen } A + \log \text{sen } AL_0 + \text{compl. } \log \text{sen } \delta - 10.$$

El valor de este ángulo α es igual á la mayor separacion del círculo máximo del ecuador, la cual se efectúa en una longitud distante 90° de α, contada en la direccion αq.

533. Hecho esto, podremos trazar en la carta la derrota ortodrómica, tirando un arco que pase por los puntos A y B, y el de mayor separacion que habremos situado antes.

Dicho arco puede tambien tirarse por los puntos A y B y aquel en que el círculo máximo corta al ecuador.

534. Este método dista bastante de ser exacto y conviene emplear el siguiente: divídase el arco de ecuador L_0L_1 de 5 en 5 grados, por ejemplo, desde L_0 hácia L_1, y por cada una de estas divisiones hágase pasar un meridiano Nl_1, Nl_2, &c., y resultarán varios triángulos semejantes, $\alpha l_1 a_1$, $\alpha l_2 a_2$, &c., rectángulos en l, que tienen el ángulo α conocido y comun á todos, y los lados αl_1, αl_2, &c., que llamaremos $\delta + 5°$, $\delta + 10°$, &c., y resolviendo estos triángulos, hallaremos los valores de los lados l_1a_1, l_2a_2, &c., latitudes á que el círculo máximo corta á estos meridianos, y será (*Trig.ª art.º* 86)

$$\text{tang } l_1 a_1 = \frac{\text{tang } \alpha \text{ sen } (\delta + 5°)}{R},$$

de donde

$$\log \text{tang } l_1 a_1 = \log \text{tang } \alpha + \log \text{sen } (\delta + 5°) - 10.$$

535. Hallados que sean los valores de l_1a_1, l_2a_2, &c., ó sean las latitudes por donde pasa el círculo máximo por cada 5 grados de diferencia en longitud, situaremos estos puntos en la carta, y por ellos y los de salida y llegada, trazaremos una línea poligonal, que será la derrota ortodrómica.

Como el ángulo α es comun á todos los triángulos, su logaritmo es constante en la resolucion de los mismos, lo que hace que el cálculo no sea tan detenido como á primera vista parece.

536. 2.º CASO. **Posicion del círculo máximo, cuando los lugares están en hemisferio diferente.** Sea (Fig. 64) *eq* el ecuador, N y S sus polos; N*e*S el primer meridiano y A y B los dos lugares propuestos. Hágase pasar un meridiano por cada uno de ellos y trácese el círculo máximo *mm'*.

Resulta, pues, como en el caso anterior, el triángulo ANB, cuyos lados AN y BN, dependen de la latitud de los lugares, y el ángulo ANB que es igual á la diferencia de longitud entre los mismos, y podremos hallar como antes la distancia ortodrómica AB y el ángulo NAB.

537. Hecho esto, tenemos que en el triángulo A$L_0\alpha$, rectángulo en L_0, se conoce el ángulo A, hallado en el triángulo ANB; y el lado

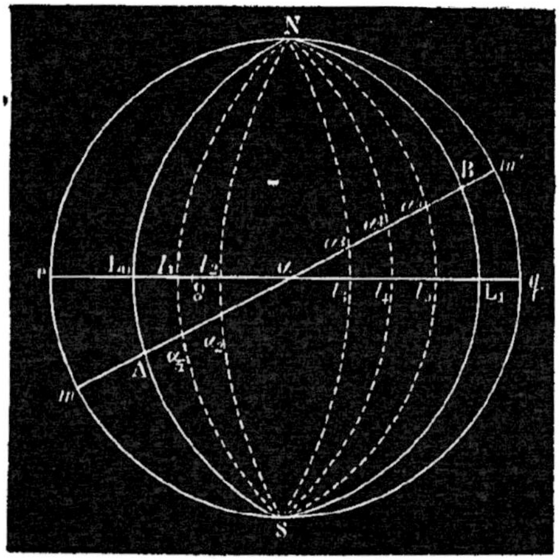

(Fig. 64)

L_0A latitud de A, con cuyos datos terminaremos la longitud por donde el círculo máximo corta al ecuador y el ángulo que forma con él.

Por lo tanto, será (*Trig.ª art.º* 86)

$$\text{tg } L_0\alpha = \frac{\text{sen } L_0A \,.\, \text{tg } A}{R}, \quad \text{de donde} \quad \log \text{tg } L_0\alpha = \log \text{sen } L_0A + \log \text{tg } A - 10.$$

El valor de $L_0\alpha$ sumado con la longitud de A, *e*L_0, nos dá *eα*, longitud á que el círculo máximo corta al ecuador; y para hallar el ángulo que forma con él tendremos: (*Trig.ª art.º* **86**)

$\tan \alpha = \frac{\tan L_0 A . R}{\operatorname{sen} L_0 \alpha}$, de donde $\log \tan \alpha = \log \tan L_0 A + c.^{to} \log \operatorname{sen} L_0 \alpha$.

538. En este caso podremos, como en el anterior, dividir el arco $L_0\alpha$, desde L_0 hácia α, de 5 en 5 grados y hacer pasar por cada una de estas divisiones un meridiano, con lo que resultan varios triángulos rectángulos que tienen el ángulo α comun, y los lados $l_1\alpha$, $l_2\alpha$... iguales á $\delta - 5°$, $\delta - 10°$.... y podremos hallar los valores sucesivos de los lados l_1a_1, l_2a_2, &c., esto es, las latitudes por donde pasa el círculo máximo por cada 5 grados de diferencia en longitud, contados desde L_0 que es la longitud de A.

539. Del mismo modo, en el triángulo rectángulo $\alpha L_1 B$, se conoce el ángulo $B\alpha L_1$, por ser opuesto por el vértice al $L_0\alpha A$; y el lado αL_1, que es igual al arco L_0L_1, diferencia de longitud entre los dos lugares menos $L_0\alpha = \delta$ que conocemos ya.

Dividiremos, como en el caso anterior, el arco αL_1 de 5° en 5°, tiraremos un meridiano por cada una de estas divisiones, y resultarán varios triángulos rectángulos, que resolviéndolos obtendremos los valores sucesivos de a_3l_3, a_4l_4..... &c., y conoceremos desde luego la latitud por donde pasa el círculo máximo para cada 5° de diferencia en longitud y podremos trazar en la carta la derrota ortodrómica como en el caso anterior.

540. 3.er CASO. **Posicion del círculo máximo cuando los lugares están en igual hemisferio y en la misma latitud.** Este caso se resuelve del mismo modo que el anterior, pues si bien es verdad que podria seguirse un método más sencillo, lo omitimos en razon á lo raro que es ocurra en la práctica un caso de esta especie.

541. 4.° CASO. **Posicion del círculo máximo cuando los lugares están en el mismo meridiano ó en el ecuador.** En estos casos la derrota ortodrómica se confunde con la loxodrómica, pues el meridiano y el ecuador son círculos máximos. Por lo tanto, siempre que se navega en la direccion Norte-Sur ó en la Este-Oeste por la latitud cero, se seguirá la distancia más corta.

Para mayor inteligencia de todo lo dicho, ponemos á continuacion un ejemplo del primer caso; pudiéndose resolver del mismo modo los demás que se presenten, y si ocurriese alguna duda, la desvanecerá la inspeccion de la figura.

542. PROBLEMA. *Dada la latitud y longitud de un punto próximo al desemboque del canal de Bahama, y la latitud y longitud del punto de recalada á Vigo, determinar la distancia ortodrómica y la posicion del círculo máximo.*

Canal de Bahama.	Recalada á Vigo.
Lat. = 28°.. 25′ N.	Lat. = 42°.. 12′ N.
Long. = 73 .. 00 O. de Cádiz.	Long. = 2 .. 38 O. de Cádiz.

Diferencia de longitudes = 70°.. 22′.

Cálculo de la distancia ortodrómica AB. (Fig. 63)

A N = 61°.. 35′...... log tang = 0,26674 .... log cos = 9,67750
N = 70 .. 22 ...... „ cos = 9,52634

log tang φ = 9,79308
φ = 31°.. 50′.............. compl. log cos = 0,07079
N B = 47 .. 48

(N B − φ) = 15 .. 58 .... log cos = 9,98291

A B = Distancia ortodrómica... = 57°.. 25′ = 3445 millas.... log cos − 10 = 9,73120

Determinacion del ángulo NAB, rumbo á que demora B de A.

A B = 57°.. 25′...... compl. log sen = 0,07437
N = 70 .. 22 .... „ sen = 9,97399
N B = 47 .. 48 .... „ sen = 9,86970

N A B = 55 .. 54 .... log sen − 10 = 9,91806

Determinacion de la longitud por donde el círculo máximo corta al ecuador.

A L_0 = 28°.. 25′ .... log sen = 9,67750
A = 55 .. 54 .... „ tag = 0,16938

δ = 35 .. 06 .... „ tag = 9,84688

$q L_0$ = 73°.. 00′
δ = 35 .. 06

$q\alpha$ = 108 .. 06 Long O. de α.

Determinacion del ángulo $A\alpha L_0 = \alpha$ que forma el círculo máximo con el ecuador.

δ = 35°.. 06′...... compl. log sen = 0,24033
A = 55 .. 54 .... „ sen = 9,91806
AL_0 = 28 .. 25 .... „ sen = 9,67750

α = 43°.. 15′.. 20″.... log sen − 10 = 9,83589

Determinacion de las latitudes por donde pasa el círculo máximo, por cada 5° de diferencia de longitud contadas desde A punto de salida.

Cantidades constantes δ = 35°.. 06′, α = 43°.. 15′.. 20″ log tang = 9,97354

log tang α = 9,97354	log tang α = 9,97354
δ + 5° = 40°.. 06′.... log sen = 9,80897	δ + 20° = 55°.. 06′.... log sen = 9,91389
l_1 = 31 .. 13 .. log tg − 10 = 9,78251	l_4 = 37 .. 40 .. log tg − 10 = 9,88743
log tang α = 9,97354	log tang α = 9,97354
δ + 10° = 45°.. 06′.... log sen = 9,85024	δ + 25° = 60°.. 06′ ... log sen = 9,93797
l_2 = 33 .. 41 .. log tg − 10 = 9,82378	l_5 = 39 .. 12 .. log tg − 10 = 9,91151
log tang α = 9,97354	log tang α = 9,97354
δ + 15° = 50°.. 06′.... log sen = 9,88489	δ + 30° = 65°.. 06 .... log sen = 9,95763
l_3 = 35 .. 50 .. log tg − 10 = 9,85843	l_6 = 40 .. 29 .. log tg − 10 = 9,93117

	log tang α = 9,97354		log tang α = 9,97354
δ + 35° = 70° .. 06′	log sen = 9,97326	δ + 55° = 90° .. 06′	log sen = 0,00000
l_7 = 41 .. 30	log tg − 10 = 9,94680	l_{11} = 43 .. 15	log tang = 9,97354
	log tang α = 9,97354		log tang α = 9,97354
δ + 40° = 75° .. 06′	log sen = 9,98515	δ + 60° = 95° .. 06′	log sen = 9,99828
l_8 = 42 .. 17	log tg − 10 = 9,95869	l_{12} = 43 .. 09	log tg − 10 = 9,97182
	log tang α = 9,97354		log tang α = 9,97354
δ + 45° = 80° .. 06′	log sen = 9,99348	δ + 65° = 100° .. 06′	log sen = 9,99322
l_9 = 42 .. 50	log tg − 10 = 9,96702	l_{13} = 42 .. 49	log tg − 10 = 9,96676
	log tang α = 9,97354		log tang α = 9,97354
δ + 50° = 85° .. 06′	log sen = 9,99841	δ + 70° = 105° .. 06′	log sen = 9,98474
l_{10} = 43 .. 09	log tg − 10 = 9,97195	l_{14} = 42 .. 15	log tg − 10 = 9,95828

543. Con los resultados obtenidos por la resolucion de los anteriores triángulos, se forma la siguiente tabla, que demuestra las longitudes y latitudes por donde pasa el círculo máximo.

Las longitudes se deducen fácilmente, pues la (Fig. 63) nos demuestra, que sumarle á δ 5°, 10°, 15°, &c., equivale en este caso á restarle igual cantidad á la longitud del punto de salida.

Valores sucesivos de δ.	Longitudes.	Latitudes.
Salida.	73° .. 00′O	28° .. 25′N
40° .. 06′	68 .. 00	31 .. 13
45 .. 06	63 .. 00	33 .. 41
50 .. 06	58 .. 00	35 .. 50
55 .. 06	53 .. 00	37 .. 40
60 .. 06	48 .. 00	39 .. 12
65 .. 06	43 .. 00	40 .. 29
70 .. 06	38 .. 00	41 .. 30
75 .. 06	33 .. 00	42 .. 17
80 .. 06	28 .. 00	42 .. 50
85 .. 06	23 .. 00	43 .. 09
90 .. 06	18 .. 00	43 .. 15
95 .. 06	13 .. 00	43 .. 09
100 .. 06	8 .. 00	42 .. 49
105 .. 06	3 .. 00	42 .. 15
Llegada.	2 .. 00	42 .. 12

544. Trazar sobre la carta esférica la derrota ortodrómica. Construida la tabla anterior, se situarán en la carta los puntos por donde pasa el círculo máximo, uniéndolos por medio de rectas, que casi se confundirán con la curva correspondiente, si se han determinado estos puntos próximos los unos á los otros.

La derrota por círculo máximo en rigor es impracticable, pues es imposible navegar describiendo la curva que pasa por los puntos antes determinados, para lo cual seria preciso ir variando de rumbo contínuamente; pero siguiendo los lados del polígono, mientras menores sean estos y mientras más varía el rumbo de uno á otro, tanto ménos nos desviaremos del círculo máximo.

Por lo tanto, la navegacion ortodrómica se efectúa siguiendo una série de líneas loxodrómicas de corta extension, cuyo conjunto determina sobre la carta una línea poligonal que casi se confunde con el arco de círculo máximo.

Hay que tener presente que en latitudes crecidas, deben determinarse aquellas por donde pasa el círculo máximo para cada grado de diferencia en longitud.

545. Hay casos en que la diferencia de distancia entre la navegacion loxodrómica es de poca importancia, y otros en que es de mucha consideracion. En prueba de esto diremos, que dicha diferencia de la Habana á Cádiz es sólo de 85 millas; pero de Brest á Nueva York es de 160 millas; de Filipinas á San Francisco de California es de 331 millas, de Valparaiso ó Nueva Zelanda es de 447 millas, y por último, del cabo de Buena Esperanza á Van-Diemen es de 765 millas.

546. Resolucion abreviada de estos problemas. Los buques de vela no siempre pueden seguir la derrota ortodrómica trazada de antemano en la carta, cuando los vientos no son favorables y hasta los buques de vapor se separan de ella por efecto del abatimiento ó de las corrientes.

En vista de esto, parece lo más conveniente y exacto *determinar todos los dias el rumbo por arco de círculo máximo* á que se debe gobernar desde un medio dia al siguiente, problema que puede resolverse con suma facilidad y prontitud haciendo uso de las *Tablas II, III* y *IV*, que damos en el Tomo III (art. 135), por medio de las cuales puede determinarse tambien *la distancia ortodrómica entre dos lugares*, cuyas situaciones se conocen; y finalmente la *situacion del círculo máximo en la esfera*, ó sea las latitudes y longitudes por donde pasa; problemas todos interesantísimos y de frecuente uso, cuyas resoluciones se abrevian considerablemente sin faltar á la exactitud necesaria, en prueba de lo cual pueden compararse los resultados del ejemplo anterior con los obtenidos por medio de dichas tablas (Tomo III, art. 140.)

547. Advertencias. Antes de emprender un viaje debe trazarse sobre la carta el arco de círculo máximo que pasa por los puntos de salida y llegada, y tomando en consideracion los vientos, corrientes y bajos que existen en los mares que hay que atravesar, se decidirá si conviene seguir exactamente la derrota ortodrómica, aproximarse á ella solamente, ó bien abandonarla del todo como desventajosa.

Resulta en efecto, que los buques de vela no siempre pueden

seguir esta derrota, en razon á que muchas veces no se lo permiten los vientos por ser contrarios; pero en otras ocasiones les son favorables y pueden seguirla, y en el caso de que les sople el viento de proa, pueden elegir la vuelta, que es más ventajosa, toda vez que el círculo máximo indica la verdadera demora del puerto. Así es, que cuando no se tiene á la vista derrota ortodrómica, se vira muchas veces de una vuelta, cuando navegando de la vuelta contraria se habria desviado mucho ménos de la direccion más corta.

Tambien hay que considerar, que cuando el viento se recibe de través, disminuye la velocidad progresivamente, á medida que el viento forma un ángulo menor de ocho cuartas; luego todo aquel que no conoce la posicion del círculo máximo sobre la carta, puede exponerse á seguir una derrota más larga, ó á disminuir sin una necesidad el andar de la nave, que es tanto menor, cuanto más se ciñe el viento.(*)

Diremos por último, que en determinadas circunstancias conviene separarse de la derrota ortodrómica para dirigirse por parajes en que los vientos y corrientes son más favorables, pero aun así, combinando la navegacion por círculo máximo con los conocimientos que se posean acerca de los vientos y corrientes, se conseguirá disminuir las distancias de una manera ventajosa.

(*) Las ventajas de la navegacion ortodrómica no ofrecen duda alguna cuando se navega en buques de vapor, sobre todo en latitudes elevadas. Citaremos como ejemplo que entre dos lugares distantes 100° en diferencia en longitud y situados en los paralelos de 10°, 30°, y 50°, las diferencias que resultan en la derrota son respectivamente de 33, 208 y 517 millas.

CAPÍTULO XVII.

INSTRUMENTOS DE REFLEXION.

548. Aplicacion de estos instrumentos. La situacion por estima debe siempre tomarse en consideracion, pero la prudencia nos aconseja que no tengamos mucha confianza en ella, atendiendo á la imposibilidad de medir el andar del buque con exactitud, á los errores que dimanan de la perturbacion de las agujas, y sobre todo á causa de los conocimientos imperfectos que tenemos aún de las corrientes marinas.

Para determinar con exactitud la situacion de la nave, hay que recurrir á las observaciones astronómicas, las cuales se hacen á bordo con los instrumentos de reflexion, llamados así porque tienen unos espejos en los cuales se reflejan las imágenes de los astros que se observan.

Los instrumentos de reflexion se refieren todos al octante, inventado en 1731 por el célebre geómetra inglés *Juan Hadley.*(*) En la actualidad se usan los *octantes*, *sextantes*, *quintantes* y *círculos*, llamados así los tres primeros por ser respectivamente sectores de la octava, sexta y quinta parte del círculo.

549. Leyes de óptica en que se fundan los instrumentos de reflexion. Antes de describir estos instrumentos, conviene conocer los principios en que se fundan.

Para esto diremos, que los rayos de luz se propagan en línea recta cuando son homogéneos los medios que atraviesan, y que al encontrar la superficie de un espejo se les puede detener y dirigir en la direccion que se quiera, orientando el espejo convenientemente. Es-

---

(*) El primer instrumento empleado en los buques para medir las alturas de los astros, ha sido el astrolabio, descrito ya por el rey D. Alfonso el Sabio en sus *libros del saber de astronomía*, el que fué sustituido sucesivamente por varias especies de ballestillas y cuadrantes hasta el de Davis que fué el más perfecto. La primera idea acerca de los instrumentos de reflexion la concibió Isaac Newton, pero no se le puede atribuir su invencion exclusivamente, toda vez que Hadley fué el primero que procedió á la construccion de uno de estos instrumentos, el cual ignorando los trabajos de Newton, presentó su octante á la Real Academia de Londres en 1731, publicando á la vez su descripcion en las *transacciones filosóficas*, por lo que se le considera generalmente como el verdadero inventor de los referidos instrumentos.

te cambio de direccion de los rayos luminosos se llama *reflexion de la luz.*

El rayo de luz antes de encontrar á la superficie del espejo, se llama *rayo incidente;* el punto en que encuentra á la superficie *punto de incidencia*, y el rayo de luz desviado de su primitiva direccion, *rayo de reflexion ó reflejado.*

Por lo tanto, si EE representa la superficie de un espejo y AB es un rayo luminoso que viene de un objeto A, dicho rayo encontrará al espejo en el punto B de incidencia, lo desviará en la direccion BO, y será AB el rayo incidente y BO el reflejado.

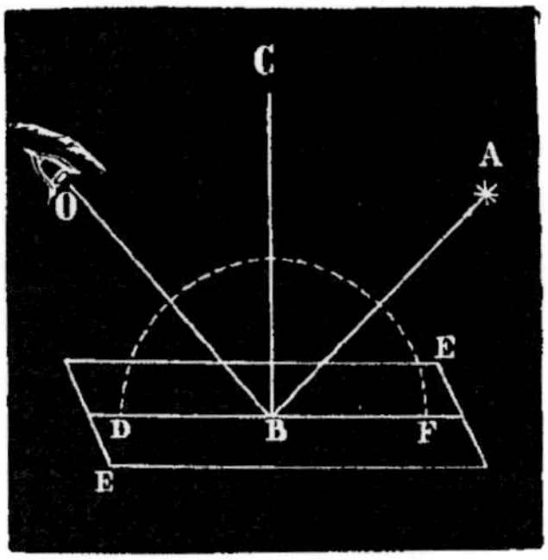

(Fig. 65)

550. Si desde el punto de incidencia B, levantamos la perpendicular BC, tendremos el ángulo ABC que se llama de incidencia, y el CBO que se llama de reflexion.

Ahora bien; la física nos demuestra experimentalmente, que *el ángulo de incidencia es igual al de reflexion y que ambos están en un mismo plano perpendicular á la superficie del espejo.*(*)

Luego el ángulo ABC será igual al CBO, y el plano determinado por los rayos AB y BO, será perpendicular al espejo E, conteniéndose en él la normal BC.

De la igualdad de los ángulos de incidencia y reflexion resulta, que cualquiera de ellos será mitad del total ABO, y que los ángulos FBA y DBO serán tambien iguales por complementarios de los anteriores.

551. Para que el ángulo de incidencia sea igual al de reflexion, siendo el espejo de cristal, es necesario que sus caras sean perfectamente planas y paralelas; pues si un rayo de luz atraviesa un cristal cuyas caras no son paralelas, se desviará en una direccion que formará ángulo con la que traia antes de encontrar al cristal.

La diferencia que resulta entre los ángulos de incidencia y reflexion, á causa del desvío que sufre el rayo de luz por la falta de paralelismo de las caras del cristal, aumenta al paso que es mayor el ángulo de incidencia, por lo cual no conviene observar ángulos muy grandes, segun veremos más adelante.

(*) De esta ley se deduce el fundamento de la ilusion que nos hace aparecer detrás de los espejos las imágenes de los objetos luminosos que están delante y en posicion simétrica á la que tienen en realidad.

Cuando el rayo incidente es perpendicular al espejo, se confunde en una sola línea con la normal y rayo reflejado, y en tal caso no resulta desvío en el rayo de luz despues de atravesar las caras del cristal.

552. Aplicando estos principios de óptica á los instrumentos de reflexion para dar á conocer el modo de observar con ellos, sean A B y C D dos espejos perpendiculares al plano del instrumento y paralelos entre sí, dirigidos el uno hácia el otro; el C D fijo y azogada su mitad inferior y diáfana la superior.

Esto supuesto, tendremos que un rayo de luz F*m* que venga de un astro, atravesará la parte diáfana del espejo CD, y llegará al ojo del observador segun la F O.

Otro rayo de luz F'G, paralelo al anterior, encontrará al espejo A B y se reflejará al C D segun la G*m*, y de éste al ojo del observador segun la *m*O, y veremos por lo tanto, dos imágenes del astro en el espejo CD, perfectamente confundidas, una que será la vista directamente y la otra la reflejada.

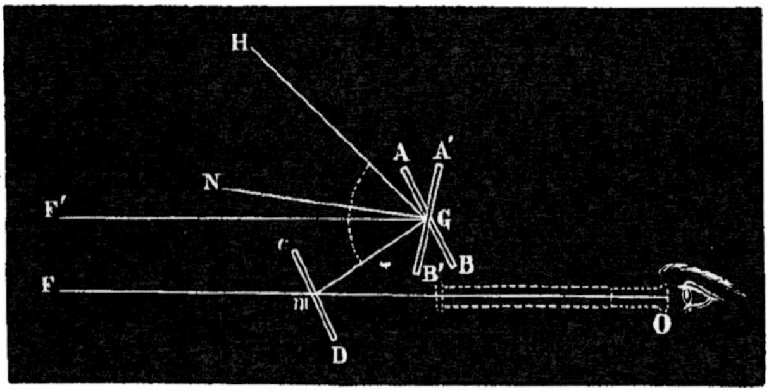

(Fig. 66)

Suponiendo otro astro en H y haciendo girar convenientemente el espejo A B hasta que tome la posicion A'B', se reflejará en él el astro H segun la H G, y de éste al otro espejo C D segun la G*m*, y por último, al ojo del observador segun la *m*O, con lo cual habremos conseguido que la imágen del astro H vista por reflexion en el espejo C D, se confunda con la imágen del astro F vista directamente á través de la parte diáfana del espejo C D.

Para encontrar la posicion A'B' que debe tener el espejo movible hay que hacerlo girar, hasta tanto que levantando la N G perpendicular á él, divida por mitad al ángulo H G *m* formado por los rayos incidente y reflejado.

553. Descripcion del octante. Ante todo diremos, que el octante, el sextante y el quintante son tres instrumentos semejantes, fundados en los mismos principios de óptica que acabamos de explicar, diferenciándose únicamente en la mayor extension de los ángulos que pueden medirse con ellos y en la más completa y perfecta disposicion de las piezas de que se componen.

El octante, pues, es un sector de 45°, ó sea la octava parte del círculo, cuyo arco está dividido en 90 partes iguales ó medios grados, cada una de las cuales corresponde en la observacion á un grado entero, segun demostraremos más adelante.

Los constructores dan, sin embargo, al arco del sector una extension de 50°, de donde resulta que pueden medirse con el octante ángulos hasta de 100°.

554. Las partes principales de que se compone el octante, son: 1.° *El cuerpo del instrumento.*—2.° *El limbo ó arco graduado.*—3.° *La*

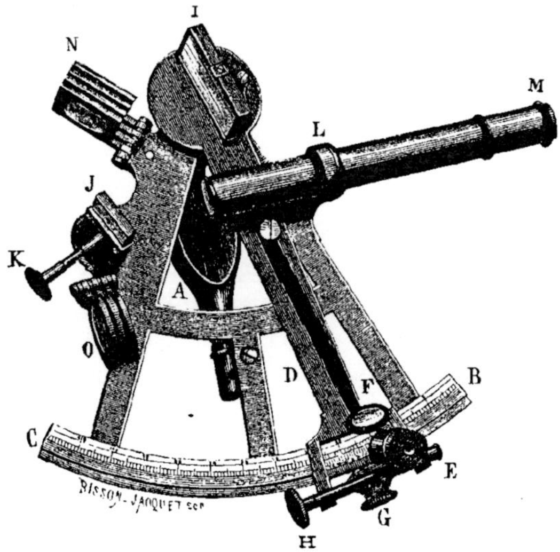

(Fig. 67)

alidada con su nonio. — 4.° *El espejo grande.* — 5.° *El espejo pequeño.*—6.° *Los modificadores ó vidrios de color.*—7.° *La pínula y los anteojos.*

555. El cuerpo del instrumento, ó sea el sector propiamente dicho (Fig. 67), es de bronce, fundido en una sola pieza, con un arco concéntrico en su medianía y una porcion de radio que lo une al arco CB, con el objeto de darle más solidez y trabazon, y evitar que se altere su forma.(*) En la parte posterior tiene tres piés para que descanse sobre ellos cuando se coloca en su caja ó sobre una mesa, y además una manija A para cojerlo y hacer uso de él.

(*) Entiéndase que nos proponemos hacer referencia únicamente á los tipos de instrumentos más perfectos y generalizados en nuestra marina, por cuya razon hemos elegido el octante tal como lo construyen los *Sres. Torres Hermanos*, y no nos ocuparemos por lo tanto de los instrumentos construidos de madera y graduacion sobre marfil, que además de ser imperfectos para la medicion exacta de los ángulos, son poco sólidos, y sobre todo, expuestos á sufrir grandes alteraciones con el calor y la humedad. La (FIG. 67) está grabada á la vista de una fotografía del octante que poseemos en nuestro gabinete.

556. El limbo ó arco graduado BC, es una regla plana y circular, en cuyo centro vá incrustada una hoja circular de plata, ó platino que es lo mejor, donde vá trazada la graduacion, que empieza próxima al extremo B y continúa hácia C, numerándose los grados de diez en diez; cada grado se subdivide en seis partes iguales, valiendo cada una diez minutos. La graduacion continúa tambien desde el cero hácia el extremo B en una extension de dos ó tres grados y es lo que se llama *exceso del arco*, que sirve para hallar el error de índice de la graduacion, de que hablaremos despues.

557. Conviene tener muy presente, que el plano del limbo es el que se considera como plano del instrumento.

558. La alidada es una regla plana de bronce D, de bordes rectilíneos, que gira sobre el centro del sector, pudiendo recorrer el otro extremo todo el arco graduado.

El extremo inferior, que está siempre en contacto sobre el limbo, tiene una abertura rectangular, en cuyo canto inferior vá asegurada una escala circular de plata ó platino llamada *nonio*, que viene á ser una especie de micrómetro para apreciar fracciones de las divisiones trazadas en el arco.(*)

Para leer con facilidad las divisiones del arco y del nonio, hay una lente E, sujeta á la alidada en un soporte que gira, y puede registrarse con dicha lente todo el nonio. Delante de dicha lente hay un vidrio esmerilado F, con el objeto de evitar que los rayos de luz se reflejen con intensidad en la graduacion, lo cual molesta y hasta impide la lectura de la misma.

559. Tornillo de presion. En la parte inferior de la alidada hay un muelle sobre el cual obra un tornillo G, llamado de presion, porque sirve para fijar la alidada en el punto del arco que se desea, quedando el nonio perfectamente ajustado á la graduacion del limbo.

560. Tornillo de ajuste. Para medir un ángulo se afloja ante todo el tornillo de presion para que la alidada pueda girar libremente, y se fije en un punto del arco en que se obtenga aproximadamente el contacto de las imágenes que se desea. Apretado de nuevo el tornillo de presion, puede imprimírsele á la alidada un movimiento muy lento para efectuar el contacto con la mayor precision, para lo cual se hace girar hácia atrás ó hácia adelante, segun convenga, el tornillo H, que se llama de ajuste.

(*) El nombre de nonio que se le dá á esta escala, proviene de Nuñez (Pedro), famoso matemático portugués que vivió en el siglo XVI, al cual se le atribuye su invencion, si bien *Vernier* en el siglo XVII perfeccionó notablemente este método de division, por lo que lo consideran muchos como el verdadero inventor, y le dan el nombre de *vernier* á la escala que nosotros generalmente llamamos *nonio ó nonius*.

Sucede á veces, que antes de obtener el contacto deseado, se presenta una resistencia en el tornillo de ajuste y deja de girar, en cuyo caso no debe forzarse, pues es señal que ha llegado á su fin y podria deteriorarse el paso de la rosca. Para continuar la observacion, se afloja el tornillo de presion y se hace girar el tornillo de ajuste en sentido contrario al de antes, hasta que quede promediado y se le pueda hacer girar hácia uno y otro lado para tomar de nuevo la medida del ángulo.

Lo mejor es tener el tornillo de ajuste colocado en la mitad de su carrera antes de proceder á la medida de un ángulo.

561. El espejo grande I, es un vidrio azogado y de caras perfectamente planas y paralelas, colocado en una armadura ó caja de laton que vá atornillada sobre la alidada en el centro del sector y en la direccion de uno de sus radios, acompañando por lo tanto á la alidada en todos sus movimientos.

El plano del espejo debe ser perpendicular al plano del instrumento y para situarlo en dicha posicion, se sujeta á la alidada la base de la caja en que vá colocado, por medio de tres tornillos; dos de ellos colocados inmediatamente detrás del espejo y el otro más distante. Así, aflojando pausadamente los dos tornillos primeros y haciendo girar el otro en el sentido conveniente, ó vice versa, se conseguirá colocar el espejo perpendicular, si antes no lo estuviese.

562. Espejo pequeño. En la medianía del radio que corresponde al final de la graduacion está colocado el espejo pequeño J, que consiste en un vidrio de caras paralelas; en su mitad más próxima al cuerpo del instrumento, que está azogada, se ven las imágenes reflejadas por el espejo grande; y por la otra mitad, que es diáfana, se ven los objetos directamente.

El espejo pequeño debe ser siempre perpendicular al plano del instrumento y paralelo al grande, cuando el cero del arco ajusta con el cero del nonio.

Para obtener con facilidad esta posicion, vá colocado el espejo dentro de un cajetin de laton, el cual puede ponerse en movimiento por medio de dos tornillos; uno de estos se halla en la parte posterior del cuerpo del instrumento y sirve para hacer girar el espejo y colocarlo paralelo al grande.(*) El otro tornillo se halla detrás de la parte azogada, y se mueve por medio de una llave K, con lo cual se coloca el espejo perpendicular al plano del sector; hecho esto, se

(*) Algunos constructores suprimen este movimiento, prefiriendo fijar de una manera invariable y segura el espejo pequeño en dicha posicion paralela.

saca dicha llave y se coloca en la caja del instrumento, evitándose de este modo el que pueda dársele inadvertidamente algun movimiento y se altere la perpendicularidad antes obtenida.

563. Modificadores ó vidrios de color. Entre el espejo grande y el pequeño y detrás de este último, hay unos vidrios de color de diferentes tonos, que sirven para igualar el brillo de los objetos luminosos que se ponen en contacto y que no ofendan la vista cuando su luz es intensa.

Cada vidrio vá colocado en una armadura distinta que gira hácia atrás y hácia adelante, para situarlo cuando convenga en la direccion de los espejos.

Entre el espejo grande y el pequeño hay 3 ó 4 modificadores N, para debilitar la luz de las imágenes vistas por reflexion en el espejo pequeño, y detrás de éste otros dos ó tres O, para disminuir el brillo del horizonte ó del astro que se vé directamente.

564. Las caras de los modificadores deben ser perfectamente paralelas y el color de estos influye mucho en el grado de claridad y limpieza con que se ven las imágenes, y por lo tanto en la exactitud de las observaciones.

Los vidrios color de violeta, verdes y rojos claros deben rechazarse, pues nos hacen ver muy confusos los bordes de las imágenes y rodeados de círculos luminosos. Por el contrario el rojo oscuro, el amarillo, anaranjado y cobalto, fatigan ménos la vista y hacen aparecer las imágenes más limpias, especialmente el cobalto, que le dá al Sol un hermoso color de plata y el anaranjado de oro mate.

565. La pínula es un tubo de laton abierto por el extremo que se dirige al espejo pequeño, y cerrado por el otro extremo con un disco circular y un agujerito en el centro para dirigir por él la visual. La pínula se atornilla á un soporte L sujeto en el radio, que corresponde al principio de la graduacion por medio de un pilarete fijo y perpendicular al plano del sector.

566. La pínula de los instrumentos antiguos consiste en una chapita de laton, fija en el soporte y que tiene dos agujeritos: uno de estos se halla á una distancia del plano del sector igual á la que hay de dicho plano á la línea divisoria de la parte azogada y diáfana del espejo pequeño, y el otro á una distancia igual á la que hay desde el referido plano del sector hasta la medianía de la parte diáfana del espejo.

Las visuales dirigidas por estos agujeritos á las imágenes que se ven en el espejo pequeño, son paralelas al plano del instrumento con corta diferencia. Mirando por el agujero más próximo al sector, se ven con más claridad los objetos reflejados en la parte azogada del espejo pequeño, y mirando por el agujerito más separado, aparecen más claros los objetos vistos directamente por la parte diáfana. Así, cuando el astro que se observa es de poca luz, conviene aplicar la vista al agujero más bajo.

567. Anteojo de Galileo. En el soporte L puede atornillarse tambien uno de estos anteojos, el cual se emplea cuando se quiere ver con claridad el objeto que se observa, si bien el campo de vision es reducido.

Antes de hacer uso del anteojo hay que enfocarlo, introduciendo más ó ménos el tubo del ocular, hasta que se vean claramente determinados los bordes del cuerpo que se vá á observar.

Para evitar la operacion de enfocar cada vez que se observa, se suele hacer una rayita en el tubo del ocular para introducirlo hasta ella y que esté enfocado para el Sol, con lo cual podrá aplicarse para observaciones astronómicas; pero si se tratase de medir la distancia angular de objetos terrestres, seria preciso enfocarlo con ellos.

Los cristales del anteojo se limpian de cuando en cuando, desmontándolos y lavándolos con alcohol y agua, secándolos despues con una piel fina de gamuza.

568. Anteojo inverso ó astronómico. Este anteojo consta de un objetivo acromático, compuesto de dos ó tres cristales y de un ocular de dos cristales. En el tubo del ocular y en el foco de éste, hay un diafragma con una retícula, compuesta de cuatro hilos paralelos dos á dos y formando un cuadrado en el centro del campo de vision del anteojo.

Dos de dichos hilos deben ponerse paralelos al plano del instrumento, haciendo girar convenientemente el tubo del ocular, y la observacion debe efectuarse en el centro de la retícula siempre que lo permitan los movimientos de la nave y el pulso del observador.

569. Delante del ocular puede atornillarse un casquete con un vidrio de color, que se emplea para determinar el error de índice del instrumento por medio del Sol ó para observar con horizonte artificial, evitándose de este modo el uso de los modificadores, que pueden dar un resultado erróneo, á causa de los defectos que pueda haber en ellos.

570. Con este anteojo aparecen invertidos los objetos, lo cual ofrece dificultad á los principiantes; sin embargo, se adquiere pronto la costumbre de observar con él y conviene hacerlo así por las ventajas que reporta.

En efecto, el anteojo astronómico tiene el campo de vision mayor que el de Galileo, amplifica más los objetos, debilita ménos la luz y se ven por último los objetos directos en los mismos términos que se verian á simple vista, si los rayos de luz que salen de ellos atravesasen la parte azogada del espejo pequeño, facilitándose mucho de este modo el ajuste de las imágenes de los objetos que se ven por reflexion en la parte azogada.

571. Descripcion del sextante. El sextante es un sector de 60°, ó sea la sexta parte del círculo, dividido en 120 partes iguales ó medios grados, cada uno de los cuales equivale en la observacion á un grado entero; á pesar de que se les suele dar una extension de 5° más, en cuyo caso pueden medirse ángulos hasta de 130°.

Este instrumento se diferencia muy poco del octante en sus detalles, pero está construido con más esmero y solidez.

Todo cuanto se ha dicho al describir el octante respecto al limbo ó arco graduado, á la alidada, nonio, espejos, vidrios de color, pínulas y anteojos, es aplicable en un todo al sextante.

572. *El soporte del anteojo* en el sextante (Fig. 68), consiste en un anillo circular A, sostenido por un vástago cuadrado que atraviesa

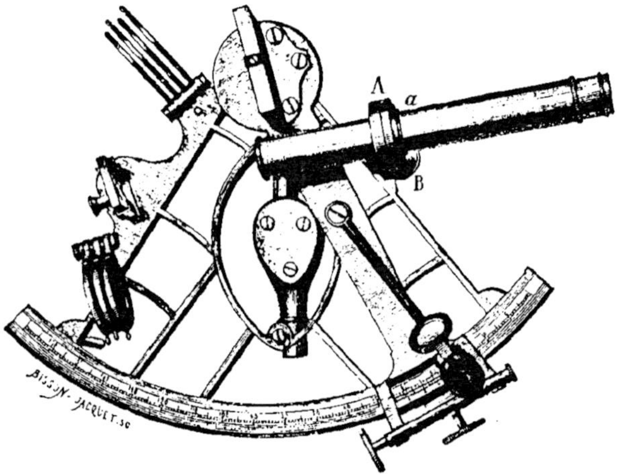

(Fig. 68)

perpendicularmente el cuerpo del instrumento y que puede elevarse ó bajarse por medio del tornillo B que tiene en su extremo. Así, cuando está atornillada la pínula ó uno de los anteojos, podrá aproximarse ó separarse del plano del instrumento y dirigirse la visual por lo tanto hácia la parte del espejo pequeño que se desee.

El soporte se dispone generalmente de modo que resulte dividido por mitad el campo de vision del anteojo, por la línea divisoria de la parte azogada y diáfana del espejo pequeño, con lo que se consigue que aparezcan con igual brillo el objeto directo y el reflejado.

573. Cuando uno de los astros que se observan es mucho más brillante que el otro, como sucede al medir las distancias de la Luna al Sol, deberá subirse el soporte hasta que ambos aparezcan con igual brillo, interponiendo siempre los modificadores necesarios.

574. En las observaciones de noche conviene tambien bajar el soporte para disminuir la dificultad que se presenta de distinguir bien las imágenes reflejadas en el espejo pequeño.

575. El soporte del anteojo está formado de dos anillos superpuestos; el anillo A forma cuerpo con el vástago, mientras que el anillo *a*, que es donde vá la rosca donde se fija el anteojo, es movible por medio de dos tornillos situados diametralmente opuestos y en el sentido perpendicular al sector. Así, cuando se aprieta el tornillo superior, se aproxima al anillo fijo la parte superior del movible, y apretando el tornillo inferior, se consigue el efecto contrario. De este modo es como se obtiene el paralelismo del eje óptico del anteojo al plano del sector.

576. **El quintante** es un sector de 72°, ó sea la quinta parte del círculo, al cual se le suele dar una extension de 5° más, pudiéndose medir en tal caso ángulos de 154°.

La (Fig. 68) representa un quintante, cuya construccion y detalles son exactamente iguales á los del sextante.

577. **El círculo de reflexion** es de muy poco uso en nuestra marina, pues si bien es más exacto para cierta clase de observaciones, lo sustituye en un todo un buen sextante ó un quintante, en las observaciones de á bordo, y por esta razon no nos ocuparemos de él.

578. **Modo de hacer la lectura de las graduaciones.** Para trazar las graduaciones de los instrumentos con las exactísimas máquinas que hoy se emplean, se divide el limbo de 10 en 10, de $7\frac{1}{2}$ en $7\frac{1}{2}$ ó de 5 en 5 minutos, y como cada medio grado del sector equivale á un grado en la observacion, aparecen los limbos divididos de 20 en 20, de 15 en 15 ó de 10 en 10 minutos; y haciendo aplicacion del nonio, se aprecian los valores de los ángulos de 20 en 20, de 15 en 15 ó de 10 en 10 segundos.

Cuando se trata de leer la graduacion de un instrumento, hay que ver ante todo lo que representa cada division del arco y del nonio.

Para esto tenemos, que las divisiones del arco van numeradas de 10 en 10 grados y se aprecia fácilmente la extension del limbo que representa un grado; y viendo en cuántas partes está dividido cada uno de estos, el cociente de 60′ por el número de dichas divisiones nos dará el valor en minutos de cada una de ellas. Segun esto, si el grado está dividido en tres partes, cada una valdrá $\frac{60'}{3}=$ $20'$; si está dividido en cuatro partes, cada una será igual á $15'$, y si en seis partes á $10'$.

Seguidamente se verá el número de divisiones de que consta el nonio, desde la línea que corresponde al cero, que se llama *índice ó línea de fé*, hasta la última division en el otro extremo; y si estas divisiones son 20, 15 ó 10, cada una de ellas equivaldrá á $\frac{1}{20}$, $\frac{1}{15}$ ó $\frac{1}{10}$, de cada subdivision de los grados del arco.

Por lo tanto, si el arco está dividido de 20 en 20 minutos y en el nonio hay 20 divisiones, cada una de estas será igual á un minuto.

Por último, se verá en cuántas partes está subdividida cada division del nonio que representa un minuto y el cociente de $1'$ ó $60''$ por este número de divisiones, nos dará el valor en segundos de cada una de estas. Luego si cada minuto del nonio está dividido en tres partes, se apreciarán arcos de 20 en 20 segundos; y si está dividido en cuatro ó seis partes, de 15 en 15 ó de 10 en 10 segundos.

579. De todo lo dicho resulta, que en el arco se hacen las lecturas de 20 en 20, de 15 en 15 ó de 10 en 10 minutos, siendo semejantes las divisiones del nonio, sólo que á cada una se le dá una denominacion inferior á la de su correspondiente del arco; es decir, que son minutos en el nonio las divisiones que se consideran como grados en el arco, y segundos las equivalentes á minutos en el arco.

580. La AB (Fig. 69), representa una parte del arco y CD el nonio; vemos, pues, que cada grado del arco consta de seis divisiones,

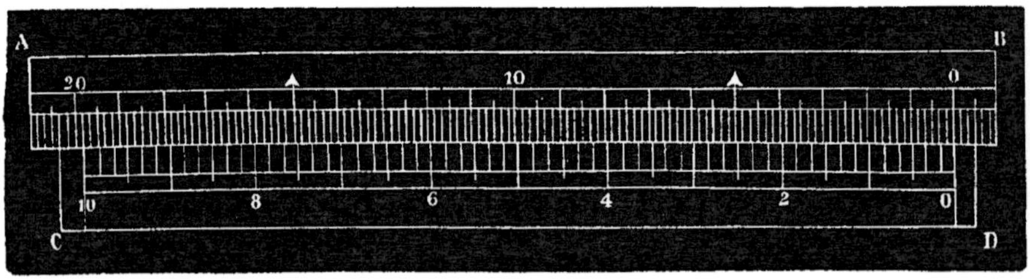

(Fig. 69)

equivalente cada una á 10 minutos, y que el nonio tiene diez divisiones, cada una de las cuales vale un minuto, y como cada uno de estos se subdivide á su vez en seis partes, resulta por lo tanto que se aprecian los arcos de 10 en 10 segundos.

581. Ahora bien, para hacer la lectura de un arco, se contarán primero los grados y minutos comprendidos desde el cero del limbo hasta la division más próxima que está á la derecha del índice ó cero del nonio, y viendo en seguida qué division del nonio es la que coincide exactamente con otra del arco, se contarán en el nonio los minutos y segundos que hay desde la línea de fé hasta dichas divisiones que coinciden, y sumando esta cantidad á los grados y decenas de minutos contados antes en el limbo, se tendrá el valor del ángulo medido con el instrumento.

Si suponemos, por ejemplo, que la division del arco que está más inmediata y á la derecha del índice, corresponde á los 29°.. 40′, y que la division del nonio que ajusta con otra del arco corresponde á los 6′... 20″, tendremos que será (29°.. 40′)+(6′.. 20″)=29°.. 46′.. 20″, lectura pedida.

Del mismo modo, si en el arco se cuentan 82°.. 10′, y la coincidencia en el nonio tiene lugar en la division de los 2′, el valor del ángulo medido será 82°..12′.

582. Para hacer una lectura cuando el cero del nonio está detrás, ó sea á la derecha del cero del arco, se cuentan primero en éste los grados y minutos comprendidos desde el cero del arco hasta el índice y despues se suman los minutos y segundos que marque el nonio, pero haciendo en éste la lectura al revés; esto es, empezando desde el 10, que en este caso se supone cero, y leyendo despues dos en vez de ocho, cuatro en vez de seis y así los demás.

583. Valor de los ángulos medidos con los instrumentos. Para demostrar el modo de medir los ángulos con los instrumentos de reflexion, y por qué cada medio grado del sector corresponde á un grado en la observacion, supongamos que sea NCL un sextante, cuyo error de índice sea nulo, que como veremos más adelante, tiene lugar cuando el espejo grande es paralelo al pequeño, estando ajustado el cero del arco con el del nonio; sea tambien O el ojo del observador, y A y B los dos objetos cuya distancia angular ACB se trata de medir. Colóquese la alidada CL en cero, y el espejo grande estará en la posicion FG; diríjase el instrumento hácia el objeto B hasta que se refleje en el espejo grande segun la BC, y de éste á la parte azogada del espejo pequeño PQ, segun la *d*C, y por último al ojo del observador segun la *d*O, y tendremos que se verá tambien el objeto B por la parte diáfana del espejo pequeño, segun la B*d*O; es decir, que aparecerá confundida la imágen reflejada del objeto B con el mismo visto directamente.

Hecho esto, adelántese la alidada hácia N hasta que estando en la posicion CM, por ejemplo, la imágen del objeto A visto por reflexion en el espejo pequeño, se confunda con el objeto B visto directamente, en cuyo caso el ángulo LCM medido por el arco LM que ha recorrido la alidada será la mitad del ángulo observado, y como á cada grado del arco se le ha dado un valor doble, es evidente que el número de grados y minutos que indique el arco LM será el valor del ángulo observado ACB.

En efecto, tirando las perpendiculares SC y RC al espejo grande en sus dos posiciones, resultará el ángulo RCS igual al LCM. Tambien tenemos que la perpendicular SC divide por mitad al ángulo BC*d* y la RC al AC*d*, ángulos que llamaremos totales.

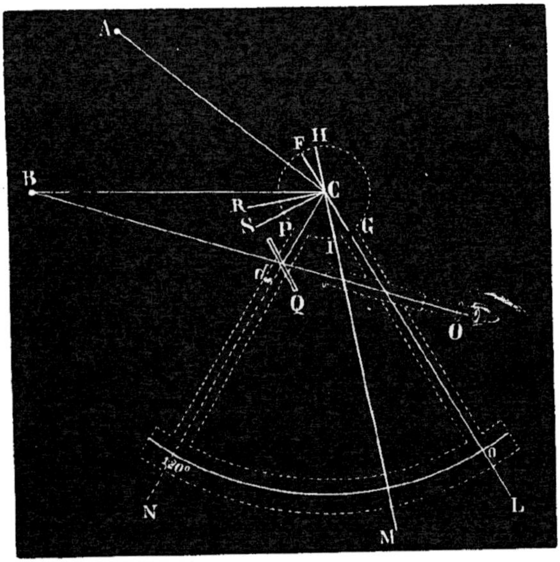

(Fig. 70)

El ángulo ACB es la diferencia de los totales AC*d* y BC*d*, y el ángulo RCS será la diferencia de las mitades de los ángulos totales RC*d* y SC*d*; por lo tanto, el ángulo RCS será igual al ángulo LCM, descrito por la alidada y medido por el arco LM, y será tambien la mitad del valor del ángulo ACB, que es lo que se trataba de demostrar.

584. Rectificaciones que deben hacerse en todo instrumento. La demostracion anterior no será exacta, cuando el instrumento no reune las condiciones siguientes:

1.° Los espejos deben ser, respectivamente, perpendiculares al plano del instrumento.

2.° La visual debe dirigirse paralela al plano del instrumento y á una altura conveniente del mismo.

3.° Que esté determinada la situacion del cero de la graduacion, desde donde se deben empezar á contar los arcos; esto es, que se conozca el error de índice del instrumento, si lo tiene.

Por lo tanto, en todo instrumento, por muy perfecta que sea su construccion, hay que efectuar estas rectificaciones de la manera que vamos á explicar.

585. *Rectificacion de perpendicularidad del espejo grande.* Para determinar si el espejo grande es perpendicular al plano del instrumento, se colocará ante todo la alidada *cd* (Fig. 71) hácia el centro del arco *ab* y poniendo el instrumento sensiblemente horizontal, se dirige una visual oblícuamente al espejo grande, cerrando para esto el ojo izquierdo y situando el derecho en O, lo más próximo que se pueda al plano del instrumento; se verá directamente la parte de arco *da*, que está á la izquierda de la alidada, y al mismo tiempo la parte *db*, que está á la derecha reflejada en el espejo.

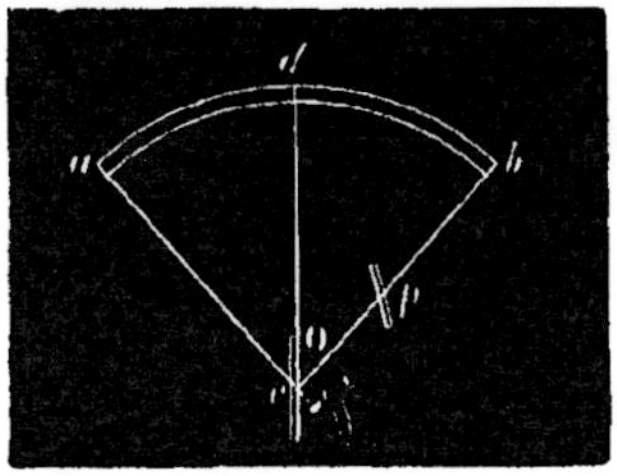

(Fig. 71)

Obsérvese cuidadosamente si la parte *db*, vista por reflexion y la *da*, vista directamente, se ajustan exactamente, en cuyo caso estará perpendicular el espejo grande; pero si formase un escalon la parte reflejada con la directa, se aflojará ó apretará convenientemente el tornillo más distante de la base del espejo, aflojando antes si es necesario los otros dos más inmediatos, hasta conseguir la más perfecta coincidencia.

Para no dudar en el manejo de los tornillos, debe tenerse presente que si la parte reflejada aparece más alta que la directa, el espejo estará inclinado hácia la derecha ó sea hácia el pequeño *p*, sucediendo lo contrario cuando está inclinado hácia la izquierda.

586. Es evidente que si el eje de rotacion de la alidada es perpendicular al plano del sector, siendo la superficie de esta perfectamente plana, una vez obtenida la perpendicularidad del espejo grande, subsistirá aun cuando se corra la alidada hácia la derecha ó hácia la izquierda, fijándola en otro punto cualquiera del arco.

587. En un buen instrumento es muy raro el caso en que haya que hacerse esta rectificacion á ménos que se le haya dado mal trato. Así es, que colocado el espejo perpendicular por el constructor, no es fácil que varíe si está bien afianzado; pero, deberá rectificarse de cuando en cuando para estar seguro de su perpendicularidad.

588. Diremos tambien, que en algunos instrumentos se coloca el espejo perpendicular aflojando primero los tornillos de la base del mismo, é introduciendo debajo de él, en el lugar correspondiente, unas tiras de papel plomo muy delgadas, y volviendo despues á apretar los tornillos.

589. Hay otro método más exacto para rectificar el espejo grande, para lo cual se emplean dos miras de cobre de iguales dimensiones, formadas cada una por dos paralelepípedos rectángulos, formando entre sí ángulo recto (Fig. 72), que se colocan sobre el arco graduado simétricamente y equidistantes de la alidada, y despues se observa como antes si el canto superior de la mira, vista directamente, se confunde con el de la reflejada formando un sólo plano, en cuyo caso estará el espejo perpendicular al plano que pasa por la parte superior de dichas miras, y por lo tanto, al plano de sus bases ó sea del sector sobre el cual descansan.

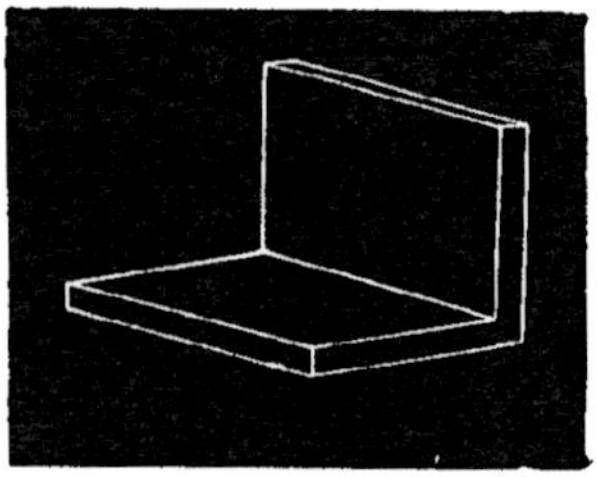

(Fig. 72)

Si el ajuste de las miras no se verifica, se establece por medio de los tornillos como se explicó antes.

Para determinar si las miras son de igual altura, despues de obtenida la coincidencia se coloca la una en el lugar de la otra, y se vé si subsiste el ajuste despues de dicho cambio.

590. Rectificacion de la perpendicularidad del espejo pequeño. Para determinar si el espejo pequeño es perpendicular al plano del instrumento, suponiendo que el grande esté ya en dicha posicion, puede emplearse uno de los siguientes métodos:

1.er Método. *Por medio del horizonte de la mar.* Ajústese el cero del nonio con el cero del arco, y manteniendo el instrumento sensiblemente vertical, mírese con la pínula el horizonte de la mar; y si la parte de éste vista por reflexion en el espejo pequeño no coincide con la vista directamente, muévase lentamente el tornillo de ajuste de la alidada hasta que se efectúe.

Inclínese despues el instrumento hácia uno y otro lado hasta que esté en una posicion casi horizontal, y si dejase de existir la coincidencia anterior, estará inclinado el espejo pequeño y se pondrá perpendicular por medio de la llave de movimiento.

Si el horizonte reflejado aparece sobre el directo, estará inclinado el espejo hácia el grande, y en el caso contrario hácia afuera.

591. 2.° Método. *Por medio de una estrella.* Hágase lo mismo que en el caso anterior, con la diferencia de dirigir la visual hácia una estrella en vez del horizonte, y si al hacer girar el instrumento no se confunde la imágen reflejada de la estrella con la misma, vista directamente, se moverá la llave del espejo pequeño hasta ponerlo perpendicular.

592. Siguiendo el mismo procedimiento puede tambien colocarse el espejo perpendicular, ya sea por medio de un objeto bien determinado situado á más de 500 metros de distancia, tal como la bola de un campanario, un objeto terminado en punta, la línea horizontal de un edificio, ó bien por medio del disco del Sol, en cuyo caso hay que interponer los modificadores necesarios, advirtiendo que si se emplea el anteojo inverso aparecen las imágenes invertidas.

Diremos por último, que una pequeña inclinacion en el espejo pequeño no produce un error sensible en las observaciones, pero sin embargo de esto conviene verificarlo, sobre todo cuando se supone que se ha alterado por haber sufrido un golpe.

593. *Rectificacion del paralelismo de la visual.* Ante todo diremos, que por *eje óptico ó línea de colimacion* del anteojo, se entiende una línea imaginaria que se supone pasar por los centros del ocular y del objetivo, y por lo tanto por el centro de la retícula.(*)

Para determinar si el eje óptico del anteojo es paralelo al plano del instrumento, se atornillará el anteojo inverso en el soporte, y se hará girar el tubo del ocular hasta que dos de los hilos de la retícula sean paralelos al plano del sector. Hecho esto, mídase la distancia de dos objetos de márgenes muy determinadas, cuya distancia angular varíe poco y sea algo mayor de 90°, tales como la distancia de la Luna al Sol, la de dos estrellas, ó bien de dos objetos terrestres situados convenientemente distante del observador.

Obsérvese con precision el contacto de los dos objetos sobre el hilo de la retícula más próximo al plano del instrumento, y dándole á éste un pequeño movimiento despues, se trasladarán los dos astros al hilo más distante; y si continúa verificándose el contacto, será señal que están bien situados los hilos y que el eje óptico del anteojo es paralelo al plano del instrumento, el cual corresponde á un punto intermedio en que se ven más cubiertos los limbos, que aparecian tangentes en los hilos.

594. Hay que advertir, que si despues de establecer el contacto en el hilo más próximo, que es el que aparece más distante por efecto de la inversion del anteojo, aparecen los objetos separados en el otro hilo, será señal que el anteojo está inclinado hácia el objetivo; y si las imágenes se ven algo sobrepuestas, que está inclinado hácia el ocular. En el primer caso se apretará el tornillo más bajo del soporte, y el más alto en el segundo hasta obtener el resultado que se desea.

595. Determinar el error de indice. Se dice que un instrumento está rectificado, cuando aparecen exactamente confundidas las imágenes directa y reflejada de un mismo objeto, estando la alidada en cero.

Cuando no aparecen confundidas se vá moviendo lentamente la alidada hasta tanto que suceda, y la porcion de arco comprendida

---

(*) Más adelante veremos que debe verificarse siempre el contacto en el centro de la retícula, para lo cual se parte del supuesto que el eje óptico del anteojo es paralelo al plano del instrumento, pues de lo contrario resultarian erróneos los ángulos medidos, á pesar de establecer los contactos en el centro de la retícula, por lo que es de importancia la rectificacion del paralelismo de la visual.

entre el cero del mismo y el del nonio, es lo que se llama *error de índice.*

Luego diremos que, rectificar la situacion del cero del arco, ó sea hallar el error de índice, es determinar el punto del arco desde el cual se debe empezar á contar la graduacion, para lo cual sólo hay que hacer coincidir las imágenes directa y reflejada de un objeto, y el punto del arco en que corresponde el cero del nonio se considerará como orígen ó principio de la graduacion.

596. *Colocar el espejo pequeño paralelo al grande, estando el cero del nonio ajustado con el del arco.* Hágase coincidir el cero del nonio con el del arco, y fíjese entonces la alidada apretando el tornillo de presion; colóquese el instrumento sensiblemente vertical armado de la pínula y mírese hácia el horizonte de la mar, por el sitio en que aparezca más claro y determinado, ó bien hácia un objeto lejano terminado por una línea recta horizontal. Si la parte de horizonte ó línea vista directamente es continuacion exacta de la reflejada, caso muy raro en la práctica, serán paralelos los espejos; pero, si sucede lo contrario, hágase girar suavemente el tornillo de la base del espejo pequeño que lo mueve en sentido horizontal, hasta tanto que se verifique el ajuste del horizonte directo y reflejado, en cuyo caso no tendrá el instrumento error de índice y deberán contarse todos los ángulos desde el cero del arco.

597. En rigor no es practicable este procedimiento, por lo que debe preferirse la determinacion del error de índice, para aplicarle la correccion conveniente á todos los ángulos observados.

Existe además otra dificultad, y es que los constructores modernos; figurando entre ellos Torres, suprimen el tornillo de la base del espejo pequeño para moverlo en sentido horizontal, pues parten del principio que es lo más conveniente determinar el error de índice.

598. *Determinar el error de índice por medio del horizonte de la mar.* Ajústese el cero del nonio con el del arco, fíjese la alidada en esta posicion y diríjase la visual con la pínula hácia el horizonte, manteniendo el instrumento sensiblemente vertical. Muévase muy despacio el tornillo de ajuste, hasta que la parte directa del horizonte esté exactamente en línea con la reflejada, y leyendo en la graduacion del limbo el valor del arco que separa el cero de éste y el del nonio, tendremos el error de índice.

599. Si el cero del nonio se halla á la izquierda del cero del arco, ó sea delante de él, la correccion será negativa, y si se halla detrás, ó sea á la derecha, positiva; por lo tanto se restará en el primer caso y se sumará en el segundo, á todos los ángulos observados.

Siendo así que el punto en que se encuentra el cero del nonio es aquel en que deberia hallarse el cero del arco, es evidente que cuando el cero del nonio está delante del cero del arco, está adelantado, y por esta razon se resta la correccion de error de índice; y cuando está el cero del nonio detrás del cero del arco, está atrasado, y por esto se suma dicha correccion.

600. Hay que advertir, que rectificado el instrumento por medio de un objeto cualquiera, lo estará solamente para los que se hallen á una distancia parecida. Por lo tanto, con un instrumento rectificado por un objeto muy distante, no se deben hacer observaciones de objetos próximos sin rectificarlo de nuevo.

Sin embargo, cuando el objeto que se trata de observar se halla á una distancia mayor de 6 kilómetros, puede considerarse dicha distancia como infinita respecto al instrumento y no hay que hacer nueva rectificacion.

601. Para demostrar las diferencias que resultan en la rectificacion, tenemos que suponiendo que en la (Fig. 70) B es el objeto que se vá á observar, el cual está tan lejano, que la distancia B C puede considerarse como infinita comparada con la distancia Cd que hay del espejo grande al pequeño, en cuyo caso puede considerarse que los rayos B C y Bd son paralelos, y que el objeto B, se confunde con su imágen cuando están los espejos paralelos. Pero si el objeto B se halla próximo, no puede suponerse los rayos B C y Bd como paralelos, y hay que tomar en consideracion el valor del ángulo CBd, que se llama *paralaje del instrumento*, la cual aumenta el error de índice y varía segun la distancia á que se halla el objeto que se observa.

Así, cuando se observa un objeto terrestre, se le debe sumar al error de índice determinado por un astro la paralaje correspondiente del instrumento, que se calcula del modo siguiente:

602. Admitiendo que la Cd sea perpendicular á la B O, tendremos el triángulo rectilíneo rectángulo BdC, en el cual puede medirse la distancia Cd, estimarse la de la hipotenusa B C, en unidades de la misma especie, y hallarse desde luego el valor del ángulo de paralaje B, por la fórmula:

$$\text{sen } CBd = \frac{Cd}{BC}.$$

603. Puede tambien emplearse otra fórmula, para lo cual, considerando ante todo la relacion que existe entre el diámetro y la circunferencia, determinaremos el valor en grados de un arco igual al radio, que es ½ diámetro ó sea de la unidad, y tendremos:

$$3{,}1416 : 360^\circ :: \tfrac{1}{2} : x = 57^\circ{,}3 = 206\,280''.$$

Como el ángulo CBd es muy pequeño, su valor puede considerarse igual al de la tangente dC, y será:

$$CBd : 206\,280'' :: dC : BC.$$

Luego para hallar el valor en segundos de la paralaje CBd, que llamaremos p, resulta:

$$p = \frac{206\,280 \times Cd}{BC}, \quad \text{y en números redondos} \quad p = \frac{206\,000 \times Cd}{BC}.$$

Ahora bien, suponiendo que la distancia Cd en el instrumento valga $0^m{,}10$ y que el objeto B que se observa esté á una distancia B C=6000 metros, resulta que el valor de p es de 3″,4; con lo que se demuestra que cuando el objeto que se observa está á una distancia mayor de 6 kilómetros, se puede despreciar la paralaje del instrumento.

604. *Hallar el error de índice y su correccion, por medio del Sol ó de la Luna.* Para rectificar por este método, que debe siempre preferirse por ser el más exacto, se atornilla el anteojo inverso en el instrumento con el vidrio de color en el ocular, para evitar los errores que pudieran producir los modificadores situados entre los espejos, y se pone detrás del espejo pequeño uno ó dos modificadores de color distinto al del ocular.

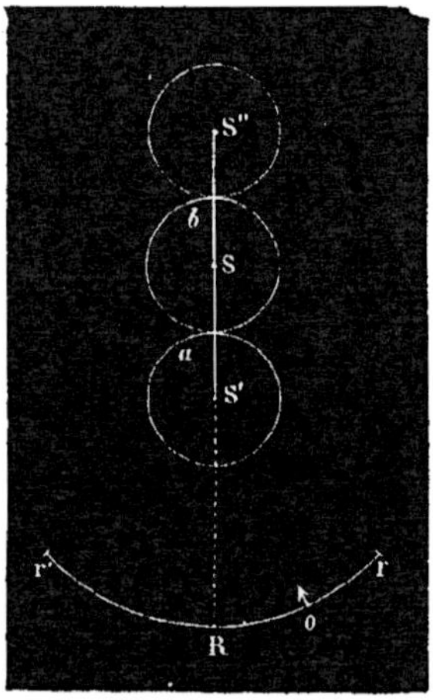

(Fig. 73)

Hecho esto, se pone en contacto la imágen reflejada del Sol S′ con el limbo superior *a* del Sol S, visto directamente(*); y se lee la graduacion *or* que señala la línea de fé del instrumento, que regularmente está detrás del cero del arco y le llamaremos +A.

Muévase la alidada hácia adelante hasta poner en contacto los limbos opuestos, ó sea la imágen reflejada S″ con el limbo inferior *b* del Sol visto directamente, y á la graduacion *or′* que marque el instrumento le llamaremos —B.

El punto R del arco equidistante de los *r* y *r′*, será el correspondiente al cero de la alidada al coincidir los centros de las dos imágenes.

Llamando C á la correccion por error de índice, y atendiendo á los signos de A y de B, será

$$C = \frac{A + B}{2}.$$

Si la semi-suma algebráica de +A y —B, resulta igual á cero, el error de índice será nulo; pero si resultase una cantidad positiva, es que el punto R correspondiente al error, cae á la derecha, ó sea detrás del cero del arco, y si fuese una cantidad negativa, que R cae á la izquierda, ó sea delante del cero del arco.

605. Cuando es muy grande el error de índice, conviene dismi-

---

(*) Téngase presente que el anteojo invierte las imágenes, y que nos parece limbo superior el que en realidad es el inferior.

nuirlo haciendo girar el espejo pequeño, si tiene tornillo, para ponerlo paralelo al grande, y en caso contrario se aflojan los tornillos de la base del espejo pequeño, y con la alidada en cero se hace que se confundan las imágenes directa y refleja del astro, apretándose en seguida los tornillos.

606. Tambien puede hacerse la rectificacion por medio de la Luna *llena*, que á veces es preferible al Sol, pues se evita el uso de vidrios de color que podrian alterar los resultados si fuesen defectuosos.

De todos modos conviene hacer varias observaciones y tomar el promedio de ellas para hallar la correccion por error de índice con la mayor aproximacion.

607. Para comprobar la exactitud de la correccion hallada, ó bien si el instrumento tiene defectos graves, compararemos el semi-diámetro observado del Sol, con el que nos dá el *Almanaque Náutico* para aquel dia; y si la diferencia entre ambos fuese de consideracion, podrá suponerse que la observacion ha sido mal hecha, pero si repitiéndola varias veces resultase igual diferencia, nos indicará que el instrumento es defectuoso.

Para hallar el valor del semi-diámetro observado S, tenemos que la distancia S′S″ recorrida por el centro de la imágen reflejada del Sol es igual á 4 semi-diámetros, luego sumaremos los valores de A y B, lo dividiremos por 4, y atendiendo siempre á los signos, será

$$S = \frac{A - B}{4}$$

608. Para poder comparar el semi-diámetro observado con el del Almanaque cuando no pasa la altura de 20 ó 30 grados, se deberá medir el semi-diámetro horizontal en vez del vertical, pues la refraccion hace aparecer el semi-diámetro vertical menor que el horizontal. Para ejecutar esto, se colocará el instrumento sensiblemente horizontal.

609. EJEMPLO I. El dia 4 de Octubre de 1873 se hicieron las observaciones siguientes para determinar la correccion por error de índice. Astro observado ☉.

1.er *contacto* (el índice detrás del 0) A = +32′49″	32′49″
2.° *contacto* (el índice delante del 0) B = −31 28	31 28
Diferencia .... = + 1 21	Suma = 64 17
½ Dif.a = **Correccion de error de índice** = + 40.	¼ Suma = Semid.° obs.° = 16 04,25
	Semid.° ☉ dia 4 (*A. N.*) = 16 01,68
	Diferencia = 2,57

Vemos, pues, que se ha hecho la observacion con una aproximacion de 2″,57 y por lo tanto satisface.

610. Ejemplo II. El mismo dia 4 de Octubre se hicieron las siguientes observaciones de Sol.

1.er *contacto* (el índice detrás de 0) A=+30'20"	....	30'20"
2.o *contacto* (el índice delante de 0) B=−35 28	....	35 28
Diferencia ....=− 5 08		Suma=65 48
½ Dif.a=**Correccion de error de índice**=− 2 34.	½ Suma=Semid.o obs.o=	16 27
	Semid.o ☉ (*Alm. Náut.*)=	16 01,68
	Diferencia=	25,32

La diferencia 25"32 que resulta entre los semi-diámetros, nos indica que debe rechazarse la observacion como defectuosa.

611. Tambien se puede hallar el error de índice por medio de una estrella, empleando el anteojo inverso, para lo cual se enfoca perfectamente de modo que aparezcan dichos astros como puntos y se hace coincidir la imágen reflejada con la directa, y el punto del arco en que se halle el cero del nonio, nos dará á conocer el error de índice y el signo que le corresponde á la correccion.

612. Concluiremos recomendando la necesidad que hay de determinar el error de índice con bastante frecuencia, sobre todo cuando el instrumento ha recibido un golpe, cuando tienen lugar cambios considerables de temperatura, y especialmente antes y despues de hacer alguna observacion delicada.

613. Práctica de observaciones. Al explicar el modo de efectuar las distintas observaciones que pueden hacerse con los instrumentos de reflexion, partiremos del principio que el que posee el observador está provisto de pínula tubular y anteojo astronómico y no haremos mencion de los instrumentos antiguos, que sólo tienen una pínula formada de una chapita con dos agujeros, y que deben rechazarse como defectuosos.

Todo cuanto se diga puede efectuarse del mismo modo con un octante, sextante ó quintante, con la única diferencia de que con estos últimos pueden medirse ángulos mayores.

614. Observacion de alturas del Sol. Atorníllese el anteojo inverso convenientemente enfocado; colóquense detrás del espejo pequeño, y entre éste y el grande los modificadores necesarios para igualar el brillo del horizonte y del Sol, de modo que no ofenda la vista, y hágase girar el tubo del ocular del anteojo hasta poner dos de los hilos de su retícula paralelos al plano del sector.

Teniendo presente que la altura de un astro es la distancia angular del mismo al pié de su vertical, que es el punto del horizonte en que termina un arco que se supone pasar por el zenit y centro del astro, cojeremos el instrumento por la manija con la mano derecha (*) apoyaremos el limbo en el dedo índice de la izquierda, y aplicando el pulgar y el del medio al tornillo de ajuste ó la alidada, segun que convenga darle á esta un movimiento lento ó rápido, dirigiremos el anteojo hácia el punto del horizonte en que termina el vertical, manteniendo en su plano el instrumento y en posicion sensiblemente vertical, lo cual tiene lugar cuando los dos hilos de la

(Fig. 74)

retícula perpendiculares al plano del sector son paralelos al horizonte.(†) Hecho esto, se vá adelantando la alidada hasta ver la imágen reflejada del Sol en el espejo pequeño.

615. Para encontrar al Sol más pronto, se puede poner entre el espejo grande y el pequeño un sólo vidrio de color claro, y al adelantar la alidada se conoce en seguida la proximidad del astro por la luz viva que empieza á reflejarse. Una vez hallada la imágen del Sol se colocan los vidrios más convenientes, se pone la imágen del Sol lo más próxima al horizonte y se aprieta el tornillo de presion.

Seguidamente se oscila el instrumento hácia derecha é izquierda sin perder de vista al Sol, y por medio del tornillo de ajuste se ha-

---

(*) Conviene desterrar la costumbre que tienen algunos observadores, de apoyar el dedo pulgar de la mano derecha en el soporte del anteojo, en atencion á que se altera la posicion de este y deja de ser paralela la visual al plano del instrumento, condicion de que no debe prescindirse.

(†) Se conoce tambien si se halla el instrumento en el plano del vertical, cuando arroja la sombra exactamente hácia atrás.

ce que el arco que describe el limbo del astro sea exactamente tangente al horizonte y habremos tomado la altura aparente del limbo inferior del Sol; por último, se leerá la graduacion y se le aplicará con su signo el error de índice.

616. Para tomar una altura con más facilidad y precision, puede tambien seguirse el siguiente procedimiento: si el astro no ha pasado aún por el meridiano, fíjese la alidada despues de tener al astro mordido en el horizonte; y si ha pasado ya, que esté algo separado; hágase oscilar el instrumento y muévase el tornillo de ajuste hasta que el limbo del astro sea tangente al horizonte. El movimiento ascendente del astro antes del paso y descendente despues de él, facilita la observacion, bastando mover muy poco el tornillo de ajuste para acelerar el contacto que se desea.

617. Observacion de alturas de Luna. Cuando el limbo iluminado de la Luna es el inferior, se toman sus alturas como las de Sol; en el caso contrario se hace que la Luna se vea completamente proyectada en el mar, y se toma el contacto del limbo superior con el horizonte.

Cuando la línea que une los cuernos de la Luna es vertical, hay incertidumbre en el modo de hacer el contacto; pero si se pudiese retardar la observacion ó se repitiese dos ó tres horas despues, se conoceria claramente cual es el limbo iluminado.

618. Observaciones de alturas de estrellas y planetas. Las observaciones de estos astros son las más difíciles de hacer, tanto por su pequeñez y poca luz, como por la dificultad que hay de noche en distinguir claramente el horizonte.

Si se siguiese el mismo procedimiento que hemos empleado con el Sol y la Luna, resultaria que se presentarian sucesivamente las imágenes de varias estrellas en el campo del anteojo ó de la pínula, y seria casi imposible distinguir la que se trata de observar. Para que no haya lugar á duda, se coloca la alidada en cero, y dirigiendo la visual á la estrella se verá directamente por la parte diáfana del espejo pequeño y por reflexion en la azogada; se vá adelantando entonces la alidada muy despacio, con lo cual la imágen de la estrella irá descendiendo, y al mismo tiempo se vá bajando el instrumento para no perderla de vista, hasta conseguir de este modo ponerla tangente al horizonte; hecho esto, se fija la alidada, se hace oscilar el instrumento, y con el tornillo de ajuste se acaba de tangentear el astro con el horizonte.

619. Igual procedimiento se sigue para tomar de dia alturas de Luna, sobre todo cuando es muy pequeño el huso esférico iluminado.

620. Para tomar alturas de estrellas se suele usar el anteojo de

Galileo; pero generalmente se emplea la pínula tubular aproximándola al plano del instrumento para ver con la mayor claridad posible la imágen reflejada.

621. Al tomar las alturas de los planetas se considera generalmente que estos astros no tienen diámetro sensible, y se toma el contacto del centro del astro con el horizonte, con lo cual se obtiene la altura aparente central.

622. Observacion de alturas inversas. Siempre que el horizonte está muy tomado en el vertical del astro, ó bien cuando la costa aparece interpuesta, se puede á veces tomar con un sextante ó quintante la altura mayor de 90°, ó sea el suplemento de la altura directa.

Para esto se coloca el observador de espaldas al astro y eleva el instrumento convenientemente para que pueda efectuarse la reflexion en el espejo grande.

En las observaciones de Sol se hace de modo que se vea proyectado su disco en el mar, es decir, que se toma el contacto en apariencia del limbo superior, y el suplemento será la altura directa del limbo inferior.

623. Tratándose de la Luna se toma el contacto del limbo iluminado más próximo, y el suplemento será la altura directa del limbo inferior ó superior, segun que al hacer el contacto se vió al astro proyectado en el mar ó en el cielo.

624. Instrumentos de Laurent para las observaciones de estrellas. En las alturas de estrellas observadas con los instrumentos que hemos explicado, pueden resultar errores de 20′ y más, motivados por la escasa luz de estos astros y la poca visibilidad del horizonte, lo cual hace que sea muy difícil establecer el contacto con la precision que fuera de desear, pues de la distinta sensacion que produce en el ojo la línea sombría del horizonte y la imágen reflejada de la estrella, resulta que cuando fijamos la vista en el horizonte perdemos de vista la estrella, y cuando nos fijamos en esta no se distingue bien el horizonte.

Mr. Laurent, antiguo oficial de la marina imperial francesa, que venia ocupándose hace tiempo en perfeccionar esta clase de observaciones, ha hecho construir en estos últimos años un instrumento de su invencion, muy generalizado en el dia, con el cual se evitan gran parte de los inconvenientes que presentan las observaciones de estrellas.(*)

(*) Los instrumentos de Laurent han merecido la aprobacion de cuantos marinos los han empleado, y en la Exposicion Universal de Paris de 1867 fueron premiados con medalla de plata.

625. El instrumento de Laurent, destinado exclusivamente para observar alturas de estrellas ó planetas, es un octante de madera ó de bronce y graduacion de marfil, para hacer las lecturas de noche con mayor facilidad, dividido de 30″ en 30″, grado de aproximacion que es bastante.

No tiene modificadores, y se ha suprimido tambien la parte diáfana del espejo pequeño, tanto por ser inútil, como tambien por ser perjudicial, toda vez que debilita la visibilidad del horizonte.

Para distinguir el horizonte con la mayor claridad posible, lleva un anteojo terrestre de forma cónica, objetivo de gran abertura y de una amplificacion lineal de 3 á 4, semejante á uno de los anteojos de los gemelos marinos que tan ventajosos son de noche. Dicho anteojo puede elevarse ó bajarse paralelamente al plano del sector, y de este modo puede aumentarse la visibilidad del horizonte á expensas de la de la imágen reflejada ó al contrario.

626. Todas estas modificaciones facilitan sobremanera la observacion; pero la más importante de todas consiste en una lente plana cilíndrica, por medio de la cual se deforma la imágen reflejada de la estrella, dándole la apariencia de una línea luminosa que puede ajustarse perfectamente con el horizonte, y que ofrece la notable ventaja de que cuando se mira al horizonte con el anteojo sin poder distinguirlo bien, desde el momento en que se presenta la estrella en forma lineal, se descubre perfectamente y puede tomarse por lo tanto la altura con mayor precision.

La lente plana cilíndrica está colocada entre el espejo grande y el pequeño, y tiene un movimiento de charnela, igual al que tienen los modificadores en los instrumentos ordinarios, y de este modo puede colocarse ó no en el trayecto de los rayos luminosos que se reflejan del espejo grande al pequeño, segun que se desee ver la estrella bajo la forma de una línea luminosa ó de un punto.

La cara de la lente que se dirige al espejo pequeño es plana, y la que se dirige hácia el grande cilíndrica, siendo sus generatrices paralelas al plano del instrumento cuando está interpuesta entre los espejos.

627. La construccion de la lente debe ser tal, que la imágen lineal de la estrella sea de la longitud conveniente, así como la intensidad de la luz.

La longitud lineal de la imágen depende del radio de curvatura de la cara cilíndrica, y mientras mayor sea este radio, menor será la longitud lineal, hasta el punto, que suponiendo que el radio de curvatura fuese infinito, apareceria entonces la estrella como un simple punto luminoso. Por lo tanto, el fenómeno es el mismo cualquiera que sea la distancia de la lente al espejo pequeño.

La intensidad luminosa de la estrella, vista en forma lineal, aumenta en razon á la longitud del trayecto que recorren los rayos luminosos reflejados desde su paso á través de la lente hasta su llegada al ojo del observador; por esta razon en esta clase de instrumentos se coloca el espejo pequeño muy cerca del arco, y de este modo está la lente lo más separada que es posible de él y del ocular del anteojo; y atendiendo tambien á que la intensidad luminosa disminuye rápidamente, al paso que aumenta la amplitud de la imágen lineal, se ha adoptado como más conveniente, que la longitud lineal de la estrella sólo debe ser de unos 10°, de los cuales 5 solamente deben aparecer en el espejo pequeño.

628. *Modo de tomar las alturas.* Para observar alturas de estrellas con los instrumentos de *Laurent*, se atornilla el anteojo bien enfocado, se echa para atrás la lente cilíndrica, y con la alidada en cero se dirige la visual hácia la estrella, y moviendo la alidada y bajando el instrumento al mismo tiempo, se pone lo más próximo posible al horizonte (art. 618). Hecho esto, se interpone la lente cilíndrica, y dirigiendo la visual al pié del vertical de la estrella, vemos á esta bajo la forma de una línea luminosa, y sólo habrá que ajustarla perfectamente con el horizonte moviendo al efecto el tornillo de ajuste. (*)

629. Teniendo presente que para hacer una buena observacion deben tener próximamente igual brillo los dos objetos que se ponen en contacto, resulta de aquí que durante un crepúsculo, cuando el horizonte está suficientemente iluminado y está debilitada la luz de la estrella, es más conveniente observar con los instrumentos ordinarios, pues el uso de la lente cilíndrica podria disminuir la luz de la estrella hasta el punto que no seria posible distinguirla. Por el contrario, en noches oscuras en que apenas se distingue el horizonte, es utilísimo el instrumento de Laurent, que al convertir la estrella en una línea luminosa, hace que su luz esté más en armonía con la oscuridad relativa del horizonte.

630. *Rectificaciones de los instrumentos de Laurent.* El espejo

---

(*) Mr. Laurent cree tambien que su instrumento puede aplicarse de noche con ventaja á la medicion de distancias de la Luna á las estrellas, observacion que presenta muchas dificultades, porque casi siempre el superior brillo de la Luna nos impide distinguir bien la estrella cuando aparece como un punto luminoso, mientras que bajo la forma lineal es más fácil hacer el tangenteo de los dos astros.

grande se coloca perpendicular al plano del sector lo mismo que en los demás instrumentos. Del mismo modo se obtiene la perpendicularidad del espejo pequeño, cuidando de echar hácia atrás la lente cilíndrica para que aparezca la imágen de la estrella como un punto luminoso y pueda confundirse con la misma, vista directamente, segun hemos explicado (art. 594.)

631. Hay que rectificar la posicion de la lente cilíndrica para conseguir que estando el instrumento sensiblemente vertical, la línea luminosa sea perpendicular al plano del sector y se ajuste de este modo perfectamente con el horizonte.

Para esto se elegirán dos estrellas brillantes distantes entre sí unos 90°, y se hará coincidir la imágen lineal de la una con la otra, vista directamente; se hace oscilar el instrumento, y si la estrella directa que aparece como un punto recorre la imágen lineal sin separarse hácia uno ni otro lado, será buena la posicion de la lente; pero si el punto luminoso se separase, habrá que rectificar la posicion de la lente, introduciendo más ó ménos la cabeza de un tornillo sobre que descansa y que está situado en el cuerpo del instrumento.

632. Para determinar el error de índice y al mismo tiempo el que pueda haber por desvío de la lente cilíndrica, se pondrá en contacto la imágen lineal de una estrella con la misma, vista directamente, y la situacion del cero del nonio en el arco nos dará á conocer dicho error y su especie.

633. Observacion de alturas meridianas. La observacion de una de estas alturas deberá empezarse siempre unos veinte minutos antes del paso del astro por el meridiano de á bordo, precaucion que es muy necesaria para no exponerse á perder la observacion si hubiese error en la hora que se cuenta á bordo.

634. Para esto se calculará la *hora de tiempo verdadero* á que debe pasar el astro por el meridiano del observador, y teniendo presente que el reloj de bitácora, que es el que se emplea para los usos de la navegacion, se arregla todos los dias al tiempo verdadero al observar la altura meridiana del Sol, tendremos que aplicarle una correccion á la hora de dicho reloj por la diferencia de longitud que se haya contraido desde su último arreglo, para tener la hora que deben señalar en el momento del paso del astro; pues segun que se haya contraido una diferencia de longitud hácia el E ó hácia el O, pasará el astro antes ó despues de señalar el reloj una hora igual á la calculada del paso, pudiendo suponerse en general que este adelanto ó atraso equivale á 4^m por cada grado de diferencia en longitud.

Si suponemos, por ejemplo, que la marcha del reloj es buena, y que no se ha contraido diferencia de longitud desde el último arreglo, el Sol pasará por el meridiano casi al mismo tiempo de señalar las 12; pero si se hubiese contraido una diferencia de longitud de 3° al O, pasaria el Sol 12^m despues de señalar las 12 el reloj de bitácora.

635. *Observacion de alturas meridianas de Sol.* Con la anticipacion que hemos dicho respecto á la hora que debe señalar el reloj en el momento del paso, y suponiendo que esté el instrumento rectificado, se interpondrán los modificadores necesarios y se colocará el anteojo inverso á una altura del plano del sector de modo que el horizonte, visto directamente, tenga una intensidad de luz casi igual á la imágen reflejada del Sol, y se pondrá en contacto su limbo inferior con el horizonte, haciendo oscilar el instrumento hácia derecha é izquierda para ver si el arco que describe el limbo del astro es tangente al horizonte, con lo cual estaremos seguros que se ha efectuado dicho contacto en el pié del vertical.

Como el Sol vá aumentando de altura, aparecerá elevado sobre el horizonte al poco rato, y entonces se volverá á poner tangente moviendo el tornillo de ajuste; de este modo se continuará hasta que se note que el movimiento ascensional es muy lento, en cuyo caso debe ponerse mucho cuidado en tenerlo siempre en contacto con el horizonte, hasta que por último se le verá sensiblemente parado durante algunos instantes, y se tendrá el momento del paso por el meridiano. En seguida se arreglará el reloj de bitácora haciendo que marque las 12 (*), se leerá la graduacion del instrumento y se tendrá la altura meridiana observada del Sol.

Para estar cierto de la bondad de la observacion que se ha hecho, se esperará un poco más, para ver si el astro en efecto no sube más; y cuando lo empiece á ver descender podrá ya retirarse.

636. Cuando el Sol pasa por el meridiano muy próximo al zenit, es difícil conocer cuál es su verdadero vertical, pues el arco que describe la imágen al oscilar el instrumento, es sensiblemente tangente á una parte considerable del horizonte. Cuando esto suceda, se determinará por medio de la aguja náutica la direccion aproximada del meridiano verdadero, y se procurará mantener al Sol tangente siempre en la direccion de dicho círculo.

637. *Observaciones de alturas meridianas de Luna.* La observacion deberá empezarse unos 20 minutos antes de la hora que debe

(*) Vemos, pues, que el reloj de bitácora se arregla en la mar cada medio dia, segun el tiempo verdadero, mientras que los relojes en tierra y en los buques en puerto se arreglan al tiempo medio. Esta es la causa de la diferencia que encuentran los buques al llegar á puerto entre su hora y la de la poblacion, diferencia que debe ser igual á la ecuacion de tiempo.

señalar el reloj de bitácora correspondiente al paso de la Luna por el meridiano del observador, cálculo que hay que hacer, y el resto de la observacion se hace en un todo igual á lo preceptuado respecto al Sol.

638. A causa del movimiento de declinacion de la Luna, que es muy rápido, puede suceder que la máxima altura se verifique algunos instantes antes ó despues del paso por el meridiano.

Segun esto, lo más conveniente seria tomar la altura en el momento exacto de su paso; pero siendo difícil y expuesto á mayores errores, el determinar esta hora con exactitud y arreglar segun ella el reloj, se emplea el procedimiento general, con tanta más razon, cuanto que los errores que pueden resultar en la latitud no llegan á minuto y medio en latitudes menores de 60° y á 2′ en las menores de 70°.

639. *Observacion de alturas meridianas de estrellas y planetas.* Se calcula la hora del paso del astro por el meridiano de á bordo y la hora que debe señalar el reloj de bitácora, y se empieza á observar 20 minutos antes, siguiendo las mismas reglas que se han dado respecto al Sol, pero empleando la pínula ó el anteojo directo en vez del inverso.

Convendria hacer la observacion con un instrumento de Laurent, por ser los que dan mejores resultados en estos casos.

De cualquier modo, el resultado nunca puede ser muy exacto; pues aun suponiendo que la estrella sea de primera magnitud, que el horizonte esté en buenas circunstancias, que el observador sea muy diestro y que posea un buen instrumento, puede resultar una diferencia de 5 á 6 millas en la latitud, que sin embargo satisface generalmente las necesidades de la práctica de la navegacion.

640. Cuando se observan estrellas circumpolares en su paso por el meridiano inferior, se dirá que se hallan en él cuando aparecen algunos momentos sin aumentar ni disminuir de altura, empezando poco despues á elevarse. Teniendo solamente esta circunstancia en consideracion, se observan las alturas del mismo modo que las de paso superior.

641. Medir la distancia angular que hay entre dos objetos. Como regla general diremos, que se debe dirigir siempre el anteojo ó la pínula hácia el objeto ménos luminoso para verlo directamente, y que despues se hace girar el instrumento alrededor de la visual hasta que el espejo grande esté en la direccion del otro objeto; hecho esto, se adelanta la alidada hasta que la imágen del segundo objeto venga á ponerse en contacto con el primero, en el centro del campo del anteojo; se aprieta entonces el tornillo de presion, y moviendo el de ajuste, se hace el tangenteo con toda precision, haciendo oscilar el instrumento para ver si la imágen reflejada pasa tangente al astro directo; haremos por último la lectura de la graduacion, y tendremos la distancia observada que habrá que corregir de error de índice.

642. Observacion de distancias lunares. La observacion de distancias es sin duda alguna la más difícil de las que se hacen en la mar, especialmente cuando son mayores de 90°, por lo que se requiere que el observador tenga mucha práctica.

Para tomar la distancia de la Luna al Sol, se coloca el anteojo inverso de modo que dos de los hilos sean paralelos al plano del sector; se dirige la visual á la Luna, y sin perderla de vista, se hace girar el instrumento hasta que los dos hilos anteriores sean perpendiculares á una línea que pasa por los cuernos de la Luna, y entonces el centro del Sol se encontrará en la direccion del plano del instrumento. Se adelanta despues la alidada hasta poner en contacto los limbos más próximos del Sol y de la Luna; se hace oscilar el instrumento sin perder de vista á la Luna entre los dos hilos citados, y se hace que el arco que describe el Sol visto por reflexion sea exactamente tangente á la Luna.

Antes de efectuar definitivamente el tangenteo, se habrá graduado convenientemente el tornillo del soporte del anteojo para alejarlo del plano del sector, con lo cual aumentará de claridad la Luna, disminuirá el brillo del Sol, y á favor de los vidrios de color interpuestos entre ambos espejos, se conseguirá que los dos astros tengan igual intensidad, condicion que es necesaria, pues de lo contrario podrian resultar errores de uno á dos minutos en la observacion.

643. Para medir la distancia de la Luna á una estrella ó planeta, se dirige el anteojo hácia este último astro y se pone tangente con él el limbo iluminado de la Luna.

La forma que presenta la parte iluminada de la Luna no permitirá equivocarse respecto al limbo visible, á no ser en las proximidades del plenilunio. En tal caso, se tendrá presente que antes de esta faz el limbo iluminado se dirige hácia el O, que en el instante de la oposicion se ven los dos limbos, y despues de ella el iluminado se dirige hácia el E.

644. Errores que pueden cometerse en las observaciones. Estos pueden depender de tres causas distintas: del instrumento, del observador, ó de la atmósfera.

Los errores que provienen del instrumento puede decirse que están desde luego anulados, siempre que se haya rectificado escrupulosamente y que su construccion sea perfecta.

645. En los errores que dependen del observador hay que considerar el *error de vision*, el *personal* y el *de desvio*.

El *error de vision* es la falta de coincidencia de los dos objetos que el observador cree haber puesto en contacto, ya sea á causa de que dichos objetos tengan una intensidad de luz diferente, ó bien de que el anteojo esté mal enfocado. Estos errores se corrijen fácilmente empleando los modificadores más convenientes, colocando el anteojo á la debida distancia del plano del sector y bien enfocado.

646. *Errores personales.* Entre los más célebres observadores se ha notado que existe cierta divergencia, á veces notable, en el modo de apreciar los fenómenos; suponiéndose con razon que sea producida por una diferencia de sensibilidad orgánica ú otra causa fisiológica peculiar al indivíduo.

Diremos por lo tanto, que el error personal es diferente en cada observador, y consiste en una mala apreciacion de los contactos, teniendo siempre la tendencia que se sobrepongan algo los dos objetos ó que aparezcan sus limbos separados en vez de ser perfectamente tangentes.

Estos errores no se corrijen con la práctica de observar, y si se presentase el raro caso de que le resulte siempre al observador una misma diferencia en todos los ángulos que mide, podrá determinar la correccion que deba aplicarle por error personal á cada observacion. Esta correccion se obtiene comparando los resultados de muchas observaciones con sus respectivos valores calculados con la mayor exactitud.(*)

647. El *error de desvío* proviene de no tomar los contactos en el centro de la retícula del anteojo, con lo cual se mide un ángulo que se separa del plano del verdadero y que es mayor que él.

Si colocado el anteojo paralelo al plano del sector, no se pudiese establecer el contacto en el centro del objetivo, habrá que determinar el valor de este error de la línea de vision, comparando el desvío cometido con el valor angular de la separacion de los dos hilos paralelos de la retícula, que se mide determinando primero el error de índice por un objeto lejano y moviendo despues la alidada, hasta que estando el limbo del objeto directo tangente con un hilo, el reflejo lo esté con el otro, y el arco descrito por la alidada, corregido de error de índice, nos dará el desvío angular de los dos hilos de la retícula.

(*) El valor del error personal es muy difícil de determinar, pues varía con la edad del observador, y hasta con el estado de su salud y ánimo.

El primero que advirtió tan singular fenómeno, fué el célebre astrónomo Maskeline, director que fué del observatorio de Greenwich, que advirtiendo que los valores de ciertas observaciones eran notablemente mayores ó menores, segun que las hacia él ó su ayudante, cometió la ligereza de despedirlo, conceptuándolo como mal observador, sin conocer que habia sido engañado por un fenómeno que luego conoció y que se suele repetir con alguna frecuencia.

Dicho desvío de los hilos puede determinarse tambien, comparándolo con el diámetro aparente del Sol, que como sabemos es de unos 32 minutos; y no habrá más que estimar á qué distancia del centro se ha observado el contacto para deducir el desvío, ó sea la falta de paralelismo de la visual al plano del instrumento.

Con dicho desvío de la línea de vision y el valor del ángulo observado, se entra en la tabla III de Mendoza, y tendremos la correccion siempre sustractiva, que deba aplicársele al ángulo observado.

Esta correccion se aplica raras veces en la práctica, en razon á su poca importancia, y el error que puede resultar es tanto mayor al paso que aumenta el ángulo observado.

648. *Errores producidos por la atmósfera.* Las causas principales que los producen, son la ondulacion y refraccion de la atmósfera y las neblinas que dificultan el distinguir con claridad los limbos de los astros y el horizonte de la mar.

Los diferentes estados de la atmósfera contraen ó dilatan las piezas del instrumento, siendo muy raro que estas variaciones se distribuyan de una manera regular, sobre todo en los instrumentos de madera: todo lo cual nos obliga á examinar y comprobar las rectificaciones, especialmente cuando se pasa de un clima al opuesto, para tener un perfecto conocimiento de las cualidades y defectos del instrumento que se maneja.

649. **Exámen de los instrumentos de reflexion.** Antes de adquirir un instrumento, ó bien al hacer uso de él por primera vez, deberá hacerse un minucioso exámen de todas sus piezas para adquirir un conocimiento perfecto del grado de exactitud que tendrán las observaciones que se hagan con él, ó bien para desecharlo cuando los defectos sean de tal condicion que no puedan corregirse.(*)

A pesar del alto grado de perfeccion que han alcanzado los instrumentos modernos, no darán los resultados de notable exactitud que con ellos se obtienen, cuando los maneja un hábil observador, si antes no los estudia detenidamente para descubrir errores que pasan desapercibidos al principio y que se encuentran en los mejores instrumentos, toda vez que la industria humana no puede llegar hasta la perfeccion absoluta.

650. Los errores de los instrumentos pueden provenir de un des-

---

(*) De la célebre obra titulada *Regimiēto de Nauegaciō* del famoso Maestro *Pedro de Medina* publicada en Sevilla en 1563, extractamos lo siguiente:

"Bien assi es justo que el piloto para entrar en la batalla de la nauegaciō donde no menos "peligros que en las otras batallas suele aver, tenga las armas con que se ha de defender, que "son sus ynstrumentos bien aparejados y ciertos y el cavallo que es el navio tal como de yuso "diré......

"Dos cosas deben tener los ynstrumentos de la nauegaciō; una que sean ciertos y otra que "sean polidos e muy bien hechos: y que el piloto se precie de tenellos tales. Pues el ser ciertos "le es de gran prouecho y ser polidos e mui bien hechos da contento."

arreglo en sus piezas movibles, lo cual se corrije fácilmente por medio de los tornillos adaptados á ellas, ó bien pueden ser inherentes al instrumento mismo. Si los errores, en este último caso, siguen una marcha regular y conocida, pueden obtenerse resultados exactos aplicándoles las correcciones necesarias á todas las observaciones; pero, si dichos errores son bastante sensibles y no obedecen á una ley regular y que pueda conocerse, conviene desde luego desechar el instrumento.

651. Para examinar la bondad de un instrumento se verá ante todo si es sólido, si sus piezas están fuertemente ajustadas con buenos tornillos y si su estructura es tal que no pueda encorvarse fácilmente por golpes ó variaciones de temperatura; despues se pasará á examinar cada una de sus partes de la manera siguiente:(*)

652. *Graduacion del arco y del nonio.* Ante todo se examinará la graduacion con una lente, dirigiendo la vista perpendicular al limbo, y se verá si las rayas de dicha graduacion son finas, rectas, de igual grueso y profundidad, y si están perfectamente equidistantes las unas de las otras: esta última condicion se comprueba fácilmente haciendo coincidir sucesivamente el cero del nonio con cada una de las divisiones del arco, y se verá si la longitud del nonio comprende siempre igual número de divisiones del limbo y tambien si la última division del nonio coincide siempre con otra del arco.

Para examinar el nonio, se verá si cuando coinciden sus extremos con dos divisiones del arco, no coincide ninguna más; y tambien si las divisiones del nonio que siguen á la línea de fé se separan cada vez más de las divisiones correspondientes del arco; es decir, que la segunda division del nonio despues del cero, esté separada de su correspondiente en el arco dos veces más que la primera;

(*) Existe entre algunos marinos la creencia de que los instrumentos llamados de cuerpo doble son los más sólidos y perfectos, siendo precisamente todo lo contrario.

En efecto, los instrumentos de cuerpo fundido en una sola pieza son mucho más resistentes; es mayor la invariabilidad de su plano, por estar formados de una aleacion muy tenaz, que impide el que se doblen con facilidad. Sus dilataciones son menores y más regulares, á causa de la trabazon de sus radios; son en fin más ligeros y presentan menor superficie al viento, con lo cual tiene más estabilidad el observador.

Por el contrario los instrumentos de arco doble están formados de planchas de una aleacion muy dúctil y están expuestos á doblarse con frecuencia, quedando entonces descentrados ó inútiles para observaciones delicadas. Cuando hay que desarmarlos por cualquier causa, se hace difícil el que queden otra vez bien ajustadas y firmes las muchas piezas de que constan; son tambien más pesados y presentan mayor superficie al viento, lo que dificulta á veces hacer una buena observacion.

Entre otras razones que podríamos citar, diremos por último, que solamente algunos fabricantes ingleses, especialmente Troughton, son los que siguen este sistema de construccion, que si fuese el mejor, lo adoptarian sin duda todos los demás. Esto se explica, sin embargo, por la resistencia que presentan los ingleses para introducir ciertas reformas, en prueba de lo cual bastará recordar que no abandonan su escala termométrica de Farhenheit; que miden todavía la escala barométrica en pulgadas y que se niegan á adoptar el sistema métrico decimal, á pesar de ser tan notorias sus ventajas.

la cuarta dos veces más que la segunda y así sucesivamente. Tambien puede comprobarse viendo si las divisiones del nonio situadas á derecha é izquierda de aquella que coincide, se hallan equidistantes de las divisiones correspondientes del arco. Un instrumento que tenga defectuosa la graduacion del arco ó del nonio, debe rechazarse como inútil.

653. *Superficie plana del limbo.* Esta condicion es indispensable en un instrumento, y deberá rechazarse el que carezca de ella. Su verificacion debe hacerse siempre que haya sufrido algun golpe el instrumento, y si es de madera, siempre que varíe considerablemente la temperatura ó la humedad de la atmósfera.

Para esto se dispone el tornillo de presion de modo que no esté muy flojo ni muy apretado, y haciendo recorrer la alidada á todo el arco, se observará si en algun punto hay que hacer más fuerza para que corra, ó si lo hace con más facilidad. Se afloja despues un poco el tornillo de presion y se vé si en cualquier posicion que se coloque la alidada, el canto del nonio se apoya todo él sobre el arco. Si esto no sucede, se observa si son siempre los mismos puntos del nonio los que están en contacto con el arco, en cuyo caso éste será plano, á ménos que su curvatura sea muy uniforme, lo cual no es probable.

Tambien puede comprobarse si la superficie del limbo es perfectamente plana, colocando el espejo grande perpendicular al plano del sector, y viendo si está en dicha posicion, cualquiera que sea la situacion de la alidada.

654. *Centracion de la alidada.* La alidada girará exactamente sobre el centro del sector, cuando la distancia del canto del nonio al arco de la graduacion es siempre la misma, cualquiera que sea la posicion en que se coloque la alidada.

Para determinar la correccion de excentricidad de la alidada, se situarán tres jalones en un terreno plano, equidistantes entre sí y en una circunferencia cuyo radio sea cuando ménos de 200 metros. El observador se colocará en el centro de ella con el instrumento á igual altura que los jalones, y medirá los ángulos formados por las visuales dirigidas á dichos tres jalones: tendremos, pues, que cada ángulo corregido de error de índice, valdrá unos 120 y la suma de los tres, 360 justos. Si esto no sucede, la diferencia á 360° dividida por 3, nos dará la correccion correspondiente á un ángulo de 120°.

Las correcciones correspondientes á ángulos de 90°, 60°, 45°, &c., se hallarán de un modo análogo, situando 4, 6, 8, &c., en vez de tres.

655. *Determinar si la extension de los grados corresponde á la longitud del radio.* Para esto se elijen varios objetos situados alrededor del observador, que estén distantes, bien determinados y situados casi en el mismo nivel. Se mide la distancia angular del primero al segundo, de éste al tercero, y así sucesivamente hasta tomar la del último al primero; se suman todos estos ángulos corregidos de error de índice, y repitiendo varias veces la misma observacion, se tomará el promedio de los resultados obtenidos, y si es igual á 360°, la extension de los grados será exacta; pero si la suma es mayor ó menor, la extension de dichos grados será menor ó mayor que la que les corresponde.

Llamando D á esta diferencia, sustractiva en el primer caso y aditiva en el segundo, se halla la correccion C, que debe aplicársele á una altura A, por la fórmula

$$\frac{360+D}{A}=\frac{D}{C}, \quad \text{de donde} \quad C=\frac{A\times D}{360^\circ+D}.$$

Dándole á A los valores de 1°, 2°, 3°..... se calculará una tabla que nos dará las correcciones del instrumento correspondientes á los distintos ángulos que se miden.

656. Este error es tan semejante al de excentricidad, que se emplean los mismos medios para determinarlo, lo cual hace que no pueda designarse á primera vista la causa que lo produce. Pero la correccion que se determine, aplicada á las observaciones, destruirá el error cualquiera que sea la causa que la produzca.

657. *Paralelismo de las caras de los espejos.* Las caras de los espejos deben ser perfectamente planas y paralelas entre sí, y todo espejo que no tenga esta condicion deberá desecharse.

Para verificar el paralelismo de las caras del espejo grande, que es el más importante, se coloca el instrumento sobre una mesa, dirigiendo el espejo grande hácia el Sol, y mirándolo con un anteojo bien enfocado, de la mayor amplificacion posible y con el vidrio de color ajustado en el ocular, de modo que esté el espejo situado casi en la enfilacion del Sol y del anteojo; es decir, que el ángulo de incidencia sea lo mayor posible; y tendremos que viéndose solamente una imágen del Sol, perfectamente circular y de limbos muy definidos, el espejo será útil, toda vez que las imágenes reflejadas por las caras anterior y posterior se confundan. Pero si se ven dos soles ó uno deformado, ó bien sus limbos confusos, las caras del espejo grande no serán paralelas.

Esta prueba puede hacerse tambien, observando si aparece perfectamente recta la arista de un edificio, un asta de bandera, ú otro objeto terminado en línea recta.

658. Tambien puede determinarse la falta de paralelismo de las caras del espejo grande, midiendo con el sextante un ángulo mayor de 100°, entre dos objetos terrestres fijos, cuidando de colocar antes dicho espejo perpendicular al plano del sector, y de determinar con exactitud el error de índice. Hecho esto, se invierte el espejo, sacándolo de su armadura y colocando hácia arriba el canto que estaba antes hácia abajo; se pone perpendicular al plano del instrumento, se determina de nuevo el error de índice y se vuelve á medir el mismo ángulo que antes y tendremos, que si dichos dos ángulos, corregidos de error de índice, difieren más de lo que corresponde por errores propios de la observacion, las caras del espejo no serán paralelas.

En el caso únicamente de que no pueda sustituirse el espejo por otro perfecto, podrán determinarse las correcciones que deben aplicarse á los ángulos observados del modo siguiente:

Se miden, como antes, ángulos entre objetos terrestres, cuyos valores sean de 10°, 20°, 30°.... etc. y la mitad de la diferencia de los dos valores de un mismo ángulo será la correccion que hay que aplicar; teniendo presente que cuando el segundo ángulo es menor que el primero, la correccion tiene el signo +, suponiendo que se vuelve á colocar el espejo en su primitiva posicion.

Determinadas que sean estas correcciones se formará una tabla con ellas y se hallarán por promedio las correspondientes á los demás ángulos.

659. Respecto al paralelismo de la caras del espejo pequeño, diremos que la influencia del ángulo medido es siempre la misma, en razon á la posicion fija de este espejo respecto á la visual y al rayo de luz que recibe del espejo grande, y que en la correccion de error de índice que se determine está comprendida la correspondiente por falta de paralelismo de las caras de dicho espejo. Por lo tanto, la falta de paralelismo de las caras del espejo pequeño no produce mucho error en los ángulos observados, con tal que los contactos se tomen en el mismo punto de su superficie que cuando se determinó el error de índice.

Por el contrario, la posicion variable del espejo grande hace que la falta de paralelismo de sus caras produzca errores, que aumentan al paso que es mayor el ángulo observado.

660. *Paralelismo de las caras de los modificadores.* Las caras opuestas de cada modificador deben ser planas y perfectamente paralelas, pues de lo contrario cada vidrio produciria un error diferente y constante, cualquiera que fuese el valor del ángulo observado, en razon á que no varían nunca de posicion.

Cuando se determina el error de índice por medio de los diámetros del Sol ó de la Luna llena, vá comprendida en dicha correccion la correspondiente á la falta de paralelismo de los modificadores que se han empleado, circunstancia que debe tenerse muy presente.

661. De lo dicho resulta, que el medio más práctico y seguro de determinar los errores que pueden producir los modificadores, consiste en hallar primero el error de índice sin interponer modificador alguno, y haciendo despues con ellos todas las combinaciones posibles, se hallarán los errores de índice correspondientes á ellas, tomando siempre el promedio de varias observaciones de una misma especie, y resultarán afectados del error de paralelismo.

Para examinar los vidrios de color claro puede observarse la Luna en el plenilunio, ó bien hacer uso del modificador del ocular del anteojo, que no produce error, aunque sus caras no sean paralelas, puesto que los rayos de luz de las imágenes directa y refleja sufren igual desvío al atravesarlo.

662. Hallados los errores de índice correspondientes á cada modificador y á las distintas combinaciones que puedan hacerse con ellos, se formará una tabla para aplicarle á cada ángulo observado la correccion respectiva.

663. **Imágenes falsas.** Con este nombre se designan una ó más imágenes de Sol que aparecen en el espejo pequeño al mismo tiempo que la imágen reflejada de dicho astro, si bien mucho más pálidas, pero que molestan bastante para hacer la observacion.

Este defecto puede ser el resultado de que los modificadores interpuestos entre los espejos, no sean paralelos entre sí, lo cual se conoce apretando sus armaduras con dos dedos de la mano izquierda sin dejar de mirar al astro, y viendo si las imágenes se mueven. En este caso se apretará el tornillo sobre que giran los modificadores ó se arreglarán convenientemente los cojinetitos de metal que hay entre ellos hasta que se mantengan paralelos.

Los vidrios de color defectuosos producen igual defecto, y lo que procede es sustituirlos por otros que sean perfectos. Las imágenes falsas pueden tambien resultar de una mala situacion del espejo pequeño, que se corrige haciéndolo girar en sentido horizontal hasta que se anule ó sea muy poco el error de índice; es decir, que ambos espejos estén paralelos cuando la alidada está en cero.

664. **Resúmen de las rectificaciones y exámen de los instrumentos.** De lo que dejamos dicho resulta, que antes de hacer uso de un instrumento deberá examinarse y rectificarse escrupulosamente por el órden que sigue:

1.° Se examinará la graduacion del arco y del nonio, y si es plana la superficie del limbo.

2.° Se colocarán los espejos perpendiculares al plano del sector.

3.° Se dispondrá el eje óptico del anteojo paralelo al plano del instrumento y á la altura conveniente.

4.° Se determinará el error de índice sin interponer primero modificador alguno, y haciendo despues con ellos las combinaciones posibles, con lo cual se conocerá la bondad de dichos modificadores.

5.° Se examinará si la alidada está bien centrada, y si la extension de los grados del arco corresponde á la longitud del radio.

6.° Se examinará si las caras de los espejos son paralelas.

7.° Se harán desaparecer las imágenes falsas cuando resulten.

665. Admitido que sea un instrumento como perfecto en todas sus partes, no habrá más que examinar de cuando en cuando la perpendicularidad de los espejos y el paralelismo del anteojo; y con la mayor frecuencia posible se determinará el error de índice.

CAPÍTULO XVIII.

HORIZONTE ARTIFICIAL.

666. Aplicacion é importancia de este instrumento. Cuando se trata de observar en tierra la altura de un astro, no siempre es posible tomarla sobre el horizonte de la mar; pero, aun cuando pueda efectuarse, es preferible para mayor exactitud hacer dicha observacion empleando un instrumento llamado horizonte artificial, que consiste en una superficie plana y horizontal donde se refleja la imágen del astro, cuya altura se trata de medir.

667. El ángulo que se mide en el horizonte artificial es la distancia del astro á su imágen ó sea *el duplo de la altura de dicho astro sobre el horizonte aparente.*

Vemos desde luego que empleando este instrumento se suprime la correccion de depresion, y se evitan los errores que pudiera producir la refraccion terrestre, con lo cual desaparece la causa principal de inexactitud que existiria en la altura, si se hubiese tomado sobre el horizonte de la mar.

Tenemos tambien, que cuando se observa una altura en el horizonte artificial, el movimiento ascendente ó descendente del astro es el doble del que tendria si se observase en el horizonte de la mar;

por lo tanto, haciendo la observacion en buenas circunstancias, ó sea cuando es más rápido el movimiento del astro, se podrá apreciar el instante en que se hace una observacion, contando la hora cuando ménos de medio en medio segundo.

Por último, al tomar la mitad del ángulo observado, se dividen por dos los errores que puedan haberse cometido en la observacion, todo lo cual nos demuestra que debe preferirse el horizonte artificial al de la mar.

Dos clases diferentes de instrumentos de esta especie son los que se usan en la marina.

1.ª *Los horizontes de fluido.*

2.ª *Los horizontes de cristal ó de piedra.*

668. **Los horizontes de fluido** están fundados en el principio físico, de que toda superficie de corta extension de un líquido que se halla en perfecto reposo, es una superficie plana y paralela al horizonte aparente.

El líquido que se usa generalmente es el mercurio, aunque tambien se emplea el aceite de olivo, especialmente en los climas calurosos y en las observaciones de Sol.

El aceite tiene la ventaja aparente de no repetir como el mercurio las vibraciones del terreno; sin embargo, en las observaciones de Luna y estrellas es mucho más cómodo el mercurio, por estar dotado de mayor poder reflexivo.

Lo más acertado es preferir el mercurio y desechar todas las demás combinaciones que suelen hacerse y que no dan buenos resultados.

669. El horizonte artificial se compone de una cápsula ó platillo circular, de hierro ó laton pintado de negro B (Fig. 75), donde se vierte el líquido que se emplea.(*)

El mejor receptáculo para el mercurio es un frasco de hierro C, que se cierra primeramente con una tapa á rosca D, despues con un embudo C, que puede atornillarse al frasco por cualquiera de sus dos bocas, y por último, por una tapa E, que se atornilla en la boca menor del embudo.

(*) En una Memoria presentada por Mr. Le-Verrier á la Academia de Ciencias de Paris en Enero del 69, se propone un procedimiento tan ingenioso como eficaz y que puede aplicarse á todos los horizontes, para disminuir todo lo posible las oscilaciones del mercurio.

Consiste en colocar un doble fondo de madera en la cápsula, en el cual se practican ranuras de 3 milímetros de profundidad, distantes entre sí otros 3 milímetros, procurando que conserve la madera todas las asperezas que le produce la sierra. De este modo se consigue que tengan una gran inmovilidad las capas inferiores del líquido y que el nivel de la superficie pueda resistir las trepidaciones del terreno, lo cual es de suma importancia.

Para echar el mercurio en la cápsula, se quitan las tapas D y E, y atornillando el embudo por su boca mayor, como indica la figura C, se vá vertiendo el mercurio que pasa á través de una tela metálica muy espesa que hay en el referido embudo, y en la cual se quedan detenidas las escorias del mercurio que podrian muy bien empañar su superficie.

Concluida la observacion, se atornilla el embudo con la boca más ancha hácia arriba y podrá echarse el mercurio en el frasco sin que haya derrame, y quedarán detenidos en la tela metálica el polvo y otros cuerpos extraños que pueda haberle caido.

670. Para preservar la superficie del líquido de las ondulaciones que pudiera producirle el movimiento del aire, se cubre la cápsula con una armazon llamada *cubichete* A (Fig. 75), formado por dos planos que se encuentran en ángulo recto, en cada uno de los cuales hay una abertura rectangular donde vá ajustado un cristal de caras perfectamente paralelas.(*)

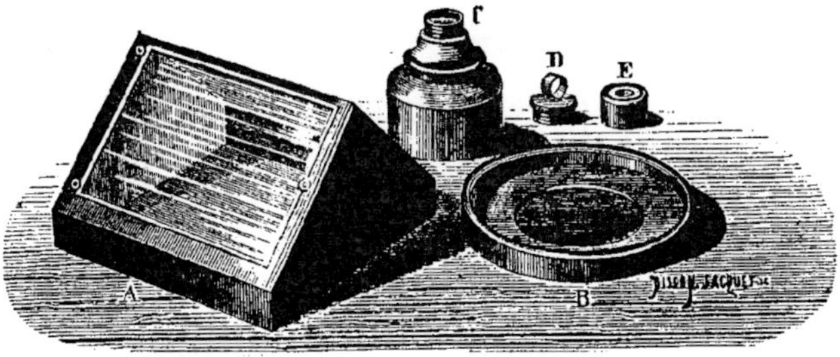

(Fig. 75)

En vez de cristales colocan algunos láminas delgadas de talco; otros apelan á un medio mucho más sencillo y forman el horizonte echando aceite en un plato y cubriéndolo con un pedazo de gasa ú otra tela trasparante.

Entiéndase que al hacer estas indicaciones, sólo las recomendamos para el caso en que se carezca del horizonte primeramente descrito, que es el que debe preferirse.

671 **Los horizontes de cristal** se componen de un pedazo grueso de esta materia (Fig. 76) de forma circular ó cuadrangular, cuya cara su-

(*) El modelo de horizonte que acabamos de describir, es el adoptado por nuestro fabricante Torres, y sin duda alguna el más perfecto. Hay muchos constructores, especialmente los ingleses, que hacen la cápsula de forma rectangular, donde ajusta perfectamente el cubichete, y resulta el gran inconveniente que instalado el horizonte en el vertical del astro, deja de estarlo al poco rato y hay que hacer girar el *cubichete juntamente con la cápsula*, y se tendrá que esperar bastante hasta que vuelva otra vez á estar el mercurio en reposo; lo cual no sucede en el otro, pues la cápsula es circular y el cubichete bastante grande para que se le pueda colocar en cualquiera direccion sin tener que mover el mercurio.

perior debe ser perfectamente plana y pulida, y la inferior deslustrada y pintada de negro, á fin de que la reflexion sólo se efectúe sobre la cara superior, evitándose de este modo el error que pudiese resultar de la falta de paralelismo de las caras del cristal.

El cristal está montado en una armadura de laton pavonado con tres tornillos *b*, que le sirven de pié, con los cuales y un nivel de aire se coloca en posicion horizontal.

En vez del cristal se usa tambien una piedra oscura y limpia, perfectamente plana y pulida.

(Fig. 76)

672. Para hacer uso de este horizonte, se colocará sobre un cuerpo que no tenga movimiento y en la direccion de la vertical del astro que se trata de observar: si dicho astro fuese el Sol, se dejará un rato expuesto á él á fin de que la temperatura del instrumento se iguale con la del aire. Hecho esto, se colocará el nivel sobre el horizonte en la direccion *cd*, de dos de los piés del instrumento, y se moverán convenientemente los tornillos de estos dos piés, hasta que la burbuja de aire se coloque en el centro del nivel, con lo cual se habrá determinado una línea horizontal: en seguida se coloca el nivel en la direccion *ef*, esto es, en la perpendicular bajada desde el tercer pié á la posicion primitiva, y moviendo solamente el tornillo de este último pié, se obtendrá la colocacion horizontal. Se repite de nuevo la operacion para rectificar, y es evidente que si la superficie del cristal es exactamente plana, estará horizontal. Para facilitar esta operacion convendria tener dos niveles y colocarlos sobre el horizonte formando ángulo recto, y de este modo se haria con más brevedad la instalacion.

673. Esta clase de horizonte es susceptible á errores, pues además que es muy difícil apreciar la exacta posicion horizontal, aun cuando esto se consiga, hay el inconveniente que al estar cierto tiempo expuesto á los rayos solares, se dilatan las piezas que lo componen de una manera desigual, de donde resulta, que si al principio de una série de observaciones el instrumento estaba horizontal, quizá al concluir distaria mucho de estarlo. Inconveniente que no tienen los de fluido y que los hace preferibles, pues si bien algunos los califican de defectuosos por las ondulaciones que se notan en el líquido al menor movimiento, léjos de ser esto un defecto, es una condicion que lo recomienda aun más, toda vez que al estar en perfecto reposo presenta un plano horizontal, imposible de obtener con más precision por otro procedimiento.

674. Modo de tomar las alturas. Colóquese el horizonte de modo que esté en la direccion del vertical del astro, lo cual se consigue cuando el cubichete no arroja sombra hácia los lados; y estando la superficie del líquido en perfecto reposo, se irá retirando el observador poco á poco hasta ver la imágen del astro reflejada en el fluido; si la imágen es la del Sol, se le anteponen al espejo pequeño del sextante los modificadores necesarios, ó bien se le coloca al anteojo el modificador del ocular. Hecho esto, se coloca el sextante en una posicion sensiblemente vertical, y mirando directamente hácia la imágen reflejada en el horizonte, se irá adelantando la alidada, hasta tanto que la imágen reflejada por los espejos coincida exactamente con la reflejada en el fluido, y en tal caso, el ángulo medido será el duplo de la altura del astro sobre el horizonte sensible.

675. Demostracion. Sea S un astro, A y B sus limbos; O el ojo del observador; H R la interseccion del plano del horizonte artificial prolongado, con el vertical del astro: S′ la imágen del mismo astro reflejada en el horizonte, y A′ y B′ sus limbos.

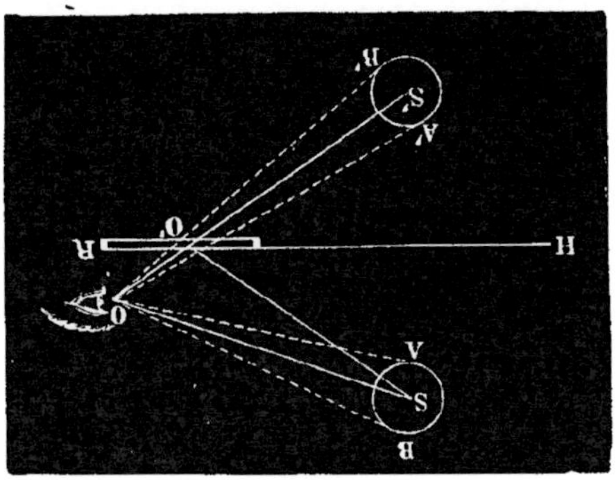

(Fig. 77)

Tírese la O S′ del ojo del observador al centro de la imágen, que corte á la H R en O′, y uniendo O S y O′S, vemos que los ángulos S O′H y O O′R son iguales, por complementarios de los ángulos de incidencia y reflexion que como sabemos son iguales. Por lo tanto, tenemos que S O′H = S′O′H por ser este último igual al O O′R por opuestos por el vértice; luego el ángulo S O′S′ es doble de la altura S O′H del centro sobre el horizonte. Pero S O′S′ = S O S′ — O S O′, y como el ángulo paraláctico O S O′ es insensible, atendiendo á la pequeñez de O O′ comparada con las grandes distancias O S y O′S, el ángulo S O′S′ será tambien el doble de la altura tomada, que es lo que se trataba de demostrar.

676. Cuando el astro tiene un diámetro sensible, para observar la distancia de los centros habria que ajustar el disco A B sobre el A′B′ de modo que se confundieran perfectamente; pero como es muy difícil el apreciar si dicha coincidencia es exacta, lo mejor es observar la distancia A O A′ de los limbos más próximos, ó la B O B′ de los más distantes; en el primer caso se habrá obtenido la altura del limbo inferior y á la mitad del ángulo observado se le sumará el semi-diámetro que dá el Almanaque Náutico, y en el segundo caso se le restará por ser la altura del limbo superior.

677. Hay que tener muy presente, que cuando se usa el anteojo inverso aparecen invertidas las imágenes, y por lo tanto, el limbo que mirado sin anteojo en el horizonte, es el superior, visto con el anteojo aparece el inferior y vice versa.

678. Correcciones que se aplican á las alturas tomadas sobre el horizonte artificial. Las alturas tomadas sobre el horizonte artificial no se corrigen de depresion; las demás correcciones se aplican del mismo modo que á las alturas observadas sobre el horizonte de la mar. Sólo sí, se tendrá muy presente que hay que tomarle la mitad al ángulo observado, despues de corregido por error del instrumento, si lo tiene, y notar bien los limbos que se han puesto en contacto, para aplicarle el semi-diámetro convenientemente.

679. Modo de observar colocando el instrumento sobre su pié. Los buenos sextantes y quintantes van acompañados de un pié, sobre el cual se colocan para observar con horizonte artificial, y de este modo se obtiene el resultado más exacto, pues la absoluta inmovilidad que tiene el instrumento no se consigue observando con él en la mano.

Para esto se introduce por la manija del instrumento el tornillo D (Fig. 78), y quedará instalado en el pié, sirviéndole de contrapeso las masas E, para que quede inmóvil en cualquiera posicion en que se coloque.

El instrumento puede tener tambien un movimiento de rotacion, haciendo girar el tornillo D, y cuando se le quiere fijar en una posicion, se aprieta el tornillo H que sirve de mordaza.

Tambien se le puede imprimir un movimiento de traslacion alrededor de la columna A, y cuando se quiere fijar se aprieta un tornillo que hay en la parte superior de la misma.

Por último, puede dársele tambien mayor ó menor inclinacion respecto á la horizontal, fijándolo despues en la posicion conveniente por medio de dos tornillos opuestos G.

680. Para observar con el instrumento colocado sobre su pié, se situará el horizonte en un paraje sólido, tal como un poste de ladrillos ó una piedra, y á la distancia conveniente se coloca el instrumento sobre un banquillo fuerte que tenga la altura conveniente para que el observador sentado en otro banquillo, completamente aislado del anterior, pueda tomar la altura con toda comodidad.

Hecho esto, dispondrá el instrumento sobre su pié en la posicion conveniente para ver la imágen del astro en el centro del horizonte, y sin perderlo de vista en dicho paraje, teniendo cuidado de colocar uno de los piés en el sentido del vertical del astro, y los otros dos en una línea perpendicular á él, moverá los tornillos de los piés B, hasta que se coloque en el centro la burbuja de aire del nivel F; seguidamente tomará la altura, pondrá el instrumento ho-

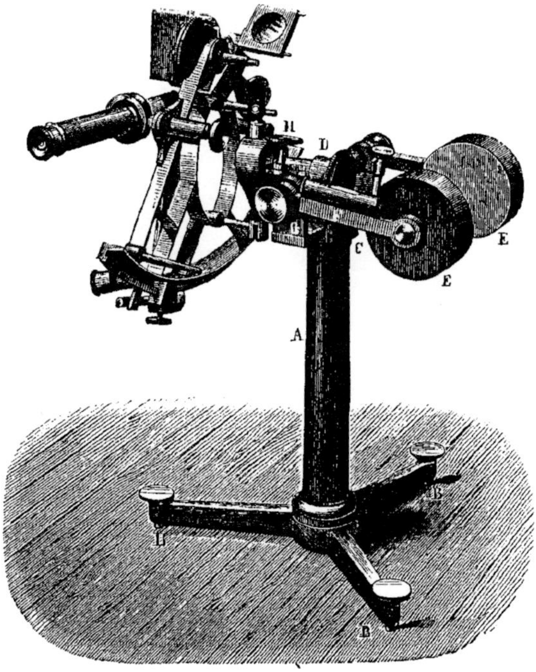

(Fig. 78)

rizontal para hacer dicha lectura, echando hácia abajo las masas E y poniéndolo despues de modo que la burbuja de aire vuelva á estar como antes en el centro del nivel, tendrá la seguridad de ver al astro inmediatamente en el centro del horizonte al dirigir la visual por el anteojo, lo cual es de gran importancia para tomar una série de alturas con rapidez.

681. Advertencias importantes. Para atenuar lo posible los errores que puede producir la falta de paralelismo de las caras de los cristales del cubichete, se puede cambiar la posicion de éste al tomar cada altura, de modo que varien de lugar los cristales respecto al astro, y tendremos, que obrando las causas en sentido contrario, se destruirán los efectos, y el promedio de las observaciones resultará exento de error.

682. Cuando la altura del astro excede de 60°, el valor del ángulo que se trata de medir será mayor de 120°, y por lo tanto no podrá tomarse con el sextante, por no alcanzar su graduacion.

Cuando la altura es muy pequeña, tiene que colocarse el observador á mucha distancia del horizonte para ver en él al astro, y se hace muy difícil el ver dicha imágen reflejada, tanto, que si la altura es menor de 12° la observacion es generalmente impracticable.

683. En los horizontes de fluido se debe evitar el hacer las observaciones cerca de las paredes de la cápsula, á causa de la curvatura que toma allí la superficie del líquido por efecto de la accion molecular conocida por el nombre de capilaridad.

684. Cuando la superficie del mercurio está cubierta por una película formada por las escorias del metal, hay que hacerla desaparecer, para lo cual se vierte el mercurio en el centro de un pedazo de piel de gamuza, y en su defecto de franela ó bayeta, y cogiéndolo por los cuatro extremos con la mano izquierda, y oprimiendo con la derecha la especie de saquito dentro del cual está contenido el mercurio, irá pasando éste á través de los poros de la piel ó de los hilos de la tela, é irá cayendo en un vaso de cristal que se colocará al efecto. Se repite varias veces esta operacion, sacudiendo antes el paño ó piel y quedará el mercurio perfectamente limpio.

Por último, hay que evitar que no caiga el mercurio sobre el instrumento, pues teniendo éste el arco graduado de plata, podria destruirse, ó cuando ménos mancharse con el contacto del referido mercurio.

CAPÍTULO XIX.

DE LOS CRONÓMETROS.

DESCRIPCION GENERAL DE LA MÁQUINA.—MODO DE INSTALARLOS Á BORDO Y ADVERTENCIAS IMPORTANTES ACERCA DE SU MANEJO.

685. Los cronómetros son unos relojes de gran precision, que indican la hora que se cuenta en el primer meridiano, la cual comparada con la del observador, dá á conocer la longitud.(*)

La gran importancia que tiene este instrumento en la navegacion, exige que tengamos una idea general de su mecanismo, tanto para la mejor inteligencia de lo que en adelante se explique, como tambien para que se comprendan las muchas precauciones con que hay que manejarlo.

686. Partes principales de que se compone un cronómetro. Los que se usan generalmente en nuestros buques, son los construidos por los artistas ingleses, pues dan sin duda alguna los mejores resultados, al par que tienen mayor solidez.

Todo cronómetro puede considerarse dividido en cuatro partes principales, que son: *el motor*, *el rodage*, *el regulador* y *el escape*.

687. Del motor. Las piezas principales de que consta, son: *el muelle real*, que es una hoja de acero larga y delgada B, templada de

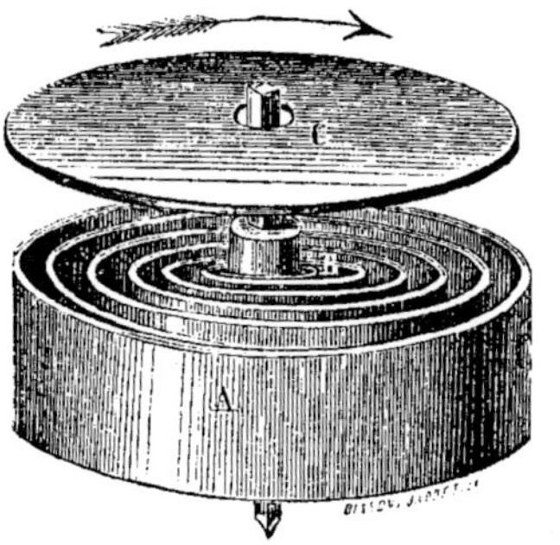

(Fig. 79)

(*) El empleo de los cronómetros propuesto por *Frisius* en 1550 y por Huyghens á mediados del siglo XVII, no tuvo lugar hasta fines del siglo XVIII, época en que Harrison obtuvo en Inglaterra el premio de 20.000 libras esterlinas concedido por el Parlamento en favor del que encontrase el medio de determinar la longitud en la mar con una aproximacion de 30 millas. Berthoud construyó en Francia los primeros cronómetros poco despues de Harrison, y el uso de ellos puede decirse que se generalizó á principios del siglo actual.

modo que se mantenga siempre enroscada en forma de espiral, y que se coloca dentro de una caja cilíndrica de laton A, llamada el *tambor*, por cuyo centro pasa un eje C, al cual se sujeta uno de los extremos del muelle, asegurándose el otro extremo en la pared lateral del referido tambor.

Ahora bien, haciendo girar el eje C, en la direccion de la flecha, se arrollará el muelle alrededor de él; y al dejarlo en libertad despues, le imprimirá un movimiento de rotacion en sentido contrario á aquel en que se le hizo girar antes. Pero, el muelle vá perdiendo progresivamente su fuerza y velocidad, á medida que se deslia; y

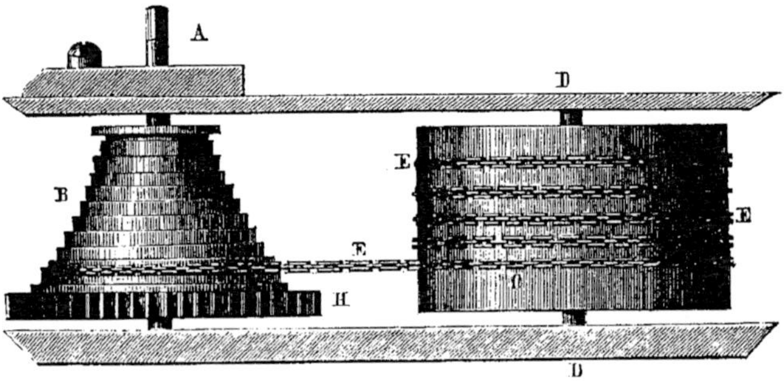

(Fig. 80)

como esta fuerza es la que produce el movimiento, tenemos, que siendo dicha fuerza irregular, tambien lo será el movimiento. Este inconveniente se evita haciendo que la fuerza motriz del muelle actúe sobre el rodaje, sirviéndole de intermediaria otra pieza llamada *el caracol*, que lleva la primera rueda dentada y es movida por el muelle.

En efecto, en la superficie del tambor C, está fijo el extremo de una cadena E, que despues de dar cierto número de vueltas alrededor de él, está afianzada por su otro extremo en la base de una pieza cónica B, llamada el *caracol*, que tiene en su superficie una ranura helizoidal en la cual encaja la cadena.

Si queremos dar cuerda, ó sea montar el muelle, introduciremos la llave en el extremo cuadrado del eje A del caracol, y haciendo girar dicho eje, la cadena E se liará en el caracol, girará el tambor C, y se enroscará el muelle en el eje D. Esto supuesto, al desliarse el muelle hará girar al tambor, y por lo tanto al caracol, arrollándose otra vez la cadena en el tambor.

Resulta, pues, que la cadena vá actuando en el extremo de un brazo de palanca cada vez mayor, al paso que se desarrolla el muelle, con lo que es casi uniforme la fuerza que ejerce sobre el caracol, produciendo un movimiento de rotacion casi regular en la primera rueda dentada H.

Segun veremos más adelante, la uniformidad del movimiento de un cronómetro depende del regulador y del escape, y no es necesario que la trasmision de la fuerza del muelle sea de una regularidad absoluta.

688. Muelle auxiliar. Siendo indispensable que la marcha del cronómetro se efectúe sin interrupcion alguna, es preciso que la operacion de dar cuerda no impida á las ruedas continuar su movimiento. Con este objeto se emplea un motor situado en la base del caracol, llamado muelle auxiliar, por medio del cual se conserva en movimiento la rueda H, mientras se dá cuerda solamente.

689. Del rodaje. Este es un sistema de ruedas dentadas y piñones movido por la accion del motor. La rueda de la base del caracol engrana con el piñon de la segunda rueda, ésta con el piñon de la tercera y así sucesivamente, aumentando la velocidad del movimiento de dichas ruedas al paso que se alejan del motor, y perdiendo al mismo tiempo de fuerza lo que ganan en velocidad.

En ciertos ejes del rodaje están colocadas las agujas que marcan las horas, los minutos y los segundos.

690. Del regulador. Este se compone de dos piezas principales, que son el *volante* y el *espiral.*

Para la mejor inteligencia describiremos primero el de los relojes ordinarios, en los cuales el volante es una rueda achatada *m* (Fig. 81) de un metal muy denso, tal como el platino, que gira sobre un eje al cual está unido por medio de tres radios. El volante vá acompañado de un muelle *b*, llamado el espiral, que sirve para darle al volante un movimiento oscilatorio, para lo cual uno de sus extremos vá fijo en el centro del volante y el otro extremo en una platina *a*. Esto supuesto, si separamos el volante de su posicion de equilibrio haciéndolo girar, dará cierto número de oscilaciones semejantes á las que efectúa el péndulo cuando se le desvía de su posicion vertical. Dichas oscilaciones deben ser isócronas y de una duracion determinada, dependiendo de aquí la regularidad del movimiento de la máquina. La duracion de las oscilaciones se arregla dándole al espiral una longitud suficiente y en los relojes ordinarios se obtiene dicha duracion por medio del registro *d*, pero en los cronómetros el constructor es el que arregla la longitud del espiral.

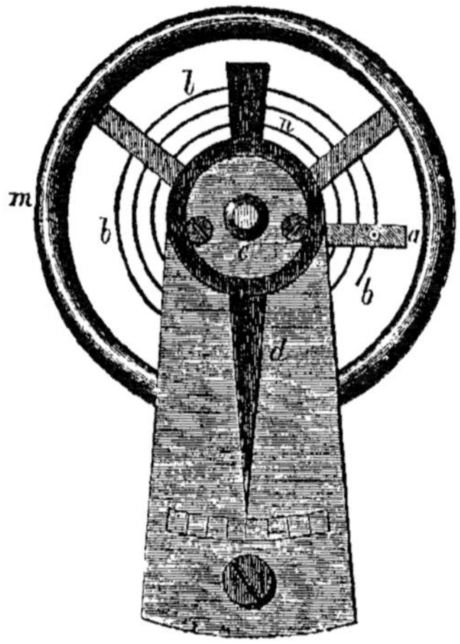

(Fig. 81)

691. Del volante de compensacion. Siendo así que el calor aumenta las dimensiones del volante y dilata el espiral, lo cual disminuye la velocidad de las oscilaciones y retarda por lo tanto el movimiento, y que el frio produce un efecto contrario, se hace preciso combatir estos efectos construyendo el volante de dos metales de diferente grado de dilatacion, para que la accion de la temperatura establezca cierta compensacion.

El volante de compensacion se compone de dos brazos *a b* y *a' b'* (Fig. 82), ó sean dos radios, de cuyas extremidades salen dos hojas encorvadas *bd* y *b' d'* en forma semi-circular. Estas hojas están formadas de dos metales de distinto grado de dilatacion, tales como el acero y el laton, colocándose este último en la parte exterior por ser el que más se dilata. Sobre dichas hojas corren á ajuste las piezas *m m'*, llamadas las masas compensadoras.

Esto supuesto, al dilatar el calor desigualmente estas hojas, las encorva más y aproxima las masas *m* y *m'* al centro *c*, y se acerca á este punto el centro de oscilacion que la dilatacion de los radios *ab* y *a' b'* habia separado.

692. La compensacion depende, pues, de la longitud de las hojas y de la colocacion de las masas compensadoras. Cuando la compensacion es muy enérgica, se corren las masas hácia los radios, y si fuera débil hácia los extremos.

Los tornillos hh' situados en los extremos de los radios, sirven para arreglar la velocidad del movimiento, haciéndolos entrar más ó ménos; esto es, acercándolos ó alejándolos del centro de oscilacion.

La posicion exacta de las masas compensadoras y la de los tornillos h y h', la obtiene el constructor únicamente por tanteo, y ateniéndose á repetidas y exactas observaciones.

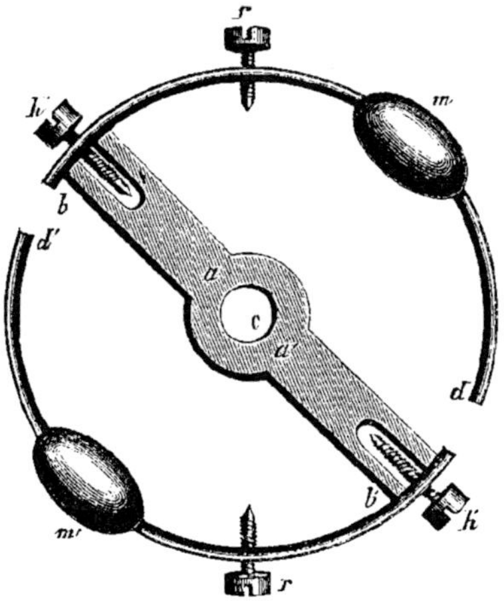

(Fig. 82)

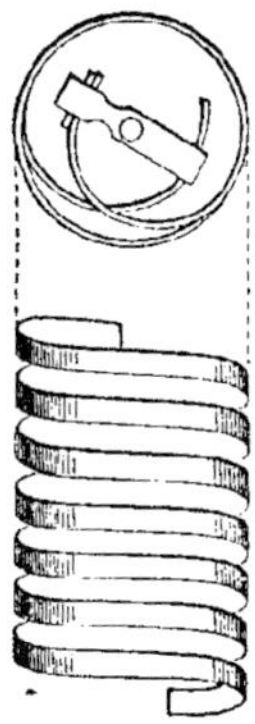

(Fig. 83)

En algunos volantes se sustituyen las masas con varios tornillos, como los $r'r$, que se colocan convenientemente en varios agujeros que llevan las hojas.

Reasumiendo diremos, que en el volante hay que obtener el isocronismo, ó sea la igualdad del movimiento, graduando al efecto las masas mm'; y arreglar la velocidad de las oscilaciones por medio de los tornillos hh', que producen el mismo efecto que el registro en los relojes ordinarios para que estos adelanten ó atrasen.

693. El espiral de los cronómetros tiene la forma cilíndrica que manifiesta la (Fig. 83), con el objeto de que no puedan tocarse las espiras al tiempo de oscilar.

694. Los extremos de los ejes de las piezas principales, especialmente los del volante, entran y se apoyan en unas cavidades, en las que se engastan piedras duras bien pulidas, tales como ágata, rubíes ó diamantes, que se deben mantener siempre humedecidas con aceite para disminuir el rozamiento.

695. Escape libre de Arnold. El escape sirve para poner en comunicacion el rodaje con el regulador, de modo que el volante esté lo más libre posible de la accion del motor, pues de lo contrario variaria la duracion de las oscilaciones.

El escape libre de Arnold, que es el que emplean los constructores ingleses, se compone de la rueda AA, llamada de escape, y que es la última del rodaje, puesta por lo tanto en movimiento por la accion del muelle en la direccion de la flecha *f;* E*g* es un muelle de acero muy flexible y elástico, llamado el *muelle de escape*, que vá fijo á una platina por su extremo E; lleva engastada en su media-

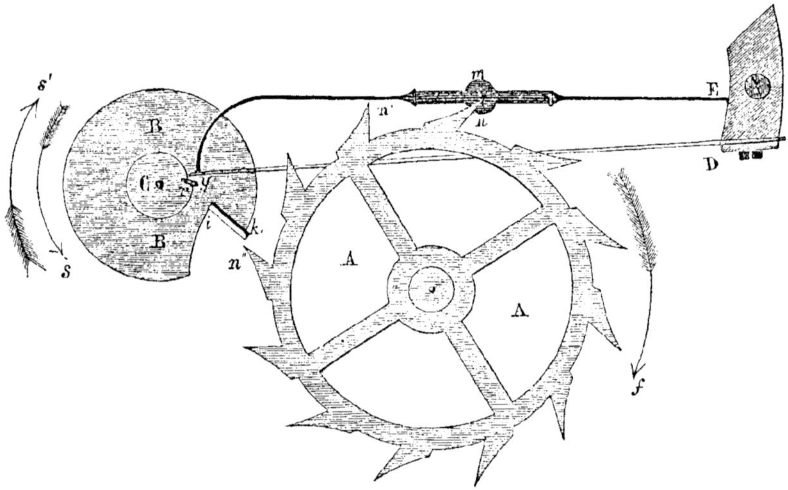

(Fig. 84)

nía una piedra prismática *m*, y el extremo *g* que está encorvado se apoya en otro muelle D*g*, que regularmente es de oro, sumamente flexible, llamado el *pequeño muelle de escape,* fijo tambien á la platina por su extremo D.

En el eje del volante van colocadas á poca distancia una de otra dos piezas circulares C y BB, que se llaman *círculos de escape;* el círculo mayor BB, tiene una escotadura y en ella una piedra *ik*, sobre la cual obran los dientes de la rueda de escape; el círculo menor C, lleva tambien una piedra *r* que obra sobre el extremo *g* del pequeño muelle de escape.

De esta combinacion resulta, como vamos á demostrar, que el movimiento de la rueda de escape, que por efecto de la accion del motor deberia ser contínuo é irregular, se convierte en un movimiento uniforme é intermitente.

696. En efecto, si suponemos que se le ha dado cuerda al cronómetro, obrará sobre el rodaje la potencia del muelle, y sin embargo permanecerá parado toda vez que el diente *n* de la rueda de escape, se halla detenido por el rubí *m* del gran muelle de escape E*g*; si se hace ahora oscilar el volante en la direccion S′, el rubí *r* que lleva el círculo C, arrastra tras sí por un momento el extremo *g* del pequeño muelle de escape, que vuelve á caer en su sitio tan luego como pasa el rubí *r* continuando su oscilacion, y permanece aún parada la rueda de escape; pero el volante, solicitado por el espiral, vuelve hácia atrás girando en la direccion de la flecha S, en cuyo caso el citado rubí *r*, se apoya y empuja el extremo *g* del muelle D*g*; dicho empuje se lo trasmite al muelle E*g* que lleva la piedra *m* en que estaba detenido el diente *n* de la rueda; ambos muelles se doblan, y encontrándose libre la rueda de escape, gira en la direccion *f*; pero el muelle E*g* recobra en seguida su posicion de equilibrio y detiene otra vez á la rueda de escape al chocar el diente *n′* en la piedra *m*. Al mismo tiempo que escapa el diente *n* y se pone la rueda en movimiento, el diente *n″* choca en la piedra *ik* del círculo mayor B, con cuyo choque restituye al volante la fuerza que ha perdido por la resistencia y roce del espiral.

Iguales efectos se producen respecto á los demás dientes de la rueda, resultando de aquí que el volante con su oscilacion y por medio de los muelles, detiene y deja girar alternativamente á la rueda de escape, que como sabemos es la última del rodaje; luego, siempre que el regulador satisfaga las condiciones que dejamos indicadas (art. 692) la marcha del cronómetro será uniforme.

697. Resúmen. De lo expuesto resulta, que al dar cuerda al cronómetro, gira el caracol, se arrolla la cadena en él, desliándose del tambor, y queda montado el muelle. Al desarrollarse éste despues, pone en movimiento al caracol, y como éste lleva en su base la primera rueda, se pone en movimiento el rodaje; y para que el movimiento de éste sea uniforme, la rueda de escape está puesta en comunicacion con los muelles del mismo nombre, y estos son movidos alternativamente por el regulador, el cual en virtud del isocronismo de sus oscilaciones y de su velocidad siempre constante, hace que el cronómetro nos dé la medida más exacta del tiempo.

698. De las cajas del cronómetro. Para evitar que los movimientos violentos alteren la uniformidad de la marcha del cronómetro, se coloca la máquina dentro de una caja cilíndrica de laton, suspendida por el sistema de *cardano,* dentro de otra caja de madera de forma rectangular, que lleva en uno de sus ángulos un pasador llamado el seguro *a,* que penetra por el arco de suspension en una cavidad que hay en la caja de laton y de este modo deja de oscilar el cronómetro cuando se le traslada de una parte á otra.

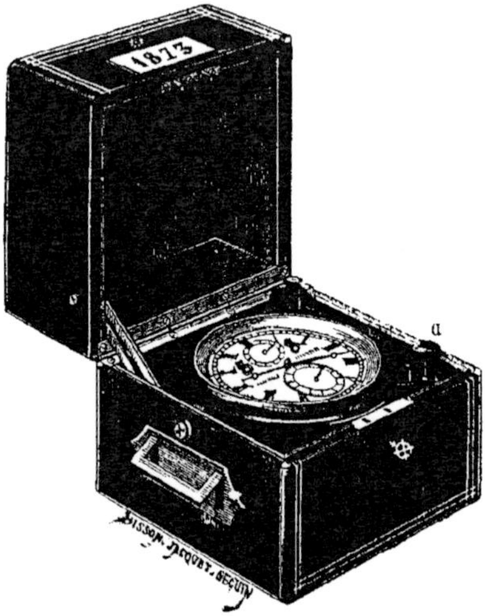

(Fig. 85)

El cronómetro vá colocado dentro de una tercera caja tosca de madera que vá forrada por dentro de almohadillas, entre las cuales entra perfectamente ajustado, y al trasportarlo de un paraje á otro debe evitarse que sufra sacudidas ó golpes, y especialmente movimientos circulares en sentido horizontal, pues esto alteraria las oscilaciones del volante, pudiendo resultar que adelantase la marcha ó que se quedase parado.

699. Instalacion de los cronómetros á bordo. Para colocar los cronómetros se debe elegir un sitio lo más próximo posible al centro de gravedad del buque, que se halla próximamente en la medianía de la eslora y algo más bajo de la línea de flotacion, pues en este lugar los movimientos son más suaves y no están tan expuestos á cambios repentinos de temperatura.

Debe evitarse la proximidad de cantidades considerables de hierro que ejercerian una influencia magnética sobre algunas piezas de la máquina, especialmente en el volante.

Una vez instalados á bordo, se colocarán las cajas sin que tengan movimiento, para lo cual se fija la caja tosca con dos tornillos, que pasan por unos salientes del fondo, haciendo que descanse éste tambien sobre una almohadilla de algodon.

700. Del armario de los cronómetros. Los cronómetros deben colocarse dentro de un armario cerrado, y sólo se sacarán de él cuando se haga fuego de cañon ó en una varada, pues entonces se dispondrá que los tenga un hombre en la mano, ó bien se colocarán entre varios colchones, para evitar todo lo posible el efecto de las sacudidas que dá el buque. (*)

Si hay varios cronómetros, se procurará que haya entre uno y otro unas diez pulgadas de distancia, y que no estén en contacto con los mamparos ni otro objeto que pueda trasmitirle las fuertes sacudidas que sufren los costados del buque por el choque de las olas.

Se instalarán de modo que uno de los ejes de suspension de la caja metálica esté en la direccion de popa á proa, y el otro por consiguiente de babor á estribor, para que sean más suaves los movimientos producidos por los balances y cabezadas del buque.

701. Por muy ingeniosos que sean los medios de compensacion que se aplican á los cronómetros, seria desde luego conveniente mantenerlos á una temperatura constante.

Para esto se colocará un termómetro dentro del armario y se conservará la temperatura interior del mismo á una cantidad invariable, á 15° por ejemplo, calentando el aire interior por medio de una lámpara de doble corriente de aire, dispuesta de un modo análogo á la lantia de la bitácora y cuya luz pueda aumentarse ó disminuirse segun las circunstancias. Para modificar la temperatura se dispondrá un postigo con puerta de corredera y que permita la entrada del aire exterior. La chimenea de la lámpara se colocará de modo que no penetre el humo en el interior del armario. Para ver la temperatura que indica el termómetro deberá haber un postigo con cristal, pues si se abriese el armario para observarla, variaria desde luego.

702. Observaciones importantes acerca del manejo de los cronómetros. Siempre que un cronómetro se traslada de un punto á otro, debe compararse con otro cronómetro antes y despues de ser trasladado, para ver si ha sufrido alguna alteracion en su marcha. (†)

(*) En las instrucciones reglamentarias de la Marina Real francesa, se previene que deben tenerse los cronómetros en la mano durante los disparos de artillería, y que al trasportarlos de un lugar á otro, deben llevarse con ambos manos, para evitar los movimientos de rotacion horizontales que es muy fácil darles cuando se les lleva suspendidos por la correa de la caja. (*Annales maritimes* 1840.)

(†) El almirante Fitzroy, que durante sus trabajos hidrográficos en la América del Sur empleó el número poco comun de 22 cronómetros, observa que la mocion contínua á que estuvieron sujetos, ya sea por la accion incesante del mar, ó bien por trasbordarlos de un punto á otro, apenas alteró la marcha de los que estaban reputados como buenos, y que la temperatura fué el único agente que produjo variacion.

Sin embargo, Sir F. Belcher, en sus trabajos hidrográficos en la América del Norte, halló que los cronómetros de la fragata *Sulphur* sufrieron una variacion notable, producida por las sacudidas que daba el timon mientras remolcaba su patache el *Starling*, y observa que cuando desapareció esta causa, marcharon los relojes admirablemente. (*Journal of the Royal Geographical Society, vol.* VI.)

703. Para arreglar un cronómetro que esté parado, no debe nunca tocársele á las agujas, sino esperar que sea la hora que señalan éstas para echarlo á andar, para lo cual se le dará un movimiento suave en sentido horizontal.

704. Siempre que un cronómetro se para, varía regularmente su movimiento. Algunos han variado repentinamente, sin causa conocida, y luego han seguido marchando perfectamente.

Aun cuando se observe un cronómetro en tierra, debe observarse tambien despues de estar á bordo, pues se suele notar que el movimiento varía.

De aquí nacen muchas veces las injustas quejas de algunos navegantes, que al dar malos resultados los movimientos observados en tierra, suponen abandono ó descuido en las personas que los han determinado, siendo así que por lo regular han empleado al efecto instrumentos exactísimos de que carecen los navegantes y efectuado las observaciones más convenientes.

705. Limpieza de los cronómetros. Aunque la marcha de un cronómetro sea perfecta, hay que limpiarlo ó cuando ménos renovarle los aceites cada cuatro años; pues dichos aceites se descomponen ó concluyen con el tiempo y varía entonces la marcha considerablemente, ó bien se destruyen los finísimos ejes de diversas ruedas al seguir girando mucho tiempo desprovistas del aceite que disminuye el rozamiento y evita la oxidacion y hasta puede darse el caso de quedar inútil un cronómetro por un abandono de esta naturaleza.

706. De la cuerda de los cronómetros. Estos relojes tienen cuerda generalmente para 48^h ó para 75^h y los hay tambien para 8 dias. A los primeros debe dársele cuerda todos los dias, á los segundos cada 2 y á los terceros cada 7 dias, con lo cual se consigue que tengan cuerda para un dia más si se olvidase dársela el dia que corresponde.

En la muestra del cronómetro hay por lo regular una pequeña aguja que indica el tiempo que hace que se le dió cuerda, evitándose de este modo dudas y equivocaciones.

Debe darse la cuerda á intervalos iguales, esto es, á la misma hora en los dias que corresponda, para que las diversas piezas de la máquina sufran una accion siempre igual.

En los cronómetros ingleses se dá siempre la cuerda hácia la izquierda; conviene que la dé siempre la misma persona dando vuelta á la llave con seguridad y contando las vueltas, para no hacer presion alguna al terminar. Concluida esta operacion se verá siempre si el cronómetro sigue andando.

707. Para conocer si la accion de dar cuerda ha alterado la marcha, hé aquí lo que recomienda que se haga *Mr. Biot*, cuando se poseen dos cronómetros que llamaremos A y B. Compárese primero A y B; désele despues cuerda á A, y tres minutos despues compárese con B; désele en seguida cuerda á B, y tres minutos despues compárese con A, á quien ya se le dió cuerda. De este modo se advertirá si ha habido alguna variacion en uno de los dos ó en ambos, y se conocerá desde luego el valor y signo de dicha variacion.

708. Modo de contar en los cronómetros. En la muestra del cronómetro se indican las horas, minutos y segundos por medio de las agujas correspondientes.

En algunos cronómetros la aguja de los segundos dá dos golpes por segundo, mientras que en la generalidad dá cinco cada dos segundos, circunstancia que permite apreciar décimos de segundo, correspondiendo en el último caso cuatro décimos por cada golpe que bate el reloj.

Para la práctica de la navegacion se puede contar de dos en dos ó de cuatro en cuatro décimos de segundo, lo cual es mucho mejor que contar de segundo en segundo como hace la generalidad.(*)

709. Para apreciar la hora que señala un cronómetro en un instante dado, se cuentan primero los segundos, despues los minutos y por último las horas.

Así para anotar la hora en que se toma la altura de un astro, por ejemplo, se situará el observador á una distancia conveniente del que cuenta en el cronómetro para que pueda oir la voz del primero. El que cuenta en el cronómetro, desde que se le dá la voz de *listo* por el observador, sigue atentamente con la vista la marcha de la aguja de los segundos, y cuenta en alta voz 1, 2, 3, 4, &c., y al llegar á 10 vuelve á decir otra vez 1, 2, 3, &c., en lugar de 11, 12, 13, &c.; es decir, que cuenta las unidades solamente. Cuando el observador obtiene el contacto deseado, dá con rapidez la voz de *top*, y el del cronómetro apunta los segundos y décimos, despues los minutos y por último las horas.

710. Promedio de varias observaciones. Siempre que se hayan obtenido varias mediciones de una misma cantidad, se acostumbra tomar el promedio de ellas, ya sea como resultado final, ó como dato para efectuar algun cálculo.

Para esto se vé primero si alguna de las cantidades difiere considerablemente de las demás y se desecha como defectuosa, con más razon aún si se sospecha la causa que ha producido la diferencia. Se suman despues las cantidades aceptadas como buenas y dividiendo la suma por el número de los sumandos, se obtendrá el promedio,

---

(*) En algunos Observatorios hay sugetos tan diestros, que aprecian los segundos de décimo en décimo, contando al oido los golpes que bate el péndulo que tienen al lado al mismo tiempo que están observando.

que debe ser más exacto en general que cualquiera de las cantidades tomada á la ventura.

Para mayor facilidad se suman únicamente las cantidades de la denominacion en que hay diferencia.

La diferencia que haya entre el promedio y la cantidad más distante de él será el máximo error que puede cometerse, si dicha cantidad fuese la más exacta; y la diferencia entre el promedio y la cantidad más próxima será el mínimo error.

EJEMPLO.—Supongamos que se han tomado cuatro alturas de un astro anotando las horas correspondientes del cronómetro, y que se desean obtener los promedios.

1.ª observacion	=68°. 33'. 20	Hora del cronómetro	$=4^h.\ 12^m.09^s,4$
2.ª.... „	=68 . 14 . 30	„ .... „	=4 . 12 . 20
3.ª.... „	=68 . 13 . 10	„ .... „	=4 . 12 . 36,4
4.ª.... „	=68 . 11 . 20	„ .... „	=4 . 12 . 51,2
Suma de las tres últimas=	. 39 . 00	Suma de las tres últim.s=	107,6
Tercera parte=promedio=	68 . 13 . 00	Tercera parte=prom.o=	4 . 12 . 35,86
Máximo error..........=	. 1 . 40	Máximo error........=	15,86
Mínimo error..........=	. . 10	Mínimo error........=	0,54

La primera observacion se ha desechado como defectuosa; el máximo error en las alturas se ha hallado tomando la diferencia entre el promedio y la 4.ª observacion, y el mínimo hallando la diferencia con la 3.ª observacion. En las horas se han tomado las diferencias respectivas con la 2.ª y la 3.ª hora.

711. De los acompañantes. Cuando hay que hacer alguna observacion en tierra ó en un paraje del buque desde el cual no puede oirlo el que cuenta en el cronómetro, se emplea como intermediario un reloj que se le dá el nombre de *acompañante,* y cuya marcha no es necesario que sea tan exacta como la del cronómetro.

Para determinar la hora que indica el cronómetro en un instante dado, haciendo uso del acompañante, hay que compararlos antes; es decir, hallar las horas que señalan ambos en un mismo instante para hallar la diferencia entre ellas.

Para hacer la comparacion se necesitan dos observadores; el más diestro cuenta en el acompañante, y ante todo apunta las horas y minutos que señalará el cronómetro cuando la aguja de los segundos haya llegado á la division 60, y seguidamente las horas y decenas de minuto que señalará el acompañante.(*)

Cuando el observador del cronómetro vé que la aguja de los segundos se aproxima á los 50, dá la voz de listo y empieza despues á

(*) Para evitar errores, conviene ver si cuando el minutero del acompañante se halla sobre la division de un minuto exactamente, la aguja de los segundos está sobre la division 60.

contar en alta voz 1, 2, 3, &c., hasta que al estar la aguja sobre la division 60 dice con rapidez *top*. El observador del acompañante estima entonces la fraccion de segundo y la anota con los segundos y unidades de minuto, á continuacion de las horas y decenas de minuto que apuntó antes.

712. Para determinar en el instante de una observacion la hora del cronómetro correspondiente á una hora del acompañante, se comparan ambos relojes antes ó despues de hacer dicha observacion, poniéndole á la diferencia de horas el signo + cuando el acompañante está atrasado respecto al cronómetro; ó el signo — en caso contrario; y á la hora que señale el acompañante se le aplicará la comparacion con su signo y tendremos la hora del cronómetro en el momento de la observacion.

EJEMPLO. Comparacion	Hora del cronómetro..	$= 4^h.\ 54^m.\ 00^s$
	„ del acompañante	$= 2\ .\ 19\ .\ 53$
	Diferencia = correccion	$+ 2\ .\ 34\ .\ 07$

Hora del acompañante en el momento de la observacion......	$= 2^h.\ 13^m.\ 27^s,5$
Correccion	$+ 2\ .\ 34\ .\ 07$
Hora del cronómetro en el instante de la observacion	$= 4\ .\ 47\ .\ 34\ ,5$

713. Generalmente basta una simple comparacion hecha antes ó despues de la observacion, sobre todo si es buena la marcha del acompañante y sólo han mediado algunos minutos entre la comparacion y la observacion. Pero, si el acompañante no es de confianza ó si ha mediado mucho tiempo, habrá que hacer dos comparaciones, una antes y otra despues de la observacion.

Si de estas dos comparaciones resultase una diferencia igual entre el cronómetro y el acompañante, se resuelve el caso como el anterior; esto es, por medio de una sola comparacion; pero en el caso contrario, representando por H y H′ las horas del cronómetro en las dos comparaciones; por h y h' las horas correspondientes del acompañante; por A la hora de éste en el instante de la observacion y por x la hora del cronómetro que deseamos conocer, tendremos que el intervalo del cronómetro H′— H y el del acompañante $h' - h$ estarán entre sí en la misma relacion que los intervalos x—H y A—h, y por lo tanto:

$$\frac{H' - H}{h' - h} = \frac{x - H}{A - h},$$

de donde

$$x = H + \frac{(H' - H)(A - h)}{h' - h} = H + \text{una correccion.}$$

Vemos, pues, que á la hora del cronómetro en la primera comparacion se le suma dicha correccion y tendremos la hora del cronómetro x al hacer la observacion.

Aplicando los logaritmos para hallar la correccion, tendremos:

$$\log \text{correccion} = \log (H' - H) + \log (A - h) + \text{comp. } \log (h' - h)$$

Los valores anteriores (H′—H), (A—h) y (h'—h), se expresarán en segundos y la correccion resultará tambien expresada en segundos.

EJEMPLO.

1.ª comparacion	Hora del acompañante............	$h = 6^h.\ 12^m.\ 20^s,5$
	„ del cronómetro.............	$H = 4\ .\ 22\ .\ 00$
Hora del acompañante al hacer la observacion	....	$A = 6\ .\ 52\ .\ 27$
2.ª comparacion	Hora del acompañante............	$h' = 7\ .\ 48\ .\ 52$
	„ del cronómetro.............	$H' = 5\ .\ 58\ .\ 00$

$H' = 5^h .. 58^m .. 00^s$
$H = 4 .. 22 .. 00$
$H' - H = 1 .. 36 .. 00 = 5760^s$ .... $\log = 3{,}76042$
$A = 6 .. 52 .. 27$
$h = 6 .. 12 .. 20,5$
$A - h = 40 .. 06,5 = 2406,5$ ...... $\log = 3{,}38130$
$h' = 7 .. 48 .. 52$
$h = 6 .. 12 .. 20,5$
$h' - h = 1 .. 36 .. 31,5 = 5791,5$ compl. $\log = 6{,}23725$
Correccion $= 0 .. 39 .. 53 = 2393$ .... $3{,}37897$

Hora cronómetro 1.ª comparacion........................ $H = 4^h .. 22^m .. 00$
Correccion.............................. $+0 .. 39 .. 53$
Hora del cronómetro al hacer la observacion .... $= 5 .. 01 .. 53$

CAPÍTULO XX.

ARREGLO DE LOS CRONÓMETROS.

714. Estado absoluto de un cronómetro, es lo que adelanta ó atrasa respecto á la hora de tiempo medio que se cuenta en un meridiano dado, en un dia y hora que debe designarse.

Si el estado es en adelanto se le pone el signo — y si es en atraso el signo +, puesto que en el primer caso hay que restárselo á la hora que señala el cronómetro y sumárselo en el segundo, para obtener la hora corregida por este concepto.

Para los cálculos de la navegacion conviene referir el estado para 0^h de T_m del meridiano de San Fernando; luego diremos que estado absoluto de un cronómetro es lo que está adelantado ó atrasado el dia propuesto al ser medio dia medio en San Fernando.

715. Movimiento diario de un cronómetro es lo que adelanta ó atrasa en 24 de T_m; es decir, la diferencia que hay entre dos estados absolutos correspondientes á dos medios dias consecutivos.

Los movimientos en adelanto tienen tambien el signo —, y los que son en atraso el signo +, y tanto estos como los estados se expresan al centésimo de segundo.(*)

716. Por *irregularidad de la marcha* de un cronómetro, se entiende la alteracion que tiene su movimiento diario en un intervalo dado.

Si se ha observado que el movimiento es de -2^s, por ejemplo, y 40 dias despues se encuentra que es de $-2^s,8$, diremos que ha experimentado dicho movimiento una irregularidad de $-0^s,8$ en el intervalo de 40 dias.

717. Arreglar un cronómetro es determinar su estado absoluto y movimiento diario, lo cual es muy distinto de lo que se entiende por arreglar un reloj ordinario, á los que se les mueve las agujas convenientemente, mientras que en los cronómetros nunca debe hacerse.

La bondad de un cronómetro no consiste en que señale precisamente la hora que es, sino que su movimiento sea todo lo más uniforme posible.

Así será excelente un cronómetro que adelante, por ejemplo, 30^s todos los dias, y muy malo uno que adelante un dia $0^s,4$, otro, $0^s,2$, &c.

718. Los cronómetros se arreglan con el tiempo medio y algunas veces con el sidéreo, pero nunca con el tiempo verdadero, pues como sabemos es muy desigual.

Conocido que sea el estado absoluto y movimiento diario de un cronómetro, podrá determinarse en cualquier instante la hora média del meridiano del arreglo, aplicándole con su signo á la hora que señale el cronómetro, el resultado de la suma algebráica del estado absoluto y el movimiento diario, que corresponda por los dias y fraccion de dia que hayan mediado entre aquel en que se determinó el estado absoluto y el dia y hora propuestos.

719. Los péndulos astronómicos son unos relojes de grandísima precision que se emplean para las observaciones astronómicas, y para determinar por comparacion con ellos los estados y movimientos de los cronómetros.

720. Determinacion del estado absoluto. El estado absoluto de un cronómetro debe determinarse con la mayor exactitud posible en cuan-

---

(*) Si el cronómetro marchase ajustado al tiempo medio, no variaria su estado absoluto, y por lo tanto no tendria movimiento diario; pero este caso puede decirse que no se presenta en absoluto, á pesar de lo perfecta que es hoy la construccion de estos instrumentos.

tas ocasiones favorables se presenten, ya sea durante la permanencia del buque en puerto, como en alta mar y en las recaladas á tierra.

Los métodos principales que pueden emplearse son los siguientes:

1.° *Por alturas absolutas de un astro.*

2.° *Por alturas correspondientes.*

3.° *Por la comparacion con un péndulo ó cronómetro arreglado.*

721. 1.er MÉTODO. *Por alturas absolutas de un astro.* Tomando en buenas circunstancias la altura de un astro, puede calcularse con ella la hora de tiempo verdadero del observador (*Ast.ª art.°* **663**), que reducida á média, aplicándole la ecuacion de tiempo, se compara con la que señalaba el cronómetro al tiempo de observar dicha altura, y se obtendrá el estado absoluto en aquel instante.

Considerando que el mejor observador está expuesto á cometer un error, ya sea al tomar el contacto como al leer la graduacion, que el que cuenta en el cronómetro puede equivocarse, y por último, que al hacer el cálculo pueden cometerse faltas muy difíciles de advertir cuando sólo se ha observado una altura, resulta, pues, que conviene observar varias alturas muy próximas las unas á las otras, con el promedio de las cuales se calcula la hora média del observador, que comparada con el promedio de las horas que señalaba el cronómetro al tomar dichas alturas nos darán el estado absoluto.

Esto supuesto, las reglas que deben seguirse para la observacion y cálculo, son las siguientes:

1.ª Siempre que sea posible, se hará la observacion en tierra, empleando el horizonte artificial, y se observarán cuando ménos tres séries de á tres alturas cada una. Cuando no se pueda hacer esto en tierra, se observa desde á bordo sobre el horizonte de la mar, procurando siempre tomar las alturas con el mayor cuidado y en las circunstancias más favorables. (*Ast.ª art.* 671)

2.ª Se toma el promedio de las alturas de cada série y de las horas del cronómetro correspondientes á ellas.

3.ª Con las horas del observador correspondientes al promedio de cada série se hallan las horas reducidas y se calculan las distancias polares.(*)

4.ª El promedio de las alturas aparentes de cada série se reduce á verdadera y se determina la hora verdadera correspondiente del observador, que se reduce á média aplicándole la ecuacion de tiempo; y la diferencia entre esta hora y la correspondiente del cronómetro será el estado absoluto.

(*) En general la hora reducida se halla con el mismo cronómetro, cuyo estado absoluto se conoce con suficiente exactitud para el objeto, en la mayor parte de los casos.

5.ª Se toma por último el promedio de todos los estados absolutos calculados de este modo, y obtendremos el estado absoluto medio para el dia y hora de la observacion.

722. EJEMPLO. El 7 de Diciembre de 1872, en latitud 19°.40′.30″ N y longitud 4h..17m..33s O de San Fernando; presion barométrica 30,1 pulg.s inglesas y temperatura 65° Farhenheit, se observaron en tierra con un sextante y horizonte artificial las siguientes séries de alturas,(*) con el objeto de determinar el estado absoluto del cronómetro respecto á la hora de tiempo medio del meridiano del observador.

1.° **Promedio de las horas y alturas.**

	1.ª SÉRIE. Horas del cronómetro.	1.ª SÉRIE. Alturas observadas.	2.ª SÉRIE. Horas del cronómetro.	2.ª SÉRIE. Alturas observadas.
	4h. 51m. 20s, 4	49°. 30′. 50″	4h. 54m. 18s, 0	48°. 24′. 20″
	4 . 51 . 59 , 0	49 . 19 . 20	4 . 54 . 58 , 5	48 . 13 . 40
	4 . 52 . 40 , 5	49 . 08 . 10	4 . 55 . 37 , 2	48 . 02 . 30
Sumas =	155 . 59 , 9	. 58 . 20	164 . 53 , 7	40 . 30
⅓ Sumas =	4 . 51 . 59 , 96	49 . 19 . 26 , 7	4 . 54 . 57 , 9	48 . 13 . 30

Hora verdadera aproximada del observador correspondiente á este promedio 5h.. 22m. | Hora verd.ª aproxim.ª del observ.r correspondiente á este prom.° 5h 26m

2.° **Cálculo de las horas reducidas y distancias polares.**

	1.ª SÉRIE.		2.ª SÉRIE.
Hv aproximada .... =	3h. 22m. 00s	....	3h. 26m. 00s
Long. del observad.r =	4 . 17 . 33 O	....	4 . 17 . 33
Hora reducida .... =	7 . 39 . 33	....	7 . 43 . 33
Declinac.n dia 7 á 0h =	−22°. 41′. 47″, 7	....	− 22°. 41′. 47″, 7
V.h. = −16″17 × 7,66 =	− 2 . 3 , 9	V.n h.ª −16″,17 × 7,72 =	− 2 . 4 , 8
Declina.on corregida =	22 . 43 . 51 , 6	....	22 . 43 . 52 , 5
Distancia Polar.... =	112 . 43 . 51 , 6	....	112°. 43 . 52 , 5

3.° **Correccion de alturas.**

	1.ª SÉRIE.	2.ª SÉRIE.
Altura sobre el horizonte artificial. . . =	49°. 19′. 26″, 7	48°. 13′. 30″
Error de índice del instrumento .... =	+ 20 , 0	+ 20
Altura doble del ☉ .... =	49 . 19 . 46 , 7	48 . 13 . 50
Altura aparente ☉ .... =	24 . 39 . 53 , 3	24 . 06 . 55
Refraccion corregida (†) .... =	− 2 . 2 , 85	− 2 . 06 , 15
Altura corregida.................. =	24 . 37 . 50 , 45	24 . 04 . 48 , 85
Paralage horizontal ecuatorial (*A.eN.o*) =	+ 8 , 98	+ 8 , 98
Altura verdadera ☉ .... =	24 . 37 . 59 , 43	24 . 04 . 57 , 83
Semi-diámetro .... =	+ 16 . 16 , 08	+ 16 . 16 , 08
Altura verdadera central........... =	24 . 54 . 15 , 51	24 . 21 . 13 , 91

(*) Siendo igual el procedimiento cualquiera que sea el número de séries, ponemos dos solamente en el presente ejemplo para hacer más breve el cálculo.

(†) Debiendo procederse en este cálculo con toda la exactitud posible, se corregirá la re-

4.° **Cálculo de la hora verdadera del observador.**

1.ª Série.		2.ª Série.	
A^v = 24°. 54′. 15″,51		A_ι = 24°. 21′. 13″,91	
Δ = 112 . 43 . 51 ,6	c. l. sen = 0,0351140	Δ = 112 . 43 . 52 ,5	c. l. sen = 0,0351148
L = 19 . 40 . 30	c. l. cos = 0,0261255	L = 19 . 40 . 30	c. l. cos = 0,0261255
S = 157 . 18 . 37 ,11		S = 156 . 45 . 36 ,41	
½ S = 78 . 39 . 18 ,55	l. cos = 9,2938403	½ S = 78 . 22 . 48 ,20	l. cos = 9,3041003
D = 53 . 45 . 03 ,04	l. sen = 9,9065799	D = 54 . 01 . 34 ,29	l. sen = 9,9081019
Log. sen² ½ horario Occid.l = 19,2616597		Log. sen² ½ horario Occid.l = 19,2734425	
25°. 18′. 08″,6 = log sen ½ h.° = 9,6308298		25°. 40′. 22″,4 = log sen ½ h.° = 9,6367212	
En tiempo.............. = 1h. 41m. 12s,6		En tiempo.............. = 1h. 42m. 41s,5	
Horario Occidental. = H_v = 3 . 22 . 25s,5		*Horario Occidental.* = H_v = 3 . 25 . 23	

5.° **Cálculo de la ecuacion de tiempo.**

	1.ª Série.		2.ª Série.
Hora verdadera del obser.r	= 3h. 22m. 25s, 5		3h. 25m. 23s
Longitud................	= 4 . 17 . 33 O		4 . 17 . 33
Hora reducida...... ...	= 7 . 39 . 58 , 5		7 . 42 . 56
Ecuacion dia 7 á 0h	= — 8m. 06s, 08	....	— 8m. 06s,08
V. h. + 1s,097 × 7,66 = Cor.n	= + 8 , 40	.... + 1s,097 × 7,71	+ 8 ,46
Ecuacion corregida.......	= — 7 . 57 , 68	....	— 7 . 57 ,62

6.° **Cálculo de los estados absolutos.**

	1.ª Série		2.ª Série
Hora verdadera del obser.r =	3h. 22m. 25s, 5	....	3h. 25m. 23s
Ecuacion corregida....... = —	7 . 57 , 68	.... —	7 . 57 , 62
Hora média del observador =	3 . 14 . 27 , 82	....	3 . 17 . 25 , 38
Hora del cronómetro...... =	4 . 51 . 59 , 96	....	4 . 54 . 57 , 9
Estado absoluto........... =	— 1 . 37 . 32 , 14	....	— 1 . 37 . 32 , 52

---

fraccion média, por la diferencia de presion barométrica y temperatura, empleando las tablas páginas 479 y 480 del Almanaque Náutico, cuyas explicaciones pueden verse al final de la citada obra.

		1.ª Serie.	2.ª Serie.
Refraccion média para 24°.. 30′ de A_a		= 2′.. 06″,00	Para 24° de A_a = 2′.. 09″
Parte proporcional por 9′. 53″,3 de A_a		= — 0 ,95	Por 6′.. 55″... = — 0 , 65
Refraccion média................		= 2 .. 05 , 05	2 .. 08 , 35
Para 24° A_a y 60° Farh.......	— 3″		
Parte proporcional por 5° Farh.	— 1		
Correccion por temperatura..	— 4	= — 4″	— 4″
Para 24° A_a y 30 ,1 pulgadas ..	+ 2		
Parte proporcional 0,05 p.s ...	— 0 , 2		
Correccion por barómetro.....	+ 1 , 8	= + 1 , 8	+ 1 , 8
Refraccion corregida..............		= 2′.. 02″,85	2′.. 06″, 15

7.° **Estado absoluto medio.**

Estado absoluto..........	= — $1^h.\ 37^m.\ 32^s,14$	á	$3^h.\ 14^m.\ 27^s,82$ T_m del obser.r
Idem id.	= — 1 . 37 . 32,52	á	3 . 17 . 25,38
Suma............	= — 3 . 15 . 04,66		6 . 31 . 53,20
Estado absoluto medio......	= — 1 . 37 . 32,33	á	3 . 15 . 56,60

723. 2.° Método. *Determinacion del estado absoluto por alturas correspondientes.* El mejor método que puede emplearse en tierra para determinar el estado de un cronómetro, haciendo uso solamente de los instrumentos náuticos, es el de alturas correspondientes, que consiste en apuntar las horas que señala el cronómetro al tomar dos alturas iguales de un mismo astro, la una al E y la otra al O del meridiano y comparando el promedio de dichas dos horas con la hora média á que se verifica el paso del astro, se tendrá el estado con bastante precision, toda vez que los efectos producidos por los errores del instrumento en la altura Oriental, son opuestos á los que resultan en la altura Occidental y se compensan.

Vemos, pues, que pueden obtenerse buenos resultados aunque sea muy imperfecto el instrumento con que se observe, pues no es preciso conocer las alturas verdaderas del astro, para hallar la hora de su paso, bastando únicamente que las dos alturas sean exactamente iguales.

724. Conviene hacer la observacion estando el astro distante dos horas cuando ménos del meridiano, pero la circunstancia más favorable será cuando esté próximo al vertical primario, ó cuando su distancia azimutal al meridiano se acerque á 90°, pues en tales casos el movimiento en alturas es más rápido.

725. En la teoría que hemos expuesto, se supone que la declinacion del astro no varía sensiblemente, como sucede con las estrellas, pero las observaciones de estos astros son difíciles de efectuar, y además pocas veces se pueden tomar sus alturas iguales, por tener lugar alguna de ellas de dia claro. Por lo tanto, puede decirse en general, que este método sólo se aplica á las alturas de Sol.

Para esto se toman dos alturas iguales, una por la mañana y la otra por la tarde del mismo dia, ó bien una por la tarde y la otra en la mañana del dia siguiente y tomando la semi-suma de las horas que señalaba el cronómetro en cada una de dichas alturas correspondientes, se tendrá en el primer caso la hora que señalaria al ser medio dia, y en el segundo la correspondiente á la média noche, y comparando esta hora con la hora verdadera de *tiempo medio* correspondiente al medio dia ó la média noche, se obtendria desde luego el estado absoluto del cronómetro.

Pero, atendiendo á que la declinacion del Sol varía de una manera sensible en el intervalo de las dos alturas, será preciso aplicarle al promedio de las horas que señaló el cronómetro, una correccion que se llama *ecuacion de alturas correspondientes.*

726. En efecto, sea PZM (Fig. 86) el meridiano del observador; P el polo del mundo elevado sobre el horizonte; Z el zenit, ABC el almicantarat del Sol, ó sea el paralelo de alturas iguales, y ADB el paralelo de declinacion que corta al almicantarat en A y en B, ó sean los puntos de alturas iguales.

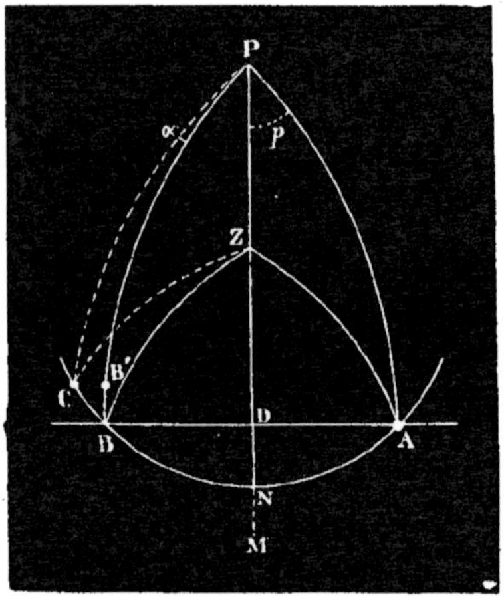

(Fig. 86)

Si el complemento de la altura observada por la mañana ZA es igual á ZB complemento de la altura observada por la tarde, siendo constante el complemento de la latitud PZ, y si suponemos que no ha variado la declinacion del astro, la distancia polar PA será igual á la PB y los triángulos ZPA y ZPB serán iguales, y por lo tanto el horario Oriental ZPA, correspondiente á la primera altura en A, será igual al horario Occidental ZPB en el instante de la segunda altura en B, caso que tiene lugar cuando el astro observado es una estrella.

Cuando se trata del Sol, tenemos que su declinacion varía sensiblemente en el intervalo de las alturas; luego si suponemos que su distancia polar ha disminuido en dicho intervalo, cuando el horario Occidental ZPB sea igual al Oriental ZPA, se encontrará el Sol en B′ más cerca del zenit, y cuando se halle en C será cuando tendrá igual altura que en A: resultando de aquí que el horario ZPC será mayor que el ZPA en lo que valga el ángulo BPC, que designaremos por α.

Vemos, pues, que no estando el horario PC á igual distancia del meridiano que el PA, la mitad del ángulo APC no será el ángulo $MPB = MPA = p$, sino que diferirá en el valor de un arco que tenemos que calcular y que se le dá el nombre de ecuacion de alturas correspondientes.

Ahora bien, si llamamos p al horario de por la mañana, el de la tarde será $p+\alpha$, y el ángulo APC será igual á $2p+\alpha$, cuya mitad será $p+\frac{1}{2}\alpha$.

Llamando t á la hora del cronómetro al tomar la primera altura en A, y t' á la hora de la segunda altura en C, tendremos que para que el promedio de los horarios, ó sea la mitad del intervalo $\frac{1}{2}(t+t')$, se reduzca á p, será preciso restarle $\frac{1}{2}\alpha$ y será $x=-\frac{1}{2}\alpha$ la correccion que hay que aplicarle al promedio de las horas del cronómetro para obtener la hora cronométrica H, correspondiente al paso del Sol por el meridiano del observador; es decir, que será

$$H=\frac{1}{2}(t+t')-x.$$

727. Para calcular el valor de x, tenemos que en el triángulo PZA, se conoce el lado $ZA=z$, que es la distancia zenital del Sol; AP complemento de su declinacion que llamaremos D; l la latitud del observador cuyo complemento es PZ; luego atendiendo á los arcos complementarios y empleando la fórmula fundamental de la Trigonometría esférica (*Trig.ª art.º* 76), será:

$$\cos Z=\operatorname{sen} l \operatorname{sen} D+\cos l \cos D \cos p.$$

El valor de l es constante, así como el de z al estar el astro en C; pero los valores de D y p varían respectivamente; D en una cantidad que llamaremos δ y p en una cantidad que hemos llamado α. Para obtener la variacion α que experimenta p, al mismo tiempo que D varía en δ, pondremos en la anterior ecuacion $p+\alpha$ en vez de p y $D+\delta$ en vez de D. Haciendo, pues, esta sustitucion y restándole la ecuacion anterior, tendremos

$$0=\operatorname{sen} l[\operatorname{sen}(D+\delta)-\operatorname{sen} D]+\cos l[\cos(D+\delta)\cos(p+\alpha)-\cos D\cos p],$$

desarrollando tendremos (*Trig.ª art.º* 34)

$$0=\operatorname{sen} l(\operatorname{sen} D\cos\delta+\cos D\operatorname{sen}\delta-\operatorname{sen} D)+\cos l$$
$$(\cos D\cos\delta-\operatorname{sen} D\operatorname{sen}\delta)(\cos p\cos\alpha-\operatorname{sen} p\operatorname{sen}\alpha)-\cos D\cos p \quad [1]$$

Atendiendo á que los arcos α y δ son muy pequeños, podremos suponer que sus cosenos son sensiblemente iguales al radio, ó sea á la unidad, y que el producto de sus senos puede considerarse como igual á cero, la ecuacion se convertirá en

$$0=\operatorname{sen} l(\operatorname{sen} D+\cos D\operatorname{sen}\delta-\operatorname{sen} D)+$$
$$\cos l(\cos D\cos p-\operatorname{sen} D\operatorname{sen}\delta\cos p-\cos D\operatorname{sen} p\operatorname{sen}\alpha-\cos D\cos p) \quad [2]$$

Quitando términos semejantes, será

$$0=\operatorname{sen} l(\cos D\operatorname{sen}\delta)+\cos l(-\operatorname{sen} D\operatorname{sen}\delta\cos p-\cos D\operatorname{sen} p\operatorname{sen}\alpha)$$

efectuando las operaciones indicadas

$$0 = \text{sen } l \cos D \text{ sen } \delta - \cos l \text{ sen } D \text{ sen } \delta \cos p - \cos l \cos D \text{ sen } p \text{ sen } \alpha.$$

Tomando á δ como factor comun

$$0 = (\text{sen } l \cos D - \cos l \text{ sen } D \cos p) \text{ sen } \delta - \cos l \cos D \text{ sen } p \text{ sen } \alpha,$$

y trasponiendo,

$$(\text{sen } l \cos D - \cos l \text{ sen } D \cos p) \text{ sen } \delta = \cos l \cos D \text{ sen } p \text{ sen } \alpha.$$

Como los arcos α y δ son muy pequeños, se confundirán sensiblemente con sus senos, de donde

$$(\text{sen } l \cos D - \cos l \text{ sen } D \cos p)\ \delta = \cos l \cos D \text{ sen } p \alpha.$$

Téngase presente que los arcos δ y α deben expresarse en segundos; y que llamando v á la variacion diaria de la declinacion D, expresada tambien en segundos, durante el intervalo de las dos alturas, $t' - t = 2\theta$, será por la siguiente proporcion $24^h : v :: 2\theta : \delta = \frac{1}{12}\theta v$. La duracion del intervalo θ se expresará en horas y fracciones decimales.

Finalmente, el arco α, resultará expresado en segundos de tiempo poniendo 15α en vez de α; por lo tanto sustituyendo y despejando α

$$\alpha = \frac{\theta v}{180}\left(\frac{\text{tang } l}{\text{sen } p} - \text{tang } D \cot p\right).$$

En esta fórmula p representa la mitad del intervalo θ expresado en grados y D la declinacion en el momento del paso; y como α es muy pequeño, no se altera su valor aceptando esta hipótesis; luego refiriéndose á la correccion $x = -\frac{1}{2}\alpha$ resultará

$$x = \frac{\theta v}{180}\left(\cot \theta \text{ tang } D - \frac{\text{tang } l}{\text{sen } \theta}\right).$$

728. Para determinar el signo que le corresponde á x, ecuacion de alturas correspondientes, nos atendremos á las siguientes reglas:

1.ª D, valor de la declinacion del Sol para el medio dia y lugar de la observacion, tiene el signo — cuando se halla el astro en los signos inferiores.

2.ª La latitud l, tiene el signo — en el hemisferio Sur.

3.ª v, variacion diaria de la declinacion, es el promedio de las variaciones diarias de los dos dias que comprenden al medio dia propuesto, y le corresponde el signo — cuando el astro se aleja del polo boreal.

4.ª $\theta = \frac{1}{2}(t' - t)$ designa el semi-intervalo que ha trascurrido entre las dos alturas, expresado en horas de tiempo verdadero, se reduce á arco y se toma su seno poniéndole el signo +, y á su cotangente el signo —, cuando $\theta > 6^h$.

5.ª Cuando la primera altura se toma por la tarde y la segunda en la mañana del dia siguiente, resulta el paso por el meridiano inferior, ó sea á média noche. En este caso D será la declinacion del Sol para dicho instante; v la variacion en declinacion entre los dos medios dias consecutivos y el término x toma el signo + en vez del negativo.

Si fuese considerable el movimiento diario del cronómetro, se le aplica á $\frac{1}{2}(t' - t)$ la correccion conveniente.

729. EJEMPLO.—El 16 de Octubre de 1872 en lat. 36°.32'.30" N, resultó ser el intervalo trascurrido entre las dos alturas $7^h.40^m.30^s$, de donde θ $3^h.50^m.15^s$

$$\theta = 3^h..50^m..15^s = 3^h,837 = 57°..33'..45''.$$
$$D = -9°..06'..46'',5 \qquad v = 22'..02'',7 = -1322'',7.$$

$$\begin{array}{llll} \theta \ldots \log = 0,58399 & A = \ldots\ldots \; 1,14915- & \ldots\ldots\ldots\ldots & 1,14915+ \\ v \ldots \log = 3,12146- & \cot\theta = \ldots\ldots \; 9,80314+ & & \text{tang}\, l = 9,86987 \\ 360 \text{ c.}^{to} \log = \underline{7,44370} & \text{tang}\, D = \ldots\ldots \; \underline{9,20520-} & & \text{c.}^{to} \text{sen}\, \theta = \underline{0,07367} \\ A = \underline{1,14915-} \; 1.^{er} \text{tér.}^o = 1^s,437. & 0,15749+ \; 2.^o \text{tér.}^o = 12^s,38 = 1,09269+ & & \end{array}$$

$$+1^s,437 + 12^s,38 = +13^s,82. \quad \textit{Ecuacion de alturas correspondientes.}$$

730. Cálculo de la ecuacion de alturas, segun Mendoza. La ecuacion de alturas se halla con suma facilidad, por medio de la tabla XXVII de *Mendoza*, por la cual se determinan los logaritmos de dos factores llamados A y B, entrando como argumento el intervalo entre las alturas correspondientes.

Esto supuesto, llamando como antes v, á la variacion diurna de la declinacion, que se le pone el signo + ó — segun que sea hácia el N ó hácia el S.

l, á la latitud, positiva ó negativa, segun que sea N ó S.

D, á la declinacion del Sol para la hora reducida, correspondiente al medio dia ó média noche, positiva cuando es N y negativa cuando es S, tendremos las siguientes fórmulas: (*)

$$\text{Para medio dia} \ldots\ldots \quad x = -Av \text{ tang } l + Bv \text{ tang } D.$$
$$\text{Para média noche} \ldots\ldots \quad x = +Av \text{ tang } l + Bv \text{ tang } D.$$

Vemos, pues, que la fórmula consta de dos partes: la primera es el producto del factor A por la variacion diurna de la declinacion

(*) Los que deseen conocer cómo se deducen, pueden ver la explicacion de las tablas de Mendoza.

del Sol, expresada en segundos por la tangente de la latitud; y la segunda parte es tambien el producto del factor B por la variacion de la declinacion y por la tangente de la citada declinacion.

Respecto á los signos diremos que:

A, es negativo cuando se busca la ecuacion para medio dia, y positivo para média noche.

B, es positivo cuando el intervalo es menor de 12^h, y negativo cuando es mayor.

Cuando D es Norte, su tangente es positiva y cuando es S negativa; entendiéndose lo mismo respecto al seno de la latitud; pero considerando siempre á las tangentes como positivas.

v, es positiva, cuando el movimiento del astro es hácia el N y negativa en caso contrario.

731. EJEMPLO.—Sea el mismo que se puso antes (art. 729.)

Intervalo entre las dos observaciones........ $7^h..40^m..30^s < 12^h$.

Lat. $= 36°..32'..30''$ N. $D = -9°..06'..46''$. $v = -22'..02'',7$.

La tabla XXVII dá para el intervalo, $A = -8,10142$ y $B = +7,83087$.

Por lo tanto:

Intervalo $= 7^h\ 40^m\ 30^s$	lg A $= 8,10142-$	T.ª XXVII	log B $= 7,83087+$
$v = -22'.2'',7 = 1322'',7$	lg $= 3,12146-$	,, XXV .... ,,	$= 3,12146-$
$l = +36°..32'..30''$....	lg tg $= 9,86987$	,, XVI $D = -9°.6',46''$ lg tg	$9,20518$
log 1.ª parte $= 12'',38$	$= 1,09275+$	Log 2.ª parte $= 1'',437$	$0,15753+$
1.ª parte	$= 12'',38$		
2.ª ,,	$= 1,44$		
Ecuacion para medio dia...	$= +13,82$		

732. Esto supuesto, para hacer la observacion y cálculo de las alturas correspondientes con el objeto de determinar el estado absoluto del cronómetro, nos atendremos á los preceptos siguientes:

1.º Instalado el observador en tierra en un paraje conveniente, montará el instrumento sobre su pié y hará una señal en uno de los lados del cubichete del horizonte artificial para que le presente siempre el mismo cristal, y observará por la mañana y tarde varias alturas correspondientes de Sol, anotando las horas que señalaba el cronómetro en aquellos instantes, de modo que las dos horas correspondientes á una misma altura, resulten escritas una debajo de la otra.

Para empezar á observar por la mañana se fijará la alidada de modo que el cero del nonio coincida exactamente con una division del arco cuando aparezcan las imágenes *mordidas*, y se anotará la hora del cronómetro en el momento en que se separan; se adelanta sucesivamente la alidada hasta que el cero del nonio señale 10′ más y se repite la observacion apuntando siempre las horas del cronómetro en que se verifican los desprendimientos.

2.° Para conocer la hora exacta á que se deben empezar á tomar las alturas correspondientes despues del medio dia, con la última altura observada, la latitud y declinacion para dicha hora, se calcula el horario Occidental del Sol y ésta será la hora de tiempo verdadero, que se reduce á medio en caso necesario, y teniendo en consideracion la parte proporcional del movimiento diario del cronómetro, se tendrá la hora que debe señalar éste para empezar á observar, para lo cual se fija la alidada en una graduacion igual á la última altura observada por la mañana y se apunta la hora del cronómetro en el momento en que las imágenes se muerden. Se vá despues atrasando la alidada 10 minutos para tomar las demás alturas, de una manera inversa á lo que se hizo por la mañana.

Siguiendo este procedimiento se habrán tomado las alturas correspondientes del *limbo superior*, pues si se empezase poniendo por la mañana las imágenes separadas y observando el momento en que muerden, seria preciso observar por la tarde el instante en que se separan, y en este caso se habrian tomado las alturas del *limbo inferior*.

Las alturas que deben tomarse deben ser cuatro, cuando ménos, y nunca más de diez. Cuando se observa sin pié, deberá tomarse cada altura con un instrumento diferente, conservando las alidadas fijas hasta tomar las alturas por la tarde.

3.° Concluidas las observaciones se toman las semi-sumas de cada dos horas del cronómetro correspondientes á una misma altura; y dichas semi-sumas deberán ser iguales si las observaciones están bien hechas. Hállese despues el promedio de todas estas semi-sumas y se tendrá la *hora sin corregir* que señalaba el cronómetro al ser medio dia verdadero y que se llama *medio dia sin corregir.*(*)

Si la primera série de alturas se hubiese tomado por la tarde y la segunda en la mañana del dia siguiente, se tendria entonces la *média noche sin corregir.*

4.° Determínese el intervalo que ha mediado entre las observaciones de la mañana y tarde, para lo cual se hallan las diferencias entre las horas correspondientes á la mínima y máxima altura de

(*) Llamando t á la hora que señalaba el cronómetro antes de medio dia y t' á la que marcaba despues, téngase muy presente que siempre debe ser $t' > t$; esto es, que si el cronómetro ha señalado las 12 en el intervalo de las alturas, se seguirán contando despues de las 12, las 13, las 14, &c., en vez de la 1, las 2, &c. Así, si $t = 8^h.. 12^m.. 20^s$ y $t = 13^h.. 40^m.. 10^s$ el medio dia sin corregir será $\frac{1}{2}(t + t') = 10^h.. 56^m.. 15^s$.

la mañana y las respectivas á la mínima y máxima altura de la tarde, y se toma la semi-suma de estas diferencias.

5.° Determínese la hora reducida que será $0^h \pm$longitud, ó $12^h \pm$ longitud, segun que se trate de hallar el medio dia ó la média noche.

6.° Corríjase para dicha hora la declinacion del Sol y la ecuacion de tiempo y hállese la variacion diaria de la declinacion, tomando el promedio de las variaciones entre el medio dia propuesto y los medios dias anterior y posterior.

7.° Con el intervalo de tiempo que ha mediado entre las alturas, la variacion diurna de la declinacion y la latitud del observador, determínese la *ecuacion de alturas correspondientes*, ya sea empleando el método general trigonométrico ó el de Mendoza; y aplicando dicha ecuacion con su signo al medio dia sin corregir, se tendrá por último la hora que señalaba el cronómetro á 0^h de tiempo verdadero en el meridiano del observador.

8.° La diferencia entre dicha hora cronométrica al ser medio dia verdadero y el tiempo medio correspondiente á aquel instante, será el *estado absoluto del cronómetro*.

733. EJEMPLO.—El dia 30 de Mayo de 1872, estando en Santa Cruz de Tenerife, se observaron las siguientes séries de alturas correspondientes, con el objeto de hallar el estado absoluto del cronómetro en el instante de ser 0^h de tiempo medio del meridiano del observador.

Lat. = 28°. 16'..21'' N. Long. = $0^h..41^m..45^s$,8 O. de S. Fernando.

1.° Determinacion del medio dia sin corregir.

Alturas iguales.	Horas del cronómetro.	Sumas.	Semi-sumas.
25° .. 00' .. 00''	Mañana = $1^h..12^m..26^s$, 6 Tarde = 5 .. 50 .. 21 , 2	$7^h..02^m..47^s$, 8	$3^h..31^m..23^s$, 9
25 .. 10 .. 00	Mañana = 1 .. 13 .. 21 , 4 Tarde = 5 .. 49 .. 25 , 8	7 .. 02 .. 47 , 2	3 .. 31 .. 23 , 6
25 .. 20 .. 00	Mañana = 1 .. 14 .. 17 , 1 Tarde = 5 .. 48 .. 30 , 8	7 .. 02 .. 47 , 9	3 .. 31 .. 23 , 9
25 .. 30 .. 00	Mañana = 1 .. 15 .. 12 , 4 Tarde = 5 .. 47 .. 35 ,	7 .. 02 .. 47 , 4	3 .. 31 .. 23 , 7
		Suma total de semi-sumas ...... =	14 .. 05 .. 35 , 1
		Medio dia sin corregir = Promedio ...... =	3 .. 31 .. 23 , 8

2.° Determinacion del intervalo.

Altura menor = $1^h..12^m..26^s$, 6 5 .. 50 .. 21 , 2	Diferencia =	$4^h..37^m..54^s$, 6
Altura mayor = 1 .. 15 .. 12 , 4 5 .. 47 .. 35 ,	"	= 4 .. 32 .. 22 , 6
	Suma....	= 9 .. 10 . 17 , 2
	Semi-suma = Intervalo....	= 4 .. 35 .. 08 , 6

3.° Determinacion de los elementos para el cálculo.

Hora verdadera el 30 =	$00^h . 00^m . 00^s$	Declinacion ☉ dia 30 =	$+21°. 51'. 53'',7$
Long O.......... = +	41 . 45 , 8	V.ⁿ h.ᵃ $+21'',77 \times 0^h,7$ = +	15 , 24
Hora reducida el 30 =	41 . 45 , 8	Declinac.ⁿ corregida =	+21 . 52 . 08 , 94
Ec.ⁿ de tiempo el 30 = —	2 . 42 , 70	V.ⁿ diaria dec.ⁿ ☉ del 29 al 30 =	8'. 53'',7
V.ⁿ h.ᵃ $+0^s,35 \times 0^h,7$ = +	0 , 24	„ „ „ „ del 30 al 31 =	8 . 31
Ecuacion corregida = —	2 . 42 , 46	Var.ⁿ diaria ☉ = Promedio =	8 . 42 , 35

Hora verdadera dia 30 ... =	$00^h .. 00^m .. 00^s$
Ecuacion de tiempo ...... = —	2 .. 42 , 46
Hora média á medio dia verdadero dia 29 =	23 .. 57 .. 17 , 54

4.° Cálculo de la ecuacion de alturas correspondientes. (*Método de Mendoza.*)

Intervalo = $4^h.35^m.8^s,6$	log A = 8,05210—	....	log B = 7,96865+
Var.ⁿ diaria D = 522'',3	log = 2,71792+	....	„ = 2,71792+
l = 28°.. 16'.. 21'' N. ...	log sen = 9,67545+ log sec = 0,05516+	D = +21°. 52'. 9''	„ sen = 9,57110+ „ sec = 0,03244+
1.ᵃ parte = 3,167......	log = 0,50063—	2.ᵃ parte = 1,951	log = 0,29011+

1.ᵃ parte =	— 3,167
2.ᵃ „ =	+ 1,951
Ecuacion de alturas correspondientes.... =	—1,216.

5.° Determinacion del estado absoluto.

Medio dia sin corregir............................ =	$3^h .. 31^m .. 23^s,8$
Ecuacion de alturas correspondientes................ =	— 1 , 22
Hora del cronómetro al ser medio dia verdadero = Dia 30 =	3 .. 31 .. 22 , 58
Hora média al ser medio dia verdadero.. ..... = „ 30 =	23 .. 57 .. 15 , 54
Estado absoluto cronómetro........... = —	3 .. 34 .. 07 , 04

Luego ha resultado que el cronómetro estaba *adelantado* $3^h.34^m$ $07^s,04$ respecto al tiempo medio de Santa Cruz de Tenerife, al ser medio dia el 30 de Mayo de 1872.

734. *Falta de observacion de algunas de las alturas.* Cuando dejan de tomarse las alturas correspondientes de la tarde, ya sea por descuido ó por haberse nublado; si despejase el cielo, despues será lo más exacto tomar una série de alturas occidentales y en la mañana del dia siguiente tomar la série de alturas correspondientes orientales y determinar con ellas la média noche sin corregir.

735. Cuando es urgente determinar el estado del cronómetro sin esperar al dia siguiente, en el instante en que aparece el Sol, si no ha trascurrido mucho tiempo, se toman dos alturas con corto intervalo apuntando las horas del cronómetro, y en la variacion de alturas en dicho intervalo podrá hallarse por una simple proporcion la correccion que debe aplicársele á la hora del cronómetro al observar una de dichas dos alturas, para obtener la que señalaria en el instante de la altura que no se pudo observar. Admitiendo para esto que las alturas varian proporcionalmente en intervalos de corta duracion cuando el astro se halla lejos del meridiano.

736. EJEMPLO.— Si la altura que se ha tomado por la tarde es 30′ menor que la correspondiente, señalando entonces el cronómetro $6^h..22^m..10^s$; y si tomando despues dos alturas se ha encontrado que para descender el astro 10′ en altura tarda $1^m..10^s$, tendremos que para 30′ de diferencia de altura le corresponden $3^m..30^s$ de intervalo, que restados de la hora $6^h..22^m..10^s$ nos dará la que deberia señalar el cronómetro en el momento de la altura correspondiente que no se pudo observar.

737. Determinar el estado absoluto por la comparacion con un péndulo ó con otro cronómetro arreglado. Cuando se está en un puerto donde hay un Observatorio astronómico, pueden arreglarse los cronómetros fácilmente sin tener que recurrir á los cálculos que dejamos indicados.

738. Para esto se lleva á tierra el cronómetro, guardando las precauciones debidas, y se compara con el péndulo ó cronómetro arreglado del Observatorio. A la hora que señala el péndulo se le aplica el estado absoluto correspondiente al instante de la comparacion y la diferencia que haya entre esta hora y la del cronómetro, será su estado absoluto en aquel instante respecto al meridiano para el cual está arreglado el péndulo.

739. El estado absoluto puede determinarse tambien desde á bordo por medio de una comparacion que se efectúa en el momento en que se observa una señal convenida, hecha en el Observatorio á cierta hora de tiempo medio.

La señal que se hace de dia consiste regularmente en una bola que se arria desde el tope de un palo especial, colocado en tierra en un paraje visible, al ser 0^h de tiempo medio en el lugar ó en un meridiano designado.(*) Las señales de noche se hacen incendiando una cantidad conveniente de pólvora en el momento de ser una hora convenida de antemano.

(*) Desde el 1.º de Mayo de 1878, se producirá la señal al ser la $1^h..0^m..0^s$ de tiempo medio astronómico de San Fernando por medio de la bola de tiempo. La bola de que se trata está situada en la azotea del Observatorio y al E. de su domo ó torre central; tiene un diámetro de $1^m,5$ y está pintada de negro, así como el asta sobre que corre.—Diez minutos antes del momento de la señal, se izará lentamente la bola hasta que quede ⅓ metro por debajo de la perilla en que termina el asta; en esta posicion, la altura de la bola sobre el nivel del mar, es de 48 metros. El momento en que la bola principia á caer, caida que es muy rápida en los primeros instantes y algo más lenta despues, corresponde á $1^h..0^m..0^s$ tiempo medio astronómico de San Fernando; el espacio que recorre la bola desde que se insinúa su caida hasta su posicion ordinaria, es de 3 metros. Si por cualquier circunstancia la bola no hubiese caido en el momento preciso á que debe hacerse la señal, tan luego como haya descendido volverá á izarse y se hará una segunda señal al ser la $1^h..10^m..0^s$ de tiempo medio astronómico de San Fernando. Cuando por causa de chubascos ó niebla esté cubierto el Observatorio á la 1, se repetirá la señal al ser las $2^h..00^m..00^s$. En casos de temporal ó vientos excesivamente fuertes, no se hará la señal.

740. Determinacion del movimiento diario. El movimiento diario de un cronómetro puede hallarse empleando uno de los métodos siguientes:

1.° Comparando varios estados absolutos.

2.° Por dos pasos de una estrella por el mismo vertical.

3.° Por la comparacion con un péndulo ó cronómetro arreglado.

741. 1.er MÉTODO.—*Por la comparacion de varios estados absolutos.* Comparando dos estados absolutos de un cronómetro, calculados respecto al tiempo medio que se cuenta en un meridiano dado, tendremos que la diferencia que resulte entre ellos será el adelanto ó atraso que ha tenido el cronómetro; por lo tanto, dividiendo la diferencia que haya entre dichos dos estados por el número de dias que hayan trascurrido entre sus observaciones respectivas, habremos determinado el movimiento diario del cronómetro.

742. Cuando los estados absolutos no se han calculado para una misma hora, es decir, cuando el intervalo que ha mediado entre ellos no es un número cabal de dias, se reduce el intervalo á dias y decimales de dia y se divide por ellos la diferencia entre los estados.

Llamando E y E′ á dos estados absolutos de un cronómetro, correspondientes á dos horas médias distintas h y h'; $h'-h$ será tambien el número de horas del intervalo; luego para hallar el movimiento diario m tendremos:

$$h'-h : E'-E :: 24^h : m \quad \text{de donde} \quad m = \frac{24^h\,(E'-E)}{h'-h}.$$

El valor de m puede determinarse por multiplicacion y division ó bien por logaritmos; pero en este caso se expresa el intervalo en minutos y en vez del factor 24^h se pone su equivalente en minutos que son 1440^m.

743. El movimiento diario será en adelanto ó en atraso, segun que los estados en adelanto aumenten ó disminuyan, y si son en atraso que disminuyan ó aumenten.

744. El mejor resultado se obtiene observando estados absolutos durante varios dias consecutivos y obteniendo con ellos tantos movimientos diarios como comparaciones de combinaciones binarias puedan hacerse con ellos, procurando que haya siempre tres dias de intervalo cuando ménos entre los estados que se comparan. El promedio de todos los movimientos diarios así hallados será el resultado más aproximado posible.

745. EJEMPLO I. El dia 24 de Mayo á $4^h.20^m$. Estado abs.° $=-3^h.29^m.33^s,76$
„ „ 27 de „ á 3 .46 „ „ $=-3\ .29\ .19\ ,2$

Determinacion del movimiento diario.

Mayo	$27^d. \; 3^h. 46^m$	....	Estado abs.º	$= -3^h. 29^m. 19^s, 2$
„ ..	$24 \; . \; 4 \; . \; 20$	....	„ „	$= -3 \; . \; 29 \; . \; 33 \; , 76$
Interv.º	$= 2 \; . \; 23 \; . \; 26 = h' - h = 4286^m.$		Diferen.ª	$+ \; 14 \; , 56 = E' - E.$

$$m = \frac{24^h \, (E' - E)}{h' - h}$$

$24^h = 1440^m$	....	$\log = 3{,}15836$
$E' - E = 14^s{,}56$	....	$\log = 1{,}16316$
$h' - h = 4286^m$	...... compl.	$\log = 6{,}36795$
$m = 4^s{,}892$	....	$\log = 0{,}68947$

Luego el movimiento diario es de $4^s{,}89$ en *atraso*, puesto que los estados son en adelanto y van disminuyendo.

746. Ejemplo II.—Durante la permanencia de un buque en puerto se determinaron por medio de alturas correspondientes los siguientes estados absolutos, con el objeto de hallar el movimiento diario medio.

El 2 de Mayo	á 0^h de tiempo medio	... Estado absoluto	$= +2^h .. 10^m .. 31^s$
El 3 „	á 0^h „ „	„ „	$= +2 .. 10 .. 33{,}6$
El 5 „	á 0^h „ „	„ „	$= +2 .. 10 .. 38{,}2$
El 7 „	á 0^h „ „	„ „	$= +2 .. 10 .. 42{,}8$
El 9 „	á 0^h „ „	„ „	$= +2 .. 10 .. 48$
El 10 „	á 0^h „ „	„ „	$= +2 .. 10 .. 50{,}2$

Determinacion del movimiento diario.

Del dia 2 al 5 ...... $m = \frac{E' - E}{3} = + \frac{7^s, 2}{3} =$ ...... $+ \; 2^s, 4$

Del dia 2 al 7 ...... $m = \frac{E' - E}{5} = + \frac{11^s, 8}{5} =$ ..... $+ \; 2, 36$

Del dia 2 al 9 ...... $m = \frac{E' - E}{7} = + \frac{17^s}{7} =$ ...... $+ \; 2, 43$

Del dia 2 al 10 ...... $m = \frac{E' - E}{8} = + \frac{19^s, 2}{8} =$ ...... $+ \; 2, 4$

Del dia 3 al 7 ...... $m = \frac{E' - E}{4} = + \frac{9^s, 2}{4} =$ ...... $+ \; 2, 3$

Del dia 3 al 9 ...... $m = \frac{E' - E}{6} = + \frac{14^s, 4}{6} =$ ...... $+ \; 2, 4$

Del dia 3 al 10 ...... $m = \frac{E' - E}{7} = + \frac{16^s, 6}{7} =$ ...... $+ \; 2, 37$

Del dia 5 al 9 ...... $m = \frac{E' - E}{4} = + \frac{9^s, 8}{4} =$ ...... $+ \; 2, 45$

Del dia 5 al 10 ...... $m = \frac{E' - E}{5} = + \frac{12^s}{5} =$ ..... $+ \; 2, 4$

Del dia 7 al 10 ..... $m = \frac{E' - E}{3} = + \frac{7^s, 4}{3} =$ ...... $+ \; 2.47$

Suma= ...... $+ \; 23, 98$

Dividiendo esta suma por 10, número de resultados hallados, tendremos que el movimiento diario medio es de $2^s,398$ en atraso, ó bien aproximando al décimo solamente de $+2^s,4$.

747. Comparacion de los estados absolutos. Si tenemos varios estados absolutos de un cronómetro, observados en un mismo punto, pero en diferentes dias, para compararlos entre sí y tomar un promedio de ellos, seria preciso reducirlos todos á un mismo dia y hora, para lo cual es necesario conocer el movimiento diario, que depende como sabemos de los estados absolutos.

Si las observaciones de los estados se han hecho no sólo en distintos dias, sino tambien en diferentes lugares, tenemos otra variable que es la diferencia de longitud entre los lugares, que es preciso conocer con toda exactitud.

De lo dicho resulta que es muy complicada y poco exacta la comparacion de los estados observados en distintos dias, y que lo más exacto será tomar varias séries de alturas correspondientes en un mismo dia y tomar luego el promedio de los resultados que se obtengan de más confianza.

748. Para conocer al primer golpe de vista los estados absolu-

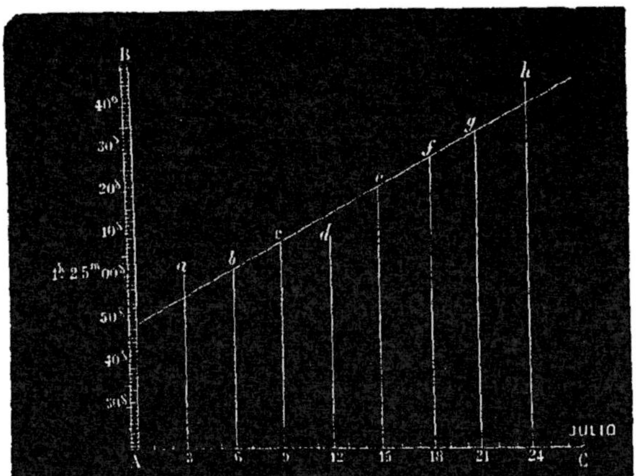

(Fig. 87)

tos que deben elegirse como más exactos, para determinar con ellos el movimiento diario, puede emplearse sin embargo el siguiente método gráfico:

Trácese la AC (Fig. 87), dividida en cierto número de partes iguales que representen los dias del mes; y la escala AB, perpendicular á la AC, que indique los estados absolutos, para lo cual se divide en cierto número de partes iguales que indiquen los segundos solamente.

Hecho esto, se tomarán por abscisas los intervalos de tiempo y por ordenadas los estados absolutos respectivos, y por cada dia de observacion se levantará por la division correspondiente una perpendicular, cuya longitud debe ser igual al estado absoluto, tomando dicha longitud en la escala AB. Para determinar el movimiento diario se elegirán en este caso los estados *b, c, e, f* y *g*, cuyas extremidades están sensiblemente en línea recta; y de este modo se obtendrá el movimiento diario con más exactitud que si se hubiesen tomado en consideracion los demás estados.

749. 2.° MÉTODO.—*Determinacion del movimiento por dos pasos de una estrella por el mismo vertical.* Si se observa la altura de una estrella en un dia dado, apuntando la hora H que señala el cronómetro en el mismo instante, y *n* dias despues en el mismo lugar se halla la hora H' que señala el cronómetro cuando la misma estrella tiene igual altura al mismo lado del meridiano, es evidente que la habremos observado en dos pasos por el mismo vertical.

Ahora bien, sabemos que el tiempo que média entre dos pasos sucesivos de una estrella en el mismo vertical (*Astr.ª art.* 283) equivale á un dia sidéreo, ó sean 24^h médias menos $3^m\ 55^s,91$; luego podremos obtener un resultado suficientemente exacto por el siguiente procedimiento:

1.° Hállese la diferencia entre las horas del cronómetro al pasar la estrella por el mismo vertical y divídase el resultado por los dias que han trascurrido.

2.° Póngasele al cociente el signo que le corresponda, segun que el cronómetro adelante ó atrase, y sumándole la cantidad constante $+3^m..55^s,91$ se obtendrá el movimiento diario.

750. EJEMPLO. — El 2 de Diciembre, cuando la altura de Aldebaran era $39°..40'..20''$ al E del meridiano, señalaba el cronómetro $9^h..20^m..30^s,6$; y el dia 6 del mismo mes, en el mismo lugar, cuando la estrella tenia igual altura al mismo lado del meridiano, señalaba el cronómetro $9^h..01^m..46^s,2$. Se pide el movimiento diario:

La fórmula será: $$m = \frac{H'-H}{n} + 3^m..55^s,91.$$

$H' =$	....	$9^h..01^m..46^s,2$
$H =$	....	$9\ ..20\ ..30\ ,6$
$H'-H =$	....	$-\ 18\ .\ 44\ ,4$
$\frac{H'-H}{4} =$	.....	$-\ \ 4\ ..41\ ,1$
		$+\ \ 3\ ..55\ ,91$
$m =$	....	$-\ \ 45\ ,19$

751. 3.er MÉTODO.—*Determinar el movimiento por la comparacion con un péndulo ó cronómetro arreglado.* Durante varios dias consecutivos y á la misma hora, se determina el estado absoluto del cronómetro comparándolo con el péndulo (art. **738**), y haciendo despues con los estados así obtenidos, todas las combinaciones binarias posibles con tres dias de intervalo de una á otra, se tendrán varios movimientos, de los cuales se tomará por último el promedio.

752. Cuando no se conoce con exactitud el estado absoluto del péndulo y sí su movimiento, puede emplearse el siguiente método:

Háganse dos comparaciones á la misma hora entre el cronómetro y el péndulo, mediando entre ambas varios dias, y tendremos que el intervalo trascurrido entre estas comparaciones será igual á un número de dias, más ó ménos una cantidad que será igual á la diferencia entre las dos horas del péndulo ó del cronómetro.

Cuando se presenta el caso rarísimo que estas dos diferencias sean iguales, el movimiento del péndulo habrá sido el mismo que el del cronómetro. Pero cuando estas dos cantidades son distintas, como sucede, la diferencia entre ellas será el adelanto ó atraso del cronómetro *respecto al péndulo;* y dividiendo esta diferencia por los dias trascurridos, se tendrá el adelanto ó atraso diario del cronómetro respecto al péndulo, que sumado algebráicamente con el movimiento diario del péndulo, nos dará el movimiento diario del cronómetro.

Dicho movimiento será en adelanto cuando la diferencia entre las dos horas del cronómetro es mayor que la diferencia entre las dos horas del péndulo y en el caso contrario el movimiento será en atraso.

753. EJEMPLO.—Habiéndose hecho dos comparaciones entre el cronómetro y el péndulo, con 10 dias de intervalo, y siendo el movimiento del péndulo $-2^s,4$, se pide el movimiento diario del cronómetro.

1.ª COMPARACION.—Dia 20 de Mayo.	2.ª COMPARACION.—Dia 30 de Mayo.
Hora del péndulo...$=18^h..18^m..20^s$	Hora del péndulo...$=8^h..19^m..30^s$
" del cronómetro$=6..43..27,5$	" del cronómetro$=6..44..42$

Dia 20 de Mayo..	Hora del cron.º$=6^h.43^m.27^s,5$ ..	Hora del pén.º$=8^h.18^m.20^s$
" 30 de Mayo..	". del " $=6.44.42$ ..	" del " $=8.19.30$
Intervalo entre ambas horas	$=10^d.00^h.1^m.14^s,5$	$10^d.00^h.1^m.10^s$

Intervalo del cronómetro................		$=10^d..00^h..01^m..14^s,5$
" del péndulo...		$=10..00..01..10$
Adelanto del cronó.º sobre el péndulo en 10^d=	—	4,5
" " en un dia............=	—	0,45
Movimiento diario del péndulo............=	—	2,4
Movimiento diario del cronómetro..........=	—	2,85

754. Reducir un estado absoluto á 0^h de T_m del primer meridiano. Para simplificar los cálculos de la navegacion debe reducirse el estado absoluto de un cronómetro, determinado respecto á la hora média de un lugar, á su correspondiente á 0^h de T_m del primer meridiano, que para nosotros es el de San Fernando. Esta reduccion se efectúa como sigue:

A la hora de tiempo medio que se contaba en el meridiano del arreglo al determinar el estado absoluto del cronómetro, se le aplica la diferencia de longitud y se tendrá la hora média equivalente en San Fernando, que llamaremos α, y restada de la hora que señalaba en aquel momento el cronómetro, nos dará su estado absoluto al ser dicha hora α en S. Fernando.(*)

Para referir este estado al ser medio dia en San Fernando, se determina la parte proporcional del movimiento diario por el valor de la hora α, que se aplica con su signo al estado anterior, y se tendrá el correspondiente á 0^h de T_m en S. Fernando.

755. Ejemplo.—El 30 de Mayo de 1872 se determinó el estado absoluto de un cronómetro en adelanto—$3^h.34^m\ 5^s,04$ al ser medio dia en Santa Cruz de Tenerife, y se desea referir á dicho estado á 0^h de T_m en San Fernando.

Long. de Santa Cruz$=00^h..41^m.\ 45^s,8$ O de S. F. Mov.^to diario del cron. $+28^s,4$.

Hora média de Santa Cruz al ser medio dia el 29......	$23^h.\ 57^m.\ 17^s,54$	
Long. O........ +	41 . 45 , 8	
Hora média de S. F.^do correspond.^te á la del arreglo dia 30	00 . 39 . 03 , 34	[α]
Hora que señalaba el cronómetro en dicho instante....	3 . 31 . 22 , 58	
Estado absoluto para la hora α (dia 30) .... —	2 . 52 . 19 , 24	
Parte proporcional del movimiento diario por 39^m [α]..+	0 , 77	
Estado absoluto á 0^h de T_m en San Fernando el dia 30 ......—	2 . 52 . 18 , 47	

756. Determinar la hora de San Fernando por medio del cronómetro. Con la hora del observador y su longitud, hállese la hora aproximada en San Fernando y determínese la parte proporcional del movimiento diario correspondiente á ella, que se suma algebráicamente con el estado absoluto para 0^h del dia propuesto, y aplicando el resultado con su signo á la hora del cronómetro, se tendrá la hora equivalente en San Fernando.

Ejemplo.—El dia 4 de Octubre en long. $2^h..\ 24^m$ E á las $9^h..\ 34^m$ de la mañana, se desea saber la hora média de San Fernando al señalar el cronómetro $16^h..\ 6^m..\ 14^s$, siendo su estado absoluto á 0^h el citado dia $+3^h..\ 6^m..\ 12^s$, y su movimiento diario $-4^s,8$.

Hora aproxim.^da del obs.^or =	$21^h..\ 34^m$	Estado abs.^to el dia 4 á 0^h =	$+3^h.\ 6^m.\ 12^s$
Longitud E.... —	2 .. 24	P.^te prop.^al mov.^to por $19^h,2$ = —	3 ,84
Hora aprox.^da en S. Fer.^do =	19 .. 10	Estado absoluto corregido =	+3 . 6 .08 ,16

Hora del cronómetro ....=	$16^h..\ 06^m..\ 14^s$
Estado absoluto.........=+	3 .. 06 .. 08 , 16
Hora en San Fernando.. ..=	19 .. 13 .. 22 , 16

(*) La hora que señala el cronómetro correspondiente á la hora media del lugar, se obtiene sumándole el estado cuando es en adelanto ó restándoselo si es en atraso.

757. Hallar la hora del cronómetro correspondiente á una hora de San Fernando. Súmese algebráicamente el estado absoluto para 0^h del dia propuesto, con la parte proporcional del movimiento diario correspondiente á la hora dada de San Fernando, y aplicando esta suma con signo contrario á la referida hora de San Fernando, tendremos la hora que debe señalar el cronómetro.

EJEMPLO.—El dia 2 de Julio al ser en San Fernando $18^h.. 01^m.. 20^s$, se desea saber qué hora señalará un cronómetro cuyo estado absoluto el mismo dia á 0^h es $-2^h.. 19^m.. 29^s$, y el movimiento diario $+3^s,2$.

Estado absol.^to el dia 2 á 0^h	$=-2^h. 19^m. 29^s,0$	Hora dada en S. Fern.^o	$=18^h. 01^m. 20^s$
Parte prop. del mov. por 18^h	$=+\quad 2,4$	Estado absoluto......	$+\ 2 . 19 . 26,6$
Estado abs.^to á 18^h el dia 2	$=-2 . 19 . 26,6$	H.^a que debe señ.^r cro.^o	$=20 . 20 . 46,6$

758. Dada la hora del cronómetro, hallar la hora correspondiente del observador. Con la hora dada del cronómetro, calcúlese la hora correspondiente de San Fernando (art.° 756), á la cual se le aplica la longitud del observador en tiempo y se tendrá su hora média.

759. Dado un intervalo cronométrico, hallar el intervalo de tiempo medio correspondiente y vice versa. En razon á que todo cronómetro tiene movimiento diario, un intervalo medido con él será mayor ó menor que el intervalo de tiempo medio correspondiente, segun que el movimiento sea en adelanto ó en atraso.

Para convertir un intervalo cronométrico en intervalo de tiempo medio, se le aplica al primero con su signo la parte proporcional del movimiento diario por dicho intervalo, ó bien al segundo con signo contrario si se trata de pasar de un intervalo de tiempo medio á intervalo cronométrico.

EJEMPLO I.—Se desea saber el intervalo de tiempo medio correspondiente á un intervalo cronométrico de $6^h.. 10^m.. 18^s$, siendo el movimiento diario $+5^s,6$.

Intervalo cronométrico..................	$=6^h.. 10^m.. 18^s$,
Parte proporcional del movimiento por $6^h,2$	$=+\quad 1,45$
Intervalo de tiempo medio..............	$=6 .. 10 .. 19,45$

EJEMPLO II.—Se desea saber el intervalo cronométrico correspondiente al intervalo de tiempo medio $6^h.. 10^m.. 19^s,45$, siendo el movimiento diario $+5^s,6$.

Intervalo de tiempo medio..............	$=6^h.. 10^m.. 19^s,45$
Parte proporcional del movimiento por $6^h,2$	$=-\quad 1,45$
Intervalo cronométrico..................	$=6 .. 10 .. 18$

El intervalo de tiempo medio se reduce en caso necesario á intervalo de tiempo verdadero, aplicándole á aquel la ecuacion de tiempo. (*Astr.^a art.° 312*)

760. Comparaciones diarias entre los cronómetros. Cuando se poseen varios cronómetros, puede determinarse la regularidad de sus marchas y la confianza que merecen sus indicaciones, comparándolos todos los dias á la misma hora.

En efecto, cuando se tienen dos cronómetros con iguales movimientos, lo cual casi nunca sucede, resultará siempre una diferencia constante en sus indicaciones; pero si los movimientos son distintos, la diferencia que resulte de sus indicaciones aumentará ó disminuirá diariamente en una cantidad igual á la suma ó á la diferencia de sus movimientos diarios. Si la diferencia entre las horas de las comparaciones aumenta ó disminuye en una cantidad constante, será uniforme la marcha de los dos cronómetros comparados, y en caso contrario tendremos que uno de los cronómetros, cuando ménos, sin saberse cuál es, tiene un movimiento irregular.

Cuando son tres los cronómetros, puede determinarse comparándolos dos á dos, cuál de ellos tiene el movimiento más irregular, pues de las tres séries de comparaciones que pueden hacerse diariamente, si se encuentran dos irregulares, serán desde luego las que se han obtenido con el cronómetro que no es de confianza y la série en que varían las diferencias con regularidad, nos indicará los dos cronómetros que dan buenos resultados.

761. Resulta, pues, que deben compararse los cronómetros diariamente y á la misma hora, formando al efecto la tabla que ponemos á continuacion en calidad de modelo; advirtiendo debe tomarse en consideracion la diferencia diaria de longitud que se contrae cuando se navega, para que entre una y otra comparacion medien siempre 24 horas.

MES DE DICIEMBRE DE 1879.

	Comparacion entre los cronómetros n.os 1 y 2.				**Comp.on entre los cronómetros n.os 1 y 3.**				**Comp.on entre los cronómetros. n.os 2 y 3**			
FECHAS.	Cronómo n.o 1. Movim.o diario. — 6s	Cronómo n.o 2. Movim.o diario. — 2s	Dif.a entre las horas anteriores.	Adel.o del n.o 1 sobre el n.o 2	Cronómo n.o 1. Movim.o diario. — 6s	Cronómo n.o 3. Movim.o diario. + 3s	Dif.a entre las horas anteriores.	Adel.o del n.o 1 sobre el n.o 3	Cronómo n.o 2. Movim.o diario. — 2s	Cronómo n.o 3. Movim.o diario. + 3s	Dif.a entre las horas anteriores.	Adel.o del n.o 2 sobre el n.o 3
	h m s	h m s	h m s		h m s	h m s	h m s		h m s	h m s	h m s	
1	6 19 20	4 07 06	2 12 14		6 22 10	5 12 08	1 10 02		4 09 30	5 14 32	1 05 02	
2	7 07 45	4 55 27	2 12 18	4	7 10 20	6 00 09	1 10 11	9	4 57 16	6 02 13	1 04 57	5
3	6 38 10	4 25 46	2 12 24	6	6 45 18	5 34 57	1 10 21	10	4 31 50	5 36 42	1 04 52	5
4	6 25 40	4 13 11	2 12 29	5	6 30 56	5 20 27	1 10 29	8	4 18 18	5 23 05	1 04 47	5
5	6 32 30	4 19 57	2 12 33	4	6 35 50	5 25 12	1 10 38	9	4 21 58	5 26 40	1 04 42	5
6	7 25 10	5 12 30	2 12 40	7	7 36 21	6 25 36	1 10 45	7	5 23 08	6 27 45	1 04 37	5
7	6 40 30	4 27 44	2 12 46	6	6 50 14	5 39 20	1 10 54	9	4 37 12	5 41 44	1 04 32	5

La comparacion de los cronómetros núm.[s] 2 y 3 nos indica desde luego que sus movimientos son regulares, puesto que el adelanto del núm. 2 sobre el núm. 3 es siempre igual á 5[s], suma de sus movimientos.

Del mismo modo las comparaciones del núm. 1 con el 2 y 3 demuestran irregularidades que sólo deben provenir del núm. 1, pues el 2 y 3 hemos visto que dan buen resultado en su comparacion.

762. Estudio de las marchas cronométricas. A pesar del talento y maestría de los constructores de estos admirables instrumentos y del alto grado de perfeccion á que se ha llegado, no podemos congratularnos aún de que la marcha de un cronómetro sea perfectamente uniforme, y es casi seguro que no existirá uno en el cual no sufra irregularidades.

La determinacion de las leyes que rigen las marchas cronométricas, seria de la mayor importancia, pero hasta ahora no han podido averiguarse. Todo nos induce á creer que cada cronómetro tendrá su ley particular, cuyo conocimiento sólo podrá adquirirse con un escrupuloso y constante estudio.

763. Causas que alteran la marcha de los cronómetros. Sabemos ya que las oscilaciones del volante deben conservar siempre la misma amplitud, para que siendo constante su duracion, den la medida exacta del tiempo las agujas que marcan el número de estas oscilaciones. Para que esto se efectúe es necesario que todo reloj satisfaga estas dos condiciones:

1.ª Que el pequeño impulso que en cada oscilacion dá la rueda de escape al volante, sea siempre igual.

2.ª Que la forma del regulador no se altere.

Las causas principales que se oponen á que esto tenga efecto, son:

764. Coagulacion de los aceites. La fuerza de que está animada la rueda de escape proviene de la del motor, trasmitida á ella por medio del rodaje. En el rodaje hay que vencer necesariamente cierta resistencia debida al rozamiento, y con este objeto se aplica aceite en los puntos de contacto. Pero, al cabo de cierto tiempo resulta una resistencia que no habia al principio, producida por la coagulacion del aceite, y la fuerza motriz que recibe la rueda de escape es menor, resultando de aquí que obra con ménos intensidad sobre la escotadura del círculo del regulador; y el efecto de esta pérdida de fuerza es muy considerable, en razon á lo pequeña que es la masa del volante y á la magnitud de sus oscilaciones.

La experiencia ha demostrado que las amplitudes que eran de

415°, estando frescos los aceites, son solamente de 330° á los tres años; y tenemos tambien que el espiral del volante emplea igual tiempo en las oscilaciones de 415° que en las de 330°, siempre que la longitud del espiral sea de una longitud determinada; pero, para darle esta longitud hay que hacerlo por tanteo en cada cronómetro, obteniéndose únicamente un resultado aproximado, luego tenemos por lo tanto que *la coagulacion del aceite, producida con el trascurso del tiempo, hace variar el movimiento de los cronómetros.*

765. *Influencia de la temperatura.* Toda vez que el calor altera la forma del volante, dilata el espiral, aumentando de este modo la duracion de las oscilaciones y retardando el movimiento, hay que emplear los volantes de compensacion para corregir estos defectos; pero al hacer el arreglo el constructor, fija las masas ó los tornillos compensadores, de modo que la marcha del reloj sea la misma para dos temperaturas extremas dadas, y queda por lo tanto arreglado únicamente para todas las temperaturas intermedias; por lo tanto, como dicha influencia sólo se anula en determinados casos, resulta, pues, que *las alteraciones de la temperatura hacen variar el movimiento de los cronómetros.*

766. No tenemos bastantes palabras para encarecer la gran utilidad que reportaria á la navegacion, el que todo oficial encargado de los cronómetros de un buque tuviese un perfecto conocimiento de las diversas propiedades de las máquinas de esta especie que maneja; pues si bien es verdad que no siempre es necesaria en la práctica tan refinada prolijidad, hay muchos casos en que es de todo punto indispensable.

El punible abandono que hay y ha habido en algunos navegantes, con las observaciones cronométricas, es la causa que haya tantas situaciones erróneas en las cartas, que entorpecen y hasta hacen peligrosa la navegacion en determinadas circunstancias.

767. Diario de los cronómetros. El conocimiento de las causas generales y locales que alteran la regularidad de la marcha de un cronómetro, sólo se adquiere haciendo repetidas y exactas comparaciones y observaciones, y no desperdiciando jamás circunstancia alguna favorable para determinar su estado absoluto y movimiento, y acumulando, en fin, cuantos datos sean necesarios para obtener los resultados más exactos con tan importantes instrumentos.

Con tal objeto deberá hacerse un historiado exacto de cada cronómetro, para lo cual se lleva un registro, semejante al modelo siguiente, ya sea en las primeras hojas del diario de navegacion, ó bien en un cuaderno aparte.

DIARIO del cronómetro......... n.°........ observado en.......... el dia..... de.......... de.....

Estado absoluto á 0^h de T_m en San Fernando= ^{h}... ^{m}... ^{s}. Movimiento diario=............

Fechas.	Estado absoluto á 0^h de tiempo medio en S Fernando.	Movimiento diario.	Temperat.ª média, centígrado.	Estado del mar.	Variaciones observadas.

Partes proporcionales del movimiento diario.		
Mov.° diario en 24^h=	Mov.° diario en 3^h=	Mov.° diario en 30^m=
„ „ en 12^h=	„ „ en 2^h=	„ „ en 20^m=
„ „ en 6^h=	„ „ en 1^h=	„ „ en 10^m=

768. En la primera columna se indican las fechas ó sean los meses y dias.

En la segunda el estado absoluto á 0^h de T_m en S. Fernando del dia correspondiente, distinguiendo con signos convencionales la clase de observacion por la cual se determinó, siempre que haya lugar.

En la tercera columna se anota el movimiento diario que se le asigna á cada dia.

En la cuarta la temperatura média diaria, que es aproximadamente igual á un promedio entre las correspondientes á las seis de la mañana, dos de la tarde y diez de la noche; ó con ménos exactitud igual á la de las nueve de la mañana. Esta temperatura debe ser precisamente la indicada por el termómetro situado en el armario ó paraje en que están los cronómetros.

En la quinta columna se anota el estado del mar, expresando si se estaba en movimiento ó fondeado y haciendo mencion de los accidentes que se crea pueden afectar á los cronómetros.(*)

(*) Mr. Givry, dice, que la marcha de los cronómetros de la fragata *Le Coquille*, mandada por Mr. Duperrey, durante una comision científica, sufrió alteracion en Agosto de 1830 con una fuerte tronada experimentada en las costas de Timor.

(*Givry, Memoire sur l'emploi des Chronométres à la mer.*)

Por último, en la sesta columna se anotan todas las variaciones que se observan en la marcha del cronómetro, poniéndoles el signo + cuando son en atraso ó el signo — si son en adelanto.

Para facilitar la determinacion del estado absoluto á una hora intermedia del dia, se ponen al pié las partes proporcionales del movimiento diario.

Llevando el registro que acabamos de explicar podrán conocerse en todo tiempo las irregularidades que ha manifestado la marcha del cronómetro y las causas probables que las han motivado.

769. Coeficiente de temperatura. Algunos profesores y marinos entendidos, fundándose en sus prácticas y observaciones, establecen los principios siguientes:

1.° El frio hace adelantar generalmente á los cronómetros y el calor los hace atrasar.

2.° Las variaciones del movimiento en un mismo cronómetro, son sensiblemente proporcionales con las variaciones de temperatura, al ménos durante un intervalo de tiempo en que no pueda haber ejercido influencia la coagulacion de los aceites.

Admitido esto, diremos que por *coeficiente de temperatura* se entiende la cantidad que varía la marcha de un cronómetro por cada aumento ó disminucion en la temperatura. Dicho coeficiente es diferente en cada cronómetro y varía anualmente á causa de la coagulacion del aceite.

770. Es de la mayor importancia el que los encargados de los cronómetros se dediquen á determinar el referido coeficiente con toda prolijidad, para lo cual, hallado el movimiento correspondiente á dos temperaturas distintas, será igual al cociente que resulte de dividir la diferencia de los movimientos por la diferencia de las temperaturas.

Hallado que sea el referido coeficiente con el signo que le corresponde, segun provenga de un aumento ó disminucion de la temperatura, se corregirán siempre los estados absolutos, y de este modo se obtendrán los resultados más exactos, pues no tomándolo en consideracion y admitido que el frio produce adelanto y el calor atraso, puede suceder que al pasar de un clima cálido á otro frio, la hora del cronómetro sea mayor de lo que deberia ser, y la longitud por lo tanto *mayor* ó *menor*, segun que el observador esté al E ó al O de San Fernando, verificándose lo contrario cuando se pasa de un clima frio á otro caliente.

El error que resulta en la longitud en una recalada, es tanto mayor, cuanto mayor ha sido la duracion del viaje y las variaciones de temperatura que se han experimentado.

771. Saltos del movimiento diario. Los cronómetros están tambien expuestos á variaciones accidentales, por lo que conviene estar siempre prevenido para advertirlas inmediatamente.

En efecto, preséntanse casos que en la marcha de un cronómetro, de una regularidad perfecta, se advierten saltos bruscos de 20, 30 y hasta de 100 segundos, sin saber á qué causa atribuirlos.

Los saltos operan un cambio en el estado absoluto, pero no alteran su movimiento; se ha notado que *en un mismo cronómetro los saltos* tienen siempre lugar en igual sentido.

Suele tambien suceder que aumente ó disminuya considerablemente el movimiento durante varios dias, al cabo de los cuales vuelve á tener otra vez el mismo que antes y sigue marchando perfectamente.

772. Curvas de los movimientos diarios. Para distinguir al primer

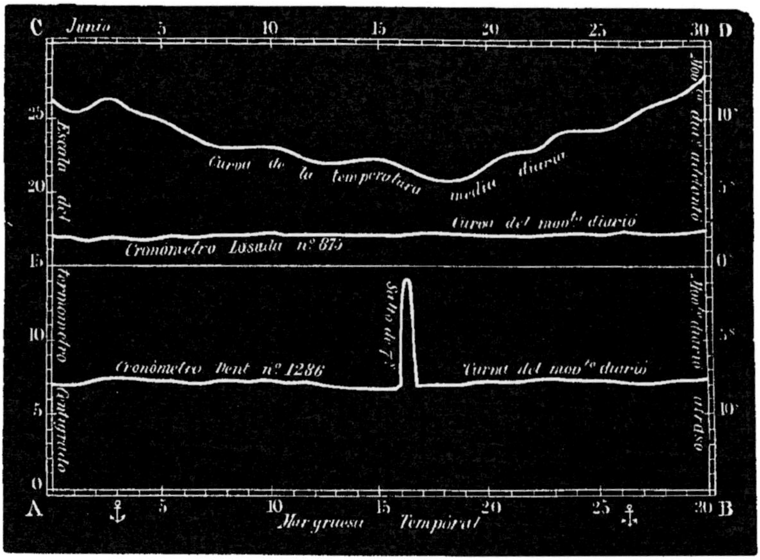

(Fig. 88)

golpe de vista los efectos producidos en el movimiento de un cronómetro, ya sea por variaciones de temperatura ú otra causa, se emplean las construcciones gráficas y se forma una hoja cada mes con los datos que suministra el diario de los cronómetros.

Para esto se construye un paralelógramo rectángulo ABCD, de la mayor dimension posible, y se dividen los lados AB y CD en un número de partes iguales que representan los dias del mes.

El lado BD (Fig. 88), se divide tambien en otro número de partes iguales para indicar los movimientos diarios, y por último, el lado AC representa la escala termométrica.

Hecho esto, se toman como abscisas los dias y como ordenadas los movimientos diarios correspondientes á cada dia, y trazando una línea que pase por los extremos de estas ordenadas, tendremos la curva de los movimientos. Descríbase despues la curva de las temperaturas médias diarias, siguiendo un procedimiento análogo, é indíquese tambien en frente de cada dia los accidentes que hayan ocurrido y que puedan influir en la marcha de los cronómetros.

Comparando la curva de los movimientos con la de la temperatura, se verá desde luego la analogía que hay entre ellas, deduciéndose de aquí las causas que puedan haber motivado las irregularidades observadas en los movimientos.

Examinando y comparando despues todas las hojas mensuales, se deducirá la influencia que ha ejercido la temperatura en el movimiento y llegaremos en fin á determinar el coeficiente de temperatura.(*)

773. Siendo así que la coagulacion del aceite hace que varien las marchas con el trascurso del tiempo, no será la misma la influencia de la temperatura todos los años, y será preciso hacer un estudio especial cada uno de ellos, formando al efecto hojas anuales, semejantes á las mensuales y comparándolas luego entre sí.

774. Influencia magnética en los cronómetros. Se ha observado que las masas de hierro que existen á bordo ejercen una accion magnética, á veces considerable, en las piezas de acero de la máquina del cronómetro, especialmente sobre el espiral y los radios del volante, por lo que debe cuidarse de tener separados los cronómetros de cantidades considerables de hierro y colocarlos siempre que se pueda hácia el centro del buque.

Los profesores *Fisher* y *Barlow* han hecho en Inglaterra numerosas observa-

---

(*) Observando la influencia de la temperatura en los cronómetros, durante el viaje de la fragata francesa *Sibylle*, viniendo de la isla de la Reunion para Brest, hicieron la recalada con pequeñísimo error, al paso que si la hubiesen hecho atendiendo sólo al movimiento y despreciando los efectos de la temperatura, habrian tenido en la recalada un error de más de 60 millas.

(*Dubois. Etude sur les chronomètres.*)

El capitan R. Oven, de la Marina Real inglesa, en los trabajos hidrográficos de las Indias Occidentales, halló que en un descenso de 14° Fahrenheit (de 82° á 68), aceleró el movimiento diario 1s,5 y que con un descenso de 20° (de 82° á 52°) el movimiento se aceleró 2s.

(*Raper's Navigation.*)

ciones acerca de este fenómeno. Cronómetros reputados de excelentes se han colocado primero próximos á barras imantadas y despues á una bala de cañon, y han observado una variacion de 9ˢ estando próximos á estas barras, y de 4ˢ solamente, estando cerca de la bala de cañon.

775. Advertencias. Concluiremos recomendando una vez más que el estudio de los cronómetros es de la mayor importancia para la seguridad y brevedad de la navegacion y que conviene determinar, siempre que sea posible, el estado absoluto y movimiento diario, tomando en consideracion la altura del termómetro, con el objeto de hallar el coeficiente de temperatura.

Téngase tambien muy presente que por bueno que sea un cronómetro y por excelentes los resultados que haya dado durante varios años, nunca debe tenerse una confianza ciega en él, y tampoco considerar en absoluto como prueba de exactitud el que concuerden dos ó más cronómetros, pues no hay razon que se oponga para suponer que la misma causa que ha alterado á uno pueda haber alterado tambien á los demás.

Cuando se llevan varios cronómetros, que deben ser 3 ó 5, se procurará que sean de distintos autores, pues de este modo no adolecerán todos del mismo defecto ó de igual propiedad adherente á cada fabricante.

CAPÍTULO XXI.

CÁLCULO DE LA LONGITUD POR MEDIO DEL CRONÓMETRO.

776. Fundamento del cálculo. Sabemos que la longitud de un lugar es igual á la diferencia de horas que se cuentan en un mismo instante en el primer meridiano, y en el meridiano del observador; que dicha longitud será Occidental cuando la hora de San Fernando es la mayor, y Oriental en el caso contrario.

Ahora bien, la hora del observador se halla calculando el horario correspondiente á la altura de un astro, y la hora del primer meridiano se obtiene con más facilidad aún por medio del cronómetro; apuntando la hora que señalaba en el momento de observar la altura del astro y determinando la hora correspondiente de San Fernando. Por lo tanto, la diferencia entre estas dos horas, reducida á una misma especie, es decir, que ambas sean médias ó verdaderas, será la longitud del lugar en que se hizo la observacion.

Tomando como punto de partida la longitud y latitud, determinadas con la mayor frecuencia por medio de observaciones astronómicas, y trabajando la estima en el intervalo de una á otra observacion, se conocerá siempre que se desee la situacion de la nave.

777. Cálculo de la longitud por cronómetro, observando alturas de Sol. Esta observacion se hace en la mar todos los dias por la mañana y algunas veces tambien por la tarde, lo cual es muy conveniente para comparar los resultados. Cuando lo exigen las circunstancias, se procede de un modo análogo, empleando alturas de Luna, estrellas ó planetas; pero lo más conveniente y exacto es hacer uso de alturas de Sol, ateniéndose á las reglas siguientes:

1.ª Por la mañana ó por la tarde y en circunstancias favorables para la determinacion del horario (*Astr.ª art.º* 671), se observarán una ó más séries de alturas de Sol, mediando entre una y otra el menor intervalo posible, y se apuntarán las horas que señalaba el cronómetro en cada una, para tomar despues el promedio de las horas y de las alturas de cada série.

2.ª Del promedio de las horas del cronómetro se deducirá la hora média en San Fernando, aplicándole el estado absoluto correspondiente al último medio dia y la parte proporcional del movimiento diario, por las horas que hayan trascurrido desde dicho medio dia.

3.ª Para esta hora média en San Fernando se corrije la declinacion del Sol, de la que se deduce la distancia polar; y la ecuacion de tiempo, que aplicada á dicha hora média de San Fernando, se tendrá la equivalente en tiempo verdadero.

4.ª La altura aparente se reducirá á verdadera, y con esta, la distancia polar y la latitud correspondiente al momento de la observacion, se calculará el horario del astro (*Astr.ª art.º* 663), del cual se deduce la hora verdadera del observador.

El resultado será tanto mejor cuanto más exacta sea la latitud de estima que se emplee. Por lo tanto, si la observacion se ha hecho por la tarde, se toma como punto de partida la latitud observada á medio dia y con los rumbos y distancias navegadas se halla la correspondiente al instante de la observacion.

Cuando la altura se observa por la mañana, se prepara el cálculo y se espera hasta obtener la latitud á medio dia; con la cual y los rumbos y distancias navegadas, se determina la que corresponde al momento de la observacion. Si es urgente determinar la longitud por la mañana misma, se trabaja la estima con la latitud del último medio dia; pero el resultado es generalmente erróneo, por lo que debe repetirse el cálculo con la latitud observada al medio dia siguiente.

5.ª Hállese por último la diferencia entre la hora verdadera de San Fernando y la hora verdadera del observador, refiriéndolas ambas á partir de una misma fecha, y se tendrá la longitud del lugar en el momento de la observacion, con la cual se determina la longitud correspondiente el medio dia, aplicándole la diferencia de longitud por estima que se haya contraido en el intervalo.

778. EJEMPLO I.—El 12 de Mayo de 1874, á las 8 de la mañana, se tomó una série(*) de alturas de Sol, navegándose desde dicha hora hasta medio dia al S 54° O, corregido, distancia 34 millas.

Elevacion del observador 20 piés. Error de índice del instrumento — 35″.
Estado absoluto del cronómetro el dia 12 á 0^h de T_m en S. Fernando $+1^h,20^m.19^s,5$
Movimiento diario — $4^s,5$.
Latitud observada al medio dia 34°.. 32′.. 30″ N. Se pide la longitud á medio dia.

Parte del cálculo que se hace antes del medio dia.

PROMEDIO DE LA SÉRIE.

Altura de ☉	= 34° .. 48′ .. 20″	Hora del cronómetro	= 21^h.. 12^m.. 14^s,5
„ „	= 34 .. 50 .. 30	„ „	= 21 .. 12 .. 47
„ „	= 34 .. 53 .. 10	„ „	= 21 .. 13 .. 16 ,5
Suma	= 152 .. 00	Suma	= 38 .. 18
⅓ Suma	= 34 .. 50 .. 40	⅓ Suma	= 21 .. 12 .. 46

Hora verdadera de San Fernando y elementos de las efemérides.

Estado absol.° dia 12 á 0^h	$+1^h.20^m.19^s,5$	δ ☉ dia 12 á 0^h....	= +18°. 10′. 02″,6
Parte prop. mov. por 22^h,5 —	4 ,3	V.h. +37″,70×22,5	= + .14 . 08 ,3
Estado el dia 12 á 22^h,5...	+1 . 20 . 15 ,2	δ ☉ corregida	= +18 . 24 . 10 ,9
Hora del cronómetro. =	21 . 12 . 46	Δ	= 71 . 35 . 49 ,1
Estado absoluto..... = +	1 . 20 . 15 ,2	Ec.ⁿ de tiempo el 12 á 0^h	= —3′. 52″, 33
Hora media en S. Fer.° =	22 . 33 . 01 ,2	V.ᵒⁿ h.ª —0^s,05×22^h,5..	= — 1 , 13
Ecuacion de tiempo.. = +	3 . 53 ,5	*Ecuacion corregida*	= —3 . 53 , 46
H_v en San Fernando ... =	22 . 36 . 54 ,7		

Determinacion de la altura verdadera.

Altura observada................	= 34° .. 50′ .. 40″
Error del instrumento...........	= — 35
Altura aparente ☉	= 34 .. 50 .. 05
D = — 4′.. 24″ ; —R + P = — 1 .. 15	= — 5 .. 39
Altura verdadera ☉	= 34 .. 44 .. 26
Semi-diámetro..................	= + 15 .. 51
Altura verdadera central ☉	= 35 .. 00 .. 17

(*) Cuando se observan varias séries, se halla la longitud correspondiente á cada una de ellas y se toma despues el promedio de los resultados.

Parte del cálculo que se hace despues del medio dia.

DETERMINACION DEL PUNTO DE ESTIMA.

Rumbo corregido = S 54° O. Dist.ª = 34'. Dif.ª en lat. = 20' S. Apart.º = 27', 5 O.

Lat. el dia 13 al medio dia = 34°. 32'. 30'' N.	Lat. media = 34°	Dif.ª long. 33' O.
Dif.ª en latitud estimada = + 20 . 00 S.	Apartam.º = 27', 5	
Latitud el dia 12 á 20ʰ.. = 34 . 52 . 30		

Cálculo de la hora verdadera del observador.(*)

Altura verdadera ☉ =	35° .. 00' .. 17''		
Δ .... =	71 .. 35 .. 49	....	cosec = 0,02280
Latitud..... =	34 .. 52 .. 30	....	sec = 0,08597
Suma ...... =	141 .. 28 .. 36		
½ Suma ...... =	70 .. 44 .. 18	....	cos = 9,51838
Diferencia .. =	35 .. 44 .. 01	....	sen = 9,76642
Horario Oriental .... =	3ʰ . 58ᵐ .. 40ˢ	....	verso = 9,39357
24ʰ — Hor.º Or.ªˡ = hor.º Oc.ªˡ =	20 .. 01 .. 20		

Determinacion de la longitud.

Hora verdadera en S. Fernando.... =	22ʰ .. 36ᵐ .. 54ˢ, 7
Hora verdadera del observador.... =	20 .. 01 .. 20 ,
Long. el dia 12 á 20ʰ = Diferencia.. =	2 .. 35 .. 34 , 7 = 38°.. 53'.. 40'' O.
Diferencia de longitud estimada.................... =	+ 33 .. 00 O.
Longitud del observador el dia 13 de Mayo á 0ʰ........ =	39 .. 26 .. 40 O.

779. EJEMPLO II. — El dia 4 de Octubre de 1874, se observó la latitud á medio dia 37°..20'..30'' N, y desde esta hora se navegó al N 80° O, corregido, distancia 25 millas, hasta las 3ʰ de la tarde en que se observó una série de alturas de Sol, resultando el promedio siguiente:

Altura aparente ☉ 30°.. 55'.. 30''. Hora del cronómetro = 00ʰ.. 12ᵐ.. 53ˢ, 5. Estado absoluto el dia 4 á 0ʰ + 1ʰ.. 6ᵐ.. 32ˢ,4. Movimiento diario — 6ˢ,5. Elevacion 28 piés. Error del instrumento — 30''. Se desea saber la longitud á 0ʰ del dia 4.

Hora verdadera de S. Fernando y elementos de las efemérides.

Estado absoluto el dia 4 á 0ʰ.. = + 1ʰ. 6ᵐ. 32ˢ, 4	δ ☉ para 1ʰ del dia 4 = — 4°. 24'. 30''
Parte prop.ªˡ del mov.º por 1ʰ,2 = — 0 , 33	Δ .... = 94 . 24 . 30
Estado el dia 4 á 1ʰ.. 18ᵐ .... = + 1 . 6 . 32 , 07	Ec.ⁿ correg. para 1ʰ dia 4 = - 11ᵐ. 17ˢ, 54

(*) El ángulo horario puede determinarse inmediatamente, sin necesidad de cálculo, por medio de las tablas de horarios, publicadas en Paris en 1868 por *Mr. Louis Hommey*, para lo cual se entra en ella con la altura verdadera, la distancia polar y la latitud.

Dichas tablas contienen más de 40.000 horarios, calculados para todas las latitudes desde 0° á 70°, cuando son de igual especie la latitud y la declinacion; y desde 0° á 55° cuando son de contraria especie.

Esta obra ha sido recomendada como útil por el Ministerio de Marina en Francia, en razon á que facilita y hace muy rápido el cálculo de longitud por cronómetro observando alturas de Sol; pero la verdad es que los resultados que se obtienen no son rigorosamente exactos, especialmente en latitudes crecidas y cuando son de contraria especie la latitud y declinacion.

Consideramos, sin embargo, conveniente la adquisicion de estas tablas, pues se obtienen las longitudes con una aproximacion de 4ˢ de tiempo, que en muchos casos satisface las necesidades del navegante, pudiendo tambien servir para comprobar el resultado obtenido por medio del cálculo.

Hora del cronómetro	=	00h.. 12m.. 53s,5
Estado absoluto	= +	1 .. 06 .. 32 ,07
Hora média en San Fernando	=	1 .. 19 .. 25 ,57
Ecuacion corregida	= +	11 .. 17 ,54
Hora verdadera en San Fernando	=	1 .. 30 .. 43 ,11

La altura aparente 30°.55'.30" reducida á verdadera, resulta ser 31°.04',21".

Determinacion del punto de estima.

Rumbo corregido N 80° O = Dist.a 25'. Dif.a en lat. 4',3 N. Apartam.to 24',6 O.

Lat. el dia 4 á 0h	=37°.. 20'.. 30" N	Lat. média=37°	Dif.a en long.=31' O.
Dif.a de lat. estimada=	4 .. 18 N	Apartam.to=24'6	
Lat. el dia 4 á 3h	=37 .. 24 .. 48 N		

Cálculo de la hora verdadera del observador.

Altura verdadera ☉	= 31° .. 04' .. 21"		
Δ	= 94 .. 24 .. 30	cosec	= 0,00128
Latitud	= 37 .. 24 .. 48	sec	= 0,10000
Suma	=162 .. 53 .. 39		
½ Suma	= 81 .. 26 .. 49	cos	= 9,17244
Diferencia	= 50 .. 22 .. 28	sen	= 9,88662
Hor.o Occid.al=hora verdad.ra	= 2h .. 58m .. 50s	verso	= 9,16034

Determinacion de la longitud.

Hora verdadera de San Fernando	= 1h .. 30m .. 43s, 11	
Hora verdadera del observador	= 2 .. 58 .. 50	
Long. el dia 4 á 3h = Diferencia	= 1 .. 28 .. 06 , 89	= 22° .. 01' .. 43" O.
Diferencia de longitud estimada		= + 31 .. 00 O.
Longitud del observador el dia 4 á 0h		= 22 .. 32 .. 43 O.

780. Longitud por medio del cronómetro, observando el orto ú ocaso del Sol. Cuando por estar el cielo nublado uno ó más dias no se han podido hacer observaciones astronómicas, y se carece por lo tanto de longitud de confianza, puede determinarse con bastante aproximacion cuando hay una clara y se vé al Sol en el momento de su orto ú ocaso.

Para esto se apunta la hora del cronómetro en el momento en que el centro del Sol se halla en el horizonte verdadero, que como sabemos, es cuando dicho centro aparece elevado unos 33' mas la depresion del horizonte. A la referida hora del cronómetro se le aplica el estado absoluto, y se tendrá la hora média en San Fernando, que se reduce á verdadera aplicándole la ecuacion de tiempo.

Se halla la declinacion para la hora reducida, y con ella y la latitud del observador se calcula la hora verdadera del orto ú ocaso del Sol (*Astr. art.* 682), la cual restada de la hora verdadera en San Fernando antes hallada, nos dará la longitud.

781. Cuando no se puede observar el momento preciso del orto ú ocaso verdadero, se mide la altura del Sol y por medio de ella se calcula el horario, que nos dará la hora verdadera á bordo y restada de la correspondiente en San Fernando resultará la longitud.

782. Téngase muy presente en uno y otro caso, que el resultado que se obtiene es solamente aproximado, tanto por los errores que provienen de las irregularidades de las refracciones astronómica y terrestre, como por las malas condiciones en que se observó la altura; pero como el error que puede resultar no pasa regularmente de 8 millas, puede apelarse á esta observacion en circunstancias apremiantes ó cuando no puede hacerse otra de más confianza.

783. Comprobar el estado absoluto del cronómetro, estando á la vista de tierra. Cuando se tiene una costa á la vista, de la cual se posee una carta exacta, puede determinarse la situacion del buque por medio de marcaciones, y se tendrá la longitud, tanto más exacta cuanto mayor haya sido la escrupulosidad con que se han corregido las marcaciones.

Si en el instante de tomar las marcaciones se observa una série de alturas de Sol, en buenas circunstancias, se calculará la longitud por medio del cronómetro y su diferencia con la longitud obtenida por marcaciones, será el error que hay en el estado absoluto que se le ha aplicado á la hora del cronómetro.

Igual observacion puede hacerse algunos dias despues, si se está á la vista de tierra, y la comparacion de los dos estados absolutos que resultan, nos dará á conocer el nuevo movimiento diario del cronómetro.

CAPÍTULO XXII.

DETERMINACION DE LA LONGITUD Ó DEL ESTADO ABSOLUTO DE UN CRONÓMETRO, POR DISTANCIAS LUNARES.

784. Aplicacion del cálculo de las distancias lunares. El problema de las longitudes se reduce, como sabemos, á determinar en un momento dado la diferencia de horas que se cuentan en dos lugares. Conocidos por el marino los procedimientos astronómicos para hallar la latitud y la hora de á bordo, sólo le resta poder saber en cualquier momento la hora que se cuenta en el primer meridiano. Esta se obtiene con suma facilidad por medio de los cronómetros, pero la prudencia aconseja que no nos fiemos exclusivamente en las indicaciones de estos instrumentos, pues además que pueden pararse por un olvido en darles cuerda ú otras causas, están expuestos á desarreglos de importancia, y no poseyendo tres cuando ménos, para compararlos entre sí, no podrán conocerse los errores que pueda haber en ellos.

Por todo esto se hace indispensable conocer un método seguro, practicable siempre en la mar y basado únicamente en observaciones astronómicas, tanto para calcular la longitud como para conocer si los cronómetros han experimentado algunas irregularidades en sus marchas.

785. Ahora bien; si el Almanaque Náutico nos dá las horas á que se verifican ciertos fenómenos instantáneos, es evidente que al observar uno de estos en cualquier punto del globo, se sabrá la hora que en dicho instante se cuenta en el meridiano de San Fernando, la cual comparada con la hora del observador, obtenida por la altura de un astro, nos dará la longitud.

Los fenómenos astronómicos más notables, que se verifican instantáneamente para todos los habitantes de la Tierra que pueden observarlos, son el principio ó fin de un eclipse de Sol ó Luna; los eclipses de los satélites de Júpiter, las ocultaciones de estrellas por el disco de la Luna, ó bien por último, las distancias lunares.

Los eclipses de Sol ó de Luna son muy raros y su observacion bastante difícil é incierta á veces, por lo que no nos ocuparemos de ellos; otro tanto puede decirse respecto á los eclipses de los satélites de Júpiter y ocultaciones de estrellas (*), en virtud de lo cual sólo nos ocuparemos del método más general y practible en la mar, que es el que resulta de la observacion de las distancias de la Luna al Sol, ó á las estrellas zodiacales. (†)

786. Prediccion de las distancias lunares en el Almanaque Náutico. Trasladándose la Luna por la bóveda celeste con bastante rapidez, su distancia al Sol y á los demás astros varía contínuamente, siendo posible calcular con la anticipacion que se quiera, las distancias correspondientes á las diferentes horas de cada dia, resultando de aquí, como nos dice *Delaunay*, que el cielo se nos presenta como la muestra de un reloj, visible desde todos los puntos de la Tierra; el Sol, los planetas y las estrellas vienen á ser las divisiones de esta

---

(*) Es rarísimo el que pueda verificarse en la mar la observacion de los eclipses de los satélites de Júpiter, no solo porque es necesario emplear un buen anteojo de un metro de distancia focal, que generalmente no se lleva á bordo, sino tambien porque los movimientos del buque impiden la mayor parte de las veces hacer la observacion; y despues de todo el resultado que se obtiene no es muy exacto, aunque concurran las mejores circunstancias.

Respecto á las ocultaciones de estrellas y planetas por la Luna, diremos que es un fenómeno bastante raro, tanto, que durante todo el año de 1874 las observaciones de esta clase visibles en San Fernando sólo han sido 18, entre ellas 13 de estrellas de 5.ª á 6.ª magnitud; además el cálculo es bastante largo y complicado, si se ha de hacer con exactitud, siendo estas las razones por que no se ha generalizado el problema ni se ocupan de él en los mejores tratados de navegacion.

(†) Maskeline pasa por el primero que formuló un método, muy trabajoso por cierto, para determinar en la mar la longitud por distancias lunares, y á instancias de este astrónomo se empezaron á publicar las distancias en el *Almanaque Náutico* inglés el año de 1767.

gran muestra, y la Luna, moviéndose entre dichos astros, la aguja que señala las horas.

787. El Almanaque Náutico trae en las seis últimas páginas de cada mes, las distancias angulares del centro de la Luna al del Sol, al de los cuatro planetas más visibles y á nueve estrellas principales situadas próximo á la eclíptica, y por lo tanto á la órbita de la Luna.

Los planetas son *Venus, Marte, Júpiter* y *Saturno*, y las estrellas α *Aries, Aldebaran, Pollux, Regulus, Espiga de Virgo, Antares, Altair, Fomalhaut* y α *Pegaso.*

Dichas distancias son *verdaderas;* es decir, tal como aparecerian para un observador situado en el centro de la Tierra, como si no existiese atmósfera y exentas por lo tanto de la refraccion y paralaje. Están dadas de tres en tres horas de *tiempo medio* de San Fernando, todos los dias del año en que pueden observarse desde cualquier punto del globo. Las correspondientes á un mismo dia están anotadas en las dos páginas de izquierda y derecha, empezando por las más occidentales y continuando hasta las más orientales, por el órden en que se expresan al observador.

Para que la observacion de la distancia sea posible, es necesario que la diferencia entre las Æ de los dos astros esté comprendida dentro de ciertos límites. En efecto, desde tres dias antes hasta tres dias despues del novilunio, no hay observacion de distancias por no ser visible la Luna; asimismo tres dias antes y tres dias despues del plenilunio se halla el Sol tan distante de la Luna, que no puede medirse la distancia. De donde resulta que para encontrar en el Almanaque la distancia de la Luna al Sol, la diferencia entre las Æ de estos astros debe ser mayor de 30° y menor de 125°.

788. Explicacion del cálculo de las distancias. Si no estuviese la Tierra rodeada de atmósfera y si la distancia lunar fuese la misma respecto á dos observadores, situado el uno en la superficie y el otro en el centro de la Tierra, podríamos entrar desde luego en el Almanaque con la distancia observada, para determinar la hora correspondiente de San Fernando. Pero los astros aparecen en puntos distintos de aquellos en que se hallan en realidad, por efecto de la refraccion y paralaje, resultando de aquí diferencias notables entre las distancias aparentes, ó sean las observadas y las verdaderas que nos dan las efemérides.

Tambien tenemos, que si la distancia verdadera, ó sea la corregida, fuese igual á una de las del Almanaque, tendríamos desde luego la hora correspondiente de San Fernando; pero como esto es rarísimo que suceda, hay que tomar las dos distancias del Almanaque entre las cuales está comprendida la verdadera observada, y hallar la hora de San Fernando por medio de una proporcion ó por otro método más exacto.

Por lo tanto, diremos que el cálculo de las distancias lunares puede considerarse dividido en estas dos partes:

1.ª *Dada la distancia observada, determinar la verdadera.*

2.ª *Conocida la distancia verdadera, hallar la hora média de San Fernando que le corresponde.*

789. Modo de reducir la distancia observada á verdadera. La parte más complicada es la reduccion de la distancia observada á verdadera, lo cual ha dado orígen á que se empleen diversos métodos para corregir tan delicada observacion.

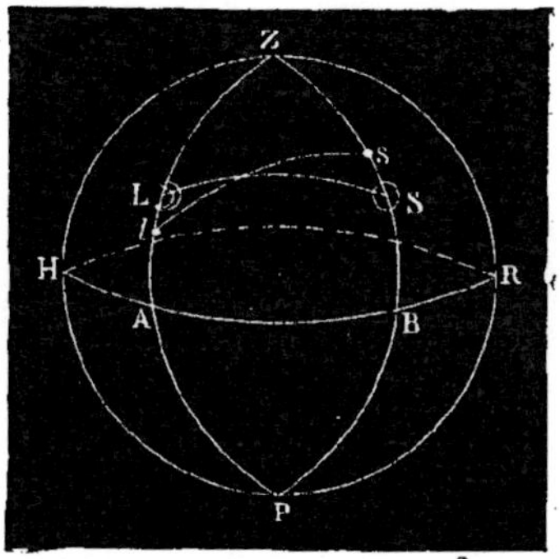

(Fig. 89)

Para resolver este problema emplearemos un método trigonométrico exacto que puede efectuarse con cualquier tabla de logaritmos, sin perjuicio de explicar despues el método abreviado de Mendoza, que exige desde luego las tablas de este célebre autor.

790. Ante todo diremos, que por *distancia aparente de los limbos* más próximos del Sol y de la Luna, se entiende la distancia observada con un instrumento de reflexion, corregida de error de índice, á la cual sumándole los semi-diámetros de los dos astros, nos dará la *distancia aparente central*, ó sea la distancia angular que separa los centros de los dos astros respecto á un observador situado en la superficie de la Tierra.

La *distancia verdadera central*, es la distancia angular de los centros de los astros, en su posicion verdadera, respecto á un observador que se supone situado en el centro de la Tierra.

791. Para explicar el modo de efectuar la reduccion, se supone que en el instante de medir la distancia se han tomado las alturas de los dos astros sobre el horizonte de la mar.

Esto supuesto, sea Z el zenit del observador; HR el horizonte verdadero; L la Luna y S el Sol, en sus posiciones verdaderas; los arcos ZLP y ZSP los verticales de estos dos astros, y LS será por lo tanto la distancia verdadera central.

Siendo en la Luna la paralaje mayor que la refraccion, se verá este astro más bajo de lo que está en realidad, mientras que el Sol aparecerá más elevado por ser la refraccion mayor que la paralaje; luego suponiendo que *l* y *s* sean las posiciones aparentes de estos astros, ls será la distancia aparente central de la cual hay que deducir la verdadera L S.

792. Para esto tendremos que en el triángulo lZs se conocen los tres lados, ó sea ls distancia aparente central, lZ y sZ los complementos de las alturas aparentes; luego para determinar el valor del ángulo en Z tendremos (*Trig.ª art.º* 112, *fórm.ª* 79.)

$$\cos \tfrac{1}{2} Z = \sqrt{\frac{\operatorname{sen} \frac{1}{2} S \times \operatorname{sen} (\frac{1}{2} S - ls)}{\operatorname{sen} lZ \operatorname{sen} sZ}} \; ; \quad \text{de donde}$$

$$\log \cos \tfrac{1}{2} Z = \tfrac{1}{2} (\log \operatorname{sen} \tfrac{1}{2} S + \log \operatorname{sen} (\tfrac{1}{2} S - ls) + \text{c.}^{to} \log \operatorname{sen} lZ + \text{c.}^{to} \log \operatorname{sen} sZ).$$

793. En el triángulo LZS se conoce ya el ángulo Z y los lados LZ y SZ *complemento de las alturas verdaderas;* es decir, dos lados y el ángulo comprendido, y podremos determinar el valor del tercer lado LS, ó sea la *distancia verdadera central*, y será (*Trigonometria art.º* 114, *fórm.ªs* [*a*] y [*b*]).

$$\cos LS = \frac{\cos ZS \cos (LZ - \varphi)}{\cos \varphi} ,$$

pero $\operatorname{tang} \varphi = \operatorname{tang} SZ \cos Z$, de donde $\log \operatorname{tang} \varphi = \log \operatorname{tang} SZ + \log \cos Z$, y

$$\log \cos LS = \log \cos SZ + \log \cos (LZ - \varphi) + \text{compl.} \log \cos \varphi - 10.$$

794. Casos que pueden ocurrir en la observacion de las distancias. En las observaciones de las distancias lunares pueden ocurrir tres casos; que haya tres observadores y puedan medirse al mismo tiempo la distancia y las alturas; que sólo haya dos observadores, y que no haya en fin más que un observador.

Los dos últimos casos difieren únicamente del primero, en el modo de obtener las alturas para el momento de observar la distancia, siendo el resto del cálculo exactamente igual.

Cuando los dos astros se hallan en un mismo vertical ó en verticales opuestos, pueden emplearse otras fórmulas mucho más sencillas. Algunos autores se ocupan de estos casos particulares, que nosotros omitimos, tanto porque es rarísimo que se presenten en la práctica, como por no abultar esta obra con fórmulas que no tienen aplicacion.

795. Siendo así que para resolver este problema hay que medir las alturas de los dos astros sobre el horizonte de la mar, que se vé con mucha dificultad de noche, se hace difícil emplear las distancias de la Luna á estrellas y planetas, pues en este caso hay que calcular las alturas, lo cual complica el problema sobremanera. Por esta razon se prefieren las distancias de la Luna al Sol, siempre que aparecen estos astros sobre el horizonte.

796. Cálculo de la longitud por distancias de la Luna al Sol, habiendo tres observadores. Cuando se reunen tres observadores provistos de buenos instrumentos, el más diestro dirige la operacion y observa la distancia, por ser el ángulo más difícil de medir y el más importante á la vez, pues los errores que se cometen son los que tienen más influencia en el resultado.(*) Los otros dos observadores toman las alturas, procurando tener siempre los astros tangentes al horizonte para fijar las alidadas en el instante que dá la voz de *top* el que mide la distancia.

Conviene tomar con mucha exactitud la altura de Sol, pues de ella se deducirá la hora del observador, que comparada con la de San Fernando, nos dará la longitud.

797. Lo más conveniente es observar una série de distancias, tres cuando ménos, mientras que se miden igual número de alturas y tomar despues el promedio de todas las observaciones.

Cuando se desea hallar un resultado lo más exacto posible, se observan varias séries, se toma el promedio de cada una de ellas que se calcula separadamente, y se toma por último el promedio de los resultados finales obtenidos con los promedios de dichas séries.

798. Determínese la hora reducida ya sea con la hora del observador y la longitud por estima, ó bien por medio del cronómetro (art.° 756), y calcúlense para esta hora los elementos necesarios para corregir las alturas y para el cálculo de la hora média del observador deducida de la altura del Sol.

A las alturas observadas se les aplica la correccion de error del instrumento, depresion y semi-diámetro de altura, y restando cada resultado de 90°, se tendrán los *complementos de las alturas aparentes centrales.*

A la distancia observada de los limbos más próximos, se les aplica tambien la correccion de error del instrumento y se le suman los *semi-diámetros en altura* del Sol y de la Luna, y se obtendrá la *distancia aparente central.*

Con esta distancia y los complementos de las alturas aparentes, se conocerán los tres lados del triángulo lZs (Fig. 89), y se calculará el valor del ángulo en Z (art.° 792), diferencia de azimutes de los dos astros.

Calcúlense escrupulosamente las correcciones de refraccion y paralage para el Sol, y paralage de altura y refraccion para la Luna, que aplicadas con signos contrarios á los complementos de las alturas aparentes, es decir, con signo ménos respecto á la Luna, y con signo más para el Sol, y tendremos los *complementos de alturas verdaderas* de los astros.

(*) Téngase muy presente lo explicado acerca del modo de medir las distancias (art. 642) y sobre todo que es condicion indispensable para hacer una buena observacion, que las imágenes de los dos astros aparezcan con igual intensidad, aplicando al efecto los vidrios de color necesarios, pues si aparece más brillante la imágen del Sol, pueden cometerse errores de 1 ó 2 minutos que son producidos por la irradiacion de los rayos solares.

Con dichos complementos y el ángulo en Z antes hallado, conoceremos los dos lados SZ y LZ y el ángulo comprendido en el triángulo SZL (Fig. 89) y podremos hallar finalmente el lado LS, empleando las fórmulas correspondientes (art. 793), que será la *distancia verdadera central* que se deseaba.

799. Determinada la distancia verdadera hay que hallar la hora média de San Fernando que le corresponde.

Para esto se busca en el Almanaque Náutico, en el dia de la observacion, las dos distancias que comprenden á la verdadera observada; y en el caso rarísimo que se encuentre una exactamente igual, la hora correspondiente á ella será la que se pide. Pero generalmente esto no sucede, encontrándose únicamente dos que la comprenden; en este caso la hora média de San Fernando que se pide será igual á la hora correspondiente á la distancia más próxima del Almanaque, mas una correccion que se determina por uno de los métodos siguientes; advirtiendo que debe emplearse siempre el segundo por ser el más exacto, y únicamente el primero cuando el calculador carezca de tablas de logaritmos proporcionales.

800. 1.er Método.—Hállese la diferencia entre las dos distancias del Almanaque que comprenden á la verdadera observada, y la que hay entre ésta y la más próxima del Almanaque, y tendremos la siguiente proporcion: la diferencia entre las dos distancias del Almanaque, es á la que hay entre la observada y la antecedente ó siguiente del Almanaque, como 3^h ó sean 180^m es el cuarto término, que será la correccion que debe sumarse á la hora de la primera distancia ó restarse de la hora de la segunda, segun que se haya tomado la diferencia entre la primera ó la segunda del Almanaque y la observada.

801. 2.º Método.—El resultado obtenido por el método anterior seria exacto, si las distancias variasen de una manera uniforme; pero no siendo así, la solucion más fácil y exacta se obtiene por medio de los logaritmos proporcionales, y aplicando la correccion de segundas diferencias que dá la tabla XXXIX de Mendoza (*) ó la que se encuentra al final del Almanaque Náutico, hácia la página 486, procediendo como sigue:

1.º Búsquense en el Almanaque las dos distancias entre las cuales está comprendida la verdadera observada; escríbase *la primera*

(*) Omitiendo la correccion de segundas diferencias, pueden darse casos en que resulte un error en la hora média de San Fernando hasta de 44^s que produce un error en la longitud de $11'$. Sin embargo de que la diferencia que resulta no es siempre tan considerable, no debe de omitirse dicha correccion.

de las dos, la hora de San Fernando á que se verifica, que vá en lo alto de la respectiva columna, el logaritmo proporcional(*) que lleva á continuacion y la diferencia entre éste y el que le sigue en la misma línea, poniéndole el signo + cuando dichos logaritmos van aumentando, y el signo — en el caso contrario.(†)

2.° Hállese la diferencia entre la distancia determinada á bordo y la primera del Almanaque y búsquese el logaritmo proporcional de esta diferencia, del que se resta el extraido antes del Almanaque, y el resíduo será el logaritmo proporcional de una cantidad en tiempo que llamaremos h, á la cual se le pone siempre el signo positivo.(‡)

3.° Con esta cantidad, ó sea el intervalo aproximado que se busca, y la diferencia hallada antes entre los logaritmos consecutivos del Almanaque, se entra en la tabla XXXIX de Mendoza y se tendrá el valor de una cantidad, que llamaremos m, que es la correccion de segundas diferencias. Llamando c á la correccion, será $c = h \pm m$ cuando los logaritmos van $\left\{\begin{matrix}\text{disminuyendo} \\ \text{aumentando}\end{matrix}\right\}$.

Aplicando la correccion c á la hora de San Fernando correspondiente á la *primera distancia* del Almanaque, se tendrá la *hora de tiempo medio de San Fernando* en el instante de la observacion de la distancia.

802. Hallada que sea la hora média de San Fernando correspondiente al momento de observar la distancia, podremos determinar *la longitud del observador*, ó bien *el estado absoluto del cronómetro*, que comparado con el que le veníamos aplicando, nos dará á conocer si ha tenido alguna irregularidad en el movimiento diario.

803. Para determinar la longitud, con la latitud de estima y la altura del Sol, si se ha tomado en circunstancias favorables para la determinacion del horario, se calculará la *hora média* del observador, y su diferencia con la hora média de San Fernando, deducida de la distancia, nos dará dicha longitud en el instante de la observacion.

(*) Los logaritmos proporcionales que nos dá el Almanaque Náutico, no solo sirven para facilitar el cálculo, sino que nos demuestran al mismo tiempo y al primer golpe de vista, cuál de los astros se halla en circunstancias más ventajosas para obtener mejor resultado en la observacion de su distancia, debiendo siempre preferirse aquel cuyo logaritmo proporcional sea más pequeño, pues esto nos indica que su distancia á la Luna varía con más rapidez.

(†) Hay casos, si bien poco frecuentes, en que no son constantes las diferencias de los logaritmos proporcionales sucesivos de las distancias del Almanaque; cuando varían mucho estas diferencias, debe entrarse en la tabla XXXIX de Mendoza tomando como argumento vertical el *promedio de las diferencias* entre el logaritmo proporcional con que se calcula el intervalo aproximado y el antecedente y siguiente, ó sean los próximos anterior y posterior que se hallan en la misma línea. No procediendo así, puede resultar una diferencia hasta de 6ˢ en la hora média de San Fernando.

(‡) Como los logaritmos proporcionales que dá el Almanaque sólo tienen 4 cifras, hay que suprimirle una cifra á los logaritmos proporcionales que se toman en las tablas de Mendoza. (Véase el ejemplo que ponemos á continuacion.)

Cuando la altura tomada en el instante de la distancia, no es favorable para la determinacion de la hora del observador, se calcula esta antes ó despues de la observacion de la distancia en circunstancias favorables, y con esta se hallará la hora del observador correspondiente al momento de observar la distancia, aplicándole el intervalo cronométrico que haya trascurrido, corregido de la parte proporcional del movimiento diario y la diferencia en longitud que se haya contraido, expresada en tiempo.

804. Si hallamos la diferencia entre la hora que señalaba el cronómetro en el instante de la observacion y la hora média de San Fernando obtenida por la distancia, tendremos el estado absoluto, y su diferencia con el que le veníamos aplicando, será la variacion que ha resultado del movimiento diario, en el intervalo trascurrido desde que se halló el que se le habia asignado al cronómetro.

805. Determinacion de la distancia verdadera por el método de Mendoza. Para facilitar el cálculo de la distancia verdadera, se han ideado infinitos métodos; pero segun nuestro entender ninguno es tan sencillo ni exacto como el de Mendoza, para el cual se emplean sus tablas calculadas para este objeto.

Para demostrar la expresion á que llegó Mendoza y que redujo á tablas, nos valdremos de la (Fig. 39), y llamando

$\odot$ = Altura verdadera del Sol.	S′ = Suma de alturas aparentes.
☽ = Altura verdadera de la Luna.	S = Suma corregida de alturas.
$\odot$′ = Altura aparente del Sol.	D = Distancia verdadera.
☽′ = Altura aparente de la Luna.	D′ = Distancia aparente;

tendremos, que suponiendo á la Tierra esférica, la Trigonometría nos dá en el triángulo S Z L (*Trig.ª art.º* 89, *fórm.ª* [58]), teniendo en cuenta los arcos complementarios que,

$$\cos D = \text{sen}\,\odot\ \text{sen}\,\text{☾} + \cos\odot\ \cos\text{☾}\ \cos Z.$$

Del mismo modo en el triángulo Z *s l*, será:

$$\cos D' = \text{sen}\,\odot'\ \text{sen}\,\text{☾}' + \cos\odot'\ \cos\text{☾}'\ \cos Z,$$

las ecuaciones estas pueden tambien expresarse de este modo:

$$\cos D - \text{sen}\,\odot\ \text{sen}\,\text{☾} = \cos\odot\ \cos\text{☾}\ \cos Z$$
$$\cos D' - \text{sen}\,\odot'\ \text{sen}\,\text{☾}' = \cos\odot'\ \cos\text{☾}'\ \cos Z,$$

dividiendo miembro á miembro y destruyendo cos Z, será:

$$\frac{\cos D - \text{sen}\,\odot\ \text{sen}\,\text{☾}}{\cos D' - \text{sen}\,\odot'\ \text{sen}\,\text{☾}'} = \frac{\cos\odot\ \cos\text{☾}}{\cos\odot'\ \cos\text{☾}'},$$

pero, sabemos que la suma de antecedentes es á la suma de consecuentes, como un antecedente es á su consecuente, luego

$$\frac{\cos D - \operatorname{sen} \odot \operatorname{sen} ☾ + \cos \odot \cos ☾}{\cos D' - \operatorname{sen} \odot' \operatorname{sen} ☾' + \cos \odot' \cos ☾'} = \frac{\cos \odot \cos ☾}{\cos \odot' \cos ☾'};$$

haciendo

$$\frac{\cos \odot \cos ☾}{\cos \odot' \cos ☾'} = 2 \cos (60° + \alpha),$$

tendremos que α será el valor de un *argumento* llamado *auxiliar;* de donde sustituyendo en la ecuacion anterior y reduciendo, será:

$$\frac{\cos D + \cos (\odot + ☾)}{\cos D' + \cos (\odot' + ☾')} = 2 \cos (60° + \alpha).$$

Pero $\odot + ☾ = S$ y $\odot' + ☾' = S'$, luego

$$\frac{\cos D + \cos S}{\cos D' + \cos S'} = 2 \cos (60° + \alpha),$$

y despejando cos D, resultará que

$$\cos D = 2 \cos (60° + \alpha) \cos D' + 2 \cos (60° + \alpha) \cos S' - \cos S.$$

Restando de esta ecuacion la idéntica, $5 = 2 + 1 + 2$, tendremos finalmente

$$5 - \cos D = 2 (1 - \cos (60° + \alpha) \cos D') + (1 + \cos S) + 2 (1 - \cos (60° + \alpha) \cos S').$$

Esta ecuacion se resuelve en las cuatro siguientes, ó sean las expresiones que Mendoza redujo á tablas:

$2 (1 - \cos (60° + \alpha) \cos S' = \text{I}$
$1 + \cos S \ldots\ldots\ldots\ldots\ldots = \text{II}$
$2 (1 - \cos (60° + \alpha) \cos D' = \text{III}$
$5 - \cos D \ldots\ldots\ldots\ldots\ldots = \text{IV} = \text{I} + \text{II} + \text{III} =$ *Distancia verdadera.*

806. De todo lo dicho resulta:

1.° El valor de α, ó sea el *argumento auxiliar*, depende de la altura aparente de la Luna y de su paralage horizontal: se busca en la tabla IX de Mendoza, entrando en ella como para buscar la paralage menos refraccion de la Luna, y agregándole la parte proporcional que se encuentra en la tablita de la izquierda, por la altura del Sol ó estrella. Cuando sea el otro astro un planeta, se busca esta parte proporcional en la tabla XLII.

2.° Los números I, II, III y IV se buscan en la tabla X, de este modo:

El número I se busca con la suma de alturas aparentes y el argumento auxiliar.

El número II se busca con la suma corregida de alturas.

El número III se busca con la distancia lunar aparente y el argumento auxiliar.

La suma de estos tres números sirve para hallar en la misma tabla X el número IV, que es la distancia lunar verdadera.

807. Por lo tanto, para reducir una distancia observada á verdadera empleando el método de Mendoza, nos atendremos á las reglas siguientes:

1.ª Hállese la hora reducida y calcúlese para ella el semi-diámetro y paralage *horizontales* de la Luna.

A la paralage horizontal se le aplicará la correccion que dá la tabla XI por efecto del aplanamiento de la Tierra; y el semi-diámetro horizontal de la ☾ se reducirá á semi-diámetro de altura por medio de la tabla V.

Tómese tambien en el Almanaque el semi-diámetro del Sol cuando se ha observado la distancia á este astro.

2.ª Aplíquesele á la distancia y á las alturas observadas el respectivo error de índice del instrumento con que se observó cada una.

3.ª A las alturas observadas se les aplican las correcciones de depresion y semi-diámetro, el de altura en la Luna, y se tendrán las *alturas aparentes de los centros*, que se suman al minuto más próximo.

4.ª A la distancia observada se le suman los semi-diámetros de los dos astros, el de altura de Luna, cuando se ha tomado el contacto de los limbos más próximos, ó se restan en caso contrario y se tendrá la *distancia aparente de los centros.*

5.ª Tómese en la tabla VII la correccion complementaria *aditiva* correspondiente á la altura aparente del Sol ó estrella, segun el astro observado, y de la tabla VIII la correccion tambien aditiva correspondiente á la altura aparente de la Luna, y estas dos correcciones que son el resultado de la refraccion y paralage se suman á la suma de alturas aparentes, obtenidas por la regla 3.ª, y se tendrá la *suma corregida* de alturas.(*)

6.ª Al mismo tiempo que se halla la correccion que dá la tabla VIII, se halla tambien el argumento auxiliar, dado por la tabla IX, en la página de la derecha.

(*) En vez de restar de la altura aparente del Sol el resultado de la refraccion y paralage que dá la tabla VI, se le suma el complemento de esta á 60′, que es lo que se obtiene en la tabla VII, y tendremos que la altura *corregida* valdrá 1º más que la verdadera. Pero como las tablas de Mendoza que se emplean en las distancias lunares, están calculadas con esta condicion, se tendrá mucho cuidado cuando se obtenga por cálculo la altura verdadera del Sol ó de una estrella, de aumentarle un grado para sumarla con la altura corregida de Luna y tener el argumento necesario para el n.º II, al cual se le llama por esta razon *suma corregida de alturas* y no de alturas verdaderas como algunos equivocadamente han creido á primera vista que se les deberia llamar.

7.ª Búsquese en la tabla X con dicho argumento auxiliar y la suma de alturas aparentes el número I: con la suma corregida de alturas el número II, y con la distancia aparente de los centros, *omitiendo los segundos*, y el argumento auxiliar el número III; y siendo *aditivos* los valores de estos tres números, se escribirán á continuacion y debajo de cada uno las partes proporcionales correspondientes á cada número para hallar la suma total.

8.ª Déjense abiertas las tablas por la página en que se halló el número III; súmense los tres números y sus partes proporcionales, y en la misma página ó en la más próxima se buscará en la número IV la distancia que corresponde á esta suma, á la cual se le suman los segundos omitidos, regla 7.ª, y se tendrá la *distancia verdadera*.

808. Ejemplo.—El 4 de Agosto de 1874, á 21^h.. 50^m, en long. por estima 9°.. 30′ E de S. Fernando=38^m, y en lat. 42°.. 56′ N; en una elevacion de 16 piés, midieron tres observadores, en un corto intervalo, una série de tres distancias de los limbos más próximos de la Luna al Sol, y otras tantas alturas del limbo inferior de este astro y del superior de la Luna, resultando los respectivos promedios que siguen:

Distancia ☽☉ .... 84°.. 16′.. 10″.... Error de índice del instrumento + 24″.
Altura.. ☽̄ .... 35 .. 46 .. 30 ...... „ ..... „ .... „ ...... + 14″.
Altura.. ☉̲ .... 50 .. 19 .. 10 ...... „ ...... „ .... „ ...... — 1′.40″.

Se pide la longitud del observador.

1.º *Determinacion de los elementos del Almanaque Náutico.*

Hora aproximada dia 4=21^h.. 50^m	Paral.ᵉ hor.ˡ ☾ dia 4 á 12^h=59′ 06″,1
Long. estimada E ....=— 38	Variacion en 9^h,2........=— 8,4
Hora reducida........=21 .. 12	Para.ᵉ hor.ˡ para hora red.ª=58 57,7
δ ☉ dia 4 0^h=+17° 14′ 13″,4 V.ⁿ h.ª—39″,98	Correccion tabla XI......=— 5
V.ⁿ en 21^h,2=— 14 7,6	Paralage horiz.ˡ corregida=58 52,7
δ corregida=+17 00 05,8	Semi-diámetro ☾ dia 4 á 12^h=16′ 07″,9
Δ ☉ ......= 72 59 54,2	Variacion en 9^h,2.......=— 2,3
Ec.ⁿ tpo. el 4 á 0^h=+5^m 49^s,11 V.ⁿ h.ª—0″,22	Semi-diámetro corregido..=16 05,6 (hor.ˡ)
Var.ᵒⁿ en 21^h,2=— 4,66	Semi-diámetro de altura..=16 15 (T.ª V)
Ec.ⁿ tpo. correg.=+5 44,45	Semi-diámetro ☉ dia 4....=15′ 48

2.º *Correccion de las distancias y de las alturas.*

	☽☉	☉̲	☽̄
	84°.. 16′.. 10″	50°.. 19′.. 10″	35°.. 46′.. 30″
Error de índice del instrumen.º	+ 24	— 1 .. 40	+ 14
	84 .. 16 .. 34	50 .. 17 .. 30	35 .. 46 .. 44
Depresion de horizonte.....	....	— 3 .. 56	— .. 3 .. 56
Semi-diámetro ☉	+ .. 15 .. 48	+ 15 .. 48	
„ ☽	+ .. 16 .. 15		— 16 .. 15
Distancia aparente central..	=84 .. 48 .. 37	Aₐ ☉ 50 .. 29 .. 22	Aₐ ☽ 35 .. 26 .. 33

Cálculo de la distancia verdadera por el método trigonométrico.

Determinacion de los complementos de las alturas aparentes y verdaderas.

A_a ☉	= 50°.. 29'.. 22"	A_a ☾	= 35°.. 26'.. 33"
Complemento A_a ☉	= 39 .. 30 .. 38	Complem.^{to} A_a ☾	= 54 .. 33 .. 27
−R+P (Tabla VI)	= + 42	(−R+P).....	= − 46 .. 37 (Tabla VIII)
Complemento A_v ☉	= 39 .. 31 .. 20	*Complem.^{to}* A_v ☾	= 53 .. 46 .. 50

Determinacion del ángulo en Z.

Distancia ☽☉	= 84°.. 48'.. 37"		
Compleménto A_a ☉	= 39 .. 30 .. 38	.... c.^{to} log sen	= 0,19639
Complemento A_a ☽	= 54 .. 33 .. 27	.... c.^{to} log sen	= 0,08900
Suma	=178 .. 52 .. 42		
½ Suma	= 89 .. 26 .. 21	.. .. sen	= 9,99998
Diferencia	= 4 .. 37 .. 44	.... sen	= 8,90691
		$\cos^2 \frac{1}{2}$ Z	=19,19228
	66°.. 45'.. 30"	$\cos \frac{1}{2}$ Z	= 9,59614
Z	=133 .. 31 .. 00		

Determinacion de la distancia verdadera central.

Complemento A_v ☉ = 39°.. 31'.. 20" .. log tang =9,91645+ .. log cos=9.88727+

Z =133 .. 31 .. 00 .. log cos =9,83795 −

log tang φ − 10 =9,75440 −

29°.. 36'.. 00"− (*)

180 .. 00 .. 00

φ =150 .. 24 .. 00 .... c.^{to} log cos=0,06073−

Complemento A_v ☾ = 53 .. 46 .. 50

☾ − φ = 96 .. 37 .. 10 .... log cos=9,06173

log cos − 10=9,00973

Distancia verdadera central ...... 84°.. 07'.. 50"

Cálculo de la distancia verdadera por el método de Mendoza.

Argumento auxiliar (Tabla IX.)

Para 35°.. 26' A_a ☾ y 58' de paralage, dá la tabla	18'.. 28"
Para 53" de paralage	18
Correccion por la A_a de ☉	4
Argumento auxiliar	18 .. 50

(*) Respecto á los signos y valores de las líneas trigonométricas, téngase presente lo dicho (*Trig. arts.* 6, 7 y 8.)

Determinacion de la distancia verdadera (Tabla X.)

A_a ☉	50 . 29			
A^a ☾	35 . 27			
Suma........	85 . 56 . 00″	....	29727	N.° I
Correc.ⁿ complem.ª ☉ (T.ª VII)	59 . 19	Por 50″ argu.° aux.ᵃʳ	33	
Correccion ☾ .... (Tabla VIII)	46 . 38			
Suma corregida de alturas....	87 . 41 . 57	....	57564	N.° II
		Por 57″ de suma..	5	
Distancia aparente..........	84°. 48′. 37″	....	10191	N.° III
		Por 50″ argu.° aux.ᵃʳ	40	
	I+II+III=	Suma......	97570	
	84°. 07′. 00″	N.° IV.....	97497	
	15	Parte propor.ᵃˡ dif.ª	73	
Segundos omitidos en la dist.ª=	37			
Distancia verdadera.......	=84°. 07′. 32″			

Determinacion de la hora média de San Fernando.

Distancia verdadera observ.ª=	84°. 07′. 52″		
(*Alm. N.*°) Dist.ⁿ dia 4 á 21^h=	84 . 12 . 55 ..	log prop.ᵃˡ= 2663.	Dif.ª en 3^h=+7
Diferencia......=	05 . 03	„ „ =15520 (*)	
h=+....	$00^h. 09^m. 19^s$	log prop.ᵃˡ dif.ª=12857	
m=......	00	(Tabla XXXIX)	
4 dias......	21		
Dia 4 de Agosto=	21 . 09 . 19	T_m *de S. Fernando al observar la distancia.*	

Cálculo de la longitud del observador.

A_v ☉ ..=	50°. 28′. 40″			
Δ ☉ ..=	72 . 59 . 54	..cosec=0,01940	Horario Oriental....=	$2^h. 20^m. 45^s$
Latitud=	42 . 56 . 00 ..	sec=0,13540		24
Suma=	166 . 24 . 34		Hora verdadera obs.ª=	21 . 39 . 15
½ Suma=	83 . 12 . 17 ..	cos=9,07307	Ecuacion de tiempo =+	5 . 44,45
Difer.ª =	32 . 43 . 37 ..	sen=9,73290	Hora media observ.ª=	21 . 44 . 59,45
Horario=	$2_h .. 20_m .. 45^s$	verso=8,96077	Hora media S. Fer.°=	21 . 09 . 19
Longitud del Observador E de San Fernando	8°.. 55′.. 06″=		Difer.ª=	00 . 35 . 40ˢ,45

809. Determinacion del estado absoluto del cronómetro. Hemos dicho (art. 804), que por el cálculo de las distancias lunares se puede arreglar un cronómetro que se ha quedado parado por un olvido de darle cuerda ú otra causa, ó bien determinar si existe error en el estado absoluto que se le viene aplicando.

(*) Téngase muy presente al tomar los logaritmos proporcionales con 1 cifra ménos, en las tablas de Mendoza, en razon á que los logaritmos del Almanaque Náutico sólo se dan con 4 cifras (art. 801, p. 2.°)

Siendo el objeto de las distancias determinar con la mayor exactitud posible la hora média de San Fernando correspondiente al momento de la observacion, no tendremos más que comparar dicha hora con la que señalaba el cronómetro en el instante de medir la distancia, y se tendrá el estado absoluto.(*) Sea por ejemplo:

H_m del cronómetro al observar la distancia	$= 23^h..18^m..42^s$
H_m en San Fernando al " "	$= 21..09..19$
Estado absoluto al observar la distancia. .	$= -2..09..23$ (adelanto)

810. Si comparamos este estado absoluto con el que se le venia aplicando á bordo, y que sea el correspondiente al momento de la observacion, la diferencia nos indicará el error que hay en el estado del cronómetro ó bien la irregularidad que ha tenido el movimiento diario. Si suponemos esto último y admitimos como constante la diferencia que hemos encontrado, dividiremos esta por el número de dias que hace se le venia aplicando dicho movimiento, y tendremos la correccion que hay que hacerle.

Estado absoluto, segun las últimas observaciones	$= -2^h..08^m..51^s$
" " determinado por las distancias	$= -2..09..23$
Error en atraso = Diferencia	$= +$ 32

Es decir, que al estado que le veníamos aplicando habrá que sumarle 32^s por causa del error que hemos encontrado, lo cual produce una diferencia en la longitud de $8'$; estando por lo tanto la hora del cronómetro corregida con dicho estado anterior, al E de San Fernando; y como la longitud del observador es Oriental, resulta que la determinada por el cronómetro es menor que la verdadera.

Si suponemos que este error ha dimanado del movimiento diario que se le venia aplicando; siendo éste por ejemplo de $2^s,3$ en adelanto y que han mediado 54 dias desde que se calculó, como dicho movimiento en este caso es menor del que le corresponde, dividiremos 32^s por 54 dias y el cociente $0^s,59$ sumado con el movimiento anterior $2^s,3$, nos dará el movimiento corregido de $2^s,89$ en adelanto, ó sea el que se le debe aplicar en lo sucesivo, si tenemos confianza en el cálculo de las distancias que hemos efectuado.

811. Para no equivocarse en el modo de apreciar los errores que produce en la longitud la diferencia entre los estados, téngase presente:

(*) Para obtener el estado absoluto con la mayor exactitud posible, será preciso no sólo emplear varias séries de distancias de la Luna á un mismo astro observadas en el mismo dia, sino hacer tambien observaciones en el mismo dia de distancias de diferentes especies, ó sean Orientales y Occidentales, con lo cual se obtendrán tantos estados como séries de observaciones se han hecho, y el promedio de dichos estados nos dará un resultado tanto más exacto, cuanto mayor sea el número y bondad de las observaciones efectuadas.

1.° Si los estados son en adelanto y el determinado por las distancias es el mayor, estará la hora del cronómetro al E de San Fernando; y siendo E la longitud del observador, la obtenida por medio del cronómetro será menor que la verdadera, y mayor si la longitud es O. Sucede lo contrario cuando el estado por las distancias es el menor.

2.° Si los estados son en atraso y el de la distancia es el mayor, el cronómetro estará al O y siendo la longitud E, resultará mayor que la verdadera y menor si es O; sucediendo lo contrario si el estado por distancia es el menor.

3.° La correccion que hay que aplicarle al movimiento diario anterior se suma cuando el estado, segun la distancia, es el mayor, y se resta en el caso contrario.

812. Cálculo de distancias de la Luna á una estrella ó planeta. El procedimiento para determinar la longitud por distancias de la Luna á una estrella ó planeta, es en general lo mismo, diferenciándose únicamente en lo que sigue:

1.° Al observar la distancia de la Luna á un planeta ó tomar la altura del último, puede tomarse el contacto del centro, con lo cual se prescinde del semi-diámetro.

2.° Para hallar la suma corregida de alturas se le aplica á la altura del planeta la paralage en altura, que se obtiene por la tabla XLI de Mendoza, entrando en ella con la altura aparente y la paralage horizontal tomada en el Almanaque Náutico.

3.° El argumento auxiliar se obtiene del mismo modo que en el caso del Sol ó una estrella, con la única diferencia de tomar el resultado de la tabla XLII, en vez de la que se halla para el Sol ó una estrella á la izquierda de cada página de la tabla IX.

4.° Para determinar la hora del observador correspondiente al momento de la distancia, cuando éste no es propio para el cálculo del horario, se halla dicha hora antes ó despues en circunstancias favorables, y para tener la hora del observador en el momento de la distancia, se le aplica á dicha hora antes calculada el intervalo cronométrico que haya mediado, corregido de la parte proporcional del movimiento diario y diferencia en longitud que se haya contraido.

5.° Como las alturas de estrellas y planetas se observan de noche con dificultad, resultando un error cuando ménos de 3′ ó 4′, se suelen calcular las alturas.

813. Procedimiento cuando sólo hay un observador. Sabemos ya que para reducir la distancia á verdadera, hay que conocer las alturas de los dos astros; pero en la mayoría de los casos no se reunen tres observadores, y aun cuando así suceda, no puede hacerse en el mismo momento la observacion que á cada uno le corresponde con la precision posible.

Cuando no hay más que un observador, pueden emplearse dos

procedimientos: consiste el primero en observar la altura de cada astro antes y despues de la distancia, apuntando la hora del cronómetro al hacer cada observacion, y por medio de proporciones se hallan las alturas correspondientes al instante de la distancia. El otro procedimiento consiste en conocer la hora del observador con la mayor exactitud posible, y calcular para dicha hora las alturas de los dos astros; hecho lo cual, el resto del cálculo es lo mismo que cuando hay tres observadores.

814. 1.er MÉTODO.—**Reduccion de alturas.** Se toman primeramente dos ó tres alturas de Sol, en seguida dos ó tres de Luna, y despues 4 ó 5 distancias; tomándose sucesivamente otras dos ó tres alturas de Luna y otras tantas de Sol.

Se apunta la hora que señala el cronómetro en cada observacion, y tomando el promedio de las horas y observaciones se hallan las alturas para el momento de la distancia, ya sea por una proporcion ó bien por la tabla XL de Mendoza.

815. Empleando la proporcion, diremos: *El intervalo que ha mediado entre las dos observaciones de altura de un mismo astro, es al intervalo que ha trascurrido entre la hora de observacion de la primera altura y la hora de la distancia, como la diferencia de las dos dichas alturas, es al cuarto término*, que será el movimiento en altura, el cual se suma á la primera altura si es la menor, ó se le resta cuando es la mayor.

Promedio de las observaciones y horas del cronómetro.

Cronómetro.	*Alturas de Sol.*	*Alturas de Luna.*	*Distancias de ☽☉.*
2h.. 25m.. 15s	☉ 54°.. 05'.. 30"		
2 .. 29 .. 33	....	☾ 20°.. 04'.. 30"	
2 .. 34 .. 41	....	....	96°.. 17'.. 40"
2 .. 39 .. 07	....	☾ 21 .. 22 .. 30	
2 .. 44 .. 05	☉ 53 .. 40 .. 40.		

Para reducir la altura de Sol, tendremos:

1.ª Altura = 54°. 05'. 30"....	Hora = 2h. 25m. 15s	H.ª 1.ª alt.ª del ☉ = 2h. 25m. 15s
2.ª „ = 53 . 40 . 40	„ = 2 . 44 . 05	H.ª de la distan.ª = 2 . 34 . 41
Dif.ª = . 24 . 50	Dif.ª = 18 . 50	Diferencia = 9 . 26

de donde 18m,83 : 24'83 : : 9m.43 : x = 12'.. 26" (*)

(*) Lo más breve es calcular el cuarto término de esta proporcion por medio de los logaritmos.

Por lo tanto 1.ª Altura de ⊙ = 54°.. 05'.. 30"
Correccion = — 12 .. 26
Altura de ⊙ para el instante de la distancia = 53 .. 53 .. 04

Para la altura de Luna, será tambien:

1.ª Altura ☾ = 20°. 04'. 30"	Hora = 2ʰ. 29ᵐ. 33ˢ	H.ª 1.ª alt.ra ☾ = 2ʰ. 29ᵐ. 33ˢ
2.ª „ ☾ = 21 . 22 . 30	„ = 2 . 39 . 07	H.ª distancia .. = 2 . 34 . 41
Diferencia = 1 . 18 . 00	Dif.ª = 9 . 34	Diferencia .. = 5 . 08

de donde 9ᵐ,57 : 78' : : 5ᵐ,13 : x = 00°. 41'. 48"
1.ª Altura de ☽ = 20 . 04 . 30
Altura de ☾ para el momento de la distancia = 20 . 46 . 18

Resulta, pues, que las observaciones reducidas para el momento de la distancia son:

Horas del cronómetro = 2ʰ.. 34 .. 41ˢ.

Altura ⊙ 53°.. 53'.. 04". *Altura* ☾ 20°.. 46'.. 18". *Distancia* ☽⊙ 96°.. 17'.. 40"

816. La reduccion de alturas para el momento de la distancia se hace con más facilidad aún, empleando la tabla XL de la coleccion de Mendoza, de la manera siguiente:

Tómese en la *primera parte* de la citada tabla, con el intervalo, que los dá hasta 15ᵐ solamente, y la variacion correspondiente de altura del astro, la que deberia tener en un intervalo de 10 minutos.

Con esta variacion en 10ᵐ, y el intervalo que ha mediado entre la primera altura y la distancia, la *parte segunda* de la tabla nos dará la correccion que debe aplicarse como antes á la primera altura, con el signo + ó —, segun que dichas alturas vayan aumentando ó disminuyendo. Reduciendo la altura de ☾ del ejemplo anterior, tendremos:

Primera parte de la tabla XL.

Para 9ᵐ.. 34ˢ de intervalo y 1°.. 10' de variacion en altura = 1°.. 13',0
Para 9 .. 34 de „ y 8 de „ en „ = 8 ,3
Variacion de la altura en 10 minutos = 1 .. 21 ,3

Segunda parte de la tabla XL.

Para 5ᵐ. 8ˢ intervalo de la 1.ª alt.ª á la dist.ª y 1°. 20' v.on en 10ᵐ = 0°.. 41',2
Para 5 . 8 „ de la „ á la „ y 1 ,3 „ „ = 0 ,6
Cor.on igual á la antes hallada, que se suma en este caso á la 1.ª alt.ª ☾ 41',8 = 41' 48"

817. Cuando se emplee este método debe procurarse hacer las observaciones en el menor intervalo posible, para lo cual conviene tener dos instrumentos dispuestos de antemano; uno para la observacion de las alturas y el otro para la distancia. En general puede decirse, que si en la totalidad de las observaciones no se emplean más de 15^m, el error que puede resultar en la longitud es despreciable, sobre todo cuando los astros no están próximos al meridiano, pues entonces su movimiento en altura es más rápido y uniforme.

818. Cuando se efectúa la observacion en circunstancias favorables para el cálculo de la hora del observador por la altura del Sol, se empieza y se concluye por las alturas de Luna, para que mediando el menor intervalo posible entre las alturas de Sol, se pueda admitir sin error sensible la proporcionalidad de las variaciones en altura.

En los demás casos es preferible tomar las alturas de Luna inmediatamente antes y despues de la distancia, en razon á que el movimiento de éste astro es más irregular que el del Sol.

819. 2.° MÉTODO.—*Calcular las alturas para el momento de observar la distancia.* La observacion de las alturas no siempre puede efectuarse, bien por estar el horizonte tomado, ó cuando se observan de noche distancias de la Luna á estrellas y planetas.

Además, la altura del astro que nos ha de servir para determinar la hora del observador debe observarse en circunstancias favorables, momento que no siempre corresponde á la observacion de la distancia.

En tales casos, antes ó despues de observar la distancia, hállese por medio de alturas absolutas de Sol, tomadas en buenas circunstancias, la hora verdadera del observador, apuntando la hora que señalaba el cronómetro en dicho instante, y al observar la distancia véase tambien la hora que señalaba el cronómetro.

La hora verdadera del observador obtenida por las alturas de Sol, comparada con la del cronómetro en dicho instante, nos dará su estado absoluto respecto al tiempo verdadero de á bordo; luego para conocer la hora verdadera en el momento de observar la distancia, le aplicaremos á la hora que señalaba entonces el cronómetro, el estado absoluto determinado antes, y la parte proporcional del movimiento diario por el tiempo que ha mediado desde el arreglo hasta la observacion de la distancia, y por último, la diferencia de longitud en tiempo, que se haya contraido en dicho intervalo, todo con los signos convenientes, segun que el arreglo se haya hecho antes ó despues de la observacion de la distancia.(*)

(*) Para no equivocarse en los signos con que se aplican las cantidades dichas, tendremos presente lo que sigue:

Conocida la hora verdadera del observador en el momento de tomar la distancia, se calculan las alturas verdaderas de los astros (*Astron.ª art.º* 676), las cuales se reducen á aparentes, con lo cual el resto del cálculo es exactamente igual, como en el caso de haber tres observadores.

Conviene sobremanera que sea lo más corto posible el intervalo que média entre el cálculo de la hora y la observacion de la distancia, para que las corrientes ó errores de la estima no alteren la diferencia de longitud contraida y que debe aplicarse como sabemos.

820. Procedimiento cuando hay dos observadores. En tal caso el más diestro mide la distancia y el otro la altura que más convenga, que será la del Sol si con ella se vá á calcular la hora verdadera del observador, y en caso contrario la de la Luna.

La altura del otro astro que no se ha observado, puede obtenerse ya sea tomándola inmediatamente antes de la distancia y apuntando las horas del cronómetro se reduce á la correspondiente en el momento de medir la distancia, ó bien con la hora verdadera de á bordo en este momento se calcula dicha altura; es decir, que puede emplearse uno de los dos métodos (art.ºˢ 814 y 819), que hemos explicado.

Obtenidas las dos alturas, el resto del cálculo es como en el caso de haber tres observadores.

821. Circunstancias favorables para la observacion de las distancias y errores que pueden cometerse segun los casos. La observacion de las distancias lunares es sin duda alguna la más difícil de cuantas se hacen con los instrumentos de reflexion, pues no sólo es necesario que estos sean excelentes, sino que el observador tenga gran destreza y precision.

822. El grado de perfeccion con que se construyen hoy los cronómetros y el ser varios los que se llevan generalmente en cada buque, con los cuales se obtiene una buena longitud, ha dado lugar á que se abandone la observacion de las distancias y que se haya perdido la costumbre de observarlas hasta el punto que sólo se haga una observacion de tarde en tarde por simple curiosidad, ó únicamente en las recaladas para comprobar si los cronómetros dan resultados exactos.

Hay tambien algunos marinos laboriosos y entendidos que no quieren hacer uso de una observacion cuyos errores producen en la longitud otros, treinta veces

---

El estado absoluto respecto á la hora del observador		adelanto	—
		atraso	+
Movimiento correspondiente al intervalo que ha mediado entre las observaciones	si el arreglo es anterior	adelanto	—
		atraso	+
	si el arreglo es posterior	adelanto	+
		atraso	—
Diferencia de longitud contraida desde que se arregló el cronómetro hasta que se observó la distancia	si el arreglo es anterior	Este	+
		Oeste	—
	si el arreglo es posterior	Este	—
		Oeste	+

mayores, y tambien por lo difícil que es obtener el exacto contacto de las imágenes, no pudiendo además apreciarse el instante de dicho contacto en muchos casos sino con una aproximacion de 5 á 6 segundos de tiempo.

Nada es, sin embargo, más fácil que sufra alteraciones la marcha de los cronómetros ó que se paren por un olvido en darles cuerda ó por otras causas, y entonces tendremos que apelar precisamente á las distancias lunares, pues aun cuando nos den una longitud con 30 millas ó un grado de error, siempre será éste menor que el que puede resultar guiándonos únicamente por el trabajo de la estima.

Podemos decir que en la actualidad se calculan las tablas lunares con tal exactitud, que la longitud por distancias lunares puede ser suficientemente exacta, siempre que se haya hecho una *buena observacion*, y puede muy bien suceder que un buen observador obtenga una longitud de confianza por distancias lunares, mientras un buen observador, empleando *un solo cronómetro*, puede deducir de él una longitud errónea si ha sufrido alteracion la marcha del mismo.

823. Resulta, pues, que no debe abandonarse la observacion de las distancias, debiendo tenerse muy presente, que sólo por medio de una práctica constante se adquiere la precision y destreza necesarias, sin las cuales no se obtienen buenos resultados.(*)

Deberán tambien elegirse las circunstancias más favorables que vamos á exponer, y calcular la importancia de los errores que pueden resultar segun los casos y circunstancias de la observacion.

824. *Eleccion de las circunstancias más favorables para la observacion.* Así como la hora del observador se obtiene con más precision por la altura de un astro, mientras mayor es la rapidez con que varía dicha altura, del mismo modo la hora de San Fernando obtenida por distancias es tanto más exacta, cuanto mayor es la diferencia que tiene la distancia y que nos lo indica el *Almanaque Náutico*(†), y en igualdad de circunstancias es tanto más exacta la observacion cuando la distancia es próximamente de 90°

825. Respecto á las alturas diremos, que el instante más favorable es aquel en que las alturas son próximamente iguales, pues en tal caso, al observar las distancias, la direccion del plano del instrumento está muy distante del zenit.

Téngase tambien muy presente:

1.° Cuando el astro situado más al O, es el más elevado, debe aguardarse para observar á que las alturas sean próximamente iguales.

2.° Si el astro situado más al O es el más bajo, ha pasado ya el momento favorable y debe por lo tanto hacerse la observacion sin pérdida de tiempo.

3.° Conviene que las alturas no sean menores de 20°, especial-

---

(*) Una de las causas y dificultades que se oponen á una buena observacion, es la agitacion del buque por el viento y la mar, tanto que los resultados que se obtienen en Tierra son mucho más exactos que los que se deducen en la mar.

(†) La menor variacion en 3^h es de 1°.. 18′ y la mayor de 1°.. 55′.

mente en temperaturas extremas, y cuando son menores, pero que excedan siempre de 10°, hay que aplicarles la correccion de refraccion con toda escrupulosidad, teniendo en cuenta la temperatura y presion barométrica (*Ast.ª art.º* 586.)

4.° Suponiendo un error constante en la distancia, ya sea porque provenga de las tablas astronómicas, de la destreza del observador ó del instrumento que se emplea, puede destruirse fácilmente observando la distancia de la Luna á dos estrellas, situadas la una al E y la otra al O de aquel astro, y se toma el promedio de las dos longitudes que resulten.

826. *Influencia que ejercen en la longitud los errores de la distancia.* Todo error cometido en la distancia observada, resulta idéntico en la distancia verdadera y produce en la hora de San Fernando y desde luego en la longitud, un error treinta veces mayor. Por lo tanto, *un error de un minuto en la observacion de la distancia, produce* 30′ *de error* en la longitud.

En efecto, siendo así que un error de 1′, por ejemplo, en la distancia observada, resulta tambien en la distancia verdadera, y como esta está comprendida entre las dos más próximas, anterior y posterior del Almanaque, y considerando que estas dos distancias pueden variar en el intervalo de 3^h ó sean 180^m, desde 1°..18′ hasta 1°..55′; resulta pues, que en las circunstancias más favorables un error de 1′ en la distancia producirá un error en la hora de $\frac{180^m}{115'}=1^m,56$; y en las circunstancias ménos favorables de $\frac{180^m}{78'}=2^m,30$. Luego un error en la distancia verdadera producirá por término medio una diferencia en la hora de San Fernando y en la longitud como de 2 minutos de tiempo ó sean 30 minutos de arco, lo cual nos demuestra la gran precision que es necesaria en la observacion y cálculo de la distancia.

Hay que tener presente, sin embargo, que la diferencia de 30′ que resulte en la longitud por un error de 1′ en la distancia, corresponde á un valor de 30 *millas marinas*, únicamente en el caso de ser cero la latitud del observador; y como los grados de apartamiento de meridiano disminuyen en extension absoluta, al paso que aumenta la latitud, cuando ésta sea de 60°, por ejemplo, el minuto de arco de longitud equivale á média milla, y un error de 30′ que haya en la longitud, producirá un error de 15 millas en la situacion del buque.

827. Para conocer fácilmente si se ha cometido algun error de importancia al corregir la distancia, bastará tener presente que la diferencia entre las distancias observada y verdadera no debe exceder de la suma de las correcciones que se aplican á las alturas aparentes centrales; y que cuando la altura de la Luna es igual ó menor que la del otro astro, la distancia aparente es mayor que la verdadera, sin que por eso sea esta mayor que la aparente cuando la Luna está más elevada que el otro astro.

828. *Influencia que ejercen en la longitud los errores de las altu-*

ras. Un error de 1′ cometido en la observacion de las alturas, en las circunstancias *ménos favorables*, produce un error de 1″ en la distancia verdadera, y por lo tanto una diferencia de 30″ en la longitud.

Siendo favorables las circunstancias, un error de 5′cometido en la altura, no tiene influencia apreciable en la longitud; luego puede decirse, en general, que basta obtener las alturas con la aproximacion de 1′, sin perjuicio de corregirlas con toda escrupulosidad.

829. Cuando se determina la hora del observador por medio de una altura de Luna, hay que advertir que si no está el horizonte muy despejado, resulta muy errónea la observacion.

Cuando está la Luna en el vertical primario, un error de 1′ en la altura produce una diferencia de 4^s en el horario, aumentando estos errores en la razon de la secante de la latitud al radio; por lo tanto, siendo crecida la latitud, de 60° por ejemplo, un error de 1′ en la altura produce un error de 8^s en el horario; todo lo cual nos viene á demostrar, que siempre que sea posible debe evitarse el determinar la hora del observador por medio de la altura de la Luna.

830. Concluiremos diciendo, que cuando la longitud obtenida por distancias lunares difiere mucho de la estimada con que se halló la hora reducida y se calcularon los elementos de las efemérides, debe repetirse el cálculo.

831. Cálculo de la latitud para el instante de observar la distancia. Por medio de la observacion de las distancias lunares, puede obtenerse tambien la latitud, una vez deducida la distancia verdadera y antes de hallar la hora média de San Fernando.

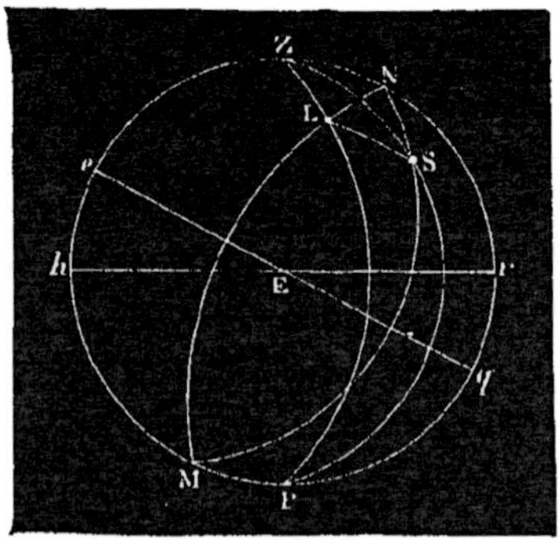

(Fig. 90)

Este procedimiento se emplea cuando es dudosa ó errónea la latitud del observador que se necesita para el cálculo del horario.

Sean, por ejemplo, L y S las posiciones verdaderas de la Luna y del Sol y LS su distancia verdadera calculada como ya sabemos.

En el triángulo ZLS conocemos sus tres lados, puesto que ZS es el complemento de la altura del Sol; ZL el complemento de la altura verdadera de la Luna y el lado LS la distancia verdadera; y con estos datos calcularemos el valor del ángulo ZSL.

Del mismo modo en el triángulo NSL se conocen tambien sus tres lados, por ser NL distancia polar de la Luna; NS distancia polar del Sol y LS distancia verdadera; con estos elementos hallaremos el valor del ángulo NSL, que restado del ZSL, antes hallado, nos dará á conocer el ángulo NSZ.

Ahora bien; en el triángulo ZSN conocemos ya el ángulo NSZ, el lado SN distancia polar del Sol y ZS complemento de su altura verdadera, y podremos determinar el valor del tercer lado ZN, que es el complemento de la latitud del observador en el instante de observar la distancia.

Como regularmente se tiene una buena latitud, es muy rara la aplicacion de este cálculo.

CAPÍTULO XXIII.

MÉTODO DE LITTROW PARA DETERMINAR LA LONGITUD POR ALTURAS CIRCUNMERIDIANAS DE SOL.

832. Objeto y explicacion del cálculo. Al explicar el cálculo de la longitud por medio de una ó más alturas absolutas de Sol, hemos visto que no puede obtenerse un buen resultado cuando no se efectúa la observacion en circunstancias favorables, ó sea cuando el astro varía de altura con más rapidez; y como esto solo tiene lugar dos ó tres horas distantes del medio dia, resulta que la latitud que se emplea en el cálculo es la deducida por estima, que muchas veces es errónea, sobre todo cuando se navega en parajes donde las corrientes son variables ó pocos conocidas; y si á esto se agrega que la altura no haya sido tomada en buenas circunstancias, la longitud que se obtendrá no será todo lo exacta que pudiera desearse.

Para salvar estos inconvenientes, ó bien como medio de comprobacion, puede emplearse el método de Littrow(*), por medio del cual se deduce la hora del observador, que comparada con la que señalaba el cronómetro en dicho instante, nos dará la longitud bastante exacta, sobre todo si se efectúan varias observaciones y se toma el promedio de los distintos resultados obtenidos con ellas.

833. Para explicar el fundamento de este método, sean A y A′ dos alturas circunmeridianas del Sol; H y H′ los horarios correspondientes á ellas; suponiendo que la latitud del observador φ y la declinacion del Sol δ no hayan variado en el intervalo de las dos observaciones, y considerando el triángulo esférico formado en el centro del Sol, zenit y polo elevado del mundo, resultará, segun lo pre-

(*) Este método, publicado en Viena en 1868, ha sido recomendado á los marinos por Faye, en una Memoria presentada á la Academia de Ciencias de Paris, en vista de los excelentes resultados que dió en el viaje de circunnavegacion de la fragata *Novara*. A los que deseen adquirir mayores detalles acerca de la exposicion y análisis de este cálculo, les recomendamos la *Revista general de Marina*, correspondiente á Abril de 1867, en la que hallarán una excelente y detallada Memoria escrita por D. Cecilio Pujazon, Director del Observatorio de San Fernando.

ceptuado en la Trigonometría (art.° 87), y atendiendo á las líneas complementarias, que será:

$$\text{sen } A = \text{sen } \varphi \text{ sen } \delta + \cos \varphi \cos \delta \cos H$$
$$\text{sen } A' = \text{sen } \varphi \text{ sen } \delta + \cos \varphi \cos \delta \cos H';$$

restando estas dos ecuaciones, tendremos:

$$\text{sen } A - \text{sen } A' = \cos \varphi \cos \delta (\cos H - \cos H')$$

transformando en productos las diferencias de senos y cosenos (*Trigonometría, art.* 39) será tambien

$$2 \text{ sen } \tfrac{1}{2}(A - A') \cos \tfrac{1}{2}(A + A') = 2 \cos \varphi \cos \delta \text{ sen } \tfrac{1}{2}(H' - H) \text{ sen } \tfrac{1}{2}(H + H'),$$

de donde

$$\text{sen }(-\tfrac{1}{2}(H' + H)) = \frac{\text{sen } \tfrac{1}{2}(A' - A) \cos \tfrac{1}{2}(A + A')}{\text{sen } \tfrac{1}{2}(H' - H) \cos \varphi \cos \delta},$$

sustituyendo el seno y coseno del denominador por la cosecante y secante, tendremos en conclusion:

$$\text{sen }(-\tfrac{1}{2}(H' + H)) = \text{sen } \tfrac{1}{2}(A' - A) \cos \tfrac{1}{2}(A + A') \text{ cosec } \tfrac{1}{2}(H' - H) \sec \varphi \sec \delta.$$

En esta fórmula la semi-diferencia de horarios, $\tfrac{1}{2}(H' - H)$ es el semi-intervalo cronométrico reducido á tiempo verdadero y expresado en arco.

La cantidad φ se cuenta de 0° á 90° y se le pone el signo + ó —, segun que sea boreal ó austral.

El resultado $(-\tfrac{1}{2}(H' + H))$ es el horario medio correspondiente á las alturas, que restado de la hora de San Fernando, deducida del cronómetro, nos dá la longitud que se cuenta de 0° á 180°, y tendrá el signo + ó —, segun que sea Occidental ú Oriental.

Si se toman las alturas próximamente iguales á ambos lados del meridiano, resultará la ventaja de obtenerse la longitud correspondiente, con corta diferencia, para el lugar del medio dia.

834. *Reglas prácticas.* De las fórmulas anteriores resultan las reglas siguientes:

1.ª Se observarán dos alturas circunmeridianas del Sol, procurando que sean correspondientes ó disten poco de serlo, y se anotarán las horas correspondientes del cronómetro.

El intervalo de una á otra altura será cuando menos de 15^m, teniendo presente que no conviene tomar la primera más de 40^m antes de medio dia, ni la segunda más de 40^m despues.

2.ª Las alturas se reducen á verdaderas y se hallará la semi-suma y semi-diferencia de ellas, tomando siempre á *la segunda como minuendo* y poniéndole á la diferencia el signo que le corresponda.

Hállese el semi-intervalo de tiempo verdadero que ha mediado entre las dos alturas, que será la semi-diferencia de las respectivas horas del cronómetro, aplicándole con signo contrario la parte proporcional del movimiento diario y de la ecuacion de tiempo.(*)

4.ª Hállese la semi-suma de las horas del cronómetro, y aplicándole el estado absoluto y ecuacion de tiempo correspondientes, se tendrá la *hora verdadera de San Fernando.*

Corríjase la declinacion del Sol para esta hora.

5.ª Súmense los logaritmos, seno de la semi-diferencia de alturas; coseno de la semi-suma de las mismas; cosecante del semi-intervalo verdadero; secante de la latitud y secante de la declinacion, y la suma de estos será el logaritmo seno del horario medio, con el *mismo signo* que tenga la semi-diferencia de alturas.

6.ª Este horario medio, sumado algebráicamente con la hora verdadera de San Fernando, nos dará la longitud del observador.

835. Ejemplo.—El 4 de Octubre de 1874, en latitud 36°..20′N, siendo el estado absoluto del cronómetro á 0^h de tiempo medio en S. Fernando $+2^h.18^m.59^s,8$; movimiento diario $+2^s,56$ y la elevacion de 25 piés, se observaron dos alturas circunmeridianas del limbo inferior del Sol, á las horas del cronómetro que se indican, con el objeto de hallar la longitud del observador.

1.ª altura ⊙	= 39°.. 10′.. 30″....	Hora del cronómetro	= 1^h.. 14^m.. 08^s
2.ª „ ⊙	= 39 .. 08 .. 20	„ „ „	= 1 .. 39 .. 18

1.° *Determinacion de la semi-suma y semi-diferencias de alturas.*

1.ª altura observada	= 39°.. 10′.. 30″	2.ª altura observada	= 39°.. 08′.. 20″
Depresion	= — 4 .. 55		— 4 .. 55
	39 .. 05 .. 35		39 .. 03 .. 25
Semi-diámetro	= + 16 .. 02		+ 16 .. 02
	39 .. 21 .. 37		39 .. 19 .. 27
—R+P	= — 1 . 02		— 1 .. 02
A	= 39 .. 20 .. 35	A′	= 39 .. 18 .. 25
A′	= 39 .. 18 .. 25	A	= 39 .. 20 .. 35
A + A′	= 78 .. 39 .. 00	A′ — A	= — 2 .. 10
½ (A + A′)	= 39 .. 19 .. 30	½ (A′ — A)	= — 1 .. 05

2.° *Determinacion del semi-intervalo verdadero.*

2.ª hora del cronómetro	=	1^h.. 39^m.. 18^s
1.ª „ „	=	1 .. 14 .. 08
Diferencia	=	25 .. 10
Semi-diferencia	=	12 .. 35
Parte proporcional del movimiento diario	=	— 0,02
„ „ ecuacion de tiempo	=	+ 0,15
½ (H′—H)	=	12 .. 35,13

(*) Cuando no es grande el intervalo que ha mediado entre las alturas, se prescinde de aplicar las partes proporcionales del movimiento diario y ecuacion de tiempo, en razon á la pequeñez de estas cantidades.

3.° *Determinacion de la hora verdadera de San Fernando.*

1.ª hora del cronómetro	=	1^h.. 14^m.. 08^s
2.ª „ „	=	1 .. 39 .. 18
Suma	=	2 .. 53 .. 26
Semi-suma	=	1 .. 26 .. 43
Estado absoluto el dia 4 á 0^h	=+	2 .. 48 .. 59 , 8
		4 .. 15 .. 42 , 8
Parte proporcional del movimiento diario por $4^h,2$	=+	0 , 45
		4 .. 15 .. 43 , 25
Ecuacion de tiempo para esta hora	=+	11 .. 19 , 94
Hora verdadera de San Fernando	=	4 .. 27 .. 03 , 19
δ ☉ corregida el dia 4 á $4^h,5$	=	4° .. 27′ .. 52″, 5 S

4.° *Determinacion de la hora verdadera del observador.*

Semi-diferencia de alturas	= 00° .. 01′ .. 05″	$\frac{1}{2}$(A′— A)	log sen	= 6,49849
Semi-suma de alturas	= 39 .. 19 .. 30	$\frac{1}{2}$(A + A′)	„ cos	= 9,88850
Semi-intervalo verdadero	= 00 .. 12 .. 35	$\frac{1}{2}$(H′— H)	„ cosec	= 1,26061
Declinacion	= 4 .. 27 .. 52	δ	„ sec	= 0,00132
Latitud	= 30 .. 20 .. 00	φ	„ sec	= 0,06394
Horario medio Occidental	= — 1^m.. 11^s	Log sen (— $\frac{1}{2}$(H′+ H))		= 7,71286

5.° *Determinacion de la longitud del observador.*

Hora verdadera del observador	=	— 00^h .. 01^m.. 11^s
Hora verdadera de San Fernando	=	4 .. 27 .. 03 , 19
Diferencia = Longitud	=+	4 .. 25 .. 52 , 19
Longitud del observador	=	66° .. 28′ .. 02″ O.

Esta longitud puede considerarse como la correspondiente á médio dia, puesto que solo dista de él 1^m.. 11^s.

836. Correcciones que hay que aplicar por variaciones en la latitud y declinacion. Hemos supuesto que la latitud del observador no ha variado en el intervalo que média de una á otra altura; pero como generalmente esto no sucede, hay que aplicarle una correccion á la primera altura para reducirla á la latitud en que se observó la segunda, correccion que explicaremos más adelante cómo se determina, pero que se desprecia generalmente, sobre todo cuando es corto el intervalo que ha mediado entre las observaciones y si el andar del buque es poco considerable, en cuyo caso la latitud que se emplea en el cálculo es la correspondiente al promedio de las horas de las observaciones ó sea la del medio dia con corta diferencia.

837. La correccion que corresponde por la variacion de la declinacion se desprecia generalmente cuando es corto el intervalo de las observaciones; y en caso contrario, basta sumarle á la segunda altura la cantidad que haya variado la declinacion del astro en el intervalo de las alturas.

838. Modo de reducir la primera altura al horizonte en que se observó la segunda. En el método que acabamos de explicar hemos supuesto que las dos alturas se han observado sin variar la situacion de la nave, lo cual muy raras veces sucede en la mar, pues el observador varía de horizonte en proporcion á lo que navega, y hay que reducir por lo tanto la primera altura al horizonte en que se tomó la segunda, operando como sigue:

839. Al mismo tiempo de tomar la primera altura se marcará el astro por medio de un compás azimutal. Se llevará en cuenta el rumbo que hace la nave, corregido de abatimiento únicamente, en el tiempo que média entre las dos alturas, así como tambien la distancia navegada, y con estos datos determinaremos la correccion que hay que aplicarle á la primera altura, con el signo que le corresponda, segun el caso á que pertenezca de los que vamos á examinar.

840. PRIMER CASO. Cuando el buque se ha dirigido exactamente hácia el punto á que demoraba el astro al marcarlo, se le suma la distancia navegada, en el intervalo de las alturas, á la primera, y resultará reducida al horizonte en que se observó la segunda.

DEMOSTRACION. Sea *a* (Fig. 91) el lugar de la Tierra en que se observó la primera altura, cuyo horizonte verdadero es *hr*; y sea *b* el lugar de la segunda observacion, cuyo horizonte verdadero es *h'r'*.

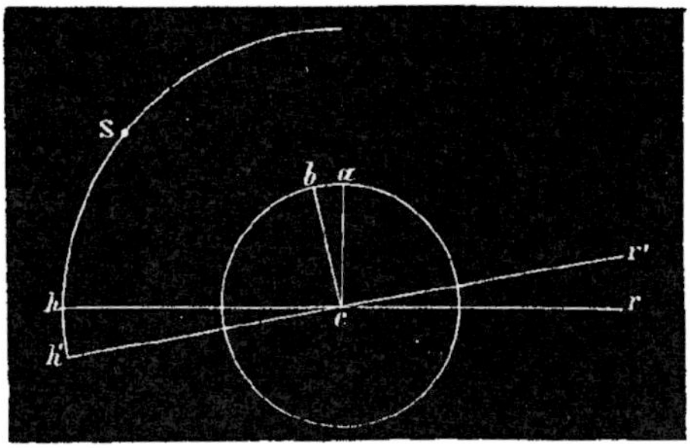

(Fig. 91)

La altura observada en *a* es S*h*; y si en el mismo instante se hubiese observado en el lugar *b*, hubiera sido S*h'*, mayor que la primera en el valor del arco *hh'*, medida del ángulo *hch'* que es igual al *bca* formado por sus perpendiculares. Pero este ángulo *bca* tiene por medida el arco *ba*, ó sea la distancia navegada desde *a* á *b*, que son los lugares en que se tomaron las alturas; luego vemos que hay que sumar á la primera altura la distancia navegada, expresada en millas, para reducirla al horizonte en que se hizo la segunda observacion.

841. SEGUNDO CASO. Cuando la nave ha seguido en el intervalo de las alturas un rumbo diametralmente opuesto á la demora del astro, se le restarán á la primera altura las millas navegadas en dicho intervalo y quedará reducida al horizonte en que se observó la segunda.

La demostracion es análoga á la del caso anterior.

842. Tercer caso. Cuando el rumbo navegado en el intervalo forma un ángulo agudo con la demora del astro al tomar la primera altura, con dicho ángulo ó sea la diferencia entre el rumbo y la marcacion, considerado como rumbo y la distancia navegada en el intervalo como distancia, se hallarán por la tabla XXXV de Mendoza las millas que corresponden de diferencia en la latitud, que sumadas á la primera altura, la reducirán al lugar de la segunda.

Demostracion. Sea en la (Fig. 92) *a*S la demora del astro; *ae* el rumbo y *a*S la distancia navegada en el intervalo; vemos, pues, que el observador se ha acercado, aunque no directamente, al punto del horizonte en que se marcó al astro, y que bajando la perpendicular *db*, tendremos que *ab* será la correccion.

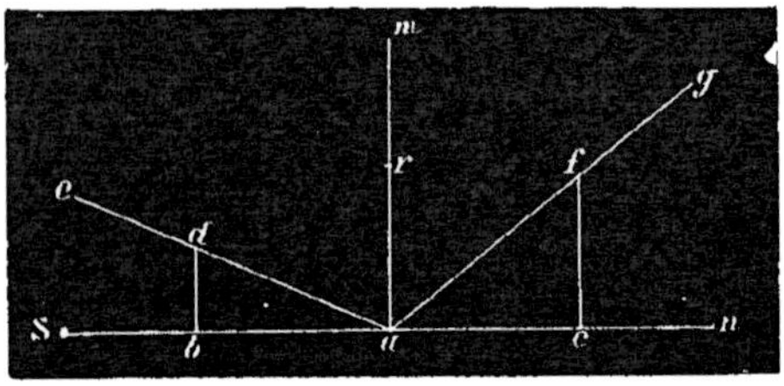

(Fig. 92)

Para determinarla, tenemos el triángulo rectángulo *dba*, en el cual se conoce el ángulo *ba*S, diferencia entre el rumbo y la marcacion, y la hipotenusa *ad* que es la distancia navegada; luego el valor del cateto adyacente *ab* se hallará, por la fórmula R : cos *bad* :: *da* : *ba*, que es lo que se halla por la tabla XXXV de Mendoza.

843. Cuarto caso. Si el rumbo navegado forma un ángulo obtuso con la marcacion, con el suplemento de este ángulo como rumbo y las millas navegadas en el intervalo como distancia, se hallarán las millas correspondientes de diferencia en latitud, que restadas de la primera altura la reducirán al horizonte en que se tomó la segunda.

Demostracion. Sea como antes, (Fig. 92) *a*S la demora del astro; *ag* el rumbo, y *af* la distancia navegada; bajando la perpendicular *fc* resulta el triángulo *acf*, en el cual el rumbo *fac* es suplemento del *fa*S, formado por el rumbo y la marcacion y la hipotenusa *af* la distancia navegada, luego hallando el valor del cateto adyacente *ac*, tendremos lo que el observador se ha alejado del punto de la marcacion, resultando de aquí que la correccion *ac* es sustractiva.

844. Quinto caso. Cuando el rumbo navegado forma ángulo recto con la marcacion, no hay que aplicar correccion alguna, efectuándose el cálculo como si ambas alturas se hubiesen observado sin variar de lugar.

La (Fig. 92) nos demuestra que siendo *a*S la demora, *am* el rumbo, y *ar* la distancia navegada, el observador no se ha aproximado ni alejado sensiblemente del punto del horizonte en que se marcó el astro, resultando en conclusion que no hay que aplicar correccion alguna.

845. Circunstancias favorables para la observacion y errores que pueden

resultar. El método de Littrow dá buenos resultados, especialmente cuando se navega en latitudes que no son muy altas, y cuando se observan las alturas con toda escrupulosidad.

Los errores de las alturas pueden dimanar de ser malas las condiciones del instrumento que se emplea, de los elementos con que se corrigen las alturas ó bien de errores personales.

Las horas del cronómetro correspondientes á la observacion de las alturas, resultan tambien inexactas cuando no es rápido el movimiento del astro, y el error que existe en el promedio de las horas del cronómetro aparece igual en la longitud que se obtiene.

846. Para disminuir todo lo posible los efectos de los errores que provengan, ya sea de las alturas, de las horas del cronómetro, de la latitud ó de la declinacion, es condicion necesaria que las alturas sean correspondientes ó disten muy poco de serlo, y que esté el astro lo más distante posible del meridiano.

En efecto, siendo así que la causa principal de inexactitud en la altura proviene de los errores personales, en virtud de los cuales el observador aprecia mal el tangenteo del astro con el horizonte, teniéndolo siempre separado ó mordido, resulta, pues, que siendo las alturas correspondientes, al tomar el promedio de las horas del cronómetro se anulan los errores que puedan haberse cometido. Tambien tenemos, que el error en la apreciacion de las horas será tanto menor cuanto más rápido sea el movimiento en altura del astro; y como esta velocidad en altura es tanto menor cuanto más próximo se halla el astro al meridiano, excepto en el caso de verificarse la culminacion próxima al zenit, es evidente que conviene tomar las alturas estando el astro lo más separado posible del meridiano, pero sin que pase de 40^m dicha distancia para evitar los errores de la diferencia de latitud que se contraiga y la variacion de la declinacion.

Diremos por último, que conviene determinar la longitud en la mar, ya sea por alturas absolutas de Sol, ó bien por el método de Littrow, como más convenga segun los casos, y aun determinarla por ambos procedimientos para comparar los resultados y obtener de este modo la situacion de la nave con la mayor exactitud posible.

CAPÍTULO XXIV.

MÉTODO DE SUMNER PARA DETERMINAR LA SITUACION DE LA NAVE.

847. Objeto y explicacion del método.(*) La situacion de la nave se determina, como sabemos, por medio de su longitud y latitud; cuando está el cielo nublado y no se puede observar esta última, la longitud que se determina empleando la latitud de estima resulta generalmente inexacta; y como quiera que el navegante se vé á veces privado durante varios dias de estas observaciones astronómicas, hallándose precisamente próximo á una costa, en cuyo caso le es de grandísima necesidad conocer con exactitud su situacion, se hace necesario emplear otro procedimiento para situarse por medio de otras dos coordenadas que se corten ó toquen en un punto.

Tan importante objeto se consigue empleando el método de Sumner, que se reduce simplemente á aprovechar el momento en que se presenta una clara y tomar las alturas de dos astros, ó bien la de un mismo astro con dos ó tres horas de intervalo, apuntando las horas del cronómetro en que se verifican estas observaciones; siendo despues la resolucion del problema sumamente sencilla, pues todo él consiste en calcular cuatro horarios con dichas alturas, empleando al efecto el método trigonométrico, ó cualquiera otro abreviado que se conozca.

848. Para explicar el fundamento de este método, recordaremos ante todo (*Ast.ª art.º* 268), que todos los habitantes que se hallan en el círculo racional de iluminacion de un astro, lo tienen en su horizonte geocéntrico ó sea á 0° de altura; del mismo modo que la altura del astro es igual para todos los habitantes situados en un mismo círculo menor paralelo al racional de iluminacion. A estos círculos menores les daremos el nombre de *paralelos de alturas iguales*, y serán las coordenadas de que nos valdremos para determinar la situacion de la nave.

(*) Este utilísimo método fué inventado y publicado en Boston en 1843 por el capitan Thomas H. Sumner, de la marina de los Estados-Unidos de América, habiéndose expedido una órden para que ninguno de los buques de guerra de aquella nacion carezca de un ejemplar de tan importante obra.

Ahora bien, si en un momento dado hallamos el paralelo de alturas iguales en que nos hallamos respecto á un astro cualquiera, y lo trazamos sobre la carta, conoceremos ya la línea en que se halla el buque; y si determinamos otro paralelo de alturas iguales, ya sea observando otro astro en el mismo instante, ó bien el mismo astro algun tiempo despues, tendremos que la interseccion de estas dos líneas nos dará la situacion en el primer caso, y para hallarla en el segundo habrá que tener en consideracion el rumbo y distancia navegada en el intermedio de las dos alturas del mismo astro;

849. Para hallar la posicion del paralelo de alturas iguales, empezaremos considerando el triángulo cuyos vértices son el zenit, polo elevado y centro del astro, y en el cual aplicando la fórmula fundamental de la Trigonometría esférica, tendremos:

$$\text{sen } A = \text{sen } \varphi \cos \Delta + \cos \varphi \text{ sen } \Delta \cos H.$$

y despejando el horario, será:

$$\cos H = \frac{\text{sen } A - \text{sen } \varphi \cos \Delta}{\cos \varphi \text{ sen } \Delta},$$

y aplicando logaritmos segun la fórmula de Mendoza, resultará finalmente

$$\text{verso } H = \cos \tfrac{1}{2} S \text{ sen } D \sec \varphi \text{ cosec } \Delta.$$

850. Si en la fórmula anterior tomamos los valores de A y Δ como constantes, é introducimos dos ó más valores distintos de φ, es decir, el uno un grado mayor que la latitud de estima que se considera como errónea, y el otro un grado menor por ejemplo, resultarán dos valores diferentes de H, de los cuales se deducirán las horas médias del observador, que comparadas con la hora média en San Fernando, obtenida de la hora que señalaba el cronómetro al observar la altura, nos darán dos longitudes. Con cada una de estas longitudes y la latitud que se empleó para calcularla, se podrán situar dos puntos diferentes en el plano, y haciendo pasar por ellos una recta tendremos el paralelo de alturas iguales.

Operando del mismo modo con la altura de otro astro, observada al mismo tiempo que la primera, ó bien tomando otra altura del mismo, algun tiempo despues, obtendremos y trazaremos en la carta un segundo paralelo de alturas iguales, y el punto en que corte al primero será aquel en que se halla la nave, teniendo presente que cuando se toman dos alturas de un mismo astro, hay que reducir la primera al lugar en que se observó la segunda (art.º 838), ó bien obtener gráficamente la situacion llevando en cuenta el rumbo y distancia navegado en el intervalo de una á otra altura, segun se explicará más adelante.

851. Modo de hallar la variacion magnética. El método de Sumner nos ofrece tambien la notable ventaja de que al mismo tiempo que se determina la situacion de la nave puede hallarse fácilmente la variacion de la aguja, ó mejor dicho, la correccion total correspondiente al rumbo á que se dirigia la proa en el instante de observar la altura; porque siendo así que el máximo de iluminacion y los paralelos de alturas iguales tienen por polo el punto en que encuentra á la superficie de la Tierra la recta tirada desde el centro de esta al centro del astro, es evidente que el ángulo que forma con el meridiano de la carta la perpendicular al paralelo de alturas iguales, trazado en ella, nos dará el azimut verdadero del astro. Por lo tanto, el complemento del ángulo que forma con uno de los meridianos de la carta el paralelo de alturas iguales, será el azimut verdadero, que comparado con el magnético, que se obtiene marcando al astro al observar la altura, nos dará desde luego la correccion total del rumbo de la proa.

852. Reglas prácticas para hallar la situacion de la nave. De todo lo dicho resulta que las reglas que deben emplearse son las siguientes:

1.ª Tómese la altura de un astro cualquiera, si es posible menor de 22°, apuntando la hora que señala el cronómetro.

2.ª Hállese la altura verdadera y corríjase la declinacion del astro para la hora reducida, con lo cual se determinará la distancia polar.

3.ª Con estas alturas verdaderas, la distancia polar y dos latitudes, entre las cuales está comprendida la de estima,(*) hállense los horarios correspondientes, de los cuales se deducirán las horas medias del observador, que comparadas con la hora média de San Fernando, obtenida por el cronómetro, nos darán las longitudes correspondientes á latitudes que hemos propuesto.

4.ª Con estas dos longitudes y las latitudes con que se han calculado, sitúense dos puntos en la carta, y haciendo pasar por ellos una recta, tendremos el paralelo de alturas iguales.

5.ª Obsérvese la altura de otro astro, y operando del mismo modo, se situará otro paralelo de alturas iguales y el punto en que ambos se corten será aquel en que se halla el observador.

(*) Mas adelante se explicará los límites entre los cuales deben estar comprendidas estas dos latitudes supuestas, segun los casos.

Cuando no es posible observar dos astros simultáneamente, se mide la altura del mismo dos ó más horas despues, y reduciendo la primera altura al lugar de la segunda, como ya sabemos (art.° 838), ó bien empleando despues el procedimiento gráfico, se obtendrán del mismo modo los dos paralelos de alturas iguales.

853. EJEMPLO.—El 10 de Mayo de 1874, en latitud estimada 20°.. 40′ S, se observaron dos alturas de Sol á las horas del cronómetro que se indican, siendo los respectivos estados absolutos los anotados á continuacion:

1.ª alt.ra verd.ra ☉=22°30′10″	H.ª cron.°=16h 10m 46s,5	Est.° abs.°	=—1h 40m 10s,2
2.ª „ „ ☉=45 40 30	H.ª „ =21 26 48	„ „	=—1 40 08 ,5

Rumbo corregido navegado en el intermedio de las dos observaciones S 70° O. Distancia=32 millas.

1.° Cálculo de los dos horarios y longitudes, correspondientes á la primera altura.

1.er *Horario = Latitud supuesta* 40′ *menor que la estimada.*

A_v= 22°.30′.10″		Hora del cronó.°=	16h.10m.46s,5
Δ =107 .48 .37	log cosec=0,02132	Estado absoluto..=	— 1 .40 .10 ,2
φ = 20 .00 .00	„ sec=0,02701	Hora med.ª S.Fer=	14 .30 .36 ,3
S =150 .18 .47		Ecuacion correg.ª=	+ 3 .50 ,1
½ S = 75 .09 .23	„ cos=9,40861	Hora v.ra S.Fern.°=	14 .34 .26 ,4
Dif.ª= 52 .39 .13	„ sen=9,90036	Hora v.ra observ.or=	20 .12 .00
Horario= 3h.48m.00s E	verso=9,35730	Long. en tiempo..=	5 .37 .33,6 E
H_v ob.or= 20 .12 .00		Long. en arco....=	84°.23′.24″ E

2.° *Horario = Latitud supuesta* 1°.. 20′ *mayor que la estimada.*

A_v= 22°.30′.10″			
Δ =107 .48 .37	log cosec=0,02132		
φ = 22 .00 .00	„ sen=0,03283	Hora ver.ra S. Fer.°=	14h.34m.26s,4
S =152 .18 .47		Hora ver.ra obser.or=	20 .17 .08
½ S = 76 .09 .23	„ cos=9,37896	Long. en tiempo..=	5 .42 .41 ,6 E
Dif.ª= 53 .39 .13	„ sen=9,90604	Long. en arco....=	85°.40′.24″ E
Horario= 3h.42m.52s E	verso=9,33915		
H_v ob.or= 20 .17 .08			

3.° Paralelo de alturas iguales, correspondiente á la 1.ª observacion.

Situacion del punto A.	*Situacion del punto* B.
Lat. = 20° .. 00′ .. 00″ S.	Lat. = 22°.. 00′.. 00″ S.
Long.= 84 .. 23 .. 24 E.	Long.= 85 .. 40 .. 24 E.

4.° Cálculo de los dos horarios y longitudes correspondientes á la 2.ª altura.

1.er *Horario = Latitud supuesta* 10′ *menor que la estimada.*

A_v = 45°.40′.30″	Hora del cronó.° = 21^h^.26^m^.48^s^
Δ = 107.52.21 log cosec = 0,02148	Estado absoluto. = −1.40.08,5
φ = 20.30.00 „ sec = 0,02841	H.ª media S.Fer.° = 19.46.39,5
S = 174.02.51	Ecuac.ⁿ correg.ª = + 3.50,66
$\frac{1}{2}$ S = 87.01.25 „ cos = 8,71517	Hora ver.ª S. Fer. = 19.50.30,16
Dif.ª = 41.20.55 „ sen = 9,81998	Hora ver.^ra^ obs.^or^ = 25.30.29
Horario = 1^h^.30^m^.29^s^ O verso = 8,58504	Long. en tiempo = 5.39.58,84 E
H_v ob.^or^ = 1.30.29 dia 11 de Mayo.	Long. en arco... = 84.59.42 E

2.° *Horario = Latitud supuesta* 50′ *mayor que la estimada.*

A = 45°.40′.30″	
Δ = 107.52.21 log cosec = 0,02148	
φ = 21.30.00 „ sec = 0,03132	Hora verd.^ra^ S. Fer. = 19^h^.50^m^.30^s^,16
S = 175.02.51	Hora verd.^ra^ obs.^or^ = 25.23.08
$\frac{1}{2}$ S = 87.31.25 „ cos = 8,63522	Long. en tiempo.. = 5.32.37,84
Dif.ª = 41.50.55 „ sen = 9,82424	Long. en arco.... = 83°.09′.27″ E
Horario = 1^h^.23^m^ 08^s^ O verso = 8,51236	
H_v ob.^or^ = 1.23.08 dia 11 de Mayo.	

5.° Paralelo de alturas iguales correspondiente á la 2.ª observacion.

Situacion del punto A′.	*Situacion del punto* B′.
Lat. = 20°.. 30′.. 00″ S.	Lat. = 21°.. 30′.. 00″ S.
Long. = 84 .. 59 .. 42 E.	Long. = 83 .. 09 .. 27 E.

854. Sitúense en el plano (Fig. 93), los puntos A y B deducidos del cálculo de la primera altura; y uniéndolos con una recta, tendremos el paralelo de alturas iguales AB donde se hallaba el buque al hacer la primera observacion.

Sitúense igualmente los puntos A′ y B′ obtenidos por la segunda altura, y tirando la recta A′B′, tendremos el paralelo de alturas iguales en que estaba el buque al hacer la segunda observacion.

Si el buque hubiese permanecido inmóvil en el intervalo de las dos alturas, el punto de interseccion de los dos paralelos, nos indicaria su situacion; pero habiendo navegado á un rumbo dado, y recorrido una distancia determinada, tendremos que para hallar la situacion al tiempo de observar la segunda altura, se procederá como sigue:

Desde un punto cualquiera D de la AB se tirará la DP, en la

direccion del rumbo navegado S 70° O, trasladaremos desde D una distancia DP igual á la navegada de 32 millas, y tirando por el punto P una paralela á la AB; el punto O en que corta á la A'B' será aquel en que se hallaba el buque al efectuar la segunda observacion.

Este método es suficientemente exacto y mucho más breve que el que se emplea para reducir la primera altura al lugar en que se observó la segunda, por cuya razon es el que generalmente se emplea.

855. *Determinacion del desvío total.* Para determinar tambien gráficamente el azimut verdadero del Sol al tomar la segunda altura, por ejemplo, levantaremos una perpendicular CZ al paralelo de alturas iguales A'B', hácia el lado en que demoraba el astro, que en este caso es hácia el N y el ángulo RCZ que forma dicha perpendicular con el meridiano RC, será el azimut verdadero contado desde el N hácia el O.

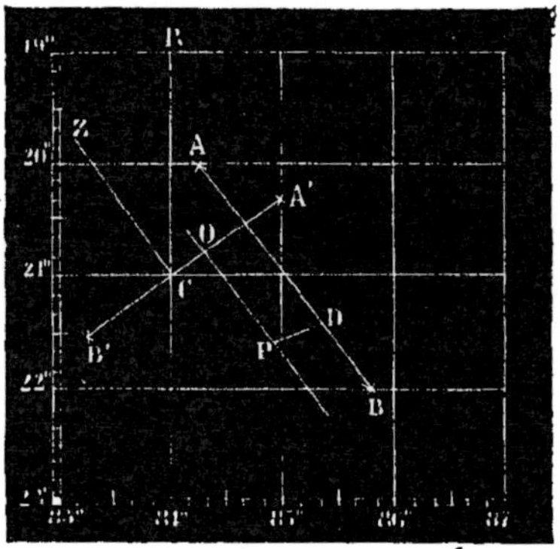

(Fig. 93)

Comparando este azimut con el magnético, obtenido por marcacion al astro al tomar la segunda altura, tendremos el desvío total correspondiente al rumbo á que se dirigia la proa en el momento de observar la segunda altura.

856. Eleccion de las latitudes supuestas. Para representar en la carta por medio de una recta el paralelo de alturas iguales, con la exactitud necesaria, deben estar comprendidas dentro de ciertos límites las latitudes supuestas, y para conocer la máxima diferencia que puede haber entre ellas, hay que hallar ante todo la mayor extension que puede dársele al paralelo de alturas iguales que se traza en la carta.

Para esto se tendrá presente: (*)

1.° Si la altura no pasa de 20°, la extension del paralelo puede ser de más de 120 millas.

2.° Cuando la altura es de 45° y la declinacion de 22°, se le pue-

(*) A los que deseen estudiar fundamentalmente el modo de elegir las latitudes y deducir los errores que puedan resultar, les recomendamos un folleto publicado en San Fernando en 1864, por el entendido oficial de nuestra marina de guerra el Sr. D. José Saturnino Montojo, trabajo que hemos tenido á la vista al escribir este capítulo.

de dar al paralelo una extension de 60 millas y prolongarlo despues otras 60, 30 por cada lado; advirtiendo que siempre que se efectúe esta prolongacion, tanto en este caso como en los siguientes, puede resultar un error hasta de 2 millas en la situacion.

3.° Si la altura es de 45° y la declinacion 0°, la extension del paralelo no debe pasar de 30 millas, pudiendo prolongarse despues otras 30, 15 por cada lado.

4.° Si la altura está comprendida entre 45° y 70°, conviene trabajar tres horarios; uno con la latitud de estima y otros dos con una diferencia por exceso y por defecto, que no pase de 15 millas, comprendiendo por lo tanto los tres puntos una extension de 30 millas y otras 7 ú 8 que se pueden prolongar.

5.° Cuando la altura pasa de 70°, únicamente trabajando muchos horarios con distintas latitudes, es como se obtendrán los puntos para trazar por medio de una curva el paralelo de alturas iguales.

857. Una vez conocida la extension del paralelo, sólo nos resta hallar la diferencia que puede haber entre las latitudes supuestas. Sabemos que el azimut del astro en el momento de tomar su altura, es la perpendicular al paralelo (art.° 851); por lo tanto, conociendo dicho azimut y trazándolo en la carta, tendremos la direccion del dicho paralelo y el ángulo que forma con los meridianos. Tomando este ángulo como rumbo y la extension que debe tener el paralelo como distancia, se hallará por la tabla XXXV de Mendoza la diferencia en latitud correspondiente, que será la mayor diferencia que puede haber entre las latitudes supuestas.

EJEMPLO.—Supongamos que se ha observado una altura de 46°, y que debiendo ser la extension del paralelo de 30 millas, se quiere conocer la diferencia que puede haber entre las latitudes supuestas.

Al observar la altura se marcó el astro, por ejemplo, al N 80° O verdadero; el rumbo perpendicular á este es el N 10° E, con el cual como rumbo y la extension 30 millas como distancia, hallaremos 29,5 millas de diferencia en latitud, ó sea la máxima que puede haber entre las latitudes supuestas.

Si esta diferencia entre las latitudes fuese menor que el error que presumimos puede haber en la latitud de estima, hay que calcular tres horarios.

858. Errores que pueden resultar en el método de Sumner. La condicion más notable que tiene este método, es que cualesquiera que sean las circunstancias en que se tome la altura, si se tiene seguridad en el cronómetro, la recta que se trace en la carta sólo se aparta del verdadero paralelo de alturas iguales en una cantidad igual al error que haya en la altura.

Si la segunda altura se toma de modo que el paralelo que resulta es perpendicular al correspondiente á la primera, el error máximo que puede resultar es la diagonal del paralelógramo de 2' de lado, ó sea próximamente igual al que resulta en la situacion obtenida por un horario y altura meridiana, observados en las circunstancias más favorables.

Las latitudes que entran en el cálculo no producen error, puesto que la longitud que se halla es la que corresponde precisamente á la latitud supuesta con que se ha calculado.

Y por último, el error que pueda haber de suponer como recta la proyeccion sobre la carta esférica del paralelo de alturas iguales, casi se anula teniendo presente lo dicho acerca de los límites en que deben estar comprendidas las latitudes supuestas.

859. Diversas aplicaciones del método de Sumner. Este método puede emplearse ventajosamente en los crepúsculos observando alturas de planetas ó de estrellas de primera magnitud, pues sus resultados son tan exactos como en las observaciones de Sol.

Observaciones en los crepúsculos. En tiempo despejado raro será el crepúsculo en que no puedan tomarse las alturas de dos astros distintos y de primera magnitud, cuyos azimutes se acerquen bastante á ser perpendiculares, con lo cual se obtiene una situacion tan buena como la del médio dia y mejor en latitudes elevadas;

Desde luego se comprende lo importante que es en muchas ocasiones el obtener una buena situacion antes de cerrar la noche, pues lo más probable es que no sea de confianza el trabajo de la estima, especialmente si se está en parajes donde hay corrientes. La aplicacion de este método es más ventajosa aún en los recalos, pues además de darnos una buena situacion, puede servirnos para conocer las corrientes que se han experimentado desde el médio dia, y para dar con toda seguridad el rumbo á que se debe gobernar, siendo así que por el paralelo de alturas iguales se deduce, como sabemos, la correccion total del rumbo de la proa al hacer la observacion.

Las cuadraturas del Sol y de la Luna, ofrecen tambien una excelente oportunidad para hallar la situacion de la nave.

860. *Observacion de las alturas de un astro al estar en el vertical primario y en el meridiano.* Si con la altura que se toma por la mañana, al hallarse el Sol en el vertical primario, se determina el paralelo de alturas iguales, se tendrá una línea en la carta, que trasladándola al medio dia por medio del rumbo y distancia navegada en el intervalo, nos dará la situacion en el punto en que encuentra al paralelo de la latitud observada al medio dia, con lo cual no hay que esperar á trabajar en el horario con la latitud de estima.

La situacion es tanto mejor cuanto menor sea la altura y se halle el astro más próximo al vertical primario.

861. *Determinacion de la latitud cuando se carece de cronómetro.* Suponiendo que no haya cronómetro á bordo, puede hallarse la latitud por el método de Sumner, en cuyo caso el cálculo es igual, si bien presentado bajo otra forma;

Para esto se necesita un reloj de segundos, cuyo movimiento se conozca aproximadamente, y arreglándolo al meridiano de San Fernando por medio de la longitud de estima, se resuelve el problema empleando dicho reloj como si fuese un cronómetro, y haciendo pasar un paralelo de latitud por el punto de concurso de los dos paralelos de alturas iguales que se obtengan, nos dará la latitud exacta del observador y la longitud con un error igual al que tenga la hora del reloj que hemos empleado.

Adviértase, que si la segunda altura no es simultánea con la primera, hay que aplicarle á la hora del reloj correspondiente á la segunda altura la parte proporcional del movimiento diario por el intervalo trascurrido entre las observaciones, y de este modo será uno mismo el punto de partida para las longitudes.

862. *Determinacion de demoras y distancias.* Trazada que sea sobre la carta, la recta que representa el paralelo de alturas iguales, tendremos desde luego la demora de las tierras por donde pasa dicha línea; y si fuese paralela á la costa, para lo cual se observa un astro cuyo azimut verdadero sea perpendicular á dicha costa, se tendrá la distancia á tierra.

863. Si el paralelo de alturas iguales pasa por el punto á que se desea recalar, se gobernará al rumbo aparente, correspondiente al rumbo verdadero que dicho paralelo forma con los meridianos de la carta y se navegará directamente hácia el punto deseado.

Si el punto de recalada queda á un lado del paralelo de alturas iguales, como generalmente sucede, se tomará en la carta la menor distancia del punto al citado paralelo, y tendremos el número de millas que hay que gobernar á un rumbo perpendicular al paralelo, trazado hácia el lado en que se halle el punto, y despues no habrá más que seguir la direccion del paralelo de alturas.

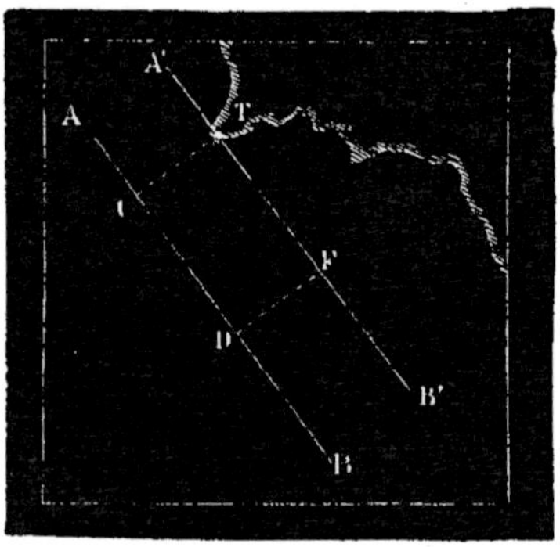

(Fig. 94)

EJEMPLO.—Supongamos que observada la altura de un astro se ha determinado la situacion y se ha trazado sobre la carta el paralelo de alturas iguales AB, que corre, por ejemplo, en la direccion NNO, SSE; y que el punto á que se quiere recalar es T.

Tomando la distancia TC que hay de dicho punto T al paralelo AB, ó á su prolongacion, y suponiendo que esta distancia sea de 25 millas, navegaremos dichas 25 millas al ENE verdadero, DF rumbo perpendicular al paralelo AB, desde cualquier punto de él en que nos encontremos; conseguido lo cual, seguiremos la direccion B'A' paralela á la BA, es decir, que gobernaremos al NNO, verdadero y vendremos á recalar al punto T, segun se deseaba.

864. El método dá tambien buen resultado cuando se tiene á la vista un punto lejano de la costa; pues su marcacion combinada con un paralelo de alturas iguales que se halla por la altura de un astro que demore próximamente en la misma direccion ó en la opuesta que el punto de la costa, nos dá una situacion cuyo error es igual al que puede haberse cometido en la altura.

865. Si los dos astros que se eligen para efectuar una situacion, demora el uno por el través y el otro por la popa ó por la proa, el paralelo de alturas del primero nos indica la demora de las tierras que vamos buscando, y el paralelo de la segunda altura, la distancia que nos separa del lugar á que nos dirigimos.

866. Del mismo modo, para conocer si se ha rebasado un bajo, isla, &c., la altura de un astro que nos demore por la popa ó por la proa, nos dará un paralelo de altura, que trazado en la carta, nos indicará si estamos con dicho bajo, las millas que nos faltan para rebasarlo, ó bien las millas que hemos navegado despues de rebasarlo.

867. Concluiremos recomendando las numerosas é importantes ventajas que puede proporcionar la aplicacion del método de Sumner, y aquellos marinos que se han quedado sin observacion en dias nublados, pero que han visto al Sol ú otro astro por breves instantes, una ó dos veces durante el dia, comprenderán perfectamente que observando las alturas hubieran obtenido una buena situacion, y que el no aprovechar estas oportunidades puede ser á veces peligrando la seguridad de la nave que le está confiada á su pericia.

CAPÍTULO XXV.

DETERMINACION DE LA LATITUD POR ALTURAS EXTRA-MERIDIANAS.

868. **Observacion de alturas extra-meridianas.** En tiempo nublado y variable es muy frecuente el que no pueda tomarse la altura de un astro al estar en el meridiano; pero si se le vé, aunque sea por breves instantes, antes ó despues del paso, puede observarse su altura y determinar la latitud con suficiente precision en la generalidad de los casos.

Varios son los métodos que pueden seguirse al efecto y muchos autores nos dan algunos bastante fáciles, empleando tablas especiales que han calculado. Haciendo uso de las de Mendoza puede hallarse la latitud observando varias alturas de Sol próximas al meridiano, y tambien por dos alturas del mismo astro y el intervalo de tiempo verdadero que haya mediado entre ambas, de una manera breve y sencilla, como puede verse leyendo la explicacion de las citadas tablas. Por nuestra parte nos concretaremos á explicar los problemas más convenientes, que puedan resolverse por medio de una tabla cualquiera de logaritmos; y haciendo aplicacion de uno de estos ó bien del método de Sumner, siempre que aparezca despejada una parte del cielo, determinará el navegante su latitud con la precision necesaria.

869. PROBLEMA I. **Calcular la latitud observando la altura de un astro, próximo al meridiano.** Tómese la altura del astro, aprovechando la mejor oportunidad, algunos minutos antes ó despues de su paso por el meridiano y redúzcase esta altura á verdadera.

Se supone que se conoce la hora verdadera del observador (art. 758) en el momento de tomar dicha altura, con la cual hallará el horario correspondiente del astro, que será muy pequeño, puesto que se ha observado su altura estando muy cerca del meridiano.(*)

Se supone tambien conocida la latitud de estima para la hora de la observacion y se corregirá la declinacion para dicha hora reducida al primer meridiano.

Preparado así el cálculo, hay que hallar una correccion C, que sumándosela á la altura verdadera observada, nos dará la altura del astro en el momento de estar en el meridiano, por la siguiente fórmula:

$$\text{sen } C = 2 \cos \varphi \cos \delta \text{ ver. } h \sec A_v.$$

Por lo tanto, se sumará el logaritmo de 2, los cosenos de la latitud y declinacion, el verso del horario y la secante de la altura verdadera; y suprimiendo en el resultado la decena de la característica, se tendrá el logaritmo seno de la correccion, que sumado con la altura observada, nos dará la altura meridiana, con la cual se determinará la latitud (*Ast.ª art.º* 706.)

870. DEMOSTRACION. Para hallar la correccion que hay que aplicarle á la altura observada para obtener la meridiana, tenemos que en el triángulo N Z *a* (Fig 95), N *a* S será el semi-círculo horario del astro *a*, en el momento de tomar su

---

(*) Si se ha observado por la mañana la altura del Sol para el cálculo de la longitud, podrá hallarse la hora verdadera en el instante de la observacion, de la manera siguiente: réstese la hora que señalaba el cronómetro al tomar la altura por la mañana, de la que señalaba al observar la altura extra-meridiana y tendremos el intervalo cronométrico, que aplicándole la parte proporcional del movimiento diario, nos dará el intervalo de tiempo medio; y sumado con la hora média del observador, obtenida por el horario, resultará la hora média del lugar donde se determinó dicho horario; á esta hora se le aplicará con su signo la diferencia en longitud contraida desde por la mañana hasta la observacion de la altura extra-meridiana y se obtendrá la hora média á bordo, que aplicándole la ecuacion de tiempo, corregida para la hora reducida, nos resultará la hora verdadera á bordo que se deseaba, la cual será el horario Occidental del Sol.

Si fuese otro el astro observado, por ejemplo la Luna, un planeta ó estrella, con la hora verdadera del observador determinada por medio del cronómetro y la longitud (art. 758), ó bien por un reloj arreglado de antemano, se calculará el horario correspondiente empleando los métodos que hemos explicado en la Astronomía, siendo el resto del cálculo igual que tratándose del Sol.

altura; x el punto donde se halla el astro al estar en el meridiano; siendo, por lo tanto,

$$Na = Nx = \Delta = 90^\circ - \delta.$$

Desde el zenit Z, como polo, trácese el arco ab, y tendremos $Za = Zb$, y el valor del arco bx, ó sea la correccion que llamaremos dA, que sumada con la altura br, nos dará la altura meridiana rx.

Llamando en el triángulo aNZ, Z al complemento de la altura extra-meridiana, O á la observacion ó sea complemento de la altura meridiana; φ á la latitud de estima al observar dicha altura, δ á la declinacion, h al horario, y dA á la diferencia entre Z y O, ó sea entre las alturas A y A′, tendremos, ateniéndonos á las líneas complementarias (*Trig.ª art.º* 87), que será:

$$\cos Z = \pm \operatorname{sen} \varphi \operatorname{sen} \delta + \cos \varphi \cos \delta \cos h \quad [1]$$

el cos h en funcion con el seno y coseno del arco mitad, dá (*Trig.ª art.º* 37)

$$\cos h = \cos^2 \tfrac{1}{2} h - \operatorname{sen}^2 \tfrac{1}{2} h \quad [\alpha]$$

y tambien (*Trig.ª art.º* 31, *fórm.ª* 11)

$$\cos^2 \tfrac{1}{2} h = 1 - \operatorname{sen}^2 \tfrac{1}{2} h \ldots. \quad [b]$$

sustituyendo el valor (b) en (a), tendremos

$$\cos h = 1 - \operatorname{sen}^2 \tfrac{1}{2} h - \operatorname{sen}^2 \tfrac{1}{2} h = 1 - 2 \operatorname{sen}^2 \tfrac{1}{2} h;$$

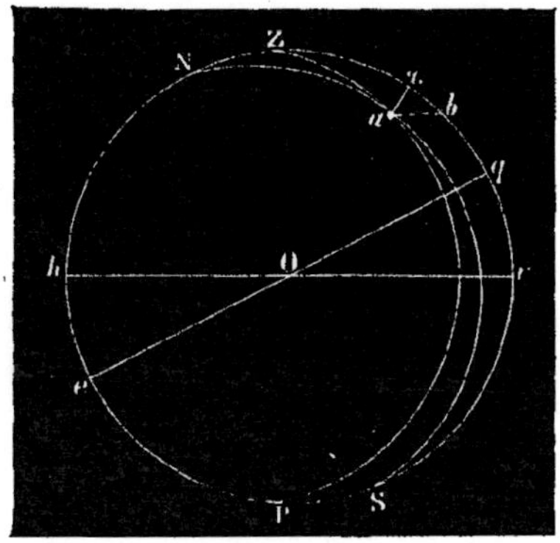

(Fig. 95)

sustituyendo este último valor en la fórmula [1], resultará:

$$\cos Z = \pm \operatorname{sen} \varphi \operatorname{sen} \delta + \cos \varphi \cos \delta \,(1 - 2 \operatorname{sen}^2 \tfrac{1}{2} h)$$

reduciendo, y efectuando la multiplicacion indicada, será

$$\cos Z = \cos(\varphi \mp \delta) - 2 \cos \varphi \cos \delta \operatorname{sen}^2 \tfrac{1}{2} h \ldots\ldots.. \quad [\ 2\ ]$$

Ahora bien, cuando el astro esté en el meridiano, su horario $h = o$; luego

$$\cos O = \operatorname{sen} \varphi \operatorname{sen} \delta + \cos \varphi \cos \delta = \cos(\varphi \mp \delta),$$

de donde $$O = \varphi \mp \delta$$

pero $$Z = O + dA \quad \text{luego será} \quad Z = \varphi \mp \delta + dA,$$

sustituyendo este valor en la ecuacion [2], resultará:

$$\cos((\varphi \mp \delta) + dA) = \cos(\varphi \mp \delta) - 2 \cos \varphi \cos \delta \operatorname{sen}^2 \tfrac{1}{2} h,$$

y tambien (*Trig.ª fórm.ª* 23)

$$\cos(\varphi \mp \delta) \cos dA - \operatorname{sen}(\varphi \mp \delta) \operatorname{sen} dA = \cos(\varphi \mp \delta) - 2 \operatorname{con} \varphi \cos \delta \operatorname{sen}^2 \tfrac{1}{2} h,$$

como dA es muy pequeño, será $\cos dA = 1$; y poniendo en vez de sen $(\varphi \mp \delta)$ y de $\operatorname{sen}^2 \tfrac{1}{2} h$ sus equivalentes cos A y ver. h, resultará finalmente despejando á sen dA, ó sea la correccion,

$$\operatorname{sen} dA = 2 \cos \varphi \cos \delta \text{ ver. } h \sec A,$$

que es lo que se trataba de demostrar.

871. Ejemplo.—El 10 de Noviembre de 1874, se determinó á bordo por la mañana, por medio de una altura de Sol, la hora média 8^h.. 10^m.. 20^s, señalando entonces el cronómetro 1^h.. 04^m.. 25^s, siendo su movimiento diario $-2^s,75$;

Habiendo contraido una diferencia en longitud de 17′ al O, y siendo á bordo las 0^h.. 28^m del dia 11, se observó al S una altura de ⊙ 38°.. 25′.. 40″, hora que señalaba el cronómetro 5^h.. 22^m.. 33^s. Elevacion del observador 24 piés. Lat. de estima al tomar la altura 33°.. 54′.. 20″ N. Se pide la altura meridiana y la latitud.

1.º *Determinacion de la A_v del ⊙, de la declinacion y de la ecuacion de tiempo.*

A_a =	38°.. 25′.. 40″
D = −	4 .. 49
	38 .. 20 .. 51
−R+P = −	1 .. 05
	38 .. 19 .. 46
S = +	16 .. 11
A_v =	38 .. 35 .. 57

Hora aproximada á bordo =	00^h.. 28^m.. 00^s
Long. O =	3 .. 42 .. 00
Hora reducida dia 11 .... =	4 .. 10 .. 00
δ ⊙ dia 11 á $4^h,2$ ...... =	−17°.. 31′ .. 26″
Ec.^{on} „ 11 á „ ...... =	− 15^m.. $48^s,08$

2.º *Determinacion de la hora verdadera y del horario.*

1.ª hora del cronómetro .... =	1^h.. 04^m.. 25^s
2.ª „ del „ .... =	5 .. 22 .. 33
Intervalo cronométrico .... =	4 .. 18 .. 08
Parte proporcional del movimiento diario .... =	+ 0 ,48
Intervalo de tiempo medio .... =	4 .. 18 .. 08 ,48
Hora á bordo segun horario por la mañana del 10 .... =	20 .. 10 .. 20
Hora média del lugar donde se halló el horario, dia 11 .... =	00 .. 28 .. 28 ,48
Diferencia en longitud contraida O...................... =	− 17
Hora média á bordo al tomar la altura extra-meridiana ... =	00 .. 11 .. 28 ,48
Ecuacion de tiempo corregida .... =	+ 15 .. 48 ,08
H_v á bordo = horario Occidental del ⊙ .... =	00 .. 27 .. 16 ,56

3.º *Cálculo de la correccion.*

	2	....	log = 0,30103
Latitud .... =	33°.. 54′ .. 20″	.... φ	log cos = 9,91906
Declinacion. =	17 .. 31 .. 26	.... δ	„ cos = 9,97936
Horario ... =	00^h.. 27^m.. 17^s	... h	„ ver = 7,54886
Altura verdadera =	38°.. 35′ .. 57″	.... A_v	„ sec = 0,10706
Correccion ...... = −	24 .. 37	.... = C =	„ sen = 7,85537

4.º *Determinacion de la latitud.*

Altura verdadera extra-meridiana .... =	38°.. 35′ .. 57″
Correccion .... =	+ 24 .. 37
Altura verdadera meridiana.......... =	39 .. 00 .. 34
Observacion (cara al S)............. =	+50 .. 59 .. 26
Declinacion......................... =	−17 .. 31 .. 26
Latitud......................... =	33 .. 28 .. 00 N.

872. Circunstancias favorables para la observacion de la altura. La latitud obtenida por este método será tanto más exacta cuanto menor sea el movimiento en altura del astro, pudiendo establecerse las reglas siguientes:

1.ª Las circunstancias más favorables tienen lugar cuando el complemento de la latitud y la distancia polar del Sol difieren en más de 10°, y cuanto mayor sea esta diferencia, tanto más exacta resultará la latitud.

2.ª Las circunstancias no son favorables cuando es menor de 10° la diferencia entre la distancia polar del Sol y el complemento de la latitud.

Concluiremos diciendo, que siempre que se haga la observacion próxima al meridiano y en las condiciones favorables, no resulta error sensible porque haya diferencia en la latitud de estima que se emplea en el cálculo, siendo por el contrario el resultado el más aproximado al que se obtiene por medio de una altura meridiana.

873. Problema II. **Determinar la latitud por medio de dos alturas de Sol y el intervalo de tiempo verdadero que hubiese mediado entre ambas.** Supondremos que el círculo terminador representa el meridiano; *eq* el ecuador, *hr* el horizonte, S el Sol al tiempo de tomar la primera altura, y S′ al tomar la segunda.

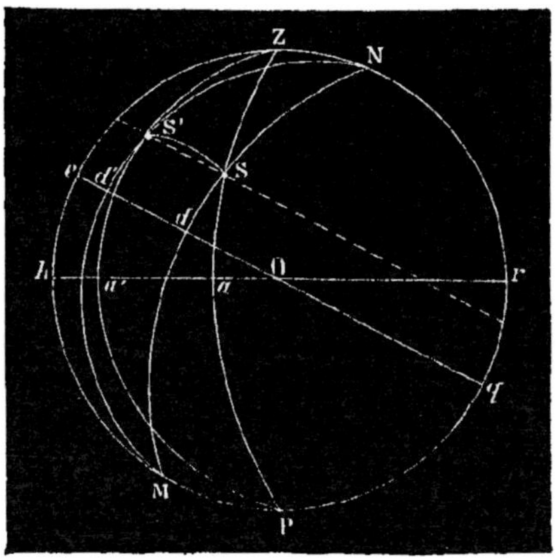

(Fig. 96)

Los arcos NSM y NS′M los semi-círculos horarios; los ZSP y ZS′P los círculos verticales; los arcos *d*S y *d*′S′ la declinacion respectiva al tomar cada altura, y los *a*S y *a*′S′ las alturas verdaderas; el ángulo SNS′ es el intervalo de tiempo verdadero que ha mediado entre la observacion, y por último, el arco ZSN es el complemento de la latitud *e*Z que se trata de determinar;

Para esto tenemos, que en el triángulo SNS′, se conoce el ángulo en N por ser el intervalo de tiempo verdadero que ha mediado entre las dos alturas, y los lados SN y S′N complementos de las declinaciones correspondientes á cada altura, y se hallará el valor del tercer lado SS′ y el del ángulo S′SN, empleando las fórmulas siguientes (*Trig.ª art.*ˢ 111 y 112.)

Haciendo tang x = tang S′N cos N, resulta

$$\cos SS' = \frac{\cos S'N \cos (SN - x)}{\cos x},$$

y para el ángulo será

$$\cos^2 \tfrac{1}{2} S'SN = \frac{\text{sen} \tfrac{1}{2} S \,\text{sen}\,(\tfrac{1}{2} S - S'N)}{\text{sen}\, SS \,\text{sen}\, SN}.$$

Ahora bien, en el triángulo SZS′ se conocen los lados S Z y S′Z, como complementos de las alturas verdaderas y el lado SS′ que se determinó ya en el otro triángulo y se hallará el valor del ángulo S′S Z (*Trig.ª art.º* 112), que restado del ángulo S′SN, nos dará el ángulo de posicion ZSN.

Del mismo modo en el triángulo ZSN se conoce el dicho ángulo de posicion S y los lados SN y SZ por complemento de declinacion el 1.º y por complemento de la primera altura el 2.º, y se hallará el valor del tercer lado ZN (*Trig.ª art.º* 111), que será el *complemento de la latitud.*

Tambien puede hallarse en dicho triángulo el ángulo SNZ, que reducido á tiempo será el horario al tomar la primera altura; este ángulo SNZ restado del SNS′, intervalo entre las dos alturas, dará el ángulo S′NZ, horario al tiempo de tomar la segunda altura.

Para comprobar puede hallarse asimismo por el triángulo S′NZ, el complemento de la latitud ZN, y si difiere su valor del que ya se determinó antes, se tomará un promedio.

En el método que acabamos de analizar se supone que las dos alturas se han tomado en un mismo lugar, lo cual muy raras veces sucede en la mar, pues la nave varía de horizonte en proporcion de lo que navega, y por lo tanto hay que reducir ante todo la primera altura al horizonte en que se tomó la segunda.

874. Ejemplo.—Un observador situado en latitud de estima 30°.. 36′ N, y longitud 56°.. 32′ O de Cádiz, á 20ʰ.. 30ᵐ, tomó una altura de ⨀̲ 41°.. 37′, siendo la hora del cronómetro en el mismo instante 4ʰ.. 01ᵐ.. 20ˢ.

A 23ʰ. 16ᵐ tomó la segunda altura ⨀̲ 74°.. 32′; hora del cronóm. 6ʰ.. 47ᵐ.. 57ˢ. Elevacion 20 piés.

Movimiento diario del cronómetro + 5ˢ,2. Rumbo de la aguja navegado en el intervalo corregido ya de abatimiento N 72° O. Distancia navegada en dicho intervalo 17 millas. Marcacion del Sol al tomar la primera altura S 60° E. Se pide la latitud.

1.° Reduccion de la primera altura al horizonte de la segunda.

Angulo que forma la derrota con la marcacion 168°; su suplemento es 12°; distancia navegada 17 m.

cos..................	12° = 9,99040
log..................	17 = 1,23045
(*) log correccion........	= 1,22085
Correccion............	**16,6 = 16′.. 36″**

1.ª altura ☉	= 41°.. 37′.. 00″	2.ª altura de ☉	= 74°.. 32′.. 00″
Depresion...........	= − 4 .. 24	Depresion...........	= − 4 .. 24
	41 .. 32 .. 36		74 .. 27 .. 36
Semi-diámetro......	= + 15 .. 50	Semi-diámetro......	= + 15 .. 50
	41 .. 48 .. 26		74 .. 43 .. 26
− R + P	= − 57	− R + P...........	= − 13
Altura verdadera....	= 41 .. 47 .. 29	Altura verdadera....	= 74 .. 43 .. 13
Correccion..........	= − 16 .. 36		
Altura reducida.....	= 41 .. 30 .. 53		
Complemento.......	= 48 .. 29 .. 07	Complemento.......	= 15 .. 16 .. 47

2.° Cálculo del intervalo trascurrido entre las observaciones.

1.ª altura....................	Hora del cronómetro...... =	4^h.. 01^m.. 20
2.ª altura....................	Hora del cronómetro...... =	6 .. 46 .. 57
	Intervalo cronométrico .... =	2 .. 45 .. 37
Movimiento diario + 5ˢ,2	Parte proporcional......... = +	00,58
	Intervalo de tiempo medio.. =	2 .. 45 .. 37,58
Variacion horaria de ecuacion. = + 0ˢ,33 ×	intervalo......... = +	00,92
	Intervalo de tpo. verdadero =	2 .. 45 .. 38,50
	En arco................. =	41°.. 24′ .. 37″

3.° Declinacion para las horas reducidas.

Para la 1.ª hora + 19°.. 12′.. 07″ ...... Complemento 70°.. 47′.. 53″
Para la 2.ª hora + 19 .. 13 .. 42 ...... Complemento 70 .. 46 .. 18

4.° Resolucion del primer triángulo (SNS′, Fig. 96.)

cos N = 41°. 24′. 37″	log 9,87505	cos x = 65°. 03′. 30″	c.ᵗᵒ log 0,37501
tang S′N = 70 . 46 . 18	„ 0,45745	cos SN − x = 5 . 44 . 23	„ 9,99782
tang x = 65 . 03 30	„ 0,33250	cos S′N = 70 . 46 . 18	„ 9,51762
SN = 70 . 47 . 53		cos SS′ = 39 . 00 . 20	„ 9,89045
SN − x = 5 . 44 . 23			

(*) Esta correccion puede hallarse para mayor brevedad por medio de las tablas de estima XXXV de Mendoza.

S'N =	70°.. 46'.. 18"		
S S' =	39 .. 00 .. 20	c.to log sen =	0,20108
S N =	70 .. 47 .. 53	c.to „ sen =	0,02486
Suma =	180 .. 34 .. 31		
½ S =	90 .. 17 .. 15	„ sen =	9,99999
Dif.a =	19 .. 30 .. 57	„ sen =	9,52385
		cos² ½ S'SN =	19,74978
	41 .. 26 .. 00	cos ½ S'SN =	9,87489
S'SN =	82 .. 52 .. 00		

5.° **Resolucion del segundo triángulo** (S Z S'.)

Z S' =	15°.. 16'.. 47"		
S S' =	39 .. 00 .. 20	c.to log sen =	0,20108
Z S =	48 .. 29 .. 07	c.to „ sen =	0,12564
Suma =	102 .. 46 .. 14		
½ S =	51 .. 23 .. 07	„ sen =	9,89286
Dif.a =	36 .. 06 .. 20	„ sen =	9,77032
		cos² ½ Z S S' =	19,98990
	8 .. 43 .. 10	cos ½ Z S' =	9,99495
Z S S' =	17 .. 26 .. 20		

S'S N − Z S S' = Z S N ángulo de posicion = 82° . 52' − 17°.. 26'.. 20" = 65°.. 25'.. 40".

6.° **Resolucion del tercer triángulo** (Z S N.)

cos S =	65°. 25'. 40"	log 9,61893	cos x =	25°. 09'. 50"	c.to log 0,04331
tang S Z =	48 . 29 . 07	„ 0,05298	cos S N − x =	45 . 38 . 03	„ 9,84463
tang x =	25 . 09 . 50	„ 9,67191	cos S Z =	48 . 29 . 07	„ 9,82138
S N =	70 . 47 . 53		cos Z N =	59 . 12 . 00	„ 9,70932
S N − x =	45 . 38 . 03			90 . 00 . 00	
			Latitud =	30 . 48 . 00 **Norte.**	

875. Advertencias. Hay que tener muy presente, que la latitud que resulta por este método no es muy exacta y por lo tanto sólo se debe emplear á falta de otros medios más seguros.

Conviene observar una de las alturas cuando el Sol esté próximo al meridiano, y la segunda en circunstancias favorables para poder determinar luego el horario con la latitud calculada.

Del mismo modo nunca deben exceder de unas 30 millas las navegadas durante el intervalo, ni este ser menor de 1h..30m.

Para la resolucion de este cálculo debe formarse ante todo la figura, la cual desvanecerá las dudas que puedan ocurrir en los diversos casos que se presentan en la práctica.

876. PROBLEMA III. **Cálculo de la latitud por alturas de dos estrellas, ya sea habiendo dos observadores ó uno solo.** Cuando hay dos observadores, tomarán estos en un mismo instante las alturas de dos estrellas conocidas, y el método que hay que seguir para determinar la latitud es exactamente igual al anterior, con la sola diferencia que el ángulo formado por los horarios del Sol SNS' (Fig. 96) que representaba el intervalo de tiempo verdadero, en este caso es igual á la diferencia de las ascensiones rectas de las dos estrellas.

Cuando sólo hay un observador, tomará primero la altura de una de las estrellas y despues de la de otra, anotando el intervalo que haya mediado entre ambas observaciones;

Este intervalo se reducirá á tiempo sidéreo equivalente y se le sumará á la diferencia de las ascensiones rectas cuando la estrella que se observó primero está más al E. que la otra; esto es, cuando su ascension recta es la mayor, y dicho intervalo reducido á tiempo sidéreo se restará en el caso contrario. El resto del cálculo no sufre ninguna otra alteracion, y se efectúa resolviendo los mismos tres triángulos de la (Fig 96), como cuando el astro observado era el Sol.

En el tomo III (art. 149) exponemos un nuevo y breve método para determinar la latitud por alturas circunmeridianas de Sol, imaginado por el Profesor Mr. Preuss.

CAPÍTULO XXVI.

DEL CUADERNO DE BITÁCORA Y DIARIO DE NAVEGACION.

877. **Cuaderno de bitácora** es un libro en el cual se anotan los elementos que sirven para el trabajo de la estima, las situaciones astronómicas, las observaciones meteorológicas y los acaecimientos notables de la navegacion.

Cada oficial hace al rendir su guardia las anotaciones que le corresponden, poniendo al pié de ellas su firma, y al final de cada singladura la pone tambien el que tiene el mando del buque.

El rayado para las anotaciones de cada singladura es el siguiente:

MODELO DE CUADERNO DE BITÁCORA.

Dia......... al......... de........................ de 1875. SINGLADURA =

H.	M.	D.	Rumbo naveg.	Perturbacion	Viento	Fuerza.	Abatimient.	Estad. del mar.	Aparejo en viento	Barómetro.	Temperatura. Aire.	Temperatura. Mar.	Psicrómetro. Bola seca.	Psicrómetro. Bola húm.ª
1 2 3 4														
5 6 7 8														
9 10 11 12														
13 14 15 16														
17 18 19 20														
21 22 23 24														

Dias de la ☾ = ACAECIMIENTOS. Var.on magnética =

1.° En la primera columna se escriben las 24h del dia en cuenta astronómica.

2.° En la segunda y tercera las millas y décimos de milla que se han navegado en cada hora.

3.° En la cuarta y enfrente de cada hora el rumbo de la aguja á que se ha dirigido la proa.

Cuando se varía de rumbo en el intermedio de una hora al final de ella por ejemplo, se escribe el nuevo rumbo en la hora siguiente; y en la anterior se apuntan solamente las millas que se navegaron al rumbo primitivo, y en la hora siguiente las millas que le correspondan mas las que se navegaron al mismo rumbo en la hora anterior.

Por lo tanto, si se hubiese variado de rumbo á las 4 menos 10 minutos, en la línea de las cuatro se escribirán las millas que haya navegado en 50 minutos, y en la línea de las cinco las navegadas en una hora y diez minutos al nuevo rumbo.

Cuando se varía al principio de una hora, se procederá de una manera análoga; pero si bien en la tablilla no consta de este modo la hora exacta en que se varió de rumbo, deberá expresarse en los acaecimientos.

Cuando se han navegado distintos rumbos en el intervalo de una hora, con dichos rumbos sin corregir y las distancias respectivas se hallarán las diferencias en latitud y apartamientos correspondientes, y con el resultado final de estos datos, el rumbo y distancia directa que se ha hecho en dicha hora y será el que debe anotarse (art.^{os} 283 y 284.)

4.° En la quinta columna se escribe la perturbacion de la aguja, correspondiente á cada rumbo navegado.

5.° En la sesta la direccion, segun la aguja ó sea sin corregir, del viento que ha reinado.

6.° En la sétima la fuerza del viento, expresada por el número correspondiente segun el sistema del Almirante Beaufort (art. 395.)

7.° En la octava el abatimiento de la nave.

8.° En la novena el estado del mar.

Debe indicarse la direccion de las olas, que toma el nombre del punto del horizonte de donde vienen; así se dice *mar de popa, de proa, por la mura, por el costado ó de través, por el anca, del viento ó de tal direccion, y mares encontradas.*

Los nombres que se emplean generalmente para expresar su elevacion ó volúmen y su velocidad ó fuerza, son: *mar llana, mar rizada, mar tendida, mar sorda, de leva, de fondo, marejadilla, marejada, mar picada, mar gruesa, mar arbolada, mar borrascosa, mar muy gruesa y arbolada, y mar huracanada.*

Si fuese posible, debe observarse la altura de las olas (art. 456), la distancia que hay entre dos de sus vértices, y su velocidad deducida de la que lleva la nave, todo lo cual puede anotarse en los acaecimientos.

9.° En la décima columna, el aparejo que se lleva largo.

10.° En la once, la altura del barómetro.

En tiempos normales se anota su altura cada cuatro horas al rendir las guardias, y siempre que se advierta una variacion en la altura de más de un milímetro. En los temporales y huracanes se observará con la mayor frecuencia posible.

Debajo de dicha altura y separada por una rayita, se escribirá la altura del termómetro unido al barómetro, con el objeto de aplicarle á la altura de éste la correccion por temperatura; es decir, reducir dicha altura á la temperatura de 0°. (*Véase el apéndice.*)

11.° En la columna doce, se escribe la temperatura del aire.

Debe observarse con la misma frecuencia que el barómetro y psicrómetro. Para obtener la verdadera temperatura del aire, debe estar colocado el termómetro al aire libre donde no le dé el Sol, ni reciba corrientes de aire, ya sean dimanadas por el derrame de las velas ú otras causas, y donde haya la menor humedad posible.

12.° En la columna trece, la temperatura del mar es la superficie.

Esta observacion (art.° 428), debe efectuarse cada 2 ó 4 horas, al echar la corredera y siempre que concurran circunstancias especiales, tales como cambiar el color del agua, estar en parajes de corrientes, próximos á ellas ó bien á tierra, bajos, &c., y al estar en latitudes en que puedan encontrarse bancas de hielo (art.° 434.)

La temperatura del mar á profundidades variables es á veces muy interesante (art. 429.)

13.° En la columna catorce, se anota la lectura del psicrómetro.

Esta columna está dividida en dos; en la primera se pone la lectura del termómetro de bola seca, y en la segunda la del termómetro de bola húmeda, para deducir de la diferencia de alturas, comparada con la temperatura y presion barométrica, el tiempo que ha de reinar. (*Véase el apéndice.*)

878. Escrito un término al principio de una columna, no se escribe en las horas siguientes siempre que sea el mismo, indicándose solamente por medio de dos comitas, excepto en la columna de la distancia que se anotan las millas navegadas, aunque sean las mismas, durante varias horas seguidas.

En la columna del abatimiento no se pone indicacion alguna, cuando el viento forme un ángulo con la proa mayor de 90°, pues se sabe que entonces es nulo ó despreciable.

879. Al pié de la tablilla se ponen los dias del mes lunar y la variacion magnética, que conviene observar todos los dias, dirigiendo la proa al rumbo en que la perturbacion sea nula, pues de lo contrario lo que se obtendrá será la correccion total correspondiente al rumbo á que se dirigia la proa al hacer la marcacion (art. 149.)

Cuando lo que se halle sea la correccion total, se le aplicará la perturbacion del rumbo á que se vá gobernando, y se tendrá la variacion magnética (art.° 152.)

A falta de observaciones se pone la variacion de la aguja estimada, ya sea por el conocimiento que se tenga del paraje en que se navega, ó bien por el derrotero ó por las cartas, procurando siempre que sea reciente la publicacion de estas obras (art.° 85.)

880. Acaecimientos. En el espacio de los acaecimientos se anotará con toda claridad y precision cuanto ocurra á bordo, especialmente si es necesario ó útil para el esclarecimiento de la derrota ó para deducir consecuencias importantes en lo sucesivo.

Por lo tanto, se hará mencion de los particulares siguientes:

1.° *Estado del cielo y horizontes.* Forma y direccion de las nubes (art.os 393 y 414), expresando la parte despejada del cielo y del horizonte, que se considera dividido en cuatro cuadrantes.

2.° *Si se nota rocío, hay neblina, cae nieve, granizos ó hay chubascos,* expresando en estos últimos su fuerza (art.° 395) y duracion.

3.° *Si se observan fenómenos eléctricos ó bien meteoros, tales como estrellas fugaces (Astron.a art.° 428)*, especialmente hácia mediados de Agosto y Noviembre; si se presenta una *aurora boreal* se expresa la hora de su aparicion y la de su conclusion; sus formas, dimensiones, direccion, intensidad, colores, movimientos y variaciones, y por último, describir la *luz zodiacal* si se observa alguna vez (*Astronomía art.° 436.*)

4.° *Diversas observaciones astronómicas y los resultados que hayan dado.*

5.a *Si se vé alguna manguera* (art.° 421) se indicará la direccion en que aparece, las distintas apariencias que presenta, sus movimientos, y cómo desaparece.

6.° *Si hay hileros de corriente,* se expresa la direccion y velocidad de ellos é intervalos con que se suceden, tomando siempre nota del color del agua.

7.° *La densidad del agua del mar* en la superficie, una vez al dia cuando ménos (art.° 444), y sin corregir; pero poniendo siempre la temperatura del agua al hacer la observacion.

8.° *Si se vé alguna banca de hielo,* se especificará su tamaño, siendo posible, direccion que sigue, temperatura del agua á diferentes distancias de ella; pues sabemos que el termómetro nos la anuncia hasta tres millas de distancia.

9.° *La aparicion de aves, peces, insectos, plantas marinas y despojos,* notando las particularidades más importantes (*). Si se en-

---

(*) Para conocer y clasificar los peces, insectos y aves marinas, recomendamos las *Investigaciones Científicas* redactadas por F. W. Herschell y traducidas por el brigadier Vizcarrondo, obra utilísima para los marinos.

cuentra alguna botella debe cojerse siempre, para ver si hay dentro de ella alguna comunicacion de otro buque.

10. *Si hay buques á la vista,* designando el aparejo, rumbo que siguen, nacionalidad, nombre y cuantas noticias nos comuniquen, especialmente la longitud.

11.° *La novedad que haya en la descubierta y bombas,* cuando ménos al amanecer y anochecer.(*)

12.° *Cualquiera avería que haya y del modo que se ha remediado.*

13.° *Alteraciones que haya en la estiva, aparejo y arboladura,* con los resultados que se obtengan.

14.° *Cuantas novedades ocurran en el estado sanitario del buque.*

15.° *Se extenderán las protestas* en los casos correspondientes.

16.° Por último, seria muy conveniente dibujar en el diario, ó bien en un cuaderno aparte, las vistas de las tierras, indicando las distancias y rumbos á que demoraban.

881. Diario de navegacion. El cuaderno de bitácora es el borrador de otro libro que está obligado á llevar cada oficial y que se llama Diario de Navegacion, en el cual se copian fielmente cuantas anotaciones se hicieron en el primero.

En la primera hoja del Diario se expresa el nombre del buque, el del que lo manda, el punto á donde emprende el viaje, y á continuacion las principales dimensiones del buque, la línea de flotacion con que sale á la mar, y tambien es costumbre poner un estado de los instrumentos náuticos que lleva el buque, armamento, pertrechos, embarcaciones menores, número total de tripulantes y cantidad de víveres y aguada.

882. En la hoja siguiente se hará mencion del cargamento en general que conduce el buque, expresando si éste es de hierro ó de madera, si conduce alguna cantidad de este metal como carga ó lastre y en qué lugar vá colocada.

883. A continuacion se copian las tablas de compensacion (artículo 162), resultado de todas las observaciones hechas en puerto y en alta mar, para determinar la perturbacion de la aguja.

884. En otra hoja se irán anotando las propiedades marineras del buque, observadas en la navegacion; estudio de gran utilidad para los viajes que se emprendan en el mismo buque.

(*) Llámase hacer la descubierta, al reconocimiento que á la salida y á la puesta del Sol hacen los gavieros, del horizonte que descubren, desde la parte más elevada de sus palos respectivos. Al mismo tiempo revisan el estado en que se hallan todas las perchas, járcias, velámen y maniobra de su palo y dan cuenta de lo que ocurra al oficial de guardia.
Con iguales intervalos se acostumbra á sondar, por el registro de las bombas, para ver la cantidad de agua que hay en la bodega, y con mayor frecuencia cuando el buque trabaja mucho en malos tiempos.

Por último, conviene tambien llevar en las hojas siguientes el diario de cada uno de los cronómetros (art.° 767.)

885. La tablilla del Diario consta de igual número de columnas que el cuaderno de bitácora y se le agregan otras seis á la derecha.

En la primera de estas columnas se escribe el rumbo corregido que corresponde á cada uno de los aparentes ó navegados.

En la segunda y al lado de cada rumbo corregido, la distancia que se ha navegado al mismo.

Las cuatro últimas columnas llevan las iniciales N. S. E. y O, correspondientes á los cuatro puntos cardinales, y se escriben en ellas las diferencias de latitud y apartamientos de meridiano, que nos servirán para el trabajo de la estima al final de la singladura.

Debajo de estas cuatro columnas se forma una tablita para anotar las corrientes observadas en la singladura, expresando su rumbo y velocidad horaria, intervalos en que se han experimentado y variaciones que han tenido.

886. Debajo de la tablilla se escribe al concluir la singladura, la situacion de la nave.

Anótase primero la latitud y longitud salidas *observadas*, ó sean las de llegada de la singladura anterior, y trabajando la estima (art.° 272) se hallará la latitud y longitud llegadas de estima.

Debajo de la latitud llegada de estima se pone la observada y despues la diferencia entre ambas, expresando la *observada al N ó al S*, segun que esta se halle al Norte ó al Sur de la estimada; lo cual nos sirve para ver si hay diferencia notable entre ambas coordenadas, y en tal caso averiguar si proviene de errores en la estima ó de corrientes que se han experimentado (art.° 495.)

Debajo de la longitud llegada de estima se escribe tambien la observada y la diferencia entre ellas como en el caso anterior;

887. Tambien se anotará la situacion por marcaciones cuando las haya habido; la longitud por distancias lunares, por el método de Littrow, la situacion por el método de Sumner, y por último, el rumbo y distancia directa (art.° 286) que se haya hecho en la singladura, la variacion magnética observada, la estimada y la diferencia entre ellas.

MODELO DE DIARIO DE NAVEGACION. (*)

De á Singladura =

Dia al de de 1875.

H.	M.	D.	Rumbo navegad.	Perturbacion.	Viento.	Fuerza.	Abatimiento.	Estado del mar.	Aparejo en viento.	Barómetro.	TEMPERAT.ª Aire.	TEMPERAT.ª Mar.	PSICRÓMET.º Bola seca.	PSICRÓMET.º Bola húm.ª	Rumbo correg.º	Distancia.	N.	S.	E.	O.
1																				
2																				
3																				
4																				
5																				
6																				
7																				
8																				
9																				
10																				
11																				
12																				
13																				
14																				
15																				
16																				
17																				
18																				
19																				
20																				
21																				
22																				
23																				
24																				

Corrientes observadas.

H.as	Rumbo.	Velocidad horaria.

SITUACION DE LA NAVE.

	° ′ ″		° ′ ″	
Latitud salida	.. ..	**Longitud salida**........	.. ..	Rumbo directo = ...
Diferencia de estima al.....	.. ..	Diferencia de estima al	.. ..	Distancia directa = ...
	° ′ ″		° ′ ″	
Latitud llegada estima......	.. ..	Longitud llegada estima....	.. ..	Variacion magn.ª observ.ª=
	° ′ ″		° ′ ″	
Latitud llegada observ.ª	.. ..	**Longitud llegada cronó.°**	.. ..	„ „ estim.ª=
	° ′ ″		° ′ ″	
La observada al...........	.. ..	La observada al........ ..	.. ..	Diferencia= ....
	° ′ ″		° ′ ″	
Suma de latitudes.........	.. ..	Longitud por distancias lunares................	.. ..	
	° ′ ″			
Latitud media.............	.. ..			
	° ′ ″		° ′ ″	
Lat. por el método Sumner..	.. ..	Long. por el método Littrow	.. ..	Dias de la ☾ = ...
Latitud por extra-meridianas	.. ..	Long. por el método Sumner	.. ..	
Latitud por marcaciones....	.. ..	Longitud por marcaciones..	.. ..	

ACAECIMIENTOS.

(*) Nuestro diario de navegacion se encontrará en Cádiz en la *Librería Española y Extranjera de la Revista Médica.*

888. Si se navega en un buque de vapor, hay que aumentarle al cuaderno de bitácora y diario, cuatro columnas más, y son las siguientes:

Grado de expansion.	Revolucion.s por minuto.	Pulgadas de vapor.	Combustible consumido.

En estas cuatro columnas se pueden hacer las anotaciones de cuatro en cuatro horas, á no ser que haya habido alguna variacion notable en la marcha de la máquina, tal como aumentar ó disminuir el grado de expansion del vapor, ó ser mayor ó menor el número de revoluciones que den las ruedas ó la hélice por minuto, en cuyo caso se expresará así en frente de la hora en que se haya verificado esta variacion.

889. Es muy conveniente llevar una cuenta exacta del carbon existente á bordo al fin de cada singladura, para lo cual se anotará la existencia que resultó el dia anterior y el consumido en la singladura, del modo siguiente:

COMBUSTIBLE.	Tonel.s	Quint.s
Existencia del dia anterior......	65	12
Consumido en la singladura....	6	8
Existencia actual........	59	4

CAPÍTULO XXVII.

RESÚMEN GENERAL DE LA NAVEGACION.

890. Operaciones que hay que practicar en una campaña. Al terminar este curso de Navegacion, consideramos oportuno describir á grandes rasgos los deberes que tiene que cumplir el que lleva á su cargo el mando de un buque, y cuanto debe practicar en lo que se refiere á la parte científica en el curso de una campaña, para concluirla con toda felicidad y prontitud.

La práctica general de la navegacion, podemos decir que se reduce á tres séries de operaciones distintas:

I. Operaciones de la salida.

II. Operaciones en la mar.

III. Operaciones en la recalada.

891. Operaciones de la salida. Haciéndonos cargo del buque en el puerto de partida, y algunos dias antes de emprender el viaje, se examinará escrupulosamente si vá provisto de todo lo necesario, fijando especialmente la atencion en lo que se refiere á los particulares siguientes:

1.° Si se llevan los derroteros, cartas generales, particulares y planos de los puertos á que se vá destinado, y de aquellos á que se pueda arribar, obligados por las circunstancias.

2.° Si se llevan los Almanaques Náuticos de los años que se juzgue necesario, segun la duracion probable del viaje, así como tambien las tablas náuticas y de logaritmos, los cuadernos de faros, boyas y valizas, el telégrafo marino universal, los faroles de situacion, las señales para en tiempo de neblina y las instrucciones acerca de los auxilios que se prestan en las estaciones de botes salvavidas y de morteros porta-amarras.(*)

3.° Si los cronómetros están bien arreglados; es decir, si se han determinado con toda exactitud sus estados absolutos y movimientos diarios.

4.° Si se lleva el número conveniente de agujas, tanto de bitácora como azimutales, y si las planchuelas de estas, así como las que van de respeto, están bien imantadas.

5.° Si están en el más perfecto estado los instrumentos pertenecientes al buque y á los oficiales, como son: quintantes, sextantes, horizontes artificiales, barómetros, termómetros, psicrómetros, anteojos, círculos de marcar ó azimutales, correderas, sondas, &c.

892. Instalados que sean los cronómetros en el buque, se continuará su arreglo, ya sea haciendo á bordo las observaciones astronómicas convenientes, cuando esto sea posible, ó bien en tierra valiéndose entonces de un acompañante.

Cuando se está en un puerto donde hay un Observatorio que hace señales todos los dias á determinadas horas (art.° **739**), es muy

---

(*) Recomendamos tambien la adquisicion de los *Anuarios de la Direccion de Hidrografía*, publicacion importantísima bajo todos conceptos y de gran utilidad para los marinos.

fácil arreglar los cronómetros á bordo, oportunidad que debe siempre aprovecharse aun cuando se hayan arreglado en tierra.

Se les dará cuerda á los cronómetros los dias que corresponda, á las nueve de la mañana, y á esta hora se anotará diariamente la temperatura que señale el termómetro colocado dentro del armario (art.° 768.)

893. Cuando está el buque completamente cargado y hecha su estiva, deberá hallarse la perturbacion de la aguja (art.° 154), empleando al efecto el método más conveniente, y tambien se hallará la variacion magnética.

Si fuese necesario efectuar la salida sin el auxilio del práctico de la localidad, deberán conocerse las horas á que se verifican las mareas, la elevacion de las aguas, y si hay corrientes ó hileros en las bocas, canales ó pasos, averiguando su rumbo y velocidad para corregir los rumbos de los efectos de dichas corrientes (art.° 497), en caso necesario.

Se instalará sobre cubierta el compás azimutal ó círculo de marcar, y se tendrá á la vista el plano del puerto, y desde el instante en que se pone el buque en movimiento, se marcarán dos puntos de la costa si no se puede emplear el método de enfilacion que es preferible, y teniendo siempre en cuenta la perturbacion y variacion de la aguja, se determinará frecuentemente la situacion de la nave en el plano, para lo cual puede tambien recurrirse á la cantidad y calidad del fondo, y de este modo se mandará gobernar á los rumbos convenientes.

Si el buque sale dirigido por un práctico, se gobierna siguiendo sus indicaciones; pero siempre será conveniente efectuar lo dicho en el caso anterior, para tener la completa seguridad de que no hay ningun peligro que temer.

894. Operaciones en la mar. Estando ya fuera del puerto y completamente en franquía, se despide el práctico, y el que manda el buque dará el rumbo á que se debe gobernar.

Para esto, mientras se tiene la costa á la vista, se navega guiado por marcaciones y por la sondalesa, hasta que antes de perder la tierra de vista y cuando se tienen dos ó más puntos de ella bien determinados, se situará en la carta y éste será el punto que se toma como de partida. Se distribuyen las guardias de mar y se empieza desde entonces á echar la corredera y á anotar los rumbos en la tablilla del cuaderno de bitácora para el trabajo de la estima, cuyos resultados, comparados con los que se obtengan por observaciones astronómicas, serán los medios que hay que emplear para conocer la situacion de la nave en lo sucesivo.

895. Si se está en circunstancias favorables, antes de perder á la tierra de vista se tomará una ó más altura del Sol y se calculará la longitud por cronómetro, que comparada con la que se obtenga por marcaciones, nos dará á conocer si los cronómetros están bien arreglados.

896. Las demás operaciones que hay que hacer en la travesía son:

Determinar cuando ménos una vez al dia, y con mayor frecuencia estando próximo á la costa, la situacion de la nave, por medio de observaciones astronómicas.

Para esto se toman por la mañana una ó más alturas de Sol para hallar la longitud, y á medio dia se halla la latitud por medio de una altura meridiana.

Cuando no puede observarse el Sol en buenas circunstancias para la determinacion de la longitud, se debe emplear el método de Littrow (art.° 832), ó el de Sumner (art.° 847), y cuando no se puede observar el Sol al medio dia, se hallará la latitud por alturas extrameridianas (art.° 868). Asimismo si estuviese el cielo cubierto durante el dia y aclarase por la noche, ó lo que es mejor aún, en los crepúsculos, se recurrirá á las observaciones de Luna, estrellas ó planetas, para lo cual conviene emplear un instrumento de *Laurent* (art.° 624). Téngase presente que conviene practicar con frecuencia estas observaciones para adquirir la destreza necesaria y obtener buenos resultados en casos apremiantes.

897. Al final de cada singladura se hallará la situacion por estima y su diferencia con la que nos den las observaciones, en vista de lo cual procederemos á investigar, cuando dicha diferencia sea considerable, si proviene de errores en los rumbos y distancias que se han anotado, ó bien de una corriente que se ha experimentado, en cuyo caso se hallará su rumbo y velocidad (art.° 495.)

Al principiar cada singladura se sitúa en la carta el punto en que se halle la nave y se dá el rumbo á que se debe gobernar.

898. En la mayor parte de los casos conviene trazar en la carta la derrota por arco de círculo máximo (art.° 547), para seguirla si fuese conveniente, atendiendo para esto á los vientos y corrientes que hay en los mares por donde nos dirigimos.

899. La exacta correccion de los rumbos navegados exige que se determine diariamente la variacion magnética y la perturbacion de la aguja, cuando se considere que pueda haber variado.

900. Tambien es muy conveniente verificar los resultados que nos den los cronómetros, con la frecuencia posible, empleando al efecto la observacion de las distancias lunares.

Siempre que se pase á la vista de una tierra conocida y bien situada en el plano, se comparará la longitud por marcaciones con la que nos den los cronómetros, y conoceremos desde luego si hay error en los estados absolutos que les venimos aplicando; y en lo sucesivo podremos emplear este nuevo estado absoluto, siempre que se tenga completa confianza en la bondad y correccion de las marcaciones que hemos hecho, en la precision de la carta que hemos empleado, y en la exactitud de la observacion y cálculo de la longitud por cronómetro. En casos de incertidumbre, se tendrá únicamente presente la diferencia que nos ha dado el cronómetro, para adoptar en lo sucesivo todas las precauciones convenientes al hacer la recalada.

901. Operaciones en la recalada. Desde el momento en que el buque se considera próximo á tierra, se harán frecuentes observaciones para conocer la situacion con toda exactitud; se estará muy prevenido y vigilante, para lo cual se mandará uno ó dos hombres á los topes que exploren contínuamente el horizonte; se atenderá á las variaciones del color del agua y de su temperatura, y á la aparicion de pájaros, y se sondará con frecuencia; pues regularmente esta es la primera indicacion de la proximidad de la costa y por medio de la calidad y cantidad del fondo y de la latitud, se obtiene casi siempre una buena situacion (art.° 514). Determinada que sea la distancia á que se halla la costa, y suponiendo conocido el rumbo y velocidad de la corriente, se mandará gobernar al rumbo corregido del efecto de dicha corriente (art.° 497) para avistar la parte de la costa que consideremos más conveniente;

Navegando de noche deben redoblarse las precauciones, pues en las recaladas es donde se corren los mayores peligros; así es que generalmente se disminuye el andar del buque hasta la llegada del dia, para hacer el reconocimiento con toda seguridad. Del mismo modo, cuando hay neblina, es malo el cariz, ó en tiempos borrascosos, conviene mantenerse á una distancia prudente de tierra y esperar á que abonance el tiempo.

902. En el momento en que *canta tierra* el vigía del tope, se tratará de reconocerla, enmendando el rumbo si fuese necesario, hasta tener á la vista uno ó más puntos bien determinados, y una vez situado el buque se navegará en demanda del puerto, auxiliados por la sonda y marcaciones, y al estar á la entrada de él, se esperará la llegada del práctico para gobernar segun sus indicaciones, á ménos que obligados por fuerza mayor sea preciso verificar la entrada sin práctico, en cuyo caso, guiados por buenos planos, por las instrucciones que nos dé el derrotero, conociendo las mareas y corrientes, así como las boyas, valizas y demás señales, y haciendo frecuente uso de la sonda y marcaciones á tierra, entraremos en el puerto y fondearemos en el paraje más conveniente, segun los tiempos que se experimenten en aquella estacion del año.

903. Terminada que sea la navegacion, se enviarán los cronómetros á tierra para observarlos, ó bien para renovarles los aceites á los que los necesiten (art.° 705); se repasarán las agujas por si es preciso imantarlas, y se repasarán, en fin, todos los instrumentos que se hayan deteriorado en el viaje;

904. Por último, el que manda el buque recopilará cuidadosamente todos cuantos trabajos haya podido hacer durante la navegacion, referentes á la observacion de fenómenos meteóricos y meteorológicos y á las situaciones absolutas y relativas de los cabos, puertos, islas, bajos y sondas, y de todo cuanto pueda contribuir al mejor conocimiento de los vientos y corrientes que se experimenten en los mares por donde ha navegado, de todo lo cual dará parte detallado á las autoridades competentes, así como tambien de los errores que haya advertido en las cartas; de las observaciones y descubrimientos que haya podido hacer y de cuantas noticias sean de importancia, en fin, para perfeccionar la hidrografía ó para el progreso de la ciencia Náutica en sus diversos ramos, y de este modo se hará digno de los mayores elogios y consideraciones, por haber prestado servicios en favor de la humanidad y para el adelanto de una profesion, que tan poderoso influjo ejerce en la opulencia y civilizacion de los pueblos.

FIN DE LA NAVEGACION.

CURSO

DE

ASTRONOMIA NAUTICA

Y

NAVEGACION.

TOMO TERCERO.

PRECIOS DE ESTA OBRA

(A LA RUSTICA.)

En la Península, Baleares y Canarias.. ... ... 25 pesetas.

En las Antillas y Filipinas ... ... 6 $ (moneda efectiva.)

Se halla de venta en las principales librerias.

Los pedidos, acompañados de su importe, se dirigirán al autor.
CADIZ.

CURSO

DE

ASTRONOMIA NAUTICA

Y

NAVEGACION

ACOMPAÑADO
DE UNOS ELEMENTOS DE TRIGONOMETRIA, DE UNA COLECCION DE TABLAS PARA ABREVIAR
CALCULOS DE IMPORTANTE Y FRECUENTE USO Y DE ALGUNAS NOCIONES
Y TABLAS METEOROLOGICAS,

POR

D. FRANCISCO FERNANDEZ FONTECHA,

CATEDRATICO POR OPOSICION
DE LA ESCUELA DE NAUTICA DE CADIZ.

SEGUNDA EDICION

ILUSTRADA CON 7 LAMINAS Y 200 GRABADOS INTERCALADOS EN EL TEXTO.

Tomo III.

TRIGONOMETRIA.

APENDICES Y TABLAS.

CADIZ.

IMPRENTA DE LA REVISTA MEDICA, DE D. FEDERICO JOLY,
CEBALLOS (ANTES BOMBA), NUMERO 1.

1880

INDICE DEL TOMO TERCERO.

TRIGONOMETRIA.

APENDICES Y TABLAS.

METEOROLOGIA.

TABLAS BAROMÉTRICAS Y TERMOMÉTRICAS.

ELEMENTOS

DE

TRIGONOMETRÍA

RECTILÍNEA Y ESFERICA.

CAPÍTULO I.

DE LAS LÍNEAS TRIGONOMÉTRICAS.

1. **Trigonometría** es la ciencia que trata de la resolucion numérica de los triángulos; esto es, la que determina *por medio del cálculo los valores numéricos de sus lados y ángulos.* (*)

Divídese en rectilínea y esférica, segun la especie de los triángulos á que se refiere.

Todo triángulo consta de seis partes, tres ángulos y tres lados; y puede decirse que la trigonometría se reduce á este único problema general: *dadas tres de las partes que constituyen á todo triángulo, hallar las otras tres.* Si el triángulo en cuestion es rectilíneo, deberá conocerse cuando ménos un lado, pues si sólo se conociesen los tres ángulos, seria indeterminado el problema, por ser innumerables los triángulos de diferentes magnitudes que se pueden construir con iguales ángulos.

La geometría elemental y el análisis geométrico nos enseñan tambien á resolver los triángulos; pero, tendríamos que emplear métodos gráficos siempre defectuosos é inexactos, ó bien habria que plantear ecuaciones muy complicadas, para hallar las relaciones que ligan los valores de los lados de un triángulo cualquiera con sus

(*) La palabra trigonometría se deriva de las voces griegas, *trigonos*, triángulo y *metron* medida. Hiparco, célebre astrónomo de la antigüedad, que vivió en el siglo II antes de J. C., aparece como el inventor de la trigonometría; si bien los notables descubrimientos y adelantos llevados á cabo por Neper, inventor de los logaritmos, que vivió en el siglo XVI y por Euler en el XVII, hacen que esta ciencia pueda llamarse moderna.

ángulos. Para salvar estos inconvenientes han introducido los geómetras ciertas líneas rectas auxiliares, en vez de los ángulos ó arcos que los miden, cuyas relaciones con los lados de los triángulos son sencillas, dependiendo sus dimensiones ó valores del número de grados de los arcos, que miden á los ángulos respectivos. Estas líneas auxiliares se llaman *líneas trigonométricas*, y á las relaciones que ligan á estas con sus arcos *funciones circulares*.

2. Las líneas trigonométricas de todo arco ó ángulo medido por él, son: *seno, tangente, secante* y *seno verso;* y se denominan tambien *coseno, cotangente, cosecante* y *coseno verso* de un arco, el seno, tangente, secante y seno verso de su complemento; entendiéndose por complemento de un arco lo que le falta ó sobra para valer 90°.

Por lo tanto, el seno, tangente, secante y seno verso de un ángulo, son respectivamente el coseno, cotangente, cosecante y coseno verso de su complemento y vice versa.

En rigor puede decirse que no hay más que las cuatro primeras líneas, pues las otras cuatro pertenecen al arco complementario y por eso se llaman *co-líneas trigonométricas* del arco ó ángulo en cuestion.

1.° *Seno* de un arco ó de su ángulo correspondiente, es la perpendicular bajada desde el fin del arco sobre el diámetro que pasa por su principio.

Sea ABA'B'A, una circunferencia cualquiera; tiremos los diámetros AA' y BB' perpendiculares entre sí y consideremos el punto A, como principio de los arcos contados en la direccion ADBA'.

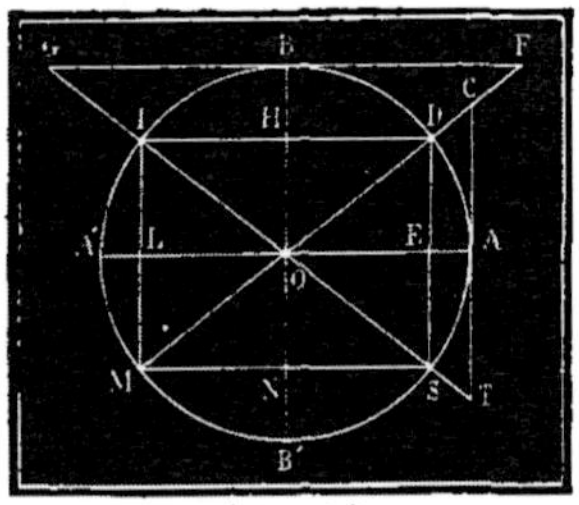

(Fig. 1)

Tendremos que el seno del arco AD es DE: el seno del arco AB de 90° es el radio OB y el seno del arco ABI es IL.

Vemos, pues, que los senos de los arcos aumentan desde el de 0°, que es cero, hasta el de 90° que es igual al radio; y que disminuyen desde el de 90° que es igual al radio, hasta el de 180° que es cero; esto es

$$\text{sen } 0° = 0, \qquad \text{sen } 90° = r, \qquad \text{sen } 180° = 0.$$

2.° *Coseno* de un arco es el seno de su complemento.

El coseno del arco AD, será HD seno de su complemento DB: el coseno del arco AB de 90° es cero, y el coseno del Arco ABI es IH, seno de BI.

De aquí se sigue que los cosenos disminuyen desde 0° que es igual al radio, hasta el de 90° que es cero; y aumentan desde el de 90° que es cero, hasta el de 180° que es igual al radio.

$$\cos 0° = r, \qquad \cos 90° = 0, \qquad \cos 180° = r.$$

3.° *Tangente* de un arco es la tangente geométrica que tocando á dicho arco en su orígen, termina en la prolongacion del radio que pasa por su extremo.

La tangente del arco AD es AC; la tangente del arco AB de 90° es infinita, pues por más que se prolonguen las líneas AC y OB, jamás se encontrarán, por ser paralelas; la tangente del arco ABI es AT.

Es evidente que las tangentes aumentarán desde 0° que es cero, hasta la de 90° que es infinita; y disminuyen desde 90° que es infinita, hasta la de 180° que es cero.

$$\text{tang } 0° = 0, \qquad \text{tang } 90° = \infty, \qquad \text{tang } 180° = 0.$$

4.° *Cotangente* de un arco es la tangente de su complemento.

La cotangente del arco AD es BF: la del arco AB de 90° es cero y la del arco ABI es BG.

Resulta, pues, que las cotangentes disminuyen desde la de 0° que es infinita, hasta la de 90° que es cero; y aumentan desde la de 90° que es cero, hasta la de 180° que es infinita.

$$\cot 0° = \infty, \qquad \cot 90° = 0, \qquad \cot 180° = \infty.$$

5.° *Secante* trigonométrica es la recta que saliendo del centro pasa por el fin del arco y termina en la tangente que pasa por su principio.

La secante del arco AD es OC: la del arco AB de 90° es infinita, y la del arco ABI es OT.

Las secantes aumentan desde la de 0° que es igual al radio, hasta la de 90° que es infinita; y disminuyen desde la de 90° que es infinita, hasta la de 180° que es igual al radio.

$$\sec 0° = r, \qquad \sec 90° = \infty, \qquad \sec 180° = r.$$

6.° *Cosecante* de un arco es la secante de su complemento.

La cosecante del arco AD es OF: la del arco AB de 90° es el radio y la del arco ABI es OG.

Las cosecantes disminuyen desde la de 0° que es infinita, hasta la de 90° que es igual al radio; y aumentan desde la de 90° hasta la de 180° que es infinita.

$$\text{cosec } 0° = \infty, \qquad \text{cosec } 90° = r, \qquad \text{cosec } 180° = \infty.$$

7.° *Seno verso* de un arco es la parte del diámetro comprendida entre un extremo del arco y el pié del seno.

El seno verso del arco AD es EA: el del arco AB de 90° es el radio OA: y el seno verso del arco ABI es LA.

Los senos versos aumentan desde el de 0° que es cero, hasta el de 90° que es igual al radio; y siguen aumentando desde el de 90° hasta el de 180° que es igual al duplo del radio.

$$\text{sen ver. } 0° = 0, \qquad \text{sen ver. } 90° = r, \qquad \text{sen ver. } 180° = 2r.$$

8.° *Coseno verso* de un arco es el seno verso de su complemento.

El coseno verso del arco AD es HB; y el del arco AB de 90° es cero.

Los cosenos versos disminuyen desde el de 0° que es igual al radio, hasta el de 90° que es cero; y aumentan desde el de 90° que es cero, hasta el de 180° que es igual al radio.

$$\cos \text{ver. } 0° = r, \qquad \cos \text{ver. } 90° = 0, \qquad \cos \text{ver. } 180° = r.$$

3. Líneas negativas. Con el objeto de generalizar las fórmulas se utiliza el teorema de Descartes; esto es, se ha adoptado el sistema de afectar con signos contrarios las magnitudes de las líneas trigonométricas, arcos, &c., que se cuentan en sentidos opuestos, de donde resulta que al considerar las líneas trigonométricas y sus arcos, no solo hay que atender á sus valores absolutos, sino tambien á sus signos correspondientes.

Por lo tanto, los arcos contados desde el punto de orígen A, (Fig. 1) en la direccion ABA′ serán positivos, y los contados en la direccion AB′A′ negativos.

Se consideran tambien como positivas las líneas trigonométricas contadas en la misma direccion que las OA y OB y como negativas las correspondientes á las direcciones OA′ y OB′; resultando de aquí que serán positivas todas las líneas trigonométricas del primer cuadrante AB y que le corresponderá tambien el signo + á los senos cuyas extremidades se hallen sobre el diámetro AA′; y el signo — á aquellos cuyas extremidades se encuentren bajo dicho diámetro. Luego el seno del arco ABI será + IL y el del ABM será — ML.

Los cosenos de los arcos del 1.° y 4.° cuadrante son positivos, y negativos los del 2.° y 3.°, en atencion á ser perpendiculares bajadas desde el fin del arco sobre el diámetro BB′ y paralelos los unos á la direccion OA y los otros á la OA′.

Del mismo modo son positivas las tangentes y cotangentes de los arcos del 1.° y 3.er cuadrante, y negativas las del 2.° y 4.°

No obstante que las secantes y cosecantes son prolongaciones de radios y que por lo tanto no pueden ser paralelas á los diámetros AA′ y BB′, se toman como positivas las de los arcos que terminan en el 1.° y 4.° cuadrante, que son las dirigidas al fin de dichos arcos, y como negativas las de los cuadrantes 2.° y 3.° que siguen una direccion opuesta á la del radio que vá al fin del arco.

Los senos versos y cosenos versos se consideran siempre como positivos.

Para despejar cualquier duda apelaremos á la siguiente tabla, la cual nos indica los signos de las diversas líneas de cada cuadrante, así como tambien su aumento ó disminucion.

SIGNOS DE LAS LÍNEAS TRIGONOMÉTRICAS.

Líneas trigonomét.ª	Arco 0° 360°	1.er Cuadrant. 0° á 90°		Arco 90°	2.° Cuadrant. 90° á 180°		Arco 180°	3.er Cuadran. 180° á 270°		Arco 270°	4.° Cuadran. 270° á 360°	
Seno.	0	aum.	+	r	dismin.	+	0	aum.	—	r	dismin	—
Tangente.	0	id.	+	∞	id.	—	0	id.	+	∞	id.	—
Secante.	r	id.	+	∞	id.	—	r	id.	—	∞	id.	+
Seno verso	0	id.	+	r	aum.	+	$2r$	dismin.	+	r	id.	+
Coseno.	r	dismin.	+	0	id.	—	r	id.	—	0	aum.	+
Cotangent.	∞	id.	+	0	id.	—	∞	id.	+	0	id.	—
Cosecante.	∞	id.	+	r	id.	—	∞	id.	—	r	id.	+
Cos. verso.	r	id.	+	0	id.	+	r	aum.	+	$2r$	dismin.	+

4. Lineas trigonométricas de un arco negativo, en funcion con las del mismo arco considerado como positivo.

Sea —AS (Fig. 1) un arco negativo cualquiera al cual llamaremos $-a$: y AD un arco positivo igual al anterior al cual llamaremos a.

El diámetro AA′ divide por mitad á la cuerda DS, que vá á los extremos de estos dos arcos, por ser perpendicular á ella; y por lo tanto tendremos:

$$\begin{aligned}
\text{sen}\,(-a) &= -\text{ES} = -\text{DE} = -\text{sen AD} &&= -\ \text{sen}\ a.\\
\cos\,(-a) &= \text{sen BAS} = \text{NS} = \text{OE} = \cos \text{AD} &&= \cos a.\\
\text{tang}\,(-a) &= -\text{AT} = -\text{AC} = -\text{tang AD} &&= -\ \text{tang}\ a.\\
\cot\,(-a) &= \text{tang BAS} = -\text{BG} = -\text{BF} &&= -\cot a.\\
\sec\,(-a) &= \text{OT} = \text{OC} &&= \sec a.\\
\text{cosec}\,(-a) &= \sec \text{BAS} = -\text{OG} = -\text{OF} &&= -\text{cosec}\ a.
\end{aligned}$$

Por la segunda de estas ecuaciones vemos que, el coseno de un arco es siempre la parte de radio comprendida entre el centro del arco y el pié del seno; y que dicho coseno será negativo cuando caiga á la izquierda del centro O.

5. Reasumiendo diremos que *los senos, tangentes, cotangentes y cosecantes de dos arcos iguales y de signos contrarios son tambien iguales y de signos contrarios; y que los cosenos y secantes de dos arcos iguales y de signos contrarios, son iguales y del mismo signo.*

6. Arcos complementarios. El complemento de un arco positivo mayor que un cuadrante es negativo, pues solo así dicho complemento y el arco dado, producirán una suma de 90°. Esto es, el complemento de $90°+a$, será $-a$.

Si al arco AD le llamamos a, su complemento será $90°-a$; y por lo tanto podremos expresar algebráicamente las definiciones de las líneas trigonométricas, del modo siguiente:

$$\text{sen}\ a = \cos(90°-a) \qquad \text{tang}\ a = \cot(90°-a) \qquad \sec a = \text{cosec}\,(90°-a),$$

y recíprocamente

$$\cos a = \text{sen}\,(90°-a) \qquad \cot a = \text{tag}\,(90°-a) \qquad \text{cosec}\ a = \sec(90°-a),$$

para los arcos obtusos tendremos tambien:

$$\begin{aligned}
\text{sen}\,(90°+a) &= \cos(-a) = \cos a\\
\cos(90°+a) &= \text{sen}\,(-a) = -\text{sen}\ a\\
\text{tang}\,(90°+a) &= \cot(-a) = -\cot a\\
\cot(90°+a) &= \text{tang}\,(-a) = -\text{tang}\ a\\
\sec(90°+a) &= \text{cosec}\,(-a) = -\text{cosec}\ a\\
\text{cosec}\,(90°+a) &= \sec(-a) = \sec a.
\end{aligned}$$

7. Arcos suplementarios. *Los senos de los arcos suplementarios son* *iguales; y los cosenos, tangentes y cotangentes son tambien respectivamente iguales, pero de signos contrarios.*

Si a, es el arco dado, su suplemento será $180° - a = 90° + (90° - a)$ y tendremos:

$$\begin{array}{llll}
\text{sen}\,(90°+(90°-a)) = & \cos\,(-(90°-a)) = & \cos\,(90°-a) = & \text{sen}\,a. \\
\cos\,(90°+(90°-a)) = & \text{sen}\,(-(90°-a)) = - & \text{sen}\,(90°-a) = - & \cos a. \\
\text{tag}\,(90°+(90°-a)) = & \cot\,(-(90°-a)) = - & \cot\,(90°-a) = - & \text{tang}\,a. \\
\cot\,(90°+(90°-a)) = & \text{tang}\,(-(90°-a)) = - & \text{tang}\,(90°-a) = - & \cot a.
\end{array}$$

8. De aquí se deduce, que cada línea corresponde á dos ángulos distintos pero suplementarios. Si la línea es coseno, tangente ó cotangente y lleva signo positivo, el ángulo será agudo, y si lleva signo negativo, obtuso.

El seno, nos deja en la incertidumbre de si el arco correspondiente es agudo ú obtuso, siendo así que en ambos casos es positivo; más adelante se discutirá esta duda que á primera vista parece una imperfeccion.

9. Si á un arco se le suma un número cualquiera de circunferencias positivas ó negativas, es decir contadas en la direccion ABA'... ó AB'A'.... los extremos de los nuevos arcos que resultan serán iguales y sus líneas trigonométricas serán las mismas; de donde resulta que hay una infinidad de arcos que tienen las mismas líneas trigonométricas.

10. En la resolucion de los triángulos que tienen aplicacion en la Astronomía náutica, puede decirse, que no se emplean líneas correspondientes á arcos mayores de 180°; pero, las fórmulas trigonométricas se aplican á varias cuestiones en que se aprecian arcos mayores que la semi-circunferencia.

CAPÍTULO II.

VALORES DE LAS LÍNEAS TRIGONOMÉTRICAS DE VARIOS ARCOS PARTICULARES.

11. *El seno de un arco es mitad de la cuerda del arco duplo.* (Fig. 1) Sea AD el arco, prolónguese su seno DE hasta que encuentre á la circunferencia en S: siendo el radio OA perpendicular á la cuerda DS, la dividirá en dos partes iguales, así como tambien al arco subtendido DAS; luego DE seno de AD, será mitad de la cuerda DS del arco duplo.

De aquí se sigue que la construccion de una tabla de senos, se reduce á la formacion de una tabla de cuerdas y vice versa.

12. *El seno de* 30° *ó sea el coseno de* 60° *es igual á la mitad del radio.* En efecto, el seno de 30° será mitad de la cuerda de un arco que sabemos por la geometría que es igual al radio; luego

$$\text{sen } 30° = \cos 60° = \frac{r}{2}.$$

De aquí se deduce que los senos aumentan en una razon muy distinta á la de los arcos á que corresponden, toda vez que el arco de 90° es triplo del arco de 30° y el seno de 90° ó sea el radio, sólo es duplo del seno de 30°. Otro tanto puede decirse respecto á las demás líneas.

13. *El coseno de* 30° *ó sea seno de* 60°, *es igual al semi-producto del radio por la raiz de tres.* El coseno de 30° será el seno de 60° y este es mitad de la cuerda del arco de 120°, la cual es el lado del triángulo equilátero inscripto cuya razon con el radio es $r\sqrt{3}$; luego

$$\cos 30° = \text{sen } 60° = \frac{r\sqrt{3}}{2}.$$

14. *El seno de* 45° *ó coseno de* 45° *es igual á la mitad del producto del radio por la raiz de dos.* El seno de un arco de 45° es mitad de la cuerda del arco de 90°, ó sea el lado del cuadrado inscripto, cuya relacion con el radio es $r\sqrt{2}$; luego

$$\text{sen } 45° = \cos 45° = \frac{r\sqrt{2}}{2}.$$

15. *La tangente de 45° ó cotangente de 45° es igual al radio.* Supongamos que el arco AD (Fig. 1) valga 45°: tendremos que en el triángulo OAC siendo el ángulo AOC=45°, tambien será el ACO=45°, y por consiguiente iguales sus lados opuestos AC y OA; de donde

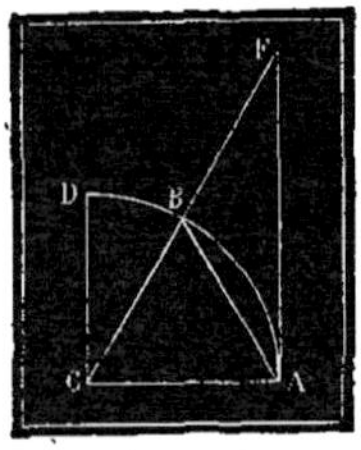

(Fig. 2)

$$\text{tang } 45° = \text{cot } 45° = r.$$

16. *La secante de 45° ó cosecante de 45° es igual al producto del radio por la raiz de dos.* Si el arco AD vale 45°, el triángulo OAC será isósceles y la hipotenusa OC, será secante y cosecante del arco AD; luego segun el teorema de Pitágoras, tendremos que

$$OC^2 = 2\,OA^2 \quad \text{y extrayendo la raiz cuadrada}$$
$$OC = OA \times \sqrt{2}, \quad \text{esto es;}$$
$$\text{sec } 45° = \text{cosec } 45° = r \times \sqrt{2}.$$

17. *La secante de 60° es igual al diámetro.* Sea AB (Fig. 2) el arco de 60°; en el triángulo rectángulo CAF, puesto que el ángulo ACF vale 60°, el ángulo F, su complemento valdrá 30° y será igual al ángulo BAF, el cual estando formado por la tangente AF y la cuerda AB, tendrá por medida la mitad del arco AB, ó sea de 30°; por lo tanto AB=BF; y como la cuerda de 60°=r, será tambien AB=CB y BF=CB; luego CF=2CB, esto es

$$\text{sec } 60° = 2\,r.$$

CAPÍTULO III.

RELACIONES ENTRE LAS LÍNEAS TRIGONOMÉTRICAS DE UN MISMO ARCO.

18. Ante todo, deberá tenerse presente que el seno y la tangente de un arco, han de ser rectas paralelas entre sí, y el coseno y cotangente perpendiculares al seno y tangente.

Tambien tendremos que en el triángulo OED (Fig. 1) rectángulo en E, si la hipotenusa OD es el radio, los catetos DE y OE, serán respectivamente el seno y el coseno del ángulo DOE ó del arco AD. Y en el triángulo OAC siendo la hipotenusa OC la secante, los catetos OA y CA serán respectivamente el radio y la tangente de dicho arco AD.

Esto supuesto, de la consideracion de los triángulos semejantes OED y OAC, y de los OHD y OBF, resultan las relaciones y fórmulas siguientes:

19. *El cuadrado del radio es igual á la suma de los cuadrados del seno y coseno de un mismo arco.* En el triángulo rectángulo OED, el teorema de Pitágoras nos dá: $OD^2 = DE^2 + OE^2$; luego dando valores á estas líneas y llamando a, al arco AD, tendremos:

$$r^2 = \text{sen}^2 a + \cos^2 a \quad \ldots\ldots\ldots \quad [1]$$

20. *La tangente de un arco es igual al radio por el seno, dividido por el coseno del mismo arco.* Los triángulos semejantes OAC y EOD nos dan:

$$AC : OA :: ED : OE$$

esto es: $\text{tang}\, a : r :: \text{sen}\, a : \cos a,$

luego $$\text{tang}\, a = \frac{r \times \text{sen}\, a}{\cos a} \quad \ldots\ldots\ldots \quad [2]$$

21. *La secante de un arco es igual al cuadrado del radio, dividido por el coseno de dicho arco.* En los triángulos anteriores OAC y OED tenemos que,

$$OC : OD :: OA : OE$$

esto es: $\sec a : r :: r : \cos a,$

luego $$\sec a = \frac{r^2}{\cos a} \quad \ldots\ldots \quad [3]$$

Vemos, pues, que el radio es un medio proporcional entre la secante y el coseno.

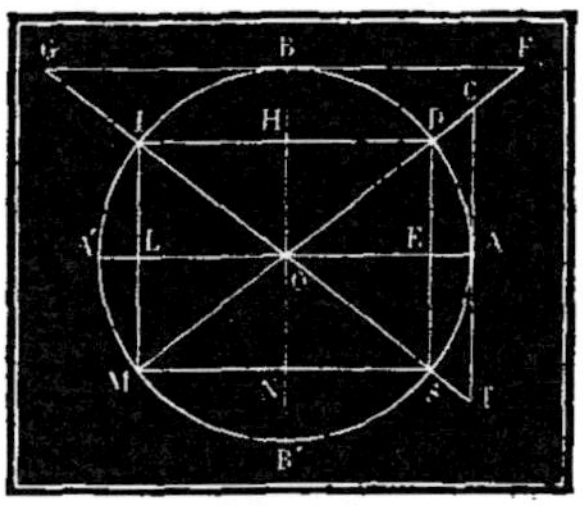

(Fig. 1)

En el triángulo OAC tenemos que, $OC^2 = OA^2 + AC^2$, ó bien

$$\sec^2 a = r^2 + \text{tang}^2 a \quad \ldots\ldots \quad [4]$$

22. *El radio es un medio proporcional entre la tangente y la cotangente.* En efecto, en los triángulos semejantes OAC y OBF, será

$$BF : OB :: OA : AC$$

ó sea $\cot a : r :: r : \text{tang}\, a,$

luego $$\cot a = \frac{r^2}{\text{tang}\, a} \quad \ldots\ldots\ldots \quad [5]$$

En el triángulo OBF tenemos tambien $OF^2 = OB^2 + BF^2$, esto es:

$$\text{cosec}^2 a = r^2 + \cot^2 a \quad \ldots\ldots \quad [6]$$

23. *La cotangente de un arco es igual al radio por el coseno, dividido por el seno del mismo arco.* En los triángulos OBF y OHD, tenemos

$$BF : OB :: HD : OH$$

esto es: $\cot a : r :: \cos a : \text{sen}\, a,$

luego $\cot a = \dfrac{r \cos a}{\text{sen}\, a}$ .... [7]

24. *La cosecante de un arco es igual al cuadrado del radio dividido por el seno del mismo arco.* De los triángulos anteriores resulta tambien que

$$OF : OB :: OD : OH$$

esto es: $\text{cosec}\, a : r :: r : \text{sen}\, a,$

luego $\text{cosec}\, a = \dfrac{r^2}{\text{sen}\, a}$ .... [8]

25. Las ecuaciones [6], [7] y [8] se deducen directamente de las [4], [2] y [3], para lo cual se sustituirán las líneas directas por sus co-líneas correspondientes y vice versa, ateniéndonos á lo dicho en el (art. 5), al tratar de los arcos complementarios.

Luego en toda fórmula en que entren las líneas trigonométricas de un mismo arco, las unas directas y las otras indirectas, podrá formarse una nueva ecuacion sustituyendo las líneas directas por sus co-líneas correspondientes y vice versa.

26. *El seno verso de un arco es igual al radio menos el coseno de dicho arco.*

Sea el arco $AD = a < 90°$, y tendremos $AE = OA - OE$, esto es:

$\text{sen ver.}\, a = r - \cos a$ ...... [9]

Si fuese el arco $ABI = a > 90°$, tendríamos $OL = AL - AO$, esto es:

$$-\cos a = \text{sen ver.}\, a - r,$$

de donde $\text{sen ver.}\, a = r - \cos a.$

27. *El coseno verso de un arco es igual al radio menos el seno del mismo arco.*

Sea tambien el arco $AD = a$, y tendremos $BH = OB - OH$, esto es:

$\cos \text{ver.}\, a = r - \text{sen}\, a$ ...... [10]

28. Las fórmulas anteriores, correspondientes á un arco positivo y menor que un cuadrante, son generales para todos los arcos mayores y menores que la circunferencia, pues en todos los casos el radio, seno y coseno, así como tambien el radio, tangente y secante, formarán triángulos rectángulos donde se verificará lo preceptuado.

29. Deduccion de las líneas trigonométricas de un arco en funcion de una de ellas. De las anteriores fórmulas se deduce que, conocido que sea el seno de un arco, se podrán hallar las demás líneas trigonométricas con la mayor facilidad.

En efecto, si conocido el seno de un arco deseamos deducir las demás líneas, la fórmula [1] nos dá $\cos^2 a = r^2 - \text{sen}^2 a$, que extrayendo la raiz cuadrada, será

$$\cos a = \pm \sqrt{r^2 - \text{sen}^2 a}.$$

Sustituyendo este valor en las ecuaciones [2] y [7] y despejando tang y cot a, tendremos:

$$\text{tang}\, a = \pm \frac{r \,\text{sen}\, a}{\sqrt{r^2 - \text{sen}^2 a}}, \qquad \cot a = \pm \frac{\sqrt{r^2 - \text{sen}^2 a}}{\text{sen}\, a}.$$

Tambien podremos deducir la secante y cosecante, de las fórmulas [3] y [8]

$$\sec a = \pm \frac{r^2}{\sqrt{r^2 - \text{sen}^2 a}}, \qquad \text{cosec}\, a = \frac{r^2}{\text{sen}\, a}.$$

Siguiendo un procedimiento análogo y conociendo cualquiera de las líneas trigonométricas, se podrán hallar las demás.

30. Los dobles signos que llevan estas fórmulas proceden de la resolucion de las ecuaciones de segundo grado que se emplearon para hallar el seno y coseno, y de ellos se tomarán los que correspondan segun el valor que tenga el arco dado. Por lo tanto, si el arco es positivo y corresponde al primer cuadrante, se tomarán los signos positivos, pues entonces todas las líneas son positivas; pero si el arco corresponde al 2.º cuadrante, el seno y la cosecante serán positivos y las demás líneas negativas.

De la fórmula [5] $\cot a = \frac{r^2}{\text{tang}\, a}$ se deduce que $\text{tang}\, a \times \cot a = r^2$ y tambien que $\text{tang}\, a = \frac{r^2}{\cot a}$; lo cual prueba que los signos de la tangente y cotangente son siempre los mismos, y que si la tangente aumenta, la cotangente disminuye y vice versa.

31. Diferentes valores del radio. Siendo el radio una cantidad arbitraria que se supone siempre conocida, se ha convenido en tomarla por unidad, de donde resulta que los valores que expresan los senos, cosenos, &c., son desde luego las razones de estas líneas con el radio. En vista de esto y con el objeto de simplificar las fórmulas, se supondrá que $r = 1$.

Por lo tanto, las fórmulas [1] al [10], se convertirán en las siguientes:

$$1 = \text{sen}^2 a + \cos^2 a \quad \text{[11]}$$

$$\text{tang } a = \frac{\text{sen } a}{\cos a} \quad \text{[12]}$$

$$\sec a = \frac{1}{\cos a} \quad \text{[13]}$$

$$\sec^2 a = 1 + \text{tang}^2 a \quad \text{[14]}$$

$$\cot a = \frac{1}{\text{tang } a} \quad \text{[15]}$$

$$\text{cosec}^2 a = 1 + \cot^2 a \quad \text{[16]}$$

$$\cot a = \frac{\cos a}{\text{sen } a} \quad \text{[17]}$$

$$\text{cosec } a = \frac{1}{\text{sen } a} \quad \text{[18]}$$

$$\text{sen ver. } a = 1 - \cos a \quad \text{[19]}$$

$$\text{cos ver. } a = 1 - \text{sen } a \quad \text{[20]}$$

32. Si despues de haber obtenido una fórmula en el supuesto de ser la unidad el radio, la quisiéramos transformar en otra en la que el radio r fuese una cantidad distinta de la unidad, bastaria dividir cada línea trigonométrica por el radio, toda vez que la relacion entre una línea trigonométrica de un arco y su radio será siempre constante; por lo tanto, siendo a el arco que tiene por radio la unidad, y a' otro arco de igual número de grados que a, pero descrito con un radio r, tendremos siempre la relacion

$$\frac{\text{sen } a}{1} = \frac{\text{sen } a'}{r}, \quad \frac{\cos a}{1} = \frac{\cos a'}{r}, \quad \frac{\text{tang } a}{1} = \frac{\text{tang } a'}{r}.$$

Esto se funda, en que siempre que se varía la unidad á que se refieren las líneas de una figura, las expresiones numéricas de dichas líneas varían igualmente, pero conservando entre sí la misma razon.

En efecto, si desde el vértice de un ángulo cualquiera, trazamos dos arcos entre sus lados, con diferentes radios, estos arcos constarán de igual número de grados, pero la extension absoluta de estos grados y de las cuerdas correspondientes á dichos arcos, estarán entre sí en la misma razon que los radios respectivos con que se describieron los arcos.

33. Téngase presente que si la expresion trigonométrica fuese polinomia, despues de restablecer el radio debe ser homogénea; esto es, que sus términos han de tener igual número de factores literales; luego podemos decir en general que, *para restablecer el radio en una fórmula en que se ha supuesto* r = 1, *no habrá más que sustituir cada línea trigonométrica por su razon al radio.*

EJEMPLO I.—Sea $\operatorname{tag}(a+b)=\dfrac{\operatorname{tang} a+\operatorname{tang} b}{1-\operatorname{tang} a \operatorname{tang} b}$;

tendremos $\dfrac{\operatorname{tang}(a+b)}{r}=\dfrac{\dfrac{\operatorname{tang} a}{r}+\dfrac{\operatorname{tang} b}{r}}{1-\dfrac{\operatorname{tang} a}{r}\cdot\dfrac{\operatorname{tang} b}{r}}$, y quitando denominadores

será: $\operatorname{tang}(a+b)=\dfrac{r^2(\operatorname{tang} a+\operatorname{tang} b)}{r^2-\operatorname{tang} a \operatorname{tang} b}$.

EJEMPLO II.—Sea $\cos a=\dfrac{1}{\pm\sqrt{1+\operatorname{tang}^2 a}}$, restableciendo el radio $=r$,

será: $\dfrac{\cos a}{r}=\dfrac{1}{\pm\sqrt{1+\left(\dfrac{\operatorname{tang} a}{r}\right)^2}}$,

ó bien $\dfrac{\cos a}{r}=\dfrac{1}{\pm\sqrt{1+\dfrac{\operatorname{tang}^2 a}{r^2}}}=\dfrac{r}{\pm\sqrt{r^2+\operatorname{tang}^2 a}}$,

y por lo tanto $\cos a=\dfrac{r^2}{\pm\sqrt{r^2+\operatorname{tang}^2 a}}$.

CAPÍTULO IV.

FÓRMULAS FUNDAMENTALES.

34. *Dados los senos y cosenos de dos arcos* a *y* b, *suponiendo* a > b, *calcular los senos y cosenos de la suma y diferencia de dichos arcos.*

Sea AG un arco de círculo cuyo radio AO = 1; sea tambien AM $=a$, MN $=b$; y tendremos AMN $=a+b$: hágase el arco MN = MN′ y resultará AN′ $=a-b$.

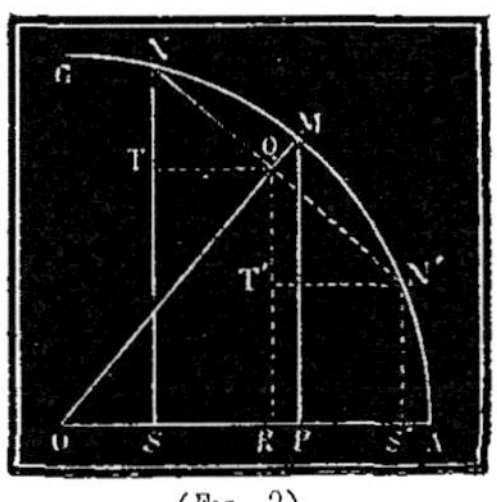

(Fig. 3)

Tírese la cuerda NN′ y el radio OM, que será perpendicular á ella y la dividirá por mitad en Q, y tiremos las MP, NS y N′S′ perpendiculares á la OA y tendremos:

$$MP = \text{sen}\, a \qquad OP = \cos a$$
$$NQ = \text{sen}\, b \qquad OQ = \cos b$$
$$NS = \text{sen}\,(a+b) \qquad OS = \cos(a+b)$$
$$N'S' = \text{sen}\,(a-b) \qquad OS' = \cos(a-b)$$

Desde el punto Q, tírese la QR paralela á la MP y la QT paralela á la AO; y será NS, ó bien

$$\text{sen}\,(a+b) = QR + NT \text{ y } OS, \text{ ó bien, } \cos(a+b) = OR - QT \quad \ldots. \quad (a)$$

Tírese la N′T′ paralela al radio OA, hasta encontrar á la QR en T′, y resultarán los triángulos iguales NTQ y QT′N′ y en ellos QT′=NT y N′T′=QT, de donde

$$\left.\begin{array}{l} N'S', \text{ ó sea, } \text{sen}\,(a-b) = QR - NT \\ OS', \text{ ó sea, } \cos(a-b) = OR + QT \end{array}\right\} \quad \ldots\ldots \quad (b)$$

Luego el problema quedará reducido á determinar los valores de las líneas QR, OR, NT y QT.

Para esto, de los triángulos semejantes OPM y ORQ, resulta que

$$QR : MP :: QO : OM \quad \text{esto es} \quad QR : \text{sen}\, a :: \cos b : 1$$
$$OR : OP :: OQ : OM \quad \text{„} \quad OR : \cos a :: \cos b : 1,$$

luego

$$QR = \text{sen}\, a \cos b$$
$$OR = \cos a \cos b.$$

Tambien los triángulos OPM y QTN, son semejantes por ser sus lados respectivamente perpendiculares, y será por lo tanto

$$NT : OP :: NQ : OM \quad \text{esto es,} \quad NT : \cos a :: \text{sen}\, b : 1$$
$$QT : MP :: NQ : OM \quad \text{„} \quad QT : \text{sen}\, a :: \text{sen}\, b : 1,$$

luego

$$NT = \cos a \,\text{sen}\, b$$
$$QT = \text{sen}\, a \,\text{sen}\, b.$$

Sustituyendo estos valores en las ecuaciones (*a*) y (*b*), resultará en fin:

$$\text{sen}\,(a+b) = \text{sen}\, a \cos b + \cos a \,\text{sen}\, b \qquad [\ 21\ ]$$
$$\text{sen}\,(a-b) = \text{sen}\, a \cos b - \cos a \,\text{sen}\, b \qquad [\ 22\ ]$$
$$\cos(a+b) = \cos a \cos b - \text{sen}\, a \,\text{sen}\, b \qquad [\ 23\ ]$$
$$\cos(a-b) = \cos a \cos b + \text{sen}\, a \,\text{sen}\, b \qquad [\ 24\ ]$$

35. *Calcular las tangentes de la suma y diferencia de dos arcos en funcion con las tangentes de dichos arcos.*

Dividiendo las fórmulas [21] y [23] resulta:

$$\text{tang}\,(a+b) = \frac{\text{sen}\,(a+b)}{\cos(a+b)} = \frac{\text{sen}\, a \cos b + \cos a \,\text{sen}\, b}{\cos a \cos b - \text{sen}\, a \,\text{sen}\, b}.$$

Dividiendo ambos términos de este quebrado por cos a cos b, será

$$\operatorname{tang}(a+b)=\frac{\dfrac{\operatorname{sen} a \cos b}{\cos a \cos b}+\dfrac{\cos a \operatorname{sen} b}{\cos a \cos b}}{\dfrac{\cos a \cos b}{\cos a \cos b}-\dfrac{\operatorname{sen} a \operatorname{sen} b}{\cos a \cos b}}=\frac{\dfrac{\operatorname{sen} a}{\cos a}+\dfrac{\operatorname{sen} b}{\cos b}}{1-\dfrac{\operatorname{sen} a}{\cos a}\cdot\dfrac{\operatorname{sen} b}{\cos b}}=\frac{\operatorname{tg} a+\operatorname{tg} b}{1-\operatorname{tg} a-\operatorname{tg} b} \quad [\ 25\ ]$$

Operando del mismo modo con las fórmulas [22] y [24], tendremos:

$$\operatorname{tang}(a-b)=\frac{\operatorname{tang} a\ .\ \operatorname{tang} b}{1+\operatorname{tang} a-\operatorname{tang} b} \quad \ldots\ldots\ldots \quad [\ 26\ ]$$

NOTA.—En las fórmulas halladas se han supuesto á los dos arcos positivos, y á su suma menor que un cuadrante; pero, puede probarse la generalidad de estas fórmulas por medio de construcciones análogas, teniendo siempre en consideracion los signos de las líneas.

36. *Dados el seno, el coseno y la tangente de un arco, determinar el seno, el coseno y la tangente, del duplo de este arco.*

Haciendo en las fórmulas [21], [23] y [25], $b=a$, tendremos:

$$\operatorname{sen}(a+a)=\operatorname{sen} a \cos a+\cos a \operatorname{sen} a$$

$$\cos(a+a)=\cos a \cos a-\operatorname{sen} a \operatorname{sen} a$$

$$\operatorname{tang}(a+a)=\frac{\operatorname{tang} a+\operatorname{tang} a}{1-\operatorname{tang} a\ .\ \operatorname{tang} a},$$

y simplificando será:

$$\operatorname{sen} 2a=2 \operatorname{sen} a \cos a \quad \ldots\ldots\ldots\ldots \quad [\ 27\ ]$$

$$\cos 2a=\cos^2 a-\operatorname{sen}^2 a \quad \ldots\ldots\ldots\ldots \quad [\ 28\ ]$$

$$\operatorname{tang} 2a=\frac{2 \operatorname{tang} a}{1-\operatorname{tang}^2 a} \quad \ldots\ldots\ldots\ldots \quad [\ 29\ ]$$

37. *Determinar el seno, el coseno y la tangente de la mitad de un arco, dado el coseno ó el seno de este arco.*

Si en la fórmula [28] ponemos a en vez de $2a$ y por consiguiente $\frac{1}{2}a$ por a, y empleando tambien la fórmula general [11], conoceremos la suma y diferencia de dos incógnitas; en efecto,

$$\cos a=\cos^2 \tfrac{1}{2}a-\operatorname{sen}^2 \tfrac{1}{2}a$$

y

$$1=\cos^2 \tfrac{1}{2}a+\operatorname{sen}^2 \tfrac{1}{2}a.$$

Por lo tanto, el valor de la mayor será igual á la mitad de la suma mas la mitad de la diferencia; y el valor de la menor será igual á la mitad de la suma menos la mitad de la diferencia; y extrayendo la raiz cuadrada de los resultados, tendremos las fórmulas pedidas,

$$\operatorname{sen}^2 \tfrac{1}{2}a=\frac{1-\cos a}{2}, \quad \text{y} \quad \operatorname{sen} \tfrac{1}{2}a=\pm\sqrt{\frac{1-\cos a}{2}} \quad \ldots\ldots \quad [\ 30\ ]$$

$$\cos^2 \tfrac{1}{2} a = \frac{1 + \cos a}{2}, \quad \text{y} \quad \cos \tfrac{1}{2} a = \pm \sqrt{\frac{1 + \cos a}{2}} \quad \ldots \quad [\ 31\ ]$$

dividiendo una por otra y simplificando, tendremos:

$$\text{tang}^2 \tfrac{1}{2} a = \frac{1 - \cos a}{1 + \cos a}, \quad \text{y} \quad \text{tang}\, \tfrac{1}{2} a = \pm \sqrt{\frac{1 - \cos a}{1 + \cos a}} \quad \ldots \quad [\ 32\ ]$$

Los dobles signos nos indican que son dos los valores de la mitad del ángulo, el uno positivo y el otro negativo. Esto es, si no se conoce la semi-circunferencia á que corresponde el arco a; pero, si se conociese, sabremos entonces el cuadrante á que corresponde el arco $\frac{1}{2} a$.

38. Si en vez del coseno de a se conociese su seno, entonces de las fórmulas [27] y [11], resultaria:

$$\text{sen}\, a = 2 \,\text{sen}\, \tfrac{1}{2} a \cos \tfrac{1}{2} a$$
$$1 = \text{sen}^2 \tfrac{1}{2} a + \cos^2 \tfrac{1}{2} a,$$

en las cuales se halla la cantidad conocida sen a, y las dos incógnitas, sen $\frac{1}{2} a$ y cos $\frac{1}{2} a$. Para hallarlas sumaremos y restaremos ordenadamente estas dos ecuaciones, y considerando que el segundo miembro de las ecuaciones resultantes será el cuadrado del binomio sen $\frac{1}{2} a \pm \cos \frac{1}{2} a$, tendremos:

$$1 + \text{sen}\, a = (\text{sen}\, \tfrac{1}{2} a + \cos \tfrac{1}{2} a)^2$$
$$1 - \text{sen}\, a = (\text{sen}\, \tfrac{1}{2} a - \cos \tfrac{1}{2} a)^2;$$

extrayendo la raiz cuadrada, será:

$$\text{sen}\, \tfrac{1}{2} a + \cos \tfrac{1}{2} a = \pm \sqrt{1 + \text{sen}\, a}$$
$$\text{sen}\, \tfrac{1}{2} a - \cos \tfrac{1}{2} a = \pm \sqrt{1 - \text{sen}\, a},$$

y por lo tanto, (art. 37)

$$\text{sen}\, \tfrac{1}{2} a = \pm \tfrac{1}{2} \sqrt{1 + \text{sen}\, a} \pm \tfrac{1}{2} \sqrt{1 - \text{sen}\, a} \quad [\ 33\ ]$$
$$\cos \tfrac{1}{2} a = \pm \tfrac{1}{2} \sqrt{1 + \text{sen}\, a} \mp \tfrac{1}{2} \sqrt{1 - \text{sen}\, a}. \quad [\ 34\ ]$$

Separando los valores de sen $\frac{1}{2} a$ y cos $\frac{1}{2} a$, atendiendo á los signos, resultarán ocho fórmulas, de las cuales se tomarán las de signo positivo ó negativo, segun el cuadrante á que corresponda el arco dado a.

39. *Convertir en producto la suma ó la diferencia de dos senos, de dos cosenos ó de dos tangentes.*

Sumando y restando ordenadamente las fórmulas [21] y [22]

$$\text{sen}\,(a + b) = \text{sen}\, a \cos b + \cos a \,\text{sen}\, b$$
$$\text{sen}\,(a - b) = \text{sen}\, a \cos b - \cos a \,\text{sen}\, b$$

tendremos que será:

$$\text{sen}\,(a + b) + \text{sen}\,(a - b) = 2 \,\text{sen}\, a \cos b \quad \ldots \quad [\ 35\ ]$$
$$\text{sen}\,(a + b) - \text{sen}\,(a - b) = 2 \cos a \,\text{sen}\, b \quad \ldots \quad [\ 36\ ]$$

Sumando y restando tambien las fórmulas [23] y [24]

$$\cos(a+b)=\cos a\cos b-\operatorname{sen} a\operatorname{sen} b$$
$$\cos(a-b)=\cos a\cos b+\operatorname{sen} a\operatorname{sen} b$$

resultará que

$$\cos(a+b)+\cos(a-b)=2\cos a\cos b \qquad [37]$$
$$\cos(a+b)-\cos(a-b)=-2\operatorname{sen} a\operatorname{sen} b \qquad [38]$$

Si en estas cuatro fórmulas hacemos $a+b=A$ y $a-b=B$, será por lo tanto la cantidad mayor $a=\frac{A+B}{2}$ y la cantidad menor $b=\frac{A-B}{2}$: sustituyendo estos valores por sus correspondientes, resultarán estas otras cuatro fórmulas generales:

$$\operatorname{sen} A+\operatorname{sen} B=2\operatorname{sen}\frac{A+B}{2}\cos\frac{A-B}{2} \quad \ldots\ldots \quad [39]$$
$$\operatorname{sen} A-\operatorname{sen} B=2\cos\frac{A+B}{2}\operatorname{sen}\frac{A-B}{2} \quad \ldots\ldots \quad [40]$$
$$\cos A+\cos B=2\cos\frac{A+B}{2}\cos\frac{A-B}{2} \quad \ldots\ldots \quad [41]$$
$$\cos A-\cos B=-2\operatorname{sen}\frac{A+B}{2}\operatorname{sen}\frac{A-B}{2} \quad \ldots\ldots \quad [42]$$

Si dividimos la fórmula [39] por la [40] resultará que, *la suma de los senos de dos arcos, es á su diferencia como la tangente de la semi-suma de estos arcos, es á la tangente de la semi-diferencia.*

En efecto:

$$\frac{\operatorname{sen} A+\operatorname{sen} B}{\operatorname{sen} A-\operatorname{sen} B}=\frac{\operatorname{sen}\frac{A+B}{2}\cos\frac{A-B}{2}}{\operatorname{sen}\frac{A-B}{2}\cos\frac{A+B}{2}}=\frac{\operatorname{sen}\frac{A+B}{2}}{\cos\frac{A+B}{2}}:\frac{\operatorname{sen}\frac{A-B}{2}}{\cos\frac{A-B}{2}}$$

pero

$$\frac{\operatorname{sen}\frac{A+B}{2}}{\cos\frac{A+B}{2}}=\operatorname{tang}\frac{A+B}{2},\ \text{y}\ \frac{\operatorname{sen}\frac{A-B}{2}}{\cos\frac{A-B}{2}}=\operatorname{tang}\frac{A-B}{2},$$

luego

$$\frac{\operatorname{sen} A+\operatorname{sen} B}{\operatorname{sen} A-\operatorname{sen} B}=\frac{\operatorname{tang}\frac{1}{2}(A+B)}{\operatorname{tang}\frac{1}{2}(A-B)} \quad \ldots\ldots\ldots\ldots\ldots \quad [43]$$

Para transformar en producto la suma ó diferencia de dos tangentes, tenemos que:

$$\operatorname{tang} a=\frac{\operatorname{sen} a}{\cos a}\quad \text{y}\quad \operatorname{tang} b=\frac{\operatorname{sen} b}{\cos b},$$

luego sumando estas dos igualdades, será:

$$\tang a + \tang b = \frac{\operatorname{sen} a}{\cos a} + \frac{\operatorname{sen} b}{\cos b},$$

reduciendo á un comun denominador

$$\tang a + \tang b = \frac{\operatorname{sen} a \cos b + \cos a \operatorname{sen} b}{\cos a \cos b},$$

y sustituyendo el numerador por [21], resulta en fin:

$$\tang a + \tang b = \frac{\operatorname{sen}(a+b)}{\cos a \cos b} \quad \ldots\ldots\ldots\ldots \quad [\ 44\ ]$$

De un modo análogo obtendremos tambien:

$$\tang a - \tang b = \frac{\operatorname{sen}(a-b)}{\cos a \cos b} \quad \ldots\ldots\ldots\ldots \quad [\ 45\ ]$$

40. Estas fórmulas son de frecuente uso en la práctica, y sirven para transformar la suma ó diferencia de senos, cosenos ó tangentes, en expresiones equivalentes bien dispuestas para el cálculo logarítmico.

Para la mejor inteligencia pondremos los siguientes:

EJEMPLO I. *Dada la suma*, sen a + cos b, *transformarla en producto.* Poniendo en vez de cos b, el seno de su complemento, resulta

$$\operatorname{sen} a + \cos b = \operatorname{sen} a + \operatorname{sen}(90° - b),$$

y efectuando lo indicado en la fórmula [**39**], tendremos:

$$\operatorname{sen} a + \operatorname{sen}(90° - b) = 2 \operatorname{sen} \frac{a + 90° - b}{2} \cos \frac{a + b - 90°}{2}.$$

EJEMPLO II. *Transformar en un producto, la diferencia* cos $(b - c)$ — cos a. Aplicando á este caso la fórmula [**42**], tendremos:

$$\cos(b-c) - \cos a = -2 \operatorname{sen} \frac{a+b-c}{2} \operatorname{sen} \frac{b-c-a}{2},$$

pero tenemos que, $\quad \operatorname{sen} \frac{b-c-a}{2} = -\operatorname{sen} \frac{a+c-b}{2},$

luegc $\quad \cos(b-c) - \cos a = 2 \operatorname{sen} \frac{a+b-c}{2} \operatorname{sen} \frac{a+c-b}{2}.$

CAPÍTULO V.

CONSTRUCCION DE LAS TABLAS TRIGONOMÉTRICAS.

41. Llámanse tablas trigonométricas aquellas que contienen en su primera columna los valores de los arcos desde 0° á 90°, de minuto en minuto, ó en otra subdivision más pequeña, y en las columnas siguientes los logaritmos de las líneas trigonométricas correspondientes á estos arcos, expresándose solamente las líneas de los arcos menores que un cuadrante, en atencion á que las de los arcos mayores tienen los mismos valores numéricos (art. 7.)

42. Supondremos que los arcos crecen de 1′ en 1′, y se procederá á exponer el modo de calcular las líneas trigonométricas de los arcos 1′, 2′, 3′...... 90°, para lo cual empezaremos por determinar el seno menor de la tabla que es el de 1′, cuya determinacion depende de las dos proposiciones siguientes:

1.ª *Todo arco menor que un cuadrante es mayor que su seno y menor que su tangente.*

Sea $AB = a$ este arco, y BC y AD su seno y su tangente; tírese la cuerda de dicho arco y tendremos que arco $a >$ cuerda BA; pero cuerda $BA > BC$ por ser la hipotenusa del triángulo BCA; luego con más razon será arco $a >$ sen a.

En el sector circular OAB y en el triángulo OAD, tenemos que

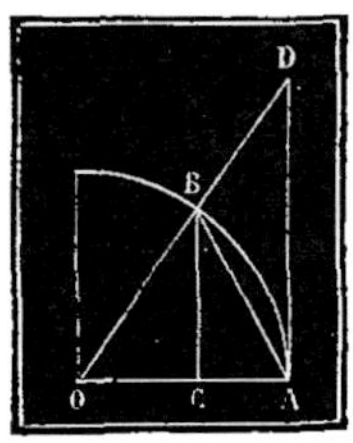

(Fig. 4)

$$\text{sector } OAB = \text{arco } a \times \tfrac{1}{2} OA,$$

y

$$OAD = AD \times \tfrac{1}{2} OA$$

y como sector < triángulo será

$$\text{arco } a \times \tfrac{1}{2} OA < AD \times \tfrac{1}{2} OA,$$

luego

$$\text{arco } a < \text{tang } a.$$

Vemos por la figura, que á medida que disminuye el arco, más se aproxima el seno á la tangente, y por lo tanto al arco comprendido entre estas líneas; luego siendo muy pequeño el arco de 1′, podrá tomarse su longitud por la de su seno; y para demostrar el grado de aproximacion que habrá, tenemos que:

2.ª *La diferencia entre un arco menor que el cuadrante y su seno, es menor que la cuarta parte del cubo de dicho arco.*

Acaba de demostrarse que $\text{tang}\,\frac{1}{2}a = \frac{\text{sen}\,\frac{1}{2}a}{\cos\frac{1}{2}a} > \frac{1}{2}a$, y por lo tanto, $\text{sen}\,\frac{1}{2}a > \frac{1}{2}a\cos\frac{1}{2}a$; y multiplicando ambos miembros por $2\cos\frac{1}{2}a$, resulta

$$2\,\text{sen}\,\tfrac{1}{2}a\cos\tfrac{1}{2}a, \quad \text{ó bien segun [27]}, \quad \text{sen}\,a > a\cos^2\tfrac{1}{2}a,$$

pero $\cos^2\frac{1}{2}a = (1 - \text{sen}^2\frac{1}{2}a)$ luego $\text{sen}\,a > a\,(1 - \text{sen}^2\frac{1}{2}a)$,

y efectuando la multiplicacion

$$\text{sen}\,a > a - a\,\text{sen}^2\tfrac{1}{2}a,$$

luego con más razon será

$$\text{sen}\,a > a - a \times \frac{a^2}{4}, \quad \text{ó bien} \quad \text{sen}\,a > a - \tfrac{1}{4}a^3,$$

luego $$a - \text{sen}\,a < \tfrac{1}{4}a^3.$$

43. *Hallar el seno del arco de un minuto.* En vista de lo demostrado en las anteriores proposiciones y considerando que la relacion del diámetro con la circunferencia es como

$$1 : 3{,}14159\ 26535\ 89\ldots\ldots\ldots$$

es evidente, que suponiendo el radio igual á la unidad, la semicircunferencia será igual á la cantidad antedicha; luego dividiéndola por los minutos de que conste la semi-circunferencia, tendremos el valor lineal del arco de un minuto en fraccion decimal del radio que lo hemos supuesto igual á la unidad; y este valor lineal del arco lo consideraremos igual á su seno con ménos error que una unidad de cien mil millonésimas; en efecto:

$$\text{arco } 1' = \frac{3{,}141592\ldots\ldots}{180 \times 60'} = 0{,}00029\ 08882\ 08\ \ldots\ldots < 0{,}0003;$$

pero, segun lo preceptuado en la proposicion 1.ª, tenemos

$$\text{sen } 1' < 0{,}00029\ 08882\ 08;$$

pero como $\frac{1}{4}(0{,}0003)^3 = 0{,}00000\ 00000\ 07$, tendremos con más razon, segun la proposicion 2.ª, que

$$\text{sen } 1' - 0{,}00029\ 08882\ 08 < 0{,}00000\ 00000\ 07;$$

luego tomaremos en fin, $\text{sen } 1 = 0{,}00029\ 08882\ 0$,

con ménos error que una unidad de cien mil millonésimas ó de undécimo órden decimal.

44. Una vez hallado sen 1′, determinaremos cos 1′ por la fórmula [11], sustituyendo en vez de sen^2 1′ su valor; y efectuando las operaciones indicadas, será

$$\cos 1' = \sqrt{1-(0{,}00029\ 08\ \ldots\ldots)^2} = 0{,}99999\ 99576\ 9.$$

45. Conocidos los valores sen 1′, cos 1′, obtendremos los senos y cosenos de 2′, 3′; 4′..... por medio de las fórmulas [27] y [28], suponiendo en ellas $a=1'$ y $b=1'$,

$$\text{sen } 2' = 2 \text{ sen } 1 \ \cos 1'$$
$$\cos 2' = \cos^2 1 - \text{sen}^2 1'.$$

Haciendo $a=2'$, $3'$, $4'$..... y $b=1'$, tendremos por las fórmulas [20] y [23]

$$\text{sen } 3' = \text{sen } 2' \cos 1' + \cos\ 2\ \text{sen } 1$$
$$\cos 3' = \cos 2' \cos 1' - \text{sen}^2 2' \text{ sen } 1',$$

y del mismo modo continuaremos hasta el seno y coseno de 45°, pues sabemos ya que el seno y coseno de un arco mayor de 45°, es igual al coseno ó seno de su complemento (art. 6).

Este grado de aproximacion es más que suficiente para sen 1′, pero los errores se multiplican progresivamente á medida que se repiten los cálculos; por esta razon deben compararse con frecuencia los resultados con los valores de los senos y cosenos calculados directamente, para lo cual se necesitan conocimientos más extensos que los necesarios para el estudio de esta obra.

46. Calculados los senos y cosenos de todos los arcos del cuadrante, deduciremos de ellos los valores de las demás líneas trigonométricas por medio de las fórmulas [11] al [18]. Hecho lo cual, habremos construido una tabla de líneas trigonométricas *naturales;* pero, como en las aplicaciones de la trigonometría se hacen los cálculos por logaritmos, se han adoptado las tablas trigonométricas *ordinarias* en las cuales en vez del valor numérico de cada línea se pone su logaritmo correspondiente.

Pero, suponiendo igual á 1 el radio á que corresponden las líneas, resultarian estas menores que 1 en los senos, cosenos y tangentes de 0° á 45°, y cotangentes de 45° á 90°, y sus logaritmos por lo tanto serian negativos. Para evitar el tener que emplear estos logaritmos negativos, suponen muchos autores de tablas, que el radio vale

$$10^{10} = 10.000\ 000\ 000,$$

y que el logaritmo del radio es por lo tanto 10.

De aquí resulta, que cada línea trigonométrica es diez mil millones de veces mayor, que en la hipótesis de ser $r=1$, y de este modo todas las líneas que se emplean en los cálculos son mayores que 1 y sus logaritmos positivos; luego antes de buscar los logaritmos de las líneas, habrá que multiplicar sus valores numéricos por 10^{10}, ó lo que es lo mismo, sumar diez unidades á los logaritmos de las líneas naturales, cuando sus valores numéricos son menores que el radio, como sucede con los logaritmos senos y cosenos de todos los arcos, los logaritmos tangentes de los arcos menores de 45° y las cotangentes de 45° á 90°; y como son mayores que el radio los logaritmos tangentes de 45° á 90° y las cotangentes menores de 45°, no hay que hacer aumento alguno. Es evidente que para obtener el logaritmo efectivo de una suma, habrá que restarle 10 unidades si alguno de los logaritmos sumandos está aumentado en dicha cantidad.

47. Los logaritmos de las tangentes y cotangentes se hallarán sin dificultad una vez conocidos los de los senos y cosenos, para lo cual sabemos que

$$\text{tang}\, a = \frac{10^{10} \text{sen}\, a}{\cos a} \quad \text{y} \quad \cot a = \frac{10^{10} \cos a}{\text{sen}\, a},$$

y empleando los logaritmos, tendremos:

$$\log \text{tang}\, a = 10 + \log \text{sen}\, a - \log \cos a$$
$$\log \cot a = 10 + \log \cos a - \log \text{sen}\, a,$$

y haciendo uso de los complementos logarítmicos para convertir las restas en sumas,

$$\log \text{tang}\, a = \log \text{sen}\, a + \text{complemento} \log \cos a$$
$$\log \cot a = \log \cos a + \text{complemento} \log \text{sen}\, a.$$

48. Si en las tablas de las líneas trigonométricas *naturales* se pueden distinguir los ángulos suplementarios por sus signos, no sucede lo mismo en las logarítmicas; por lo tanto, debemos considerar los signos de los sumandos que entran en las fórmulas para deducir el signo de la línea suma que se busca; y si es agudo el arco en cuestion, el valor que dá la tabla será el suyo; pero si es obtuso se tomará el suplemento al que dá la tabla. Lo dicho no es aplicable á los senos, pues la trigonometría no despeja la duda si es agudo ú obtuso, y sólo por consideraciones geométricas podrá conocerlo el calculador.

49. Uso de las tablas. Este se reduce á la resolucion de los dos casos siguientes:

1.º Dado un arco, hallar los logaritmos de sus líneas correspondientes.

2.° Dado el logaritmo de una línea, hallar el valor del arco.

Ambos casos son facilísimos, especialmente si el logaritmo ó arco dado se halla exactamente en las tablas; y si no sucediese así, una simple regla de tres resolverá la cuestion, cuando se desee obtener un resultado exacto. En vista de lo cual no nos ocuparemos de este particular, toda vez que la práctica y conocimientos necesarios podrán adquirirse sin dificultad alguna, ateniéndose á las explicaciones que acompañan á todas las tablas.

50. Tablas de Mendoza. Como quiera que en el curso de esta obra haremos contínua aplicacion de las excelentes tablas de *Mendoza*, publicadas en 1850, consideramos conveniente dar á conocer las líneas trigonométricas de la invencion de nuestro célebre autor, las cuales emplearemos frecuentemente en los cálculos, en atencion á las notables ventajas que proporciona.

Mendoza llama:

Verso, á la mitad del seno verso de un arco.

Coverso, á el verso del complemento.

Subverso, á el verso del suplemento á 180°.

Subcoverso, á el verso del suplemento á 270°.

De estas definiciones resultan las fórmulas siguientes:

$$\text{verso}\ a = \frac{\text{sen ver.}\ a}{2} = \frac{1-\cos a}{2} = \text{sen}^2 \tfrac{1}{2} a \qquad [46]$$

$$\text{cover.}\ a = \frac{1-\cos(90°-a)}{2} = \frac{1-\text{sen}\ a}{2} = \cos^2 \tfrac{1}{2}(90°+a) = \text{sen}^2 \tfrac{1}{2}(90°-a) \qquad [47]$$

$$\text{subver.}\ a = \frac{1-\cos(180°-a)}{2} = \frac{1+\cos a}{2} = \cos^2 \tfrac{1}{2} a \qquad [48]$$

$$\text{subcover.}\ a = \frac{1-\cos(270°-a)}{2} = \frac{1+\text{sen}\ a}{2} = \cos^2 \tfrac{1}{2}(90°-a) = \text{sen}^2 \tfrac{1}{2}(90°+a) \qquad [49]$$

Los logaritmos de estas líneas los encontraremos en la tabla XVI páginas de la derecha, y en las de la izquierda, los de los senos y cosenos de los mismos arcos, así como tambien los de los secantes y cosecantes que tan útiles son en la práctica, pues nos ahorran la operacion de tomar los complementos de los logaritmos de los cosenos y senos, á que respectivamente equivalen cuando algunos de estos se hallan en los denominadores de las fórmulas.

51. Si bien es verdad que en la citada edicion de las tablas de Mendoza, no se han incluido las tangentes y cotangentes, podrán obtenerse siempre sus logaritmos, pues ya sabemos que

$$\text{tang}\ a = \frac{\text{sen}\ a}{\cos a}, \quad \text{luego} \quad \log \text{tang}\ a = \log \text{sen}\ a + \log \sec a;$$

y $\cot a = \frac{\cos a}{\operatorname{sen} a}$, luego $\log \cot a = \log \cos a + \log \operatorname{cosec} a$.

Sin embargo, para salvar los inconvenientes que resultan en la práctica por esta sensible omision, damos al final de estos elementos unas tablas de logaritmos tangentes y cotangentes, con el fin de completar la coleccion de Mendoza.

CAPÍTULO VI.

TRIÁNGULOS RECTILÍNEOS RECTÁNGULOS.

52. Todos los problemas relativos á los triángulos rectilíneos rectángulos, se resuelven segun los casos, por una de las tres proposiciones siguientes:

PROPOSICION 1.ª—*En todo triángulo rectángulo, el radio es al seno de uno de los ángulos agudos, como la hipotenusa es al cateto opuesto á dicho ángulo.*

De aquí en adelante convendremos siempre en designar los tres ángulos de un triángulo ABC, por las letras A, B, C, y los lados respectivamente opuestos á estos ángulos, por las letras a, b, c: y si el triángulo es rectángulo, A representará siempre el ángulo recto y a la hipotenusa.

Sea el ABC el triángulo rectángulo; desde el vértice B como centro y con un radio BD, igual al de las tablas, descríbase un arco DG, y tírese desde el punto D, la DE que será seno del ángulo B y por lo tanto BE será su coseno.

Comparando los triángulos semejantes BAC y BED, resulta

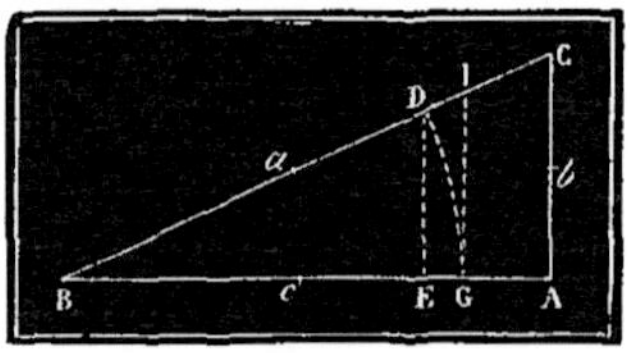

(Fig. 5)

$$BD : DE :: BC : AC,$$

esto es, $r : \operatorname{sen} B :: a : b$ [50]

de donde $b = \frac{a \operatorname{sen} B}{r}$.

Del mismo modo se podria decir que

$$c = \frac{a \operatorname{sen} C}{r}.$$

53. PROPOSICION 2.ª *En todo triángulo rectángulo, el radio es al coseno de uno de los dos ángulos agudos, como la hipotenusa es al cateto adyacente á dicho ángulo.*

Considerando los triángulos anteriores tendremos tambien,

BD : BE :: BC : BA, esto es, $r : \cos B :: a : c$ [31]

luego $c = \frac{a \cos B}{r}$ y $b = \frac{a \cos C}{r}$.

54. PROPOSICION 3.ª *En todo triángulo rectángulo, el radio es á la tangente de uno de los ángulos agudos como el cateto adyacente es al cateto opuesto á dicho ángulo.*

Si desde el punto G de la (Fig. 5), levantamos la GI, tangente del ángulo B, tendremos

BG : GI :: BA : AC, esto es, $r : \text{tang}\, B :: c : b$, [32]

luego $b = \frac{c \text{ tang } B}{r}$ y $c = \frac{b \text{ tang } C}{r}$.

55. Para expresar estas proposiciones en lenguaje algebráico, suponiendo $r = 1$, nos valdremos de las siguientes ecuaciones:

$$b = a \text{ sen } B, \quad c = a \cos B, \quad b = c \text{ tang } B.$$

Esto es; en todo triángulo rectángulo, un cateto es igual al producto de la hipotenusa por el seno del ángulo opuesto; ó al producto de la hipotenusa por el coseno del ángulo adyacente, ó bien por último al producto del otro cateto por la tangente del ángulo opuesto al que se busca.

56. Siendo así que en los triángulos rectángulos, los dos ángulos agudos son complementarios, es evidente que el seno, coseno ó tangente de un ángulo, podrá sustituirse por el coseno, seno ó cotangente del otro y vice versa.

Sabemos que:

$$b = a \text{ sen } B, \; c = a \cos B \text{ y } b = c \text{ tang } B,$$

luego tambien será: $b = a \cos C$, $c = a \text{ sen } C$ y $b = c \cot C$.

57. Resolucion de los triángulos rectilineos rectángulos. Como en todo triángulo rectángulo conocemos desde luego el valor del ángulo recto, es evidente que conociendo dos de los cinco elementos restantes, entre ellos cuando ménos un lado, podremos hallar los valores de las partes desconocidas, lo cual dá lugar á los cuatro problemas siguientes:

PROBLEMA. I.

58. Dada la hipotenusa a, y un ángulo agudo B, determinar el otro ángulo C, y los catetos b y c.

Adviértase que es indiferente el conocer el ángulo B ó el C, puesto que restando el conocido de 90°, tendremos el valor del otro.

Determinacion de C. Supongamos que sea $a = 64^m, 6$ y $B = 42° 20'$

Será: $C = 90° - B$, esto es: $90° - (42° 20') = 47° 40'$.

Determinacion de b *y* c. Se hallarán por las proposiciones 1.ª y 2.ª (art.ˢ 52 y 53) que dan

$r : \text{sen B} :: a : b,$ de donde $\log b = \log a + \log \text{sen B} - 10.$
$r : \cos \text{B} :: a : c,$ „ $\log c = \log a + \log \cos \text{B} - 10.$

Disposicion del cálculo.

$a = 64^{m},6$ ...... $\log = 1{,}81023$ ...... $\log = 1{,}81023$
$\text{B} = 42°\ 20'$ .... $\log \text{sen} = 9{,}82830$ ...... $\log \cos = 9{,}86879$
Suma $- 10 = 1{,}63853 = b$ *Suma* $- 10 = 1{,}67902 = c$
$b = 43^{m},5$ $c = 47^{m},76$

Problema II.

59. Dado el cateto b y un ángulo agudo B, resolver el triángulo.
El ángulo C, por ser complemento de B, será:

$$\text{C} = 90° - \text{B}.$$

El cateto c, se halla por la tercera proposicion,

$r : \text{tang B} :: c : b,$ de donde $\log c = \log b +$ complemento log tg B.

y la hipotenusa a por la 1.ª proposicion (art. 54)

$r : \text{sen B} :: a : b,$ de donde $\log a = \log b +$ complemento log sen B.

Problema III.

60. Dada la hipotenusa a y uno de los catetos b, resolver el triángulo.

Sea $a = 64^{m},6$ y $b = 43^{m},5$

Determinacion de B. Aplicando la 1.ª proposicion (art. 52), tendremos:

$r : \text{sen B} :: a : b,$ de donde $\log \text{sen B} = \log b +$ complemento $\log a$.
$b = 43,5$ .... $\log = 1{,}63853$
$a = 64,6$ .... compl. $\log = 8{,}18977$
$42°\ 20'$ .... $\log \text{sen B} = 9{,}82830$

Determinacion de C.

$$\text{C} = 90° - \text{B}, \text{ luego } 90° - (42°\ 20') = 47°\ 40'.$$

Determinacion de c. Este cateto se hallará por la 2.ª proposicion (art. 53)

$r : \cos \text{B} :: a : c,$ de donde $\log c = \log a + \log \cos \text{B} - 10.$
$a = 64,6$ ...... $\log = 1{,}81023$
$\text{B} = 42°\ 20'$ .. $\log \cos = 9{,}86879$
Suma $- 10 = 1{,}67902 = c = 47^{m},76$

Este cateto se puede obtener directamente por el teorema de Pitágoras, que nos dá:

$$c^2 = a^2 - b^2, \quad \text{de donde} \quad c = \sqrt{a^2 - b^2} = \sqrt{(a+b)(a-b)},$$

y por lo tanto
$$\log c = \frac{\log(a+b) + \log(a-b)}{2}$$

$$\begin{array}{lll} a + b = 108^m,1 & \ldots\ldots & \log = 2,03383 \\ a - b = 21^m,1 & \ldots\ldots & \log = 1,32428 \\ 2 \log c = & \ldots\ldots\ldots\ldots & 3,35811 \\ \log c = & \ldots\ldots\ldots\ldots & 1,67905 = c = 47^m,76 \end{array}$$

PROBLEMA IV.

61. Dados los dos catetos b y c, resolver el triángulo.

Dichos dos catetos b y c, nos darán los ángulos B y C por la 3.ª proposicion (art. 54)

$$r : \text{tang B} :: c : b, \quad \text{de donde} \quad \log \text{tang B} = \log b + \text{complemento} \log c$$
$$C = 90^\circ - B.$$

La hipotenusa a se hallará por la 1.ª ó 2.ª proposicion (art. 52 y 53)

$$r : \text{sen B} :: a : b, \quad \text{de donde} \quad \log a = \log b + \text{complemento} \log \text{sen B}.$$

Tambien podria haberse hallado la hipotenusa a, por medio del teorema de Pitágoras que nos dá: $a^2 = b^2 + c^2$ de donde resulta $a = \sqrt{b^2 + c^2}$, pero como esta fórmula no está bien dispuesta para el cálculo logarítmico, es preferible hallar primero el ángulo B y despues a.

62. Conviene ejercitarse en la aplicacion de las fórmulas para adquirir la práctica necesaria; para esto y por via de ejemplo, damos á continuacion los valores de los lados y ángulos de un triángulo, para que, eligiendo dos elementos cualquiera, se planteen los diversos problemas y se resuelvan por las fórmulas que se han expuesto.

$$\begin{array}{lll} a = 56,925 & b = 45,54 & c = 34,154 \\ A = 90^\circ & B = 53^\circ\,07'\,48'' & C = 36^\circ\,52'\,12'' \end{array}$$

CAPÍTULO VII.

TRIÁNGULOS RECTILÍNEOS OBLICUÁNGULOS.

63. La resolucion de los triángulos rectilíneos, en general, depende de las tres proposiciones que siguen:

Proposicion 1.ª *En todo triángulo rectilíneo, los lados son proporcionales con los senos de los ángulos opuestos.*

Si en el triángulo ACB (Figs. 6 y 7) bajamos la perpendicular CD, desde el vértice de un ángulo cualquiera C, sobre el lado opuesto AB, dicha perpendicular caerá dentro del triángulo, si los ángulos A y B de la base son agudos, ó fuera si son de diferente especie. En ambos casos dicha perpendicular formará los triángulos rectángulos CDA y CDB.

Aplicando en el primer caso (Fig. 6) la proposicion 1.ª de los rectángulos será:

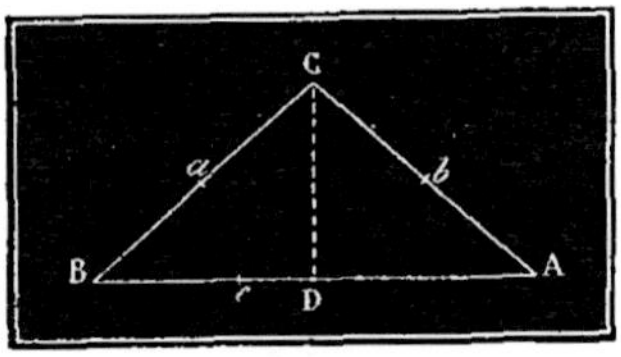

(Fig. 6)

$$r : \text{sen A} :: b : \text{CD}$$
$$r : \text{sen B} :: a : \text{CD};$$

teniendo estas proporciones sus extremos iguales, serán sus medios recíprocamente proporcionales y tendremos:

$$\text{sen A} : a :: \text{sen B} : b, \quad \text{ó bien} \quad \frac{a}{b} = \frac{\text{sen A}}{\text{sen B}} \quad \ldots\ldots\ldots\ldots \quad [\ 35\ ]$$

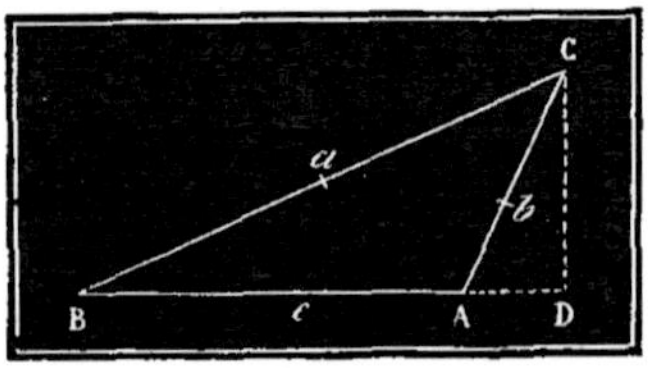

(Fig. 7)

Si la perpendicular hubiese caido fuera (Fig. 7), en el triángulo CAD hubiera sido, r : sen CAD :: b : CD; pero sen CAD = sen CAB = A por suplementarios, luego poniendo A en vez de CAD, tendremos:

$$r : \text{sen A} :: b : \text{CD},$$

proporcion igual á la primera de las que acabamos de considerar.

64. Proposicion 2.ª *En todo triángulo rectilíneo, la suma de dos lados es á su diferencia, como la tangente de la semi-suma de los ángulos opuestos á dichos lados, es á la tangente de la semi-diferencia de los mismos ángulos.*

En efecto, la proposicion anterior nos dá en el triángulo ACB, que

$$a : b :: \text{sen A} : \text{sen B},$$

pero sabemos por la aritmética que la suma de antecedentes y consecuentes de la primera razon es á su diferencia, como la suma de antecedentes y consecuentes de la segunda es á su diferencia; luego

$$a+b : a-b :: \text{sen A} + \text{sen B} : \text{sen A} - \text{sen B};$$

tambien se ha demostrado (art. 38) fórmula [43], que

$$\frac{\text{sen A}+\text{sen B}}{\text{sen A}-\text{sen B}}=\frac{\text{tang}\,\frac{1}{2}(\text{A}+\text{B})}{\text{tang}\,\frac{1}{2}(\text{A}-\text{B})},$$

luego finalmente $a+b : a-b :: \text{tang}\,\frac{1}{2}(\text{A}+\text{B}) : \text{tang}\,\frac{1}{2}(\text{A}-\text{B})$ .... [54]

65. Proposicion 3.ª *En todo triángulo rectilíneo, el cuadrado de un lado cualquiera es igual á la suma de cuadrados de los otros dos lados menos el duplo del producto de estos dos lados por el coseno del ángulo comprendido.*

En el triángulo ABC (Fig. 6), siendo el ángulo A agudo, sabemos por la geometría que,

$$\text{CB}^2=\text{CA}^2+\text{AB}^2-2\text{AB}\times\text{AD}$$

esto es: $$a^2= b^2+ c^2 -2c\times\text{AD};$$

pero en el triángulo rectángulo ADC, considerando $r=1$, tenemos

$$1 : \cos\text{A} :: b : \text{AD}, \quad \text{de donde} \quad \text{AD}=b\cos\text{A}.$$

Sustituyendo este valor en la ecuacion anterior, será

$$a^2=b^2+c^2-2bc\times\cos\text{A}$$ ...... [55]

Si consideramos el triángulo ABC (Fig. 7) en el cual el ángulo A es obtuso, la geometría nos dice que:

$$a^2=b^2+c^2+2c\times\text{AD},$$

pero en el triángulo rectángulo ADC resulta

$$\text{AD}=b\cos\text{CAD}=b\times-\cos\text{CAB}=-b\cos\text{A},$$

luego sustituyendo este valor resultará como antes

$$a^2=b^2+c^2-2bc\times\cos\text{A}.$$

Respecto á los otros dos lados del triángulo será tambien

$$b^2 = a^2 + c^2 - 2ac \times \cos B$$
$$c^2 = a^2 + b^2 - 2ab \times \cos C,$$

y como quiera que en estas tres ecuaciones entran los seis elementos del triángulo, es evidente que por medio de ellas se resolverá el problema general de la trigonometría rectilínea.

66. Resolucion de los triángulos rectilíneos oblicuángulos. La resolucion numérica de estos triángulos, se reduce á cuatro casos diferentes que se expondrán en los siguientes problemas:

Problema I.

67. Dado un lado c, y dos ángulos A y B, resolver el triángulo.

Sean A, B y C, los tres ángulos y a, b y c, los lados respectivamente opuestos: sea tambien $A = 41°\,26'\,30''$, $B = 64°\,48'\,40''$, y $c = 86^m,8$.

Determinacion de C. Es evidente que restando de 180° la suma de los ángulos A y B, nos dará el tercer ángulo C,

luego $$180° - (A + B) = C = 73°\,44'\,50''.$$

Determinacion de a. Por la 1.ª proposicion (art. **63**), tendremos:

$\text{sen}\, C : c :: \text{sen}\, A : a$ de donde $\log a = \log c + \log \text{sen}\, A + \text{compl.} \log \text{sen}\, C - 10.$(*)

$c = 86^m,8$	....	$\log = 1{,}93852$
$A = 41°\,26'\,30''$	....	$\log \text{sen} = 9{,}82076$
$C = 73\ 44\ 50$	....	$\log \text{cosec} = 0{,}01771$
		$\log \text{Suma} = 1{,}77699 = a = 59^m,84$

Determinacion de b. Por la 1.ª proposicion será tambien:

$\text{sen}\, C : c :: \text{sen}\, B : b$, de donde $\log b = \log c + \log \text{sen}\, B + \log \text{cosec}\, C - 10.$

$c = 86^m,8$	....	$\log = 1{,}93852$
$B = 64°\,48'\,40''$	....	$\log \text{sen} = 9{,}95661$
$C = 73\ 44\ 50$	....	$\log \text{cosec} = 0{,}01771$
		$\log \text{Suma} = 1{,}91284 = b = 81^m,82.$

Problema II.

68. Dados dos lados a y b y el ángulo A, opuesto á uno de ellos, resolver el triángulo.

(*) En vez de sumar este complemento se puede sumar la cosecante que es más breve (artículo 48.)

Determinacion de B. Aplicando la 1.ª proposicion (art. 63), será:

$$\text{sen A} : a :: \text{sen B} : b \quad \text{de donde} \quad \log \text{sen B} = \log \text{sen A} + \log b + \text{compl.} \log a - 10.$$

Determinacion de C. Tendremos que, $C = 180° - (A+B)$.

Determinacion de c. Por la 1.ª proposicion será:

$$\text{sen A} : a :: \text{sen C} : c \quad \text{de donde} \quad \log c = \log a + \log \text{sen C} + \log \text{cosec A} - 10.$$

Nota. Siendo así que el ángulo B, está dado por el logaritmo de su seno, y como este seno puede corresponder á dos arcos B y 180° —B, es evidente que la fórmula no determina la especie de dicho ángulo y que podrá tener el valor agudo que nos dá la tabla, ó bien su suplemento.

Si el ángulo A es recto ú obtuso, entonces será C, precisamente agudo y el problema será determinado; pero, si el ángulo A es agudo, entonces podrá suceder que $a > b$, $a = b$, ó $a < b$.

Si $a > b$ tambien será $A > B$, y por lo tanto B agudo; y si $a = b$ será $A = B$ y tambien está determinada la especie; pero si $a < b$ será $A < B$ y entonces el ángulo B puede ser agudo ú obtuso, pues siempre podrá ser mayor que A. *Luego* vemos que *el problema tiene dos soluciones en el caso de ser* $A < 90°$ y $a < b$.

Problema III.

69. Dados dos lados a y b y el ángulo comprendido C, resolver el triángulo.

Sea $a = 86^m,4$, $b = 52^m,6$, $C = 58° 24'$.

Determinacion de A *y* B. La relacion $A + B + C = 180°$ nos dá:

$$A + B = 180° - C,$$

luego conoceremos la suma de los dos ángulos que deseamos hallar y podremos calcular su diferencia por la 2.ª proposicion (art. 64), que nos dá:

$$a+b : a-b :: \text{tang} \tfrac{1}{2}(A+B) : \text{tang} \tfrac{1}{2}(A-B);$$

aplicando los logaritmos y despejando $\text{tang} \frac{1}{2}(A-B)$, tendremos:

$$\log \text{tang} \tfrac{1}{2}(A-B) = \log(a-b) + \log \text{tang} \tfrac{1}{2}(A+B) + \text{compl.} \log(a+b) - 10.$$

Conocida que sea la suma y diferencia de los dos ángulos A y B, el mayor ó sea el que se oponga á mayor lado, será igual á la mitad de la suma mas la mitad de la diferencia; y el menor será igual á la mitad de la suma menos la mitad de la diferencia.

Disposicion del cálculo.

Siendo	$a = 86^m,4$		$A+B+C=180°$
y	$b = 52\ ,6$		$C = 58\ 24'$
será	$(a+b) = 139^m,0$	luego	$(A+B) = 121°\,36'$
y	$(a-b) = 33\ ,8$	y	$\frac{1}{2}(A+B) = 60\ 48$

Por lo tanto $\frac{1}{2}(A+B) =$	$60°\,48'$	.... log tang $= 0,25268$
$(a-b) =$	$33^m,8$	.... log $= 1,52892$
$(a+b) =$	$139^m,0$	.. compl. log $= 7,85699$
$\frac{1}{2}(A-B) =$	$23°\,31'$	.... log tang $= 9,63859$

Siendo	$\frac{1}{2}(A+B) = 60°\,48'$
y	$\frac{1}{2}(A-B) = 23\ 31$
Sumando será	$A = 84°\,19'$
y restando será	$B = 37\ 17$

Determinacion de c. Valiéndonos del ángulo A que se ha calculado, será:

sen A : a : : sen C : c, de donde $\log c = \log a + \log \operatorname{sen} C + \log \operatorname{cosec} A - 10$.

NOTA. El lado c se podria haber calculado directamente por la 3.ª proposicion (art. 65); pero, para darle á esta una forma logarítmica, seria un trabajo más complicado y penoso y mayor el número de logaritmos que habria que emplear; por lo tanto, consideramos preferible en la práctica el método que se ha seguido para resolver el triángulo.

PROBLEMA IV.

70. Dados los tres lados, resolver el triángulo.

Supongamos $a = 50^m$, $b = 84^m$, y $c = 120^m$.

Determinacion de A. Para calcular este ángulo nos valdremos de la 3.ª proposicion (art. 65)

$$a^2 = b^2 + c^2 - 2bc\cos A, \quad \text{de donde} \quad \cos A = \frac{b^2+c^2-a^2}{2bc} \quad \ldots\ldots \quad (a)$$

Por medio de esta fórmula hallaremos otra, bien dispuesta para el cálculo logarítmico, para lo cual sumando una unidad á ambos miembros de la ecuacion, será:

$$1 + \cos A = 1 + \frac{b^2+c^2-a^2}{2bc},$$

pero sabemos que $1 + \cos A = 2\cos^2 \frac{1}{2} A$ (art. **37**), fórm. [**31**], y efectuando la suma indicada del segundo miembro, tendremos:

$$2\cos^2 \tfrac{1}{2} A = \frac{2bc + b^2 + c^2 - a^2}{2bc}.$$

En el numerador del segundo miembro tenemos que $2bc + b^2 + c^2 = (b+c)^2 = (b+c)(b+c)$, y $-a^2 = a \times -a$; por lo tanto, sustituyendo estos valores, resultará:

$$2\cos^2\tfrac{1}{2}A=\frac{(b+c+a)(b+c-a)}{2bc};$$

finalmente, si llamamos S al perímetro del triángulo, esto es

$$b+c+a=S, \quad \text{será} \quad b+c-a=S-2a,$$

sustituyendo estos valores y dividiendo ambos miembros por 2, será:

$$\cos^2\tfrac{1}{2}A=\frac{\tfrac{1}{2}S(\tfrac{1}{2}S-a)}{bc}, \quad \text{de donde} \quad \cos\tfrac{1}{2}A=\sqrt{\frac{\tfrac{1}{2}S(\tfrac{1}{2}S-a)}{bc}}$$

y empleando logaritmos será:

$$\log\cos\tfrac{1}{2}A=\tfrac{1}{2}(\text{compl.}\log b+\text{compl.}\log c+\log\tfrac{1}{2}S+\log(\tfrac{1}{2}S-a)).$$

Tambien $\cos^2\frac{1}{2}A=$ subverso A (art. 50), fórm. [44], luego será:

$$\log\text{subverso}\,A=(\text{compl.}\log b+\text{compl.}\log c+\log\tfrac{1}{2}S+\log(\tfrac{1}{2}S-a))-10.$$

71. Traducidas estas fórmulas al lenguaje vulgar, diremos que, para hallar un ángulo, conocidos que sean los tres lados, *súmense los valores de los tres lados y tómese la mitad de la suma; de esta semi-suma réstese el valor del lado opuesto al ángulo que se trate de hallar y al resultado llámesele diferencia.*

Súmense los complementos logarítmicos de los lados que comprenden al ángulo, con los logaritmos de la semi-suma y diferencia; esta suma de logaritmos divídase por dos, búsquese el arco correspondiente en la tabla de los cosenos, y duplándolo tendremos el valor del ángulo; ó bien búsquese el subverso correspondiente á la suma de logaritmos, menos 10, *y será el valor del ángulo.*

Disposicion del cálculo.

$a=$ 50			
$b=$ 84	....	complem. log $=$	8,07572
$c=$ 120	....	complem. log $=$	7,92082
Suma $=$ 254			
$\frac{1}{2}$ S $=$ 127	....	log $=$	2,10380
$(\frac{1}{2}S-a)=$ dif.ª $=$ 77	....	log $=$	1,88649
		log suma $=$	19,98683 $=$ subver. A
$\frac{1}{2}$ A $=$ 9° 57′ 15″		$\frac{1}{2}$ suma $=$	9,99341 $=\cos\frac{1}{2}$ A
A $=$ 19 54 30			

Restando la unidad de los dos miembros de la ecuacion (a) se hallaria de un modo análogo esta otra fórmula, que sólo deberá emplearse cuando se conozca de antemano la especie del ángulo, pues sabemos que por el seno no se determina.

$$\text{sen}^2\tfrac{1}{2}A=\frac{(\tfrac{1}{2}S-b)(\tfrac{1}{2}S-c)}{bc}, \quad \text{ó bien} \quad \text{sen}\tfrac{1}{2}A=\sqrt{\frac{(\tfrac{1}{2}S-b)(\tfrac{1}{2}S-c)}{bc}}.$$

Determinacion de los ángulos B *y* C. Se calcularán del mismo modo que el A y tendremos una comprobacion, toda vez que la suma de los tres debe ser igual á 180°

$$\cos\tfrac{1}{2}B=\sqrt{\frac{\frac{1}{2}S(\frac{1}{2}S-b)}{ac}}, \quad \text{de donde resultará} \quad B= 34^\circ\,54'\,00''$$

$$\cos\tfrac{1}{2}C=\sqrt{\frac{\frac{1}{2}S(\frac{1}{2}S-c)}{ab}}, \quad \text{,,} \quad \text{,,} \quad C=125\;11\;30$$

$$A=\;19\;54\;30$$

$$A+B+C=180\;00\;00$$

72. Como en todo cálculo numérico es necesario estar seguro de la exactitud de los resultados obtenidos, podremos comprobar los tres problemas primeros, calculando si se puede, una incógnita de dos modos distintos, ó bien considerando como conocidas las cantidades que se han determinado y como incógnitas uno ó varios de los datos primitivos.

Ponemos á continuacion los valores de los seis elementos de un triángulo rectilíneo, para que tomándolos tres á tres, puedan plantearse los cuatro problemas y ver si los resultados que se hallan son exactos.

$a=37^{m},77$ $\quad b=71^{m},577$ $\quad c=87^{m},811$

$A=40^\circ\,56'$ $\quad B=54^\circ\,16'\,08''$ $\quad C=84^\circ\,47'\,52''$.

CAPÍTULO VIII.

NOCIONES PRELIMINARES DE LA TRIGONOMETRÍA ESFÉRICA.

73. Angulo esférico es el formado por dos arcos de círculo máximo de la esfera, que se denominan *lados* y que se cortan ó concurren en un punto llamado *vértice.*

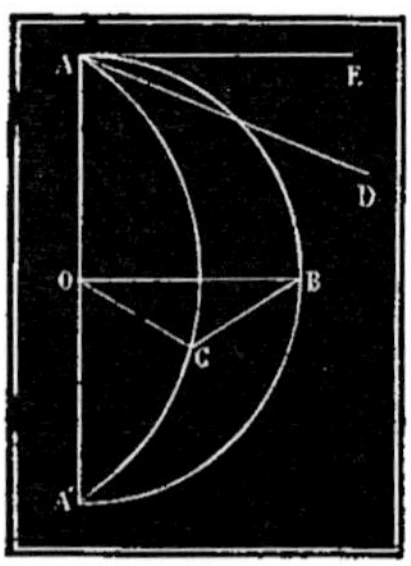

(Fig. 8)

Un ángulo esférico, sea el BAC, es igual al ángulo rectilíneo DAE, formado en su vértice por dos tangentes á sus lados; y como estas tangentes son perpendiculares al diámetro comun á dichos dos círculos, resulta que el ángulo esférico es igual al ángulo diedro formado por los planos de los círculos.

La medida de un ángulo esférico es el arco de círculo máximo comprendido entre sus lados ó su prolongacion y cuyo polo esté en el vértice.

En efecto, si desde el centro O de la esfera tiramos las OB y OC paralelas á AE y AD, y unimos B y C por un arco de círculo máximo, el ángulo BOC= DAE, tiene por medida el arco BC, y vemos tambien que AB=AC=90°.

Es evidente que el valor de un ángulo esférico no depende de la longitud de sus lados, sino de la abertura ó inclinacion con que se encuentran los planos de los círculos. Sin embargo, sus lados no son indefinidos como sucede en los ángulos rectilíneos, pues como es un diámetro la comun seccion de los planos, se encuentran otra vez en un punto distante 180° del vértice.

Llámase *huso,* la porcion de superficie de la esfera ABA'CA, comprendida entre dos semi-círculos máximos.

Los ángulos de un huso CAB y CA'B, se llaman tambien ángulos distantes un semi-círculo y son iguales.

Cuando los planos que forman los lados del ángulo son perpendiculares entre sí, el ángulo esférico se llama recto y mide 90°. Tambien se distinguen ángulos esféricos, agudos y obtusos.

74. De lo establecido y de lo preceptuado en geometría al tratarse de los ángulos diedros, se deducen los siguientes *corolarios:*

1.º Los ángulos esféricos opuestos por el vértice son iguales.

2.º Todos los ángulos esféricos sucesivos, formados por varios arcos que concurren ó se cruzan en un punto valen 360°.

3.º Todos los ángulos formados en un punto, hácia un mismo lado de la circunferencia de un círculo máximo, valen 180°.

4.º Si dos arcos de círculo máximo se cruzan, formarán cuatro ángulos; dos agudos iguales entre sí y los otros dos obtusos, suplementos de los primeros.

75. Triángulo esférico es el ABC (Fig. 9) formado sobre la superficie de la esfera por tres arcos de círculo máximo y en el cual se consideran seis elementos; tres ángulos y tres lados.

Todo lado y ángulo de un triángulo se considera siempre menor de 180°. Expresándose los valores de sus lados en grados, minutos y segundos; se llamarán dichos lados grandes ó pequeños con respecto al número de grados que contienen y no con relacion á su extension absoluta en leguas, metros, &c.

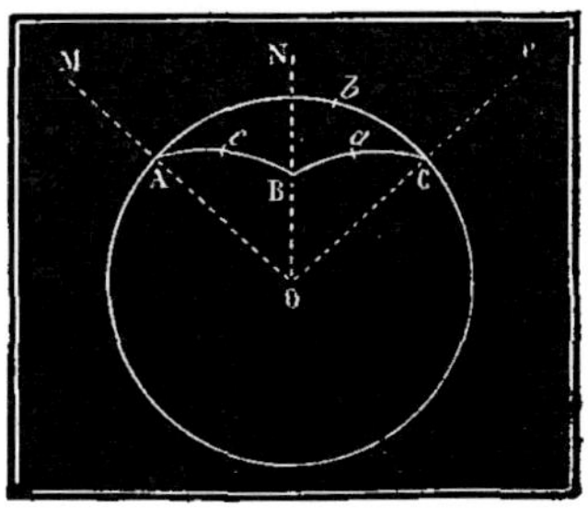

(Fig. 9)

Un triángulo esférico puede tener uno, dos, ó tres ángulos rectos y se le llamará *rectángulo, bi-rectángulo* ó *tri-rectángulo.* Tambien puede tener uno, dos ó tres lados iguales á 90° y entonces será *rectilátero, bi-rectilátero* ó *tri-rectilátero.*

76. Si se imaginan tres radios de la esfera que pasen por los vértices de un triángulo esférico, los planos MON, NOP, MOP, que se cortan en O, formarán un ángulo sólido triedro, cuyos ángulos diedros serán iguales á los ángulos esféricos correspondientes del triángulo, y cuyas caras tendrán por medida los lados de este mismo triángulo; así el ángulo plano NOM, está medido por AB y el MOP por AC.

77. Si desde un punto O, dirigimos tres visuales á los puntos M, N, P, del espacio, tales como estrellas, estas líneas serán las aristas de un triedro O, cuyos elementos son los del triángulo esférico ABC, formado por la seccion de las caras de dicho triedro con la superficie de una esfera de radio arbitrario, cuyo centro se supone ser el ojo del observador.

78. De la relacion que existe entre el ángulo triedro y el triángulo esférico y de lo que se demuestra en la geometría en las proposiciones relativas á dichos ángulos triedros, se deduce que:

1.° *Cada lado de un triángulo esférico es menor que la suma de los otros dos lados y mayor que su diferencia.*

2.° *La menor distancia entre dos puntos situados en la superficie de una esfera, será el arco de círculo máximo, menor de* 180°, *que una á estos dos puntos.*

3.° *Dos triángulos esféricos serán iguales, si tienen respectivamente iguales sus tres ángulos, sus tres lados, dos lados y el ángulo comprendido ó un lado y dos ángulos adyacentes.*

Se supone que corresponden á una misma esfera ó á esferas iguales y que sus elementos están ordenados del mismo modo. Pero, si dichos elementos están inversamente colocados en los dos triángulos, entonces se dirá que son simétricos.

4.° *A lados iguales se oponen ángulos iguales y vice versa; luego el triángulo esférico equilátero será equiángulo y el equiángulo equilátero.*

5.° *En todo triángulo esférico isósceles, los ángulos opuestos á los lados iguales son iguales.*

6.° *En todo triángulo esférico, á mayor ángulo se opone mayor lado, y á menor ángulo se opone menor lado y recíprocamente.*

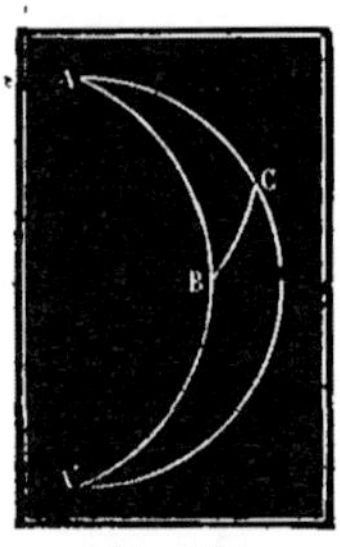

(Fig. 10)

79. **Valores de los tres lados.** La suma de los tres lados de un triángulo esférico, puede tener todos los valores intermedios entre 0° y 360°.

Prolongando los lados AB y AC del triángulo esférico BAC, hasta formar el huso ABA'CA, resulta en el triángulo CA'B que

$$CB < A'C + A'B$$

y sumando $AC + AB$ á los dos miembros de esta desigualdad, tendremos: $AC + AB + CB < AC + AB + A'C + A'B$

pero $AC + A'C + AB + A'B = 360°$;

luego $AC + AB + CB < 360°$.

80. Triángulos polares. Si desde los tres vértices A, B, C, de un triángulo esférico, considerados como polos, se describen tres arcos de círculo máximo, estos al encontrarse formarán un nuevo triángulo A'B'C', cuyos vértices A', B', C', serán respectivamente los polos de los lados opuestos del triángulo primitivo ABC. (*)

En efecto, el punto B, siendo polo del arco A'C', dista 90° de A'; y el punto C siendo el polo de A'B', dista 90° de A'; luego el punto A' que se encuentra á 90° de las extremidades B y C del arco BC, será su polo.

Del mismo modo se demuestra que los vértices B' y C' del triángulo A'B'C' son los polos de los lados AC y AB del triángulo ABC.

De lo expuesto se deduce, que el triángulo ABC, puede ser descrito por medio del triángulo A'B'C' del mismo modo que este lo fué por el ABC, y por esta razon se les llama *triángulos polares.*

81. Triángulos polares suplementarios. Si dado un triángulo esférico se construye su triángulo polar, cada ángulo de uno de los triángulos tiene por suplemento el lado opuesto del otro triángulo, y cada lado tiene por suplemento el ángulo opuesto del otro triángulo; por cuya razon se denominan triángulos polares suplementarios.

Sea ABC (Fig. 11) el triángulo dado y A'B'C' su triángulo polar: prolonguemos AB y AC hasta E y D, y tendremos que el vértice A siendo polo del lado B'C', el ángulo BAC *tendrá por medida el arco* ED; pero B' es polo de AC, y por lo tanto B'D = 90° y siendo C' polo de AB, será tambien EC' = 90°, de donde

C'E + B'D = 180°

pero C'E = ED + C'D, y sustituyendo este valor

será ED + C'D + B'D = ED + B'C' = 180°

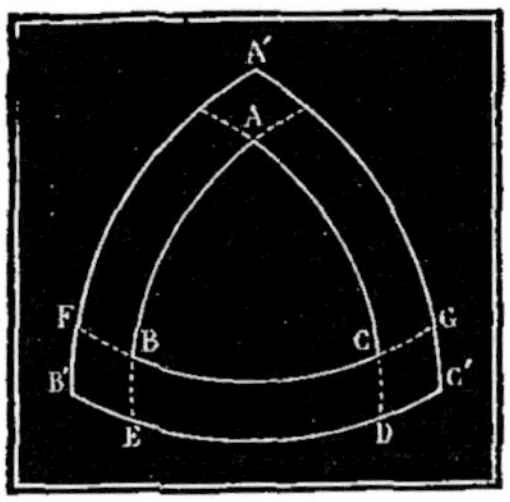

(Fig. 11)

luego el ángulo A, que tiene por medida el arco ED, será el suplemento del lado B'C'.

Si prolongamos el lado BC hasta F y G, tendremos que siendo A' polo de BC, el ángulo B'A'C', *tendrá por medida* el arco FG; pero el punto C' es polo de A'B' y el punto B' es polo de A'C', y por lo tanto

FC = BG = 90°

de donde FC + BG = 180°

pero FC = FB + BC

y sustituyendo será: FB + BC + BG = FC + BG = 180°,

luego el lado BC es el suplemento del ángulo A' que tiene por medida el arco FG.

82. Si en el triángulo ABC, designamos los ángulos por A, B, C, y los lados por *a*, *b*, *c*; y en el A'B'C' los ángulos por A', B', C',

(*) Si se hubieran descrito por completo los tres círculos desde los vértices A, B, C, hubieran resultado ocho triángulos; pero para nuestro objeto sólo nos interesan las propiedades de los centrales ABC y A'B'C'.

y los lados por a', b', c', tendremos que A, B, C, serán los suplementos respectivos de $a'b'c'$; y a, b, c, suplementos de A′, B′ y C′, esto es:

$$\left.\begin{array}{l} A=180°-a' \\ B=180°-b' \\ C=180°-c' \end{array}\right\} \ldots [56] \qquad \left.\begin{array}{l} a=180°-A' \\ b=180°-B' \\ c=180°-C' \end{array}\right\} \ldots [57]$$

83. Más adelante veremos lo útiles que son estas ecuaciones, pues reducen á tres los seis problemas de la trigonometría esférica, que consisten en determinar tres de los seis elementos de un triángulo, conocidos que sean los otros tres.

Supongamos que se sepan hallar los ángulos A, B, C, conocidos los tres lados a, b, c; si recíprocamente se dan los tres ángulos A, B, C, para hallar un lado cualquiera a, sustituiremos el triángulo por su suplementario A′B′C′, en el cual se conocen los tres lados a', b', c', por las ecuaciones [56]; y hallado que sea el ángulo A′, las ecuaciones [57] darán el lado opuesto $a=180°-A'$.

Luego sabiendo resolver un triángulo en el cual se conocen los tres lados, sabremos resolver tambien aquel en que se conozcan los tres ángulos.

84. Valores de los tres ángulos de todo triángulo. La suma de los tres ángulos de un triángulo esférico, puede tener todos los valores intermedios entre dos ángulos rectos y seis ángulos rectos.

Sumando las ecuaciones [56] tenemos:

$$A+B+C=3\times180°-(a'+b'+c');$$

pero sabemos (art. 79), que $a'+b'+c'$, tiene un valor comprendido entre 0° y 360°,

luego $\quad A+B+C<3\times180°=6$ rectos.

y $\quad A+B+C>3\times180°-360°=180°=2$ rectos.

Vemos, pues, que la suma de los tres ángulos es una cantidad variable dentro de los límites indicados, y que conocidos dos ángulos no podrá deducirse directamente el tercero como sucede en los triángulos rectilíneos.

85. *En todo triángulo esférico, el menor de sus ángulos es mayor que la suma de los otros dos, disminuida en* 180°.

Si A es el ángulo más pequeño del triángulo polar A′B′C′, deducimos que (art. 78)

$$a'<b'+c',$$

y por las ecuaciones [56] sustituyendo valores, será:

$$180°-A<180°-B+180°-C$$

de donde $\quad A>B+C-180°.$

CAPÍTULO IX.

FÓRMULAS GENERALES PARA LA RESOLUCION DE LOS TRIÁNGULOS ESFÉRICOS.

86. *Trigonometría esférica* es la que determina por medio del cálculo, tres de los seis elementos de un triángulo esférico, conocidos que sean los otros tres.

Entre los elementos conocidos no es necesario que haya cuando ménos un lado, como sucede en los triángulos rectilíneos, pues ya se ha demostrado (art. 83) que se puede resolver un triángulo esférico en el cual se conocen los tres ángulos.

De aquí resulta, que el número de casos que se presentan en la resolucion de los esféricos es relativamente mayor que en los rectilíneos; lo que tambien se explica considerando que la suma de los ángulos de un triángulo esférico, no es una cantidad constante como en los rectilíneos.

Esto supuesto, estableceremos las relaciones que ligan á los lados con los ángulos, por medio de los cuatro teoremas siguientes, de los cuales el primero es el fundamental de la trigonometría esférica, toda vez que los otros tres se deducen de él.

TEOREMA FUNDAMENTAL.

87. TEOREMA 1.° *En todo triángulo esférico el coseno de un lado es igual al producto de los cosenos de los otros dos lados, mas el producto de los senos de los mismos lados por el coseno del ángulo comprendido.*

Luego siendo A, B y C los tres ángulos, y a, b y c sus lados opuestos, tendremos:

$$\cos a = \cos b \cos c + \operatorname{sen} b \operatorname{sen} c \cos A.$$

En efecto; sea ABC (Fig. 12) un triángulo cualquiera, cuyos lados b y c son menores de 90°; unamos sus tres vértices al centro O de la esfera á que pertenece, y tiremos desde A las tangentes AD y AE á los lados AC y AB que terminan en D y E, ó sea en la prolongacion de sus respectivos radios OD y OE; tírese la DE y supongamos igual á la unidad el radio de la esfera.

Tendremos por lo tanto que el ángulo DAE=A, ángulo del triángulo esférico (art. 73), y los ángulos AOD, AOE y DOE serán medidos por los lados b, c y a; luego

$$AD=\text{tang}\, b=\frac{\text{sen}\, b}{\cos b}, \qquad OD=\sec b=\frac{1}{\cos b},$$
$$AE=\text{tang}\, c=\frac{\text{sen}\, c}{\cos c}, \qquad OE=\sec c=\frac{1}{\cos c},$$
$$DOE=a. \qquad DAE=A.$$

Esto supuesto, aplicando sucesivamente á los dos triángulos DOE y DAE, el teorema fundamental de la trigonometría rectilínea (artículo 65), tendremos que

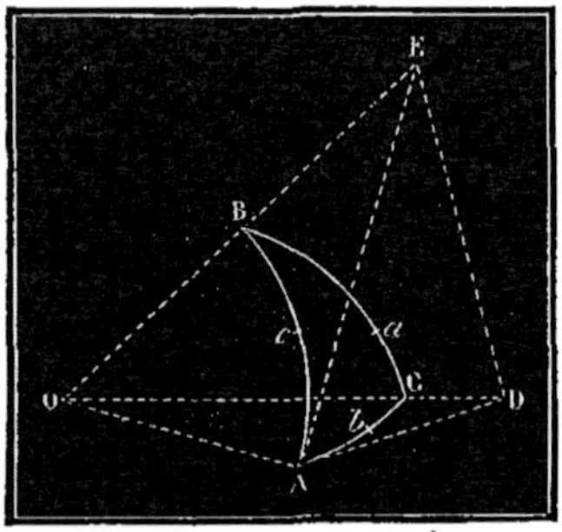

(Fig. 12)

$$DE^2=OD^2+OE^2-2OD\times OE.\cos DOE$$
$$DE^2=AD^2+AE^2-2AD\times AE.\cos DAE$$

Poniendo en vez de OD, AD, OE, AE, DOE y DAE, sus equivalentes, resulta:

$$DE^2=\sec^2 b+\sec^2 c-2\sec b\times\sec c.\cos a$$
$$DE^2=\text{tg}^2 b+\text{tg}^2 c-2\,\text{tg}\, b\times\text{tg}\, c.\cos A.$$

Restando estas dos ecuaciones miembro á miembro y observando que en los triángulos OAD y OAE, rectángulos en A, por lo establecido [4] y [14], $\sec^2 b-\text{tang}^2 b=r^2=1$ y $\sec^2 c-\text{tang}^2 c=r^2=1$, será

$$0=1+1-2\sec b.\sec c.\cos a+2\,\text{tang}\, b.\text{tang}\, c.\cos A;$$

dividiendo por 2 todos los términos, y sustituyendo las tangentes y secantes por sus valores respectivos $\frac{\text{sen}}{\cos}$ y $\frac{1}{\cos}$, nos dará:

$$0=1-\frac{1}{\cos b\cos c}\times\cos a+\frac{\text{sen}\, b.\text{sen}\, c}{\cos b.\cos c}\times\cos A,$$

multiplicando por $\cos b \cos c$, resulta:

$$0=\cos b.\cos c-\cos a+\text{sen}\, b\,\text{sen}\, c.\cos A;$$

finalmente, despejando $\cos a$, tendremos la fórmula pedida

$$\cos a=\cos b\cos c+\text{sen}\, b.\text{sen}\, c.\cos A. \quad \ldots\ldots \quad (a)$$

88. En la anterior demostracion se ha supuesto que los lados b y c eran menores de 90°; pero la fórmula (a) es general, cualquiera que sea el valor de dichos lados; para lo cual bastará considerar los casos siguientes:

Supongamos que el lado b solamente (Fig. 13) sea mayor de 90°: constrúyase el huso y resultará un segundo triángulo BAC′, en el cual los dos lados del ángulo BAC′ serán menores de 90°, y por lo demostrado diremos que,

$$\cos BC' = \cos c . \cos AC' + \operatorname{sen} c . \operatorname{sen} AC' \cos BAC',$$

ó bien $\quad -\cos a = -\cos c \cos b - \operatorname{sen} c \operatorname{sen} b \cos BAC,$

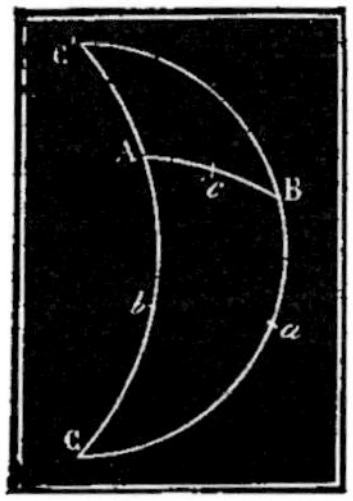

(Fig. 13)

en la cual cambiando los signos, resultará la ecuacion (a).

Si los lados b y c fuesen ambos mayores de 90°, (Fig. 14) construyendo el huso resultará tambien otro triángulo A′CB, en el cual los lados del ángulo A′ serán menores de 90° y tendremos:

$$\cos BC = \cos A'C \cos A'B + \operatorname{sen} A'C . \operatorname{sen} A'B . \cos A'.$$

ó lo que es lo mismo:

$$\cos a = \cos b . \cos c + \operatorname{sen} b \operatorname{sen} c \cos A.$$

En el caso que los lados b y c se aproximen á 90°, ó aun suponiendo que fuesen iguales á esta cantidad, resultará siempre la ecuacion (a).

89. Aplicando esta fórmula á cada uno de los ángulos del triángulo propuesto, resultarán las tres ecuaciones:

$\cos a = \cos b \cos c + \operatorname{sen} b \operatorname{sen} c \cos A$ .. [58]

$\cos b = \cos a \cos c + \operatorname{sen} a \operatorname{sen} c \cos B$ .. [59]

$\cos c = \cos a \cos b + \operatorname{sen} a \operatorname{sen} b \cos C$ .. [60]

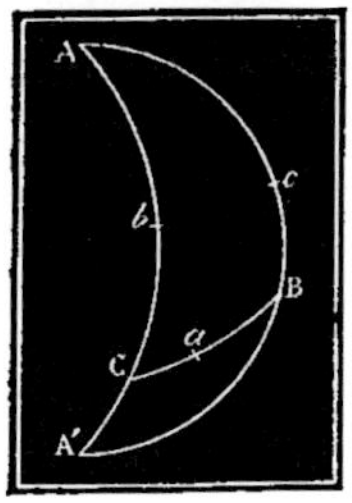

(Fig. 14)

Siendo así que estas ecuaciones comprenden á los tres lados y ángulos de un triángulo, es evidente que por medio de ellas podrán resolverse todos los problemas de la trigonometría esférica, por cuya razon se les llama *fórmulas fundamentales.*

90. Las diferentes combinaciones que pueden formarse con los elementos de un triángulo tomados cuatro á cuatro, son las que siguen:

1.ª Tres lados y un ángulo.

2.ª Dos lados y los dos ángulos opuestos.

3.ª Dos lados, el ángulo comprendido y el opuesto á uno de dichos lados.

4.ª Tres ángulos y un lado.

El teorema fundamental nos dá la relacion que liga á un ángulo con los tres lados.

91. Teorema II. *En todo triángulo esférico los senos de los ángulos, son proporcionales con los senos de los lados opuestos.*

Esto es:

$$\frac{\operatorname{sen} A}{\operatorname{sen} a} = \frac{\operatorname{sen} B}{\operatorname{sen} b} .$$

Sabemos que, fórmula [11]

$$\operatorname{sen}^2 A = 1 - \cos^2 A,$$

y sustituyendo en vez de cos A su valor deducido de la fórmula [58], tendremos:

$$\text{sen}^2 A = 1 - \frac{(\cos a - \cos b \cos c)^2}{\text{sen}^2 b \,\text{sen}^2 c},$$

ó bien

$$\text{sen}^2 A = \frac{\text{sen}^2 b \,\text{sen}^2 c - (\cos a - \cos b \cos c)^2}{\text{sen}^2 b \,\text{sen}^2 c},$$

efectuando lo indicado en $(\cos a - \cos b \cos c)^2$, será tambien:

$$\text{sen}^2 A = \frac{\text{sen}^2 b \,\text{sen}^2 c - \cos^2 a - \cos^2 b \cos^2 c + 2 \cos a \cos b \cos c}{\text{sen}^2 b \,\text{sen}^2 c},$$

Sustituyendo en el numerador $\text{sen}^2 b$ y $\text{sen}^2 c$, por $1 - \cos^2 b$ y $1 - \cos^2 c$; efectuando las multiplicaciones indicadas, reduciendo los términos semejantes y dividiendo ambos miembros por $\text{sen}^2 a$, se obtiene:

$$\frac{\text{sen}^2 A}{\text{sen}^2 a} = \frac{1 - \cos^2 a - \cos^2 b - \cos^2 c + 2 \cos a \cos b \cos c}{\text{sen}^2 a \,.\, \text{sen}^2 b \,.\, \text{sen}^2 c}.$$

Tenemos que, el segundo miembro de esta ecuacion será siempre el mismo aun cuando se cambie en el primero A y a en B y b ó en C y c, luego resultará

$$\frac{\text{sen}^2 A}{\text{sen}^2 a} = \frac{\text{sen}^2 B}{\text{sen}^2 b} \text{ de donde } \frac{\text{sen } A}{\text{sen } a} = \frac{\text{sen } B}{\text{sen } b} \quad \ldots\ldots \quad [61]$$

$$\text{y del mismo modo } \frac{\text{sen } A}{\text{sen } a} = \frac{\text{sen } C}{\text{sen } c} \quad \ldots\ldots \quad [62]$$

$$\frac{\text{sen } B}{\text{sen } b} = \frac{\text{sen } C}{\text{sen } c} \quad \ldots\ldots \quad [63]$$

Con lo cual queda demostrada la *relacion que existe entre los ángulos y los lados opuestos.*

92. TEOREMA III. *En todo triángulo esférico, la cotangente de un lado por el seno de otro, es igual al coseno de este por el coseno del ángulo comprendido, mas el seno de este ángulo, por la cotangente del ángulo opuesto al primer lado.*

Es decir: $\cot a \,\text{sen } b = \cos b \cos C + \text{sen } C \cot A.$

Si en las ecuaciones $\cos a = \cos b \cos c + \text{sen } b \,\text{sen } c \cos A$

$$\cos c = \cos a \cos b + \text{sen } a \,\text{sen } b \cos C,$$

sustituimos en la primera en vez de $\cos c$, su valor expresado en la segunda, tendremos:

$$\cos a = \cos a \cos^2 b + \text{sen } a \,.\, \text{sen } b \,.\, \cos b \,.\, \cos C + \text{sen } b \,\text{sen } c \cos A,$$

y pasando $\cos a \,.\, \cos^2 b$ al primer término, será:

$$\cos a\,(1 - \cos^2 b) = \text{sen } a \,.\, \text{sen } b \,.\, \cos b \cos C + \text{sen } b \,\text{sen } c \cos A,$$

dividiendo ambos miembros por sen a, sen b, haciendo las reducciones y teniendo presente que $1-\cos^2 b=\operatorname{sen}^2 b$, resultará:

$$\frac{\cos a \operatorname{sen} b}{\operatorname{sen} a}=\cos b \cos C+\frac{\operatorname{sen} c \cos A}{\operatorname{sen} a}$$

y finalmente, sustituyendo $\frac{\operatorname{sen} c}{\operatorname{sen} a}$ por $\frac{\operatorname{sen} C}{\operatorname{sen} A}$ [62] y cot por $\frac{\cos}{\operatorname{sen}}$, será en fin

$$\cot a . \operatorname{sen} b=\cos b \cos C+\operatorname{sen} C \cot A \quad \ldots . \quad [64]$$

Por analogía se deducirá tambien;

$$\cot a \operatorname{sen} c=\cos c \cos B+\operatorname{sen} B \cot A \quad \ldots . \quad [65]$$

$$\cot b \operatorname{sen} a=\cos a \cos C+\operatorname{sen} C \cot B \quad \ldots . \quad [66]$$

$$\cot b \operatorname{sen} c=\cos c \cos A+\operatorname{sen} A \cot B \quad \ldots . \quad [67]$$

$$\cot c \operatorname{sen} a=\cos a \cos B+\operatorname{sen} B \cot C \quad \ldots . \quad [68]$$

$$\cot c \operatorname{sen} b=\cos b \cos A+\operatorname{sen} A \cot C \quad \ldots . \quad [69]$$

Queda, pues, demostrada *la relacion entre dos lados, el ángulo comprendido y el opuesto á uno de dichos lados.*

93. TEOREMA IV. *En todo triángulo esférico, el coseno de un ángulo es igual á menos el producto de los cosenos de los otros dos ángulos, mas el producto de los senos de los mismos ángulos, por el coseno del lado adyacente á ambos.*

Esto es; $\cos A=-\cos B \cos C+\operatorname{sen} B \operatorname{sen} C \cos a.$

Ateniéndonos á lo preceptuado acerca de los triángulos suplementarios (art.s 81 y 83) y llamando A', B', C'; y a', b', c', los ángulos y lados del triángulo suplementario al propuesto, tendremos que a', b', c', serán los suplementos respectivos de los ángulos A, B, C; y los ángulos A', B', C', de los lados a, b, c; y por el teorema fundamental será:

$$\cos a'=\cos b' \cos c'+\operatorname{sen} b' \operatorname{sen} c' \cos A'.$$

Expresando esta fórmula en funcion de los ángulos y lados del triángulo propuesto se convierte en

$$\cos(180^\circ-A)=\cos(180^\circ-B)\cos(180^\circ-C)+\operatorname{sen}(180^\circ-B)\operatorname{sen}(180^\circ-C)\cos(180^\circ-a)$$

esto es (art. 6), $-\cos A=-\cos B\times-\cos C+\operatorname{sen} B \operatorname{sen} C\times-\cos a,$

y cambiando los signos á ambos miembros,

$$\cos A=-\cos B \cos C+\operatorname{sen} B \operatorname{sen} C \cos a \ \ldots \quad [70]$$

y del mismo modo, $\cos B=-\cos A \cos C+\operatorname{sen} A \operatorname{sen} C \cos b \ \ldots \quad [71]$

$$\cos C=-\cos A \cos B+\operatorname{sen} A \operatorname{sen} B \cos b \ \ldots \quad [72]$$

teoremas que nos dan *la relacion entre los tres ángulos y un lado.*

CAPÍTULO X.

RESOLUCION DE LOS TRIÁNGULOS ESFÉRICOS RECTÁNGULOS.

94. La resolucion de los triángulos esféricos rectángulos, depende de las seis proposiciones que vamos á exponer, las cuales se deducen de los cuatro teoremas generales (art. **86**), y supondremos siempre que A representa el ángulo recto y que por lo tanto sen $A=1$, cos $A=0$ y cot $A=0$.

PROPOSICION 1.ª *El coseno de la hipotenusa es igual al producto de los cosenos de los dos catetos.*

Si en la fórmula [58] que nos dá

$$\cos a = \cos b \cos c + \operatorname{sen} b \operatorname{sen} c . \cos A$$

hacemos $A=90°$, será $\cos a = \cos b \cos c$ .... [73]

95. PROPOSICION 2.ª *El seno de un cateto es igual al producto del seno de la hipotenusa y del seno del ángulo opuesto.*

Las fórmulas [**61**] y [**62**] nos dan:

$$\frac{\operatorname{sen} A}{\operatorname{sen} a} = \frac{\operatorname{sen} B}{\operatorname{sen} b} = \frac{\operatorname{sen} C}{\operatorname{sen} c};$$

pero como sen $A=1$, tendremos

$$\left.\begin{array}{l} \operatorname{sen} b = \operatorname{sen} a \operatorname{sen} B \\ \operatorname{sen} c = \operatorname{sen} a \operatorname{sen} C \end{array}\right\} \quad .... \quad [\ 74\ ]$$

96. PROPOSICION 3.ª *La tangente de un cateto es igual al producto de la tangente de la hipotenusa y del coseno del ángulo oblicuo adyacente.*

De las fórmulas [**64**] y [**65**]

$$\cot a \operatorname{sen} b = \cos b \cos C + \operatorname{sen} C \cot A \quad \text{y} \quad \cot a \operatorname{sen} c = \cos c \cos B + \operatorname{sen} B \cot A$$

siendo cot $A=0$, se deduce

$$\cot a \ \operatorname{sen} b = \cos b \cos C \quad \text{y} \quad \cot a \ \operatorname{sen} c = \cos c \cos B$$

de donde $\cot a \operatorname{tang} b = \cos C$ y $\cot a \operatorname{tang} c = \cos B$,

y finalmente

$$\left.\begin{array}{l} \operatorname{tang} b = \operatorname{tang} a \cos C \\ \operatorname{tang} c = \operatorname{tang} a \cos B \end{array}\right\} \quad .... \quad [\ 75\ ]$$

97. PROPOSICION 4.ª *La tangente de un cateto es igual al producto del seno del otro cateto, y de la tangente del ángulo opuesto al primero.*

Siendo así que en las fórmulas [67] y [69]

$\cot b \operatorname{sen} c = \cos c \cos A + \operatorname{sen} A \cot B$ y $\cot c \operatorname{sen} b = \cos b \cos A + \operatorname{sen} A \cot C$

$\cos A = 0$ y $\operatorname{sen} A = 1$, resultará:

$$\cot b \operatorname{sen} c = \cot B$$
$$\cot c \operatorname{sen} b = \cot C,$$

ó lo que es lo mismo,

$$\left.\begin{array}{l} \operatorname{tang} b = \operatorname{sen} c \operatorname{tang} B \\ \operatorname{tang} c = \operatorname{sen} b \operatorname{tang} C \end{array}\right\} \quad \ldots\ldots \quad [76]$$

98. PROPOSICION 5.ª *El coseno de la hipotenusa es igual al producto de las cotangentes de los dos ángulos oblícuos.*

En la fórmula [70] $\cos A = -\cos B \cos C + \operatorname{sen} B \operatorname{sen} C \cos a$

si $\cos A = 0$, será $0 = -\cos B \cos C + \operatorname{sen} B \operatorname{sen} C \cos a$

de donde $\cos a = \cot B \cot C$ .... [77]

99. PROPOSICION 6.ª *El coseno de un ángulo oblícuo es igual al producto del coseno de su cateto opuesto y del seno del otro ángulo oblícuo.*

Atendiendo á que en las fórmulas [71] y [72]

$$\cos B = -\cos A \cos C + \operatorname{sen} A \operatorname{sen} C \cos b$$
$$\cos C = -\cos A \cos B + \operatorname{sen} A \operatorname{sen} B \cos c,$$

$\cos A = 0$ y $\operatorname{sen} A = 1$, resultará

$$\left.\begin{array}{l} \cos B = \cos b \operatorname{sen} C \\ \cos C = \cos c \operatorname{sen} B \end{array}\right\} \quad \ldots\ldots \quad [78]$$

100. Estas diez fórmulas á las cuales se aplica directamente el cálculo logarítmico, comprenden todas las combinaciones que pueden formarse, en la resolucion de los triángulos esféricos rectángulos.

101. Regla práctica. El frecuente uso que se hace de las anteriores fórmulas, exige que se conserven en la memoria, lo cual no es fácil; pero existe una regla observada por *Neper*, en virtud de la cual se salva este inconveniente.

Para esto, si leemos sobre la figura de un triángulo rectángulo, los cinco elementos a, B, c, b y C, por el órden en que se hallan y dando la vuelta, sucederá que los tres elementos entre los cuales se trata de hallar la relacion, podrán estar dispuestos de dos modos: esto es, podrán estar contiguos, como B, a, C, ó separados como b, a, c; esto supuesto, tendremos que será:

$$\text{cos arco intermedio} = \text{producto de} \left\{\begin{array}{l} \text{senos de los arcos separados} \\ \text{cot de los arcos contiguos.} \end{array}\right.$$

Adviértase que al aplicar esta regla, es menester *sustituir los catetos por sus complementos;* es decir, sus senos por sus cosenos y sus tangentes por sus cotangentes.

En efecto, la relacion [75] se obtiene inmediatamente por la primera parte de la regla, pues siendo a, b y c elementos separados, será:

$$\cos a = \operatorname{sen} b \operatorname{sen} c,$$

pero como $\operatorname{sen} b = \operatorname{sen}(90° - b) = \cos b$ y $\operatorname{sen} c = \cos c$, resultará

$$\cos a = \cos b \cos c.$$

Para deducir la fórmula [77] observemos que los elementos B, a, C son contiguos y por lo tanto

$$\cos a = \cot B \cot C.$$

Del mismo modo se verificará en los demás casos, la exactitud de esta regla.

102. Examinando la fórmula [73] y teniendo presente la regla de los signos, vemos que: *si los catetos son de la misma especie, la hipotenusa será menor de* 90°*; y si los catetos son de diferente especie, la hipotenusa será mayor de* 90°.

De aquí se deduce que el número de lados mayores de 90° es siempre par; esto es, que los tres lados pueden ser menores que 90° ó el uno menor y los otros dos mayores que esta cantidad.

La fórm.ª [76] nos demuestra que, *en todo triángulo esférico rectángulo, los ángulos oblícuos son de la misma especie que sus lados opuestos.*

En la trigonometría esférica no hay necesidad de considerar los triángulos bi-rectángulos ni los tri-rectángulos; pues estos tienen todos sus elementos iguales á 90°, y los primeros tienen sus elementos determinados conociéndose el tercer ángulo ó su lado opuesto y de lo contrario son completamente indeterminados.

103. Siendo así que en los triángulos rectángulos A = 90°, es evidente que son cinco los elementos variables, y por lo tanto conociendo dos de ellos se podrán determinar los demás.

Los diferentes casos que se pueden presentar son:

1.° Dada la hipotenusa y un cateto, resolver el triángulo.

2.° Dada la hipotenusa y un ángulo.

3.° Dados los dos catetos.

4.° Dado un cateto y el ángulo opuesto.

5.° Dado un cateto y el ángulo adyacente.

6.° Dados los dos ángulos oblícuos.

Problema I.

104. Dada la hipotenusa a y el cateto b, hallar c, B y C.

Determinacion de c. Restableciendo el radio en la fórmula [73], 1.ª proposicion, resulta:

$$\cos c = \frac{\cos a \cdot r}{\cos b}, \qquad \text{de donde}$$

$$\lg \cos c = \lg \cos a + 10 - \lg \cos b = \lg \cos a + \text{compl.} \lg \cos b = \lg \cos a + \lg \sec b.$$

Determinacion de B. La fórmula [74] 2.ª proposicion, restablecido el radio nos dá:

$$\operatorname{sen} B = \frac{\operatorname{sen} b \,.\, r}{\operatorname{sen} a}, \qquad \text{de donde}$$

$$\log \operatorname{sen} B = \log \operatorname{sen} b + \text{compl.} \log \operatorname{sen} a = \log \operatorname{sen} b + \log \operatorname{cosec} a.$$

Determinacion de C. La fórmula [75], 3.ª proposicion, nos dá:

$$\cos C = \frac{\operatorname{tang} b \,.\, r}{\operatorname{tang} a}, \qquad \text{de donde}$$

$$\lg \cos C = \lg \operatorname{tg} b + \text{compl.} \lg \operatorname{tg} a = \lg \operatorname{sen} b + \lg \sec b + \lg \cos a + \log \operatorname{cosec} a. \text{(*)}$$

Nota. Como el ángulo B está dado por su seno, la fórmula no determina su especie; pero como debe ser la misma que el cateto opuesto b que conocemos, queda despejada la duda.

Disposicion del cálculo.

Ocurre generalmente en la práctica, que sólo hay necesidad de determinar uno de los elementos c, B ó C; pero si se desease hallar los tres, se plantearia el cálculo del modo siguiente, con el objeto de no abrir las tablas varias veces por la misma página; así cuando se abra por un arco a, por ejemplo, se buscarán todos los logaritmos correspondientes á dicho arco con lo cual se ahorra bastante tiempo.

Sea $a = 80° \, 10'$ y $b = 60°$.

$a = 80° \, 10'$	log cos = 9,23244	c.to log sen = 0,00643	c.to log tang = 9,23887
$b = 60 \; 00$	c.to log cos = 0,30103	log sen = 9,93753	log tang = 0,23856
	log cos c = 9,53347	log sen B = 9,94396	log cos C = 9,47743
	$c = 70° \, 01' \, 40''$	B = 61° 31′	C = 72° 31′ 45″

Problema II.

105. Dada la hipotenusa a y un ángulo B, hallar C, b y c.

Determinacion de C. Por la fórmula [77], proposicion 5.ª, tenemos:

$$\cot C = \frac{\cos a \,.\, r}{\cot B},$$

de donde $\log \cot C = \log \cos . \, a + \text{compl.} \log \cot B.$

Determinacion de b. De la fórmula [74], 2.ª proposicion, resulta:

$$\operatorname{sen} b = \frac{\operatorname{sen} a \,.\, \operatorname{sen} B}{r},$$

esto es, $\log \operatorname{sen} b = \log \operatorname{sen} a + \log \operatorname{sen} B - 10.$

Determinacion de c. La fórmula [75], 3.ª proposicion nos dá:

$$\operatorname{tang} c = \frac{\operatorname{tang} a \cos B}{r},$$

es decir, $\log \operatorname{tang} c = \log \operatorname{tang} a + \log \cos B - 10.$

(*) Téngase presente lo dicho en el artículo 51.

Nota. El cateto b, que está dado por su seno, debe ser de la misma especie que su ángulo opuesto B, que se conoce.

Problema III.

106. Dados los dos catetos b y c, determinar a, B y C.

Determinacion de a. Por la 1.ª proposicion fórmula [73], tenemos:

$$\cos a = \frac{\cos b \,.\, \cos c}{r},$$

de donde $$\log\cos a = \log\cos b + \log\cos c - 10.$$

Determinacion de B. La proposicion 4.ª fórmula [76], nos dá:

$$\operatorname{tang} B = \frac{\operatorname{tang} b \,.\, r}{\operatorname{sen} c},$$

de donde $$\log\operatorname{tang} B = \log\operatorname{tang} b + \text{complem.}^{o} \log\operatorname{sen} c.$$

Determinacion de C. La misma proposicion anterior nos dá:

$$\operatorname{tang} C = \frac{\operatorname{tang} c \,.\, r}{\operatorname{sen} b},$$

de donde $$\log\operatorname{tang} C = \log\operatorname{tang} c + \text{complem.}^{o} \log\operatorname{sen} b.$$

Problema IV.

107. Dado un cateto b, y su ángulo opuesto B, determinar a, c y C.

Determinacion de a. La proposicion 2.ª fórmula [74] nos dá,

$$\operatorname{sen} a = \frac{\operatorname{sen} b \,.\, r}{\operatorname{sen} B},$$

esto es: $$\log\operatorname{sen} a = \log\operatorname{sen} b + \text{complemento} \log\operatorname{sen} B.$$

Determinacion de c. Por la proposicion 4.ª fórmula [76] tenemos

$$\operatorname{sen} c = \frac{\operatorname{tang} b \,.\, r}{\operatorname{tang} B},$$

de donde $$\log\operatorname{sen} c = \log\operatorname{tang} b + \text{complemento} \log\operatorname{tang} B.$$

Determinacion de C. Por la proposicion 6.ª fórmula [78] será

$$\operatorname{sen} C = \frac{\cos B \,.\, r}{\cos b},$$

de donde $$\log\operatorname{sen} C = \log\cos B + \text{complemento} \log\cos b.$$

Nota. En atencion á que cada incógnita está dada por su seno, cada una de ellas tendrá dos valores; el uno agudo y el otro obtuso suplemento del primero; por lo tanto el problema tiene dos soluciones.

En efecto, la (Fig. 15) nos demuestra que el ángulo B y su lado opuesto b, pueden pertenecer á dos triángulos distintos BAC y B'AC, del huso B'ABC.

En este caso tendremos presente el (art. 91) que nos dice que cada cateto es de la misma especie que su ángulo opuesto; y en su consecuencia distribuiremos los valores de las incógnitas de dichos dos triángulos, dando primero á la hipotenusa a, por valor el arco $<90°$ y calculando en este supuesto c y C. Tomaremos en seguida el valor de $a > 90°$, esto es, suplemento del anterior, y determinaremos los elementos c y C; con lo cual tendremos las seis partes de cada uno de los dos triángulos del huso que corresponden á este problema y elegiremos aquel que satisfaga la cuestion que nos proponemos resolver, si tenemos conocimiento prévio de la especie de las incógnitas.

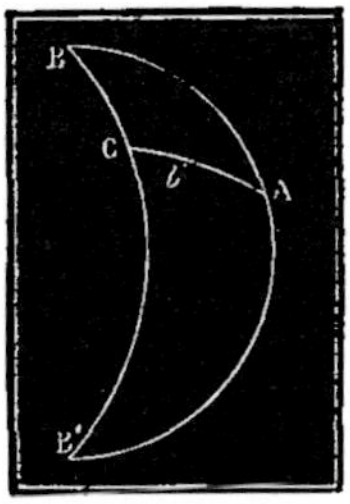

(Fig. 15)

Problema V.

108. Dado el cateto b y el ángulo adyacente C, hallar a, c y B.

Determinacion de a. Por la proposicion 3.ª fórmula [75] tenemos:

$$\text{tang } a = \frac{r \text{ tang } b}{\cos C},$$

de donde $\log \text{tang } a = \log \text{tang } b + \text{complemento} \log \cos C.$

Determinacion de c. La proposicion 4.ª fórmula [76] nos dá:

$$\text{tang } c = \frac{\text{sen } b \text{ tang C}}{r},$$

de donde $\log \text{tang } c = \log \text{sen } b + \log \text{tang C} - 10.$

Determinacion de B. La proposicion 6.ª fórmula [78] nos dá:

$$\cos B = \frac{\cos b \text{ sen C}}{r},$$

de donde $\log \cos B = \log \cos b + \log \text{sen C} - 10.$

La especie de los elementos a, c y B, se deduce de lo dicho (art. 102)

Problema VI.

109. Dados los dos ángulos B y C, hallar los tres lados a, b y c.

Determinacion de a. Por la proposicion 5.ª fórmula [77] tenemos:

$$\cos a = \frac{\cot B \cot C}{r},$$

de donde $\log \cos a = \log \cot B + \log \cot C - 10.$

Determinacion de b. La proposicion 6.ª fórmula [78] nos dá:

$$\cos b = \frac{r \cos B}{\text{sen C}},$$

de donde $\log \cos b = \log \cos B + \text{complemento} \log \text{sen C}.$

Determinacion de c. La misma proposicion anterior.

$$\cos c = \frac{r \cos C}{\text{sen } B},$$

de donde $\log \cos c = \log \cos C + \text{complemento } \log \text{sen } B.$

CAPÍTULO XI.

RESOLUCION DE LOS TRIÁNGULOS ESFÉRICOS OBLICUÁNGULOS.

110. En la resolucion de los triángulos oblicuángulos, pueden presentarse seis casos:

1.° Dados los tres lados resolver el triángulo.

2.° Dados dos lados y el ángulo comprendido.

3.° Dados dos lados y el ángulo opuesto á uno de ellos.

4.° Dados dos ángulos y el lado adyacente á ambos.

5.° Dados dos ángulos y el lado opuesto á uno de ellos.

6.° Dados los tres ángulos.

Los tres primeros casos son los principales, pues los otros tres se deducen de ellos fácilmente por medio del triángulo suplementario.

111. Transformaciones logarítmicas. Al hacer aplicacion de las fórmulas generales á la resolucion de los triángulos, ocurre con frecuencia el tener que transformar una suma ó diferencia indicada, en otra expresion equivalente que esté bien dispuesta para el cálculo por logaritmos.

Supongamos que sea $m . \text{sen } a + n \cos a$

un binomio que se quiere transformar, cuyo primer término contiene el seno y el otro el coseno de un mismo arco.

Para esto separemos el coeficiente de sen a ó de cos a, como si fuese factor comun y será:

$$m \text{ sen } a + n \cos a = m \left(\text{sen } a + \frac{n}{m} \cos a\right)$$

Pero, sabemos que si un arco crece de una manera contínua desde 0° á 90°, su tangente aumenta tambien desde 0° á *infinito*, y por lo tanto cualquiera que sea el valor de la cantidad positiva $\frac{n}{m}$, existe un arco que llamaremos x, que tiene por tangente á dicha cantidad.

Hagamos por lo tanto $\frac{n}{m} = \text{tang } x$ y tendremos:

$$m \text{ sen } a + n \cos a = m\ (\text{sen } a + \text{tang } x \cos a)$$

pero $\quad \text{tang } x = \frac{\text{sen } x}{\cos x}$, luego será tambien;

$$m \text{ sen } a + n \cos a = m\ (\text{sen } a + \frac{\text{sen } x}{\cos x} \cos a) = m \frac{(\text{sen } a \cos x + \text{sen } x \cos a)}{\cos x}$$

y por último, $\quad m \text{ sen } a + n \cos a = m \frac{\text{sen } (a + x)}{\cos x}$.

Para calcular el valor de este binomio, restableceremos el radio y resultarán las dos ecuaciones siguientes:

$$\log n + \text{complemento } \log m = \log \text{tang } x \ (\textit{ángulo auxiliar})$$

y $\quad \log\ (m \text{ sen } a + n \cos a) = \log m + \log \text{sen } (a + x) + \text{compl.}^\circ \log \cos x.$

Problema I.

112. Dados los tres lados de un triángulo esférico, hallar los ángulos.

Determinacion de A. Emplearemos la fórmula que contenga á los tres lados y al ángulo A, que se trata de hallar, y para esto el teorema fundamental nos dá:

$$\cos a = \cos b \cos c + \text{sen } b \text{ sen } c \cos A, \quad \text{de donde} \quad \cos A = \frac{\cos a - \cos b \cos c}{\text{sen } b \text{ sen } c} \dots (a)$$

Por medio de esta fórmula hallaremos otra equivalente que esté bien dispuesta para el cálculo logarítmico, para lo cual sumando la unidad á los dos miembros, tendremos:

$$1 + \cos A = 1 + \frac{\cos a - \cos b \cos c}{\text{sen } b \text{ sen } c},$$

pero, sabemos que $1 + \cos A = 2 \cos^2 \frac{1}{2} A$ [31], luego sustituyendo este valor y reduciendo el entero á quebrado,

$$2 \cos^2 \tfrac{1}{2} A = \frac{\cos a - \cos b \cos c + \text{sen } b \text{ sen } c}{\text{sen } b \text{ sen } c},$$

se ha demostrado [23] que, $\cos b \cos c - \text{sen } b \text{ sen } c = \cos\ (b + c)$,

luego $\quad \text{sen } b \text{ sen } c - \cos b \cos c = -\cos\ (b + c)$, $\quad$ y sustituyendo será

$$2 \cos^2 \tfrac{1}{2} A = \frac{\cos a - \cos\ (b + c)}{\text{sen } b \text{ sen } c},$$

convirtiendo en producto la diferencia de los cosenos, segun [42], será

$$2 \cos^2 \tfrac{1}{2} A = \frac{2 \text{ sen} \frac{1}{2} (a + b + c) \text{ sen} \frac{1}{2} (b + c - a)}{\text{sen } b \,.\, \text{sen } c},$$

Si representamos por S el perímetro $(a+b+c)$, tambien será $(b+c-a)=(S-2a)$; luego sustituyendo y dividiendo ambos miembros por 2, tendremos:

$$\cos^2\tfrac{1}{2}A=\frac{\operatorname{sen}\tfrac{1}{2}S\,.\,\operatorname{sen}(\tfrac{1}{2}S-a)}{\operatorname{sen}b\operatorname{sen}c}\quad\ldots\ldots\ldots\quad[\ b\ ]$$

de donde

$$\cos\tfrac{1}{2}A=\sqrt{\frac{\operatorname{sen}\tfrac{1}{2}S\,.\,\operatorname{sen}(\tfrac{1}{2}S-a)}{\operatorname{sen}b\operatorname{sen}c}}\quad\ldots\ldots\quad[\ 79\ ]$$

Pero sabemos tambien [48] que $\cos^2\frac{1}{2}A=$ subverso A; sustituyendo este valor en la fórmula (b) y empleando las cosecantes en vez de los senos del denominador (art. 50), tendremos esta fórmula mucho mas fácil en la práctica.

$$\text{subver. }A=\operatorname{cosec}b\,.\,\operatorname{cosec}c\,.\,\operatorname{sen}\tfrac{1}{2}S\,.\,\operatorname{sen}(\tfrac{1}{2}S-a)-10.\quad[\ 80\ ]$$

113. En vez de esta transformacion se puede emplear otra, para lo cual restando de la unidad los dos miembros de la ecuacion (a), será:

$$1-\cos A=1-\frac{\cos a-\cos b\cos c}{\operatorname{sen}b\operatorname{sen}c},$$

pero, $1-\cos A=2\operatorname{sen}^2\frac{1}{2}A$, véase [30], y sustituyendo este valor y efectuando la resta indicada, tendremos:

$$2\operatorname{sen}^2\tfrac{1}{2}A=\frac{\operatorname{sen}b\operatorname{sen}c+\cos b\cos c-\cos a}{\operatorname{sen}b\operatorname{sen}c}=\frac{\cos(b-c)-\cos a}{\operatorname{sen}b\operatorname{sen}c},$$

convirtiendo en producto el numerador del segundo miembro,

$$2\operatorname{sen}^2\tfrac{1}{2}A=\frac{2\operatorname{sen}\tfrac{1}{2}(a+c-b)\operatorname{sen}\tfrac{1}{2}(a+b-c)}{\operatorname{sen}b\operatorname{sen}c}.$$

Haciendo como antes $(a+b+c)=S$, será $(a+c-b)=S-2b$, $(a+b-c)=S-2c$,

$$\operatorname{sen}^2\tfrac{1}{2}A=\frac{\operatorname{sen}(\tfrac{1}{2}S-b)\operatorname{sen}(\tfrac{1}{2}S-c)}{\operatorname{sen}b\operatorname{sen}c},$$

de donde

$$\operatorname{sen}\tfrac{1}{2}A=\sqrt{\frac{\operatorname{sen}(\tfrac{1}{2}S-b)\operatorname{sen}(\tfrac{1}{2}S-c)}{\operatorname{sen}b\operatorname{sen}c}}\quad\ldots\ldots\quad[\ 81\ ]$$

Sabemos tambien [46], que $\operatorname{sen}^2\frac{1}{2}A=$ verso A; luego

$$\text{verso }A=\operatorname{cosec}b\,.\,\operatorname{cosec}c\,.\,\operatorname{sen}(\tfrac{1}{2}S-b)\operatorname{sen}(\tfrac{1}{2}S-c)-10.\quad[\ 82\ ]$$

Aplicando los logaritmos á las fórmulas [79], [80], [81] y [82], resultará en fin:

$$\left.\begin{aligned}&\log\cos\tfrac{1}{2}A=\tfrac{1}{2}(\log\operatorname{sen}\tfrac{1}{2}S+\log\operatorname{sen}(\tfrac{1}{2}S-a)+\text{c.}^{\text{to}}\log\operatorname{sen}b+\text{c.}^{\text{to}}\log\operatorname{sen}c)\\&\log\text{subv. }A=\log\operatorname{cosec}b+\log\operatorname{cosec}c+\log\operatorname{sen}\tfrac{1}{2}S+\log\operatorname{sen}(\tfrac{1}{2}S-a)-10\end{aligned}\right\}(c)$$

$$\left.\begin{aligned}&\log\operatorname{sen}\tfrac{1}{2}A=\tfrac{1}{2}(\log\operatorname{sen}(\tfrac{1}{2}S-b)+\log\operatorname{sen}(\tfrac{1}{2}S-c)+\text{c.}^{\text{to}}\log\operatorname{sen}b+\text{c.}^{\text{to}}\log\operatorname{sen}c)\\&\log\text{verso }A=\log\operatorname{cosec}b+\log\operatorname{cosec}c+\log\operatorname{sen}(\tfrac{1}{2}S-b)+\log\operatorname{sen}(\tfrac{1}{2}S-c)-10\end{aligned}\right\}(d)$$

Disposicion del cálculo.

Sea $a = 62° 26' 20''$. $b = 43° 31' 10''$. $c = 28° 17' 50''$.

	Fórmula [79].	*Fórmula* [80].
$a =$ 62° 26′ 20″		
$b =$ 43 41 10	.... c.to log sen = 0,16071	...... log cosec = 0,16071
$c =$ 28 17 50	.... c.to log sen = 0,32418	...... log cosec = 0,32418
S = 134 25 20		
$\frac{1}{2}$S = 67 12 40	...... log sen = 9,96470	...... log sen = 9,96470
($\frac{1}{2}$S − a) = 4 46 20	...... log sen = 8,92010	...... log sen = 8,92010
$\cos^2 \frac{1}{2}$A	log suma = 19,36969	log subv. A — 10 = 9,36969
$\cos \frac{1}{2}$A = 61° 03′ 15″	$\frac{1}{2}$ log suma = 9,68484	
A = 122 06 30		A = 122° 06′ 30″

	Fórmula [81].	*Fórmula* [82].
$a =$ 62° 26′ 20″		
$b =$ 43 41 10	.... c.to log sen = 0,16071	...... log cosec = 0,16071
$c =$ 28 17 50	... c.to log sen = 0,32418	...... log cosec = 0,32418
S = 134 25 20		
$\frac{1}{2}$S = 67 12 40		
($\frac{1}{2}$S − b) = 23 31 30	...... log sen = 9,60114	...... log sen = 9,60114
($\frac{1}{2}$S − c) = 38 54 50	...... log sen = 9,79807	...... log sen = 9,79807
$\text{sen}^2 \frac{1}{2}$A	log suma = 19,88410	log verso A — 10 = 9,88410
sen $\frac{1}{2}$A = 61° 03′ 15″	.... $\frac{1}{2}$ log suma = 9,94205	
A = 122 06 30		A = 122° 06′ 30″

Los ángulos B y C se calcularán de un modo análogo y deberá resultar

$$B = 41° 14' 20'' \quad \text{y} \quad C = 26° 13' 00''.$$

NOTA. Si se sabe de antemano que el ángulo que se vá á determinar es muy pequeño, conviene servirse de la fórmula del sen $\frac{1}{2}$ A [81], en atencion á que los logaritmos senos de los arcos pequeños aumentan de un modo más sensible que los de los cosenos. Por el contrario, si se sabe que el ángulo vale cerca de 90°, entonces debe emplearse la fórmula del cos $\frac{1}{2}$ A [79] por razones análogas á las anteriores.

Este problema que es de frecuente uso en la práctica de la navegacion, se simplifica considerablemente empleando las tablas de Mendoza, pues se evita el tomar dos complementos logarítmicos, la mitad de la suma de logaritmos, el duplar el arco hallado, y por último el reducir este duplo á tiempo, caso que fuese necesario.

PROBLEMA II.

114. Dados dos lados b y c, y el ángulo comprendido A, determinar a, B y C.

Determinacion de a. El teorema fundamental que contiene á los datos y á la incógnita nos dá:

$$\cos a = \cos b \cos c + \operatorname{sen} b \operatorname{sen} c \cos A.$$

Para darle al segundo miembro de esta ecuacion una forma logarítmica, nos atendremos á lo dicho en el (art. 111), para lo cual separaremos como si fuese factor comun cualquiera de los coeficientes del binomio: sea este coseno b, de donde resultará:

$$\cos a = \cos b\,(\cos c + \operatorname{tang} b \operatorname{sen} c \cos A).$$

Representando x un arco auxiliar, hagamos

$$\operatorname{tang} x = \operatorname{tang} b \cos A \quad \ldots\ldots\ \ldots\ldots\ldots \quad [\,a\,]$$

y tendremos: $\cos a = \cos b\,(\cos b + \operatorname{sen} c \operatorname{tang} x)$,

sustituyendo tangente x por $\frac{\operatorname{sen} x}{\cos x}$ y reduciendo será:

$$\cos a = \frac{\cos b}{\cos x}(\cos c \cos x + \operatorname{sen} c \operatorname{sen} x)$$

y simplificando $\cos a = \frac{\cos b \cos (c-x)}{\cos x} \quad \ldots\ldots\ldots\ \ldots\ldots \quad [\,b\,]$

Hallado el ángulo auxiliar x por la fórmula (a) se determinará el lado a por la fórmula (b); luego aplicando logaritmos y restableciendo el radio, tendremos:

$$\log \operatorname{tg} x = \log \operatorname{tang} b + \log \cos A$$
$$\log \cos a = \log \cos b + \log \cos (c-x) + \text{compl.} \log \cos x - 10.$$

Ateniéndonos á la regla de los signos, sabremos la especie de x y de a.

Disposicion del cálculo.

Sea $b = 48°\ 24'\ 30''$ $c = 78°\ 46'\ 10''$ $A = 41°\ 50'\ 20''$.

	Determinacion de x.	*Determinacion de* a.
$b = 48°\ 24'\ 30''$	log tg = 0,05179	log cos = 9,82205
A = 41 50 20	log cos = 9,87217	
	log tang x = 9,92396	
	x = 40° 00' 30''..	c.to log cos = 0,11580
	c = 78 46 10	
	$(c-x)$ = 38 45 40	log cos = 9,89196
		log cos a — 10 = 9,82981
		a = 47° 29' 10''

Determinacion de B. Para hallar este ángulo emplearemos la fórmula [67], que dá:

$$\cot b \operatorname{sen} c = \cos c \cos A + \operatorname{sen} A \cot B,$$

de donde
$$\cot B = \frac{\cot b \operatorname{sen} c - \cos c \cos A}{\operatorname{sen} A}.$$

Separando $\frac{\cos A}{\operatorname{sen} A} = \cot A$, como si fuese factor comun, tendremos:

$$\cot B = \cot A \left(\frac{\cot b \operatorname{sen} c}{\cos A} - \cos c\right)$$

Hemos visto en la ecuacion (a) que, $\operatorname{tang} x = \operatorname{tang} b \cos A$, luego $\frac{\cot b}{\cos A} = \cot x$; y sustituyendo

$$\cot B = \cot A\,(\cot x \operatorname{sen} c - \cos c),$$

pero $\cot x = \frac{\cos x}{\operatorname{sen} x}$; y simplificando y sustituyendo tendremos

$$\cot B = \cot A \left(\frac{\cos x \operatorname{sen} c - \cos c \operatorname{sen} x}{\operatorname{sen} x}\right) = \frac{\cot A \operatorname{sen}(c - x)}{\operatorname{sen} x} \quad \ldots\ldots \quad (c)$$

Restableciendo el radio y empleando logaritmos será en fin:

$$\log \cot B = \log \cot A + \log \operatorname{sen}(c - x) + \text{complemento} \log \operatorname{sen} x - 10.$$

Disposicion del cálculo.

$b = 48° 24' 30$......log tg $= 0{,}05179$
$A = 41\ 50\ 20$......log cos $= 9{,}87217$......log cotang $= 0{,}04802$
log tang $x = 9{,}92396$
$x = 40° 00' 30''$....c.^{to} log sen $= 0{,}19188$
$c = 78\ 46\ 10$
$(c - x) = 38\ 45\ 40$ ...... log sen $= 9{,}79663$
log cot B $- 10 = 0{,}03653$
$B = 42° 35' 35''$

Determinacion de C. Este ángulo lo calcularemos de un modo análogo al anterior, para lo cual de la ecuacion [69], $\cot c \operatorname{sen} b = \cos b \cos A + \operatorname{sen} A \cot C$, resulta:

$$\cot C = \frac{\cot c \operatorname{sen} b - \cos b \cos A}{\operatorname{sen} A},$$

ó bien
$$\cot C = \cot A \left(\frac{\cot c \operatorname{sen} b}{\cos A} - \cos b\right)$$

si hacemos
$$\cot x = \frac{\cot c}{\cos A}, \quad \text{ó bien} \quad \operatorname{tang} x = \operatorname{tang} c \cos A \quad \ldots\ldots \quad (d)$$

tendremos
$$\cot C = \cot A\,(\cot x \operatorname{sen} b - \cos b),$$

y sustituyendo $\cot x$ por $\frac{\cos x}{\operatorname{sen} x}$ y simplificando resultará:

$$\cot C = \frac{\cot A \operatorname{sen}(b - x)}{\operatorname{sen} x} \quad \ldots\ldots\ldots\ldots \quad (e)$$

Aplicando logaritmos á las fórmulas (d) y (e), tendremos por último:

$$\log \cot x = \log \cot c + \text{complemento} \log \cos A$$

y $$\log \cot C = \log \cot A + \log \text{sen}\,(b - x) + \text{complemento} \log \text{sen}\, x - 10.$$

Problema III.

115. Dados dos lados a y b y el ángulo A, opuesto á uno de ellos, determinar B, C y c.

Determinacion de B. Por la fórmula [64], será:

$$\frac{\text{sen A}}{\text{sen}\, a} = \frac{\text{sen B}}{\text{sen}\, b}, \quad \text{de donde} \quad \text{sen B} = \frac{\text{sen}\, b \,\text{sen A}}{\text{sen}\, a}$$

y por lo tanto; $\log \text{sen B} = \log \text{sen}\, b + \log \text{sen A} + \text{complemento} \log \text{sen}\, a - 10.$

Disposicion del cálculo.

Sea $a = 64° 27' 40''$ $b = 57° 36' 20''$ $A = 75° 16' 30''$

$b = 57$	36	20	....	log sen	= 9,92654
$A = 75$	16	30	....	log sen	= 9,98550
$a = 64$	27	40	....	c.to log sen	= 0,04465
$B = 64$	50	00	....	log sen − 10	= 9,95669

Determinacion de C. Por la fórmula [64], tenemos

$$\cot a \,\text{sen}\, b = \cos b \cos C + \text{sen C} \cot A;$$

separando $\cos b$, como si fuese factor comun, resultará:

$$\cot a \,\text{sen}\, b = \cos b \left(\cos C + \text{sen C} \frac{\cot A}{\cos b}\right)$$

supongamos $$\text{tang}\, x = \frac{\cot A}{\cos b} \quad \ldots\ldots\ldots \quad (a)$$

y por consiguiente, $\cot a \,\text{sen}\, b = \cos b\,(\cos C + \text{sen C tang}\, x)$;

sustituyamos $\text{tang}\, x$ por $\frac{\text{sen}\, x}{\cos x}$ y simplificando resultará:

$$\cot a \,\text{sen}\, b = \frac{\cos b \cos (C - x)}{\cos x},$$

y por último, $$\cos (C - x) = \cos x \,\text{tang}\, b \cot a \quad \ldots\ldots\ldots \quad (b)$$

Aplicando logaritmos á las fórmulas (a) y (b), será:

$$\log \text{tang}\, x = \log \cot A + \text{complemento} \log \cos b$$

y $$\log \cos (C - x) = \log \cos x + \log \text{tang}\, b + \log \cot a - 10.$$

Disposicion del cálculo.

$A = 75^\circ 16' 30''$ ......log cot = 9,41964
$b = 57\ 36\ 20$ .. c.to log cos = 0,27104 .... log tang = 0,19758
log tang x = 9,69068
$x = 26^\circ 07' 50''$ .. log cos = 9,95318
$a = 64\ 27\ 40$ .... log cot = 9,67925
log cos $(C - x) - 10 = 9,83001$
$C - x = 47^\circ 27' 40''$
$x = 26\ 07\ 50$
$C = 73\ 35\ 30$

Determinacion de c. El teorema fundamental (art. 87) nos dá:

$$\cos a = \cos b \cos c + \operatorname{sen} b \operatorname{sen} c \cos A$$

de donde $\cos a = \cos b (\cos c + \operatorname{sen} c \operatorname{tang} b \cos A)$

hagamos $\operatorname{tang} b \cos A = \operatorname{tang} x'$ .... (d)

y sustituyendo tendremos:

$$\cos a = \cos b (\cos c + \operatorname{sen} c \operatorname{tang} x'),$$

poniendo en vez de tangente x' su igual $\frac{\operatorname{sen} x'}{\cos x'}$ y simplificando será:

$$\cos a = \frac{\cos b \cos (c - x')}{\cos x'},$$

de donde $\cos (c - x') = \frac{\cos a \cos x'}{\cos b}$ .... (e)

Las ecuaciones (d) y (e) dan:

$$\log \operatorname{tang} x' = \log \operatorname{tg} b + \log \cos A$$

y $\log \cos (c - x') = \log \cos a + \log \cos x' + \text{compl.} \log \cos b - 10.$

Disposicion del cálculo.

$b = 57^\circ 36' 20''$.... log tg = 0,19758...... compl. log cos = 0,27104
$A = 75\ 16\ 30$ .... log cos = 9,40514
log tg x' = 9,60272
$x' = 21^\circ 49' 50''$ ...... log cos = 9,96768
$a = 64^\circ 27' 40''$ .... log cos = 9,63460
log cos $(c - x') - 10 = 9,87332$
$c - x' = 41^\circ 40' 10''$
$x' = 21\ 49\ 50$
$c = 63\ 30\ 00$

116. Nota. Siendo así que el ángulo B está dado por su seno, el problema es indeterminado y le corresponderán dos valores; agudo el uno y el otro suplemento de este. Tambien estarán indeterminados los valores de C y c, toda vez que las fórmulas empleadas nos los dan en las diferencias $\cos (C - x)$ y $\cos (c - x')$, cuyo desarrollo $\cos C \cos x + \operatorname{sen} C \operatorname{sen} x$ lo mismo corresponde á $\cos (C - x)$ que á cos $(x—C)$. Por lo tanto, la regla de los signos no nos dá á conocer los valores que convienen á B, $(C—x)$ y $(c—x'.)$

En atencion á esto se le llama á este problema, el *caso dudoso* de la trigonometría esférica, pues la cuestion podrá tener dos soluciones, una solucion ó ninguna solucion, segun los diferentes valores de A, a y b. En efecto, al hallar el valor de B podrá suceder que

$$\log \text{sen B} = 10, \quad \log \text{sen B} > 10 \quad \text{y} \quad \log \text{sen B} < 10.$$

En el primer caso, siendo sen $B = 10 = r$, el triángulo propuesto será rectángulo; en el segundo caso el triángulo es imposible por ser sen $B > r$, y en el último caso el problema tendrá una solucion ó dos soluciones, de las cuales una será $B < 90°$ y la otra $B > 90°$; luego con los mismos datos se resolverán dos triángulos diferentes.

Los problemas que tienen dos soluciones son aquellos en que hay entre las cantidades conocidas, un lado y su ángulo opuesto, como sucede en el actual y en el problema V, de que se tratará más adelante; pero, puede decirse que ambos se reducen á un solo caso, haciendo aplicacion del triángulo suplementario y están comprendidos en la siguiente:

117. Discusion del caso dudoso de la trigonometría esférica.—Para examinar todas las circunstancias referentes á este caso, empezaremos por construir un triángulo esférico en el cual se conoce el ángulo A, y los lados a y b.

Para esto se trazarán dos arcos de círculo máximo que formen un ángulo igual á A; se tomará sobre uno de estos lados un arco AC, igual al lado conocido b; y haciendo centro en C con un radio igual á la cuerda del lado a, se describirá un arco de círculo que cortará al otro lado en B; únanse por medio de un arco de círculo máximo los puntos B y C, y tendremos el triángulo en cuestion.

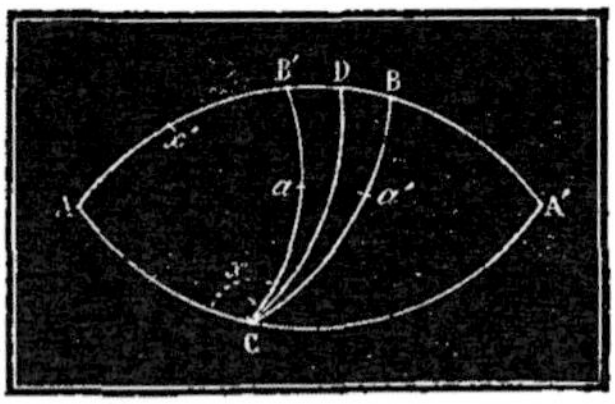

(Fig. 16)

Ahora, desde el vértice C, tírese un arco de círculo máximo CD, perpendicular al lado ABA' y resultará el triángulo rectángulo ADC, en el cual el ángulo auxiliar x está representado por el ACD, y el arco auxiliar x' por el segmento AD, pues si empleamos las fórmulas [77] y [75], para hallar estos valores, tendremos:

$$\text{tang } x = \frac{\cos A}{\cos b} \quad \text{y} \quad \text{tang } x' = \cos A \text{ tang } b$$

iguales á las fórmulas (*a*) y (*d*) que hemos empleado en el problema III.

Esto supuesto, podrán suceder dos casos; que el ángulo dado A, sea agudo ú obtuso.

1.er *caso.* Supongamos $A < 90°$. Este caso se subdivide en nueve, pues puede suceder que sea $b < 90°$, $b = 90°$ ó $b > 90°$, y en cada uno de estos tres, que sea tambien el lado $a > b$, $a = b$ ó $a < b$.

1.° Siendo $b < 90°$, y $a > b$, resulta que la circunferencia que se ha descrito desde C, con un radio igual á la cuerda del lado *a*, caerá por fuera de los puntos A y A′, siempre que $a > CA' = 180° - b$; ó bien caerá por fuera del punto A y pasará por A′, si $a = 180° - b$; por lo tanto, no se formará triángulo y el problema es imposible. Pero si $a < 180° - b$, entonces la circunferencia caerá tambien fuera de A y cortará el lado ADA′ entre D y A′ y resultará un triángulo y una solucion. El ángulo B será agudo, toda vez que es tambien agudo su lado opuesto CD, en el triángulo rectángulo CDB; del mismo modo será $c > x'$ y $C > x$.

Siendo $a = b$, la circunferencia pasará por A y por un punto B; habrá una solucion y será $A = B$, $c > x'$ y $C > x$.

Siendo $a < b$, puede suceder que *a* sea menor, igual ó mayor que el arco perpendicular CD. Si $a < CD$, entonces la circunferencia no encontrará al lado ADA′ y el problema será imposible. Si $a = CD$, dicha circunferencia cortará á ADA′ en D, y el ángulo B será igual al recto CDA, y será tambien $c = x'$ y $C = x$. Si $a > CD$, resultarán dos intersecciones; una en B y otra en B′, habrá dos triángulos y por lo tanto dos soluciones. Los dos valores de B serán suplementarios porque el ángulo $DB'C = DBC$, y $AB'C = 180° - DB'C$: el ángulo ABC será agudo por oponerse á CD del triángulo rectángulo; tambien será $c > x'$ y $C > x$ en el triángulo ABC, y $c < x'$ y $C < x$ en el triángulo obtusángulo AB′C.

2.° Supongamos $b = 90°$, y tendremos que siendo $CA = CA' = 90°$, si $a > b$ ó $a = b$, no habrá triángulo y el problema será imposible. Pero si $a < b$ y $> CD$ habrá dos intersecciones y por lo tanto dos soluciones; $B < 90°$, $c > x'$, $C > x$; y $B' = 180° - B$, $c < x'$, $C < x$.

3.° Supongamos por último que sea $b > 90°$: si $a > b$ ó $a = b$, la circunferencia pasará por fuera de A y A′, ó por fuera de A′ y pasará por A; por lo tanto el problema será imposible.

Siendo $a < 180° - b$ y $< b$, resultarán dos intersecciones, con tal que sea $a > CD$, y por lo tanto habrá dos soluciones.

Siendo $a < b$ y al mismo tiempo es $a = 180° - b$, ó $a > 180° - b$, habrá una interseccion entre A y D, y la circunferencia pasará luego por A′ ó por fuera de este punto, y no habrá más que una solucion: el ángulo B será obtuso por ser suplementario del DBC que es agudo. Tambien será $c < x'$ y $C < x$.

2.° *caso*. Este caso se discute de un modo análogo al anterior y resultará de aquí el siguiente

RESÚMEN.

$A < 90°$	$b < 90°$	$a > b$, $a = 180° - b$, ó $a > 180° - b$.	0 solucion.	
		$a > b$, $a < 180° - b$, ...	1 solucion.	$B < 90°$
		$a = b$, ...	1 solucion.	$B = A$,
		$a < b$, ...	2 soluciones	$B < 90°$ y $B > 90°$
	$b = 90°$	$a > b$, ...	0 solucion.	
		$a = b$, ...	0 solucion.	
		$a < b$, ...	2 soluciones	$B < 90°$ y $B > 90°$
	$b > 90°$	$a > b$, ...	0 solucion.	
		$a = b$, ...	0 solucion.	
		$a < b$, $a < 180° - b$, ...	2 soluciones	$B < 90°$ y $B > 90°$
		$a < b$, $a = 180° - b$, ó $a > 180° - b$,	1 solucion.	$B > 90°$
$A > 90°$	$b < 90°$	$a > b$, $a = 180° - b$, ó $a < 180° - b$.	1 solucion.	$B < 90°$
		$a > b$, $a > 180° - b$, ...	2 soluciones	$B < 90°$ y $B > 90°$
		$a = b$, ...	0 solucion.	
		$a < b$, ...	0 solucion.	
	$b = 90°$	$a > b$, ...	2 soluciones	$B < 90°$ y $B > 90°$
		$a = b$, ...	0 solucion.	
		$a < b$, ...	0 solucion.	
	$b > 90°$	$a > b$, ...	2 soluciones	$B < 90°$ y $B > 90°$
		$a = b$, ...	1 solucion.	$B = A$.
		$a < b$, $a > 180° - b$, ...	1 solucion.	$B > 90°$
		$a < b$, $a = 180° - b$, ó $a < 180° - b$.	0 solucion.	

Tambien deberá tenerse presente que

$$\text{Si } A < 90° \begin{cases} \text{Cuando } B < 90°, & \text{será } c > x' \text{ y } C > x \\ \text{Cuando } B > 90°, & \text{,, } c < x' \text{ y } C < x, \end{cases}$$

verificándose lo contrario en el caso de ser $A > 90°$.

Siempre que tengamos que resolver un triángulo en el cual se conozcan dos lados y el ángulo opuesto á uno de ellos, veremos por este resúmen las soluciones que tiene el problema.

118. Los tres problemas que siguen no suelen tener aplicacion en el curso de la *astronomía* y *navegacion*, y pueden resolverse del mismo modo que los tres primeros, haciendo uso del triángulo suplementario; de donde resulta que los seis casos quedan reducidos á los tres ya explicados.

PROBLEMA IV.

119. Dados dos ángulos A, B, y el lado c adyacente á ambos, hallar C, a y b. Se ha demostrado (art. **71**), que

$$a' = 180° - A, \quad b' = 180° - B, \quad \text{y} \quad C' = 180° - c,$$

luego conoceremos los dos lados a', b', y el ángulo comprendido C′ del triángulo suplementario, y por lo tanto queda reducido este caso al problema II, y por medio de él hallaremos las incógnitas C′, A′ y B′, que serán los suplementos de C, a y b que deseamos conocer.

Determinacion de C. Es preferible calcular este ángulo directamente, pues evitaremos el tomar los suplementos y para esto la fórmula [72], nos dá:

$$\cos C = -\cos A \cos B + \operatorname{sen} A \operatorname{sen} B \cos c,$$

separando cos A, como factor comun, tendremos:

$$\cos C = \cos A\,(-\cos B + \operatorname{tang} A \operatorname{sen} B \cos c)$$

hágase $\cot x = \operatorname{tang} A \cos c$, y resultará

$$\cos C = \cos A\,(-\cos B + \operatorname{sen} B \cot x) = \frac{\cos A}{\operatorname{sen} x}(\operatorname{sen} B \cos x - \cos B \operatorname{sen} x)$$

y por último, $$\cos C = \frac{\cos A \operatorname{sen}(B - x)}{\operatorname{sen} x}.$$

Determinacion de a. Aplicando la fórmula [65], resulta:

$\cot a \operatorname{sen} c = \cos c \cos B + \operatorname{sen} B \cot A$, de donde, $\cot a = \dfrac{\cos c \cos B + \operatorname{sen} B \cot A}{\operatorname{sen} c}$

separando cos c, tendremos $\cot a = \dfrac{\cos c\left(\cos B + \operatorname{sen} B \dfrac{\cot A}{\cos c}\right)}{\operatorname{sen} c}$, y haciendo $\operatorname{tg} x = \dfrac{\cot A}{\cos c}$

será $$\cot a = \cot c\,(\cos B + \operatorname{sen} B \operatorname{tang} x)$$ y simplificando

resultará $$\cot a = \frac{\cot c \cos(B - x)}{\cos x}.$$

Determinacion de b. Este lado se hallará de un modo análogo por la fórmula [67] y tendremos:

$$\operatorname{tang} x = \frac{\cot B}{\cos c} \quad \text{y} \quad \cot b = \frac{\cot c \cos(A - x)}{\cos x}.$$

Problema V.

120. Dados dos ángulos A, B, y el lado opuesto á uno de ellos a, hallar b, C y c.

Este caso se resuelve como el problema III, por medio del triángulo suplementario, pero es mas breve directamente.

Determinacion de b. La fórmula [61] nos dá $\dfrac{\operatorname{sen} A}{\operatorname{sen} a} = \dfrac{\operatorname{sen} B}{\operatorname{sen} b}$ de donde

$$\operatorname{sen} b = \frac{\operatorname{sen} a \operatorname{sen} B}{\operatorname{sen} A}.$$

Determinacion de C. Por la fórmula [70], tenemos que

$$\cos A = -\cos B \cos C + \operatorname{sen} B \operatorname{sen} C \cos a,$$

separando cos B, será $\cos A = \cos B\,(-\cos C + \operatorname{tang} B \operatorname{sen} C \cos a)$

hágase, $\operatorname{tang} B \cos a = \cot x$, y tendremos $\cos A = \cos B\,(-\cos C + \cot x \operatorname{sen} C)$

y simplificando $\cos A = \dfrac{\cos B \operatorname{sen}(C - x)}{\operatorname{sen} x}$ de donde $\operatorname{sen}(C - x) = \dfrac{\cos A \operatorname{sen} x}{\cos B}$.

Determinacion de c. La fórm.ª [65] nos dá; $\cot a \operatorname{sen} c = \cos c \cos B + \operatorname{sen} B \cot A$;

de donde $$\cot a \operatorname{sen} c - \cos c \cos B = \operatorname{sen} B \cot A;$$

separando cot a, tendremos: $$\cot a\,(\operatorname{sen} c - \cos c \cos B \operatorname{tang} a) = \operatorname{sen} B \cot A.$$

Hágase $\operatorname{tang} x' = \cos B \operatorname{tang} a$ y simplificando resultará

$$\frac{\cot a \operatorname{sen}(c - x')}{\cos x'} = \operatorname{sen} B \cot A;$$

y por último, $\operatorname{sen}(c - x') = \operatorname{sen} B \cot A \cos x' \operatorname{tang} a.$

NOTA. Este problema es de resolucion dudosa como el III, y se resuelve del mismo modo empleando el triángulo suplementario: y si este triángulo tiene dos soluciones, una solucion ó es imposible, el triángulo dado estará en igual caso.

PROBLEMA VI.

121. Dados los tres ángulos, hallar los tres lados.

Determinacion de a. Si bien se puede resolver este problema como el I, por medio del triángulo suplementario, es preferible sin embargo en obsequio á la brevedad hacerlo directamente, para lo cual la fórmula [**70**] nos dá:

$$\cos A = -\cos B \cos C + \operatorname{sen} B \operatorname{sen} C \cos a,$$

de donde $$\cos a = \frac{\cos A + \cos B \cos C}{\operatorname{sen} B \operatorname{sen} C};$$

sumando la unidad á ambos miembros, tendremos $1 + \cos a = 1 + \dfrac{\cos A + \cos B \cos C}{\operatorname{sen} B \operatorname{sen} C}$

y restando la unidad tambien de ambos, $1 - \cos a = 1 - \dfrac{\cos A + \cos B \cos C}{\operatorname{sen} B \operatorname{sen} C}$

Dando á estas ecuaciones una forma logarítmica segun hicimos en el problema I y haciendo $A + B + C = 180^\circ + 2E$; llamando $2E$ el exceso de la suma de los tres ángulos sobre 180°, resultarán las fórmulas,

$$\cos \tfrac{1}{2} a = \sqrt{\frac{\operatorname{sen}(B - E) \operatorname{sen}(C - E)}{\operatorname{sen} B \operatorname{sen} C}}, \quad \text{y} \quad \operatorname{sen} \tfrac{1}{2} a = \sqrt{\frac{\operatorname{sen} E \operatorname{sen}(A - E)}{\operatorname{sen} B \operatorname{sen} C}}.$$

Los otros dos lados podremos determinarlos empleando fórmulas análogas á estas.

FIN DE LA TRIGONOMETRIA.

TABLAS

DE

LOGARITMOS DE LAS TANGENTES

PARA TODOS LOS GRADOS
DEL CUADRANTE DE CIRCUNFERENCIA, Y DE MINUTO
EN MINUTO.

′	Tang. 0°	Dif.	Cotang. 0°	Tang. 1°	Dif.	Cotang. 1°	Tang. 2°	Dif.	Cotang. 2°	
0	*Inf. neg.*		*Inf. posit.*	8.24192		1.75808	8.54308		1.45692	60
1	6.46373		3.53627	8.24910	718	1.75090	8.54669	361	1.45331	59
2	6.76476	30103	3.23524	8.25616	706	1.74384	8.55027	358	1.44973	58
3	6.94085	17609	3.05915	8.26312	696	1.73688	8.55382	355	1.44618	57
4	7.06579	12494	2.93421	8.26996	684	1.73004	8.55734	352	1.44266	56
5	7.16270	9691	2.83730	8.27669	673	1.72331	8.56083	349	1.43917	55
6	7.24188	7918	2.75812	8.28332	663	1.71668	8.56429	346	1.43571	54
7	7.30882	6694	2.69118	8.28986	654	1.71014	8.56773	344	1.43227	53
8	7.36682	5800	2.63318	8.29629	643	1.70371	8.57114	341	1.42886	52
9	7.41797	5115	2.58203	8.30263	634	1.69737	8.57452	338	1.42548	51
10	7.46373	4576	2.53627	8.30888	625	1.69112	8.57788	336	1.42212	50
11	7.50512	4139	2.49488	8.31505	617	1.68495	8.58121	333	1.41879	49
12	7.54291	3779	2.45709	8.32112	607	1.67888	8.58451	330	1.41549	48
13	7.57767	3476	2.42233	8.32711	599	1.67289	8.58779	328	1.41221	47
14	7.60986	3219	2.39014	8.33302	591	1.66698	8.59105	326	1.40895	46
15	7.63982	2996	2.36018	8.33886	584	1.66114	8.59428	323	1.40572	45
16	7.66785	2803	2.33215	8.34461	575	1.65539	8.59749	321	1.40251	44
17	7.69418	2633	2.30582	8.35029	568	1.64971	8.60068	319	1.39932	43
18	7.71900	2482	2.28100	8.35590	561	1.64410	8.60384	316	1.39616	42
19	7.74248	2348	2.25752	8.36143	553	1.63857	8.60698	314	1.39302	41
20	7.76476	2228	2.23524	8.36689	546	1.63311	8.61009	311	1.38991	40
21	7.78595	2119	2.21405	8.37229	540	1.62771	8.61319	310	1.38681	39
22	7.80615	2020	2.19385	8.37762	533	1.62238	8.61626	307	1.38374	38
23	7.82546	1931	2.17454	8.38289	527	1.61711	8.61931	305	1.38069	37
24	7.84394	1848	2.15606	8.38809	520	1.61191	8.62234	303	1.37766	36
25	7.86167	1773	2.13833	8.39323	514	1.60677	8.62535	301	1.37465	35
26	7.87871	1704	2.12129	8.39832	509	1.60168	8.62834	299	1.37166	34
27	7.89510	1639	2.10490	8.40334	502	1.59666	8.63131	297	1.36869	33
28	7.91089	1579	2.08911	8.40830	496	1.59170	8.63426	295	1.36574	32
29	7.92613	1524	2.07387	8.41321	491	1.58679	8.63718	292	1.36282	31
30	7.94086	1473	2.05914	8.41807	486	1.58193	8.64009	291	1.35991	30
31	7.95510	1424	2.04490	8.42287	480	1.57713	8.64298	289	1.35702	29
32	7.96889	1379	2.03111	8.42762	475	1.57238	8.64585	287	1.35415	28
33	7.98225	1336	2.01775	8.43232	470	1.56768	8.64870	285	1.35130	27
34	7.99522	1297	2.00478	8.43696	464	1.56304	8.65154	284	1.34846	26
35	8.00781	1259	1.99219	8.44156	460	1.55844	8.65435	281	1.34565	25
36	8.02004	1223	1.97996	8.44611	455	1.55389	8.65715	280	1.34285	24
37	8.03194	1190	1.96806	8.45061	450	1.54939	8.65993	278	1.34007	23
38	8.04353	1159	1.95647	8.45507	446	1.54493	8.66269	276	1.33731	22
39	8.05481	1128	1.94519	8.45948	441	1.54052	8.66543	274	1.33457	21
40	8.06581	1100	1.93419	8.46385	437	1.53615	8.66816	273	1.33184	20
41	8.07653	1072	1.92347	8.46817	432	1.53183	8.67087	271	1.32913	19
42	8.08700	1047	1.91300	8.47245	428	1.52755	8.67356	269	1.32644	18
43	8.09722	1022	1.90278	8.47669	424	1.52331	8.67624	268	1.32376	17
44	8.10720	998	1.89280	8.48089	420	1.51911	8.67890	266	1.32110	16
45	8.11696	976	1.88304	8.48505	416	1.51495	8.68154	264	1.31846	15
46	8.12651	955	1.87349	8.48917	412	1.51083	8.68417	263	1.31583	14
47	8.13585	934	1.86415	8.49325	408	1.50675	8.68678	261	1.31322	13
48	8.14500	915	1.85500	8.49729	404	1.50271	8.68938	260	1.31062	12
49	8.15395	895	1.84605	8.50130	401	1.49870	8.69196	258	1.30804	11
50	8.16273	878	1.83727	8.50527	397	1.49473	8.69453	257	1.30547	10
51	8.17133	860	1.82867	8.50920	393	1.49080	8.69708	255	1.30292	9
52	8.17976	843	1.82024	8.51310	390	1.48690	8.69962	254	1.30038	8
53	8.18804	828	1.81196	8.51696	386	1.48304	8.70214	252	1.29786	7
54	8.19616	812	1.80384	9.52079	383	1.47921	8.70465	251	1.29535	6
55	8.20413	797	1.79587	8.52459	380	1.47541	8.70714	249	1.29286	5
56	8.21195	782	1.78805	8.52835	376	1.47165	8.70962	248	1 29038	4
57	8.21964	769	1.78036	8.53208	373	1.46792	8.71208	246	1.28792	3
58	8.22720	756	1.77280	8.53578	370	1.46422	8.71453	245	1.28547	2
59	8.23462	742	1.76538	8.53945	367	1.46055	8.71697	244	1.28303	1
60	8.24192	730	1.75808	8.54308	363	1.45692	8.71940	243	1.28060	0
	Cotang. 89°		Tang. 89°	Cotang. 88°		Tang. 88°	Cotang. 87°		Tang. 87°	′

′	Tang. 3°	Dif.	Cotang. 3°	Tang. 4°	Dif.	Cotang. 4°	Tang. 5°	Dif.	Cotang. 5°	
0	8.71940		1.28060	8.84464		1.15536	8.94195		1.05805	60
1	8.72181	241	1.27819	8.84646	182	1.15354	8.94340	145	1.05660	59
2	8.72420	239	1.27580	8.84826	180	1.15174	8.94485	145	1.05515	58
3	8.72659	239	1.27341	8.85006	180	1.14994	8.94630	145	1.05370	57
4	8.72896	237	1.27104	8.85185	179	1.14815	8.94773	143	1.05227	56
5	8.73132	236	1.26868	8.85363	178	1.14637	8.94917	144	1.05083	55
6	8.73366	234	1.26634	8.85540	177	1.14460	8.95060	143	1.04940	54
7	8.73600	234	1.26400	8.85717	177	1.14283	8.95202	142	1.04798	53
8	8.73832	232	1.26168	8.85893	176	1.14107	8.95344	142	1.04656	52
9	8.74063	231	1.25937	8.86069	176	1.13931	8.95486	142	1.04514	51
10	8.74292	229	1.25708	8.86243	174	1.13757	8.95627	141	1.04373	50
11	8.74521	229	1.25479	8.86417	174	1.13583	8.95767	140	1.04233	49
12	8.74748	227	1.25252	8.86591	174	1.13409	8.95908	141	1.04092	48
13	8.74974	226	1.25026	8.86763	172	1.13237	8.96047	139	1.03953	47
14	8.75199	225	1.24801	8.86935	172	1.13065	8.96187	140	1.03813	46
15	8.75423	224	1.24577	8.87106	171	1.12894	8.96325	138	1.03675	45
16	8.75645	222	1.24355	8.87277	171	1.12723	8.96464	139	1.03536	44
17	8.75867	222	1.24133	8.87447	170	1.12553	8.96602	138	1.03398	43
18	8.76087	220	1.23913	8.87616	169	1.12384	8.96739	137	1.03261	42
19	8.76306	219	1.23694	8.87785	169	1.12215	8.96877	138	1.03123	41
20	8.76525	219	1.23475	8.87953	168	1.12047	8.97013	136	1.02987	40
21	8.76742	217	1.23258	8.88120	167	1.11880	8.97150	137	1.02850	39
22	8.76958	216	1.23042	8.88287	167	1.11713	8.97285	135	1.02715	38
23	8.77173	215	1.22827	8.88453	166	1.11547	8.97421	136	1.02579	37
24	8.77387	214	1.22613	8.88618	165	1.11382	8.97556	135	1.02444	36
25	8.77600	213	1.22400	8.88783	165	1.11217	8.97691	135	1.02309	35
26	8.77811	211	1.22189	8.88948	165	1.11052	8.97825	134	1.02175	34
27	8.78022	211	1.21978	8.89111	163	1.10889	9.97959	134	1.02041	33
28	8.78232	210	1.21768	8.89274	163	1.10726	8.98092	133	1.01908	32
29	8.78441	209	1.21559	8.89437	163	1.10563	8.98225	133	1.01775	31
30	8.78649	208	1.21351	8.89598	161	1.10402	8.98358	133	1.01642	30
31	8.78855	206	1.21145	8.89760	162	1.10240	8.98490	132	1.01510	29
32	8.79061	206	1.20939	8.89920	160	1.10080	8.98622	132	1.01378	28
33	8.79266	205	1.20734	8.90080	160	1.09920	8.98753	131	1.01247	27
34	8.79470	204	1.20530	8.90240	160	1.09760	8.98884	131	1.01116	26
35	8.79673	203	1.20327	8.90399	159	1.09601	8.99015	131	1.00985	25
36	8.79875	202	1.20125	8.90557	158	1.09443	8.99145	130	1.00855	24
37	8.80076	201	1.19924	8.90715	158	1.09285	8.99275	130	1.00725	23
38	8.80277	201	1.19723	8.90872	157	1.09128	8.99405	130	1.00595	22
39	8.80476	199	1.19524	8.91029	157	1.08971	8.99534	129	1.00466	21
40	8.80674	198	1.19326	8.91185	156	1.08815	8.99662	128	1.00338	20
41	8.80872	198	1.19128	8.91340	155	1.08660	8.99791	129	1.00209	19
42	8.81068	196	1.18932	8.91495	155	1.08505	8.99919	128	1.00081	18
43	8.81264	196	1.18736	8.91650	155	1.08350	9.00046	127	0.99954	17
44	8.81459	195	1.18541	8.91803	153	1.08197	9.00174	128	0.99826	16
45	8.81653	194	1.18347	8.91957	154	1.08043	9.00301	127	0.99699	15
46	8.81846	193	1.18154	8.92110	153	1.07890	9.00427	126	0.99573	14
47	8.82038	192	1.17962	8.92262	152	1.07738	9.00553	126	0.99447	13
48	8.82230	192	1.17770	8.92414	152	1.07586	9.00679	126	0.99321	12
49	8.82420	190	1.17580	8.92565	151	1.07435	9.00805	126	0.99195	11
50	8.82610	190	1.17390	8.92716	151	1.07284	9.00930	125	0.99070	10
51	8.82799	189	1.17201	8.92866	150	1.07134	9.01055	125	0.98945	9
52	8.82987	188	1.17013	8.93016	150	1.06984	9.01179	124	0.98821	8
53	8.83175	188	1.16825	8.93165	149	1.06835	9.01303	124	0.98697	7
54	8.83361	186	1.16639	8.93313	148	1.06687	9.01427	124	0.98573	6
55	8.83547	186	1.16453	8.93462	149	1.06538	9.01550	123	0.98450	5
56	8.83732	185	1.16268	8.93609	147	1.06391	9.01673	123	0.98327	4
57	8.83916	184	1.16084	8.93756	147	1.06244	9.01796	123	0.98204	3
58	8.84100	184	1.15900	8.93903	147	1.06097	9.01918	122	0.98082	2
59	8.84282	182	1.15718	8.94049	146	1.05951	9.02040	122	0.97960	1
60	8.84464	182	1.15536	8.94195	146	1.05805	9.02162	122	0.97838	0
	Cotang. 86°		Tang. 86°	Cotang. 85°		Tang. 85°	Cotang. 84°		Tang. 84°	′

′	Tang. 6°	Dif.	Cotang. 6°	Tang. 7°	Dif.	Cotang. 7°	Tang. 8°	Dif.	Cotang. 8°	
0	9.02162	121	0.97838	9.08914	105	0.91086	9.14780	92	0.85220	60
1	9.02283	121	0.97717	9.09019	104	0.90981	9.14872	91	0.85128	59
2	9.02404	121	0.97596	9.09123	104	0.90877	9.14963	91	0.85037	58
3	9.02525	120	0.97475	9.09227	103	0.90773	9.15054	91	0.84946	57
4	9.02645	121	0.97355	9.09330	104	0.90670	9.15145	91	0.84855	56
5	9.02766	119	0.97234	9.09434	103	0.90566	9.15236	91	0.84764	55
6	9.02885	120	0.97115	9.09537	103	0.90463	9.15327	90	0.84673	54
7	9.03005	119	0.96995	9.09640	102	0.90360	9.15417	91	0.84583	53
8	9.03124	118	0.96876	9.09742	103	0.90258	9.15508	90	0.84492	52
9	9.03242	119	0.96758	9.09845	102	0.90155	9.15598	90	0.84402	51
10	9.03361	118	0.96639	9.09947	102	0.90053	9.15688	89	0.84312	50
11	9.03479	118	0.96521	9.10049	101	0.89951	9.15777	90	0.84223	49
12	9.03597	117	0.96403	9.10150	102	0.89850	9.15867	89	0.84133	48
13	9.03714	118	0.96286	9.10252	101	0.89748	9.15956	90	0.84044	47
14	9.03832	116	0.96168	9.10353	101	0.89647	9.16046	89	0.83954	46
15	9.03948	117	0.96052	9.10454	101	0.89546	9.16135	89	0.83865	45
16	9.04065	116	0.95935	9.10555	101	0.89445	9.16224	88	0.83776	44
17	9.04181	116	0.95819	9.10656	100	0.89344	9.16312	89	0.83688	43
18	9.04297	116	0.95703	9.10756	100	0.89244	9.16401	88	0.83599	42
19	9.04413	115	0.95587	9.10856	100	0.89144	9.16489	88	0.83511	41
20	9.04528	115	0.95472	9.10956	100	0.89044	9.16577	88	0.83423	40
21	9.04643	115	0.95357	9.11056	99	0.88944	9.16665	88	0.83335	39
22	9.04758	115	0.95242	9.11155	99	0.88845	9.16753	88	0.83247	38
23	9.04873	114	0.95127	9.11254	99	0.88746	9.16841	87	0.83159	37
24	9.04987	114	0.95013	9.11353	99	0.88647	9.16928	88	0.83072	36
25	9.05101	113	0.94899	9.11452	99	0.88548	9.17016	87	0.82984	35
26	9.05214	114	0.94786	9.11551	98	0.88449	9.17103	87	0.82897	34
27	9.05328	113	0.94672	9.11649	98	0.88351	9.17190	87	0.82810	33
28	9.05441	112	0.94559	9.11747	98	0.88253	9.17277	86	0.82723	32
29	9.05553	113	0.94447	9.11845	98	0.88155	9.17363	87	0.82637	31
30	9.05666	112	0.94334	9.11943	97	0.88057	9.17450	86	0.82550	30
31	9.05778	112	0.94222	9.12040	98	0.87960	9.17536	86	0.82464	29
32	9.05890	112	0.94110	9.12138	97	0.87862	9.17622	86	0.82378	28
33	9.06002	111	0.93998	9.12235	97	0.87765	9.17708	86	0.82292	27
34	9.06113	111	0.93887	9.12332	96	0.87668	9.17794	86	0.82206	26
35	9.06224	111	0.93776	9.12428	97	0.87572	9.17880	85	0.82120	25
36	9.06335	110	0.93665	9.12525	96	0.87475	9.17965	86	0.82035	24
37	9.06445	111	0.93555	9.12621	96	0.87379	9.18051	85	0.81949	23
38	9.06556	110	0.93444	9.12717	96	0.87283	9.18136	85	0.81864	22
39	9.06666	109	0.93334	9.12813	96	0.87187	9.18221	85	0.81779	21
40	9.06775	110	0.93225	9.12909	95	0.87091	9.18306	85	0.81694	20
41	9.06885	109	0.93115	9.13004	95	0.86996	9.18391	84	0.81609	19
42	9.06994	109	0.93006	9.13099	95	0.86901	9.18475	85	0.81525	18
43	9.07103	108	0.92897	9.13194	95	0.86806	9.18560	84	0.81440	17
44	9.07211	109	0.92789	9.13289	95	0.86711	9.18644	84	0.81356	16
45	9.07320	108	0.92680	9.13384	94	0.86616	9.18728	84	0.81272	15
46	9.07428	108	0.92572	9.13478	95	0.86522	9.18812	84	0,81188	14
47	9.07536	107	0.92464	9.13573	94	0.86427	9.18896	83	0.81104	13
48	9.07643	108	0.92357	9.13667	94	0.86333	9.18979	84	0.81021	12
49	9.07751	107	0.92249	9.13761	93	0.86239	9.19063	83	0.80937	11
50	9.07858	106	0.92142	9.13854	94	0.86146	9.19146	83	0.80854	10
51	9.07964	107	0.92036	9.13948	93	0.86052	9.19229	83	0.80771	9
52	9.08071	106	0.91929	9.14041	93	0.85959	9.19312	83	0.80688	8
53	9.08177	106	0.91823	9.14134	93	0.85866	9.19395	83	0.80605	7
54	9.08283	106	0.91717	9.14227	93	0.85773	9.19478	83	0.80522	6
55	9.08389	106	0.91611	9.14320	92	0.85680	9.19561	82	0.80439	5
56	9.08495	105	0.91505	9.14412	92	0.85588	9.19643	82	0.80357	4
57	9.08600	105	0.91400	9.14504	93	0.85496	9.19725	82	0.80275	3
58	9.08705	105	0.91295	9.14597	91	0.85403	9.19807	82	0.80193	2
59	9.08810	104	0.91190	9.14688	92	0.85312	9.19889	82	0.80111	1
60	9.08914		0.91086	9.14780		0.85220	9.19971		0.80029	0
	Cotang. 83°		Tang. 83°	Cotang. 82°		Tang. 82°	Cotang. 81°		Tang. 81°	′

′	Tang. 9°	Dif.	Cotang. 9°	Tang. 10°	Dif.	Cotang. 10°	Tang. 11°	Dif.	Cotang. 11°	
0	9.19971		0.80029	9.24632		0.75368	9.28865		0.71135	60
1	9.20053	82	0.79947	9.24706	74	0.75294	9.28933	68	0.71067	59
2	9.20134	81	0.79866	9.24779	73	0.75221	9.29000	67	0.71000	58
3	9.20216	82	0.79784	9.24853	74	0.75147	9.29067	67	0.70933	57
4	9.20297	81	0.79703	9.24926	73	0.75074	9.29134	67	0.70866	56
5	9.20378	81	0.79622	9.25000	74	0.75000	9.29201	67	0.70799	55
6	9.20459	81	0.79541	9.25073	73	0.74927	9.29268	67	0.70732	54
7	9.20540	81	0.79460	9.25146	73	0.74854	9.29335	67	0.70665	53
8	9.20621	81	0.79379	9.25219	73	0.74781	9.29402	67	0.70598	52
9	9.20701	80	0.79299	9.25292	73	0.74708	9.29468	66	0.70532	51
10	9.20782	81	0.79218	9.25365	73	0.74635	9.29535	67	0.70465	50
11	9.20862	80	0.79138	9.25437	72	0.74563	9.29601	66	0.70399	49
12	9.20942	80	0.79058	9.25510	73	0.74490	9.29668	67	0.70332	48
13	9.21022	80	0.78978	9.25582	72	0.74418	9.29734	66	0.70266	47
14	9.21102	80	0.78898	9.25655	73	9.74345	9.29800	66	0.70200	46
15	9.21182	80	0.78818	9.25727	72	0.74273	9.29866	66	0.70134	45
16	9.21261	79	0.78739	9.25799	72	0.74201	9.29932	66	0.70068	44
17	9.21341	80	0.78659	9.25871	72	0.74129	9.29998	66	0.70002	43
18	9.21420	79	0.78580	9.25943	72	0.74057	9.30064	66	0.69936	42
19	9.21499	79	0.78501	9.26015	72	0.73985	9.30130	66	0.69870	41
20	9.21578	79	0.78422	9.26086	71	0.73914	9.30195	65	0.69805	40
21	9.21657	79	0.78343	9.26158	72	0.73842	9 30261	66	0.69739	39
22	9.21736	79	0.78264	9.26229	71	0.73771	9.30326	65	0.69674	38
23	9.21814	78	0.78186	9.26301	72	0.73699	9.30391	65	0.69609	37
24	9.21893	79	0.78107	9.26372	71	0.73628	9.30457	66	0.69543	36
25	9.21971	78	0.78029	9.26443	71	0.73557	9.30522	65	0.69478	35
26	9.22049	78	0.77951	9.26514	71	0.73486	9.30587	65	0.69413	34
27	9.22127	78	0.77873	9.26585	71	0.73415	9.30652	65	0.69348	33
28	9.22205	78	0.77795	9.26655	70	0.73345	9.30717	65	0.69283	32
29	9.22283	78	0.77717	9.26726	71	0.73274	9.30782	65	0.69218	31
30	9.22361	78	0.77639	9.26797	71	0.73203	9.30846	64	0.69154	30
31	9.22438	77	0.77562	9.26867	70	0.73133	9.30911	65	0.69089	29
32	9.22516	78	0.77484	9.26937	70	0.73063	9.30975	64	0.69025	28
33	9.22593	77	0.77407	9.27008	71	0.72992	9.31040	65	0.68960	27
34	9.22670	77	0.77330	9.27078	70	0.72922	9.31104	64	0.68896	26
35	9.22747	77	0.77253	9.27148	70	0.72852	9.31168	64	0.68832	25
36	9.22824	77	0.77176	9.27218	70	0.72782	9.31233	65	0.68767	24
37	9.22901	77	0.77099	9.27288	70	0.72712	9.31297	64	0.68703	23
38	9.22977	76	0.77023	9.27357	69	0.72643	9.31361	64	0.68639	22
39	9.23054	77	0.76946	9.27427	70	0.72573	9.31425	64	0.68575	21
40	9.23130	76	0.76870	9.27496	69	0.72504	9.31489	64	0.68511	20
41	9.23206	76	0.76794	9.27566	70	0.72434	9.31552	63	0.68448	19
42	9.23283	77	0.76717	9.27635	69	0.72365	9.31616	64	0.68384	18
43	9.23359	76	0.76641	9.27704	69	0.72296	9.31679	63	0.68321	17
44	9.23435	76	0.76565	9.27773	69	0.72227	9.31743	64	0.68257	16
45	9.23510	75	0.76490	9.27842	69	0.72158	9.31806	63	0.68194	15
46	9.23586	76	0.76414	9.27911	69	0.72089	9.31870	64	0.68130	14
47	9.23661	75	0.76339	9.27980	69	0.72020	9.31933	63	0.68067	13
48	9.23737	76	0.76263	9.28049	69	0.71951	9.31996	63	0.68004	12
49	9.23812	75	0.76188	9.28117	68	0.71883	9.32059	63	0.67941	11
50	9.23887	75	0.76113	9.28186	69	0.71814	9.32122	63	0.67878	10
51	9.23962	75	0.76038	9.28254	68	0.71746	9.32185	63	0.67815	9
52	9.24037	75	0.75963	9.28323	69	0.71677	9.32248	63	0.67752	8
53	9.24112	75	0.75888	9.28391	68	0.71609	9.32311	63	0.67689	7
54	9.24186	74	0.75814	6.28459	68	0.71541	9.32373	62	0.67627	6
55	9.24261	75	0.75739	9.28527	68	0.71473	9.32436	63	0.67564	5
56	9.24335	74	0.75665	9.28595	68	0.71405	9.32498	62	0.67502	4
57	9.24410	75	0.75590	9.28662	67	0.71338	9.32561	63	0.67439	3
58	9.24484	74	0.75516	9.28730	68	0.71270	9.32623	62	0.67377	2
59	9.24558	74	0.75442	9.28798	68	0.71202	9.32685	62	0.67315	1
60	9.24632	74	0.75368	9.28865	67	0.71135	9.32747	62	0.67253	0
	Cotang. 80°		Tang. 80°	Cotang. 79°		Tang. 79°	Cotang. 78°		Tang. 78°	′

'	Tang. 12°	Dif.	Cotang. 12°	Tang. 13°	Dif.	Cotang. 13°	Tang. 14°	Dif.	Cotang. 14°	
0	9.32747	63	0.67253	9.36336	58	0.63664	9.39677	54	0.60323	60
1	9.32810	62	0.67190	9.36394	58	0.63606	9.39731	54	0.60269	59
2	9.32872	61	0.67128	9.36452	57	0.63548	9.39785	53	0.60215	58
3	9.32933	62	0.67067	9.36509	57	0.63491	9.39838	54	0.60162	57
4	9.32995	62	0.67005	9.36566	58	0.63434	9.39892	53	0.60108	56
5	9.33057	62	0.66943	9.36624	57	0.63376	9.39945	54	0.60055	55
6	9.33119	61	0.66881	9.36681	57	0.63319	9.39999	53	0.60001	54
7	9.33180	62	0.66820	9.36738	57	0.63262	9.40052	54	0.59948	53
8	9.33242	61	0.66758	9.36795	57	0.63205	9.40106	53	0.59894	52
9	9.33303	62	0.66697	9.36852	57	0.63148	9.40159	53	0.59841	51
10	9.33365	61	0.66635	9.36909	57	0.63091	9.40212	54	0.59788	50
11	9.33426	61	0.66574	9.36966	57	0.63034	9.40266	53	0.59734	49
12	9.33487	61	0.66513	9.37023	57	0.62977	9.40319	53	0.59681	48
13	9.33548	61	0.66452	9.37080	57	0.62920	9.40372	53	0.59628	47
14	9.33609	61	0.66391	9.37137	56	0.62863	9.40425	53	0.59575	46
15	9.33670	61	0.66330	9.37193	57	0.62807	9.40478	53	0.59522	45
16	9.33731	61	0.66269	9.37250	56	0.62750	9.40531	53	0.59469	44
17	9.33792	61	0.66208	9.37306	57	0.62694	9.40584	52	0.59416	43
18	9.33853	60	0.66147	9.37363	56	0.62637	9.40636	53	0.59364	42
19	9.33913	61	0.66087	9.37419	57	0.62581	9.40689	53	0.59311	41
20	9.33974	60	0.66026	9.37476	56	0.62524	9.40742	53	0.59258	40
21	9.34034	61	0.65966	9.37532	56	0.62468	9.40795	52	0.59205	39
22	9.34095	60	0.65905	9.37588	56	0.62412	9.40847	53	0.59153	38
23	9.34155	60	0.65845	9.37644	56	0.62356	9.40900	52	0.59100	37
24	9.34215	61	0.65785	9.37700	56	0.62300	9.40952	53	0.59048	36
25	9.34276	60	0.65724	9.37756	56	0.62244	9.41005	52	0.58995	35
26	9.34336	60	0.65664	9.37812	56	0.62188	9.41057	52	0.58943	34
27	9.34396	60	0.65604	9.37868	56	0.62132	9.41109	52	0.58891	33
28	9.34456	60	0.65544	9.37924	56	0.62076	9.41161	53	0.58839	32
29	9.34516	60	0.65484	9.37980	55	0.62020	9.41214	52	0.58786	31
30	9.34576	59	9.65424	9.38035	56	0.61965	9.41266	52	0.58734	30
31	9.34635	60	0.65365	9.38091	56	0.61909	9.41318	52	0.58682	29
32	9.34695	60	0.65305	9.38147	55	0.61853	9.41370	52	0.58630	28
33	9.34755	59	0.65245	9.38202	55	0.61798	9.41422	52	0.58578	27
34	9.34814	60	0.65186	9.38257	56	0.61743	9.41474	52	0.58526	26
35	9.34874	59	0.65126	9.38313	55	0.61687	9.41526	52	0.58474	25
36	9.34933	59	0.65067	9.38368	55	0.61632	9.41578	51	0.58422	24
37	9.34992	59	0.65008	9.38423	56	0.61577	9.41629	52	0.58371	23
38	9.35051	60	0.64949	9.38479	55	0.61521	9.41681	52	0.58319	22
39	9.35111	59	0.64889	9.38534	55	0.61466	9.41733	51	0.58267	21
40	9.35170	59	0.64830	9.38589	55	0.61411	9.41784	52	0.58216	20
41	9.35229	59	0.64771	9.38644	55	0.61356	9.41836	51	0.58164	19
42	9.35288	59	0.64712	9.38699	55	0.61301	9.41887	52	0.58113	18
43	9.35347	58	0.64653	9.38754	54	0.61246	9.41939	51	0.58061	17
44	9.35405	59	0.64595	9.38808	55	0.61192	9.41990	51	0.58010	16
45	9.35464	59	0.64536	9.38863	55	0.61137	9.42041	52	0.57959	15
46	9.35523	58	0.64477	9.38918	54	0.61082	9.42093	51	9.57907	14
47	9.55581	59	0.64419	9.38972	55	0.61028	9.42144	51	0.57856	13
48	9.35640	58	0.64360	9.39027	55	0.60973	9.42195	51	0.57805	12
49	9.35698	59	0.64302	9.39082	54	0.60918	9.42246	51	0.57754	11
50	9.35757	58	0.64243	9.39136	54	0.60864	9.42297	51	0.57703	10
51	9.35815	58	0.64185	9.39190	55	0.60810	9.42348	51	0.57652	9
52	9.35873	58	0.64127	9.39245	54	0.60755	9.42399	51	0.57601	8
53	9.35931	58	0.64069	9.39299	54	0.60701	9.42450	51	0.57550	7
54	9.35989	58	0.64011	9.39353	54	0.60647	9.42501	51	0.57499	6
55	9.36047	58	0.63953	9.39107	54	0.60593	9.42552	51	0.57448	5
56	9.36105	58	0.63895	9.39461	54	0.60539	9.42603	50	0.57397	4
57	9.36163	58	0.63837	9.39515	54	0.60485	9.42653	51	0.57347	3
58	9.36221	58	0.63779	9.39569	54	0.60431	9.42704	51	0.57296	2
59	9.36279	57	0.63721	9.39623	54	0.60377	9.42755	50	0.57245	1
60	9.36336		0.63664	9.39677		0.60323	9.42805		0.57195	0
	Cotang. 77°		Tang. 77°	Cotang. 76°		Tang. 76°	Cotang. 75°		Tang. 75°	'

'	Tang. 15°	Dif.	Cotang. 15°	Tang. 16°	Dif.	Cotang. 16°	Tang. 17°	Dif.	Cotang. 17°	
0	9.42805		0.57195	9.45750		0.54250	9.48534		0.51466	60
1	9.42856	51	0.57144	9.45797	47	0.54203	9.48579	45	0.51421	59
2	9.42906	50	0.57094	9.45845	48	0.54155	9.48624	45	0.51376	58
3	9.42957	51	0.57043	9.45892	47	0.54108	9.48669	45	0.51331	57
4	9.43007	50	0.56993	9.45940	48	0.54060	9.48714	45	0.51286	56
5	9.43057	50	0.56943	9.45987	47	0.54013	9.48759	45	0.51241	55
6	9.43108	51	0.56892	9.46035	48	0.53965	9.48804	45	0.51196	54
7	9.43158	50	0.56842	9.46082	47	0.53918	9.48849	45	0.51151	53
8	9.43208	50	0.56792	9.46130	48	0.53870	9.48894	45	0.51106	52
9	9.43258	50	0.56742	9.46177	47	0.53823	9.48939	45	0.51061	51
10	9.43308	50	0.56692	9.46224	47	0.53776	9.48984	45	0.51016	50
11	9.43358	50	0.56642	9.46271	47	0.53729	9.49029	45	0.50971	49
12	9.43408	50	0.56592	9.46319	48	0.53681	9.49073	44	0.50927	48
13	9.43458	50	0.56542	9.46366	47	0.53634	9.49118	45	0.50882	47
14	9.43508	50	0.56492	9.46413	47	0.53587	9.49163	45	0.50837	46
15	9.43558	50	0.56442	9.46460	47	0.53540	9.49207	44	0.50793	45
16	9.43607	49	0.56393	9.46507	47	0.53493	9.49252	45	0.50748	44
17	9.43657	50	0.56343	9.46554	47	0.53446	9.49296	44	0.50704	43
18	9.43707	50	0.56293	9.46601	47	0.53399	9.49341	45	0.50659	42
19	9.43756	49	0.56244	9.46648	47	0.53352	9.49385	44	0.50615	41
20	9.43806	50	0.56194	9.46694	46	0.53306	9.49430	45	0.50570	40
21	9.43855	49	0.56145	9.46741	47	0.53259	9.49474	44	0.50526	39
22	9.43905	50	0.56095	9.46788	47	0.53212	9.49519	45	0.50481	38
23	9.43954	49	0.56046	9.46835	47	0.53165	9.49563	44	0.50437	37
24	9.44004	50	0.55996	9.46881	46	0.53119	9.49607	44	0.50393	36
25	9.44053	49	0.55947	9.46928	47	0.53072	9.49652	45	0.50348	35
26	9.44102	49	0.55898	9.46975	47	0.53025	9.49696	44	0.50304	34
27	9.44151	49	0.55849	9.47021	46	0.52979	9.49740	44	0.50260	33
28	9.44201	50	0.55799	9.47068	47	0.52932	9.49784	44	0.50216	32
29	9.44250	49	0.55750	9.47114	46	0.52886	9.49828	44	0.50172	31
30	9.44299	49	0.55701	9.47160	46	0.52840	9.49872	44	0.50128	30
31	9.44348	49	0.55652	9.47207	47	0.52793	9.49916	44	0.50084	29
32	9.44397	49	0.55603	9.47253	46	0.52747	9.49960	44	0.50040	28
33	9.44446	49	0.55554	9.47299	46	0.52701	9.50004	44	0.49996	27
34	9.44495	49	0.55505	9.47346	47	0.52654	9.50048	44	0.49952	26
35	9.44544	49	0.55456	9.47392	46	0.52608	9.50092	44	0.49908	25
36	9.44592	48	0.55408	9.47438	46	0.52562	9.50136	44	0.49864	24
37	9.44641	49	0.55359	9.47484	46	0.52516	9.50180	44	0.49820	23
38	9.44690	49	0.55310	9.47530	46	0.52470	9.50223	43	0.49777	22
39	9.44738	48	0.55262	9.47576	46	0.52424	9.50267	44	0.49733	21
40	9.44787	49	0.55213	9.47622	46	0.52378	9.50311	44	0.49689	20
41	9.44836	49	0.55164	9.47668	46	0.52332	9.50355	44	0.49645	19
42	9.44884	48	0.55116	9.47714	46	0.52286	9.50398	43	0.49602	18
43	9.44933	49	0.55067	9.47760	46	0.52240	9.50442	44	0.49558	17
44	9.44981	48	0.55019	9.47806	46	0.52194	9.50485	43	0.49515	16
45	9.45029	48	0.54971	9.47852	46	0.52148	9.50529	44	0.49471	15
46	9.45078	49	0.54922	9.47897	45	0.52103	9.50572	43	0.49428	14
47	9.45126	48	0.54874	9.47943	46	0.52057	9.50616	44	0.49384	13
48	9.45174	48	0.54826	9.47989	46	0.52011	9.50659	43	0.49341	12
49	9.45222	48	0.54778	9.48035	46	0.51965	9.50703	44	0.49297	11
50	9.45271	49	0.54729	9.48080	45	0.51920	9.50746	43	0.49254	10
51	9.45319	48	0.54681	9.48126	46	0.51874	9.50789	43	0.49211	9
52	9.45367	48	0.54633	9.48171	45	0.51829	9.50833	44	0.49167	8
53	9.45415	48	0.54585	9.48217	46	0.51783	9.50876	43	0.49124	7
54	9.45463	48	0.54537	9.48262	45	0.51738	9.50919	43	0.49081	6
55	9.45511	48	0.54489	9.48307	45	0.51693	9.50962	43	0.49038	5
56	9.45559	48	0.54441	9.48353	46	0.51647	9.51005	43	0.48995	4
57	9.45606	47	0.54394	9.48398	45	0.51602	9.51048	43	0.48952	3
58	9.45654	48	0.54346	9.48443	45	0.51557	9.51092	44	0.48908	2
59	9.45702	48	0.54298	9.48489	46	0.51511	9.51135	43	0.48865	1
60	9.45750	48	0.54250	9.48534	45	0.51466	9.51178	43	0.48822	0
	Cotang. 74°		Tang. 74°	Cotang. 73°		Tang. 73°	Cotang. 72°		Tang. 72°	'

′	Tang. 18°	Dif.	Cotang. 18°	Tang. 19°	Dif.	Cotang. 19°	Tang. 20°	Dif.	Cotang. 20°	
0	9.51178		0.48822	9.53697		0.46303	9.56107		0.43893	60
1	9.51221	43	0.48779	9.53738	41	0.46262	9.56146	39	0.43854	59
2	9.51264	43	0.48736	9.53779	41	0.46221	9.56185	39	0.43815	58
3	9.51306	42	0.48694	9.53820	41	0.46180	9.56224	39	0.43776	57
4	9.41349	43	0.48651	9.53861	41	0.46139	9.56264	40	0.43736	56
5	9.51392	43	0.48608	9.53902	41	0.46098	9.56303	39	0.43697	55
6	9.51435	43	0.48565	9.53943	41	0.46057	9.56342	39	0.43658	54
7	9.51478	43	0.48522	9.53984	41	0.46016	9.56381	39	0.43619	53
8	9.51520	42	0.48480	9.54025	41	0.45975	9.56420	39	0.43580	52
9	9.51563	43	0.48437	9.54065	40	0.45935	9.56459	39	0.43541	51
10	9.51606	43	0.48394	9.54106	41	0.45894	9.56498	39	0.43502	50
11	9.51648	42	0.48352	9.54147	41	0.45853	9.56537	39	0.43463	49
12	9.51691	43	0.48309	9.54187	40	0.45813	9.56576	39	0.43424	48
13	9.51734	43	0.48266	9.54228	41	0.45772	9.56615	39	0.43385	47
14	9.51776	42	0.48224	9.54269	41	0.45731	9.56654	39	0.43346	46
15	9.51819	43	0.48181	9.54309	40	0.45691	9.56693	39	0.43307	45
16	9 51861	42	0.48139	9.54350	41	0.45650	9.56732	39	0.43268	44
17	9.51903	42	0.48097	9.54390	40	0.45610	9.56771	39	0.43229	43
18	9.51946	43	0.48054	9.54431	41	0.45569	9.56810	39	0.43190	42
19	9.51988	42	0.48012	9.54471	40	0.45529	9.56849	39	0.43151	41
20	9.52031	43	0.47969	9.54512	41	0.45488	9.56887	38	0.43113	40
21	9.52073	42	0.47927	9.54552	40	0.45448	9.56926	39	0.43074	39
22	9.52115	42	0.47885	9.54593	41	0.45407	9.56965	39	0.43035	38
23	9.52157	42	0.47843	9.54633	40	0.45367	9.57004	39	0.42996	37
24	9.52200	43	0.47800	9.54673	40	0.45327	9.57042	38	0.42958	36
25	9.52242	42	0.47758	9.54714	41	0.45286	9.57081	39	0.42919	35
26	9.52284	42	0.47716	9.54754	40	0.45246	9.57120	39	0.42880	34
27	9.52326	42	0.47674	9.54794	40	0.45206	9.57158	38	0.42842	33
28	9.52368	42	0.47632	9.54835	41	0.45165	9.57197	39	0.42803	32
29	9.52410	42	0.47590	9.54875	40	0.45125	9.57235	38	0.42765	31
30	9.52452	42	0.47548	9.54915	40	0.45085	9.57274	39	0.42726	30
31	9.52494	42	0.47506	9.54955	40	0.45045	9.57312	38	0.42688	29
32	9.52536	42	0.47464	9.54995	40	0.45005	9.57351	39	0.42649	28
33	9.52578	42	0.47422	9.55035	40	0.44965	9.57389	38	0.42611	27
34	9.52620	42	0.47380	9.55075	40	0.44925	9.57428	39	0.42572	26
35	9.52661	41	0.47339	9.55115	40	0.44885	9.57466	38	0.42534	25
36	9.52703	42	0.47297	9.55155	40	0.44845	9.57504	38	0.42496	24
37	9.52745	42	0.47255	9.55195	40	0.44805	9.57543	39	0.42457	23
38	9.52787	42	0.47213	9.55235	40	0.44765	9.57581	38	0.42419	22
39	9.52829	42	0.47171	9.55275	40	0.44725	9.57619	38	0.42381	21
40	9.52870	41	0.47130	9.55315	40	0.44685	9.57658	39	0.42342	20
41	9.52912	42	0.47088	9.55355	40	0.44645	9.57696	38	0.42304	19
42	9.52953	41	0.47047	9.55395	40	0.44605	9.57734	38	0.42266	18
43	9.52995	42	0.47005	9.55434	39	0.44566	9.57772	38	0.42228	17
44	9.53037	42	0.46963	9.55474	40	0.44526	9.57810	38	0.42190	16
45	9.53078	41	0.46922	9.55514	40	0.44486	9.57849	39	0.42151	15
46	9.53120	42	0.46880	9.55554	40	0.44446	9.57887	38	0.42113	14
47	9.53161	41	0.46839	9.55593	39	0 44407	9.57925	38	0.42075	13
48	9.53202	41	0.46798	9.55633	40	0.44367	9.57963	38	0.42037	12
49	9.53244	42	0.46756	9.55673	40	0.44327	9.58001	38	0.41999	11
50	9.53285	41	0.46715	9.55712	39	0.44288	9.58039	38	0.41961	10
51	9.53327	42	0.46673	9.55752	40	0.44248	9.58077	38	0.41923	9
52	9.53368	41	0.46632	9.55791	39	0.44209	9.58115	38	0.41885	8
53	9.53409	41	0.46591	9.55831	40	0.44169	9.58153	38	0.41847	7
54	9.53450	41	0.46550	9.55870	39	0.44130	9.58191	38	0.41809	6
55	9.53492	42	0.46508	9.55910	40	0.44090	9.58229	38	0.41771	5
56	9.53533	41	0·46467	9.55949	39	0.44051	9.58267	38	0.41733	4
57	9.53574	41	0.46426	9.55989	40	0.44011	9.58304	37	0.41696	3
58	9.53615	41	0.46385	9.56028	39	0.43972	9.58342	38	0.41658	2
59	9.53656	41	0.46344	9.56067	39	0.43933	9.58380	38	0.41620	1
60	9.53697	41	0.46303	9.56107	40	0.43893	9.48418	38	0.41582	0
	Cotang. 71°		Tang. 71°	Cotang. 70°		Tang. 70°	Cotang. 69°		Tang. 69°	′

′	Tang. 21°	Dif.	Cotang. 21°	Tang. 22°	Dif.	Cotang. 22°	Tang. 23°	Dif.	Cotang. 23°	
0	9.58418		0.41582	9.60641		0.39359	9.62785		0.37215	60
1	9.58455	37	0.41545	9.60677	36	0.39323	9.62820	35	0.37180	59
2	9.58493	38	0.41507	9.60714	37	0.39286	9.62855	35	0.37145	58
3	9.58531	38	0.41469	9.60750	36	0.39250	9.62890	35	0.37110	57
4	9.58569	38	0.41431	9.60786	36	0.39214	9.62926	36	0.37074	56
5	9.58606	37	0.41394	9.60823	37	0.39177	9.62961	35	0.37039	55
6	9.58644	38	0.41356	9.60859	36	0.39141	9.62996	35	0.37004	54
7	9.58681	37	0.41319	9.60895	36	0.39105	9.63031	35	0.36969	53
8	9.58719	38	0.41281	9.60931	36	0.39069	9.63066	35	0.36934	52
9	9.58757	38	0.41243	9.60967	36	0.69033	9.63101	35	0.36899	51
10	9.58794	37	0.41206	9.61004	37	0.38996	9.63135	34	0.36865	50
11	9.58832	38	0.41168	9.61040	36	0.38960	9.63170	35	0.36830	49
12	9.58869	37	0.41131	9.61076	36	0.38924	9.63205	35	0.36795	48
13	9.58907	38	0.41093	9.61112	36	0.38888	9.63240	35	0.36760	47
14	9.58944	37	0.41056	9.61148	36	0.38852	9.63275	35	0.36725	46
15	9.58981	37	0.41019	9.61184	36	0.38816	9.63310	35	0.36690	45
16	9.59019	38	0.40981	9.61220	36	0.38780	9.63345	35	0.36655	44
17	9.59056	37	0.40944	9.61256	36	0.38744	9.63379	34	0.36621	43
18	9.59094	38	0.40906	9.61292	36	0.38708	9.63414	35	0.36586	42
19	9.59131	37	0.40869	9.61328	36	0.38672	9.63449	35	0.36551	41
20	9.59168	37	0.40832	9.61364	36	0.38636	9.63484	35	0.36516	40
21	9.59205	37	0.40795	9.61400	36	0.38600	9.63519	35	0.36481	39
22	9.59243	38	0.40757	9.61436	36	0.38564	9.63553	34	0.36447	38
23	9.59280	37	0.40720	9.61472	36	0.38528	9.63588	35	0.36412	37
24	9.59317	37	0.40683	9.61508	36	0.38492	9.63623	35	0.36377	36
25	9.59354	37	0.40646	9.61544	36	0.38456	9.63657	34	0.36343	35
26	9.59391	37	0.40609	9.61579	35	0.38421	9.63692	35	0.36308	34
27	9.59429	38	0.40571	9.61615	36	0.38385	9.63726	34	0.36274	33
28	9.59466	37	0.40534	9.61651	36	0.38349	9.63761	35	0.36239	32
29	9.59503	37	0.40497	9.61687	36	0.38313	9.63796	35	0.36204	31
30	9.59540	37	0.40460	9.61722	35	0.38278	9.63830	34	0.36170	30
31	9.59577	37	0.40423	9.61758	36	0.38242	9.63865	35	0.36135	29
32	9.59614	37	0.40386	9.61794	36	0.38206	9.63899	34	0.36101	28
33	9.59651	37	0.40349	9.61830	36	0.38170	9.63934	35	0.36066	27
34	9.59688	37	0.40312	9.61865	35	0.38135	9.63968	34	0.36032	26
35	9.59725	37	0.40275	9.61901	36	0.38099	9.64003	35	0.35997	25
36	9.59762	37	0.40238	9.61936	35	0.38064	9.64037	34	0.35963	24
37	9.59799	37	0.40201	9.61972	36	0.38028	9.64072	35	0.35928	23
38	9.59835	36	0.40165	9.62008	36	0.37992	9.64106	34	0.35894	22
39	9.59872	37	0.40128	9.62043	35	0.37957	9.64140	34	0.35860	21
40	9.59909	37	0.40091	9.62079	36	0.37921	9.64175	35	0.35825	20
41	9.59946	37	0.40054	9.62114	35	0.37886	9.64209	34	0.35791	19
42	9.59983	37	0.40017	9.62150	36	0.37850	9.64243	34	0.35757	18
43	9.60019	36	0.39981	9.62185	35	0.37815	9.64278	35	0.35722	17
44	9.60056	37	0.39944	9.62221	36	0.37779	9.64312	34	0.35688	16
45	9.60093	37	0.39907	9.62256	35	0.37744	9.64346	34	0.35654	15
46	9.60130	37	0.39870	9.62292	36	0.37708	9.64381	35	0.35619	14
47	9.60166	36	0.39834	9.62327	35	0.37673	9.64415	34	0.35585	13
48	9.60203	37	0.39797	9.62362	35	0.37638	9.64449	34	0.35551	12
49	9.60240	37	0.39760	9.62398	36	0.37602	9.64483	34	0.35517	11
50	9.60276	36	0.39724	9.62433	35	0.37567	9.64517	34	0.35483	10
51	9.60313	37	0.39687	9.62468	35	0.37532	9.64552	35	0.35448	9
52	9.60349	36	0.39651	9.62504	36	0.37496	9.64586	34	0.35414	8
53	9.60386	37	0.39614	9.62539	35	0.37461	9.64620	34	0.35380	7
54	9.60422	36	0.39578	9.62571	35	0.37426	9.64654	34	0.35346	6
55	9.60459	37	0.39541	9.62609	35	0.37391	9.64688	34	0.35312	5
56	9.60495	36	0.39505	9.62645	36	0.37355	9.64722	34	0.35278	4
57	9.60532	37	0.39468	9.62680	35	0.37320	9.64756	34	0.35244	3
58	9.60568	36	0.39432	9.62715	35	0.37285	9.64790	34	0.35210	2
59	9.60605	37	0.39395	9.62750	35	0.37250	9.64824	34	0.35176	1
60	9.60641	36	0.39359	9.62785	35	0.37215	9.64858	34	0.35142	0
	Cotang. 68°		Tang. 68°	Cotang. 67°		Tang. 67°	Cotang. 66°		Tang. 66°	′

′	Tang. 24°	Dif.	Cotang. 24°	Tang. 25°	Dif.	Cotang. 25°	Tang. 26°	Dif.	Cotang. 26°	
0	9.64858		0.35142	9.66867		0.33133	9.68818		0.31182	60
1	9.64892	34	0.35108	9.66900	33	0.33100	9.68850	32	0.31150	59
2	9.64926	34	0.35074	9.66933	33	0.33067	9.68882	32	0.31118	58
3	9.64960	34	0.35040	9.66966	33	0.33034	9.68914	32	0.31086	57
4	9.64994	34	0.35006	9.66999	33	0.33001	9.68946	32	0.31054	56
5	9.65028	34	0.34972	9.67032	33	0.32968	9.68978	32	0.31022	55
6	9.65062	34	0.34938	9.67065	33	0.32935	9.69010	32	0.30990	54
7	9.65096	34	0.34904	9.67098	33	0.32902	9.69042	32	0.30958	53
8	9.65130	34	0.34870	9.67131	33	0.32869	9.69074	32	0.30926	52
9	9.65164	34	0.34836	9.67163	32	0.32837	9.69106	32	0.30894	51
10	9.65197	33	0.34803	9.67196	33	0.32804	9.69138	32	0.30862	50
11	9.65231	34	0.34769	9.67229	33	0.32771	9.69170	32	0.30830	49
12	9.65265	34	0.34735	9.67262	33	0.32738	9.69202	32	0.30798	48
13	9.65299	34	0.34701	9.67295	33	0.32705	9.69234	32	0.30766	47
14	9.65333	34	0.34667	9.67327	32	0.32673	9.69266	32	0.30734	46
15	9.65366	33	0.34634	9.67360	33	0.32640	9.69298	32	0.30702	45
16	9.65400	34	0.34600	9.67393	33	0.32607	9.69329	31	0.30671	44
17	9.65434	34	0.34566	9.67426	33	0.32574	9.69361	32	0.30639	43
18	9.65467	33	0.34533	9.67458	32	0.32542	9.69393	32	0.30607	42
19	9.65501	34	0.34499	9.67491	33	0.32509	9.69425	32	0.30575	41
20	9.65535	34	0.34465	9.67524	33	0.32476	9.69457	32	0.30543	40
21	9.65568	33	0.34432	9.67556	32	0.32444	9.69488	31	0.30512	39
22	9.65602	34	0.34398	9.67589	33	0.32411	9.69520	32	0.30480	38
23	9.65636	34	0.34364	9.67622	33	0.32378	9.69552	32	0.30448	37
24	9.65669	33	0.34331	9.67654	32	0.32346	9.69584	32	0.30416	36
25	9.65703	34	0.34297	9.67687	33	0.32313	9.69615	31	0.30385	35
26	9.65736	33	0.34264	9.67719	32	0.32281	9.69647	32	0.30353	34
27	9.65770	34	0.34230	9.67752	33	0.32248	9.69679	32	0.30321	33
28	9.65803	33	0.34197	9.67785	33	0.32215	9.69710	31	0.30290	32
29	9.65837	34	0.34163	9.67817	32	0.32183	9.69742	32	0.30258	31
30	9.65870	33	0.34130	9.67850	33	0.32150	9.69774	32	0.30226	30
31	9.65904	34	0.34096	9.67882	32	0.32118	9.69805	31	0.30195	29
32	9.65937	33	0.34063	9.67915	33	0.32085	9.69837	32	0.30163	28
33	9.65971	34	0.34029	9.67947	32	0.32053	9.69868	31	0.30132	27
34	9.66004	33	0.33996	9.67980	33	0.32020	9.69900	32	0.30100	26
35	9.66038	34	0.33962	9.68012	32	0.31988	9.69932	32	0.30068	25
36	9.66071	33	0.33929	9.68044	32	0.31956	9.69963	31	0.30037	24
37	9.66104	33	0.33896	9.68077	33	0.31923	9.69995	32	0.30005	23
38	9.66138	34	0.33862	9.68109	32	0.31891	9.70026	31	0.29974	22
39	9.66171	33	0.33829	9.68142	33	0.31858	9.70058	32	0.29942	21
40	9.66204	33	0.33796	9.68174	32	0.31826	9.70089	31	0.29911	20
41	9.66238	34	0.33762	9.68206	32	0.31794	9.70121	32	0.29879	19
42	9.66271	33	0.33729	9.68239	33	0.31761	9.70152	31	0.29848	18
43	9.66304	33	0.33696	9.68271	32	0.31729	9.70184	32	0.29816	17
44	9.66337	33	0.33663	9.68303	32	0.31697	9.70215	31	0.29785	16
45	9.66371	34	0.33629	9.68336	33	0.31664	9.70247	32	0.29753	15
46	9.66404	33	0.33596	9.68368	32	0.31632	9.70278	31	0.29722	14
47	9.66437	33	0.33563	9.68400	32	0.31600	9.70309	31	0.29691	13
48	9.66470	33	0.33530	9.68432	32	0.31568	9.70341	32	0.29659	12
49	9.66503	33	0.33497	9.68465	33	0.31535	9.70372	31	0.29628	11
50	9.66537	34	0.33463	9.68497	32	0.31503	9.70404	32	0.29596	10
51	9.66570	33	0.33430	9.68529	32	0.31471	9.70435	31	0.29565	9
52	9.66603	33	0.33397	9.68561	32	0.31439	9.70466	31	0.29534	8
53	9.66636	33	0.33364	9.68593	32	0.31407	9.70498	32	0.29502	7
54	9.66669	33	0.33331	9.68626	33	0.31374	9.70529	31	0.29471	6
55	9.66702	33	0.33298	9.68658	32	0.31342	9.70560	31	0.29440	5
56	9.66735	33	0.33265	9.68690	32	0.31310	9.70592	32	0.29408	4
57	9.66768	33	0.33232	9.68722	32	0.31278	9.70623	31	0.29377	3
58	9.66801	33	0.33199	9.68754	32	0.31246	9.70654	31	0.29346	2
59	9.66834	33	0.33166	9.68786	32	0.31214	9.70685	31	0.29315	1
60	9.66867	33	0.33133	9.68818	32	0.31182	9.70717	32	0.29283	0
	Cotang. 65°		Tang. 65°	Cotang. 64°		Tang. 64°	Cotang. 63°		Tang. 63°	

′	Tang. 27°	Dif.	Cotang. 27°	Tang. 28°	Dif.	Cotang. 28°	Tang. 29°	Dif.	Cotang. 29°	
0	9.70717		0.29283	9.72567		0.27433	9.74375		0.25625	60
1	9.70748	31	0.29252	9.72598	31	0.27402	9.74405	30	0.25595	59
2	9.70779	31	0.29221	9.72628	30	0.27372	9.74435	30	0.25565	58
3	9.70810	31	0.29190	9.72659	31	0.27341	9.74465	30	0.25535	57
4	9.70841	31	0.29159	9.72689	30	0.27311	9.74494	29	0.25506	56
5	9.70873	32	0.29127	9.72720	31	0.27280	9.74524	30	0.25476	55
6	9.70904	31	0.29096	9.72750	30	0.27250	9.74554	30	0.25446	54
7	9.70935	31	0.29065	9.72780	30	0.27220	9.74583	29	0.25417	53
8	9.70966	31	0.29034	9.72811	31	0.27189	9.74613	30	0.25387	52
9	9.70997	31	0.29003	9.72841	30	0.27159	9.74643	30	0.25357	51
10	9.71028	31	0.28972	9.72872	31	0.27128	9.74673	30	0.25327	50
11	9.71059	31	0.28941	9.72902	30	0.27098	9.74702	29	0.25298	49
12	9.71090	31	0.28910	9.72932	30	0.27068	9.74732	30	0.25268	48
13	9.71121	31	0.28879	9.72963	31	0.27037	9.74762	30	0.25238	47
14	9.71153	32	0.28847	9.72993	30	0.27007	9.74791	29	0.25209	46
15	9.71184	31	0.28816	9.73023	30	0.26977	9.74821	30	0.25179	45
16	9.71215	31	0.28785	9.73054	31	0.26946	9.74851	30	0.25149	44
17	9.71246	31	0.28754	9.73084	30	0.26916	9.74880	29	0.25120	43
18	9.71277	31	0.28723	9.73114	30	0.26886	9.74910	30	0.25090	42
19	9.71308	31	0.28692	9.73144	30	0.26856	9.74939	29	0.25061	41
20	9.71339	31	0.28661	9.73175	31	0.26825	9.74969	30	0.25031	40
21	9.71370	31	0.28630	9.73205	30	0.26795	9.74998	29	0.25002	39
22	9.71401	31	0.28599	9.73235	30	0.26765	9.75028	30	0.24972	38
23	9.71431	30	0.28569	9.73265	30	0.26735	9.75058	30	0.24942	37
24	9.71462	31	0.28538	9.73295	30	0.26705	9.75087	29	0.24913	36
25	9.71493	31	0.28507	9.73326	31	0.26674	9.75117	30	0.24883	35
26	9.71524	31	0.28476	9.73356	30	0.26644	9.75146	29	0.24854	34
27	9.71555	31	0.28445	9.73386	30	0.26614	9.75176	30	0.24824	33
28	9.71586	31	0.28414	9.73416	30	0.26584	9.75205	29	0.24795	32
29	9.71617	31	0.28383	9.73446	30	0.26554	9.75235	30	0.24765	31
30	9.71648	31	0.28352	9.73476	30	0.26524	9.75264	29	0.24736	30
31	9.71679	31	0.28321	9.73507	31	0.26493	9.75294	30	0.24706	29
32	9.71709	30	0.28291	9.73537	30	0.26463	9.75323	29	0.24677	28
33	9.71740	31	0.28260	9.73567	30	0.26433	9.75353	30	0.24647	27
34	9.71771	31	0.28229	9.73597	30	0.26403	9.75382	29	0.24618	26
35	9.71802	31	0.28198	9.73627	30	0.26373	9.75411	29	0.24589	25
36	9.71833	31	0.28167	9.73657	30	0.26343	9.75441	30	0.24559	24
37	9.71863	30	0.28137	9.73687	30	0.26313	9.75470	29	0.24530	23
38	9.71894	31	0.28106	9.73717	30	0.26283	9.75500	30	0.24500	22
39	9.71925	31	0.28075	9.73747	30	0.26253	9.75529	29	0.24471	21
40	9.71955	30	0.28045	9.73777	30	0.26223	9.75558	29	0.24442	20
41	9.71986	31	0.28014	9.73807	30	0.26193	9.75588	30	0.24412	19
42	9.72017	31	0.27983	9.73837	30	0.26163	9.75617	29	0.24383	18
43	9.72048	31	0.27952	9.73867	30	0.26133	9.75647	30	0.24353	17
44	9.72078	30	0.27922	9.73897	30	0.26103	9.75676	29	0.24324	16
45	9.72109	31	0.27891	9.73927	30	0.26073	9.75705	29	0.24295	15
46	9.72140	31	0.27860	9.73957	30	0.26043	9.75735	30	0.24265	14
47	9.72170	30	0.27830	9.73987	30	0.26013	9.75764	29	0.24236	13
48	9.72201	31	0.27799	9.74017	30	0.25983	9.75793	29	0.24207	12
49	9.72231	30	0.27769	9.74047	30	0.25953	9.75822	29	0.24178	11
50	9.72262	31	0.27738	9.74077	30	0.25923	9.75852	30	0.24148	10
51	9.72293	31	0.27707	9.74107	30	0.25893	9.75881	29	0.24119	9
52	9.72323	30	0.27677	9.74137	30	0.25863	9.75910	29	0.24090	8
53	9.72354	31	0.27646	9.74166	29	0.25834	9.75939	29	0.24061	7
54	9.72384	30	0.27616	9.74196	30	0.25804	9.75969	30	0.24031	6
55	9.72415	31	0.27585	9.74226	30	0.25774	9.75998	29	0.24002	5
56	9.72445	30	0.27555	9.74256	30	0.25744	9.76027	29	0.23973	4
57	9.72476	31	0.27524	9.74286	30	0.25714	9.76056	29	0.23944	3
58	9.72506	30	0.27494	9.64316	30	0.25684	9.76086	30	0.23914	2
59	9.72537	31	0.27463	9.74345	29	0.25655	9.76115	29	0.23885	1
60	9.72567	30	0.27433	9.74375	30	0.25625	9.76144	29	0.23856	0
	Cotang. 62°		Tang. 62°	Cotang. 61°		Tang. 61°	Cotang. 60°		Tang. 60°	′

'	Tang. 30°	Dif.	Cotang. 30°	Tang. 31°	Dif.	Cotang. 31°	Tang. 32°	Dif.	Cotang. 32°	
0	9.76144	29	0.23856	9.77877	29	0.22123	9.79579	28	0.20421	60
1	9.76173	29	0.23827	9.77906	29	0.22094	9.79607	28	0.20393	59
2	9.76202	29	0.23798	9.77935	28	0.22065	9.79635	28	0.20365	58
3	9.76231	30	0.23769	9.77963	29	0.22037	9.79663	28	0.20337	57
4	9.76261	29	0.23739	9.77992	28	0.22008	9.79691	28	0.20309	56
5	9.76290	29	0.23710	9.78020	29	0.21980	9.79719	28	0.20281	55
6	9.76319	29	0.23681	9.78049	28	0.21951	9.79747	29	0.20253	54
7	9.76348	29	0.23652	9.78077	29	0.21923	9.79776	28	0.20224	53
8	9.76377	29	0.23623	9.78106	29	0.21894	9.79804	28	0.20196	52
9	9.76406	29	0.23594	9.78135	28	0.21865	9.79832	28	0.20168	51
10	9.76435	29	0.23565	9.78163	29	0.11837	9.79860	28	0.20140	50
11	9.76464	29	0.23536	9.78192	28	0.21808	9.79888	28	0.20112	49
12	9.76493	29	0.23507	9.78220	29	0.21780	9.79916	28	0.20084	48
13	9.76522	29	0.23478	9.78249	28	0.21751	9.79944	28	0.20056	47
14	9.76551	29	0 23449	9.78277	29	0.21723	9.79972	28	0.20028	46
15	9.76580	29	0.23420	9.78306	28	0.21694	9.80000	28	0.20000	45
16	9.76609	30	0.23391	9.78334	29	0.21666	9.80028	28	0.19972	44
17	9.76639	29	0.23361	9.78363	28	0.21637	9.80056	28	0.19944	43
18	9.76668	29	0.23332	9.78391	28	0.21609	9.80084	28	0.19916	42
19	9.76697	28	0.23303	9.78419	29	0.21581	9.80112	28	0.19888	41
20	9.76725	29	0.23275	9.78448	28	0.31552	9.80140	28	0.19860	40
21	9.76754	29	0.23246	9.78476	29	0.21524	9.80168	27	0.19832	39
22	9.76783	29	0.23217	9.78505	28	0.21495	9.80195	28	0.19805	38
23	9.76812	29	0.23188	9.78533	29	0.21467	9.80223	28	0.19777	37
24	9.76841	29	0.23159	9.78562	28	0.21438	9.80251	28	0.19749	36
25	9.76870	29	0.23130	9.78590	28	0.21410	9.80279	28	0.19721	35
26	9.76899	29	0.23101	9.78618	29	0.21382	9.80307	28	0.19693	34
27	9.76928	29	0.23072	9.78647	28	0.21353	9.80335	28	0.19665	33
28	9.76957	29	0.23043	9.78675	29	0.21325	9.80363	28	0.19637	32
29	9.76986	29	0.23014	9.78704	28	0.21296	9.80391	28	0.10609	31
30	9.77015	29	0.22985	9.78732	28	0.21268	9.80419	28	0.19581	30
31	9.77044	29	0.22956	9.78760	29	0.21240	9.80447	27	0.19553	29
32	9.77073	28	0.22927	9.78789	28	0.21211	9.80474	28	0.19526	28
33	9.77101	29	0.22899	9.78817	28	0.21183	9.80502	28	0.19498	27
34	9.77130	29	0.22870	9.78845	29	0.21155	9.80530	28	0.19470	26
35	9.77159	29	0.22841	9.78874	28	0.21126	9.80558	28	0.19442	25
36	9.77188	29	0.22812	9 78902	28	0.21098	9.80586	28	0.19414	24
37	9.77217	29	0.22783	9.78930	29	0.21070	9.80614	28	0.19386	23
38	9.77246	28	0.22754	9.78959	28	0.21041	9.80642	27	0.19358	22
39	9.77274	29	0.22726	9.78987	28	0.21013	9.80669	28	0.19331	21
40	9.77303	29	0.22697	9.79015	28	0.20985	9.80697	28	0.19303	20
41	9.77332	29	0.22668	9.79043	29	0·20957	9.80725	28	0.19275	19
42	9.77361	29	0.22639	9.79072	28	0.20928	9.80753	28	0.19247	18
43	9.77390	28	0.22610	9.79100	28	0.20900	9.80781	27	0.19219	17
44	9.77418	29	0.22582	9.79128	28	0.20872	9.80808	28	0.19192	16
45	9.77447	29	0.22553	9.79156	29	0.20844	9.80836	28	0.19164	15
46	9.77476	29	0.22524	9.79185	28	0.20815	9.80864	28	0.19136	14
47	9.77505	28	0.22495	9.79213	28	0.20787	9.80892	27	0.19108	13
48	9.77533	29	0.22467	9.79241	28	0.20759	9.80919	28	0.19081	12
49	9.77562	29	0.22438	9.79269	28	0.20731	9.80947	28	0.19053	11
50	9.77591	28	0.22409	9.79297	29	0.20703	9.80975	28	0.19025	10
51	9.77619	29	0.22381	9.79326	28	0.20674	9.81003	27	0.18997	9
52	9.77648	29	0.22352	9.79354	28	0.20646	9.81030	28	0.18970	8
53	9.77677	29	0.22323	9.79382	28	0.20618	9.81058	28	0.18942	7
54	9.77706	28	0.22294	9.79410	28	0.20590	9.81086	27	0.18914	6
55	9.77734	29	0.22266	9.79438	28	0.20562	9.81113	28	0.18887	5
56	9.77763	28	0.22237	9.79466	29	0.20534	9.81141	28	0.18859	4
57	9.77791	29	0.22209	9.79495	28	0.20505	9.81169	27	0.18831	3
58	9.77820	29	0.22180	9.79523	28	0.20477	9.81196	28	0.18804	2
59	9.77849	28	0.22151	9.79551	28	0.20449	9.81224	28	0.18776	1
60	9.77877		0.22123	9.79579		0.20421	9.81252		0.18748	0
	Cotang. 59°		Tang. 59°	Cotang. 58°		Tang. 58°	Cotang. 57°		Tang. 57°	

'	Tang. 33°	Dif.	Cotang. 33°	Tang. 34°	Dif.	Cotang. 34°	Tang. 35°	Dif.	Cotang. 35°	
0	9.81252	27	0.18748	9.82899	27	0.17101	9.84523	27	0.15477	60
1	9.81279	28	0.18721	9.82926	27	0.17074	9.84550	26	0.15450	59
2	9.81307	28	0.18693	9.82953	27	0.17047	9.84576	27	0.15424	58
3	9.81335	27	0.18665	9.82980	28	0.17020	9.84603	27	0.15397	57
4	9.81362	28	0.18638	9.83008	27	0.16992	9.84630	27	0.15370	56
5	9.81390	28	0.18610	9.83035	27	0.16965	9.84657	27	0.15343	55
6	9.81418	27	0.18582	9.83062	27	0.16938	9.84684	27	0.15316	54
7	9.81445	28	0.18555	9.83089	28	0.16911	9.84711	27	0.15289	53
8	9.81473	27	0.18527	9.83117	27	0.16883	9.84738	26	0.15262	52
9	9.81500	28	0.18500	9.83144	27	0.16856	9.84764	27	0.15236	51
10	9.81528	28	0.18472	9.83171	27	0.16829	9.84791	27	0.15209	50
11	9.81556	27	0.18444	9.83198	27	0.16802	9.84818	27	0.15182	49
12	9.81583	28	0.18417	9.83225	27	0.16775	9.94845	27	0.15155	48
13	9.81611	27	0.18389	9.83252	28	0.16748	9.84872	27	0.15128	47
14	9.81638	28	0.18362	9.83280	27	0.16720	9.84899	26	0.15101	46
15	9.81666	27	0.18334	9.83307	27	0.16693	9.84925	27	0.15075	45
16	9.81693	28	0.18307	9.83334	27	0.16666	9.84952	27	0.15048	44
17	9.81721	27	0.18279	9.83361	27	0.16639	9.84979	27	0.15021	43
18	9.81748	28	0.18252	9.83388	27	0.16612	9.85006	27	0.14994	42
19	9.81776	27	0.18224	9.83415	27	0.16585	9.85033	26	0.14967	41
20	9.81803	28	0.18197	9.83442	28	0.16558	9.85059	27	0.14941	40
21	9.81831	27	0.18169	9.83470	27	0.16530	9.85086	27	0.14914	39
22	9.81858	28	0.18142	9.83497	27	0.16503	9.85113	27	0.14887	38
23	9.81886	27	0.18114	9.83524	27	0.16476	9.85140	26	0.14860	37
24	9.81913	28	0.18087	9.83551	27	0.16449	9.85166	27	0.14834	36
25	9.81941	27	0.18059	9.83578	27	0.16422	9.85193	27	0.14807	35
26	9.81968	28	0.18032	9.83605	27	0.16395	9.85220	27	0.14780	34
27	9.81996	27	0.18004	9.83632	27	0.16368	9.85247	26	0.14753	33
28	9.82023	28	0.17977	9.83659	27	0.16341	9.85273	27	0.14727	32
29	9.82051	27	0.17949	9.83686	27	0.16314	9.85300	27	0.14700	31
30	9.82078	28	0.17922	9.83713	27	0.16287	9.85327	27	0.14673	30
31	9.82106	27	0.17894	9.83740	28	0.16260	9.85354	26	0.14646	29
32	9.82133	28	0.17867	9.83768	27	0.16232	9.85380	27	0.14620	28
33	9.82161	27	0.17839	9.83795	27	0.16205	9.85407	27	0.14593	27
34	9.82188	27	0.17812	9.83822	27	0.16178	9.85434	26	0.14566	26
35	9.82215	28	0.17785	9.83849	27	0.16151	9.85460	27	0.14540	25
36	9.82243	27	0.17757	9.83876	27	0.16124	9.85487	27	0.14513	24
37	9.82270	28	0.17730	9.83903	27	0.16097	9.85514	26	0.14486	23
38	9.82298	27	0.17702	9.83930	27	0.16070	9.85540	27	0.14460	22
39	9.82325	27	0.17675	9.83957	27	0.16043	9.85567	27	0.14433	21
40	9.82352	28	0.17648	9.83984	27	0.16016	9.85594	26	0.14406	20
41	9.82380	27	0.17620	9.84011	27	0.15989	9.85620	27	0.14380	19
42	9.82407	28	0.17593	9.84038	27	0.15962	9.85647	27	0.14353	18
43	9.82435	27	0.17565	9.84065	27	0.15935	9.85674	26	0.14326	17
44	9.82462	27	0.17538	9.84092	27	0.15908	9.85700	27	0.14300	16
45	9.82489	28	0.17511	9.84119	27	0.15881	9.85727	27	0.14273	15
46	9.82517	27	0.17483	9.84146	27	0.15854	9.85754	26	0.14246	14
47	9.82544	27	0.17456	9.84173	27	0.15827	9.85780	27	0.14220	13
48	9.82571	28	0.17429	9.84200	27	0.15800	9.85807	27	0.14193	12
49	9.82599	27	0.17401	9.84227	27	0.15773	9.85834	26	0.14166	11
50	9.82626	27	0.17374	9.84254	26	0.15746	9.85860	27	0.14140	10
51	9.82653	28	0.17347	9.84280	27	0.15720	9.85887	26	0.14113	9
52	9.82681	27	0.17319	9.84307	27	0.15693	9.85913	27	0.14087	8
53	9.82708	27	0.17292	9.84334	27	0.15666	9.85940	27	0.14060	7
54	9.82735	27	0.17265	9.84361	27	0.15639	9.85967	26	0.14033	6
55	9.82762	28	0.17238	9.84388	27	0.15612	9.85993	27	0.14007	5
56	9.82790	27	0.17210	9.84415	27	0.15585	9.86020	26	0.13980	4
57	9.82817	27	0.17183	9.84442	27	0.15558	9.86046	27	0.13954	3
58	9.82844	27	0.17156	9.84469	27	0.15531	9.86073	27	0.13927	2
59	9.82871	28	0.17129	9.84496	27	0.15504	9.86100	26	0.13900	1
60	9.82899		0.17101	9.84523		0.15477	9.86126		0.13874	0
	Cotang. 56°		Tang. 56°	Cotang. 55°		Tang. 55°	Cotang. 54°		Tang. 54°	

′	Tang. 36°	Dif.	Cotang. 36°	Tang. 37°	Dif.	Cotang. 37°	Tang. 38°	Dif.	Cotang. 38°	
0	9.86126		0.13874	9.87711		0.12289	9.89281		0.10719	60
1	9.86153	27	0.13847	9.87738	27	0.12262	9.89307	26	0.10693	59
2	9.86179	26	0.13821	9.87764	26	0.12236	9.89333	26	0.10667	58
3	9.86206	27	0.13794	9.87790	26	0.12210	9.89359	26	0.10641	57
4	9.86232	26	0.13768	9.87817	27	0.12183	9.89385	26	0.10615	56
5	9.86259	27	0.13741	9 87843	26	0.12157	9.89411	26	0.10589	55
6	9.86285	26	0.13715	9.87869	26	0.12131	9.89437	26	0.10563	54
7	9.86312	27	0.13688	9.87895	26	0.12105	9.89463	26	0.10537	53
8	9.86338	26	0.13662	9.87922	27	0.12078	9.89489	26	0.10511	52
9	9.86365	27	0.13635	9.87948	26	0.12052	9.89515	26	0.10485	51
10	9.86392	27	0.13608	9.87974	26	0·12026	9.89541	26	0.10459	50
11	9.86418	26	0.13582	9.88000	26	0.12000	9.89567	26	0.10433	49
12	9.86445	27	0.13555	9.88027	27	0.11973	9.89593	26	0.10407	48
13	9.86471	26	0.13529	9.88053	26	0.11947	9.89619	26	0.10381	47
14	9.86498	27	0.13502	9.88079	26	0.11921	9.89645	26	0.10355	46
15	9.86524	26	0.13476	9.88105	26	0.11895	9.89671	26	0.10329	45
16	9.86551	27	0.13449	9.88131	26	0.11869	9.89697	26	0.10303	44
17	9.86577	26	0.13423	9.88158	27	0.11842	9.89723	26	0.10277	43
18	9.86603	26	0.13397	9.88184	26	0.11816	9.89749	26	0.10251	42
19	9.86630	27	0.13370	9.88210	26	0.11790	9.89775	26	0.10225	41
20	9.86656	26	0.13344	9.88236	26	0.11764	9.89801	26	0.10199	40
21	9.86683	27	0.13317	9.88262	26	0.11738	9.89827	26	0.10173	39
22	9.86709	26	0.13291	9.88289	27	0.11711	9.89853	26	0.10147	38
23	9.86736	27	0.13264	9.88315	26	0.11685	9.89879	26	0.10121	37
24	9.86762	26	0.13238	9.88341	26	0.11659	9.89905	26	0.10095	36
25	9.86789	27	0.13211	9.88367	26	0.11633	9.89931	26	0.10069	35
26	9.86815	26	0.13185	9.88393	26	0.11607	9.89957	26	0.10043	34
27	9.86842	27	0.13158	9.88420	27	0.11580	9.89983	26	0.10017	33
28	9.86868	26	0.13132	9.88446	26	0.11554	9.90009	26	0.09991	32
29	9.86894	26	0.13106	9.88472	26	0.11528	9.90035	26	0.09965	31
30	9.86921	27	0.13079	9.88498	26	0.11502	9.90061	26	0.09939	30
31	9.86947	26	0.13053	9.88524	26	0.11476	9.90086	25	0.09914	29
32	9.86974	27	0.13026	9.88550	26	0.11450	9.90112	26	0.09888	28
33	9.87000	26	0.13000	9.88577	27	0.11423	9.90138	26	0.09862	27
34	9.87027	27	0.12973	9.88603	26	0.11397	9.90164	26	0.09836	26
35	9.87053	26	0.12947	9.88629	26	0.11371	9.90190	26	0.09810	25
36	9.87079	26	0.12921	9.88655	26	0.11345	9.90216	26	0.09784	24
37	9.87106	27	0.12894	9.88681	26	0.11319	9.90242	26	0.09758	23
38	9.87132	26	0.12868	9.88707	26	0.11293	9.90268	26	0.09732	22
39	9.87158	26	0.12842	9.88733	26	0.11267	9.90294	26	0.09706	21
40	9.87185	27	0.12815	9.88759	26	0.11241	9.90320	26	0.09680	20
41	9.87211	26	0.12789	9.88786	27	0.11214	9.90346	26	0.09654	19
42	9.87238	27	0.12762	9.88812	26	0.11188	9.90371	25	0.09629	18
43	9.87264	26	0.12736	9.88838	26	0.11162	9.90397	26	0.09603	17
44	9.87290	26	0.12710	9.88864	26	0.11136	9.90423	26	0.09577	16
45	9.87317	27	0.12683	9.88890	26	0.11110	9.90449	26	0.09551	15
46	9.87343	26	0.12657	9.88916	26	0.11084	9.90475	26	0.09525	14
47	9.87369	26	0.12631	9.88942	26	0.11058	9.90501	26	0.09499	13
48	9.87396	27	0.12604	9.88968	26	0.11032	9.90527	26	0.09473	12
49	9.87422	26	0.12578	9.88994	26	0.11006	9.90553	26	0.09447	11
50	9.87448	26	0.12552	9.89020	26	0.10980	9.90578	25	0.09422	10
51	9.87475	27	0.12525	9.89046	26	0.10954	9.90604	26	0.09396	9
52	9.87501	26	0.12499	9.89073	27	0.10927	9.90630	26	0.09370	8
53	9.87527	26	0.12473	9.89099	26	0.10901	9.90656	26	0.09344	7
54	9.87554	27	0.12446	9.89125	26	0.10875	9.90682	26	0.09318	6
55	9.87580	26	0.12420	9.89151	26	0.10849	9.90708	26	0.09292	5
56	9.87606	26	0.12394	9.89177	26	0.10823	9.90734	26	0.09266	4
57	9.87633	27	0.12367	9.89203	26	0.10797	9.90759	25	0.09241	3
58	9.87659	26	0.12341	9.89229	26	0.10771	9.90785	26	0.09215	2
59	9.87685	26	0.12315	9.89255	26	0.10745	9.90811	26	0.09189	1
60	9.87711	26	0.12289	9.89281	26	0.10719	9.90837	26	0.09163	0
	Cotang. 53°		Tang. 53°	Cotang. 52°		Tang. 52°	Cotang. 51°		Tang. 51°	

'	Tang. 39°	Dif.	Cotang. 39°	Tang. 40°	Dif.	Cotang. 40°	Tang. 41°	Dif.	Cotang. 41°	
0	9.90837	26	0.09163	9.92381	26	0.07619	9.93916	26	0.06084	60
1	9.90863	26	0.09137	9.92407	26	0.07593	9.93942	25	0.06058	59
2	9.90889	25	0.09111	9.92433	25	0.07567	9.93967	26	0.06033	58
3	9.90914	26	0.09086	9.92458	26	0.07542	9.93993	25	0.06007	57
4	9.90940	26	0.09060	9.92484	26	0.07516	9.94018	26	0.05982	56
5	9.90966	26	0.09034	9.92510	25	0.07490	9.94044	25	0.05956	55
6	9.90992	26	0.09008	9.92535	26	0.07465	9.94069	26	0.05931	54
7	9.91018	25	0.08982	9.92561	26	0.07439	9.94095	25	0.05905	53
8	9.91043	26	0.08957	9.92587	25	0.07413	9.94120	26	0.05880	52
9	9.91069	26	0.08931	9.92612	26	0.07388	9.94146	25	0.05854	51
10	9.91095	26	0.08905	9.92638	25	0.07362	9.94171	26	0.05829	50
11	9.91121	26	0.08879	9.92663	26	0.07337	9.94197	25	0.05803	49
12	9.91147	25	0.08853	9.92689	26	0.07311	9.94222	26	0.05778	48
13	9.91172	26	0.08828	9.92715	25	0.07285	9.94248	25	0.05752	47
14	9.91198	26	0.08802	9.92740	26	0.07260	9.94273	26	0.05727	46
15	9.91224	26	0.08776	9.92766	26	0.07234	9.94299	25	0.05701	45
16	9.91250	26	0.08750	9.92792	25	0.07208	9.94324	26	0.05676	44
17	9.91276	25	0.08724	9.92817	26	0.07183	9.94350	25	0.05650	43
18	9.91301	26	0.08699	9.92843	25	0.07157	9.94375	26	0.05625	42
19	9.91327	26	0.08673	9.92868	26	0.07132	9.94401	25	0.05599	41
20	9.91353	26	0.08647	9.92894	26	0.07106	9.94426	26	0.05574	40
21	9.91379	25	0.08621	9.92920	25	0.07080	9.94452	25	0.05548	39
22	9.91404	26	0.08596	9.92945	26	0.07055	9.94477	26	0.05523	38
23	9.91430	26	0.08570	9.92971	25	0.07029	9.94503	25	0.05497	37
24	9.91456	26	0.08544	9.92996	26	0.07004	9.94528	26	0.05472	36
25	9.91482	25	0.08518	9.93022	26	0.06978	9.94554	25	0.05446	35
26	9.91507	26	0.08493	9.93048	25	0.06952	9.94579	25	0.05421	34
27	9.91533	26	0.08467	9.93073	26	0.06927	9.94604	26	0.05396	33
28	9.91559	26	0.08441	9.93099	25	0.06901	9.94630	25	0.05370	32
29	9.91585	25	0.08415	9.93124	26	0.06876	9.94655	26	0.05345	31
30	9.91610	26	0.08390	9.93150	25	0.06850	9.94681	25	0.05319	30
31	9.91636	26	0.08364	9.93175	26	0.06825	9.94706	26	0.05294	29
32	9.91662	26	0.08338	9.93201	26	0.06799	9.94732	25	0.05268	28
33	9.91688	25	0.08312	9.93227	25	0.06773	9.94757	26	0.05243	27
34	9.91713	26	0.08287	9.93252	26	0.06748	9.94783	25	0.05217	26
35	9.91739	26	0.08261	9.93278	25	0.06722	9.94808	26	0.05192	25
36	9.91765	26	0.08235	9.93303	26	0.06697	9.94834	25	0.05166	24
37	9.91791	25	0.08209	9.93329	25	0.06671	9.94859	25	0.05141	23
38	9.91816	26	0.08184	9.93354	26	0.06646	9.94884	26	0.05116	22
39	9.91842	26	0.08158	9.93380	26	0.06620	9.94910	25	0.05090	21
40	9.91868	25	0.08132	9.93406	25	0.06594	9.94935	26	0.05065	20
41	9.91893	26	0.08107	9.93431	26	0.06569	9.94961	25	0.05039	19
42	9.91919	26	0.08081	9.93457	25	0.06543	9.94986	26	0.05014	18
43	9.91945	26	0.08055	9.93482	26	0.06518	9.95012	25	0.04988	17
44	9.91971	25	0.08029	9.93508	25	0.06492	9.95037	25	0.04963	16
45	9.91996	26	0.08004	9.93533	26	0.06467	9.95062	26	0.04938	15
46	9.92022	26	0.07978	9.93559	25	0.06441	9.95088	25	0.04912	14
47	9.92048	25	0.07952	9.93584	26	0.06416	9.95113	26	0.04887	13
48	9.92073	26	0.07927	9.93610	26	0.06390	9.95139	25	0.04861	12
49	9.92099	26	0.07901	9.93636	25	0.06364	9.95164	26	0.04836	11
50	9.92125	25	0.07875	9.93661	26	0.06339	9.95190	25	0.04810	10
51	9.92150	26	0.07850	9.93687	25	0.06313	9.95215	25	0.04785	9
52	9.92176	26	0.07824	9.93712	26	0.06288	9.95240	26	0.04760	8
53	9.92202	25	0.07798	9.93738	25	0.06262	9.95266	25	0.04734	7
54	9.92227	26	0.07773	9.93763	26	0.06237	9.95291	26	0.04709	6
55	9.92253	26	0.07747	9.93789	25	0.06211	9.95317	25	0.04683	5
56	9.92279	25	0.07721	9.93814	26	0.06186	9.95342	26	0.04658	4
57	9.92304	26	0.07696	9.93840	25	0.06160	9.95368	25	0.04632	3
58	9.92330	26	0.07670	9.93865	26	0.06135	9.95393	25	0.04607	2
59	9.92356	25	0.07644	9.93891	25	0.06109	9.95418	26	0.04582	1
60	9.92381		0.07619	9.93916		0.06084	9.95444		0.04556	0
	Cotang. 50°		Tang. 50°	Cotang. 49°		Tang. 49°	Cotang. 48°		Tang. 48°	'

′	Tang. 42°	Dif.	Cotang. 42°	Tang. 43°	Dif.	Cotang. 43°	Tang. 44°	Dif.	Cotang. 44°	
0	9.95444		0.04556	9.96966		0.03034	9.98484		0.01516	60
1	9.95469	25	0.04531	9.96991	25	0.03009	9.98509	25	0.01491	59
2	9.95495	26	0.04505	9.97016	25	0.02984	9.98534	25	0.01466	58
3	9.95520	25	0.04480	9.97042	26	0.02958	9.98560	26	0.01440	57
4	9.95545	25	0.04455	9.97067	25	0.02933	9.98585	25	0.01415	56
5	9.95571	26	0.04429	9.97092	25	0.02908	9.98610	25	0.01390	55
6	9.95596	25	0.04404	9.97118	26	0.02882	9.98635	25	0.01365	54
7	9.95622	26	0.04378	9.97143	25	0.02857	9.98661	26	0.01339	53
8	9.95647	25	0.04353	9.97168	25	0.02832	9.98686	25	0.01314	52
9	9.95672	25	0.04328	9.97193	25	0.02807	9.98711	25	0.01289	51
10	9.95698	26	0.04302	9.97219	26	0.02781	9.98737	26	0.01263	50
11	9.95723	25	0.04277	9.97244	25	0.02756	9.98762	25	0.01238	49
12	9.95748	25	0.04252	9.97269	25	0.02731	9.98787	25	0.01213	48
13	9.95774	26	0.04226	9.97295	26	0.02705	9.98812	25	0.01188	47
14	9.95799	25	0.04201	9.97320	25	0.02680	9.98838	26	0.01162	46
15	9.95825	26	0.04175	9.97345	25	0.02655	9.98863	25	0.01137	45
16	9.95850	25	0.04150	9.97371	26	0.02629	9.98888	25	0.01112	44
17	9.95875	25	0.04125	9.97396	25	0.02604	9.98913	25	0.01087	43
18	9.95901	26	0.04099	9.97421	25	0.02579	9.98939	26	0.01061	42
19	9.95926	25	0.04074	9.97447	26	0.02553	9.98964	25	0.01036	41
20	9.95952	26	0.04048	9.97472	25	0.02528	9.98989	25	0.01011	40
21	9.95977	25	0.04023	9.97497	25	0.02503	9.99015	26	0.00985	39
22	9.96002	25	0.03998	9.97523	26	0.02477	9.99040	25	0.00960	38
23	9.96028	26	0.03972	9.97548	25	0.02452	9.99065	25	0.00935	37
24	9.96053	25	0.03947	9.97573	25	0.02427	9.99090	25	0.00910	36
25	9.96078	25	0.03922	9.97598	25	0.02402	9.99116	26	0.00884	35
26	9.96104	26	0.03896	9.97624	26	0.02376	9.99141	25	0.00859	34
27	9.96129	25	0.03871	9.97649	25	0.02351	9.99166	25	0.00834	33
28	9.96155	26	0.03845	9.97674	25	0.02326	9.99191	25	0.00809	32
29	9.96180	25	0.03820	9.97700	26.	0.02300	9.99217	26	0.00783	31
30	9.96205	25	0.03795	9.97725	25	0.02275	9.99242	25	0.00758	30
31	9.96231	26	0.03769	9.97750	25	0.02250	9.99267	25	0.00733	29
32	9.96256	25	0.03744	9.97776	26	0.02224	9.99293	26	0.00707	28
33	9.96281	25	0.03719	9.97801	25	0.02199	9.99318	25	0.00682	27
34	9.96307	26	0.03693	9.97826	25	0.02174	9.99343	25	0.00657	26
35	9.96332	25	0.03668	9.97851	25	0.02149	9.99368	25	0.00632	25
36	9.96357	25	0.03643	9.97877	26	0.02123	9.99394	26	0.00606	24
37	9.96383	26	0.03617	9.97902	25	0.02098	9.99419	25	0.00581	23
38	9.96408	25	0.03592	9.97927	25	0.02073	9.99444	25	0.00556	22
39	9.96433	25	0.03567	9.97953	26	0.02047	9.99469	25	0.00531	21
40	9.96459	26	0.03541	9.97978	25	0.02022	9.99495	26	0.00505	20
41	9.96484	25	0.03516	9.98003	25	0.01997	9.99520	25	0.00480	19
42	9.96510	26	0.03490	9.98029	26	0.01971	9.99545	25	0.00455	18
43	9.96535	25	0.03465	9.98054	25	0.01946	9.99570	25	0.00430	17
44	9.96560	25	0.03440	9.98079	25	0.01921	9.99596	26	0.00404	16
45	9.96586	26	0.03414	9.98104	25	0.01896	9.99621	25	0.00379	15
46	9.96611	25	0.03389	9.98130	26	0.01870	9.99646	25	0.00354	14
47	9.96636	25	0.03364	9.98155	25	0.01845	9.99672	26	0.00328	13
48	9.96662	26	0.03338	9.98180	25	0.01820	9.99697	25	0.00303	12
49	9.96687	25	0.03313	9.98206	26	0.01794	9.99722	25	0.00278	11
50	9.96712	25	0.03288	9.98231	25	0.01769	9.99747	25	0.00253	10
51	9.96738	26	0.03262	9.98256	25	0.01744	9.99773	26	0.00227	9
52	9.96763	25	0.03237	9.98281	25	0.01719	9.99798	25	0.00202	8
53	9.96788	25	0.03212	9.98307	26	0.01693	9.99823	25	0.00177	7
54	9.96814	26	0.03186	9.98332	25	0.01668	9.99848	25	0.00152	6
55	9.96839	25	0.03161	9.98357	25	0.01643	9.99874	26	0.00126	5
56	9.96864	25	0.03136	9.98383	26	0.01617	9.99899	25	0.00101	4
57	9.96890	26	0.03110	9.98408	25	0.01592	9.99924	25	0.00076	3
58	9.96915	25	0.03085	9.98433	25	0.01567	9.99949	25	0.00051	2
59	9.96940	25	0.03060	9.98458	25	0.01542	9.99975	26	0.00025	1
60	9.96966	26	0.03034	9.98484	26	0.01516	0.00000	25	0.00000	0
	Cotang. 47°		Tang. 47°	Cotang. 46°		Tang. 46°	Cotang. 45°		Tang. 45°	′

ESTABLECIMIENTOS

DE LOS PRINCIPALES PUERTOS Y ELEVACION DE LAS AGUAS SOBRE EL NIVEL MEDIO DE LAS BAJAMARES DE SIZIGIAS. (*)

LUGARES.	Establecimientos.	ELEVACION. En sizigias.	ELEVACION. En cuadrat.ras
	h. m.	Piés.	Piés.
Costas de España y Portugal.			
Málaga	2 30	3,0	
Gibraltar	1 47	4,4	1,4
Algeciras	1 49	4,3	1,4
Tarifa	1 46	6,4	1,4
Cabo Plata	1 45	8,6	2,8
Conil	1 18	12,9	3,6
Santi Petri	2 30	13,0	
Cádiz, *puercas*	1 23	15,0	10,0
Cádiz, *bahía*	2 00	17,0	12,0
Id. *puerta de los diques, arsenal*	2 30	13,6	
Rota	1 24	13.7	3,9
Salmedina, *bajo*	1 27	13,6	3,9
Chipiona	1 30	13,6	3,9
Sanlúcar, *barra*	1 53	13,6	3,9
Bonanza	2 00	13,6	3,9
Huelva	2 06	15,0	
Lagos	2 07	14.2	
Setubal	2 30	8,7	
Lisboa, *barra*	2 30	17,5	
Peniche	1 54		
Mondego	2 30	7,6	
Oporto	2 30	10,9	
La Guardia	3 00	14,0	12,0
Bayona	3 15	14,0	12,0
Vigo	3 15	14,0	8,5
Aldan	3 00	15,0	10,0
Pontevedra	3 20	12,0	8,0
Marin	3 20	12,0	8,0
Rianjo	2 20	15,0	9,0
Carril	2 20	15,0	9,0
Villagarcía	2 20	15,0	9,0
Arosa	2 20	15.0	9,0
Santa Eugenia	2 20	15,0	9,0
Muros	2 45	13,0	10,0
Corcubion	3 00	13,0	7,0
Cabo Finisterre	3 00		
Camariñas	3 15	15,0	10,0
Corme	3 20		
Lage	3 15		
Canal entre Sisarga y la costa	3 00		
Malpica	3 00	15	11,0
Coruña	3 30	14	10,0
Playa de Ares	2 30	12	
Ferrol	3 00	14	12,0
Cedeira	3 00	12	6
Santa Marta	3 00	12	9
Sismundi	2 30	12	9
Barquero	3 15	10	4
Vivero, *barra*	2 30	12	8 á 9
San Cipriano	3 00	11	
Rivadeo	3 00	14	
Luarca	3 00	14	
San Estéban de Pravia, *barra*	3 00	14	10
Id. *poblacion*	3 15	14	10
Avilés, *barra*	3 00	13	
Id., *villa*	4 00	13	
Luanco	3 00	14	
Gijon	3 00	14	
Villaviciosa	3 00	14	11
Rivadesella	3 00	13	6
Niembro	3 00	12	
Llanes	3 00	12	
Deva	3 00	11	6
Tina Mayor	3 00	12	
La Barquera	3 00	13	6
Comillas	3 00	13	6
Suances	3 00	13	7
Santander	3 00	13	8
Santoña	3 00	13	
Castro Urdiales	3 00	13	
Somorrostro, *boca*	3 00		
Portugalete	2 45	13	8
Plencia	3 00	13	7
Bermeo	3 00	12	
Mundaca, *barra*	3 00	12	
Lequeitio	3 00	12	6
Rio de Artigas ó de	3 00		
Ondárroa	3 00	12	6
Motrico	3 00	11	

(*) Estas tablas están tomadas de la obra ánua *Tide Tables for the English and Irish Ports,* publicadas en el Anuario de la Direccion de Hidrografía, tomo II, correspondiente al año de 1864; han sido corregidas en la parte concerniente á España y sus colonias, pero dejan sin embargo algo que desear, por no haberse podido hacer en ciertos puntos observaciones exactas.

LUGARES.	Establecimientos.	ELEVACION. En sizigias.	ELEVACION. En cuadrat.^ras
	h. m.	Piés.	Piés.
Deva............	3 00	12	
Zumaya...........	3 00	12	
Guetaria..........	3 00	12	
San Sebastian......	3 00	15	7
Pasages..........	3 20	15	

Islas Azores y Madera.

Fayal, Azores.......	11 45	4,3	
Terceira, id........	12 32	4,9	
San Miguel, id.....	12 30	6,5	
Funchal, Madera...	12 48	7,6	

Costas de Francia.

Socoa............	3 19	13,3	8,7
Bayona, *barra*......	3 45	13,1	11,7
Boucaut, *Rio Adour*.	3 39	9,5	6,5
Arcachon..........	4 37	12,7	10,2
Cordouan, *faro*....	3 37	15,0	11,2
Royan............	3 38	14,5	10,9
Saint Surin........	4 11	15,5	12,0
Burdeos	6 50	15,3	13,9
Isla de Aix, *entrada del rio Charente*..	3 20	18,6	13,6
Isla Oleron........	3 50	20,7	
Rochefort.........	4 06	18,6	14,2
Rochelle..........	3 31	18,6	14,2
Les Sables d'Olone.	3 26	15,3	10,9
Rio Sendre, *entrada*.	3 31	16,4	12,5
Isla de Yen........	3 06	15,5	10,9
Isla de Noirmontier.	3 02	17,5	12,2
Puerto Navallo	3 42	14,2	10,6
Saint Nazaire......	3 40	16,6	12,0
Puerto Le Palais, *isla* Belle.........	3 18	15,5	11,2
Pto. Louis, L'Orient.	3 11	14,2	10,3
Concarneau........	3 12	14,2	10,3
Piedras Penmark...	3 16		
Islas Glenan.......	3 12	14,2	10,9
Isla de Sein.......	3 21	19,0	13,1
Brest	3 47	20,8	15,0
Rada Conquet......	3 46	23,0	16,4
Ushant.	3 32	21,0	15,0
Abervrach.........	4 14	24,0	17,5
Isla de Bas........	4 49	25,1	18,6
Roscoff...........	4 46	25,1	18,8
Morlais, *rada*......	4 53	26,2	19,7
Ploumanach.	5 15	26,5	20,2
Ploughrescan......	5 17	27,8	20,5
Tréguier..........	5 32	27,3	20,2
Heaux, *faros*......	5 45	33,9	25,6
Breat	5 51	33,9	25,6

LUGARES.	Establecimientos.	ELEVACION. En sizigias.	ELEVACION. En cuadrat.^ras
	h. m.	Piés.	Piés.
Paimpol	6 00	33,9	25,6
Portrieux.........	6 00	33,9	25,6
Binnic...........	6 03	32,8	24,6
Dahouet..........	6 05	35,0	25,6
Erqui	5 59	36,3	26,6
Saint Malo	6 05	38,2	28,4
Les Minquiers......	6 06	38,2	28,4
Cancale	6 20	40,4	29,5
Isla de Chausey....	6 09	38,2	28,4
Granville.........	6 13	40,4	29,7
Régneville	6 20	38,2	28,4
Saint Germain.....	6 20	37,1	27,3
Carteret..........	6 25	33,9	24,5
Ecrehous..........	6 32	33,9	24,5
Jersey, Rosel......	6 15	32,8	23,4
Id. Saint Helier....	6 25	33,1	23,6
Diélette..........	6 40	29,5	22,5
Goury...........	7 06	24,0	18,8
Omonville.........	7 29	16,7	13,6
Guernesey, puerto de Saint Peter......	6 48	29,0	19,9
Casquets..........	6 45	17,0	
Alderney..........	6 46	18,6	13,8
Cherbourg	7 49	18,6	13,8
Barfleur	8 51	18,6	14,7
La Hougue........	8 42	20,2	15,8
Islas Saint Marcouf.	9 55	21,9	
Port-en-Bessin.....	8 57	21,9	16,9
Courseulles........	9 07	21,9	16,9
Oystreham	9 38	23,0	17,5
Merville..........	9 36	22,9	18,8
Dives............	9 39	22,9	17,5
Honfleur..........	9 29	25,7	19,7
Quillebæuf........	10 06	10,3	8,2
Caen.............	10 57		
Hâvre............	9 51	24,0	19,7
Rouen............	2 28		
Fecamp	10 44	25,7	19,7
St. Valery-en-Caux..	10 46	29,5	23,5
Dieppe...........	11 06	29,5	22,4
Tréport	11 09	29,5	22,9
Cayeux...........	11 05	30,6	22,9
Hourdel	11 26	30,0	22,9
St.Valery-sur-Somme	11 46	29,5	23,4
Boulogne.........	11 25	27,3	21,3
Cabo Grisnez......	11 27	23,5	18,7
Calais	11 49	21,3	17,0
Gravelines	12 00	20,8	16,4
Dunkerque........	12 08	18,3	14,7

Costa S. de Inglaterra.

Islas Scilly, St. Agnes	4 30	17,5	13,1

LUGARES.	Establecimientos.	ELEVACION. En sizigias.	ELEVACION. En cuadrat.ras
	h. m.	Piés.	Piés.
Id. isla Saint Mary.	4 27	17,5	13,1
Penzance..........	4 30	17,5	13,6
Lizard............	5 00	15,5	11,4
Coverack..........	4 35	15,8	12,2
Falmouth..........	4 57	17,5	13,1
Id. Truro, *muelle de la ciudad*........	5 05	10,9	6,5
Mevagizey	5 04	16,9	13,1
Fowey............	5 14	16,4	12,7
East Looe..........	5 26	17,5	14,2
Plymouth, *rompeolas*	5 37	16,9	12,5
Id. Sutton Pool....	5 32	16,9	12,5
Devonport, *arsenal*..	5 43	16,9	12,5
Saltash, *rio Tamar*..	5 45	16,4	12,0
Cargreen..........	5 47	16,1	11,6
Pentillie..........	5 55	14,7	10,3
Calstock..........	6 06	13,6	9,3
Morewellham.......	6 12	11,4	7,1
Cabo Weir........	6 17	5,7	1,3
Muelle Warleigh, *rio Tavy*...........	5 47	15,8	11,4
Maristow..........	5 47	9,3	4,9
B.Bigbury, *rio Yealm*	5 37	17,7	12,5
Id., *rio Firme*......	5 40	17,7	12,5
Id., *rio Avon*	5 47	17,7	12,5
Bolt, *cabo*.........	5 45	16,4?	12,0?
Salcombe..........	5 41	16,4	12,5
Dartmouth.........	6 16	15,3	10,9
Teingmouth.......	6 00	14,2	10,3
Torbay...........	6 00	14,7	10,9
Exmouth..........	6 21	13,3	9,3
Lyme Regis.......	6 21	12,5	9,3
Bridport..........	6 05	12,2	8,4
Chesilton..........	6 13	11,9	7,6
Portland, *rompeolas*.	7 01	7,3	4,9
Poole............	9 10 12 45	7,0	5,1
Christchurch......	9 00 11 30	5,4	
Needles, *punta*....	9 46	8,1	5,4
Hurst, *muelle*......	10 00 12 00	8,1	6,5
Yarmouth........	10 00 12 00	7,6	7,1
West Cowes.......	10 45 11 45	13,6	10,3
Calshot, *pta. Castla.*	11 30	14,2	10,3
Southampton......	10 30 12 45	14,2	10,3
Porstmouth, *arsen.l*	11 41	13,6	10,9
Id. Portchester, *(frente al castillo)*	11 46	14,7	11,2
Id.Portsbridge (0,3 *millas al O del puente*	11 48	* 7,1	* 4,3
Id. Farcham (*en el canal junto al muelle superior*)........	11 48	12,2	9,3
Id. en el puente....	11 51	8,2	5,1
Bembridge, *punta*..	11 00	15,3	11,4
Chichester	11 30		
Pagham, *entrada* ..	11 30	18,0	13,6
Selsea Bill........	11 45	18,0	13,6
Littlehampton......	11 36	17,5	12,5
Arundel, *barra*	11 35		
Arundel, *poblacion*. .	12 25		
Shoreham.........	11 34	19,7	14,5
Brighton..........	11 15	21,6	17,5
Newhaven	11 51	21,8	16,4
Beachy, *cabo*	11 20	21,8	16,4
Hasting.	11 53	26,2	19,0
Rye, *bahía*	11 20	24,0	18,8
Dungeness........	10 45	23,7	20,7
Folkstone	11 07	21,8	18,0
Dover............	11 12	20,4	16,4
Deal.............	11 15	17,5	13,6
Ramsgate.........	11 44	16,4	13,1

Costa O. de Inglaterra y Gales.

LUGARES.	Establecimientos.	En sizigias.	En cuadrat.ras
Cabo Cornwall	4 35	19,7?	14,2?
Saint Ives	4 44	22,9	16,4
Padstow..........	5 13	22,3	17,7
Boscastle..........	5 15	27,3	19,1
Budehaven........	5 34	21,5	18,6
Isla Lundy........	5 15	29,5	21,8
Barustaple, *barra* ..	5 30	20,7	15,3
Barustaple, *puente* .	6 28	11,5	8,2
Appledore	5 58	25,1	18,0
Bideford..........	6 07	17,5	13,1
Ilfracombe	5 42	29,7	23,2
Minehead.........	6 30	38,3	29,0
Bridgewater, *barra*.	6 50	38,3	29,0
Weston-super-mare.	6 54	40,5	31,2
Flatholm, *islas*	6 54	40,5?	30,6?
Portishead........	7 16	45,0	33,9
Bristol, *rada King*..	6 56	48,1	36,0
Chepstow.........	7 30	41,5	31,2
Newport..........	7 10	26,2	19,7
Cardiff...........	6 59	41,5	31,7
Nash, *punta*	6 25	36,1	27,3
Swansea, *f.º Mumbles*	6 01	29,7	22,0
Porth Cawl........	6 08	31,1	23,2
Llanelly, *barra*	6 16	30,6	22,9
Caermarten, *barra*..	6 10	28,4	21,2
Isla Caldy	6 00	26,2?	17,5?

* Sobre el fondo del lago.

LUGARES.	Establecimientos.	ELEVACION. En sizigias.	ELEVACION. En cuadrat.ras
	h. m.	Piés.	Piés.
Tenby...........	6 00	29,5	21,8
Milford *f.ro St. Ann.*	5 56	26,2	17,5
Pembroke DK. Yard	6 12	22,9	17,0
Castillo Bentou, *rio Cleddau*........	6 23	21,8	15,8
Landshipping......	6 27	21,8	15,8
LittleMilford, *muelle*	6 31	20,8	14,7
Haverfordwest	6 42	7,9	2,7
Faro Smalls.......	6 00	22,9	
Canal Ramsay.....	6 00	18,6	
Fishguard	6 56	12,5	8,9
Newport..........	7 00	13,1	9,8
Cardigan..........	7 01	13,1	9,8
New Quay........	7 30	16,4	
Aberystwyth	7 31	14,7	10,9
Aberdovey	8 00	16,4	
Sarn-y-bwch, *arrecif*	7 40	15,3	
Barmouth.........	7 41	18,6	14,7
Sarn-badrig......	7 30	14,2	
Puerto Madoc......	7 30	18,6	
Saint Tudwall, *rada.*	7 45	15,3	
Pwllheli	7 46	15,1	10,6
Isla Bardsey	7 40	16,4	
Porth-dyn-lleyn	8 30	17,5	
Caernarvon........	9 33	15,1	11,5
Holyhead.........	10 11	17,5	13,6
Amlwch	10 30	19,7?	14,2?
Beaumaris	10 32	23,5	17,7
Chester...........	10 30	28,4	
Liverpool.........	11 23	28,4	22,0
Formby, *punta*	10 35	30,6	
Ribble, *faro*	10 51	26,2	18,6
Preston	11 49		
Fleetwood, *f.ro Wyre*	11 11	29,5	22,4
Fleetwood, *punta*..	11 12	28,6	21,4
Lancaster.........	11 16	9,2	
Poulton-le-Sands ..	11 26	29,7	23,5
Puerto Piel, *muelle*.	11 05	30,6	22,9
Whitehaven.......	11 14	25,4	19,9
Puerto Harrington..	11 05	28,4	20,7
Workidgton.......	11 04	21,8	16,4
Maryport.........	11 03	19,7	14,2
Cabo Abey........	11 10	25,1	19,0
Southerness.......	11 20	30,6	
Annan Foot.......	11 56	21,8	15,3
Puerto Carlisle	12 10	21,8	15,3
Punta Ayr........	11 07	21,8?	17,5?
Douglas, *isla Man.*.	11 12	22,6	17,5
Ransey, id	11 12	21,0	17,5
Peel, id..........	11 08	17,7	14,2
Calf Sound........	11 17	17,7	14,2
Puerto St. Mary, id.	11 10	21,8	17,5
Castletown, id.	11 10	21,8	17,5

Costas E. y S. de Irlanda.

LUGARES.	Establecimientos.	ELEVACION. En sizigias.	ELEVACION. En cuadrat.ras
	h. m.	Piés.	Piés.
Cabo Lough	2 00	13,1	9,8
Lough Killyleagh..	12 40	12,0	10,0
Id. Kircubbin.. ...	12 42	12,5	10,3
Id. Quoile, *muelle*..	12 45	12,0	10,0
Id. muelle de Strangford............	12 31	11,4	9,5
Barra S. de Strangford............	10 53	15,3	12,5
Ardaglass.........	11 00	17,5	13,1
Carlingford, *barra*..	11 40	18,6	14,2
Id. Warrenpoint...	11 10	15,8	13,1
Newcastle	10 30	17,5	13,1
Dundalk..........	10 56	14,5	12,5
Balbriggan........	10 40	12,0	
Howth, *puerto*......	11 09	14,2	10,9
Dublin, *barra, (faro de Poolbeg)*......	11 12	15,3	12,0
Kingstown.........	11 10	12,0	9,5
Dalkey, *isla*.......	10 45	14,2	12,0
Wichlow..........	10 29	9,8	7,1
Arklow...........	8 25	4,3	3,2
Wexford..........	7 21	5,4	3,8
Saltees...........	5 40		
New Ros..........	6 04	13,6	10,9
Waterford, *puente*..	6 06	14,7	11,7
Id. *fuerte Ducannon*	5 20	13,3	10,9
Dunmore..........	5 27	13,3	10,6
Ballinacourty, Dungarvan.........	5 12	13,6	10,3
Youghal..........	5 14	13,9	10,9
Ballycottin........	4 24	13,1	10,3
Cork, *muelle Penrose*	4 58	13,9	10,9
Queenstown.	5 01	12,8	9,8
Kinsale...........	4 43	12,6	9,8
Courtmacsherry....	4 36	11,7	9,3
Clonakilty, *bahía*...	4 30	12,0	9,3
Castletownsend....	4 21	11,7	8,7
Baltimore.........	4 23	11,2	9,0
Cabo Clear........	4 00	9,8	7,1

Costa O. de Irlanda.

LUGARES.	Establecimientos.	ELEVACION. En sizigias.	ELEVACION. En cuadrat.ras
Skull	4 02	10,6 (Skull y Crookhaven)	8,2
Crookhaven.......	4 09		8,7
Dunmanus, *puerto*..	3 57	10,6	7,8
Dunbeacon........	3 51	10,3	8,2
Black Ball, *puerto*..	3 40	11,2	7,8
Castletown Bearhaven............	4 14	10,3 10,6	8,2
Bantry, *puerto*.....	3 47	10,9	8,2
Bray, *cabo*.......	10 45	13,1	10,3

LUGARES.	Establecimientos.	ELEVACION. En sizigias.	ELEVACION. En cuadrat.^ras
	h. m.	*Piés.*	*Piés.*
Kenmare *R. Ballycrovane*..........	3 42	11,4	8,4
Id. Dunkerron.....	3 45	11,4	8,7
Id. Ormond........	3 43	10,9	8,2
Id. *Ensenada* del O.	3 52	10,9	8,2
Puerto Valentia....	3 42	12,0	8,7
Smerwick..........	3 50	12,5	8,7
Ballinskellig, *bahía.*	3 40	13,1	7,8
Ventry............	3 44	11,4	8,4
Dingle............	3 51	11,7	8,4
Bahía Tralee (Fenit)	4 03	13,6	19,0
R. Shannon, Kilbaha	4 16	14,2	10,3
Id. Kilrush........	4 42	15,1	11,5
Id. Carrigaholt	4 44	15,1	11,5
Id. Tarbert........	4 57	15,6	11,5
Id. Isla Foynes....	5 35	16,9	13,1
Id. Mellon........	6 01	20,0	14,9
Id. Limerick......	6 16	20,5	14,9
Bahía Liscanor....	4 23	15,0	10,9
Galway..........	4 35	16,1	12,0
Killeany, *isla Arran.*	4 28	14,7	10,9
Bahía Cashla......	4 33	17,5	13,1
Ensenada Kilkieran	4 34	16,7	12,0
Bahía Greatman....	4 39	17,0	12,2
Roundstone........	4 28	14,7	11,2
Cabo Slyne........	4 30	14,5	10,9
Bahía Clifden.....	4 30	14,5	10,9
Bahía Ballynakill..	4 40	13,6	10,0
Inishbofin	4 34	13,3	10,3
Inishturk..........	4 36	13,3	10,3
Isla Clare.........	4 38	13,3	10,3
Westport..........	4 57	13,9	10,3
Achillbeg..........	5 14	11,7	8,7
Boca Bulls, *bahía Blacksod*.........	5 38	11,7	8,2
Puerto Broadhaven.	5 00	11,5	8,2
Bahía Killala......	5 22	11,2	8,7
Bahía Sligo........	5 18	12,3	9,3
Ballysadare, *muelle.*	6 00	9,5	6,2
Pto. Sligo, *isla Oyster*	5 23	12,5	9,3
Ballyshannon, *barra*	5 18	12,3	9,3
Pto. Donegal, *muelle Salthill*.......	5 18	12,5	9,3
Killebegs.........	5 16	12,3	9,3
Lough Rossmore...	5 20	12,0	8,7
Isla Rutland	5 22	12,0	8,7
Gweedore, Bunbeg..	5 32	12,0	8,7

Costas N. y E. de Irlanda.

LUGARES.	Establecimientos.	ELEVACION. En sizigias.	ELEVACION. En cuadrat.^ras
	h. m.	*Piés.*	*Piés.*
Ballyness, *barra*....	5 22	12,5	8,9
Sheephaven........	5 32	12,8	9,3
Bahía Mulroy, *barra*	5 40	12,8	9,3
Id., *Hole Fanny*...	6 17	10,6	8,7
Id., *bahía Seamount.*	6 44	7,8	
Id., *bahía Cranford.*	8 03	4,3	2,9
Rathmullan, *laguna Swilly*..........	5 42	13,6	9,8
Trawbreaga, *laguna.*	6 10	12,5	9,2
Slievebane, *bahía* ..	5 49	11,5	8,4
Culdaff, *bahía*.....	5 53	9,5	6,5
Warrenpoint, *laguna Foyle*........	6 20	7,1	5,4
Moville...........	7 06	8,2	4,9
Londonderry......	8 01	8,4	6,0
Coleraine..........	6 24	6,8	4,3
Puerto Rush	6 08	5,7	3,5
Ballycastle, *bahía*...	6 08	4,3	
Skerries..........	6 15	5,4	3,2
Tor, *punta*.........	9 40	9,8	7,6
Laguna Larne.....	10 48	7,3	6,8
Belfast............	10 43	10,3	8,7
Donaghadee.......	11 13	12,3	10,3
Roca Soulth.......	10 58	14,2	11,7
Laguna Strangford, *barra del S*	10 53	15,3	12,5

Costa O. de Escocia.

LUGARES.	Establecimientos.	ELEVACION. En sizigias.	ELEVACION. En cuadrat.^ras
	h. m.	*Piés.*	*Piés.*
Kirkcudbright.....	11 10	25,1	
Solway, *punta Tarn.*	11 22	25,1	19,7
Troon............	11 50	10,9	8,2
Mull of Galloway ..	11 15	16,4?	13,1?
Puerto Patrick	11 10	16,4	13,1
Loch Ryan........	11 12	12,0	
Mull of Cantyre....	10 35	4,3	
Capbellton........	11 45	9,2	6,5
Lamlash..........	11 49	10,9	7,6
Ayr..............	11 50	9,5	7,8
Ardrossan.........	11 45	10,9	8,7
Millport, Great Cumbrae........	11 50	10,9	6,5
Largs	11 50	10,9	
Inverary..........	12 00	10,9	
Greenock.........	00 08	10,6	9,0
Puerto Glasgow....	00 18	9,8	
Dumbarton........	00 20	9,8	
Bowling..........	00 39	9,8	
Glasgow.........	1 25	9,8	8,2
Renfreu, (*entrada del canal*)........	1 15	9,8	
Loch Long........	12 06	13,1	
Id. Goil	12 06	10,9	6,5
Id. Strivan........	11 55	6,5	
Islas Burnt, Kyles of-Bute.........	11 50	10,9	8,7

LUGARES.	Establecimientos.	ELEVACION. En sizigias.	ELEVACION. En cuadrat.ras
	h. m.	Piés.	Piés.
Cabo Garroch......	11 49	10,9	
Skip Ness........	11 50	9,8	6,5
Ardrishaig, Loch Fyne..............	11 53	9,8	8,2
Gigha, *canal*.......	2 22	4,3	2,7
Puerto Ellen, Islay..	5 00	5,4	4,3
Puerto Askaig.....	4 58	6,8	4,3
Isla Noamh..	5 02	12,5	7,6
Jura, Feolin Ferry.	4 41	7,1	4,5
Id., parte E........	4 56	3,8	2,3
Canal Easdale.....	5 25	13,1	
Bonawe...........	7 54	6,5	
Crinan......... ...	4 49	8,7	4,3
Laguna Aline......	5 33	15,0	11,5
Puerto Appin......	5 26	13,3	9,3
Oban.............	5 45	13,1	10,3
Laguna Eil........	5 15	14,2	9,8
Duar, *isla Mull*....	5 00	13,1	10,9
Tobermory.........	5 36	14,2	10,3
Kile Rhea	6 00	16,4	12,0
Laguna Tuadh (Gometra) *isla Mull*..	5 29	12,7	8,7
Canal Iona........	5 11	12,7	9,5
Lag.ª Carron Plockton.	6 29	18,0	12,5
Laguna Duich.....	6 00	16,9	12,0
Laguna Torridon..	6 20	16,4	12,0
Soulh Rona, *faro*..	6 20	15,8	11,5
Laguna Nevis......	5 47	15,8	10,9
Ornsay, *isla Skey*..	5 50	16,1	11,2
Portree...........	6 32	16,4	11,6
Laguna Inver......	6 41	15,3	12,0
Id. Atsh (Kyle Akin)	6 16	17,0	12,0
Tanera, *isla Summer*	6 37	15,3	11,1
Laguna Broom (Ullapool)..	6 40	15 8	11,4
Lag.ª Ewe (Poolewe)	6 39	15,8	11,4
Berneray, *isla Harris*	6 11	14,2	10,3
Laguna O. de Tarbert, *id.*	6 04	12,7	9,3
Obb of Harris......	6 16	12,5	9,3
Laguna Seaforth (Athline)........	6 16	16,4	10,9
Laguna Roag (Bernera), *isla Lewis.*	6 11	12,0	8,7
Laguna Clay	6 09	16,0	10,3
Stornoway	6 46	14,2	10,3
Saint Kilda........	5 30		
Cabo Wrath.......	7 30	17,0	
Thurso...........	8 28	16,0	12,0
Stroma, *parte S*....	9 47	9,8	7,1
Swona, *parte E*....	10 24	10,9	8,2
Id. *parte O*........	9 35	10,9	7,6

LUGARES.	Establecimientos.	ELEVACION. En sizigias.	ELEVACION. En cuadrat.ras
	h. m.	Piés.	Piés.
Freat Skerry, *parte E*............	11 04	10,0	6,5
Id. *parte O*........	10 53		
Islas Orkneis.			
Stromness.........	9 00	10,9	8,2
Westness..........	9 11	10,9	8,2
Kirkuwall.........	10 09	10,9	8,2
Canal Deer........	10 30	10,9	8,2
Widewall..........	9 03	10,9	8,2
Otterswick........	9 13	12,0	8,7
Islas Shetland.			
Balta.............	9 45	6,5	4,9
Lerwick	10 30	6,5	4,3
Hillswick ó *ria Urie*	9 45	7,1	5,5
Scalloway.........	9 30	6,2	4,9
Cabo Sumburg	9 45		
Isla Fair..........	11 00	5,4	3,8
Islas Færoe.			
Fugloe Fiord......	11 15	7,1	4,9
Svinoe Fiord......	12 00	7,1	4,9
Leervig Fiord......	00 30	7,1	4,9
Miaveness.........	3 12	7,1	4,9
Naalsoe Fiord.....	4 00	7,1	4,9
Skaapen Fiord (entre Stormoe y Sandoe)	5 00	10,3	8,2
Skaapen (entre Hestoe y Sandoe)..	5 30	10,3	8,2
Waagoe Fiord.....	6 00	10,3	8,2
Westmanshaven....	8 00	10,3	8,2
Suderoe Fiord.....	6 00	10,3	8 2
Myggeæs Fiord....	9 00	10,3	8,2
Eides Fiord.......	11 00	10,3	8,2
Costa E. de Escocia.			
Duncanby Ness....	10 14	10,9	7,6
Wick.............	11 22	10,9	8,2
Rada Dornock.....	12 00	12,0	
Cromarty..........	11 56	15,3	12,0
Inverness.........	12 18	13,1	10,3
Banff.............	00 28	11,4	8,7
Fraserburgh.......	00 40	12,0	9,3
Peterhead.........	00 34	11,6	9,3
Aberdeen..	1 00	13,1	10,9
Stonehaven........	1 10	15,3	12,0
Montrose.........	1 25	14,2	10,9
Arbroath..	1 35	15,3	12,0

LUGARES.	Establecimientos.	ELEVACION. En sizigias.	ELEVACION. En cuadrat.ras
	h. m.	Piés.	Piés.
Rio Tay, *barra*	2 06	17,5	15,3
Broughty Ferry	2 22	15,8	12,0
Dundee	2 32	15,8	12,2
Perth	3 35		
Cockenzie, *ria de Forth*	2 16	17,1	14,2
Leith	2 17	18,0	13,8
Grantou, *muelle*	2 20	17,5	13,6
Burntisland, *id.*	2 24	17,7	13,8
Queensferry, *id.*	2 37	19,7	15,3
Kincardine, *id.*	2 53	19,3	16,4
Alloa	3 18	19,1	16,4
Stirling, *id.*	3 52	8,2	4,7
Dumbar	2 08	15,8	12,0
Eyemouth	2 15	16,4?	12,0?
Berwick	2 18	16,4	12,5

Costa E. de Inglaterra.

LUGARES.	Establecimientos.	ELEVACION. En sizigias.	ELEVACION. En cuadrat.ras
	h. m.	Piés.	Piés.
Holy Island, *puerto.*	2 30	16,4	12,5
North Sunderland	2 30	16,4	12,5
Rada Conquet	3 00	15,8	12,0
Blyth	3 15	16,4	12,0
Rio Tyne, *barra*	3 20	16,1	12,0
Id. North Shields, *faro inferior*	3 23	14,4	10,9
Id. Howden		13,1	
Id. Walker		12,5	
Id. Newcastle	4 23	12,2	
Sunderland	3 22	15,8	12,0
Seaham	3 24	15,8	11,5
Hartleppool	3 28	16,4	11,7
Rio Tees, *barra*	3 45	16,4	
Id. Middlesborough	3 55	14,2	
Id. Stockton	4 40	12,0	
Whitby	3 45	16,4	12,5
Scarborough	4 11	17,2	13,6
Bahía Filey	4 20	17,5	13,6
Cabo Flamborough,	4 30	17,5	13,1
Bridlington	4 39	17,5	13,1
Rio Humber, *punta Spuru*	5 26	20,5	16,4
Id. Grimsby	5 36	21,0	16,4
Id. Killingholme	6 02	21,5	16,9
Id. Hull	6 29	22,6	17,7
Id. rio Ouse Goole	7 44	15,3	
Boston Bup, Clay Hole		23,4	
Id. Hob Hole		18,6	
Id. (Sluice)	7 00	13,1	
Lynn Deep, Loug Sand	6 00	25,1	
Id. rada Lynn		21,8	

LUGARES.	Establecimientos.	ELEVACION. En sizigias.	ELEVACION. En cuadrat.ras
	h. m.	Piés.	Piés.
Id. Lynn		19,7	
Wisbeach Eye		21,8	
Puente Sutton		19,7	
Wisbeach	7 30	16,4	
Barra Wells	6 20	19,7	
Wells	7 00	13,1	
Barra Blakeney	6 30	16,4	
Blakeney		9,8	
Cley		6,0	
Cromer	7 00	16,1	12,0
Bajo Leman	6 00		
Id. Ower	6 30		
Id. Hammond	7 40		
Arrecife Winterton.	7 50		
Rada Yarmouth	9 15	6,5	4,3
Id. Haven, Brush		6,2	4,5
Id., *puente*		5,4	4,3
Lowestoft	9 57	7,1	5,4
Rio Blyth, *orilla S.*	10 20	7,1	4,8
Aldborough	10 45	8,7?	7,1?
Kentish Knock	11 47		
Orfordness	11 15	8,7	7,1
Hollisley	11 30	8,7?	6,5?
Orford Haven, *barra*	11 30	8,2	
Orford, *muelle*	12 30	8,2	
Id. Slaughden	1 00	8,2	
Id. puente Snape	3 00	6,5	
Woodbridge Haven, *barra*	11 45	13,1	9,8
Id. muelle Kingston	12 35	10,9	
Id. puente Wilford	12 55	7,6	
Puerto Harwich	12 06	12,5	10,3
El Naze	12 06	13,6	10,9
Rio Orwell, Pinmill	12 20	13,1	
Id. DownudamReach	12 27	13,1	
Id. Ispwich	12 35	14,7	
Id. Stour, Wrabness	12 29	13,1	
Id. muelle Mistley	12 48	12,8	
Id. puente Cattawade	1 08	4,6	
Id. Colne, *punta Colne*	12 00	15,3	10,9
Id. Wivenhoe	12 10	16,4	11,4
Id. Blackwater, *punta Scales*	12 00	16,0	10,9
Id. Heybridge	12 20	13,1	8,7
RioChelmer, Maldon	12 32	10,9	6,5
Playa Gunfleet, *extremo NE.*	11 40	13,1	8,7
RioCrouch Foulness	12 05	15,8	11,4
Id. puente Hull	12 25	17,5	12,0
Faro Maplin	12 05	15,8	11,4
Margate	11 40	16,9	14,2
Pansand Hole	12 00	16,9	14,2
Nore	12 30	16,9	14,2

LUGARES.	Establecimientos.	ELEVACION. En sizigias.	ELEVACION. En cuadraturas.
	h. m.	*Piés.*	*Piés.*
Sheerness........	00 37	17,5	14,5
Chatham..........	1 02	19,1	15,3
Gravesend	1 10	19,1	15,3
Woolwich.........	1 37	20,2	16,9
Greenwich	1 43	20,7	16,4
Lóndres, *diques*	1 57	21,3	18,6
Id. *puente*.........	2 07	21,0	18,3

Mar del N., Bélgica, Holanda,
Hannover, Dinamarca y Noruega.

LUGARES.	Establecimientos.	ELEVACION. En sizigias.	ELEVACION. En cuadraturas.
Nieuport..........	12 18	17,5	14,2
Ostende	12 25	20,8	16,4
Blankenberg	12 48	14,2	12,0
Bathz	3 15	16,4	
Flushing..........	1 20	16,4	
Amberes..........	4 25	16,4	
Veere............	1 20	16,4	
De Roompot	12 30	13,1	8,7
Zieriksee.........	2 00	12,0	9,8
Brouwershaven	2 15	10,9	8,7
Goeree, *entrada O*..	1 45	7,6	
Hellevoetsluis......	2 30	8,7	6,5
Brielle............	3 00	5,4	
Rotterdam	3 45	7,6	
Katwyk...........	2 30	5,4	
Texel, *bajos de fuera*	6 30	4,3	3,8
Kikduin	7 00	13,1	
Nieuwediep..	7 27	4,3	3,8
Terschelling O.....	8 40	6,5	5,4
Ameland, *boca*.	9 00	7,6	
Id. rada Hollum....	11 30	7,6	
Ems, *boya de fuera*..	10 00	10,9	
Borkum, *rada*......	10 30	10,9	
Delftzyl	11 15	10,9	
Emden............	12 00		
Norderney	10 30	8,7	
Weser, *faro flotante de fuera*.......	11 30		
Wranger Oog......	12 00	9,8?	
Helgoland	11 33	10,0	7,6
Elba, *entrada*......	12 00	12,0	
Id. Cuxhaaven.....	1 08	10,9	
Id. Brunsbuttel....	1 58	9,8	
Id. Gluckstadt.....	3 09	10,9	
Id. Altona........	5 19	7,6	
Id. Hamburgo.	5 29	7,1	
Eider, Tonnig	2 01	9,8	
Id. Friederichstad..	2 37	9,8	
Id. Rendsborg.....	7 42	4,3	
Husum...........	2 36	9,8	
List..............	2 21	6,5	
Hierting	2 45	5,4	
Nyminde Gab......	2 41	2,1	
Thorsminde........	3 34	2,1	
Blaavand ó *punta Horn*..........	1 44	5,4	
Aggerminde.......	4 09	2,1	
Hirtshals..........	4 28	1,0	
Skagen ó los Skaw..	5 56	1,0	
Bergen...........	1 30	4,3	
Islas Romdals.....	10 45	6,5	
Ramso Fiord......	10 45	7,6	
Oxbaasheia........	12 00	8,7	
Islas Træ.........	11 45	7,6	
Værö.	12 00	9,8	8,2
Islas Lofoten......	12 00	9,8	8,2
Tromsö...........	1 45	8,7	
Hammerfest.......	1 10	9,8	

Islandia.

LUGARES.	Establecimientos.	En sizigias.	En cuadraturas.
Reikiavik.........	5 00	19,0	14,5

Laponia.

LUGARES.	Establecimientos.	En sizigias.	En cuadraturas.
Bahía Liza........	5 58	9,8	
Puerto de Nueva Zembla.........	6 36	10,9	
Islas Jekatarina....	6 23	10,9	
Isla Kildin........	6 45	13,1	
Id. Habitable, *bahía Seleney*..........	7 09	9,8	
Rio Teriberka.. ...	7 20	13,1	
Islas Olenji........	7 30	13,1	
Rio Chalowka......	8 08	13,1	
Islas Seven........	8 20	13,1	
Id. Jukan.........	9 00	14,2	
Sviatoy Nos.......	9 15	15,3	

Mar Blanco.

LUGARES.	Establecimientos.	En sizigias.	En cuadraturas.
Bahía Turna......	9 54	12,0	
Isla Trek..........	10 48	21,8	
Arrecife Litke.....	11 45	16,4	
Cabo Kanushin	11 54	16,4	
Sosnovets.........	11 44	19,7	
Isla Morjovets.....	11 20	18,6	
Cabo Voronov.....	11 20	18,6	
Punta Intsi........	11 55	17,5	
Rio Kouloi........	1 15	21,8	
Mezen............	1 48	24,0	
Punta Herets, *golfo de Arcángel*......	4 30	6,0	
Torre Nikolscoi.....	6 00	2,1	
Isla Mondinga.....	5 50	3,8	

LUGARES.	Establecimientos.	ELEVACION. En sizigias.	ELEVACION. En cuadrat.^{ras}
	h. m.	Piés.	Piés.
Dvina, *barra*		3,5	
Arcángel	7 28	2,7	
Canal Nikolskoi	5 25	3,2	
Punta Gribanika	4 50	3,2	
Isla Jijginsk	5 15	4,3	
Cabo Orlov Letni, *golfo de Onega*	5 18	4,3	
Rio Onega	9 17	7,6	
Souma	6 30	6,0	
Rada Solovet	5 00	4,3	
Rio Kyem	5 23	4,3	
Kalgalakska	6 50	7,6	
Keret, *golfo de Kandalak*	3 08	6,5	
Kandalaksha	3 25	7,6	
Bahía Sosnovaia	2 40	6,5	
Kou Zomen	3 30	6,5	
Tetrina	3 17	7,6	
Nueva Zembla.			
Cabo Hakluyt	1 30	4,3	
Spitzberg.			
Canal Bell	8 56	3,5	
Regiones árticas, Groenlandia, costa O.			
Holsteinborg	6 30	10,9	
Upernivik	11 00	8,7	
Wolstenholm, *canal*	11 08	8,2	
Estrecho de Hudson.			
Islas Button	6 50		
Estrecho de Fury y Hecha, península de Melville	7 00	8,7	
Bahía de Hudson.			
Factoría York	11 15	15,3	
Estrecho Barrow.			
Puerto Leopold	12 06	6,5	4,9
Bahía Erebus	12 06	8,7	
Isla Griffith	12 15	4,0	2,9
Isla Melville.			
Puerto Winter	1 30		

LUGARES.	Establecimientos.	ELEVACION. En sizigias.	ELEVACION. En cuadrat.^{ras}
Tierra de Banca.			
	h. m.	Piés.	Piés.
Bahía Mercy		2,1	
Estrecho del Príncipe de Gales		3,2	
Terranova.			
Puerto Lamalin	9 00	9,3	
Placentia	9 15	8,7	
Puerto Trepassee	7 00	7,1	5,4
Saint John	7 30	7,6	
Puerto Grace	7 30?	7,6?	
Isla Bull, *bahía Trinidad*	7 22	3,8	2,1
Puerto Barrow	7 10?	5,4?	
Isla Fogo	7 20	4,3	
Id. Funck	7 00?	3,2?	
Puerto Triton	7 00?	4,3?	
Puerto Cutwel	7 00?	4,3?	
Id. Flor de Lis	7 00?	4,3?	
Id. Rouge	7 00?	4,3?	
Id. Croc	6 30?	4,3?	
Id. Saint Julien	7 21 M 6 30 T	4,9	3,2
Cala Goose	7 00?	3,2?	
Puerto Braha	7 00?	3,2?	
Bahía Lunaire	7 00?	3,2?	
Bahía Griguet	7 00?	3,2?	
Bahía Sacred *costa N*	7 23	2,7	
Puerto Cook, *costa N*	7 25	3,2?	
Port-au-Choix, *costa NO*	10 47	5,4	
Puerto Petit, *bahía de las islas*	10 42	6,0	
Golfo de San Lorenzo.			
Isla San Pablo	8 00	5,4	3,2
Islas Magdalena	8 20	3,2	2,1
Puerto Hood	9 00	4,7	2,1
Gaspe Basin	1 50	5,4	3,2
Punta Macquereau	2 00	5,4	3,2
Id. Carleton	3 00	6,5	4,3
Puerto Dalhousie	3 10	9,8	
Poblacion de Cambell, *rio Ristegouche*	4 00	10,9	7,6
Bathurst	3 15	7,6	4,3
Shippigan	3 42	6,0	3,2
Puerto Caraquette	2 40	6,5	3,2
Miscou	3 30	5,4	3,2
Miramichi, *barra*	5 00	5,4	3,2
Isla Sheldrake	6 00	5,4	3,2

LUGARES.	Establecimientos.	ELEVACION. En sizigias.	ELEVACION. En cuadrat.ras
	h. m.	Piés.	Piés.
Bahía Vin.........	5 45	5,4	3,2
Isla Beaubère......	6 30	6,5	4,3
Punta Escumenac...	4 10	4,3	2,7
Rio Richibucto....	3 30	4,3	2,7
Id. Buctouche......	7 00?	4,3?	2,1?
Id. Cocagne.......	7 30?	4,3?	2,1?

Rio de San Lorenzo.

LUGARES.	Establecimientos.	En sizigias.	En cuadrat.ras
Isla Green	2 45	17,5	10,4
Brandy Pots.......	3 00	18,6	10,9
Isla Condres, *bahía Prairie*.........	4 25	18,6	10,9
Pillars............	5 00	18,6	10,9
Isla Crane, *travesía media*	5 24	18.6	14,2
Id. Orleans, *trav.ª N*	5 40	18,6	14,2
Quebec...........	6 38	19,7	14,2
Punta Frechele....	8 00	15,3	9,8
Puerto Nuevo......	8 30	15,3	9,8
Grandine.........	9 00	9,8	6,5
Batiscan..........	9 48	3,8	2,1
Puerto Antigonish..	9 00	4,3	2,1

Tierra del Labrador y golfo de San Lorenzo.

LUGARES.	Establecimientos.	En sizigias.	En cuadrat.ras
Cabo Saint Lewis..	6 30		
Bahía Chateau.....	7 35	3,8	1,0
Id. Red...........	7 45	3,8	1,6
Id. Bradore........	8 45	4,3	2,1
Id. Belles Amour...	9 00	4,9	2,4
Puerto Bonne Esperance..........	9 15	5,4	2,7
Mistanoque........	10 30	6,5	3,2
Isla Antrobus.......	10 30	5,4	3,2
Puerto Wapitagun..	10 :0	5,4	3,2
Bahía Coacoacho...	10 30	5,4	3,2
Id. Kegashka.......	10 45	5,4	3,2
Little Natashguan...	11 00	5,4	3,2
Bahía Appectetat ..	11 10		
Puerto Betcheween.	11 32	5,4	3,2
Punta Clearwater...	11 30	5,4	3,2
Puerto Mingan....	1 16	7,6	4,3
Isla Mingan.......	1 30	7.6	4,3
Bahía de Siete Islas.	1 40	9,8	5,4
Isla Anticosti, *cabo E*	1 00	5,4	3,2
Id. bahía Bear.....	1 10	5,4	3 2
Id. punta O........	2 00	6,5	4,3
Islas Cawee........	1 50	9,8	5,4
Isla Egg..........	2 00	12,0	6,5
Punta de Monts.....	12 00	13,1	6,5
Cabo Chatte........	12 00	14,2	8,7

LUGARES.	Establecimientos.	ELEVACION. En sizigias.	ELEVACION. En cuadrat.ras
	h. m.	Piés.	Piés.
Rio Godbout......	1 52	12,0	6,5
Puerto St. Nicholas	1 55	13,1	7,6
Rio Maniconagon..	2 15	13,1	7,6
Id. Bersimis.......	2 00	13,1	7,6
Isla Bic...........	2 15	15,3	9,2
Port Neuf.........	2 10	14,2	8,7
Rio Matan........	2 15	12,0	7,6
Little Metis........	2 10	14,2	8,7
Saguenay, Tadousac.	2 45	18,6	10,9
Id. Chicoutimi.....	4 11	13,1	8,7

Isla de cabo Breton.

LUGARES.	Establecimientos.	En sizigias.	En cuadrat.ras
Puerto Hood......	9 00	4,9	2,1
Gut de Canso, *cala Plaister*.........	9 15	4,3	2,1
Rio Mabou.........	9 00	4,3	
Chetican..........	8 15	3,8	
Cabo North........	8 00	4,3	
Bahía Saint Anne..	8 34	6,5	4,9
Puerto Sydney.....	9 00	5,4	4,3
Bahía Menadou....	8 15	6,0	
Puerto Louisburg..	8 00	5,4	4,3

Isla del Príncipe Edward.

LUGARES.	Establecimientos.	En sizigias.	En cuadrat.ras
Punta E..........	8 30	3 8	2,1
Bahía Cardigan....	8 40	5,4	3,5
Cabo Bear.........	9 00	6,5	3,2
Charlottetown......	10 45	10,3	7,6
Crapaud..........	10 00	8,7	6,5
Puerto Bedeque....	10 15	7,6	5,4
Minimegash........	3 30	5,4	3.2
Bahía Egmont.....	3 00	4,3	2,1
Pto. Cascumpeque..	5 40	3,2	2,1
Id. Richmond......	6 00	3,2	2,1
Cabo Turner.......	6 10	4,3	2.1
Gran Rustice......	6 40	4,3	2,1
Tracadie..........	7 00	3,8	2,1
Bahía Saint Peter...	8 00	4,3	2,7
Puerto Boughton...	8 40	5,4	2,9

Nuevo Brunswick.

LUGARES.	Establecimientos.	En sizigias.	En cuadrat.ras
Isla Jourimaint....	9 30	6,5	3,2
Puerto Saint John..	11 23	25,1	21,8
Id. Shediac.......	1 00 / 8 00	4,3	2,1

Nueva Escocia.

LUGARES.	Establecimientos.	En sizigias.	En cuadrat.ras
Shelburne.........	8 30	8,7	
Isla Sable, *parte N.*	7 30	4,3	
Id. *parte S*...	6 30	4,3	

LUGARES.	Establecimientos.	ELEVACION. En sizigias.	ELEVACION. En cuadraturas.
	h. m.	Piés.	Piés.
Puerto Halifax	7 49	6,5	4,3
Id. Jedore	7 45	7,1	5,1
Puerto Ship.	7 54	7,1	4,9
Id. Sheet..........	8 06	7,1	4,9
Id. Liscomb.......	8 00	7,1	4,9
Id. Beaver	7 40	7,1	4,9
Whitehaven	8 00	7,1	4,9
Puerto Canso.......	7 48	7,1	4,9
Id. Crow............	8 00	7,1	4,9
Arichot...........	8 10	5,4	4,3
Guysborough	8 20	7,1	4,9
Pomquet...........	9 15	4,3	2,7
Cabo George	10 15	4,3	2,1
Merigomish........	10 06	5,7	3,5
Puerto Picton......	10 00	6,5	4,3
Id. Caribon........	10 00	6,5	4,3
Canal Amet.........	10 30	8,7	5,4
Tatamagouche.....	10 00	8,7	5,4
Puerto Wallace.....	10 30	8,7	5,4
Id. Pugwash	10 30	7,6	4,3
Bahía Verte.......	9 00	9,8	5,4

Bahía de Fundy, Nuevo Brunswick.

LUGARES.	Establecimientos.	En sizigias.	En cuadraturas.
Machías, *Islas Seal*	10 58	19,7	15,3
Puerto Grand en la Grande Manan ..	11 04	19,3	15,8
Passamaguoddy......	11 30	27,3	
Puerto L'Etang....	11 10	27,3	24,0
Id. Dark..........	11 03	19,7	16,4
Cabo Fish.........	11 04	26,2	20,1
West Quoddy......	11 03	24,5	18,6
Campobello........	11 19	22,9	20,1
Saint John........	11 24	28,9	21,2
Quaco.............	11 31	35,0	27,3
Isla Grindstone....	10 39	48,1	36,5
Cabo Chignecto....	11 00	35,0	
Puerto Cumberland, Sackville........	11 48	54,6	40,4

Bahía de Fundy, Nueva Escocia.

LUGARES.	Establecimientos.	En sizigias.	En cuadraturas.
Punta Clam, *parte E, isla de cabo Sable.*	8 00	7,6	6,0
Cabo Sable.........	8 30	9,8	7,1
Puerto Clarke......	8 40	10,4	7,6
Cabo Sable, *isla Sea.*	9 00	13,1	9,8
Pubnico, *pta. Beach.*	9 03	13,6	10,9
Argyle, *fond.ro Jones*	9 36	15,0	11,5
Rio Tusket.........	9 33	14,2	10,9
Isla Ellemwood, *parte E.*	9 47	14,2	10,3
Jebogue	9 47	18,0	12,5

LUGARES.	Establecimientos.	ELEVACION. En sizigias.	ELEVACION. En cuadraturas.
	h. m.	Piés.	Piés.
Yarmouth.........	10 06	18,2	13,6
Cabo Saint Mary...	10 30	20,7	14,7
Westport *Gran canal*	10 47	23,4	17,5
Cala Sandy, del E..	10 39	24,5	18,6
Bahía del Cabo Saint Mary, *parte E. de la punta Gibert...*	10 39	24,5	18,6
Annapolis	11 00	32,8	19,7
Cala Sandy del O..	10 50	26,2	19,7
Cala Gulliver......	10 51	28,4	21,5
Digby Gut........	11 02	30,6	24,5
Cala Pasker.......	11 08	32,8	25,6
Pto. de cala Young.	11 14	35,0	27,3
Cala Chutes........	11 15	35,0	27,3
Puerto George.....	11 22	37,1	28,9
Isla Haute	11 27	38,7	30,0
Faro de piedra Black	11 36	40,9	31,7
Fondeadero Spencer	11 50	44,0	33,9
Cala Spicer........	11 31	39,8	30,6
Bahía O. de Parsboro, *puerto de Mines*	12 04	49,5	38,2
Horton, *id.*........	12 05	54,6	42,0

Estados Unidos.

(De Portland, á New-York.)

LUGARES.	Establecimientos.	En sizigias.	En cuadraturas.
Isla Monte Desierto	11 10	14,2	
Portland...........	11 25	10,9	9,5
Portsmouth........	11 23	10,9	9,3
Newburyport......	11 22	9,8	8,2
Salem	11 13	11,5	8,7
Marblehead	11 30	13,1	
Boston, *faro*.......	11 12	12,0	10,3
Id. *ast.º de Charleston*	11 27	12,3	10,9
Plymouth	11 19	12,5	11,5
Banstable.........	11 00	9,8	
Cabo Cod.........	11 30	14,2	
Welifleet..........	11 05	14,4	13,1
Provincetown......	11 22	11,6	10,3
Monomoy.........	11 58	5,7	4,3
Bajos Saint George.	11 30	7,6	
Nantucket	12 24	3,8	3,2
Hyannis	12 22	4,3	3,2
Edgartown........	12 16	2,7	2,1
Cala Holmes	11 43	1,8	1,6
Cabo Gay.........	7 37	7,6	
Cala Tarpaulin.....	8 04	2,9	2,4
Cala Woods, *parte N*	7 59	5,1	4,3
Id. *parte S*........	8 34	2,1	1,6
Ensenada Menemsha	7 45	4,3	2,7
Cala Quiks, *parte N.*	7 31	4,5	3,8
Id. *parte S*	7 36	4,0	3,2
Cuttyhunk	7 40	4,5	3,8

LUGARES.	Establecimientos.	ELEVACION. En sizigias.	ELEVACION. En cuadrat.ras
	h. m.	*Piés.*	*Piés.*
Cala Kettle........	7 48	5,4	4,9
Faro de isla Bird ..	7 59	5,6	4,9
New-Bedford, *entr.*[a]	7 57	4,9	4,3
Newport..........	7 45	4,9	4,3
Punta Judith......	7 32	4,0	3,8
Isla Block.........	7 36	3,8	2,7
Punta Montauk... .	8 20	2,7	2,1
Sandy Hook.......	7 29	6,0	5,4
New-York.........	8 13	6,0	4,5
Tarry Town........	9 57	4,3	3,8
Canal de la isla Larga.			
Punta Throgs......	11 20	10,0	8,2
New Rochelle......	11 22	9,2	8,2
Punta Sands......	11 13	9,8	8 2
Bahía Oyster......	11 07	10,0	8,7
Bridgeport........	11 11	8,7	6,7
New Haven........	11 16	6,8	6,0
New London	9 28	3,2	2,7
Isla Little Gull....	9 38	3,2	2,9
Stonington........	9 07	3,5	3,2
Watch Hill........	9 00	3,2	2,9
Nueva Jersey.			
Puerto Little Egg...	7 10	4,9	3,8
Cabo May Landing.	8 19	6,5	5,4
Cala Cold Spring...	7 32	6,0	4,5
Bahía y rio Delaware.			
Philadelphia.......	1 18	7,3	6,0
New Castle........	11 53	7,6	7,3
Rio Mahons....... ..	9 52	7,6	6,2
Faro de isla Egg...	9 04	7,6	6,2
Cabo Henlopen ..	8 00	4,3	
Higbees, *cabo May..*	8 33	6,8	5,6
Delaware, *rompeolas.*	8 00	4,9	4,0
Bahía y rios Chesapeake.			
Tappahennock.....	12 42	2,1	1,6
Richmond.........	4 28	3,8	2,9
Rio James, *pta. City*	2 11	3,3	2,9
Baltimore.........	6 33	1,6	1,3
Faro Bodkin, *puerto City*..........	5 42	1,3	1,1
Cabo Henry.......	7 40	4,3	
Annapolis.........	4 38	1,1	1,1
Punta Lookout....	12 32	2,1	1,3
Cabo Charles......	7 45	5,4	
Antigua pta. Confort	8 17	3,2	2,7

LUGARES.	Establecimientos.	ELEVACION. En sizigias.	ELEVACION. En cuadrat.ras
Texas, Luisiana, Mississipi, Florida, Georgia y Carolinas S. y N.			
	h. m.	*Piés.*	*Piés.*
Cala Hatteras......	7 04	2,4	2,1
Cabo Hatteras.....	9 00	5,4	
Cala Ocracocke....	9 00		
Beaufort..........	7 26	3,5	2,9
Cabo Bald........	7 26	5,4	4,6
Smithville.........	7 19	6,0	5,1
Cabo Fear.........	7 00	7,6	
Wilmington.......	9 06	3,2	2,9
Georgetown, *entra.*[a]	7 56	5,1	3,5
Bahía de isla Bulls..	7 16	6,2	4,9
Charleston	7 13	6,7	5,4
Rio North Edisto..	7 10	7,6	6,2
Canal de St. Helena	7 08	8,2	6,5
Cabo Hilton.	7 19	7,9	6,8
Fuerte Pulaski, Savannah, *entrada..*	7 20	8,7	7,6
Savannah, *ciudad...*	8 13	8,2	6,8
Faro Doboy.......	7 33	8,4	7,6
Isla Saint Simons...	7 43	8,9	7,3
Fuerte Clinch, *Fernandina*	7 53	7,3	6,8
Rio Saint Johns....	7 28	6,0	5,4
Saint Agustine	8 32	5,4	4,3
Cabo Florida......	8 34	1,8	1,6
Cayo Indian.......	8 18	2,7	1,8
Id. Sand ó *Arena..*	8 40	2,1	1,1
Id. Hueso.	9 22	1,6	1,3
Id. canal NO	9 10	1,6	1,3
Tortugas..........	9 56	1,6	1,1
Tortuguillas.......	8 20	3,5	
Bahía Tampa.	11 21	1,8	1,6
Cayos Cedar.......	1 15	3,5	2,7
Saint Marcks......	1 38	3,2	2,4
Costa E. de América del N. *Seno Mejicano.*			
Bahía Apalachicola.		4,3	
Pansacola.........		2,1	
Mobila............		2,1	
Paso SO. Mississipi		1,6	
Galveston.........		4,3	
San Luis, *Tejas*....		3,8	
Veracruz..........		2,1	
Piedras Arcas......		1,6	
Triangles..........		1,6	
Laguna de Términos	á m° dia	1,6	
Sisal..		2,1	
Campeche.	1 45	2,7	2,1
Cabo Catoche... ...	9 30	1,0	

LUGARES.	Establecimientos.	ELEVACION. En sizigias.	ELEVACION. En cuadrat.ras
	h. m.	*Piés.*	*Piés.*
Cozumel..........	8 30	1,6	
Puerto Mujeres......	9 30	1,6	
Isla Bonacca.......	9 00	1,6	
Vieja Providencia..	irreg.	1,0	
Banco Serrana.....		2,1	
Id. Serranilla.......	irreg.	2,1	
Puerto Real, Ruatan	7 45	3,8	
Id. de Cabo Gracias.	10 30	2,1	
Cayo Navío........	8 10	4,3	
Id. Colombilla, cayos Pearl........	2 00	2,1	
Islas Corn.........	1 45	2,1	
Blewfields.........	1 50	2,1	
Greytown.........	9 00	1,2	

Islas Bermudas.

Isla Ireland, *astillero*	7 14	4,3	

Mar de las islas Antillas.

Isla Anegada.......	9 00	1,6	
Id. Tábago........		4,0	
San Vicente........		3,0	
Fort Royal.........	4 00	1,5	
Roberto, *Martinica.*	4 00	2,5	
S. Pedro, *Guadalupe*		2,0	
Antigua..........		2,0	
Anguila..........		2,0	
Los Perros........		2,0	
San Martin........		2,0	
San Bartolomé.....	10 30	2,0	
Islas Vírgenes	9 00 / 7 00		
Id. Puerto Grande..	8 30	1,5	
Id. id. Road.......	8 30	1,5	
Id. Bahía del Coral	7 00 / 9 00	1,0	
Id. San Thomas...	7 00 / 9 00	1,0	
Id. Canal Isla Gorda.	8 30	1,6	
Id. id. Limardo....	9 00	1,0	
Islas id. del NO....	9 00	1,0	
Id. id. Guares.....	9 00	1,0	
Id. id. Alcarraza...	9 00	1,0	
Id. id. Botijuela ...	9 00	1,0	
Isla Culebra.......	9 00	1,0	
Id. Santa Cruz.....	7 30	1,5	0,5
Id. Tórtola........	8 30	1,6	
Id. Barbada.......		0,2	
Id. Granada, *Puerto San Jorge.*......	11 40	1,5	0,7
Id. Granadillos, *Ba-*			

LUGARES.	Establecimientos.	ELEVACION. En sizigias.	ELEVACION. En cuadrat.ras
	h. m.	*Piés.*	*Piés.*
hía Almirantazgo.		3,0	
Isla Carobacú.......	3 00	2,0	1,0
Id. Puerto-Rico, *pto. San Juan*........	8 02	1,5	
Id. Mayagüez......		2 á 3	
Fondea.ro de la Mona	6 15	2,0	
Isla Santo Domingo, *Bahía de Perlas ó San Lorenzo*.....	9 30	1,5	
Id. Puerto Cabarete.		3,5	
Id. Id. Plata.......	7 30	3,0	
Id. Bahiajá *ó puerto Delfín*..........	7 00	5,5	3,5
Id. Caimitos.......	8 00	1,0	
Id. Guarico........	6 00	3,0	
Id. Cayo Haitiano..	6 00	3,2	
Id. Bahía Gonaives.	8 00	1,0	
Id. Puerto Lacul...	6 00	3,2	
Id. id. Príncipe....	8 09	1,0	
Id. Bahía S. Marcos.	8 00	1,0	
Id. Agujero Chico..		3,0	
Id. Bahía Aux Cays.	dudoso	3,0	
Id. Pto. de la Caldera		2,0	
Id. Bahía Flamand.	dudoso	3,0	
Id. rio Ozama, *barra*	4 00	2,0	
Id. Bahía San Luis.	dudoso	3,0	
Id. Punta Nisao....		1,5	
Id. Bahía Aquin....	dudoso	3,0	
Id. Rio Macoris....		2,0	
Id. Jacmel........	dudoso	3,0	
Id. Rio Quiabon....		2,0	
Id. Cayos de Morante		2,0	
Id. Jamáica, Puerto Real, *arsenal*....	11 00	1,0	
Id. de Cuba, Santiago de Cuba......	8 30	2,0	
Id. de Manzanillo..	10 40	4,0	
Id. Santa Cruz.....	12 00	4,0	
Id. Trinidad.......		1,5	
Id. Xagua.........	4 57	0,2	
Id. cabo S. Antonio.	9 30	1,5	
Id. Siguanea		0,5	
Id. de Pinos.......	6 00	0,3	
Puerto de la Habana	8 14	2,6	
Id. Mata..........	6 49	2,8	
Id. Baracoa........	7 23	2,2	
Id. Maraví........	7 56	2,5	
Id. Taco..........	8 49	2,7	
Id. Naranjo........		0,4	
Id. Cayo Paredon Grande.........	7 30	0,3	
Id. Cayo Bahía de Cádiz.	9 20	0,3	

LUGARES.	Estable cimientos.	ELEVACION. En sizigias.	ELEVACION. En cuadrat.ras
	h. m.	*Piés.*	*Piés.*
Pto. Cayo Piedras..	8 00	2,5	
Id. Canal Viejo de Bahama, *veril del N*	7 40	0,3	
Id. Matanzas......	{ 5 T / 8 M }	2,5	
Saintes............	6 45	3,0	
Inagua...........	8 00	3,8	
Islas de Bahama...	7 40	0,4	3,0
Id. Rade Mathew..	8 00	3,5	2,5
Isla Crooked.......	7 00	2,5	
Exuma...........	7 20	2,7	
Islotes Mira por Vos	9 30	3,2	2,5
Cayos Stirrup......	7 00	4,3	
Puerto Gran Ragged	8 00	3,5	2,3
Id. Clarence.......	8 30	4,0	2,5
Boca Grande......	8 00	4,5	2,5
Arrecife Múcaras ..	7 40	3,2	
Canal del Cayo Cera	7 45	4,5	2,5
Id. de Highborne..	7 45	4,5	2,5
Id. del Buque......	7 45	4,5	2,5
Piedra de la Memoria	7 50	3,2	
Hetera, *costa O*....	9 00	0,3	
Islas del Huevo.....	7 45	3,5	
Canal Fleeming....	9 00	3,5	1,5
Cayo Sal, *fondeadero*	8 15	4,3	3,2
Canal Douglas	8 30	4,0	2,5
Abaco............	8 00	3,2	
Hanove...........	8 15	4,0	3,0
Cayo Lobos........	7 40	3,2	
Nassau...........	7 30	4,0	3,0
Cayo Guinchos....	7 40	3,2	
San Andrés, *costa E*	8 00	1,5	
Id. *costa O. frente á la del N*........	10 30	1,5	
Id. *costa O. frente á la del S*.........	10 15	1,5	
Bahía SO..........	7 30	4,3	
Cayo Estribo Grande	7 00	4,0	
Id. Cañon.........	8 30	3,2	
Tumbada..........	7 50	3,0	
Cayo Bluff........	7 00	4,9	
Id. Walker........	8 50	3,0	
Continuacion de la costa E. de América			
Puerto Caledonia..	11 40	1,6	1,0
Cartagena.........	11 00	1,6	1,0
Tobago...........	irreg.	3,8	
Puerto España.....	4 30	4,3	3,2
Boca Dragones	3 00	4,3	
Isla Chacachacare, *Trinidad*.......	3 30	4,3	
Rio Oricono, *boca*..	6 00	3,2	

LUGARES.	Estable cimientos.	ELEVACION. En sizigias.	ELEVACION. En cuadrat.ras
	h. m.	*Piés.*	*Piés.*
Id. Demerara......	4 45	9,8	6,5
Berbice...........	4 30	12,0?	6,5
Rio Corentyn......	5 10	9,2	6,5
Surinam...........	6 00	9,8	6,5
Rio Maroni........	5 30	8,7	
Id. Cayenne.......	6 45	6,5	
Para..............	12 00	12,0	11,4
San Joao..........	6 20	15,3	
Maranham........	7 00	19,1	
Jericoacoara.......	11 30	13,1	6,5
Aracati...........	6 00	8,7	
Fernando Noronha.	4 00	6,5	
As Rocas	5 15	10,9	
Cabo San Roque...		10,9	
Parahayba	5 00	13,1	
Pernambuco.......	4 23	6,5	
Maceio............	4 30	9,3	
Bahía	3 30	8,7	
Os Ilheos.........	4 30		
Piedras Martin Vas.	3 45		
Abrolhos........ ..	4 48	6,5	
Nostra Santa da Victoria............	3 00	4,3	
Benevente	3 00	5,3	
Porto Frio........	2 40	4,9	
Rio Janeiro........	3 00	4,3	3,2
Ilha Grande.	12 30	5,4	4,3
San Sebastian......	2 00	4,3	
Isla Sta. Catharina..	2 30	3,2	
* Rio de la Plata, *Ensenada de Castillo*	8 30	2,2	
Buenos Ayres...	12 00	3,7	
Cabo de S. Antonio	10 00	6,0	
Puerto Maldonado.	9 00	7,0	
Tristan d'Acunha ..		8,7	
Puerto Belgrano...	6 00	13,1	10,9
Bahía Union......	3 10	13,1	9,8
Rio Colorado.......	4 00	9,8	8,2
San Blas..........	2 00	13,1	10,9
Rio Negro........	11 00	15,3	
Puerto San Antonio	10 40	30,6	
Bahía Sea Bear.....	12 45	21,8	
Puerto San José....	10 00	32,8	27,3
Golfo Nuevo	7 00	10,9	
Puerto Santa Elena.	4 00	18.6	
Puerto Melo......	3 40	16,4	
Id. Deseado.......	12 10	20.2	
Id. San Julian....	10 45	32,8	

* En el rio de la Plata se altera mucho la elevacion de las aguas por efecto de los vientos. Cuando soplan del SE. se elevan y cuando del NO. bajan, produciendo á veces una diferencia de 12 piés en Buenos Aires.

LUGARES.	Establecimientos.	ELEVACION. En sizigias.	ELEVACION. En cuadrat.ras
	h. m.	*Piés.*	*Piés.*
Rio Santa Cruz....	9 30	43,7	31,7
Puerto Gallegos....	8 50	50,0	
Cala Coy..........	9 30	43,7	
Bahía San Sebastian	7 00	8,7	
Isla de los Estados.	4 30	13,1	
Estrecho Le Maire.	4 00	10,9	
Rada Goree.......	4 00	6,5	
Bahía Orange.....	3 30	8,7	
Cabo San Diego....	4 30	7,6	
Id. Peñas.........	6 42	8,7	
Cala S. Martin, *islas del cabo de Hornos*	3 50		

Islas Falkland.

LUGARES.	Establecimientos.	En sizigias.	En cuadrat.ras
Canal Berkelcy....	5 00	7,6	
Puerto William....	5 15	7,6	6,0
Id. Fitz Roy......	4 45	6,5	
Id. Pleasant.......	5 00	7,1	
Id. Island, *canal Choiseul*........	5 20	6,5	
Puerto Mare......	6 00	6,5	
Id. Darwin.........	6 30	6,0	
Cala Walker......	6 20	6,0	
Bahía Low........	5 00	6,0	
Canal Adventure...	5 30	6,0	
Bahía de Harbours.	6 00	5,4	
Canal de Falkland, *entrada N.*......	6 45		
Id *entrada S*......	7 00		
Bahía Ruggles.....	7 30	5,4	
Puerto King......	7 30	5,4	
Id. Sussex........	8 15	6,5	
Id. San Salvador...	8 10	8,7	
Id. San Cárlos.....	7 00	8,7	
Id. Stephens......	7 45	8,2	
Id. Albemarle.....	7 15	7,6	
Id. Edgar.........	7 15	6,5	
Bahía Fox........	7 00	6,5	
Puerto Manibranch	7 40	8,2	
Id. Egmont........	7 30	2,0	
Id. Hope..........	8 10	7,6	
Id Shallow........	9 30	6,5	
Id Ship, Isla New..	10 30		

Estrecho de Magallanes.

LUGARES.	Establecimientos.	En sizigias.	En cuadrat.ras
Cabo de las Vírgenes	8 30	45,9	
Id. Espíritu Santo..	8 30	45,9	
Bahía Posesion....	9 00	45,9	
Cabo Orange......	3 00		
Angostura de Ntra. Sra. de la Esperanza.	9 00	45,9	
Bahía de San Felipe, *parte E.*........	9 30	26,2	
Id. de San Gregorio.	9 45	25,1	
Angostura de San Simon..........	10 00	25,1	
Puerto Peckett....	12 00	6,5	
Ensenada de Laredo	11 30	9,8	
Isla de Santa Magdalena...........	12 00	10,9	
Puerto del Hambre	12 00	6,5	
Cabo de San Isidro.	1 00	8,7	
Bahía de S. Nicolás.	2 06		
Cabo Froward.....	1 00		
Pto. de San Antonio	12 00	7,6	
Isla Laberinto......	00 30	6,0	
Puerto Gallant....	9 00	6,0	
Bahía Yorck, Inglish Reach..........	2 00	9,8	
Rio Batchelor......	1 40	5,4	
Bahía Borja.......	1 50	7,1	
Cala de Playa Parda	1 08		
Abra Tamar.......	3 05	5,4	
Abra Valentino....	2 00		
Puerto de la Merced	1 22	4,3	
Cabo Pilar........	1 00		

Canales de Smith, Sarmiento, Wide y Messier.

LUGARES.	Establecimientos.	En sizigias.	En cuadrat.ras
Bahía Sood........	00 30	7,1	
Id. Fortune........	00 30	8,2	
Id. Welcome......	0 50	8,2	
Puerto Bueno.....	1 40		
Angostura Guia....	2 10		
Cala Fury.........	1 15		
Puerto Eden......	12 30	5,4	
Bahía Halt........	00 30		
Isla Middle........	12 00		

Costa SO. de la Tierra del Fuego.

LUGARES.	Establecimientos.	En sizigias.	En cuadrat.ras
Cabo de Hornos....	4 40	9,8	
Bahía San Francisco	4 00		
Cala San Martin....	3 50	8,7	
Id. Middle........	3 30		
Rada Gorree......	4 00	8,7	
Cala Lennox......	4 40	8,7	
Bahía Nassau......	4 00	6,5	
Id. Buen Suceso....	4 03	8,7	
Bahía Packsaddle..	3 30	6,5	
Id. Orange........	3 30	5,4	
Canal de Añonuevo	3 30		
Cala Adventure....	3 10	4,3	

LUGARES.	Establecimientos.	ELEVACION. En sizigias.	ELEVACION. En cuadratura
	h. m.	Piés.	Piés.
Puerto Marzo......	3 30	6,5	
Cala Doris........	3 00	4,3	
Puerto Stewart....	2 50	4 3	
Id. Townshend	2 30	5,4	
Id. Fury..........	2 30	4,3	
Cala N., *isla Fury*..	2 30	4,3	
Bahía Hewett......	00 30	7,1	
Id. Bedford...	00 30	8,2	
Puerto Smyth......	12 00	7,1	
Isla Negra........	2 30	5,4	
Puerto Laura......	1 00	6,5	
Cabo Castlereagh ..	2 50	4,3	
Id. Gloucester.....	1 30	5,4	
Id. Ynman........	2 00	4,3	
Bahía Latitud......	2 05	4,3	
Islas de la Semana..	2 00	5,4	
Puerto Dislocacion.	1 40	4,3	
Isla Diego Ramirez	4 00	6,5	

Costa O. de Patagonia.

Evangelistas	1 00	5,4	
Puerto Henry......	12 00	5,4	
Id. Bárbara.......	12 28	4,3	
Rio San Tadeo.....	11 45	6 5	
Pto. Sto. Domingo.	12 00	7,6	
Pití-Palena..	12 23	10,9	
Bahía Tictoc......	1 45	12,0	

Archipiélago de Chonos.

Puerto Otway......	11 37	6,5	
Bahía de S. Andrés	00 45	5,4	
Pto. de S. Estéban.	00 15	5,4	
Bahía de Ana Pink.	00 45	5,4	
Rada Vallenar.....	00 18	5,4	
Puerto Low.......	00 40	7,6	

Archipiélago de Chiloe.

Isla Huafo........	12 00	7,6	
Bahía Cucao	12 00	6,5	
Puerto San Cárlos, *poblacion*........	11 45	6,5	
Puerto San Cárlos *punta Arenas*....	00 14	6,5	
Pto. Banco Inglés..	00 04		
Carelmapu........	00 50	10,9	
Piedra Petucura....	00 50	17,5	
Canal de San Pedro	00 30	9,8	
Caleta Huildad....	00 48	21,8	
Cala Quelan. ...	00 28		
Isla Talcan.........	1 03	17,0	

LUGARES.	Establecimientos.	ELEVACION. En sizigias.	ELEVACION. En cuadratura
	h. m.	Piés.	Piés.
Isla Alan.........	00 31	19,7	
Puerto Poqueldon..	00 54	19,7	
Castro............	00 11	19,7	
Dalcahue..........	00 26		
Islas Changues....	00 35		
Quincavi Bluff.	00 57	21,8	
Cala Oscuro.......	00 55	21,8	
Cabo Lobos.......	00 29		
Caleta Compu......	1 10	18,6	14,9
Isla Cullin		21,8	14,9
Cabo Huapilinao...	1 25	17,0	
Caleta Reconlavi...	00 44	15,3	
Isla Puluqui.......	1 05		
Calbuco, *fuerte*	1 18 ó 00 47	19,7	
Id. Playa..........	1 15	17,5	
Isla Abtao	00 50	19,7	
Punta Tres Cruces..	1 15	17,5	
Bahía Chacao....	00 40	15,3	
Angostura Chacao..	1 15	17,5	

Chile.

Rio Coyhuin	00 52	22,9	
Puerto Valdivia....	10 35	5,4	
Isla Mocha.......	10 30		
Rio Leubu........	10 30	5,4	
Isla Santa María...	10 20	6,5	
Bahía Arauco......	10 15		
Talcahuano........	10 14	5,4	
Rio Maule........	10 00		
Punta Toro........	9 45		
Valparaiso........	9 32	5.4	
Isla Juan Fernandez	9 30	4,3	
Bahía Pichidanque.	9 20	5,4	
Puerto Herradura..	9 08	5,4	
Bahía Coquimbo...	9 08	5,4	
Puerto Huasco....	8 30	6,5	
Copiapo	8 30	5,4	
Puerto Flamenco..	9 10	5,4	
Cala Lavata.......	9 20	5,4	
Punta Grande.....	9 45		
Paposo.	9 40	5,4	

Bolivia.

Cala Constitucion, *Moreno*.	10 00	4,3	
Puerto Mexillones..	10 32	3,2	
Bahía Cobija	9 54	4,3	
Paquique ó S. Francisco, *punta*......	10 45		

LUGARES.	Establecimientos.	ELEVACION. En sizigias.	ELEVACION. En cuadrat.ras

Perú.

LUGARES.	h. m.	Piés.	Piés.
Rada Yquiqui.....	8 45	5,4	
Punta Lobo.......	8 00		
Rada Arica........	8 00	5,4	
Mollendo..........	8 00	5,4	
Rada Ilo..........	8 15	6,5	
Islay..	8 53	7,6	
Rio Quilca........	8 00	6,5	
Punta Lomas......	8 19	5,4	
Rada Atico........	8 53	5,4	
Puerto de San Juan.	5 10	3,2	
Id. de San Nicolás..	5 15	3,2	
Bahía Independenci[a]	4 50	4,3	
Id. Pisco..........	4 50	4,3	
Id. Callao.........	5 47	4,3	
Id. Huacho........	4 45	3,2	
Id. Supé..........	4 50	3,2	
Id. Guarmey......	6 10	2,1	
Id. Samanco ó *Guambacho*..........	6 30	2,1	
Puerto Malabrigo..	5 00	2,1	
Rada Lambayeque..	4 00	3,2	
Puerto Payta......	3 20	3,2	
Punta Malpelo....	4 00	10,9	

Ecuador.

LUGARES.	h. m.	Piés.	Piés.
Isla Santa Clara....	4 00	12,0	
Puerto de Arena de Morro..........	5 00	12,0	
Isla Puna..........	6 00	12,0	
Guayaquil	7 00	12,0	
Bahía Santa Elena.	1 18	8,7	
Isla Salango.......	00 41	13,1	
Puerto Manta......	3 04	6,5	
Rio Caracas.......	3 30	10,9	
Cabo Pasado......	3 30	10,9	

Islas Galápagos.

LUGARES.	h. m.	Piés.	Piés.
Isla Charles	2 10	6,5	
Albemarle	2 00	6,5	
Chathan..........	2 23	7,1	
Indefatigable......	1 56	6,5	
Isla James, *extrem. O*	3 10	5,4	
Id., *parte N*.......	2 34	5,4	
Id., *cala Adan*.....	2 14	5,4	
Isla Tower........	?	?	
Id. Culpepper......	?	?	
Islas Wenman.....	2 10		

Nueva Granada y Veragua.

LUGARES.	h. m.	Piés.	Piés.
Pto. Buenaventura.	6 00	14,2	
Rada Panamá......	3 23	24,0	17,5
Puerto Nuevo......	3 10	13,1	

Costa O. de la América Central.

LUGARES.	h. m.	Piés.	Piés.
Golfo Nicoya......	3 09	10,9	
Puerto Realajo....	3 06	12,0	
Puerto de la Union, *golfo de Fonseca*...	3 15	11,7	9,4
Rada Acajutla......	2 25	9,8	

Costa O. de Méjico.

LUGARES.	h. m.	Piés.	Piés.
Puerto Guatulco....	1 30	5,4	
Id. Sacrificios......	3 15	6,5	
Acapulco..........	3 06	1,3	
San Blas..........	9 41	7,1	
Mazatlan..........	9 40	7,6	
Puerto Guaymas...	8 00	4,3	

California y Oregon.

LUGARES.	h. m.	Piés.	Piés.
Bahía de San Lucas.	9 20	10,3	
Id. Magdalena.....	7 35	6,7	
Puerto San Quintin.	9 05	9,8	
Isla Santa Bárbara..	8 00	3,8	
Bahía San Diego...	9 38	5,4	4,0
Id. San Pedro......	9 39	5,1	3,8
San Miguel, *puerto Cuyler*.........	9 25	5,4	4,3
San Luis Obispo....	10 08	5,1	3,8
Monterey..........	10 22	4,6	4,0
Farallon del S.....	10 37	4,9	3,8
San Francisco, *Yerba Buena*........	10 34	8,7	5,4
Id. *playa del N*....	12 06	4,6	3,8
Bahía Humbolds...	12 02	6,0	4,9
Puerto Orford......	11 26	7,3	5,1
Id. Bodega........	11 17	5,1	3,8
Rio Columbia, *entr.*[a]	00 15	8,2	
Astoria...........	00 42	8,2	6,5
Puerto Nee-ah.....	12 33	8,2	7,3
Id. Townshend.....	3 49	6,0	5,4
Id. Steilacoom.....	4 46	12,0	10,0

Isla Vancouver y Estrecho
Juan de Fuca.

LUGARES.	h. m.	Piés.	Piés.
Esquimalt.........	Irreg.	10,9	8,7
Victoria...........	Idem.	10,9	

LUGARES.	Establecimientos.	ELEVACION. En sizigias.	ELEVACION. En cuadrat.ras
	h. m.	Piés.	Piés.
Puerto Discovery..	2 30	7,6	
Nysqually, *canal Puget*..............	6 00	19,7	16,4
Puerto Shucartie...	1 00	14,7	
Beaver, *puerto*......	1 15	17,0	
Id., *entrada O.*.....	1 00	14,7	
Bahía Knox.......		12,0	
Id. Semiahmoo, *puerto Drayton*..	2 00	13,1	
Rio Fraser, *entrada.*	6 30	10,9	
Caleta Burrard, *golfo de Georgia*......	6 00	17,5	
Puerto Nanaimo, *golfo de Georgia*..	5 00	15,3	

Costa NO. de América.

LUGARES.	Establecimientos.	En sizigias.	En cuadrat.ras
Puerto Kuper.....	1 40	14,2	11,5
Sitka.............	00 34		
Bahía Behring.....	00 30	9,8	
Puerto Etches.....	1 15	10,3	
Id. Chalmers......	1 00	14,9	
Id. Chatham.......	1 00	13,1	
Isla Ounalashka.....	7 30	8,2	
Cabo Roshnoff.....	7 30	16,4	
Bahía Good-news..	6 15	14,7	
Id. Golovnin......	6 23	4,0	
Puerto Clarence....	4 25		
Isla Chamisso......	4 42		

Islas del Pacífico del N.

LUGARES.	Establecimientos.	En sizigias.	En cuadrat.ras
Bahía Karacoa, *Owyhee*.........	3 49		
Honolulu, *Islas Sandwich*...........	4 00	2,1	
Isla Pouinipet, *Islas Carolinas*.......	6 00	4,9	
Id. Seypan, *Islas Marianas*........	6 45	2,7	
Islas Pelew........		6,5	

Islas del Pacífico del S.

LUGARES.	Establecimientos.	En sizigias.	En cuadrat.ras
Isla Easter........	2 00		
Id. Bow..........	2 40	3,2	
Id. Tahiti ú Otaheiti.	2 00	1,0	
Bahía Revolucion, *Santa Cristina, Marquesas*......	2 30	4,3	
Tongatabu........	6 50	4,3	
Puerto Resolucion, *Isla Tanna*......	5 35	3,2	

LUGARES.	Establecimientos.	ELEVACION. En sizigias.	ELEVACION. En cuadrat.ras
	h. m.	Piés.	Piés.
Bahía Sandalwood, *Islas Fijii*......	6 00	6,5?	
Pto. Nukulan, ó *rada Rewa, Islas Fijii.*	6 47	6,2	
Id. de Francia, *Nueva Caledonia*.....	8 25	4,3	
Id. Balade, *Nueva Caledonia*.......	6 30		
Id. de San Vicente, *Nueva Caledonia.*	5 50	4,9	
Isla Woodlark, *archipiélago de las Luisiadas*..........	7 15	4,3	
Puerto Carteret, *Nueva Irlanda*...		6,5	
Islas Norfolk......	7 45	7,6	
Id. Campbell......	12 00	4,7?	

Tasmania.

LUGARES.	Establecimientos.	En sizigias.	En cuadrat.ras
Rio Tamar, *poblacion George*......	11 15	13,6	
Id. Launceston.....	1 00	13,6	
Puerto Arthur.....	7 52	4,3	
Hobarton..........	8 00	4,3	
Puerto Macquarie..	7 30	3,2	
Cabo Circular......	12 00	9,8	
Id. Pilar..........	1 00	6,5	
Puerto Dalrymple..	12 05	10,9	7,6
Punta Eddystone...	9 93	7,6	

Estrecho de Bas.

LUGARES.	Establecimientos.	En sizigias.	En cuadrat.ras
Cala Refugio.....	12 05		
Isla King..........	1 00		
Isla Hunter........	11 30	8,7	
Id. Three Hummock, *parte E.*........	10 30	10,9	
Id. Swan..........	9 35	6,5	
Islas Glennie......	12 20		
Isla Kent..........	11 10		
Paso Murray......	11 10	8,7	

Costa E. de Australia.

LUGARES.	Establecimientos.	En sizigias.	En cuadrat.ras
Bahía Twofold.....	10 00	7,6	5,4
Id. Botany........	8 15	8,7	
Id. Jervis..........	6 20	9,8	
Pto. Jakson, *cabo N.*	8 15		
Sidney............	8 38	5,1	4,3
Bahía Broken.....	8 00	9,8	
Newcastle ó *puerto Hunter*........	9 45	7,6	

LUGARES.	Establecimientos.	ELEVACION. En sizigias.	ELEVACION. En cuadraturas.
	h. m.	Piés.	Piés.
Puerto Stephen....	9 00	6,5	
Rio Manning......	10 00		
Puerto Macquarie..	8 56	5,4	
Bahía Shoal.......	8 30		
Rio Richmond.....	9 20		
Cabo Byron.......	9 45	6,5	
Rio Tweed, *punta Danger*.........	9 45	8,7	
Bahía Moreton	9 30	7.6	
Id. Wide..........	9 00	8,7	
Cabo Sandy.......	7 50	8,7	
Puerto Curtis.......	9 40	13,1	
Bahía Byron	9 45	6,5	
Arrecife Wreck.....	8 45	8,7	
Banco Cato..... ..	8 15	6,0	
Islote Lady Elliot..	9 00	8,7	
Id. Herou, *grupo Capricornio*........	9 00	10,9	
Bahía Keppel.. ..	9 30	15,3	
Arrecife Gran Barrera............	8 48	7,6	
Id. Saumarez......	8 00	6,5	
Id. Frederick......	8 00	6,5	
Id. Kenn..	8 00	6,0	
Islas Avou	8 30	5,4	
Islote Chesterfield..	8 30	5,4	
Arrecife Mellish....	8 24	5,6	
Canal Thirsty.......	10 45	19,7	
Puerto Bowen......	9 35	17,5	
Bahía Shoal Water.	10 30	19,7	
Canal Broad.......	11 00	32,8	
Arrecifes Swain.....	10 00	10,9	
Islas Percy.........	10 30	15,8	12,0
West Hill.........	10 20	26,2	
Cabo Conway......	11 00	19,7	
Isla Gould	6 45	6,5	
Cabo Upstart......	11 00	8,7	
Isla Dunk.........	9 28	10,9	
Id. Fitz-Roy.......	9 15	13,1	
Rio Endeavour	8 00	10,9	
Abra Trinidad, *arrecifes Gran Barrera*.	9 15	13,1	
Isla Lizard........	9 15	10,9	
Grupo Flinders...	9 15	13,1	
Cabo Sidmouth.. .	9 15	10,9	
Id. York...	11 15	10,9	7,6

Costa N. de Australia.

LUGARES.	Establecimientos.	ELEVACION. En sizigias.	ELEVACION. En cuadraturas.
Estrecho Endeavour, *entrada de E* ..	1 00	10,[illegible]	
Id. Boovy....... .	[illegible] 30	8,7	
Rio Albert...... .	7 30	14,2	
Islas Wellesley	7 30	13,1	
Id. Sir E. Pellew...	7 30	7,6	
Rada Investigator..	8 00	9,8	
Bahía Arnhem.....	8 00	8,7	
Islas Goulburn.....	6 00		
Rio Alligator.......	8 40	21,8	
Bahía Shoal.	6 00	27,3	21,8
Puerto Essington ..	3 24	14,2	
Bahía Saint Asaph..	5 45	15,3	
Id. Swift..........	12 00	22,9	
Puerto Darwin.....	5 30	26,2	

Costa NO. de Australia.

LUGARES.	Establecimientos.	ELEVACION. En sizigias.	ELEVACION. En cuadraturas.
Puerto Prince Frederick..........	12 00	30,6	
Puerto Saint George	12 15	27,3	
Bahía Careening...	11 45	32,8	
Id. Collier.........	11 45	39,3	
Golfo Admiralty....	12 00		
Bahía Brunswick...	12 00	26,2	
Puerto Camden....	12 00	40,9	
Rio Victoria, *puerto Turtle*	7 15	14,2	
Id. Placer Mosquito	00 19	26,2	
Id. Isla Sandy.....	1 17	10,9	
Piedras Houtman..	11 30	2,7	
Bahía Champion....	9 10	1,0	

Costa O. de Australia.

LUGARES.	Establecimientos.	ELEVACION. En sizigias.	ELEVACION. En cuadraturas.
Canal Cockburn.. .	9 00	15,3	
Id. Warnboro......		4,3	
Bahía Koombanah..	9 00	6,5	
Pto. Grey, *rio Swan.*	9 00	15,3	

Costa S. de Australia.

LUGARES.	Establecimientos.	ELEVACION. En sizigias.	ELEVACION. En cuadraturas.
Caleta Corner......	11 40	8,7	
Cabo Wilson	2 00	10,9	
Puerto Western....	1 10	8,7	6,5
Id. Philip, *entrada*..	1 30	4,3	
Id., *bahía Capel*....	2 30	4,3	
Id., *bahía Hobson* ..	3 00	4.3	
Melbourne........	1 20	3,2	
Bahía Lady........		4,3	
Puerto Geclong....	2 50	2,7	
Id. Fary..........		4,3	
Bahía Portland	med.ª n.e	4,3	
Id. Macdonnel.....	3 00	5,4	
Puerto Elliot......		6,5	
Bajos Traubridge ..	3 30	6,5	
Puerto Adelaide....	5 44	6,5	

LUGARES.	Establecimientos.	ELEVACION. En sizigias.	ELEVACION. En cuadrat.
	h. m.	*Piés.*	*Piés.*
Cabo Willoughby, *isla Kangaroo*	4 10	6,5	
Laguna Pelican, *isla Kangaroo*	5 00	6,5	
Canal Thormy, *golfo Espencer*	12 00	8,7	
Islas Gambier	1 50	3,2	
Puerto Eyræ	10 30	6,5	
Isla San Francisco, *bahía Petrel*	12 00	6,5	
Blancheport, *bahía Streacky*	1 00	5,4	
Puerto Venus	2 15	6,5	
Cabo O. de Howe	9 00	6,5	
Pto. Princess Royal	11 56	4,3	

Estrecho de Torres.

LUGARES.	Establecimientos.	En sizigias.	En cuadrat.
Islas Sir C. Hardy	9 15	10,9	
Isla Raine	8 10	10,9	
Isla Wallis	irreg.	7,6	
Cabo Possession	9 00	6,5	
Isla Possession	1 00	10,4	
Id. Darnley	9 30	13,1	
Cayo Bramble	9 15	13,1	
Islas Murray	9 30	10,9	
Isla Adolphus	12 15	10,9	

Nueva Zelandia, Isla Stewart ó del S.

LUGARES.	Establecimientos.	En sizigias.	En cuadrat.
Bahía Mason	11 10	8,7	6,5
Cabo SO	12 00	7,6	5,4
Puerto Pegasus	11 50	8,7	6,5
Id. Adventure	12 20	8,7	6,5
Caleta Patersons	1 10	8,7	6,5
Puerto William	12 45	8,7	6,5

Costas N. y E. de la Isla del Medio.

LUGARES.	Establecimientos.	En sizigias.	En cuadrat.
Puerto Bluff	1 18	8,7	6,5
Bahía Molyneux	3 00	8,7	6,5
Pto. Otago, *entrada.*	2 50	7,6	5,4
Id. Akaroa	3 24	8,7	6,5
Id. Cooper	3 50	8,2	6,0
Península Kaikora	5 30	8,7	6,5
Cabo Cambell	6 00	8,7	6,5
Puerto Underwood.	6 10	8,7	6,5
Canal Queen Charlotte, *entrada*	8 50	8,7	6,5
Puerto Gore.	9 00	8,7	6,5
Canal Pelorus, *entr.ª*	9 35	12,0	7,6
Puerto Hardy	9 55	8,7	6,5
Nelson	9 50	15,3	10,9

LUGARES.	Establecimientos.	ELEVACION. En sizigias.	ELEVACION. En cuadrat.
	h. m.	*Piés.*	*Piés.*
Bahía Massacre, Tasman Corner	8 45	14,2	9,8
Rio Motu Pipi, *entrada O.*	9 50	15,3	10,9
Cabo Farewell	9 20	15,3	10,9

Costas S. y O. de la isla del Medio

LUGARES.	Establecimientos.	En sizigias.	En cuadrat.
Isla Ruapuke, *estrecho Foveaux*	1 00	8,7	6,5
Id. Centro, *estrecho Foveaux*	12 15	8,7	6,5
Cala Preservation	11 20	8,7	6,5
Id. Chalky	11 05	8,7	6,5
Bahía Dus Ky	11 15	10,9	8,7
Canal Daggs	11 30	8,7	6,5
Id. Thompson	11 30	8,7	6,5
Id. Bligh	10 45	8,7	6,5
Id. Milford	9 15	8,7	6,5
Cala Wanganui	11 20	7,6	6,5

Costas S. y O. de la isla del N.

LUGARES.	Establecimientos.	En sizigias.	En cuadrat.
Puerto Nicholson, *puerto Lambton*	4 30	5,4	3,2
Isla Mana	7 00	8,7	6,5
Id. Kapiti	9 00	6,5	
Rio Manawatu	10 00	8,7	6,5
Id. Wanganui	10 15	8,7	6,5
Nueva Plymouth, Taranaki	9 30	13,1	9,8
Puerto Kawhia	9 30	13,1	
Id. Aotea	10 00	13,1	
Rio Waikato	9 30	13,1	9,8
Puerto Manukau, *entrada*	9 30	14,2	10,9
Id. Kaipara, *entrada*	10 55	10,9	8,7
Rio Hokianga, *entr.ª*	9 45	10,9	
Cabo María Van Diemen.	8 00	7,6	
Islas Three Kings	8 00	7,6	

Costa E. de la isla del N.

LUGARES.	Establecimientos.	En sizigias.	En cuadrat.
Cabo Palliser	6 00	6,5	
Bahía Hawke	7 50	3,2	
Id. Poverty	6 05	6,5	
Cabo E.	8 55	7,6	
Bahía Hicks	9 00	7,6	
Puerto Tauranga	7 10	6,5	4,9
Bahía Mercury	7 21	7,6	5,4
Isla Gran Barrera, *Cala Nagls*	6 25	10,9	7,6

LUGARES.	Establecimientos.	ELEVACION. En sizigias.	ELEVACION. En cuadrat.ras
	h. m.	*Piés.*	*Piés.*
Puerto Auckland...	7 05	12,0	9,8
Isla Kawau........	6 30	10,9	7,6
Puerto Wangari....	7 00	9,8	7,6
Id. Tutukaka.......	7 00	9,8	7,6
Id. Wangaruru....	7 10	9,8	7,6
Bahía de las Islas, *Motu Mea, islote*..	7 15	9,8	6,5
Puerto Wangaroa..	8 15	7,6	
Isla Cavalli........	8 00	7,6	
Puerto Monganui..	8 15	9,8	7,6
Rio Awanui.... ..	7 44	7,6	
Pto. Parenga-renga.	7 54	7,6	

Kamchatka.

Bahía Avatcha.....	3 30	6,7	4,6

Golfo de Tartaria.

Rada Napoleon, *costa O*...........	2 30	2,7	
Puerto Michael Seymour.......... ..	5 30	3,2	
Id. Barracouta.....	10 00	3,8	
Bahía Castries.....	10 30	6,5	
Bahía Jonquiere, *costa E*............	10 00	6,5	
Estrecho Amur....	11 40	6,5	

Mar del Japon.

Estrecho La Perouse	10 30	6,5	
Puerto Endermo, *isla Yezo*.........	5 30	6,5	
Id. Hakodadi, *isla Yezo*...........	5 00	3,2	
Bahía Enora......		4,3	
Id. Heda..........		6,0	
Pto. Simoda, *costa E.*	5 00	5,4	
Bahía Yedo......	4 30 6 30	6,2	
Id. Nagasaki, *Nipon, costa S*.........	6 28	6,7	
Pto. Tsau-liang-hai ó Chosau, *Korea*..	7 45	7,6	5,4
Bahía Yung-hing..	5 20	2,7	

Mar Amarillo.

Puerto Hamilton, *Korea costa S*....	8 30	12,0	
Rio Pei-ho, *golfo de Pechili*.........	10 45M 4 00T	* 7 6 † 10,9	

* Agosto.
† De Abril á Julio.

LUGARES.	Establecimientos.	ELEVACION. En sizigias.	ELEVACION. En cuadrat.ras
	h. m.	*Piés.*	*Piés.*
Canal Tsu-Simo....	8 30	8,7	
Puerto Chee-fow, *costa S*..........	8 00	7,6	
Estrecho Mia-tao..	8 00?	7,6?	

Mar de China, costa O.

Shangay..........	1 40	10,9	7,6
Yang-tse-Kiang, *entrada*..........	12 00	16,4	10,9
Id. boca del rio Wusung..	1 30	13,1	8,7
Isla Gutzlaff.......	11 30	16,4	
Bahía Hang-chu....	11 30	35,0	
Id. Hang-chu, *islas Sesham*.........	11 45	15,3	
Id. Fog...........	11 45	18,6	
Id. rada Chapu....	12 00	27,3	
Rio Yung, Chinchae	11 20	13,6	
Id. Ning-po-fu. ..	1 00	9,8	
Isla East Saddle....	11 00	15,3	
Islas Volcano......	11 30	16,4	
Bahía Lansew......	10 00	14,2	
Isla Poo-too.......	8 15	13,1	
Puerto Ting-hae....	11 00	13,1	
Canal Vernon, *archipiélago Chusan.*	9 40	15,3	
Id. Nimrod........	10 30	21,8	
Islas Kweshan.....	9 30	15,3	
Isla Saint George, *bahía San-Mon*...	10 20	16,4	
Islas Tai-chow.....	9 00	15,3	
Rio Wan-chew *ciudad*	9 30	17,0	
Id., *entrada*........	9 00	17,0	
Grupo Fong-whang, *puerto Bullock*....	8 30	18,6	
Islas Pih-Ki-shan..	8 30	18,6	
Id. Namki........	8 30	18,6	
Puerto Namguam..	10 00	18,6	
Bahía Lishan......	10 15	17,5	
Isla Spider........	10 00	18,6	
Id. Chang-chi......	9 30	18,6	
Rio Min, *isla Losing*	12 00		
Id. Punta Temple..	10 45	20,8	15,8
Islas White Dog...	9 00	19,7	
Puerto Makung, Pescadores......	10 30	10,4	7,6
Canal Meichen. ...	12 30	18,6	
Puerto Chinchew..	12 25	18,6	
Bahía Chimmo....	10 20	17,5	
Bahía Hoo-e-tow...	12 15	17,5	
Amoy, *puerto inter.r*	12 00	17,5	
Isla Chimmey, *paso*			

LUGARES.	Establecimientos.	ELEVACION. En sizigias.	ELEVACION. En cuadrat.ras
	h. m.	Piés.	Piés.
Rees...........	11 30	13,1	
Puerto Tongsang ..	11 30	13,1	
Bahía Chauan......	11 00	7,1	
Rada Clipper, *isla Namoa*..........	11 15	7,6	
Cabo de Good Hope	9 00	7,6?	
Bahía Hai-mun. ...	9 00	7,6?	
Puerto Cupchi.....	8 00		
Bahía Hie-chechin, *puerto Kin-siang*.	7 00		
Id. Hong-hai......	10 00	7,1	
Isla Tsang-chow, *bahía Bias*........	8 30		
Id. Tooni-ang, *bahía Bias*...........	8 00		
Cala Tide, *bahía Mirs*	10 00	7,1	
Grupo Ninepin	10 00	5,4	
Canton, *ciudad*.....	2 40		
Diques de Wampoa.* Marzo.	1 40		
Diques de Wampoa.* Abril...	1 15	8,7	
Diques de Wampoa.* Mayo y Junio.	0 30		
Isla Kuper, *rio Canton.* Marzo.	2 40	6,0	
Isla Kuper, *rio Canton.* Mayo y Junio.	1 40	6,0	
Punta Chuen-pée, *rio Canton*.........	2 00	8,4	
Canal Fan-si-ak, *rio Canton*.........	1 00	7,8	5,4
Isla Lintin, *idem*...	12 00	8,2	
Rada Hong-Kong. .	10 15	5,1	
Macao.............	10 00	7,1	
Fondeadero Typa..	10 00	7,6	
Wuchan, *rio Sikiang ó del O*.........		1,6	
Shao-King, *id*......		3,2	
San-Shui, *id*.......		6,5	
Rio Broadway, *boca*	11 00	8,2	
Rio Canton, *id*.....	10 00	8,7	
Bajo Pratas........	4 00	5,4	
Puerto Tien-pak, *costa E. de China*...	12 00	9,2	
Bahía Galang, *isla Hainan*.		5,4	
Id. Turon.........	3 00	4,3	
Id. Hon-cohe.......	11 30	5,4	

* En los diques de Whampoa. En Marzo las mareas de dia y de noche suben al mismo nivel Desde Abril á Octubre las de dia son las mas altas, y desde Noviembre á Febrero las mas bajas. En Mayo y Junio el nivel de las mareas vivas es 4,3 piés y de 2,1 el de las muertas, mas alto que en Marzo.

LUGARES.	Establecimientos.	ELEVACION. En sizigias.	ELEVACION. En cuadrat.ras
	h. m.	Piés.	Piés.
Bahía Nhatrang, *costa E. Cochinchina*	00 30	6,0	
Pulo Condor, *Cochinchina*........	3 00	4,3	
Pulo Panjang......	7 00	2,1	
Isla Rocky, *costa E. del golfo de Siam*.	4 00	4,3	
Rio Chentabun, *boca*	10 00	6,0	
Cabo Liant, *costa E. del golfo de Siam*..	5 07	7,1	
Rio Menam, Paknam, *id*.	5 07	10,3	
Id. Tringano, *id*....	8 00	7,6	
Bahía Bin-Kong, *Cochinchina*	11 30	5,4	
Pulo Timoan, *parte O*	6 00	8,2	
Pto. Blair, *costa E de la península de Mo.*	8 50	9,8	
Boca del rio Sedili, *id.*	9 44	7,6	
Punta Romanía, *id.*	10 30		

Islas Babuyan.

LUGARES.	Establecimientos.	En sizigias.	En cuadrat.ras
Puerto Pio Quinto, *isla Camiguin*......	6 00	6,5	
Puerto Musa, *Fuga ó Nueva Babuyan*.		5,4	

Mar de China, costa E.

LUGARES.	Establecimientos.	En sizigias.	En cuadrat.ras
Puerto Kelung, *costa N. de Formosa*.	10 30	3,2	
Id. Tam-Sui, *costa E. de Formosa*...	11 45	13,1	
Id. Kok-si-Kon, *costa id. id*.........	11 30	3,2	
Batanes, *islas Bashee*		4,3	
Bahía Tai-Tai......	9 30	6,2	
Isla Bird, *costa E de Palawan*.........	9 30	6,5	
Id. Barren, *id*......	9 30	6,2	
Punta Casuarina, *id.*	9 30	7,3	
Id. Ursula, *id*......	11 00	8,2	
Id. Observatory, *costa O. de Palawan.*	11 00	5,8	
Isla Cavern, *id*.....	9 30	6,0	
Bahía Bacuit, *id*....	10 00	6,5	
Pancol, *id*.........	9 40	6,5	
Punta Bubon, *id*. ..	10 55	6 5	
Bahía Mayday, *id*...	9 55	3,8	
Id. Oologan, *id*....	9 30	6,0	
Tay-bay-oo-bay, *id*..	10 15	6,5	
Bahía Eran, *id*.....	10 10	6,7	

LUGARES.	Establecimientos.	ELEVACION. En sizigias.	ELEVACION. En cuadrat.ras
	h. m.	*Piés.*	*Piés.*
Islas Pamarsing, *costa E. de Borneo*..		10,9	
Punta Ragged, *id*...		7,6	
Balambangan, *costa N. de Borneo*....	10 00	8,7?	
Bahía Malludu, *costa N. de Borneo*..	10 30	8,7	
Id. Delawan, *isla Balabac*	11 00	5,4	
Rio Bruni.........	11 00	13,1	
Isla Mangalaum....	11 00	5,4	
Id. Labuan.........	9 45	6,5	
Rio Bintuta.	5 45	6,5	
Id. Bruit..........	3 00	12,0	
Id. Rajang.........	4 45	14,2	9,8
Isla Burong........	4 45	7,6	
Rio Sarawack, *entrada Moratabas*....	4 00	9,8	
Tanjoug Api, *costa SO. de Borneo*....		7,6	
Isla Rendez-vous..		8,7	

Islas Bonin.

Puerto Lloyd......	6 08	3,2	
New Port, *isla Hillsborough*.........	11 32	3,8	

Islas Loo Choo.

Nafa-Kiang........	6 28	7,6	
Puerto Oonting....	6 35	8,7	

Islas Filipinas.

Puerto Zebú.......	12 00	7,6	
Id. Buluagan O'sta Ana............	12 00	6,0	
Id. Iloilo...........	12 00	6,0	
Id. San Jacinto, *isla Ticao*.	6 30	6,5	
Mindanao.........	7 00	6,5	
Manila. *isla Luzon*..	10 30	7,5	4,7
Puerto Sual........		6,5	
Id. Laguimanoc....	1 30	6,0	
Id. Alabat	10 00	9,8	
Bahía Paloan, Mindoro............		5,4	
Busuanga, *isl. Burias*	12 30	6,5	

Molucas.

Batchian, Gilolo....	1 00	6,5	
Isla Sanguir.......		6,5	
Geby, *isla Fohou*...		5,4	
Puerto Wahaay, Ceram............	6 00	3,2	
Bouro, *bahía Cajelí*.	1 00	6,5	
Amboyna.........	0 33	7,6	
Isla Saparooa......		6,5	
Id. Cambing ó Pasage	á m.ª dia	6,5	
Banda, *islas Banda*.	4 00	6,5?	
Estrecho Dampier...		12,0	

Mar de Flores.

Adenara, Flores....		8,7	

Célebes.

Macasar..........	4 40	6,0	

Mar de Java.

Islas Crimon	8 00	6,5	5,4

Estrecho Gaspar.

Pulo Mendanao....	2 30	4,3	
Id. Leat..........	2 30	4,3	

Estrecho de Banka.

Punta Lobah......	11 00*	10,9	
Id. Kalian	8 17†	13,3	
Id. Bersiap.........	6 30	13,1	
Cabo Oelare.......	6 30	13,1	
Isla Naug Ka	7 00	10,6	
Canal Lucipara	Irreg.	10,9	8,2
Punta Toboe Ali { *	8 30N	13,1	
Punta Toboe Ali { †	10 00M		

Estrecho Durian.

Isla Red..........	5 00	11,5	
Punta Deep.......	5 00	10,9	

Costa O. de Sumatra.

Cabo Acheen......	8 45	8,7	
Puerto Tappanooly.	6 10	6,5	
Isla Mensular, *extremo SE*.........	6 00	4,3	
Rio Sillebar, *barra*.	6 00	4,5	
Bencoolen.........	6 00	5,4	

Costa NO. de Sumatra.

Rio Delhi.........	4 00	8,7	
Saint Barbe........	6 00	6,5	
Pulo Aor..........		5,4	

* En la monzon del SE.
† En la monzon del NO.

LUGARES.	Establecimientos.	ELEVACION. En sizigias.	ELEVACION. En cuadrat.^ras
	h. m.	Piés.	Piés.
Java.			
Krakatoa...	7 00	4,3	
Batavia...........	10 00	2,1	
Bantam...........		5,[illegible]	
Bahía Wynkoops, *costa SO*........	5 00	6,0	4,3
Puerto Tylatiap, *costa S.*...........	8 45	3,8	
Bahía Pampang.....		8,7	
Baly.			
Rada Teboukos, *costa N.*...........	5 00	7,1	
Bahía Badong, *costa S.*........	11 00	10,3	
Costa O. de Lombock.			
Bahía Pidioe.......	8 00	13,1	
Id. Ampanam.......		6,5	
Sumbawa.			
Bahía Bima........	á m.º dia	6,5	
Id. Britannia......	1 00	13,1	
Id. Sapie.........	1 00	10,9	
Isla Ragged........	8 10	3,2	
Costa N. de Sumba ó Sandelhout.			
Rada Palmedo.....		16,4	
Pto. Nangamessie..	11 30	18,6	14,7
Extremo E. de Timor.			
Koepang..........	11 00	9,8	7,1
Estrecho de Malaca, costa de Sumatra.			
Punta Diamond.....	12 00	10,3	
Rio Siak, *entrada*..	9 00	13,1	
Id., *frente á la ciudad*		12,0	
Costa de Malaca.			
Singapore, *puerto nuevo*...........	9 45	10,9	8,2
North Sands...... .	5 30	1[illegible],4	13,[illegible]
Tanjong Bolus.....	9 30	11,5	9,[illegible]
Off Mount Formosa	8 00	1[illegible],0	9,3
Rada de Malaca....	7 30	12,0	9,3
Sambilangs........		13,1	11,5
Cabo Rachada.... .	5 [illegible]0	14,2	

LUGARES.	Establecimientos.	ELEVACION. En sizigias.	ELEVACION. En cuadrat.^ras
	h. m.	Piés.	Piés.
Arroa............		10,9	
Faro flotante del banco de una braza	6 00	16,4	13,1
Penang, Georgetown	12 00	9,8	8,2
Queda............	12 00	6,0	
Isla Junkseylon, *parte E.*........	10 00	12,5	
Islas del Océano Indico.			
Islas Andaman, *puerto Cornwallis* ..	10 00	9,7	
Id. Estr.º Andaman.	10 24	10,0	
Islas Nicobar, *puerto Naucowry*.......	9 15	9,2	
Id. Keeling, *puerto Refugio*.........	5 30	5,4	
Isla Christmas.....	10 00		
Tamareed, Socotra	7 20	8,7	
Lacadives, *arrecife Cherbaniani*......	10 00	7,6	4,3
Maldives, Adou Atoll	1 00	4,3	
Id., Suadiva Atoll..	1 00	4,3	
Id., Adou Matte Atoll	3 00	4,3	
Id., Malé..........	12 30	3,2	
Id., Malcolm Atoll..	10 30	3,2	
Id., Heawandou Pholo Atoll......	9 30	5,4	
Islas Comoro, *isla Johanna*........	3 30	9,2	
Isla Mayotta, *ext. NO*	4 10	12,7	
Islas Amiranté, *isla San José*........	5 00	9,2	
Peros Banhos......	1 30	5,4	
Isla Curieuse......	5 10	7,6	
Archipiélago Seychelle, *isla Mayhé.*	4 00	7,1	
Id. Chagos, Diego García........	1 30	6,5	
Bajos Cardgados Garayos...........	2 00	4,3	
Isla Rodriguez.....	1 45	6,5	
Id. Reunion ó Borbon, San Pedro..	á m.º dia	3,8	
Id. Saint Denis....	00 22	2,7	
Id. Saint Gillés....	1 00	2,7	
Id. Saint Paul......	1 07	4,3	
Mauritius, Port Luis	12 30	3,2	2,3
Id., Grand Port.....	1 00	1,6	
Isla Amsterdam.....	11 00	3,2	
Id. San Pablo......	11 00	3,2	
Kerguelen, *puerto Christmas*.......	2 00	2,1	

Costa E. de la bahía de Bengala.

LUGARES	Establecimientos	ELEVACION. En sizigias.	ELEVACION. En cuadraturas.
	h. m.	*Piés.*	*Piés.*
Chittagong, *barra*..	1 15	16,4	10,9
Isla Diamond........	10 30	8,7	
Rio Naafe, *boca*....	10 00		
Akyab, *rio Aracan, barra*......... .	9 45	9,8	6,5
Rada Ramree......	10 00	13,1	
Raugoon...........	5 30	22,9	15,3
Rio Raugoon, *boca*...	3 15	22,9	15,3
Martaban..........	2 20	22,9	
Rio Tavoy, boca....	*10 30*	*21,8*	
Maulmain, *boca*....	2 00	24,0	18,6
Merguí...........	10 30	19,7	
Pto. Hastings, *archipiélago Mergui.*	10 40	14,7	

Costa O. de la bahía de Bengala.

LUGARES	Establecimientos	ELEVACION. En sizigias.	ELEVACION. En cuadraturas.
Calcuta...........	2 30		
R.Mutlah MudaKali	11 45	16,4	
Id. Mutlah, *boca del rio Biddah*......	10 00	15,3	
Faro flotante del O., *entrada á Hoogly.*	10 00	11,7	
Isla Sangor........		13,1	
Kedgeree..........	11 30		
Rio Balasore......	10 00	16,4	
Bahía Coringah....	9 10	4,3	
Rio Coringah, *barra.*	9 00	5,4	
Punta Divy........		5,4	
Id. Falsa..........	8 00	8,7	
Bajos Pulicat......	9 25	2,9	
Rada Madras.......	7 34	3,8	
Nagore............	8 15		
Negapatam........	5 00	3,2	
Kitnapatnam, *parte O. del estrecho Palk*	11 00	1,3	
Paso Paumben.....	*1 30*	*2,1*	
Pto. y rada Tuticorin, *golfo de Manar*...	1 15	2,7	1,8

Costa S. de Ceylan.

LUGARES	Establecimientos	ELEVACION. En sizigias.	ELEVACION. En cuadraturas.
Punta Palmeira.....	9 30	12,0	
Puerto Trincomalee.	8 18	2,1	1,6
Rio Balicolo.......	*5 00*	*3,2*	
Bahía Dodandowe...	10 00	1,6	
Id. Belligan ó Red..	3 00	2,3	
Punta de Galle....	2 00	2,1	

Costa O. del Indostan.

LUGARES	Establecimientos	ELEVACION. En sizigias.	ELEVACION. En cuadraturas.
	h. m.	*Piés.*	*Piés.*
Pto. y Rada Cochin.	1 00	3,8	
Rio Beypoor, *entr.*[a]	00 15	5,4	
Radas Calicut......	00 15	5,4	
Punta Agoada.....	10 30	9,8	
Goa..............	11 30	6,5	
Puerto Dewghur...	11 25	9,8	
Banco Angria......	10 30	9,8	
Puerto Geriah.....	2 40	9,8	
Id. Rajahpoor......	11 00	13,1	
Bombay, *arsenal*....	11 40	18,6	
Rio Manorah, *boca*..	1 30	17,5	
Id. Omersary, *id*....	1 45	19,7	
Id. Balsaur, *id*.....	1 45	19,7	
Id. Gundavee, *id*...	2 00	20,8	
Id. Naesaree, *barra.*	3 00	19,7	
Versavah..........	0 15	17,5	
Damaun, *barra*....	1 30	18,6	
Surat.............	4 00	20,8	
Isla Diu..........	2 00	6,5	
Ranjpoor, *entrada, golfo de Cambay*...	2 15	19,7	14,7
Jaffabrat..........	11 35	9,8	8,2
Radas de Mandavee.	11 50	16,4	12,0
Cala Gorriya, *entr.*[a]	11 00	9,8	
Jooria, *golfo de Cutch*	2 00	17,5	13,6
Bate, *id*......	12 20	13,1	8,7
Rio Koree, *p.*[a] *Monda*	11 40	12,0	
Rio Hukkar, *entrada*	10 30	12,0	
Kedewarry, *boca del Indus*.........	9 57	9,8	
Dunbar, *id*.........	10 10	8,7	
Gizree Bunder, *id*...	9 50	7,6	
Puerto Menora, *entrada al pto. Karachi*	10 30	10,3	6,5

Golfo Pérsico.

LUGARES	Establecimientos	ELEVACION. En sizigias.	ELEVACION. En cuadraturas.
Rada Bushire, *cost. E*	7 40	6,0	
Bahía Congoon, *id*..	7 45	10,3	
Puerto Basadore, *id.*	11 45	8,7	
Cabo Jask.........	6 00	6,5	
Rio Bussorah, *barra, fondo del Golfo*..	12 00		
Manama, *costa O*...	5 20	7,6	
Sharja, *id*........	1 00	6,5	
Aymaun, *id*.......	11 20	6,5	
Ras-el-Khyma, *id*...	11 00	7,6	

Costa SE. de Arabia.

LUGARES	Establecimientos	ELEVACION. En sizigias.	ELEVACION. En cuadraturas.
Isla Mazeira..... ..	10 48	5,4	
Ras Shijarait.......	10 00	10,9	
Ras Madraka......	9 00	1,0	
Bahía Kooria Moria.	8 20	7,1	

LUGARES.	Establecimientos.	ELEVACION. En sizigias.	En cuadrat.^ras
	h. m.	*Piés.*	*Piés.*
Cabo Morebat.	9 00	6,5	
Suarma..........	9 00	8,7	
Bel'aaf..........	8 30	6,0	
Shugra..........	8 00	6,5	
Aden............	9 45	7,6	

Mar Rojo.

LUGARES.	Establecimientos.	En sizigias.	En cuadrat.^ras
Bahía Suez, *fondo del Golfo*........	2 00	6,5	
Loheia..........	1 30	3,2	
Sale Macowa	0 30	2,1	
Ras Mahomed, *golfo de Akabah*......	6 00	5,4	
Isla Omaider, *id*....	6 00	4,3	
Masso Wah........	1 00	3,2	
Isla Murdounah, *costa E*...........	6 00	3,2	
Rada Mocha, *id*.....	12 00	4,9	
Bab-el-Mandeb	12 30		

Costa O. de Madagascar.

LUGARES.	Establecimientos.	En sizigias.	En cuadrat.^ras
Islas Minow.......	5 00	16,4	
Bahía Dalvymple...	5 00	16,4	
Id. Passandava....	5 00	16,4	
Puerto Radama....	4 40	14 2	
Bahía Narrinda....	4 30	16,4	
Id. Bembatooca....	4 30	17,5	
Rio Makumba.....	4 45	18,6	
Bahía Boyanna	4 30	16,4	
Islas Barren.......	4 45	13,1	
Mourondara........	4 45	13,1	
Cabo San Vicente..	4 45	13,1	
Isla Noss ó Sandy..	5 00	16,4	
Bahía San Agustin..	4 30	14,2	

Costa E. de Madagascar.

LUGARES.	Establecimientos.	En sizigias.	En cuadrat.^ras
Fuerte Dauphin....	4 30	7,6	
Tamatave.........	4 18	8,7	
Isla Madave, *puerto de Santa María* ..	4 00	5,4	
Puerto Tangtang...	4 30	6,5	
Bahía Antongil, *puerto Choiseul*..	4 00	5,4	
Id. Andrava.......	3 30	7,6	
Puerto Leven......	3 30	8,2	
Canal British......	4 00	10,3	

Costa E. de Africa.

LUGARES.	Establecimientos.	En sizigias.	En cuadrat.^ras
Tamareed, Socotra..	7 20	8,7	
Abd-ul-Kuri.......	4 30	8,7	
Zeylah, *golfo de Aden*	7 15	9,2	
Berbereh ó Burburra, *id*.	7 15	9,8	
Ras Haffoou.......	6 15	4,3	
Magadoxa	4 30	8,7	
Brava	4 30	8,7	
Puerto Durnford...	4 45	13,1	
Bahía Patta	4 30	10,9	
Puerto Lamo......	4 06	12,0	
Mombaza.........	4 15	12,0	
Melinda	4 00	12,0	
Puerto Cockburn, *isla Pemba*........	4 15	13,1	
Canal Pemba	4 00	12,0	
Zanzibar	4 20	10,9	
Canal Zanzibar....	4 15	12,0	
Isla Lathani.......	4 00	10,9	
Quiloa.....	4 45	13,1	
Rio Mungullo ó Mongallo........	4 45	13,1	
Rio Lindy, *entrada*.	4 15	13,1	
Cabo Delgado......	4 00	17,5	12,5
Isla Mahato	4 30	7,6	
Puerto Oibo.	4 15	6,5	
Bahía Pomba......	4 00	16,4	12,0
Puerto Mozambique	4 15	13,1	
Rio Angoxa.......		14,2	
Id. Luabo, *boca*....		24,0	
Id. Quilimane, *boca*.	4 15	17,5	
Id. Sofala.........	4 00	20,7	
Cabo Bazaruto.....	4 15	10,9	
Rio Inhambane....	4 15	10,9	

Costa S. de Africa.

LUGARES.	Establecimientos.	En sizigias.	En cuadrat.^ras
Bahía Delagoa, *isla Shefeen*.	4 40	13,1	
Bahía Port Melville.	4 30	16,4	
Rio English, *factoría portuguesa*....	5 20	13,1	
Puerto Natal	4 30	6,5	
Rio San Juan......	4 00	5,4	
Rio Buffalo, *entrada*	3 45	4,9	
Bahía Waterloo.....	4 00	6,5	
Islas Bird.........	4 00	5,4	
Bahía de Algoa....	4 00	5,4	
Id. Flesh ó San Bras	3 30?	6,5?	
Id. Plettenberg	3 10	6,5	
Puerto Nysna......	3 45	5,4	
Bahía Mossel......	3 15	6,5	
Cabo Agujas	2 50	5,4	
Isla Dyers	2 50	5,4	
Bahía Simon	2 44	5,6	4,0

LUGARES.	Establecimientos.	ELEVACION. En sizigias.	ELEVACION. En cuadraturas.
Costa O. de Africa.			
	h. m.	Piés.	Piés.
Bahía Hout	2 20	5,4	
Id. Tablas	2 40	5,4	
Id. Saldanha	2 00	6,5	
Id. Sainte Helene	2 30		
Id. Roodewall	2 30	6,7	
Puerto Mc. Dougall.	2 30	6,2	
Id. Nolloth	2 30	6,2	
Pequeña Angra	2 30	8,7	
Isla Ichabo	1 00	6,5	4,3
Bahía Spencer	10 50	6,5	
Puerto D'Ilheo	3 00	10,9	
Bahia Walvisch	1 54	6,5	
Puerto Alexander	3 00	5,4	
Bahía Great Fish	2 30	6,5?	
Id. Litle Fish	2 30	6,5?	
Bengala	2 30	5,4?	
Isla Santa Elena	3 11	3,2	
Id. Ascension	5 30	2,1	
S. Pablo de Loanda	4 30	5,4	
Rio Congo	4 30	6,5	
Mayumba		7,6	
Rio Gabon	5 30	3,2	
Cabo Lopez	4 30	6,5?	
Bahía de Corisco, *islas Elobey*	5 00	7,6	
Isla Annobon	3 45	5,4	
Id. Santo Thomas	3 25	4,9	
Id. Príncipe	3 45	4,9	
Fernando Póo	4 00	7,6	
Rio Camarones	4 00?	6,5	
Rios Bonny y Nuevo Calabar	5 00	9,8	
Rio Brass	4 00	6,5	
Id. Niger, Nun, *ent.*ª	4 08	6,5	
Id. Benin	4 15	7,6	
Id. Middleton	4 15	5,4	
Id. Pennington	4 15	5,4	
Id. Dodo	4 17	5,4	
Id. Ramos	4 20	5,4	
Id. Forzados	4 22	5,4	
Id. Lagos	6 00	2,1	
Cabo Coast-Castle	4 30	6,5	
St. George d'Elmina	4 30	6,5	
Cabo Tres Puntas	4 00	4,3	
Axim	4 30	4,3	
Gran Lahou	4 20	4,3	
Rio Tabou	4 45	4,3	
Cabo Palmas	4 30	4,3	
Sinou	5 00	4,3	
Rio Sangwin	5 15	4,3	
Gran Cestos	5 20	4,3	

LUGARES.	Establecimientos.	ELEVACION. En sizigias.	ELEVACION. En cuadraturas.
	h. m.	Piés.	Piés.
Edina	5 50	4,3	
Rio Junk	5 45	5,4	
Monrovia	6 00	6,5	
Rio Gallinas	6 45	4,3	
Id. Gilmorris, idem Sherbro	6 00	12,0	
Isla Edmoustone		8,7	
Rio Bagroo		12,0	
Islas Banana	8 15	9,8	
Sierra Leona	7 55	8,7	
Rios Scarcies	7 10	10,9	
Rio Mellacoree	7 40	12,0	
Id. Forecarreah	7 40	12,0	
Id. Mahneah	7 40	12,0	
Islas de Los	6 35	14,2	
Rio Ponga	7 30	13,1	10,3
Id. Nuñez	10 00	16,4	12,5
Id. Camponee	10 00	16,4	12,5
Islas Bijouga, *canal Orango*	10 00	12,0	
Id. *canal Arcas*	10 10	15,3	9,8
Id. Bissao	11 00	8,7	
Rio Cacheo	7 45	8,7	
Id. Gambia	8 10	9,8	
Id. Joombas	8 10	6,5	
Id. Salm	8 10	6,5	
Cabo Verde	7 45	5,4	
Senegal	10 30		
Sal, *islas Cabo Verde*	7 45	5,4	
Porto Praya	6 00?	5,4	
Portendik	10 00	6,5	
Bahia Levrier	12 00	7,6	
Rio Ouro	12 00	9,8	
Cabo Blanco	11 46	6,5	
Id. Bojador	12 00	8,7?	
Id. Juby		8,7	
Sta. Cruz ó Agadir	12 45	9,8	
Mogador	1 18	13,6	3,9
Cabo Cantin	10 00	10,9	
Rabat	1 46	12,0	3,6
Larache	1 30	13,1	
Tanger	2 13	9,0	2,1
Ceuta	2 06	4,0	1,4
Tetuan, *rio*	2 23	2,5	0,5
Tunez, *goleta*		3,2	
Jerba	3 10	7,6	5,4
Islas Canarias.			
Gran Can.ª, Palmas	00 50	11,5	
Id. Pto. de la Luz	12 52	10,9	
Cruz de Tenerife	00 25	11,5	
Gomera	1 25		

Tabla I.

VARIACIONES EN LA ALTURA DE LA MAREA

CORRESPONDIENTES A INTERVALOS ENTRE UNA HORA DADA Y LA DE PLEAMAR Ó BAJAMAR.

Altura de la marea en piés ingle.•	INTERVALOS. 0h			1h			2h			3h			4h			5h			6h
	0m	20m	40m	0m	20m	40m	0m	20m	40m	0m	20m	40m	0m	20m	40m	0m	20m	40m	0m
0	0	0‘0	0‘0	0‘0	0‘0	0‘0	0‘0	0‘0	0‘0	0‘0	0‘0	0‘0	0‘0	0‘0	0‘0	0‘0	0‘0	0‘0	0‘0
2	0	0‘0	0‘1	0‘1	0‘2	0‘4	0‘5	0‘7	0‘8	1‘0	1‘2	1‘3	1‘5	1‘6	1‘8	1‘9	1‘9	2‘0	2 0
4	0	0‘0	0‘1	0‘3	0‘5	0‘7	1‘0	1‘3	1‘7	2‘0	2‘3	2‘7	3‘0	3‘3	3‘5	3‘7	3‘9	4‘0	4‘0
6	0	0‘0	0‘2	0‘4	0‘7	1‘1	1‘5	2‘0	2·5	3‘0	3‘5	4‘0	4‘5	4‘9	5‘3	5‘6	5‘8	6‘0	6‘0
8	0	0‘1	0‘2	0‘5	0‘9	1‘3	2‘0	2‘6	3‘3	4‘0	4‘7	5‘4	6‘0	6‘6	7‘1	7‘5	7‘8	7‘9	8‘0
10	0	0‘1	0‘3	0‘7	1‘1	1‘8	2‘5	3‘3	4‘1	5‘0	5‘9	6‘7	7‘5	8‘2	8‘9	9‘3	9‘7	9‘9	10‘0
12	0	0‘1	0‘4	0‘8	1‘4	2‘1	3‘0	3‘9	5‘0	6‘0	7‘0	8‘1	9‘0	9‘0	10‘6	12‘2	11‘6	11‘0	12‘0
14	0	0‘1	0‘4	0‘9	1‘6	2‘5	3‘5	4‘3	5‘8	7‘0	8·2	9‘4	10‘5	11‘5	12‘4	13‘1	13‘6	13‘9	14‘0
16	0	0‘1	0‘5	1‘1	1‘9	2‘9	4‘0	5‘6	6‘6	8‘0	9‘4	10‘7	12‘0	13‘1	14‘1	14‘9	15‘5	15‘9	16‘0
18	0	0‘1	0‘6	1‘2	2‘1	3‘1	4‘5	5‘9	7‘4	9‘0	10‘6	12‘1	13‘5	14‘8	15‘9	16‘8	17‘5	17‘0	18‘0
20	0	0‘2	0‘6	1‘3	2 3	3‘6	5‘0	6‘6	8‘3	10‘0	11‘7	13‘4	15‘0	16‘4	17‘7	18‘7	19‘4	19‘8	20‘0
22	0	0‘2	0‘7	1‘5	2‘6	3‘9	5‘5	7‘2	9‘1	11‘0	12‘9	14‘8	16‘5	18‘1	19‘4	20‘5	21‘3	21‘8	22‘0
24	0	0‘2	0‘7	1‘6	2‘8	4‘3	6‘0	7‘9	9‘9	12‘0	14‘1	16‘1	18‘0	19‘7	21‘2	22‘4	23‘3	23‘8	24‘0
26	0	0‘2	0‘8	1‘7	3‘0	4‘6	6‘5	8‘6	10‘7	13‘0	15‘3	17‘4	19‘5	21‘4	23‘0	24‘3	25‘2	25‘8	26‘0
28	0	0‘2	0‘8	1‘9	3‘3	5‘0	7‘0	9‘2	11‘6	14‘0	16‘4	18‘8	21‘0	23‘0	24‘7	26‘1	27‘2	27‘8	28‘0
30	0	0‘2	0‘9	2‘0	3‘5	5‘4	7‘5	9‘9	12‘4	15‘0	17‘6	20‘1	22‘5	24‘6	26‘5	28‘0	29‘1	29‘8	30‘0
32	0	0‘2	1 0	2‘1	3‘7	5‘7	8‘0	10‘5	13‘2	16‘0	18‘8	21‘5	24‘0	26‘3	28‘3	29‘9	31‘0	31‘8	32‘0
34	0	0‘3	1‘0	2‘3	4‘0	6‘1	8‘5	11‘2	14‘0	17‘0	20‘0	22‘8	25‘5	27‘9	30‘0	31‘7	33‘9	33‘7	34‘0
36	0	0‘3	1‘1	2‘4	4‘2	6‘4	9‘0	11‘8	14‘9	18‘0	21‘1	24‘2	27‘0	29‘6	31‘8	33‘6	34‘9	35‘7	36‘0
38	0	0‘3	1‘1	2‘5	4‘4	6‘8	9‘5	12‘5	15‘7	19‘0	22‘3	25‘5	28‘5	31‘2	33‘6	35‘5	36‘9	37‘7	38‘0
40	0	0‘3	1‘2	2‘7	4‘7	7‘1	10‘0	13‘2	16‘5	20‘0	23‘5	26‘8	30‘0	32‘9	35‘3	37‘3	38‘8	39‘7	40‘0
42	0	0‘3	1‘3	2‘8	4‘9	7‘5	10‘5	13‘8	17‘4	21‘0	24‘6	28‘2	31‘5	34‘5	37‘1	39‘2	40‘7	41‘7	42‘0
44	0	0‘3	1‘3	2‘9	5‘1	7‘9	11‘0	14·5	18‘2	22‘0	25‘8	29‘5	33‘0	36‘1	38‘9	41‘1	42‘7	43‘7	44‘0
46	0	0‘3	1‘4	3‘1	5‘4	8‘2	11‘5	15‘1	19‘0	23‘0	27‘0	30‘9	34‘5	37‘8	40‘6	42‘9	44‘6	45‘7	46‘0
48	0	0‘4	1‘4	3‘2	5‘6	8‘6	12‘0	15‘8	19‘8	24‘0	28‘2	32‘0	36‘0	39‘4	42‘4	45‘8	46‘5	47‘6	48‘0
50	0	0‘4	1‘5	3‘3	5‘9	8‘9	12‘5	17‘4	20‘7	25‘0	29‘3	33‘6	37‘5	41‘1	44‘1	46‘7	48‘5	49‘6	50‘0

A toda sonda que se hace á bordo se le debe aplicar una correccion por la altura que tiene la marea en aquel instante sobre el nivel de la bajamar, para hallar la cantidad de fondo que habria en dicho parage al suceder la mayor bajamar, como se indica en las cartas.

En algunos puertos hay parages que no son practicables por buques de cierto porte, sino cuando ha subido la marea una cantidad suficiente para que puedan pasar sin riesgo de varar.

Para hacer esta reduccion de sondas es necesario conocer la altura á que se eleva la marea en la localidad, y por medio de la Tabla I se obtiene con bastante aproximacion la altura del agua en una hora intermedia entre la bajamar y la pleamar, para lo cual se entra en la Tabla I con las horas que han transcurrido desde la bajamar ó pleamar y la altura de la pleamar en el lugar dado, tomada en la tabla de Establecimientos, y se tendrá la correccion necesaria para reducir la sonda.

TABLAS

PARA

DETERMINAR EL AZIMUT VERDADERO DE UN ASTRO,

APLICABLES TAMBIEN PARA ABREVIAR
OTROS CÁLCULOS DE IMPORTANTE Y FRECUENTE USO EN LA PRÁCTICA
DE LA NAVEGACION.

DETERMINACION DEL AZIMUT DE UN ASTRO.

Tabla II. Para hallar el valor del primer término A.

HORARIO ó ángulo conocido.		DECLINACION ó complemento del lado opuesto al ángulo que se busca.										HORARIO ó ángulo conocido.	
		1°	2°	3°	4°	5°	6°	7°	8°	9°	10°		
		′	′	′	′	′	′	′	′	′	′		
0h 16m	4°	0,25	0,49	0,75	0,99	1,25	1,51	1,76	2,02	2,27	2,54	176°	11h 44m
0 20	5	0,20	0,40	0,60	0,80	1,00	1,21	1,41	1,61	1,82	2,02	175	11 40
0 24	6	0,17	0,33	0,50	0,67	0,84	1,01	1,18	1,35	1,52	1,69	174	11 36
0 28	7	0,14	0,29	0,43	0,57	0,72	0,86	1,02	1,16	1,32	1,47	173	11 32
0 32	8	0,13	0,25	0,38	0,50	0,63	0,76	0,89	1,02	1,15	1,28	172	11 28
0 36	9	0,11	0,22	0,33	0,46	0,57	0,68	0,79	0,91	1,02	1,14	171	11 24
0 40	10	0,10	0,20	0,30	0,40	0,50	0,61	0,71	0,81	0,91	1,02	170	11 20
0 44	11	0,09	0,18	0,27	0,37	0,46	0,55	0,64	0,74	0,82	0,92	169	11 16
0 48	12	0,08	0,17	0,25	0,34	0,42	0,51	0,59	0,68	0,76	0,85	168	11 12
0 52	13	0,08	0,16	0,23	0,31	0,39	0,47	0,55	0,62	0,70	0,78	167	11 08
0 56	14	0,07	0,14	0,22	0,29	0,36	0,43	0,51	0,58	0,65	0,73	166	11 04
1 00	15	0,07	0,13	0,20	0,27	0,34	0,41	0,47	0,54	0,61	0,68	165	11 00
1 04	16	0,06	0,13	0,19	0,25	0,32	0,38	0,45	0,51	0,57	0,64	164	10 56
1 08	17	0,06	0,12	0,18	0,24	0,30	0,36	0,42	0,48	0,54	0,60	163	10 52
1 12	18	0,06	0,11	0,17	0,23	0,28	0,34	0,40	0,45	0,51	0,57	162	10 48
1 16	19	0,05	0,11	0,16	0,22	0,27	0,32	0,38	0,43	0,49	0,54	161	10 44
1 20	20	0,05	0,10	0,15	0,20	0,26	0,31	0,36	0,41	0,46	0,52	160	10 40
1 24	21	0,05	0,10	0,15	0,20	0,24	0,29	0,34	0,39	0,44	0,49	159	10 36
1 28	22	0,05	0,09	0,14	0,19	0,23	0,28	0,33	0,38	0,42	0,47	158	10 32
1 32	23	0,04	0,09	0,13	0,18	0,22	0,27	0,31	0,36	0,41	0,45	157	10 28
1 36	24	0,04	0,09	0,13	0,17	0,22	0,26	0,30	0,35	0,39	0,43	156	10 24
1 40	25	0,04	0,08	0,12	0,17	0,21	0,25	0,29	0,33	0,37	0,42	155	10 20
1 44	26	0,04	0,08	0,12	0,16	0,20	0,24	0,28	0,32	0,36	0,40	154	10 16
1 48	27	0,04	0,08	0,12	0,15	0,19	0,23	0,27	0,31	0,35	0,39	153	10 12
1 52	28	0,04	0,07	0,11	0,15	0,19	0,22	0,26	0,30	0,34	0,38	152	10 08
1 56	29	0,04	0,07	0,11	0,14	0,18	0,22	0,25	0,29	0,33	0,36	151	10 04
2 00	30	0,04	0,07	0,10	0,14	0,17	0,21	0,25	0,28	0,32	0,35	150	10 00
2 08	32	0,03	0,07	0,10	0,13	0,17	0,20	0,23	0,27	0,30	0,33	148	9 52
2 16	34	0,03	0,06	0,10	0,13	0,16	0,19	0,22	0,25	0,28	0,32	146	9 44
2 24	36	0,03	0,06	0,09	0,12	0,15	0,18	0,21	0,24	0,27	0,30	144	9 36
2 32	38	0,03	0,06	0,09	0,11	0,14	0,17	0,20	0,23	0,26	0,29	142	9 28
2 40	40	0,03	0,05	0,08	0,11	0,14	0,16	0,19	0,22	0,25	0,27	140	9 20
2 48	42	0,03	0,05	0,08	0,10	0,13	0,16	0,18	0,21	0,24	0,26	138	9 12
2 56	44	0,03	0,05	0,08	0,10	0,13	0,15	0,18	0,20	0,23	0,25	136	9 04
3 04	46	0,02	0,05	0,07	0,10	0,12	0,15	0,17	0,20	0,22	0,25	134	8 56
3 12	48	0,02	0,05	0,07	0,09	0,12	0,14	0,17	0,19	0,21	0,24	132	8 48
3 24	51	0,02	0,05	0,07	0,09	0,11	0,13	0,16	0,18	0,21	0,23	129	8 36
3 36	54	0,02	0,04	0,06	0,09	0,11	0,13	0,15	0,17	0,20	0,22	126	8 24
3 48	57	0,02	0,04	0,06	0,08	0,10	0,13	0,15	0,17	0,19	0,21	123	8 12
4 00	60	0,02	0,04	0,06	0,08	0,10	0,12	0,14	0,16	0,18	0,20	120	8 00
4 12	63	0,02	0,04	0,06	0,08	0,10	0,12	0,14	0,16	0,18	0,20	117	7 48
4 28	67	0,02	0,04	0,06	0,08	0,10	0,11	0,13	0,15	0,17	0,19	113	7 32
4 44	71	0,02	0,04	0,06	0,07	0,09	0,11	0,13	0,15	0,17	0,19	109	7 16
5 20	80	0,02	0,04	0,05	0,07	0,09	0,11	0,12	0,14	0,16	0,18	100	6 40
6 00	90	0,02	0,03	0,05	0,07	0,09	0,11	0,12	0,14	0,16	0,18	90	6 00

PROBLEMA DEL AZIMUT.

Lat. y declinacion de igual especie } y horario **O** { +A / —A } horario **E** { —A / +A }
Lat. y declinacion de contraria especie

En los demás problemas: lados de igual denominacion ó menores de 90°, será **+A** y si son de denominacion contraria ó mayores de 90°—**A.**

HORARIO ó ángulo conocido.		DECLINACION ó complemento del lado opuesto al ángulo que se busca.										HORARIO ó ángulo conocido.	
		11°	12°	13°	14°	15°	16°	17°	18°	19°	20°		
		′	′	′	′	′	′	′	′	′	′		
0h 16m	4°	2,79	3,05	3,31	3,57	3,84	4,11	4,38	4,65	4,93	5,20	176°	11h 44m
0 20	5	2,23	2,44	2,65	2,86	3,07	3,29	3,51	3,73	3,95	4,17	175	11 40
0 24	6	1,86	2,03	2,21	2,39	2,56	2,74	2,92	3,11	3,29	3,48	174	11 36
0 28	7	1,60	1,74	1,89	2,05	2,20	2,35	2,51	2,67	2,83	2,99	173	11 32
0 32	8	1,40	1,53	1,66	1,79	1,93	2,06	2,20	2,33	2,47	2,62	172	11 28
0 36	9	1,24	1,36	1,48	1,58	1,70	1,83	1,95	2,08	2,20	2,32	171	11 24
0 40	10	1,12	1,22	1,33	1,44	1,54	1,65	1,76	1,87	1,98	2,10	170	11 20
0 44	11	1,02	1,11	1,21	1,31	1,40	1,50	1,60	1,70	1,80	1,90	169	11 16
0 48	12	0,94	1,02	1,11	1,20	1,29	1,38	1,47	1,56	1,66	1,75	168	11 12
0 52	13	0,86	0,95	1,03	1,11	1,19	1,27	1,36	1,44	1,53	1,62	167	11 08
0 56	14	0,80	0,88	0,95	1,03	1,10	1,19	1,26	1,34	1,42	1,50	166	11 04
1 00	15	0,75	0,82	0,89	0,96	1,03	1,11	1,19	1,26	1,33	1,41	165	11 00
1 04	16	0,71	0,77	0,83	0,90	0,97	1,04	1,11	1,18	1,25	1,32	164	10 56
1 08	17	0,66	0,73	0,79	0,85	0,92	0,98	1,04	1,11	1,18	1,24	163	10 52
1 12	18	0,63	0,69	0,75	0,81	0,87	0,93	0,99	1,05	1,11	1,18	162	10 48
1 16	19	0,60	0,65	0,70	0,76	0,81	0,87	0,93	1,00	1,06	1,12	161	10 44
1 20	20	0,57	0,62	0,68	0,72	0,78	0,84	0,89	0,95	1,01	1,06	160	10 40
1 24	21	0,54	0,59	0,64	0,70	0,75	0,80	0,85	0,90	0,96	1,02	159	10 36
1 28	22	0,52	0,57	0,62	0,67	0,72	0,77	0,82	0,87	0,92	0,97	158	10 32
1 32	23	0,50	0,54	0,59	0,64	0,69	0,73	0,78	0,83	0,88	0,93	157	10 28
1 36	24	0,48	0,52	0,57	0,61	0,66	0,70	0,75	0,80	0,85	0,89	156	10 24
1 40	25	0,46	0,50	0,54	0,58	0,63	0,68	0,72	0,77	0,81	0,86	155	10 20
1 44	26	0,44	0,48	0,53	0,57	0,61	0,65	0,70	0,74	0,79	0,83	154	10 16
1 48	27	0,43	0,47	0,51	0,55	0,59	0,63	0,67	0,72	0,76	0,80	153	10 12
1 52	28	0,41	0,45	0,49	0,53	0,57	0,61	0,65	0,69	0,73	0,78	152	10 08
1 56	29	0,40	0,44	0,48	0,52	0,55	0,59	0,62	0,67	0,71	0,75	151	10 04
2 00	30	0,39	0,43	0,46	0,50	0,54	0,57	0,61	0,65	0,69	0,73	150	10 00
2 08	32	0,37	0,40	0,44	0,47	0,51	0,54	0,58	0,61	0,65	0,69	148	9 52
2 16	34	0,35	0,38	0,41	0,45	0,48	0,51	0,55	0,58	0,62	0,65	146	9 44
2 24	36	0,33	0,36	0,39	0,42	0,46	0,49	0,52	0,55	0,59	0,62	144	9 36
2 32	38	0,32	0,35	0,38	0,41	0,44	0,47	0,50	0,53	0,56	0,59	142	9 28
2 40	40	0,30	0,33	0,36	0,39	0,42	0,45	0,48	0,51	0,54	0,57	140	9 20
2 48	42	0,29	0,32	0,35	0,37	0,40	0,43	0,46	0,49	0,51	0,54	138	9 12
2 56	44	0,28	0,31	0,33	0,36	0,38	0,41	0,44	0,47	0,50	0,52	136	9 04
3 04	46	0,27	0,30	0,32	0,35	0,37	0,40	0,42	0,45	0,48	0,51	134	8 56
3 12	48	0,26	0,29	0,31	0,34	0,36	0,39	0,41	0,44	0,46	0,49	132	8 48
3 24	51	0,25	0,28	0,30	0,33	0,35	0,37	0,40	0,42	0,45	0,48	129	8 36
3 36	54	0,24	0,26	0,29	0,31	0,33	0,35	0,38	0,40	0,43	0,45	126	8 24
3 48	57	0,23	0,25	0,28	0,30	0,32	0,34	0,36	0,39	0,41	0,43	123	8 12
4 00	60	0,22	0,25	0,27	0,29	0,31	0,33	0,35	0,38	0,40	0,42	120	8 00
4 12	63	0,22	0,24	0,26	0,28	0,30	0,32	0,34	0,36	0,39	0,41	117	7 48
4 28	67	0,21	0,23	0,25	0,27	0,29	0,31	0,33	0,35	0,38	0,40	113	7 32
4 44	71	0,21	0,22	0,24	0,26	0,28	0,30	0,32	0,34	0,36	0,38	109	7 16
5 20	80	0,20	0,22	0,23	0,25	0,27	0,29	0,31	0,33	0,35	0,37	100	6 40
6 00	90	0,19	0,21	0,22	0,25	0,27	0,29	0,31	0,32	0,34	0,36	90	6 00

DETERMINACION DEL AZIMUT DE UN ASTRO.

Tabla II. Para hallar el valor del primer término A.

HORARIO ó ángulo conocido.		DECLINACION ó complemento del lado opuesto al ángulo que se busca.										HORARIO ó ángulo conocido.	
		21°	22°	23°	24°	25°	26°	27°	28°	29°	30°		
		′	′	′	′	′	′	′	′	′	′		
0h 16m	4°	5,47	5,77	6,08	6,38	6,68	6,99	7,30	7,64	7,95	8,27	176°	11h 44m
0 20	5	4,40	4,64	4,87	5,11	5,35	5,60	5,85	6,10	6,36	6,62	175	11 40
0 24	6	3,67	3,87	4,06	4,26	4,46	4,67	4,87	5,08	5,30	5,52	174	11 36
0 28	7	3,15	3,32	3,48	3,65	3,83	4,00	4,18	4,38	4,55	4,74	173	11 32
0 32	8	2,76	2,90	3,05	3,20	3,35	3,50	3,65	3,81	3,96	4,14	172	11 28
0 36	9	2,45	2,58	2,71	2,85	2,98	3,12	3,26	3,40	3,54	3,69	171	11 24
0 40	10	2,21	2,33	2,44	2,56	2,69	2,81	2,93	3,06	3,19	3,32	170	11 20
0 44	11	2,01	2,12	2,22	2,33	2,44	2,56	2,67	2,79	2,91	3,03	169	11 16
0 48	12	1,85	1,94	2,04	2,14	2,24	2,35	2,45	2,56	2,67	2,78	168	11 12
0 52	13	1,71	1,80	1,89	1,98	2,07	2,17	2,27	2,37	2,46	2,57	167	11 08
0 56	14	1,59	1,67	1,75	1,84	1,93	2,02	2,11	2,20	2,29	2,39	166	11 04
1 00	15	1,48	1,56	1,64	1,72	1,80	1,88	1,96	2,05	2,14	2,23	165	11 00
1 04	16	1,39	1,47	1,54	1,61	1,69	1,77	1,85	1,93	2,01	2,09	164	10 56
1 08	17	1,31	1,38	1,45	1,52	1,59	1,67	1,74	1,82	1,90	1,97	163	10 52
1 12	18	1,24	1,31	1,37	1,44	1,51	1,58	1,65	1,72	1,79	1,87	162	10 48
1 16	19	1,18	1,24	1,30	1,36	1,43	1,50	1,57	1,63	1,70	1,77	161	10 44
1 20	20	1,12	1,18	1,24	1,30	1,36	1,43	1,49	1,55	1,62	1,69	160	10 40
1 24	21	1,07	1,13	1,18	1,24	1,30	1,36	1,42	1,48	1,55	1,61	159	10 36
1 28	22	1,02	1,08	1,13	1,19	1,24	1,30	1,36	1,42	1,48	1,54	158	10 32
1 32	23	0,98	1,03	1,09	1,14	1,19	1,25	1,30	1,36	1,42	1,48	157	10 28
1 36	24	0,94	0,99	1,04	1,09	1,15	1,20	1,25	1,31	1,36	1,42	156	10 24
1 40	25	0,91	0,96	1,00	1,05	1,10	1,15	1,21	1,26	1,31	1,37	155	10 20
1 44	26	0,88	0,92	0,97	1,02	1,06	1,11	1,16	1,21	1,26	1,32	154	10 16
1 48	27	0,85	0,89	0,93	0,98	1,03	1,07	1,12	1,17	1,22	1,27	153	10 12
1 52	28	0,82	0,86	0,90	0,95	0,99	1,04	1,09	1,13	1,18	1,23	152	10 08
1 56	29	0,79	0,83	0,88	0,92	0,96	1,01	1,05	1,10	1,14	1,19	151	10 04
2 00	30	0,77	0,81	0,85	0,89	0,93	0,98	1,02	1,06	1,11	1,15	150	10 00
2 08	32	0,72	0,76	0,80	0,84	0,88	0,92	0,96	1,00	1,05	1,09	148	9 52
2 16	34	0,69	0,72	0,76	0,80	0,83	0,87	0,91	0,95	0,99	1,03	146	9 44
2 24	36	0,65	0,69	0,72	0,76	0,79	0,83	0,87	0,91	0,94	0,98	144	9 36
2 32	38	0,62	0,66	0,69	0,72	0,76	0,79	0,83	0,86	0,90	0,94	142	9 28
2 40	40	0,60	0,63	0,66	0,69	0,73	0,76	0,79	0,83	0,86	0,90	140	9 20
2 48	42	0,57	0,60	0,63	0,67	0,70	0,73	0,76	0,79	0,83	0,86	138	9 12
2 56	44	0,55	0,58	0,61	0,64	0,67	0,70	0,73	0,76	0,80	0,83	136	9 04
3 04	46	0,53	0,56	0,59	0,62	0,65	0,68	0,71	0,74	0,77	0,80	134	8 56
3 12	48	0,52	0,54	0,57	0,60	0,63	0,66	0,69	0,72	0,75	0,78	132	8 48
3 24	51	0,50	0,53	0,55	0,58	0,61	0,63	0,67	0,68	0,71	0,74	129	8 36
3 36	54	0,47	0,50	0,52	0,55	0,58	0,60	0,63	0,68	0,69	0,71	126	8 24
3 48	57	0,46	0,48	0,50	0,53	0,56	0,58	0,61	0,63	0,66	0,69	123	8 12
4 00	60	0,44	0,47	0,49	0,51	0,54	0,56	0,59	0,61	0,64	0,57	120	8 00
4 12	63	0,43	0,45	0,48	0,50	0,52	0,55	0,57	0,60	0,62	0,65	117	7 48
4 28	67	0,42	0,44	0,46	0,48	0,50	0,53	0,55	0,58	0,60	0,63	113	7 32
4 44	71	0,41	0,43	0,45	0,47	0,49	0,52	0,54	0,56	0,59	0,61	109	7 16
5 20	80	0,39	0,41	0,43	0,45	0,47	0,50	0,52	0,54	0,58	0,59	100	6 40
6 00	90	0,38	0,40	0,42	0,45	0,46	0,49	0,51	0,53	0,55	0,58	90	6 00

PROBLEMA DEL AZIMUT.

Lat. y declinacion de igual especie } y horario O { +A } horario E { —A }
Lat. y declinacion de contraria especie } y horario O { —A } horario E { +A }

En los demás problemas: lados de igual denominacion ó menores de 90°, será **+A** y si son de denominacion contraria ó mayores de 90°—**A.**

HORARIO ó ángulo conocido.		DECLINACION ó complemento del lado opuesto al ángulo que se busca. 31°	32°	33°	34°	35°	36°	37°	38°	39°	40°	HORARIO ó ángulo conocido.	
		′	′	′	′	′	′	′	′	′	′		
0ʰ 16ᵐ	4°	8,61	8,96	9,31	9,66	10,04	10,42	10,80	11,20	11,61	12,02	176°	11ʰ 44ᵐ
0 20	5	6,89	7,17	7,45	7,74	8,03	8,34	8,65	8,96	9,29	9,63	175	11 40
0 24	6	5,75	5,98	6,21	6,45	6,70	6,95	7,21	7,47	7,75	8,03	174	11 36
0 28	7	4,93	5,13	5,53	5,54	5,75	5,96	6,18	6,41	6,65	6,89	173	11 32
0 32	8	4,32	4.49	4,67	4,85	5,03	5,22	5.41	5.61	5,81	6.03	172	11 28
0 36	9	3,84	3,99	4,15	4,31	4,48	4,65	4,82	5,00	5,18	5.36	171	11 24
0 40	10	3,46	3,60	3,74	3,88	4,03	4,18	4,34	4,50	4,66	4.83	170	11 20
0 44	11	3,15	3,27	3,40	3,53	3,67	3,81	3,95	4,09	4,24	4,40	169	11 16
0 48	12	2,89	3,01	3,12	3,24	3,37	3,49	3,62	3,76	3,90	4,04	168	11 12
0 52	13	2,67	2,78	2,89	3.00	3,11	3.23	3,35	3.47	3.60	3.73	167	11 08
0 56	14	2,48	2,58	2,68	2,79	2,89	3,00	3,11	3,23	3,55	3,47	166	11 04
1 00	15	2,32	2,41	2,51	2,61	2,71	2,81	2,91	3,02	3,13	3,24	165	11 00
1 04	16	2,18	2,27	2,36	2,45	2,54	2,64	2,73	2,83	2,94	3,04	164	10 56
1 08	17	2,06	2,14	2,22	2,31	2,39	2,48	2,58	2,67	2,77	2,87	163	10 52
1 12	18	1,94	2,02	2,10	2,18	2,27	2,35	2,44	2.53	2,62	2.72	162	10 48
1 16	19	1,85	1,92	1,99	2,07	2,15	2,23	2,31	2,40	2,49	2,58	161	10 44
1 20	20	1,76	1,83	1,90	1,97	2,05	2,12	2,20	2,28	2,37	2,45	160	10 40
1 24	21	1,68	1,74	1,81	1,88	1,95	2,03	2,10	2,18	2,26	2,34	159	10 36
1 28	22	1,60	1,67	1,73	1,80	1,87	1,94	2,01	2,09	2,16	2,24	158	10 32
1 32	23	1,54	1,60	1,66	1,73	1,79	1,86	1,93	2,00	2,07	2,15	157	10 28
1 36	24	1,48	1,54	1,60	1,66	1,72	1,79	1,85	1,92	1,99	2,06	156	10 24
1 40	25	1,42	1,48	1,54	1,60	1,66	1,72	1,78	1,85	1,92	1,99	155	10 20
1 44	26	1,37	1,43	1,48	1,54	1,60	1,66	1,72	1,78	1,85	1,91	154	10 16
1 48	27	1,32	1,38	1,43	1,49	1,54	1,60	1,66	1,72	1,78	1,85	153	10 12
1 52	28	1,28	1,33	1,38	1,44	1,49	1,55	1,61	1.66	1.72	1.79	152	10 08
1 56	29	1,24	1,29	1,34	1,39	1,44	1,50	1,55	1,61	1,67	1,73	151	10 04
2 00	30	1,20	1,25	1,30	1,35	1,40	1,45	1,51	1,56	1,62	1,68	150	10 00
2 08	32	1,13	1,18	1,23	1,27	1,32	1,37	1,42	1,47	1,53	1,58	148	9 52
2 16	34	1,07	1,12	1,16	1,20	1,25	1,30	1,35	1,40	1,45	1,50	146	9 44
2 24	36	1,02	1,06	1,10	1,15	1,19	1,23	1,28	1.33	1,38	1.43	144	9 36
2 32	38	0,98	1,01	1,05	1,10	1,14	1,18	1,22	1,27	1,31	1,36	142	9 28
2 40	40	0,93	0,97	1,01	1,05	1,09	1,13	1,17	1,22	1,26	1,31	140	9 20
2 48	42	0,90	0,93	0,97	1,01	1,05	1,09	1,13	1,17	1,21	1,25	138	9 12
2 56	44	0,87	0,90	0,93	0,97	1,01	1,05	1,08	1,12	1,17	1,21	136	9 04
3 04	46	0,84	0.87	0.90	0.94	0,97	1.01	1.05	1,09	1,13	1,17	134	8 56
3 12	48	0,81	0,84	0,87	0,91	0,94	0,98	1,01	1,05	1,09	1,13	132	8 48
3 24	51	0,77	0,80	0,84	0,87	0,90	0,94	0,97	1,01	1,05	1,08	129	8 36
3 36	54	0,74	0,77	0,80	0,83	0,87	0,90	0,93	0,97	1,00	1,04	126	8 24
3 48	57	0,72	0,75	0,77	0,80	0,83	0,87	0,90	0,93	0,97	1,00	123	8 12
4 00	60	0,69	0,72	0.75	0,78	0,81	0,84	0.87	0.90	0.94	0.97	120	8 00
4 12	63	0,67	0,70	0,73	0,76	0,79	0,82	0,85	0,88	0,91	0,94	117	7 48
4 28	67	0,65	0,68	0,71	0,73	0,76	0,79	0,82	0,85	0,88	0,91	113	7 32
4 44	71	0,64	0,66	0,69	0,71	0,74	0,77	0,80	0,83	0,86	0,89	109	7 16
5 20	80	0,61	0,63	0,66	0,68	0,71	0,74	0,77	0,79	0,82	0,85	100	6 40
6 00	90	0,60	0,62	0,65	0,67	0,70	0,73	0,75	0,79	0,81	0,84	90	6 00

DETERMINACION DEL AZIMUT DE UN ASTRO.

Tabla II. Para hallar el valor del primer término **A**.

HORARIO ó ángulo conocido.		DECLINACION ó complemento del lado opuesto al ángulo que se busca.										HORARIO ó ángulo conocido.	
		41°	42°	43°	44°	45°	46°	47°	48°	49°	50°		
		′	′	′	′	′	′	′	′	′	′		
0ʰ 16ᵐ	4°	12,46	12,91	13,37	13,83	14,34	14,85	15,37	15,97	16,49	17,00	176°	11ʰ 44ᵐ
0 20	5	9,97	10,33	10,70	11,08	11,47	11,88	12,30	12,74	13,20	13,67	175	11 40
0 24	6	8,32	8,61	8,92	9,24	9,57	9,91	10,66	10,95	11,40	11,85	174	11 36
0 28	7	7,13	7,39	7,65	7,92	8,21	8,50	8,80	9,11	9,44	9,78	173	11 32
0 32	8	6,25	6,47	6,70	6,94	7,19	7,44	7,71	7,98	8,27	8,56	172	11 28
0 36	9	5,56	5,76	5,96	6,17	6,39	6,62	6,86	7,10	7,35	7,62	171	11 24
0 40	10	5,01	5,19	5,37	5,56	5,76	5,96	6,18	6,40	6,62	6,86	170	11 20
0 44	11	4,56	4,72	4,89	5,06	5,24	5,43	5,62	5,82	6,03	6,25	169	11 16
0 48	12	4,18	4,33	4,49	4,64	4,81	4,98	5,16	5,34	5,53	5,73	168	11 12
0 52	13	3,86	4,00	4,15	4,29	4,45	4,60	4,77	5,94	5,11	5,30	167	11 08
0 56	14	3,59	3,72	3,85	3,99	4,13	4,28	4,43	4,59	4,76	4,93	166	11 04
1 00	15	3,36	3,48	3,60	3,73	3,86	4,00	4,14	4,29	4,44	4,60	165	11 00
1 04	16	3,15	3,27	3,38	3,50	3,63	3,76	3,89	4,03	4,17	4,32	164	10 56
1 08	17	2,97	3,08	3,19	3,30	3,45	3,54	3,67	3,80	3,93	4,08	163	10 52
1 12	18	2,18	2,91	3,02	3,13	3,24	3,35	3,48	3,59	3,72	3,86	162	10 48
1 16	19	2,67	2,77	2,87	2,97	3,07	3,18	3,29	3,41	3,53	3,66	161	10 44
1 20	20	2,54	2,63	2,73	2,82	2,92	3,03	3,14	3,25	3,36	3,48	160	10 40
1 24	21	2,43	2,51	2,60	2,69	2,79	2,89	2,99	3,10	3,21	3,33	159	10 36
1 28	22	2,32	2,40	2,49	2,58	2,67	2,76	2,86	2,96	3,07	3,18	158	10 32
1 32	23	2,22	2,30	2,39	2,47	2,56	2,65	2,74	2,84	2,94	3,05	157	10 28
1 36	24	2,14	2,21	2,29	2,37	2,46	2,55	2,64	2,73	2,83	2,93	156	10 24
1 40	25	2,06	2,13	2,21	2,29	2,37	2,45	2,54	2,63	2,72	2,82	155	10 20
1 44	26	1,98	2,05	2,13	2,20	2,28	2,36	2,45	2,53	2,62	2,72	154	10 16
1 48	27	1,91	1,98	2,05	2,13	2,20	2,28	2,36	2,44	2,53	2,62	153	10 12
1 52	28	1,85	1,92	1,99	2,06	2,13	2,21	2,29	2,37	2,45	2,54	152	10 08
1 56	29	1,79	1,86	1,92	1,99	2,06	2,14	2,21	2,29	2,37	2,46	151	10 04
2 00	30	1,74	1,80	1,86	1,93	2,00	2,07	2,14	2,22	2,30	2,38	150	10 00
2 08	32	1,66	1,72	1,79	1,85	1,92	1,95	2,02	2,10	2,17	2,25	148	9 52
2 16	34	1,55	1,61	1,67	1,73	1,79	1,85	1,92	1,99	2,06	2,13	146	9 44
2 24	36	1,48	1,53	1,59	1,64	1,70	1,76	1,82	1,89	1,96	2,03	144	9 36
2 32	38	1,41	1,46	1,51	1,57	1,62	1,68	1,74	1,80	1,87	1,94	142	9 28
2 40	40	1,35	1,40	1,45	1,50	1,56	1,61	1,67	1,73	1,79	1,85	140	9 20
2 48	42	1,30	1,35	1,39	1,44	1,49	1,55	1,60	1,66	1,72	1,78	138	9 12
2 56	44	1,25	1,30	1,34	1,39	1,44	1,49	1,54	1,60	1,66	1,72	136	9 04
3 04	46	1,21	1,25	1,30	1,34	1,39	1,44	1,49	1,54	1,60	1,66	134	8 56
3 12	48	1,17	1,21	1,25	1,30	1,35	1,39	1,44	1,49	1,55	1,60	132	8 48
3 24	51	1,12	1,16	1,20	1,24	1,29	1,33	1,38	1,43	1,48	1,54	129	8 36
3 36	54	1,07	1,11	1,15	1,19	1,24	1,28	1,33	1,37	1,42	1,47	126	8 24
3 48	57	1,04	1,07	1,11	1,15	1,19	1,23	1,28	1,32	1,37	1,42	123	8 12
4 00	60	1,00	1,04	1,08	1,11	1,15	1,20	1,24	1,28	1,33	1,38	120	8 00
4 12	63	0,98	1,01	1,05	1,08	1,12	1,16	1,20	1,25	1,29	1,34	117	7 48
4 28	67	0,94	0,98	1,01	1,05	1,09	1,12	1,16	1,21	1,25	1,29	113	7 32
4 44	71	0,92	0,95	0,99	1,02	1,06	1,10	1,13	1,17	1,22	1,26	109	7 16
5 20	80	0,88	0,91	0,95	0,98	1,02	1,05	1,09	1,13	1,17	1,21	100	6 40
6 00	90	0,87	0,90	0,93	0,97	1,00	1,04	1,07	1,11	1,15	1,19	90	6 00

PROBLEMA DEL AZIMUT.

Lat. y declinacion de igual especie } y horario **O** { +A } horario **E** { —A }
Lat. y declinacion de contraria especie } y horario **O** { —A } horario **E** { +A }

En los demás problemas: lados de igual denominacion ó menores de 90°, será **+A** y si son de denominacion contraria ó mayores de 90°—**A.**

HORARIO ó ángulo conocido.		DECLINACION ó complemento del lado opuesto al ángulo que se busca.										HORARIO ó ángulo conocido.	
		51°	52°	53°	54°	55°	56°	57°	58°	59°	60°		
		′	′	′	′	′	′	′	′	′	′		
0h 16m	4°	17,71	18,36	19,02	19,74	20,47	21,27	22,07	22,97	23,86	24,76	176°	11h 44m
0 20	5	14,17	14,68	15,22	15,79	16,38	17,01	17,67	18,36	19,09	19,87	175	11 40
0 24	6	11,82	12,26	12,70	13,13	13,66	14,19	14,73	15,33	15,92	16,54	174	11 36
0 28	7	10,13	10,51	10,89	11,30	11,72	12,18	12,64	13,15	13,65	14,17	173	11 32
0 32	8	8,87	9,20	9,54	8,89	10,26	10,66	11,06	11,51	11,96	12,46	172	11 28
0 36	9	7,89	8,18	8,48	8,80	9,13	9,48	9,84	10,16	10,49	10,84	171	11 24
0 40	10	7,11	7,37	7,64	7,93	8,22	8,54	8,87	9,22	9,58	9,97	170	11 20
0 44	11	6,47	6,71	6,95	7,21	7,48	7,77	8,07	8,39	8,72	9,08	169	11 16
0 48	12	5,94	6,16	6,38	6,62	6,87	7,13	7,41	7,70	8,00	8,33	168	11 12
0 52	13	5,49	5,69	5,90	6,12	6,35	6,59	6,85	7,11	7,40	7,70	167	11 08
0 56	14	5,10	5,29	5,49	5,69	5,90	6,13	6,37	6,62	6,88	7,16	166	11 04
1 00	15	4,47	4,95	5,13	5,32	5,52	5,73	5,95	6,18	6,43	6,69	165	11 00
1 04	16	4,38	4,64	4,81	4,99	5,18	5,38	5,59	5,81	6,04	6,28	164	10 56
1 08	17	4,22	4,38	4,54	4,71	4,88	5,07	5,27	5,47	5,69	5,92	163	10 52
1 12	18	4,00	4,14	4,29	4,45	4,62	4,78	4,98	5,18	5,39	5,60	162	10 48
1 16	19	3,79	3,93	4,08	4,23	4,39	4,55	4,73	4,92	5,11	5,32	161	10 44
1 20	20	3,61	3,74	3,88	4,02	4,18	4,34	4,50	4,68	4,87	5,06	160	10 40
1 24	21	3,45	3,57	3,70	3,84	3,99	4,14	4,30	4,47	4,64	4,83	159	10 36
1 28	22	3,30	3,42	3,54	3,67	3,81	3,96	4,11	4,27	4,44	4,62	158	10 32
1 32	23	3,16	3,28	3,40	3,52	3,65	3,79	3,94	4,10	4,26	4,43	157	10 28
1 36	24	3,04	3,15	3,26	3,38	3,51	3,65	3,79	3,93	4,09	4,26	156	10 24
1 40	25	2,92	2,03	3,14	3,26	3,38	3,51	3,64	3,79	3,94	4,10	155	10 20
1 44	26	2,82	2,92	3,03	3,14	3,26	3,38	3,51	3,65	3,80	3,95	154	10 16
1 48	27	2,72	2,82	2,92	3,03	3,15	3,27	3,39	3,53	3,67	3,82	153	10 12
1 52	28	2,63	2,73	2,83	2,93	3,04	3,16	3,28	3,41	3,55	3,69	152	10 08
1 56	29	2,55	2,64	2,74	2,84	2,95	3,06	3,18	3,30	3,43	3,57	151	10 04
2 00	30	2,47	2,56	2,65	2,75	2,86	2,97	3,08	3,20	3,33	3,46	150	10 00
2 08	32	2,33	2,42	2,50	2,60	2,70	2,80	2,91	3,02	3,14	3,27	148	9 52
2 16	34	2,21	2,29	2,37	2,46	2,55	2,65	2,75	2,86	2,98	3,10	146	9 44
2 24	36	2,10	2,18	2,26	2,34	2,43	2,52	2,62	2,72	2,83	2,95	144	9 36
2 32	38	2,01	2,08	2,16	2,24	2,32	2,41	2,50	2,60	2,70	2,81	142	9 28
2 40	40	1,92	1,99	2,06	2,14	2,22	2,31	2,40	2,49	2,59	2,69	140	9 20
2 48	42	1,85	1,91	1,98	2,06	2,13	2,22	2,30	2,39	2,49	2,59	138	9 12
2 56	44	1,78	1,84	1,91	1,98	2,06	2,13	2,22	2,30	2,40	2,49	136	9 04
3 04	46	1,72	1,78	1,84	1,91	1,99	2,06	2,14	2,22	2,31	2,41	134	8 56
3 12	48	1,66	1,72	1,79	1,85	1,92	2,00	2,07	2,15	2,24	2,33	132	8 48
3 24	51	1,59	1,63	1,71	1,78	1,84	1,91	1,98	2,06	2,14	2,23	129	8 36
3 36	54	1,53	1,58	1,64	1,70	1,76	1,83	1,90	1,98	2,06	2,14	126	8 24
3 48	57	1,47	1,53	1,58	1,64	1,70	1,77	1,84	1,91	1,98	2,06	123	8 12
4 00	60	1,43	1,48	1,53	1,59	1,65	1,71	1,77	1,85	1,92	2,00	120	8 00
4 12	63	1,39	1,44	1,49	1,54	1,60	1,66	1,73	1,80	1,87	1,94	117	7 48
4 28	67	1,34	1,39	1,44	1,50	1,55	1,61	1,67	1,74	1,81	1,88	113	7 32
4 44	71	1,31	1,35	1,40	1,45	1,51	1,57	1,62	1,69	1,76	1,82	109	7 16
5 20	80	1,25	1,30	1,35	1,40	1,45	1,51	1,57	1,62	1,69	1,76	100	6 40
6 00	90	1,23	1,28	1,33	1,38	1,43	1,48	1,54	1,60	1,66	1,73	90	6 00

DETERMINACION DEL AZIMUT DE UN ASTRO.

Tabla II. Para hallar el valor del primer término **A**.

HORARIO ó ángulo conocido.		DECLINACION ó complemento del lado opuesto al ángulo que se busca. 61°	62°	63°	64°	65°	66°	67°	68°	69°	70°	HORARIO ó ángulo conocido.	
		′	′	′	′	′	′	′	′	′	′		
0h 16m	4°	25,86	26,00	28,14	29,75	30,75	32,26	33,77	35,06	37,35	39,39	176°	11h 44m
0 20	5	20,70	21,58	22,52	23,52	24,60	25,77	27,03	28,43	29,89	31,52	175	11 40
0 24	6	17,26	18,01	18,78	19,50	20,52	21,01	22,54	23,73	24,92	26,29	174	11 36
0 28	7	14,80	15,45	16,10	16,80	17,60	18,45	19,33	20,35	21,38	22,55	173	11 32
0 32	8	12,96	13,56	14,10	14,76	15,41	16,16	16,92	17,82	18,72	20,67	172	11 28
0 36	9	11,53	12,04	12,54	13,14	13,71	14,36	15,06	15,86	16,65	17,56	171	11 24
0 40	10	10,39	10,83	11,30	11,81	12,35	12,93	13,57	14,27	15,00	15,82	170	11 20
0 44	11	9,45	9,86	10,29	10,76	11,24	11,79	12,35	13,00	13,65	14,40	169	11 16
0 48	12	8,68	9,05	9,44	9,86	10,31	10,81	11,33	11,93	12,53	13,22	168	11 12
0 52	13	8,02	8,36	8,72	9,11	9.53	9.98	10,48	11,03	11,58	12,21	167	11 08
0 56	14	7,46	7,77	8,11	8,48	8,87	9,28	9,74	10,26	10,77	11,28	166	11 04
1 00	15	6,97	7,27	7,58	7,92	8,29	8,68	9,10	9,56	10,06	10,57	165	11 00
1 04	16	6,54	6,82	7,12	7,44	7,78	8,15	8.55	8,98	9,45	9,97	164	10 56
1 08	17	6,17	6,43	6,71	7,01	7,33	7,68	8,06	8,47	8,91	9,40	163	10 52
1 12	18	5,84	6,09	6,35	6,63	6.94	7.27	7.62	8.01	8.43	8,89	162	10 48
1 16	19	5,54	5,78	6,03	6,30	6,59	6,90	7,24	7,60	8,00	8,44	161	10 44
1 20	20	5,27	5,50	5,74	5,99	6,27	6,57	6,89	7,24	7,62	8.03	160	10 40
1 24	21	5,03	5,25	5,48	5,72	5,98	6,27	6,57	6,91	7,27	7,67	159	10 36
1 28	22	4,82	5,02	5,24	5,47	5,72	6,00	6,29	6,61	6,95	7,33	158	10 32
1 32	23	4,62	4.81	5,02	5,25	5.49	5,75	6.03	6,33	6,67	7,03	157	10 28
1 36	24	4,44	4,63	4,83	5,04	5,27	5,52	5,79	6,09	6,40	6,75	156	10 24
1 40	25	4,27	4,45	4,64	4,85	5,07	5,31	5,57	5,86	6,16	6,50	155	10 20
1 44	26	4,12	4,29	4,48	4,68	4,89	5,12	5,37	5,65	5,94	6,27	154	10 16
1 48	27	3,97	4,14	4,32	4,52	4.73	4,95	5,19	5,45	5,74	6,05	153	10 12
1 52	28	3,84	4.01	4,18	4.37	4,57	4.78	5,02	5,27	5.55	5.85	152	10 08
1 56	29	3,72	3,88	4,05	4,23	4,42	4,63	4,86	5,10	5,37	5,67	151	10 04
2 00	30	3,61	3,76	3,93	4,10	4,29	4,49	4,71	4,95	5,21	5,49	150	10 00
2 08	32	3,40	3,55	3,70	3,87	4,05	4,24	4,45	4,67	4,92	5,18	148	9 52
2 16	34	3,23	3,36	3,51	3,67	3,84	4,02	4,21	4,43	4,66	4,91	146	9 44
2 24	36	3,07	3,20	3.34	3,49	3.65	3,82	4,01	4,21	4,43	4,67	144	9 36
2 32	38	2,93	3,05	3,19	3,33	3,48	3,65	3,83	4,02	4,23	4,46	142	9 28
2 40	40	2,81	2,93	3,05	3,19	3,34	3,49	3,67	3,85	4,05	4,27	140	9 20
2 48	42	2,70	2,81	2,93	3,06	3,20	3.36	3,52	3,70	3,89	4,11	138	9 12
2 56	44	2,60	2,71	2,83	2,95	3,09	3,23	3,39	3,56	3,75	3,96	136	9 04
3 04	46	2,51	2,61	2,73	2,85	2,98	3.12	3.28	3.44	3,62	3.82	134	8 56
3 12	48	2,43	2,53	2,64	2,76	2,89	3,02	3,17	3,33	3,51	3,70	132	8 48
3 24	51	2,32	2,42	2,53	2,64	2,76	2,89	3,04	3,18	3,36	3,54	129	8 36
3 36	54	2,23	2,32	2,43	2,53	2,65	2,78	2,91	3,06	3,22	3,40	126	8 24
3 48	57	2,15	2,24	2,34	2,44	2,56	2,68	2,81	2.95	3,11	3,28	123	8 12
4 00	60	2,08	2,17	2,27	[illegible]	2,48	2.59	2.72	2,86	3,01	3,17	120	8 00
4 12	63	2,02	2,11	2,20	2,30	2,41	2,52	2,64	2,78	2,92	3,08	117	7 48
4 28	67	1,96	2,04	2,13	2,23	2,33	2,44	2,56	2,69	2,83	2,98	113	7 32
4 44	71	1,91	1,99	2,08	2,17	2,27	2,38	2,49	2,62	2,76	2,91	109	7 16
5 20	80	1,83	1,91	1,99	2,08	2,17	2,28	2,39	2,51	2,65	2,79	100	6 40
6 00	90	1,80	1,88	1,96	2,04	2,14	2,25	2,36	2,48	2,61	2,75	90	6 00

DETERMINACION DEL AZIMUT DE UN ASTRO.

Tabla III. Para hallar el valor del segundo término B.

HORARIO ó ángulo conocido.		LATITUD ó complemento del lado adyacente al ángulo que se busca. 1°	2°	3°	4°	5°	6°	7°	8°	9°	10°	HORARIO ó ángulo conocido.	
		′	′	′	′	′	′	′	′	′	′		
0h 16m	4°	0,24	0,47	0,70	1,97	1,25	1,48	1,72	1,99	2,26	2,53	176°	11h 44m
0 20	5	0,20	0,40	0,60	0,80	1,00	1,20	1,40	1,60	1,81	2,02	175	11 40
0 24	6	0,17	0,33	0,50	0,67	0,83	1,00	1,17	1,33	1,50	1,67	174	11 36
0 28	7	0,14	0,28	0,42	0,57	0,71	0,86	1,00	1,14	1,28	1,43	173	11 32
0 32	8	0,12	0,25	0,37	0,50	0,62	0,75	0,87	1,00	1,13	1,25	172	11 28
0 36	9	0,11	0,22	0,33	0,44	0,55	0,66	0,78	0,89	1,00	1,11	171	11 24
0 40	10	0,10	0,20	0,30	0,40	0,50	0,60	0,70	0,80	0,90	1,00	170	11 20
0 44	11	0,09	0,18	0,27	0,36	0,45	0,54	0,63	0,72	0,81	0,90	169	11 16
0 48	12	0,08	0,16	0,24	0,32	0,40	0,48	0,57	0,65	0,74	0,82	168	11 12
0 52	13	0,08	0,15	0,23	0,31	0,39	0,46	0,53	0,61	0,69	0,77	167	11 08
0 56	14	0,07	0,14	0,21	0,28	0,35	0,42	0,49	0,56	0,63	0,70	166	11 04
1 00	15	0,07	0,13	0,20	0,27	0,33	0,39	0,46	0,52	0,59	0,66	165	11 00
1 04	16	0,06	0,12	0,18	0,24	0,30	0,36	0,42	0,48	0,54	0,61	164	10 56
1 08	17	0,06	0,11	0,17	0,23	0,29	0,35	0,40	0,46	0,52	0,59	163	10 52
1 12	18	0,05	0,11	0,16	0,22	0,27	0,32	0,38	0,43	0,49	0,54	162	10 48
1 16	19	0,05	0,10	0,15	0,20	0,25	0,31	0,36	0,41	0,46	0,51	161	10 44
1 20	20	0,05	0,10	0,14	0,19	0,24	0,30	0,34	0,39	0,44	0,49	160	10 40
1 24	21	0,05	0,09	0,14	0,18	0,23	0,27	0,32	0,37	0,41	0,46	159	10 36
1 28	22	0,04	0,09	0,13	0,17	0,22	0,26	0,31	0,35	0,39	0,44	158	10 32
1 32	23	0,04	0,08	0,12	0,16	0,21	0,25	0,30	0,33	0,37	0,42	157	10 28
1 36	24	0,04	0,08	0,12	0,16	0,21	0,24	0,29	0,32	0,36	0,41	156	10 24
1 40	25	0,04	0,07	0,11	0,15	0,19	0,23	0,26	0,30	0,34	0,38	155	10 20
1 44	26	0,04	0,07	0,10	0,14	0,18	0,22	0,25	0,29	0,33	0,37	154	10 16
1 48	27	0,03	0,07	0,10	0,14	0,18	0,21	0,24	0,28	0,31	0,35	153	10 12
1 52	28	0,03	0,07	0,10	0,14	0,16	0,20	0,23	0,26	0,30	0,33	152	10 08
1 56	29	0,03	0,06	0,09	0,13	0,15	0,19	0,22	0,25	0,29	0,32	151	10 04
2 00	30	0,03	0,06	0,09	0,13	0,15	0,18	0,21	0,24	0,28	0,31	150	10 00
2 08	32	0,03	0,06	0,09	0,11	0,14	0,17	0,20	0,23	0,25	0,28	148	9 52
2 16	34	0,03	0,05	0,08	0,10	0,13	0,16	0,18	0,21	0,23	0,26	146	9 44
2 24	36	0,02	0,05	0,07	0,10	0,12	0,14	0,17	0,19	0,22	0,24	144	9 36
2 32	38	0,02	0,04	9,07	0,09	0,11	0,13	0,16	0,18	0,21	0,23	142	9 28
2 40	40	0,02	0,04	9,06	0,08	0,10	0,13	0,15	0,17	0,19	0,21	140	9 20
2 48	42	0,02	0,04	0,06	0,08	0,10	0,12	0,14	0,16	0,18	0,20	138	9 12
2 56	44	0,02	0,04	0,05	0,07	0,09	0,11	0,13	0,15	0,17	0,19	136	9 04
3 04	46	0,02	0,03	0,05	0,07	0,08	0,10	0,12	0,14	0,16	0,17	134	8 56
3 12	48	0,02	0,03	0,05	0,06	0,08	0,09	0,11	0,13	0,15	0,16	132	8 48
3 24	51	0,01	0,03	0,04	0,06	0,07	0,08	0,10	0,12	0,13	0,15	129	8 36
3 36	54	0,01	0,03	0,04	0,05	0,06	0,08	0,09	0,10	0,12	0,13	126	8 24
3 48	57	0,01	0,02	0,03	0,05	0,06	0,07	0,08	0,09	0,10	0,11	123	8 12
4 00	60	0,01	0,02	0,03	0,04	0,05	0,06	0,07	0,08	0,09	0,10	120	8 00
4 12	63	0,01	0,02	0,03	0,04	0,05	0,05	0,06	0,07	0,08	0,09	117	7 48
4 28	67	0,01	0,01	0,02	0,03	0,04	0,04	0,05	0,06	0,07	0,07	113	7 32
4 44	71	0,01	0,01	0,02	0,02	0,03	0,04	0,04	0,05	0,06	0,06	109	7 16
5 20	80	0,00	0,01	0,01	0,01	0,02	0,02	0,02	0,03	0,04	0,04	100	6 40
6 00	90	0,00	0,00	0,00	0,00	0,00	0,00	0,00	0,00	0,00	0,00	90	6 00

DETERMINACION DEL AZIMUT DE UN ASTRO.

Tabla III. Para hallar el valor del segundo término B.

HORARIO ó ángulo conocido.		LATITUD ó complemento del lado adyacente al ángulo que se busca. 11°	12°	13°	14°	15°	16°	17°	18°	19°	20°	HORARIO ó ángulo conocido.	
		′	′	′	′	′	′	′	′	′	′		
0h 16m	4°	2,78	3,04	3,30	3,56	3,83	4,10	4,37	4,64	4,93	5,20	176°	11h 44m
0 20	5	2,22	2,43	2,64	2,85	3,06	3,28	3,49	3,71	3,94	4,16	175	11 40
0 24	6	1,85	2,02	2,20	2,37	2,55	2,73	2,91	3,09	3,28	3,46	174	11 36
0 28	7	1,58	1,73	1,88	2,03	2,18	2,34	2,49	2,65	2,80	2,96	173	11 32
0 32	8	1,38	1,51	1,64	1,77	1,91	2,04	2,18	2,31	2,45	2,58	172	11 28
0 36	9	1,23	1,34	1,45	1,56	1,69	1,82	1,93	2,04	2,17	2,30	171	11 24
0 40	10	1,10	1,20	1,30	1,40	1,51	1,61	1,72	1,83	1,94	2,05	170	11 20
0 44	11	1,00	1,09	1,18	1,27	1,37	1,48	1,57	1,66	1,77	1,87	169	11 16
0 48	12	0,91	1,00	1,09	1,18	1,27	1,36	1,44	1,53	1,62	1,71	168	11 12
0 52	13	0,84	0,92	1,00	1,08	1,16	1,24	1,32	1,40	1,48	1,57	167	11 08
0 56	14	0,78	0,82	0,93	1,00	1,07	1,15	1,23	1,30	1,38	1,46	166	11 04
1 00	15	0,73	0,79	0,86	0,93	1,00	1,07	1,14	1,21	1,28	1,36	165	11 00
1 04	16	0,68	0,74	0,81	0,88	0,93	1,00	1,07	1,14	1,20	1,27	164	10 56
1 08	17	0,64	0,70	0,77	0,82	0,88	0,94	1,00	1,06	1,13	1,20	163	10 52
1 12	18	0,60	0,66	0,71	0,77	0,82	0,88	0,94	1,00	1,06	1,12	162	10 48
1 16	19	0,56	0,62	0,68	0,72	0,78	0,83	0,89	0,94	1,00	1,06	161	10 44
1 20	20	0,53	0,59	0,63	0,69	0,74	0,78	0,84	0,89	0,95	1,00	160	10 40
1 24	21	0,51	0,55	0,60	0,65	0,70	0,75	0,80	0,85	0,90	0,95	159	10 36
1 28	22	0,48	0,53	0,57	0,62	0,67	0,71	0,76	0,81	0,85	0,90	158	10 32
1 32	23	0,46	0,50	0,54	0,58	0,63	0,68	0,72	0,77	0,81	0,85	157	10 28
1 36	24	0,44	0,48	0,52	0,56	0,60	0,64	0,68	0,73	0,77	0,82	156	10 24
1 40	25	0,42	0,46	0,50	0,54	0,57	0,61	0,66	0,70	0,74	0,78	155	10 20
1 44	26	0,40	0,44	0,47	0,51	0,55	0,59	0,63	0,67	0,71	0,75	154	10 16
1 48	27	0,38	0,42	0,45	0,49	0,53	0,57	0,60	0,64	0,68	0,72	153	10 12
1 52	28	0,37	0,40	0,43	0,46	0,50	0,54	0,57	0,61	0,65	0,68	152	10 08
1 56	29	0,35	0,38	0,42	0,45	0,48	0,52	0,55	0,59	0,62	0,65	151	10 04
2 00	30	0,34	0,37	0,40	0,43	0,46	0,50	0,53	0,56	0,60	0,63	150	10 00
2 08	32	0,31	0,34	0,37	0,40	0,43	0,46	0,50	0,52	0,55	0,58	148	9 52
2 16	34	0,29	0,32	0,35	0,37	0,40	0,43	0,44	0,48	0,51	0,54	146	9 44
2 24	36	0,27	0,29	0,31	0,34	0,37	0,40	0,42	0,45	0,47	0,50	144	9 36
2 32	38	0,25	0,27	0,30	0,32	0,34	0,37	0,39	0,42	0,44	0,47	142	9 28
2 40	40	0,23	0,25	0,28	0,30	0,32	0,34	0,36	0,39	0,41	0,43	140	9 20
2 48	42	0,22	0,24	0,26	0,28	0,30	0,32	0,34	0,36	0,38	0,40	138	9 12
2 56	44	0,20	0,22	0,24	0,26	0,28	0,30	0,32	0,34	0,36	0,38	136	9 04
3 04	46	0,19	0,20	0,22	0,24	0,26	0,28	0,29	0,30	0,33	0,35	134	8 56
3 12	48	0,18	0,19	0,21	0,22	0,24	0,26	0,28	0,29	0,31	0,33	132	8 48
3 24	51	0,16	0,17	0,18	0,20	0,21	0,23	0,25	0,26	0,28	0,29	129	8 36
3 36	54	0,14	0,15	0,17	0,18	0,19	0,21	0,22	0,24	0,25	0,26	126	8 24
3 48	57	0,13	0,14	0,15	0,16	0,17	0,19	0,20	0,21	0,22	0,24	123	8 12
4 00	60	0,11	0,12	0,13	0,14	0,15	0,17	0,18	0,19	0,20	0,21	120	8 00
4 12	63	0,10	0,11	0,12	0,13	0,14	0,15	0,16	0,17	0,18	0,19	117	7 48
4 28	67	0,08	0,09	0,10	0,11	0,11	0,12	0,13	0,14	0,15	0,16	113	7 32
4 44	71	0,07	0,07	0,08	0,09	0,09	0,10	0,11	0,11	0,12	0,13	109	7 16
5 20	80	0,03	0,04	0,04	0,04	0,05	0,05	0,05	0,06	0,06	0,06	100	6 40
6 00	90	0,00	0,00	0,00	0,00	0,00	0,00	0,00	0,00	0,00	0,00	90	6 00

PROBLEMA DEL AZIMUT.

		occidental	oriental
Horario	$< 6^h$	—B	+B.
„	$> 6^h$	+B	—B.

En los demás problemas: { ángulo de 0° á 90° ó azimut de especie del polo elevado — B; „ de 90° á 180° „ „ „ depreso + B }

HORARIO ó ángulo conocido.		LATITUD ó complemento del lado adyacente al ángulo que se busca. 21°	22°	23°	24°	25°	26°	27°	28°	29°	30°	HORARIO ó ángulo conocido.	
		′	′	′	′	′	′	′	′	′	′		
0h 16m	4°	5,49	5,68	6,07	6,37	6,67	6,98	7,29	7,79	8,30	8,82	176°	11h 44m
0 20	5	4,39	4,62	4,85	5,09	5,33	5,57	5,82	6,08	6,34	6,60	175	11 40
0 24	6	3,65	3,84	4,04	4,24	4,44	4,64	4,84	5,06	5,27	5,49	174	11 36
0 28	7	3,13	3,29	3,46	3,63	3,80	3,97	4,15	4,33	4,51	4,70	173	11 32
0 32	8	2,73	2,87	3,02	3,17	3,32	3,47	3,63	3,78	3,94	4,11	172	11 28
0 36	9	2,43	2,55	2,68	2,81	2,94	3,08	3,22	3,36	3,50	3,65	171	11 24
0 40	10	2,18	2,29	2,41	2,52	2,64	2,77	2,89	3,02	3,14	3,27	170	11 20
0 44	11	1,97	2,08	2,18	2,28	2,40	2,51	2,62	2,73	2,84	2,96	169	11 16
0 48	12	1,81	1,90	2,00	2,09	2,19	2,29	2,39	2,50	2,61	2,71	168	11 12
0 52	13	1,66	1,75	1,84	1,93	2,02	2,11	2,21	2,30	2,40	2,50	167	11 08
0 56	14	1,54	1,62	1,70	1,79	1,87	1,96	2,04	2,13	2,22	2,32	166	11 04
1 00	15	1,43	1,51	1,58	1,66	1,74	1,82	1,90	1,98	2,07	2,15	165	11 00
1 04	16	1,34	1,41	1,48	1,55	1,63	1,70	1,78	1,85	1,93	2,01	164	10 56
1 08	17	1,26	1,32	1,39	1,46	1,53	1,60	1,67	1,74	1,81	1,89	163	10 52
1 12	18	1,18	1,24	1,31	1,37	1,44	1,50	1,57	1,64	1,71	1,78	162	10 48
1 16	19	1,11	1,17	1,23	1,29	1,35	1,42	1,48	1,54	1,61	1,68	161	10 44
1 20	20	1,05	1,11	1,17	1,23	1,28	1,34	1,41	1,46	1,52	1,59	160	10 40
1 24	21	1,00	1,05	1,11	1,16	1,21	1,27	1,33	1,39	1,44	1,50	159	10 36
1 28	22	0,95	1,00	1,05	1,10	1,15	1,21	1,26	1,32	1,37	1,43	158	10 32
1 32	23	0,90	0,95	1,00	1,05	1,10	1,15	1,20	1,25	1,31	1,36	157	10 28
1 36	24	0,86	0,91	0,95	1,00	1,05	1,10	1,14	1,19	1,24	1,30	156	10 24
1 40	25	0,82	0,87	0,91	0,95	1,00	1,05	1,09	1,14	1,19	1,24	155	10 20
1 44	26	0,79	0,83	0,87	0,91	0,96	1,00	1,04	1,09	1,14	1,18	154	10 16
1 48	27	0,75	0,79	0,83	0,87	0,92	0,96	1,00	1,04	1,09	1,14	153	10 12
1 52	28	0,72	0,76	0,80	0,84	0,88	0,92	0,96	1,00	1,04	1,09	152	10 08
1 56	29	0,69	0,73	0,77	0,80	0,84	0,88	0,92	0,96	1,00	1,04	151	10 04
2 00	30	0,66	0,70	0,74	0,77	0,81	0,84	0,88	0,92	0,96	1,00	150	10 00
2 08	32	0,61	0,65	0,68	0,71	0,75	0,78	0,82	0,85	0,89	0,92	148	9 52
2 16	34	0,57	0,60	0,63	0,66	0,69	0,72	0,76	0,79	0,82	0,86	146	9 44
2 24	36	0,53	0,56	0,58	0,61	0,64	0,67	0,70	0,73	0,76	0,79	144	9 36
2 32	38	0,49	0,52	0,54	0,57	0,60	0,62	0,65	0,68	0,71	0,74	142	9 28
2 40	40	0,46	0,48	0,51	0,53	0,56	0,58	0,61	0,63	0,66	0,69	140	9 20
2 48	42	0,43	0,45	0,47	0,49	0,52	0,54	0,57	0,59	0,62	0,64	138	9 12
2 56	44	0,40	0,42	0,44	0,46	0,48	0,50	0,53	0,55	0,57	0,60	136	9 04
3 04	46	0,37	0,39	0,41	0,43	0,45	0,47	0,49	0,51	0,54	0,56	134	8 56
3 12	48	0,35	0,36	0,38	0,40	0,42	0,44	0,46	0,48	0,50	0,52	132	8 48
3 24	51	0,31	0,33	0,34	0,36	0,37	0,39	0,41	0,43	0,45	0,47	129	8 36
3 36	54	0,28	0,29	0,31	0,32	0,34	0,35	0,37	0,39	0,40	0,42	126	8 24
3 48	57	0,25	0,26	0,28	0,29	0,30	0,32	0,33	0,35	0,36	0,37	123	8 12
4 00	60	0,22	0,23	0,25	0,26	0,27	0,28	0,29	0,31	0,32	0,33	120	8 00
4 12	63	0,20	0,21	0,22	0,23	0,24	0,25	0,26	0,27	0,28	0,29	117	7 48
4 28	67	0,16	0,17	0,18	0,19	0,20	0,21	0,22	0,23	0,24	0,25	113	7 32
4 44	71	0,13	0,14	0,15	0,15	0,16	0,17	0,18	0,18	0,19	0,20	109	7 16
5 20	80	0,07	0,07	0,07	0,08	0,08	0,09	0,09	0,09	0,10	0,10	100	6 40
6 00	90	0,00	0,00	0,00	0,00	0,00	0,00	0,00	0,00	0,00	0,00	90	6 00

DETERMINACION DEL AZIMUT DE UN ASTRO.

Tabla III. Para hallar el valor del segundo término B.

HORARIO ó ángulo conocido.		LATITUD ó complemento del lado adyacente al ángulo que se busca. 31°	32°	33°	34°	35°	36°	37°	38°	39°	40°	HORARIO ó ángulo conocido.	
		′	′	′	′	′	′	′	′	′	′		
0ʰ 16ᵐ	4°	8,59	8,94	9,29	9,65	10,02	10,40	10,78	11,08	11,58	11,99	176°	11ʰ 44ᵐ
0 20	5	6,87	7,14	7,42	7,71	8,00	8,30	8,61	8,93	9,26	9,56	175	11 40
0 24	6	5,72	5,95	6,18	6,42	6,66	6,91	7,17	7,43	7,70	7,98	174	11 36
0 28	7	4,89	5,09	5,29	5,49	5,70	5,92	6,14	6,36	6,59	6,83	173	11 32
0 32	8	4,28	4.45	4,62	4.80	4.98	5.17	5.36	5.56	5.76	5.97	172	11 28
0 36	9	3,79	3,94	4,10	4,26	4,42	4,59	4,76	4,93	5,11	5,30	171	11 24
0 40	10	3,41	3,54	3,68	3,83	3,97	4,12	4,27	4,43	4,59	4,76	170	11 20
0 44	11	3,09	3,21	3,34	3,47	3,60	3,74	3,88	4,02	4,17	4,32	169	11 16
0 48	12	2,83	2,94	3,06	3,17	3,29	3,42	3,55	3,68	3,81	3,95	168	11 12
0 52	13	2,60	2,71	2.81	2,92	2,03	3,15	3,26	3.38	3,51	3,63	167	11 08
0 56	14	2,41	2,51	2,61	2,71	2,81	2,91	3,02	3,13	3,25	3,37	166	11 04
1 00	15	2,24	2,33	2,42	2,52	2,61	2,71	2,81	2,92	3,02	3,13	165	11 00
1 04	16	2,10	2,18	2,26	2,35	2,44	2,53	2,63	2,72	2,82	2,93	164	10 56
1 08	17	1,97	2,04	2,12	2,21	2,29	2,38	2,47	2,56	2,65	2,74	163	10 52
1 12	18	1,85	1.92	2.00	2.08	2,16	2.24	2.32	2.40	2.49	2.58	162	10 48
1 16	19	1,74	1,81	1,89	1,96	2,03	2,11	2,19	2,27	2,35	2,44	161	10 44
1 20	20	1,65	1,72	1,78	1,85	1,92	2,00	2,07	2,14	2,23	2,31	160	10 40
1 24	21	1,57	1,63	1,69	1,76	1,82	1,89	1,96	2,04	2,11	2,19	159	10 36
1 28	22	1,49	1,55	1,61	1,67	1,73	1,80	1,87	1,93	2,00	2,08	158	10 32
1 32	23	1.42	1.47	1.53	1.59	1.65	1,71	1.78	1.84	1,91	1,98	157	10 28
1 36	24	1,35	1,40	1,46	1,51	1,57	1,63	1,69	1,75	1,82	1,88	156	10 24
1 40	25	1,29	1,34	1,39	1,45	1,50	1,56	1,62	1,68	1,74	1,80	155	10 20
1 44	26	1,23	1,28	1,33	1,38	1,44	1,49	1,54	1,60	1,66	1,72	154	10 16
1 48	27	1,18	1,23	1,27	1,32	1,37	1,43	1,48	1,53	1,59	1,65	153	10 12
1 52	28	1,13	1,18	1.22	1.27	1.32	1.37	1.42	1.47	1.52	1.58	152	10 08
1 56	29	1,08	1,13	1,17	1,22	1,26	1,31	1,36	1,41	1,46	1,51	151	10 04
2 00	30	1,04	1,08	1,12	1,17	1,21	1,26	1,31	1,35	1,40	1,45	150	10 00
2 08	32	0,96	1,00	1,04	1,08	1,12	1,16	1,21	1,25	1,30	1,35	148	9 52
2 16	34	0,89	0,93	0,96	1,00	1,04	1,08	1,12	1,16	1,20	1,24	146	9 44
2 24	36	0,83	0.86	0,89	0.93	0.96	1.00	1.04	1.08	1.11	1.15	144	9 36
2 32	38	0,77	0,80	0,83	0,86	0,90	0,93	0,96	1,00	1,04	1,07	142	9 28
2 40	40	0,72	0,74	0,77	0,80	0,83	0,87	0,90	0,93	0,97	1,00	140	9 20
2 48	42	0,67	0,69	0,72	0,75	0,78	0,81	0,84	0,87	0,90	0,93	138	9 12
2 56	44	0,62	0,65	0,67	0,70	0,73	0,75	0,78	0,81	0,84	0,87	136	9 04
3 04	46	0.58	0.60	0.63	0.65	0.68	0.70	0.73	0.75	0.78	0.81	134	8 56
3 12	48	0,54	0,56	0,58	0,61	0,63	0,65	0,68	0,70	0,73	0,76	132	8 48
3 24	51	0,49	0,51	0,53	0,55	0,57	0,59	0,61	0,63	0,65	0,68	129	8 36
3 36	54	0,44	0,45	0,47	0,49	0,51	0,53	0,55	0,57	0,59	0,61	126	8 24
3 48	57	0,39	0,41	0,42	0,44	0,45	0,47	0,49	0,51	0,53	0,54	123	8 12
4 00	60	0,35	0.36	0.37	0.39	0.40	0.42	0.44	0.45	0.47	0.48	120	8 00
4 12	63	0,31	0,32	0,33	0,34	0,36	0,37	0,38	0,40	0,41	0,43	117	7 48
4 28	67	0,26	0,27	0,28	0,29	0,30	0,31	0,32	0,33	0,34	0,36	113	7 32
4 44	71	0,20	0,22	0,22	0,23	0,24	0,25	0,26	0,27	0,28	0,29	109	7 16
5 20	80	0,11	0,11	0,11	0,12	0,12	0,06	0,07	0,07	0,07	0,07	100	6 40
6 00	90	0,00	0,00	0,00	0,00	0,00	0,00	0,00	0.00	0,00	0,00	90	6 00

PROBLEMA DEL AZIMUT.

Horario < 6h } occidental { —B } oriental { +B.
„ > 6h } { +B } { —B.

En los demás problemas: { ángulo de 0° á 90° ó azimut de especie del polo elevado — B
{ „ de 90° á 180° „ „ „ depreso + B

HORARIO ó ángulo conocido.		LATITUD ó complemento del lado adyacente al ángulo que se busca. 41°	42°	43°	44°	45°	46°	47°	48°	49°	50°	HORARIO ó ángulo conocido.	
		′	′	′	′	′	′	′	′	′	′		
0h 16m	4°	12,43	12,88	13,34	13,82	14,30	14,83	15,37	15,91	16,45	17,00	176°	11h 44m
0 20	5	9,94	10,29	10,65	11,04	11,43	11,83	12,25	12,70	13,15	17,62	175	11 40
0 24	6	8,27	8,57	8,88	9,19	9,51	9,85	10,20	10,57	10,94	11,31	174	11 36
0 28	7	7,08	7,33	7,59	7,86	8,14	8,43	8,73	9,05	9,37	9,71	173	11 32
0 32	8	6,19	6,41	6,64	6,87	7,12	7,37	7,63	7,90	8,19	8,48	172	11 28
0 36	9	5,49	5,69	5,89	6,10	6,31	6,54	6,77	7,01	7,26	7,52	171	11 24
0 40	10	4,93	5,11	5,29	5,48	5,67	5,87	6,08	6,30	6,52	6,76	170	11 20
0 44	11	4,47	4,63	4,80	4,97	5,15	5,33	5,52	5,72	5,92	6,13	169	11 16
0 48	12	4,09	4,24	4,39	4,54	4,70	4,87	5,05	5,23	5,41	5,61	168	11 12
0 52	13	3,77	3,90	4,04	4,18	4,33	4,49	4,65	4,81	4,98	5,16	167	11 08
0 56	14	3,49	3,61	3,74	3,87	4,01	4,15	4,30	4,45	4,61	4,78	166	11 04
1 00	15	3,24	3,36	3,48	3,60	3,73	3,86	4,00	4,14	4,29	4,45	165	11 00
1 04	16	3,03	3,14	3,25	3,37	3,49	3,51	3,74	3,87	4,01	4,16	164	10 56
1 08	17	2,84	2,95	3,05	3,16	3,27	3,39	3,51	3,63	3,76	3,90	163	10 52
1 12	18	2,68	2,77	2,87	2,97	3,08	3,19	3,30	3,42	3,54	3,67	162	10 48
1 16	19	2,52	2,61	2,71	2,80	2,90	3,01	3,11	3,23	3,34	3,46	161	10 44
1 20	20	2,39	2,47	2,56	2,65	2,75	2,85	2,95	3,05	3,16	3,27	160	10 40
1 24	21	2,26	2,35	2,43	2,52	2,61	2,70	2,79	2,89	3,00	3,11	159	10 36
1 28	22	2,15	2,23	2,31	2,39	2,48	2,56	2,65	2,75	2,85	2,95	158	10 32
1 32	23	2,05	2,12	2,20	2,28	2,36	2,44	2,53	2,62	2,71	2,81	157	10 28
1 36	24	1,95	2,02	2,09	2,17	2,25	2,33	2,41	2,49	2,58	2,68	156	10 24
1 40	25	1,86	1,93	2,00	2,07	2,14	2,22	2,30	2,38	2,47	2,56	155	10 20
1 44	26	1,78	1,85	1,91	1,98	2,05	2,12	2,20	2,28	2,36	2,44	154	10 16
1 48	27	1,71	1,77	1,83	1,90	1,96	2,03	2,10	2,18	2,26	2,34	153	10 12
1 52	28	1,63	1,69	1,75	1,82	1,88	1,95	2,02	2,09	2,16	2,24	152	10 08
1 56	29	1,57	1,62	1,68	1,74	1,80	1,87	1,93	2,00	2,08	2,15	151	10 04
2 00	30	1,51	1,56	1,62	1,67	1,73	1,79	1,86	1,92	1,99	2,06	150	10 00
2 08	32	1,39	1,44	1,49	1,55	1,60	1,66	1,72	1,78	1,84	1,91	148	9 52
2 16	34	1,29	1,33	1,38	1,43	1,48	1,54	1,59	1,65	1,71	1,77	146	9 44
2 24	36	1,20	1,24	1,28	1,33	1,38	1,43	1,48	1,53	1,58	1,64	144	9 36
2 32	38	1,11	1,15	1,19	1,24	1,28	1,33	1,37	1,42	1,47	1,53	142	9 28
2 40	40	1,04	1,07	1,11	1,15	1,19	1,23	1,28	1,32	1,37	1,42	140	9 20
2 48	42	0,97	1,00	1,04	1,07	1,11	1,15	1,19	1,23	1,28	1,32	138	9 12
2 56	44	0,90	0,93	0,97	1,00	1,04	1,07	1,11	1,15	1,19	1,23	136	9 04
3 04	46	0,84	0,87	0,90	0,93	0,97	1,00	1,04	1,07	1,11	1,15	134	8 56
3 12	48	0,78	0,81	0,84	0,87	0,90	0,93	0,97	1,00	1,04	1,07	132	8 48
3 24	51	0,70	0,73	0,75	0,78	0,82	0,85	0,87	0,90	0,93	0,96	129	8 36
3 36	54	0,63	0,65	0,68	0,70	0,73	0,75	0,78	0,81	0,84	0,87	126	8 24
3 48	57	0,56	0,58	0,61	0,63	0,65	0,67	0,70	0,72	0,75	0,77	123	8 12
4 00	60	0,50	0,52	0,54	0,56	0,58	0,60	0,62	0,64	0,66	0,68	120	8 00
4 12	63	0,44	0,46	0,48	0,49	0,51	0,53	0,55	0,57	0,59	0,61	117	7 48
4 28	67	0,37	0,38	0,40	0,41	0,42	0,44	0,46	0,47	0,49	0,51	113	7 32
4 44	71	0,30	0,31	0,32	0,33	0,34	0,36	0,37	0,38	0,40	0,41	109	7 16
5 20	80	0,15	0,16	0,16	0,17	0,18	0,18	0,19	0,20	0,20	0,21	100	6 40
6 00	90	0,00	0,00	0,00	0,00	0,00	0,00	0,00	0,00	0,00	0,00	90	6 00

DETERMINACION DEL AZIMUT DE UN ASTRO.

Tabla III. Para hallar el valor del segundo término **B**.

HORARIO ó ángulo conocido.		LATITUD ó complemento del lado adyacente al ángulo que se busca.										HORARIO ó ángulo conocido.	
		51°	52°	53°	54°	55°	56°	57°	58°	59°	60°		
		′	′	′	′	′	′	′	′	′	′		
0h 16m	4°	17,66	18,07	18,98	19,70	20,42	21,22	22,02	22,91	23,80	24,79	176°	11h 44m
0 20	5	14,11	14,63	15,17	15,75	16,32	16,94	17,60	18,29	19,02	19,80	175	11 40
0 24	6	11,75	12,19	12,63	13,11	13,59	14,12	14,65	15,24	15,84	16,44	174	11 36
0 28	7	10,06	10,44	10,81	11,23	11,63	12,08	12,54	13,04	13,55	14,06	173	11 32
0 32	8	8,79	9,11	9,44	9,79	10,16	10,56	10,96	11,40	11,84	12,30	172	11 28
0 36	9	7,80	8,08	8,38	8,69	9,02	9,36	9,72	10,12	10,51	10,92	171	11 24
0 40	10	7,00	7,26	7,53	7,81	8,10	8,41	8,73	9,08	9,44	9,82	170	11 20
0 44	11	6,35	6,59	6,83	7,08	7,35	7,63	7,92	8,23	8,56	8,91	169	11 16
0 48	12	5,81	6,02	6,24	6,48	6,72	6,97	7,24	7,53	7,83	8,15	168	11 12
0 52	13	5,35	5,55	5,75	5,95	6,19	6,42	6,67	6,93	7,21	7,50	167	11 08
0 56	14	4,95	5,13	5,32	5,52	5,73	5,95	6,18	6,42	6,68	6,95	166	11 04
1 00	15	4,61	4,78	4,95	5,14	5,33	5,53	5,75	5,97	6,21	6,46	165	11 00
1 04	16	4,31	4,46	4,63	4,80	4,98	5,17	5,37	5,58	5,80	6,04	164	10 56
1 08	17	4,04	4,19	4,34	4,50	4,67	4,85	5,04	5,23	5,44	5,67	163	10 52
1 12	18	3,80	3,94	4,08	4,24	4,40	4,56	4,74	4,93	5,12	5,33	162	10 48
1 16	19	3,59	3,72	3,85	4,00	4,15	4,31	4,47	4,65	4,83	5,03	161	10 44
1 20	20	3,39	3,52	3,65	3,78	3,92	4,07	4,23	4,40	4,57	4,76	160	10 40
1 24	21	3,22	3,33	3,46	3,59	3,72	3,86	4,01	4,17	4,34	4,51	159	10 36
1 28	22	3,06	3,17	3,28	3,41	3,53	3,67	3,81	3,96	4,12	4,29	158	10 32
1 32	23	2,91	3,02	3,13	3,24	3,36	3,49	3,63	3,77	3,92	4,08	157	10 28
1 36	24	2,77	2,87	2,98	3,09	3,21	3,33	3,46	3,60	3,74	3,89	156	10 24
1 40	25	2,65	2,74	2,85	2,95	3,06	3,18	3,30	3,43	3,57	3,71	155	10 20
1 44	26	2,53	2,62	2,72	2,82	2,93	3,04	3,16	3,28	3,41	3,55	154	10 16
1 48	27	2,42	2,51	2,60	2,70	2,80	2,91	3,02	3,14	3,27	3,40	153	10 12
1 52	28	2,32	2,41	2,50	2,59	2,69	2,79	2,90	3,01	3,13	3,26	152	10 08
1 56	29	2,23	2,31	2,39	2,48	2,58	2,67	2,78	2,89	3,00	3,12	151	10 04
2 00	30	2,14	2,22	2,30	2,38	2,47	2,57	2,67	2,77	2,88	3,00	150	10 00
2 08	32	1,98	2,05	2,12	2,20	2,29	2,37	2,46	2,56	2,66	2,77	148	9 52
2 16	34	1,83	1,90	1,97	2,04	2,12	2,20	2,28	2,37	2,47	2,57	146	9 44
2 24	36	1,70	1,76	1,83	1,89	1,97	2,04	2,12	2,20	2,29	2,38	144	9 36
2 32	38	1,58	1,64	1,70	1,76	1,83	1,90	1,97	2,05	2,13	2,22	142	9 28
2 40	40	1,47	1,53	1,58	1,64	1,70	1,77	1,84	1,91	1,98	2,06	140	9 20
2 48	42	1,37	1,42	1,47	1,53	1,59	1,65	1,71	1,78	1,85	1,92	138	9 12
2 56	44	1,28	1,33	1,37	1,43	1,48	1,54	1,59	1,66	1,72	1,79	136	9 04
3 04	46	1,19	1,24	1,28	1,33	1,38	1,43	1,49	1,55	1,61	1,67	134	8 56
3 12	48	1,11	1,15	1,19	1,24	1,29	1,33	1,39	1,44	1,50	1,56	132	8 48
3 24	51	1,00	1,03	1,07	1,11	1,16	1,20	1,24	1,30	1,35	1,40	129	8 36
3 36	54	0,90	0,93	0,96	1,00	1,04	1,08	1,12	1,16	1,21	1,26	126	8 24
3 48	57	0,80	0,83	0,86	0,89	0,92	0,96	1,00	1,04	1,08	1,12	123	8 12
4 00	60	0,71	0,74	0,77	0,79	0,82	0,86	0,89	0,92	0,96	1,00	120	8 00
4 12	63	0,63	0,65	0,68	0,70	0,73	0,76	0,79	0,82	0,85	0,88	117	7 48
4 28	67	0,52	0,54	0,56	0,58	0,61	0,63	0,65	0,68	0,71	0,74	113	7 32
4 44	71	0,43	0,44	0,46	0,47	0,49	0,51	0,53	0,55	0,57	0,60	109	7 16
5 20	80	0,22	0,23	0,24	0,25	0,25	0,26	0,27	0,28	0,29	0,31	100	6 40
6 00	90	0,00	0,00	0,00	0,00	0,00	0,00	0,00	0,00	0,00	0,00	90	6 00

PROBLEMA DEL AZIMUT.

Horario < 6^h } occidental { —B } oriental { +B.
" > 6^h } { +B } { —B.

En los demás problemas: { ángulo de 0° á 90° ó azimut de especie del polo elevado — B
" de 90° á 180° " " " depreso + B

HORARIO ó ángulo conocido.		LATITUD ó complemento del lado adyacente al ángulo que se busca.										HORARIO ó ángulo conocido.	
		61°	**62°**	**63°**	**64°**	**65°**	**66°**	**67°**	**68°**	**69°**	**70°**		
		′	′	′	′	′	′	′	′	′	′		
0^h 16^m	**4°**	25,80	26,93	28,06	29,36	30,67	32,19	33,69	35,47	37,25	39,03	**176°**	11^h 44^m
0 20	**5**	20,62	21,49	22,43	23,43	24,51	25,67	26,32	28,05	29,78	31,58	**175**	11 40
0 24	**6**	17,17	17,92	18,67	19,49	20,40	21,00	22,41	23,60	24,79	25,99	**174**	11 36
0 28	**7**	14,69	15,33	15,98	16,62	17,46	18,32	19,19	20,15	21,12	22,11	**173**	11 32
0 32	**8**	12,84	13,40	13,97	14,62	15,26	16,01	16,76	17,65	18,54	19,44	**172**	11 28
0 36	**9**	11,39	11,89	12,39	12,96	13,54	14,20	14,87	15,67	16,45	17,30	**171**	11 24
0 40	**10**	10,23	10,66	11,13	11,63	12,16	12,71	13,36	14,07	14,77	15,52	**170**	11 20
0 44	**11**	9,28	9,68	10,10	10,56	11,03	11,57	12,12	13,29	13,40	14,00	**169**	11 16
0 48	**12**	8,49	8,85	9,23	9,65	10,09	10,59	11,08	11,64	12,20	12,80	**168**	11 12
0 52	**13**	7,81	8,15	8,50	8,88	9,29	9,73	10,20	10,74	11,28	11,88	**167**	11 08
0 56	**14**	7,24	7,54	7,87	8,22	8,60	9,01	9,45	9,93	10,47	10,82	**166**	11 04
1 00	**15**	6,73	7,02	7,32	7,65	8,00	8,38	8,79	9,24	9,72	10,20	**165**	11 00
1 04	**16**	6,29	6,56	6,84	7,15	7,48	7,83	8,22	8,63	9,08	9,58	**164**	10 56
1 08	**17**	5,90	6,15	6,42	6,71	7,02	7,35	7,71	8,10	8,52	8,99	**163**	10 52
1 12	**18**	5,55	5,79	6,04	6,31	6,60	6,91	7,25	7,62	8,02	8,46	**162**	10 48
1 16	**19**	5,24	5,46	5,70	5,96	6,23	6,52	6,84	7,19	7,57	7,98	**161**	10 44
1 20	**20**	4,96	5,17	5,39	5,63	5,89	6,17	6,47	6,80	7,16	7,55	**160**	10 40
1 24	**21**	4,70	4,90	5,11	5,34	5,59	5,85	6,14	6,45	6,79	7,16	**159**	10 36
1 28	**22**	4,47	4,66	4,86	5,07	5,31	5,56	5,83	6,13	6,45	6,80	**158**	10 32
1 32	**23**	4,25	4,43	4,62	4,83	5,05	5,29	5,55	5,83	6,14	6,47	**157**	10 28
1 36	**24**	4,05	4,22	4,41	4,61	4,82	5,05	5,29	5,56	5,85	6,17	**156**	10 24
1 40	**25**	3,87	4,03	4,21	4,40	4,60	4,82	5,05	5,31	5,59	5,89	**155**	10 20
1 44	**26**	3,70	3,86	4,02	4,20	4,40	4,61	4,83	5,07	5,34	5,63	**154**	10 16
1 48	**27**	3,54	3,69	3,85	4,02	4,21	4,41	4,62	4,86	5,11	5,39	**153**	10 12
1 52	**28**	3,39	3,54	3,69	3,86	4,03	4,22	4,43	4,66	4,90	5,17	**152**	10 08
1 56	**29**	3,25	3,39	3,54	3,70	3,87	4,05	4,25	4,47	4,70	4,96	**151**	10 04
2 00	**30**	3,12	3,26	3,40	3,55	3,71	3,89	4,08	4,29	4,51	4,76	**150**	10 00
2 08	**32**	2,89	3,01	3,14	3,28	3,43	3,60	3,77	3,96	4,17	4,40	**148**	9 52
2 16	**34**	2,67	2,79	2,91	3,04	3,18	3,33	3,49	3,67	3,86	4,07	**146**	9 44
2 24	**36**	2,48	2,59	2,70	2,82	2,95	3,09	3,24	3,41	3,59	3,78	**144**	9 36
2 32	**38**	2,31	2,41	2,51	2,62	2,74	2,87	3,02	3,17	3,33	3,52	**142**	9 28
2 40	**40**	2,15	2,24	2,34	2,44	2,56	2,68	2,81	2,95	3,10	3,27	**140**	9 20
2 48	**42**	2,00	2,09	2,18	2,28	2,38	2,48	2,62	2,75	2,89	3,05	**138**	9 12
2 56	**44**	1,87	1,95	2,03	2,12	2,22	2,33	2,44	2,56	2,70	2,85	**136**	9 04
3 04	**46**	1,74	1,82	1,90	1,98	2,07	2,17	2,28	2,39	2,52	2,62	**134**	8 56
3 12	**48**	1,62	1,69	1,77	1,85	1,93	2,02	2,12	2,23	2,35	2,47	**132**	8 48
3 24	**51**	1,45	1,52	1,59	1,66	1,76	1,82	1,91	2,01	2,11	2,23	**129**	8 36
3 36	**54**	1,31	1,37	1,43	1,49	1,56	1,63	1,71	1,81	1,89	2,00	**126**	8 24
3 48	**57**	1,17	1,22	1,27	1,33	1,39	1,46	1,53	1,61	1,69	1,78	**123**	8 12
4 00	**60**	1,04	1,09	1,13	1,18	1,24	1,30	1,36	1,43	1,50	1,59	**120**	8 00
4 12	**63**	0,92	0,96	1,00	1,04	1,09	1,14	1,20	1,26	1,33	1,40	**117**	7 48
4 28	**67**	0,77	0,80	0,83	0,87	0,91	0,95	1,00	1,05	1,11	1,17	**113**	7 32
4 44	**71**	0,62	0,65	0,68	0,71	0,74	0,77	0,81	0,85	0,90	0,95	**109**	7 16
5 20	**80**	0,32	0,33	0,35	0,36	0,38	0,40	0,42	0,44	0,46	0,48	**100**	6 40
6 00	**90**	0,00	0,00	0,00	0,00	0,00	0,00	0,00	0,00	0,00	0,00	**90**	6 00

PARA DETERMINAR EL AZIMUT DE UN ASTRO.

Tabla IV.

A+B Coeficiente. C.	LATITUD del observador ó lado adyacente al ángulo que se busca. 0°	10°	15°	20°	25°	30°	34°	38°	42°	45°
0,00	90°00′	90°00′	90°00′	90°00′	90°00′	90°00′	90°00′	90°00′	90°00′	90°00′
0,01	89 24	89 30	89 30	89 30	89 30	89 30	89 30	89 30	89 36	89 36
0,03	88 18	88 18	88 18	88 24	88 24	88 30	88 36	88 36	88 42	88 48
0,05	87 06	87 12	87 12	87 18	87 24	87 30	87 36	87 42	87 54	88 00
0,07	86 00	86 06	86 06	86 12	86 24	86 30	86 42	86 48	87 00	87 12
0,09	84 48	84 54	85 00	85 12	85 18	85 30	85 42	85 54	86 12	86 24
0,10	84 18	84 24	84 30	84 36	84 48	85 00	85 18	85 30	85 48	86 00
0,12	83 12	83 18	83 24	83 36	83 48	84 06	84 18	84 36	84 54	85 06
0,14	82 00	82 06	82 18	82 30	82 48	83 06	83 24	83 42	84 00	84 18
0,16	80 54	81 00	81 12	81 24	81 42	82 06	82 24	82 48	83 12	83 30
0,18	79 48	80 00	80 06	80 24	80 42	81 06	81 30	81 54	82 24	82 42
0,20	78 42	78 54	79 06	79 24	79 42	80 12	80 36	81 00	81 30	81 54
0,22	77 36	77 48	78 00	78 18	78 42	79 12	79 42	80 12	80 42	81 12
0,24	76 30	76 42	76 54	77 18	77 42	78 18	78 42	79 18	79 54	80 24
0,26	75 24	75 36	75 54	76 18	76 42	77 18	77 48	78 24	79 00	79 30
0,28	74 24	74 36	74 54	75 18	75 48	76 24	76 54	77 36	78 12	78 48
0,30	73 18	73 30	73 48	74 18	74 48	75 24	76 00	76 42	77 24	78 00
0,32	72 18	72 30	72 48	73 18	73 48	74 30	75 06	75 48	76 36	77 12
0,34	71 12	71 30	71 48	72 18	72 54	73 36	74 18	75 00	75 48	76 24
0,36	70 12	70 30	70 48	71 18	71 54	72 42	73 24	74 12	75 00	75 42
0,38	69 12	69 30	69 48	70 18	71 00	71 48	72 30	73 18	74 12	75 00
0,40	68 12	68 30	68 54	69 24	70 06	70 54	71 42	72 30	73 24	72 12
0,42	67 12	67 30	67 54	68 30	69 12	70 00	70 48	71 42	72 42	73 30
0,44	66 18	66 36	67 00	67 30	68 18	69 06	70 00	70 54	71 54	72 42
0,46	65 18	65 36	66 00	66 36	67 24	68 12	69 06	70 06	71 06	72 00
0,48	64 24	64 42	65 06	65 42	66 30	67 24	68 18	69 18	70 24	71 18
0,50	63 24	63 48	64 12	64 48	65 36	66 36	67 30	68 30	69 36	70 30
0,53	62 12	62 24	62 54	63 30	64 18	65 18	66 18	67 18	68 30	69 30
0,56	60 48	61 06	61 36	62 12	63 06	64 06	65 06	66 12	67 24	68 24
0,59	59 30	59 48	60 18	61 00	61 54	62 54	63 54	65 06	66 18	67 24
0,62	58 12	58 36	59 06	59 48	60 42	61 48	62 48	64 00	65 18	66 18
0,65	57 00	57 24	57 54	58 36	59 30	60 36	61 42	62 54	64 12	65 18
0,68	55 48	56 12	56 42	57 24	58 18	59 30	60 36	61 48	63 12	64 18
0,71	54 36	55 00	55 36	56·18	57 12	58 24	59 30	60 48	62 12	63 18
0,74	53 30	53 54	54 24	55 12	56 12	57 18	58 30	59 48	61 12	62 24
0,77	52 24	52 48	53 24	54 06	55 06	56 18	57 24	58 48	60 12	61 24
0,80	51 18	51 48	52 18	53 06	54 06	55 18	56 24	57 48	59 18	60 30
0,84	50 00	50 24	50 54	51 42	52 42	54 00	55 06	56 30	58 00	59 18
0,88	48 42	49 06	49 54	50 24	51 24	52 42	53 54	55 18	56 48	58 06
0,92	47 24	47 48	48 24	49 12	50 12	51 30	52 42	54 06	55 36	57 00
0,96	46 12	46 36	47 12	48 00	49 00	50 18	51 30	52 54	54 30	55 48
1,00	45 00	45 24	46 00	46 48	47 48	49 06	50 18	51 48	53 24	54 42
1,05	43 18	44 00	44 36	45 24	46 24	47 48	49 00	50 24	52 00	53 24
1,10	42 18	42 42	43 18	44 06	45 06	46 30	47 36	49 06	50 42	52 12
1,15	41 00	41 24	42 00	42 48	43 48	45 12	46 24	47 48	49 30	50 54

PROBLEMA DEL AZIMUT.

Estando el astro al O y { C positivo / C negativo } se cuenta el azimut del polo { elevado / depreso } y lo contrario estando al E.

El rumbo por círculo máximo se contará del polo de salida si C es +; y del opuesto si C es —
En los demás problemas la tabla dá el valor del ángulo si C es positivo ó su suplemento si C es negativo.

A+B Coeficiente C.	LATITUD del observador ó complemento del lado adyacente al ángulo que se busca.									
	48°	51°	54°	57°	60°	62°	64°	66°	68°	70°
0,00	90°00′	90°00′	90°00′	90°00	90°00′	90°00′	90°00′	90°00′	90°00′	90°00′
0,01	89 36	89 36	89 42	89 42	89 42	89 42	89 42	89 48	89 48	89 48
0,03	88 48	88 54	89 00	89 06	89 06	89 12	89 12	89 18	89 24	89 24
0,05	88 06	88 12	88 18	88 24	88 36	88 42	88 42	88 48	88 54	89 00
0,07	87 18	87 30	87 36	87 48	88 00	88 06	88 12	88 24	88 30	88 36
0,09	86 36	86 48	87 00	87 12	87 24	87 36	87 42	87 54	88 06	88 12
0,10	86 12	86 24	86 36	86 54	87 06	87 18	87 30	87 42	87 54	88 00
0,12	85 24	85 42	86 00	86 18	86 36	86 48	87 00	87 12	87 24	87 36
0,14	84 36	84 54	85 18	85 30	86 00	86 18	86 30	86 42	87 00	87 18
0,16	83 54	84 12	84 24	85 00	85 24	85 42	86 00	86 18	86 36	86 54
0,18	83 06	83 30	84 00	84 24	84 54	85 12	85 30	85 48	86 06	86 24
0,20	82 24	82 48	83 18	83 48	84 18	84 36	85 00	85 18	85 42	86 06
0,22	81 36	82 00	82 36	83 12	83 42	84 06	84 30	84 54	85 18	85 42
0,24	80 54	81 24	82 00	82 36	83 12	83 18	84 00	84 24	84 54	85 18
0,26	80 06	80 42	81 18	81 54	82 36	83 00	83 30	84 00	84 24	84 54
0,28	79 24	80 00	80 42	81 18	82 00	82 30	83 00	83 30	84 00	84 30
0,30	78 36	79 18	80 00	80 42	81 30	82 00	82 30	83 00	83 36	84 06
0,32	77 54	78 36	79 18	80 06	80 54	81 30	82 00	82 36	83 12	83 48
0,34	77 12	77 54	78 42	79 30	80 24	80 54	81 30	82 06	82 42	83 24
0,36	76 30	77 12	78 06	78 54	79 48	80 24	81 00	81 42	82 18	83 00
0,38	75 42	76 30	77 24	78 18	79 12	79 54	80 30	81 12	81 54	82 36
0,40	75 00	75 54	76 48	77 42	78 42	79 24	80 06	80 48	81 30	82 12
0,42	74 18	75 12	76 06	77 06	78 06	78 48	79 36	80 18	81 06	81 48
0,44	73 18	74 30	75 30	76 30	77 42	78 18	79 06	79 54	80 36	81 24
0,46	72 54	73 54	74 54	75 54	77 00	77 48	78 48	79 24	80 12	81 06
0,48	72 12	73 12	74 12	75 18	76 30	77 18	78 06	79 00	79 48	80 42
0,50	71 30	72 30	73 18	74 48	76 00	76 48	77 42	78 30	79 24	80 18
0,53	70 30	71 36	72 42	73 54	75 12	76 00	76 54	77 48	78 48	79 42
0,56	69 30	70 36	71 48	73 00	74 24	75 18	76 12	77 12	78 12	79 12
0,59	68 30	69 36	70 54	72 12	73 18	74 30	75 30	76 30	77 30	78 36
0,62	67 30	68 42	70 00	71 18	72 48	73 48	74 48	75 48	76 54	78 00
0,65	66 30	67 48	69 06	70 30	72 00	73 00	74 06	75 12	76 18	77 30
0,68	65 30	66 48	68 12	69 42	71 12	72 18	73 24	74 30	75 42	76 54
0,71	64 24	65 54	67 18	68 54	70 30	71 36	72 42	73 54	75 06	76 24
0,74	63 42	65 00	66 30	68 00	69 42	70 48	72 00	73 12	74 30	75 48
0,77	62 42	64 06	65 36	67 12	68 54	70 06	71 18	72 36	73 54	75 12
0,80	61 48	63 18	64 48	63 30	68 12	69 24	70 42	72 00	73 18	74 42
0,84	60 42	62 06	63 42	65 24	67 12	68 30	69 48	71 06	72 30	74 00
0,88	59 30	61 00	62 42	64 24	66 12	67 36	68 54	70 18	71 48	73 18
0,92	58 24	59 54	61 36	63 24	65 18	66 36	68 00	69 30	71 00	72 30
0,96	57 18	58 54	60 36	62 24	64 24	65 42	67 12	68 42	70 12	71 48
1,00	56 12	57 48	59 36	61 24	63 24	64 54	66 24	67 54	69 30	71 06
1,05	54 54	56 30	58 18	60 12	62 18	63 48	65 18	66 54	68 30	70 12
1,10	53 18	55 18	57 06	59 06	61 12	62 42	64 18	65 54	67 36	69 24
1,15	52 24	54 06	55 54	57 54	60 00	61 36	63 18	64 54	66 42	68 00

PARA DETERMINAR EL AZIMUT DE UN ASTRO.

Tabla IV.

A+B Coeficiente C.	LATITUD del observador ó complemento del lado adyacente al ángulo que se busca.									
	0°	10°	15°	20°	25°	30°	34°	38°	42°	45°
1,20	39°48′	40°12′	40°48′	41°36′	42°48′	43°54′	45°12	46°36′	48°18′	49°42′
1,25	38 42	39 06	39 36	40 24	41 24	42 42	44 00	45 24	47 06	48 30
1,30	37 36	38 00	38 30	39 18	40 18	41 36	42 54	44 18	46 00	47 24
1,35	36 30	37 00	37 30	38 06	39 18	40 24	41 48	43 12	44 54	46 18
1,40	35 30	36 00	36 30	37 12	38 12	39 30	40 42	42 12	43 54	45 18
1,45	34 36	35 00	35 30	36 12	37 18	38 24	39 48	41 12	42 54	44 18
1,50	33 42	34 06	34 36	35 24	36 18	37 36	38 48	40 12	41 54	43 18
1,60	32 00	32 24	32 54	33 36	34 36	35 48	37 00	38 24	40 06	41 30
1,70	30 30	30 54	31 24	32 06	33 00	34 12	35 24	36 48	38 24	39 48
1,80	29 06	29 24	29 54	30 36	31 30	32 42	33 48	35 12	36 48	38 12
1,90	27 48	28 12	28 48	29 18	30 06	31 18	32 24	33 42	35 18	36 42
2,00	26 36	26 54	27 24	28 00	28 54	30 00	31 06	32 24	33 54	35 18
2,10	25 30	25 48	26 12	26 54	27 42	28 54	29 54	31 12	32 21	34 00
2,20	24 24	24 48	25 12	25 48	26 48	27 42	28 42	30 00	31 30	32 42
2,30	23 30	23 48	24 12	24 48	25 36	26 48	27 42	28 54	30 24	31 36
2,40	22 36	22 54	23 18	23 54	24 42	25 42	26 42	27 54	29 18	30 30
2,60	21 00	21 18	21 42	22 18	23 00	23 54	24 54	26 00	27 24	28 30
2,80	19 42	19 54	20 18	20 48	21 30	22 24	23 18	24 24	25 42	26 48
3,00	18 24	18 42	19 00	19 30	20 12	21 00	21 54	22 54	24 12	25 12
3,25	17 06	17 18	17 42	18 06	18 42	19 54	20 24	21 18	22 30	23 30
3,50	15 54	16 12	16 30	16 54	17 30	18 18	19 00	19 54	21 00	22 00
3,75	14 54	15 12	15 24	15 48	16 24	17 12	17 48	18 42	19 48	20 42
4,00	14 00	14 12	14 30	14 54	15 24	16 06	16 48	17 30	18 36	19 30
4,25	13 12	13 24	13 42	14 06	14 36	15 12	15 48	16 36	17 30	18 24
4,50	12 30	12 42	13 00	13 18	13 48	14 24	15 00	15 48	16 36	17 24
5,00	11 18	11 30	11 42	12 00	12 24	13 00	13 36	14 12	15 06	15 48
6,00	9 30	9 36	9 48	10 06	10 24	10 54	11 24	11 54	12 36	13 18
7,00	8 06	8 24	8 24	8 42	9 00	9 24	9 48	10 18	10 54	11 24
8,00	7 06	7 12	7 24	7 36	7 54	8 12	8 36	9 00	9 30	10 00
9,00	6 18	6 24	6 36	6 42	7 00	7 18	7 36	8 00	8 30	8 54
10,00	5 42	5 48	5 54	6 06	6 18	6 36	6 54	7 12	7 42	8 00
11,00	5 08	5 12	5 18	5 24	5 36	5 54	5 42	6 30	6 54	7 12
12,00	4 48	4 54	5 00	5 06	5 12	5 30	5 36	6 00	6 24	6 42
13,00	4 24	4 30	4 36	4 42	4 54	5 06	5 18	5 36	5 54	6 12
14,00	4 06	4 12	4 18	4 24	4 30	4 48	5 06	5 12	5 30	5 48
15,00	3 48	3 54	4 00	4 06	4 12	4 24	4 36	4 54	5 06	5 24
17,00	3 24	3 30	3 36	3 42	3 48	3 54	4 12	4 36	4 54	5 12
19,00	3 00	3 06	3 06	3 12	3 18	3 30	3 36	3 48	4 00	4 18
24,00	2 24	2 24	2 24	2 30	2 36	2 48	2 54	3 06	3 12	3 24
29,00	2 00	2 00	2 00	2 06	2 06	2 18	2 24	2 36	2 48	2 54
34,00	1 42	1 42	1 42	1 48	1 48	1 54	2 00	2 06	2 18	2 24
42,00	1 30	1 30	1 30	1 36	1 36	1 36	1 42	1 48	1 54	2 00
50,00	1 12	1 12	1 12	1 12	1 18	1 18	1 18	1 24	1 30	1 36
86,00	0 42	0 42	0 42	0 42	0 42	0 48	0 48	0 54	0 54	0 54
∞	0 00	0 00	0 00	0 00	0 00	0 00	0 00	0 00	0 00	0 00

PROBLEMA DEL AZIMUT.

Estando el astro al O y { C positivo / C negativo } se cuenta el azimut del polo { elevado / depreso } y lo contrario estando al E.

El rumbo por círculo máximo se contará del polo de salida si C es +; y del opuesto si C es —
En los demás problemas la tabla dá el valor del ángulo si C es positivo ó su suplemento si C es negativo.

A+B Coefi-ciente C.	LATITUD del observador ó complemento del lado adyacente al ángulo que se busca.									
	48°	51°	54°	57°	60°	62°	64°	66°	68°	70°
1,20	51°12′	52°54′	54°48′	56°48′	59°00′	60°36′	62°18′	64°00′	65°48′	67°42′
1,25	50 06	51 48	53 42	55 48	58 00	59 36	61 18	63 06	64 54	66 54
1,30	49 00	50 42	52 36	54 42	57 00	58 36	60 18	62 06	64 00	66 00
1,35	47 54	49 36	51 36	53 42	56 00	57 36	59 24	61 12	63 12	65 12
1,40	46 54	48 36	50 36	52 42	55 00	56 42	58 30	60 18	62 18	64 24
1,45	45 54	47 36	49 36	51 42	54 06	55 48	57 42	59 30	61 30	63 36
1,50	44 54	46 42	48 36	50 48	53 06	54 48	56 42	58 36	60 42	62 48
1,60	43 00	44 48	46 48	48 54	51 18	53 06	55 00	56 54	59 06	61 18
1,70	41 18	43 06	45 00	47 12	49 36	51 24	53 18	55 18	57 30	59 48
1,80	39 42	41 24	43 24	45 36	48 00	49 48	51 42	53 48	56 00	58 24
1,90	38 12	39 54	41 48	44 00	46 30	48 18	50 12	52 18	54 36	57 00
2,00	36 48	38 30	40 24	42 36	45 00	46 48	48 48	50 54	53 12	55 36
2,10	35 24	37 06	39 00	41 12	43 36	45 24	47 24	49 30	51 48	54 18
2,20	34 12	35 48	37 42	39 48	42 18	44 06	46 00	48 12	50 30	53 00
2,30	33 00	34 36	36 30	38 36	41 00	42 48	44 48	46 54	49 18	51 48
2,40	31 54	33 30	35 18	37 24	39 48	41 36	43 30	45 42	48 00	50 36
2,60	29 54	31 24	33 12	35 12	37 36	39 18	41 18	43 24	45 48	48 18
2,80	28 06	29 36	31 18	33 18	35 30	37 18	39 12	41 18	43 36	46 18
3,00	26 30	27 54	29 36	31 30	33 42	35 24	37 12	39 18	41 42	44 18
3,25	24 42	26 06	27 36	29 30	31 36	33 12	35 06	37 06	39 24	42 00
3,50	23 06	24 24	25 54	27 42	29 42	31 18	33 06	35 06	37 18	39 54
3,75	21 42	23 00	24 24	26 06	28 06	29 54	31 18	33 18	35 24	37 54
4,00	20 30	21 42	23 00	24 42	26 36	28 00	29 42	31 36	33 42	36 12
4,25	19 24	20 30	21 48	23 24	25 12	26 36	28 12	30 06	32 06	34 30
4,50	18 24	19 30	20 42	22 12	24 00	25 18	26 54	28 42	30 42	33 00
5,00	16 36	17 36	18 48	20 12	21 48	23 06	24 30	26 12	28 06	30 18
6,00	14 00	14 48	15 48	17 00	18 24	19 30	20 48	22 18	24 00	26 00
7,00	12 06	12 48	13 42	14 42	15 54	16 54	18 06	19 24	20 54	22 42
8,00	10 36	11 12	12 00	12 54	14 00	14 54	15 54	17 06	18 30	20 00
9,00	9 24	10 00	10 42	11 30	12 30	13 18	14 12	15 18	16 30	18 00
10,00	8 30	9 00	9 42	10 24	11 18	12 00	12 54	13 48	14 54	16 18
11,00	7 42	8 12	8 48	9 24	10 12	10 54	11 42	12 24	13 36	14 48
12,00	7 12	7 36	8 06	8 42	9 24	10 06	10 36	11 30	12 24	13 48
13,00	6 36	7 00	7 30	8 06	8 42	9 18	9 54	10 42	11 12	12 42
14,00	6 12	6 30	7 00	7 30	8 06	8 36	9 18	10 00	10 42	11 48
15,00	5 42	6 00	6 36	6 54	7 30	8 06	8 42	9 18	10 12	11 00
17,00	5 06	5 24	5 54	6 18	6 48	7 12	8 18	8 48	9 18	9 54
19,00	4 30	4 48	5 06	5 36	6 00	6 24	6 54	7 24	7 54	8 48
24,00	3 36	3 48	4 06	4 24	4 48	5 06	5 24	5 48	7 12	8 22
29,00	3 06	3 12	3 24	3 48	4 06	4 24	4 42	5 00	5 48	6 42
34,00	2 36	2 42	2 48	3 06	3 18	3 36	3 54	4 12	4 30	4 54
42,00	2 06	2 12	2 18	2 36	2 48	3 00	3 18	3 30	3 48	4 06
50,00	1 42	1 48	1 54	2 06	2 18	2 24	2 36	2 48	3 06	3 24
86,00	1 00	1 06	1 06	1 12	1 18	1 24	1 30	1 36	1 42	1 54
∞	0 00	0 00	0 00	0 00	0 00	0 00	0 00	0 00	0 00	0 00

N
NNE
NE
ENE
E
ESE
SE
SSE
S
SSO
SO
OSO
O
ONO
NO
NNO

EXPLICACION

Y

TEORIA DE LAS TABLAS DE AZIMUTES.

122. Construccion de las tablas. Si en el triángulo de posicion NZA (Fig. 17), que hemos explicado en la Astronomía (art. 653), se conocen los lados NZ complemento de la latitud del observador φ, AN distancia polar Δ y el ángulo comprendido ANZ horario del astro h, es evidente que podremos calcular el valor del ángulo NZA azimut verdadero z, para lo cual teniendo presente los valores de las líneas complementarias, la Trigonometría (art. 92) nos dá la relacion siguiente:

$$\text{sen}\, h \cot z = \cos \varphi \cot \Delta - \text{sen}\, \varphi \cos h$$

de donde

$$\cot z = \frac{\cos \varphi \cot \Delta}{\text{sen}\, h} - \frac{\text{sen}\, \varphi}{\text{tang}\, h} = \cos \varphi \left(\frac{\cot \Delta}{\text{sen}\, h} - \frac{\text{tang}\, \varphi}{\text{tang}\, h} \right)$$

Sustituyendo δ en vez de Δ y considerando su valor como positivo ó negativo, segun que δ y φ sean de la misma ó de contraria especie, tendremos:

$$\cot z = \cos \varphi \left(\frac{\text{tang}\, \delta}{\text{sen}\, h} - \frac{\text{tang}\, \varphi}{\text{tang}\, h} \right) \quad [1]$$

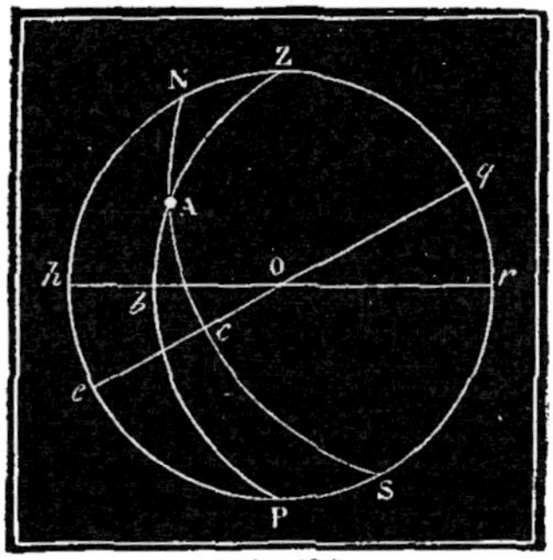

(Fig. 17)

Reduciendo á tablas los términos de esta fórmula, resulta que

La tabla II nos dá el valor numérico del primer término $\frac{\text{tang}\, \delta}{\text{sen}\, h}$ que llamaremos A, para declinaciones de 1° á 70° y horarios ó ángulos en el polo de 4° á 176°.

La tabla III nos dá el valor del segundo término $\frac{\text{tang}\, \varphi}{\text{tang}\, h}$ que designaremos por B, para latitudes de 1° á 70 y horarios de 4° á 176°.

Llamando ahora $A - B = C$, la fórmula [1] se convertirá en

$$\cot z = C \cos \varphi, \quad \text{de donde}$$

La tabla IV nos dá finalmente, el valor de C cos φ = cot z, ó sea el azimut verdadero del astro, entrando en ella como argumentos el coeficiente C de 0′ á 86′, y la latitud del observador de 1° á 70°.

123. Aplicaciones importantes de estas tablas. (*) Por medio de estas tablas podrán abreviarse otros cálculos de frecuente uso en la práctica de la navegacion, siempre que satisfaga el obtener un resultado con 15′ ó 30′ de aproximacion, y que se reduzcan á resolver un triángulo esférico en que entren como elementos *dos lados, el ángulo comprendido y otro adyacente;* para lo cual comparando el triángulo propuesto con el NZA, se deducirán las reglas que deben seguirse en cada caso, teniendo presente que los argumentos de la tabla II son el complemento del lado opuesto al ángulo que se busca y el ángulo conocido; los argumentos de la III, dicho ángulo conocido y el complemento del lado adyacente al ángulo que se busca, y en la IV el referido complemento del lado adyacente y el coeficiente C, con los cuales se obtiene el valor del ángulo deseado.

Vamos á explicar las más interesantes aplicaciones que se pueden hacer, y que abrevian considerablemente la solucion de problemas de frecuentísimo uso, tales como la *determinacion del azimut de un astro cualquiera,* para hallar la perturbacion de las agujas; la situacion en las cartas de la *derrota por círculo máximo,* rumbos que deben seguirse y distancia que hay que navegar; y el no ménos importante procedimiento para *hallar el nombre de una estrella* que no se conoce, cuya altura se observa al aparecer en una clara, entre nubes, y á lo cual puede deberse en determinadas circunstancias el salvamento de la nave.

Problema I.

124. Determinar el azimut verdadero del Sol, ó de otro astro, conociendo su declinacion, horario y latitud del observador.—Márquese el Sol por medio del círculo ó compás azimutal en el momento de tomar su altura por la mañana ó tarde para hallar la longitud por cronómetro, y con los elementos que entran en este cálculo y que son horario, latitud y declinacion, se hallará inmediatamente el azimut verdadero, con la exactitud necesaria para hallar la perturbacion de la aguja.

1.° Para esto, se entra en la tabla II con el horario del astro, *menor de* 12^h, como argumento vertical, y la declinacion como ar-

(*) Para la construccion y aplicaciones de estas tablas, nos hemos atenido en parte á las fórmulas y procedimientos empleados por Mr. Pagel, capitan de fragata de la marina francesa.

gumento horizontal, y se hallará el valor del primer término A, al que se le pondrá el signo indicado por la regla que se anota á la cabeza de la tabla.

2.° Entrese, asimismo, en la tabla III con el dicho horario, y la latitud como argumento horizontal, y se tendrá el valor del segundo término B, con su signo correspondiente, que sumado algebráicamente con el término A, nos dará un coeficiente que llamaremos C.

3.° Finalmente, entrando en la tabla IV con este coeficiente como argumento vertical y la latitud como horizontal, se obtendrá el azimut verdadero contado desde el cardinal que indica la regla á la cabeza de la tabla.

Este azimut se hallará con una aproximacion de medio grado, que es más que suficiente, siempre y cuando que se determine al céntimo el valor del coeficiente C, para lo cual basta hallar en las tablas II y III los promedios por los minutos del horario, declinacion y latitud.

125. Ejemplo I.— El 29 de Marzo de 1872, en latitud 35°.. 40′ N. y longitud 0^h.. 26^m O. de San Fernando; á 19^h.. 34^m, se tomó altura aparente del ☉ 21°..16′.. 40″ en la elevacion de 18 piés, con el objeto de determinar el horario del astro y calcular la longitud por cronómetro, y resultaron los elementos siguientes: (*Astronomía, art.* 655.)

Horario del ☉ 4^h.. 25^m Oriental. δ ☉ corregida 3°.. 56′ N. Lat. 35°.. 40′ N.

Tabla II. Para declinacion 3°.. 56′ N. y horario 4^h.. 25^m E.. A = − 0′, 08
Tabla III. Para latitud....35°.. 40′ N. y „ 4^h.. 25^m E.. B = + 0′, 34

Suma algebráica de los términos A y B.. C = + 0′, 26

Tabla IV. Para coeficiente C = + 0′, 26 y latitud 35°.. 40′ N. nos dá el azimut verdadero del ☉ S. 78°.. 10′ E.

Por el cálculo logarítmico exacto, resulta azimut verdadero S. 78°.. 59′ E.

---

126. Ejemplo II.—El 20 de Enero de 1872 en latitud 12°... 20′ N. y longitud 2^h.. 30^m E.; á 5^h.. 50′ se tomó *hácia Oriente*, A_a de Sirio 16°.. 11′.. 50″. Elevacion 15 piés, y resultó:

Horario ✶ = 4^h.. 35^m E. δ ✶ = 16°.. 33′ S. y Latitud 12°.. 20′ N.

Tabla II. Para declinacion 16°.. 33′ S y horario 4^h.. 35^m E.. A = + 0′, 32
Tabla III. Para latitud.... 12°.. 20′ N y „ 4^h.. 35^m E.. B = + 0′, 08

Suma algebráica de A y B.. C = + 0′, 40

Tabla IV. Para C = + 0′, 40 y lat. 12°. 20′ N. dá azimut verdadero S. 68°. 42′ E.

Por el cálculo exacto logarítmico se obtiene azimut = S. 68°. 30′ E.

---

127. Ejemplo III.— El 14 de Junio de 1872, en lat. 54°... 36′ N. y longitud 1^h.. 40^m O., á 9^h.. 20^m se observó *hácia Occidente* A_a ☾ que dió A_v ☾ 29°.. 46′.. 30″ y se dedujo:

Horario ☾ 2^h.. 40^m O. δ ☾ corregida 3°.. 48′ N. Lat. 54°.. 36′ N.

Tabla II. Para δ.. 3°.. 48′ N. y horario 2^h.. 40^m O. ...... A = + 0′, 10
Tabla III. Para lat. 54°.. 36′ N. y „ 2^h.. 40^m O. ...... B = — 1′, 67

Suma algebráica de A y B ...... C = — 1′, 57

Tabla IV. C = — 1′, 57 y lat. 54°.. 36′ N., resulta azimut ☾ = S. 47°.. 10′ O.
El cálculo exacto logarítmico dá azimut verdadero ☾ = S. 47°.. 42′ O.

Problema II.

128. Determinar el azimut verdadero de un astro, conociendo la hora verdadera ó média del observador y la latitud.—El azimut verdadero de un astro puede hallarse tambien, conociendo únicamente la latitud de estima del observador y su hora verdadera ó média, ya sea indicada por el reloj de bitácora, que se supone arreglado, ó deduciéndola de la del cronómetro.

129. Si se trata del Sol, en el momento que se marca, se apunta la hora del reloj de bitácora, que aplicándole la diferencia de longitud contraida desde que se arregló, nos dará la hora verdadera de á bordo que será el horario Occidental si es por la tarde, y si es por la mañana se resta de 12^h y dá el horario Oriental.

Se toma á ojo en el Almanaque náutico la declinacion para la hora reducida, y suponiendo conocida la latitud del observador, se hallará el azimut por las tablas II, III y IV, como se ha explicado en el problema anterior.

130. Cuando se trata de la Luna, de una estrella ó planeta, hay que deducir su horario de la hora del observador, y como basta proceder de una manera aproximada, si la hora que se tiene es média, se le suma el tiempo sidéreo á 0^h de tiempo medio del dia propuesto (*Almanaque, pág.* II); y si la hora es de tiempo verdadero, se le suma la Æ aparente del ⊙ el dia que se trata (*Almanaque, pág.* III), y la suma en ambos casos será la hora sidérea aproximada del observador, que restada de la Æ del astro de que se trata, tomada á ojo en el Almanaque para la hora reducida, nos dará el horario del astro (*Astronomía*, Problema III), con el cual, la declinacion y latitud, se hallará el azimut por las tablas II, III y IV, como al tratarse del Sol.

131. Dependiendo la exactitud del cálculo del buen arreglo del reloj de bitácora, siempre que la hora de este no sea de confianza, deberá apelarse al cronómetro, á cuya hora anotada al hacer la marcacion, se le aplica el estado absoluto del dia propuesto y la parte proporcional del movimiento diario, y será la hora média en San Fernando, que aplicándole la longitud del observador, dará la hora média de este, que en caso necesario se reduce á verdadera, aplicándole la ecuacion de tiempo.

132. Ejemplo I.—El 29 de Marzo de 1872, en latitud 35°.. 40′ N. y longitud 0^h.. 26^m O. de San Fernando, se marcó el Sol al señalar el reloj de bitácora 7^h.. 22^m de la mañana. Se pide el azimut.

Hora verdadera del observador segun el reloj...........	7^h.. 22^m mañana.
Diferencia en long. contraida desde que se arregló el reloj	8 al E.
Hora verdadera á bordo..	7^h.. 30^m mañana.
Suplemento á 12^h ó sea horario Oriental del ☉	4^h.. 30^m

Declinacion tomada á ojo en el Almanaque para el dia 29 á 20^h = 4° N.

Tabla II. Declinacion	4°.. 00′ N. y horario 4^h.. 28^m E..	A = − 0′, 08
Tabla III. Latitud....	35°.. 40′ N. y horario 4^h.. 28^m E..	B = + 0′, 31
	Suma algebráica de A y B =	C = + 0′, 23

Tabla IV. C = + 0′, 23 y lat. 35°.. 40′ N. azimut verdadero del ☉ = S. 79°.. 18′ E.

El cálculo exacto dá azimut = S. 78°.. 59′ E.

---

133. Ejemplo II.—El 20 de Enero de 1872, en latitud 12°.. 20′ N. y longitud 2^h.. 12^m E. á las 5^h.. 56^m de la noche, se marcó Sirio, en cuyo instante señalaba el cronómetro 1^h.. 59^m.. 40^s, siendo su estado absoluto el medio dia anterior + 1^h.. 48^m.. 24^s, y su movimiento diario − 4^s,1.

Æ de Sirio el dia 20 = 6^h.. 39^m.. 31^s. δ Sirio = 16°.. 33′ S.

Hora del cronómetro en el instante de la observacion........	1^h.. 59^m.. 40^s
Estado absoluto y parte proporcional del movimiento diario..	+ 1 .. 48 .. 23
Hora média en San Fernando............	3 .. 48 .. 03
Longitud del observador................	2 .. 12 .. 00 E.
Hora média del observador al marcar á Sirio	6 .. 00 .. 03
T_s á 0^h de T^m el dia 20 de Enero (*Alm. pág.* II)............	19 .. 56 .. 49
Hora sidérea del observador (restada de 24^h)	1 .. 56 .. 52
Æ de Sirio...............................	6 .. 39 .. 31
Horario Oriental de Sirio...............	4 .. 42 .. 39

Tabla II. Declinacion	16°.. 33′ S. y horario 4^h.. 43^m E.	A = + 0′, 31
Tabla III. Latitud....	12°.. 20′ N. y horario 4^h.. 43^m E.	B = + 0′, 08
	Suma algebráica de A y B........	C = + 0′, 39

Tabla IV. C = + 0′, 39 y latitud 12°.. 20′ N., azimut verdadero Sirio = S. 69° E.

El cálculo exacto dá azimut S. 68°.. 30′ E.

134. Ejemplo III.—El 14 de Junio de 1872, en latitud 54°.. 36′ N. y longitud 1^h.. 40^m O., se marcó la Luna en el instante de señalar el reloj de bitácora 9^h.. 19^m de la noche.

Hora verdadera del observador segun el reloj.	9^h.. 19^m de la noche.
Dif.ª de longitud contraida desde que se arregló al medio dia	0 .. 2 E.
Hora verdadera á bordo al hacer la observacion.........	9 .. 21
Æ ☉ aparente dia 14 (*Almanaque, pág.* III)............	5 .. 33
Hora sidérea del observador..........	14 .. 53
Æ de la ☾ dia 14 á 11^h ó sea hora reducida...............	12 .. 15
Horario Occidental ☾...............	2 .. 38

Declinacion de la ☾ para la hora reducida = 3°.. 48′ N.

Tabla II.	Declinacion 3°.. 48′ N. y horario 2^h.. 38^m O.	A = + 0′, 10
Tabla III.	Latitud.... 54°.. 36′ N. y horario 2^h.. 38^m O.	B = − 1′, 70
	Suma algebráica de A y B........	C = − 1′, 60

Tabla IV. C = − 1′, 60 y latitud 54°.. 36′ N., azimut verdadero ☾ = S. 47°.. 06′ O.

El cálculo exacto dá azimut S. 47°.. 42′ O.

Problema III.

135. Determinar el rumbo inicial por arco de círculo máximo, conociendo la situacion de los puntos de salida y llegada.—Los buques de vela no siempre pueden seguir la derrota ortodrómica marcada de antemano en la carta (*Navegacion, cap.* XVI) cuando los vientos son escasos ó contrarios, y los de vapor tambien se separan de ella por efecto de las corrientes. En todos casos, lo más exacto y expedito es determinar todos los dias el rumbo por arco de círculo máximo á que se debe gobernar de un medio dia al siguiente, para lo cual se procederá como sigue:

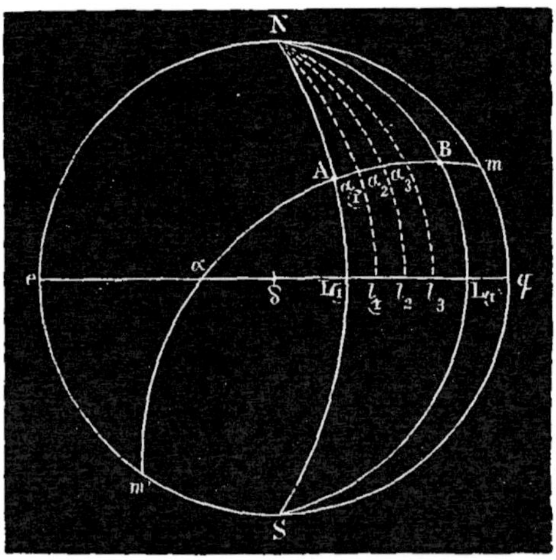

(Fig. 18)

Comparando el triángulo ANB que ya conocemos (*Navegacion, art.* 530) con el del azimut ANZ (Fig. 18), y procediendo por analogía, tendremos que siendo el lado AN complemento de la latitud del punto de salida; BN complemento de la latitud de llegada y el ángulo ANB, diferencia de longitud entre los puntos de salida y llegada, y deseándose hallar el rumbo inicial NAB, tendremos que:

Se entrará en la tabla II con la diferencia de longitud, ó ángulo conocido, como argumento vertical, y la latitud llegada, complemento del lado opuesto al ángulo que se trata de determinar, como argumento horizontal, y se tendrá el valor del primer término A, positivo si las latitudes de salida y llegada son de igual especie, y negativo en caso contrario.

Entrese en la tabla III con la diferencia en longitud como argumento vertical, y la latitud salida, lado adyacente al ángulo que se trata de hallar, como argumento horizontal, y se obtendrá el término B, que será positivo si la diferencia en longitud está comprendida entre 90° y 180°, y negativo si entre 0° y 90°.

Súmense algebráicamente los valores de los términos A y B, y se tendrá el coeficiente C, entrando con el cual en la tabla IV y con la latitud salida como argumento horizontal, se obtendrá el rumbo inicial, que se contará del polo del hemisferio de la latitud salida cuando C es positivo, ó del opuesto si es negativo.

136. Ejemplo I.— Dada la situacion de un punto próximo al desemboque del Canal de Bahama, y la de otro punto de la recalada á Vigo, determinar el rumbo inicial ó sea el que debe seguirse durante la primera singladura.

Punto de salida.	*Canal de Bahama.*	Lat. 28°.. 25′ N.	Lg. 73°.. 00′ O. de S. Fern.°
Punto de llegada.	*Recalada á Vigo.*	Lat. 42°.. 12′ N.	Lg. 2°.. 38′ O. de S. Fern.°

Diferencia de longitud = 70°.. 22′.

Tabla II.	Lat. llegada 42°.. 12′ N. y dif. de long. 70°.. 22	A = + 0′, 96
Tabla III.	Lat. salida 28°.. 25′ N. y dif. de long. 70°.. 22	B = − 0′, 19
	Suma algebráica de A y B........	C = + 0′, 77
Tabla IV.	C = + 0′, 77 latitud salida 28°.. 25′ N.	Rumbo N. 55°.. 55′ E.

El cálculo exacto dá, Rumbo N. 55°.. 54′ E. (*Naveg. art.* 342.)

Problema IV.

137. **Determinar la distancia por arco de círculo máximo, entre dos lugares cuyas situaciones se conocen.**—Ante todo se hallará el rumbo inicial por el problema anterior. Se entrará despues en la tabla IV con la latitud salida como argumento horizontal y la diferencia en longitud, ó el suplemento si pasa de 90°, y se hallará el valor del coeficiente C, que tendrá el signo + ó —, segun que la diferencia en longitud, sea menor ó mayor de 90°.

Entrese en la tabla III con la latitud salida como argumento horizontal y el rumbo como argumento vertical y hallaremos el término B, que tendrá el signo + ó —, segun que el rumbo esté contado del polo del hemisferio de salida ó de su opuesto.

Súmense algebráicamente los valores hallados de C y B, y éntrese con el resultado en la tabla IV como coeficiente C′, y el complemento del rumbo como argumento horizontal, y en el concurso se tendrá la distancia pedida en grados y minutos ó su suplemento, segun que C′ sea positivo ó negativo.

Esta distancia se reducirá á minutos, ó sean millas, y se tendrá un resultado con 15′ de aproximacion.

138. Ejemplo I.—Se pide la distancia ortodrómica entre el desemboque del Canal de Bahama y la recalada á Vigo.

Punto de salida. Latitud 28°.. 25′ N., longitud salida 73°.. 00′ O.

Punto de llegada. Latitud 42°.. 12′ N., longitud llegada 2°.. 38′ O.

Diferencia en longitud = 70°.. 22′. Rumbo inicial = N. 56° E. (Prob. III)

Tabla IV. Lat. salida 28°.. 25′ N., dif. en long. 70°.. 22′.... C = + 0′, 40

Tabla III. Lat. salida 28°.. 25′ N., rumbo inicial N. 56° E .. B = + 0′, 36

Suma algebráica de C y B...... C′ = + 0′, 76

Tabla IV. C′ = + 0′,76 compl.[to] del rumbo 34°; dist.[a] 57°.. 40′ = 3460 millas.

El cálculo exacto dá, distancia 3445 (*Naveg., art.* 542).

Problema V.

139. Determinar las latitudes y longitudes por donde pasa el círculo máximo, ó sea su situacion en la esfera.—Para trazar sobre la carta la derrota por arco de círculo máximo, hay que calcular las latitudes por donde pasa por cada 5° de diferencia en longitud, ó de grado en grado en latitudes muy crecidas; y situando estos puntos y uniéndolos por medio de rectas, resultará en la carta una línea poligonal que distará muy poco del arco de círculo máximo.

Para resolver este problema, supondremos que se ha calculado préviamente el rumbo inicial, y teniendo presente que los meridianos de las latitudes que se tratan de hallar, forman con el meridiano de salida ángulos crecientes de 5° en 5°, que designaremos por L_1, L_2, L_3.......

Esto supuesto, entraremos sucesivamente en la Tabla III, con la diferencia en longitud L_1, L_2, L_3.... ó sean 5°, 10°, 15°.... como argumento vertical, y la latitud salida como argumento horizontal, y obtendremos los términos B_1, B_2, B_3..... que tendrán el signo + ó — segun que L_1, L_2, L_3.... sean menores ó mayores de 90°.

Se sumarán algebráicamente cada uno de los términos B_1, B_2, B_3..... con el coeficiente C que sirvió para calcular el rumbo inicial (PROBLEMA III), y entrando en la tabla I, con las diferencias en longitud L_1, L_2, L_3.... como argumento vertical, se buscará en la línea titulada declinacion, el valor en grados que corresponde á las sumas sucesivas de B_1, B_2, B_3 con C, y estas serán las latitudes por donde pasa el círculo máximo por cada 5° de diferencia en longitud.

140. EJEMPLO I.—Se desea hallar las latitudes por donde pasa el círculo máximo, comprendido entre el desemboque del Canal de Bahama y la recalada á Vigo, por cada 5° de diferencia en longitud.

El coeficiente C que sirvió para hallar el rumbo inicial (PROBLEMA III) fué +0', 77, y la latitud salida 28°.. 25' N.

Se formará la siguiente tabla, anotando en su primera columna las longitudes de 5° en 5°, empezando por la de salida y concluyendo por la de llegada.

En la columna siguiente pondremos las diferencias de longitudes sucesivas con el meridiano de salida L_1, L_2, L_3 . . . ., con las cuales y la latitud salida 28°.. 25' N., se hallarán en la tabla III los valores correspondientes de B_1, B_2, B_3.... que tendrán todos signo + puesto que ninguna diferencia de longitud pasa de 90°.

En la columna siguiente se escribirá el coeficiente C=+0', 77 con que se halló el rumbo inicial (PROBLEMA III), y en la columna inmediata las sumas algebráicas de B_1, B_2, B_3 . . . . con C.

Con cada una de estas sumas y los ángulos correspondientes de los meridianos 5°, 10°, 15°. . . . . . 70°, la tabla II *nos dará en el argumento titulado declinacion*, las latitudes por donde pasa el círculo máximo por cada 5° de diferencia de longitud.

Si queremos hallar el grado de exactitud de estos resultados, los compararemos con los obtenidos por el cálculo logarítmico (*Naveg. art.* 342) y veremos que la mayor diferencia que resulta es de 2 á 5 minutos.

LONGITUDES.	Angulos de los meridianos.	Términos de la tabla III.	Coeficiente C del rumbo inicial.	Suma de términos B y C.	LATITUDES.
73°.. 00' O	Salida.	....	....	Salida.	28°.. 25' N
68 .. 00	L_1 5°	B_1 +6',21	+0',77	+ 6',98	31 .. 17
63 .. 00	L_2 10	B_2 +3,08	..	+3,85	33 .. 46
58 .. 00	L_3 15	B_3 +2,02	..	+2,79	35 .. 48
53 .. 00	L_4 20	B_4 +1,49	..	+2,26	37 .. 45
48 .. 00	L_5 25	B_5 +1,16	..	+1,93	39 .. 08
43 .. 00	L_6 30	B_6 +0,94	..	+1,71	40 .. 30
38 .. 00	L_7 35	B_7 +0,77	..	+1,54	41 .. 25
33 .. 00	L_8 40	B_8 +0,65	..	+1,42	42 .. 22
28 .. 00	L_9 45	B_9 +0,52	..	+1,29	42 .. 52
23 .. 00	L_{10} 50	B_{10} +0,46	..	+1,23	43 .. 14
18 .. 00	L_{11} 55	B_{11} +0,38	..	+1,15	43 .. 20
13 .. 00	L_{12} 60	B_{12} +0,32	..	+1,09	43 .. 14
8 .. 00	L_{13} 65	B_{13} +0,26	..	+1,03	42 .. 54
3 .. 00	L_{14} 70	B_{14} +0,21	..	+0,98	42 .. 20
2 .. 38	Llegada	....	....	Llegada.	42 .. 12

Problema VI.

141. Hallar el nombre de una estrella que no se conoce, dada su altura verdadera, azimut verdadero y latitud del observador.— Si despues de haber pasado uno ó más dias sin observaciones por estar nublado, y en una clara durante la noche ó en el crepúsculo observamos una estrella entre dos nubes, sin poderla reconocer por no verse las demás estrellas de la constelacion, es evidente que será de gran importancia el hallar el nombre de la estrella observada, que encontraremos con facilidad en el catálogo del Almanaque Náutico ó en el planisferio celeste por medio de su Æ y declinacion, elementos que una vez determinados resuelven desde luego este problema.

Pueden ocurrir tres casos: que la estrella se halle en el meridiano ó próxima á él, cerca del horizonte ó entre el meridiano y el horizonte.

142. 1.er Caso.—*Próxima al meridiano.* Hemos demostrado (*Astronomía, art.* **286**) que al estar un astro en el meridiano $T_s = \alpha$. Por lo tanto, á la hora média de á bordo, en el momento de la observacion, se le sumará el T_s á 0^h de T_m el dia propuesto, y tendremos la Æ de la estrella, con la cual será ya fácil reconocerla.

Si esto no bastase ó deseásemos verificar el resultado, se hallará su declinacion sumando la latitud de estima del observador con la altura de la estrella, y la diferencia de esta suma con 90° nos daria la declinacion y su especie (*Astronomía, art.* **706.**)

143. Ejemplo I.—El 30 de Mayo de 1872, en latitud de estima 38°.. 50′ N. se tomó la altura verdadera de una estrella de primera magnitud cerca del meridiano y al E. de él, siendo á bordo las 8^h.. 45^m de tiempo medio.

T_m del observador..	8^h.. 45^m	Latitud de estima......=	38°.. 50′ N.
T_s á 0^h de T_m el dia 30....	4 .. 31	A_v ✶ ....=	40 .. 44
T_s observador = Æ ✶	13 .. 16	Suma ....=	79 .. 34
		Suma — 90° = δ ....=	10 .. 26 S.

Entrando en el Catálogo de las 200 estrellas, Almanaque Náutico, cuyas Æ van por órden creciente, vemos que la Æ 13°.. 16′ corresponde á α *Virginis* ó *Spica*, cuya declinacion es tambien —10°.. 27′, estrella que no puede confundirse con sus inmediatas.

144. 2.° Caso.— *La* ✶ *en el horizonte ó próxima á él.* Márquese el astro y corregida su demora de variacion y perturbacion, nos dará la amplitud verdadera.

Con la hora média de á bordo al hacer la marcacion, hállese el tiempo sidéreo aproximado.

Entrese con la latitud y amplitud en la *Tabla XXVI de Mendoza*, y se tendrá la declinacion de la estrella, que tambien podria calcularse.

Con esta declinacion y la latitud, se hallará por el cálculo ó por la *Tabla XXV de Mendoza*, la diferencia ascensional del astro, que sumada ó restada de 6^h nos dará su horario al estar en el horizonte. Para saber cuándo se suma ó se resta, se tendrá presente (*Astron., art.* 683), que si la latitud y declinacion son de la misma especie, el horario es menor de 6^h por la mañana y mayor de 6^h por la tarde; sucediendo lo contrario cuando la latitud y declinacion son de contraria especie.

La diferencia entre este horario *occidental* y el tiempo sidéreo del observador, será la Æ de la estrella, cuyo nombre se busca.

145. Ejemplo II.—El 20 de Febrero de 1872, á $13^h.. 39^m$ de T_m y en latitud 40°.. 06′ N. se marcó al ocaso próxima al horizonte, una estrella de segunda magnitud al O. 7°.. 51′ N. verdadero, ó sea corregida ya de variacion y perturbacion.

Tabla XXVI *de Mendoza*. Latitud 40° N. y amplitud 7°.. 51′, resulta **declinacion 6° N.** ó sea de la especie de la amplitud.

Tabla XXV *de Mendoza*. Declinacion 6° N., y la latitud 40° N., resulta **diferencia ascensional** $0^h.. 20^m$.

Como la latitud y declinacion son de la misma especie, será:

$0^h.. 20^m + 6^h = 6^h.. 20^m$ horario Occidental de la estrella.

T_s á 0^h T_m el dia 20..................	22^h.. 01
Hora média á bordo..................	13 .. 39
Suma — 24^h = Hora sidérea observador..	11 .. 40
Horario Occidental ✱...............	6 .. 20
Ascension recta de la ✱...............	5 .. 20

Entrando en el planisferio celeste ó en el *Almanaque Náutico*, vemos que las $5^h.. 20^m$ de Æ y 6° de declinacion N. le corresponde á la estrella γ *Orion* ó *Bellatrix*, que no puede equivocarse con su inmediata β *Orion* ó *Rigel* por corresponderle á esta última 8°.. 22′ de declinacion S.

146. 3.er Caso.— *La estrella entre el horizonte y el meridiano.* Si en el triángulo de posicion ANZ (Fig. 17) suponemos conocido el azimut Z, la distancia zenital AZ, y la co-latitud NZ, podremos hallar el valor del ángulo horario N., con el cual y la hora sidérea del observador, aplicando la fórmula $T_s = h_o + \alpha$ (*Astron., art.* 286) se podrá hallar la Æ, α, que será $T_s - h_o$. Tambien podremos hallar AN complemento de la declinacion.

Por lo tanto, aplicando las tablas II, III y IV, procederemos como sigue:

Márquese el astro al tomar su altura, y corregida la demora de variacion y perturbacion, nos dará el azimut verdadero.

Entrese en la tabla II con la altura verdadera como argumento horizontal y el azimut verdadero como argumento vertical, columna del horario, y se tendrá el valor del término A que será siempre positivo.

Entrese en la tabla III con el azimut como argumento vertical, y la latitud como argumento horizontal, y obtendremos el término B que tendrá el signo + ó — segun que el azimut esté contado desde el polo del hemisferio depreso ó del elevado.

Súmense algebráicamente los términos A y B y se tendrá el coeficiente C, que entrando con él en la tabla IV y la latitud como argumento horizontal, nos dará el valor del ángulo en el polo del mundo si C es positivo, ó su suplemento en el caso contrario.

De este ángulo, reducido á tiempo, se deduce el horario de la estrella, que será el ángulo en el polo antes hallado, si el astro está al O., ó su suplemento á 24^h si está al E. del meridiano.

Restado el horario de la hora sidérea del observador, nos dará fácilmente la Æ de la ∗ con la aproximacion necesaria.

Entrando en el *Almanaque Náutico* con esta Æ, hallaremos el nombre de la estrella observada, y en caso de duda se consultarán las Æ de los planetas principales Venus, Marte, Júpiter y Saturno, que puedan confundirse con estrellas de primera magnitud.

En último extremo se calculará la declinacion del astro en cuestion, para lo cual se sigue un procedimiento inverso al anterior, y es como sigue:

147. Con el azimut y la latitud se halla en la tabla IV el coeficiente C. Con el ángulo en el polo, antes hallado, y la latitud, se halla en la tabla III el término B, que restado de C, nos dará el valor del término A, con el cual y el ángulo en el polo se obtendrá en la tabla II la declinacion aproximada.

148. EJEMPLO III.—El 20 de Enero de 1872, á $6^h.. 00^m$ de T_m, y en latitud estimada 12°.. 20′ N. y longitud $2^h.. 12^m$ E., se observó la altura de una estrella de primera magnitud, que reducida á verdadera fué 16°.. 05′. En el mismo instante se halló su demora verdadera ó azimut S. 69° E. Se pide el nombre de esta ∗.

Tabla II. A_v =16°. 05′ (como decl.ⁿ) y azimut S. 69° E. (como horario) A=+0′,31
Tabla III. Lat.=12°. 20′ N. y azimut S. 69° E. (como horario) ...... B=+0,08

Suma algebráica de A y B .... C=+0,38

Tabla IV. C=+0′,38 y latitud 12°.. 20′ N., dá horario=69°=$4^h.. 36^m$ Oriental ó sean $19^h.. 24^m$ Occidental.

H_m del observador al marcar la estrella	$6^h.. 00^m$
T_s á 0^h de T_m el dia 20	19 .. 57
Hora sidérea aproximada del observador	25 .. 57
Horario Occidental ∗	19 .. 24
Ascension recta de la ∗	6 .. 33

Vemos por el *Almanaque Náutico* que la estrella que tiene una Æ mas próxima á la calculada, es γ Géminis 6^h.. 31^m, pero como esta estrella es de segunda ó tercera magnitud y la observada es de primera, deberá ser esta Sirio, cuya Æ es de 6^h.. 39^m. Para despejar toda duda hallaremos su declinacion.

Tabla IV.	Azimut 69° y latitud 12°.. 20′N.	C = + 0′, 39
Tabla III.	Horario 69° y latitud 2°.. 20′ N.	B = − 0′, 08
	C + B..................	A = + 0′, 31

Tabla I. A = + 0′, 31 y horario 69°, se tiene **declinacion 16°.. 30′ S.**

La declinacion de Sirio, segun el *Almanaque Náutico* es precisamente 16°. 33′ S. mientras que la de γ Géminis es 16°.. 30′ N., lo que nos demuestra plenamente que la estrella observada fué Sirio.

TABLA V.

MÉTODO BREVE PARA DETERMINAR LA LATITUD POR ALTURAS CIRCUNMERIDIANAS DE SOL.

149. Explicacion del procedimiento.—El Profesor de Navegacion, en *Elsfleth*, *Mr. Preuss* dá (*) un nuevo método para determinar la latitud por alturas circunmeridianas, que por la sencillez y brevedad del cálculo, se recomienda particularmente para su uso en la mar, *siempre y cuando que el astro observado culmine lejos del zenit, y tratándose del Sol en latitudes crecidas*, que precisamente son aquellas en que por el frecuente estado nublado del cielo es más probable el no poder observar la altura meridiana.

El procedimiento consiste en observar, *no muy lejos del meridiano*, dos alturas del astro, ambas antes ó despues del paso, ó una antes y otra despues, anotando las horas de tiempo verdadero en que se hicieron las observaciones, y sin emplear cálculo logarítmico alguno, se obtiene rápidamente por la tabla construida por Mr. Preuss, la reduccion de la altura *mayor observada* al meridiano, entrando en dicha tabla con la diferencia de alturas verdaderas observadas ΔA_v como argumento horizontal y el intervalo de tiempo verdadero transcurrido entre las dos alturas, dividido por el horario más pequeño del astro $\frac{\Delta T_v}{H}$, como argumento vertical. (†)

150. Respecto al grado de confianza que puede concedérsele á este método, hay que tener presente que son de poca importancia los errores que se cometen, despreciando las variaciones en latitud y declinacion que tienen lugar en el intervalo de las observaciones, pero

(*) *Annales d' hydrographie et de meteorologie maritime.*

(†) La exposicion de este método puede verse en *La Revue Maritime*, correspondiente á Mayo de 1878.

que es indispensable que la altura meridiana no sea muy grande, pues los errores aumentan y son considerables, al paso que el astro se aproxima al zenit en su culminacion, por lo que volvemos á indicar que este método sólo puede aplicarse con astros que pasen por el meridiano lejos del zenit, y tratándose del Sol en latitudes elevadas, en las que su altura meridiana es pequeña.

151. Práctica del método.—1.º Tómense dos alturas de Sol, estando este astro próximo al meridiano, y redúzcanse á verdaderas.

Ambas alturas pueden tomarse antes ó despues del paso por el meridiano, ó una antes y otra despues.

2.º Anótense las horas de tiempo verdadero en el instante de observar las alturas, horas que pueden deducirse del reloj de bitácora si está bien arreglado, y en caso contrario del cronómetro (*Navegacion, art.* 758.)

3.º Hállese la diferencia entre las alturas verdaderas, que llamaremos ΔA_v.

4.º Hállese tambien la diferencia entre las dos horas verdaderas, ó sea el intervalo, que designaremos por ΔT_v, que se divide por el horario del astro, que tratándose del Sol es la diferencia con 12^h de la hora verdadera al observar la altura más próxima al meridiano, y nos dará la expresion $\frac{\Delta T_v}{H}$.

Adviértase que el horario se cuenta siempre del meridiano hácia el E. ó hácia el O., en la direccion más corta; y que cuando el astro culmina en el meridiano inferior, á partir de este meridiano.

5.º Con los valores ΔA_v y $\frac{\Delta T_v}{H}$, éntrese en la tabla V, y se tendrá el valor de la reduccion, que sumada siempre á la altura mayor, nos dará la altura verdadera meridiana.

Adviértase que cuando ΔA_v es mayor de 30′, se halla primero la reduccion para dichos 30′ y se le suma la correspondiente al exceso sobre esta cantidad.

Cuando las alturas se han observado á ambos lados del meridiano, se entra en la columna $\frac{\Delta T_v}{H}$ con $\frac{\Delta T_v}{H} - 2$ y la reduccion se suma siempre á la altura mayor observada.

6.º Hallada la altura meridiana, se le tomará su complemento y resultará la observacion con su signo correspondiente; y por la fórmula $L = \delta - O$ (*Astron., art.* 706) se tendrá finalmente la latitud.

Para la aplicacion de lo expuesto, ponemos los dos siguientes ejemplos, dados por el Profesor Preuss:

152. EJEMPLO I.—Latitud estimada 50°.. 10′ N., declinacion del ⊙ 20°.. 16′ S.

Hora verdadera del observador $= 11^h.. 25^m$ (antes del medio dia) A_v ⊙ $= 18°.. 09'$
„ „ „ $= 11 .. 32$ (antes del medio dia) „ „ $= 18 .. 18$
$\Delta T_v = 7$ $\Delta A_v = 9$

Restando la hora de la altura mayor, $11^h.. 32^m$ de 12^h, nos dá horario 28^m, y será

$$\frac{\Delta T_v}{H} = \frac{7}{28} = 0^m,25.$$

Tabla V. Para $\frac{\Delta T_v}{H} = 0^m,25$ y $\Delta A_v = 9'$, dá reduccion + 16′
Altura verdadera mayor observada....... = 18°.. 18′
Altura meridiana verdadera .... = 18 .. 34
Observacion.............. + 71 .. 26 (cara al S.)
δ ⊙ corregida............ — 20 .. 16 Sur.
Latitud.................. = 51 .. 10 Norte.

Pudiendo decirse que la variacion de alturas próximas al meridiano, es proporcional á la variacion de los cuadrados de los ángulos horarios, conviene repetir el cálculo siempre que se presuma error en la longitud estimada con que se ha deducido la hora verdadera á bordo en el instante de tomar las alturas.

Por lo tanto, si en el ejemplo anterior suponemos un error de 2^m, en más ó en ménos, en las horas verdaderas por estimarse en 30′ el error de la longitud, tendríamos los siguientes resultados:

$\frac{\Delta T_v}{H} = \frac{7}{30} = 0^m,23$ á que corresponde reduccion + 17′, 8 y latitud 51°.. 08′, 2

$\frac{\Delta T_v}{H} = \frac{7}{26} = 0^m,27$ á que corresponde reduccion + 14′, 2 y latitud 51°.. 11′, 8.

Vemos, por lo tanto, que en este caso un error de 2^m en la hora produce una diferencia de unas dos millas en la longitud, en más ó en ménos, circunstancia que debe tenerse presente.

153. EJEMPLO II.—Latitud estimada 52° N. δ ⊙ corregida 18° S.

Hora verdadera del observ.^or^ $= 11^h.. 12^m$ (antes del medio dia) A_v ⊙ $= 19°.. 13', 5$
„ „ „ $= 0 .. 30$ (despues del medio dia) A_v ⊙ $= 19 .. 42, 0$
$\Delta T_v = 78$ $\Delta A_v = 28, 5$

$$\frac{\Delta T_v}{H^o} = \frac{78}{30} = 2^m,6 \text{ y } \frac{78}{30} - 2 = 0^m,6.$$

Tabla V. { Para $\Delta A_v = 20'$ / Para $\Delta A_v = 8'$ / Para $\Delta A_v = 0', 5$ } y $\frac{\Delta T_v}{H} - 2 = 0^m,6$ dá reduccion { 12′, 8 / 5, 1 / 0, 3 }

Mayor altura verdadera observada............ 19°.. 42′, 0
Altura meridiana verdadera .... = 20 .. 00, 2
Observacion....................... = + 69 .. 59, 8 cara al S.
δ ⊙ corregida .. .. = — 18 .. 00, 0 Sur.
Latitud.......................... = 51 .. 59, 8 Norte.

Tabla V.

PARA DETERMINAR LA LATITUD POR ALTURAS

CIRCUNMERIDIANAS DE SOL.

$\frac{\Delta T_v}{H}$ Interv.lo dividido por horario.	ΔA_v = Diferencia de alturas verdaderas.													
	1′	2′	3′	4′	5′	6′	7′	8′	9′	10′	15′	20′	25′	30′
m	′	′	′	′	′	′	′	′	′	′	′	′	′	′
0,10	4,8	9,5	14,3	19,0	23,8	28,6	33,3	38,1	42,8	47,6	71,4	95,2	119,0	142,9
0,11	4,4	8,8	13,2	17,5	21,9	26,3	30,7	35,1	39,5	43,9	65,8	87,7	109,6	131,6
0,12	3.9	7,9	11,8	15,7	19,7	23,6	27,5	31,4	35,4	39,3	59,0	78,6	98,3	117,9
0,13	3,6	7,2	10,8	14,4	18,1	21,7	25,3	28,9	32,5	36,1	54,2	72,2	90,3	108,3
0,14	3,3	6.7	10.0	13.4	16.7	20,0	23.4	26,7	30.0	33.4	50.1	66.8	83.5	100.1
0,15	3,1	6,2	9,3	12,4	15.5	18,6	21,7	24,8	27,9	31,0	46,5	62,0	77,5	93,0
0,16	2,9	5,8	8,7	11,6	14,5	17.4	20,3	23.2	26,0	28,9	43,4	57,9	72,4	86,8
0,17	2.7	5,4	8,1	10,8	13,6	16,3	19,0	21.7	24,4	27,1	40,7	54,2	67,8	81,3
0,18	2,5	5,1	7,6	10,2	12.7	15,3	17,8	20,4	22,9	25,5	38,2	51,0	63,7	76,4
0,19	2,4	4.8	7,2	9,6	12,0	14,4	16.8	19.1	21,6	24,0	36.0	48.1	60.1	72.1
0,20	2,3	4,6	6,8	9,1	11.4	13,6	15.9	18,2	20,5	22,7	34,1	45,5	56,9	68,2
0,25	1,8	3,6	5,3	7,1	8,9	10,7	12,4	14,2	16,0	17,8	26,7	35,6	44,5	53,3
0,30	1,5	2,9	4,4	5,8	7,3	8,7	10,2	11,6	13,1	14,5	21,8	29,0	36,3	43,5
0,40	1,0	2,1	3,1	4,2	5,2	6,3	7,3	8,3	9,4	10,4	15,6	20,8	26,0	31,3
0.50	0.8	1,6	2.4	3.2	4,0	4.8	5,6	6,4	7,2	8.0	12,0	16.0	20.0	24.0
0,6	0,6	1,3	1,9	2,6	3,2	3,8	4,5	5,1	5,8	6,4	9,6	12,8	16,0	19,2
0,7	0,5	1,1	1,6	2,1	2,6	3,2	3,7	4.2	4,8	5,3	7,9	10,6	13,2	15,9
0,8	0,4	0,9	1,3	1,8	2,2	2,7	3,1	3,6	4,0	4,5	6,7	8,9	11,2	13,4
0,9	0,4	0,8	1,2	1,5	1,9	2,3	2.7	3,1	3,4	3,8	5,7	7,7	9,6	11,5
1,0	0.3	0.7	1,0	1,3	1,7	2,0	2,3	2.7	3.0	3,3	5.0	6.7	8,3	10.0
1,1	0.3	0,6	0,9	1,2	1,5	1,8	2,1	2,3	2,6	2,9	4,4	5,9	7,3	8,8
1,2	0,3	0,5	0,8	1,0	1,3	1,6	1,8	2,1	2,3	2,6	3,9	5,2	6,5	7,8
1,3	0.2	0,5	0,7	0,9	1,2	1,4	1,6	1,9	2,1	2,3	3,5	4,7	5,8	7,0
1,4	0,2	0,4	0,6	0,8	1,1	1,3	1,5	1,7	1,9	2,1	3,2	4,2	5,3	6,3
1,5	0,2	0.4	0,6	0,8	1.0	1,1	1,3	1,5	1,7	1,9	2.9	3.8	4.8	5.7
1,6	0,2	0,4	0,5	0,7	0,9	1,0	1,2	1,4	1,6	1,7	2,6	3,5	4,4	5,2
1,7	0,2	0,3	0,5	0,6	0,8	1,0	1,1	1,3	1,4	1,6	2,4	3,2	4,0	4,8
1,8	0,1	0,3	0,4	0,6	0,7	0.9	1,0	1,2	1,3	1,5	2,2	2,9	3,7	4,4
1,9	0,1	0,3	0,4	0,5	0,7	0.8	0,9	1.1	1,2	1,4	2,0	2,7	3,4	4,1
2,0	0.1	0.3	0,4	0,5	0.6	0.8	0.9	0.8	1.1	1.3	1.9	2.5	3.1	3.8
3,0	0,1	0,1	0,2	0,3	0,3	0,4	0,5	0,5	0,6	0,7	1,0	1,3	1,7	2,0
4,0	0,0	0,1	0,1	0,2	0,2	0.3	0,3	0.3	0,4	0,4	0,6	0,8	1,0	1,3
5,0	0,0	0,1	0,1	0,1	0,1	0,2	0,2	0,2	0,3	0,3	0,4	0,6	0,7	0,9
6,0	0,0	0,0	0,1	0,1	0,1	0,1	0,1	0,2	0,2	0,2	0,3	0,4	0,5	0,6
7,0	0.0	0.0	0.0	0.1	0.1	0,1	0.1	0.1	0,1	0.2	0,2	0,3	0.4	0,5

154. Tabla para determinar la distancia de la nave á un punto dado, por medio de dos marcaciones á él, y el rumbo y distancia navegada en el intermedio. —Por medio de la tabla que ponemos á continuacion puede determinarse con gran facilidad la distancia á que se halla el buque del objeto, al hacer la segunda marcacion, trazando la cual en la carta y con la distancia hallada, se sitúa la nave. (*Naveg. art.* 359.)

155. Para esto se entra en dicha tabla, como argumento vertical, con la diferencia en grados entre el rumbo y la segunda marcacion, que llamaremos N′; y como argumento horizontal, con la diferencia entre dicho rumbo y la primera marcacion que llamaremos N, y en el punto de concurso se hallará el factor por el cual hay que multiplicar la distancia navegada para obtener la distancia del buque al objeto al hacer la segunda marcacion.

Hay que advertir que si se hace uso de la tabla VI, no hay que reducir las demoras á verdaderas como en el caso anterior, y el rumbo navegado sólo se corrije de abatimiento, y si es posible y las hay, del efecto de las corrientes, todo lo cual facilita sobremanera la situacion del observador en la carta.

Tabla VI.

Difer.ª entre el rumbo y la 2.ª marcacion	Diferencia entre el rumbo navegado y la 1.ª marcacion.																			
	20°	25°	30°	35°	40°	45°	50°	55°	60°	65°	70°	75°	80°	85°	90°	95°	100°	105°	110°	115°
30°	1,96																			
35	1,32	2,43																		
40	1,00	1,63	2,87																	
45	0,82	1,24	1,93	3,30																
50	0,68	1,00	1,46	2,22	3,70															
55	0,60	0,84	1,18	1,68	2,48	4,07														
60	0,53	0,74	1,00	1,36	1,88	2,73	4,42													
65	0.48	0,66	0,87	1,15	1,52	2,07	2,96	4.73												
70	0,44	0,60	0,78	1,00	1,28	1,67	2,24	3,16	4,99											
75	0,42	0,55	0,71	0,89	1,12	1,41	1,81	2,40	3,35	5,22										
80	0,39	0,52	0,65	0,81	1,00	1,23	1,53	1,94	2,53	3,50	5,41									
85	0,38	0,49	0.61	0,75	0,91	1.10	1,34	1,63	2,05	2,66	3,63	5,56								
90	0,36	0,47	0.58	0,70	0.84	1,00	1,19	1,48	1,73	2,14	2,75	3,73	5,69							
95	0,36	0,45	0,55	0,66	0,78	0,92	1,08	1,26	1,51	1,81	2,22	2,82	3,81	5,74						
100	0,35	0,44	0,53	0,63	0,74	0,86	1,00	1,16	1,35	1,58	1,88	2,29	2,88	3,85	5,76					
105	0,34	0,43	0,52	0,61	0,71	0,82	0,94	1.07	1,22	1,41	1,64	1,93	2,33	2,91	3,86	5,74				
110	0,34	0,42	0,51	0,59	0,68	0,78	0,88	1,00	1,13	1,28	1,46	1,68	1,97	2,36	2,02	3,85	5,68			
115	0,35	0,42	0,50	0.58	0,67	0,75	0.85	0,95	1,06	1,18	1,33	1,50	1,72	1,99	2,37	2,91	3,81	5,56		
120	0,35	0,42	0,50	0,58	0.65	0,73	0,82	0,90	1,00	1,11	1,23	1,37	1,53	1,74	2,00	2.36	2,88	3,73	5,41	
125	0,35	0,43	0,50	0,57	0,65	0,72	0,79	0,87	0,96	1,04	1,15	1,26	1,39	1,55	1,74	1,09	2,33	2,82	3,63	5,22
130	0,36	0,44	0,51	0,58	0,64	0,71	0,78	0,85	0,92	1,00	1,09	1.18	1,29	1,41	1,56	1,74	1,97	2.29	2,75	3,50
135	0,38	0,45	0,52	0,59	0,65	0,71	0,77	0,83	0,90	0,96	1,04	1,12	1,20	1,30	1,41	1,55	1,72	1.93	2,22	2,66
140	0,39	0,46	0,53	0,59	0,65	0,72	0,77	0,82	0,88	0,94	1,00	1,07	1,14	1,22	1,31	1,41	1,53	1.68	1,88	2.14
145	0,42	0,48	0,55	0,61	0,67	0,72	0,78	0,82	0,87	0,92	0.97	1,03	1,09	1,15	1,21	1,30	1,39	1.50	1.64	1.81
150	0,44	0,50	0.58	0,63	0,68	0,73	0,78	0,83	0,87	0,91	0,95	1,00	1,05	1,10	1,15	1,22	1,29	1,37	1,46	1,58

TABLA VII.

DETERMINACION DE LA DISTANCIA A QUE SE HALLA LA NAVE DEL PIÉ DE UNA MONTAÑA Ó DE UN OBJETO ELEVADO.

156. Utilidad del procedimiento.—La gran velocidad que ha alcanzado en nuestros dias el andar de los buques, hace absolutamente indispensable que se adopten métodos tan rápidos como exactos para obtener la situacion de la nave, necesidad que se hace aun más apremiante estando á la vista de tierra.

Sabemos que por medio de la demora y distancia de un punto, se obtiene una buena situacion; y como quiera que las tierras altas son las que se descubren á mayor distancia, serán desde luego las que con mayor anticipacion podrán marcarse. Pero siendo dificilísimo estimar á ojo la distancia, dificultad que aumenta á medida que es mayor, resultará de aquí un dato erróneo que producirá una situacion inexacta.

Con el fin de salvar tan grave inconveniente, se indica en los derroteros y planos modernos, la elevacion de los picos y montes más notables, para que con esta elevacion y la altura angular del monte pueda hallarse su distancia á él, ya sea por medio del cálculo ó con tablas construidas al efecto.

Para tan importante procedimiento se aplica la tabla VII, en la cual se entra con la elevacion del monte como argumento vertical y su altura angular como horizontal y se obtiene directamente la distancia al pié del monte expresada en millas.

157. Explicacion del método.—Mídase con un instrumento de reflexion la altura angular del pico sobre el nivel del mar, y aplicándole las correcciones de rectificacion del instrumento y depresion de horizonte, se obtendrá su altura corregida, con la cual y la elevacion del objeto se tendrá en la tabla VII la distancia en millas.

158. EJEMPLO.—Estando un observador á 24 piés de elevacion sobre el nivel del mar, midió con un sextante la altura angular del pico de Teide 0°..42'..50" cuya elevacion segun el derrotero es de 3709 metros. Error del instrumento + 2'.

Altura angular observada		00°.. 42'.. 50"
Error de índice.........	+	2.. 00
Altura sobre el horizonte de la mar........	=	00 .. 44 .. 50
Tabla I de Mendoza. Depresion á 24 pies ...	=	— 4 .. 49
Altura verdadera........	=	40 .. 01

Tabla VII. Para 3709 metros de elevacion y 40' de altura dá 83,5 millas, distancia á que se hallaba el observador del pico de Teide.

Tabla VII.

PARA DETERMINAR LA DISTANCIA A QUE SE HALLA LA NAVE,

DEL PIE DE UNA MONTAÑA Ó DE UN OBJETO ELEVADO.

Elevacion de la montaña ó del objeto.	Altura angular observada de la montaña ó del objeto, corregida de error de índice del instrumento y depresion de horizonte.							
	0°.. 0′	0°..10′	0°..20′	0°.. 30′	0°.. 40′	0°.. 50′	1°.. 00′	1°..10′	1°..20′
Metros.	Millas.	Millas.	Millas.	Millas.	Millas.	Millas.	Millas.	Millas.	Millas.
30	11	5	3	2	1	1	1	1	1
40	12	6	3	2	2	1	1	1	1
50	14	7	4	3	2	2	2	1	1
60	15	8	5	4	3	2	2	2	1
70	16	9	6	4	3	3	2	2	2
80	17	10	6	5	4	3	2	2	2
90	18	11	7	5	4	3	3	2	2
100	19	12	8	6	4	4	3	3	2
200	27	19	14	11	8	7	6	5	5
300	33	25	19	15	12	10	9	8	7
400	38	30	23	19	16	13	11	10	9
500	43	34	27	23	19	16	14	12	11
600	47	38	31	26	22	19	16	14	13
700	51	42	35	29	25	21	19	17	15
800	55	45	38	32	28	24	21	19	17
900	58	49	41	35	30	26	23	21	19
1000	61	52	44	38	33	29	26	23	21
1200	67	58	50	43	38	33	30	27	24
1400	72	63	55	48	42	38	34	30	28
1600	77	68	60	53	47	42	38	34	31
1800	82	72	64	57	51	46	41	38	34
2000	86	77	69	61	55	50	45	41	38
2200	90	81	73	65	59	53	48	44	41
2400	94	85	77	69	62	57	52	48	44
2600	98	89	80	73	66	60	55	51	47
2800	102	92	84	76	69	64	58	54	50
3000	105	96	87	80	73	67	61	57	52
3200	109	100	91	83	76	70	64	60	55
3400	112	103	94	86	79	73	67	62	58
3600	116	106	97	89	82	76	70	65	61
3800	119	109	100	92	85	79	73	68	63
4000	122	112	103	95	88	82	76	71	66
4200	125	115	106	98	91	84	78	73	68
4400	128	118	109	101	94	87	81	76	71
4600	131	121	112	104	97	90	84	78	73
4800	133	124	115	107	99	93	86	81	76
5000	136	127	118	109	102	95	89	83	78
5200	139	129	120	112	105	98	91	86	80
5400	142	132	123	115	107	100	94	88	83
5600	144	135	126	117	110	103	96	90	85

Tabla VII.

PARA DETERMINAR LA DISTANCIA A QUE SE HALLA LA NAVE,

DEL PIE DE UNA MONTAÑA Ó DE UN OBJETO ELEVADO.

Elevacion de la montaña ó del objeto.	Altura angular observada de la montaña ó del objeto, corregida de error de índice del instrumento y depresion de horizonte.								
	1°.. 30′	1°..40′	1°..50′	2°.. 00′	2°.. 30′	3°.. 00′	3°.. 30′	4°..00′	5°..00′
Metros.	Millas.	Millas.	Millas.	Millas.	Millas.	Millas.	Millas.	Millas.	Millas.
30	1	1	,,	,,	,,	,,	,,	,,	,,
40	1	1	1	1	,,	,,	,,	,,	,,
50	1	1	1	1	1	1	,,	,,	,,
60	1	1	1	1	1	1	1	,,	,,
70	1	1	1	1	1	1	1	1	,,
80	2	1	1	1	1	1	1	1	,,
90	2	2	2	1	1	1	1	1	1
100	3	3	3	2	2	1	1	1	1
200	4	4	3	3	2	2	2	2	1
300	6	5	5	4	4	3	3	2	2
400	8	7	7	6	5	4	3	3	2
500	10	9	8	7	6	5	4	4	3
600	12	11	10	9	7	6	5	5	4
700	13	12	11	10	8	7	6	5	4
800	15	14	13	12	10	8	7	6	5
900	17	15	14	13	11	9	8	7	6
1000	19	17	16	15	12	10	9	8	6
1200	22	20	19	17	14	12	10	9	7
1400	25	23	21	20	16	14	12	11	8
1600	28	26	24	23	19	16	14	12	10
1800	32	29	27	25	21	18	15	14	11
2000	35	32	30	28	23	20	17	15	12
2200	38	35	32	30	25	21	19	16	13
2400	40	38	35	33	27	23	20	18	14
2600	43	40	38	35	29	25	22	19	16
2800	46	43	40	37	31	27	23	21	17
3000	49	45	42	40	33	29	25	22	18
3200	51	48	45	42	35	30	27	24	19
3400	54	50	47	44	37	32	28	25	20
3600	57	53	50	47	39	34	30	26	21
3800	59	55	52	49	41	36	31	28	23
4000	62	58	54	51	43	37	33	29	24
4200	64	60	56	53	45	39	34	30	26
4400	66	62	59	55	47	41	36	32	28
4600	69	65	61	57	49	42	37	33	29
4800	71	67	63	59	51	44	39	35	31
5000	73	69	65	61	53	46	40	36	32
5200	75	71	67	64	54	47	42	37	33
5400	78	73	69	66	56	49	43	39	35
5600	80	75	71	68	58	51	45	40	36

TABLAS VIII Y IX.

MÉTODO PARA DETERMINAR LAS ELEVACIONES DE MONTAÑAS.

159. El método propuesto por el Almirantazgo inglés para calcular las alturas de montañas es el siguiente:

A la altura angular observada de la montaña, corregida de error del instrumento, se le aplica la correccion complementaria aditiva correspondiente á los metros de elevacion del observador, tomada en la tabla VIII y la correccion que dá la tabla IX, para las millas de distancia al pié de la montaña. La suma, disminuida en un grado, será la altura verdadera angular, cuya tangente sumada con el logaritmo de la distancia que dá la tabla IX, será el logaritmo del número de metros de elevacion de la montaña ó del objeto de que se trata.

160. Ejemplo.—Un observador elevado 8 metros sobre el nivel del mar y á 60,1 millas de distancia de una montaña, midió su altura angular que, corregida de rectificacion, resultó 00°.. 40'.. 10''. Se pide la elevacion de dicha montaña.

	Altura observada =	00°.. 40'.. 10''		
Tabla VIII.	Cor.^{on} por 8^{m} elev. = +	55 .. 06		
Tabla IX.	Id. por 60',1 dist.^{a} =	24 .. 00	*Tabla IX*, por 60' log =	5,04645
			Parte propor.^{al} por 0',1 =	72
Suma — 1° =	Altura verdadera =	00°.. 59'.. 16''	log tang =	8,23690
	Elevacion de la montaña en metros	1923, 5	log =	3,28407

Tabla VIII.

Elevacion del observador en metros.	Correccion complementaria aditiva.
0m, 5	58'.. 47"
1 , 0	58 .. 15
1 , 5	57 .. 51
2 , 0	57 .. 36
2 , 5	57 .. 14
3 , 0	57 .. 00
3 , 5	56 .. 46
4 , 0	56 .. 32
4 , 5	56 . 19
5 , 0	56 .. 07
5 , 5	55 .. 56
6 , 0	55 .. 45
6 , 5	55 .. 35
7 , 0	55 .. 24
7 , 5	55 .. 15
8 , 0	55 .. 06
8 , 5	54 .. 55
9 , 0	54 .. 47
9 , 5	54 .. 39
10 , 0	54 .. 31

Tabla IX.

Distancia á la montaña en millas.	Correccion aditiva.	Logaritmo de la distancia.	Parte proporcional por un décimo de milla en dist.ª	Distancia á la montaña en millas.	Correccion aditiva.	Logaritmo de la distancia.	Parte proporcional por un décimo de milla en dist.ª
5'	2'.. 00"	3,96727	792	36	14'.. 24"	4,82461	119
6	2 .. 24	4,04645	670	37	14 .. 48	4,83650	116
7	2 .. 48	4,11340	580	38	15 .. 12	4,84809	113
8	3 .. 12	4,17139	512	39	15 .. 36	4,85937	110
9	3 .. 36	4,22255	458	40	16 .. 00	4,87036	107
10	4 .. 00	4,26830	414	41	16 .. 24	4,88109	105
11	4 . 24	4,30970	378	42	16 .. 48	4,89155	102
12	4 .. 48	4,34748	348	43	17 .. 12	4,90177	100
13	5 .. 12	4,38225	322	44	17 .. 36	4,91176	98
14	5 .. 36	4,41443	298	45	18 .. 00	4,92152	95
15	6 .. 00	4,44439	280	46	18 .. 24	4,93106	93
16	6 .. 24	4,47242	263	47	18 .. 48	4,94040	91
17	6 .. 48	4,49875	248	48	19 .. 12	4,94954	90
18	7 . 12	4,52357	235	49	19 .. 36	4,95850	88
19	7 .. 36	4,54706	223	50	20 .. 00	4,96727	86
20	8 .. 00	4,56933	212	51	20 .. 24	4,97587	84
21	8 .. 24	4,59052	202	52	20 .. 48	4,98431	83
22	8 .. 48	4,61073	193	53	21 .. 12	4,99258	81
23	9 .. 12	4,63003	185	54	21 .. 36	5,00070	80
24	9 .. 36	4,64851	177	55	22 .. 00	5,00867	78
25	10 .. 00	4,66624	170	56	22 .. 24	5,01649	77
26	10 .. 24	4,68327	164	57	22 .. 48	5,02418	75
27	10 .. 48	4,69967	158	58	23 .. 12	5,03173	74
28	11 .. 12	4,71546	152	59	23 .. 36	5,03915	73
29	11 .. 36	4,73070	147	60	24 .. 00	5,04645	72
30	12 .. 00	4,74542	142	61	24 .. 24	5,05363	71
31	12 .. 24	4,75966	138	62	24 .. 48	5,06069	70
32	12 .. 48	4,77345	134	63	25 .. 12	5,06764	68
33	13 .. 12	4,78682	130	64	25 .. 36	5,07448	67
34	14 .. 26	4,79978	126	65	26 .. 00	5,08122	66
35	14 .. 00	4,81237	122	66	26 .. 24	5,08772	65

TABLAS Y NOCIONES DE METEOROLOGIA.

TABLAS BAROMETRICAS Y TERMOMETRICAS.

REDUCCIONES RECÍPROCAS

entre las diversas graduaciones de estos instrumentos y correcciones que deben aplicarse á las alturas observadas del barómetro marino.

TABLA I.

REDUCCION DE LA ESCALA BAROMÉTRICA INGLESA A LA MÉTRICA DECIMAL.

PULGADAS INGLESAS.	MILÍMETROS.	PULGADAS INGLESAS.	MILÍMETROS.	PULGADAS INGLESAS.	MILÍMETROS.
25,0	634,99	27,0	685,79	29,0	736,59
,1	637,53	,1	688,33	,1	739,13
,2	640,07	,2	690,87	,2	741,67
,3	642,61	,3	693,41	,3	744,21
,4	645,15	,4	695,95	,4	746,75
25,5	647,69	27,5	698,49	29,5	749,29
,6	650,23	,6	701,03	,6	751,83
,7	652,77	,7	703,57	,7	754,37
,8	655,31	,8	706,11	,8	756,91
,9	657,85	,9	708,65	,9	759,45
26,0	660,39	28,0	711,19	30,0	761,99
,1	662,93	,1	713,73	,1	764,53
,2	665,47	,2	716,27	,2	767,07
,3	668,01	,3	718,81	,3	769,61
,4	670,55	,4	721,35	,4	772,15
26,5	673,09	28,5	723,89	30,5	774,69
,6	675,63	,6	726,43	,6	777,23
,7	678,17	,7	728,97	,7	779,77
,8	680,71	,8	731,51	,8	782,31
,9	683,25	,9	734,05	,9	784,85

Centésimos de pulgada inglesa.	Milímetros.	Milésimos de pulgada inglesa.	Milímetros.
0,01	0,254	0,001	0,025
,02	0,508	,002	0,051
,03	0,762	,003	0,076
,04	1,016	,004	0,102
,05	1,270	,005	0,127
,06	1,524	,006	0,152
,07	1,778	,007	0,178
,08	2,032	,008	0,203
,09	2,286	,009	0,229

TABLA II.

REDUCCION DE LA ESCALA MÉTRICA DEL BARÓMETRO, A PULGADAS INGLESAS.

Milímetros.	Pulgadas inglesas.	Milímetros.	Pulgadas inglesas.	Milímetros.	Pulgadas inglesas.	Milímetros.	Pulgadas inglesas.
635	25,000	673	26,497	711	27,993	749	29,489
636	25,040	674	26,536	712	28,032	750	29,528
637	25,079	675	26,575	713	28,071	751	29,567
638	25,119	676	26,615	714	28,111	752	29,607
639	25,158	677	26,654	715	28,150	753	29,646
640	25,197	678	26,693	716	28,189	754	29,686
641	25,237	679	26,733	717	28,229	755	29,725
642	25,276	680	26,772	718	28,268	756	29,764
643	25,315	681	26,812	719	28,308	757	29,804
644	25,355	682	26,851	720	28,347	758	29,843
645	25,394	683	26,890	721	28,386	759	29,882
646	25,434	684	26,930	722	28,426	760	29,922
647	25,473	685	26,969	723	28,465	761	29,961
648	25,512	686	27,008	724	28,504	762	30,001
649	25,552	687	27,048	725	28,544	763	30,040
650	25,591	688	27,087	726	28,583	764	30,079
651	25,630	689	27,126	727	28,623	765	30,119
652	25,670	690	27,166	728	28,662	766	50,158
653	25,709	691	27,205	729	28,701	767	30,197
654	25,748	692	27,245	730	28,741	768	30,237
655	25,788	693	27,284	731	28,780	769	30,276
656	25,827	694	27,323	732	28,819	770	30,316
657	25,867	695	27,363	733	28,859	771	30,355
658	25,906	696	27,402	734	28,898	772	30,394
659	25,945	697	27,441	735	28,938	773	30,434
660	25,985	698	27,481	736	28,977	774	30,473
661	26,024	699	27,520	737	29,016	775	30,512
662	26,063	700	27,560	738	29,056	776	30,552
663	26,103	701	27,599	739	29,095	777	30,591
664	26,142	702	27,638	740	29,134	778	30,630
665	26,182	703	27,678	741	29,174	779	30,670
666	26,221	704	27,717	742	29,213	780	30,709
667	26,260	705	27,756	743	29,252	781	30,749
668	26,300	706	27,796	744	29,292	782	30,788
669	26,339	707	27,835	745	29,331	783	30,827
670	26,378	708	27,875	746	29,371	784	30,867
671	26,418	709	27,914	747	29,410	785	30,906
672	26,457	710	27,953	748	29,449	786	30,945

DÉCIMOS DE MILÍMETROS.

1.	2.	3.	4.	5.	6.	7.	8.	9.
0,004	0,008	0,012	0,016	0,020	0,024	0,028	0,031	0,035

TABLA III.

REDUCCIONES RECÍPROCAS ENTRE LAS GRADUACIONES DE LOS TERMÓMETROS CENTÍGRADO, REAUMUR Y FAHRENHEIT.

CENTÍGRADO...	REAUMUR.....	FAHRENHEIT..	CENTÍGRADO...	REAUMUR.....	FAHRENHEIT..	CENTÍGRADO....	REAUMUR.....	FAHRENHEIT..
−20°	−16,0°	−4,0°	+10°	+8,0°	+50,0°	+40°	+32,0°	+104,0°
19	15,2	2,2	11	8,8	51,8	41	32,8	105,8
18	14,4	0,4	12	9,6	53,6	42	33,6	107,6
17	13,6	+1,4	13	10,4	55,4	43	34,4	109,4
16	12,8	3,2	14	11,2	57,2	44	35,2	111,2
15	12,0	5,0	15	12,0	59,0	45	36,0	113,0
14	11,2	6,8	16	12,8	60,8	46	36,8	114,8
13	10,4	8,6	17	13,6	62,6	47	37,6	116,6
12	9,6	10,4	18	14,4	64,4	48	38,4	118,4
11	8,8	12,2	19	15,2	66,2	49	39,2	120,2
−10	−8,0	+14,0	+20	+16,0	+68,0	+50	+40,0	+122,0
9	7,2	15,8	21	16,8	69,8	51	40,8	123,8
8	6,4	17,6	22	17,6	71,6	52	41,6	125,6
7	5,6	19,4	23	18,4	73,4	53	42,4	127,4
6	4,8	21,2	24	19,2	75,2	54	43,2	129,2
5	4,0	23,0	25	20,0	77,0	55	44,0	131,0
4	3,2	24,8	26	20,8	78,8	56	44,8	132,8
3	2,4	26,6	27	21,6	80,6	57	45,6	134,6
2	1,6	28,4	28	22,4	82,4	58	46,4	136,4
1	0,8	30,2	29	23,2	84,2	59	47,2	138,2
+0	+0,0	+32,0	+30	+24,0	+86,0	+60	+48,0	+140,0
1	0,8	33,8	31	24,8	87,8	61	48,8	141,8
2	1,6	35,6	32	25,6	89,6	62	49,6	143,6
3	2,4	37,4	33	26,4	91,4	63	50,4	145,4
4	3,2	39,2	34	27,2	93,2	64	51,2	147,2
5	4,0	41,0	35	28,0	95,0	65	52,0	149,0
6	4,8	42,8	36	28,8	96,8	66	52,8	150,8
7	5,6	44,6	37	29,6	98,6	67	53,6	152,6
8	6,4	46,4	38	30,4	100,4	68	54,4	154,4
9	7,2	48,2	39	31,2	102,2	69	55,2	156,2

TABLA IV.

REDUCCION A CENTÍGRADOS DE LOS GRADOS DE LA ESCALA TERMOMÉTRICA DE FAHRENHEIT.

F.	C.	F.	C.	F.	C.
°	°	°	°	°	°
10	— 12,22	54	12,22	98	36,67
11	— 11,67	55	12,78	99	37,22
12	— 11,11	56	13,33	100	37,78
13	— 10,56	57	13,89	101	38,33
14	— 10,00	58	14,44	102	38,89
15	— 9,44	59	15,00	103	39,44
16	— 8,89	60	15,56	104	40,00
17	— 8,33	61	16,11	105	40,56
18	— 7,78	62	16,67	106	41,11
19	— 7,22	63	17,22	107	41,67
20	— 6,67	64	17,78	108	42,22
21	— 6,11	65	18,33	109	42,78
22	— 5,56	66	18,89	110	43,33
23	— 5,00	67	19,44	111	43,89
24	— 4,44	68	20,00	112	44,44
25	— 3,89	69	20,56	113	45,00
26	— 3,33	70	21,11	114	45,56
27	— 2,78	71	21,67	115	46,11
28	— 2,22	72	22,22	116	46,67
29	— 1,67	73	22,78	117	47,22
30	— 1,11	74	23,33	118	47,78
31	— 0,56	75	23,89	119	48,33
32	0,00	76	24,44	120	48,89
33	0,56	77	25,00	121	49,44
34	1,11	78	25,56	122	50,00
35	1,67	79	26,11	123	50,56
36	2,22	80	26,67	124	51,11
37	2,78	81	27,22	125	51,67
38	3,33	82	27,78	126	52,22
39	3,89	83	28,33	127	52,78
40	4,44	84	28,89	128	53,33
41	5,00	85	29,44	129	53,89
42	5,56	86	30,00	130	54,44
43	6,11	87	30,56	131	55,00
44	6,67	88	31,11	132	55,56
45	7,22	89	31,67	133	56,11
46	7,78	90	32,22	134	56,67
47	8,33	91	32,78	135	57,22
48	8,89	92	33,33	136	57,78
49	9,44	93	33,89	137	58,33
50	10,00	94	34,44	138	58,89
51	10,56	95	35,00	139	59,44
52	11,11	96	35,56	140	60,00
53	11,67	97	36,11		

DÉCIMAS DE F.	CENTÉSIMAS. C.	DÉCIMAS DE F.	CENTÉSIMAS. C.
°	°	°	°
0,1	0,06	0,6	0,33
0,2	0,11	0,7	0,39
0,3	0,17	0,8	0,44
0,4	0,22	0,9	0,50
0,5	0,28		

TABLA V.

DEPRESIONES PRODUCIDAS POR LA ACCION CAPILAR, EN LOS TUBOS BAROMÉTRICOS.

RADIO DEL TUBO EN MILÍMETROS.	Altura de la sagita del menisco, en milímetros.								
	0,2	0,3	0,4	0,5	0,6	0,7	0,8	0,9	1,0
	mm	mm	mm	mm	mm	mm	mm	mm	mm
2,0	0,60	0,89	1,16	1,41	1,65	1,86	2,05	2,21	2,35
2,2	0,49	0,72	0,95	1,16	1,36	1,54	1,71	1,85	1,98
2,4	0,40	0,60	0,79	0,97	1,14	1,29	1,44	1,57	1,68
2,6	0,34	0,50	0,66	0,81	0,96	1,09	1,22	1,33	1,44
2,8	0,29	0,43	0,56	0,69	0,82	0,93	1,04	1,14	1,24
3,0	0,24	0,36	0,48	0,59	0,70	0,80	0,90	0,99	1,07
3,2	0,21	0,31	0,41	0,51	0,60	0,69	0,78	0,86	0,93
3,4	0,18	0,27	0,36	0,44	0,52	0,60	0,68	0,75	0,81
3,6	0,16	0,23	0,31	0,38	0,46	0,52	0,59	0,65	0,71
3,8	0,14	0,21	0,27	0,34	0,40	0,46	0,52	0,57	0,62
4,0	0,12	0,18	0,24	0,30	0,35	0,40	0,46	0,50	0,55
4,2	0,11	0,16	0,21	0,26	0,31	0,36	0,40	0,45	0,49
4,4	0,09	0,14	0,19	0,23	0,27	0,32	0,36	0,40	0,45
4,6	0,08	0,12	0,16	0,20	0,24	0,28	0,32	0,35	0,38
4,8	0,07	0,11	0,15	0,18	0,22	0,25	0,28	0,31	0,34
5,0	0,07	0,10	0,13	0,16	0,19	0,22	0,25	0,28	0,31
5,2	0,06	0,09	0,12	0,14	0,17	0,20	0,22	0,25	0,27
5,4	0,05	0,08	0,10	0,13	0,15	0,18	0,20	0,22	0,24
5,6	0,05	0,07	0,09	0,12	0,14	0,16	0,18	0,20	0,22
5,8	0,04	0,06	0,08	0,10	0,12	0,14	0,16	0,18	0,20
6,0	0,04	0,06	0,07	0,09	0,11	0,13	0,14	0,16	0,18
6,2	0,03	0,05	0,07	0,08	0,10	0,11	0,13	0,14	0,16
6,4	0,03	0,05	0,06	0,07	0,09	0,10	0,12	0,13	0,14
6,6	0,03	0,04	0,05	0,07	0,08	0,09	0,11	0,12	0,13
6,8	0,02	0,04	0,05	0,06	0,07	0,08	0,10	0,11	0,12

TABLA VI.

CORRECCION PARA REDUCIR LA DILATACION DE LA COLUMNA BAROMÉTRICA A LA TEMPERATURA DE 0°.

Altura del barómetro en mil.os	Altura del termómetro unido al barómetro. (Centígrado)								
	1°	2°	3°	4°	5°	6°	7°	8°	9°
mm	mm	mm	mm	mm	mm	mm	mm	mm	mm
600	0,097	0,194	0,290	0,387	0,484	0,581	0,678	0,775	0,872
605	0,098	0,195	0,293	0,391	0,488	0,586	0,683	0,781	0,879
610	0,098	0,197	0,295	0,394	0,492	0,591	0,689	0,788	0,886
615	0,099	0,198	0,298	0,397	0,496	0,596	0,695	0,794	0,893
620	0,100	0,200	0,300	0,400	0,500	0,600	0,700	0,800	0,901
625	0,101	0,202	0,303	0,403	0,504	0,605	0,706	0,807	0,908
630	0,102	0,203	0,305	0,407	0,508	0,610	0,712	0,813	0,915
635	0,102	0,205	0,307	0,410	0,512	0,615	9,717	0,820	0,922
640	0,103	0,207	0,310	0,413	0,516	0,620	0,723	0,826	0,930
645	0,104	0,208	0,312	0,416	0,520	0,625	0,729	0,833	0,937
650	0,105	0,210	0,315	0,420	0,524	0,629	0,734	0,839	0,944
655	0,106	0,211	0,317	0,423	0,529	0,634	0,740	0,846	0,951
660	0,106	0,213	0,320	0,426	0,533	0,639	0,746	0,852	0,959
665	0,107	0,215	0,322	0,429	0,537	0,644	0,751	0,859	0,966
670	0,108	0,216	0,324	0,433	0,541	0,649	0,757	0,865	0,973
675	0,109	0,218	0,327	0,436	0,545	0,654	0,763	0,871	0,980
680	0,110	0,219	0,329	0,439	0,549	0,658	0,768	0,878	0,988
685	0,111	0,221	0,332	0,442	0,553	0,663	0,774	0,884	0,995
690	0,111	0,223	0,334	0,445	0,557	0,668	0,780	0,891	1,002
695	0,112	0,223	0,336	0,449	0,561	0,673	0,785	0,897	1,010
700	0,113	0,226	0,339	0,452	0,565	0,678	0,791	0,904	1,017
705	0,113	0,228	0,341	0,455	0,569	0,683	0,797	0,910	1,024
710	0,115	0,229	0,344	0,458	0,573	0,688	0,802	0,917	1,031
715	0,115	0,231	0,346	0,462	0,577	0,691	0,808	0,923	1,039
720	0,116	0,232	0,349	0,465	0,581	0,697	0,813	0,930	1,046
725	0,117	0,234	0,351	0,468	0,585	0,702	0,819	0,936	1,053
730	0,118	0,236	0,353	0,471	0,589	0,707	0,825	0,943	1,060
735	0,119	0,237	0,356	0,474	0,593	0,712	0,830	0,949	1,068
740	0,119	0,239	0,358	0,478	0,597	0,717	0,836	0,955	1,075
745	0,120	0,240	0,361	0,481	0,601	0,721	0,842	0,962	1,082
750	0,121	0,242	0,363	0,484	0,605	0,726	0,847	0,968	1,089
755	0,121	0,244	0,365	0,487	0,609	0,731	0,853	0,975	1,097
760	0,123	0,245	0,368	0,491	0,613	0,736	0,859	0,981	1,104
765	0,124	0,247	0,370	0,494	0,617	0,741	0,864	0,988	1,111
770	0,124	0,249	0,373	0,497	0,621	0,746	0,870	0,994	1,118
775	0,125	0,250	0,375	0,500	0,625	0,750	0,876	1,001	1,126
780	0,126	0,252	0,378	0,504	0,629	0,755	0,881	1,007	1,133
785	0,127	0,253	0,380	0,507	0,633	0,760	0,888	1,014	1,140
790	0,127	0,255	0,382	0,510	0,637	0,765	0,893	1,020	1,148
795	0,128	0,257	0,385	0,513	0,641	0,770	0,898	1,026	1,155
800	0,129	0,258	0,387	0,516	0,646	0,775	0,904	1,033	1,162

EXPLICACION

DE LAS CORRECCIONES QUE SE APLICAN Á LAS ALTURAS DEL BARÓMETRO MARINO.

El barómetro se suspende á bordo por medio del sistema de Cardano, procurando que no se mueva con demasiada libertad, y para esto deben amortiguarse las oscilaciones por medio de una friccion moderada.

Antes de suspenderlo se examinará detenidamente si hay alguna burbujilla de aire en el tubo ó bien en la cámara barométrica; lo primero se conoce fácilmente á simple vista, y para lo segundo se inclinará el instrumento con regular rapidez hasta que toque el mercurio en el extremo del tubo, dando un pequeño golpe que deberá oirse claramente. Cuando el sonido es muy débil ó nulo, nos indica que el vacío no es perfecto, y que existe por lo tanto alguna cantidad de aire, que es necesario desalojar, lo cual se consigue á veces invirtiendo el instrumento y dándole en el tubo con la punta de los dedos golpecitos suaves, hasta que las burbujillas de aire se corran hácia arriba y entren en la cubeta del barómetro.

Lectura y reduccion de las alturas barométricas. Ante todo deberá apuntarse la graduacion del termómetro unido, y dando despues unos golpecitos suaves en la parte superior del instrumento, á fin de separar el mercurio adherido al cristal, pero evitando siempre toda oscilacion violenta, se hará la lectura en la escala barométrica, ajustando el nonio convenientemente y procurando que la visual sea perpendicular al tubo, á fin de evitar errores de paralaje.

Siempre que la índole de las observaciones lo exija, y se desee obtener á bordo la verdadera elevacion de la columna barométrica, deberán aplicarse á las alturas observadas las correcciones siguientes:

1.ª *Por error de índice.*

2.ª *Por capilaridad.*

3.ª *Por la temperatura.*

Correccion por error de índice. Por mucha que sea la prolijidad y esmero que haya empleado el artista en la construccion del barómetro y en la division de su escala, raras veces es rigorosamente exacta la colocacion del cero de la misma. Por este concepto se aplica la correccion por error de índice, la cual debe indicar el constructor en cada barómetro, con el signo que le corresponda. Este error se determina comparando el barómetro que se trata de rectificar con otro que esté perfectamente arreglado, como son los que existen en los Observatorios meteorológicos.

Correccion relativa á la capilaridad. En virtud de la accion molecular conocida con el nombre de capilaridad, se efectúa siempre cierta depresion en la altura de la columna barométrica, lo cual hace que no nos indique exactamente el peso de la atmósfera. Para hacer desaparecer este error se le aplica á la mencionada altura la correccion siempre *aditiva* que dá la tabla V, y en la cual entran como elementos el *radio interior del tubo* expresado en milímetros, y *la altura de la sagita del menisco* expresada tambien en milímetros.

En el caso que el constructor no haya dado el diámetro interior del tubo, se podrá deducir aproximadamente del diámetro exterior, para lo cual se medirá éste por medio de un compás de espesor, y si fuese de 8 á 10 milímetros, se le restarán $2^{mm},3$ para obtener el diámetro interior, ó bien $2^{mm},5$ si fuese de 10 á 12^{mm}. Cuando el diámetro interior llega á 15^{mm}, el error producido por capilaridad es despreciable.

Para determinar la sagita del menisco, que es la altura de la forma semi-esférica que toma la superficie del mercurio al elevarse dentro de los tubos delgados, se coloca el nonio de modo que su canto superior coincida perfectamente con la parte más elevada del menisco, y se anotará el punto de la escala á que corresponde; hecho esto, se bajará el nonio hasta que el mismo canto superior ajuste exactamente con la base del menisco, ó sea el nivel en que el mercurio se adhiere al cristal, y se anotará tambien el punto de la escala en que se halla, y la diferencia entre éste y el punto anterior, nos dará la medida de la sagita del menisco.

Para mayor exactitud se repite esta operacion varias veces y se toma el promedio.

Con estos datos se entra en la tabla V, y en el punto de concurso de la línea correspondiente al radio del tubo y la columna de la altura de la sagita del menisco, se encontrarán los centésimos de milímetro que hay que sumarle á la altura del barómetro, para corregirla por capilaridad.

Correccion relativa á la temperatura. Siempre que se quieran comparar entre sí varias alturas barométricas observadas en temperaturas desiguales ó en diferentes estaciones, hay que tener muy presente que el calor dilata la columna mercurial; de donde resulta, que si se observan dos alturas iguales en temperaturas diferentes, estas alturas no hubieran sido las mismas si las temperaturas hubieran sido iguales. Por lo tanto, las observaciones más escrupulosas y efectuadas con los mejores instrumentos, serán inexactas si no se atiende á la temperatura de la columna barométrica.

Este error se corrije reduciendo las alturas observadas á las que se efectuarian en una temperatura constante é invariable, y para este fin se ha elegido la temperatura de cero, ó sea la del hielo fundente.

Todos los barómetros llevan unido un termómetro, colocado de modo que indique con la mayor exactitud posible la temperatura de la columna barométrica.

Para reducir la dilatacion de dicha columna á la temperatura de cero, se puede recurrir á la tabla VI, en la cual entran como elementos la altura del barómetro en milímetros y la del termómetro unido, de escala centígrado; y la correccion que resulte será *aditiva* si la altura del termómetro es bajo cero y *sustractiva* en el caso contrario.(*)

El uso de esta tabla es muy fácil, y vemos, pues, que en la columna vertical se expresa la altura del barómetro de cinco en cinco milímetros, pues no se necesita mayor aproximacion; y en la columna horizontal y á la cabeza de la tabla, se indican las alturas del termómetro *centígrado* desde 1° á 9°.

Esto supuesto, sea la altura del barómetro 725^{mm} y la temperatura 8° sobre cero; búsquese en la línea correspondiente á los 725^{mm} y en el concurso con la columna de los 8°, y tendremos que la correccion será $0^{mm},936$ *sustractiva*, porque la temperatura es sobre cero.

Otro ejemplo. Sea altura del barómetro$=692^{mm}$ y termómetro unido$=27°,5$.

La altura más próxima es 690; con esta y en la columna de 2°, dá 0,223, que multiplicándola por 10 ó sea corriendo el signo decimal un lugar hácia la derecha, nos dá la correccion correspondiente á 20°=2,23. Súmesele á esta la que pertenece á los 7°=0,780, y para la fraccion de los 0,5 búsquese la correccion á 5°=0,557 y divídase por 10 corriendo el signo decimal un lugar hácia la izquierda, y tendremos 0,056; luego será:

$$2{,}23+0{,}780+0{,}056=\overset{mm}{3{,}066}\ \textit{correccion sustractiva.}$$

(*) Las tablas V y VI han sido extractadas, si bien con ligeras alteraciones, de la obra titulada *Cours complet de Meteorologie de L. F. Kaemtz.*

Basta con lo dicho para comprender el manejo de la tabla, pues vemos desde luego que para hallar las correcciones correspondientes á 20°, 30°, 40°, &c., no hay más que buscar las de 2°, 3°, 4°, &c., y multiplicarlas por 10; y para las fracciones 0°,2, 0°,3, 0°,4, &c., las pertenecientes á 2°, 3°, 4°, &c., y dividir los resultados por 10.

Ejemplo de correcciones.

Altura del barómetro = 764^{mm}, 5. Error de índice + 2^{mm}, 5. Radio del tubo = 3^{mm}. Sagita del menisco = 0^{mm}, 8. Termómetro unido = 12°, 3 centígrado.

Altura del barómetro			764,5
Error de índice	+2,5	+	3,4
Correccion por capilaridad (Tabla V)	+0,9		
			767,9
Correccion por temperatura (Tabla VI)			
Por 10°	1,24	—	1,52
Por 2°	0,247		
Por 0°,3	0,037		
Altura corregida		=	766,38

Reduccion de las alturas barométricas al nivel del mar. Se ha determinado experimentalmente que la altura de la columna del barómetro desciende 1 milímetro próximamente por cada 12 metros de elevacion. Por lo tanto, para reducir las observaciones al nivel del mar, se le sumará á las alturas 1 milímetro por cada 12 metros de elevacion sobre el nivel del mar.

A bordo no se aplica generalmente esta correccion, toda vez que la mayor elevacion á que se halla el barómetro no pasa por lo regular de unos 5 ó 6 metros.

Para el caso en que fuera necesario aplicar dicha correccion, la tabla siguiente nos dá, en milímetros, la *correccion aditiva* que deberá aplicársele á la altura indicada por el barómetro para reducirla al nivel del mar.

TABLA VII.

PARA REDUCIR LA ALTURA BAROMÉTRICA AL NIVEL DEL MAR.

Elevacion del barómetro en metros.	Correccion aditiva.	Elevacion del barómetro en metros.	Correccion aditiva.	Elevacion del barómetro en metros.	Correccion aditiva.	Elevacion del barómetro en metros.	Correccion aditiva.
	mm		mm		mm		mm
1	0,08	7	0,58	13	1,08	19	1,58
2	0,16	8	0,66	14	1,16	20	1,66
3	0,25	9	0,75	15	1,25	21	1,75
4	0,33	10	0,83	16	1,33	22	1,83
5	0,41	11	0,91	17	1,41	23	1,91
6	0,50	12	1,00	18	1,50	24	2,00

Influencia de la latitud sobre la altura média del barómetro. Por altura barométrica média diaria, se entiende la que es un medio aritmético entre todas las alturas observadas durante un dia.

Dividiendo por el número de dias de un mes la suma de las alturas médias diarias observadas durante el mismo, se obtendrá la altura média mensual; y dividiendo por 12 la suma de las alturas médias mensuales de un año, se tendrá tambien la altura média anual. Y por último, tomando el promedio de las alturas médias anuales, observadas durante muchos años en un lugar, se determinará su altura média barométrica.

Siendo así que la altura média del barómetro es distinta en las diferentes latitudes, es evidente que para saber si en un paraje dado, la altura que nos señala el barómetro es relativamente alta ó baja, es necesario conocer la altura média que tiene en dicho lugar.

La siguiente tabla, extractada de los trabajos de Maury, nos dá á conocer la altura média que tiene el barómetro en la mar en diversas latitudes, cuyo estudio es de importancia, toda vez que en determinadas ocasiones se notan diferencias en la altura barométrica bastante sensibles, y que provienen únicamente de las diferencias en latitud que se han contraido.

TABLA VIII.

ALTURAS MEDIAS DEL BARÓMETRO EN LA MAR.

Hemisferio NORTE.		Hemisferio SUR.	
Latitud.	Altura média barométrica.	Latitud.	Altura média barométrica.
°	mm	°	mm
0	759,968	0	759,968
5	759,714	5	760,984
10	760,476	10	762,000
15	761,746	15	763,270
20	763,271	20	764,286
25	765,048	25	764,794
30	766,572	30	764,032
35	766,064	35	762,508
40	764,794	40	759,968
45	763,270	Entre 40 y 43°	758,952
50	762,000	„ 43 y 45	756,412
55	761,746	„ 45 y 48	752,602
60	758,953	„ 48 y 50	751,078
65	757,936	„ 50 y 53	748,792
70	756,920	„ 53 y 55	745,744
		55	745,236
		60	740,410
		65	735,584
		70	728,726

Oscilaciones de la columna mercurial. Merece tambien particular atencion el estudio de las distintas variaciones que experimenta la altura del barómetro en las diversas regiones del globo, siendo las más importantes las que siguen:

La variacion máxima que tiene el barómetro en las regiones de los variables; por una variacion en la fuerza del viento es de 50^{mm}, por un cambio en su direccion de 12^{mm} y por un aumento ó disminucion en la humedad de la atmósfera de 12^{mm}. Siendo el mayor efecto que producen estas tres causas obrando en el mismo sentido de unos 75^{mm}, al paso que sólo asciende á 35^{mm} en las calmas tropicales.

Las variaciones que tienen lugar en las calmas ecuatoriales y en los vientos generales sólo son de algunos milímetros, excepto en la proximidad de los huracanes.

Advertencias. Concluiremos llamando la atencion acerca de las reflexiones que hace el teniente *Maury*(*) sobre la notoria imperfeccion de los barómetros que usan la generalidad de los navegantes, los cuales se cuidan muy poco de rectificarlos y de saber el grado de exactitud que tienen, contentándose solamente con saber si indican con más ó ménos precision las variaciones de tiempo. Resulta tambien que los constructores no los rectifican escrupulosamente, y las pocas veces que así lo hacen, no indican las correcciones que hay que aplicarle á cada barómetro en particular, por error de índice y capilaridad. De aquí resulta, que siempre que se recopilan con algun objeto científico las observaciones barométricas hechas durante algunos viajes, son de poquísima utilidad para las investigaciones que se tratan de hacer.

Por nuestra parte no podemos por ménos de recomendar las colecciones de instrumentos meteorológicos que construye el artista Sr. Torres, y que son los únicos que se llevan en nuestros buques de guerra, estando mandado que la escala del barómetro sea la métrica decimal y centígrado el termómetro, disposicion muy justa y conveniente, pues ya era tiempo de que dejásemos de usar las escalas barométricas divididas en pulgadas inglesas y la extravagante graduacion de Fahrenheit en los termómetros.

TABLAS PSICROMÉTRICAS.

Descripcion del psicrómetro. Entre los numerosos instrumentos que se han imaginado para conocer el grado de humedad que hay en la atmósfera, figura uno que por su extremada sencillez ha sido adoptado para la marina y que se designa con el nombre de psicrómetro.

Este es un aparato compuesto de dos termómetros iguales y muy sensibles, colocados en un soporte y distante uno de otro de seis á ocho centímetros. La bola ó depósito de uno de estos dos termómetros está completamente descubierto, y el otro está envuelto en un pedazo de muselina ú otro género fino de algodon ya usado, del cual sale una torcida de algodon que se introduce en un pequeño vaso con agua, colocado en uno de los costados del instrumento, y de este modo la bola del citado termómetro estará siempre perfectamente húmeda.

(*) Posteriormente Comodoro y Director del Observatorio de Washington.

De la diferencia que haya entre las indicaciones de ambos termómetros, se deduce con bastante facilidad y aproximacion el grado de humedad del aire.

En efecto, estando muy seco el aire, es grande y rápida la evaporacion del agua; esta evaporacion producirá un enfriamiento en el termómetro de bola húmeda y su temperatura será mucho más baja que la indicada por el de la bola seca. Por el contrario, siendo mucha la humedad de la atmósfera, ambos termómetros estarán en circunstancias idénticas y sus indicaciones serán por lo tanto iguales.

Resulta, pues, que los principios en que se funda el psicrómetro, son:

1.° Si se coloca al aire libre un termómetro de bola húmeda, indicará una temperatura tanto más baja cuanto mayor sea la evaporacion, es decir, cuanto más seco esté el aire.

2.° Suponiendo invariable el grado de humedad del aire, la diferencia entre los termómetros de bola seca ó húmeda será tanto mayor cuanto más elevada sea la temperatura.

Circunstancias que deben concurrir para que sean exactas las indicaciones del psicrómetro. El psicrómetro debe colocarse al aire libre, resguardado del Sol, de la radiacion, de la lluvia y del viento. Los termómetros deben estar á la distancia conveniente para que no influya en el seco la humedad del otro.

Se tendrá mucho cuidado de echar el agua en el depósito ó vaso con la anticipacion conveniente, para que al hacer la lectura del instrumento esté el agua á la misma temperatura del aire.

Hay que emplear siempre *agua dulce* y lavar con frecuencia la tela y mecha de algodon, para quitarles el polvo y cuerpos extraños que pueda haber, los cuales entorpecen la permeabilidad y son causa de errores considerables.

Modo de interpretar las indicaciones del psicrómetro. Ante todo diremos, que por *humedad absoluta* se entiende el peso ó tension del vapor de agua que hay en un volúmen dado de aire, y que *humedad relativa* ó sea el estado higrométrico de la atmósfera, es la relacion que existe entre la humedad que hay en la atmósfera y la que habria en completo estado de saturacion.

Al aumentar la temperatura aumenta tambien la cantidad de vapor que puede contener la atmósfera, pero no la *humedad sensible;* así tenemos que á las dos de la tarde, por ejemplo, de un dia caluroso y despejado del estío, nos parece el aire más seco que en la madrugada ó noche del mismo dia, siendo así que en el primer caso hay mayor cantidad de vapor de agua en la atmósfera que en el segundo, si bien es menor la relacion entre la cantidad existente y la que tendria que haber para que resultase rocío ó lluvia.

La mayor ó menor cantidad de agua que hay en la atmósfera, influye en la presion que esta ejerce en la columna del barómetro; segun esto, diremos que por *tension del vapor de agua* se entiende la presion ó peso del que existe en la atmósfera en un momento dado.

Para interpretar las indicaciones del psicrómetro emplearemos las cuatro tablas que ponemos á continuacion (*), deducidas de las fórmulas del Dr. August y perfeccionadas por Regnault, y si bien sus resultados no son rigorosamente exactos, satisfacen en general las necesidades del navegante.

TABLA IX. Se emplea para hallar el valor de la *humedad relativa* de la atmósfera, ó sea la fraccion que existe en ella, suponiendo representada por el número 100 la máxima cantidad que podria contener á la temperatura del termómetro de bola seca.

Este resultado se halla entrando en dicha tabla con la diferencia entre los dos termómetros como argumento horizontal y con la temperatura del termómetro de bola húmeda como argumento vertical.

EJEMPLO. Sea la temperatura del termómetro seco 22° y la del húmedo 15°. La diferencia entre ambos es 7°, y la tabla nos dá 46 como valor de la humedad relativa; es decir, 0,46 de la máxima que podria contener la atmósfera á la temperatura del termómetro de bola seca.

TABLA X. Sirve para hallar la *tension*, en milímetros, *del vapor de agua* que existe en la atmósfera á las temperaturas ordinarias que se experimentan en España, y para una presion barométrica de 705^{mm}, que es la média anual de Madrid.

Los elementos con que se entra en esta tabla, son la diferencia entre los dos termómetros y la altura del de bola húmeda.

Siendo como en el ejemplo anterior 7° la diferencia y 15° la altura del termómetro húmedo, la tension del vapor de agua será de 9^{mm},14.

TABLA XI. Se emplea para hallar la correccion que debe aplicársele al resultado obtenido por la tabla anterior, cuando la presion barométrica es distinta de 705^{mm}.

Los argumentos con que se entra en ella son la diferencia entre los dos termómetros y la altura del barómetro.

(*) Estas tablas están tomadas del *Anuario del Observatorio de Madrid*, correspondiente al año de 1865.

Si en el ejemplo anterior hubiese sido la altura del barómetro de 760^{mm} en vez de los 705^{mm} para los cuales está calculada la tabla X, tendríamos que para dichos 760^{mm} y 7° de diferencia entre los termómetros, encontramos en la tabla XI la *correccion sustractiva* 0^{mm},27, que aplicada á la tension antes hallada 9^{mm},14, resultará ser de 8^{mm},87 la tension verdadera del vapor de agua que hay en la atmósfera.

TABLA XII. Dá á conocer el peso en gramos, del vapor de agua contenido en un metro cúbico de aire saturado, y la temperatura en que dicho vapor se empezaria á presentar en forma de rocío ó lluvia, para lo cual se entra en ella con la tension del vapor en milímetros como argumento.

Siendo la tension del vapor de agua 8^{mm},87, tomaremos el promedio de los resultados correspondientes á las tensiones que dá la tabla para 8^{mm},57 y 9^{mm},16, entre los cuales están comprendidas, y obtendremos que el peso en gramos del vapor de agua contenido en 1 metro cúbico de aire saturado, será

$$\frac{8{,}87+9{,}44}{2}=9^{gr},15;$$

y que la temperatura del punto de rocío estará comprendida desde 9° y 10°.

Siendo así que la humedad relativa antes hallada es de 46 ó sea 0,46, y que la temperatura del aire es de 22°, tenemos tambien que la citada tabla XII nos dice que el peso en gramos del vapor existente en 1 metro cúbico de aire saturado para 22° de temperatura, es de 19^{gr},44; pero como el aire no está saturado y sí solamente hay 0,46 del vapor de agua que podria contener, multiplicaremos el peso hallado 19^{gr},44 por 0,46 y resultará que el peso del vapor de agua que hay en realidad será de 8_{gr},94.

RESÚMEN.—Vemos, pues, que señalando el termómetro de bola seca 22°, el de bola húmeda 15°, y siendo la altura del barómetro 760^{mm}, hemos hallado los valores siguientes: humedad relativa de la atmósfera 0,46; tension del vapor de agua 8^{mm},87; peso del vapor de agua que existe en un metro cúbico de aire 8^{gr},94; peso del que contendria si estuviese el aire saturado 9^{gr},15; y temperatura en que dicho vapor se presentaria en forma de rocío, 9°,5.

Sólo nos resta que decir, que si las alturas del termómetro se aprecian en grados y fracciones decimales de estos, de los valores que dan las tablas se deducen los correspondientes por medio de proporciones.

TABLA IX. — PARA DETERMINAR LA HUMEDAD RELATIVA.

Term° bola húm.ª	t—t' DIFERENCIA ENTRE LOS DOS TERMOMETROS.																t'
	0	1	2	3	4	5	6	7	8	9	10	11	12	13	14	15	
— 4°	100	80	63	49	36	,,	,,	,,	,,	,,	,,	,,	,,	,,	,,	,,	— 4°
— 3	100	81	65	51	39	,,	,,	,,	,,	,,	,,	,,	,,	,,	,,	,,	— 3
— 2	100	82	67	53	41	,,	,,	,,	,,	,,	,,	,,	,,	,,	,,	,,	— 2
— 1	100	83	69	55	43	,,	,,	,,	,,	,,	,,	,,	,,	,,	,,	,,	— 1
0	100	83	69	55	43	32	23	15	8	2	,,	,,	,,	,,	,,	,,	0
1	100	84	70	57	45	35	26	18	11	5	,,	,,	,,	,,	,,	,,	1
2	100	84	71	58	47	38	29	21	14	8	3	,,	,,	,,	,,	,,	2
3	100	85	72	60	49	40	31	24	17	11	6	2	,,	,,	,,	,,	3
4	100	86	73	61	51	42	34	26	20	14	9	5	1	,,	,,	,,	4
5	100	86	74	63	53	44	36	29	23	17	12	8	4	,,	,,	,,	5
6	100	87	75	64	55	46	38	31	25	19	15	10	6	3	,,	,,	6
7	100	87	76	65	56	48	40	33	27	22	17	13	9	6	,,	,,	7
8	100	88	76	66	57	49	42	35	29	24	20	15	11	8	5	,,	8
9	100	88	77	67	59	51	44	37	31	26	22	17	14	10	7	5	9
10	100	88	78	68	60	52	45	39	33	28	24	20	16	12	9	7	10
11	100	89	78	69	61	54	47	41	35	30	26	22	18	14	11	9	11
12	100	89	79	70	62	55	48	42	37	32	27	23	20	16	13	11	12
13	100	89	80	71	63	56	50	44	38	33	29	25	22	19	15	13	13
14	100	90	80	72	64	57	51	45	40	35	31	27	23	20	17	14	14
15	100	90	81	73	65	58	52	46	41	36	32	28	25	22	19	16	15
16	100	90	82	73	66	59	53	48	43	38	34	30	26	23	20	18	16
17	100	91	82	74	67	60	54	49	44	39	35	31	28	25	22	19	17
18	100	91	82	75	68	61	55	50	45	41	36	33	29	26	23	21	18
19	100	91	83	75	68	62	56	51	46	42	38	34	30	27	24	22	19
20	100	91	83	76	69	63	57	52	47	43	39	35	32	29	26	23	20
21	100	92	83	76	70	64	58	53	48	44	40	36	33	30	27	24	21
22	100	92	84	77	70	64	59	54	49	45	41	37	34	31	28	25	22
23	100	92	84	77	71	65	60	55	50	46	42	38	35	32	29	27	23
24	100	92	84	78	72	66	60	55	51	47	43	40	36	33	30	28	24
25	100	92	85	78	72	66	61	56	52	48	44	40	37	34	31	29	25
26	100	92	85	79	73	67	62	57	53	49	45	41	38	35	32	30	26
27	100	92	85	79	73	68	62	58	53	49	46	42	39	36	33	31	27
28	100	93	86	79	74	68	63	58	54	50	46	43	40	37	34	31	28
29	100	93	86	80	74	69	64	59	55	51	47	44	41	38	35	32	29
30	100	93	86	80	74	69	64	60	55	52	48	44	41	38	36	33	30

TABLA X. — Para hallar la tension del vapor de agua, a la altura barométrica de 705mm

Term.ª bola húm.ª	$t-t'$ DIFERENCIA ENTRE LOS DOS TERMOMETROS. 0	1	2	3	4	5	6	7	8	9	10	11	12	13	14	15	t'
	mm	mm	mm	mm	mm	mm	mm	mm	mm	mm	mm	mm	mm	mm	mm	mm	
– 4°	3.39	2.95	2,51	2,08	1,64	"	"	"	"	"	"	"	"	"	"	"	– 4°
– 3	3.66	3,22	2,79	2,35	1,91	"	"	"	"	"	"	"	"	"	"	"	– 3
– 2	3 96	3,52	3,08	2,64	2,20	"	"	"	"	"	"	"	"	"	"	"	– 2
– 1	4 27	3.83	3,39	2,95	2,51	"	"	"	"	"	"	"	"	"	"	"	– 1
0	4.60	4,10	3,61	3,11	2,62	2,12	1,62	1,13	0,63	0,14	"	"	"	"	"	"	0
1	4.94	4,44	3,95	3,45	2,95	2,46	1,96	1,46	0,97	0,47	"	"	"	"	"	"	1
2	5.30	4.81	4,31	3,81	3,31	2,81	2,32	1,82	1,32	0,82	0,33	"	"	"	"	"	2
3	5.69	5,19	4,69	4.19	3,69	3,19	2,70	2,20	1,70	1,20	0,70	0,20	"	"	"	"	3
4	6.10	5,60	5,10	4,60	4,10	3,60	3,10	2,60	2,10	1,60	1,11	0,61	0,11	"	"	"	4
5	6,53	6,03	5,53	5,03	4,53	4,03	3,53	3,03	2,53	2,03	1,53	1,03	0,53	0,03	"	"	5
6	7,00	6,50	6,60	5,50	5,00	4,49	3,99	3,49	2,99	2,49	1,99	1,49	0,99	0,49	"	"	6
7	7,49	6,99	6,49	5,99	5,49	4,98	4,48	3,98	3,48	2,98	2,48	1,97	1,47	0,97	0,47	"	7
8	8.02	7,51	7,01	6,51	6,01	5,50	5,00	4,50	4,00	3,50	3,00	2,49	1,99	1,49	0,98	0,48	8
9	8,57	8,07	7,57	7,06	6,56	6,06	5,55	5,05	4,55	4,04	3,54	3,04	2,53	2,03	1,53	1,03	9
10	9,16	8,66	8,16	7,65	7,15	6,64	6,14	5,64	5,13	4,63	4,12	3,62	3,12	2,61	2,11	1,61	10
11	9.79	9,28	8,78	8,28	7,77	7,27	6,76	6,26	5,75	5,25	4,74	4,24	3,73	3,23	2,72	2,22	11
12	10,46	9,95	9,44	8,94	8,43	7,93	7,42	6,92	6,41	5,90	5,40	4.89	4,39	3,88	3,37	2,87	12
13	11,16	10,65	10,15	9,64	9,14	8,63	8,12	7,62	7,11	6,60	6,10	5,59	5,08	4,58	4,07	3,56	13
14	11 91	11.40	10,89	10,38	9,88	9,37	8,86	8,35	7,85	7,34	6,83	6,33	5,82	5,31	4,80	4,30	14
15	12,70	12,19	11,68	11,17	10,67	10,16	9,65	9,14	8,63	8,12	7,62	7,11	6,60	6,09	5,58	5,07	15
16	13,54	13,03	12,52	12,01	11,50	10,99	10,48	9,97	9,46	8,95	8,44	7,93	7,43	6,92	6,41	5,90	16
17	14,42	13,91	13,40	12,89	12,38	11,87	11,36	10,85	10,34	9,83	9,32	8,81	8,30	7,79	7,28	6,77	17
18	15,36	14,85	14,34	13,82	13,31	12,80	12,29	11,78	11,27	10,76	10,25	9,74	9,23	8,72	8,20	7,69	18
19	16,34	15,83	15,32	14,81	14,30	13,79	13,27	12,76	12,25	11,74	11,23	10,72	10,20	9,69	9,18	8,67	19
20	17,39	16,88	16,37	15,85	15,34	14,83	14,32	13,80	13,29	12,78	12,26	11,75	11,24	10,73	10,21	9,70	20
21	18,49	17,98	17,47	16,95	16,44	15,93	15,41	14,90	14,39	13,87	13,36	12,85	12,33	11,82	11,30	10,79	21
22	19,66	19,14	18,63	18,12	17,60	17,09	16,57	16,06	15,54	15,03	14,52	14,00	13,49	12,97	12,46	11,94	22
23	20.89	20,37	19,86	19,34	18,83	18,31	17,80	17,28	16,77	16,25	15,74	15,22	14,71	14,19	13,67	13,16	23
24	22,18	21,67	21,15	20,64	20,12	19,60	19,09	18,57	18,05	17,54	17,02	16,51	15,99	15,47	14,96	14,44	24
25	23,55	23,03	22,52	22,00	21,48	20,96	20,45	19,93	19,41	18,90	18,38	17,86	17,35	16,83	16,31	15,79	25
26	24,99	24,47	23,95	23,43	22,92	22,40	21,88	21,36	20,84	20,33	19,81	19,29	18,77	18,26	17,74	17,22	26
27	26.51	25,99	25,47	24,95	24,43	23,91	23,39	22,87	22,35	21,84	21,32	20,80	20,28	19,76	19,24	18,82	27
28	28,10	27,58	27,06	26,54	26,02	25,50	24,98	24,46	23,94	23,42	22,90	22,38	21,86	21,34	20,82	20,30	28
29	29,78	29,26	28,74	28,22	27,70	27,18	26,66	26,14	25,62	24,10	24,58	24,06	23,54	23,02	22,50	21,98	29
30	31,55	31,03	30,50	29,98	29,46	28,94	28,42	27,90	27,38	26,85	26,33	25,81	25,29	24,77	24,25	23,73	30

TABLA XI.

CORRECCION QUE SE APLICA A LA TENSION HALLADA EN LA TABLA X, POR DIFERENTES ALTURAS DEL BARÓMETRO.

BARÓMETRO.	(t—t') DIFERENCIA ENTRE LOS DOS TERMOMETROS. (t'=0)														
	1°	2°	3°	4°	5°	6°	7°	8°	9°	10°	11°	12°	13°	14°	15°
660	+0,04	+0,06	+0,10	+0,12	+0,16	+0,19	+0,22	+0,26	+0,28	+0,32	+0,34	+0,38	+0,40	+0,44	+0,48
670	0,03	0,05	0,08	0,10	0,12	0,14	0,17	0,20	0,22	0,25	0,27	0,30	0,32	0,34	0,37
680	0,02	0,03	0,06	0,07	0,09	0,10	0,12	0,15	0,16	0,18	0,19	0,21	0,22	0,24	0,27
690	0,02	0,02	0,04	0,04	0,05	0,06	0,07	0,09	0,09	0,11	0,11	0,13	0,13	0,15	0,16
700	0,01	0,01	0,02	0,01	0,02	0,02	0,02	0,03	0,03	0,04	0,04	0,04	0,04	0,05	0,06
710	−0,00	−0,01	−0,01	−0,02	−0,02	−0,03	−0,02	−0,02	−0,03	−0,03	−0,04	−0,04	−0,05	−0,05	−0,05
720	0,01	0,02	0,03	0,04	0,05	0,06	0,07	0,08	0,10	0,10	0,12	0,13	0,14	0,15	0,15
730	0,01	0,04	0,05	0,07	0,09	0,11	0,12	0,14	0,16	0,17	0,20	0,21	0,23	0,25	0,26
740	0,02	0,05	0,07	0,10	0,12	0,15	0,17	0,19	0,22	0,24	0,27	0,29	0,32	0,35	0,37
750	0,03	0,06	0,09	0,13	0,16	0,19	0,22	0,25	0,29	0,31	0,35	0,38	0,42	0,44	0,47
760	0,03	0,08	0,11	0,16	0,19	0,24	0,27	0,31	0,35	0,38	0,43	0,46	0,52	0,54	0,58
770	0,04	0,09	0,13	0,19	0,23	0,28	0,32	0,36	0,41	0,45	0,51	0,55	0,60	0,64	0,68
780	0,05	0,11	0,16	0,21	0,26	0,32	0,37	0,42	0,48	0,52	0,58	0,63	0,69	0,74	0,79

TABLA XII.

PARA HALLAR EL PESO DEL VAPOR DE AGUA QUE CONTIENE UN METRO CÚBICO DE AIRE SATURADO, Y LA TEMPERATURA EN QUE DICHO VAPOR SE PRESENTARÁ EN FORMA DE ROCIO.

Grados centígrados.	Tension máxima del vapor de agua.	Peso del vapor contenido en un metro cúbico de aire saturado.	Grados centígrados.	Tension máxima del vapor de agua.	Peso del vapor contenido en un metro cúbico de aire saturado.
	mm	gr.		mm	gr.
—10	2,08	2,30	+13	11,16	11,38
—9	2,26	2,49	14	11,91	12,10
—8	2,46	2,70	15	12,70	12,86
—7	2,67	2,92	16	13,54	13,62
—6	2,89	3,16	17	14,42	14,50
—5	3,13	3,41	18	15,36	15,39
—4	3,39	3,67	19	16,35	16,33
—3	3,66	3,96	20	17,39	17,31
—2	3,95	4,28	21	18,49	18,45
—1	4,27	4,57	22	19,66	19,44
0	4,60	4,91	23	20,89	20,58
+1	4,94	5,26	24	22,18	21,78
2	5,30	5,62	25	23,55	23,07
3	5,69	6,01	26	24,99	24,37
4	6,10	6,42	27	26,50	25,77
5	6,53	6,84	28	28,10	27,23
6	7,00	7,32	29	29,78	28,76
7	7,49	7,80	30	31,55	30,37
8	8,02	8,32	31	33,40	32,05
9	8,57	8,87	32	35,36	33,81
10	9,16	9,44	33	37,41	35,65
11	9,79	10,05	34	39,56	37,58
12	10,46	10,70	35	41,49	39,28

APLICACIONES

DEL BARÓMETRO, TERMÓMETRO Y PSICRÓMETRO PARA PRONOSTICAR EL TIEMPO.

Uno de los deberes más importantes que tiene que cumplir el marino, es preveer con la mayor anticipacion posible cuantas variaciones puedan tener lugar en la direccion y fuerza del viento, así como tambien la proximidad de calmas, temporales y huracanes. Para esto debe recurrir principalmente á las observaciones del barómetro, termómetro y psicrómetro, en razon á que estos instrumentos ños indican las variaciones de tiempo, mucho antes de que se tenga el más leve indicio de ellas, por los distintos aspectos del cielo y horizonte y estado del mar.

Reconocida la imprescindible necesidad de consultar frecuentemente el barómetro, termómetro y psicrómetro, que nos dan á conocer la presion atmosférica, temperatura y grado de humedad del aire, daremos algunas ideas acerca del modo de interpretar las indicaciones de estos instrumentos, ya sea aisladamente, ó bien comparándolos entre sí.

Ante todo diremos, que por elementos meteorológicos se entienden las diversas partes que, tomadas en conjunto, constituyen el estado atmosférico en un lugar determinado. Se consideran como tales la temperatura ó grado de calor del aire, la cantidad de vapor de agua que contiene, la presion atmosférica, el movimiento del aire ó viento, la forma y cantidad de nubes y la precipitacion acuosa (rocío, lluvia, granizo, nieve, &c.)

El estado medio en un lugar de cada uno de estos elementos, juntamente con el conocimiento de sus variaciones regulares diarias, mensuales y ánuas, constituyen lo que se llama su clima, y la ciencia que á este estudio se refiere se llama climatologia.

Modo de interpretar las indicaciones del barómetro. Este instrumento es, sin duda alguna, el más importante de los tres de que hemos hecho mencion, para darnos anticipado conocimiento de las perturbaciones de la atmósfera, toda vez que los ascensos y descensos de la columna mercurial, nos indican rupturas en el equilibrio de las diferentes partes de la atmósfera, y de aquí la produccion de los distintos vientos. Pero como esta falta de equilibrio se supone que es producida principalmente por la desigual temperatura de las diferentes regiones de la atmósfera, resulta de aquí que las variaciones del barómetro están íntimamente ligadas con las del termómetro, pudiendo decirse que el barómetro baja con los vientos calientes y que sube con los vientos frios. En efecto, en nuestras latitudes el barómetro sube con los vientos del N y baja con los del S.

Para interpretar las indicaciones del barómetro, se hace preciso conocer su nivel medio en el lugar de que se trata, lo cual en la mar puede deducirse con bastante aproximacion por medio de la tabla VIII, y despues hay que observar las subidas y bajadas que experimenta la columna mercurial, con la frecuencia que se juzgue necesaria, cuidando despues de hacer cada lectura de dejar el índice ó canto del nonio á la altura del nivel del mercurio, para conocer de este modo si éste ha subido ó bajado desde entonces.

Cuando el barómetro tiene un movimiento de ascenso ó descenso de $0^{mm},4$ por hora, ó de 2^{mm} en 5^{h}, se dice que es moderado; si es de 4^{mm} en 5^{h}, considerable; de un milímetro por hora, ó sean 5^{mm} en 5^{h}, brusco, y cuando es de 15 á 20 milímetros en 24^{h}, muy rápido.

La extension de estas oscilaciones depende tambien de las latitudes, tanto que á la altura del Cabo de Hornos y al Sur de la Australia, es frecuente que descienda el barómetro de 742^{mm} hasta 732^{mm} en el intervalo de 4^{h}. Cuando los vientos se entablan del SO, sube hasta 778^{mm} en ménos de un dia, y al soplar del NO desciende hasta 732^{mm}, y más aún.

Diremos en general, que en la region de los vientos variables son más sensibles las oscilaciones del barómetro que en la zona tórrida, toda vez que en aquellas suelen ser los vientos más variables y fuertes, mientras que siendo los vientos generales más flojos, y soplando en una direccion sensiblemente constante, son mucho más pequeñas las oscilaciones del barómetro; sin embargo, nos dan á conocer la proximidad de las zonas de calmas ecuatoriales y tropicales y la de los huracanes.

Así, cuando se nota una bajada en el barómetro, de 5 á 8 milímetros bajo el nivel medio, es sin duda una señal alarmante, y si dicho descenso llega á ser de 12^{mm} á 15^{mm}, es señal infalible que se halla el buque próximo á un huracan, al estar en el centro del cual llega á estar el barómetro de 40^{mm} á 50^{mm} más bajo que el nivel medio. El barómetro está tanto más bajo, cuanto más cerca se está del centro del huracan; por lo tanto se conoce cuando se vá aproximando ó alejando de dicho centro un navegante; segun que el barómetro siga bajando ó suba.

La violencia de los huracanes es mayor próximo á tierra, y el barómetro nos dá el primer anuncio algunas veces sólo con una anticipacion de 6 á 8 horas.

En las regiones de los variables las oscilaciones son 5 ó 10 veces mayores y generalmente el barómetro nos anuncia todos los cambios de tiempo con una anticipacion de 12^{h} á 24^{h}. Las reglas que deben seguirse para deducir la direccion y fuerza del viento, son las siguientes:

Cuando la altura es superior á la del nivel medio ó sube, deben esperarse vientos del polo más próximo; y cuando es inferior ó baja de dicho nivel medio, vientos del polo más distante.

Si la altura barométrica permanece estacionaria, indica tiempo fijo; es decir, que no habrá variacion en la fuerza y direccion del viento; pero si la altura oscila en uno y otro sentido, que el tiempo será variable.

Cuando está el mercurio en el nivel medio ó hasta unos 8^{mm} sobre ó bajo él, nos indica que el viento será manejable; pero si baja hasta 15^{mm} ó 20^{mm}, que habrá vientos duros ó temporal.

Si estando el barómetro muy alto, 15^{mm} á 20^{mm} sobre el nivel medio, sucede una bajada brusca, anuncia vientos del polo más remoto; y por el contrario si está muy bajo, 15^{mm} á 20^{mm} bajo el nivel medio, y tiene lugar una subida rápida, que vá á soplar el viento del polo más próximo.

Tambien una subida lenta de 1^{mm} á 2^{mm} en 4^{h}, indica ménos viento ó tiempo más frio y seco; del mismo modo una bajada de 1^{mm} á 2^{mm} en 4^{h}, más viento ó tiempo más caluroso y húmedo.

Por último, diremos que mientras más tarde en suceder un tiempo anunciado por el barómetro, mayor será regularmente su duracion, y que si los movimientos de subida y bajada son rápidos, el tiempo variará pronto, y si son lentos tardará en suceder.

Modo de interpretar las indicaciones del termómetro. A pesar de las muchas causas generales y locales que hacen equívocas las indicaciones del termómetro, son sin embargo muy útiles, sobre todo en la mar y especialmente si se comparan con las del barómetro y psicrómetro.

En la zona tórrida son de escasa importancia las observaciones del termómetro; pero en las regiones de los variables nos anuncian generalmente los cambios de direccion y fuerza del viento con 12^{h} y hasta 24^{h} de anticipacion, y sus indicaciones son indispensables para conocer la proximidad de los temporales.

Para interpretar las indicaciones del termómetro hay que conocer la temperatura média del lugar (*) para deducir la correspondiente al dia y hora de que se trata. A continuacion damos las temperaturas médias anuales en diversas latitudes y en la mar.

Latitudes.	*Temperaturas médias.*
0°	+ 26°
20	+ 25
30	+ 21
40	+ 15
50	+ 5
60	0
Zonas glaciales	— 18

(*) En el (art.° 336) hemos dado las temperaturas médias de varias localidades en cada estacion del año y las máximas y mínimas.

Conocida que sea la temperatura média anual de un lugar situado en la region de los variables y en la mar, podremos hallar la temperatura média mensual, con una aproximacion de 2°, aplicándole á aquella con su signo la correccion que nos dá la tabla siguiente:

Hemisferio Norte.	Hemisferio Sur.	Correccion.
Enero.	Julio.	— 6°
Febrero.	Agosto.	— 5
Marzo.	Setiembre.	— 4
Abril.	Octubre.	0
Mayo.	Noviembre.	+ 2
Junio.	Diciembre.	+ 4
Julio.	Enero.	+ 6
Agosto.	Febrero.	+ 8
Setiembre.	Marzo.	+ 5
Octubre.	Abril.	0
Noviembre.	Mayo.	— 3
Diciembre.	Junio.	— 5

Si á la temperatura média mensual le restamos 1°,5, nos dará la correspondiente á las seis de la mañana; y sumándole 2°,5, la de las tres de la tarde.

La temperatura que corresponde á las ocho ó nueve de la mañana, es igual á la temperatura média.

Esto supuesto, si hallándonos en latitud 35° N, queremos hallar la temperatura média correspondiente al 15 de Julio y á las seis de la mañana, tendremos:

Temperatura média anual correspondiente á 35° de latitud	+	18°
Correccion correspondiente al mes de Julio	+	6
Temperatura média mensual......	+	24
Correccion para las seis de la mañana..................	—	1,5
Temperatura média el 15 de Julio á las seis de la mañana.	+	22.5

Una vez conocida la temperatura média correspondiente al lugar, dia y hora de la observacion, podremos deducir de las subidas ó bajadas del termómetro, las variaciones probables de la direccion y fuerza del viento, ateniéndonos á las siguientes reglas prácticas.

Cuando el termómetro señala una temperatura superior á la média ó sube, indica vientos del polo más lejano; pero si dicha temperatura es inferior á la média ó baja, vientos del polo más próximo.

Cuando permanece estacionario, no debe presumirse variacion de tiempo.

Tambien tenemos, que si la temperatura difiere unos 2° de la média, los vientos serán bonancibles; si dicha diferencia es de unos 3°, vientos manejables; si es de 4° á 6° sobre la média, mal tiempo del polo lejano; pero siendo dichos 4° ó 6° bajo la média, mal tiempo del polo próximo ó nieve si se está en invierno.

Todo movimiento moderado de subida ó bajada, indica un cambio lento; pero si dichos movimientos son rápidos, una variacion brusca ó salto del viento.

Una subida considerable en verano, precede á las turbonadas y tempestades; y una bajada considerable en invierno antecede á las nevadas.

Modo de interpretar las indicaciones del psicrómetro. Las indicaciones de este instrumento no son muy sensibles en las regiones de los vientos generales, pero en las de los variables anuncian las variaciones de tiempo con 6^h á 12^h de anticipacion.

Para esto hay que conocer las indicaciones médias de este instrumento en el paraje de que se trata, y observando las diferencias que tienen lugar entre las alturas respectivas de los dos termómetros, deduciremos con probabilidad las siguientes consecuencias:

Si la diferencia entre los dos termómetros es superior á la média, vientos del polo próximo, y si es inferior, vientos del polo lejano.

Cuando la diferencia es 1° mayor que la média, buen tiempo, vientos del polo próximo: si dicha diferencia es de 2°, tiempo muy seco, vientos del polo próximo.

Si la diferencia es 1° menor que la média, tiempo húmedo, vientos del polo lejano; y si la diferencia es 2° menor que la média, tiempo muy húmedo; grandes lluvias; vientos del polo lejano.

Todo movimiento moderado de 1° á 2° en 4^h, anuncia cambio lento, y todo movimiento brusco ó sea mayor de 2° en 4^h, anuncia salto del viento.

Pronósticos deducidos de la observacion simultánea de los tres instrumentos. Teniendo presente cuanto hemos dicho respecto al modo de interpretar las indicaciones del barómetro, termómetro y psicrómetro, observados aisladamente, diremos que comparando estos tres instrumentos es únicamente como tendremos más probabilidades de acertar respecto á las variaciones de tiempo, y que no debemos nunca fiarnos de la indicacion aislada de cualquiera de ellos.

En prueba de esto diremos, que á veces corresponden resultados contrarios á indicaciones idénticas del barómetro, segun que las del termómetro y psicrómetro sean en uno ú otro sentido; de donde resulta que estos dos últimos instrumentos vienen siempre á confirmar ó á modificar las indicaciones del barómetro; y si á esta comparacion de las observaciones del barómetro, termómetro y psicrómetro, unimos la observacion del aspecto del cielo y horizonte, estado del mar y otros indicios hijos de la práctica, llegaremos á conocer de un modo casi seguro y con la anticipacion necesaria cuantas variaciones puedan ocurrir en la direccion y fuerza del viento.

Las observaciones del termómetro y psicrómetro son indispensables para anunciar los temporales más temibles, que son los del polo inmediato, en razon á que se presentan con rapidez mientras que los del polo remoto se dejan sentir poco á poco, tanto que podemos pronosticarlos con uno y hasta dos dias de anticipacion.

Para demostrar que no es suficiente la observacion aislada del barómetro, consideraremos algunos casos de los muchos que pueden presentarse, y de los cuales no nos ocupamos en totalidad, por no salirnos de los límites que nos hemos trazado al dar estas ligeras nociones meteorológicas.

Sucede, en efecto, que subiendo el barómetro con los vientos del polo próximo, sólo conoceremos la proximidad de un temporal de esta parte, cuando se note una bajada considerable del termómetro y disminucion notable en la humedad del aire.

Los vientos del polo remoto se dejan sentir con el barómetro alto, cuando rola el viento en sentido contrario, ó sea del N para el O; y este retroceso del viento sólo se conoce por una subida del termómetro y aumento de humedad.

Tambien tenemos que en las costas de España cuando el barómetro sube gradualmente sobre su nivel medio, y baja el termómetro al mismo tiempo lentamente, tienen lugar buenos tiempos soplando vientos del NO al NE; pero si la baja del termómetro es considerable y rápida, así como la disminucion de la humedad, entonces nos anuncia un temporal del N.

Si estando el viento al ONO y el barómetro sobre el nivel medio, bastante alto, empieza á bajar, subiendo rápidamente el termómetro y aumentando bastante la humedad, nos indica un retroceso del viento, y que soplará con violencia del S; por el contrario, si el movimiento de bajada del barómetro es acompañado de un descenso rápido del termómetro y disminucion considerable de la humedad, es casi infalible un temporal del N.

SEÑALES PRACTICAS

QUE SUELEN ANUNCIAR LAS VARIACIONES DEL TIEMPO.

Conocidos ya los pronósticos que pueden deducirse de las observaciones comparadas del barómetro, termómetro y psicrómetro, pasaremos á exponer los signos de bueno y mal tiempo, más generalmente admitidos por los hombres de mar más prácticos y entendidos; pero teniendo siempre presente que dichas señales son á veces inciertas, no deberemos fiarnos de ellas de una manera absoluta, sino tomarlas únicamente en consideracion como complemento ó afirmacion de las indicaciones que nos dan los instrumentos, y de este modo podremos predecir el tiempo con más seguridad.

Dichas señales no son en general las mismas en todos los mares del globo, pero hay entre ellas bastante analogía, especialmente en las que se réfieren al aspecto del cielo, horizonte y estado del mar.

Pronósticos deducidos del aspecto del cielo y horizonte. Cuando aparece el cielo al ocaso de un color rosado suave, es señal de buen tiempo; si el color es amarilloso, es señal de viento; si es de un amarillo verdoso, indica lluvia, y si tiene un color rojo oscuro, ó pardo, es señal de mal tiempo.

Los cirrus anuncian vientos bonancibles ó frescos y los celajes de bordes cortados y semblante súcio, indican mucho viento.

El cielo azul muy oscuro es señal de mucho viento; pero teniendo un color azul claro y trasparente, buen tiempo.

Mientras más delgada es la celajería, se esperará en general menos viento, y cuanto más espesa, desgarrada y súcia que sea, más duro el viento que se declare.

Cuando aparecen los montes cubiertos de nubes, estando como adheridas á ellos, es señal de viento y lluvia; pero cuando las nubes descienden á los valles, es señal de buen tiempo.

Cuando los vapores de la mañana se disipan hácia las 9 ó 10 de la misma, sucede en general buen tiempo; pero si permanece el cielo cubierto y corren nubes bajas, es señal de lluvia.

Si aparecen muchas capas de nubes superpuestas, es tambien señal de lluvia; y si corren las nubes en direccion distinta y con diferentes velocidades, indican tiempo inseguro y variable.

Estando el cielo cubierto de cirrus-cumulus, debe esperarse mudanza de tiempo.

Si estando el cielo sereno se levanta mar, anuncia recalada de viento; y si la espuma del mar resplandece mucho de noche, indica viento fuerte.

Debe esperarse buen tiempo cuando las aves marinas se alejan mucho de tierra, pero si no se desvian de la costa es señal de mal tiempo.

Si durante un temporal aparece en el horizonte una clara persistente en el lado opuesto al viento, debe esperarse que varíe la direccion de éste y concluya el mal tiempo. La niebla, despues de un tiempo malo, indica tambien su fin.

Los cúmulus parados próximos del horizonte, son signos de tempestad ó lluvia.

La lluvia copiosa dura siempre ménos que la menuda, porque aquella descarga más pronto á la atmósfera de sus vapores. Cuando á una lluvia fuerte sucede otra menuda, debe esperarse mal tiempo y quizás prolongado.

Relámpagos frecuentes en el horizonte con cielo despejado indican buen tiempo y calor, si aparecen por el N, anuncian viento, y si por el S, lluvia.

La calma total es rara y de poca duracion, aun en el verano. En invierno anuncia cambio de tiempo y las observaciones del barómetro, termómetro y psicrómetro, nos indicarán si será bueno ó malo.

Pronósticos deducidos del aspecto de los astros. Los distintos aspectos que nos presentan los astros dependen en general de la diferente temperatura, densidad y humedad de las capas atmosféricas atravesadas por los rayos de luz, que vienen de dichos astros hasta nosotros; y éste es el fundamento de la relacion que parece que existe entre dichos aspectos y el estado del tiempo.

Cuando aparece la Luna muy brillante, estando sus limbos limpios y bien marcados, es señal de buen tiempo, ó al ménos de sequedad. Si aparece la Luna fosca, pálida, de limbos confusos ó rodeada de un cerco blanquecino, es señal de mal tiempo ó de lluvia. La Luna rojiza en el orto, indica tambien viento.

La salida del Sol nos anuncia buen tiempo cuando está el horizonte por el E claro y despejado, y cuando aparece el Sol brillante y de limbos bien terminados, despejándose la bruma ó calima. Debe esperarse mal tiempo cuando aparece el horizonte confuso y cerrado por el E, no viéndose bien al Sol y apareciendo éste rojizo ó con luz pálida al través de la calima.

La puesta del Sol nos anuncia buen tiempo cuando tiene el cielo un color general suave, ya sea rosado, gris ó amarillo pálido y aparece el horizonte bien cortado y separado de la celajería por una clara, por la cual aparece el Sol con bastante brillo.

La puesta del Sol anuncia mal tiempo cuando aparece el cielo y las nubes con colores muy pronunciados y brillantes y aglomeracion de estratus en el horizonte, que no dejan pasar los rayos del Sol.

Cuando en una noche despejada tienen escaso brillo las estrellas, es por lo regular un signo de tempestad ó de lluvia. Pero si tienen dichos astros un brillo muy vivo y centellean bastante, debe esperarse un cambio de tiempo, toda vez que la humedad y agitacion del aire son las causas que producen principalmente dicho centelleo.

Influencia que se le atribuye á las fases de la Luna en las variaciones de tiempo. Prevalecen dos opiniones perfectamente distintas acerca de este particular, pues por una parte la mayoría de los físicos y astrónomos dedicados al estudio de la meteorología, y que sólo admiten los hechos cuando están probados hasta la evidencia, sostienen que el influjo de las fases es nulo ó muy insignificante, mientras que en el campo opuesto figuran aquellos que en el ejercicio de su profesion tienen un interés muy directo en conocer los más insignificantes indicios de mudanza de tiempo, los cuales esperan con confianza la aparicion de nuestro satélite, sobre todo en las noches oscuras y tempestuosas, abrigando muchas esperanzas de que varíe el tiempo.

Diremos, sin embargo, que de la discusion y comparacion de las observaciones hechas en Ginebra durante 22 años consecutivos, con el objeto de averiguar si existe tal influencia, ha resultado que existen tantas pruebas en pro como en contra, y que no puede sentarse ningun principio de una manera concluyente.

Por lo tanto, aconseja la prudencia que no nos fiemos ciegamente en la influencia que sostienen muchos que ejerce la Luna, y que sólo admitamos como objeto de estudio las reglas que marinos muy entendidos y prácticos nos dan sobre el particular, entre las cuales figuran las siguientes:

1.ª Los malos tiempos tienen lugar con más frecuencia en las proximidades del novilunio que en las del plenilunio, y regularmente el viento es más fuerte en las noches oscuras que en las alumbradas por la Luna.

2.ª Pueden esperarse variaciones de tiempo en el orto, ocaso y paso de la Luna por el meridiano. Es decir, que se supone que la Luna puede producir mareas atmosféricas semejantes á las que tienen lugar en las aguas del mar.

3.ª Cuando el novilunio coincide con el perigeo, se asegura que existen 33 probabilidades contra 1 de que habrá un cambio de tiempo, y que dichas probabilidades sólo son 7 contra 1 en el apogeo.

Del mismo modo debe esperarse variacion de tiempo al suceder el plenilunio en el perigeo ó apogeo, siendo en el primer caso 10 las probabilidades contra 1, y en el segundo 8 contra 1.

4.ª Coincidiendo el novilunio con el perigeo y hallándose el Sol en el ecuador, es casi seguro un cambio de tiempo, y si tales circunstancias concurren en el equinoccio de otoño, deben esperarse temporales.

Asegúrase, por último, que dichas variaciones de tiempo no tienen lugar por lo regular sino dos ó tres dias despues ó antes del apogeo, ó sea cuando el semi-diámetro y paralage son menores, ó del perigeo, ó sea cuando alcanzan el mayor valor.

Pronósticos que se creen deducir de la observacion de las estrellas fugaces. En estos últimos años ha empezado á creerse que las estrellas fugaces pueden anunciarnos las modificaciones que tienen lugar en la atmósfera, y *Mr. Coulvier-Gravier*, que es sin duda alguna el que más se ha dedicado al estudio de estos meteoros, llega á asegurar que de las observaciones que sin interrupcion alguna tiene hechas desde 1811, se pueden deducir las relaciones que existen entre las trayectorias de las estrellas fugaces y los fenómenos meteorológicos, tales como el viento, la lluvia, el calor, &c. Sin embargo, los hechos en que se funda no están bien comprobados aún, por lo cual no debemos aceptar en absoluto, las teorías que sustenta.

Admite *Coulvier-Gravier*, que las estrellas fugaces están formadas de una materia tan ligera, que obedece en sus movimientos á las perturbaciones atmosféricas, y que todas las que se verifican en la superficie de la Tierra son precedidas por otras perturbaciones análogas que tienen lugar en las regiones superiores de la atmósfera. Afirma tambien, que si bien parece que las estrellas fugaces se mueven en todas direcciones, siguen sin embargo las mismas segun los dias del año, y que al variar la resultante de sus direcciones, debe presumirse un cambio de tiempo que sucederá tres ó cuatro dias despues. Estos pronósticos cree que pueden hacerse hasta con un año de anticipacion, toda vez que sostiene que de las observaciones verificadas en los cuatro primeros meses de un año puede deducirse el carácter meteorológico de todo el año.

A los que deseen adquirir más noticias, les recomendamos la obra del citado autor titulada *Recherches sur les mèteores*, y concluiremos consignando los principales resultados que cree haber deducido de sus observaciones.

Las estrellas fugaces que brillan y desaparecen de repente, á las cuales cree que les conviene el nombre de estrellas mojadas (*etoiles mouillés*), porque parece que se apagan como si se sumergieran en agua, indican una gran humedad y por lo tanto lluvias próximas.

Cuando dichas estrellas corren con lentitud, es señal de calma en las regiones superiores de la atmósfera, calmas que deben esperarse en las regiones bajas. Por el contrario, es signo precursor de vientos fuertes, el que sea rápido el curso de dichas estrellas.

En los años calurosos se dirigen la mayoría de las estrellas fugaces hácia el N y en los frios hácia el S.

Daremos fin diciendo que, cualquiera que sea el grado de exactitud que se les conceda á estos pronósticos, está muy recomendado el estudio de estos meteoros, siendo los marinos los indicados en primera línea para hacer esta clase de observaciones en el curso de sus viajes, y especialmente en las regiones de los vientos generales, en las cuales son tan pequeñas las variaciones de tiempo y las oscilaciones del barómetro tan cortas como regulares, circunstancias las más ventajosas para comprobar las teorías que se establecen; y de este modo llegaremos algun dia á descubrir las leyes que rigen á los fenómenos meteorológicos, para pronosticar de una manera infalible y con la anticipacion necesaria, todas las variaciones del tiempo; asunto de la mayor importancia, especialmente para la práctica de la navegacion.

FIN DE LA OBRA.